·全国22位业界权威专家倾力推出·

宠物医生手册

第2版

《宠物医生手册》编写委员会　编

辽宁科学技术出版社
沈　阳

图书在版编目(CIP)数据

宠物医生手册 /《宠物医生手册》编写委员会编. —2 版.
—沈阳：辽宁科学技术出版社，2009.8（2023.12 重印）
ISBN 978-7-5381-5409-2

Ⅰ.宠…　Ⅱ.宠…　Ⅲ.观赏动物—动物疾病—诊疗—手册　Ⅳ.S858.93-62

中国版本图书馆 CIP 数据核字（2009）第 018674 号

出版发行：辽宁科学技术出版社
（地址：沈阳市和平区十一纬路 25 号　邮编：110003）
印 刷 者：辽宁新华印务有限公司
经 销 者：各地新华书店
幅面尺寸：184mm × 260mm
印　　张：48
字　　数：1100 千字
插　　页：4
印　　数：31001—34000
出版时间：2009 年 8 月第 1 版
印刷时间：2023 年 12 月第 17 次印刷
责任编辑：陈广鹏
封面设计：康　健
版式设计：于　浪
责任校对：周　文

书　　号：ISBN 978-7-5381-5409-2
定　　价：98.00 元

联系电话：024-23284354
邮购热线：024-23284502
http：// www.lnkj.com.cn
本书网址：www.lnkj.cn/uri/5409

第 2 版编写委员会

主　编　何　英　叶俊华
副主编　赵玉军　刘　云
编　委（以姓氏笔画为序）
马长书（公安部南昌警犬基地犬病研究所，研究员）
于连智（沈阳农业大学畜牧兽医学院，教授）
王林安（东北农业大学动物医学院，教授）
王力光（公安部南京警犬研究所，副研究员）
田克恭（农业部国家兽医诊断中心，研究员）
叶俊华（公安部南昌警犬基地，研究员）
全炳昭（江西农业大学动物科学技术学院，教授）
孙大丹（中国人民解放军军需大学，教授）
高得仪（中国农业大学动物医学院，教授）
刘　云（东北农业大学动物医学院，教授）
何　英（沈阳农业大学畜牧兽医学院，教授）
张振兴（南京农业大学动物医学院，教授）
张德新（沈阳农业大学畜牧兽医学院，教授）
邹敦铎（南京农业大学动物医学院，教授）
林立中（福建农林大学动物科学学院，教授）
林德贵（中国农业大学动物医学院，教授）
范泉水（成都军区联勤部军事医学研究所，研究员）
赵玉军（沈阳农业大学畜牧兽医学院，教授）
徐　明（公安部警犬技术学校，教授）
徐玉生（公安部南昌警犬基地犬病研究所，研究员）
董君艳（公安部南京警犬研究所，研究员）
董悦农（中国农业大学动物医学院，教授）
审　稿　高得仪　何　英　叶俊华　赵玉军

前　言

《宠物医生手册》第 1 版出版已经有 5 年的时间了。本书第 1 版出版后受到了宠物临床医生的普遍欢迎，对推动我国小动物临床医学发展和指导小动物临床医生技术水平提高发挥了积极作用。期间，我们也收到了很多热心读者的反馈，提出了许多建设性意见，结合我国小动物临床医学最新进展，征求各位专家教授的意见，我们提出了修订本书，得到了各位专家教授的积极响应。

本书第 2 版修订本主要贯彻“内容全面实用，技术适度领先，注重临床诊疗效果”的原则。具体内容上，根据最新小动物医学进展，在第一章宠物疾病诊断技术增加了计算机断层扫描术（CT）、磁共振成像术（MRI）诊断技术、神经系统检查、粪便寄生虫学检查、血液生化和血常规检验、输血医学、抗菌药物的临床应用以及内分泌功能检查等内容；在第二章宠物疾病治疗技术方面，重点补充了外科和骨科学的一些知识；在第三章到第十八章，增加了几十种疾病的介绍，并重点完善了原来每种疾病的诊断技术，优化了治疗方案，更加注重治疗效果。在常用药物及其用法方面，根据药理学发展，重点介绍和补充了一批新药和特效药的用量、用法和注意事项等内容。

参加本书第 2 版修订工作的 22 位教授都是我们国家小动物医学领域非常有影响力的专家，他们长期工作在临床一线，有非常丰富的临床经验。他们在本书修订过程中提出了许多宝贵意见，并发挥各自所长，把许多最新的前沿信息和技术都融合到本书中。在本书进展的两年多时间里，我们也收获了许多感动，为许多教授对该学科的职业精神、执著严谨的治学态度感动。为有的教授已 80 高龄，仍然一丝不苟用笔仔细校改感动。他们都希望把最新实用的技术介绍给读者。这更加鞭策我们以专业精神把本书第 2 版做成业界的一本具有权威性的临床工具书。

总之，经过修订，本书内容更加完善，注重临床医生基本功的同时，突出强调临床诊断和治疗效果。希望本书对我国小动物医生职业成长有所帮助。

本书因篇幅较大，参加人员较多，难免有不当之处，敬请读者批评指正。

《宠物医生手册》编委会

目　录

第一章　宠物疾病诊断技术

第三章 犬、猫的传染病

第四章　犬、猫的寄生虫病

第五章 犬、猫的消化系统疾病

第六章 犬、猫的呼吸系统疾病

第七章 犬、猫的生殖泌尿系统疾病

第八章　犬、猫的血液循环和造血系统疾病

第九章 犬、猫的神经系统疾病

第十章　犬、猫的内分泌系统疾病

第十一章　犬、猫的免疫性疾病

第十二章　犬、猫营养及代谢性疾病

第十三章　犬、猫的中毒性疾病

第十四章 犬、猫的损伤和外科感染

第十五章　犬、猫的运动器官系统疾病

第十六章　犬、猫的皮肤疾病

第十七章　犬、猫的眼和耳疾病

第十八章　犬、猫的肿瘤疾病

附　录

第一章

宠物疾病诊断技术

第一节　临床检查方法

一、宠物的捕捉与保定

（一）犬的捕捉与保定

犬的性格和行为表现一般可分为三种：与人友善型、胆怯型和攻击型。第一种类型的犬，性格温顺，易于与人接近，临床上也易于捕捉和保定。第二种类型的犬，胆小、怕生，当陌生人接近时，主要表现为自我防范行为。第三种类型的犬，性格暴烈，具有强烈的攻击欲望，不易被人控制，临床上也难于接近和捕捉。临床上，在对犬进行临床检查和治疗时，为防止犬伤及人员，常采取一些保定和捕捉的方法。

1. 扎口保定法

为防止人被犬咬伤，尤其对于性情急躁、具有攻击性的犬只，应采用扎口保定。

1）长嘴犬扎口保定法

用绷带（或细的软绳）在犬嘴中间绕两次，打一活结圈，套在嘴后颜面部，在下颌间隙系紧。然后将绷带两游离端沿下颌拉向耳后，在颈背侧枕部收紧打结。这种保定方法可靠，一般不易被自抓松脱（图 1–1–1）。另一种扎口法即先打开口腔，将活结圈套在下颌犬齿后方勒紧，再将两游离端从下颌绕过鼻背侧，打结即可。

图 1–1–1　长嘴犬扎口保定法

2）短嘴犬扎口保定法

用绷带（或细的软绳）在其 1/3 处打活结圈，套在嘴后颜面部，于下颌间隙处收紧。其两游离端向后拉至耳后枕部打一个结，并将其中一长的游离绷带经额部引至鼻合侧穿过绷带圈，再返转至耳后与另一游离端收紧打结（图 1–1–2）。

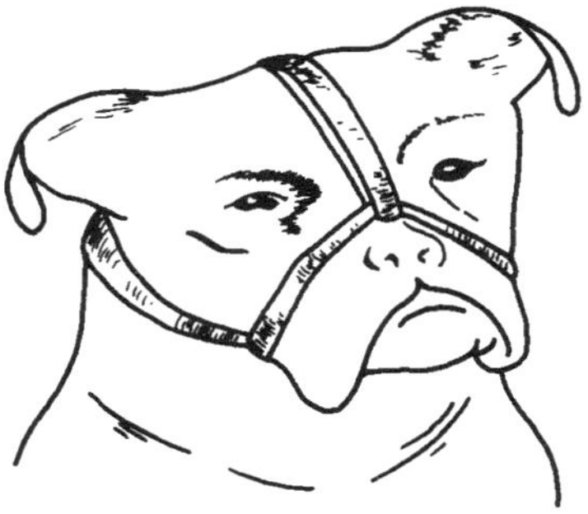

图 1–1–2　短嘴犬扎口保定法

2. 口笼保定法

犬口笼多用牛皮革制成。可根据个体大小选用适宜的口笼给犬套上，将其带子绕过耳扣牢。市场上或宠物用品商店售有各种型号和不同形状的口笼，此法主要用于大型犬。

3. 徒手犬头保定法

保定者站在犬一侧，一手托住犬下颌部，一手固定犬头背部，握紧犬嘴。此法适用于幼年犬和温驯的成年犬。

4. 站立保定法

在很多情况下，站立保定有助于体检和治疗。

1）地面站立保定法

犬站立于地面时，保定者蹲于犬右侧，左手抓住犬脖圈，右手用牵引带套住犬嘴。再将脖圈移交至右手，左手托住犬腹部。此法适用于大型犬的保定。

2）诊疗台站立保定法

犬一般应在诊疗台上诊疗，但有的犬因胆怯，不愿站立，影响操作。保定者站在犬一侧，一手臂托住胸前部，另一手臂搂住臀部，使犬靠近保定者胸前。为防止犬咬，先做扎口保定。

5. 徒手侧卧保定法

犬扎口保定后，将犬置于诊疗台按倒。保定者站于犬背侧，两手分别抓住下方前、后肢的前臂部和大腿部，其两手臂分别压住犬颈部和臀部，并将犬背紧贴保定者腹前部。此法适用于注射和较简单的治疗。

6. 手术台保定法

犬手术台保定法有侧卧、仰卧和胸卧保定三种（图 1–1–3）。保定前，犬应进行麻醉。根据手术需要，选择不同体位。

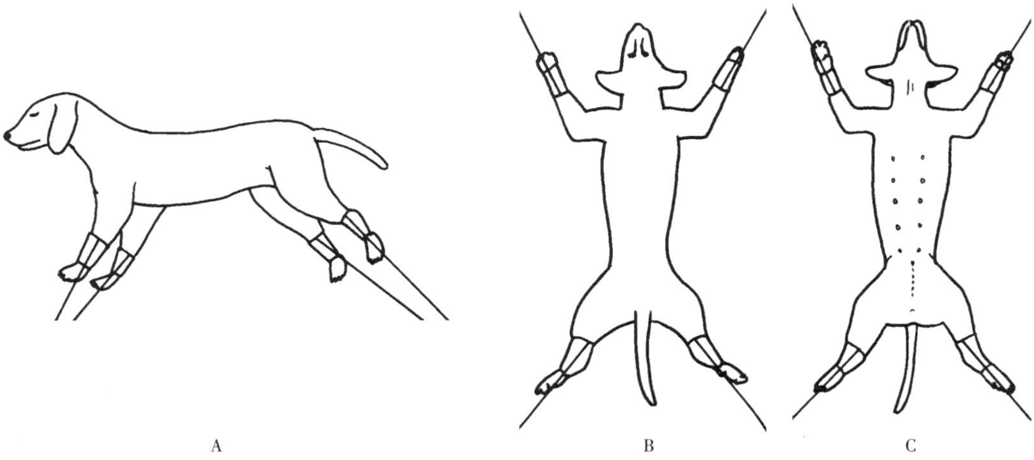

图 1–1–3　犬手术台保定法

A.侧卧保定　B.仰卧保定　C.胸卧保定

7. 犬夹保定法

用犬夹（图 1–1–4）夹持犬颈部，强行将犬按倒在地，并由助手按住犬四肢。本法多用于未驯服或凶猛犬的检查和简单治疗。也可用于捕犬。

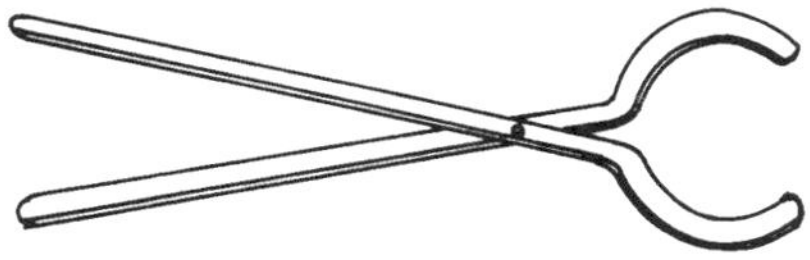

图 1–1–4　犬夹

8. 棍套保定法

取一根长 1m 的铁管（直径 4cm）和一根长 4m 的绳子对折穿出管，形成一绳圈。或用棍套保定器（图 1–1–5）。使用时，保定者握住铁管，对准犬头将绳圈套住颈部，然后收紧绳索固定在铁管后端。这样，保定者与犬保持一定距离。此法亦用于未驯服、凶猛犬的保定。

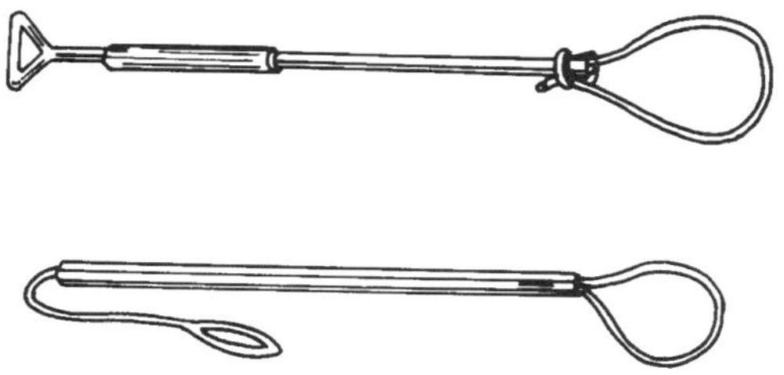

图 1–1–5　棍套保定器

9. 颈枷保定法

颈枷又称伊丽莎白氏颈圈（Elizabethan collar），是一种防止自我损伤的保定装置。有圆盘形和圆筒形两种。可用硬质皮革或塑料制成特制的颈枷，如图 1–1–6–A 所示。也可根据犬头型及颈粗细，选用硬纸壳、塑料板、三合板或 X 线胶片自行制作。如制作圆筒形颈枷，其筒口一端粗，另一端细。圆筒长度应超过鼻唇 2~3cm。常用废弃的塑料筒代替圆筒形颈枷（图 1–1–6–B）。将筒底去掉，边缘磨光滑或粘贴胶布。在筒底周边距边缘 1~2cm 等距离钻 4 个孔，每孔系上纱布条做一环形带。再将塑料筒套在犬头颈部，用皮革脖圈或绷带穿入筒上 4 个环形带，收紧扣牢或打结。犬术后或其他外伤时戴上颈枷，头不能回转舔咬身体受伤部位，也防止犬爪搔抓头部。此法不适用于性情暴躁和后肢瘫痪的犬只。

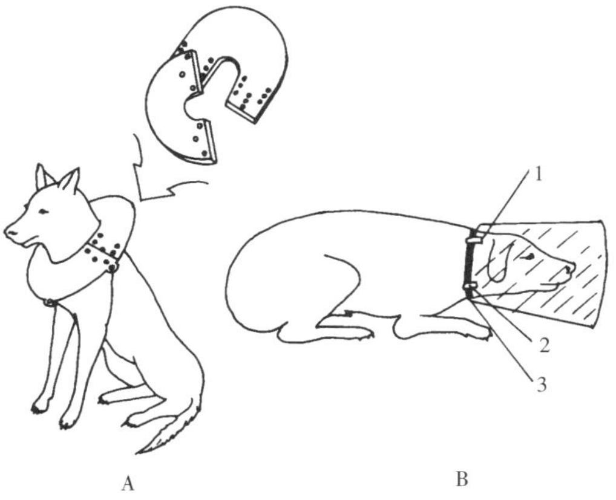

图 1–1–6　犬颈枷保定法

A.特制圆盘形颈枷　B.塑料筒代替圆筒形颈枷

1.距底缘 1~2cm 钻一孔　2.纱布条穿过此孔打结做一环形带

3.皮革脖圈或绷带经环形带绕颈一周扣紧

10. 体壁支架保定法

体壁支架（body brace）是一种固定腹肋部的方法。取两根等长的铝棒，其一端在颈两侧环绕颈基部各弯曲一圈半，用绷带将两弯曲的部分缠卷一起。另一端向后贴近两侧胸腹壁，用绷带围绕胸腔壁缠卷固定铝棒。其末端裹贴胶布，以免损伤腹壁（图 1–1–7–A）。如需提起尾部，可在腹后部两侧各加一根铝棒，向上做 30°~45°角弯曲，将末端固定在尾根上方 10~15cm 处（图 1–1–7–B）。此保定法可防止头回转舔咬胸腹壁、肛门及跗关节以上部位，尤其对不愿戴颈枷的犬更适宜用此法保定。

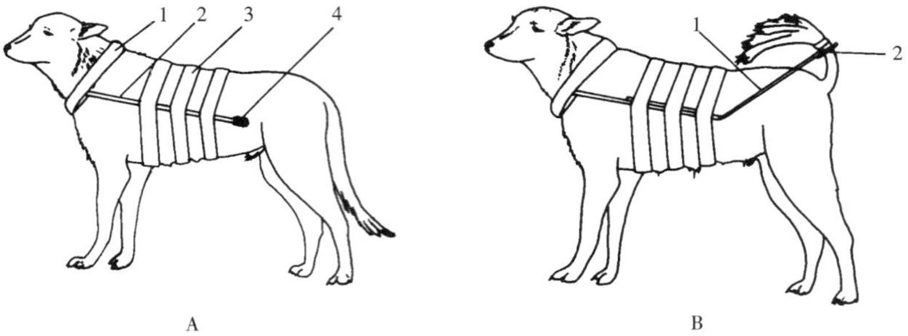

图 1-1-7 体壁支架保定法

A.1.铝环包扎起来 2.铝棒 3.绷带 4.棒末端缠上胶布 B.1.铝棒弯曲 2.棒末端固定在尾部

11. 静脉穿刺保定法

静脉穿刺主要用于静脉采血和注射，需正确地加以保定。

1）前臂皮下静脉（头静脉）穿刺保定法

如图 1-1-8 所示，犬胸卧于诊疗台上。保定者站在诊疗台右（左）侧，面朝犬头部。右（左）臂搂住犬下颌或颈部，以固定头颈。左（右）臂跨过犬左（右）侧，身体稍依犬背，肘部支撑在诊疗台上，利用前臂和肘部夹持犬身控制犬移动。然后，手托住犬肘关节前移，使前肢伸直，再用食指和拇指横压近端前臂部背侧（或全握臂部），使静脉怒张。必要时，犬扎口保定，以防咬人。

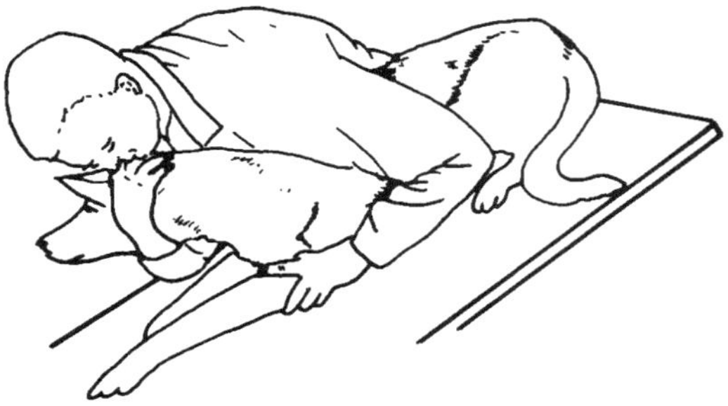

图 1-1-8 犬前臂皮下静脉穿刺保定法

2）颈静脉穿刺保定法

如图 1-1-9 所示，犬胸卧于诊疗台一端，两前肢位于诊疗台之前。保定者站于犬左（右）侧，右（左）臂跨过犬右（左）侧颈部，夹持于腋下，手托住犬下颌，并向上提起头颈，左（右）手握住两前肢腕部，拉直，使颈部充分显露。

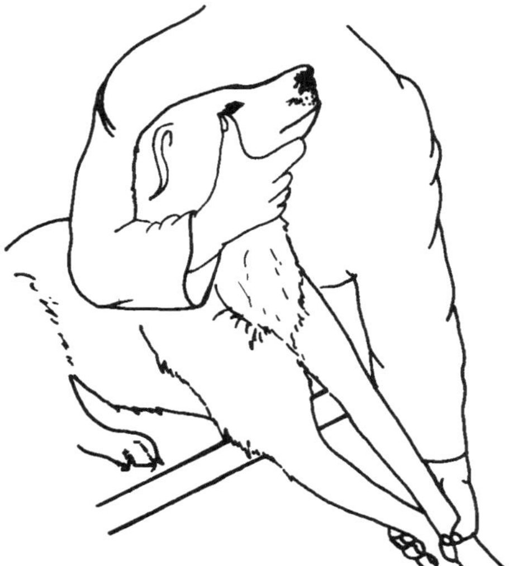

图 1-1-9 犬颈静脉穿刺保定法

（二）猫的保定法

1. 布卷裹保定法

将帆布或人造革缝制的保定布铺在诊疗台上。保定者抓起猫背肩部皮肤放在保定布近端 1/4 处，按压猫体使之伏卧。随即提起近端帆布覆盖猫体，并顺势连布带猫向外翻滚，将猫卷裹系紧。由于猫四肢被紧紧地裹住不能伸展，猫呈“直棒”状，丧失了活动能力，便可根据需要拉出头颈或后躯进行诊治。

2. 猫袋保定法

用厚布、人造革或帆布缝制与猫身等长的圆筒形保定袋，两端开口均系上可以抽动的带子。将猫头从近端袋口装入，猫头便从远端袋口露出，此时将袋口带子抽紧（不影响呼吸），使头不能缩回袋内。再抽紧近端袋，使两肢露在外面。这样，便可进行头部检查、测量直肠温度及灌肠等。

3. 扎口保定法

尽管猫嘴短平，仍可用扎口保定法，以免被咬致伤。其方法与短嘴犬扎口保定方法相同（图 1–1–10）。

图 1–1–10 猫扎口保定法

4. 保定架保定法

保定架支架用金属或木材制成，用金属或竹筒制成两瓣保定筒固定在支架上。将猫放在两瓣保定筒之间，合拢保定筒，使猫躯干固定在保定筒内，其余部位均露在筒外（图 1–1–11）。此保定法适用于测量体温、注射及灌肠等。

5. 猫颈枷保定法

如图 1–1–12 所示。

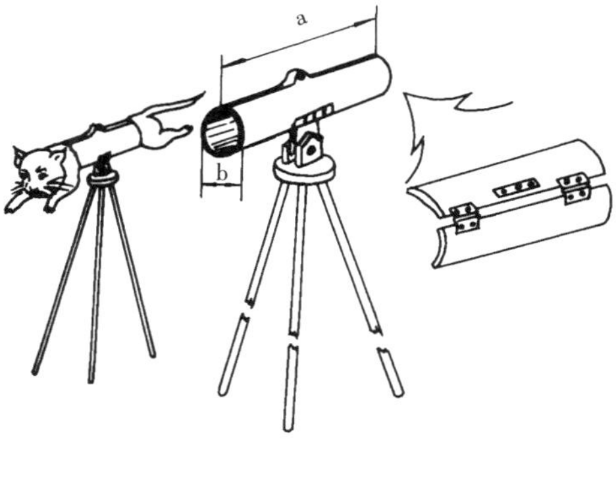

图 1–1–11 猫保定架保定法

a=26cm b=6~8cm

图 1–1–12 猫颈枷保定法

1.X 线胶片（36cm×43cm）

二、临床诊断的基本方法

临床诊断的基本方法主要包括问诊、视诊、触诊、叩诊、听诊和嗅诊。

（一）问诊

问诊是以询问的方式听取主人关于现病史、既往病史和生活史的情况介绍。具体内容有发病时间和地点；是食前发病还是食后发病，是单发还是群发，附近有无此病发生等；病后呈现什么样的临床表现，病情急剧还是缓和等；治疗过没有，如何治疗的，用过什么药，治疗效果如何等；以前该犬或该犬群发生过什么病，过去是否发生过此类病，经过及结果如何等；犬的饲喂如何；饲料种类、质量和搭配情况；管理情况；预防接种情况以及环境等。问诊可在检查前进行，也可边检查边问，检查后还可补充问诊，并将问诊情况和临床检查结果相结合，进行全面综合分析。

（二）视诊

视诊是用肉眼或借助器械观察宠物呈现异常表现的方法。一般不要保定，除非是无法站立、站立加重疾病状态和疼痛或检查的特别需要，否则，应使宠物自然站立。

视诊时应站在距离患病宠物适当的地方，由前向后、由整体到局部进行观察。发现异常时，可稍接近宠物进一步仔细观察。必要时，还可牵遛观察其步样。视诊内容包括精神状态、营养状况、被毛及体表有无伤斑痕迹，卧蹲立行的动作姿势，体表隆凸、凹陷及胸腹肢体的对称性。结合触诊观察有无外伤、炎症、体外寄生虫等。

（三）触诊

触诊主要利用手或应用器具对被检查的组织或器官进行触压或感觉，以发现病理改变的一种方法。触诊分为直接触诊（包括浅部触诊、深部触诊及冲击触诊）和间接触诊。

浅部触诊是将手掌平贴于体表而不加按压，用于检查体表的温度、湿度、敏感性和心搏动等；深部触诊是用不同的力量对患部进行触压，以判断病变的部位、性状、大小等，常用于检查肿胀、脉搏等。冲击触诊是手不离皮肤用力行短而急的触压，常用于检查胃内容物的性状、腹水的波动性等；间接触诊是借助一定器械进行探诊，常用于一些特殊情况，如食道探诊、尿道探诊及瘘管探诊等。

触诊常见的病变性质有：①捏粉样：感觉柔软如生面团，指压留痕，见于皮下浮肿；②波动性：柔软有波动、有弹性。如压水袋样感觉，指压不留痕，见于血肿、脓肿、淋巴外渗等；③坚实：坚实致密，如压实质脏器感，见于炎性肿胀；④硬固：坚硬如骨，见于骨瘤；⑤气肿性：柔软稍有弹性，有捻发音、噼啪音，见于皮下气肿、气肿疽、恶性水肿等。

触诊要求将患病宠物保定好，按范围由大到小、力量先轻后重、顺序由浅到深、敏感部由外周开始逐渐到痛点中心的原则进行操作。触诊时应对宠物的表现、敏感的部位密切注意，对头、颈、胸、腹、骨盆腔、四肢的患病器官位置所在、患病程度有所察觉。

（四）叩诊

叩诊是根据对宠物体表的某一部分进行叩击所产生声响的性质，判断被检查器官或组织有无病理变化的一种方法，临床上分为直接叩诊和间接叩诊。直接叩诊常用于检查脊柱、鼻窦等；间接叩诊（犬常用指叩诊）多用于肺脏、心脏、肝脏的检查。叩诊音可分为清音、浊音、鼓音。正常的胸廓肺区为清音，厚层肌肉为浊音，肠臌气的腹部为鼓音。

（五）听诊

听诊常用的是借助听诊器听取宠物体内脏器的音响，以推断体内器官的病理变化。主要用于心、肺、胃、肠的检查，听取呼吸音、心音、胃肠蠕动音等。听诊时要注意保持环境安静，精力集中；听诊器胸端（听头）要密贴体表，但要避免摩擦等的干扰；听诊器的两耳端（耳塞）应与检查者的两外耳道接触妥帖。

（六）嗅诊

嗅诊是借检查者的嗅觉，嗅闻患病宠物的口腔、呼出气体、皮肤和分泌物、排泄物的气味，来提示或诊断某些疾病。口臭提示口腔或胃有病，呼出气体恶臭提示肺部有病，粪便腥臭提示肠道有病。皮肤和呼出气体散发尿臭提示有尿毒症可能。阴道分泌物有腐败臭味提示子宫积脓。出现体臭见于齿槽脓漏、肛门脓肿、胃肠病、外耳炎、全身性皮炎等，特别是全身脓疱性毛囊虫症和湿疹时，渗出脓汁，散发出讨厌的气味。

三、一般检查

（一）整体状态的观察

接触患病宠物进行检查的第一步，就是观察该宠物的整体状态。整体状态的观察应重点判定其体格、发育、营养程度、精神状态、姿势、体态以及运动与行为的变化和异常表现。

1. 体格与发育

体格可根据其生长发育情况分为大、中、小或发育良好或发育不良。体格的大小，可以判定其发育程度。体格发育良好的宠物，其结构匀称，肌肉结实，给人以强壮有力的印象。发育不良的病犬，多表现躯体矮小，结构不匀称，表现发育迟缓或发育停滞。

2. 营养程度

营养程度一般可根据肌肉的丰满度，特别是皮下脂肪的蓄积量而判定，被毛的状态和光泽也可作为参考。临床上一般将营养程度划分三级：营养良好、营养中等、营养不良。

营养良好的宠物被毛光泽，皮下脂肪充盈，肌肉丰满，躯体圆满而骨骼棱角不突出。营养不良主要表现为消瘦，且被毛蓬乱、无光泽，皮肤缺乏弹性，骨骼表露明显（如肋骨）。如患病宠物短期内急剧消瘦，主要应考虑可能患有急性热性病或由于急性胃肠炎、频繁下痢而致大量失水的结果。

如病程发展缓慢，则多提示为慢性消耗性疾病（主要为慢性传染病、寄生虫病、长期的消化紊乱或代谢障碍性疾病等），此外，幼龄宠物的消瘦，应注意营养不良、贫血、佝偻病、体内寄生虫、维生素 A 缺乏症以及其他营养、代谢紊乱性疾病等。高度的营养不良称恶病质，是判断预后不良的一个重要指征。

营养过剩，犬比较多见，多为饮食单一、能量过剩及运动不足所致。如种用宠物过胖则影响其繁殖能力。

3. 精神状态

宠物的精神状态是其中枢神经机能状态的标志。可根据其对外界刺激的反应能力及其行为表现而判定之。正常时，中枢神经系统的兴奋与抑制两个过程保持动态的平衡。当中枢神经机能发生障碍时，兴奋与抑制过程的平衡被破坏，临床上表现为过度兴奋或抑制。兴奋是中枢神经机能亢进的结果，常表现为惊恐、不安或狂躁不驯。典型的狂躁行为乃狂犬病的特征。抑制是中枢神经机能紊乱的另一种表现形式，主要表现为沉郁、嗜睡甚至昏迷。沉郁时可见患病宠物精神萎靡、垂耳低头，对周围环境冷淡，对刺激反应迟钝。精神沉郁常见于各种发热性疾病及消耗性、衰竭性疾病等。

4. 运动与行为

运动与行为的异常主要表现为共济失调和盲目运动。

1）共济失调

由于在运动中四肢配合不协调，而呈醉酒状，行走欲跌，走路摇摆或肢爪高抬、用力着地，步态似涉水样。可见于脑脊髓的炎症或寄生虫病。某些中毒以及营养缺乏与代谢紊乱性疾病，多侵害小脑，造成共济失调。此外，当急性脑贫血（如大失血、急性心力衰竭或血管机能不全）时，也可见有一时性的共济失调现象，应根据病史、心血管系统的变化而加以区别。

2）盲目运动

无目的地徘徊，向前直冲、后退不止，或呈圆圈运动，可提示为脑、脑膜的充血、出血、炎症或某些中毒与严重的内中毒（如脑脊髓炎、霉菌中毒、伪狂犬病、李氏杆菌病等）。

（二）被毛和皮肤的检查

检查表被状态，主要应注意其被毛、皮肤、皮下组织的变化以及表在的外科病变的有无及特点。检查时，应注意其全身各部皮肤的病变，除头部、颈侧、胸腹侧外，还应仔细检视其会阴、乳房及趾球、趾间等部。

1. 被毛

健康宠物的被毛整洁、有光泽。被毛蓬乱而无光泽，换毛迟缓，常为营养不良的标志，可见于慢性消耗性疾病（如贫血、内寄生虫病、结核病等）、长期的消化紊乱、营养物质不足及某些代谢紊乱性疾病。

局限性脱毛应注意皮肤病或外寄生虫病，如见于头颈及躯干部有多处脱毛、落屑病变，并伴有剧烈痒感（经常向周围物体上摩擦或啃咬甚至病变部皮肤出血、结痂或形成龟裂）时，可能有螨病（疥癣）的可能，常因相互感染以致在群中造成蔓延而大批发生。为确诊应刮取皮屑（宜在皮肤的病健部交界处）进行镜检。

2. 皮肤的颜色

白色皮肤的宠物，其皮色改变可表现为苍白、黄染、发绀及潮红与出血斑点。

1）皮肤苍白

乃贫血之症，可见于各型贫血（如幼犬贫血以及营养不良、腹泻、维生素缺乏症、硒-维生素E缺乏症、蛔虫感染等）。

2）皮肤黄疸

可见于肝病（如实质性肝炎、中毒性肝营养不良、肝变性及肝硬化）；胆道阻塞（肝片吸虫症、胆道蛔虫病）；溶血性疾病（钩端螺旋体病）。

3）皮肤发绀

轻则以耳尖、鼻盘及四肢末端为明显，重则可遍及全身。可见于严重的呼吸器官疾病；重度的心力衰竭；多种中毒病。

4）皮肤的红色斑点及疹疱

皮肤的红色斑点常由皮肤出血而引起，如系出血点则指压时不褪色。皮肤小点状出血好发于腹侧、股内、颈侧等部位，常为犬瘟热的特征。

3. 皮肤的温度、湿度及弹性

1）皮肤温度的检查

可用手或手背触诊宠物躯干、股内等部而判定之，为确定躯体末梢部位皮温分布的均匀性，可触诊鼻镜、耳根及四肢的末梢部位。

皮温增高是体温升高、皮肤血管扩张、血流加快所引起。全身性皮温增高可见于一切热性病；局限性皮温增高提示局部发炎。

皮温降低是体温过低的标志。可见于衰竭症及营养不良、大失血及重度贫血，严重的脑病及中毒等。

皮温分布不均而末梢冷厥，乃重度循环障碍的结果。表现为耳鼻发凉，肢梢冷感，可见于心力衰竭及虚脱、休克之时。

2）犬的鼻镜

正常时湿润并附少许水珠。鼻镜干燥，可见于发热病及重度消化障碍与全身病。严重时可发生龟裂，提示犬瘟热、犬细小病毒感染等。

3）皮肤的弹性

检查皮肤的弹性，通常可于背部、颈侧、肩前等部位，用手将皮肤捏成皱褶并轻轻拉起，然后放开，根据其皱褶恢复的速度而判定之。

皮肤弹性良好的宠物，拉起、放开后，皱褶很快恢复、平展；如恢复很慢，是皮肤弹性降低的标志。可见于机体的严重脱水以及慢性皮肤病（如疥癣、湿疹等）。老龄宠物的皮肤弹性减退是自然现象。

（三）浅在淋巴结及淋巴管的检查

浅在淋巴结及淋巴管的检查，在确定感染或诊断某些疾病上有重要的意义。

1. 浅在淋巴结的检查

临床检查中应予注意的淋巴结主要有：下颌淋巴结、耳下及咽喉周围的淋巴结、颈部淋巴结、肩前及膝窝淋巴结、腹股沟淋巴结、乳房淋巴结等。淋巴结的检查方法可用视诊，尤其常用触诊，必要时可配合应用穿刺检查法。

进行浅在淋巴结的视、触诊检查时，主要注意其位置、大小、形状、硬度及表现状态、敏感性及其可动性（与周围组织的关系）。

淋巴结的病理变化主要可表现为急性或慢性肿胀，有时可呈现化脓。淋巴结的急性肿胀，通常呈明显的肿大，表现光滑，且伴有明显的热、痛（局部热感、敏感）反应。淋巴结的慢性肿胀，一般呈肿胀、硬结、表面不平，无热、无痛，且多与周围组织黏连而固着，有难于活动的特点。淋巴结化脓则在肿胀、热感、呈疼痛反应的同时，触诊有明显的波动，如配合进行穿刺，则可吸出脓性内容物。

2. 浅在淋巴管的检查

正常时宠物体浅在的淋巴管不能明示。仅当某些病变时，才可见淋巴管的肿胀、变粗甚至呈绳索状。

（四）可视黏膜的检查

凡是肉眼能看到或借助简单器械可观察到的黏膜，均称可视黏膜，如眼结膜、鼻腔、口腔、阴道等部位的黏膜。健康宠物的可视黏膜湿润，有光泽，呈微红色。

检查可视黏膜时，除应注意其温度、湿度、有无出血、完整性外，更要仔细观察颜色变化，尤其是眼结膜的颜色变化。结膜的颜色变化，不仅可反映其局部的病变，还可推断全身的循环状态及血液某些成分的改变，在诊断和预后的判定上均有一定的意义。

眼结膜的颜色决定于黏膜下毛细血管中的血液流量及其性质以及血液和淋巴液中胆色素的含量。正常时，眼结膜呈淡红色。结膜颜色的改变，可表现为潮红、苍白、发绀或黄染。

1. 潮红

潮红是结膜下毛细血管充血的征象。单眼的潮红，可能是局部的结膜炎所致；如双侧均潮红，除可见于眼病外，多标示全身的循环状态。弥漫性潮红常见于各种热性病及某些器官、系统的广泛性炎症过程，如小血管充盈特别明显而呈树枝状，则称树枝状充血，多为血液循环或心机能障碍的结果。

2. 苍白

结膜色淡，甚至呈灰白色，是各型贫血的特征。如病程发展迅速而伴有急性失血的全身及其他器官、系统的相应症状变化，可考虑大创伤、内出血或偶见于内脏破裂（如肝、脾破裂）。如慢性经过的逐渐苍白并有全身营养衰竭的体征，则多为慢性营养不良或消耗性疾病（如衰竭症、慢性传染病或寄生虫病）。由于大量红细胞被破坏而形成的溶血性贫血（如焦虫症），则在苍白的同时常带有不同程度的黄染。

3. 发绀

即可视黏膜呈蓝紫色。系血液中还原血红蛋白增多或形成大量变性血红蛋白的结果。一般引起发绀的常见病因如下。

因高度吸入性呼吸困难（如上呼吸道的高度狭窄）或肺呼吸面积的显著减少（如各型肺炎、胸膜炎）而引起动脉血氧未饱和度增加，即肺部氧和作用的不足。

血流过缓（淤血）或过少（缺血）而使血液经过体循环的毛细血管时，过量的血红蛋白被还原，称外周性发绀。多见于全身性淤血，特别是心脏机能障碍时（如心脏衰弱与心力衰竭）。不同病因引起的发绀，在结膜呈蓝紫色的同时，应具有不同的其他临床症状，应注意全面检查、综合分析。

4. 黄染

结膜被黄染，在巩膜处较为明显而且易于发现。黏膜黄染是胆色素代谢障碍的结果。引起黄染的常见病因如下。

因肝实质性的病变，致使肝细胞发炎、变性或坏死，并有毛细胆管的淤滞与破坏，造成胆汁色素混入血液或血液中的胆红素增多，称为实质性黄疸。可见于实质性肝炎，肝变性以及引起肝实质发炎、变性的某些传染病及营养、代谢病与中毒病。

因胆管被结石、异物、寄生虫所阻塞或被其周围的肿物压迫，引起胆汁的淤滞、胆管破裂，造成胆汁色素混入血液而发生黏膜黄染，称为阻塞性黄疸。可见于胆结石、肝片吸虫病、胆道蛔虫等；此外，当小肠黏膜发炎、肿胀时，由于胆管开口被阻，可有轻度的黏膜黄染现象。

因红细胞被大量破坏，使胆色素蓄积并增多而形成黄疸，称溶血性黄疸，如犬焦虫病，此时由于红细胞被大量破坏而同时造成机体的贫血所致。

（五）体温、呼吸、脉搏、血压、中心静脉压的检查

1. 体温检查

通常用肛门表测定肛门内温度，方法是将肛门表水银柱甩至35℃以下，用酒精棉球消毒后缓慢插入肛门内，3~5分钟后取出。宠物兴奋、紧张、运动等，可使体温暂时性轻度增高，因此在测温前半小时要保持宠物安静、停止活动、不喂水或食品，更不能刺激其吠叫，以免影响体温。成年犬正常体温为38.7℃左右，幼犬为38.5~39.5℃，通常晚上高，早晨低，日差在0.2~0.5℃。猫的正常体温为38.0~39.5℃。体温升高1℃以内叫微热，升高1~2℃为中热，升高2~3℃或更高为高热。

2. 呼吸数的测定

呼吸数根据宠物胸腹部的起伏动作测定，一起一伏为一次呼吸。也可将手背放在宠物鼻孔前方，感觉呼出的气流，呼出一次气流为一次呼吸。在冬季还可直接观察呼出的气流。一般记数1分钟的呼吸数。成年犬的呼吸数为10~15次/分钟，幼犬为14~32次/分钟；猫的呼吸数为15~32次/分钟，平均为26次/分钟。吸气时间约是呼气时间的两倍。同时注意呼吸式，健康成年犬呈胸式呼吸，幼犬为胸腹式呼吸。腹式呼吸提示胸部器官有病，如肺炎、心包炎、肋骨骨折、胸膜炎等。

呼吸数受很多因素影响，如宠物的种类、性别、年龄、营养、气温、湿度、海拔高度，还有运动及外界环境等。所以健康宠物的呼吸数的变动范围很大。

呼吸数增多见于发热性疾病、各种肺病、心脏病、贫血、大失血、胃扩张、肋骨骨折及腹膜炎等。呼吸数减少多见于中毒病、重度代谢紊乱、上呼吸道狭窄、尿毒症和某些脑病（脑炎、脑肿瘤、脑水肿）等。

3. 脉搏次数测定

检查脉搏需在安静状态下进行，否则，脉搏数偏高。

检查方法：通常在后肢股内侧的股动脉处，检查者站在宠物的侧后方，一手握后肢，一手伸入股内侧，以手指肚轻压动脉检查之。检查脉搏要注意脉数、脉性和脉搏的节律。健康犬的节律，成年犬68~80次/分钟，幼犬为80~120次/分钟；成年猫为120~140次/分钟，幼猫

为 160 次/分钟。犬正常时，常出现与呼吸同步的周期性心律不齐。

脉搏数的病理变化：脉搏数增多见于热性病、贫血及心脏衰弱等，脉搏数减少主要见于某些脑病及中毒病，脉搏数明显减少提示预后不良。

4. 血压测定

血压测定分直接和间接两种方法，直接血压测定是向动脉插入充满生理盐水的导管和使用压力传感器，直接测定血压值，该方法比较准确，但在临床上无法操作。间接方法是利用充气带、测定动脉脉搏及动脉闭塞后的血流情况。

动物侧卧或站立，一般不用保定。在前肢的肘腕之间或后肢的跗关节以下放置充气带，充气带的宽度约为肢周长的 40%，充气带按一定频率充气放气，机器自动展现脉搏、心收缩压、心舒张压和平均动脉压。

使用多普勒仪测定血压。可在下列部位装上充气带：前肢中部、跗关节末端、尾根部、肘/膝关节以下。将带黏着剂的超声传感器置于剪毛的动脉位置上，用血压计给充气带充气直到动脉血流消失，听不见血流音为止。慢慢降低充气带气压直到血流恢复并可听见血流音，从血压计上读取此时血压值。继续降低充气带气压，声音会发生变化，这是心舒张压。

5. 中心静脉压的测定

中心静脉压测定是用于评价患病宠物的体液状态。通过对中心静脉压的测定和评价，可以对患病宠物进行合理的体液供给。

为了测定中心静脉压，要将静脉插管经颈静脉放置在前腔静脉，管的顶端要达到前腔静脉右心房的水平。如果插管放置正确，能注意到每次呼吸时中心静脉压有 3~5mm 的波动。

接下来将消毒的三通活塞接到静脉插管，三通活塞的开口连接到静脉液体，静脉液体灌注到血压计，血压计充满灌注的静脉液体。患病宠物侧卧，血压计的零点放置胸骨水平。血压计的静脉液水平，一旦建立平衡中心静脉压等于零。为了增进精确度，应该反复测定三次。

在测定中心静脉压时，主要考虑下列问题：一系列的测定都有相同的零点，患病宠物相同的位置，如果插管因为血凝块阻塞，中心静脉压假性升高；如果血压计水平不受呼吸影响应怀疑阻塞；如果连续记录不可能，压力测定可间断进行。在中心静脉压测定之间不给予静脉液体，插管应该用肝素盐水冲洗。肝素盐水的制备：每毫升盐水加入肝素 5u。在评价中心静脉压时，最后评价其动向，而不是一次的测量数值。通常水位不到 3cm 时无意义。使用胸骨作为零点，犬和猫的中心静脉压变化静脉液在 0~5cm。如果中心静脉压持续增高静脉液 8~10cm，怀疑输入过多容积，体液给予要减少或停止。

对于幼龄宠物，体温、脉搏数、呼吸数是极易变动的，主要原因在于幼龄宠物的各系统发育尚不完全，所以临床检查时一定要注意，排除各种非疾病因素，以免误诊。

四、系统检查

整个检查过程至少用 10 分钟，全面检查所有可接触的系统、器官、组织和自然孔。

检查者运用一项或多项检查技术（视诊、听诊、嗅诊和触诊）进行检查，并用一些诊断方法来补充一般体格检查的某些方面，如用长点的时间听诊心肺、腹部定位触诊、耳镜或检眼镜检查、肌肉骨骼和神经情况检查以及粪便涂片和皮肤碎屑涂片的显微镜检查。

（一）头部检查

多用视诊、触诊和叩诊。观察比较头盖骨和颞肌的形态和对称性，并叩击诊断脑积水或额窦实变，鉴别骨缝和囟门的大小，比较颅盖、上下颌骨厚度和柔韧性，检查头部皮肤异常变化。头颅肿大变形，见于脑水肿、脑肿瘤等；头颅增温，见于脑充血、脑膜炎等；头颅某局部柔软并有压痛，见于脑肿瘤等。

（二）眼和眼睑检查

检查眼球的大小和位置，结膜、巩膜、角膜颜色和状态，瞳孔的大小和对光刺激的反应，触觉和视觉刺激的反应等。向骨质眼眶内轻压眼球，检查运动受阻与否。

眼和结膜病理变化：

眼睑及分泌物和眼睑肿胀，常见于眼睑受到机械刺激、结膜炎、眼睑腺炎或花粉过敏等。淀粉样白色分泌物，多见于肠内寄生虫或其他慢性疾病等。黄色黏稠性眼分泌物，是化脓性角膜炎和结膜炎的症状，除见于倒睫、机械性刺激外，还见于犬瘟热、传染性肝炎、疱疹及热性病等。眼睛刺痛流泪，常见于角膜炎、传染性肝炎及因花粉或植物过敏而引起的结膜炎等。

眼睛下方的毛变成红褐色，是泪囊炎或鼻泪管阻塞以及各种流泪症所致。

检查结膜同时，注意巩膜、角膜的变化对于犬疾病诊断极为重要。巩膜血管怒张，一般提示肺或心脏有病；角膜浑浊，如果是单侧性先后出现，提示传染性肝炎，双侧同时出现，提示头孢拉定等抗生素使用过量；角膜溃疡穿孔，提示传染性肝炎或犬瘟热。

眼球增大而突出，可见于青光眼或突眼性甲状腺肿。晶状体变小，晶体带蓝白色或灰色，具有珍珠样光泽，可见于先天性、老龄性或糖尿病所引起的白内障。角膜浑浊，可见于角膜炎、各种眼病、传染性肝炎等。用手电筒从侧方迅速照射瞳孔，并观察瞳孔的大小变化，来检查瞳孔对光的刺激。健康宠物在强光照射下，瞳孔迅速缩小，除去强光后，则迅速恢复原态。瞳孔散大，对光反射消失，眼球固定不动，见于中脑疾病。宠物高度兴奋、恐惧、剧痛及应用阿托品时，瞳孔也散大，但对光仍有反应。瞳孔缩小一般见于颅内压中等程度升高时，如慢性脑积水、脑膜炎、虹膜炎、有机磷中毒等。

（三）鼻和鼻孔检查

犬鼻镜有特殊的分泌机能，正常时保持湿润、凉感（在睡眠时鼻镜有时干燥是正常的）。如发干、温热提示发热性疾病，破裂则提示犬瘟热。从前到后按压鼻孔，确定是否存在分泌物。犬一般无鼻液，如出现清水样浆液性鼻液，常见于感冒、鼻炎、气管炎等。鼻液黏稠或干结在鼻腔内呈脓性，常见于鼻窦炎、犬瘟热、肺脓肿、坏死性肺炎等。关闭嘴和挡住一个鼻孔，确定呼吸的气流量。

（四）耳、唾液腺、下颌淋巴结检查

检查耳的轮廓、位置及皮肤变化，耳道清洁度和气味，耳廓和软耳道的厚度和适应性，耳

道液体或渗出物有无。如发现外耳疾病，要进一步判断是否涉及中耳、鼻咽部和咽后部：用耳镜检查中耳、对比触摸鼓室泡检查是否软化或不适、检查有无面神经麻痹和/或霍纳综合征。外耳炎，特别是细菌性外耳炎耳内有恶臭味，压迫耳根部有时会听到“咕叽咕叽”声，有时压出脓性分泌物。耳疥螨病时，会排出特征性的干燥耳垢。触摸咽后淋巴结是否肿大，开口检查口咽部。

检查口腔前，应先检查唾液腺和下颌淋巴结的大小和可移动性。唾液腺在耳根部和颏骨角上，有牢固筋膜固定，不能在皮下自由运动。触摸到唾液腺后寻找下颌淋巴结，其前端与唾液腺相连，可在皮下自由移动。对明显的下颌淋巴结病和/或上呼吸道困难的宠物，看是否能触摸到咽后淋巴结和颈部淋巴结。

（五）口腔和咽的检查

检查唇的皮肤变化，评价对触觉刺激的反应，如果异常，比较一下同鼻孔、眼睑、角膜和耳反应的差异。提起或牵拉唇，检查牙龈和牙弓。评价嘴的形态和下颌的咬合，牙龈的颜色、毛细血管再充盈时间和状态。鉴别唾液腺管口，查明牙齿的数量和状态，评价口腔气味。鼻有病时，触诊硬腭顶部。开口用手指确定口咽部、喉部、扁桃体和舌背腹面的状态。对幼龄宠物，通过手指插入下颌中部检查舌腹面和评价舌茎部，查找外来物、肉芽肿、舌下囊肿和肿瘤；用拇指和食指将舌头拉出口外检查咽部，包括喉头和扁桃体。对成年宠物用手指检查和触摸舌腹面，用拇指和食指按压舌根部并牵拉向嘴侧，便于观察口腔口咽部，包括观察喉头和甲状腺窝；检查口咽部，包括舌骨和鼻咽部、耳鼓泡和扁桃体。触诊咽部时两手从两侧咽部同时按压，以感知其温度、反应及质地。咽肿胀、发热、敏感，见于急性咽炎、放线菌病等。检查口腔黏膜的同时，注意舌苔的变化。口腔黏膜苍白，同时舌苔苍白，表示心脏机能极为衰弱，处于病危状态。

（六）颈部检查

用手活动头和颈部，触摸肌肉和皮肤，评价皮肤弹性，鉴别皮肤的异常变化，触摸喉头、舌骨器官和气管的形态和对称性。轻轻按压喉头，宠物连续咳嗽、干咳或作呕为不正常。存在上呼吸道病症的，想法触摸耳鼓泡和咽后淋巴结。评价食道厚度和内容物。许多犬的食道不易鉴别，闭紧口和鼻孔、按压腹部可看到食道扩张，观察到食道内有液体和气体。食道检查除外部视诊和触诊外，必要时还可用导管从内部探诊，以了解食道是否通畅、有无痛感和异物。食道疼痛，见于食道炎；食道不通畅，见于食道梗塞。检查喉头到胸腔入口的颈部组织，触摸颈部淋巴结、甲状腺、甲状旁腺是否增大。检查颈静脉扩张和搏动与否，鉴别软组织震颤和心脏的辐射性颤动。检查胸腔入口处，鉴别正常组织和占位性病变。

（七）胸腔和前肢检查

评价颈浅表淋巴结的大小和弹性，判断皮肤弹性和鉴别皮肤变化。在负重和非负重状态触诊肩和前肢，注意抬腿的容易与否，对比两条腿的解剖，评价肌肉群和张力。如果存在肩胛骨萎缩，重新检查颈部脊柱，查找脊柱的不稳定性或椎间盘疾病。检查长骨的形态，正常宠物适度确实的手指按压应是无痛的，骨膜表面光滑。检查关节形态，评价关节松弛情况和关节囊的厚度；拉伸和屈曲各关节。检查爪的骨骼形态和骨膜表面的形态，拉伸脚趾，检查皮肤、趾垫和支架。检查腋窝皮肤状态，触摸臂动脉的脉搏。检查前侧肋廓的形态，定位心脏震动区。触诊腋窝淋巴结是否增大。大多数犬的臂和腋动脉不易摸到。

胸部视诊：从宠物的前方及后方对比观察胸廓的对称性。健康宠物胸廓对称。当发育不良或患佝偻病及骨软症时，胸廓狭窄扁平（狭胸）；单侧气胸或胸膜炎时，左右胸廓不对称；局部肌肉震颤，见于发热、疼痛、中毒及某些神经系统疾病。

胸部触诊：检查肋骨、胸骨和脊柱的形态和对称性，正常时按压或叩诊，这些结构应无疼痛，鉴别心跳和检查左、右胸侧最强点。正常的心跳最强点，犬在左侧第4~6肋间的肋骨与软骨接合部。比较心跳速率和节律、前臂或股脉搏的速率和质量。对压胸腔应当不诱发咳嗽或疼痛，鉴别胸腔内占位性团块或液体。判断心脏的大小和收缩力的强弱。触诊胸部敏感，见于胸膜炎、局部炎症、外伤、肋骨骨折、胸肌风湿等。此外还要注意局部温度等。

胸部叩诊：在叩诊回音较重的区域（肺背尾侧）开始，逐渐向叩诊音较轻的区域进行；心廓和膈界限为叩诊音稀疏、减弱的区域。注意脂肪过多可造成胸腔叩诊音减轻，宠物极度瘦弱时胸叩诊音变弱。通过不同特点的叩诊回音来鉴别胸腔内占位性病变：叩诊音增强或叩诊区域增大，见于气胸、阻塞性肺炎、胃扩张性疝；叩诊音减弱或区域减小，见于肿块、渗出、内脏疝、心肥大等。

胸壁听诊：需要堵住一个鼻孔和/或嘴来控制喘气，延长呼吸循环和增强心脏听诊音。

心脏听诊：开始于心音最强点听诊，评价声音的质量，评价心率和前后肢动脉脉搏和呼吸与循环的相合性。听诊四个瓣膜区、胸腔入口和胸骨。鉴别被替代或压抑的心音、心音分裂或复合心音、心颤动和心律不齐。

肺脏听诊：由背尾侧肺部开始，并判断自主呼吸的速率和深度。每隔3cm左右为一个听诊点，每听诊点应连续听3~4次呼吸，检查所有肺区自然呼吸和控制呼吸，必要时与对侧相应部位对比。听诊胸腔入口和颈部气管，以区别上呼吸道和下呼吸道呼吸音。鉴别肺呼吸音减弱或消失、异常支气管音和胸膜摩擦音。健康犬的肺泡呼吸音呈“夫、夫”音。肺泡呼吸音增强，见于感冒、肺炎、热性病及有呼吸困难症状的疾病；肺泡呼吸音减弱，见于肺气肿、肺炎等；肺泡呼吸音消失，见于肺炎的肝变期；干性啰音，见于支气管炎、肺炎及结核等；湿性啰音，见于肺充血、肺水肿、支气管炎及肺炎等；胸膜摩擦音，见于胸膜炎、胸膜肺炎等。

定位心脏瓣膜听诊区：犬二尖瓣区在左侧第4~6肋间、肋骨和胸骨结合部。肺动脉瓣区在左侧第2~4肋间的胸骨正上方。主动脉瓣区在左侧第4肋间和肩关节水平线。三尖瓣区在右侧第4~5肋间的肋骨、胸骨结合部和胸骨间。

心听诊区：左尖，与二尖瓣区相对应。左基部，与肺动脉区相对应。右侧，与三尖瓣区相对应。

胸腔入口，应做常规听诊检查。大型犬常在此处听到大动脉杂音。如果鉴别出放射性颤音，应进一步听诊颈静脉、颈动脉和头部。

第一心音和第二心音只在正常犬可听到。第一心音分裂说明二尖瓣和三尖瓣闭合不同步，有时可在大型犬或巨型犬听到。第二心音分裂表明主动脉瓣和颈动脉瓣闭合不同步，有时在一些犬吸气时听到。第一、二心音增强，见于热性病初期及心肥大代偿期；第一、二心音减弱，见于渗出性胸膜炎及严重的肺气肿；第一心音增强，见于大失血；第二心音增强，见于肾炎、肺充血、肺水肿等；心律不齐，是心脏跳动的快慢不均，心音的间歇时间不等，见于热性病、心肌损伤及危重病。

动脉搏动：发生于第一心音和第二心音之间，与心脏收缩相对应。心脏颤动与动脉脉搏同时发生为局限收缩性颤动。心脏颤动与动脉搏动不同时发生，是舒张性震颤。心脏震颤在收缩和舒张时都有，为持续性震颤。

（八）腹部和会阴部检查

检查形态、柔韧性和腹壁的敏感性，有无疝和肿瘤存在，皮肤和被毛异常，外生殖器、乳腺和淋巴结异常及肛门和肛周异常。

腹腔触诊包括浅表触诊和深部触诊，可以结合冲击触诊、叩诊或听诊。由浅表触诊逐步过渡到深部触诊，并使紧张的腹部充分迟缓，对疼痛的腹部适当触诊。触诊的结果可以判定可移动的结构（如肠内外异物），否则，如开始即采取深部触诊异物会在按压时滑掉。触诊腹部同时用手指行直肠检查，使紧张腹部完全放松，便于另一只手的腹部触诊，还可作为另一只手触摸子宫的定位。直肠检查触诊前列腺、输精管，偶尔可摸到膀胱。

1）腹腔浅表触诊

左肋下区：手指由左肋弓按向右肩，保定好的宠物不应触摸到固定的软组织或产生痛感。可感到脾和左肾从指下滑走。此区域检查到的异常有肋骨骨折、肋旁疝、胃扩张—肠扭转、异物、肿瘤、肠系膜根部疾病、肝移位或肝肿大。

右肋下区：手指由右肋弓处按向左肩，犬此处较左侧肋弓下阻力稍大，犬的右肾移动性较小。此处出现软组织样异常物或疼痛的原因包括有肋骨骨折、肋周疝、胰腺炎、肝移位或肿大、胆囊扩张、肾病等。

腰下区：用手指从肋弓检查到骨盆入口，在检查时可以摸到一个或两个肾、结肠及直肠。由头侧向骨盆入口检查时，重要的是检查髂淋巴结，正常时触摸不到髂淋巴结，发生肿大通常是肿瘤性疾病所致。

下腹部：检查内生殖器，采用柔和地冲击触诊可以检查到异常团块。正常用力下按时，这些团块会在触摸时滑跑。幼犬阴道发育容易被误诊为腹股沟疝。

会阴：评价尾和肛门、骨盆横膈膜，鉴别肛门囊，检查外生殖器，检查尾皮肤状态和骨骼或神经异常。

2）腹腔深部触诊

基本触诊程序为膀胱、前列腺（雄）、直肠-结肠、髂下淋巴结*、子宫-卵巢、左肾、右肾、肝、脾、胃、结肠、盲肠*、肠系膜淋巴结*及小肠。

---

* 不是总能触摸到的器官。

左肋下区紧张并坚硬，见于胃食滞；胃区按压疼痛并有呕吐，见于胃炎；肠区有坚硬物且按压时疼痛，见于肠便秘、肠套叠及肠癌等。

最好经一次触诊鉴定出异常状态。只有在必要时进行再次触诊，因多次触诊容易导致疾病过程复杂和造成过度疼痛。

触诊结果为器官能否触及，器官的大小、形状、坚实或柔软、敏感性和位置以及表面状态（如“太光滑”、颗粒状）。

定位腹部触诊：抬高胸部使内脏从肋弓下沉到更易于触诊或使宠物仰卧。肥胖犬肌肉紧张性降低，内脏在检查时不能充分地在检查者手下滚转，使触诊结果不确实。检查时由犬主或技术员把住头和前肢，检查者一手握住后肢，另一手触摸。习惯上用左手触摸右腹，右手触摸左腹。定位触诊时注意防止卧下呼吸时将呕吐物吸入。有呼吸或心血管危症时，禁忌使用定位触诊。

通常，正常组织器官被误认为异常的情况有悬垂肾误认为肿瘤、套叠或异物，特别是犬左肾；脾脏折起被认为血管瘤；大便团块和充满食物的胃被当为异物；犬的前列腺和前列腺周围囊肿被当为膀胱。

（九）后肢、骨盆和脊柱检查

检查判定股淋巴结的大小和坚实度，鉴别四肢下部皮肤状态，触诊负重和不负重的后肢，比较抬起后肢与前肢及另一后肢的难易，一般后肢应较前肢更容易抬起。假如抬起过于容易，可能存在骨骼疼痛。评价肌肉紧张性，检查长骨的形态（同胸腔骨廓的检查），评价髋骨、骨盆腔、骨盆关节的形态，检查爪（同前肢）。

通过外部触诊检查骨盆韧带的稳固性，骨盆的形态、对称性。检查用一只手的拇指及其他指握住髂骨翼，另一只手以同样的方式握住坐骨结节，同时按压这些韧带，可以检查任何的骨盆损伤。大型犬可行直肠检查来确定骨盆的稳定性。脊柱按压从胸腰结合部直到腰骶韧带，检查有无不适感或运动受限。

（十）外生殖器和肛门检查

判断结构差异和异常，有无出血、结痂、感染、淋巴增生、肿瘤，乳房、乳头皮肤的异常，腹股沟淋巴结的大小和坚实性。雌性外阴检查时注意阴唇的伸展性和前庭黏膜的暴露程度，阴蒂的大小，充分评价异常。必要时可能需要指检、阴道内窥镜检查和细胞学检查。雄性检查包皮、包皮孔和阴囊，暴露阴茎头，检查尿道口，如果为了鉴别或怀疑异常，要充分暴露龟头。触摸阴茎口和骨盆外阴茎，定位睾丸，评价睾丸和附睾的大小和质地，评价精索。要进行全面的尿生殖道检查，需要采用手指直肠检查或腹部触诊。直肠指检，在检查成犬时要考虑到将此作为常规检查程序，不要对健康犬和幼犬做例行检查。进行腹部、会阴和骨盆检查时，手指要充分润滑，施术手放入肛门时，用另一只手抬起尾巴。手指插入肛门后，另一只手松开尾巴，放于尾侧下腹部。检查指逐渐通过肛门括约肌进行判断。在肛门及肛周组织的外部触诊时，鉴别肛门囊，评价骨盆横膈膜的强度，肛门括约肌的张力。肛门和肛门囊的内部检查时，如需彻底检查，可以将肛门囊排空。检查直肠腔和黏膜时，鉴别任何憩室和会阴疝，确定粪便的性状。触诊骨盆内尿生殖道结构，雄犬检查尿道、前列腺、输精管；雌犬检查阴道、尿道结节。如雌性尿道可触及则为异常。膀胱和前列腺通常在腹腔。检查同时用另一只手触摸腹部的尿生殖道结构，如摸到骨盆腔内淋巴结和髂淋巴结则为异常。注意肿大的髂淋巴结通过直肠常摸不到，但可在腰下腹部触诊摸到。怀疑存在血栓栓塞病时触摸髂动脉。评价骨盆腔腰骶结合部和骶尾结合部的形态和对称性。排空检查肛门腔内容物和评价肛门囊。检查粪便颜色和内容物，并涂片做显微镜检查。

（十一）神经系统检查

1. 神经系统的功能结构

局部解剖：神经系统从解剖学上可以分为七个不同区域，各个不同区域包括一个或多个神经元功能单位。损伤可发生在这七个不同的区域，发生损伤后，区域内特定的上位神经元（UMNs）、下位神经元（LMNs）、感觉神经元（SNs）和综合神经元（INs）将受到影响。

1）运动神经元受损的症状

（1）无力到瘫痪；

（2）脊髓反射减弱或消失；

（3）肌肉萎缩；

（4）如果感觉神经元受损，则感觉消失。

2）脊髓

脊髓的每个片段都包括下位神经元（LMNs）、感觉神经元（SNs）的中枢伸延部分和上位神经元（UMNs）的轴突。单侧的损伤引起同侧肢体的功能障碍。临床表现根据损伤的区域的不同而不同。

（1）脊髓片段 L_4–S_3 损伤。脊髓的每个片段都包括 LMNs，SNs 的中枢延伸部分单侧的损伤引起同侧肢体的功能障碍。

（2）脊髓片段 T_2–L_4。这个区域包括支配肋间和与支配远端骨骼肌的低位神经及感觉神经元，该区域神经发生损伤后，可表现瘫痪、脊髓反射敏感、渐进性肌肉萎缩、无感觉等症状。

（3）脊髓段 C_6–L_4。此区域包括有支配前肢的 LMNs 和控制后肢的 SNs 及 UMNs 的轴突。此区域的损伤可引起前肢的低位神经元的症状和后肢的高位神经元的症状。分布于头部的交感神经来源于脊髓的 T_1–T_2 段，此区域的损伤可引起霍纳氏综合征。

（4）脊髓段 C_1–C_6。此区域包括有颈侧肌肉系统的低位神经元、感觉神经元和高位运动神经元的轴突。损伤后可引起四肢高位运动神经元症状，严重的损伤可引起呼吸障碍，膈肌和肋间肌的麻痹。

3）脑干的髓桥区域

此区域分布着 V–XII 脑神经核的下位神经元。损伤后引起的临床症状有：第 V–VII 脑神经调节的 LMNs 症状，四肢的 UMNs 症状，单侧损伤时引起同侧步态和姿势的异常。如果延桥网状系统受损，可引起精神沉郁或昏迷。

4）小脑

小脑在胚胎起源上为脑桥的一部分。小脑主要功能是协调自主运动，与前庭系统共同完成。小脑损伤的主要临床症状是共济失调、不自主震颤。

5）中脑

中脑包括来自于Ⅲ、Ⅳ脑神经的F位运动神经元、来自大脑的高位神经元的轴突和感觉神经元的轴突和网状系统。单侧损伤常引起对侧肢体的严重症状，严重的损伤常导致意识狂乱、去大脑僵直姿势、角弓反张等。

6）丘脑和下丘脑

丘脑的主要功能是大脑的感觉替代中枢。临床症状与大脑损伤很难鉴别。下丘脑的损伤临床上常引起食欲、饮欲、体温、电解质平衡、行为和内分泌的改变。

7）大脑

大脑是包括有一些运动神经元核的综合区域。损伤后出现对侧步态和行为的改变，瞳孔对光反射正常但视觉丧失。弥散性损伤造成木僵和昏迷。

2. 检查程序

1）神经系统检查

（1）视诊。视诊包括精神状态、姿势。脑桥的损伤常引起明显的头部倾斜，哪一侧的耳朵在下，表明同侧的脑部有损伤。丘脑和中脑损伤时，身体姿势可有多种变化，也常引起头偏向损伤一侧。

（2）步态与姿势反应。正常协调的步态常由多神经调节。姿势和步态可确定动物的神经状态而不是确定损伤程度。可通过动物的半行走状态、跳跃、推独轮车姿势或机体的过度伸展等来检测姿势反应。如果后肢的姿势反应和步态存在缺陷，如轻度的瘫痪，说明脊髓 T_2 段以后部位存在损伤。如果四肢步态和姿势反应存在缺陷，如四肢瘫痪，说明脊髓从头部开始直到 T_2 段都存在损伤，或全身运动神经系统功能紊乱。如果身体一侧姿势反应有问题，说明同侧脊髓或脑桥有问题。如果损伤位于大脑或中脑，则临床表现疾病症状位于对侧。

（3）脊髓反射。脊髓反射是为了检查运动神经单元和感觉神经单元的完整性（见表 1–1–1）。反应低下说明运动神经功能紊乱。反射增强说明 UMNs 和 INs 不能正常调节 UMNs。

表 1–1–1　脊髓反射检查方法及对应的反应

特定反射	检查方法	对应反应	对应神经	对应部位
膝反射	叩击膝韧带	膝部伸展	股神经	L_4-L_6
头胫反射	直接叩击肌腹	跗部屈曲	坐骨神经腓支	L_6、$_7-S_1$
后肢屈曲反射	后肢体有害的刺激	肢屈曲	股神经侧枝、坐骨神经	L_4-S_1
二头肌反射	叩击二头肌韧带	肘屈曲	肌皮神经	C_6-C_8
三头肌反射	叩击三头肌韧带	肘伸展	桡神经	C_7-T_2
腕关节伸展反射	叩击肌腹	腕伸展	桡神经	C_7-T_2
前肢屈曲反射	肢体有害刺激	肢屈曲	背侧桡神经、掌侧正中神经与尺神经	C_7-T_2
会阴反射	会阴部有害刺激	肛门括约肌收缩及尾屈曲	会阴神经	S_2-S_3

（4）脑神经检查。如果脑干或其外周神经通路存在损伤，则脑神经会出现缺陷。脑干的损伤常有异常的姿势反射。具体见表 1–1–2。

表 1-1-2 特定脑神经及其功能

脑神经	位置	功能	评价方法
Ⅰ-嗅神经	大脑梨状叶	嗅觉	无
Ⅱ-视神经	丘脑	视觉、瞳孔和对光反射	威胁反射、瞳孔对光反射、避开物、视觉定位
Ⅲ-动眼神经	中脑	副交感神经到瞳孔、运动神经到眼中肌、眼直肌到眼腹外斜肌	瞳孔对光反射、协调眼的各种运动
Ⅳ-滑车神经	中脑	运动神经到眼背外斜肌	眼球运动
Ⅴ-三叉神经	脑桥、延髓	运动神经到咀嚼肌、感觉神经到面部	颌紧张、咀嚼、面部感觉
Ⅵ-外展神经	脑桥、延髓	运动神经到侧直肌、眼球外退缩肌	眼球运动
Ⅶ-面神经	脑桥、延髓	运动神经到面部表情肌肉，副交感神经到泪腺、平衡和听觉	眨眼、缩唇、动耳、流泪
Ⅷ-前庭耳蜗神经	脑桥、延髓	感觉、喉部运动	身体姿势、眼运动、听觉
Ⅸ-舌咽神经	脑桥、延髓	感觉与运动神经到喉部、副交感神经到内	张口反射，吞咽
Ⅹ-迷走神经	脑桥、延髓	脏	张口反射，吞咽
Ⅺ-副交感神经	脑桥、延髓	运动神经纤维到斜方肌、臂头肌	肩部颈部肌肉紧张收缩
Ⅻ-舌下神经	脑桥、延髓	运动神经纤维到舌肌	舌运动

3. 神经放射学检查

用于诊断神经系统的放射学检查技术有X线照相技术、X线造影技术、放射性同位素检查、计算机断层扫描术（CT）及磁共振成像术（MRI）等。

4. 电生理学检查

可进行肌电图和脑电图的检查。

五、特殊检查

（一）心电图检查

心电图（electrocardiogram，ECG）检查是临床上常用的重要的特殊检查方法。它对心律失常、心脏肥大、心肌梗死和电解质紊乱的诊断具有重要的意义。

心电产生的机理：心脏机械性收缩之前，心肌首先发生电激动，产生心脏动作电位。机体中含有大量的体液和电解质，具有一定的导电性能，因而是一个容积导体。根据容积导电的原理，可以从体表间接地测出心肌的电位变化。利用心电图机（又称心电描记器）将机体表面的心电变化描记于心电图纸上所得到的曲线图，称为心电图。心电图的描记方法称为心动电流描记法。研究正常及病理情况下的心电图变化及其临床应用的学科，称为心电图学。

1. 心电描记的导联和操作

心电描记的操作包括心电图机的使用、检查动物的保定、电极的制作和放置、心电描记的干扰和防止方法。

心电描记的导联就是指将电极放在机体的哪个部位，以及电极如何与心电图机正负极相连接。既然在体表任何两点放置电极，并用导线与心电图机连接都可描出心电图，那么在动物体表就可任意选出无数个导联来。但是为了对不同个体的心电图进行比较，或对同一个体的患病前后以及病程中进行比较，就必须做出统一的规定。兽医学上目前虽然对各种动物提出了许多导联，但尚未做出哪种动物应该使用哪几种导联的统一规定。这些导联如果按电极与心脏电位变位的关系来分类，大致可分为单极导联（即形成电路的负极或称无关电极，几乎不受心脏电位的影响）和双极导联（两电极均受心电的影响）两类。如果按电极与心脏的关系来分类，可分为直接导联（探查电极与心肌直接接触）、半直接导联（电极靠近心脏，如胸导联）和间接导联（电极远离心脏，如肢体导联）三类。

目前，在介绍心电描记的导联时，一般只说明电极在动物体表的放置部位，至于如何与心电图机的正负极连接，都不用说明。因为国内外生产的心电图机都附有统一规定的带色的导线。

红色（R）——连接右前肢。

黄色（L）——连接左前肢。

蓝或绿色（L F）——连接左后肢。

黑色（R F）——连接右后肢。

白色（C）——连接胸导联。

在具体操作时，只要按上述颜色的导线连在四肢的电极板上，将心电图机上的导联选择开关拨到相应的导联处，即描出该导联的心电图。

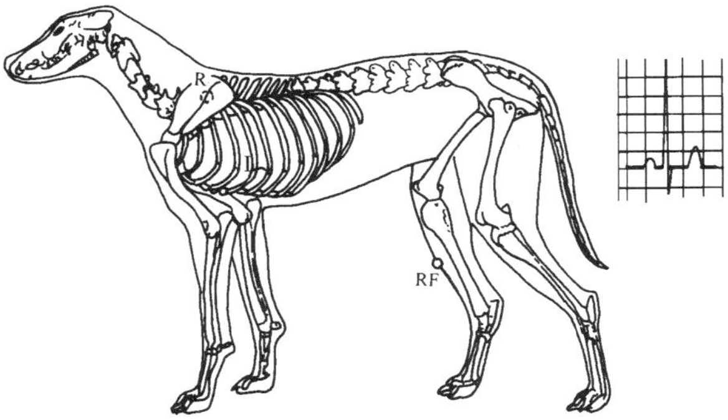

图 1–1–13　犬的 A—B 导联及标准波形

R：右肩胛骨上 1/3　RF：右后肢　L：第 5 肋间肋软骨结合部

（1）A—B 导联：黄色导线连接于左侧第 5 肋间的肋骨与肋软骨结合部，红色导线连接于右肩胛嵴上方 1/3 处，蓝色导线连接胸骨柄处，黑色导线连接右后肢，导线选择开关扭到“开”处，即可描记出 A—B Ⅰ、A—B Ⅱ 导联的心电图（图 1–1–13）。

（2）A—B 加压单极肢导联：连接方向和 A—B 导联一样，只要更换选择开关为 aVR、aVL 描记就可以了（图 1–1–14、图 1–1–15）。

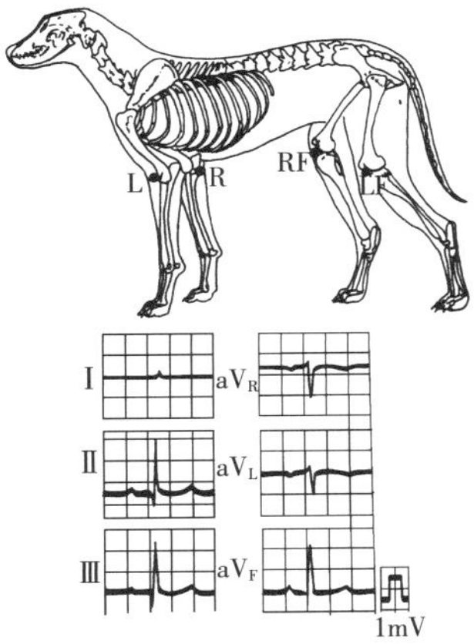

图 1–1–14　犬的标准单极加压肢导联及波形

R：右前肢　L：左前肢　RF：右后肢　LF：左后肢

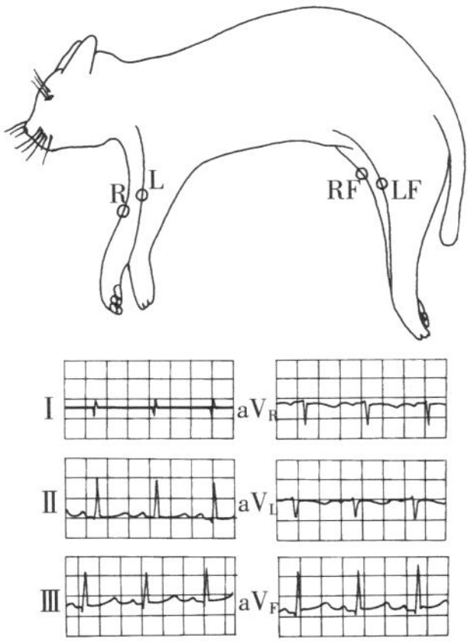

图 1–1–15　猫的标准单极加压肢导联及波形

R：右前肢　L：左前肢　RF：右后肢　LF：左后肢

（3）单极胸导联：在四肢上连接 R、L、RF、LF 导线，导联选择开关扭至“V_1”处，再将白色导线分别连接于 C_1~C_6 等六个部位，即可描记出相应的心电图（图 1-1-16）。

（4）单极胸部辅助导联：采用这一导联的主要目的是观察 P 波和 T 波的变化。导线连接时，R、L、RF、LF 与单极胸导联相同，但白色导线连接的位置则不同，是放在 M_1~M_6 的部位上（图 1-1-17）。

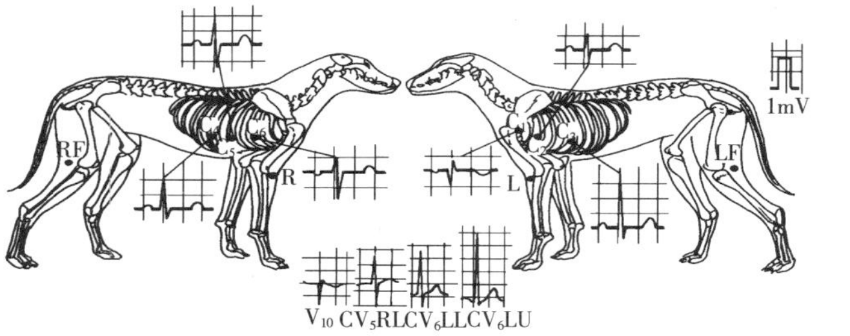

图 1-1-16　犬的胸部单极诱导法及标准波形

C_1~C_6：肋肋软骨结合部　R：右前肢　L：左前肢　RF：右后肢　LF：左后肢　V_{10}：第 7 胸椎脊突
CV_5RL：右侧第 5 肋间胸骨右缘　CV_6LL：左侧第 6 肋间胸骨左缘　CV_6LU：左侧第 6 肋肋软骨结合部

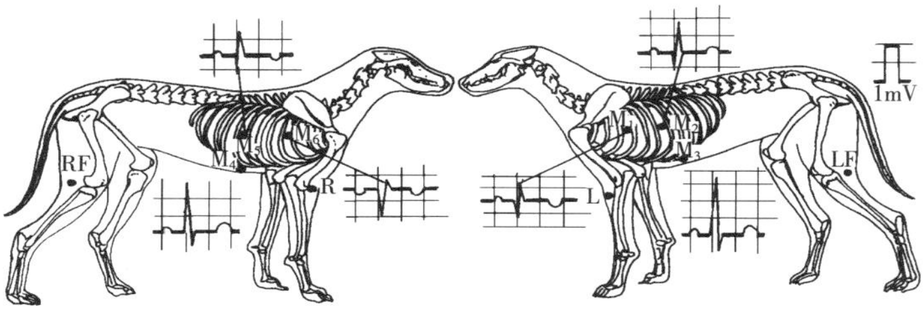

图 1-1-17　犬的胸部单极辅助导联及标准波形

M_1、M_2、M_5、M_6：最大横径部　M_3、M_4：剑状软骨横侧部　R：右前肢　L：左前肢　RF：右后肢　LF：左后肢

2. 正常心电图及心电图各组成部分的名称

1）心电图各波的名称

（1）P 波：代表心房肌除极化过程的电位变化，也称心房除极波。

（2）QRS 波群：代表心室肌除极化过程的电位变化，也称心室除极波。这一波群是由几个部分组成的，每个部分的命名常采用下列规定。

Q 波　第一个负向波，它前面无正向波。

R 波　第一个正向波，它前面可有可无负向波。

S 波　R 波后的负向波。

R 波　S 波后的正向波。

S 波　R 波后又出现的负向波。

QS 波　波群仅有的负向波。

R 波粗钝（切迹）　R 波上出现负向的小波或错折，但未达到等电位。

QRS 波群有多种不同的形态，通常以英文大、小写的字母分别表示大小。波形不超过波群最大波的一半者称为小波，用 q、r、s 表示。

（3）T 波：反映心室肌复极化过程的电位变化，也称心室复极波。

2）心电图各间期及段的名称

（1）P—R（Q）间期：自 P 波开始至 R（Q）波开始的时间。它代表自心房开始除极化到心室开始除极化的时间。

（2）P—R（Q）段：自 P 波终了到 R（Q）波开始的时间。代表激动通过房室结及房室束的时间。

（3）QRS 间期：自 R（Q）波开始到 S 波终了的时间。代表两侧心室肌（包括心室间隔肌）的电激动过程。

（4）S—T 段：自 S 波终了至 T 波开始。反映心室除极结束以后到心室复极开始前的一段时间。

（5）J 点（结合点）：S 波终了与 S—T 段衔接处。

（6）Q—T 间期：自 R（Q）波开始至 T 波终了的时间。代表在一次心动周期中，心室除极和复极过程所需的全部时间。

3. 心电图记录纸

心电图记录纸有粗细两种纵线和横线。纵线代表时间，横线代表电压。细线的间距为 1mm，粗线的间距为 5mm，纵横交错组成许多大小方格。通常记录纸的滑动速度为 25mm/s（“s”表示“秒”），故每一小格代表 0.04 秒，每一大格（5 小格）代表 0.20 秒。一般采用的定准电压是，输入 1mV 电压时，描记笔上下摆 10mm（10 小格），故每一小格代表 0.5mV。如 1mV 标准电压，使描记笔摆动 8mm，则每 1mm 的电压就等于 1/8=0.125（mV）。

4. 心电图的测量方法

测量心电图时，首先应检查定准电压曲线是否合乎标准，每小格代表多大电压，以免影响心电图的判断。测量正向波的振幅，应从等位线的上缘量至波顶；测量负向波时应从等位线的下缘量至波底。等位线应以 T—P 段为标准，因而这段时间内，整个心脏无心电活动，电位相当于 0。在测量各间期时，应选择波幅最大、波形清楚的导联。因为波幅低小时，其起始及终了部分常不清晰，易造成误差。测量各波的时间应自该波起始部的内缘至终了部分的内缘。

5. 平均心电轴和心电位

平均心电轴简称心电轴。在心室除极向量环的不同时间内顺序出现一系列瞬间综合向量，它代表一系列不同时期内出现的诸瞬间综合向量在力学上的综合大小和方向，习惯上称为平均心电向量。这个平均心电向量在额面上的方向称为平均心电轴，一般以平均心电向量与 L_I 导联（正侧）夹角的度数来表示。通常所谓“电轴”实际上是额面 QRS 环平均电轴的简称。正常心电轴在+30°~+90°之间，平均约为+60°。+90°~+180°为电轴右偏，见于右心室肥大和肺气肿。+30°~-90°为电轴左偏，见于左心室肥大。

平均心电轴常常与心脏的解剖位置有关，心脏垂悬位时常伴有电轴偏右，横位时常伴有电轴偏左。据报道，绵羊、奶牛和猪的心电轴与人的心电轴相比，多明显偏左，可能与这些动物的心脏倾向于横位有关。这一点应在实际应用中加以注意。

心电轴的测定方法较多，其中以目测法最简单。即以 L_I 和 L_{III} 导联 QRS 波群的主波方向大致估计电轴偏移情况。L_{I}、L_{III}导联主波一致向上，电轴正常；L_{I}主波向下，L_{III}主波向上，电轴右偏；L_{I}主波向上，L_{III}主波向下，电轴左偏。

平均心电轴的测定是早年在应用标准导联的心电图学中提出的一个临床心电图指标，对临床心电图的诊断有相当大的价值。它的测定符合心电向量的原理，所以有人说它从普通心电图波形上取得了向量心电图上的内容，所以心电轴至今仍然在心电图学中受到重视。

6. 心电图的分析步骤和报告方法

初学者在分析心电图时，应准备一个双脚规和一个放大镜，并采取下列步骤依次测量观察。

(1) 将各导联心电图剪好，按Ⅰ、Ⅱ、Ⅲ、aVR、aVL、aVF、V_1、V_2……的顺序贴好，注意各导联的P波要上下对齐。检查心电图的导联标志是否准确，导联有无错误，定准电压是否准确，有无干扰波。

(2) 找出P波，确定心律，尤其要注意aVR和aVF导联。窦性心律时，aVR为阴性P波，aVF为阳性P波。同时观察有无额外节律如期前收缩等。仔细观察QRS或T波中有无微小隆起或凹陷，以发现隐没于其中的P波。利用双脚规精确测定P—P间距以确定P波的位置以及P波与QRS波群之间的关系。

(3) 测量P—P或P—P间距以计算心率，一般要测5个以上间距求平均数（秒），如有心房纤颤等心率紊乱时，应连续测量10个P—P间距，取其平均值以计算心室搏动率。

(4) 测量P—R间期、Q—T间期、V_1及V_6室壁激动时间、心电轴等。

(5) 观察各导联中P、QRS波的形态、时间及电压，注意各波之间的关系和比例。

(6) 注意S—T段有无移位，移位的程度及形态。T波的形态及电压。

心电图报告是对所描记的心电图的分析意见和结论。一般可按上列的分析内容或心电图报告单的项目逐项填写。在心电图诊断栏内要写明：心律类别、心电图是否正常等。在进行心电图诊断时，必须结合临床检查和血液检查等结果综合分析。心电图是否正常，可分为如下三种情况。

①正常心电图。心电图的波形、间期等在正常范围内。

②大致正常心电图。如个别导联中，有S—T段轻微下降，或个别的期前收缩等，而无其他明显改变的，可定为大致正常心电图。

③不正常心电图。如多数导联的心电图发生改变，能综合判定为某种心电图诊断，或形成某种特异心律的，都属于不正常心电图。

7. 心电图各波、间期的常见变化

1）P波

(1) P波电压增高。见于交感神经兴奋、心房肥大和房室瓣口狭窄等。P波增高但时间延长，波形呈高尖型，是右心房肥大的特征，多见于肺源性心脏病，故称为“肺型P波”。P波增高且时间延长时，波形有明显切迹呈双峰型，是左心房肥大的特征，多见于二尖瓣狭窄，故称“二尖瓣P波”。

(2) P波消失。表示心脏节律上的失常。心房颤动时P波消失，代之以许多颤动的小波（f波）。

(3) P 波倒置。在 P 波本身应为阳性波的 aVF 导联中变为阴性波，表示有异位兴奋灶存在，如激动来自左心房或房室结附近，因其在心房中的传导方向自上而下，故形成阴性波。

P 波低平可属正常，但电压过低则属异常。

2) P—R 间期

P—R 间期延长，见于房室传导障碍，迷走神经紧张度增高。P—R 间期缩短，见于交感神经紧张，预激综合征。预激综合征是指房室间激动的传导，除正常的传导途径外，同时经由另一附加的房室传导径路，此附加的传导径路，由于绕过房室结，故传导速度明显快于正常房室传导系统的速度，使一部分心室肌预先受激。心电图除 P—R 间期缩短外，还有 QRS 波群时间增宽，而且形态有改变，其开始部分多呈明显粗钝，但 P—J 时间（P—R 间期加 QRS 波群时间的总时间）正常，仍在 0.26 秒以内。预激综合征是 1930 年由 Wolff、Parkison 和 White 三人描述的，故又称“W—P—W”综合征。多见于非器质性心脏病，一般预后良好。

3) QRS 波群

QRS 间期增宽，波形模糊、分裂，见于心肌泛发性损伤并有房室束传导障碍。也有人认为 QRS 间期延长是心室内传导障碍的结果。

QRS 波群电压增高主要见于心室肥大、扩张、心脏与胸腔距离缩短。电压降低，在标准导联和加压单极导联中，每个导联的 R 及 S 波电压绝对值之和均在 5mm 以下时，称为 QRS 低电压。见于心肌损害、心肌退行性病变和心包积脓时。

Q 波增大或加深，多见于 L_{I}、L_{II}导联，与心肌梗死有关。

4) S—T 段

S—T 段的移位在心电图诊断中，常具有重要的参考价值。在 S—T 段偏移的同时，多伴有 T 波改变，二者都说明心肌的异常变化。ST 段上移，见于心肌梗死。ST 段下移，见于冠状动脉供血不足、心肌炎和严重贫血。

5) T 波

T 波是心室复极波。它与传导组织没有密切关系，但与心肌代谢有密切关系。一切可以影响心肌代谢的因素，都可能在不同程度上影响 T 波。T 波的正常形态是由基线慢慢上升达极点，随即迅速下降，故上下两支不对称。T 波形态变化常是病理性的，如高血钾症时，T 波不仅高尖且升支与降支对称，急性心肌缺血常呈现深尖的倒置 T 波。T 波减低或显著增高多属异常变化，尤其是在同时伴有 ST 段偏移时更具有诊断意义。

6) Q—T 间期

Q—T 间期延长可见于心肌损害、低血钾、低血钙时。Q—T 间期缩短见于洋地黄作用、高血钾、高血钙时。

8. 某些疾病时的心电图变化

1) 左心室肥厚

主要变化反映在 V_6 导联中，QRS 波群时间延长，超过 0.129 秒甚至 0.16 秒。电压增高，$Rv_6>1.05mV$，可达 3.3mV，$Sv_1+Rv_6>2mV$。有时还可见 S—T 段低垂和 T 波倒置的变化。心电轴左偏。有人把仅有电压增高，而没有 S—T 段和 T 波改变者，称为“左室肥厚”；仅有 S—T 段和 T 波改变，而没有电压增高者，称为“左室劳损”；同时具有两者改变者，称为“左室肥厚劳损”。

2）右心室肥厚

主要变化反映在 V_1 和 aVR 导联中。V_1 导联的 QRS 时限增宽，可超过 0.11 秒，波形呈 R 或 Rs 形，电压增高至 0.14mV 以上；aVR 导联中 R 波电压增高，超过 0.41mV。特征是出现异常 Q 波，ST 段升高及 T 波倒置。

（1）异常 Q 波是由于坏死的心肌丧失了除极和复极的能力引起的。正常时整个心室由内层向外层除极，心肌中形成一系列的除极向量如同星状四处放射。但在心肌梗死时，由于坏死区缺乏兴奋能力，形成一个缺口，该区没有除极向量和其他各方向的向量相抗衡，因而在该区形成了一个离开该区指向对侧的病理向量，即 Q 向量。该向量与覆盖梗死部位的导联轴方向相反，故得一负波即 Q 波。如果在梗死区对侧放置导联进行记录时，由于该向量的方向正与对侧导联轴的方向一致，可得到一个正波，使该导联 R 波反而增高。

（2）S—T 段变化主要由坏死区周围心肌受到严重损伤所引起。在心肌梗死急性期有明显的 S—T 段升高与起始时为直立的 T 波相连，呈一向上的拱形曲线。随后 ST 段逐渐回到等电线上，T 波由直立转为倒置，并逐渐加深形成两侧对称的“冠状 T 波”。随着病情的好转，T 波倒置减轻或恢复直立，并趋于稳定。最后遗留永久性的异常 Q 波，称为陈旧性心肌梗死。

心肌梗死绝大多数是由于冠状动脉闭塞引起的，但闭塞的时间长短不同，上述的异常 Q 波、S—T 段上升和 T 波倒置的心电图改变情况亦不尽相同。从犬的冠状动脉钳压试验中，可看出上述三种改变与闭塞时间的关系。即冠状动脉钳压后几分钟以内，心电图就出现 T 波倒置。

这时如果立即钳压，恢复心肌的血液供应，则倒置的 T 波又能恢复直立。这种心电图改变称为“缺血型”改变。如果钳压时间延长，则心电图继 T 波倒置之后，出现 S—T 段逐渐升高，倒置的 T 波逐渐减小，直至 S–T 段和 T 波融合起来，形成一条向上的拱形曲线。此时如果立即停止钳压，则心电图还能逐渐恢复正常。这种心电图改变，称为“损伤型”改变。如果心电图上出现拱形曲线后，仍然继续钳压，则心电图可进一步引起 QRS 波群的改变，原来的 R 波变为负向的 Q 波（QRS 波群为 QS 型），此后即使停止钳压，心电图也不再恢复原状。这种改变称为“坏死型”改变。

3）冠状血管供血不全

多见于军犬，其他宠物少见。其心电图的主要变化是 S—T 段降低，T 波平坦或倒置。这些变化也可由多种病因引起，因此不具有特异性，所以要结合临床症状综合判定。冠状血管供血不足时，可能出现心室肥厚；或因长期供血不足，传导组织功能紊乱，而出现传导阻滞或异常心律的心电图。

4）心律失常

心电图检查对心律失常的诊断具有重要的价值，它对心律失常的诊断是最准确的方法。分析心律时，要选择 P 波或 QRS 波群比较清晰的导联（如 A—B 导联），而且要多描记一些心动周期。除按上述分析心电图的步骤外，要注意把握三个重点：找出 P 波的规律；找出 QRS 波群的规律；查明 P 波与 QRS 波群相互关系的规律。利用梯形图解对心律失常的分析、诊断和理解亦有很大帮助。

多数的心律失常心电图，也只用三行的梯形图，依次表达心房（A）、房室交接区（A—V）及心室（V）三个部分的激动起源和传导，便可以满足阅图时的需要。

在绘制梯形图时，应首先在 A 及 V 行内，分别对准 P 波及 QRS 波群的起始部做一垂直线，然后在 A—V 行内画一斜线，连接上述两条垂直线，这条斜线便代表激动在房室交接区内的传导情况。

临床上将心律失常分为两大类，即激动起源异常和激动传导异常。

属于激动起源异常所引起的心律失常常见的有窦性心律失常（窦性心动过速、窦性心动过缓、窦性心律不齐及窦性停滞；异位起搏点心律失常（房性期前收缩、室性期前收缩、房性阵发性心动过速、室性阵发性心动过速、心房扑动及颤动、心室扑动及颤动）。

属于激动传导异常所引起的心律失常常见的有房室传导阻滞（第一度、第二度和第三度房室传导阻滞）；束状传导阻滞（左、右束支传导阻滞）。现将常见心律失常的心电图改变叙述如下。

窦性停搏：是窦房结动能低下（器质性病变或过量的洋地黄、奎尼丁所引起）或迷走神经张力过高的结果，马、骡较多见。心电图特点是出现一段时间内没有 P 波、QRS 波群及 T 波。停搏的 P—P 间距与正常的 P—P 间距不成倍数关系。

房性期前收缩：期前收缩又称过早搏动（早搏）。凡激动不是起源于窦房结，而是起源于窦房结以下的心房、房室结区或心房时称为异位搏动。房性期前收缩是在窦房结的激动尚未传到之前，由心房内异位起搏点提前发生激动引起整个或部分心脏收缩的异常心律。心电图特征是有提前出现的 P 波，但 P 波形态与窦性 P 波略有不同，这是因两者激动传导途径不同的缘故。QRS 波群形态无异常，但 P—R 间期大于正常，常在 0.12 秒以上，QRS 波群后有一较长的代偿间歇，多为不完全代偿间歇，即早搏前后两个窦性 R 搏之间的间距小于两个正常的 R—R 间距。不完全代偿的原因，是由于房性期前收缩，逆行至窦房结，扰乱了窦房结的规律，使下一次窦性激动提前出现。如只见提前出现的 P 波，而没有 QRS 波群时，称为未下传的房性早搏，因为这种早搏发生过早，房室结区正处在上一搏动的绝对不应期内，致使其不能传入心室。如早搏传入心室时，房室结区或心室内传导组织尚处于相对不应期内，则可导致 QRS 波群的变形，称为室内差异性传导。健康宠物在疲劳、兴奋时亦可出现房性期前收缩，但经常性或频繁出现，多与心肌病变有关。

室性期前收缩：是由于心室内异位起搏引起的。其心电图特点是有提前出现的宽大畸形的 QRS—T 波群，其前无 P 波，QRS 波时间延长，T 波方向多与 QRS 主波相反。其后多有完全性代偿间歇，即早搏前后两个窦性 R 波的间距等于两个正常的 R—R 间距。

5）某些电解质紊乱时的心电图

血液中许多电解质紊乱可灵敏地反映在心电图上，特别是钾离子和钙离子。心电图的反映虽不如血液化学测定那样精确，但它的改变出现得早而检查方法简便，故常作为临床上反映电解质紊乱的重要检测方法。

血钾过高：心电图是初期呈现高而尖的 T 波，S—T 段降低，进而呈现 P 波及 R 波均降低，QRS 波群增宽。血钾进一步升高，可出现窦性心动过缓、窦性停搏、房室传导阻滞甚至心室颤动和心室停顿。

血钾过低：心电图表现轻症时，T 波降低增宽，进而平坦或倒置。重症时 P—R 间期延长，S—T 段下降，窦性心动过速，期前收缩、房性或室性心动过速及颤动。

血钙过低：心电图上表现 S—T 段呈平段延长，Q—T 间期延长。

血钙过高：心电图主要表现为 S—T 段短，Q—T 间期缩短。

6）洋地黄类药物对心电图的影响

应用洋地黄类药物时，常可引起明显的心电图改变，治疗量时主要反映在 STT 改变上。其特征是 S—T 段逐渐倾斜下降，并与 T 波前支融合，T 波的性状是前支长，斜下前下，而后支则短而突然上升，因此两者融合后的性状同鱼钩状。这种变化不是中毒反应。只有心室期前收缩、房性阵发性心动过速、心房扑动或房室传导阻滞的心律失常心电图变化时，才能认为是洋地黄中毒。

9. 超声心动描记法

M 式（移动式）和二维 B3 式（亮度式）超声心动描记法主要用于评价心脏疾病（心肌和瓣膜疾病）。进行超声心动图描记时不需要特殊的设备。动物不需要镇静，但要进行保定，保护好工作人员和设备不受伤害。心脏部位的胸壁要剪毛。应用耦合剂处理胸壁对探头的回声，左、右心窗在肘后可以找到，成像侧的前肢要拉向前方，允许探头方向自由活动。防止窗口有骨骼或肌肉附加干扰。如果肋骨紧靠在一起，探头不能接触到胸壁或如果可利用心窗口太窄（常见于猫），可在患病宠物的下面放置一个垫子（卷好的毛巾或海绵楔），使其张开肋骨。正常情况入口，探头直接向下对着患病宠物胸壁进行检查，而对于特别大型的犬，如爱尔兰猎犬、俄国大猎犬和胸围特别宽的品种，可让犬站立，保定后采取悬吊方式，用探头开始检查。

二维超声心动描记法能很好地了解心脏和局部纵隔的解剖。长轴扫描应该包括左心房、二尖瓣、室间隔和左心室。轻微倾斜探头可见到主动脉瓣和主动脉根。从右胸骨旁的位置进行长轴扫描很难看到猫的右心房和右心室，因为猫的心脏右侧紧靠着胸壁，这侧心脏常常超出了探头的焦点范围。

犬的右心室常常在长轴扫描时可见，短轴扫描应该能见到包括心脏的基部到尖瓣的结构。主动脉瓣、肺大血管、肺动脉瓣和左心房在心脏基部都可见到。二尖瓣在探头指向心脏尖部时，可见到这一结构。二尖瓣水平的下方是左心室、室间隔和右心室。四个室的观察包括左右心房、二尖瓣和三尖瓣、右心室和左心室。这些影像可从左胸骨旁的位置获得。

心脏的解剖和机能的观察能迅速评价机能损害和检明大小异常。二维扫描有助于识别心脏异常，如胸膜和心包渗出，心脏肿块和先天性异常（如室间隔缺损）。M 式心动超声检查最适宜于检查异常的瓣膜运动，如颤动、垂脱或不充分的关闭以及精确测量室的大小和壁的厚度

（二）脑电图检查

1. 概念

脑电图（electroencephalogram，EEG）是指应用电子放大技术，将置于头部两电极间脑细

胞群电位差予以放大后的记录，以研究脑部功能的一种检查技术。脑电图的基本概念如下。

1）周期和频率

自1个脑波的起始到结束所经过的时间称周期，通常以ms表示。同一周期的脑波在单位时间内所出现的次数称频率，以次/秒表示之。按频率分为：

δ（Delta）波，0.5~3次/秒；

θ（Thelta）波，4~7次/秒；

α（Alpha）波，8~13次/秒；

β（Belta）波，14~25次/秒；

γ（Gamma）波，25次/秒次以上。

δ和θ波——慢波，α波——基本节律，β波和γ波——快波。

2）波幅

波幅代表电位活动的大小，通常用μV（微伏）表示之。波幅在25μV以下者称低波幅，25~75μV称中波幅，75~150μV称高波幅，150μV以上称极高波幅。

3）位相

位相以基线为标准，波顶朝上的称负相（阴性）波。波顶朝下的称正相（阳性）波。不同导联所记录的同一频率的脑波在同一瞬间脑波出现的先后、极性（波顶的方向）和周期的长短完全一致时，称同位相（同步）。若两个导联的脑波出现有时间的差异时，称非同位相。若两个导联的脑波有180°位相差时，称位相倒置。

4）波形

波形系由波的周期、波幅和位相等诸因素所决定的。正常脑电图的波形为正弦形或类正弦形，亦有半弧状和锯齿形者。

5）调节与调幅

调节是指脑波频率的稳定性。一般在同一次相同条件下所记录的同一频带脑波，在同一导联先后不相差1次（10%）以上，不同导联先后不相差2次（20%）以上称调节佳。反之，称调节不良。若完全失去规律性，称失节律。调幅系指波幅变化的规律性。正常时波幅应由低渐高，然后由高渐低地有规律地呈梭状变化。若波幅变化毫无规律或持续不变，称调幅差。

2. 脑电图的描记方法

1）患病宠物的准备

患病宠物进行脑电图检查前颅部要剪毛消毒；检查前应进食，避免因低血糖而影响检查结果。对不易驯服的动物（犬、猫）给予安定药（氯丙嗪）或睡眠药，使其安静；动物应妥善保定在手术台上，将眼睛蒙住，防止光线刺激。

2）电极

动物使用针灸针或注射针插入式电极。

电极位置因各种动物不同而异，其原则为：电极排列与头颅大小形状成比例；电极的标准位置适当地分布于头颅各主要部位；电极名称与脑部解剖分区相符。

3）导联方法

记录每一条导联脑电图时，要有两个电极，其中一个电极与脑电图机的第一栅极（G_1）

连接，另一个电极与第二个栅极（G_2）连接，在两个电极间记录下来的电位差就是脑电图。放在头皮上的电极称有关电极；放在与地线相连接的耳或鼻端称为无关电极（参考电极）。

（1）单极导联。是把头皮上的有关电极与无关电极相连在一起记录脑电图。通常是把有关电极与第一栅极连接，无关电极与第二栅极连接，以记录有关电极下面电位差。其优点是记录下来的电位差接近于 0 的绝对值，故波幅较恒定。

（2）双极导联。是把头皮上两个有关电极（分别与第一栅极和第二栅极相连接）相联在一起以记录两极间的相对电位差。优点是可以减少 50 周/秒交流电干扰伪差；缺点是因其波幅受两极间距离影响不恒定。两个电极距离越远则波幅越高。

4）记录方法

每份记录的开始部分应有定标。导联方法、增益、时间的滤波都应记录。单极导联记录中常规包括额、颞、顶、枕四个部位，双极导联记录中应有各部位前后和横行串联。诱发试验一般放在常规检查后，用单极导联记录，便于定位。整个记录一般不少于 20 分钟，但根据检查情况可增加或减少。对于各导联的记录，均应明确地用符号描记患病宠物的情况。

5）伪差的识别和排除

脑电图中伪差是指从记录器中描记出来的脑电活动以外的干扰波。描记时应尽量避免。分析时要懂得识别，以免产生错误的诊断。

伪差来源有下列五种：

（1）电磁波辐射及静电感应。首先是来自没有屏蔽设备的仪器，如邻近的透热电疗机、X 线机，以及没有屏蔽设备的电线、电灯或电器用具等通过电磁波辐射，或电极导线移动，工作人员在患病宠物附近走动，患病宠物体表潮湿等引起静电感应到电极输入至描记的脑电图中显示出来，特别是脑电图机的地线接触不良时更容易出现。这种伪差在脑电图上常见的是 50 周/秒等幅正弦波或基线不稳，尤其是把纸速加快到每秒 6cm 时比较容易识别。附近的仪器，如声光刺激器的开或关可在脑电图中产生单个的棘波。

（2）电源。电源电压不稳可出现不规则慢活动或基线不稳。

（3）机器。机器本身的任何故障都可产生伪差，如有毛病的电子管或晶体管，损坏了的电容器、电阻变值、描记器故障、电路断线、短路、机器绝缘不佳、地线不良等。

（4）电极。电极放置太松、接触不稳或移动，电极导线有断裂或摆动，可以产生类棘波、类尖波或巨大方形波。

（5）动物体

肌电：肌电伪差发生于接近电极的肌肉收缩，常见的肌电是头部肌肉紧张。咬牙、吞咽等在脑电图上产生单个的或一连串的棘波放电。

心电：大多数来自无关电极或皮肤电阻过高的电极传入。有时是 QRS，可能被认为是棘波，由于和心搏动出现一致，故仍易区别。

血管：如电极刚好放置在头皮动脉上，由于动脉的微小搏动而产生与脉搏一致的慢活动。

眼球运动：眨眼、眼睑震颤，可记录出慢活动。

出汗：头部出汗，使电极间形成短路，出现 1 周/秒以下的慢活动，表现为基线不稳。

头部活动：可产生不规则的慢活动。

3. 正常脑电图

1）安静时的脑电图

正常脑电图的各项参数：

(1) 频率。是脑发育和衰老过程的重要参数。脑电图频率的变化随着年龄的增加而不断增高，随着衰老而频率稍有减低趋势。

(2) 波幅。是脑发育过程的一个重要参数。20μV 以下的波幅称低波幅，20~50μV 称中波幅，50μV 以上称高波幅。脑电图波幅随年龄的增加逐渐增高，而随着衰老逐渐减低。

(3) 快活动。一般以 β 活动为代表。β 活动的变化随年龄的增加而增多。

(4) 慢活动。也是脑发育和衰老过程的一个重要参数。脑电图慢活动的变化随着年龄的增加而不断减少，年老则略有增加。

(5) 基线。弥漫性持续出现波幅超过 20μV 的慢性活动作为背景活动时，称“基线不稳”。波幅不足 20μV 时，称“基线欠稳”。基线不稳随年龄的增加而减少。

(6) 视反应。是脑发育过程的一个参数。视反应时 α 节律抑制现象随年龄增加而增多，表现为 α 节律从部分抑制逐渐向完全抑制过渡。

2）睡眠时的脑电图

睡眠是生理性意识改变，睡眠时脑电图的改变很大，但有一定规律性，一般可把睡眠过程分为下列四期：

(1) 入睡期。开始 α 节律波幅增高，区域扩大，然后 α 节律减少，频率变慢，波幅减低，常为短程式成对出现。

(2) 浅睡期。α 节律逐渐消失，出现低波幅 4~7 周/秒的 θ 活动和高波幅尖波。

(3) 中睡期。慢活动增多，波幅增高而频率减低，自 1~6 周/秒不等。常出现 1~4 周/秒的 δ 节律。

(4) 深睡期。δ 节律和 K 复合 0.5~1 周/秒高幅波 δ 活动。

3）影响脑电图的一些因素

(1) 外界刺激。如声、光等可产生 α 节律抑制而出现 β 活动。

(2) 酸碱平衡。过度换气或酸碱性药物可出现高波幅慢活动，酸中毒时可出现频率及波幅增高，如癫痫样放电。

(3) 缺氧。当氧含量低于 60%时，可有 α 节律变慢，随后出现慢活动，严重缺氧时可出现平坦活动。

(4) 低血糖。当血糖下降时，频率及波幅增高。当血糖降低严重时，出现慢活动。所以在描记脑电图前应让动物进食，防止饥饿。

(5) 药物对脑电图的影响

①催眠药：如巴比妥类、水合氯醛等镇静药，一般治疗剂量出现很多快活动。剂量加大患病宠物入睡或麻醉时出现慢活动，但仍重叠有很多快活动。

②安定药：如氯丙嗪。一般治疗剂量可出现大量活动，快活动消失。

③兴奋药：如咖啡因、肾上腺素等，一般剂量脑电图无改变，剂量加大时，频率增高。

4. 脑电图的阅读分析

脑电图分析分为视觉分析和仪器分析两方面，一般都是视觉分析。首先阅读脑电图记录，进行一定分类（α、β、θ、δ 波）计算（频率、波幅、频宽与指数等）比较。一个脑波是综合许多神经元电位差的表现。连接两个同样的电波称为电活动，而按一定规律重复出现的电活动为节律，一般公认连续三个以上，形状一样的电波可以成为节律。用 Davis 氏透明尺测量更为方便。即脑电图上有三个以上连续电波的波峰如落在尺上三个连续的线条上，即可称为每秒几周波的节律。如图见有散在慢波则可以从该电波所占的时间换算为毫秒（按上述周期公式计算）。波幅计算是从波峰至波底两点之间距离直线的垂直高度。如果底线两点不在一个水平上，测量波幅的方法为通过波峰作一垂线与底线两点之间连接相交，测量交点至峰顶的距离，即为波幅的高度。波幅的表达应按原定标准电压测量（如 50μV 代表笔尖偏斜的广度为 5mm，5mm 即为 50μV）。一般每组电极应用 Davis 氏透明计算尺量 10 次，从中得出平均波率。如几个波率的差别超过每秒 1.5 周波者称波率调节不佳，一般复形波不在测量之内。测量波幅，每组电极测量 20 个有代表性波幅，求出平均波幅。有时可测量最高波幅。

脑电图阅读和分析按下面五个步骤：

（1）首先要了解记录脑电图的患病宠物是否处于安静和闭眼状态，是否有影响的药物，如睡眠药、安定等。

（2）阅读脑电图时要注意定标中各种条件，如增益、时间、常数滤波、阻尼等。

（3）阅读每组记录时要知道是单极导联或双极导联以及每个导联所代表的大脑区域（事先在每一组记录时必须注明）。

（4）把脑电图由前到后大致看一遍，主要注意有无异常，如两侧是否对称，有无局限性改变，各种病理波或伪差等。

（5）系统描述脑电图特点并做出诊断

①基本节律：选择安静时脑电图中的优势频率。

②快活动：超过 13 周/秒的活动。

③慢活动：不足 8 周/秒的活动。

④病理波：如棘波、尖波或病理复合波以及暴发性抑制活动或平坦活动。

描述各种频率时要说明它的波幅、波形、频宽、指数等。量度波一般以单极导联为标准，因为双极导联的波幅幅度是随着两个电极的距离而改变。

⑤诱发试验：包括视反射、闪光刺激、声音刺激等。

⑥结合临床资料提供正常或病理分析。

⑦复查或前后检查比较。

⑧签名、填写日期。

（三）X 线检查

1. X 线的产生

X 线是由高速运行的自由电子群撞击在一定物质后被突然阻止而产生的，因此，它的产生必须具备三个条件，即自由活动的电子群、电子群以高速度运行和电子群运行过程中被突然阻止。这三个条件的发生，又必须具备两项基本设备，即X线管和高电压装置。X线管的阴极电子受阳极高电压的吸引而高速运动，撞击到阳极靶面而受阻时，99.8%的动能转变为热，仅0.2%转变为电磁波辐射，这种辐射就是X线。

2. X线的特性

X线本身是一种电磁波，波长极短并且以光的速度直线传播，其波长范围为0.0006~50nm，诊断用X线的波长为0.008~0.031nm（相当于40~150kV所产生的X线）。X线除具有可见光的基本特性外，主要有以下几种特性。

1）穿透作用

X线波长很短，光子的能量很大，对物质具有很强的穿透能力，能透过可见光不能透过的物质。由于X线具有这种能穿透动物体的特殊性能，故可用来进行诊断。但穿透的程度与被穿透物质的原子序数及厚度有关，原子序数高或厚度大的物质则穿透弱，反之，则穿透强。穿透程度又与X线的波长有关，X线的波长愈短，则穿透力愈强，反之，则弱。波长的长短由管电压（kV）决定，管电压愈高则波长愈短。在实际工作中，以千伏的高低表示穿透力的强弱。

2）荧光作用

X线是肉眼所不能看见的，当它照射在某些荧光物质上，如铂氰化钡、硫化锌、镉和钨酸钙时，则可发出微弱光线，即荧光。这是X线用于荧光透视检查的基础。

3）摄影作用

摄影作用也即感光作用，X线与可见光一样，具有光化学效应，可使摄影胶片的感光乳剂中的溴化银感光，经化学显影定影后，变成黑色金属银的X线影像。由于这种作用，X线又可用作摄影检查。

此外，X线还有电离作用和生物学作用。

3. X线机的基本构造

X线机是X线诊断的基本设备，任何X线机不论其结构简单或复杂，都是由X线管、变压器和控制器三个基本部分所组成。

1）X线管

X线管是X线机的最主要元件。X线是由X线管产生的，它是一个高压真空管，由下面几个部分构成。

(1) 阴极。通常是一条长螺旋形灯丝，双焦点X线管装有两条灯丝。它的用途是当通以低压电流使灯丝点燃加热时能发射电子，灯丝装在一个阴极集射罩内，其一端与罩相连，使罩为负电位而使电子呈束状聚射。对电子进行聚焦集束，使撞击靶面的电子束具有一定的形状和大小，形成X线管的焦点。

(2) 阳极。是一块钨靶，镶在铜柱上，在管内制成具有倾角的斜面，能耐高温的钨块称为靶面，它承受高速运动的电子撞击而产生X线。电子的撞击面称为焦点面，产生的热借铜柱而传导出去。但现时的X线管内的阳极端，多连接一个防护的铜质阳极罩，其顶面有椭圆入射孔，使电子束能通过而入射于靶面，其侧面有圆孔，为X线的射出孔。

(3) 管壁。由特种硬质玻璃制成，用以固定阴极和阳极，并维持管内的真空，静止阳极X

线管。现代大型X线机，为提高X线管的性能和诊断效果，都已使用旋转阳极X线管。与静止阳极不同，旋转阳极是一个钨制或合金圆盘，连接在电动机转子的轴上，圆盘周围倾斜。曝光时阳极高速旋转，使电子撞击的焦点面不是固定在靶面的一个地方，而是整个圆盘的周围，故能耐受的热容量大大提高，可使X线管功率增加2~5倍，有效焦点面积也缩小数倍，使X线的摄影效果和清晰度大为改进。

2）变压器

变压器是一种利用电磁感应原理进行能量变换的电机，一个变压器主要由一个铁芯、一组初级线圈和一组次级线圈构成，在初级线圈中通过交流电时，根据两组线圈的圈数比例关系，初级线圈的电压可以产生一定的升高或降低。变压器也是X线机的一个很重要的组成部分，一台X线机必定有一个或两个X线管灯丝变压器和一个高压变压器。一般还有自耦变压器，有些还有整流管灯丝变压器等。

3）控制器

控制器或称操纵器，是开动一台X线机并调节X线质量的必备装置。控制器通常包括有各种按钮或电源开关、各种仪表、各种调节器、计时器、交换器、保险丝、指示灯等，集中装在一个称为控制台或操纵台的箱内。其基本用途是调节管电流，以控制X线的量；调节管电压，以控制X线的质；调节限时器，控制X线的照射时间，获得符合诊断要求的X线影像，从而选择不同部位的最佳投照条件。X线机除上述的电气部分外，尚有立柱、道轨、诊断床等附属机械和点片摄影、滤线器摄影、断层摄影等辅助装置。

4. X线机的使用方法

各种类型的X线机都有一定的性能规格与构造特点，使用之前必须先了解清楚，切勿超性能使用，不同型号机器形式虽有差别，但操作程序大致相同。必须使用得法，方能发挥其效率，妥善保养，才能经久耐用。X线机的种类多，结构及性能各异，但都有各自的使用说明和操作规程，使用者必须严格遵守。一般应按下列规程操作。

(1) 操纵机器以前，应先看控制台面上各种仪表、调节器、开关等是否处于零位。

(2) 合上电源闸，按下机器电源按钮，调电源电压于标准位，机器预热。特别要注意在冬季室温较低时，如不经预热，突然大容量曝光，易损坏X线管。

(3) 根据工作需要，进行技术选择，如焦点及台次交换、摄影方式、透视或摄影的条件选择。在选择摄影条件时，应注意毫安、千伏和时间的选择顺序，即首先选毫安值，然后选千伏值，切不可先选择千伏值后定毫安值。

(4) 曝光时操纵脚闸或手开关的动作要迅速，用力要均衡适当。严格禁止超容量使用，并尽量避免不必要的曝光。摄影曝光过程中，不得调节任何调节旋钮。曝光过程中应注意观察控制台面上的各种指示仪表的动作情况，倾听各电器部件的工作声音，以便及时发现故障。

(5) 机器使用完毕，各调节器置最低位，关闭机器电源，最后断开电源闸。

5. X线的检查技术与诊断方法

1）X线影像形成的原理

X线能使动物体在荧光屏或X线片上形成影像，首先是由于它具有穿透能力、荧光作用和摄影作用等特性。其次是由于动物组织本身存在密度和厚度的差别，当X线穿透各种不同组织结构时，它被吸收的程度不同，达到荧光屏或X线片上的X线量也有差异，因此在荧光屏或X线片上就形成黑白对比不同的影像。X线穿透密度不同而厚度相等的组织时，密度高的组织比密度低的组织吸收X线多；穿透厚度不同而密度相等的组织或器官时，厚的部分吸收X线多。

2）X线影像的密度、对比度与清晰度

一张质量好的X线照片，其影像应有适当的密度、良好的对比度和较高的清晰度。

（1）密度。即照片黑色的深浅度，也即光线能透过X线照片的程度，这由被检部物质的密度决定的。物质的密度取决于构成该物质的原子序数和单位体积中的原子数目，此二者又构成物质的比重，所以物质的密度与比重是一致的。如在动物体中骨骼的密度大于肌肉。此外，照片的密度又与曝光的程度有密切关系。

（2）对比度。即不同密度的组织，在其所形成的照片影像中显现出的密度差异，如骨骼和肌肉在照片上就要表现出应有的密度差异。良好的对比度应是黑白分明、界限清楚。

（3）清晰度。即被检部组织在照片上微细结构与外形轮廓的清晰程度。清晰度良好的照片，应能显现精细的骨小梁和锐利的边缘轮廓。

3）天然对比与人工对比

（1）天然对比。动物体各种组织和器官彼此的密度与比重不同，吸收X线的程度有差异，所透过的X线在荧光屏上形成的影像有明暗之分，在照片上有黑白之别，形成不同的对比。

这种差异是动物体本身天然具有的，故称天然对比。动物体中根据其组织结构的比重不同，可以大致分为骨骼、软组织（包括体液）、脂肪和气体四类，其比重与X线吸收的比例具有一定的关系。

骨骼：骨骼在动物体中是含钙最多（68%）的组织，而钙的原子序数为20，原子量为40，密度最高，比重最大，吸收X线最多，故在X线照片上感光最少，显示为白色阴影，而在荧光屏上则产生荧光最弱，显示为黑暗的阴影。

软组织及体液：软组织包括皮肤、肌肉、结缔组织与软骨、腺体与脏器等，体液包括血液、淋巴液、脑脊液、尿液等。它们大多由氢（H）、碳（C）、氮（N）、氧（O）等原子构成，彼此之间的密度与比重差异很小，对X线的吸收率大致相似，故它们之间不存在明显的对比。但与脂肪组织有一定的对比，对骨骼与气体则呈明显对比。在X线照片上呈灰白色，在荧光屏上呈暗灰色。

脂肪组织：脂肪虽然也属软组织，并且由与软组织基本相同的元素组成，但因单位体积内的原子数目较少，排列疏松，密度与比重较小，故与其他软组织和体液之间仍呈现一定的对比，在对比度好的X线照片上显现密度稍低的灰黑色阴影。

气体：存在于呼吸器官和胃肠道内的气体，虽然也由上述原子组成，但排列非常稀疏、密度最低，吸收X线最少，与其他组织对比明显，故其阴影恰与骨骼相反，在照片上阴影最黑，在荧光屏上最为明亮。此外，物体的厚度也影响X线的吸收而与对比度有关，如很厚的软组织表现的阴影密度也可以大于很薄的骨组织。

（2）人工对比。动物体组织器官虽然具有一定的天然对比，如胸部的胸廓、心、肺之间或四肢的骨骼与肌肉之间最为明显，但其他部位的软组织和器官之间则缺乏天然对比，若要使这些组织结构与器官显现出来，就必须用人工方法，在管腔内或器官的周围注入对比剂（造影剂）造成人为的对比差异，故称人工对比。如在消化道内投入比重大的硫酸钡，则可使消化器官的内腔显影，在腹腔内注入密度低的气体，同样可使肝、胃、肾、膀胱等器官外形显现。由于人工对比的成功和广泛应用，已大大扩大了X线诊断的应用范围。

6. 透视检查法

1）透视的意义与操作

透视与摄影属于普通检查，是两种基本的常规检查法。利用X线的穿透能力和荧光作用，在X线透过动物体后再照射到荧光屏上，则显现荧光影像，通过观察荧光影像而进行诊断的方法就是X线透视法。透视检查具有很多优点，方法简单易行，不需要复杂的设备器材，成本费用很低，而且能迅速得出检查结果；透视又能从不同方位和角度观察病变，获得更全面和完整的印象，不仅观察到组织器官形态上的改变，还可看到器官的运动情况，在胸部和消化道检查，透视最为常用。

但透视也有一定的缺点，如不能保留永久性记录，而且荧光影像不甚清晰，病变性质不易准确判断，细微的变化容易忽略，对组织厚度大的部位，对比度低而不能清楚观察。

与摄影检查比较，两者的优缺点则相反。摄影检查需要特殊设备器材，手续比较麻烦，费用较高，不能立即得出结果，只能拍摄固定位置的照片和只能显现器官的静止影像。但摄影的优点是可以保留永久性记录，便于复查比较，对细微病变能清楚显现，判断病变性质的准确率高。厚度较大的组织器官也能显现清楚。故透视与摄影需要互相配合，取长补短。

现在由于发展了影像增强器，有了X线电视、电影和录像装置，上述的常规概念已发生了变化。

2）透视检查的器材设备

（1）荧光屏。荧光屏由荧光纸与铅玻璃组成，镶在一个镜框上。荧光纸通常是一块涂以硫化锌铬的淡黄色纸板，在X线照射下能产生荧光。铅玻璃为透明无色玻璃，能阻挡射到荧光纸上的X线，保护检查者免受其损害。荧光屏是透视检查的主要器材。

（2）活动光门。活动光门亦称活动光栏或光栅，装在机头或管头的放射窗上，能随意替换暗室。用X线电视装置透视，无需暗室，可在明室进行。

（3）暗适应眼镜。暗适应眼镜通常使用深红色眼镜，因为人的眼睛要在黑暗中看清楚东西，先要在黑暗环境中适应一定时间，戴上红色眼镜一定时间后，可以起到这种适应作用。

3）透视前的准备

（1）透视者应有充分的暗适应。如透视前需在暗室中适应10~15分钟，戴上红色眼镜或暗色眼镜同样时间，亦可以达到适应，但在强阳光下需要更长的时间才能适应，而阴天或夜间则能较快适应。

（2）做好被检宠物的保定工作。除去体表被检部位的泥沙、污物及敷料油膏，尤其要避免沾染含有碘、铅类药物，皮毛尽量刷净擦干。若在X线室内透视，尚需准备盛接粪尿的用具和扫帚，并注意避免引起宠物惊扰。

（3）调节好透视照射视野。使其小于荧光屏的范围。检查者穿戴好防护的铅橡皮围裙与手套。并要考虑人、宠物和设备的安全措施。

4）透视方法与注意事项

(1) 透视检查的条件。管电流通常使用2~3mA，最高时亦不能超过5mA。管电压按被检宠物种类及被检部位厚度而定，小宠物由50~70kV，大宠物由65~85kV不等。距离可根据具体情况考虑，一般在50~100cm之间。曝光时间由脚踏开关控制，通常踏下脚踏开关持续曝光3~5秒，再放松脚踏间歇2~3秒，断续地进行。

(2) 透视检查的程序。透视前先了解透视目的及临床初步意见，在被检查宠物已切实保定后，把荧光屏贴近宠物体，对准被检部位，并与X线中心垂直，然后开始透视检查。先适当开大光门，对被检部做一全面观察，同时留意器官的形态和运动功能情况，注意有无异常发现，再缩小光门，分区进行观察，一旦发现有可疑病变时，则缩小光门做重点深入观察。最后把光门开大复核一次，并与对称部位比较，记录检查结果。如认为需要配合摄影检查，则根据透视结果，确定摄影的部位和投照方法。

7. 摄影检查法

X线透过宠物体后照射到胶片上，使胶片感光成像，经过暗室冲洗获得照片，通过观察照片影像进行诊断的方法就是X线摄影检查法。除普通摄影外，现在医学上已发展了多种特殊X线摄影技术，如体层摄影、记波摄影、放大摄影、荧光缩影、高千伏摄影、电影荧光摄影和电视录像、硒静电X线摄影及各种特殊造影等，除部分造影外，其他特殊摄影在兽医上尚未普及，主要使用普通的常规摄影方法。

1）X线摄影检查的器材设备

(1) X线胶片。X线胶片与一般照相胶片性质相似，不同之处是X线胶片的片基较厚，而且两面都涂有碘溴化银的感光药膜。X线胶片有多种规格（如暗盒规格），但以27.9cm×35.6cm（11in×14in）最普遍，其感光速度有3F、4F、5F三种，F值越大，感光速度越快，4F胶片相当于21°~24°胶卷感光速度。X线胶片应避光保存在阴凉干燥处，并立放以免受压。启封之后需注意防潮。出厂胶片的包装上注明有效期，已过期的胶片感光性能下降，使用时要适当提高曝光量弥补。

(2) 增感屏。增感屏是两块面上涂有荧光物质药膜的纸板或塑料板，能大大缩短曝光时间，分为低速、中速和高速三种，以钨酸钙中速屏较普遍，其尺寸规格亦与暗盒相同。目前市售的稀土增感屏和氟氯化钡增感屏是新型的增感屏，可使感光速度提高4~6倍。

(3) 片盒（暗盒）。暗盒是装载X线胶片进行摄影的扁盒，盒面是铝板或塑料的，而盒底用其他金属制成，外面设有弹簧扣或弹性固定板，以便固定盒底并使增感屏与胶片紧贴，防止影像模糊。暗盒的大小规格与胶片相同。

(4) 聚光筒。也称遮线筒、遮光筒、集光筒，为圆锥形或圆筒形的金属筒，是由铅或其他重金属或含铅的塑料制成，装在机头或管头的放射窗上，用以限制照射范围，提高照片的影像清晰度和分辨率，减少散射线的数量。中型以上的X线机常备有不同规格的遮光筒。新型的遮光筒制成可以调节的方形缩光器，通过反射灯光装置，直接反映出照射野的大小和X线束的中心，更便于投照操作。

(5) 测厚尺。测厚尺是木制或铝制卡尺，用以测量被检部位的厚度，作为确定摄影曝光条件的根据。

（6）滤线器。其形状如一块平板，是由很多薄铅条和能透过X线的物质如塑料、木条或铅条相间构成的铅栅，铅条的间隙与其厚度之比为滤线器的比值，如5:1、8:1和10:1，比值大者滤线能力强，但吸收原发射线也多。铅条按一定的焦距排列，如80cm、100cm或150cm等，摄片时必须按此焦片距使用。应用时将它置于被投照物体与胶片之间，它的作用如同一个滤器，只容许由X线管射来的原发X线通过铅条间隙而到达胶片。从其他方向射来的散射线，则遇到铅条而被吸收，由于滤去对诊断无用而有害的散射线，使照片得到清晰的影像。滤线器又分为静止和活动的两种，前者在照片上显现铅的薄条影，后者可做匀速往返运动，故在照片上没有铅条影像，在兽医上多使用密纹静止滤线器，因制作精细，不大感到有明显的铅条影。拍摄肥厚的部位需要应用滤线器以减少散射线，但由于一部分X线为铅条吸收，需要增加曝光条件，一般管电流应增加1~4倍，或管电压增加5~10kV。

（7）铅号码。铅号码包括铅制的数字、年、月、日、左、右、性别、宠物种类等，摄影时用以标记照片的日期和编号等。

2）X线摄影的步骤及注意事项

X线的摄影步骤。先从确定被检查的部位开始，进行胶片的准备、X线编号登记、被检部测厚。然后选择管电压（kV）、管电流（mA）、曝光时间（秒）、遮光筒的大小及焦点胶片距等。再放置暗盒和摆好位置，对准X线中心线，最后进行曝光。对摄影检查的部位，要清洁干燥，去除附着的药物和绷带，并确定投照的方向位置（如前后位或后前位、背腹位或腹背位、左侧位或右侧位、斜位或切线位等）。胶片的大小要与被检部大小一致，小的胶片装在大的暗盒时，要在盒面标记胶片的大小位置。X线编号与暗盒上的铅号码要核对无误。被检部的厚径不均匀时，可取其平均值或中间的厚度为准，X线管的阳极端应位于厚径较薄的一端。投照条件的选择，应使焦点胶片距保持不变，只根据不同的径厚改变千伏值。投照活动的器官可选择高毫安和短时间，投照骨关节等相对静止的组织器官，可以用较低的毫安和较长的时间；但携带式X线机毫安输出小，尽可能用较高千伏挡补救。暗盒的放置要正确，选择的遮光筒或可调的缩光器要使照射野与暗盒大小一致，X线中心线束要对准胶片中心。由于阳极效应的关系，X线量的分布在阴极端较密集而阳极端较稀少，为使胶片曝光均匀，投照狭长的部位，X线管长轴应与胶片长轴垂直，但投照长而宽的部位，X线管的长轴应与胶片长轴平行。曝光时应在宠物呼吸间歇或安静的瞬间进行，以免发生移动。

3）暗室技术

暗室技术是取得质量优良的X线照片的一个重要环节，忽视这一环节，即使投照技术如何良好，往往也得不到良好的照片。相反，富有暗室技术经验者，对投照技术欠佳的照片，也可得到补救。所以暗室技术也是做好X线诊断工作的一个重要环节。

（1）暗室设备

①安全红灯：是装卸胶片及冲洗过程中唯一的照明光源，用一条未曝光的X线胶片，以黑纸盖着一半在红灯下经5分钟照射，冲洗后不变黑，两段无黑白的差异而胶片也不引起灰雾朦胧者为安全。

②裁刀：为裁切X线胶片用，其规格以49.56cm者较适宜。

③洗片夹：也称洗片架，为不锈钢制成，其规格与X线胶片或暗盒相同，由17.7cm×

24.78cm 至 38.94cm×49.56cm 或 49.56cm×60.18cm 等，系夹持胶片进行冲洗和晾干之用。

④洗片箱：也称洗片筒（桶），目前市售有两个或三个为一套，规格为 13.5L，较小的两个为显影箱和定影箱，大的一个为洗影箱。因为容积大而用药多，在摄影工作量不大的基层单位不实用，故也可改用普通冲盆或方盆进行胶片的冲洗。

⑤冲片池：为照片定影完毕后用流动清水进行冲洗的水池。

⑥定时钟：即定时闹钟，为计算显影时间做报时之用，时间可随意调节。

⑦温度计：为测量药液温度之用，除普通温度计外，最好有显影温度计（50℃）。

⑧升温恒温器：可使药液升温并保持一定温度，是冬春低温季节冲洗时使用的设备。

⑨观光片：在暗室内供初步观察照片之用。

⑩其他用品设备：暗室尚需有天平、漏斗、量杯、量筒、玻璃瓶、搅棒、锅、盆、剪刀等用品设备。

(2) 显影剂与定影剂

显影作用与显影剂：胶片经过 X 线曝光照射后，其中已感光的溴化银形成潜影，经过显影剂的还原作用，使银离子还原为黑色的金属银，成为可见的影像。显影剂的组成包括：

还原剂：有米吐尔，化学名是对甲氨基酚；海得或坚安，化学名是对苯二酚菲尼酮(phenidone)；苯-3 羟基二氢钾二氮茂，这是最新的显影剂。

保护剂：无水亚硫酸钠。

促进剂：无水碳酸钠。

防灰剂：溴化钾和苯骈三氮唑。

目前市售的 X 线胶片显影剂和定影剂为通用处方，是已配好的成品，按说明加水溶解配制即可。但各厂出品的胶片都附有其本身的配方，最好按其胶片厂的处方配制，兹举两种显影剂配方如下。

A.上海牌 X 线胶片显影剂配方

50℃温水	800ml	无水碳酸钠	40g
对甲基氨基酚	3.5g	溴化钾	3.5g
无水亚硫酸钠	60g	对苯二酚	9g
加水至	1000ml		

配制时需按处方顺序，待一种药物溶解后再加入下一种药物。在 20℃的显影液中，显影时间 4~6 分钟，每 1000ml 药液可显影 38.94cm×49.56cm 胶片 5 张，或用至显影能力衰弱为止。

标准显影温度为 20℃，但在夏季高温季节因室温过高，不利于显影过程。无降温设备者可在上述显影配方中最后添加硫酸钠 100g，这种显影液在较高室温中仍可正常显影。为使显影均匀，胶片可先浸入清水中，随即取出，滴去水滴后再放入显影剂中显影。

B.菲尼酮显影剂配方

50℃温水	750ml	菲尼酮	0.22g
无水亚硫酸钠	72g	溴化钾	3.9g
无水碳酸钠	50g	苯骈三氮唑	0.1g（用 75%酒精溶解后加入）
对苯二酚	8.8g		
加水至	1000ml		

（3）定影作用与定影剂

定影是将已经显影的X线影像固定下来，它是通过化学作用，将其中未感光的溴化银溶解移去，使胶片变为透明。起溶解溴化银作用的药物为硫代硫酸钠，是定影剂中的主药。

定影剂的组成包括定影剂（硫代硫酸钠，通称海波）、保护剂（亚硫酸钠）；此外，醋酸及硼酸也有保护作用。酸化停影剂（醋酸）、坚膜剂（钾矾）。定影剂的配方如下：

50℃温水	600ml	硼酸	7.5g
硫代硫酸钠	240g	钾矾	15g
无水亚硫酸钠	15g	醋酸（28%）	48ml
水加至	1000ml		

定影10~15分钟，每1000ml药液约可定影38.94cm×49.56cm胶片5张，或用至药液衰弱为止。

4）胶片的装卸操作

拍摄照片前应先准备好暗盒和胶片。将暗盒平放桌面，盒底向上并将暗盒底盖打开。从胶片盒中连同保护纸取出一张胶片，把胶片底页护纸掀起后正确地放胶片于暗盒内的增感屏上，另一手隔着护纸检查胶片已放置正确后，随即取出护纸，关闭暗盒。若只需较小的胶片，则按要求的尺寸连同护纸裁切好胶片后，再装盒。

已投照完毕的暗盒，则可在暗室内开盒卸片，在桌上打开暗盒底盖，把暗盒倒向底侧，以右手中指与食指夹住胶片的一角后，用拇指捏住缓慢地把胶片取出；若胶片不能随暗盒倒转而脱出者，可以用指甲轻轻将胶片角撬起，握住片角把胶片缓慢取出，并盖好暗盒。以上操作过程中，应避免用手触摸增感屏和胶片，并防止摩擦胶片。在高温高湿气候的地区，胶片装盒时间不宜过长，应及早卸片，以防黏结。取出已曝光的胶片，即装于洗片架上，稳妥地将四角夹住，准备进行显影。胶片的装卸操作，应在暗室内进行。

5）冲洗操作

胶片的冲洗操作过程，包括显影、洗影、定影、冲影及干燥等几个步骤，前三个步骤需在暗室内进行。

显影：先测量显影液温度（应为18~20℃）并估计显影时间。一手持已夹好胶片的洗片架，另一手打开显影箱的盖子，把胶片浸入显影液中，上、下往返移动数次，随即将盖子盖好，并确定好定时钟预定的显影时间（通常为5分钟）。待听到定时钟的闹铃声响，显影时间已到，拿起洗片架，把多余的药液滴回箱内，随即进行洗影。

在显影时间内不应把胶片取出在红灯下观看，但对投照技术缺乏把握者，可在显影3分钟后取出观察一次，或到预定显影时间结束时再观看一次，以便对曝光过度或曝光不足的胶片及时调整显影时间，以图补救。

洗影：即在清水中洗去胶片上的显影剂。把显影完毕的胶片放入盛满清水的洗影箱内漂洗片刻（约10~20秒）后拿起，滴去片上的水滴即行定影。

定影：即把洗影后的胶片放入定影箱内的定影液中，定影的标准温度为20~25℃，定影的时间不像显影那么严格，一般10~15分钟，但不应超过30分钟，定影箱上应加盖。

冲影：定影完毕之胶片，放入流动的清水池中冲洗0.5~1小时，把胶片上的药液彻底冲净，若无流动清水，则需延长浸洗的时间。

干燥：冲影完毕的胶片可放入电热干片箱中快速干燥。没有此设备时，则把洗片架悬挂于木架上，置于通风处把胶片晾干。

8. 特殊造影检查

对缺乏天然对比的组织和器官，为扩大其检查范围，提高诊断效果，可以把人工对比剂引进被检器官的内腔或其周围，造成密度对比差异，使被检组织器官的内腔或外形显现出来，这种人工对比技术称之为造影术，而所用的对比剂称为造影剂。

1）造影剂的种类

造影剂应该是无毒、无危险、无副作用，并且化学性质稳定的物质。造影剂可分为低原子序数物质和高原子序数物质两类。前者如气体，对X线是透明的，称为阴性或可透性造影剂；后者如碘、钡，相对是不透X线的，称为阳性或不透性造影剂。

气体造影剂：气体是低密度的造影剂，包括空气、氧气、二氧化碳和二氧化氮。其中以空气常用而方便，在器官内或周围组织间不易弥散。停留时间较久，但其溶解度小，如进入血管内有产生气栓的危险。气体造影剂常用于关节腔造影、气腹造影、膀胱造影、气脑造影和结肠双重造影等。

碘化钠：用其灭菌水溶液，药液应透明无色，若因游离碘析出而微黄者不宜使用。此液体可用于泌尿道和膀胱、脓腔、瘘管的灌注造影。其浓度按检查目的而定。一般用10%~12.5%溶液；如用于检查异物、结石或肿瘤时，则使用5%~7%的较低浓度的药液。

碘油：为透明无色或微黄色的油状液体，含碘30%~40%，如变为棕色者系游离碘析出不宜使用（一般脓腔或瘘管除外）。碘油用于支气管、椎管、脓腔与瘘管的造影。但兽医上也有使用10%碘仿甘油剂做瘘管造影。

有机碘：有机碘制剂种类较多，为静注泌尿道及心血管造影剂，静注后迅速大量经肾排泄而使泌尿道显影，故用于排泄性尿道造影。其高浓度制剂多用于心血管造影。

钡剂：化学纯的硫酸钡，可用做造影剂（不纯者如含有少量可溶性钡盐可引起中毒），主要用于消化道造影。胃肠造影用其25%~40%的含胶质（约0.5%阿拉伯胶）的混悬液。食道造影如能经口吞食者，可用高浓度的钡浆。瘘管造影也可使用30%~40%的硫酸钡甘油剂。在医学上也有使用50%的硫酸钡白发胶浆做支气管造影。

2）常用造影法

（1）消化道造影。消化道造影是宠物临床上意义最大的一种造影技术，宠物的消化道造影，除应用于食道检查外，尚可用于胃肠检查和钡剂灌肠。食道检查的患病宠物无需特殊准备，插管灌入钡剂通常用站立侧位或直立位透视检查。但犬的食管检查以自然吞食钡剂为佳，做站立侧位透视检查。用含钡80%的浓钡浆约20ml（可调入适量砂糖或炼乳）用汤匙喂给。钡浆通过食管较慢，有时可显示黏膜情形。宠物的胃肠造影，使用约40%的钡悬浮液，可以显示胃、肠的内腔及其蠕动排空情况，用以检查X线可透性异物、肿块所引起的消化道狭窄或阻塞，消化道的痉挛和扩张，管壁上的肿瘤或溃疡以及胃肠的移位等。检查时，胃、肠应空虚，故需禁食24小时，检查前禁水12小时。根据宠物的大小不同，需给予钡悬浮液100~300ml，可在站立侧位或正、侧卧位透视观察，并对腹部加以推压检查。

小宠物钡剂灌肠比口服钡剂能更清楚显现大肠的状态，此法主要诊断回、结肠的肠套叠，大肠的狭窄、肿瘤或外在的占位性肿块和先天性畸形等；灌钡前先用肥皂水洗肠，将内容物排净，但肠阻塞可疑病例不应洗肠。通常用25%的钡悬浮液约500ml，并禁用油脂做插管润滑剂。

(2) 泌尿道造影。泌尿道造影包括肾盂、输尿管及膀胱造影。可做膀胱肿瘤、可透性结石、前列腺炎、先天性畸形、肾盂积水、输尿管阻塞、肾囊肿、肾肿瘤的诊断及肾功能的检查。造影前先做普通平片检查。膀胱造影通常是按导尿方式插管，将尿液排尽后向膀胱内灌注无菌空气约50~100ml，或灌注10%碘化钠液（同上量）。插管困难者可做静注造影（同肾盂造影）。静注排泄性肾盂造影，患病宠物应停喂一天，使胃肠空虚，造影前12小时禁止饮水。静注前患病宠物仰卧保定，在后腹处加压迫带和气垫压迫输尿管下段，阻止造影剂进入膀胱而使肾盂充盈良好。缓慢静注50%泛影钠或碘化钠，剂量按每千克体重2ml计算，注毕后5~15分钟拍摄腹背位的腹部照片，即行冲洗，如肾盂肾盏已显现清楚（否则需要重拍），可解除压迫带，使造影剂进入膀胱而拍摄膀胱照片。静注造影剂目的如仅为检查膀胱者，可免去上述肾盂造影程序。

(3) 瘘管造影。瘘管造影可以了解瘘管盲端的方向位置、瘘管分布范围及与邻近组织器官或骨骼是否相通，以辅助手术治疗。根据实际情况，可选用前述的10%~12.5%的碘化钠液、碘油或钡剂等，用玻璃注射器连接细胶管或粗针头，插入瘘管内，加压注入造影剂使其充满瘘管腔。注毕轻轻拔出胶管或针头，以棉栓填塞瘘管口，以防造影剂漏出，并把周围沾有造影剂的皮肤被毛用棉花小心揩净。尽可能从两个方向或角度透视和拍片，以了解病变的全貌。

(4) 气腹造影。气腹造影在宠物临床上有一定价值，大小宠物都可应用。小动物的应用范围更广，可以显示膈后的腹腔各器官，如膈、肝、脾、胃、肾、子宫、卵巢和膀胱等脏器，对观察其外形轮廓及彼此关系、有无其他病变存在都有较大作用。小动物可以随意改变体位，达到较充分的检查。注入的空气应先通到盛有液体的玻璃瓶过滤，以防止带入细菌。可按一般腹腔穿刺方法刺穿腹壁，针头由胶管与玻璃注射器连接。如有三通接头（一通接注射针头，一通接空气过滤瓶，一通接玻璃注射器）最为便利，可以连续注射。注射量因宠物种类和大小不同而异，小宠物为1~5L。如发现宠物出现呼吸困难或不安，立即停止注射。如欲检查前腹器官，则应使前躯高位；检查后腹脏器，要使后躯处于高位。检查完毕，再穿刺腹腔，将游离气体尽量吸出，残余空气数天后可逐渐吸收。

(5) 四肢关节充气造影。四肢关节充气造影，可用于大型犬，以了解关节间隙、关节软骨和关节憩室等情况。前肢通常由肘关节以下，后肢由膝关节以下至膝关节都可以进行。其中跗关节只限于胫距关节或近侧位的距跗关节。穿刺方法同外科关节穿刺术，注气操作与气腹造影相同。但应注意勿随便反复穿刺，以免造成关节囊气体漏出于邻近组织中，因气肿而发生干扰。穿刺时如发现出血，不能注入气体，以防止形成气栓。

(6) 关节X线造影照相术。关节X线照相术是把造影剂注射到关节间隙，随后曝光X线照相。造影剂进入关节腔内可以证明关节表面和关节囊的变形。该技术对肢体或与疼痛有联系的关节，通过观察X线片，提供确切的信息。关节X线照相主要用于评价破裂的关节囊、软骨瓣的存在、半月板损伤或为关节手术提供所必要的信息。

阳性或阴性关节X线照相由水溶性碘成分的造影剂或空气（CO_2、N_2O）来完成。做关节的阳性造影，常将含碘的造影剂用消毒盐水稀释成20%~40%的溶液，使用浓度大的造影液可造成关节内韧带消失或损伤软骨。一个关节注射2~6ml造影剂，宠物要进行深麻或深度镇静。注射前要取得非常清晰的X线片（侧位和正位的）。注射部位要充分消毒后，再刺入针头，吸取滑液已备分析用。然后注入造影剂，屈伸关节以利于造影剂的分布。至少采取两个方位拍片，曝光标准需提高5kV。

关节X线照相的禁忌证：如果关节周围软组织感染，在这种情况下，针刺入关节囊内，能导致关节的严重感染，阴性造影剂关节X线照相使用的空气能够引起栓塞，CO_2或N_2O是适宜的，而不是用空气作为关节充气照相。

（7）血管造影和心血管造影。血管造影是将碘阳性造影剂快速注入血管系统（即心脏、四肢血管）随后立即进行X线摄影。血管造影用于诊断特定血管的栓塞和血管系统的病理性损伤或应用X线摄影难以确诊的肿瘤性病变。

心脏造影的适应证：可检查房室的大小和形态，心脏扩张的程度、心包渗出物、心脏瓣膜狭窄和闭锁不全的评价，探索心脏向左右分流以及体循环和肺循环的主要动脉系统的先天性和后天性异常以及心脏填塞性疾病的辨别。

造影剂的选择：心血管造影常选择水溶性碘成像的造影剂，宠物应给适当的镇静剂并进行保定。在大的外周静脉（颈静脉、头静脉、隐静脉）中置入一个短而宽的静脉导管（猫用18–20号，犬用14–20号）。用力快速推注1~2ml/kg体重的造影剂。多数血管造影、心血管造影，造影剂进入到血管近心端，因循环血液可迅速使造影剂离开X线照射部位，所以要在注射之后立即进行侧卧和仰卧位的X线摄影。

心脏正常的充盈顺序是右心房、右心室、肺动脉、肺、肺静脉、左心房、左心室、主动脉。

造影剂正常的流注时间（造影剂从到达右心房开始至到达主动脉弓时）：猫6~8秒，小型犬6~8秒，中型犬7~9秒，大型犬7~10秒。

某些心脏疾病时的流注时间：肥厚性心肌病3~4秒、扩张型心肌病10~20秒，动脉导管未闭（右向左分流）3~4秒，室间隔缺损（左向右分流）3~4秒。

在注射造影剂后，应立即进行一系列的X线摄影。这就要建立商业可利用的快速变换器，或在小动物临床实践上，制作方便坚实清净塑料薄板和若干个装片暗盒。清净塑料薄板放置在小木块上，患病宠物集中在玻璃薄板上，暗盒编号放置在塑料薄板下，在每个暗盒邻近下一个时放置单片纸线。当造影剂注射时，立即曝光，每做一次曝光暗盒推进一次。

（8）淋巴系统造影。淋巴系造影使用阳性造影剂注入淋巴系统。这种造影类型适于评价宠物的前肢或后肢的水肿。

淋巴系造影一般限于四肢、头部和颈部。由于身体的其他部位淋巴管不易找到。这个技术涉及识别和手术暴露淋巴管，造影剂直接注入淋巴管。在注射造影剂后立即进行X线摄影。

淋巴系造影使用的造影剂为水溶性或油性的碘制剂，油剂的优点在1个月以上仍然存在淋巴结中，允许反复的X线摄影观察。但是油剂成分能引起局部的刺激，淋巴水肿的患病宠物禁忌。需要注意的是油剂成分能够损伤淋巴系统。

(9) 脊髓造影。脊髓造影是在脊柱不透光的部位进行 X 线摄影之后，将阳性造影剂注入脊柱的蛛网膜下腔。脊髓造影适于 X 线摄影检查不能检出的透明区损伤。蛛网膜下腔的阳性造影剂用于识别脊髓内肿块的损伤、椎间盘突出、锥体异常或脊髓肿胀。

脊髓造影需要进行全身麻醉，因为蛛网膜下腔注射是敏感的，注射部位应该进行手术准备，脊髓针刺入脊髓池或腔内，缓慢注入造影剂进入脊髓腔。造影剂的适宜剂量取决于患病宠物的大小和检查部位。剂量范围 0.25~0.45ml/kg 体重。大动物或肥胖动物或注射靠近可疑病变部位时用低剂量（如腰部病变进行腰部注射时），注射部位远离病变部位时用高剂量。注射前先进行脑脊液穿刺放液，在 2~5 分钟之内，将造影剂缓慢注入。注入之后，倾斜动物身体，使造影剂流向指定方向。30 分钟内，在注入造影剂部位进行 X 线摄影，曝光条件增加 5~10kV。工作人员在脊髓造影注射前应该熟悉注射部位及注射技术。

过去脊髓造影有许多种造影剂，但是都有许多问题。因为脊髓组织非常敏感。传统的电离性造影剂的刺激作用，注入之后引起惊厥和死亡。油性碘制剂造影剂不易与脊髓液混合，能导致凝固重吸收非常缓慢。近年来，常选择低渗透作用、非油性、水溶性造影剂进行脊髓造影。

(10) 硬膜外造影。硬膜外造影是将碘化造影剂注射到硬膜外腔。适应证是对普通平片上显示不清楚的马尾综合征或 L_5 以后脊髓段的压迫性损伤或肿瘤进行评价。

注射部位与方法：在骶骨坐骨结合部、尾骨起始部的少数几个椎骨间隙、腰骶结合部，用短的静脉注射套管针做硬膜外腔注射，按 0.1ml/kg 体重注入造影剂。

(11) 腺管 X 线造影。腺管 X 线造影是将阳性造影剂注入腮腺管和腺体内。这种类型造影有利于评价腮腺管的开放和腺体的形态。腮腺、下颌腺和舌下腺管道用这个方法检查。兽医 X 线摄影使用腺管 X 线造影多数为确诊腮腺黏液囊肿。

造影时需要给患病宠物镇静，用钝形头针插入腺管内，小剂量注入水溶性造影剂。进行颅部侧位和背腹位 X 线拍片，可获得明显的唾液腺系统。

(12) 阴道 X 线造影。阴道 X 线造影是将阳性造影剂注入阴道和子宫颈。如果子宫颈开放，子宫和输卵管呈不透明，这种观察用于评价阴道穹隆和生殖道的形态。阴道造影时患病宠物需要麻醉。将球形头的注射器注入阴门，使阴道穹隆内口膨大，正确放置插管，将水溶性碘造影剂注入阴道。注入量根据患病宠物的大小来决定。进行侧位和腹背位 X 线摄影。

9. 宠物的 X 线投照

1）头颈部的投照

(1) 头颈部投照。头颅的投照可采用背腹位、腹背位和侧位三种方法。背腹位检查时，将患病宠物伏卧，头部置于上面备有泡沫垫的暗盒上，使下颌与胶片平行，中心线通过两眼连线的中点。腹背位使患病宠物处于仰卧位，背躺在一“V”形槽上，颈下置海绵垫，并以带子套在上颌犬齿后方，向前牵引，则可防止由于头部的形状而发生侧方转动，这一位置适用于麻醉或镇静情况下进行。侧位的投照，将患病宠物取横卧姿势，病侧靠近暗盒，但病侧有损伤时，则病侧向上，头与颈下置楔形泡沫垫，使鼻部稍抬高，而下颌与暗盒相互平行，中心线通过耳、眼连线中点的垂线与颧弓水平线相交处而达胶片，光束的范围不超过头与第 1、2 颈椎。投照条件：64kV、8mAs、100cm。宠物的头部 X 线片见图 1-1-18、图 1-1-19（照片引自《兽医临床检查》)。

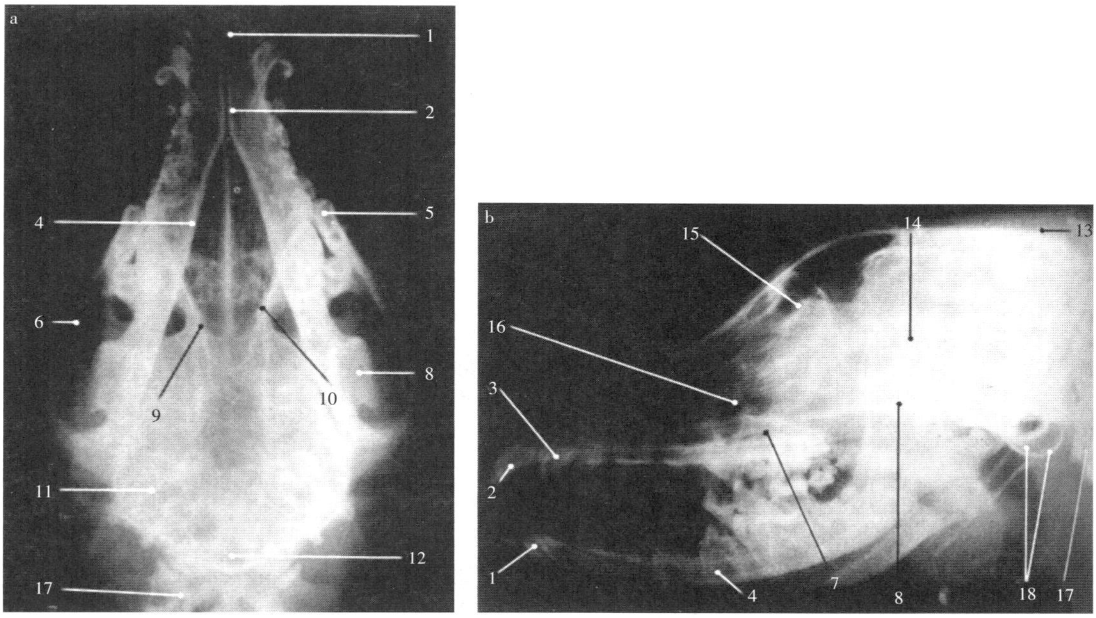

图 1-1-18　犬的头部正常像 (a.腹背方向　b.左侧方向)

1.下颌切齿　2.上颌切齿　3.上颌犬齿　4.下颌骨　5.上颌骨　6.颧骨　7.腭骨　8.下颌支　9.颌骨　10.蝶骨　11.颞骨　12.枕骨　13.额骨　14.颞突　15.泪骨　16.鼻骨　17.第1颈椎　18.鼓室胞

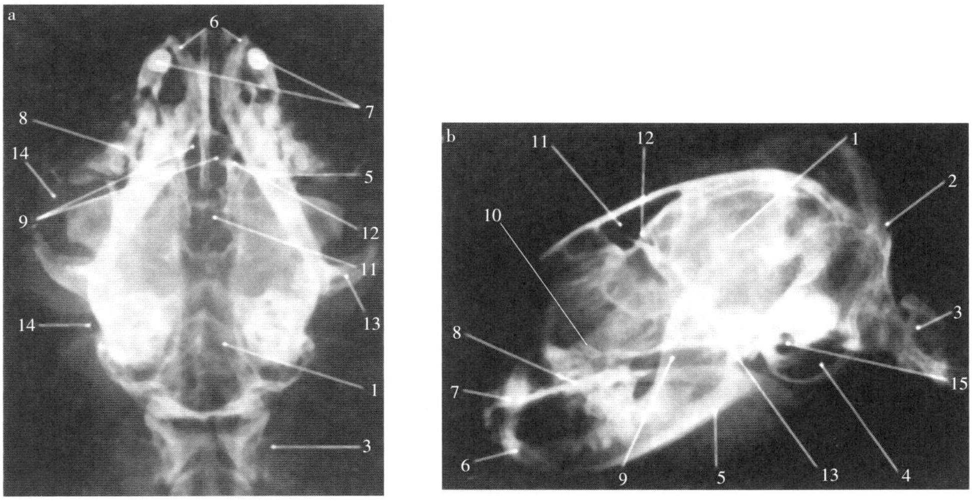

图 1-1-19　猫的头部正常像 (a.腹背方向　b.左侧方向)

1.头盖腔　2.枕脊　3.第1颈椎（环椎）　4.鼓室胞　5.下颌骨　6.下颌犬齿　7.上颌犬齿　8.上颌骨　9.鼻腔　10.筛骨　11.额窦　12.冠状突　13.颧骨　14.外耳道

(2) 颈部背腹位。患病宠物仰卧，勿使颈过度伸展，以免引起颈椎屈曲。鼻竖直，头颈部抵至沙袋，颈下垫以泡沫块，以免体位移动。根据检查需要，中心线以15°角前倾斜，通过第 1 颈椎或第 3~4 颈椎而达胶片。投照条件 69kV、12mAs、100cm。

（3）颈部侧位。患病宠物侧卧，头下置一楔形海绵，在颈中部垫一海绵卷或块，后者可抬高颈中部，使中部颈棘突与桌面或暗盒平行。X 线照射要求包括头颅的后部与第 1 胸椎。中心线根据需要，可通过第 1 颈椎、第 3、4 颈椎之间，或第 1 胸椎处，见图 1-1-20。投照条件：60kV、12mAs、100cm。

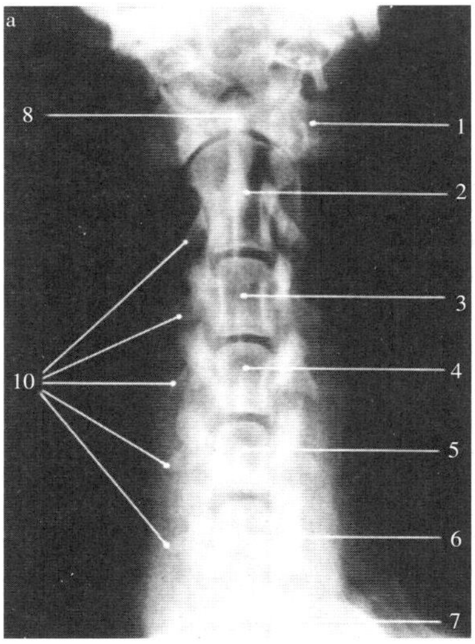

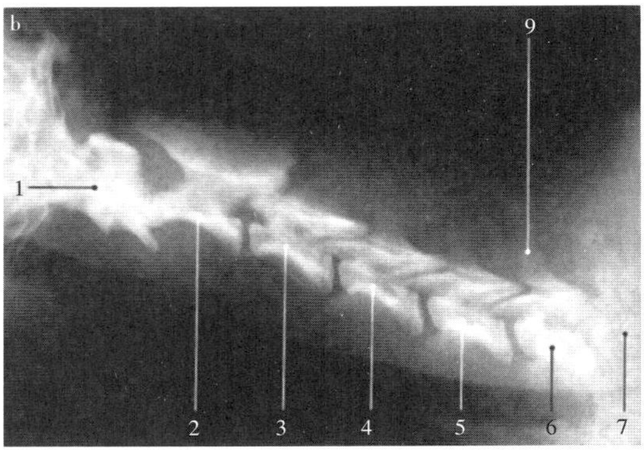

图 1-1-20 犬的颈椎正常像（a.腹背方向 b.左侧方向）

1.第 1 颈椎（环椎） 2.第 2 颈椎 3.第 3 颈椎 4.第 4 颈椎 5.第 5 颈椎 6.第 6 颈椎 7.第 7 颈椎 8.齿突 9.棘突 10.横突

2）四肢骨骼与关节的投照

（1）肩胛骨。采用侧位、头尾位，将患肢用力向上推，使肩胛骨移位至脊椎上方，操作时在肘关节下方握持病肢，在肘关节伸展情况下，用力把肩关节推向背侧，直至肩胛骨突出在胸椎上方棘突背侧。同时将上方的健肢向后腹侧牵引，这就使胸部稍有转动和肩胛骨游离在体躯背侧，也可将下侧病肢向腹侧牵引，上侧健肢屈曲地推向头部。头尾位投照，患病宠物仰卧，尽可能将前肢向前牵引至伸展状态，然后用带子拴住，后肢向后拴住。而将躯体略向健侧转动，使前肢与肩胛骨离开胸廓，摄影时不会产生重叠。投照条件：55kV、8mAs、100cm。

（2）臂骨。臂骨侧位投照，患病宠物取横卧位，病肢在下，使病肢稍伸展，将上方健肢向后牵引，并拴住。中心线垂直地对准臂骨中央。投照范围要求包括上下两关节端。

头尾位投照时，患病宠物仰卧，将病肢向后牵引，直至臂骨与胶片平行，并稍稍地向外牵引使臂骨不与躯体靠拢，中心线对准臂骨中央（图 1-1-21、图 1-1-22、图 1-1-23）。投照条件：55kV、8mAs、100cm。

（3）肘关节。肘关节侧位，患病宠物横卧，病肢在下并使病肢肘关节处于正常稍屈曲的状态。上方健肢向后牵引，肘突只有在高度屈曲肘关节时才能显现。头尾位投照，取伏卧姿势，病肢稍前伸，注意避免病肘向外转动，如在肘下垫以泡沫垫则有助于防移位，头应转向健侧，中心线通过臂桡关节而达于胶片。投照条件：60kV、8mAs、100cm。

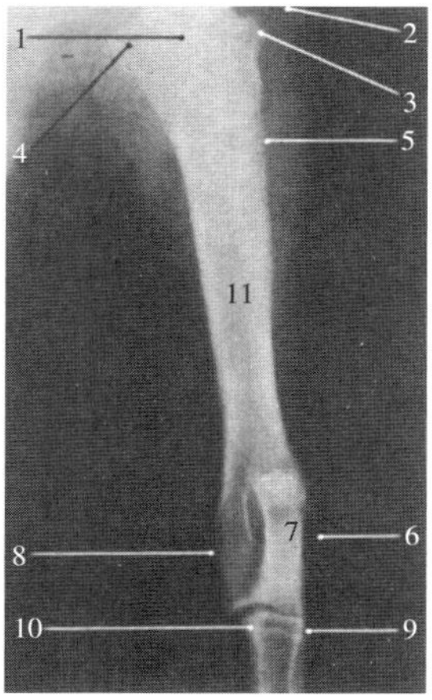

图 1-1-21　犬臂骨的正常像（正位方向）

1.肩胛骨　2.肩峰　3.大结节　4.小结节　5.三角肌粗面　6.外髁　7.尺骨肘突　8.内髁　9.桡骨头　10.尺骨钩状突起的内侧　11.臂骨骨干

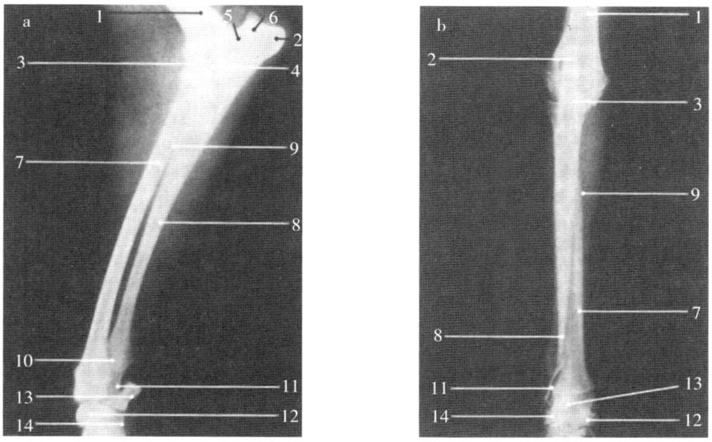

图 1-1-22　犬前臂骨的正常像（a.内—外侧方向　b.头尾方向）

1.臂骨　2.肘头　3.桡骨粗面　4.钩状突起　5.肘突　6.内侧上髁　7.桡骨　8.尺骨　9.桡骨的营养孔　10.远位桡尺关节　11.尺骨茎状突　12.桡侧腕骨　13.副腕骨　14.尺侧腕骨

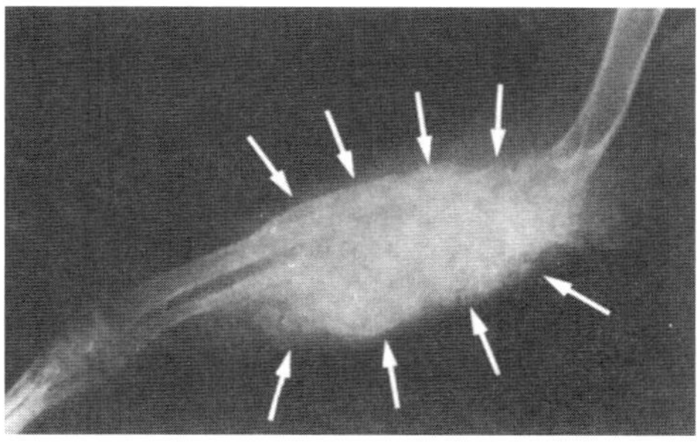

图 1-1-23　犬臂骨的骨肉瘤（内—外侧方向）

（引自齐藤保二等编著的《兽医临床检查》）

（4）腕关节。腕关节投照可采用侧位、背掌位和斜位。侧位投照，患病宠物侧卧，病肢向下，腕关节通常稍屈曲，泡沫垫放在肘关节下，以防腕关节转动，上方健肢向后牵引，以减少重叠。背掌位投照，患病宠物伏卧，病肢腕部置于暗盒上，头转向健侧，为防止患肢发生转动，可在肘关节下放一软垫。斜位投照时，将患肢向内或向外侧转动，直至腕关节与胶片呈 45°角。投照条件：52kV、5mAs、100cm。

（5）掌骨和指（趾）骨。通常采用背掌位和侧位，背掌位时，患病宠物伏卧，病肢平放于暗盒上，中心线对准掌骨中部。侧位投照时，患病宠物病侧在下横卧，病肢向前牵引，置于暗盒上，在肘关节下方置一沙袋以保持病肢的位置，其上方健肢向后牵引并用带子拴住，中心线对准掌骨的中部。图 1-1-24 投照条件：50kV、5mAs、100cm。

（6）股骨。可采用侧位和头尾位。头尾位投照，患病宠物仰卧，将两后肢向后牵引，使股骨与胶片平行，膝关节向内转动，前躯置于槽形海绵垫中，以防止体躯发生转动，中心线对准病肢股骨中点。侧位投照时，患病宠物病侧横卧，上方健肢外展，屈曲且用带子系住固定于后侧，病肢跗关节下方置一软垫，在系部用带子系住，中心线垂直对准病肢的中点。投照条件：64kV、12mAs、100cm。

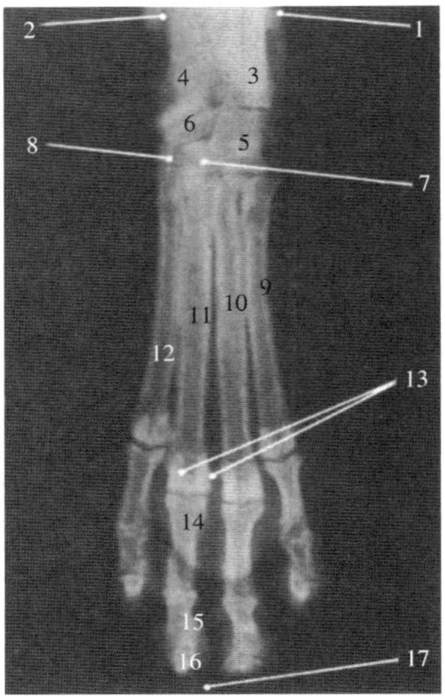

图 1-1-24 犬中足部的正常像
(头尾方向)

1.外髁（腓骨远位端） 2.内髁（胫骨远位端） 3.腓侧跗骨 4.胫侧跗骨 5.第 4 跗骨 6.中心跗骨 7.第 3 跗骨 8.第 2 跗骨 9.第 5 中跗骨 10.第 4 中跗骨 11.第 3 中跗骨 12.第 2 中跗骨 13.第 3 跗骨，关节底侧的子骨 14.第 3 指趾骨 15.第 2 趾骨 16.第 1 趾骨

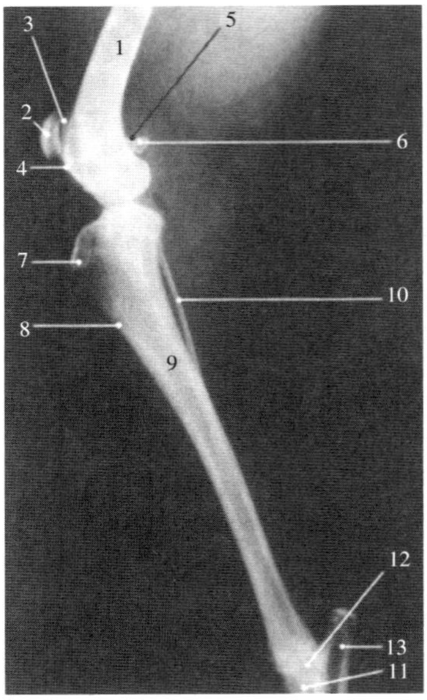

图 1-1-25 犬的膝关节与股骨的正常像（内—外侧方向）

1.股骨 2.膝盖骨 3.外髁 4.内髁 5.内侧腓肠豆 6.外侧腓肠豆 7.胫骨粗隆 8.胫骨嵴 9.胫骨 10.腓骨 11.中央跗骨 12.距骨 13.跟骨

（7）膝关节。采用头尾位时，患病宠物仰卧，两后肢向后牵引，保持伸展状态，将膝关节向内转，中心线通过膝关节间隙。侧位时，患病宠物侧卧，病肢在下，将上侧健肢外展和屈曲，并用带子系住拉向后侧。检查膝关节时可中度屈曲，但不可转动。以软垫置于膝关节下支持患肢，并使胫骨长轴与胶片保持平行，可在跗关节上方压一沙袋以保持患肢这种位置。中心线穿过关节间隙。图 1-1-25 投照条件：58kV、8mAs、100cm。

（8）跗关节。跗关节的背跖位，将患病宠物仰卧，向后牵引两后肢，要肯定跗关节是正确处于前后位的位置，通过向内转动膝关节使髌骨位于两股骨之间，病肢应在充分伸展下用带子系住，在膝关节下方置一软垫，有助于保持这种姿势，中心线穿过跗关节而达胶片。侧位投照时，将患犬横卧，病肢在下，向后牵引病肢，屈曲膝关节，将跗关节置于暗盒中心，并在其脚爪上压一沙袋，以保持这种姿势，上方健肢向前牵引并用带子系住，中心线对准跗关节。投照条件：54kV、8mAs、100cm（见图 1-1-20）。

3）胸部的投照

根据患病宠物的大小，选用 28.32cm×35.40cm 或合适的胶片。胸部背腹投照条件：60kV、10mAs、100cm。胸侧位投照条件：55kV、10mAs、100cm。用滤线器则加 10kV 或 mAs 增加 1.5~2 倍。胸部的投照可以采取伏卧背腹、仰卧腹背位、横卧侧位、驻立侧位、直立腹背位和直立侧位等（见图 1-1-26）。

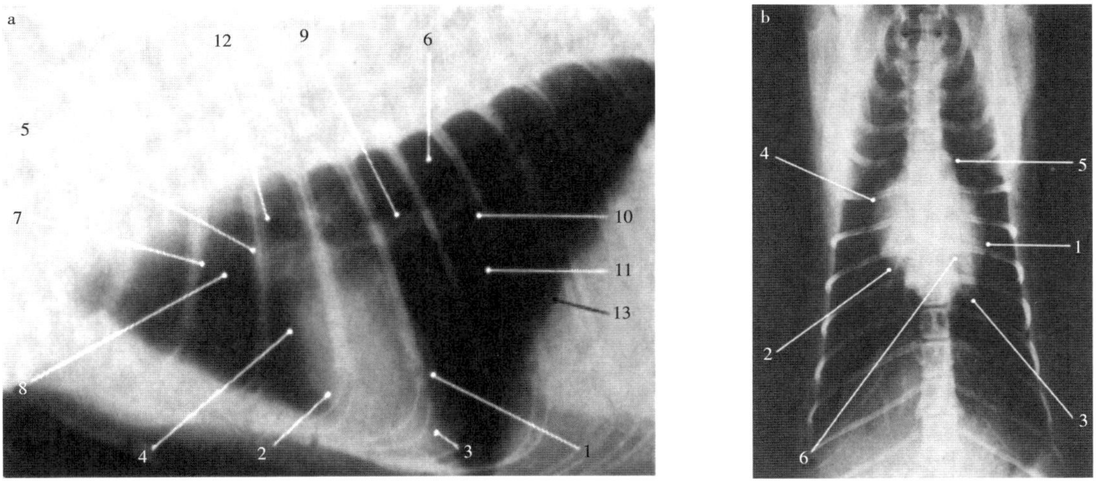

图 1–1–26　猫的胸部正常像（a.腹背方向　b.左侧方向）

1.左心室壁　2.右心室壁　3.心尖部　4.右心房壁　5.大动脉弓　6.后动脉弓　7.前叶肺动脉
8.前叶肺静脉　9.左后叶肺动脉　10.右后叶肺动脉　11.后腔静脉　12.气管　13.横膈膜

（1）伏卧胸部背腹位。在该位置时心脏在胸腔内近乎正常的悬吊姿势，可估计心脏的大小。患病宠物伏卧，头低下，颈上方置一沙袋，使头与颈一起靠在桌面上。把肘关节与肩胛骨一起向前外牵引，可使前肺野清楚地显示。

（2）仰卧胸部腹背位。患病宠物仰卧，后躯垫以“V”形槽，防止体躯发生转动。两前肢前伸，并使肘关节向内转，胸骨与胸壁两侧保持等距离。中心线垂直地通过胸中部的中线达于胶片，曝光的强度应足以透过心脏与纵隔。照片的前方应包括肩关节，后方为第 11 肋或第 12 肋。在充分吸气时进行投照。位置正确的照片，胸骨与胸棘突应叠合，两侧胸廓应对称。胸部腹背位的投照可较好地显示后肺野。

（3）横卧胸部侧位。患病宠物侧卧，两前肢前伸以减少臂三头肌与前肺野重叠。颈部适度的伸展以防胸部气管的偏斜。胸下置一楔形海绵垫，使胸骨、胸椎棘突与台面之间为等距离，前肢与后肢上各加一沙袋，以保持位置不变动。中心线通过肩胛骨后缘，相当于第 4 肋间中央，而垂直于胶片。照片的两端应包括胸骨柄和第 12 肋后缘。在充分吸气时进行曝光。正确的胸部侧位照片上，在中心线处的肋骨缘应叠合左与右肋软骨结合处在相同的水平上。

（4）驻立胸部侧位。这种投照用于检查胸腔内积液或游离的气体以及囊肿性肺损害的积液是有价值的。患病宠物驻立于摄片架旁，尽可能让要检查的一侧胸壁紧靠暗盒，将前肢向前牵引，以便肩胛骨不在胸壁上引起重叠，中心线水平地通过第 4 肋间中央而达胶片，曝光前如患病宠物表现不安则需人工控制，用手辅助以保持两前肢前伸的姿势。

（5）直立胸部腹背位。犬一般不采用悬吊式，由两个助手各提举患犬的一条前肢，使其直立，两后肢着地负重，背紧靠摄片架的暗盒。中心线水平地通过第 5、第 6 胸椎之间而与胶片相垂直，必须注意不让工作人员受到中心线的直接照射。这个位置投照，在横膈下可看到腹腔内的游离气体。

（6）直立胸部侧位。将患病宠物引至摄影架旁，助手将其两前肢提举，仅两后肢着地负重，并使患病一侧胸部紧靠暗盒。中心线水平地通过第 4 肋间中央而垂直于胶片，这个位置的照片能清楚地显示胸腔积液、囊肿性肺的损害，但对胸腔内的游离气体因肩胛骨阴影的重叠而难以显现。

4）腹部的投照

腹部的软组织厚度较大，一般需要用滤线器摄影，有时还需配合造影，投照条件：80kV、12mAs、100cm、8:1 滤线器，投照时后肢向后牵引，可避免股部肌肉与后腹腔的内脏相重叠。

（1）腹部侧（卧）位。患病宠物左或右侧横卧。右侧卧时在胃底部可见到气体，左侧卧在幽门窦可见到胃内气体。使患病宠物处于正常的较舒服的位置，两前肢前伸和两后肢稍拽向后。中心线对准最后肋的稍后方或拟检查的部位。

（2）驻立腹部侧位。患病宠物自然站立，如不愿站立，则需人工扶持，使腹侧壁紧靠摄影架的暗盒，中心线水平地通过腹中部。如用聚焦滤线器，中心线必须与滤线器表面相垂直。投照时让患病宠物在这种位置先驻立 10 分钟，以便腹腔游离气体向上积聚，使仅有少量游离气体亦可作出诊断。如积液多还需增加曝光量。

（3）腹部背腹位。患病宠物伏卧，令两后肢的膝关节屈曲、外展并与身体两侧相平行。防止后肢压在腹下而引起与腹腔的内腔重叠。长尾宠物要把尾拴住。背腹位的照片前后应包括横膈和髋关节。应注意避免引起腹壁紧张而使腹腔内脏受压迫导致诊断困难。在呼气结束时进行曝光，中心线垂直于背中线，相当于第 3 腰椎处而达胶片。背腹位的缺点是会引起体位弯曲和腹部受压迫，因此也可选用腹背位，患病宠物仰卧，前躯垫以槽形泡沫垫，以保持宠物稳定与躯体两侧相对称，后肢伸展，用带子拴住或压以沙袋。照片的大小应能包括横膈与骨盆。中心线垂直地通过腹中线，相当于胸骨切迹与耻骨联合之间连线的中点。见图 1-1-27 至图 1-1-32。

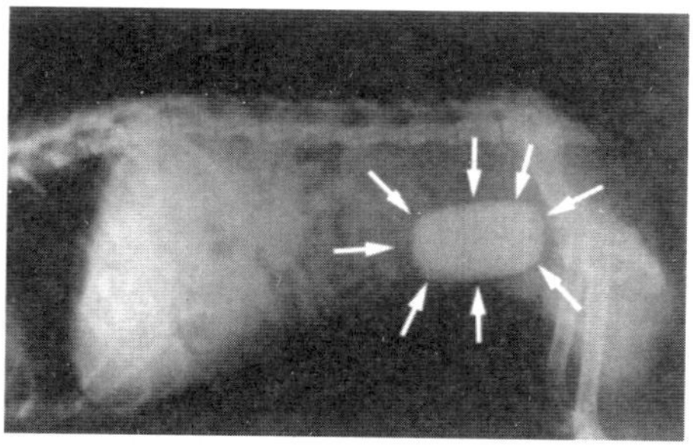

图 1-1-27　犬的膀胱结石（左侧方向）

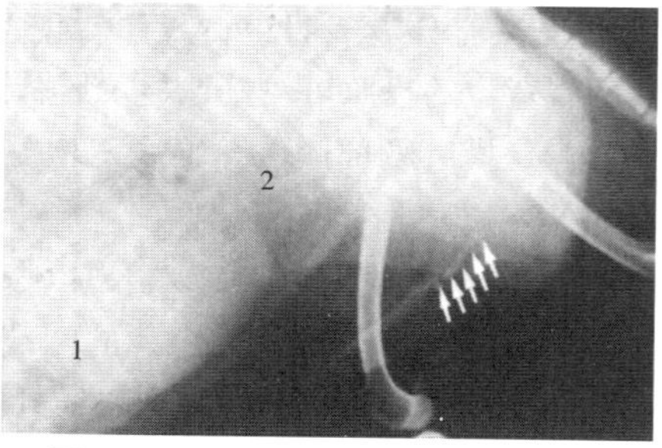

图 1-1-28　犬的尿道结石（左侧方向）

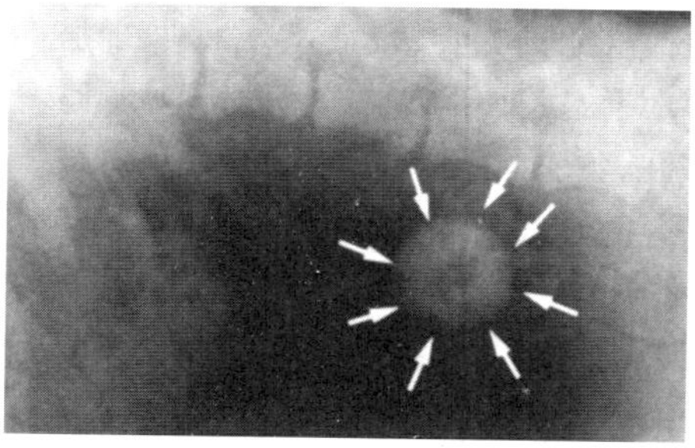

图 1-1-29　犬的结肠内异物（左侧方向）

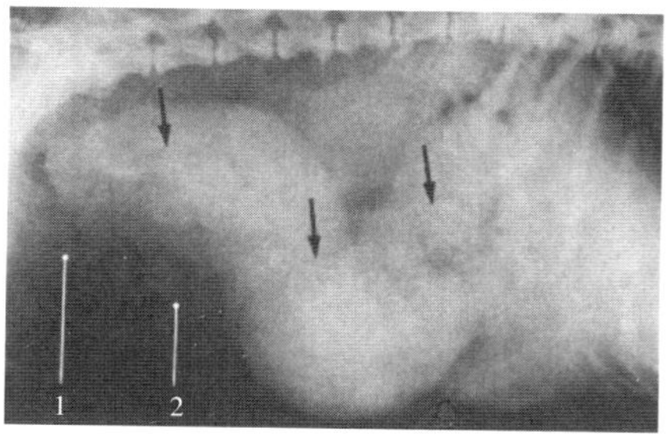

图 1-1-30　犬的巨大结肠症（右侧方向）

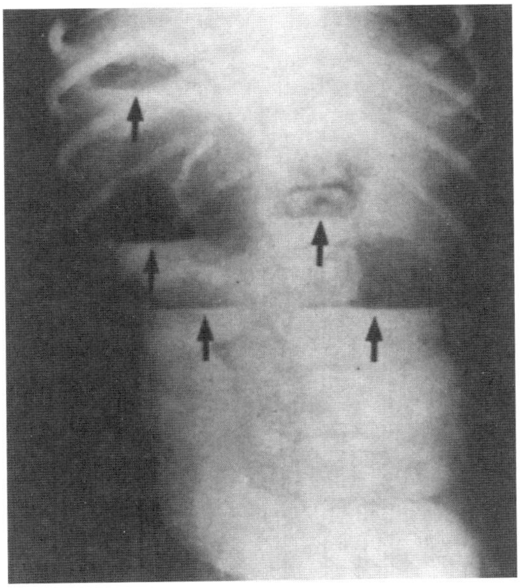

图 1-1-31 犬的肠闭塞（直立位腹背方向）

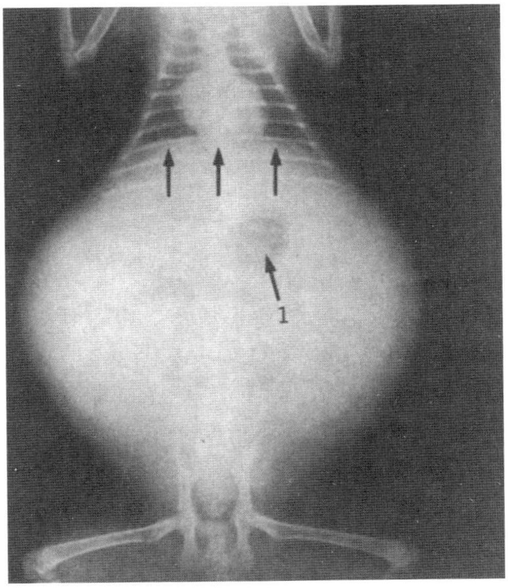

图 1-1-32 猫的腹水症（腹背方向）

5）胸椎、腰椎及骨盆的投照

（1）胸椎腹背位。患病宠物仰卧于薄的泡沫垫上，头和颈保持伸展，前肢向前牵引，后躯靠槽形泡沫垫，防止躯体转动和保持矢状面与台面相垂直。第 6 颈椎至第 3 胸椎这一段，投照的要求与颈部投照相类似，但中心线投照的角度要增加到 20°，因此中心线以 20°角射向胸部中线与两肩胛骨后缘连线交点而达胶片。在第 3~11 胸椎这一段，中心线垂直于胸中部的中线上。曝光量必须足以穿透心与纵隔。投照条件：69~73kV、12mAs、100cm。用滤线器时 mAs 量要加 1.5~2 倍。

（2）腰椎腹背位。患病宠物仰卧于一薄的泡沫垫，前躯靠“V”形槽泡沫而稳定不转动，前肢前伸，后肢向后牵引，但过度伸展会使腰椎发生屈曲。矢状面要保持与台面相垂直，深胸的犬，其肝区与盆腔相对比较厚和致密，因此前面的椎体必须增加曝光量才能看得清楚。中心线垂直于胸骨切迹，恰好是胸、腰脊椎结合处，一般可观察第 11 胸椎至第 3 腰椎。中心线垂直于胸骨切迹和耻骨前缘连线的中点，则可观察全部腰椎。

（3）横卧胸椎侧位。第 6 颈椎至第 3 胸椎这一段侧位的投照位置与前述颈椎侧位相同，但前肢必须向后牵引，否则，肩胛骨可与拟检查的部位发生重叠而影响检查。第 3~11 胸椎这一段侧位的投照，患病宠物横卧，在胸骨和胸椎棘突下方衬以合适的泡沫垫，使椎体平行，腿伸展，上加沙袋以保持姿势不变，中心线对准前肢肌群后方的椎体。必须在呼气结束后做一次短的曝光，以免发生呼吸引起的模糊。投照条件：60~70kV、12mAs、100cm。

（4）横卧腰椎侧位。患病宠物侧卧，在胸骨和腰椎棘突处下方垫以泡沫垫使脊椎与胶片相平行，四肢上加沙袋以保持位置不随便移动。中心线通过第 13 胸椎检查胸、腰椎结合部；中心线通过第 3 腰椎可全面检查腰椎棘突。中心线也可对准疑有病变的部位，这样可使照片图像更清晰。投照条件应高于胸椎侧位。

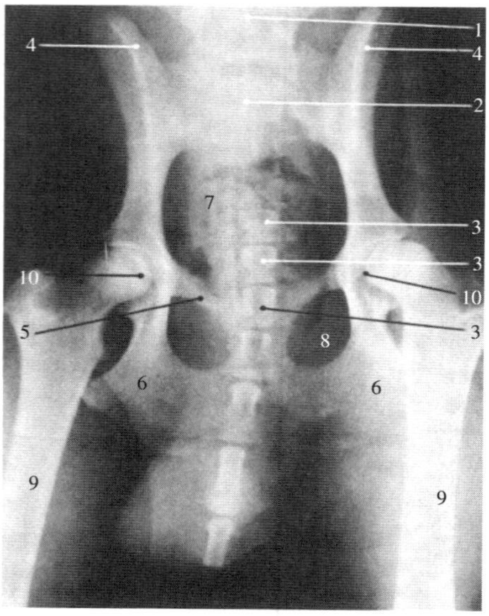

图 1–1–33 犬髋骨的正常像（腹背方向）

1.第 7 腰椎 2.荐骨 3.尾椎 4.髂骨 5.耻骨 6.坐骨 7.骨盆腔 8.闭锁孔 9.股骨 10.股关节

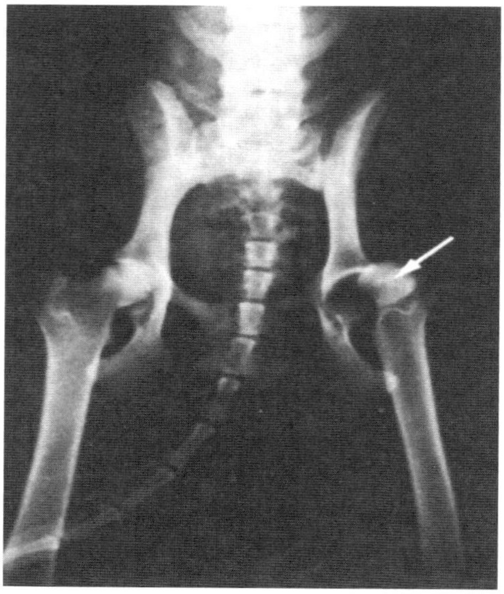

图 1–1–34 犬髋关节脱臼（腹背方向）

（5）骨盆的腹背位。患病宠物仰卧，前躯卧于槽形海绵垫内，使身体两侧相对称，将其后肢伸展，并使后肢与盒面相平行，将膝关节向内转。并用绷带固定，则髌骨位于股骨髁之间和骨盆的长轴相平行。骨盆偏斜，会造成诊断困难。为了诊断腕关节发育不全，要保持上述正确的位置，有时需用手来保定，此时工作人员必须注意防护。中心线对准耻骨联合前缘。照片的范围应包括骨盆与股骨（见图 1–1–33、图 1–1–34）。如果患病宠物因损伤等不愿伸展后肢，也可使两后肢屈曲、外展，并将沙袋压在跗关节上以保持位置不移动。必须注意保持两侧和骨盆的长轴不得倾斜，后者可借在腰棘突下放置软垫而解除。中心线投照的位置同上。投照条件：67kV、12mAs、100cm。

（6）骨盆侧位。患病宠物侧卧，适当厚度的泡沫垫置于两个膝关节之间，使股骨平行于暗盒。此外，腰棘突下方与胸骨下放置海绵垫可防止体位的移动。中心线通过髋臼而达胶片。投照条件：67kV、12mAs、100cm。

（四）内窥镜检查

为了更深入检查体腔、体内器官或组织，医学上设计有很多种类的内腔镜，以便于进行内部相应组织的视诊，有时还可通过腔镜检查以采取样本进行检验。兽医学上常用的有咽喉镜、胃镜、腹腔镜、直肠镜、膀胱镜等。

各种内窥镜的性状、结构虽不相同，但一般均由粗细、长短、性状不一的导管（金属或塑料）制成，其前端附有照明装置，管内有折射用的反光镜及电线，通过电线将尖端照明装置与外面的电源相联结。有的还附有采取组织标本的刮削或切除系统（如腹腔镜、胃镜等），或附有摄影装置。

应用前应先检查照明装置、电极、反射镜等部分，适宜后再行检查。

自从1970年在兽医领域引进内窥镜后，在兽医诊断和治疗过程中已应用十分广泛，尤其在宠物的实践应用中，多种类型的内窥镜已达相当的水平。借助于内窥镜，可以在损伤性很小的情况下完成一些传统的手术，并且可以观察体内许多器官系统。另外，从机体器官上取活体组织进行检查，并完成一些手术更是其他检查所不能代替的。与此相反，在一些情况下，腹腔镜检查可代替剖腹术，胸腔检查可代替胸廓切开术，随着兽医工作人员经验的丰富和仪器设备的不断改进，内窥镜的应用一定会有更大的发展。

1. 上、下部胃肠道的内窥镜检查

适应证：进行食道、胃和小肠的探查，是否存在异物、狭窄或肿瘤，或者是为了获取活组织以便进行病理检查。

方法：宠物需全身麻醉，在做内窥镜检查前要进行全面的身体检查和实验室检查。一般应进行气管内插管，以防吸入胃或十二指肠的内容物。

下部肠管的内窥镜检查经常作为慢性腹泻和肠炎诊断的一部分，不论用硬质的或软质内窥镜，宠物均需全身麻醉。在做内窥镜检查前做适当的肠管准备，用镇静药物使宠物安定，对确保检查的成功是很必要的。使用灌肠剂或轻泻剂等较老的技术会使肠管粘上异物，并且导致体液和电解质的紊乱。现多使用结肠清洗剂，是经口给药的，制成等渗的液体，即使大量服用，体液和电解质平衡也会保持正常。

2. 腹腔镜检查

腹腔镜检查对于腹腔内脏和腹膜表面来说，损伤很小。在兽医领域，腹腔镜检查更多地用于患病宠物的控制和获取活体组织，在手术上尚未得到充分利用，但随着宠物医生临床经验的不断丰富，腹腔镜检查将会越来越多地用于手术。

腹腔镜检查包括通过腹部的一个小口充气和通过一个手术的开口放置腹腔镜。一般充入的气体不用空气，因为如果脉管或器官被穿刺了，容易形成空气栓塞。现在应用较多的是使用CO_2，它可降低气体栓塞的危险性。然而，对于CO_2使用也还有一些潜在的问题，如CO_2遇水会形成碳酸，引起腹膜过敏。CO_2被吸收入血后，会使自主呼吸的麻醉宠物产生高碳酸血症。

对健康宠物而言，腹腔镜检查是很安全的一项技术。这时应该测腹内压，最理想的腹内压应保持在20mmHg以下。如果使用CO_2作为充入气体时，应监测终气量和$PaCO_2$。控制CO_2的通气量可能会防止高碳酸血症的发生。对充血性心力衰竭的病宠物应进行认真护理和监测，对肺机能障碍和血容量减少的病宠物也不应忽视。对出血性素质的病宠物禁止取活组织检查，因为这样会有出血不止的危险。对偶发事故如内脏穿孔和肝破裂，应做好立即进行剖腹术的准备。

3. 鼻窥镜检查

做鼻腔内窥镜检查麻醉很关键，很多能使宠物处于手术麻醉状态的麻醉药，当把鼻窥镜放于鼻腔时，就会激醒宠物。对于犬的鼻腔内窥镜的检查，多采用静脉注射麻醉药如戊硫巴比妥、异丙芬或氯胺酮，在鼻窥镜检查前立即注射，其他的麻醉药如芬太尼或氢吗啡酮也有较好的效果。做鼻窥镜检查，尤其是取活组织时，鼻道会出很多血，使用气管导管比较安全，但操作者应认真检查，以避免吸入血、残留物和冲洗用的液体。操作时一定要用纱布海绵盖住咽，起到保护作用。

4. 喉镜和气管、支气管镜检查

喉镜检查主要用于喉功能的评价、短头综合征的评价和寻找异物或息肉。喉镜应用的研究很多，即使是一个灵活的内窥镜也只能检查软腭的上方。怀疑喉麻痹而进行的喉运动评价要进行轻微的表面麻醉。喉镜检查易发生呼吸功能障碍，所以建议应先期吸氧，这可通过戴面罩或在宠物头上戴一个连接氧气瓶的塑料袋。先吸入 5 分钟氧气，然后再进行检查。

（五）超声波检查

超声波检查是运用超声波的物理特性及动物体的声学特性，对动物体的组织器官形态结构与功能状态作出判断的一种非创伤性检查法。该方法具有操作简便，可多次重复，能及时获得结论，无特殊禁忌等优点。主要用于测定实质性脏器的体积、形态与物理特性；判定囊性器官的大小、形态及其走向；检测心脏、大血管及外周血管的结构、功能与血流的动力学状态；鉴定脏器内占位性病灶的物理性质；检测体腔积液的存在与否，并对其数量作出初步估计；引导穿刺、活检或导管植入等辅助诊断。

1. 超声的物理特性

声波是物体的机械振动产生的，振动的次数（频率）超过 20 000 次/秒称为超声波（简称超声）。超声波在机体内传播的物理特性是超声影像诊断的基础，其中主要有：

1）超声的定向性（又称方向性或束性）

当探头的声源品片振动发生超声时，声波在介质中以直线的方向传播，声能随频率的提高而集中，当频率达到兆赫的程度时，便形成了一股声束，犹如手电筒的圆柱形光束，以一定的方向传播。诊断上则利用这一特性做器官的定向探查，以发现体内脏器或组织的位置和形态上的变化。

2）超声的反射性

超声在介质中传播，若遇到声阻抗不同的界面时就出现反射。入射超声的一部分声能引起回声反射，所余的声能继续传播。如介质中有多个不同的声阻界面，则可顺序产生多次的回声反射。超声界面的大小要大于超声的半波长，才能产生反射。若界面小于半波长，则无反射而产生绕射。超声入射到直径小于半波长的大量微小粒子（如红细胞等）中则可引起散射。超声能检出的物体界面最短的直径叫做超声的分辨力，超声的分辨力与其频率成正比，超声理论上的最大分辨力为其 1/2 波长，频率愈高，分辨力愈高，观察到的组织结构愈细致。超声的波长与频率和声速的关系如下：

$$r(\text{波长})=c(\text{声速})/f(\text{频率})$$

波长单位为 mm，声速单位为 m/s（s 代表“秒”），频率单位为 Hz（即每秒振动次数）。

超声垂直入射界面时，反射的回声可被接收返回探头而在示波屏显示。入射超声与界面成角不垂直时，入射角与反射角相等，探头接收不到反射的回声。若介质间阻抗相差不大而声速差别大时，除成角反射外，还可引起折射。

3）超声的吸收和衰减性

超声在介质中传播时，会产生吸收和衰减。由于与介质中的摩擦产生黏滞性和热传播而吸收，又由于声速本身的扩散、反射、散射、折射与传播距离的增加而衰减。吸收和衰减除与介质的不同有关外，亦与超声的频率有关。但频率又与超声的穿透力有关，频率愈高，衰减愈大，穿透力愈弱。故若要求穿透较深的组织或易于衰减的组织，就要用 0.8~2.5MHz 较低频的超声，若要求穿透不深的组织但要分辨细小结构，则要用 5~10MHz 较高频的超声。在超声传播的介质中，当有声阻抗差别大于 0.1%的界面存在时，就会产生反射。超声诊断主要是利用这种界面反射的物理特性。

2. 动物组织与器官的声学特性

1）不同组织结构的反射规律

超声在动物体内传播时，具有反射、折射、绕射、干涉、速度、声压、吸收等物理特性。由于动物体的各种器官组织（液性、实质性、含气性）对超声的吸收（衰减）、声阻抗、反射界面的状态以及血流速度和脉管搏动振幅的不同，因而超声在其中传播时就会产生不同的反射规律。分析、研究反射规律的变化特点，是超声影像诊断的重要理论基础。

在实质性组织中，如肝脏、脾脏、肾脏等，由于其内部存在多个声学界面，故示波屏上出现多个高低不等的反射波或实质性暗区。

液性组织中，如血液、胆汁、尿液、胸、腹腔积液、羊水等，由于它们为均质介质，声阻抗率差别很小，故超声经过时不呈现反射，在示波屏上显示出“平段”或液性暗区。

在含气性组织中，如肺脏、胃、肠等，由于空气和机体组织的声阻抗相差近 4000 倍，超声几乎不能穿过，故在示波屏上，出现强烈的饱和回波（递次衰减）或逐次衰减变化光团。

2）脏器运动的变化规律

心脏、动脉、横膈、胎心等运动器官。一方面由于它们与超声发射源的距离不断地变化，其反射信号则出现有规律的位移，因而可在 A·B·M 型仪器的示波屏上显示；另一方面又由于其反射信号在频率上出现频移，又可用多普勒诊断仪监听或显示。

3）脏器功能的变化规律

利用宠物体内各种脏器生理功能的变化规律及对比探测的方法，判定其功能状态。如采食前、后测定胆囊的大小，以估计胆囊的收缩功能；排尿前、后测定膀胱内的尿量，以判定有无尿液的潴留等。

4）吸收衰减规律

宠物体内各种生理和病理的实质性组织对超声的吸收系数不同。肿大的病变会增加声路的长度，充血、纤维化的病变增加了反射界面，从而使超声能量分散和吸收，由此出现了病变组织与正常组织间对超声吸收程度的差异。利用这一规律可判断病变组织的性质和范围。组织对超声的吸收衰减一般是癌性组织>脂肪组织>正常组织。因此，在正常灵敏度时，病变组织可出现波的衰减，癌性组织可表现为“衰减平段”，在 B 型仪表现为衰减暗区。

超声诊断就是依据上述反射规律的改变原理，用来检查各种脏器和组织中有无占位病变、器质性的或某些功能性的病理过程。

3. 不同组织结构反射波型的特征

各种类型脉冲超声诊断仪，主要是依据反射波型的特征判断被探查组织器官的病理状态。按反射吸收衰减的原理，一般把反射波型分为 4 种。

1）液性平段（暗区）型

液体是体内最均匀的介质，超声在其中通过时，由于无声阻抗率的差别，其反射系数为0，因而无反射波。在A型仪示波屏上表示为平段，B型仪显示为暗区。如正常的尿液、羊水；病理状态下的心包积液，胸、腹腔积液，各种良性囊肿内黏液性或浆液性液体。

体内尚有一些均质性较差的液体，如血液、浓缩的胆汁等，由于其中含有固体成分，混悬状态或黏滞性较大时，在反射波型的平段或暗区内可出现少数的微小波或光点。

液性平段或暗区有较强的声学特点。和其他回波截然不同，因此其检出率和准确性较高，是其他物理检查方法无法比拟的。依据检查时液性平段或暗区出现的深度及探头的角度，可作为定位穿刺抽液的指示。

2）均质的实质性平段（暗区）型

也称少反射型。反射波型表现为平段或暗区。如正常生理状态下的肝脏、肾脏、颅脑、脾脏及病理状态下的胸腔肥厚、黑肉瘤等。均质的实质平段或暗区与液性平段或暗区的区别是，当仪器的灵敏度（增益）加大时，实质性的平段可出现少数回波，如用最大灵敏度时，就会有多数回波出现；而液性平段仍无回波出现，只是平段范围有所缩小。从超声物理声阻抗率的原理不难理解，由于正常肝脏的基本结构是肝小叶、胆小管、肝动静脉、门脉等分支，在正常灵敏度时，其声阻抗率值差别很小，故表现为平段，随着灵敏度加大，平段内回波就会相应地增多。

3）非均质实质性少或多反射（光点）型

也叫多反射型。如正常的乳腺、眼球、厚层肌组织等；病理状态下的各实质器官炎症或占位性病变（囊性例外）。由于其内部存在着声抗率的差别，形成多个声学界面。因此随着非均质的程度不同，反射波或多或少。

4）全反射（光点）型

也称强反射型。如正常生理下的肺脏，由于肺泡内充满空气，胸壁软组织及胞膜的空气间声阻抗率差别很大，因此在正常灵敏度下，就可表现为全反射波（光点），反射能量很大，在肺表面与探头之间来回反射，形成多次反射。其特征是反射波的波幅（A型）逐次衰减，故又称递减波，在B型仪上表现为逐次递减多层明亮光带。

肠腔、胃内气体蓄积多量时，可产生全反射波型（A型）。主要是由于肠腔与探头之间多反射而产生能量大（振幅高）、杂乱、活跃的反射波。B型示波屏上表现为弥漫性杂乱分布的光点，探查时如对局部用力压迫，此种反射可自行消失。

在实际探查时，这几种类型的反射波可混合出现，如妊娠子宫内的羊水表现为液性暗区，而胎儿的反射则呈一定形态分布的光点、光带或光团。

4. 超声检查的类型

超声检查的类型较多，目前最常用的是按显示回声的方式进行分类。主要有A型、B型、M型、D型和C型5种。

1）A型探查法（amplitude mode）

即幅度调制型。此法以波幅的高低，代表界面反射信号的强弱，可探知界面距离。测量脏器径线及鉴别病变的物理特性，可用于对组织结构的定位。该型检查法由于其结果粗略，目前在医学上已被淘汰，但国内兽医仍多处于A型阶段。

2）B型探查法（brightness mode）

即辉度调制型。此法是以不同辉度光点表示界面信号的强弱，反射强则亮，反射弱则暗，称灰阶成像。因此采用多声束连续扫描，故可显示脏器的二维图像。当扫描速度超过每秒24帧时，则能显示脏器的活动状态，称为实时像。根据探头和扫描方式的不同，又可分为线形扫描、扇形扫描及凸孤扫描等。高灰阶的实时B超扫描仪，可清晰显示脏器的外形与毗邻关系，以及软组织的内部回声、内部结构、血管与其他管道的分布情况等。因此，本法是目前临床使用最为广泛的超声诊断法。

3）M型探查法（motion mode）

此法是在单声束B型扫描中加入慢扫描锯齿波，使反射光点自左向右移动显示。纵坐标为扫描空间位置线，代表被探测结构所在位置的深度变化；横坐标为光点慢扫描时间。探查时，以连续方式进行扫描，从光点移动可观察被测物在不同时间的深度和移动情况，所显示出的扫描线称为时间的运动曲线。此法主要用于探查心脏，临床称其为M型超声心动图描记术。本法与B型扫描心脏实时成像结合，诊断效果更佳。

4）D型探查法（doppler mode）

是利用超声波的多普勒效应，以多种方式显示多普勒频移，从而对疾病作出诊断。本法多与B型探查法结合，在B型图像上进行多普勒采样。临床多用于检查心脏及血管的血液动力学状态，尤其是先天性心脏病和瓣膜病的分流及反流情况，有较大的诊断价值。目前医学上也广泛用于其他脏器病变的诊断与鉴别诊断，有较好的应用前景。

多普勒彩色血液显像系在多普勒三维显像的基础上，以实时彩色编码显示血液的方法，即在显示屏上以不同的彩色显示不同的血液方向和速度，从而增强对血液的直观感。

5）C型探查法（constant depth mode）

即等深显示技术，使用多晶体探头进行B型扫描，其信号经门电路处理后，显示与扫描方向垂直的前后位多层平面断层像。目前主要用于乳腺疾病的诊断。

5. 正常脏器超声图

1）肝脏超声图

犬肝脏B超检查，可采取横卧、仰卧等体位，在肋弓下、胸骨后缘，声束对向头侧即可扫描出肝脏和胆囊的超声图。对于小宠物，肝脏的形状和大小是不同的，现在还没有建立一个超声诊断的标准，所以临床上常根据经验或放射线影像等判定其大小。

肝实质B超图像表现为连续均匀点状的低水平回声结构，回声强度比肾、脾略低，比肾皮质略高。肝内较大血管为液性暗区，可见管壁回声。肝脏的边缘平滑，在肝与膈相连的地方，膈呈一有弧度的曲线，产生极强的回声，超声图像表现为一条白色亮线（见图1-1-35、图1-1-36）。可随着呼吸而运动。各肝叶之间的界限在超声图上很难区分，只有根据其特征性的回声图谱来判断。次级血管及胆小管在B超图像下不易发现。

肝脏的门静脉可在剑状软骨处超声图谱上发现，管壁回声光滑，且回声强，其内流动的血液呈液性的无回声暗区，门静脉在肝内分为左右两支，分别进入左右侧肝内，次级结构在B超图像一般不易发现。肝动脉及其分支在超声图像中也不易发现。

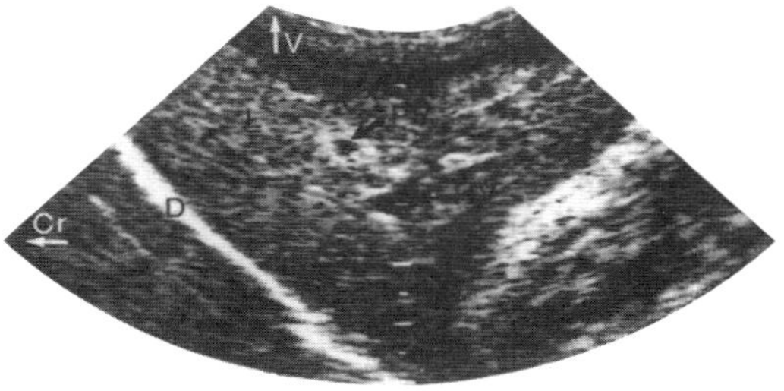

图 1-1-35 正常犬肝脏纵行扫描

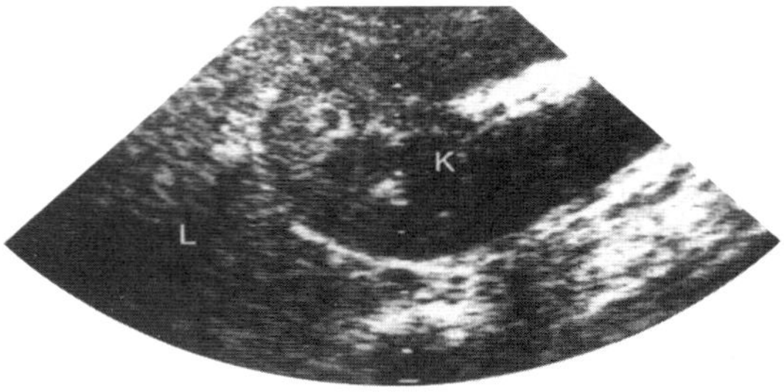

图 1-1-36 正常犬通过肝脏尾叶和右肾纵向扫描

肝脏实质部回声略强于肾脏。K 为肾脏；L 为肝脏

2）胆囊超声图

使宠物仰卧，于肋弓下方扫描，可得到肝门部、胆囊、胃、后大动脉及横膈膜的超声图。正常胆囊内充满均质胆汁，因而超声图谱表现为液性暗区，胆囊壁表现为轮廓清晰、曲线光滑平整的回声结构，后壁深层回声增强（见图 1-1-37））。胆囊形状的回声图像，其大小与宠物进食有关。在饥饿状态下胆囊大，随切面的不同，可呈圆形和卵圆形等。

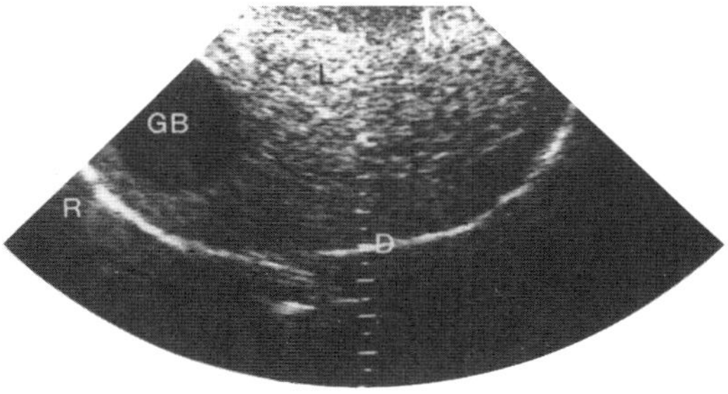

图 1-1-37 正常犬肝脏和胆囊横向扫描

GB 为胆囊；R 为右侧；D 为膈

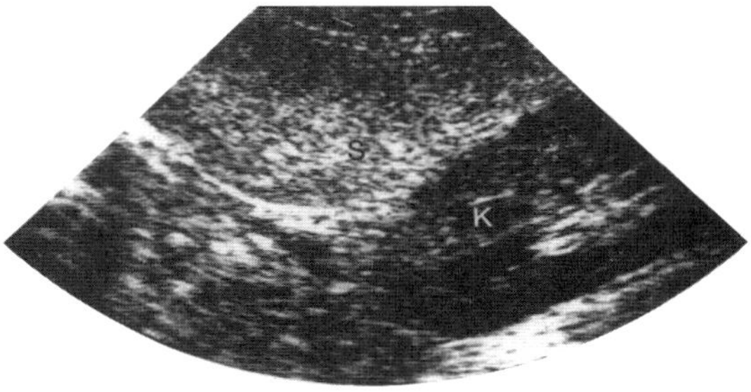

图 1-1-38 正常犬左肾、脾脏的纵向扫描

3）脾脏超声图

脾的探查可采取立位、右侧横卧、仰卧等体位。在左侧最后肋间可显示出脾脏与其相邻器官的动态。脾实质呈弥漫性均匀的低水平回声结构，正常脾脏回声强度略高于肝脏，呈均匀的细质性回声结构，高于肾皮质。在超声图谱上，脾脏的边缘光滑，界限清晰。在脾门附近见不到脾静脉及其分支。由于脾脏的游离性及肠管的活动性，有时可在左侧腹腔的稍后部观察到，有时在正常的位置观察不到。由于探查时探头位置的不同，脾脏的超声影像可呈圆形、卵圆形或带状。

脾脏回声比肝脏强。脾脏和肾脏的回声密度比肝脏和肾脏的回声更加明显，见图 1-1-38。

4）肾脏超声图

宠物取仰卧位保定，局部剃毛，涂上耦合剂，进行肾脏扫描。采用 5.0Hz 的探头分别扫描两侧的肾脏。通常情况下，左侧肾较右侧肾容易扫描到。在超声图谱上，由于超声切面的不同，肾脏可呈轮廓清晰的圆形、椭圆形或蚕豆形的回声图谱。被膜及其周围脂肪呈强回声。皮质回声较弱，有散在淡光点。髓质由三角形肾锥体构成，呈弱而有放射状排列低水平回声结构。中部的密集明亮光点为集合系统内脂肪的回声，集合系统内其余为液性暗区。肾的凹处有入肾血管与肾周围的脂肪呈一强回声结构。在有尿液蓄积肾盂的情况下放射排列的中央有呈无回声结构的液性暗区，肾门处的输尿管不易发现，见图 1-1-39、图 1-1-40。

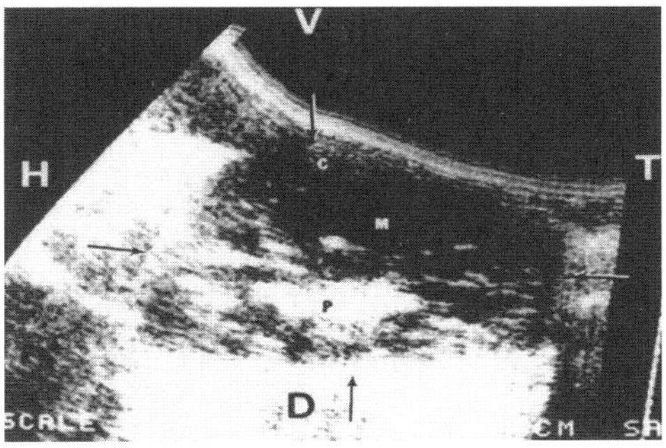

图 1-1-39　正常肾脏扫描图形

箭头所指肾边界 C 为皮质部，回声较强；M 为髓质部，为无回声区；P 为肾脂肪囊区

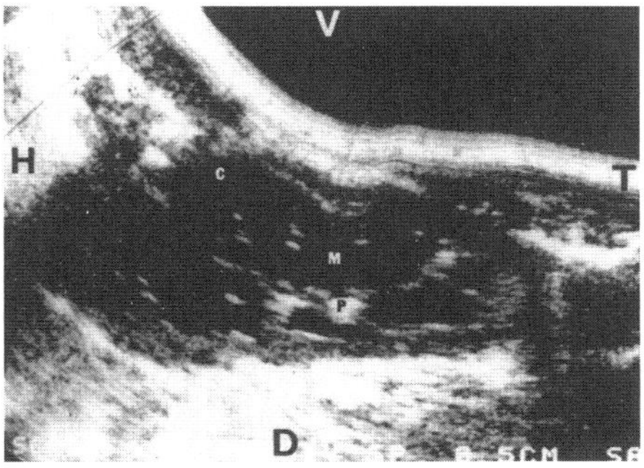

图 1-1-40　正常多尿肾脏扫描

髓质（M）和皮质（C）部面积增大

5）膀胱超声图

宠物取仰卧位，于脐下部与耻骨前剃毛，进行 B 超检查。在 B 超声像图谱上，充盈尿液的膀胱切面图像上由于横扫和纵扫的不同，可呈现圆形或梨形，膀胱壁光滑而回声强，囊内尿液为无回声的暗区，排尿后膀胱壁回声强于排尿前，壁增厚，见图 1-1-41。

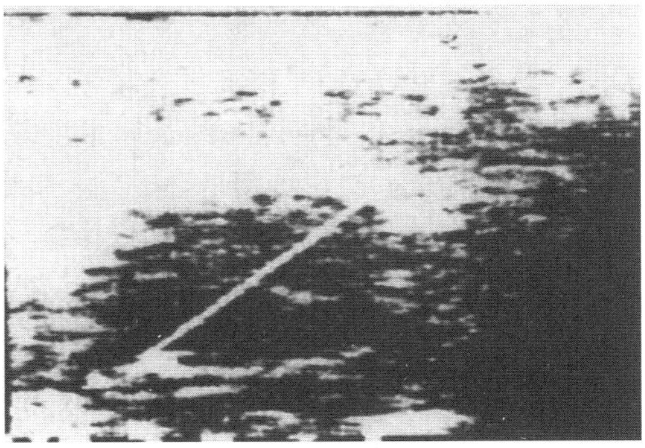

图 1-1-41　正常膀胱超声图

（六）计算机断层扫描术(CT)检查

CT 是 Computer Tomography 的简称，即 X 线计算机断层扫描，由英国物理学家 Godfrey Hounsfield 在 1972 年研制成功，先用于颅脑疾病诊断，后又扩大到全身检查，是 X 线在放射学中的一大革命。

CT 的基本原理是，当 X 线射入机体组织时，部分射线被组织吸收，部分射线穿过机体被检测器接收，产生信号。因为机体各种组织的疏密程度不同，于是就产生了差异，将这种有差异的信号以数字形式输入计算机，经过数模转换处理，形成图像，再在屏幕上显示出来，然后拍成图片就可以观察到机体内非常小的病变。CT 具有高密度分辨率，对软组织及其本身密度差小或小病灶以及对实质性脏器的检查有特殊价值。CT 对病灶的定位以及了解脏器的相对空间位置都非常准确。另外，它还可以进行矢状面和冠状面图像的重建。CT 检查简单、迅速且无损伤，由于技术和 CT 机本身的原因，以及动物身体的移动、脏器的不自主运动和邻近结构的密度差别过大等原因，有时会出现伪影，造成诊断的不准确。

CT 使用功率为大约 120kW 和不同的 mAs 的 X 线以及由计算机产生横断面的解剖，能产生由脂肪、肋骨、脊柱、骨盆或任何器官的矢状面、背侧、横向和斜面结构组成的影像。CT 产生的影像比传统的 X 线摄影更清晰，因为 X 线断层照相技术能使附加组织影像模糊，一般这种技术在固定一瞬间的时间取得的影像是静止的影像方式。影像保留和构成比较小，这样可以出现一系列单片的胶片。现在人医临床上已有旋转 CT、螺旋式 CT、PET-CT（即正电子发射断层显像 X 线计算机断层成像，是目前世界上最高级的医疗影像诊断器材）。常用 CT 临床应用如下。

头颅：X 线摄影常常不能识别的损伤、颅内损伤，CT 则容易显示出来。正常脑组织相对一致和同质，但中脑系统、大脑镰和大脑垂体窝从 CT 影像中容易看出。

头颅 CT 的适应证：内脑的肿瘤、脑积水引起的癫痫发作、失明、前庭症状和容积改变。CT 扫描也对局部鼻、窦和眶周肿块有诊断作用。恶性鼻肿瘤经过扫描可以诊断是否侵入额窦和颅内，CT 影像能呈现出三维肿瘤范围。在考虑放射治疗时有助于制定治疗方案。

胸部：胸部 CT 的适应证包括肺和纵隔肿块、纵隔淋巴结病、胸部肿块侵入脊柱或肋骨以及检查肺癌转移，也能检查心包渗出和心脏基部肿块。

腹部：肝、胆囊、胃、小肠、胰、脾、肾上腺、肾、输尿管、膀胱、前列腺、卵巢、结肠和主要血管可用 CT 扫描来识别。X 线摄影未能确诊的肿块一般适于 CT 检查，特别是用于犬的肾上腺肿块，从肾上腺肿瘤侵入内脏，能由造影剂提高 CT 的检查效果。

脊髓：在脊髓 X 线造影检查和标准 X 线摄影不能完全显示脊柱损伤时应该选用 CT 扫描检查。神经根肿瘤时 CT 能提供脊髓旁区和神经根孔很好的影像。因为后腰椎蛛网膜下腔末端脊髓 X 线造影术和硬膜外 X 线造影术正常无法发现后脊髓损伤，可以选择 CT 影像技术对脊髓后 4–5（腰椎 4–5），特别是脊椎旁区和侧锥管疾病进行扫描。腰荐退行性疾病病例 CT 能显现出 C6–7 和 CT–S1 椎间盘突出以及由椎内纤维组织增生所致的压迫。

（七）磁共振成像术（MRI）检查

磁共振成像术（magnetic resonance imaging，MRI）实际上是核磁共振成像技术（nuclear magnetic resonance imaging，NMRI），是继 CT 后医学影像学的又一重大进展。自 20 世纪 80 年代应用以来，它以极快的速度得到发展。

基本原理：将人体或动物置于特殊的磁场中，用无线电射频脉冲激发人体或动物体内氢原子核，引起氢原子核共振，并吸收能量。在停止射频脉冲后，氢原子核按特定频率发出射电信号，并将吸收的能量释放出来，被体外的接受器收录，经电子计算机处理获得图像。这种技术叫做核磁共振成像技术。核磁共振是一种物理现象，作为一种分析手段广泛应用于物理、化学、生物等领域，到 1973 年才将它用于医学临床。为了避免与核医学中放射成像混淆，把它称为磁共振成像术（MRI）。MRI 是一种生物磁自旋成像技术，它是利用原子核自旋运动的特点，在外加磁场内，经射频脉冲激发后产生信号，用探测器检测并输入计算机，经过处理转换在屏幕上显示图像。MRI 提供的信息量不但大于医学影像学中的其他许多成像术，而且不同于已有的成像术，因此，它对疾病的诊断具有很大的潜在优越性。它可以直接做出横断面、矢状面、冠状面和各种斜面的体层图像，不会产生 CT 检测中的伪影；不需注射造影剂；无电离辐射，对机体没有不良影响。MRI 对检测脑内血肿、脑外血肿、脑肿瘤、颅内动脉瘤、动静脉血管畸形、脑缺血、椎管内肿瘤、脊髓空洞症和脊髓积水等颅脑常见疾病非常有效，同时对腰椎椎间盘突出、原发性肝癌等疾病的诊断也很有效。其缺点是 MRI 空间分辨率不及 CT，有某些金属异物的部位不能做 MRI 的检查，另外，价格比较昂贵。现在国内兽医临床应用较少，国外一些大学的附属动物医院已配有该仪器。

（八）核闪烁扫描术

核闪烁扫描术是非侵入影像措施用少量放射性物质（放射性核素）经静脉或结肠或气雾吹入机体。闪烁扫描是非常敏感的，但影像不能提供像 X 线摄影或 CT 详细解剖结构，这种观察是其他影像技术的补充。

锝 99m 是放射性同位素，发生 γ 射线。放射性物质锝是兽医临床实践中使用非常普遍的示踪原子。理想的放射性药物是有相对短的半衰期，对患病宠物和工作人员产生低辐射剂量，容易利用及价格较便宜。放射核素可单独应用或与其他原子混合，优先吸收到特异性靶器官。

γ 扫描照相（γ 照相）检查 γ 放射物（数量），形成选择器官黑和白影像印在 X 线胶片上。宠物需要镇静。检波管尽可能放置在接近怀疑异常的部位，检查最大数量的放射物，一般要放置 1~2 分钟检查足够放射物质产生的影像。

适宜的辐射防护：例如限制与患病宠物接触时间，在扫描时增加与患病宠物的距离和防护板，减少工作人员暴露的时间。放射性药物通过尿、粪排除，需要注意在扫描时和扫描后衰减期造成的污染。锝 99m 是较便宜的兽医临床实践应用的同位素，半衰期 6 小时，动物常常在给药后 24~72 小时排出。要按国家的辐射安全防护法规操作执行。核闪烁扫描术临床应用如下。

甲状腺：甲状腺扫描最普通的适应证是甲状腺功能亢进。在甲状腺功能极度活跃时，常常需要评价甲状腺激素（T4）的水平。甲状腺闪烁扫描术主要用于甲状腺功能亢进的猫。确定腺体的活跃程度，确定过度分泌结节的活动和大小，确定患病腺体是两叶还是一叶。影像用于识别异位的甲状腺组织。如果考虑手术摘除甲状腺小叶，这是特别重要的信息。

取 1~5ml 锝 99m 给予静脉注射，在注射后 20~30 分钟进行扫描。腹背位和左或右侧投照，过度活跃的甲状腺，活跃区增加成为“热点”，甲状腺患病小叶影像变黑，抗甲状腺药物不影响由锝而产生的影像。

骨：骨扫描的最常见的适应证是跛行，用物理学检查、X 线摄影观察或超声不能找到病变。主要适应证是隐性跛行和慢性跛行。也适合压力性骨折、软骨病、骨或韧带损伤、颅骨肿瘤和骨髓炎。骨的闪烁扫描是敏感的，因为增加的血流或增加的骨更能使放射性核素蓄积。骨扫描比 X 线摄影更能早期地观察到损伤。“热点”区表示骨质增生明显、有肿瘤发生或感染。“冷点”区是活动减少，例如骨坏死。由于年轻动物骨的再造明显，所以幼龄宠物通常比老年宠物保留更多的同位素，特别是生长板。

骨扫描锝 99m 优先被骨吸收，小动物静脉注射 5~20ml 放射核素。注射后，放射性核素首先分布到血液（软组织期），然后（大约 3 小时后）放射性核素从血流再分配进入骨的羟磷灰石结晶（骨期）。两期观察软组织和骨损伤是不同的。在扫描之后，动物要隔离，直到辐射水平恢复到安全剂量（48~72 小时以后）。

肝：肝的闪烁扫描适应证是小肝患病宠物或肝的肿块、肝功能减退、胆流阻塞或异常的肝血流。锝能够被腺细胞、胆管树、胆管或血管系统选择性的吸收。最常见适应证是先天性连接的门静脉全身静脉循环分流。同位素注入结肠，通过结肠黏膜吸收经由门静脉系统转送到肝。从血管分流门静脉血流离开肝脏。

（九）脑脊液检查

1. 脊髓液的采集

1）腰椎穿刺法

犬取侧卧或坐位保定，穿刺位点为最后腰椎与荐椎处，用穿刺针于最后腰椎和荐椎间凹陷处垂直向下刺入，刺入一定深度后，可感到有一个阻力，当刺透硬膜后，阻力突然消失，这时将穿刺针的内芯拔出，将有透明的脊髓液涌出。犬可用长 2.5cm 的注射器进行。

2）脑后穿刺法

宠物在全身麻醉下，侧卧保定，将头颈伸直并向前倾斜，术部剪毛后消毒，将穿刺针沿环椎两侧翼连线中点刺入。穿刺时应将宠物的头部保定好，以免刺入时宠物突然抬头，伤及大脑。脑后穿刺平均深度为 36.0+3.96mm。计算方法为颈围（cm）/10+1cm 或体重×3/50+1.6cm。

2. 脑脊液的组成和检查

脑脊液中的化学物质有蛋白质、糖、盐类等。当中枢神经系统有疾患时，其成分会发生变化，此外，身体其他的代谢障碍性疾病时，脑脊液的成分也会受到影响。

1）物理学检验

（1）颜色。正常脑脊液为无色，但无色的脑脊液并不能排除神经系统的疾病。如病毒性脑炎脑脊液常呈无色透明外观。

乳白色：多因白细胞增多所致，急性化脓性脑膜炎时，因脑脊液中含有大量的白细胞，常呈乳白色，甚至呈米汤样浑浊。结核性脑膜炎、病毒性脑膜炎、霉菌性脑膜炎及一般性脑炎时，白细胞中度增多，脑脊液外观呈毛玻璃样。

红色：常因混入血液所致，如因穿刺损伤所致，其特点为脑脊液开始时为红色，以后流出的脑脊液红色越来越浅至无色，离心后上清液仍为无色。如果是病理性所致，脑脊液为均匀红色，经离心后上清液仍为红色或黄色。

黄色：形成的原因最多见的有以下几种。

脑内陈旧性出血，出血后 4~8 小时即可开始溶血，出血一周后黄色最深，以后又因色素被吸收逐渐变浅。常见于蛛网膜下腔出血、脑膜炎、脑肿瘤。

脑脊液含有大量蛋白所致的黄色，该脑脊液一般容易凝固，淋巴细胞增多，隐血试验为阴性，多因脊髓肿瘤或脊椎肿瘤使脊髓液循环受阻所致。

重症黄疸或应用某些化学药物也可致脑脊液呈黄色，潜血试验为阴性。

（2）透明度。正常脑脊液澄清透明，当脑膜有病理性改变时，脑脊液会因细菌或细胞的存在而呈现不同程度的浑浊，如化脓性脑膜炎时，白细胞大量增加，脑脊液呈脓样乳白色。结核性脑膜炎时，白细胞中度增加，脑脊液呈轻度毛玻璃样浑浊。

报告方式：可用清亮、微混、浑浊等描述。

2）化学检验

（1）蛋白含量的测定（比浊法）

原理：利用磺基水杨酸钠与蛋白质作用会发生沉淀的原理，与经同样处理的标准蛋白液比浊，可定量测定脑脊液中的蛋白质含量。

①试剂：3%磺基水杨酸钠溶液。

②标准液的配制：取健康宠物空腹时的血清 5ml，用双缩脲法（biuret 法）测定其蛋白浓度，用生理盐水稀释成每升中含有 20mg、40mg、80mg、120mg、160mg、200mg 标准液。分别取上述标准液 0.5ml 放入试管内，再分别加入 3%磺基水杨酸钠溶液 2.0ml，混合后即成标准液。

③标准曲线的制作：两根试管分别放入 0.5ml 脑脊髓液，一试管加入 3%磺基水杨酸钠 2.0ml，另一试管加入生理盐水 2.0ml，混合后放置 10 分钟后使用。用生理盐水作对照，用 620nm 光测定。根据标准曲线算出浓度。

④判定：正常值（mg/dl）：犬为 27.5；猫低于 20。

（2）球蛋白反应

①Nonne-apelt 反应

a.试剂：硫酸铵约 85g 加 100ml 水，用微火边加热边使其溶解（不可煮沸变酸），存放几天后过滤使用（如果变酸加氨水至中性）。

b.操作：取上述试剂 0.5ml 放入小试管内，在上层加入等量的脑脊液，3 分钟后看两界面是否产生白环（如果产生白环说明有球蛋白）。然后振荡试管混合两种溶液，看浑浊程度。

c.判定：透明————————（-）

痕迹白浊——————（±）

轻度白浊——————（+）

强度白浊——————（++）

乳样白浊——————（+++）

②Pandy 反应（潘氏球蛋白定性试验）

a.试剂：取石炭酸 10ml 加 100ml 水，放入 37℃水浴中强烈振荡数小时，在室温下放置数日，分离出石炭酸饱和溶液以备使用。

b.操作：取上述试剂 2~3ml 放入试管内，从试管的边缘慢慢加入 1~2 滴脑脊液，3 分钟后在黑色纸上观察两液面接触部的变化。

c.判定：淡白色透明—————（-）

乳白色———————（+）

浑浊————————（++）

重度浑浊——————（+++）

乳样浑浊——————（++++）

（3）葡萄糖定量试验（Gander 法）

①原理：强碱溶液与糖混合后加热，根据含糖量的多少，颜色可由淡黄变成暗褐色。本法简单又不受非糖性还原物的影响。

②试剂：1%苦味酸钠、10%碳酸钠溶液、标准液（取每升含 100mg 的纯葡萄糖溶液，分别制成每升含 10mg、20mg、30mg、40mg、50mg、60mg、70mg、80mg、90mg、100mg 的糖溶液）。

③操作：取 0.5ml 脊髓液置于试管中，加 1%苦味酸液 0.5ml，10%碳酸钠溶液 0.5ml 混合后，煮沸 8 分钟，与标准液一起比色。

④判定：脑脊液糖的含量通常较血糖值低，大部分宠物糖的含量为 40~80mg/dl，化脓性脑膜炎、髓膜肿瘤时糖的含量减少。正常值：犬为 64mg/dl。

（4）氯化物测定。氯化物在脑脊髓液无机物中占有大部分，比血液中高，化脓性脑膜炎时减少。原因：一是重度呕吐导致低氯血症；二是血浆低氯浓度为了平衡，大量氯离子进入血液。此外，脑脊液中蛋白的增加使得氯被置换。

犬正常值为 122~138mEg/L，猫正常值为 125~175mEg/L。

（5）细胞数和细胞的鉴别。脑脊液中细胞数的计算和白血球的计算方法相同，使用 Fuchs-Rosenthal 法比较方便。

白血球用 Fuchs-Rosenthal 计数器（计数池的面积：4×4=16mm^2，深度 0.2mm，容积 3.2mm^3）。

下面两种稀释液比较好：

a.Pappenheim 液：醋酸钠 0.2g+醋酸 4.0ml+水 40ml；

b.Samson 液：醋酸 30ml+石炭酸 2.0ml+品红酒精溶液（1:10）2.0ml+水 100ml。

判定：

细胞数正常值大部分宠物是 1mm^3 中 0~10 个。

细胞的种类分为单核细胞和白细胞等，当分叶型白细胞增加时，多由急性或亚急性疾病引起；淋巴细胞增加时，多由病毒性疾病引起。

正常值（1mm^3 中）：犬为 5±2 个，猫为 0~3 个。

（十）精液采集与评价

1. 采精

犬的人工采精有手握法、假阴道法和电刺激法 3 种，目前常用的是手握法。但不论应用哪种方法，为获得可靠的高质量精液，在采精前应确保种犬在前 4 天内未用于配种或采精，对非种用犬应至少采集 3 次精液。

宠物医院对公犬而言通常是一个奇怪、甚至是充满敌意的地方，在此环境中采精不但会影响采精的过程，而且会影响精液的质量。如果采精困难，应考虑到宠物主家进行采精，但此时应携带检查精液的器械。

采精前，应检查公犬的外生殖器。此时检查者应戴上手套，接近公犬并通过声音和手势使其熟悉操作者，同时宠物主和助手应握紧犬牵引带。操作者轻轻拍打公犬后，仔细检查睾丸的大小、活动性、光滑性和坚实性。同时询问宠物主是否发现阴囊皮肤增厚或阴囊其他的明显变化；公犬是否有其他可见疾病。检查完阴囊后应感觉阴茎的长度，滑动包皮，以观察阴茎的颜色，有否黏连，有无损伤、疤痕以及表面是否有红点等。同时询问宠物主有关公犬的排尿习惯，近期是否曾有过改变等。

如果外生殖器正常，准备好所需的器械后即可采精，如果有可利用的相同大小任何品种的发情母犬，可在很大程度上帮助采精。如果没有现成的发情母犬，用事先准备好的试情器，这种试情器带有发情母犬阴道的气味。值得说明的是，许多公犬在未站稳前不能很好地交配，特别是老犬更是如此。为保证公、母犬都能站稳，最好使用2米长的胶皮垫。胶皮垫展开后，将母犬牵上，助手位于母犬的右侧保定母犬，如果必要可轻度镇静母犬。助手将一只手伸入母犬胸下，以使其站立，另一只手控制犬头部，应注意防止公犬爬跨时，其阴茎触及助手的手臂而导致爬跨失败。

准备好母犬后，应牵拉公犬的牵引带将其带入室内，注意应禁止公犬排尿，否则，尿液会污染精液。如果公犬已排尿，则用挤压方法将其尿道内残留的尿液排出。如果所用的试情母犬未发情，在牵公犬进室前先解冻试情器，将公犬牵向母犬时，将试情器放在公犬的鼻部前方。

手握法，采精操作者一手握住阴茎球部，并用手掌以脉冲式按压球部刺激公犬射精，另一只手拿连接漏斗并带有刻度玻璃管收集精液。注意防止漏斗触及阴茎的龟头，否则，会引起射精失败。

假阴道法采精，在使用前使假阴道的温度接近体温。首先通过包皮按摩阴茎，当阴茎达40%~50%硬度时，将包皮移到阴茎球后。如果公犬的阴茎过大时将很难使包皮滑过阴茎球。如果这种情况确实发生，应将公犬带离母犬，直到其阴茎变软后再牵回，在阴茎硬度达50%前，把阴茎包皮后移到阴茎球后。此过程对年轻公犬特别重要，因为青年公犬容易兴奋而其包皮鞘口还未发育到最大。

在犬的阴茎变硬并暴露以后，将人工阴道套在阴茎球以上。操作时避免在犬阴茎和假阴道之间有犬毛。操作者的一只手放在公犬两后肢之间，使人工阴道紧围在阴茎球上方，另一只手用于固定采集精液的离心管。射精后对精液进行初步肉眼观察。

犬的精液分段射出，可分段收集。第一部分是尿道小腺体分泌物，不含精子，透明，量为1~2ml（15kg的犬）；第二部分是富含精子的混悬液，颜色为乳白色，量为1~3ml；第三部分是前列腺分泌物，水样液体，含极少数精子，量为2~4ml。公犬每次的射精方式应是一致的。

采集第三部分精液之后，轻轻地将人工阴道摘下。此时，公犬的阴茎变得非常大，其表面血管极易受损，此时应注意保护，否则，将导致疼痛，感染，继而缺乏性欲。

采精后，将公犬放于检查室内，如果在5分钟之内其阴茎还未开始变小和变软，应牵公犬慢步行走，这种运动常使阴茎回缩到包皮鞘内。如果此法不能使阴茎变软，应用棉花蘸温水轻敷，如果还不能奏效，应将阴茎浸入冷水中，这对那些阴茎相对于体重较大的犬尤其重要。公犬阴茎还未变软时，不应将公犬放于笼内或和其他母犬放一起。

2. 精液检查

1）肉眼检查

应检查精液的量、颜色、浓度、云雾、黏稠度、气味及异物等。正常犬的精液为灰白色或乳白色，自行液化后，呈半透明稍有浑浊的乳白色，黄色说明混有尿液，红色或棕色说明混有血液，患精囊炎时，可呈黄色或脓样。正常精液呈一种特有的腥臭味，该气味是由前列腺产生，如缺乏该气味，可能是前列腺功能受损害。精液刚射出时呈浓稠的胶胨样，5~10分钟便从胶胨状态变为液化状态。若排出的精液黏稠度低，似米汤样，说明精子量少。

2）显微镜检查

将采集精液的试管放置在试管架上，用封口膜封口，用温巴斯德吸管吸取相当于 1 滴量的精液放于温热的载玻片上，盖片后镜检精子的运动性。精液中至少应有 80%~85%精子的前进速度应为 5 级（前进速度定为 5 级）。

0 级：无活动精子，加温后仍不活动，即死精。

Ⅰ级：活动力不强，精子运动迟缓，原地打转或摆动。

Ⅱ级：活动力尚可，慢速移动，方向不定，不呈直线运动。

Ⅲ级：为中速运动。

Ⅳ级：为快速直线运动，精子很快通过显微镜的视野，对这种最早观察到的精子运动性做详细记录。

检查精细胞的形态时，应将 1g 曙红和 5g 苯胺加入含 30%柠檬酸的蒸馏水溶液配制成的曙红—苯胺中染色。检查精子畸形率方法为，至少在视野内数 100 个精子，计算畸形精子所占的百分数。如果能明显识别异常精子时，可以确定；如怀疑异常时，应和正常的精子比较或检查载玻片的不同视野，以确定最终结果。如在相同的精细胞上出现两种不同的异常，说明精子严重异常。常见的畸形有以下几种形式。

①精子先天畸形：此种畸形反映了精子生成过程的紊乱。先天性畸形包括头部畸形，如巨型头（特大精子）、瘦小型头（微型精子）、锥型头、顶体异常和双头精子。

②中部畸形：如偏中心连接、双中部、卷中部和弯曲中部。

③尾部异常：如高度卷曲的尾部和双尾精子等。

④精子后天畸形：这种形式的异常是在精子生成后离开精细管后发生的，其原因与过度使用或附睾功能障碍使精子迅速经过附睾有关。有时在采集精液过程中尿污染精液，使精液暴露于化学物质中，以及粗暴的机械操作过程都能产生一些异常形状的精子。

精子后天畸形包括顶体分离，精子中部或尾部出现原生质小滴（说明精细胞未成熟），头部分离，尾部和中部弯曲，如果同时带有原生质小滴，则说明精子受到了不利的环境影响。

⑤其他异常：精液中出现异常数量的精细胞和精母细胞，表明睾丸的功能失常；白细胞的数量增加，表明生殖道某个部位的急性感染；红细胞数增多表明生殖器的损伤，也包括阴茎和包皮表面的损伤。

所有宠物精液都存在某种程度的异常。已知一个繁殖力正常的宠物，初期精子畸形率可达 10%。大家公认畸形精子的发生率不超过 20%~30%时是正常的。

记录精子数前，将装有精液样品的试管翻转几次后，用吸头吸取精液，滴一滴于载玻片上，染色后镜下用血细胞器记录精子数。一个有繁殖力的犬其精子数应在 0.3×10^9~2.0×10^9 范围内。一个中等大小的犬，其精子数低于 0.3×10^9 时其繁殖力值得怀疑。为获得可靠的结果，如果公犬在两个多月内未曾配种，应在 10 天内 3 次采精并做检查。如果精子计数正常，但精子活动力不强，应考虑采精时的技术问题，并重新采样检查。

3）其他检查

包括亚甲蓝还原试验、pH 测定、生存能力试验、精液的细菌检查等。

3. 精液的保存

采集的精液往往不立即使用，可将装有精液的试管放入35℃温水中，保存24小时。如果用蛋黄缓冲液稀释（比例为1:10~1:20），应加入抗生素。如此处理的精液在4℃环境中保存4~5天，精子仍具有活力，如果需要更长时间的保存，则需冷冻保存。

4. 犬精液冷冻保护液

目前较常用的是三羟甲基氨基甲烷-柠檬酸钠-果糖-卵黄-甘油液。其次是三羟甲基氨基甲烷-柠檬酸钠-葡萄糖-卵黄-甘油液、三羟甲基氨基甲烃-柠檬酸钠-氯化钠-肌醇-甘氨酸-蛋白胨-卵黄-甘油液、三羟甲基氨基甲烷-卵黄-甘油液和卵黄-乳酸液等。

5. 冷冻方法

有细管和颗粒冷冻法。细管冷冻法又分为逐步降温法和一步降温法。逐步降温法是将精液与冷冻保护液以1:1或1:2比例稀释，在5℃平衡4小时，然后以-5℃/秒的速度从5℃降至-15℃，再以20℃/秒速度从-15℃降至-100℃，将细管直接投入液氮中保存。一步降温法是精液稀释后，在4℃平衡2小时将精液移装到细管中，在-196℃液氮中冷冻7分钟，或在0~5℃平衡4小时，分装在0.5ml塑料细管中，在-110~140℃冷冻8~10分钟，贮存于液氮中。

颗粒冷冻法是将精液稀释后，在4℃平衡1.5~2小时，液氮滴冻成颗粒，并冷冻2~4分钟后，浸入液氮中保存。

6. 冷冻精液的解冻

方法有35℃水浴干解冻，50℃快速解冻，37℃温解冻，70℃热解冻和40℃温水解冻法。目前以37~40℃的干解冻法应用较多。

（十一）渗出液与漏出液检查

宠物体的浆膜腔如胸膜腔、腹膜腔、心包膜腔等正常情况下只有少量的液体，在腔内起润滑作用，很少能被抽出。但在病理情况下，则有多量液体潴留，形成积液。根据积液产生的原因，分为渗出液和漏出液两大类。

漏出液是由于各种理化的因素刺激产生的非炎性积液，形成的主要原因有：

①血浆蛋白减少引起的胶体渗透压降低，如肝硬化、肾病综合征、高度营养不良等。

②毛细血管内压力增高，常见于慢性心力衰竭。

③淋巴管堵塞，常见于肿瘤压迫，犬心丝虫病引起的淋巴液回流受阻。

④毛细血管通透性增高，见于维生素缺乏、高热、中毒、缺氧等。

⑤血中盐类成分的变化，如钠的潴留。

渗出液大多是由于细菌感染引起。如胸膜炎、腹膜炎、恶性肿瘤、寄生虫感染、化学性刺激等引起。

1. 标本收集

在无菌条件下，由临床医生穿刺收集。送检标本分装在两个无菌容器内，一个做细菌培养，另一个做其他检查，为预防凝固可加100g/L EDTA溶液（抗凝剂0.1ml可抗凝6ml浆膜腔积液）。

2. 物理学检验

正常胸膜液、心包积液、腹膜液为清亮、淡黄色液体，胸膜液一般小于30ml，心包积液小于50ml，腹膜液少于100ml，当发生病理改变时，其浆膜腔内的量、外观和成分也发生相应的变化。

1）颜色

漏出液多为淡黄色，渗出液根据病因不同常呈现不同的颜色，红色（血性）多见于肿瘤、结核病急性期、风湿性疾病等；化脓性细菌感染时积液多呈黄色；绿脓杆菌感染时呈绿色；内脏损伤、恶性肿瘤、出血性疾病及穿刺损伤时积液可呈咖啡色；丝虫病、淋巴结肿瘤、慢性肾炎肾变期、肝硬化、腹膜癌等积液呈乳白色；脓胸和化脓性胸膜炎时呈乳酪色。

2）透明度

漏出液多为透明或微浊，渗出液因多细胞、细菌等成分而呈现不同程度变化。

3）比重

漏出液比重多低于1.018，渗出液因含有多量蛋白质及细胞，故比重一般高于漏出液，常大于1.018。

4）凝固性

漏出液含纤维蛋白原甚微，一般不大凝固。渗出液因含有较多纤维蛋白原等易于凝固，但当渗出液中含有大量纤维蛋白溶解酶时，也可不发生凝固。

3. 化学检验

主要是李凡他（Rivalta）试验。

原理：渗出液中含有多量浆膜黏蛋白，是一种糖蛋白，其等电点为pH3~5，在酸性条件下可产生白色雾状沉淀。而漏出液常因黏蛋白含量少而呈阴性反应。

操作：取100ml蒸馏水于试管中，加冰乙酸2滴，混匀，静止数分钟，将被检标本靠近逐滴轻轻滴于稀乙酸溶液中，在黑色背景下，如呈白色浑浊或絮状沉淀为黏蛋白阳性；如产生的白色沉淀不明显，下沉缓慢并较快消失者为阴性。

报告方式：阴性（—）清晰　不显雾状

弱阳性（+）呈灰色雾状

阳性（++）白色薄云状

强阳性（+++）白色浓云状

注：血性胸水或腹水应离心沉淀取上清液进行检验。

临床意义：渗出液多呈阳性反应，漏出液一般呈阴性反应；当漏出液被吸收浓缩后，或体腔屡经穿刺或形成人工气胸后也可呈阳性反应。因本法是一种初步简易过筛试验，区别渗出液与漏出液并不可靠，因此，目前趋向直接用各种蛋白定量方法代替此法。

4. 细胞学检查

1）白细胞增多

多由急慢性炎症和细菌感染引起。

2）淋巴细胞增多

特别是淋巴细胞占细胞总数的58%~90%时，常为结核性病变，但是也应考虑到淋巴瘤、肉样瘤病、慢性风湿病等。如果做玫瑰花结试验测定T淋巴细胞，胸水中的T淋巴细胞增多，外周血液中的T淋巴细胞减少，当二者之比大于1时，提示有肿瘤、结核、胶原性疾病等可能。

3）嗜酸性粒细胞增多

常见于变态反应性疾病和寄生虫所致的渗出液。如过敏症、蛔虫移行之胸膜炎及腹膜炎、多次穿刺刺激、人工气胸等。

4）组织细胞

在炎症情况下，大量出现中性粒细胞时，常伴有组织细胞出现。

5）间皮细胞

直径 15~30nm，呈圆形、椭圆形或不规则形，浆多，淡蓝色或淡紫红色，有时出现空泡，核居中央或偏于一侧；多为一个，也有两个或多个核者，幼稚型核染色质较粗糙致密，核仁不易见到。间皮细胞可因各种病因（如炎症或积液在体内存留较长，或者抽取后未及时检查）而呈异型或退行性变，使形态很不规则，有时甚至与恶性细胞难于区别。

6）结晶

脂肪变性时，可见到空腔和结晶；出血时，可见到含铁血黄素。

7）细菌

取沉淀物涂片，待干燥后固定，革兰氏染色或抗酸染色后镜检，可对细菌作出初步诊断。如检查放线菌，则需取未离心标本直接涂片，加盖玻片镜检。

胸腔水中常见的细菌有葡萄球菌、链球菌、肺炎球菌、大肠杆菌等。必要时可做细菌培养。

5. 漏出液与渗出液的鉴别

漏出液与渗出液的鉴别主要是对一些实验诊断进行综合分析，单凭一项和几项实验结果很难对积液的性质作出判断，如漏出液在吸收阶段或经机械性刺激（如反复穿刺），可具有漏出液的特点。而引起渗出液的疾病处于急性期，也可表现为漏出液的性质。

第二节　实验室检验方法

一、实验室日常管理

1. 人员管理

有条件的实验室应设专职化验人员 1~3 人，每人都应接受专门的培训，熟练掌握实验室的日常工作及常规的实验室检验，如血常规检验、尿常规检验、粪便检查、生化检验等。

2. 仪器设备的管理

1）仪器设备的使用与保养

实验室的仪器设备都应设专职人员负责，专人使用，特别是大型贵重的仪器，应设专职使用人员，每次使用前后应检查仪器的状态，如有问题，应及时与厂家或技术人员联系。

2）仪器设备的档案管理

仪器设备购进后，都应建立档案系统，将该设备的使用说明书及图纸复印一份备份，放入档案柜保留。另一份放在外面，供人员使用。每次使用前后，均应做使用记录，包括日期、使用时间、仪器设备的状态、使用者姓名、单位等。

3）实验室其他管理

实验室的药品特别是有毒的和易燃易爆的药品应存放在安全的地方。实验药品和废弃液若有毒或含有放射性元素等应回收做无公害处理，不应随手倒入下水道里。化验用的所有物品包括采血用的注射器、针头、试管、做标本用的玻片等应高压消毒处理后方能放入垃圾站，以免发生环境污染。

二、血液学检查

（一）血样的采集

根据检验需要决定采血量。采血时可选用静脉采血和心脏采血。

静脉采血：选用部位有颈静脉、前臂头静脉、后肢隐外静脉、隐内静脉等。少量采血时可在耳、唇、足垫等处针刺取数滴。采血时，将宠物侧卧保定，局部剪毛消毒，宠物主或助手握住采血部的上方，或用血带结扎，待静脉血管怒张显露后，用 5~7 号针头或小儿头皮针，以与皮肤呈 45°角刺入皮下，刺入血管后再沿血管推入 0.5~1cm，连接干燥消毒的注射器抽出血液。

心脏采血：必要时，可在胸右侧第 4 或第 5 肋间的胸骨之上，肘突水平线上，进行心穿刺。采血时用长约 5cm 的乳胶管连接在注射器上，手持针头，垂直进针，边刺边回抽注射器活塞，将血采出。

（二）血液的抗凝

自静脉或心脏采出的血液，一般可装在小试管中或带橡皮塞的抗生素小瓶中。不需要血清检验项目，如血常规检验及全血分析，应事先加入一定比例的抗凝剂。常用的抗凝剂有下列几种：

乙二胺四乙酸二钠（EDTA 二钠）：为常用抗凝剂之一，其优点是对血细胞形态影响很小，可防止血小板聚集，在室温下数小时内，对血红蛋白、血小板记数、血片染色均无不良影响。通常配成 10%溶液，每 2 滴可使 5ml 血液不凝固。但不能用于输血。另外，还有 EDTA 二钾抗凝剂。

草酸钾：优点为溶解度大，抗凝作用强。缺点为能使红细胞缩小，不适用于红细胞压积的测定。用量：取草酸钾结晶少许（约 10mg）置于试管或小瓶中，采血 5ml，轻轻混匀即可。或用 10%草酸钾液 0.1ml，分装于小瓶中，置烘箱（温度控制在 45℃左右，不得超过 80℃）干燥后备用，可使 5ml 血液不凝固。

草酸铵也可作抗凝剂，但它可使红细胞膨胀，故常常将其与草酸钾配合成合剂使用。配方为：草酸铵 6g、草酸钾 4g、蒸馏水 1000ml，每 5ml 血液用 2 滴即可抗凝。也可取此液 0.1ml，分装于小瓶内，在 45℃烘箱中烘干备用，可使 5ml 血液不凝固。但草酸盐抗凝血不能用于输血。

枸橼酸钠（又称柠檬酸钠）：常用血沉测定和输血时用，不适用于血液化学检验。配成 3.8%溶液，与要采血量 1:10 比例加入。

肝素：优点在于抗凝作用强，不影响红细胞的大小，对血液化学分析干扰少。但不宜做纤维蛋白原测定，其抗凝血涂片染色时，白细胞的着染性较差。常配成 0.5%~1%溶液，2 滴可使 3~5ml 血液不凝固。

（三）血样的处理

血液采集后，不能立即检验，应将血片涂好并固定。需用血清的，采血时不加抗凝剂，采血后血液置于室温或 37℃恒温箱中，血液凝固后，将析出的血清移至容器内冷藏或冷冻保存。需用血浆者，采抗凝血，将其及时离心（2000~3000 转/分）5~10 分钟，吸取血浆于密封小瓶等容器中冷冻保存。注意，进行血液电解质检测的血样，血清或血浆不应混入血细胞或溶血。血样保存最长期限，白细胞记数为 2~3 小时，红细胞记数为 24 小时，血红蛋白测定为 1 天，红细胞沉降率为 2~3 小时，血细胞压积容量测定为 24 小时，血小板记数为 1 小时。

（四）血样的送检

不能当场进行检验的样品，要装在保温瓶中，内垫好泡沫塑料或棉花。送样时尽量减少震动，以免引起破损和溶血。送检样品根据需要，分别送抗凝全血、血清或血浆。如果需要进行白细胞分类记数或血孢子虫检查，还应附送固定好的血液涂片。

（五）血常规检查

1. 红细胞沉降速度的测定

红细胞沉降速度简称为血沉，是指抗凝血加入特制的血沉管中，在一定时间内观察红细胞下沉的毫米数。测定血沉的方法很多，有魏氏法、涅氏法、温氏法、潘氏法、倾斜法、微量法等。常用的为魏氏法，健康犬 30 分钟为 1，60 分钟为 2。

临床意义：检查血沉可以发现贫血和脱水性疾病，发现体内潜在的病理过程。在疾病过程中，定期检查血沉的变化，可了解疾病的进程。血沉可以提示体内是否存在疾病过程，但不能单独用于临床诊断。

血沉加快，见于贫血、溶血性疾病、急性炎症、恶性肿瘤、风湿、结核、急性肾炎、急性传染病等；血沉减慢，见于大量脱水（腹泻、呕吐、肠阻塞、大出汗、多尿等）、肝脏疾病及心力衰竭等。

2. 红细胞压积容量的测定

红细胞压积容量（Packed Cell Volume，PCV）又称红细胞压积或比容（HCT），即将抗凝血装入 100 刻度的玻璃管中，经离心一定时间后，红细胞下沉并压紧后所占的百分比。健康犬的 PCV 为 45.5%（37%~55%）。

方法：用长针头抽取抗凝血，注入温氏管底部，由下至上挤入血液到刻度 10 处，3000 转/分，离心 30~40 分钟，当沉淀的红细胞稳定时，读取红细胞柱的刻度数，即为红细胞压积容量数，常以百分率表示。为提高准确性，一般应在离心 10 分钟后再读结果，如与第一次读数相同，即可报告。

临床意义：红细胞压积容量增高见于各种原因引起的脱水，造成血液黏稠、红细胞相对增加的结果。如急性胃肠炎、液胀性胃扩张、肠阻塞、胃肠破裂、渗出性腹膜炎等；通常可从 PCV 增高的程度估计患病宠物的脱水程度并粗略地估计输液量的多少。红细胞压积容量降低，见于各种原因引起的贫血。血浆颜色改变，有助于判断某些疾病。如颜色深黄，为血浆中直接胆红素或间接胆红素增加，见于肝脏疾病、胆道阻塞、溶血性疾病等；颜色呈淡红或暗红色，为溶血性疾病的特征。

3. 血红蛋白含量测定

测定血红蛋白（HGB）的方法很多，有比色法、比重法、血氧法、测铁法等，基层多用的是萨利氏目视比色法 *。

4. 红细胞计数

红细胞（RBC）计数用于诊断贫血和对贫血进行形态学分类。常用的方法为显微镜计数法。

相对性红细胞增多：指血浆量减少，血液浓缩引起的。常见于下痢、呕吐、饮水不足等。

绝对性红细胞增多：是红细胞增生所致，见于充血性心力衰竭、慢性肺泡气肿、肺肿瘤等。

红细胞数和血红蛋白量减少，见于各种类型贫血。

红细胞形态异常：红细胞大小不均，中央区苍白，大的红细胞增多，见于营养不良性贫血。中央淡染区扩大，小的红细胞特别多，见于缺铁性贫血。红细胞呈梨形、星状，见于重症贫血。呈串线状，见于炎症和肿瘤性疾病。体积变小、着色暗，缺乏中央凹陷，见于自身免疫性和同族免疫性溶血性贫血。红细胞内含有蓝黑色大小不一的颗粒，是铅中毒的特征性表现。

5. 红细胞平均值的计算

红细胞平均值也叫红细胞指数（RBC indices），常用于鉴别贫血的性质。

1）平均红细胞容积（MCV）

每个红细胞的平均体积，单位是 10^{-15}L（fl）。

（1）增大：见于大红细胞性贫血。正常幼犬猫比成年犬猫相对较大，平均红细胞血红蛋白量（MCH）也相对较多。

①再生性贫血时，骨髓活性增加，外周血液中未成熟红细胞增多，见于急性出血和溶血性贫血。

②维生素 B_{12} 和叶酸缺乏，引起巨红细胞性贫血。

③某些肝脏疾病、骨髓痨（全骨髓萎缩）、一些骨髓增殖性疾病，以及猫白血病毒引起的非再生性贫血。

④某些观赏犬品种（如小型贵妇犬）。

⑤人为的因素（如凝血）。

（2）减少：见于小红细胞性贫血。

①铁缺乏和一些动物的铜缺乏。慢性失血引起的小红细胞低色素性贫血。

②尿毒症、慢性炎症或疾病（轻度减少）引起单纯性小红细胞性贫血。

---

* 此法我国卫生部已淘汰，为了照顾基层仍可用。

③门腔静脉分流。

④正常日本秋田犬和柴犬，其红细胞较其他品种犬小很多。

2）平均红细胞血红蛋白量（MCH）

每个红细胞内所含血红蛋白的平均量，单位是 10^{-12}g（pg）。

（1）增多：见于一些巨红细胞性贫血（维生素 B_{12} 和叶酸缺乏）和一些溶血，溶血性增多为假性增多。

（2）减少：小红细胞性贫血，见于铁、铜和维生素 B_6 缺乏，慢性失血、慢性炎症和尿毒症。

3）平均红细胞血红蛋白浓度（MCHC）

每升红细胞中所含血红蛋白（克数），单位是 g/L。

①增多：见于免疫介导性贫血（球形红细胞增多）和一些溶血，由于增加了细胞外血红蛋白，产生假性增多。还见于脂血症和海因茨小体增多时以及人为溶血。

②减少：见于铁缺乏和网织红细胞增多，见于慢性失血性贫血。

计算公式：

$$\text{MCV（fL）}=\frac{\text{血细胞比容}}{\text{红细胞数}}\times10^{15}$$

$$\text{MCH（pg）}=\frac{\text{血红蛋白}}{\text{红细胞数}}\times10^{12}$$

$$\text{MCHC（g/L）}=\frac{\text{血红蛋白}}{\text{血细胞比容}}$$

如：红细胞=5.4×10^{12}/L，血红蛋白=124g/L，血细胞比容=0.38L/L。

$$\text{MCV}=\frac{0.38\times10^{15}}{5.4\times10^{12}}=70.37\text{fl（}70.37\times10^{-15}\text{L）}$$

$$\text{MCH}=\frac{124\times10^{12}}{5.4\times10^{12}}=22.96\text{pg（}22.96\times10^{-12}\text{g）}$$

$$\text{MCHC}=\frac{124}{0.38}=326.3\text{g/L}$$

4）根据红细胞平均值计算的贫血分类（表 1-2-1）

表 1-2-1　红细胞平均值计算的贫血分类

贫血分类	MCV	MCH	MCHC	病因
正常 RBC 性贫血	N	N	N	急性失血、急性溶血、再生造血功能低下
大 RBC 性贫血	>	>	N	缺乏维生素 B_{12} 和叶酸，引起巨 RBC 性贫血
单纯小 RBC 性贫血	<	<	N	尿毒症、慢性炎症、严重肿瘤
小 RBC 低色素性贫血	<	<	<	慢性失血性贫血、缺铁性贫血

注：N 为正常；<为小于；>为大于。

6. 红细胞体积分布宽度

红细胞体积分布宽度（Red blood cell distribution width，RDW）是反映外周血液中红细胞体积异质性的参数，也是反映红细胞体积大小不等程度的客观指标，总之，其值增大说明红细胞个体变化较大，如再生性贫血、缺铁性贫血等，缺铁性贫血时，有明显增大，RDW 对贫血诊断有重要意义。多用所测红细胞体积大小的变异系数，即 CV（coefficient variability，

CV=标准差/平均值）来表示（RDW—CV，单位%），也有用标准差，即 SD（standard deviation）报告的（RDW—SD，单位 fl）。RDW—CV 参考值：犬为 12.0%~21.0%，猫为 14.0%~20.0%；RDW—SD 参考值：犬为 26~44fl。RDW 的临床意义如下。

（1）用于贫血形态学分类（Bessman 分类法）。不同病因引起的贫血，其红细胞形态学特点不同，Bessman 按 MCV 和 RDW 两项参数将贫血分成六类，其分类法对贫血鉴别诊断有一定意义（表 1–2–2）。

表 1–2–2 Bessman 贫血形态分类

MCV	RDW	贫血类型	多见疾病
正常	正常	正常红细胞均一贫血	急性失血性贫血
	增大	正常红细胞非均一性贫血	再生障碍性贫血、葡萄糖 –6– 磷酸脱氢酶缺乏症
增大	正常	大红细胞性均一性贫血	部分再生障碍性贫血
	增大	大红细胞非均一性贫血	巨幼红细胞性贫血、骨髓增生异常综合征
减小	正常	小红细胞均一性贫血	珠蛋白生成障碍性贫血、球形红细胞增多症等
	增大	小红细胞非均一性贫血	缺铁性贫血

（2）用于缺铁性贫血的诊断和疗效观察。缺铁性贫血，即使早期 MCV 仍在参考值范围，RDW 值就变大。当 MCV 变小时，RDW 值就变大。给铁治疗有效后，RDW 值变得更大，以后降到参考值范围。RDW 变大原因是补铁后网织红细胞和正常红细胞，以及给铁前小红细胞并存。随着正常红细胞增多，网织红细胞和小红细胞减少，逐渐变得正常了。

另外，缺铁性贫血与珠蛋白生成障碍性贫血的区别，前者 RDW 值变大，后者 RDW 基本正常，但两者 MCV 值均变小。

7. 白细胞计数

炎症、感染、组织损伤和白血病时，常引起白细胞（WBC）数量变化。因此，白细胞计数是临床上最常用的检验项目之一，计数方法有显微镜计数法和电子计数仪计数法。健康犬白细胞总数为 11000（6000~18000）/mm^3。

白细胞分类：白细胞分为嗜碱性粒细胞（正常时少见）、嗜酸性粒细胞（2%~10%）、嗜中性粒细胞（66%~77%）、淋巴细胞（12%~30%）和单核细胞（3%~10%）。

嗜中性粒细胞是严重感染和炎症初期最活跃的细胞，通过吞噬作用来消灭入侵的细菌。嗜酸性粒细胞常出现在抗原—抗体反应的部位，能抑制组织胺等有毒物质的产生并有解毒作用。嗜碱性粒细胞的嗜碱性微粒具有抗凝作用。淋巴细胞与浆细胞可产生抗体，参与免疫反应。单核白细胞属于巨噬细胞，其特殊的酶系统可以对付顽强的病原体。

临床意义：嗜中性白细胞增多见于某些急性传染病、化脓性疾病、急性疾病、慢性传染病、大手术后、外伤、酸中毒前期、烫伤等。

分析时要结合白细胞总数的增、减变化，特别要注意核指数的变化。

$$\text{核指数}=\frac{\text{中幼细胞}+\text{晚幼细胞}+\text{杆状细胞}}{\text{分叶细胞}}$$

核指数大于 0.1，称为核左移，表示未成熟的嗜中性白细胞比例增多；反之，小于 0.1 则称为核右移，系分叶型白细胞比值增多的结果。

核指数的严重左移或右移，反映病情的危重或机体的高度衰竭。

如果白细胞总数增多同时核左移，表示机体处于积极防御阶段，而白细胞总数减少时核左移，则标志着机体的抵抗力降低。

分叶核的百分比增大或核的分叶增多称为核右移，可见于重度贫血或严重的化脓性疾病。

嗜中性粒细胞减少：见于病毒性疾病及各种疾病的垂危期，也可见于造血器官机能的抑制和衰竭。

嗜酸性粒细胞增多：见于某些内寄生虫病、过敏性疾病、湿疹、疥癣等皮肤病。

嗜酸性粒细胞减少：见于毒血症、尿毒症、严重创伤、中毒、饥饿及过劳等。

淋巴细胞增多：见于某些慢性传染病、急性传染病的恢复期、某些病毒性疾病及血孢子虫病等。

淋巴细胞减少：见于内源性皮质类固醇释放增多时，如感染、肝、肾、胰和消化衰竭、消化道阻塞、休克、外科手术、肾上腺皮质功能亢进、淋巴液外渗和放射线照射时。

白细胞总数增加：一时性或症状性的称为白细胞增多症，持续性、进行性增多称为白血病。

白细胞总数减少，多数是中性粒细胞减少引起的。

中性粒细胞增多，分生理性增多、应激性增多、炎症性增多。

生理性增多，主要是由于内源性肾上腺素释放入血后，使边缘池的中性粒细胞减少，循环池中粒细胞增多。这种生理性增多在犬不常见。

应激性增多，主要是由皮质类固醇增多引起的。皮质类固醇可加快骨髓释放速率，降低中性粒细胞的黏附力，并阻止中性粒细胞从血液中游走，致使循环池的中性粒细胞数增多。应激性增多的特点，是外周血中不出现未成熟的中性粒细胞，且伴有淋巴细胞减少。内源性皮质类固醇的释放增多，见于疼痛、麻醉、外科手术、创伤及肾上腺功能亢进时。外源性皮质类固醇增多，也可引起应激性反应，如长期应用类固醇治疗，在停止治疗后 48~71 小时内仍可持续呈现其效应。应激性增多在犬常见。

炎症性增多，是机体对炎症刺激的一种防御性反应。见于某些急性传染病（如炭疽、出血性败血症等），某些化脓性疾病（化脓性腹膜炎、化脓性子宫内膜炎、肺脓肿等）、某些急性炎症（肺炎、胃肠炎等）及外伤、酸中毒的前期等。

中性粒细胞减少，分过度使用性、生成减少性和循环池减少性等。

过度使用性减少，骨髓释放中性粒细胞速度增加，赶不上组织的过度使用，外周血液中常出现许多未成熟的中性粒细胞，见于犬瘟热、传染性肝炎等。

生成减少性减少，是由于骨髓造血功能不足所致。常见于磺胺类药物中毒、X 线照射和弓形体感染等。

循环池减少性减少，是中性粒细胞一时性减少，又称中性粒细胞假性减少症。

8. 血小板计数

用尿素溶解红、白细胞而保存完整形态的血小板，直接在血细胞计数室内直接计数。健康犬为 47000（20000~90000）/mm^3。

血小板减少：生成减少见于再生障碍性贫血、急性白血病、放射化疗时等；血小板破坏增多见于原发性血小板减少性紫癜、脾功能亢进等；消耗过多见于弥散性血管内凝血、血栓性血小板减少性紫癜。

血小板增多：原发性见于原发性血小板增多症及骨髓增生综合征等；继发性见于急性感染、急性出血及急性溶血等。

9. 血细胞和血小板体积分布直方图

犬猫血细胞和血小板体积分布直方图共有 3 个，分别称为红细胞体积分布直方图、白细胞体积分布直方图和血小板体积分布直方图。从直方图形的高低，可大致了解其血细胞或血小板数多少；从直方图形在横轴上延伸的长度，可大致了解其血细胞或血小板的平均容积和体积分布宽度，如图形在横轴上延长的长，其平均容积和体积分布宽度值就大。

1）红细胞体积分布直方图（Red blood cell distribution histogram）

红细胞体积分布直方图显示的红细胞体积范围为 24~150fl，在正常典型的直方图上（图 1-2-1）可以看到 2 个细胞群。①红细胞主群：一般从 30fL 开始，分布在 30~100fl 区域，有个近似两侧对称，基底较宽、顶部较窄的分布曲线，统称主峰。主峰左侧还有细胞碎片、大血小板或血小板凝块等。②小细胞群：位于主群右侧，分布在约 100~150 fl 区域，又称“足趾部”。这是幼年红细胞、二聚体、三聚体、多聚体细胞，小孔残留物和白细胞的表现。检测时仪器对主峰两侧的非红细胞部分进行了剪除。

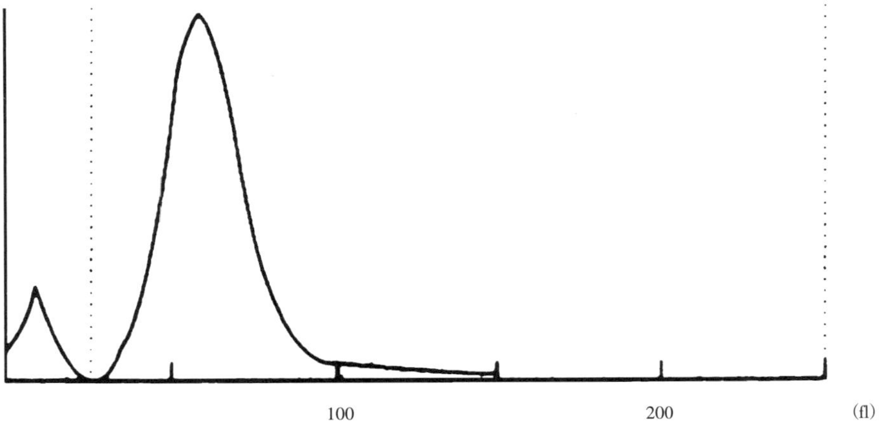

图 1-2-1 红细胞正常体积分布直方图

红细胞体积分布直方图与平均红细胞容积（MCV）和红细胞体积分布宽度（RDW）两个参数相关，MCV 增大，红细胞峰在横轴上位置右移；MCV 变小，红细胞峰左移。RDW 反映红细胞体积大小的变异性，变异性大，波峰基底增宽（图 1-2-2）；变异性变小，基底变窄。直方图有时呈现“双峰”，说明外周血液中有两个红细胞群。所以在解释直方图时，要注意主峰的位置、峰基底宽度、峰顶形状及有无双峰出现。利用红细胞体积分布直方图的图形变化，再结合其他有关参数，进行综合分析，对一些贫血的诊断和鉴别诊断有一定意义，详述如下。

①缺铁性贫血。表现为典型的小细胞性非均一性贫血，MCV 变小，主峰左移。红细胞大小不一，RDW 增大，波峰基底增宽，此为小细胞非均一性贫血特征。

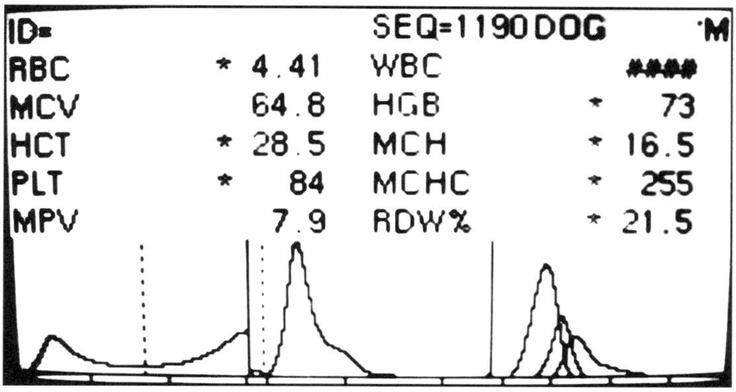

图 1-2-2　红细胞体积分布宽度值增大（中间图）

②铁粒幼细胞性贫血。红细胞呈典型的“双形”变化，即小细胞低色素红细胞和正常红细胞并存，出现波峰左移，峰底增宽性双峰。在缺铁性贫血治疗有效时，也可能出现峰底更宽的类似双峰图形。

③巨幼红细胞性贫血。由叶酸或维生素 B_{12} 缺乏引起，红细胞呈大红细胞非均一性，直方图波峰右移，峰底变宽。经治疗正常红细胞逐渐增多，并与巨幼红细胞同时存在时，也出现双峰现象。

④混合性营养缺乏性贫血。巨幼红细胞贫血同时缺铁时，视哪种占优势，前者 MCV 变大，缺铁时变小，因此直方图形也有相应变化。假若两者严重程度相同，MCV 显示正常，RDW 明显增大，其峰底宽度能显示出增宽异常。

⑤β－珠蛋白生成障碍性贫血。为典型的小细胞均一性贫血，其直方图为波峰左移，基底变窄，RDW 较小。此特征可与缺铁性贫血鉴别。

2）白细胞体积分布直方图（White blood cell distribution histogram）

血液经溶血剂处理后，白细胞失水皱缩，各群细胞间体积差异增大，血细胞检验仪器中计算机根据其体积大小把白细胞分成 3 个群，在白细胞体积分布直方图上（图 1-2-3），表现为 3 个区或峰：淋巴细胞峰、中间细胞峰和颗粒细胞峰，称为白细胞三分类法。但不同型号的血液检验仪，以及不同目、科、种动物之间，其白细胞体积分布直方图图形不完全相同。白细胞体积分布直方图的三分类细胞检验，反映的是三类白细胞各占的百分数和其绝对值。直方图的纵轴(n)表示细胞数的多少，横轴［volume（fl）］表示细胞体积。

①淋巴细胞峰（Lymph）。直方图上的左峰，反映的细胞体积为 35～90fl，主要是淋巴细胞，还有有核红细胞和成堆的血小板等。

②中间细胞峰（Mid cells）。在直方图淋巴细胞峰和颗粒细胞峰之间，反映的细胞体积为 70～110fL，主要是单核细胞，还有大淋巴细胞，可能还有异型淋巴细胞和母细胞（blasts）。

③颗粒细胞峰（Gran）。直方图上的右峰，反映的细胞体积为 80～200fL，主要是中性粒细胞。另外，还有晚幼粒细胞、中幼粒细胞、早幼粒细胞、胚细胞、浆细胞、嗜酸性粒细胞、嗜碱性粒细胞等。

白细胞体积分布直方图的图形变化并无特异性，每群中可能以某种细胞为主。但由于细胞体积之间有交叉，因此直方图的变化，只能粗略地判断细胞比例的变化，或有无明显异常细胞出现，如淋巴细胞白血病时，由于异常淋巴细胞、原淋巴细胞和幼稚细胞增多，淋巴细胞峰明显增高，提示需做进一步血液涂片，进行细胞分类计数和形态学检验，以便确诊。

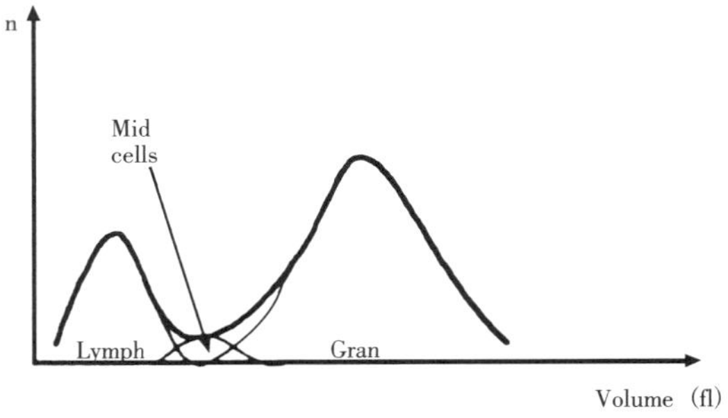

图 1-2-3 白细胞正常体积分布直方图

下面列举几个异常白细胞体积分布直方图：图 1-2-4 为 7 月龄鹿犬，3 个月前曾患细小病毒病，治愈后 3 个月的血液检验，白细胞增多达 23.14×10⁹/L，主要是淋巴细胞达 14.09×10⁹/L。此为细小病毒感染的免疫反应，其淋巴细胞多为反应淋巴细胞（免疫细胞）。此例颗粒细胞数未增多。图 1-2-5 为一犬化脓性眼炎病，白细胞增多达 32.40×10⁹/L，主要是中性粒细胞增多，达 25.92×10⁹/L，表示是细菌感染。单核细胞也增多，达 4.21×10⁹/L，表示病程较长。

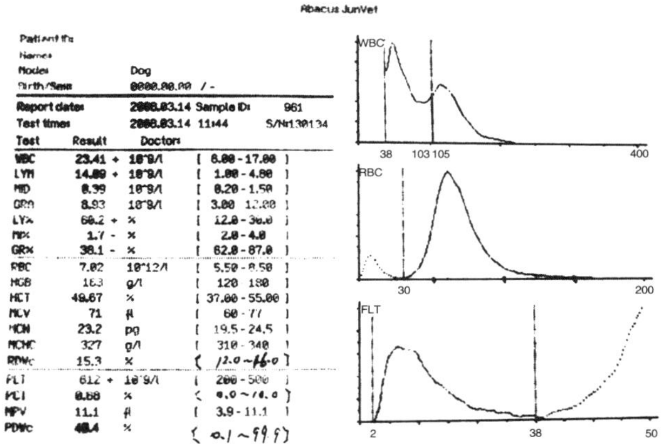

图 1-2-4 犬细小病毒病病愈后，白细胞体积分布直方图

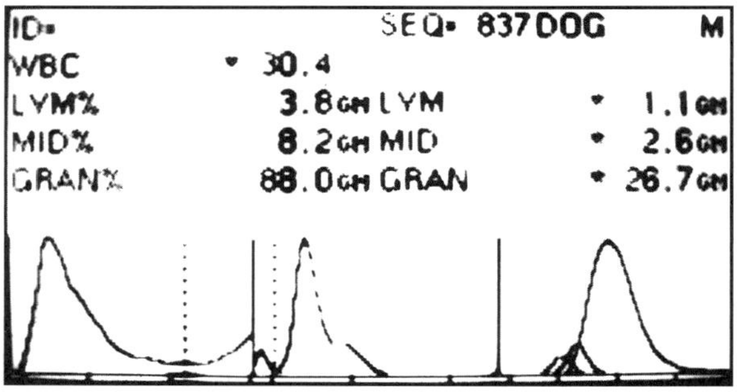

图 1-2-5 犬化脓性眼炎病白细胞体积分布直方图

图 1-2-6 为一藏獒幼犬，患细小病毒病已有 5~6 天了，呕吐又腹泻，未让吃食喝水，其白细胞体积分布直方图显示白细胞只剩下一个峰了，血液涂片染色观察，看到中性粒细胞个体变得和淋巴细胞大小基本一样了，所以只有一个峰。此犬经治疗痊愈。

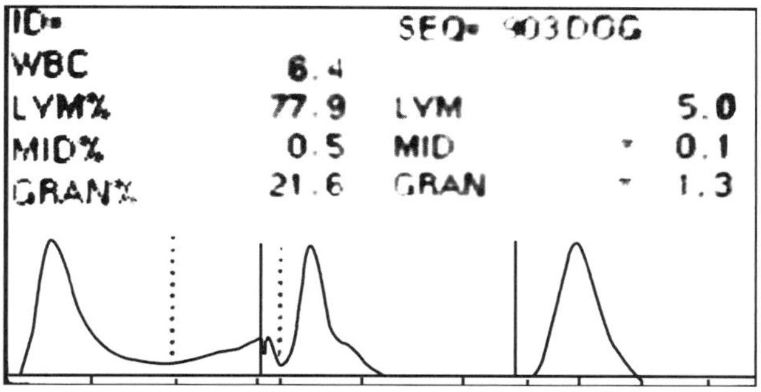

图 1-2-6　白细胞异常体积分布直方图，只一个单峰

3）血小板体积分布直方图（Platelet distribution histogram）

血小板体积分布直方图范围为 2~20fL，在 20~30fL 之间有少量大血小板、血小板凝块和细胞碎片。血小板体积出现增大时，其直方图出现明显的拖尾现象。其平均血小板容积（MPV）和血小板体积分布宽度（PDW）值都增大。有小红细胞和红细胞碎片存在时，其直方图尾部抬高（图 1-2-7）。图 1-2-7 为一成年母猫，刚生小猫 3~4 天，不爱吃食物，其血小板体积分布直方图有拖尾和尾部抬高的情况。

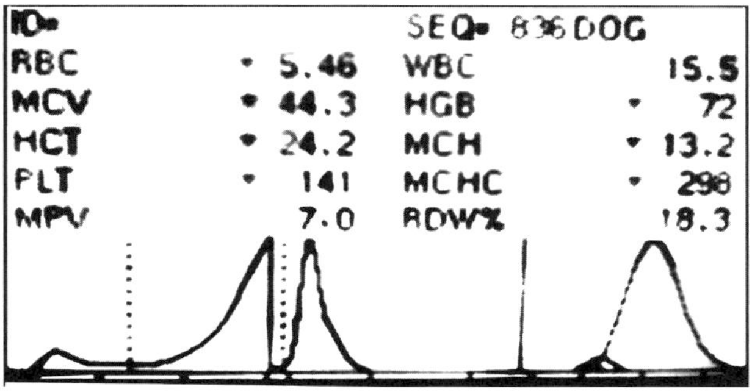

图 1-2-7　血小板体积分布直方图的拖尾和尾部抬高

（六）血液寄生虫检查

1. 检查方法

用消毒的针头自宠物的足掌、前臂头静脉、耳静脉或颈静脉采血。

①鲜血压滴检查：将采出的一滴血滴在载玻片上，加等量的生理盐水与之混合，覆以盖玻片，立即放置显微镜下用低倍镜观察，发现有运动的可疑虫体时，再换高倍镜检查。冬季室温过低，应先将载玻片用酒精灯略加热，以保持虫体活力。本法适于检查伊氏锥虫和丝虫。

②涂片染色检查：采血后，滴于载玻片一端，按常规推成血片，并干燥，滴甲醇 2~3 滴

于血膜上，使其固定，而后用姬氏或瑞氏液染色，染色后用油镜检查，适合于各种血液原虫和丝虫。

③厚血膜检查：采血一大滴，在载玻片上稍加涂布，待其自然干燥，使其结成一层厚血膜，而后将此玻片反转，使血膜向下，斜浸入一小杯蒸馏水中，待其完全溶血，取出晾干，再浸入甲醇中固定 10 分钟，取出，干后保存待检。如欲检血中的微丝蚴，可用苏木素—伊红染色法，明矾苏木素染色法；如欲检查血内原虫，可用瑞氏染色法或姬姆萨染色法。

④虫体浓集法：在离心管中加入 2%柠檬酸钠生理盐水 3~4ml，再加患病宠物血液 6~7ml，混匀后，500 转/分钟，离心 5 分钟，使其中大部分红细胞沉降，而后将含有少量红细胞、白细胞和虫体的上层血浆用吸管移入另一离心管中，并补加一些生理盐水，将此管以 2500 转/分钟离心 10 分钟，可得到沉淀物，取沉淀物制成抹片，染色检查。

⑤溶血检查法：如血中幼虫很少，可采血于离心管中，加入 5%醋酸溶液以溶血，待溶血完成后，离心并吸取沉淀检查。

2. 常用染色法

①血液内蠕虫幼虫检查法：如果血液内幼虫较多，可直接从动物耳尖采血一滴，滴于载玻片上，加上盖玻片，镜检。可见血液中微丝蚴活动。如果血液中虫体较少，制作血膜，染色观察。取出血片，自然干燥，置于甲醇中 10 分钟，取出干燥后，以明矾苏木素染色，待白细胞核染成深紫色取出，置温水中冲洗 1~2 分钟，镜检。

②血液中原虫的检查法：取血制片，制血膜推片，干燥后，甲醇固定 3~5 分钟，姬氏染液染色 30 分钟，冲洗干燥，镜检。

三、尿液检验

（一）尿液样本的收集和保存

为做尿液的物理、化学及显微镜检查，应先采集尿液，通常用导尿管导尿，也可在清晨观察宠物排尿时接取尿液，雄性宠物也可以将接尿袋固定在阴茎下接取。

采集的尿液如果不能尽快检验的，可在尿液中加入 40%甲醛溶液、甲苯、麝香草酚等进行防腐，或者进行冷冻保存。尿量受宠物体大小、饮水量、气温、季节、运动及饲料的影响。健康宠物一日排尿量，犬为 0.5~1L，猫为 0.1~0.2L。

（二）一般检查

1. 颜色

健康宠物尿液一般为淡黄褐色至黄褐色。但可因所吃食物、饮水不同而发生变化。有时服用药物也可导致颜色改变。检查方法为将尿液倒入试管中，借白色背景观察。尿液发红浑浊，静置后有红色沉淀，为血尿，多见于肾炎、肾结石、膀胱炎、尿道炎、尿道肿瘤、尿路出血等；尿液发红透明，静置后无沉淀产生，为血红蛋白尿，常见于溶血性疾病，如犬血孢子虫病等；尿色黄褐透明，为尿中含有胆红素或尿胆原，见于肝胆疾病；尿液呈乳白色，见于肾及尿路的化脓性炎症。尿液绿或淡蓝色见于色素污染或绿脓杆菌大量繁殖。黄绿色荧光

见于服用维生素 B_2 的尿。

2. 浑浊度

正常尿液在排尿后立即检验为透明澄清，经静置后微混。将尿液放在清洁量筒中，置透光处观察。健康宠物尿透明澄清，尿中混入黏液、白细胞、上皮细胞、坏死组织碎片或细菌等尿液浑浊，常见于肾脏和尿路感染。凡浑浊、极浑浊或乳糜状尿可按下述简易方法予以区分：

(1) 尿液加温后变为澄清者是尿酸盐尿。

(2) 过滤不能使尿液澄清者可能为细菌尿、脂肪尿或乳糜尿。

(3) 加 3%醋酸可使尿液澄清者为磷酸盐，如有气泡发生者则为碳酸盐尿。

(4) 加 10%盐酸可使磷酸盐、碳酸盐、草酸盐所致的浑浊澄清。

(5) 加 10%氢氧化钠使浑浊尿变为胶凝状者为脓尿。

(6) 将尿液与乙醇、乙醚按 5:1:2 容量比例混合振荡，使尿呈透明者为脂肪尿或乳糜尿。

3. 气味

宠物的尿正常时有强烈的臭味，呈大蒜味，病理情况下气味常常发生变化。尿路阻塞或其他原因使尿长期潴留，尿液呈氨臭味；膀胱、尿路有溃疡、坏死或化脓性炎症时，尿液呈腐败臭味。

4. 尿酸碱度（pH）检验

健康宠物尿液含有酸性磷酸盐而呈酸性，pH 值为 6.0~7.0。患膀胱炎、尿道炎时，尿液呈碱性；患慢性间质性肾炎时，尿液稀薄，多呈中性。

5. 比重

健康犬尿的比重是 1.018~1.060，猫为 1.020~1.040，尿比重的大小取决于尿中溶质含量的多少，而且一般来说其大小与排尿量多少成反比。尿比重增高为浓缩尿，见于急性肾炎、心功能不全、高热、脱水、休克等。尿液比重减低为低渗尿，见于慢性肾炎、尿毒症、尿崩症等。

6. 尿液化学检查

尿液化学检查可选用市售的尿八项（蛋白质、葡萄糖、尿胆原、尿胆红素、尿潜血、硝酸盐、酮体、pH）试条进行，简便快捷，经济实用，如有条件，可以分别采用下面的方法测定。

1）蛋白质检验

健康宠物尿中，仅含有微量的蛋白质，用一般方法难以检出。尿中蛋白质含量增高，分为功能性增高和病理性增高。功能性增高，如饲喂大量蛋白质饲料、怀孕母犬及新生仔犬，会出现一过性增高；站立过久可能出现体位性增高；剧烈运动或高温、高热、严寒等使肾血管痉挛或充血，肾小球通透性增加，尿中蛋白质含量增高。

病理性蛋白尿可分为肾前、肾性和肾后三种。肾前蛋白尿来自血液中血红蛋白、肌红蛋白和卟啉等；肾性蛋白尿起因于肾脏疾病及发热等；肾后蛋白尿由于输尿管、膀胱、尿道和生殖器等的炎症或新生物而引起。

肾性蛋白尿常是肾脏疾病一个早期重要但易被疏忽的指标，蛋白尿的程度，一般可作为判断病情轻重的参考。但有时可能出现假阳性或阴性结果，如肾病综合征，尿内常混有大量蛋白质，但肾功能损害则较轻；而晚期大量肾单位丧失功能，尿蛋白反而减少。另外，性成熟的雄性宠物，尿蛋白可能出现弱阳性结果。因此在分析尿蛋白时，应结合临床其他症状，全面考虑其临床意义。尿蛋白定性反应有以下三种。

①硝酸法。取一支试管加 35%硝酸 1~2ml，随后沿试管壁缓慢加入尿液，使两液重叠，静置 5 分钟，观察结果。两液叠面产生白色环为阳性。白色环越宽，表明蛋白质含量越高。

②磺柳酸法。取酸化尿液少许于载玻片上，加 20%磺柳酸溶液 1~2 滴，如有蛋白质存在，即产生白色浑浊，此法极为方便，其灵敏度极高，约为 0.0015%。

③快速离心沉淀法。取 15ml 刻度离心管 1 支，加尿液 15ml，再加 27%磺柳酸液 2ml，反复倒置混合数次，以 1500rpm 离心 5 分钟。判定：每 0.1ml 蛋白质沉淀物，即表示 1000ml 尿液中含有蛋白质 1g。

2）尿糖检验

健康宠物尿中仅含有微量的葡萄糖，用一般化学试剂无法检出。若用一般方法能检出尿中含葡萄糖，称为尿糖。尿糖阳性可分为暂时性和病理性两类。暂时性尿糖为生理性的，可因血糖浓度暂时性超过肾阈而出现，例如应激、饲喂大量含糖饲料、使用类固醇激素治疗及受吗啡、氯仿、乙醚、肾上腺素、阿司匹林影响等。病理性尿糖，可见于肾脏疾病（肾小管对葡萄糖的再吸收作用减低），脑神经疾病（如脑出血、脑脊髓炎）及肝脏疾病等。犬发生糖尿病由于胰岛素不足可引起真性尿糖。

（1）尿糖的定性反应

①Nylander 氏法（尼兰德氏检糖法）

判定：（+）褐色—暗褐色；（++）浓褐色。

②benedict 氏法

试剂：无水硫酸铜 17.3g 加 100ml 水。

判定：（-）——无变化，弱青白色；

（+）——绿色浑浊，少量的沉淀；

（++）——黄色—橙黄色沉淀；

（+++）——橙色—赤色沉淀。

3）尿中胆红素的检验

健康宠物的尿中不含胆红素，当尿中含有胆红素时，则为病态。黄疸、胆色素的检查用 Rosenbach 法。

药品：10 倍稀释的碘酊（浓碘酊 1ml+9ml 生理盐水）。

方法：取一试管，加用乙酸酸化的尿液 3ml，将试管倾斜加入 10 倍稀释的浓碘酊 2ml，在两液面交界处出现绿色的环，则为阳性。

4）尿中胆色素原的检验

健康宠物的尿中含有少量的尿胆原。尿胆原随尿排出后，很容易被氧化为尿胆素，定性检查 Ehrilich 法，定量可用光电比色法。

5）尿潜血检验

健康宠物尿中不含有红细胞或血红蛋白。尿液中含有红细胞或血红蛋白，不能用肉眼观察出来叫潜血（隐血），可用化学方法加以检查。

尿中出现红细胞，多见于泌尿系统各部位的出血，如急性肾小球肾炎、肾盂肾炎、肾肿瘤、肾脓肿、膀胱炎、尿结石、尿道损伤、严重烧伤、钩端螺旋体以及某些地方性血尿病等。

7. 尿沉渣显微镜检查

尿沉渣的成分主要有两种：无机沉渣和有机沉渣。前者多为各种盐类结晶，后者包括上皮细胞、红细胞、白细胞、脓细胞、各种管型及微生物等。尿沉渣的显微镜检查可以补充理化检查的不足，能查明理化检查所不能发现的病理变化，不仅可以确定病变部位，还可阐明疾病的性质，对肾脏和尿路疾病的诊断具有特殊意义。

显微镜检查的临床意义：

红细胞增多最常见于泌尿系结石、肿瘤、肾炎及外伤等；也可因为邻近器官的疾病如前列腺炎症或肿瘤，直肠、子宫的肿瘤等累及泌尿道时。

白细胞增多常因脓细胞增多所致，常见于肾盂肾炎、膀胱炎、尿道炎、肾结核、肾肿瘤等。

尿中出现多量的脓细胞，可见于肾炎、肾盂肾炎、膀胱炎和尿道炎。

尿中大量出现肾上皮细胞并伴有红、白细胞时，多见于尿道感染。出现大量肾盂及尿路上皮细胞，为肾盂肾炎、输尿管炎的症状。膀胱炎时则出现膀胱上皮细胞。

管型是肾小管、集合管中蛋白质变性凝固或由蛋白质与某些细胞成分相黏合而形成的管状物。尿出现管型，是肾脏疾病的特征表现。根据管型的形态和所含颗粒细胞等的不同定名为各种管型，较常见的有以下几种：

透明管型：数量增多见于急性肾小管性肾炎、急性肾盂肾炎、恶性高血压、慢性肾脏疾病、充血性心力衰竭等。颗粒管型：是急性和慢性肾小球肾炎常易查出的管型。宽幅管型：又称肾衰管型，常见于急性肾功能衰竭的早期多尿期。脂肪管型：多见于肾病综合征、亚急性肾小球肾炎、慢性肾小球肾炎的肾病期及肾小管中毒等。上皮细胞管型：偶见于肾病综合征、间质性肾炎、高热、肾小球肾炎重金属中毒等。红细胞管型：常见于急性肾小球肾炎、慢性肾小球肾炎急性发作及肾充血、肾出血、血型不合所致的溶血反应等。白细胞管型：可见于肾盂肾炎、急性肾小球肾炎、肾病综合征及间质性肾炎。血小板管型：可见于早期弥漫性血管内凝血。混合型管型：可见于肾炎的后期及肾小管间质性疾病。蜡样管型：见于肾脏器质性病变及慢性肾功能衰竭。

多数盐类和结晶的出现临床意义不大，持续大量出现可能提示与结石相关。

四、粪便检查

（一）粪便的采集

要采集新排出且未接触地面的部分，放入清洁的器皿。粪上附着的血块、脓汁及伪膜等，均应一一采集。

（二）物理学检查

硬度：粪便稀软，见于消化不良、肠炎；粪便干燥，见于肠便秘。

颜色：黑褐色粪便，见于消化道上部出血；粪便有血块、血丝，见于消化道下部出血，尤其多见于直肠出血；黄绿色粪便，见于钩端螺旋体病等引起的黄疸。

气味：粪便酸臭，见于消化不良；粪便恶臭，见于胃肠炎。

粪内混杂物：粪便混有黏液、黏膜，见于胃肠炎；粪便中含有脓块，见于化脓性胃肠炎；粪便中混有血液，见于消化道出血。

（三）化学检查

酸碱度检验：健康宠物的粪便呈碱性。酸度增加，见于肠卡他引起的肠内糖类异常发酵；碱性增加，见于胃肠炎引起的蛋白质腐败分解增加。

潜血检验：粪便出现不能用肉眼直接观察出来的血液为潜血。潜血阳性见于消化道各种出血疾患，尤其是上消化道出血，如消化道溃疡（胃溃疡、结肠溃疡等）、出血性胃肠炎及钩虫病等。

（四）寄生虫及虫卵检查

（1）直接涂片法

取5%的甘油水溶液3~5滴滴于载玻片中央处，用牙签挑取少量被检粪便加入上述溶液中，充分搅拌，除去大的粪渣。在载玻片上涂布均匀，盖上盖玻片，置于低倍显微镜下检查。因本法检出率不高，需反复操作。要求每个粪样至少要做3次检查。

（2）饱和盐水漂浮法

本法利用比重比虫卵大的溶液稀释粪便，可以把粪便中比重小的虫卵（线虫和绦虫）浮集于液体表面。饱和盐水是1000ml沸水中加入380g食盐，溶解后用纱布滤过备用。

用天平称取被检粪便3~5g，放置于小玻璃杯中加入少量饱和盐水，用玻璃棒将粪便捣碎混匀，加入适量饱和盐水（100~150ml）；用40~60目的铜砂网过滤于另一个玻璃杯中，静置20~30分钟，待虫卵上浮。用虫卵吊环（直径5~10mm的金属吊圈）接触蘸取表面液膜，将膜置于载玻片上，加上盖玻片，低倍镜下检查。

（3）沉淀法

为了检查吸虫卵，通常应用水洗沉淀法，因为吸虫卵一般体积和比重较大，不易漂浮，反复洗涤静置沉淀后，检查虫卵。

（4）粪便中虫体和幼虫检查法

虫体检查操作法：将粪便收集于盒中，加入5~10倍清水，搅拌均匀，静置沉淀10分钟，倒出上层液体，再沉淀，反复多次，直至上层液清晰透明为止。检查沉渣，发现虫体挑出，由显微镜进行鉴定。

幼虫检查法：应用漏斗幼虫分离法，从直肠中或刚排出的粪便取15~20g放入铜砂网上，在中型漏斗下端接一个10~20cm的胶管，胶管下端连接一个小试管。把放置粪便的铜砂网小心地放在漏斗上，使水面浸没粪便。在室温下放置1~3小时，幼虫游离出粪水中，沉于试管底部。取下试管，弃去上层液，吸取沉淀物在载玻片上镜检。

五、血液生化学检验

（一）血糖测定

血糖测定的方法有邻甲苯胺缩合法、氧化酶法和福林—吴氏法，以邻甲苯胺缩合法为常用。其基本原理是葡萄糖在热醋酸溶液中可与邻甲苯胺缩合成蓝色的席夫氏碱，颜色深浅与葡萄糖含量成正比。测定时向被检血清和葡萄糖标准液中加邻甲苯胺显色剂显色，对比其光密度，计算出血清中葡萄糖的含量。健康宠物血清葡萄糖含量为4.0~6.4mmol/L（71~115mg%）。生理性或一时性血糖升高，见于食后2~4小时内、精神紧张和强制性保定等；病理性血糖升高，见于糖尿病、胰腺炎、酸中毒、癫痫等。血糖降低，可见于母犬低血糖症、幼犬一过性低血糖症及猎犬功能性低血糖症。

（二）血清无机磷测定

血清中无机磷含量与钙有一定关系，通常钙、磷浓度（mg%）乘积等于40；二者的乘积小于35，即可发生佝偻病或骨软病等营养性骨病。血清无机磷测定的方法有氧化亚锡法，对苯二酚法和抗坏血酸法，以氧化亚锡法为常用。其基本原理是用三氯醋酸除去蛋白，在无蛋白滤液中加入铜酸试剂，使之与无机磷结合，生成磷酸铜，再加还原剂氯化亚锡，使其还原成蓝色的铜蓝，与同样处理的磷标准液比色，求出血清无机磷的含量。

犬血清无机磷含量为0.81~1.6mmol/L（2.5~5.0mg%），食入或注射大量维生素D后，血中无机磷含量升高；正常妊娠时，其值可降低。病理性血清无机磷升高，见于甲状旁腺功能减退、肾功能不全合并酸中毒等；无机磷降低，见于甲状旁腺功能亢进、骨软化症、佝偻病、糖尿病及低磷血症等。

（三）血清氯化物测定

测定方法有硝酸汞滴定法、硝酸银滴定法和离子选择电极法等，以硝酸汞滴定法为常用。健康犬血清氯化物含量为90~122mmol/L。血清氯化物升高，见于急性或慢性肾小球肾炎所致的肾功能不全，或尿道、输尿管阻塞及心功能不全时，肾排泄功能降低，氯化钠摄入或注射过多及呼吸性碱中毒等。血清氯化物降低，见于剧烈呕吐、严重腹泻、急性胃肠炎、急性胃扩张、小肠变位等，丢失大量含氯的胃肠液、胰汁及胆汁等，慢性肾上腺皮质功能减退、重症糖尿病、排尿过多，丢失大量氯化物，长期用利尿剂或大量出汗及持续性拒食等。

（四）血清钠测定

常用的测定方法有醋酸铀镁比色法、火焰光度计法、原子吸收分光光度计法和离子选择电极法等。犬血清钠含量为141~155mmol/L。血清钠增多，见于肾上腺皮质功能亢进或原发性醛固酮增多症、失水性脱水和过多输入高渗盐水及食盐中毒。血清钠减少，见于严重呕吐、腹泻或胃肠造瘘后，使胃肠道消化液丢失钠过多，慢性肾小球肾炎并发尿毒症，或糖尿病酸中毒时大量钠从尿液排出。

（五）血清钾测定

常用的测定方法有四苯硼钠比浊法、亚硝酸钴钠法、火焰光度计法、原子吸收分光光度计法和离子选择电极法等。犬血清钾含量为3.5~5.5mmol/L。血清钾增高，见于肾功能不全、肾上腺皮质功能减退、严重溶血、呼吸或循环衰竭引起的组织缺氧以及高度脱水。血清钾降低，见于长期厌食或拒食，钾盐摄入不足；肾上腺皮质功能亢进或醛固酮增多症；某些慢性消耗性疾病和代谢性碱中毒。

（六）血清钙测定

血清钙测定的方法有乙二胺四乙酸二钠滴定法、火焰分光光度计法、高锰酸钾滴定法和离子选择电极法等。犬血清钙含量为2.5~3.0mmol/L（9.8~12.0mg%）。血清钙升高，见于甲状旁腺功能亢进，大量应用维生素D、胃肠炎、脱水及酸中毒。血清钙降低，见于甲状旁腺功能减退、维生素D缺乏、骨软病与佝偻病、产后低钙血症及慢性肾炎与尿毒症等。

（七）血清镁测定

血清镁测定常用钛黄比色法和原子吸收分光光度计法等。犬血清镁含量为0.7~1.0mmol/L（1.8~2.4mg%）。血清镁升高，见于肾功能衰竭、尿毒症、甲状腺功能减退、甲状旁腺功能减退及多发性骨髓瘤。血清镁降低，见于慢性肾炎多尿期或利尿后、甲状腺功能亢进、甲状旁腺功能亢进、肾上腺皮质功能亢进等。

（八）血浆蛋白测定

测定血浆蛋白可采用双缩脲法、凯氏定氮法和电泳法。犬血浆总蛋白含量为6.0%~7.58%，白蛋白为2.3%~4.38%，球蛋白为2.0%~3.78%。血浆总蛋白含量增高，见于呕吐、腹泻等原因引起的脱水。总蛋白降低，见于肝功能降低、蛋白合成减少、营养不良和慢性消耗性疾病，重度烧伤、大出血、肾病等，蛋白质丢失过多。白蛋白增多，多为相对性的，见于脱水。白蛋白降低，见于传染性疾病及肝实质损伤。球蛋白增多，见于细菌和寄生虫感染所引起的机体免疫反应增强以及自体免疫性疾病时机体的免疫功能亢进。球蛋白降低，见于低γ球蛋白血症。

（九）血浆二氧化碳结合力或碳酸氢根测定

血浆二氧化碳结合力测定方法有量积法和酚红法。犬血浆二氧化碳结合力的单位是ml/dl，换算成碳酸氢根（HCO^-_3，mmol/L）方法如下：HCO^-_3（mmol/L）=CO_2–CP（ml/dl）÷2.24，换算后的HCO^-_3参考值为16~20mmol/L。血浆二氧化碳结合力增高，见于肺通气和换气障碍导致的呼吸性中毒；呕吐、胃扩张、小肠变位等原因引起的代谢性碱中毒。血浆二氧化碳结合力降低，常见于代谢性酸中毒，如酮酸中毒性糖尿病、腹泻、肾功能不全等；呼吸性碱中毒，如脑炎、哮喘等原因使呼吸加深加快，肺换气过度。

（十）胆固醇测定

胆固醇（CHOL）分游离胆固醇和胆固醇酯，胆固醇酯占70%左右。游离胆固醇由肠道吸收及肝脏、小肠、皮肤和肾上腺合成。胆固醇酯只能在肝脏合成。因此，分别检验游离胆固醇和胆固醇酯，对诊断肝脏疾病意义较大。

1）胆固醇增多

（1）高血脂症

①饲喂后血脂增多。

②增加脂肪的动用：重症糖尿病、饥饿、肾上腺皮质功能亢进（Cushing's 病）、脂肪组织炎（对于猫而言）。

③降低了脂蛋白脂酶的活性，胰脏急性坏死（胰岛素分泌减少）。

④降低了脂肪分解代谢，甲状腺功能降低（碘缺乏，约 2/3 患犬胆固醇增多）。

⑤原发性不明原因的高血脂症。

（2）肝胆系统疾病：胆固醇只有在胆管堵塞（结石、肿瘤、寄生虫）时，静力压增加的情况下才增多，但此时游离胆固醇和胆固醇酯比例不变。

（3）肾病综合征（蛋白丢失性肾病）、增殖性肾小球肾炎、肾淀粉样变性。

（4）白肌病和钩端螺旋体病。

2）胆固醇减少

（1）减少了摄取：低脂肪饲料、胰腺外分泌功能不全（影响了消化）、肠道不吸收、严重营养不良、严重贫血。

（2）减少了产生：进行性肝脏病、慢性肝病、肝硬化、门腔静脉分流等，此时胆固醇酯减少的尤其明显。

（3）增加了丢失和分解代谢：蛋白质丢失性肠病、甲状腺功能亢进。

（4）严重败血症、热性传染病、进行性肾炎。

（十一）血清脂类测定

血清脂类包括胆固醇、胆固醇酯、磷脂、甘油三酯（中性脂肪）和游离脂肪酸。为了便于运输，游离脂肪酸和白蛋白结合，其他脂类则与蛋白结合，形成血清脂蛋白。根据脂蛋白成分含量不同及其密度、表面电荷不同，将脂蛋白分为四类：乳糜微粒（CM）、极低密度脂蛋白（VLDL）、低密度脂蛋白（LDL）和高密度脂蛋白（HDL）。高脂血症实际上是四类脂蛋白比例失衡造成的。

血脂生理性增多，见于怀孕、食后 4 ~ 6 小时或吃脂肪多的食物以及长期饥饿。因此，检验样品最好用食前样品。

病理性变化见于高脂血、甘油三酯增多等。

原发性高脂血：见于自发性高脂蛋白（血液中甘油三酯最高，多见于小型史猱查㹴）、自发性高乳糜血（犬和猫）、脂蛋白酶缺乏症（猫）和自发性高胆固醇血。继发性高脂血：见于甲状腺功能降低、糖尿病、肾上腺皮质功能亢进、胰腺炎（尤其是猫）、胆汁淤积或胆道阻塞、肝功能降低（急性肝炎、肝坏死和肝硬化）、肾病综合征、怀孕中毒。药物诱导高脂血：糖皮质激素、雌激素、醋酸甲地孕酮（猫）。

甘油三酯（TG）增多，见于采食物后或饥饿，犬甲状腺功能减退、糖尿病、肾上腺功能亢进、胆管堵塞、胰腺炎、肾小球疾病、猫肝脏脂肪沉积综合征、猫肥胖症、猫肢端肥大症、猫乳糜微粒过多症、猫抗甲状腺治疗、白发性高脂血症及原发性脂蛋白血症。甘油三酯减少见于急性感染、严重贫血、甲状腺功能亢进、肝硬化、胰脏疾病和肠道疾病等，使脂酶活性增加。

高脂血能使血清总蛋白、白蛋白、球蛋白、总胆红素、葡萄糖、钙和磷的检验值增大。使脂酶、淀粉酶、ALT、AST、ALP 的检验值减小。

（十二）胆汁酸测定

胆汁酸（BA）主要由胆酸、鹅去氧胆酸、去氧胆酸和石胆酸组成。正常犬、猫饥饿时血清胆汁酸浓度，犬为0~15.3μmol/L，猫为0~7.6μmol/L。食后2小时，犬为0~20.3μmol/L，猫为0~10.9μmol/L。

肝脏利用胆固醇为原料合成胆汁酸，称为初级胆汁酸，包括胆酸和鹅去氧胆酸。初级胆汁酸进入肠道后，经细菌作用，胆酸转变为去氧胆酸，鹅去氧胆酸转变为石胆酸，称为次级胆汁酸。次级胆汁酸在肠道吸收后，在肝脏内与甘氨酸或牛磺酸结合成甘氨胆酸、甘氨鹅去氧胆酸、牛磺胆酸和牛磺鹅去氧胆酸，它们称为结合胆汁酸。结合胆汁酸随胆汁分泌入肠道，在肠细菌作用下，水解脱去甘氨酸和牛磺酸，成为游离胆汁酸。在回肠末端约95%胆汁酸又被吸收入肝脏，在肝脏又和甘氨酸及牛磺酸结合，形成结合胆汁酸，又分泌入胆汁到肠道，称为肝肠循环。胆汁酸具有促进脂质食物及脂溶性维生素在肠道的消化吸收作用。检验胆汁酸能反映肝细胞合成、摄取和分泌功能。一般在饥饿12个小时或食后2小时检验血清含量，后者较灵敏。

BA病理性增多：一般饥饿12小时，血清胆汁酸大于20μmol/L，食后2小时大于25μmol/L，通常表示有肝胆疾病。肝细胞损伤：见于急性或慢性肝炎、明显的肝坏死、肝肿瘤；胆汁阻塞（肝内或肝外）；先天性或后天性门腔静脉分流；用皮质类固醇和抗惊厥药物治疗，有时也增多。

BA减少见于胃排空迟缓、肠蠕动增快、肠道阻塞、严重的肠道吸收差和切除回肠。

（十三）血清酶学检验

宠物临床检验常测定的血清酶有以下几种。

1. 天门冬氨酸转氨酶（AST）

天门冬氨酸转氨酶也叫谷氨酸草酰乙酸转氨酶（GOT），AST主要存在于动物的肌肉、肝脏和心肌中，少量存在于肾、脾、脑和红细胞中。犬和猫AST活性都小于100u/L。犬AST半衰期12小时，猫的较短。测定方法常用金氏比色法和赖氏比色法。

AST生理性增多，见于劳动、训练和活动之后；病理性增多见于肝胆系统疾病（急性肝炎、肝硬比等）、骨骼肌肉疾病（损伤和坏死、肌炎、变性肌病等）、心脏损伤和坏死以及非特殊性组织损伤等。

2. 丙氨酸转氨酶（ALT）

丙氨酸转氨酶也叫谷氨酸丙氨酸转氨酶（GPT），ALT大量地存在于灵长类、犬和猫的肝细胞里，怀疑这些动物肝细胞损伤时，应检查此酶。横纹肌细胞里也含有此酶，横纹肌损伤时ALT值增加不会超过正常范围3倍，肝细胞损伤时可超过正常范围3倍以上。犬、猫ALT正常范围不超过80u/L。一般ALT增多与肝细胞损伤严重性不呈正相关，200~400u/L可能表示有中等程度肝坏死或肝细胞损伤，400u/L以上表示肝脏有严重坏死。肝脏坏死或损伤停止后，此酶活性仍升高1~3周。对于犬，此酶的半衰期为60小时，猫比犬短些。腹泻、黄疸、腹水，精神不振和厌食，以及难以诊断的疼痛时，应检验此酶。

ALT 增多见于原发性肝胆系统疾病（传染性疾病、肝毒素性疾病、肿瘤以及手术创伤等）、代谢性紊乱继发肝病、药物治疗等（如皮质类固醇、抗生素（红霉素、氯霉素）、抗惊厥药（扑米酮、苯巴比托），但在猫则少见）。

ALT 减少，一般无临床意义，但肝纤维化或硬化可能减少。

3. 碱性磷酸酶（ALP）

碱性磷酸酶存在于骨骼、肝脏、胆道上皮和小肠黏膜，还有脾、肾脏皮质部、胎盘和一些肿瘤细胞。在 pH10.5 时，测量的是从骨骼和胆管来的碱性磷酸酶；在 pH9.5 时，测量的是小肠碱性磷酸酶。犬肝脏和骨骼的同工酶半衰期为 3 天，而肠、肾和胎盘仅为 3～6 分钟。正常猫血清此酶活性比犬低、肝脏的此酶半衰期为 5.8 小时，其含量仅为犬的 1/4。因此，有人认为猫此酶活性稍有增多，就有临床意义。

ALP 增多，见于肝胆系统疾病、皮质类固醇过多、引起骨骼成骨细胞活性增加的疾病、引起高脂血和脂肪肝的疾病、新生瘤、饲喂蛋白含量少的日粮、肠黏膜疾病（如腹泻、寄生虫、术后局部缺氧等）、应用抗惊厥药物和杀虫药等。

ALP 减少，见于锌缺乏、甲状腺功能减退、用 EDTA 作抗凝剂时（人为的）。

4. 乳酸脱氢酶（LDH）

LDH 主要存在于骨骼肌、心脏、肾脏，其次是肝脏、脾脏、胰腺、肺脏、肿瘤组织等，红细胞内含量也极丰富。因此，乳酸脱氢酶升高无特异性。犬、猫血清 LDH 活性为 200～300u/L。常用的测定方法为醋酸纤维薄电泳法和琼脂糖电泳法。

乳酸脱氢酶至少有 5 种同工酮（Isoenzymes）：

LDH1 存在于心脏、红细胞、脑和睾丸。

LDH2 存在于平滑肌、心肌、脑、肾、骨骼和甲状腺。

LDH3 存在于肺、胰脏、肾上腺、脾、胸腺、甲状腺、淋巴结、白细胞。

LDH4 存在于皮肤、肝脏和肠道。

LDH5 存在于骨骼肌、肠道、皮肤和小肠。

LDH 增多，见于组织细胞损伤（肝脏损伤和胆汁淤积性疾病、骨骼肌肉、肾、胰脏、心肌、淋巴网状内皮细胞、溶血性疾病等损伤。新生瘤（特别是淋巴肉瘤）、白血病、弓形体病以及延长血清和红细胞的分离和溶血（人为的）。

LDH 减少，见于脂血症（人为的）。

5. 肌酸激酶（CK）

肌酸激酶也叫肌酸磷酸激酶（CPK），主要存在于骨骼肌肉、心肌和脑组织。CK 有 3 种同工酶：脑型同工酶（CK–BB，CK_1）主要存在于大脑外周神经，脑脊液和内脏肌型同工酶（CK–MM，CK_3）主要存于骨骼肌和心肌和混合型同工酶（CK–MB，CK_2），混合型同工酶主要存在于心肌，骨骼肌中仅含少量。

CK 增多，见于骨骼肌肉疾病（见肌肉损伤、肌炎坏死、手术、肌肉注射等）。心肌损伤和坏死。大脑皮质炎症或坏死，维生素 B_1 缺乏等。

CK 减少，临床少见。

6. γ–谷氨酰转移酶（GGT）

GGT 旧称 r– 谷氨酰转肽酶（r–GT）。此酶存在于肝脏、肾小管、胰脏和肠。血液中 GGT

主要来自肝脏。新生幼犬、猫的GGT有时比成年犬、猫高10～20倍。

病理性增加：胆固醇沉积症、肾疾患（尤其是肾病）、皮质类固醇增多、抗惊厥药物治疗、肝炎、肝中毒、胆汁郁积或胆管堵塞（肝内或肝外）、硒缺乏、慢性肝功能不足、胰腺炎等。门腔静脉分流沟通，GGT有轻微增多。

犬血清ALT和GGT活性同时升高，表明肝脏有损伤或坏死，同时有胆汁淤积。GGT和ALP活性同时升高，表明肝内或肝外胆管堵塞或损伤，胆汁淤积。

7. 淀粉酶（AMY）

淀粉酶存在于胰腺、肠黏膜和肝脏中。

不同实验室或不同仪器及不同检验方法，所得出的检验值不完全相同，犬为371～1503u/L，猫为531～1660u/L。

血清AMY增多见于：①肾小球过滤性能减小，也就是肾功能不足，多见于氮血症，此时AMY可增多2～3倍。②胰腺炎时，尤其是急性胰腺炎，其酶值可达3000～6000u/L，甚至更高。另外，AMY增高还见于胰腺坏死和脓肿、胰腺管堵塞、胰腺肿瘤等，其值可达到2000～3000 u/L。但慢性纤维化胰腺炎，其酶值基本上正常。而在高甘油三酯血症时，虽然AMY在参考范围内，也不能排除有胰腺炎存在的可能性。另外，血清AMY增多与胰腺炎严重程度不呈正相关。③肠黏膜疾病时，如肠穿孔或破裂、肠炎、肠扭转、肠阻塞等，其酶值也可高达2000u/L。④皮质类固醇过量增多，见于皮质类固醇（尤其是地塞米松）和促肾上腺皮质激素治疗，以及肾上腺皮质功能亢进和应激等。⑤肝脏疾病和甲状旁腺功能亢进也有所增多。⑥猫血清AMY增多对诊断胰腺炎意义不大，诊断猫胰腺炎用腹部超声图像和类胰蛋白酶反应性检验较有意义。⑦多种药物可引起急性胰腺炎，除肾上腺皮质激素外，还有冬门酰胺酶、硫唑嘌呤、钙制剂、雌激素、异烟肼、甲硝唑、溴化钾、柳氮磺胺吡啶、磺胺、四环素、利尿性噻嗪药物等引起的血清AMY增多。

血清AMY减少，一般无临床意义。有时见于胰腺变性萎缩。

8. 脂酶（LPS）

脂酶主要存在于胰腺和肠黏膜中。

不同实验室或不同仪器及不同检验方法，其所得出的检验值不完全相同，犬为90～527u/L；猫为25～375u/L。

血清LPS增多见于：①肾小球过滤性能减小，也就是肾功能不足，见于肾前性、肾性和肾后性氮血症，肾脏衰竭时，此酶可增多2～3倍。②急性胰腺炎或坏死，此酶可增多3～4倍，但与胰腺炎的严重性不呈正相关。另外，还见于胰腺脓肿、胰管堵塞和肿瘤，尤其是胰腺癌时，其酶值可极度增多。③小肠炎症和肠堵塞。④肾上腺皮质激素增多、甲状旁腺功能亢进、肝脏疾病等，也有适度增加。而地塞米松过多治疗时，此酶可增多5倍以上，其胰腺可能无炎症表现。⑤猫胰腺炎时，多表现为高脂血症，其LPS可能正常。⑥诊断胰腺炎时，用LPS比AMY检验更有意义，但其价格较贵，半衰期也短，只有2小时。

血清LPS减少，一般无临床意义。有时见于胰腺变性萎缩。

（十四）肝脏功能检查

肝脏功能按其代谢功能可分为胆色素代谢检查，如血清胆红素定性和定量检查、尿胆素原检查等；糖代谢检查，如血糖测定和糖耐量试验等；蛋白质检查，如血浆总蛋白、白蛋白、球蛋白定量、白蛋白与球蛋白比和血清胶体稳定性试验等；脂肪代谢检查，如脂蛋白、胆固醇、甘油三酯、胆汁酸测定等；血清酶活性测定，如天门冬氨酸转氨酶、丙氨酸转氨酶、碱性磷酸酶、γ-谷氨酰转移酶等。

（十五）肾功能试验

按检查的目的分为肾小球滤过机能试验、肾小管机能试验和肾血流量测定。常用的检查方法有血浆尿素氮和肌酐测定、尿浓缩试验、加压素浓缩试验及酚红排泄或清除试验。

1. 血液尿素氮（BUN）检验

血液尿素氮（Blood urea nitrogen，BUN）检验是检验血液尿素（NH_2CONH_2）中的氮，主要是用来扫描肾功能状况，也用于患病犬、猫全身状况检验，如呕吐、体重减轻、慢性非再生性贫血、多饮多尿、少尿或无尿、慢性尿道感染、蛋白尿和脱水等。同时，还应该检验血清肌酐（CREA）。检验 BUN 有几种方法，方法不同，其值也有些不同。

1）BUN 参考值

犬和猫一般为 3.57~10.71mmol/L（10~30mg/dl），猫有时可高达 15mmol/L。

BUN 本身无毒性，如果明显增多，产生氮血症并导致酸碱平衡、体液和电解质紊乱时，可威胁患病犬、猫生命。

2）BUN 增多

BUN 增多分三种情况：肾前性、肾性和肾后性（表 1-2-3）。

表 1-2-3 犬、猫肾前性、肾性和肾后性氮血症特点的鉴别

肾前性氮血症	犬尿比重大于 1.030，猫尿比重大于 1.035。尿蛋白增多，也可能由于原发性肾小球病，其尿沉渣有轻微变化，但仍然能浓缩尿液
肾性氮血症	犬尿比重 1.008 ~ 1.030，猫尿比重 1.008 ~ 1.035。猫肾脏衰竭早期，有时尿比重仍大于 1.035。但是犬肾脏衰竭，其尿比重为 1.006 ~ 1.007。发病可能出现多尿、少尿或无尿
肾后性氮血症	犬、猫由于尿道堵塞不能排尿，或由于膀胱、输尿管或肾盂堵塞破裂，尿液排入了腹腔。尿比重变化不定

（1）肾前性 BUN 增多。检验应在未治疗和用药前进行，因为用药能改变肾脏浓缩能力，如利尿药和皮质类固醇药物；又如高钙血能抑制肾小管功能等。肾前性尿素氮增多一般不超过 36mmol/L，检验时还应同时检验 CREA。如果 BUN 和 CREA 同时增多，见于肾小球滤过率减小，如由于休克、脱水和心脏功能减弱，引起的肾脏灌输减少。若 CREA 和 BUN 不是同时增加或减少，其原因就更复杂了（表 1-2-4）。

表 1-2-4 BUN 和 CREA 浓度互不协调原因

BUN 增多 +CREA 正常或减少	CREA 增多 + BUN 正常或减少
肾前性氮血症早期（尿排出减少） BUN 增多：高蛋白饮食、胃肠道出血、四环素和皮质类固醇治疗、严重组织损伤（可能增多） CREA 减少：机体肌肉量减少，见恶病质	BUN 减少：肝脏功能不足、多饮多尿、低蛋白饮食 CREA 增多：肌炎 / 肌肉外伤，采食煮熟的肉食（小量暂时增多），酮血症（伪性增多）

肾前性氮血症，犬的尿比重大于 1.030，猫大于 1.035。但是猫肾病早期氮血症，其尿比重有时也大于 1.035。

（2）肾性 BUN 增多。见于肾实质组织疾病，肾性增多也可能还有肾前性增多。肾小球损伤能引起氮血症和尿蛋白增多，其尿比重可能正常（肾小管损伤没有达到影响尿浓缩能力程度）。血清 BUN 和 CREA 增多，再加上尿比重为 1.008~1.029，表示为原发性肾病。但猫肾性氮血症发生后，其尿比重仍能维持在 1.025 以上一段时间；某些病能引起脱水和降低肾脏浓缩尿的能力，也可能有些类似表现（表 1–2–5）。另外，还有不知病因的慢性肾性引起的肾性氮血症。当肾性 BUN 高于 60mmol/L 时，就难以治愈了。

表 1–2–5 能引起氮血症和尿比重在 1.008 ~ 1.029 之间的疾病

急性或慢性肾功能不全
大肠杆菌性败血症、子宫蓄脓、前列腺脓肿
肾盂肾炎
肾上腺皮质功能降低
高钙血症、低钠血症、低钾血症
酮酸中毒或高渗性糖尿病
肾上腺皮质功能亢进与脱水
尿崩症与脱水
肝脏衰竭
尿道堵塞或破裂
用液体或利尿药治疗任何原因引起的肾前性氮血症

高钙血症、肾盂肾炎、药物性肾中毒（如氨基糖苷类抗生素、两性霉素 B）、钩端螺旋体病、高渗性糖尿病也可以引起肾性氮血症。如果能及时诊治，可以治愈。肾上腺皮质功能降低引起的 BUN 和 CREA 增多，尿比重在 1.008~1.029，可能没有肾脏损伤。

但 BUN 和 CREA“正常”，也并不能断定肾脏无损伤或问题，由于肾脏有相当大的储备代偿能力，肾脏功能损伤超过 50%~70%时，BUN 和 CREA 才增多。正确诊断肾性氮血症还需问诊病史、临床检查、血液检验、生化检验（血清钠、钾、钙、磷，总蛋白、白蛋白、葡萄糖和 TCO_2）、腹腔 X 线片（显示肾脏大小、结石等）和超声波检查。

（3）肾后性 BUN 增多。由于泌尿系统某部分堵塞或破裂，BUN 可达 60mmol/L 以上，甚至超过 100mmol/L，一旦排除病因，BUN 水平很快恢复正常。

3）BUN 减少

（1）合成尿素减少。见于肝病、肝硬化、肝肿瘤、肝脑病、门腔静脉分路沟通（大量血液不通过肝脏）、食入蛋白少或不能吸收、使用葡萄糖治疗的长期厌食。

（2）大量体液治疗、严重的多尿和烦渴、黄曲霉毒素中毒。

2. 血清肌酐（CREA）检验

血清肌酐（Creatinine，CREA）是由骨骼肌代谢产生的主要 CREA 和外源性 CREA 组成。它一般很少像 BUN 那样受年龄、性别、发热、毒血症、感染、饮食、机体内水分和排尿多少的影响，所以用 CREA 检验肾脏疾患比 BUN 还好。肌酐主要由肾小管滤过，肾小管不再重吸收，然后从尿中排出体外，部分可由胃肠道排出。

犬、猫CREA参考值一般都小于等于150.28μmol/L（1.7mg/dl）。

1）CREA增多

（1）肾前性的CREA增多：急性肌炎、严重肌肉损伤、减少肾的灌流（见于脱水、休克）是增多的主要原因。另外，还有吃煮熟的肉、肾上腺皮质功能降低、心血管病和垂体功能亢进等。肾前性增多一般不明显。氮血症时，如果尿比重仍大于1.025，表示仍有足够数量正常肾单位浓缩尿，这个氮血症是肾前性的。在严重脱水和心衰竭时，CREA浓度有时可达到250μmol/L。

（2）肾脏严重损伤的CREA增多：严重肾炎、严重中毒性肾炎、肾衰竭末期、肾淀粉样变、间质肾炎和肾盂肾炎等。一般肾单位损伤超过50%~70%时，血清CREA量才增多。CREA肾性增多在177~442μmol/L之间，尿比重1.010~1.018，表示中度肾衰竭；CREA在442~884μmol/L时，表示严重肾衰竭。

区分肾前性和肾性CREA增多，还要检验尿比重。血清CREA和BUN浓度增加，尿比重在1.008~1.029之间，可初步诊断肾脏有问题。确诊还应做血液和生化项目，如钠、钾、钙、磷、蛋白质、白蛋白、葡萄糖和二氧化碳总量（TCO_2）等检验，必要时还应配合肾脏图像检查。

（3）肾后性的尿道阻塞或膀胱破裂CREA增多，时常超过1000μmol/L，但只要解除病因，CREA很快恢复正常。

（4）肾性CREA一般增加到442μmol/L（5mg/dl）或更多，预后不良；超过884μmol/L（10mg/dl），动物将难于治愈。曾有一只6岁猫，血清CREA达2112μmol/L，仍活了多日。

2）CREA减少

见于恶病质、肌肉萎缩。另外，妊娠中后期，CREA也会减少。

3. 尿浓缩试验

在限制饮水的条件下，通过观察尿液比重的变化，判定肾小管的重吸收功能。受试宠物断水12~24小时，于第12小时排出膀胱内尿液，测定比重，尿比重大于1.025，表明肾脏浓缩尿液功能正常，可中止试验。比重小于1.025，则继续断水12小时，若比重仍低于1.025，指示有2/3的肾单位丧失浓缩尿液的能力。

4. 酚红排泄或清除试验

宠物静脉注射0.5%酚红1ml（5mg），测定注射后尿液中酚红排泄的百分率，或多次测定注射后血浆中酚红的浓度，计算清除半衰期（T1/2）。排除肾外性因素影响的酚红排泄或清除率降低，表明肾脏功能不全。此外，休克、脱水、心血管疾病时，酚红排泄亦减少。

六、活体组织检查

（一）肝脏穿刺

肝脏穿刺是用刺针采取肝脏组织进行病理组织学检查和培养分析。本手术有经腹部和经胸廓进针两种方法。

[**适应证**] 采取组织进行病理组织学检查，对肝脏疾病进行确诊。

[**患病宠物的准备和保定**] 若发生腹水的应先抽出全部腹水，用X光摄影和触诊的方法确

定肝脏的大小和性状，需要指出的是若怀疑肝脏变小或局限性疾病时，应在腹腔镜、超声图像检查指导下进行活组织检查。

[估计凝血能力] 测定血小板、激活凝血和凝血酶原的时间。使宠物在术前 12 小时保持安静。当采用经胸廓进针时，口服玉米油 0.5~1.0ml/kg 来收缩胆囊。

[方法] 经腹腔进针，在剑突和左侧肋弓区域进行剪毛和消毒；在左侧剑突的尾部用解剖刀刺破皮肤；仰卧时，刺针朝左前外侧方向进针。右侧卧时，朝向左肩关节进针，注意避开胆囊，其位于胸廓的剑突和关节间肋软骨凹痕的中线右侧。当针穿过腹部肌群进入腹腔后，向后迅速刺入，常很难感觉到刺针是否刺入肝实质，因此，不能刺入肝脏太深去采取样品。如果肝脏明显肿大，可将肝脏靠在体壁上不动。

可以选用下列刺针中的一种：

切割式刺针：Tru-cut14 号和 Framklin-modi-fiedvim-silverman33/8。

切割抽吸两用针：Menghini15 号和 Jamshi-di14~16 号。

经胸廓进针：从肋骨及肋软骨的连接处到髂肋肌至 10 肋骨处剪毛消毒。多数犬在肋骨和肋软骨连接处的第 6 肋间切口。16 号 Menghini 刺针穿过胸膜壁，放置通管针并在中心附近放置深层保护装置。一旦刺针穿过腹壁，径直向尾端平行于胸廓壁直到膈肌，与膈的接触可觉察到，因此时刺针随呼吸而来回移动。深度保护装置进入皮肤 1.25cm，这种操作可以确保刺针在肝内不至于刺得太深。抽出通管针，迅速换上抽有 5~7ml 无菌生理盐水的 12ml 注射器，用一只手把持全部装置，注射器活塞会显示 3~5ml 负压。在呼气完了时，将刺针快速刺入肝脏，直到深度保护装置阻止不能继续深入为止，然后迅速取回刺针，因此注射器会吸入一块组织。然后使宠物以右侧卧姿势静躺 5~10 分钟，让肝脏自身重力来辅助防止采样后出血。

[并发症] 出血通常可以在术后几分钟内自行止住，如果凝血测试显示凝血时间延长时不能采样。刺破胆囊或主胆管可能导致胆汁性腹膜炎或胸膜炎。邻近组织的采样通常对患病宠物无影响。刺破膈时可能导致气胸或腹水漏入胸腔。取样后注意检测下列参数：术后 1 小时、5 小时和 24 小时的血球容积和全部固形物、呼吸数、腹痛和腹水的出现。检测呕吐、发热、外周，血液白细胞增多。

（二）肾脏活组织检查

肾脏的活组织检查是指用活组织采样针穿刺，由术者用食指固定紧靠体壁的肾脏采取样品的手术。

[适应证] 获得病理组织学检查样品。

[患病宠物的准备和保定] 通过实验室检查和 X 光摄影确定肾脏功能、大小和位置，通过静脉内肾盂摄影法检查是否有肾包囊炎和肾盂积水。根据肝脏皮下穿刺活体组织检查法的要求估计宠物的凝血能力。宠物在 12 小时内保持安静。多数采样是在常规麻醉下进行，有些精神沉郁的宠物可在镇静后局麻情况下采样，对于肾功能衰竭的猫忌用盐酸氯胺酮。让宠物采取采样侧在上的侧卧姿势，若两个肾脏都有病变，则选其一采样。

犬：右侧肾脏更固定并且与体壁结合更紧密。左侧肾脏比右侧更突出、更暴露。

猫：将一个肾局限于一个区域固定。手指触摸（在腹膜外）进行皮下采样，不必进行切口采样。

[方法] 在肾脏外皮肤的广泛区域剪毛、消毒。在腰旁窝和腰部肌肉的腹侧缘和最后肋骨的后面等距离处做一切口，大小以能伸入 2~3 个手指为宜。用钝性分离腹部肌肉群，进入腹腔，用食指固定肾脏。用解剖刀在肾脏上做一个采样针刺入的针形切口。用食指引导采样针刺入肾脏。食指把肾脏固定在体壁上，同时以远离肾门的方向刺破被膜。采样针刺入肾脏，再从腹腔内抽回采样针并检查采样槽探知样品量。食指应继续固定肾脏 5 分钟确保止血。紧密缝合外科切口。

[并发症] 采样后出血通常在 5 分钟行止血，个别采样后出血需输血。虽然可见的出血较少，但多数患病宠物采样后 12~72 小时内窥镜检查可见出血。如果出现肾盂肾炎，炎症可能扩散到腹腔。如果肾盂积水突然破裂可能发生术后肾功能衰竭。肾脏采样后监测某些参数：黏膜颜色、血球压积、心率、脉搏频率、膜下物质的发展变化（避免腹部触诊）、腹部疼痛、腹水，注意血尿和发热。

（三）骨髓活组织检查

通过骨髓穿刺针穿刺抽吸骨髓样品。

[适应证] 骨髓穿刺抽吸：再生障碍性贫血、疑似骨髓病变，例如骨髓或红髓的闭止或赘痕形成、某种凝血疾病、特别是涉及血小板的。

[患病宠物的保定] 骨髓采样都可在局麻下进行。保定的方式取决于采样的位置。

长骨翼：大犬站立或仰卧保定。小犬或猫仰卧保定，后肢拉向腹侧。股骨近端侧卧。肋骨俯卧或侧卧。

肱骨和胸骨：其他较少用的位置。

[方法] 进针位置皮肤剪毛、消毒，局部浸润麻醉。用解剖刀的刀片在皮肤上做一线形切口。抽吸骨髓选择 16 号或 18 号，5cm 的 osgood 或 riosenthal 采样针，放置通心管后，刺破软组织，一直深入，直到遇到骨的抵抗为止。用力同时旋转刺针使其刺入骨，抵抗减小说明刺针进入骨髓腔。刺针进入骨髓腔后，抽出套管针，接上 12ml 注射器抽吸，使注射器内保持负压。抽吸时伴有疼痛说明针在骨髓腔内。当注射器内有骨髓后，停止抽吸，取下注射器。过分抽吸可能导致样品被周围血液污染。迅速涂在载玻片上，血凝块保存在福尔马林中待病理组织学检查。样品可进行分离培养。如果抽出的骨髓量已够，抽出刺针，缝合皮肤切口或开放等待二期愈合。

（四）淋巴结活组织检查

淋巴结抽吸法是指将刺针经皮肤刺入周围组织淋巴结，采取细胞和液体材料进行实验室分析的方法。但该方法不能提供淋巴结的构造信息。

[适应证] 任何在大小和硬度上不正常的可触及的外周淋巴结都可以抽吸。显微镜和微生物学分析都可提供关于淋巴结病因学上的信息。细菌和微生物可由镜检或适当的培养基培养加以鉴定。脓性或肉芽肿性炎症可根据样品中的细胞类型加以鉴定。

因无淋巴结的构造分析，所以病理学家不能对赘生物确诊，如果怀疑淋巴肉瘤，可选择切除活组织检查法。

[方法] 将感染的淋巴结处皮肤剪毛、消毒。用手触摸淋巴结并加以固定。取一接有 12ml 注射器的 20 号刺针，经皮肤和皮下组织刺入淋巴结，因较大的淋巴结中部可能坏死。如果可能应尽量选择淋巴结周围部分采样。用注射器抽吸的同时刺针慢慢深入，再稍稍回抽，然后再深入，如此往复，在淋巴结内以三种不同的角度抽吸采样。慢慢停止抽吸，然后抽出刺针。

对样品马上进行处理。从刺针上取下注射器，将注射器内抽入空气，然后再连到刺针上。将注射器内空气经刺针排出，将液体和细胞涂到载玻片迅速涂片、自然干燥，或于无菌试纸上准备微生物学分析。

[并发症] 并发症少见，如果技法不适当，皮肤上的微生物可能接种到淋巴结或污染样品。过分抽吸可能使样品被周围血液污染，难以作出正当的细胞学分析。

(五) 关节穿刺术

关节穿刺术是指穿刺针经皮肤刺入关节腔，收集关节液进行实验室检查的方法。

[适应证] 当怀疑为关节炎性疾病时，可作为辅助诊断手段。关节滑液分析有利于鉴别败血型关节炎、间接免疫性关节炎、关节血肿和创伤性滑液渗出。注入造影物质进行 X 光摄影检查。评价关节炎性疾病的预后。

[患病宠物的保定] 根据患病宠物的体质进行温和性化学镇静和局麻。对于踝关节、肘关节和肩关节穿刺可用侧卧保定。腕关节穿刺时可采用侧卧和俯卧。

[方法] 将感染的关节外部皮肤剪毛消毒。在进针前正确触诊肿胀的关节囊或关节间隙，对于关节和关节周围组织解剖学应有全面的了解，以便正确选择进针位置。将连有 3ml 或 6ml 注射器的 22 号刺针慢慢刺破皮肤、皮下组织、关节周围组织和滑液组织，进入关节腔。用注射器抽吸，收集关节液。当收集足够的关节液后（0.1~0.5ml），停止抽吸，取下刺针。采取的样品置于 RDTA 试管中，准备细胞学研究或移到加有硫甘醇酸盐的肉汤中准备微生物学分析。涂片自然干燥。在涂片时，判断液体的黏性。对于间接免疫性关节炎，应多抽吸几个关节。

[并发症] 若皮肤消毒不彻底，可能使细菌感染关节或污染样品。若操作不当，刺针引起关节滑膜内创伤可引起关节血肿或关节软骨损伤。如果忽略了关节的解剖结构，径直进针会引起关节周围血管、神经的损伤。若由操作者的原因引起出血造成样品的污染，应穿刺其他关节或 48 小时后重复穿刺此关节。

(六) 骨活组织检查

骨组织环锥采样法是指采取骨组织样品进行病理学和微生物学分析的方法。

[适应证] 当怀疑骨组织为下列某种疾病时，在 X 光摄影法诊断后，采取骨的样品进行病理组织学检查，骨的一级和二级赘瘤的形成。骨的细菌性、真菌性和寄生虫性感染。骨的发育或变性疾病包括全骨炎、肥大性骨发育不全、肺样肥大性骨关节病。采取培养材料。

[患病宠物的保定] 患病宠物进行常规麻醉。

[方法] 环绕皮肤选取位置周围的广泛区域进行剪毛和外科无菌处理。用 X 光摄影选定位置做一个 1cm 的切口，切开皮下组织、肌肉、腱和深筋膜达骨膜表面。选择不带通心管的大

小适宜的环锥采样工具，转动环锥引导采样工具刺穿骨皮质层，通过骨髓腔再穿过对侧骨皮质，当触摸到位于皮下组织中的环锥时表明完成全组织采样。取出环锥，插入通心管，向中心注入培养基或10%福尔马林溶液，准备分别进行微生物学的病理组织学检查。若采样位置出血，可采用直接压迫或闭合深层组织的方法止血。余下的样品进行保存，直至术者完成所采样的诊断。

[**并发症**] 如果采集的组织不完全或不正确，可能会出现假阴性结果，注意结合X线摄影分析和采集几份样品可降低假阴性的发生率。骨质弱化可能导致病理性骨折，选择小的环锥和限制采样份数，可避免此类问题的出现，如果认为可能发生二次病理性骨折，可以术后在外部进行接合固定。

七、内分泌功能检查

（一）肾上腺皮质功能检查

1. 血浆皮质醇

血浆皮质醇和尿游离皮质醇是判断肾上腺皮质功能紊乱的首选指标。血浆皮质醇在24小时内呈现昼夜节律变化，上午8时浓度最高，午夜12时浓度最低，两者比值大于2。临床意义如下。

①生理性增高：妊娠、肥胖、口服避孕药及疼痛、精神刺激等应激状态时，可造成血浆皮质醇代偿性升高。

②病理性增高：皮质醇增多症又称库兴氏综合征（Cushing's综合征），是各种原因导致慢性皮质醇分泌过多而产生的多种症状的统称。

A.原发性皮质醇增多症，如肾上腺皮质腺瘤或癌等原因所致肾上腺皮质功能亢进，分泌皮质醇增多。

B.继发性皮质醇增多症，如脑垂体腺瘤、下丘脑—垂体功能紊乱、异源性促肾上腺皮质激素分泌等原因造成体内促肾上腺皮质激素水平升高，从而促使肾上腺皮质分泌皮质醇增多。

C.非特异性增多，如急性创伤、手术、心肌梗死等应激状态。

③病理性降低

A.原发性肾上腺皮质功能减退，多因肾上腺结核、自身免疫性肾上腺萎缩、转移性肾上腺肿瘤、手术切除等破坏肾上腺，导致皮质醇分泌减少。

B.继发性肾上腺皮质功能减退，如颅内肿瘤压迫、脑缺血坏死、脑手术、放疗等，造成下丘脑—垂体功能紊乱，分泌促肾上腺皮质激素不足，从而导致肾上腺皮质分泌皮质醇减少。

2. 促肾上腺皮质激素（ACTH）

增高：见于慢性肾上腺皮质功能减退、先天性肾上腺皮质功能减退症、异位ACTH综合征、垂体ACTH瘤等。

降低：见于继发性肾上腺皮质功能减退症及肾上腺腺瘤及癌肿等。

3. 去甲肾上腺素

增高：见于嗜铬细胞瘤、神经母细胞瘤、神经节神经母细胞瘤、神经节神经瘤、副神经节瘤、心肌梗死、应激状态及糖尿病酮症酸中毒等。

降低：植物神经病变。

4. 儿茶酚胺、多巴胺

增高：见于嗜铬细胞瘤、神经母细胞瘤、神经节神经母细胞瘤、神经节神经瘤、副神经节瘤、心肌梗死、应激状态、糖尿病酮症酸中毒等。

降低：见于植物神经病变。

5. 皮质酮

增高：见于先天性肾上腺皮质增生（17-羟化酶缺乏、18-羟化酶缺乏伴失盐）、肾上腺腺瘤等。

降低：见于慢性肾上腺皮质功能减退症、垂体功能低下等。

6. 醛固酮（Ald，ALS）

增高：见于原发性醛固酮增多症，假性醛固酮增多症（双侧肾上腺球状带增生），利尿剂、心衰、肝硬变、肾衰、肾病综合征等所致的继发性醛固酮增多症，原发性周期性水肿，肾球旁器增生，手术后，低血容量，各种原因所致的低钾血症，部分恶性高血压及缓进型高血压等。

降低：见于肾上腺皮质功能减退，低肾素低醛固酮综合征，18-羟化酶缺乏，糖尿病，急性乙醇中毒等。

（二）甲状腺功能检查

一般对血清中的3-碘甲腺原氨酸总量（T3）、甲状腺素总量（T4）、促甲状腺激素释放激素（TRH）及血清反3-碘甲腺原氨酸进行检测，一般要求空腹采血，用放射免疫方法检测。

1. 3-碘甲腺原氨酸总量（T3）

增高：见于甲亢，高甲状腺氨酸（或甲状腺素）结合球蛋白（TPG）血症，医源性甲亢，甲亢治疗中及甲减早期T3呈相对性增高，碘缺乏性甲状腺肿患者的T4可降低，但T3正常，亦呈相对性升高。

降低：甲状腺功能低下，低T3综合征（见于各种严重感染，慢性心、肾、肝、肺功能衰竭，慢性消耗性疾病等），低TBC血症等。

2. 甲状腺素总量（T4）

T4是人和动物体内主要的甲状腺激素，随着年龄的增长血清浓度逐渐降低。

①生理性增高：见于妊娠、雌激素替代治疗及口服避孕药者，因血中甲状腺结合球蛋白增多导致甲状腺激素总含量增多，但发挥生理作用的游离部分并不增加，因此一般不会有甲亢表现。

②生理性降低：蛋白质营养不良、使用雄性激素、应用糖皮质激素及抗心律失常药者，血中甲状腺结合球蛋白减少，可导致甲状腺激素总含量减少，但游离部分可正常，一般没有甲减表现。

③病理性增高

A.甲状腺腺体功能旺盛，分泌甲状腺激素增多，如弥漫性甲状腺肿、甲状腺腺瘤、甲状腺滤泡癌等，这是甲亢的常见原因。

B.下丘脑—垂体功能紊乱，分泌促甲状腺激素增多，引起继发性甲状腺功能亢进，如垂体肿瘤、脑组织增生等。

C.非特异性增多，如先天性甲状腺结合球蛋白增多症、病毒性肝炎等，由于甲状腺结合球蛋白增多而引起甲状腺激素总含量增加，但一般无甲亢表现。

④病理性降低

A.甲状腺腺体功能低下，分泌甲状腺激素减少，如慢性甲状腺炎、低碘或高碘、甲状腺癌手术切除或放疗过度、甲亢用药过量等，这是甲状腺降低的常见原因。

B.肿瘤、放疗、手术或创伤等损伤下丘脑—垂体，导致促甲状腺激素分泌不足，引起继发性甲状腺功能减退。

C.非特异性降低，如先天性甲状腺结合球蛋白减少、肾病综合征等，由于甲状腺结合球蛋白减少而引起甲状腺激素总含量降低，一般无甲减表现。

3. 血清反3–碘甲腺原氨酸（rT_3）

①在判断甲状腺功能时，rT_3与甲状腺激素平行变化，甲亢时rT_3增高，甲减时rT_3降低。

②甲亢治疗时，若rT_3、T_4低于正常，说明用药过量；甲减治疗时，若rT_3、T_3高于正常，则说明用药过量。

③慢性肝病、肾功能衰竭、糖尿病、服用乙胺碘呋酮等抗心律失常药时，血清rT_3也可以增高，并随着病情的变化而变化。

4. 血清促甲状腺激素（TSH）

血清甲状腺激素和TSH联合应用，可以判断甲状腺功能紊乱的原因，帮助制定有效的治疗方案。

①甲状腺激素升高伴TSH降低，多为甲状腺本身的疾病引起的原发性甲亢，如弥漫性甲状腺肿、甲状腺腺瘤等。

②甲状腺激素升高，TSH也升高，多为下丘脑—垂体功能紊乱引起的继发性甲亢，如脑垂体腺瘤。

③甲状腺激素降低伴TSH升高，多为原发于甲状腺的功能减退，如原发性甲亢治疗过度、慢性甲状腺炎等。

④血清甲状腺激素降低，TSH也降低，多为下丘脑—垂体功能受损引起的继发性甲减。

（三）甲状旁腺功能检查

1. 甲状旁腺素（PTH）

甲状旁腺素具有升高血钙、降低血磷，调节钙、磷代谢平衡的作用。血清甲状旁腺素的测定除用于研究甲状旁腺疾病外，对鉴别高钙血症和低钙血症的原因也有一定的价值。

①辅助诊断甲状旁腺疾病。甲状旁腺功能亢进或异位PTH分泌症时，PTH升高；甲状旁腺功能减退、手术或放疗损伤甲状旁腺等，PTH降低。

②鉴别高钙血症和低钙血症。由于甲状旁腺功能紊乱引起的血钙异常，血钙多随血清PTH的升降而升降，而其他原因所致血钙异常，PTH则无变化。

2. 降钙素（CT）

降钙素具有降低血钙、血磷，调节钙、磷代谢平衡的作用，通常认为血钙的升高和降低，即标志着降钙素的分泌情况。测定血清降钙素的意义主要在于对相关肿瘤的疗效观察和预后判断。

临床意义：主要用于恶性肿瘤的疗效观察和判断预后，如甲状腺癌或肺癌手术后，血清 CT 仍持续升高，说明有残余的肿瘤组织形成，预后较差。血清 CT 增高可见于多种恶性肿瘤和急、慢性肾功能不全等；CT 降低可见于甲状腺先天发育不全或手术切除等。

（四）胰腺功能检查

1. 促胰酶素分泌试验

促胰酶素（刺激胰酶的分泌）和促胰液素（刺激水分与重碳酸盐的分泌）静脉注射后采取分泌的胰液，测定其液量、HCO_3^-浓度和淀粉酶排出量的试验是测定胰腺外分泌功能最优良的方法。

慢性胰腺炎与胰癌患者的最高 HCO_3^-浓度、淀粉酶排泄量及胰液排泄量均减少。三项指标均减少，可确认为胰腺外分泌功能异常，其中一项或两项异常者为可疑。在该三项指标中，尤其是最高 HCO_3^-浓度减低最重要，如是以 90mmol/L 为正常临界范围，则误诊率在 20%以下(因其正常值范围小，方法重复性好，故可靠性大)。最高 HCO_3^-浓度减低，通常认为反映胰管病变，多见于慢性胰腺炎。淀粉酶排泄总量的降低多见于胰腺癌、慢性胰腺炎、急性胰腺炎恢复期或营养不良，系由于胰腺的胰泡细胞合成分泌降低所致。但采液量的误差除影响胰液排泄量外还直接影响淀粉酶排泄总量，故必须排除采液不全等因素。

2. 伦代氏试验

本试验是一种间接了解胰腺外分泌功能的试验。试餐中各种成分刺激十二指肠及空肠上段黏膜，使其释放促胰液素和促胰酶素，作用于胰腺分泌。抽取十二指肠液，测其胰蛋白酶活力，从而达到了解胰腺外分泌功能的目的。

排出的胰蛋白酶浓度减低见于慢性胰腺炎和胰腺癌。胰源性脂肪泻亦明显降低，而其他原因（例如，小肠黏膜病变或阻塞性黄疸）引起脂肪泻者则正常，故有利于脂肪泻的鉴别诊断。

本试验不如 P–S 试验灵敏，对轻度胰功能不全者，不易检出。

3. ^{131}Ⅰ标记脂肪消化吸收试验

肠管内甘油三酯受胰液、胆汁的分解作用后被吸收。肠管以外的消化系疾病，如胰腺功能减退等，其吸收也必受影响，对各种吸收不良综合征的诊断以脂肪的消化吸收试验最敏感。全血中值在 5%以下，粪便排泄率在 4%以上时，可考虑为脂肪消化吸收障碍，主要见于：慢性胰腺炎、胰癌、口炎性腹泻、甲状腺功能亢进性小肠炎症、肠切除和胃切除等。

以 ^{131}Ⅰ–甘油三酯试验异常时，为鉴别是由于胰腺等不足所致还是由肠管异常所致，则可做 ^{131}Ⅰ油酸吸收试验。因脂肪酸可被小肠黏膜直接吸收而与胰液、胆汁等作用无关。如果 ^{131}Ⅰ油酸吸收试验结果正常，则脂肪消化吸收试验异常系由胰液、胆汁分泌异常所致。若 ^{131}Ⅰ油酸试验不正常，则考虑为小肠黏膜吸收障碍。

4. 淀粉酶

急性胰腺炎时增多；胰管阻塞（癌、结石）等胰液量及酶活性均减少。肝病、胆道疾病(胆石症、胆囊炎)、胃酸缺乏等酶活性也降低。淀粉酶检验对诊断猫胰腺炎意义不大。

5. 脂肪酶

同淀粉酶。

八、细菌学检查

（一）细菌分离

1. 病料采集和运送

对宠物进行病原菌检查，病料的采集和运送是否得当，是关系到能否分离到病原菌的关键。首先应充分了解各种病原菌（目的菌）在被检宠物体内及其分泌物和排泄物中的分布情况，不同的病原菌在患病宠物体内分布情况不同，即使是同一种病原菌，在疾病的不同时期和不同的病型中分布也不同。在采取病料前必须对被检宠物可能患有何种疫病作出初步诊断。采取病料所用器械和容器都应事先消毒，确保无菌，采样时应按无菌操作进行。如果宠物已死亡，取样应注意以下几点：①对急性死亡的宠物，从耳尖或四肢末梢血管取血制成涂片，染色镜检，在排除炭疽后方能剖检取样。②采取病料时间，原则是越早越好，夏季要在宠物死亡后 2 小时内采取病料。③为了提高病原微生物的阳性分离率，采取的病料要尽可能齐全，除了内脏、淋巴结和局部病变组织外，还应采取脑组织和骨髓，以防遗漏。④认真填写好病料送检单和剖检病理变化记录。下面介绍病料的具体采取方法。

(1) 脓汁。先将表面用流水冲洗，然后以灭菌注射器或吸管抽取深部的浓汁。若是开口化脓灶或皮肤、黏膜表面化脓，可用灭菌棉拭子浸蘸脓汁后，放入试管中。

(2) 内脏器官。采取心、肺、肝、脾、肾等组织及其淋巴结，剪取 1~2cm^2 大的方块，分别装入灭菌容器内。

(3) 血液。要全血时，无菌采取血液 10ml，立即注入盛有 0.5%肝素溶液 0.1ml 或 5%柠檬酸钠液 1ml 的灭菌试管内，并立即混合均匀；要分离血清时，将无菌采取的血液直接注入灭菌试管，待血液自然凝固后分离血清。从尸体采取血液时，可用灭菌注射器或吸管从右心房抽取。

(4) 皮肤和黏膜。采取病变局部的皮肤和黏膜及其所属淋巴结，放入甘油盐水溶液中。

(5) 脑和脊髓。无菌采取脑和脊髓约 1~2cm^2 大的方块，放入甘油盐水溶液中。

(6) 胆汁。用灭菌注射器抽出后放入灭菌试管中。

(7) 肠和胃。剪取有病变的部位一段或一块。也可将肠管一段（约 6~8cm）用线扎紧两端后剪下送往实验室。

(8) 粪便。可用棉拭子插入肛门蘸取，或捕杀病宠物后由肠管采取，立即放低温条件下保存。

(9) 乳汁。先用消毒药液洗净乳头及其附近，弃去最初挤出的几滴乳汁，然后采取乳汁约 10ml 放入灭菌试管内。

(10) 流产胎儿。可将整个胎儿用塑料薄膜包紧，装入箱中送检。

2. 病料的处理

采集的病料，在接种培养前，应对其性状进行观察，例如是否脓性带血或腐败，有何异味，并做记录。各种病料在分离培养前均应制备一张涂片，做革兰氏染色、镜检，以了解细菌的形态、染色特性，并大致估计其含菌量。通过肉眼观察和显微镜下看到的结果，对病料中可能含有的病原菌做初步的估价。

如果病料是病变组织，又是用无菌方法采集的，在接种前一般无需做特别处理。但如果病料被杂菌污染严重，则需根据要分离的病原菌的特性，采用一些对病原菌无害，但对杂菌有杀灭或抑制作用的方法，以抑制杂菌生长。例如从粪便中分离沙门氏杆菌，可将粪便接种于亚硒酸钠肉汤中，做增菌处理。在这种培养基中，其他杂菌被抑制，而沙门氏菌则能自由繁殖。有些病料（如奶、尿等）含菌太少，则应先做集菌处理，然后接种，以提高检出率。集菌方法有离心法和过滤法，离心法取沉淀物做培养物，过滤后取沉积于滤板上表面的病料做培养。

3. 细菌的分离与接种

培养细菌时，需将标本或细菌培养物接种于培养基上，常用接种方法有以下几种。

1）平板划线接种法

本法为最常用的分离培养细菌的方法，通过平板划线后，可使细菌分散生长，形成单个菌落，有利于从含有多种细菌的标本中分离出目的菌。分离培养用的平板培养基应表面干燥，可在临用前置37℃孵育箱内30分钟，这样表面既干燥有利于分离培养，又使培养基预温，对培养某些较娇弱的细菌有利。常用的平板划线接种法有以下几种。

(1) 分区划线法。此法多用于脓汁、粪便等含菌量较多的标本的分离。具体方法是先将接种环灭菌后，蘸取标本均匀涂布于平板培养基边缘一小部分（第一区），将接种环火焰灭菌，待冷却后只通过第一区3~4次后连续划线（为第二区），依次可供划线3~5区，每一区细菌数可逐渐减少，直到分离出单个菌落为止。

(2) 连续划线法。该法多用于含菌数量较少的标本。其方法是首先用白金耳将标本均匀涂布于平板培养基边缘一小部分，然后由此开始，在培养基表面自左向右连续划线并逐渐向下移动，直到下边缘。

划线接种时，尽可能做到直、密、匀，有效地利用培养基表面达到充分分离的目的。

2）斜面接种法

采用该法目的是进行纯培养。其方法是从平板分离培养物上用接种环挑取单个菌落或者是取纯种，移种至斜面培养基上，先从斜面底部自下而上划一条直线，再从底部开始向上划曲线接种，尽可能密而匀，或者直接自下而上划曲线接种。

3）倾注培养法

此法适用于乳汁和尿液等液体标本的细菌计数。其方法是取原标本或经适当稀释（一般是10^{-1}~10^{-5}倍稀释）的标本1ml，置于直径9cm无菌平皿内，倾入已溶化并冷至50℃左右的培养基约15ml，立即混匀待凝固后倒置于37℃培养18~24小时，做菌落计数。

4）穿刺接种法

本法多用于双糖、明胶等具有高层的培养基进行接种。方法是用接种针挑取菌落或培养物，由培养基中央直刺到距管底约 0.3~0.5cm 处。然后沿穿刺线退出接种针，若为双糖等含高层斜面的培养基则只穿刺高层部分，退出接种针后直接曲线接种斜面部分。

5）液体接种法

本法多用于普通肉汤、蛋白胨等液体培养基的接种。其方法是用接种环蘸取菌种，倾斜液体培养基管，先在液面与管壁交界处研磨接种物（以试管直立后液体能淹没接种物为准），然后再在液体中摆动 2~3 次接种环，塞好棉塞后轻轻混合即可。

4. 细菌的培养方法

根据培养细菌的目的和培养物的特性将培养方法分为一般培养法、二氧化碳培养法和厌氧培养法 3 种。

1）一般培养法

将已接种过的培养基，置 37℃培养箱内 18~24 小时，需氧菌和兼性厌氧菌即可于培养基上生长。少数生长缓慢的细菌，需培养 3~7 天至 1 个月才能生长。为使培养箱内保持一定的湿度，可在其内放置一杯水。培养时间较长的培养基，接种后应将试管口塞棉塞后用石蜡凡士林封固，以防培养基干裂。

2）二氧化碳培养法

某些细菌需要在含有 10%二氧化碳的空气中才能生长，尤其是初代分离培养要求更为严格。将已接种的培养基置于二氧化碳环境中进行培养的方法即二氧化碳培养法，常用方法有以下几种。

（1）二氧化碳培养箱可将已接种的培养基直接放入箱内孵育，即可获得二氧化碳环境。

（2）烛缸法：将已接种的培养基，置于容量为 2000ml 的磨口标本缸或干燥器内。缸盖或缸口处均需涂以凡士林，然后点燃蜡烛直立置入缸中，密封缸盖，待火焰自行熄灭时，容器内约含 5%~10%的 CO_2，将其置 37℃培养。

（3）重碳酸钠—盐酸法：每升容积的容器内，重碳酸钠与盐酸按 0.4g 与 3.5ml 的比例，分别将两种药各置一器皿内（如平皿内），连同器皿置于标本缸或干燥器内，盖严后使容器倾斜，两种药品接触后即可产生二氧化碳。

3）厌氧培养法

目前常用的厌氧菌培养方法有厌氧罐法、气袋法及厌氧箱 3 种。

（1）厌氧罐法。是目前应用较广的一种方法，分为以下几种。

抽气换气法：该法适用于一般实验室，其特点是较经济并可迅速建立厌氧环境。标本接种后，将平板放入厌氧罐，拧紧盖子，用真空泵抽出罐中空气，当压力真空表至−79.98kPa 时，停止抽气，充入高纯氮气使压力真空表指针回零位，连续反复 3 次，最后在罐内−79.98kPa 的情况下，充入70%的 N_2、20%H_2、10%CO_2（有人改用 20%CO_2 及 80%H_2，亦可获得好结果）。罐中需放入冷催化剂钯粒，可催化罐中残余的 O_2 和 H_2 化合成水。同时罐中应放有美蓝指示管，美蓝在有氧的环境下呈蓝色，无氧时为无色。临用前首先将美蓝煮沸使之变成无色，放入罐中先呈浅蓝色，待罐中无氧环境形成，美蓝即可持续无色。

气体发生袋法：气体发生袋系由锡箔密封包装，其中含有两种药片，一种是含有枸橼酸和重碳酸氢钠的药片，另一种是含有硼氢化钠的药片。前者遇水放出二氧化碳，后者可释放氢气。使用时在袋的右上角剪一小口，灌进 10ml 蒸馏水，立即放入含有钯粒、指示剂及平板培养基的厌氧罐中，拧紧盖子经 2~3 分钟后，可感到盖子微热并有少量水蒸气出现。密封后 1 小时左右罐中 O_2 的含量可低于 1%。

（2）气袋法。此方法不需要特殊设备，操作简单，使用方便，不但实验室中可用，而且外出采样、现场接种也可用。原理与气体发生袋完全相同，只是采用塑料袋代替了厌氧罐，气袋为一透明而密闭的塑料袋，内装有气体发生安瓿、指示剂安瓿、含有催化剂的带孔塑料管各一支。其操作方法为首先将接种的平板培养基放入袋中，用弹簧夹夹紧袋口，然后用手指压碎气体安瓿，20 分钟后再压碎指示剂安瓿，如果指示剂不变蓝色，说明袋内达到厌氧状态，即可置 37℃进行培养。

（3）厌氧培养箱。使用之前需仔细检查厌氧装备有无漏气等问题，以及催化剂、指示剂质量等。使用时严格遵守操作规程，保证箱内气体比例合理。

（二）细菌鉴定

通过分离培养获得的病原菌，必须达到不含有其他微生物的纯培养程度，才能进行系统鉴定。系统鉴定就是通过病原菌的形态结构、生化特性、抗原性和病原性等检测，并用已知标准免疫血清确定分离细菌的属、种和型。微生物鉴定的程序通常是根据其形态、生长、生化特性等定种，最后根据抗原的免疫血清学检查定型。

1. 形态学检查

各种细菌的形态在适宜的环境下是相对稳定的。但环境的改变，如培养基条件的改变，抗生素和化学药品的作用等，均可使细菌产生不规则的形态，并可出现细胞壁的缺陷和多样性。为此，在做细菌形态鉴定时，必须按被检菌的生长要求，选择适宜的培养基和培养条件以及适宜的培养时间和检查方法，才能作出正确的形态学鉴定。形态学检查如下。

1）肉眼观察

肉眼观察主要观察细菌在固体、液体、半固体及鉴别培养基上的生长情况。在固体培养基上要观察菌落形态、大小、颜色是否均匀一致，表面是光滑湿润还是干燥无光或呈皱纹状，边缘是整齐还是不规则，菌落是隆起、扁平还是乳头样，是透明、半透明或不透明等。在液体培养基中，要观察培养基是否呈均匀浑浊，管底有无沉淀，液面有无菌膜，是否产气等。在半固体培养基上应观察细菌是否沿着接种线生长，是呈毛刷样生长还是均匀生长，上下生长是否一致。在鉴别培养基上，应观察其生长情况是否与预期的相一致，在血琼脂培养基上还要观察是否溶血及溶血环的特点，在某些培养基上还要注意是否有臭味等。

2）显微镜观察

在做细菌个体形态学检查时，要根据被检菌的种类和检查项目，选用相应的染色方法，同时要注意选择适合的培养基以及细菌培养的时间，才能达到预期的目的。一般以 18~24 小时（生长时间长的细菌除外）的幼嫩培养菌为宜。例如，做革兰氏染色检查时，培养时间长的陈旧细菌可能由阳性变为阴性。做细菌运动性检查时，液体培养基的幼嫩培养物（几小时到十几小时）最为适宜。做鞭毛染色时，以液体培养基为宜。芽胞的形成，因细菌种类不同，对培养条件（培养基、空气和培养时间）的要求不同，但一般均要求较长时间。镜检时除注意其基本形态结构和大小（要用测微计测量）外，还应注意其排列状态、菌端形状、有无两极染色、有无形成芽胞和荚膜等。必要时可用电镜观察其微细结构。

2. 常用的几种染色方法

涂片用的载玻片需用清洁液洗净、擦干、不留油质，否则，培养物不能均匀地推开。被检材料如果是肉汤培养物，用铂金耳环取一滴，均匀涂抹于载玻片上，涂抹的范围约有手指甲大即可，随后，在酒精灯火焰上加热使之固定；被检材料如果是固体培养物，先滴一滴水（常用生理盐水）于载玻片上，用铂金耳环取少许培养物，在水滴中混匀，培养物不宜太多，否则，菌体看不清楚。脓汁、淋巴液、乳汁也按同样方法制备抹片。血液和病变组织直接涂抹在载玻片上，组织抹片也不能太厚，否则，不易观察菌体。细菌培养物抹片用火焰固定，而组织抹片用甲醇或甲醛固定。

1）革兰氏染色法

（1）在已干燥、固定好的抹片上，滴加草酸铵结晶紫染色液染色 1~2 分钟，水洗。

（2）加革兰氏碘溶液于抹片上作用 1~3 分钟，水洗。

（3）用 95%的酒精脱色约 30 秒至 1 分钟，水洗。

（4）加稀释的石炭酸复红或沙黄水溶液复染 10~30 分钟，水洗。

（5）吸干或自然干燥，镜检。革兰氏阳性菌呈蓝紫色，革兰氏阴性菌呈红色。

2）美蓝染色法

在已干燥、固定好的抹片上滴加适量的（足够覆盖涂抹点即可）美蓝染色液，经 1~2 分钟，水洗，干燥（可用吸水纸吸干或自然干燥，但不能烤干），镜检。荚膜呈红色，菌体呈蓝色，异染颗粒呈淡紫红色。

3）萋-尼（Ziehl-Neelsen）氏抗酸染色法

首先在已干燥、固定好的抹片上滴加较多量的石炭酸复红染色液，在玻片下以酒精灯火焰微微加热至发生蒸汽为度（不要煮沸），维持 3~5 分钟，水洗。然后用 3%盐酸酒精脱色，至标本无色脱出为止，充分水洗。再用碱性美蓝染色液复染约 1 分钟，水洗，最后吸干，镜检。抗酸性细菌呈红色，非抗酸性细菌呈蓝色。

4）姬姆萨氏染色法

于 5ml 新煮过的中性蒸馏水中滴加 5~10 滴姬姆萨氏染液原液，即成为姬姆萨染色液。抹片经甲醇固定（一般需 2~3 分钟），干燥后，在其上滴加足量染色液，或将抹片浸入盛有染色液的染色缸中，染色 30 分钟，或者数小时至 24 小时，取出水洗，吸干或烘干，镜检。荚膜呈淡紫色，菌体呈蓝色，视野呈红色。

5）鞭毛染色法

染色液有：甲液（5%碳酸溶液 10ml，鞣酸粉末 2g，饱和钾明矾水溶液 10ml）和乙液（饱和结晶紫或龙胆紫酒精溶液）。

用时取甲液 10 份，乙液 1 份，混合后在冰箱中可保存 7 个月。在干燥、固定好的抹片上，滴加上述混合液，室温下染色 2~3 分钟，水洗，干后镜检。菌体和鞭毛均呈紫色。

6）芽胞染色法

（1）复红、美蓝染色法。抹片经火焰固定后，滴加石炭酸复红液于载玻片上，加热至产生蒸汽，经2~3分钟，水洗；用5%醋酸褪色，至淡红色为止，水洗，以碱性美蓝液复染30秒，水洗，吸干或烘干，镜检。菌体为蓝色，芽胞呈红色。

（2）孔雀绿、沙黄染色法。抹片经火焰固定后，滴加5%孔雀绿水溶液于其上，加热30~60秒，使之产生蒸气3~4次，水洗，以0.5%沙黄水溶液复染30秒，水洗，吸干，镜检。菌体呈红色，芽胞呈绿色（酸处理过的载玻片，可防止绿色褪失）。

3. 常用染色液的配制

1）各种染料饱和酒精溶液的配制

配制染色液时，一般先将其配成能长期保存的饱和酒精溶液，使用时再稀释。将染料按其溶解度加于95%酒精中，贮存于棕色瓶中即可（表1-2-6）。

表1-2-6 几种常用染料在95%酒精中的溶解度

染料名称	美蓝	结晶紫	龙胆紫	碱性复红	沙黄
常用100ml 95%酒精中的重量(g)	1.48	13.87	10.00	3.20	3.41

2）几种常用染色液的配制

（1）碱性美蓝（亦称骆氏美蓝）染色液。取美蓝饱和酒精溶液30ml，加入0.01%氢氧化钾水溶液100ml，混合即成。此液密闭可长期保存。

（2）草酸铵结晶紫染色液。取结晶紫饱和酒精溶液2ml，加蒸馏水18ml，再加入1%草酸铵水溶液80ml，混合过滤即成。

（3）革兰氏碘溶液。取2g碘化钾置乳钵中，加蒸馏水约5ml，使之完全溶解。再加1g碘片研磨，并加水。待完全溶解后置于瓶中，加蒸馏水至300ml即可。可保存半年（产生沉淀或褪色后不能使用）。

（4）鲁格尔氏碘溶液。配制方法同革兰氏碘溶液。区别仅为300ml蒸馏水中含碘化钾3g，碘片2g。

（5）沙黄水溶液。将沙黄饱和酒精溶液用蒸馏水稀释10倍即可。保存期不超过4个月。

（6）稀释石炭酸复红染液。取3%复红酒精溶液10ml，加入5%石炭酸水溶液90ml，混合过滤，然后再用蒸馏水稀释10倍即可。

（7）3%盐酸酒精。将3ml浓盐酸加至97ml 95%酒精中即成。

（8）瑞氏染色液。取瑞氏染料0.1g置玛瑙乳钵中，徐徐加入甲醇，研磨，以促其溶解。将溶液倾入有色中性玻璃瓶中，用甲醇将乳钵洗干净，使全量为60ml。过夜，次日过滤即可。

（9）姬姆萨氏染色液。取0.6g姬姆萨氏染料，加到50ml甘油中，55~60℃水浴1.5~2.0小时，再加入50ml甲醇，静置1日以上，过滤后即成姬姆萨氏染色原液。使用时，1ml中性蒸馏水中加入1滴原液即可。

4. 生化试验

细菌在人工培养条件下，在其生长繁殖过程中，不同菌种所产生的新陈代谢各异，表现出不同的生长特性。应用生物化学的方法来检测这些物质的存在与否，有助于细菌的鉴别诊断。细菌的生化反应在种、型鉴别上具有重要价值，是继形态学鉴定之后，又一重要鉴别依据。现将常用的生化试验方法介绍如下：

1）糖类分解试验

某些细菌能分解某几种糖，而产生酸，有些细菌还能继续分解这些酸，而产生气体（CO_2 和 H_2），可依其分解糖类的差异来鉴别病菌。试验时，将被检菌接种于糖发酵培养基中，37℃培养 2~8 天。如果培养基变黄，说明产酸；如变黄的同时，还有气泡，说明既产酸又产气。培养基仍呈蓝色，说明未产酸。

（1）需氧菌的糖分解培养基。邓亨氏（Dunhan）蛋白胨水溶液：蛋白胨 1g，NaCl 0.5g，葡萄糖 0.5%~1%、水 100ml。

溴麝香草酚蓝溶液配法：0.2%溴麝香草酚蓝 1.2ml 或用 1.6%溴甲酚紫酒精溶液 0.1ml、NaOH 5ml、蒸馏水 95ml。分装于试管中（每一管中加有一个倒立的小发酵管），0.075MPa 高压灭菌 10 分钟，若培养基中加入 0.5%~0.7%的琼脂，则呈半固体，可省去倒立的小发酵管。

（2）厌氧菌的糖分解培养基。蛋白胨 20g，NaCl 5g，硫乙醇酸钠 1g，琼脂 1g，蒸馏水 1000ml，糖（被测定的）10g，1.6%溴甲酚酒精溶液 1ml，分装试管中，0.075MPa 高压灭菌 15 分钟，置 4℃备用。

（3）厌氧菌用蛋白胨水。蛋白胨 20g，无水磷酸氢二钠 2g，葡萄糖 10g，琼脂 1g，硫乙醇酸钠 1g，蒸馏水 1000ml。

2）吲哚（靛基质）试验

有些细菌能分解蛋白质中的色氨酸而产生吲哚，后者能与对位二甲基氨基苯甲醛作用，形成玫瑰吲哚而呈红色。试验时，将待检菌种接种于邓亨氏蛋白质的胨溶液中，37℃培养 1~2 天。于培养液中加入戊醇或二甲苯 2~3ml，摇匀，静置片刻后，沿管壁加入试剂 2ml，如出现红色沉淀，表示为阳性。

常用试剂有两种：

①欧立希氏（Ehrlich's）吲哚试剂：对位二甲基氨基苯甲醛 1g，纯乙醇 95ml，浓盐酸 20ml，先用乙醇溶解试剂，再加盐酸，要避光保存。

②Kovacs 试剂：对位二甲基氨基苯甲醛 5g，戊醇（或异戊醇）75g，浓盐酸 25ml。

3）淀粉水解试验

培养基：pH7.6 的肉汤琼脂 90ml，无菌羊血清（只对不易生长的细菌才加）5ml，无菌 3%淀粉溶液 10ml，将琼脂加热熔化，使冷到 50℃，加入淀粉溶液及羊血清，混匀后，倾注平板。将细菌划线接种于平板上，37℃培养 24 小时，生长后取出，在菌落处滴加革兰氏碘液少许，培养基呈深蓝色，能水解淀粉的细菌菌落周围有透明环。

4）V-P 试验

在有蛋白胨存在的条件下，有些细菌分解葡萄糖而产生乙酰甲基甲醇，并分解成 2，3-丁烯二醇，在碱性条件下，氧化成二乙酰，后者和胨中的胍基化合物起作用，产生粉红色的化合物。试验时，将被检菌接种于试验培养基中（葡萄糖、K_2HPO_4、蛋白胨各 5g，溶于 1000ml 水中，分装于试管中，0.075MPa 灭菌 10 分钟），培养 2~7 天后，于培养物中加入 1ml10% NaOH 混匀，再加入 3~4 滴 2%$FeCl_2$ 溶液。数小时后，培养基表面的下层出现红色者为阳性。

5）甲基红（M.R）试验

有些细菌分解葡萄糖时产生酸性物质较多，使培养基变酸（pH4.5 以下）。试验所用培养基同 V–P 试验。接种细菌，于 37℃培养 2~7 天后，于培养物中加入几滴甲基红酒精溶液（0.1g 甲基红溶于 300ml 95%乙醇中，加蒸馏水至 500ml），如呈红色，表示阳性。

6）柠檬酸盐利用试验

有些细菌能将柠檬酸盐作为碳素的唯一来源。试验时，将被检菌接种到 Simmons 固体柠檬酸盐培养基上，37℃下培养 2~4 天，能利用柠檬酸盐的细菌培养基变为蓝色，而不能利用柠檬酸盐的细菌培养基不变色。

Simmons 培养基制法：

柠檬酸钠	1g	硫酸镁	0.2g
NaCl	5g	$NH_4H_2PO_4$	1g
K_2HPO_4	1g	琼脂	20g
1%溴麝香草酚蓝酒精溶液	10ml	蒸馏水	1000ml

0.112MPa 条件下，15 分钟高压灭菌后，做成斜面。

7）溴甲酚紫牛乳试验

大部分细菌能在牛奶培养基中生长，所引起的变化各不相同。牛奶可被细菌产生的类似凝乳酶所凝固，也可被其产生的酸凝固。有的细菌可分解乳糖产生气体，有些细菌可将奶酪蛋白胨溶化，有些细菌虽然在培养基中生长，但不引发任何物理变化。培养基中的酸碱度可由溴甲酚紫变黄或变紫显示出来，培养基变黄表示产酸。

溴甲酚紫牛乳：100ml 脱脂乳中加 1.2ml 1.6%的溴甲酚紫酒精溶液。

8）凝固血清液化试验

吕氏血清培养基：用 1%葡萄糖肉汤（pH7.6）1000ml，无菌羊（牛、猪）血清 300ml，混合后分装，在血清凝固器内摆成斜面，间歇灭菌（第一天，80℃ 1 小时；第二天，85℃ 1 小时，37℃过夜；第三天，90℃ 1 小时，37℃过夜，弃去有污染的管）。将纯培养物在斜面上划线接种，于 37℃培养 1 周，观察培养基有无液化。

9）硫化氢试验

有些细菌能分解含硫氨基酸，产生硫化氢，后者使培养基中的醋酸铅形成黑色的硫化铅。试验时，将被检物接种于醋酸铅琼脂斜面上，并于底部穿刺，37℃培养 1~2 天后，培养基变黑色者为阳性。

醋酸铅琼脂培养基：高压灭菌的肉汤琼脂 100ml，高压灭菌的 10%硫代硫酸钠溶液（新配）2.5ml，高压灭菌的 10%醋酸铅溶液 3ml，在融化的琼脂内加入硫代硫酸钠溶液（先灭菌），待凉至 60℃左右时，再加入醋酸铅溶液，混匀，分装即可。如果不加琼脂，即为液体培养基，底部有黑色沉淀时为阳性。

10）硝酸盐还原试验

有些细菌在含硝酸盐的培养基中，能把硝酸盐还原成亚硝酸。试验时，将被检细菌接种于硝酸盐培养基中，37℃培养 1~2 天，之后加入下列试剂：

甲试剂：对氨基苯磺酸 0.4g，5mol/L 冰醋酸 500ml；

乙试剂：2-萘胺 0.25g，5mol/L 冰醋酸 50ml。

每管中先加入甲试剂 0.1ml，再加乙试剂数滴，如出现红色，则表示阳性。

适用于需氧菌的培养基：硝酸钾（化学纯）0.2g，蛋白胨 5g。

适用于厌氧菌的培养基：硝酸钾（化学纯）1g，磷酸氢二钠 2g，蛋白胨 20g，葡萄糖 1g，琼脂 1g，蒸馏水 1000ml。

两种培养基均经 0.112MPa 高压灭菌 15 分钟。

11）尿素酶试验

有些细菌能产生尿素酶，而分解尿素。试验时，将被检菌接种于培养基中，室温放置，分别于接种后的 5 小时和 24 小时观察结果，如培养基变红，表示尿素被分解（阳性）。

尿素酶试验用培养基：

蛋白胨	1g	葡萄糖	1g
NaCl	5g	KH_2PO_4	2g
琼脂	20g	0.2%酚红溶液	6ml
蒸馏水	1000ml	20%尿素水溶液	10ml

0.112MPa 高压灭菌 10 分钟，倾成长斜面，备用。

12）氨基酸脱羧酶试验

基础培养基：调 pH 至 6.8，在每 100ml 的基础培养基内，加入所需要测定的氨基酸 0.5g，所加的氨基酸应先溶解于 NaOH 溶液内。

L-α 赖氨盐 0.5g+15%NaOH 溶液 0.5ml。

L-α 鸟氨盐 0.5g+15%NaOH 溶液 0.5ml。

加入氨基酸后，调整 pH 至 6.8，分装于灭菌小试管内，每管 10ml，0.112MPa 高压灭菌 10 分钟。

试验时，接种被检物于上述培养基中，上面滴加一层无菌液体石蜡 37℃培养 4 天，培养液先呈黄色后变为蓝色者为阳性，阴性者为蓝色。

13）氰化钾试验

培养基：

蛋白胨	10g	Na_2HPO_4	5.64g
NaCl	5g	KH_2PO_4	0.225g
蒸馏水	1000ml		

调 pH 至 7.6，0.112MPa 高压灭菌 15 分钟，冷却，置于冰箱中。

于基础液中加入 15ml 0.5%氰化钾溶液（0.5g 氰化钾溶于 100ml 冷却的灭菌蒸馏水中，即为 0.5%氰化钾溶液。注意：氰化钾为剧毒，应在通风处操作）。分装于灭菌小试管中，每管 1ml，立即用蘸有热石蜡的软木塞塞紧，可于冰箱中保存 2 周。试验时，将被检物接种到氰化钾培养基中，立即用软木塞塞紧，37℃培养，连续观察 2 日，有细菌生长时为阳性反应。

5. 细菌血清型鉴定及血清学试验

细菌抗原结构比较复杂，有存在于细胞壁的菌体抗原（O 抗原），有运动性的细菌，在菌体抗原之外还有鞭毛抗原（H 抗原），其具有不同的种、型特异性。包围于细胞壁外面的抗原称表面抗原，它包括种、型特异性很强的荚膜抗原（如炭疽杆菌）以及 Vi 抗原（沙门氏菌）和 K 抗原（大肠杆菌）。此外，还有存在于某些革兰氏阴性杆菌表面的菌毛抗原。从抗原的特异性程度可区分为：存在于属间细菌所共有的共同抗原，这种抗原的存在，只能表明其属性。另一类抗原为特异性抗原，只存在于特定的种、型，是最后确定细菌种、型的重要依据。

血清型鉴定是微生物鉴定的特异方法。首先要求鉴定的细菌必须纯净，不能混有其他种细菌，而且要新鲜，细菌要在适宜的条件下培养，尽量减少传代，以防发生变异。其次是要有特异性强和效价高的已知标准免疫血清（包括单克隆抗体）和标准菌株。有些种类细菌，如大肠杆菌和沙门氏菌不仅种、型繁多，而且抗原构造复杂，应购置专门的分型血清以备应用。最后是根据其菌体构造和抗原成分以及实验室的设备技术条件，选择相应的一种或几种血清学试验方法进行鉴定。

（三）细菌毒力测定

病原性细菌致病能力的强弱程度称为毒力。通常病原菌的毒力越大，其致病性就越强。同一种病原菌因菌株数不同，致病力大小也不相同。它的毒力也有强毒、弱毒和无毒株之分。细菌的毒力测定，在微生物实验研究中特别重要，尤其在疫苗效价测定、血清效价测定、细菌毒素测定、食品毒理研究等，都必须预先将实验用的细菌（或毒素）的毒力加以测定。测定微生物毒力大小是用递减剂量的材料（活的微生物或毒素）感染易感动物来进行。每次试验时，均需注意实验动物的种别、年龄与体重、试验材料和剂量、感染途径以及其他因素。因为这些因素都会直接影响毒力测定结果。其中感染途径与动物体重尤为重要。一般要加以规定，表示微生物毒力大小的单位有最小致死量（M.L.D）和半数致死量（LD_{50}）两种。

最小致死量：能使特定的动物感染后，在一定时限内发生死亡的最小活的微生物量或毒素量。这一测定毒力的方法比较简便，不过有时可能由于实验动物个体差异而结果有误差。

半数致死量：在一定的时限内能使半数实验动物感染后发生死亡所需的活的微生物量或毒素量，试验时要选择年龄、大小、体重一致的动物，将动物分为若干组，每组动物数量相等。然后用等量的试验材料感染同一组动物。各组动物所用的试验材料量均有一定差数。对每组动物加以记录，然后用数学方法计算半数致死量。

最小感染量和半数感染量：最小感染量（M.I.D）是病原微生物对试验对象（试验动物、鸡胚胎、细胞培养）能引起感染发生的最小剂量。半数感染量（ID_{50}）是病原微生物能对半数试验对象发生感染的数量。

半数致死量按 Reed 和 Muench 二氏所介绍的方法计算。

九、病毒学检查

（一）病毒分离用样品的采集与保存

样品的现场处理如下：

喉、鼻咽或直肠拭子。将其放入灭菌管中，加入 2ml Hank’s 平衡盐溶液（pH7.2），其中含蛋白稳定剂（0.5%明胶或牛血清白蛋白）和复合抗生素（见组织培养抗生素的配制）。

粪便样品。直接放入灭菌试管中或加入等量含复合抗生素的上述平衡盐溶液。

尿或腹水等体液。直接收入灭菌瓶中。

血液样品。每个病宠物抽取 10~15ml 全血，使其自然凝固分离血清。将血清置于灭菌瓶中于低温冰箱中保存。待 2~3 周后再抽血一次分离血清。有时也用柠檬酸钠或肝素抗凝血或脱纤血进行病毒分离或血细胞分类。

组织器官样品。死后立即采集，直接放入灭菌瓶中，不加防腐剂。若样品不能当天使用，可用 50%缓冲甘油（用 pH 7.2 Hank’s 平衡盐溶液或 PBS 配制，含复合抗生素）保存。绝大多数病毒是不稳定的，样品一经采集要尽快冷藏。现场采集的样品要尽快用冷藏瓶（加干冰或冰块）将样品送到实验室检验或置低温冰箱保存。如使用干冰应特别注意将样品密封好，以防二氧化碳（CO_2）窜入样品，因为有的病毒对酸很敏感（如口蹄疫病毒）。如无法获得干冰或冰，可用冷水加氯化铵按 3:1 的比例倒入冷藏瓶中，溶解后将密封好的样品放入其中。不能及时检验的样品，要保存于−70℃以下。一般忌放−20℃（该温度对有些病毒活力有影响）保存。

（二）病毒分离前样品的实验室处理方法

病毒含量较高的浸出液或体液样品，可不经过病毒分离直接用于诊断鉴定。病毒含量较少的样品，则需通过病毒的分离增殖来提高诊断的准确性和鉴定的可靠性。病毒分离首先要对样品进行适当的处理，然后接种实验动物或培养的组织细胞。

1. 组织器官样品的处理

用无菌操作取一小块样品，充分剪碎，置乳钵中加玻璃砂研磨或用组织捣碎机制成匀浆，随后加 1~2ml Hank’s 平衡盐溶液制成组织悬液，再加 1~2ml 继续研磨，逐渐制成 10%~20%的悬液。加入复合抗生素；以 800 转离心 15 分钟；取上清液用于病毒分离。必要时可用有机溶剂去除杂蛋白和进行浓缩。

2. 粪便样品的处理

加 4g 粪便于 16ml Hank’s 平衡盐溶液中制成 20%的悬液；于密闭的容器中强烈振荡 30 分钟，如果可能则加入玻璃球；以 6000 转低温离心 30 分钟，取上清液再次重复离心；用 450nm 的微孔滤膜过滤；加 2 倍浓度的复合抗生素，然后直接用于分离病毒，或进行必要的浓缩后再行病毒分离。（注：Hank’s 平衡盐溶液和复合抗生素的配制见细胞培养溶液的配制。）

3. 无菌的体液（腹水、脊髓液、脱纤血液、水泡液等）和鸡胚液样品

可不做处理直接用于病毒分离。

4. 样品的特殊除菌处理

样品经过上述一般处理即可用于病毒分离，但对某些样品用一般方法难以去除的污染，则应考虑配合如下方法进行处理。

乙醚除菌：对有些病毒（如肠道病毒、腺病毒、小 RNA 病毒等对乙醚有抵抗力）样品，可等量加入冷乙醚，悬液中充分振荡，置 4℃过夜。取下层水相分离病毒。

过滤除菌：可用陶土滤器、瓷滤器、石棉滤器或 200nm 孔径混合纤维素酯微孔滤膜等除菌，但对病毒有损失。

离心除菌：用低温高速离心机以 1800 转/分钟离心 20 分钟，可沉淀除去细菌，而病毒

（小于 100nm）在上清液中。必要时转移离心管重复离心 1 次。

5. 待检样品中病毒的浓缩

对病毒含量很少的样品，普通方法不易检测或分离出病毒，必须经过浓缩。常用浓缩方法如下：

聚乙二醇（PEG）浓缩法：将分子量 6000 的 PEG 逐步加入经处理的样品溶液中，使最终浓度为 8%，置 4℃过夜。以 3000 转离心 15 分钟，沉淀用少量含复合抗生素的 Hank's 平衡盐溶液重悬。必要时，用 450nm 微孔滤器除去真菌孢子。

硫酸铵浓缩法：将等量饱和硫酸铵溶液缓慢加入经处理的样品溶液中边加边搅拌，置 4℃过夜。离心同上。

超滤器浓缩法：是一种高效率的浓缩法，特别适合大体积的样品浓缩。详见实验仪器。

超速离心浓缩法：以 40000 转/分钟离心 60~120 分钟，绝大多数病毒将沉于管底。用少量 Hank's 平衡盐溶液悬浮病毒。这种方法回收效率很高，但仅适用于小体积的样品。

6. 病毒分离样品脂类物质的去除

有些样品（如组织样品）脂类和非病毒蛋白含量很高，必要时在浓缩病毒样品之前可用有机溶剂抽提。常用的有机溶剂有正丁醇、三氯乙烯、氟里昂等。方法是将预冷的等量有机溶剂加入样品中，强烈振荡后，1000 转离心 5 分钟，脂类和大量非病毒蛋白保留在有机液相中，病毒留在水相中。应当注意的是，病毒必须对这些有机溶剂有抵抗性。

（三）实验动物与病毒分离

1. 实验动物在病毒学中的应用

分离病毒，通过实验动物来扩增病毒，使其能够用普通方法鉴定病毒。

借助感染范围鉴定病毒。

繁殖病毒制备诊断抗原或疫苗。

病毒的免疫学和血清学试验。

制备免疫血清。

病毒感染实验研究。

2. 实验动物的分级

国内的实验动物目前分 4 级。

一级实验动物：也称普通动物（CV），饲养于开放系统检疫或屏障系统，要求无主要人畜共患病病原体和严重危害动物种群的微生物和寄生虫。

二级实验动物：也称清洁动物（CCV），饲养于简易屏障系统或屏障系统。要求无一级实验动物应排除的微生物、寄生虫和危害本动物种群的微生物和寄生虫。

三级实验动物：也称无特定病原体动物（SPF），饲养于隔离系统或屏障，要求无一、二级实验动物应排除的和对动物本身有危害或干扰实验结果的微生物和寄生虫。

四级实验动物：也称无菌动物（GF），饲养于隔离系统，要求无可检出的微生物或所有非植入的微生物和寄生虫。

另外，还有悉生动物（GN），又称已知病原体动物，是指体内带有的微生物完全明确的动物。悉生动物是由无菌动物衍生而来，此种动物原是无菌动物，系人为地将指定的微生物丛投入其体内，按投给微生物的种类又分为单菌（Monoxenie）、双菌（Dixenie）、三菌（Trixenie）或多菌（Polyxenie）动物。

3. 实验动物的选择

兽医学上常用于分离病毒的实验动物有家兔、小鼠、大鼠、豚鼠、鸡胚等，也常用自然易感动物如家畜、家禽等。选择用于分离病毒的实验动物的原则是，要确认选择的实验动物的种类、年龄、性别对拟检查的病毒有最高的敏感性。实验动物的级别选择可根据实验性质而定。

4. 实验动物的接种

实验动物的接种必须选择对拟检查的病毒最敏感的途径，否则，即使接入大量病毒也有可能造成感染失败。分离不同病毒选择的实验动物及接种途径各有所不同。本节只介绍新生小鼠和鸡胚的常用接种途径。

新生小鼠的几种接种途径：新生小鼠对多种病毒易感，是一种很常用的实验动物。一般选择出生24~48小时的小鼠。常用以下三种途径：皮下接种法，接种量0.1ml/只；脑内接种法，接种量0.03ml/只；腹腔接种法，接种量0.01ml/只。

鼠组织毒的收获：接种后每天观察2次，以及时发现死亡、麻痹等病症。弃掉24小时内死亡小鼠，收集死亡或出现麻痹症状的小鼠脑和胴体，制成10%的组织悬液用于诊断、鉴定，或接种适宜的组织细胞。

鸡胚的常用接种途径：用鸡胚分离病毒虽然是一种较为原始的方法，但由于其具有经济、方便以及适用范围广等优点，至今仍然是应用最广泛的方法之一。常有以下几种接种途径。

（1）羊膜腔或尿囊腔的接种。选用7~13日龄的鸡胚，用碘酒和酒精消毒表面。从气室上端打孔，在观察灯上用带有6号针头的注射器从孔中插入至尿囊腔和（或）羊膜腔中，接入0.1~0.2ml样品。羊膜腔的接种应注意向胚胎方向刺入。刺破羊膜腔的依据就是胚胎发生突然的运动，然后稍向回抽针，注入样品。每份样品接3~4枚鸡胚。用胶带或石蜡封孔，将气室向上放置，孵育于35~37℃。每日用观察灯观察，弃掉24小时内死亡的鸡胚。收集24小时以后死亡的鸡胚，或72~120小时收集活胚。羊水和尿囊液的收集：将鸡胚置4℃下2~4小时，用碘酒和酒精消毒表面，剥去气室上的蛋壳，用剪刀或镊子撕破壳膜和绒毛尿囊膜，用吸管吸取尿囊液。吸完尿囊液后，用镊子夹住羊膜，用吸管穿入羊膜腔吸取羊水。

（2）绒毛尿囊膜接种。选择9~12日龄的鸡胚，用5%石炭酸进行消毒。不用碘酒消毒，因为酒精溶液可经卵壳吸收，并在绒毛膜上产生病变。观察灯上选择血管较少的一侧，用电烙铁在卵壳上烙一个烤焦圈，或用自制针头钻（无针尖）沿定位线钻一个直径5mm的圆圈，但不能钻透。用刀片挑起一小片卵壳。另外，在气室上方用针穿另外一个孔。用一橡皮吸球从气室上的小孔轻吸气使胚内形成负压，使侧面开口处的绒毛尿囊膜下陷。从侧面的开口用注射器通过壳膜插入约5mm深，将0.05ml的样品滴在下陷的绒毛囊膜上。缓慢抽出针头，用胶带将鸡胚上的两个开口全部封住。将气室端向上，于35~37℃孵育。每日观察接种的鸡胚，弃掉24小时内死亡的鸡胚。绒毛尿囊膜的收获：将鸡胚放于卵架上，用碘酒和酒精消毒表面。从气室端剥去卵壳，用镊子夹住绒毛尿囊膜（或先将鸡胚倾入平皿中后，再用镊子夹住绒毛尿囊膜)，用剪刀剪下绒毛尿囊膜。将绒毛尿囊膜平铺在平皿中，加入几毫升 Hank's 平衡盐溶液或 PBS，置于暗色平面上，以便计数痘斑或病斑。

另外，也可以采用简便接种方法，即直接从气室端打破卵壳，用眼科镊撕去一小片绒毛尿囊膜上的内壳膜，然后滴加样品溶液。

(3) 卵黄囊接种法。选用 5~7 日龄鸡胚 (此时期卵黄囊大，易接种，且有较大的表面积供病原体繁殖)，于观察灯上画出气室和胚胎位置，垂直放置在卵架上，用碘酊和酒精消毒气室端。用针头钻在气室中央锥一小孔，用带有 6 号针头的注射器将样品沿小孔刺入约 3cm，注入 0.1~0.2ml 接种物于卵黄囊内，随后用胶带或石蜡封孔。置孵化箱内继续孵育，每天翻孵 2 次。弃掉 24 小时内死亡的鸡胚 (但东方型和西方型马脑炎可能在接种后 15~24 小时内死亡)。卵黄囊的收获：用碘酒和酒精消毒表面，用镊子去掉气室上的卵壳，用另一把灭菌镊子夹出卵黄囊 (黄色容易辨认) 放在灭菌平皿中，必要时用生理盐水冲去卵黄。也可将全部内容物倾入皿中，然后剥出卵黄囊。对某些病毒的分离则要收集全部胚体。

(4) 鸡胚静脉接种。选用 11~13 日龄鸡胚，在观察灯上标出一根大静脉。常规法消毒后，去除静脉上方的一小块卵壳，滴加一小滴灭菌矿物油于内壳膜上，使其变为透明。用带有 4 号针头的注射器将样品顺血流方向插入静脉内后注射。注射量为 0.025~0.05ml。

第二章

宠物疾病治疗技术

第一节　投药方法

一、经口投药法

（一）胶囊及片剂的投给方法

1. 犬

如果投给的片剂、胶囊剂无异味，而犬又有食欲时，可以将药剂包在它们喜欢吃的食物内，同食物一起投给，这种方法行不通时，可以尝试下面的给药方法。

当犬温顺时，将药片或胶囊用右手的食指和中指指尖夹持，左手的拇指抵住上唇，从齿间插入口腔并直抵硬腭，右手的拇指放在下颌切齿后下压下颌，将药片、胶囊送向咽的深部，并迅速抽出手，关闭口腔。轻轻拍打下颌，当犬用舌舔鼻，证明已将药物吞入。

对于不很温顺的犬，可以用左手按上述方法打开口腔，开口后将药品从唇的内侧送入口内。

对于暴躁而牙关紧闭的犬，在应用上述方法打开口后，用特制的投药器或用15cm长的弯止血钳将药物送至舌根部。

对于虽温顺但无食欲的患犬，先按上述方法打开口腔后，通过唇侧投给罐头或干肉块包夹药品而令其食入。

2. 猫

投药时将猫头抬高，将右手的拇指和食指从猫的鼻背部将两侧上唇向口腔内压入而使患猫张口，并用中指和无名指抵压口角协助开口，然后用特制的投药器或用弯止血钳夹持药品送入咽喉部，迅速关闭口腔，轻拍下颌令其食入。猫用舌舔鼻端时，表明已经将药品食入。也可以用带橡皮的铅笔投药，用铅笔的橡皮端的铝槽将药品送入口腔，并诱发吞咽反射而食入。

（二）液体药物的投给方法

1. 不使用胃管的投给方法

当投给少量的药液时，可以将唇的一侧口角拉起，形成一个皱襞，将药液从皱襞口角处注入口腔内，要求将犬、猫的头部保持水平。可以使用注射器投药，既可定量又很方便。注入药液时不能操之过急，否则，容易导致误咽或药物摄入不完全。

2. 胃管投药法

经胃管投药时，可以像大动物那样经鼻腔插管，但因为鼻腔的狭窄，插管和投药均受到一定的限制。经口腔插管则简便而实用。且当患犬沉郁或衰竭时，不用特殊的保定便可顺利实施。

插胃管时，首先将犬、猫的口腔打开，在打开的口腔内插入木片（中央带孔）或胶布圈，并令其咬合而将木片或胶布固定，从木片（板）或胶布圈的中央孔将导管经咽腔插入食道，并插入至第 8 肋骨处，然后用漏斗或注射器将药液注入。

在插入导管时，可能误入气管，需要进行判断。具体方法有：通过导管外端是否有与呼吸节律相同的气流存在，或用嘴从导管外端吸气，并用舌抵住管端，看能否吸住，如果无气流存在，并且能够吸住并持续一次呼吸以上，则表明是在食管或胃内，可以进行投药。

投药时应选择胃管的尺寸，对于幼龄犬、猫应选择直径 4mm 的柔软的导管，成犬可以根据犬、猫体格的大小选择直径 7~12mm 的导管。为使插管顺利，可以在插管的前端涂上凡士林软膏或液体石蜡以润滑。

给猫进行胃管投药要比犬困难，按片剂投药时的开口方法打开口腔，并在口腔内塞入中间挖孔的木片，并滑动开口的手将拇指抵达下颌，其余四指下压鼻背，固定木片，然后再进行插管。

二、直肠投药法

投给直肠消炎用的栓剂时，用戴有一次性手套的左手执拿尾根部向上抬举，使肛门显露，用右手的拇指、食指及中指夹持药栓（在食指手套外涂液体石蜡或凡士林软膏），按入肛门并用食指向直肠深部推入，暂停片刻，待患犬、猫不再用力时，轻轻滑出食指，不要再刺激肛门部。

投给液体制剂时，应先将尖端涂有凡士林或液体石蜡的肛门管插入直肠内 5~10cm，并用左手将导管与肛门固定在一起，以防药液从肛门溢出。投给的药液应与体温一致，且无刺激性，如果药液量大，应再向深部插入导管。拔除导管时不要松开闭塞肛门的手，待其不再用力时，缓慢松开。

三、局部投药法

（一）眼药投给法

投给水性眼药时，每侧结膜囊只能承受 2 滴眼药水，多则因流出而不起作用。大部分的眼药水仅能维持 2 小时，故应以 2 小时的间隔进行点眼。而软膏类眼药则最多可以持续 4 小时。

水剂眼药可以从内眼角点眼，但药瓶口端不能触及眼球、眼睑等。滴入眼药水后，停留 30 秒至 1 分钟再松开保定；眼膏涂入后将上下眼睑闭合，轻轻按摩使之分散。软膏剂则应涂在下睑缘，长度以 3mm 为宜。

（二）耳药投给法

将头部固定，进行患耳的清洁后，便可以将治疗用的油剂或膏剂耳药点入患耳内，膏剂涂后要进行轻轻地按摩。切忌向耳内投给水剂和粉剂。

四、注射法

（一）皮下注射法

犬、猫具有疏松的皮下结缔组织，很易贮存大量的药物，但也可因消毒不良而引发感染或刺破血管或淋巴管而导致血肿或淋巴外渗的发生。颈背部的皮肤厚，且发生上述事故时处置困难，故不要选择颈背部。皮下注射最适合的部位是肩至腰的背部。用酒精棉局部消毒（一定要使酒精浸至皮肤）后，用左手拇指和食指捏起皮肤，右手持针垂直于皮肤进行注射。为防止注射时因疼痛而引起躁动，应在针刺与注射时用捏皮余下的三指刺激注射部周围的皮肤。注射后轻轻按摩，则有利于药液的扩散和吸收。皮下注射要求药液等渗、无刺激性。

（二）肌肉注射法

因为肌肉间结合比较紧密，大量注射药物时可以引起损伤，故肌肉注射应少量投给。可以投给吸收慢的缓释剂和略有刺激性的药物。由于颈部肌肉存在腱鞘且并发症多而绝少选用。不要在膝腱附着部的肌肉注射药物，因该部位注射易引起神经的损伤而导致疼痛和跛行，或引起腓肠肌的麻痹。除非极其瘦弱的犬、猫，一般应选择在脊柱棘突两侧的腰背部背最长肌上进行注射。

皮肤常规消毒后，垂直进针，注射前回抽针筒内芯，确定无回血后进行注射，特别是注射油性悬浊液、微细结晶悬浊液和药性强劲的药物时，确定无回血更为重要。

（三）静脉注射法

静脉注射可以使药物直接进入血液循环，迅速达到峰值，作用于病变组织。可供选择的体表静脉有：前肢的前臂头静脉、后肢的隐小静脉和股静脉以及颈静脉。

1. 前臂头静脉

位于前肢小臂部的背面或背内侧面，是最常选用的静脉。给大型犬进行注射时，助手位于患犬的左侧，用左手从腹侧环抱患犬的颈以固定头部，右手跨过背部，于右侧肘关节的上部握紧注射肢，静脉怒张后便可进行注射（见图 2–1–1）。对于小型犬和猫，则应使用止血带于肘上部扎紧使血管怒张，以便于注射。注射前应对局部进行剪毛、消毒，注射者用左手握持注射肢，拇指平行静脉走行并将静脉固定，

图 2–1–1 犬前臂头静脉注射及保定方法

右手拇指、食指夹持输液针柄，针头与静脉呈 45°角刺入静脉，见回血后沿血管方向顺针，助手松开手或解除止血带，点滴无误后用胶布固定注射针，进行点滴或注射。

当脱水严重或贫血、血液过于黏稠时，见不到回血，这时可以通过折捏输液管后松开看是否回血；也可以稍横向移针头，看血管是否跟随滚动；还可以试滴看针头部是否持续膨起来确定。

2. 股静脉

位于后肢股内侧面，用手指压迫近心端可以使静脉怒张。在小型犬和猫比较常用。该部位用止血带阻血及固定针头比较困难。对于昏迷、休克状态下宠物最适宜。

3. 隐小静脉

位于后肢的膝炎节与跗关节间，靠近跗关节，由后上斜向前下，位于肢的外侧面。令患病犬腹卧，助手用右大臂压抵宠物头颈部，用双手手指合力压迫膝关节部，使静脉怒张，剪毛消毒后便可以进行注射。也可以令犬横卧，助手用左手下压颈部（注意不要影响宠物呼吸），右手置于膝关节下并压迫，这时静脉怒张便可以注射。注射方法见图 2–1–2。

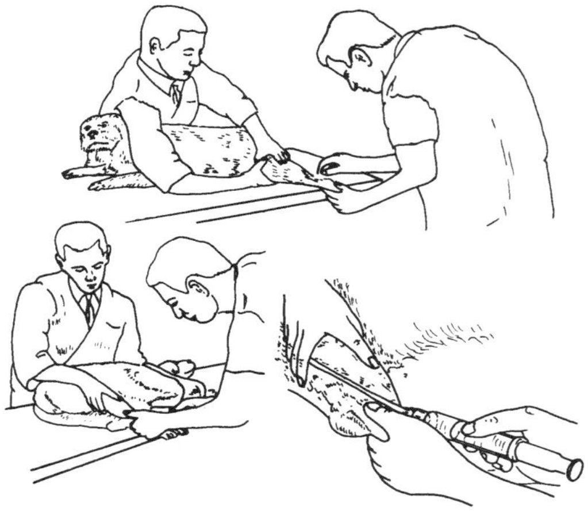

图 2–1–2　隐小静脉注射及保定方法

4. 颈静脉

主要用于仔犬及猫。助手用左手托住宠物的后肢及臀部，右手把持颈部，并用中指和无名指于颈基部固定颈静脉，助手用左手拇指压迫颈静脉使之怒张，剪毛、消毒后，术者用右手拇指、食指持针头与颈静脉呈 30°角向头部方向刺入，见回血后进行注射（见图 2–1–3）。颈静脉注射用于休克的抢救、中毒与昏迷时的快速补液及作为供血动物进行血液采集时选用。

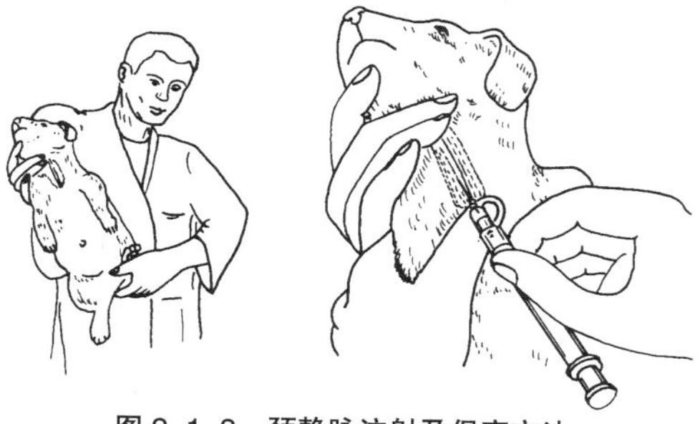

图 2–1–3　颈静脉注射及保定方法

静脉注射时多不必进行特殊的保定，只要投给的药物对机体无碍，均能在主人的陪伴下安静而顺利进行。如果投给的药物合适，患犬、猫可安静地在睡眠中完成输液。但对于不安的动物，要注意观察，如果出现不安、气喘、肌肉震颤、心搏异常（过快、过慢、节律不齐）、呕吐、眼睑或唇的肿胀与瘙痒等现象时，应及时调节滴速或立即停止滴注。

（四）腹腔注射法

适于治疗腹腔脏器的疾病，或进行腹腔穿刺、补液等。进针点的定位方法是，做距腹正中线 1~2cm 且平行于腹正中线的直线（两侧均可），再做脐与耻骨前缘连线，并于其连线中点做连线的垂线，垂线与腹正中平行线的交点即为进针点（通常位于后两乳头连线中点处的垂线上，定位见图 2-1-4）。注射时，将犬、猫做仰卧或倒提保定，于进针点严格消毒，用专用套管针垂直皮肤进针，刺透后拔除针芯，观察有无腹水流出，如不见腹水，则稍移动针头，待有腹水流出，即表明穿刺成功。当穿刺液无鲜血时，便可以进行注射、输液，也可以收集流出的腹水进行实验室检查。注射及输液的药物应等体温、等渗透压、无刺激性，且速度不宜过快，否则，易引起呕吐、腹泻、肠套叠、腹膜炎等。注射时应保证动物安静，否则，注射针有刺伤内脏的危险（特别是不用专用套管针时）。

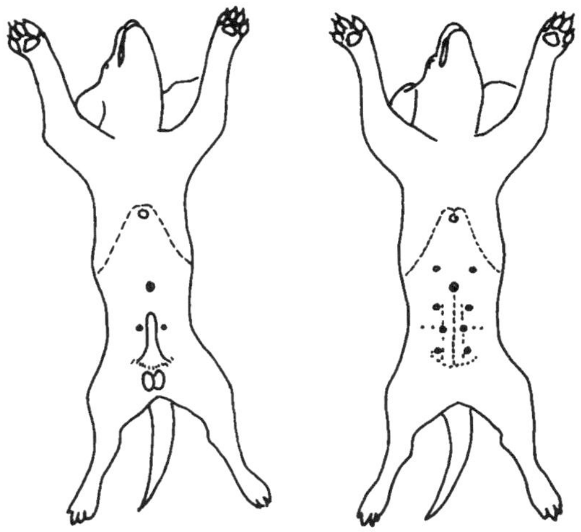

图 2-1-4　腹腔穿刺部位的确定（雄性、雌性）

（五）气管注射法

气管注射法是将少量的药物注射于气管内，以治疗呼吸系统疾病或进行抢救的一种注射方法。主要用于一些抗生素，如卡那霉素、阿米卡星及急救药物，如心脏骤停时注射的肾上腺素。注射部位选择第二、三气管环间隙的正腹侧面，可通过触及环状软骨定位，剂量不超过 2ml（注意：注射时要缓慢注入）。注射部位应严格剪毛、消毒。注射后注意观察动物反应，正常时应无任何异常。

（六）骨髓腔注射法

主要用于心脏骤停抢救药物的投给、严重低血溶性休克时快速抢救的补液、新生仔犬和猫的补液、严重烧伤、过肥、水肿、外周血管栓塞或凝血时选用。在抢救休克时可以每小时 90ml/kg 体重的速度进行。进针点主要选择臂骨大结节下、股骨大转子窝处、胫骨近端内侧髁处。需要切开皮肤，分离肌肉，在骨膜处滴 2%的盐酸利多卡因，用骨髓钉或骨钻打通通路，也可以用注射针直接加压刺入（特别是幼龄动物），然后用套管针或输液器输液。套管针可以保留 72 小时，但需要每隔 6 小时用 0.5~1ml 的肝素液（2u/ml）冲洗。具体进针部位见图 2-1-5。

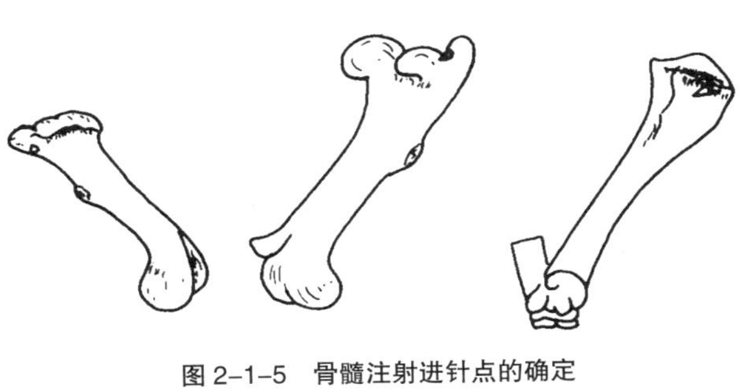

图 2-1-5　骨髓注射进针点的确定

适于骨髓注射的药物有：血液、血液成分、胶体溶液、晶体溶液、电解质、儿茶酚胺、抗生素、葡萄糖酸钙、地塞米松、安定、地高辛、肾上腺素、胰岛素、盐酸苯海拉明、盐酸多巴胺、多巴酚丁胺、硫喷妥钠、葡萄糖、氨基酸、维生素、骨髓、肝脏抽提物等。

第二节　常用治疗技术

一、洗胃法

洗胃法用于中毒的宠物需要排出胃内毒物或使毒物毒性降低乃至消失时。

洗胃前首先要插入气管插管，并使气管插管的气囊充气。然后插入粗的胃导管，根据猫、犬体重的大小，注入 100~300ml 的自来水，反复冲洗，直至洗净。或根据需要选择洗胃液（如 0.1%~0.2%高锰酸钾、2%碳酸氢钠、0.2%~0.5%硫酸铜、绿豆汤、0.5%活性炭悬浊液等）进行洗胃。也可以应用专用的洗胃机，通过负压吸取胃液进行洗胃。

二、灌肠法

灌肠法用于促进有毒物质的排出、催吐（高压灌肠）、松解套叠的肠管、深部直肠投药及补液等。

用于深部给药或补液时，应注意选择无刺激性、等体温、等渗的液体，并且剂量应合理，一般 8~12ml/kg 体重，且灌肠时动作应轻柔。

用于高压灌肠以松解套叠的肠管或催吐时，应选用单向灌肠器，并捏紧动物的肛门部，通过灌入液体的压力使套叠的肠管松解，或促进呕吐。但应该注意的是如果突然过高的压力有导致肠管破裂的危险，特别是肠套叠时间较长、有毒物质的腐蚀等情况下，选择高压灌肠应慎重，实施时更应谨慎，否则，会导致严重后果。另外，在肠管通畅引起呕吐时，应注意防止呛水、误咽。

投给的方法是：首先配制好灌肠液体并盛于专用的灌肠容器内，然后将肛门管的尖端涂以液体石蜡，术者以右手拿肛门管游离端，左手虎口从尾背侧向下抵住尾根，用拇指与食指和中指相对捏住肛门，右手将肛门管缓缓插入肛门内，助手轻轻加压，灌入灌肠液，术者继续向深部送入肛门管，抵达一定深度后，固定肛门管，并捏紧肛门，进行灌肠；待灌肠完毕，拔除肛门管，再捏紧肛门一会，然后松开肛门，让动物自由活动。如用于松解肠套叠及催吐时，可在灌肠时轻揉腹部，协助完成。

三、导尿法

导尿法是指应用各种导尿管（橡胶、聚乙烯、不锈钢等）将贮积在膀胱内的尿液导出体外的方法。导尿常用于以下的目的：尿闭塞的救助；清洗膀胱；采集膀胱内的尿液以进行化验。插导尿管时一定要慎重，要严格消毒。使用未消毒的器械及不规范的操作是导致尿路感染、尿道损伤、膀胱破裂的主要原因。

（一）雄犬导尿法

1. 所需物品

消毒的导尿管、灭菌润滑油、新洁尔灭、灭菌手套、灭菌止血钳、一次性 20ml 注射器、积尿杯、呋喃西林溶液。

2. 导尿方法

横卧保定，上侧后肢向前牵拉并保持屈曲状态。剥开包皮显露龟头，用千分之一的新洁尔灭溶液洗净龟头。选择适宜尺寸的导尿管（通常使用一次性的 8 号聚乙烯导尿管），在其前端涂 2~3cm 长的灭菌凡士林进行润滑，从尿道口将导尿管插入尿道内。在前送导尿管时，可以用戴灭菌手套的手或止血钳进行前送，当前送困难时，也可以在导尿管内插入 6~8 号骨科钢丝，以增加聚乙烯导尿管的强度。当导尿管不能顺利通过尿道到达膀胱时，则可能存在尿道结石、前列腺肿或尿道狭窄。如果患犬体小，则应更换细的导尿管。当导尿管插入膀胱内时，将有尿液流出，用 20ml 注射器采集尿液（或用积尿杯收集）。导尿终止时，将 2~5ml 的呋喃西林溶液注入膀胱内，然后拔除导尿管。雄犬的导尿方法见图 2–2–1。

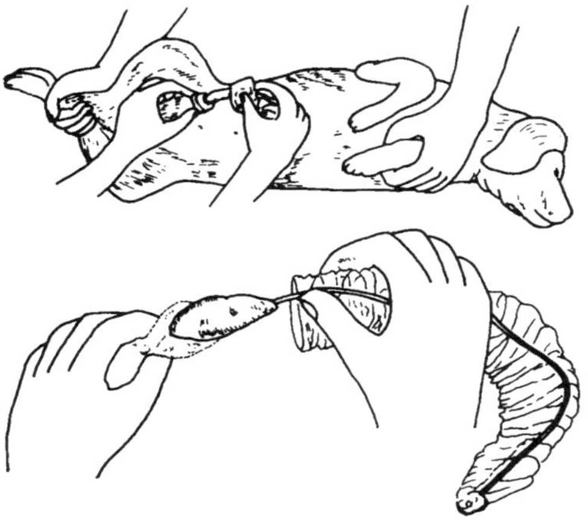

图 2–2–1　雄犬的导尿方法

（二）雌犬导尿法

1. 所需物品

灭菌的金属或塑料制的雌犬用导尿管、开膣器、一次性 20ml 注射器、千分之一的新洁尔灭、0.5%利多卡因、积尿杯、5ml 呋喃西林溶液。

2. 导尿方法

用千分之一的新洁尔灭将阴门彻底清洗消毒。为降低插管的不适感，可将 0.5%的利多卡因溶液滴入阴道内。在站立位下，即使不能看到尿道开口的隆起，也可以将导尿管插入尿道内。如果盲插法困难，则可以用开膣器观察到尿道口的隆起。如果插入困难，还可以采取仰卧保定，通过开膣器确定尿道口。导尿后应向膀胱内注入 5ml 呋喃西林溶液。雌犬的导尿方法见图 2–2–2。

图 2–2–2　雌犬的导尿方法

四、输液疗法

体液是动物机体与外界环境相互交流的媒介，更是动物体内组织细胞浸浴的内环境，它参与营养物质的消化、吸收与利用，为组织细胞运送营养物质、提供正常生活环境和运走代谢产物与有害物质。因此，体液的平衡对于动物机体的正常生活乃至生活质量，甚至疾病的发生与发展均具有重要的作用。

在犬、猫临床病例中，绝大多数出现脱水和酸碱平衡的紊乱。特别是呕吐、腹泻、绝食、绝水的犬、猫，均存在不同程度的内环境紊乱。临床治疗上就要着手纠正脱水和酸碱平衡的紊乱，或防止其发生、发展，我们把这种临床上的针对体液紊乱而进行的输液治疗，称为补液疗法。补液疗法虽然一般不是特异性治疗方法，但若与特异性治疗方法协同作用，便会获得良好的疗效，使患病宠物转危为安，且有时补液疗法也是一种特异性的治疗方法。

要想正确地进行补液治疗，必须熟知机体内环境有关的基础知识，精通与补液有关的基础理论，通晓缺水与酸碱平衡紊乱程度的判定办法，掌握各种补液药品性能、要求与要领，才能实现预期的目的——正确纠正水盐代谢失衡与酸碱平衡的紊乱。

（一）与补液疗法相关的基础理论

1. 体液的种类及其组成

正常犬、猫的体液量约占体重的 60%。体液以细胞膜为界分成占体重 40%的细胞内液（ICF）和占体重 20%的细胞外液（ECF），细胞外液又根据其存在的位置分成占体重 5%的血浆和占体重 15%的组织液。细胞内液的主要成分是钾离子、磷酸氢根离子和蛋白质，细胞外液的主要成分是氯离子、钠离子。细胞内液和细胞外液的渗透压是相等的，总离子浓度以细胞内液为高，这种差异是由于细胞膜的离子渗透性和主动转运所致。

表 2-2-1 体液各组分的物质组成

	血浆	组织液	细胞内液
蛋白质	16	2	74
钠离子	142	138	14
钾离子	5	5	157
氯离子	103	108	-
镁离子	3	3	26
钙离子	5	5	-
碳酸氢根离子	27	27	10
磷酸氢根离子	2	1	110
硫酸根离子	1	1	1
有机酸根	6	6	-

细胞外液中血浆和组织液的差别在于蛋白质含量，这是由于蛋白质不能通过血管壁的道南氏膜所致。这种差别在体循环上的意义是，在毛细血管区漏出的水分和晶体，经组织循环后，依靠这种蛋白的渗透压再回到血液中。体液各种物质的组成见表 2-1-1。

2. 维持体液的量、渗透压和 pH 的机制

1）体液渗透压平衡的调节机制

体液的渗透压约为 300mOsm/L，当摄入食盐或断水而使渗透压升高时，则刺激下丘脑垂体后叶，分泌抗利尿激素（ADH），ADH 使肾脏集合管水分重吸收增加，从而降低体液的渗透压以恢复平衡。同时，体液渗透压升高又刺激渴中枢，增加机体的摄水来维持液体渗透压的正常。若渗透压降低时，则出现相反的反应。细胞内、外液间存在渗透压的差异时，通过水分的转移来达到

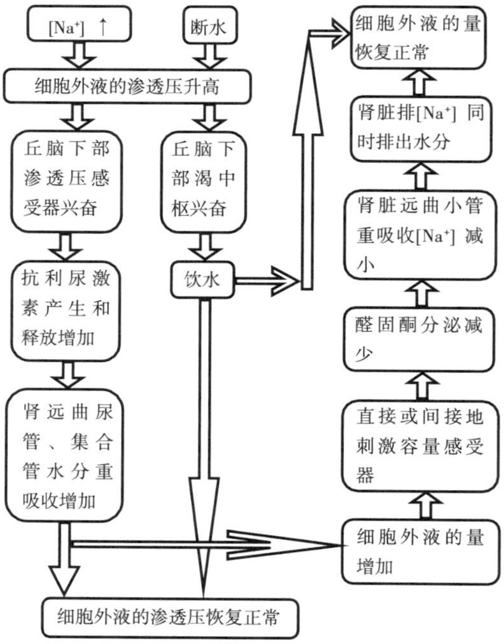

图 2-2-3 体液渗透压及体液量平衡的调节机制

平衡，见图 2–2–3。

2）体液量平衡的调节机制

体液的量是依靠体液和神经来调节的。主要是由细胞外液的钠离子来控制的，因为钠离子的增减，引起渗透压的升降，因此，通过渗透压机制来调节水分量的增减，因而调整了体液的量。血浆的量依靠血浆胶体（蛋白质）渗透压来维持。另外，机体内存在着压力感受器（容量感受器），如肾小球旁系、左心房、窦房节及颈静脉窦等处，通过压力感受器的神经传递来控制体液量的恒定。当体液容量下降及血压降低时，肾小球血管的血压相应下降，可刺激球旁系细胞分泌肾素，促进醛固酮的分泌增加，肾远曲尿管重吸收钠离子和水分增加，使体液量恢复正常，血压回升，见图 2–2–3。

3）体液 pH 平衡的调节机制

体液的 pH 值一般维持在 7.24~7.54 之间，pH6.8 及 7.8 为其极限值，因为，在极限值以外，体内的酶系统将不能正常工作，各种代谢、化学反应及生物电传导将不能正常进行。体液 pH 是通过体液中的各种缓冲物质（碳酸盐缓冲系、磷酸盐缓冲系、血浆蛋白缓冲系及血红蛋白缓冲系）来进行缓冲调节的，以使之变化达到最小。同时，机体还通过肾脏排泄氢离子和重吸收碳酸氢根离子以及肺脏排出二氧化碳来进行调节。也就是说，经体液缓冲，以肺、肾调节来完成，见图 2–2–4。

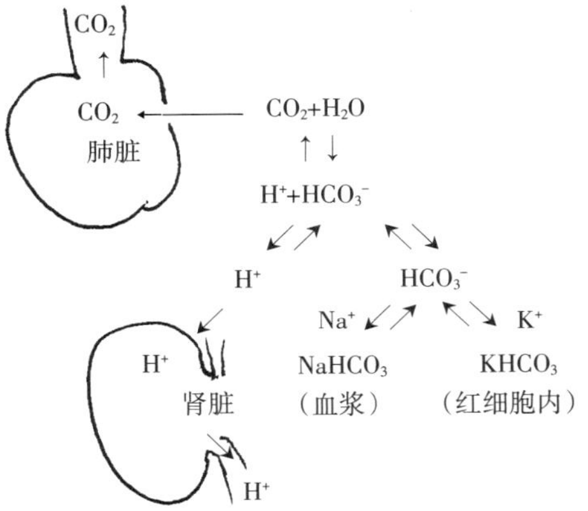

图 2–2–4　体液酸碱平衡调节的主要缓冲系统及酸中毒时肺、肾的调节作用

体液中的缓冲体系包括：

血液中：$NaHCO_3/H_2CO_3$，Na_2HPO_4/NaH_2PO_4，Na–Pr/H–Pr。

红细胞中：KHb/HHb，$KHbO_2/HHbO_2$，$KHCO_3/H_2CO_3$，K_2HPO_4/KH_2PO_4。

肺脏：呼出二氧化碳来调节碳酸浓度 $H_2CO_3=H_2O+CO_2$。当酸增加时，二氧化碳分压升高，刺激呼吸中枢，使呼吸频率和深度均增加，呼出更多的二氧化碳。

肾脏：肾小管通过泌氢保钠（H^+–Na^+交换）来调节，酸增加时排酸增多，从而使尿液呈酸性。泌氨和铵盐的排泄，远曲小管细胞通过分泌氨的作用，使氨（NH_3）与肾小管上皮细胞分泌的氢离子结合成铵（NH_4^+）以置换 Na^+。NH_3 的主要来源是谷氨酸和谷氨酰胺。肾小管上皮细胞内的碳酸酐酶的作用十分重要，它使二氧化碳和水结合成碳酸，再由碳酸分解成氢离子和碳酸根离子，氢离子再发挥平衡酸的作用。

在肾脏重吸收钠离子的同时，要以排泄钾离子为代价，因此，也就存在氢离子和钾离子竞争排泄的问题，因此，当存在酸中毒时，将导致钾离子的体内蓄积，造成高血钾症，而在纠正酸中毒时，也应考虑到补充钾离子。

（二）体液电解质紊乱的类型

临床上主要的电解质紊乱包括低钠血症、高钠血症、低钾血症和高钾血症。

1. 低钠血症

1）病因与分类

（1）钠减少性低钠血症。失钠性低钠血症有以下几种。尿路失钠：主要见于肾上腺皮质机能减退、失盐性肾炎、急性肾小管性肾病利尿期（恢复期）、汞剂等过度利尿、发展性糖尿病、碳酸酐酶抑制剂治疗等。胃肠道失钠：见于腹泻、呕吐、过度阳离子交换树脂治疗、胆管胰管瘘、胃肠道引流、未控制的回肠造瘘术等。皮肤失钠：大汗后饮水过多、皮肤烧伤后失钠。各种渗出液和漏出液中失钠：如肝硬化腹水期大量放出腹水而致钠的丢失。

（2）渗透压降低性低钠血症。主要见于慢性疾病。

（3）钠贮量正常性低钠血症

①水中毒　少尿或无尿的患病宠物，让其大量饮水或静脉滴注葡萄糖液，使钠离子被稀释而浓度降低，发生低钠血症。主要见于急性肾小管性肾病尿闭期、尿道梗塞、慢性肾炎末期、大量给水引起水中毒。手术和麻醉后使排水能力降低，而术后又投给大量的水，也可以引起水中毒。长期注射垂体后叶素的宠物也可以出现水中毒。

②无症状性血脂过多性低钠血症　见于糖尿病及其昏迷、肾变性期患犬，血钠过低是由于血脂过多（胆固醇过多）所致。

（4）钠贮量增多性低钠血症　见于顽固性充血性心力衰竭、晚期肝硬化、肾变性期后肾机能衰竭、水盐调节机制失常，当水分滞留多于钠盐时，血钠降低。

（5）混合型血钠降低。为上述各种情况的混合型。

2）临床症状

低钠血症常被原发性疾病所掩盖，且混有脱水、水肿、酸碱平衡紊乱，故早期症状常不明显，需经血液化验方能发现。低钠血症的晚期患病宠物表现为无力、厌食、呕吐、肌肉痉挛、阵挛性腹痛、脉细而快、血压下降，严重的患病宠物虚脱甚至休克，嗜睡甚至昏迷。

3）治疗

如果因为失钠过多，则应立即制止，如果因为胃肠感染所致的腹泻、汞制剂及碳酸酐酶所引起的大量利尿、糖尿病等，均可以兼治病因。失钠过多的患病犬、猫均伴有脱水，可以采用等渗或高渗氯化钠溶液治疗。当肾小管调节机能低下、手术后入水过多而体液稀释的患病宠物，应限制进水。无症状性血脂过多性低钠血症应进行对因治疗，无须进行其他治疗。对于心脏、肝脏、肾脏机能紊乱所致的钠贮量过多性低钠血症，应调节水及盐的摄入量，避免摄入钠盐过多、过少及水过多。

2. 高钠血症

当肾脏机能正常时，高钠血症较少见。高热、大汗后摄水不足，可出现暂时性的高钠血症。注射高渗盐水或进食大量的食盐而肾机能失常者，可引起高钠血症，但更易引起水肿，故钠贮量虽过多而钠浓度未必过高。

3. 低钾血症

1）病因与分类

（1）失钾过多性低钾血症

①尿路失钾过多。注射肾上腺皮质激素类：如醛固酮、可的松及其衍生物类、促肾上腺

皮质激素类等药物。汞制剂利尿后，投给碳酸酐酶抑制剂，以使急性肾小管性肾病利尿。慢性肾炎、肾盂肾炎的患病宠物肾小管机能严重损伤时，有大量的失水与失钾。

②消化道失钾过多。呕吐、腹泻、胃肠灌洗引流、瘘管、阳离子交换树脂治疗等时出现。

③其他。透析治疗、缺氧、饥饿、失水与碱中毒等。

(2) 钾贮量正常性低钾血症。由于水的摄入过多、注射过多的不含钾离子的生理盐水、葡萄糖水稀释而使钾离子浓度降低。常见于少尿和无尿的病例，如急性肾小管性肾病、肾上腺皮质机能减退、肝硬化腹水期或心力衰竭（注射葡萄糖后钾离子常随糖进入细胞内而引起低血钾症，生理盐水也可以使钾离子排出增多与进入细胞增多而促成低血钾症）。

(3) 细胞外转入细胞内所引起的低钾血症。常见于下列情况：糖代谢过程中，钾离子随葡萄糖及磷酸基由细胞外进入细胞内，细胞内的葡萄糖酵解时钾离子也由细胞外进入细胞内；蛋白质代谢呈正平衡时（幼犬生长、细胞修补、注射睾丸酮后）钾离子也由细胞外进入细胞内，可以使血钾降低；失水时细胞内钾逸出，恢复时又进入细胞内；碱中毒时，钾离子进入细胞内，酸中毒时则相反。

2) 临床表现

低钾血症为综合征的一种表现，故初期表现不明显，常需要通过血液化验测定或心电图检查后方能诊断。临床表现常见的症状有：

神经肌肉系统：全身肌肉无力，肌肉张力降低，尤其四肢呈不同程度的迟缓性瘫痪，严重的患病宠物因呼吸肌瘫痪而呼吸困难，张口呼吸，甚至可以导致死亡。患病宠物意识淡漠，精神沉郁，常见于糖尿病性酮症酸中毒治疗中。

循环系统：心搏过早、心动过速、心房纤颤、心脏浊音区增大。心电图变化为 Q—T 间期延长，T 波后出现 U 波；T 波倒置或平坦。

胃肠系统：除原发性疾患外，有麻痹性肠梗阻、疝痛及腹部膨隆。

泌尿系统：由于尿中失钾过多所引起的低钾血症，常有多尿症，尿比重低或正常，患病宠物常因渴而多饮水。

血钾离子测定值常低于 3.5mEq/L，有时低氯性碱中毒同时出现。

3) 治疗

本症的治疗原则需视发病机制而定，如因注射过多无钾溶液所致，则应限制入水量。如因钾由细胞外转入细胞内而发生者，除纠正酸中毒、投给钾盐治疗外，无须特殊治疗。失钾性低钾血症时，应对因治疗，如停止使用汞制剂、碳酸酐酶抑制剂、肾上腺皮质激素等药物，控制糖尿病及其昏迷，治疗引起呕吐、腹泻的各种疾患等，同时还需要补足所失钾。口服或皮下注射 1.4%的氯化钾与等量的生理盐水同用。当有严重的呕吐、腹泻、吸收困难时；血钾低于 2mEq/L 且病情紧急时；洋地黄中毒有心律不齐的表现时；舒张期血压过低时；低氯低钾性碱中毒时均可以采取静脉补钾，但应注意钾液的浓度和速度（详见宠物临床补液要领部分）。

4. 高钾血症

1) 病因与分类

(1) 钾摄入过多。严重失水时排尿量减少或肾脏机能失常时，投给含钾的药物均可以引起高钾血症，特别是在心脏及肾脏机能失常时。

(2) 肾脏排出过少。严重失钠而存在肾前性氮质血症、急性肾小管性肾病（尿闭期）及肾炎晚期肾机能衰竭的患病宠物、肾上腺皮质机能减退等。

(3) 钾由细胞内逸出。见于大量溶血反应，如溶血性贫血及输血反应兼有严重肾机能损伤而钾离子排出困难的患病宠物。

(4) 细胞外液减少而钾离子浓缩。如休克晚期。

上述引起高钾血症的因素常可以同时存在。

2）临床症状

神经肌肉系统：四肢苍白、冷湿、疼痛，这是由于血管收缩所致。患病宠物有的迟钝、嗜睡、极度疲乏、软弱、肌肉张力低下、反射消失。

循环系统：出现心动过缓、心律不齐，因心脏舒张停止而死亡。临死亡前出现心室性心动过速及心室性纤颤，终止于心室停顿。

消化系统：呕吐、恶心。

血钾值高于 5.5mEq/L。致死性血钾浓度为 10~10.5mEq/L。

3）治疗

(1) 急救措施。使血钾恢复正常且防止心机功能失常可以采取如下措施。静脉注射钠盐、钙盐：如注射 10%~20%葡萄糖酸钙 10~20ml、等渗或高渗氯化钠溶液，可以使血钾暂时性降低。葡萄糖水及胰岛素疗法：应用静脉注射葡萄糖 25~30g，皮下注射胰岛素 10~30u，每 4 小时 1 次，对于无尿性肾衰竭更有益处。皮下注射硫酸阿托品 0.5mg，可以使窦性心脏停搏及传导阻滞减轻或消失。

(2) 排除体内过多贮钾。停止应用含钾药物或投给低钾饮食。排钾措施：可以通过人造肾透析法、腹膜腔灌洗法、大肠灌洗法、羧酸铵阳离子交换树脂口服法（每日剂量为 15~40g，分 3~4 次口服）、灌肠（每次用温水 150~300ml 加入 10~30g，每天 3 次，使粪便中的钾排出量增多）、注射无钾水溶液或生理盐水，不仅可以使失水和失钠恢复，降低钾离子浓度（由于稀释，钾随糖进入细胞内及从尿中排钾增加），且对于体循环颇有帮助，故在治疗因严重腹泻而引起的失水及血钾过高、尿闭、循环衰竭有良效。对于肾上腺危象时血钾过高应使用 11–去氧皮质酮或醛固酮与 11–去氢–17 羟肾上腺素皮质酮或 17–羟肾上腺素皮质酮等，可以使电解质紊乱恢复正常。

（三）体液酸碱平衡紊乱的类型

1. 体内酸、碱物质的来源

1）体内酸性物质的来源与去路

糖、脂肪、蛋白质代谢：经生物氧化产生的二氧化碳，与水结合生成碳酸，经过肺脏排泄。

含硫氨基酸代谢：氧化生成硫酸，经过肾脏排泄。

脂肪酸代谢：在肝脏经过氧化生成酮体–乙酰乙酸、β–羟丁酸（二者转化为乙酰辅酶 A）、丙酮。

核酸、蛋白质、磷脂代谢：分解产生的磷酸。

糖代谢的中间产物：乳酸、丙酮酸，经过氧化生成二氧化碳和水。

食入的酸性物质：如醋酸。

酸性药物：止咳糖浆中的氯化铵，分解可以产酸。

2）体内碱性物质的来源

主要是食入的蔬菜、瓜果中的呈碱性物质。其中含有有机酸钾盐或钠盐，如乳酸钠、钾等，本身是一种弱碱性物质，进入体内分解后，有机酸与氢离子结合生成乳酸，在体内继续氧化生成二氧化碳和水而排出体外，或在肝脏合成糖原贮存，结果使血液中的氢离子浓度降低。而与有机酸结合的钾、钠离子则与碳酸氢根离子结合，提示了血液中碳酸氢根离子浓度的增加，从而增加了血液的碱性。临床上常用乳酸钠制剂来调整体内的酸中毒，但这种作用必须在肝脏功能良好时进行，当肝脏功能衰竭或组织缺氧时则受到影响。

2. 酸中毒

1）病理分类与病因

（1）代谢性酸中毒。是最常见而最重要的。临床上常见有以下几种。

①糖尿病性酮症。严重糖尿病患病宠物糖代谢紊乱未得到控制，体内脂肪分解加速，在肝脏中产生大量的酮体及酮酸，经肾脏排泄，并与 Na^+、K^+等碱性离子结合而排出，引起碱贮降低，$BHCO_3$ 显著减少。虽然 H_2CO_3 分解成 CO_2 而呼出，但未能代偿。同时，因为糖尿病引起严重的水及电解质丢失，且呕吐、食欲不振、循环衰竭、肾脏机能受损而加重酸中毒。

②肾脏机能衰竭。当发生肾炎、肾盂肾炎、重度肾结核、肾小动脉硬化等肾脏疾病发展到肾机能严重衰竭时，代谢性酸性产物（H_2SO_4、H_3PO_4、NaH_2PO_4、β-羟丁酸）等均因排泄困难而滞留体内，加之肾小管回收 Na^+、K^+困难，氨的制造能力降低，故 Na^+、K^+、Ca^{++}不得不与固定酸结合而排出，使 $BHCO_3$ 显著减少，虽然早期通过呼出 CO_2 而减少 H_2CO_3 来加以代偿，但终因 $BHCO_3$ 减少更多而失代偿，加之尿毒症发生后食欲不振、呕吐而出现代谢性酸中毒。

③肾小管机能衰竭（肾小管性酸中毒）。当肾小球机能正常而肾小管机能严重损伤时，酸化尿的能力降低，尿中有较多的 Na^+、K^+、Ca^{++}损失。这是由于肾小管制造 H^+、HCO_3^-的能力降低，故 H^+不能在肾小管内与 Na^+、K^+、Ca^{++}交换，引起血液中 H_2CO_3 浓度升高。

④高钾进食。摄钾过高导致肾小管的 H^+与 Na^+的交换被抑制而仅排出 K^+，故发生酸中毒，这时尿酸度降低而血浆酸度增高。

⑤饥饿。饥饿时酮体形成增多，发生酸中毒。

⑥乙醚等麻醉时导致缺氧和乳酸蓄积而出现酸中毒，后期出现酮症。

⑦失水。如在腹泻时存在大量的碱和水分同时损失。

⑧摄入氯化铵等酸性物质。如在治疗过程中投给过多的氯化铵、水杨酸、盐酸、H_3PO_4 盐等，常引起酸中毒。

⑨妊娠。妊娠晚期可能发生缺碱性代偿性酸中毒。

（2）呼吸性酸中毒。主要由于 CO_2 呼出有困难而引起 H_2CO_3 浓度升高。常见的疾病有肺炎、肺气肿、肺部广泛性纤维化、肺不张、气胸、呼吸道机械性梗阻、心力衰竭及肺充血、吗啡中毒等。

2）临床症状与诊断

除非是大量进食酸性物质，一般均是由于继发所引起。轻症患病宠物无临床表现，重症的患病宠物则表现为四肢无力而走路摇晃，呼吸深而快，有时带酮味，脉速，最后昏迷、僵硬乃至死亡。常伴有脱水症状，甚至出现循环衰竭和休克。尿量极少甚至尿闭。

3）治疗

治疗原则是除恢复体液中水、酸、碱和电解质平衡外，还需要控制病因。如果是因为高热食欲不振、呕吐、腹泻所引起，则应针对病原体进行有效的治疗（抗菌疗法），如因为糖尿病所致，则应迅速使用胰岛素进行治疗。失水失血过多所致的患病宠物，应输血或血浆及生理盐水。长期饥饿或酸中毒所致血钾增高者，常需要补充葡萄糖，葡萄糖可以抑制机体自身蛋白质和脂肪的分解而补足热量。严重酸中毒时应同时使用碱制剂，如 $NaHCO_3$ 或乳酸钠。

进行上述治疗后应随时注意钾代谢的紊乱，必要时补充 KCl。但血钾过高或过低均可以导致心律严重紊乱而突然死亡，故应及时测定其浓度及进行心电图监测，以决定给钾与否，困难时可以在补充生理盐水和葡萄糖 6~8 小时后再给 KCl。

呼吸性酸中毒可以针对肺部换气困难给予足够的氧气。

3. 碱中毒

1）病因与病理生理

（1）代谢性碱中毒。临床上常见的有以下几种。

①失盐酸过多：主要见于幽门梗阻及前段小肠梗阻而引起频繁呕吐的患犬。由于 Cl^-损失，Na^+及 K^+与 HCO_3^-结合而使碱贮含量增高。

②摄碱太多：治疗胃溃疡等疾病时摄入 $NaHCO_3$ 过多而引起碱中毒。

③低钾低氯性碱中毒：投给 ACTH、氢化可的松等药物时，部分患犬可以因为失钾过多伴有大量失氯，K^+和 Cl^-的血浓度降低，K^+从细胞内到细胞外，Cl^-被 HCO_3^-所取代，$BHCO_3$ 增高，形成低钾低氯性碱中毒。也可以在腹泻及呕吐后补给缺钾液体（如葡萄糖及氯化铵）引起细胞内、外 K^+的丧失而出现。

④有的患病宠物在接受 X 射线照射及紫外线照射后也出现碱中毒。

（2）呼吸性碱中毒。可由于过度呼吸而致体内 CO_2 损失过多而出现。常见于：

①发热：尤其是肺炎等呼吸道感染的患病宠物，存在过度呼吸，引起碱中毒。

②热射病：在高温环境下导致热射病时可以出现缺 H_2CO_3 性碱中毒。

③脑炎：有的脑炎患病宠物因兴奋而过度呼吸，导致呼吸性碱中毒。

④药物：投给大量水杨酸钠，可刺激呼吸中枢，导致换气过度而引起碱中毒。应用醋酸水杨酸钠时又可以导致代谢性酸中毒。

2）临床症状与诊断

主要为引起碱中毒的基本疾病的症状。碱中毒严重时，可以出现抽搐，为游离 Ca^{++}降低所致。

3）治疗

一是针对病因进行彻底治疗，如为梗阻所致，则应进行手术治疗，同时纠正体液的酸碱平衡及电解质平衡的紊乱。轻症患病宠物应用生理盐水和葡萄糖可以帮助恢复，重症患病宠物应使用氯化铵注射，并根据情况进行 K^+ 紊乱的纠正。

呼吸性碱中毒时，可以针对病因进行治疗，必要时用5%的 CO_2 与 O_2 的混合气体呼吸，以制止抽搐症状。

（四）宠物补液的基本问题

1. 宠物临床需要补液的疾患

水、电解质的缺乏——脱水，循环血浆量减少，血浆胶体渗透压下降，血浆钾离子浓度升高，酸碱平衡紊乱，必须补充能量，补充营养物质。

2. 宠物的脱水症

宠物的临床脱水依血浆渗透压的改变可以分为等渗性脱水、低渗性脱水和高渗性脱水。依水或钠的缺乏与否分为缺水性脱水（高渗性）、混合性脱水（等渗性）和钠缺乏性脱水（低渗性）。各种脱水的病因、发病机制、主要症状和补液要领见表2–2–2。

表2—2—2 宠物脱水症一览表

脱水类型	缺水性脱水（高渗性）	混合性脱水（高渗性）	钠缺乏性脱水（低渗性）
病因	绝水、饮水困难、水盐缺乏而仅投给盐、手术后补液不当	消化液丧失、呕吐、腹泻	治疗重度腹泻时仅投给葡萄糖、大汗及发热后大量饮水、投给利尿药物、皮下注射大量的葡萄糖
发病机制	水和钠均减少，但以水的缺乏尤为显著	水和钠同时减少	钠的丧失超过水的丧失
主要症状	口渴、眼球凹陷、水吸收迅速、多死于渗透压升高、尿量减少和浓缩、舌干燥	全身衰弱、皮肤弹性降低、血压下降、尿量减少	精神沉郁、血浆量少而黏度高、皮肤弹性降低、呕吐、浅表静脉虚脱、痉挛、BUN升高、血压降低、体温下降、频尿、尿中氯化钠含量升高、血浆量少而黏度高、Na^+浓度升高、死于末梢循环不全
补液要领	生理盐水1份，5%~10%葡萄糖2~3份，$NaHCO_3$1~2ml/kg，15%KCl20ml/l，6~10ml/(kg·h)，点滴		首先投给生理盐水，然后按生理盐水1份，5%~10%葡萄糖1份，6~10ml/(kg·h)，点滴

1）脱水的基本原因

由于全身性疾病导致渴中枢被抑制而出现水分摄取减少（渴感低下症、无饮欲）或限制投给饮水；由于故意限制投给食物或因事故而摄食量减少；多尿导致水分丧失增加；呕吐、腹泻等消化道疾患导致水分丧失增加；由于呼吸数增多（如发热、狩猎）而使水分丧失增加；由于伤口过大或烧伤而导致水分的过度丢失。

2）脱水的诊断

(1) 询问病史。可以正确地评价脱水及其程度。可以通过询问宠物主人患病宠物的摄食量，包括有无饮欲、是否渴感低下、是否多饮及摄取正常量的水分等。有否食欲（因为摄水往往是由于摄食刺激所致的机能性反应）。有无体液的异常丧失，应向宠物主人询问有无呕吐、腹泻、多尿、黄疸、过度流涎，有无其他分泌物存在。在临床上所见到的脱水，均是由于这些症状长期持续存在所致。

(2) 宠物体重的急剧减少是由于水分持续丧失所致。如果体重减少450g，则意味着丧失水分500ml。

(3) 脱水一般可以通过体检来发现。脱水严重时则眼球下陷、黏膜干燥、频脉、毛细血管再充盈时间延长，有的处于休克状态。

(4) 捏皮实验。正常皮肤的柔软性（紧张度）是与被检部位的组织含水状态有关的。作为捏皮实验的选择部位是躯干部，不能在皮肤松弛的颈部皮肤进行。

正常皮肤稍捏起，松开后立即展平（复原），脱水的皮肤恢复到正常状态则需要一定的时间，且时间长短与临床脱水程度相关，宠物临床医生可以根据捏皮实验的结果来判定脱水程度（见表 2–2–3）。

(5) 脱水的实验室诊断。可以通过测定红细胞压积（PCV）、血浆蛋白（PP）、总蛋白（TP）来判定脱水的程度。脱水的程度与上述三项指标密切相关。

(6) 尿液检查（UA）。怀疑脱水时，必须进行尿液检查。

临床上脱水明显的宠物，若肾脏功能正常，则发生尿液浓缩（SG>1.025），SG 上升与肾脏血液灌流量减少有关，是肾脏的正常反应。若脱水宠物尿液稀释（SG<1.025），则表明肾脏受到损害或存在其他异常，应进一步了解肾脏功能状况。

表 2–2–3 通过体检判定宠物脱水的程度

脱水程度（体重的%）	临床症状
<4	不见异常
4~5	皮肤弹性略降低
6~8	皮肤复原迟缓，眼球凹陷，毛细血管再充盈时间延长，可视黏膜干燥
10~12	皮肤不能复原，眼球凹陷，毛细血管再充盈时间延长，可视黏膜干燥，有的处于休克状态，不随意肌痉挛
12~15	呈休克状态，死亡

测定尿液比重时，必须采集投给利尿药物之前的尿液，否则，影响结果的判定。检查 pH 值的变动，可以反映全身酸碱平衡的状态。糖尿和酮尿是同时存在的，这种情况几乎是特征性的。尿沉渣、尿圆柱的出现，也许是在脱水出现之前已经存在的损害，或者是由于脱水之后出现的继发性的反应。

(7) 血清电解质 Na^+、K^+、$C1^-$离子浓度的异常，经常是作为推测脱水的类型。

(8) 血液气体检查。血液气体浓度异常在脱水时经常发生，这是由于灌流量减少所致。

3. 宠物临床补液要领

1）不同途径丧失体液的组成与输液药物的选择

患病宠物经不同途径丧失体液的量不同，丧失体液的质也不一样，因此，纠正脱水，不光要着眼于脱水的数量，更应注意到丧失体液的质量，方能够使补液更合理，效果更佳。不同途径丧失体液的组成与参考补液药物的选择见表 2–2–4。

表 2–2–4 经各途径损失体液的组成及临床补液药物的选择

液体	呕吐物	腹泻物	第三腔隙液
钠离子	60(30~90)	115(80~150)	各种成分与血浆相同
钾离子	15(5~25)	17(5~30)	
氯离子	120(90~104)	70(40~100)	
碳酸氢根	0(0)	80(60~110)	
选择药物	林格氏液	乳酸林格 碳酸氢钠	乳酸林格

注：数字的单位为 mEq/L。

2）宠物临床脱水液体补充量的计算

宠物临床脱水补液量的计算公式为：补（输）液量=每天必须水分量（维持量）+缺乏量×1/3+丧失量（腹泻、呕吐、乳汁、其他分泌量）–代谢水–摄取水分量

(1) 每天必须水分量的计算。可以通过公式

计算法、丢失补偿计算法及表格查询法来进行。

①公式计算法。成年犬为 44~66ml/(kg·d)*；大型犬为 44ml/(kg·d)；小型犬为 66ml/(kg·d)；仔犬为 66~110ml/(kg·d)。猫为 66~110ml/(kg·d)。

②丢失补偿计算法。每天需要补充的水分量为不感蒸泄与尿液量的总和。不感蒸泄为 20ml/(kg·d)；尿液量为 30ml/(kg·d)。

③通过表格查询法。可以通过表格来查出不同体重的犬每天的必须水分量（见表 2–2–5）。

(2) 缺失量的计算。缺失量可以通过查找表 2–2–6 来确定。

表 2–2–5　不同体重的犬每天必需水分量

体重(kg)	必需水分量(ml)	体重(kg)	必需水分量(ml)
1.4	80	2.8	160
4.0	240	5.5	320
7.0	400	9.0	475
12.2	625	15.0	875
20.5	1000	25.5	1130
30.5	1250	35.4	1400
40.2	15000		

表 2–2–6　缺水程度判定及缺水量的计算表

脱水程度	轻度	中度	高度	重度	超度
体重减少(%)	4~6	6~8	8~10	10~12	12~15
眼球凹陷程度	±	++	+++	++++	+++++
捏皮实验(秒)	–	2~4	6~10	20~45	45 以上
黏膜干燥	–	+	++	+++	++++
休克痉挛	–	–	–	+	++
死亡	–	–	–	–	+
缺水量(ml/kg·d)	60	80	100	120	140
必须投给量(ml/kg·d)	20	25	30	40	50

注：必须投给量为缺水量的 1/3，捏皮实验的部位为脊部皮肤。

(3) 丧失量的计算。可以根据犬、猫主人所提供的呕吐物、腹泻便、乳汁分泌量、其他分泌物量来进行推算。

(4) 代谢水量。约为 4ml/(kg·d)。

(5) 水分摄取量。根据宠物主人提供的饮水数量来计算。

(五) 临床其他疾患的输液要领（输液药物的选择）

除脱水症这一临床常见的疾患外，尚有酸碱平衡紊乱、钾离子含量异常及血浆胶体渗透压的异常时，也需要进行补液。其要领简述如下：

怀疑酸中毒时（呕吐肠内容物、腹泻、尿毒症、糖尿病及其他多数情况下），应补充乳酸林格氏液。

推测碱中毒（呕吐胃液较少见）时应选用林格氏液。

怀疑高钾血症（酸中毒、急性肾功能不全、摄入大量的钾）时应补充糖盐水等不含钾离子的液体。

尿毒症时，纠正脱水应用 5%~10%的葡萄糖滴至排尿，然后投给利尿药（速尿 2~4mg/kg 体重，8~12 小时静脉注射或口服）。

肝损害时，应用葡萄糖或果糖及其他强肝药物，如 B 族维生素 10~100mg/d，谷光苷肽 100~300mg/d等。

* 本书单位涉及到时间的，只有在组合单位中用符号表示。d 表示“天”，h 表示“小时”，min 表示“分钟”，s 表示“秒”。

（六）宠物输液的投给途径、速度、方法

在经过上述一系列计算及选择之后，我们可以确定输液药物及剂量。那么要经什么途径及速度和方法补给方能达到最佳作用效果呢？下面就这一问题简单叙述。

1. 宠物补液各种途径的优缺点及禁忌症

宠物补液各途径的优缺点及禁忌症见表 2–2–7。

表 2–2–7　宠物各途径补液的优缺点及禁忌症

投给途径	优　点	缺　点	禁　忌
口服	为补充营养的最佳途径；电解质及葡萄糖易吸收	有时困难 强灌易呕吐，易造成异物性肺炎	
皮下	可短时间大量投给；高钾液（35mEq/L）无副作用	仅用于等渗无刺激性药物 休克及末梢循环不良时助长脱水（局部聚集）	脓皮症 皮肤损伤
静脉	水、电解质扩散最快； 高、低渗均可； 大量长时间无副作用	需控制速度 刺激性大的易致静脉炎 长时间需选择中心静脉	
腹腔	吸收较快	操作不当可损伤内脏	腹膜炎、腹水、休克
直肠	可很好地吸收水分，可少量多次投给	需等体温，等渗，无刺激性肠炎，下痢时吸收不良	

2. 输液速度（仅指静脉注射）

原则上投给速度越慢越好，但限于各方面条件，往往是在数小时内进行，故出现副作用的几率就较大，且输入药物因一过性循环血量过大而经尿液排出。

当健康宠物在 1 小时内输入与血浆成分一致的等体液全量的液体时，也不会出现副作用。但临床上患病宠物的安全投给限量是：犬每小时为 90ml/kg，猫每小时为 65ml/kg（麻醉状态下则应缓慢：一般犬每小时不超过 50ml/kg，猫每小时不超过 20ml/kg）。

在急性出血性休克时，要快速输给与体温相同的液体。且不可投给收缩血管的药物，要选择近躯干的大血管，并用大号针头输入。10~30 分钟犬为 20~90ml/kg，猫为 10~60ml/kg。

输液药物中加入下列物质时，下列药品需限速：

K^+每小时小于 0.5mEq/kg。

Ca^{++}每小时小于 0.5~0.8mEq/kg。

葡萄糖每小时小于 0.5g/kg。

3. 输液方法

脱水 8%以上时，静脉点滴。脱水 8%以下时，皮下注射（葡萄糖禁忌），将药品加热至等体温，从脊背顶部注入。一般情况下，全量的 1/3 经静脉投给，剩余的经皮下或隔 8 小时经静脉滴注。7%以下的脱水，可经皮下全量投给，若吸收良好，可于次日连续进行乃至数月。

（七）宠物临床常用输液药物简介

目前国外已有专门用于宠物的输液药物，从单方到复方，从补液药物到各种营养补液制剂应有尽有。而我们则很少有专供宠物选用的药品及剂型，仍是应用大动物或人医治疗的输液药物进行。现仅就我国目前常用的输液药物做以简述，见表 2–2–8。

表 2-2-8　常用输液药物的特点与缺点

输液药物	特　点	缺　点
生理盐水	渗透压与 ECF 相等，但钠离子较 ECF 高，应用于剧烈呕吐所致的低氯性碱中毒在禁用钙、钾时使用	不能单独用 因氯化钠含量高(900mg/dl),在心脏疾患时禁用 不含自由水 加重肾脏负担,肾脏浓缩不良时慎用
林格氏液	离子组成近于 ECF，但氯离子远大于 ECF 纠正代谢性酸中毒（注 1） 与葡萄糖等输液药物配合使用	很少单独使用 钠离子浓度高及心脏功能障碍患病宠物慎用
乳酸林格氏液	电解质组成更接近 ECF 具备林格氏液的特点 可以单独应用于出血和休克 手术中应用可防止产生第三腔隙液 用于低钠血症	增加肝脏负担，肝疾患时慎用 ICF 脱水时，单一制剂不能缓解 ICF 的缺乏 同生理盐水 4 项 同生理盐水 5 项
葡萄糖液	用于绝食的宠物。1g 可提供 16.8J 的热量 5%葡萄糖为等渗液，仅补充水分 维持血浆渗透压时的滴速为 5~10ml/kg 体重 肝脏炎症时可以维持血糖及控制糖异生 提供自由水分	过量投给造成细胞水肿——水中毒 高渗糖可刺激静脉造成静脉炎 末梢血管浓度高限为 20%，当加入碳酸氢钠或氢化可的松 pH 值为 4~5 加速酸中毒 超过每小时 0.5g/kg 可造成高血糖，引起低钾血症（刺激胰岛素分泌而使 ECF 的钾向 ICF 转移）
复合低渗电解质输液药物	2~4 份的 5%葡萄糖液与 1 份生理盐水合成的输液剂，有的加有乳酸钠 在脱水症状不明显时事先投给 含电解质和自由水 宠物入院时病情已经严重，应事先补充林格氏液	
胶体制剂	本品为血浆制品或血浆代用品（注 2），适用于血浆胶体渗透压降低所致的循环血量减少 应用于浮肿 应用于血浆总蛋白低于 3.5~4g/dl 且有下降趋势时	

注 1：该代谢性酸中毒为稀释性酸中毒，快速投给使 ECF 的碳酸氢根离子浓度降低，支循环血量升高，导致肾脏排泄碳酸氢根离子增多所致。

注 2：国内所用的胶体制剂多为血浆代用品，如右旋糖酐、甘露醇、山梨醇等。

(八) 宠物临床主要疾患的症状和水、电解质异常及其参考用药

宠物临床主要疾患的症状和水、电解质异常及其参考用药见表 2-2-9。

表 2-2-9　宠物临床主要疾患的症状和水、电解质异常及其参考用药

疾病	体液异常	参考药物
糖尿病性昏睡	脱水、代谢性酸中毒、低血钾、低血镁、胰岛素注射后低血糖	果糖制剂 乳酸林格氏液 碳酸氢钠注射液
尿崩症	水缺乏性脱水	生理盐水 1 份 5%~10%葡萄糖 2~3 份 碳酸氢钠 1~2ml/kg 10%氯化钾 20ml/L

续表

疾病	体液异常	参考药物
原发性醛固酮增多症	低血钾、低血钠、代谢性碱中毒、低血镁	林格氏液 氯化钾
肾上腺功能不全	高血钾、低血钠、代谢性酸中毒、休克	乳酸林格氏液 生理盐水 糖制剂 碳酸氢钠
心脏功能不全	浮肿、肺水肿、低血钠、呼吸性碱中毒	胶体制剂 乳酸林格氏液
急性肺炎	水缺乏性脱水（发热导致的过度呼吸）、 呼吸性酸中毒、低血氯	生理盐水1份 5%~10%葡萄糖2~3份 5%碳酸氢钠1~2ml/kg 10%氯化钾20ml/L
肾脏功能不全	代谢性酸中毒、高血钾、高血磷、 低血钙、贫血、低蛋白血症、浮肿	乳酸林格氏液 胶体制剂 葡萄糖制剂 碳酸氢钠
重剧感染	脱水症、代谢性酸中毒	生理盐水1份 5%~10%葡萄糖2~3份 5%碳酸氢钠1~2ml/kg 10%氯化钾20ml/L
急性胰腺炎	低血钙、低血镁、原发性休克、脱水、继发性休克（梗阻）	葡萄糖酸钙 林格氏液 乳酸林格氏液
肝硬化	休克、低血钾、代谢性酸中毒	氯化钾 胶体制剂 (乳酸）林格氏液
急性肠炎	脱水、低血钾、代谢性酸中毒	乳酸林格氏液 氯化钾 碳酸氢钠
烫伤、挫伤	休克、高血钾	抗休克治疗

五、抗菌药物的临床应用

由细菌、支原体、衣原体和病毒等病原微生物引发的感染性宠物疾病，在临床上各科均可看到，其中细菌性感染尤为常见。因此，抗菌药物就成了宠物临床上应用最广泛的药物之一。为了在临床上应用抗菌药物获得最佳疗效，保障患病宠物用药安全和减少细菌产生耐药性，现就犬、猫抗菌药物临床应用加以说明。

（一）抗菌药物治疗性应用

根据患病犬和猫的病史、临床症状、实验室检验等，初步诊断为细菌（包括真菌、支原体、衣原体、螺旋体、立克次氏体和部分原虫）性感染时，才可以应用抗菌药物。如果缺乏细菌性感染证据，诊断难成立，以及病毒感染犬和猫，都不应该应用抗菌药物。但犬、猫螨虫感染，可应用伊维菌素类药物治疗。

应尽早诊断出犬、猫感染的病原菌，然后根据病原菌对抗菌药宠物的敏感性或耐药性试验结果，选用抗菌药物。危重病犬、猫在未知病原菌和药敏试验结果前，动物医生可根据自己的经验及当地犬、猫细菌性疾病流行情况，推断可能的病原菌，再结合当地细菌耐药情况，先给以抗菌药物经验治疗，等获知细菌药敏结果后，再调用抗菌药物。

抗菌药物的应用，应根据患病犬、猫病情、病原菌种类及抗菌药物特点来进行。

1. 抗菌药物的品种选择

根据病原菌种类和药敏试验结果来选用，另外还要考虑以下情况。

1）药物的渗透性

不同的器官组织和病理状况，以及药物进入机体和蛋白结合、脂溶性或水溶性、环境 pH 等，都会影响药物的渗透性和作用（表 2-2-10 和表 2-2-11）。了解药物渗透性很主要，如药敏试验好的药物，但对某体液或组织渗透性差，不能达到治疗需要的药物浓度，也难治愈疾病。

表 2-2-10 抗菌药物易渗透入的体液和组织

组织	药物种类
骨骼	青霉素类、头孢菌素类、氟喹诺酮类、氨基糖苷类、林可霉素、四环素、土霉素、多西环素、甲烯土霉素
眼睛	阿莫西林、氨苄西林、头孢曲松、头孢氨苄、头孢噻啶、氯霉素 *、林可霉素
前列腺	红霉素、三甲氧苄氨嘧啶（TMP）
胆汁	红霉素
乳汁	青霉素 G、红霉素、林可霉素、竹桃霉素、螺旋霉素、泰乐菌素
浆膜液	双氢链霉素、红霉素、弗氏丝菌素、庆大霉素、卡那霉素、林可霉素、巴龙霉素、链霉素
脑脊髓液	氟喹诺酮类，磺胺类药物、头孢唑啉、氯霉素

* 氯霉素对人类可造成致命性贫血，但对犬、猫只引起轻微的暂时性贫血。

表 2-2-11 尿液中抗菌药物的作用

不受尿 pH 影响药物	在酸性尿中作用较强药物	在碱性尿中作用较强作用
头孢氨苄	羧苄西林	多粘菌素
头孢噻啶	土霉素	双氢链霉素
头孢曲松	多西环素	红霉素
氯霉素	甲稀土霉素	弗氏丝菌素（新霉素 B）
萘啶酸	呋喃妥英	庆大霉素
磺胺类药物	四环素	卡那霉素
三甲氧苄氨嘧啶+磺胺类药物	青霉素 G	新霉素
		巴龙霉素
	酸化尿液：	链霉素
	DL-蛋氨酸（口服）	
	抗坏血酸	
		碱化尿液：
		碳酸氢钠（口服）

2）细菌耐药性

抗菌药物的使用造成了犬、猫体内菌系的改变，对药物敏感的菌株被杀灭了，耐药菌株保留了下来，并且可从污染的环境中传给其他动物或人类。细菌以质子或转座子形成的耐药性，能够转染到易感菌株，这样使得细菌对单一或多种抗菌药物的耐药性得以传播，还能产生多种革兰氏阳性或革兰氏阴性耐药菌，如金黄色葡萄球菌、大肠杆菌、沙门氏菌、巴氏杆菌等。这些细菌多是能产生β-内酰胺酶而具有耐药性，但是还是有不少种类抗菌药物，对能产生β-内酰胺酶的细菌有作用（表 2-2-12）。

表 2-2-12　对产生β-内酰胺酶的细菌仍有作用的抗菌药物

药物类别	药物名称
青霉素类	氯唑西林，甲氧西林，克拉维酸钾阿莫西林
头孢菌素类	头孢哌酮，头孢氨苄，头孢烟酰，头孢噻啶，头孢金素，头孢曲松
氯基糖苷类	阿米卡星，弗氏丝菌素（新霉素 B），庆大霉素，卡那霉素，新霉素，巴龙霉素
大环内酯类	红霉素，竹桃霉素，螺旋霉素，泰乐菌素
呋喃类	呋喃唑酮，呋喃妥英，呋喃西林
氟喹诺酮类	达诺沙星，恩诺沙星，马波沙星，麻氟沙星
其他	杆菌肽，氯霉素，林可霉素，新生霉素，磺胺和三甲氧苄氨嘧啶，万古霉素

2. 给药剂量

给药剂量一定要保证足够浓度和足够使用时间，使得药物能与病原菌接触，并杀灭它们。另外，还要考虑药物的毒性、剂型和给药次数，对重症感染和对药敏感性降低的细菌，药物不易到达的系统组织感染，如中枢神经系统，为了获得较好疗效，抗菌药物用量较大。但对于毒性较大的药物，增加用药量，必须要小心谨慎。否则，如喹诺酮类药物量大中毒,能引起猫进行性视网膜萎缩；磺胺药物中毒能引起多伯曼犬视网膜炎。单纯性下尿路感染时，由于多数药物从尿中排出，尿浓度较高，可用药物治疗范围的较小剂量。

3. 给药途径

一般轻症感染，能接受口服给药的犬和猫，可选用口服给药。重症感染和全身感染的犬和猫，应静脉给药，等病情好转能口服时，转为口服给药。全身感染或内脏感染时，应尽量避免局部应用抗菌药物，因为局部用药很少吸收难有效，还易使细菌产生耐药性。但皮肤表面、口腔、眼睛、阴道、耳内及脓肿腔内可选用适当抗菌药物。氨基糖苷类等耳毒性药物，不可局部滴耳用。

给药有多种途径，给药途径的选择，可根据下列每种途径的优缺点进行。

1）静脉给药

优点:①能很快提高血液和组织中药物浓度水平，多应用于败血症。血液循环中药物浓度比肌肉注射或口服的要高，更易进入坏死或慢性脓肿部位。

②适用于大量给药及具有刺激性或致痛性药物。

③容易获得血液中药物浓度。

缺点：需要熟练技术，急性不良反应比较多见，需要能够静脉注射的剂型，需缓慢注入。

2）肌肉注射

优点：操作容易、常用，注射后 2 小时血液和组织中药物浓度达峰值，稍有刺激性药物可作肌肉深部注射，在机体内药物浓度维持时间较长些。

缺点：肌肉有损伤，有的药物可引起严重反应，如引起疼痛和局部发炎肿胀。体内药物浓度随时间而变化。

3）皮下注射

优点：比肌肉注射刺激性小，可给予稍大量药物。

缺点：比肌肉注射吸收缓慢。

4）口服药物

优点：最基本的给药方法，犬、猫主人可操办。

缺点：①应用药物剂量要比非肠道给药方法大些。

②需较长时间血液药物浓度才能达到高峰。

③一些抗生素肠道难吸收，如链霉素、新霉素等。有的抗生素被破坏了，如青霉素。长期口服抗生素破坏肠道内菌系。

④吸收情况难确定，又依赖胃肠状况、食物类型和食入量等，口服钙或高岭土可妨碍多种抗菌药物的吸收。

4. 用药持续时间

一般注射给药需持续 3~5 天，恢复正常后再增加给药 1 天。如果治疗 3~5 天不见效，可考虑更换另一种抗菌药物。治疗慢性疾病时，持续给药需 10~14 天或更长。

5. 抗菌药物效能谱

抗菌药物不同，其对病原的效能也不同，一般说来，对革兰氏阳性和革兰氏阴性细菌都有效的，称为广谱抗菌药物，只对革兰氏阳性或革兰氏阴性有效的，称为窄谱抗菌药物（表 2-2-13）。也有把只对细菌有效的，称为窄谱；把对细菌、支原体、衣原体和立克次氏体都有效的，称为广谱。

表 2-2-13　抗菌药物对细菌的效能

革兰氏阳性菌	革兰氏阴性菌	广谱：革兰氏阴性和阳性菌
青霉素类： 氯唑西林 甲氧西林 青霉素 G 青霉素 V 大环内酯类： 红霉素 竹桃霉素 螺旋霉素 泰乐菌素 其他： 杆菌肽 林可霉素 新生霉素 冠截耳素 万古霉素	青霉素类： 羧苄西林 多粘菌素类： 多粘菌素 E 多粘菌素 B 氨基糖苷类： 阿米卡星 双氢链霉素 弗氏丝菌素（新霉素 B） 庆大霉素 卡那霉素 新霉素 巴龙霉素 链霉素 其他： 阿泊拉霉素 壮观霉素	青霉素类： 阿莫西林 氨苄西林 克拉维酸钾-阿莫西林 磺胺类： 多种磺胺药物 四环素类： 四环素 多西环素 甲稀土霉素 土霉素 头孢菌素类： 头孢曲松 头孢噻呋 头孢氨苄 头孢噻啶 头孢金素 呋喃类： 呋喃唑酮 呋喃妥英 呋喃西林 氟喹诺酮类药物： 达诺沙星 恩诺沙星 麻氟沙星 其他： 氯霉素 氟苯尼考 哈喹诺 磺胺和三甲氧苄氨嘧啶

6. 杀菌或抑菌效能

了解抗菌药物的杀菌或抑菌效能很重要，有的药物能杀灭细菌，有的药物主要是抑菌（表 2-2-14），抑菌后靠动物自身的防疫功能来消灭病原菌。当然了这些都是相对的定义，有的药物在高浓度时具有杀菌作用，在低浓度时只有抑菌作用。因此，用药一定要用足药量。

表 2-2-14 杀菌和抑菌药物

杀菌药物	抑菌药物
青霉素类：	哈喹诺
阿莫西林	新生霉素（高浓度）
氨苄西林	大观霉素（偶尔）
羧苄西林	磺胺和三甲氧苄氨嘧啶（TMP）
氯唑西林	万古霉素
甲氧西林	
青霉素 G	大环内酯类：
青霉素 V（苯氧青霉素）	碳霉素
	红霉素（低浓度）
大环内酯类：	阿奇霉素
红霉素（高浓度）	螺旋霉素
	替米考星
呋喃类：	泰乐菌素
呋喃唑酮（高浓度）	
呋喃妥英（高浓度）	磺胺类：
呋喃西林（高浓度）	所有种类磺胺
头孢菌素类：	呋喃类：
头孢噻呋	呋喃唑酮（低浓度）
头孢氨苄	呋喃妥英（低浓度）
头孢噻啶	呋喃西林（低浓度）
头孢曲松	
	四环素类：
多粘菌素类：	四环素
多粘菌素 E	多西环素
多粘菌素 B	甲稀土霉素
	土霉素
氨基糖苷类：	金霉素
阿米卡星	
双氢链霉素	其他：
弗氏丝菌素（新霉素 B）	阿泊拉霉素
庆大霉素	氯霉素
卡那霉素	克林霉素
新霉素	氟苯尼考
巴龙霉素	林可霉素
链霉素	三甲氧苄氨嘧啶
氟喹诺酮类药物：	
达诺沙星	
恩诺沙星	
麻氟沙星	
其他：	
杆菌肽	

7. 抗菌药物联合应用

临床上联合用药经常看到，但是最好避免使用。在多种病原菌同时感染时，可采用联合用药。联合用药有的有协同或相加作用，还可能获得广谱的抗菌效能，如青霉素和氨基糖苷类，甲氧苄氨嘧啶和磺胺类药物的联合用药。对于治疗免疫功能差的犬、猫，联合用药的协同作用比较有重要意义。对于大多数败血性休克犬、猫的治疗，氨苄西林加恩诺沙星，或恩诺沙星加克林霉素、阿米卡星加克林霉素、阿米卡星加甲硝唑等，都是较有效的治疗组合。另外，犬、猫的尿液多为酸性，磺胺类药物在酸性尿液中易形成结晶，严重的能形成尿结石，所以犬、猫应用磺胺类药物时，最好同时也应用碳酸氢钠。联合用药有些副作用，如两药发生作用沉淀或降低疗效，增加毒性等。因此，临床上必须小心选择联用药物的配伍（表 2–2–15）。

表 2–2–15　抗菌药物的联合应用和禁忌

1	1.青霉素类抗生素										
2	+	2.头孢菌素类抗生素									
3	+	±	3.氨基糖苷类抗生素								
4	–	–	+	4.四环素类抗生素							
5	–	–	–	–	5. 大环内酯类抗生素						
6	–	–	–	–	–	6.林可霉素类抗生素					
7	+	–	–	+	–	○	7.多粘菌素类抗生素				
8	–	–	–	–	–	–	○	8.氯霉素类抗生素(氟苯尼考)			
9	+	+	±	–	–	+	○	–	9. 喹诺酮类药物		
10	–	–	–	–	○	–	+	–	–	10. 磺胺类药物	
11	+	+	+	–	+	+	+	○	+	+	11. 抗菌增效剂(TMP)

注：“+”表示可以联合应用，有协同或相加作用，须分别给药。
“±”表示可以联合应用，但毒性增加，须分别给药。
“–”表示不可以联合应用。
“○”不清楚。
表中只给出了每类抗菌药物的一般情况，能否联合应用的详细说明，仍需参考每种抗菌药物的说明书。

8. 药物毒性

临床上应根据抗菌药物用量来用药，有些毒性较大的药物，应用时尤其要注意，以防发生中毒（表 2–2–16）。

表 2–2–16　抗菌药物的毒性

药物类别	毒性
青霉素类	毒性很低，偶尔高敏，有时可导致严重危害反应
磺胺类药物	少见有毒性，快速静脉注射可导致虚脱和呼吸衰竭，在酸性尿中易形成结晶
大环内酯类	皮下或肌肉注射后，可导致疼痛或其他反应。注射红霉素和泰乐菌素可能有刺激性反应
林可霉素	腹泻，产奶下降（口服）
氨基糖苷类	耳毒性（可能有），心血管损伤，高血压（动物中毒或休克），肾毒性
四环素类	急性虚脱综合征（静脉注射），消化功能不良（口服）。在骨骼和牙齿内聚积，造成幼动物骨骼和牙齿发育不良

续表

药物类别	毒性
氟喹诺酮类	损伤幼年动物软骨组织。猫使用剂量超过 5mg/kg，可能引起失明
氯霉素类	经微毒性。可引起双重感染（口服）。可引起贫血
多粘菌素类	因为非肠道给药可引起中毒性休克和死亡，所以通常应用于局部
呋喃类	急性—神经症状，慢性—出血综合征

9. 药物价格

选择抗菌药物，最好是抗菌或杀菌作用最强，毒性最小，对患病宠物免疫力没有副作用，价格较便宜的抗菌药物。

10. 抗菌药物治疗无效的原因

(1) 抗菌药物种类选择不当，没有建立在药物作用或药敏试验的基础上，或药物不能进入靶组织或体液，如不能通过血脑屏障。

(2) 使用的剂量不当，每天给药的次数和途径不当，应用时间长短不当。

(3) 感染的细菌具有了耐药性，如有的细菌能产生 β-内酰胺酶，对抗 β-内酰胺类药物（如青霉素和头孢菌素类）。

(4) 抗菌药物联合应用时的拮抗作用。

(5) 诊断错误，如用抗菌药物治疗病毒性疾病、异物和植入物。

(6) 患病动物免疫功能差或药物影响了免疫力。

（二）抗菌药物预防性应用

1. 内科预防性用药注意事项

(1) 只可用于预防一种或两种特定病原菌感染，不可用于预防任何病原菌入侵感染。

(2) 只可用于预防在一段时间内可能发生的细菌感染，不可长期预防用药。

(3) 在任何情况下，一般都不宜常规长期预防性应用抗菌药物。

2. 外科手术预防性用药

犬、猫外科手术不像人类那样清洁，即使清洁手术，也须应用抗菌药物。抗菌药物的选择依预防目的而定，预防伤口感染，多选择针对预防金黄色葡萄球菌感染药物。肠道手术宜选择预防大肠杆菌和厌氧菌感染药物，如新霉素、甲硝唑或氟苯尼考，手术前口服。一般手术时间越长，导致感染的机会越多，90 分钟手术是 60 分钟手术的可感染危险的 2 倍。犬、猫不同部位手术较易感染细菌见表 2-2-17。

表 2-2-17 犬猫不同部位手术常易感染细菌

手术部位	较易感染细菌
胸腔肺部和心血管手术	葡萄球菌、革兰氏阴性杆菌
矫形外科手术，如髋关节移植、骨骼内固定	葡萄球菌
胃和近胃端肠管手术（严重病动物）	革兰氏阳性球菌、革兰氏阴性杆菌
胆管手术（严重病动物）	肠革兰氏阴性杆菌、厌氧菌，特别是链球菌和梭菌属
结肠和直肠手术	肠革兰氏阴性杆菌、厌氧菌，特别是拟杆菌属和链球菌
泌尿生殖系统手术（如伴有子宫积脓或内膜炎）	大肠杆菌、链球菌、厌氧菌
深部穿透创伤手术	厌氧菌、兼性细菌
牙科手术（患有心血管疾病动物）	葡萄球菌、链球菌、兼性细菌、厌氧菌

外科手术预防给药时间，可在手术前 0.5~2 小时内给药，手术超过 3 小时、污染严重或失血较多者，手术中可给第二次抗菌药物。犬、猫清洁手术可预防用药 1~3 小时，污染手术可根据情况适当延长用药时间。

（三）抗菌药物在某些生理和病理状况下的应用

1. 老年犬、猫患病时抗菌药物的应用

老年犬、猫的器官组织已有生理功能性退化，免疫功能也减退，因此一旦发生感染，如果应用由肾脏排出的抗菌药物，可按肾功能轻度减退减量给药，可用正常治疗量的 2/3~1/2。同时宜选用对肾脏毒性低的抗菌药物，如青霉素、头孢菌素类等。忌用毒性大的氨基糖苷类等药物。

2. 幼年犬、猫患病时抗菌药物的应用

幼年犬、猫的主要器官组织尚未发育成熟，其功能也较差，尤其是肝肾均未发育成熟。因此，在发生感染时，慎用对肾脏和耳有毒性的氨基糖苷类（如庆大霉素、硫酸阿米卡星等）；慎用对肝脏有毒性的红霉素酯化物、磺胺类、酮康唑和利福平等药物；慎用能造成牙齿和骨骼发育不良的四环素类药物（如四环素、土霉素、多西环素）；慎用损伤骨骼和骨骺软骨的氟喹诺酮类药物（诺氟沙星、氧氟沙星、环丙沙星）。在使用毒性较小的抗菌药物时，也应该严格控制用量，防止药物在体内蓄积导致中毒。

3. 妊娠犬、猫抗菌药物的应用

妊娠犬、猫抗菌药物的应用要考虑药物对母犬、猫和胎儿两方面的影响。①对胎儿有致畸和明显有毒性药物，如氟喹诺酮类、四环素类、磺胺类、抗真菌类药物等，犬、猫妊娠期避免应用；②对母体和胎儿均有毒性药物，如氨基糖苷类、万古霉素等，犬、猫妊娠期避免应用；③对母体和胎儿毒性低，也无致畸作用药物，如青霉素、头孢菌素类、红霉素、克林霉素、阿奇霉素、呋喃妥因等，犬、猫妊娠期可选用。

4. 哺乳期母犬、猫抗菌药物的应用

哺乳期母犬、猫应用抗菌药物后，药物可从乳汁分泌，通常乳汁中只占用药量的 1%左右。但是，氟喹诺酮类、四环素类、大环内酯类、甲硝唑、磺胺甲噁唑等药物，在乳汁中分泌含量较高。而青霉素类、头孢菌素类和氨基糖苷类等药物，在乳汁中含量较低。无论乳汁中含抗菌药物量多少，都可能存在对哺乳幼犬、猫的影响。因此哺乳期患病母犬、猫，避免选用氨基糖苷类、喹诺酮类、四环素类、磺胺类等药物进行治疗。

5. 犬、猫肾功能减退抗菌药物的应用

进入犬、猫机体内许多药物主要经肾脏排出。因此，①对肾脏有毒性的抗菌药物，尽量避免应用，如氨基糖苷类、四环素类、呋喃妥因、磺胺、万古霉素、氯磺丙胺、乙胺丙醇等；②对肾脏无毒或毒性较低，或肝脏和胃肠也参与代谢和排出的药物，如青霉素类、头孢菌素类、大环内酯类、磺胺甲噁唑、克林霉素、甲硝唑、利多卡因、苯妥英钠、洋地黄苷、甲磺丁脲等药物可以选用，药物用量可维持原量或剂量略减。

6. 犬、猫肝功能减退抗菌药物的应用

犬、猫肝功能减退应用抗菌药物时，要考虑肝脏代谢和清除药物的能力，以及药物对肝脏的毒性。①药物对肝脏无毒性，主要经肝脏清除，如红霉素、林可霉素等，肝病时正常应用或减量给药，治疗过程注意监测肝功能；②药物主要由肾脏排出，如氨基糖苷类、氟喹诺酮类药物，肝病时可正常应用；③药物由肝肾两途径清除的，如青霉素类、头孢菌素类等，它们毒性不大，在肝脏疾病时可应用，在肝肾功能都减退时，需酌情减量应用；④肝病避免应用的抗菌药物，有红霉素酯化物、四环素类、氯霉素、抗真菌药和磺胺类药物等。

7. 犬、猫发生感染时抗菌药物的应用

1）皮肤和软组织感染

犬感染的病原最多见的是中间葡萄球菌，深层组织感染是铜绿假单胞菌或大肠杆菌和变形杆菌，有时还有革兰氏阳性菌的肠球菌。另外，还有厌氧菌的放线菌。猫皮肤感染菌有巴氏杆菌、链球菌等，口腔感染还有厌氧菌。

（1）中间葡萄球菌感染：治疗其感染最有效的药物是头孢菌素（如头孢氨苄）、青霉素（阿莫西林、克拉维酸钾阿莫西林等）和氟喹诺酮类药物。其他还有红霉素、林可霉素、克林霉素和复方磺胺药物，但易产生抗药性。

（2）假单胞菌：治疗其感染可用氨基糖苷类（阿米卡星、庆大霉素、妥布霉素）、广谱青霉素类（替卡西林钠克拉维酸钾、克拉维酸钾阿莫西林等）、第 3 代头孢菌素类或氟喹诺酮类药物。

（3）巴氏杆菌：治疗其感染可用氨苄西林、克拉维酸钾阿莫西林、头孢菌素和氟喹诺酮类药物。

（4）大肠杆菌和变形杆菌：治疗其感染可用氨基糖苷类药物、头孢菌素、氟喹诺酮类、磺胺和三甲氧苄氨嘧啶。

（5）厌氧菌：治疗其感染可用青霉素类、林可霉素和甲硝唑。

2）泌尿道感染

犬、猫泌尿道感染最常见的病原菌是奇异变形杆菌、葡萄球菌和革兰氏阴性菌假单胞杆菌、大肠杆菌、克雷伯菌和肠杆菌。有时还有肠球菌感染。

治疗可选用青霉素类、头孢菌素、四环素类（多西环素除外）、氟喹诺酮类和氨基糖苷类（对肾脏有毒，用时注意）药物。

治疗前列腺疾患，可选用氟喹诺酮类、红霉素和甲氧苄氨嘧啶（磺胺增效剂）。

3）骨骼和关节感染

犬、猫骨骼和关节感染病原菌有葡萄球菌、大肠杆菌、假单胞杆菌、变形杆菌和厌氧菌，常为混合感染，但葡萄球菌感染多见，而且最麻烦。

治疗时间较长，一般也得 6 周。得先清洗脓汁和异物，然后再用药，可选用头孢菌素、克拉维酸钾阿莫西林口服，其他可选用氟喹诺酮类、林可霉素。非肠道用药，可选用氨基糖苷类或第 3 代头孢菌素。其他一些疾病抗菌药物的应用见表 2-2-18。

表 2-2-18　犬、猫一些疾病抗菌药物的应用 *

疾病类别	药物名称
细菌性腹泻	阿莫西林，氨苄西林，克拉维酸钾阿莫西林，达诺沙星，恩诺沙星，麻氟沙星，新霉素，四环素，土霉素，磺胺类药物，磺胺和三甲氧苄氨嘧啶，呋喃唑酮
肺炎	阿莫西林，氨苄西林，克拉维酸钾阿莫西林，头孢噻呋，头孢氨苄，头孢曲松，达诺沙星，恩诺沙星，麻氟沙星，土霉素，青霉素和链霉素，替米考星，泰乐菌素，阿奇霉素
沙门氏菌	阿莫西林，氨苄西林，克拉维酸钾阿莫西林，达诺沙星，恩诺沙星，麻氟沙星，新霉素，呋喃唑酮，磺胺和三甲氧苄氨嘧啶
拟杆菌	氨苄西林，克拉维酸钾阿莫西林，克林霉素，琥乙红霉素，甲硝唑
克雷伯菌	阿米卡星，头孢去甲噻肟，庆大霉素，妥布霉素，替卡西林，恩氟沙星
梭形杆菌	氨苄西林，克拉维酸钾阿莫西林，克林霉素，氯霉素，甲硝唑
梭菌属	氨苄西林，克拉维酸钾阿莫西林，甲硝唑，氯霉素
放线菌属	氨苄西林，克拉维酸钾阿莫西林，青霉素，克林霉素，氯霉素，琥乙红霉素
诺卡氏菌	磺胺和三甲氧苄氨嘧啶，阿米卡星，环丙沙星，头孢噻肟，头孢曲松
伯氏疏螺旋体（莱姆病）	多西环素，四环素，阿莫西林，头孢菌素（头孢曲松），氯霉素
败血症	阿莫西林，氨苄西林，克拉维酸钾阿莫西林，达诺沙星，恩诺沙星，麻氟沙星，磺胺和三甲氧苄氨嘧啶
乳房炎	阿莫西林，氨苄西林，头孢曲松，头孢氨苄，土霉素，磺胺和三甲氧苄氨嘧啶
子宫炎	阿莫西林，头孢噻呋，头孢氨苄，头孢曲松，克拉维酸钾阿莫西林，土霉素
脐病	阿莫西林，氨苄西林，克拉维酸钾阿莫西林，土霉素，磺胺和三甲氧苄氨嘧啶
脑膜炎	达诺沙星，恩诺沙星，麻氟沙星，磺胺和三甲氧苄氨嘧啶
支原体	四环素，土霉素，多西环素，甲烯土霉素，红霉素，喹诺酮类，林可霉素，竹桃霉素，螺旋霉素，泰乐菌素
立克次氏体	喹诺酮类，四环素，土霉素，多西环素，甲烯土霉素、氯霉素
真菌	两性霉素，灰黄霉素，制霉菌素，曲古霉素，克念菌素，咪康唑，酮康唑，克霉唑，特比萘芬

注：选择抗菌药物治疗，最好通过药物敏感试验来决定。

六、输血医学

输血是补充犬、猫血液或血液成分的一种安全有效的挽救生命疗法。犬每千克体重有 80~90ml 血液，猫每千克体重有 65~75ml 血液。当撞伤或手术发生急性失血达全血量 1/5 时，可出现血压降低，心跳加快。当失血达 1/3 时，将危及生命，此时及时输血是挽救生命的最有效方法。输血不仅能补充血容量，而且增多的红细胞能增加携氧量，改善心肌和脑的功能。输入的血制品包括全血、浓缩红细胞、新鲜冷冻血浆、冷沉淀物（Cryoprecipitate）、血小板和中性粒细胞等。输血的目的是供给患病犬、猫因患病引发的全血或血液某成分的减少。输血也像其他疗法一样，也有其不良反应或并发症。因此，为了获得好的输血效果，临床动物医生应很好地了解供血动物、无菌采血、血液贮存以及输血前对动物血型和交叉配血试验等技术。

鉴定犬、猫血型不仅是为了输血安全，同时还有利于有计划地传宗接代，优生优育。

（一）血源和供血动物

1. 血源

在发达国家有商业性动物血液库或中心，不过不少动物医生喜欢自己养 1~2 只的供血动物，或者使用他人专为供血饲养的动物，或者动物饲养主人自愿建立起来的供血体系，相互供血。另外，还有动物自体供血，就是在动物手术前 2~3 周采自体血液，供手术中或手术后输血应用。外伤或其他原因引起的胸腹腔内的新鲜血液，也可自体急用。自体输血后，一般不会引起输血反应。但是，自体的污染血流或恶性肿瘤的血液，不能应用。

今后输血医学发展方向是避免和减少异体输血，提倡自体输血，大力开展术前和术中的自体输血是落实科学、合理、节约用血的主要技术手段。动物自体输血就是采集受血者自身的血液或回收手术中的失血，以满足动物本身手术或紧急情况时需要的一种输血方式。自体输血包括预存式自体输血、术前稀释方式自体输血和术中回收式自体输血等多种方式。

（1）预存式自体输血：是术前预先采集患病动物血液，储存起来备用，待手术时输还给患病动物。

（2）术前稀释式自体输血：是在患病动物麻醉后，术前经静脉采集一定量的自身血液短暂储存；同时，向患病动物输入一定比例的晶体液或胶体液来补充血容量。使患病动物在血容量正常的血液稀释状态下接受手术，手术时再回输给患病动物。

（3）术中回收式自体输血：是采用先进的血液回收设备，负压吸引手术视野中的血液，将其回收在过滤器中，在严格无菌技术操作的环境下，滤过血液中的组织碎块、血凝块、脂肪等，再经过抗凝、洗涤等处理，在手术中回输给患病动物。

预存式、术前稀释式和术中回收式自体输血，既可单一选择，又可联合使用。在实施外科大手术中，根据具体情况，一般都采用预存式自体输血和术中回收式自体输血两种自体输血方式。有的甚至同时采用预存式自体输血、术前稀释式自体输血和术中回收式自体输血三种联合自体输血方式。术后血常规等各项血液指标，很快能恢复到术前水平。

自体输血是一种经济、合理、科学、安全、有效的输血方式。这一输血方式节约了血液资源，降低了异体用血量，避免了异体输血传染病和输血反应的风险，更有利于为疑难配血患病动物提供手术用血，还可刺激造血功能，提高患病动物的免疫水平，有利于术后身体的恢复。尤其是联合式自体输血，可相互取长补短。术前稀释采集的血液，可使手术中出血有形成分丢失减少，术中机器回收的血液，可立刻提供与患病动物完全相容的血液，完全符合患病动物的生理需要。手术前凡手术预计出血量较多的患病动物，患病动物条件符合自体输血要求的，均可作为自体输血的对象。

2. 供应动物

理想的供血动物，应该是成年、健康无病、营养良好、不肥胖、未曾输过血、按时注射疫苗和预防心丝虫感染，红细胞比容（犬>40%，猫>35%）和血红蛋白（犬>130g/L，猫>110g/L）正常、不贫血、凝血因子正常、无传染病。另外，还应知道血型。

（1）供血犬：供血犬应温顺，颈部瘦易采血（大型犬前肢头静脉也可采血），如比格猎犬。个体要大，体重 27kg 以上，这样的犬每隔 2~3 周可采血 400mL，采血量不超过总血量的 20%，也就是犬每千克体重可采血 15ml，这样可连续采血 2 年以上。

供血犬应无犬布氏杆菌病、犬心丝虫病、犬埃立体病、犬巴尔通氏体病、莱姆病、克氏锥虫病、巴贝斯虫病和（冯）维勒布兰德氏病（遗传性假血友病）。

（2）供血猫：较好的供血猫也应温顺，长颈易采血，体重 4kg 以上，每隔 2~3 周，可采血 10~20ml/kg 体重。

供血猫应无猫白血病、猫免疫缺陷病、猫传染性腹膜炎、巴尔通氏体病、弓形虫病和无体内外寄生虫病，因为有的寄生虫是疾病的传播媒介。

（二）采血和血液保存

1. 血液抗凝剂和保存营养剂

血液抗凝剂就是防止血液凝固之剂，以便有利于输血。肝素和3.8%枸橼酸钠能抗凝血，但无保存营养功能，采抗凝血后，需在8小时内完成输血。一般不提倡用肝素做抗凝剂，因为它抗凝时间短，对红细胞也无营养作用。

商品性动物血液库常用的抗凝和保存营养剂，即含有枸橼酸盐抗凝，又能为贮存的红细胞提供营养和起稳定红细胞作用。

枸橼酸盐葡萄糖（ACD）溶液是最早用于血液的抗凝保存营养剂，此溶液分A和B两种，ACD-B用于犬血液，在0~6℃能抗凝和保存营养21天，用于猫血液为30天（表2-2-19）。枸橼酸盐磷酸盐葡萄糖腺嘌呤（CPDA-1）是一种比较好的抗凝和保存营养剂，可用于犬的全血和浓缩红细胞，在0~6℃可贮存20~35天。CPDA-1用于猫的红细胞是有变化的，可贮存35天。

表2-2-19　血液抗凝剂和保存剂

	犬血液	
名称	抗凝和全血比例	在0~6℃贮存时间
①抗凝剂		
肝素	625U/50ml（10mg/100ml血液）	采血后立即输血
3.8%枸橼酸钠	1ml/9ml血液	采血后立即输血
②抗凝-保存营养剂		
CPDA-1　*	1ml/7ml血液	20~35d
ACD-B　**	1ml/4ml血液	21d
累加溶液	100ml/250ml浓缩红细胞	37~42d
	猫血液	
名称	抗凝和全血比例	在0~6℃贮存时间
①抗凝剂		
肝素	625U/50ml	采血后立即输血
3.8%枸橼酸钠	1ml/9ml血液	采血后立即输血
②抗凝-保存营养剂		
ACD-B	1ml/4ml血液	30d

* CPDA-1配制：枸橼酸钠2.63g、枸橼酸0.327g、磷酸二氢钠0.222g、葡萄糖3.19g、腺嘌呤0.0275g、注射用水或重蒸馏水100ml。

** ACD-B配制：枸橼酸钠1..33g、枸橼酸0.47g、葡萄糖3.0g、重蒸馏水100ml。

累加溶液（Additive solution）是最新开发的以枸橼酸为基础的红细胞贮存的保存营养液，包括几种不同的液体，用于全血分离后的血浆和浓缩红细胞。累加溶液加入浓缩红细胞，能为红细胞提供营养，延长其贮存时间。此液只应用于犬，不适用于猫。

血液贮存时间长了，可能会发生溶血，使血液颜色变淡或变深，此时所贮存的血液便不能用了。

2. 采血

采血最好在封闭的环境进行，必须无菌操作，彻底消毒，以防细菌污染血液。采血部位要剪毛，先用70%酒精消毒一下，然后再用2%碘酒消毒。采血可利用重力或真空抽吸法，最好把血采入装有抗凝剂的专用塑料袋内或大号注射器内，这样可避免溶血过多。现在多采用人医的采血袋，其抗凝和保存剂是 CPDA–1。

(1) 犬的采血：给犬采血多选择在颈静脉或股动脉，大型犬可在前肢头静脉，一般不需要镇静，个别闹的犬需镇静后采血。采血最好采入装有抗凝剂的专用采血袋内，袋上通常附有采血针头。

(2) 猫的采血：给猫采血多数需要先用镇静药物镇静，多选择颈静脉采血。最简单方法是使用装有抗凝剂的大号注射器，一般可采血 30~60ml。

采集的血液如果当时不用，在贮存前需标明是犬或猫血液、动物品种、血型、采血时间、保存到期时间等。

（三）犬和猫红细胞血型

红细胞血型是指动物红细胞表面含有能抗特定抗体的抗原，它是一种遗传的性状。由若干个相互关联的抗原抗体组成的血型体系，称为血型系统，如犬有 DEA（Dog Erythrocyte Antigen）系统，猫有 AB 系统，另外，还有白细胞抗原系统等。未免疫或输血的动物，血浆中存在着先天性的同种抗体；在输血致敏后，可产生后天性的其他同种抗体。输血后引发的溶血或初生幼犬、猫吃母乳后发生溶血，可能是这些同种抗体引发的。同种抗体可通过交叉配血试验和血液分型来检验，凝血或溶血说明有同种抗体的存在。

1. 犬红细胞血型

犬至少有 13 种红细胞血型，但只有 6 个血型有意义，它们是 DEA 系统的 DEA1.1、1.2、3、4、5、7 血型。DEA1 血型有多个等位基因，包括 DEA1.1、DEA1.2、DEA1.3 和一个无效血型，DEA1.1 抗原最重要，其次是 DEA1.2。如果供血犬是 DEA1.1 阳性，受血犬是 DEA1.1 阴性，初次输血将致敏，第二次输血，将很快或在 12 小时内发生输血溶血反应，导致输入的红细胞崩解，甚至危及生命。因此，不能用 DEA1.1 阳性犬给 DEA1.1 阴性犬作供血犬。DEA1.1 阳性公犬和 DEA1.1 阴性母犬交配，生下的 DEA1.1 阳性幼犬，当幼犬吃母乳后，有可能发生溶血病，导致幼犬在短时间内死亡。因此，最好不用 DEA1.1 阳性公犬和 DEA1.1 阴性母犬交配，以防幼犬吃母乳后发生溶血。供血犬 DEA1.2 阳性，给受血犬 DEA1.2 阴性初次输血，也可致敏受血犬，如果第二次再输 DEA1.2 阳性血液，很快或在 12~24 小时内也将发生输血后红细胞崩解反应。

犬 DEA4 阳性率为 98%，阴性率为 2%，不管犬 DEA4 为阳性或阴性，都可作为供血犬，故称“通适供血犬或万能供血犬”。

犬 DEA7 结构相似于普通细菌抗原，所以 20%~50%的 DEA7 阴性犬自然产生的抗体，对抗 DEA7 阳性犬。不过有人认为输给 DEA7 阳性犬红细胞时，那些抗体早已除去了，所以仍可选用 DEA7 阴性犬作为供血犬。

犬血型 DEA1.1 和 DEA1.2 在输血中非常重要，现在已有这两种血型鉴定盒，鉴定出血型结果后，才有可能按图 2–2–5 输血，因 DEA1.1 阴性犬可给 DEA1.1 阴性犬、DEA1.1 阳性犬和 DEA1.2 阳性犬输血，故也称为“通适供血犬或万能供血犬”。

犬某一种血型阳性和阴性所占的比例，与其所在的地区和品种有一定关系（表 2–2–20）。

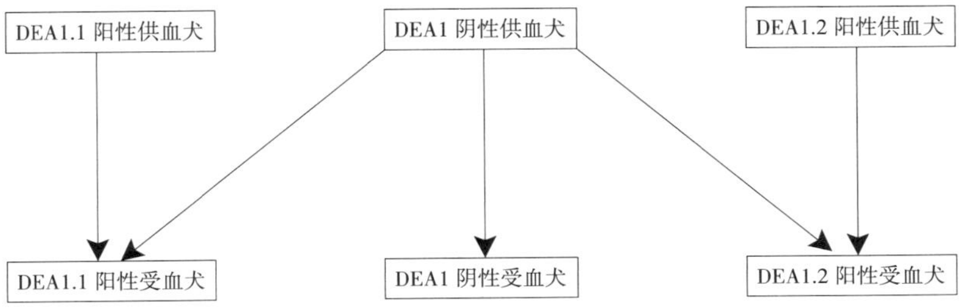

图 2-2-5　犬可输血血型

表 2-2-20　犬血型阳性和阴性所占比例

血型	阳性（%）	阴性（%）
DEA1		
DEA1.1	33~45	55~67
DEA1.2	7~12	35~60
DEA3	5~10	90~95
DEA4	87~98	2~13
DEA5	12~22	78~88
DEA7	8~45	55~92

实验证实：

①同血型即同阳性或同阴性犬，可以互相供血或受血。

②DEA1.1 阴性犬只能接受 DEA1.1 阴性血液。

③DEA1.1 阳性犬除能接受 DEA1.1 阳性血液外，也可以接受 DEA1.1 阴性血液。

④DEA1.2 阳性犬可以接受 DEA1.2 阳性和 DEA1.1 阴性犬的血液。

⑤DEA7 阴性犬可以作为供血犬。

⑥DEA4 阳性或阴性犬，都可以作为供血犬，称为“通适供血犬或万能供血犬”。

⑦临床上给未输过血的犬，初次输血时，可以不做交叉配血试验或检验血型。但是，若初次输入了不相合的血型血液，输入血液红细胞的半衰期约 12 小时；如果初次输入相合血型的血液时，输入血液红细胞的半衰期为 21 天。所以初次给犬输血时，为了效果更好，鉴别血型或做交叉配血试验，根据血型或试验结果输血是很重要的。临床上常见这种情况，不做血型鉴定或交叉配血实验，第一次给犬输血后，犬精神大有好转，但第二天病情更加严重，这可能就是输入了不相配血液的原因。

2. 猫红细胞血型

猫仅有一个红细胞血型系统，包括血型 A、B 和 AB 三种，但这三种血型与人的血型无关。猫的血型因品种和所在地区不同而有变化，大多数美国猫是血型 A（表 2-2-21），血型 AB 极少见，少于 1%。英国一份报告血型 AB 可占 5%，血型 AB 猫仅在血型 B 猫群中才能发现。所有的血型 B 猫，都自然具有抗血型 A 红细胞的同种抗体；而所有血型 A 猫，都具有抗血型 B 红细胞的同种抗体，但抗血型 B 抗体一般较弱，当血型 B 猫输血给血型 A 猫时，一般只缩短输入红细胞寿命，其半衰期只有 2 天。当血型 A 猫血液输给血型 B 猫时，输入的红细胞半衰期只有几分钟到几小时，因此将发生输血急性或亚急性溶血反应。血型 A 公猫和血型 B 母猫交配，血型 B 母猫生的血型 A 或 AB 仔猫，在产后 24 小时内采食初乳中的抗体，有可能发生同族红细胞溶解的危险，在采食后最快便在 10 多个小时死亡。发生后表现为血红蛋白尿、血红蛋白血和黄疸，生后最多在 2~3 天便死亡。通过做猫的血型，可避免以上问题发生，实现有计划的优生优育。

表 2-2-21 美国猫血型所占比例

品种	血型 A（%）	血型 B（%）
阿比西尼亚猫	86	14
波曼猫	84	16
英国短毛猫	60	40
缅甸猫	100	0
康瓦尔雷克斯猫	66	34
德文郡雷克斯猫	59	41
家养短毛猫（地区）		
东北地区	99.7	0.3
北部中心地区	99.6	0.4
东南地区	98.5	1.5
西南地区	97.5	2.5
西海岸	95.3	4.7
喜马拉雅猫	93	7
日本短尾猫	84	16
缅因州浣熊猫	98	2
挪威森林猫	93	7
波斯猫	86	14
苏格兰折耳猫	82	18
泰国猫	100	0
索马里猫	83	17
斯芬克斯猫	81	19
东肯猫	100	0
东方短毛猫	100	0
美国短毛猫	100	0

现在市场上已有了快速鉴定猫血型试剂盒，检验结果如表 2-2-22 所示。猫相同血型相互输血，输入的红细胞半衰期可达 30~38 天。

表 2-2-22 猫血型和输血前检验

		供血猫血型		
受血猫血型	项目	A	B	AB
	A	○	×	×
	B	×	○	×
	AB	○	○	○

注：○ 表示可以输血；× 表示不可以输血。

（四）交叉配血试验和血型鉴定

交叉配血试验或血型鉴定是输血前检验输血是相合还是不相合，用以预防受血动物输血后发生输血反应。什么情况下才做交叉配血试验或血型鉴定？①因输血能诱导受血者产生新的抗体，因此犬两次输血时间间隔4天以上，第二次输血前还应再做交叉配血试验，以防新生同种抗体作用发生溶血。犬紧急第二次输血，如果和第一次输血间隔不到4天，也可以不做交叉配血试验。但输血开始后注意观察动物反应，一旦发现不良反应时，应立即停止输血。②有过怀孕史的犬，犬怀孕时能自发地产生抗DEA1.1的同种抗体，如果给其输血，有可能发生输血反应。③犬红细胞比容低于20%需要手术时，输血前除检验血型外，最好还做交叉配血试验，因为犬可自发地产生同种抗体，检验是为了避免发生输血反应。有的研究认为，犬、猫血型是终身不变的，所以终身只需检定一次血型即可。交叉配血试验有多种操作方法，现选用较多应用的一种方法，详述见表2-2-23。

表2-2-23　动物交叉配血试验

- 用EDTA抗凝，分别从受血者和供血者采血，或从供血袋内取血；
- 在1000转/分钟离心机里离心供血者和受血者血液5分钟；
- 用移液管吸取上面血浆，放入另外试管，并标记；
- 用磷酸盐缓冲盐水或生理盐水洗红细胞。操作为加入洗涤液后，用手指轻弹试管底，使红细胞和洗涤液混合，再1000转/分钟离心5分钟，取上清液扔掉，如此重复3次；
- 然后用磷酸盐缓冲液或生理盐水制成含3%~5%的红细胞悬液；
- 主测配血试验：取2滴受血者血浆和1滴供血者红细胞悬液，轻轻混合；
- 副测配血试验：取2滴供血者血浆和1滴受血者红细胞悬液，轻轻混合；
- 受血者对照试验：取2滴受血者血浆和1滴受血者红细胞悬液，轻轻混合；
- 在室温条件下放置15分钟；
- 1000转/分钟离心15秒，观察血浆有无溶血；轻轻摇动试管，悬浮红细胞，观察红细胞有无凝集。

交叉配血试验判断标准如下：

0=无凝集。

1+=在自由红细胞中可见有多个小凝粒。

2+=存在有大凝块，并混有较小团块。

3+=许多大凝块。

4+=凝成一块，无自由红细胞。

交叉配血试验无凝集时才可以输血。

犬主测配血试验是检验受血犬血清中是否有抗供血犬的红细胞抗体，如果有则不能输血。副测配血试验是检验供血犬血清中是否有抗受血犬红细胞抗体，即使有也可以忽略，因为供血犬血液进入受血犬体内后很快被稀释了。由于多数犬不存在自然产生的抗体，因此从未输过血的初次交叉配血试验，一般是无凝集，但供血犬血液在不相合受血犬体内的半衰期约仅12小时。凡是曾经输过血的犬，在第二次输血前，即使用同一供血犬，也一定要做交叉配血试验。

猫能产生自然同种抗体，所以在猫输血前必须做交叉配血试验。交叉配血试验还能鉴定血型，若主测配血试验不相合，受血猫可能为B型血，供血猫为A型血。若副测配血试验不相合，受血猫可能为 A 型血，供血猫为 B 型血。如果交叉配血试验相合，则供血猫和受血猫血型相同。猫的血液最好在需要输血时，现采血现输血，不要长期贮存。

（五）血液及其成分的输入

输血前应对血库血液或成分进行严格检查，血浆变成棕色可能细菌污染。仔细观察标签上动物种类、品种、血型及有无交叉配血试验结果等，以防输错血，引起溶血反应。

输入血液或其成分中，通常不让加入其他药物或液体，因为加入低渗液体可引起溶血，如加入 5%葡萄糖溶液；加入含有钙的溶液，如复方氯化钠溶液，将引起凝血。但为了稀释红细胞，减小黏稠度和加快输入速度，可加入 0.9%氯化钠等渗溶液。

输血输入贮存全血时，一般不需要加温。通常成年动物在输入全血或其成分时，它们能够利用体温来调节温度。而幼年动物在输入较凉全血或其成分时，由于能引起体温降低，可能是危险的。在输入贮存血液前，轻轻摇动，最好让温度升至室温。血液加温易引起细菌过量繁殖或由于过热而溶血。红细胞加温到 37℃时，将迅速变质，如果不马上应用，应该废弃不用。

新鲜冰冻血浆在输入前应解冻。盛血浆的塑料袋，在冰冻之前最好放在纸盒里，以防用手取时袋破裂。从冰冻箱内取出纸盒后先加温，待塑料袋变温柔软时，才用手拿取，然后马上给动物输入。解冻一般在 37℃水浴箱内，不提倡用微波炉加温。

对所有的血液和其成分，在采血和贮存时，都应该通过一个过滤装置，其滤孔为 170μm，用以除去凝块和碎片。用注射器进行少量输血时，在国外输血注射器上附有 18μm 过滤器供用。

输血或其成分的途径，最常用的是静脉，在血管扁缩或幼小动物，难以输入时，可通过骨髓输入。骨髓输血后 5 分钟，95%以上红细胞可进入血液循环。临床上不提倡腹腔输血，以防引发腹膜炎。新生动物腹腔输血，24 小时后输入的红细胞 50%进入循环系统，2 天后可达 70%，但红细胞生命较短。

输血速度，因输入血液成分及动物状况不同，其速度也不完全相同。全部输入量最迟也应在 4 小时内输完，以便减少细菌的繁殖。对于正常血容量的贫血动物，在输血开始的 30 分钟内，应以 2.5ml/kg 体重进行，如果没有反应，输血速度可加快为 5~10ml/（kg·h），最快为 22ml/（kg·h）。犬和猫因输血发生溶血性休克相当快，输血开始后，要密切注意呼吸、心搏次数和体温。给动物输入血浆可以适当加速，4~6ml/min。输血或其成分时，有条件的医院，可用输血泵控制输入速度。

1. 全血输入

从供血动物采取加入抗凝剂的血液，称为全血。多数动物医生在临床上习惯给动物输全血。在采血后 8 小时内给动物输全血，可提高血液的携氧能力和增加凝血因子。全血贮存时间长了，输血后只能提高血液携氧能力。贫血和大量失血动物最适宜输入全血。输入贮存全血的同时，可引起受血动物抗凝因子的减少。如果给没有贫血的动物，为了增多抗凝因子，输入新鲜全血，可导致医源性红细胞过多的危险。给动物输入全血量，一般为 13~22ml/kg 体重，计算方法：患病犬、猫需要输入血液量（ml）=（犬、猫参考值 HCT-受血者 HCT）÷供血者 HCT×受血者血量。输入速度为贫血血容量正常动物是 20ml/（kg·d），低血容量的贫血动物是 20ml/(kg·h)，心脏衰弱的动物为 4ml/(kg·h)。

贫血血容量正常的动物，输入全血 2.2ml/kg 体重，能将红细胞比容（HCT）提高 1%，根据此可计算出需要输血量，如贫血犬 10kg 体重，血液检验 HCT 为 10%，供血犬 HCT 为 40%，将贫血犬 HCT 提高到 30%，需输多少全血？计算：因为 2.2ml/kg 体重全血能提高 HCT1%，HCT 由 10%提高到 30%。每千克体重需要 44ml 全血，10kg 体重犬则需要 440ml 全血。

失血性休克在失血的前 4 小时内，HCT 和血浆总蛋白量能保持不变，此时可输入电解质溶液。如果 HCT 在 20%以上，也可以不输给全血，若严重失血时，就必须输给全血了。

2.浓缩红细胞

抗凝血液经离心机离心分离红细胞和血浆，将血浆吸取出存入专用袋中，剩下的红细胞和少量血浆，称为浓缩红细胞。虽然在动物医学上没有标准的浓缩红细胞单位，但在国外商业系统上，犬的 1 个浓缩红细胞单位，HCT 是 80%的 200ml（约合 450ml 血液）。浓缩红细胞用于治疗失血、溶血或骨髓机体不全引起的贫血。血红蛋白或 HCT 检查还不能决定需要输不输浓缩红细胞，还应全面考虑动物的心血管状况、以前的失血情况、贫血的长期性及骨髓对贫血的反应能力来决定。输血最终目的，是为了促进患病动物痊愈，或为了扩充容积，而不是为了让动物感到好受。输入前可加入生理盐水，用以降低其黏稠度。浓缩红细胞输入量为 2~10ml/kg 体重。浓缩红细胞在 4℃，可保存 1 个月。

3. 新鲜冷冻血浆

采抗凝血液后，在不超过 8 小时内离心取出血浆，装入专用袋内冷冻，称为新鲜冷冻血浆。新鲜冷冻血浆能保存不稳定的凝血因子Ⅷ和Ⅴ的活力。新鲜冷冻血浆内含有电解质、白蛋白、球蛋白、凝血因子和其他多种蛋白质，其中含有的凝血因子，可以用来治疗凝血因子缺乏病，如杀鼠药中毒、德文郡雷克斯猫的维生素 K 依赖性凝血病和血友病 B（因子Ⅸ缺乏）。用冷沉淀物治疗犬（冯）维勒布兰德氏病和血友病 A（因子Ⅷ：C 缺乏），能避免因血管容积涨大而引发的危险。用新鲜冷冻血浆治疗以上疾病，最初用量为 6~10ml/kg 体重，如果因为继续出血需要再输入时，还应检查动物的临床状况，检验凝血项目。继续不断出血或凝血项目异常时，表明需要增加输入血浆。为了增加动物血液中白蛋白，可输入大量血浆，一般血浆 45ml/kg 体重，可增多白蛋白 1g/dl。新鲜冷冻血浆在-20℃可保存一年左右。

4. 冷沉淀物

新鲜冷冻血浆在 1~6℃解冻时，将会产生一小部分不溶性冷球蛋白或冷沉淀物，在解冻过程中，通过离心机离心，能把形成的一些白色沉淀物和血浆分离开。

冷沉淀物含有凝血因子Ⅰ（纤维蛋白原）、Ⅷ（抗血友病因子 A）、Ⅺ（抗血友病因子 C）和ⅩⅢ（纤维蛋白稳定因子）和（冯）维勒布兰德氏因子。因此，冷沉淀物常用于治疗血友病 A、（冯）维勒布兰德氏病和纤维蛋白原缺乏症。用冷沉淀物治疗以上疾病的优点，比新鲜冷冻血浆用量少，治疗（冯）维勒布兰德氏病时，还可能促进止血。1 个单位冷沉淀物悬浮在 10~15ml 血浆中，开始输入量为每 10kg 体重输入一个单位。临床上也可用输入全血来代替输入血小版。

5. 输入血小板

在动物临床上输入血小板极少应用，而在骨髓移植、猫遗传性 Chédiak–Higash 病和用长春新碱治疗免疫介导性血小板减少症时，需输入血小板。输入血小板不常应用原因有二，首先是从全血获取血小板需要时间，如果急于应用，需在室温条件下，不停持久地搅动，而血小板离体 24 小时后，大部分将破坏；其次是血小板减少症最共同原因之一，就是血小板减少到 20×10^9/L 以下足够数量，才有可能引起出血和需要输入血小板，如免疫介导性血小板减少症才需要输入血小板。在这种疾病，输入的血小板像患病动物自己的血小板那样，也会很快被破坏掉。输入血小板悬液仅适用于抢救严重出血的病例，以及脾切除前准备或手术时采用，而不适用于一般治疗。从一个单位全血中获取的一个单位的血小板量，可输给 10kg 体重动物。临床上也可用含血小板较多的相配全血，静脉输入。

6. 输入中性粒细胞

犬中性粒细胞缺乏时，可输入中性粒细胞。实践中是用细胞分离器来获得中性粒细胞，其推荐用量为 1.5×10^9/kg 体重。用于分离中性粒细胞的全血，必须贮在 20~24℃，中性粒细胞分离出来后，应在很短时间输给动物，否则细胞将在 6 小时后失去吞噬功能。基于上述，在日常输血中，输入中性粒细胞是不太实用的。

7. 人类免疫球蛋白

人类免疫球蛋白（IgG）不是从犬血浆中产生，但它可作为一种辅助的免疫抑制治疗药物，治疗犬免疫介导性溶血性贫血，剂量为 0.5~1.0g/kg 体重，在 6~8 小时内输入。人类 IgG 是从人类血浆通过冷乙醇分馏制取，做成冻干粉，贮存在冰箱，应用时再加入液体。人类 IgG 可通过诱导 Fc 分段受体，阻断或改变网状内皮细胞系统的功能，从而起到免疫抑制作用，其确切机理还不清楚。由于给犬注入人类蛋白，可能会发生严重的免疫反应危险，所以每条犬只能给一个剂量的 IgG。另外，人类 IgG 的价钱也相当昂贵。

（六）输血不良反应及预防方法

1. 输血不良反应

给动物输血不良反应有免疫性和非免疫性两种（表 2-2-24），具体如下。

表 2-2-24 输血的不良反应

免疫性的	非免疫性的
（1）溶血 急性：血管内/血管外溶血、 弥散性血管内凝血、肾衰竭 慢性：血管外溶血和红细胞容积降低 （2）发热：伴有或不伴有溶血 （3）荨麻疹：过敏性反应	（1）发热 热源性发热：非败血性 细菌性发热：败血性的，即细菌污染血液 （2）呕吐 （3）体温过低 （4）枸橼酸盐中毒：发生低钙血症 （5）凝血病：稀释凝血因子或微沉淀物栓塞

（1）输血溶血：输血溶血有急性的和慢性的，急性溶血可在输血开始的几秒钟或几分钟后发生。输血发生的急性溶血，有的是自然发生的，就是同种抗体对抗红细胞引起，如猫血型 A 和 B 不相合输血；有的是以前输过血，诱导产生了抗体，再次输血时引起溶血，如给犬输第二次血时发生的溶血。急性溶血将出现血红蛋白血、血红蛋白尿、黄疸和体温升高，库姆斯氏试验阳性。犬和猫输血引发急性溶血的临床症状稍有不同。在犬出现不安、流口水、

大小便失禁、呼吸困难、血压降低、惊厥和呕吐等，急性死亡不多见。在猫血型 A 血液输给血型 B 猫时，可发生急性死亡。猫输血后几秒钟可出现过敏反应，表现不安、鸣叫、排尿、呕吐、流口水、四肢伸直、瞳孔散大、呼吸和心搏增快，而后窒息。也可能发生休克、低血压和心脏传导阻滞。给动物输血一般不会发生少尿或无尿性肾衰竭。

慢性溶血可能在输血后 1~2 周发生，表现为贫血，一般无任何临床症状。

(2) 发热：犬和猫输血时，都有可能引起非溶血性体温升高一些或 1℃以上。其原因可能有热原性的、物理或化学溶血性的和细菌性的。当动物体温升高 40℃以上，应仔细寻找原因，并给予治疗。

(3) 荨麻疹：在输入全血或血浆时，有时可发生荨麻疹，这是受血动物抗体对抗输入全血或血浆中蛋白质的反应。临床上最典型表现为动物脸面部肿胀，有的肿胀特别严重。

(4) 血液污染：采血时消毒不严格，会使血液被微生物污染。血液被污染后，颜色将变得发淡或变深。如果病原微生物在血液里大量繁殖和产生内毒素，输血后将引起动物体温升高、败血症或休克。

(5) 紫癜：有报道犬输血后发生紫癜，此犬曾为治疗血液病输过血，再次输血后 5~8 天，出现血小板减少和淤斑。其免疫机理可能是血小板被破坏掉了。

(6) 血流循环超载：给慢性贫血动物输血太快，能危及心血管或呼吸系统，临床上表现为咳嗽、结膜发绀和呼吸困难。胸部 X 线片可见血管充血和明显的肺水肿。

(7) 代谢并发症：输血引起的代谢并发症有低钙血症和高钾血症，发生在给动物大量输血时。低钙血症是由于输入过多的抗凝剂枸橼酸盐，表现为心电图上 Q–T 间期延长，但心率正常；严重的低钙血能引起急性死亡。高钾血症是由于输入大量贮存血液引起。在红细胞贮存时，细胞内钾离子漏出到血浆里，输入此血液，可危及肾功能，引起钾中毒。秋田犬红细胞内含钾量多，故不能作为供血犬。

2. 输血不良反应的预防方法

临床上一旦发现输血反应，应立刻停止输血，改输电解质溶液，并迅速找其原因。输血引发的急性溶血、非溶血性发热、循环超载和微生物污染等，它们表现的临床症状有些类似，可遵循下列程序来区别和预防：

(1) 来源血库的血液，检查血袋上的标记和报告有无差错。

(2) 检查受血动物的血红蛋白血和血红蛋白尿，做输血后血样品的库姆斯氏试验，如果是阳性，标明输了不相合的血液；如果是阴性发生了溶血，可能是物理性损伤了红细胞，如加热或机械性损伤。重做血型和交叉配血试验，用以检查是否错输了不相合的血液。

(3) 不相合性输血或败血症引发弥散性血管内凝血时，此时需对凝血项目进行检验。

(4) 如果血液颜色变淡或变深，涂片革兰氏染色和温箱内培养，检查有无细菌污染。

(5) 听诊心脏和肺脏，胸部拍 X 线片，用以评价有无循环超载。测量血压或中心静脉压，如果两项均升高，表现有循环超载。

(6) 检验血清钾和血清钙。也可做心电图来诊断高钾血症和低钙血证。低钙血症时心电图上 Q–T 间期延长。高钾血症时，心电图上 P 波峰降低或消失，QRS 综合波延长及 T 波增大。

(7) 通过检验不能确定是输血急性溶血或细菌污染，输血还应继续进行。检查诊断为发热或非溶血性反应时，如果动物表现为不舒服，可应用退热药物治疗。发生荨麻疹时，可用抗组织胺药物治疗，同时减慢输血速度。输血引起循环超载时，可给利尿剂和供氧，同时减慢输血速度，变为每小时少于 4ml/kg 体重。低钙血症时可用氯化钙或葡萄糖酸钙治疗。高钾血症时，用葡萄糖、胰岛素和生理盐水进行治疗。输血性紫癜通常发生较慢，可用免疫抑制性药物治疗，如皮质类固醇等。

受血动物被输入不相合或污染血液后，应马上进行静脉输液治疗，用以维持动物血压，防止低血压发生，并促进尿液排出。如果输液不能够维持正常血压，需给予增压药物。血液涂片，革兰氏染色发现有细菌时，应给予抗菌药物。如果未发现细菌，但仍怀疑有污染时，需给予广谱抗菌药物。

七、输氧疗法

（一）组织的氧饱和度

输氧疗法是在组织的氧不饱和时给予机体输入氧气以缓解缺氧状态的方法。氧被利用时，氧的分压降低。吸气时氧的分压为 150mmHg，与肺泡气体混合时降为 100mmHg 以下。动脉血液的氧分压为 95mmHg，给组织供氧后氧分压降至 40mmHg。组织中氧的分压为 35mmHg。

氧气与血红蛋白结合，在血浆中呈物理性溶解，由血液循环搬运。如果吸入的空气中含有足够的氧气与血红蛋白结合，则即使吸入高浓度的氧气，也仅能使血红蛋白的运氧稍有增加，但可以使血液中的氧气含量大大增加。另外，吸入普通的空气不能使血红蛋白获得充分的饱和时，则吸入高浓度的氧气可以使血红蛋白的氧饱和度明显增加，则组织的氧分压也得到明显的改善。且物理溶解的氧气也增加。

（二）低氧血症的类型

测定动脉血液气体含量和 pH 值是判定低氧血症的唯一可以信赖的方法，是发现末梢血管虚脱（休克）及氧搬运能力降低（贫血）等重度并发症的重要指标。而过度呼吸、呼吸困难、频脉及发绀等临床症状，并非特异性症状，不是确诊的依据。

1. 氧缺乏性低氧血症

由于呼吸功能障碍而导致动脉血液氧分压降低，其原因如下：肺泡换气量减少，为呼吸减少或胸廓运动障碍而致，导致二氧化碳堆积；先天性心脏疾患或由于肺脏未换气区域（硬化、无气肺）的灌流而使肺、心动脉相通，如果肺的其他区域换气量增加则不出现二氧化碳蓄积；由于肺泡膜纤维增生或肺气肿、血栓栓塞等而导致肺泡膜扩散能力丧失，但这时由于二氧化碳的扩散速度是氧气的 20 倍，故无二氧化碳的蓄积；许多肺疾患可导致肺脏的血流和换气不稳，是低氧血症最常见的原因。

2. 贫血性低氧血症

血红蛋白减少或异常导致血液搬运氧气的能力下降所致。

3. 循环性低氧血症

因组织灌流不全、休克、心脏搏出量减少或血管阻塞所致。

4. 组织中毒性低氧血症

中毒引起的组织细胞不能利用氧气。

（三）输氧疗法的适应证

在宠物医疗领域，输氧疗法主要应用于动脉血液氧分压低下而导致的呼吸不全（氧缺乏性低氧血症）的急性期。慢性时从经济、实用的角度而不使用。

换气—灌流的关系发生变化时，往往适于输氧疗法。但传染病的治疗、改善呼吸道阻塞或恢复呼吸功能时，则输氧疗法的必要性相应减少。休克及心搏出量减少性循环不全时，组织灌流减少而导致低氧血症。这时的输氧疗法是对因疗法的辅助疗法。为使组织内氧维持在发现低氧血症时的水平以上，则输氧疗法是绝对必要的。

在贫血性低氧血症时，有必要进行输血，如果血红蛋白异常（如一氧化碳中毒等）时，输氧疗法是最有效的治疗方法。

在组织中毒性低氧血症时，输氧疗法作用不大，但可以尝试实施。

为决定输氧疗法的必要性，应进行动脉血气的分析。测定氧分压、二氧化碳分压及动脉血液 pH 值。

（四）氧气的投给方法

输氧疗法的目的是增加血液中氧的搬运量。因此，氧缺乏性低氧血症时输氧，可以使动脉血液氧的含量达到正常水平。而在循环性及贫血性低氧血症时，可以使氧的含量达到正常以上。

氧气的投给方法有吸入面罩法、插管法、鼻塞法、氧气帐篷法等。气管插管法、面罩法及鼻塞法适于麻醉或昏迷状态下的宠物。对于清醒的宠物应用面罩则往往因为生气而加重低氧血症。需要追加投给氧气时，可以通过气管插管投给。对于清醒的宠物，可以通过较大的氧气箱给氧。

通常在治疗低氧血症时，氧气的浓度达到 30%~40%就可以满足了（重剧的循环障碍则需要氧气的浓度更高）。最初以每分钟 10L 的流速将氧气箱中的氧挤出，然后以每分钟 5L 的流速维持就完全可以满足。在输氧的同时需要加湿，湿度应达到 40%~60%。应保持二氧化碳的浓度在 1.5%以下，设置二氧化碳吸收装置的氧气箱可以维持二氧化碳的浓度达 0.7%。保持环境温度在 18~21℃。但是，具备氧气箱的动物医院很少。如果有更好的机械装置，如装有温度调控的制冷装置、空气循环用的鼓风机、增加湿度的加湿器、喷雾器及二氧化碳吸收装置，则对于猫、狗等宠物的医疗则是相当方便的。

对于慢性呼吸道病或其他原因引起的低氧血症的宠物，如果投给氧气则会使呼吸数减少，结果会加重低氧血症，故对于这类宠物进行输氧疗法时应充分注意出现呼吸抑制现象。

（五）氧气的毒性

氧气毒性在短时间内低浓度投给不会出现，但长时间高浓度的输氧疗法将导致特异性的并发症（痉挛及肺的闭塞区域因氮气被挤出而形成无气肺）。

八、腹膜透析疗法

腹膜透析是治疗急、慢性肾衰的主要的肾脏替代疗法。腹膜是一种面积庞大的半透膜。腹膜透析的效能与透析物质的浓度梯度差、透析液容量和流速、透析液在腹腔内的停留时间、透析液与腹膜接触的面积、透析液的温度、透析液内葡萄糖的浓度等有直接关系。透析液温度超过 37℃，则腹膜对低分子物质的廓清比例随温度的增加而增大。本疗法适于急性、慢性肾脏衰竭及抢救重症药物中毒时。对于心脏衰竭、肺水肿的抢救可以使用 4.25%的葡萄糖透析液，对于轻、中度的心脏衰竭，可以选用 2.5%葡萄糖的透析液。市售的透析液中含有 1.5%、4.5%及 7%的葡萄糖。

腹膜透析法是首先将平衡电解质液体注入腹腔，2 小时后再排出。这种方法对于清除体内的尿素、苯巴比妥、铊等多种有毒物质有效。但操作时必须注意无菌，并进行必要的除毛等术前准备。

在进行腹膜透析前，应采取导尿、排尿及灌肠等措施，以便于顺利放置透析管。腹膜透析可以采用专用透析装置，也可以采用硅橡胶管。在脐后数厘米腹中线略旁开的皮肤上进行局部浸润麻醉，采用专用透析用器械或注射针穿刺，如果需要反复进行透析，则可以进行透析管插管，将插管置于直肠陷窝处，以保证流出快，缩短引出时间，并将插管固定于皮肤上。

将温的透析液缓缓注入腹腔，直至腹腔膨满（约 200~2000ml）。透析液的配制应注意，渗透浓度应高于血浆，以防止液体在体内蓄积，高钾血症者应用无钾透析液，增加葡萄糖的浓度可以加快排出水分，但葡萄糖浓度超过 4.25%则可能会发生高血糖性高渗性昏迷和对腹膜的刺激，适量减少钠离子，可以使心衰易于控制和减少高渗引发的综合征。选用乳酸钠（在肝脏功能障碍或明显的代谢性酸中毒时选用碳酸氢钠），一般不选择碳酸氢钠，以免碳酸氢钠与氯化钙形成不溶解的碳酸氢钙而在腹腔中沉积。透析液的 pH 值应接近 6，低于 5.5 则引起腹痛，透析液中不必常规加抗生素和肝素，禁用新霉素。

注入透析液 1 小时后排出平衡液。可以用虹吸式灭菌瓶回收。最初的透析液因被部分吸收而不能全量回收。重症肾功能不全的病例，应每天进行 3~5 次的腹膜透析。

腹膜透析的并发症有机械性并发症、代谢性并发症及腹膜炎等。机械性并发症有导管阻塞引起的排液障碍（可以通过改变导管的方向、注入肝素 5mg 或尿激酶 5000~10000u）、腹痛（通过减慢排液速度、降低透析液渗透压、调整透析液 pH 值和温度及在透析液中加入 1%~2%利多卡因 3~10ml）；代谢性并发症主要有水过多或肺水肿（可以通过控制水量、通畅引流和调整透析液比例来改善）、高渗性脱水和反应性低血糖（通过降低透析液的渗透压来改善，停止透析时出现低血糖可通过滴糖或投给食物来解决）、低蛋白血症（透析的丢失，特别是腹膜炎时更易出现低蛋白血症，可在饮食中提高蛋白质的摄入量）、低钾血症（由于患病宠物不食、呕吐、腹泻而致，可以通过投给含钾透析液来改善心脏功能）；腹膜炎是透析中最常发生的并发症，影响透析的疗效和病死率，可以由细菌、真菌及代谢性化学毒物（内毒素）引起，当透析液不清亮、含有蛋白物质时，或通过透析液检查（白细胞数>100 个/mm^3、嗜中性白细胞达 50%、透析液中细菌、真菌培养阳性）来确诊，治疗时首先用透析液快速冲洗 3~4 次，每次 200~2000ml，待透析液清亮后，用混有抗生素的透析液透析，抗生素的选择可以通过药敏试验，也可以根据经验，革兰氏阳性菌感染时，可以应用头孢唑啉 0.25g/L，或万古霉素首次 0.05g/L，维持量 15mg/L；革兰氏阴性菌感染时，投给氨基糖苷类药物如链霉素，首次 1.5mg/kg，维持 4~8mg/L；绿脓杆菌感染时投给庆大霉素、妥布霉素；厌氧菌感染时投给甲硝唑。腹腔感染时纤维蛋白增多，宜加入 3~5mg/2L 的肝素，以防止透析管阻塞，必要时应用尿激酶 5000~10000u 封管；真菌性腹膜炎时，多为白色念珠菌和酵母菌感染，为长期应用抗生素或机体抵抗力降低时出现，可以培养出白色念珠菌，在迅速冲洗 2~3 次后，透析液中加入两性霉素 B0.5~1mg/L，或应用 5–氟尿嘧啶 0.2g 腹腔注射，维持为 0.05~0.1g/L。通常在严格的无菌条件下及采用闭锁式排液法时极少发生。腹膜透析液的配方见表 2–2–25。

如果没有透析液而紧急需要时，可以按下面的配方进行配制：

NaCl 1000ml +10% 葡萄糖 500ml +5% $NaHCO_3$ 70ml（或 11.2%乳酸钠 52ml）+5%$CaCl_2$ 8ml。需要钾离子时，林格氏液 1000ml+10%葡萄糖 500ml+5% $NaHCO_3$ 70ml。

表 2–2–25　腹膜透析液配方　（单位：g/L）

成分	配方 1	配方 2
NaCl	5.67	5.5
$CaCl_2$	0.26	0.3
$MgCl_2$	0.15	0.15
乳酸钠	3.92	3.92（醋酸钠 5.6）
葡萄糖	15	20

九、放射线疗法

放射线疗法是应用放射线对病理组织的损伤作用来杀灭病理组织，达到治疗的目的。

（一）放射线疗法的基础

如果放射线疗法应用不当或者使用仪器不适当，均可以造成宠物与治疗医生的损害。

在尝试放射线疗法之前，应进行准确的诊断（包括病理组织学诊断）。

如果可行，在治疗之前应对病灶进行其他方法的治疗。

对于适合放射线疗法的病例，要充分权衡该疗法的利弊，应计划完全治愈的途径。

（二）β 射线疗法

β 射线的作用弱，适于使用锶 90 探头，可以用于以下病症：

角膜血管新生：1 次剂量 2500~3000R（伦琴当量）。每 4 天进行 1 次，总剂量为 10000~12000R。

蚕食性溃疡（猫的唇侧肉芽肿）：1 次剂量 5000~10000R（伦琴当量），重复 1 次，总剂量为 10000~20000R。

（三）低电压 X 射线疗法

低电压 X 射线疗法是应用 80~120kV 的 X 线机进行照射，其穿透力的半透层（HVL）为 1~4mm 的铝片。主要适于：

蚕食性溃疡：1 次 5000R，3 个月后再用 1 次，总线量为 5000~10000R。

脓皮病、慢性皮炎、外耳炎：1 次 500R，每隔 3 日后再进行 2 次，总线量为 1000~1500R。如果病灶未愈，可以在 6 周后再反复治疗。对于急性炎症可以获得良好的效果。

（四）中等电压 X 射线疗法（中等厚度）

中等电压 X 线疗法是应用 X 线机的 120~240kV 部分，适于 HVL=4mm 铝片，1mm 铜片。

良性病灶：依病灶大小照射 1~3 次，总剂量为 500~1500R。

恶性肿瘤：总剂量为 2000~4000R。400~500R 的剂量每 3 日 1 次，照射 4~8 次。

（五）高电压 X 射线疗法

适于深部病灶的治疗。应用电压 200~400kV 的 X 线机。HVL=1.8~3.0mm 铜片。

主要适应证同中等电压 X 线疗法。

（六）各种病灶的治疗方法

（1）对于放射线疗法无反应的肿瘤，如神经纤维瘤，不要用放射线疗法。

（2）对于放射线疗法有抵抗性，但作为姑息疗法可以照射的肿瘤。（T/D=照射总量）

鼻道癌瘤：T/D3000~3500R。

扁桃体癌瘤：T/D3000~4000R。同时照射淋巴结。

纤维肉瘤：T/D3000~4000R（有的无反应）。

恶性黑色素瘤：T/D3000~4000R（有的无反应）。

头盖骨肿瘤：T/D3500~4000R（应用高电压放射线）。

（3）对放射线疗法敏感的肿瘤。

汗腺腺肿及癌：T/D3000~4000R，同时照射局部淋巴结。

皮脂腺腺肿及癌：T/D3000~4000R。多为继发性病变。

基底细胞癌：T/D3000~4000R。

淋巴瘤及淋巴肉瘤：T/D2500R，被侵害的淋巴结也要照射，总剂量不要过高。

肥大细胞癌：T/D2000~3000R。

肛门周围腺肿：良性为 T/D1000~2000R；恶性为 T/D3000~4000R。

复发性良性肿瘤：T/D1000~2000R。

唾液腺癌：T/D3000~4000R。

扁平上皮癌：T/D3000~4000R。

转移性性器官肿瘤：T/D1000~2000R（为最好的疗法）。

注意：放射线高线量（特别是可以杀灭肿瘤的剂量）照射，可以导致脱毛、白毛、红斑、溃疡及坏死等局部变化，且多为不可逆性的。

十、物理学疗法

（一）电疗法

电疗法是应用电能治疗疾病的一种方法。常用的电疗法包括以下几种。

1. 直流电疗法与直流电离子透入疗法

用低电压（50~80V）的直流电作用于宠物的机体，通过改变体内离子的浓度来改变组织的兴奋性、通过加速血液循环和调节神经反射来促进组织再生和骨折的愈合、通过电渗作用来软化瘢痕（阴极）和治疗水肿与渗出（阳极），从而治疗疾病的方法称直流电疗法。主要适用于亚急性、慢性炎症以及促进神经再生和恢复神经传导等，如腱鞘炎、腱炎、黏液囊肿、肌炎、关节炎、关节周围炎、神经麻痹、肌肉萎缩等。但在湿疹、皮炎、急性化脓性炎症及对直流电敏感的宠物禁止应用。

直流电离子透入疗法是利用直流电的作用把药物离子通过无损伤皮肤或黏膜导入体内，发挥直流电和药物的双重作用，提高治疗的疗效。其适应证因离子的药理作用不同而异。钙离子能降低细胞渗透性与兴奋性，刺激交感神经，反射性地引起钙分布的变化，用于炎症初期、软骨症、骨折、创伤等；碘离子能刺激副交感神经，降低交感神经的兴奋性，改善血液循环，促进吸收，可以用于腱炎、腱鞘炎、黏液囊炎、关节炎、骨膜炎、乳房炎和肌炎等；抗生素和磺胺类药物具有消炎、杀菌、抗感染作用；水杨酸离子具有镇痛、抗风湿作用；士的宁离子用于神经麻痹和肌肉萎缩；铜和锌离子用于治疗陈旧性溃疡；维生素可以增强宠物机体的抵抗力。

直流电疗是通过两块 0.2~1mm 厚的铅板制成的电极对置或并置于除去被毛并垫上 0.5~1cm 厚浸水纱布的欲治疗的局部，通过阴极来发挥刺激、兴奋与吸收作用，治疗时最大电流为 0.2~0.5mA/cm^2，每日或隔日 1 次，每次 20~30 分钟，最多 25~30 次。神经麻痹与肌肉萎缩时应用断续的直流电（20~30 次/分钟），以引起肌肉明显收缩的剂量刺激。

直流电离子透入疗法的操作与直流电疗法相同，只是将浸纱布的水换成所需的各种离子液，而离子液要放置于相同电极（阳离子置于阳极）下，另一电极则用生理盐水浸纱布。电流剂量与时间同直流电疗法。

2. 中波透热疗法与中波透热离子透入疗法

中波透热疗法又称“内生热疗法”，是应用高频电流（波长 300~100m，频率 100~300 万周/秒）使深部组织加热，从而使血管扩张，血液及淋巴液循环增强，组织营养改善，新陈代谢旺盛，血管壁渗透性增高，细胞吞噬作用增强，降低感觉神经兴奋性，反射性地降低横纹肌与平滑肌的紧张度，从而产生镇静与解痉的作用。主要适于亚急性和慢性炎症，如风湿症、肌炎、关节炎、韧带及腱的疾患，各种痉挛性疾患，如胃肠痉挛、食道痉挛及血管痉挛等。但对于化脓腐败过程、肿瘤及有出血倾向时禁用。

操作时将铅板（同直流电疗法）贴于除毛的皮肤并固定，连接电源后，将电源控制器置于预热挡，5 分钟后旋于治疗挡，剂量小于 10mA/cm^2，每次 20~30 分钟，每日或隔日 1 次。

中波透热离子透入疗法是在中波透热治疗开始后组织产生温感之后，再同时进行直流电疗离子透入疗法，以上两种疗法相辅相成，可增强疗效。

3. 短波电疗法

短波电疗法是应用波长为 100~10m、频率为 300~3000 万周/秒的高频电磁波作用于宠物体，以使机体感应而产生热效应来治疗疾病的方法。短波治疗产生的热要比中波深，且作用时间长。本法主要是通过提高机体的新陈代谢，加强酶的作用及细胞的吞噬功能而提高机体的防卫功能，同时通过其降低神经兴奋性及平滑肌和横纹肌的紧张性而产生镇痛和解痉作用，并且具有一定的杀菌作用。

主要适应证：各种炎症，如关节炎、肌炎、支气管炎、滑膜炎、肺炎、扭伤、挫伤、创伤、神经痛；各种痉挛，如肠痉挛、血管痉挛、幽门痉挛、食道痉挛等。

禁忌证：化脓性炎症、恶性肿瘤、出血倾向。

治疗方法：接通电源，选择合适的电缆、电鼓或电垫（选择其一），并插入相应的输出插口。将电极安装在治疗部位（电缆不能交叉且垫 2~3 层毛巾，电鼓应离体 3~5cm），旋转电压调节至预热挡预热 3 分钟，之后旋转至治疗挡，调节输出调谐使电流为 100~250mA，治疗 20~30 分钟，每日治疗 1 次。

4. 超短波电疗法

超短波电疗法是用波长 10~1m，频率 3000 万周~3 亿周/秒的高频电磁波来进行疾病治疗的方法。

主要适应证：一切急性炎症与化脓过程。如疖、痈、脓肿、蜂窝织炎、急性乳房炎、骨髓炎、化脓性关节炎。

禁忌证：恶性肿瘤、出血倾向、心血管功能代偿不全等。

治疗方法：接通电源，在治疗部位安装好电极，用绷带固定。开启“输出粗调”至预热挡并保持 3 分钟，将“时控”旋钮调节至所需时间，将“输出粗调”拨至治疗挡，调节“输出微调”，使其达到最大输出，治疗 15 分钟，每日治疗 1 次。

5. 微波电疗法

微波电疗法是用波长 100~1cm，频率 3~300 亿周/秒的高频电磁波治疗宠物疾病的方法。

主要适应证：肌炎、疖肿、关节周围炎、骨膜炎、腱鞘炎、骨关节炎、扭伤、腱和韧带炎症。

禁忌证：恶性肿瘤、出血倾向、高烧、局部感觉障碍及循环衰竭。

治疗方法：根据需要安装辐射器，将辐射器对准治疗部位并距体表 5~15cm 后开机，输出功率为 50~200W，辐射剂量以宠物能耐受为宜。每次治疗不超过 10 分钟，每日或隔日 1 次。

进行电疗时的注意事项：

（1）要在设备完善的理疗室内进行治疗，理疗器要有接地线。

（2）治疗时要将宠物置于绝缘的木板（床）上。

（3）电疗前要检查宠物反应是否正常，当疼痛难忍时应停止治疗或减小输出剂量。

（4）治疗时要先从小剂量开始，逐步增大剂量。

（5）直流电疗时为防止灼伤，应将电极与导线夹子不与皮肤接触。

（6）中波透热治疗时电极应紧贴皮肤，不能在体表滑动，以防灼伤。

（7）高频电疗要保持患部干燥，高频电流输出导线不可触及宠物身体。

（8）微波电疗时在未装好辐射器之前不能开机，以防烧毁机器。

（二）水疗法

水疗法是应用不同温度、压力、成分的水，以不同的形式作用于宠物体表以达到治疗疾病的目的。

1. 水疗法的生理作用

对神经系统的影响：短时间的冷、热刺激可以提高感觉和运动神经的兴奋性，长时间作用则导致神经抑制而产生镇痛作用。

对心血管的影响：短时间冷水刺激可以导致血管收缩，长时间则可以导致血管扩张；热水可使血管扩张。

对血液的影响：在适当的冷、热水的作用下，血液中的红、白细胞数增加，血红素、比重、黏稠度及碱储均增高。

对肌肉组织的影响：冷水可以使平滑肌收缩，蠕动增强，温水则可以使之蠕动缓慢。

对肾脏的影响：在犬、猫背侧局部进行冷热水治疗，能轻微利尿和增强肾小球的滤过功能。

2. 水疗法的种类和应用

冷浴法：用冷水进行肢下端骨关节疾病的治疗。将冷水盛于桶、盆中，将患肢浸入其中，持续半小时至 1.5 小时，每 15 分钟换一次水。也可以利用温度合适的溪水、河水。

冷敷法：是指用纱布或毛巾、脱脂棉浸冷水或冷药液（如复方醋酸铅）敷于患部，用绷带固定。

冷水疗法的适应证：手术后出血、软组织挫伤、血肿、骨膜挫伤、关节扭伤、急性腱炎、腱鞘炎等。

冷水疗法的禁忌证：化脓性炎症。

热浴法：应用 42℃左右的温水浸泡。

温敷法：可以用 49℃的温水进行局部浸渍。温水中浸 4 分钟，冷水中浸 1 分钟，反复进行，非常有效。一次反复进行 4~5 次，每日进行 2~3 次。温水浸渍可以配合温和的按摩。使用加入了低泡沫性清洁剂或防腐剂的 41~43℃的温水，浸泡 15 分钟。

温水疗法的适应证：关节炎、肌炎、骨折、麻痹及防止皮肤感染的恢复期出现的挛缩等。

温水疗法的禁忌证：肿瘤、有出血倾向，有伤口的炎症和感染创，明显的水肿和进行性炎性浸润等。

（三）超声波疗法

超声波的能量来自于电能转变成高频震动的机械能。如果超声波频率过高，可以导致动物死亡或组织的破坏。适宜剂量的超声波具有镇痛、减轻炎症反应，促进炎症渗出物的吸收和组织修复，减轻疤痕形成及肌腱挛缩，改善神经营养和组织营养与功能等作用。超声波疗法是将探头放在治疗部位，通过探头发射的超声波来达到治疗的目的。为使探头与局部充分接触，最好进行局部出毛，并涂上耦合剂。超声波的剂量依症状而增减。绝大多数的超声波发生器在 0.1~1.0W/cm^2 的强度下，可以产生 700000~1000000CPS 的线量。要尽可能选用低剂量。最大用量为 1W/cm^2，5 分钟。每日 1 次，连用 5 日，之后隔 1 天，再用 5 日，至少用 1 个月，之后不再使用。用法用量如下。

颈部椎间盘疾患：0.3W/cm^2，3 分钟/次，连用 5 日，之后隔日 1 次，连用 5 日。

关节炎、滑囊炎、肌炎：肢体下部关节 0.2W/cm^2，每次 3 分钟，1 周 2 次；肢体上部关节

0.5W/cm²。也可用于神经炎、挨伤、挫伤、关节周围炎、腱及腱鞘炎、乳房炎等疾病。

急性炎症、损伤及感染和恶性肿瘤、心力衰竭的犬、猫不要应用。

（四）冷冻疗法

冷冻疗法是指应用液态氮、固体二氧化碳等冷源物质所产生的低温来使局部的赘生物等组织的细胞被破坏，从而导致坏死而脱离机体的治疗方法。

冷冻疗法主要适用于各种肿瘤、新生物（息肉、肉芽肿）、瘢、疣、痦子等的清除。此外，脓皮症、化脓创、溃疡、瘘管、窦道及慢性瘙痒性皮肤病也是本疗法的适应证。本法可以使冷冻组织达到-20~-40℃。操作方法如下。

(1) 接触法。是以不同大小、形状的冷冻探头直接按压在病变部位，或用棉签蘸上液氮直接按压于病变部位。

(2) 喷射冷冻法。在治疗器前连接喷头，对准病变部位喷射。该法速度快、破坏力强，不受病灶大小、形状的限制。

(3) 倾注冷冻法。在病变部位垫上脱脂棉，将液氮均匀倾注于棉花上进行冷冻治疗。

(4) 灌注冷冻法。将液氮灌入创腔、创囊及瘘管内进行治疗。

(5) 浸泡冷冻法。将瘤体直接浸泡于液氮中进行冷冻治疗。适于突出于体表面的范围比较小的肿瘤。

(6) 手术冷冻结合法。先以手术的方法切除瘤体，再在瘤床或残留病变部位进行冷冻治疗。适于较大或较深的瘤体。

冷冻时间：每个冷冻点冷冻时间需要根据冷冻目的物的大小而决定，短的1~5分钟即可，有的需要10~15分钟，甚至30分钟。

冻融次数：一般2~3个冻融期为宜。

术后护理：冷冻后可以局部涂百多邦软膏或紫药水即可。

（五）烧烙疗法

烧烙疗法是应用高温的烙铁烧烙患部的皮肤、肌肉、骨膜，通过强烈的刺激来使慢性炎症变为急性炎症，使病理组织、瘢痕组织软化吸收，从而达到治疗疾病的目的。

1. 烧烙疗法的适应证

各种骨瘤、肌肉腱或韧带的慢性炎症，如慢性增生性腱炎、掌骨瘤、指骨瘤及慢性关节周围炎等。也可用于大面积创伤止血。禁止用于急性损伤以及化脓性疾病。

2. 烧烙技术

常用的烙铁有球形、锥形、斧形、针状等，使用前烧成赤红。还有自动烧烙器，白金烙铁等，使用汽油、酒精或乙醚作为热源，在烙铁内部加温。并通过镇静或麻醉保持宠物安静。烧烙的方法可以采用线状烧烙，适于腱炎、皮肤平坦部位的关节；点状烧烙，适于面积小、皮肤不平坦的关节；穿刺烧烙，适于骨瘤、骨关节炎及骨关节病等。烧烙的程度分为三种。轻度：皮肤厚度的1/3，呈黄褐色并有少量渗出液；中度：皮肤厚度的1/3，呈金黄色，渗出液多；重度：皮肤厚度的2/3，呈麦秆黄色，有多量渗出液。

3. 注意事项

烧烙时不要在一点上反复烧烙，要轮流烧烙到所需程度；烧烙的点、线要保持一定的距离（1~1.5cm），且不要交叉；烙铁要烧到红热的程度；幼龄及瘦弱的宠物尽可能不用；夏季及冬季最好不用；烧烙要避开大的血管、腺体导管、神经及重要器官；烧烙后要保证患病宠物的安静。

十一、光疗法

光疗法是利用各种光线的辐射作用来预防和治疗疾病。常用的方法包括紫外线、红外线和激光三种疗法。

（一）紫外线疗法

用于治疗和预防疾病的紫外线波长为 280~320nm。而我们用于无菌室消毒的紫外线的波长为 180~280nm。紫外线影响维生素 D 的合成，对眼睛、心血管、血液、呼吸、神经及免疫系统均存在一定的影响。

1. 操作方法

1）全身照射法

用长波或中波紫外线照射，刺激机体的防卫功能，增强抵抗力，改善矿物质代谢。灯距 1m，每日 1 次，每次 5 分钟，15~24 次为 1 个疗程。

2）局部照射法

每天 1 次，每次 1~2 个肿胀剂量（肿胀剂量通过测定而得，测定方法是：将一块带 6 个眼的双层胶布贴附于除毛的皮肤上，将紫外线灯对准洞眼，保持灯距 50cm，先用铁片挡住洞眼，然后，首先暴露 1 个洞眼，3 分钟后再暴露第 2 个洞眼，第 1 和第 2 个洞眼一起照射，以后每打开一个洞眼均照射 3 分钟，直至每个洞眼均打开，照射后 16~18 小时观察皮肤肿胀的情况，皮肤明显肿胀洞眼紫外线最低照射时间即为 1 个肿胀剂量）。

2. 适应证

久治不愈的创伤、软组织和关节的挫伤、溃疡、关节炎、骨折、皮炎、湿疹、佝偻病、软骨病、风湿症、神经炎等。

3. 禁忌证

恶性肿瘤、出血性疾患、心脏代偿功能减退等。

4. 注意事项

照射部位应保持清洁，不能含有油脂、污物、痂皮、脓汁等，以防吸收；照射头部时应注意保护眼睛，因为紫外线对眼睛的损害严重；工作人员必须戴玻璃眼镜（紫外线不能穿透玻璃）；治疗室必须通风良好（紫外线照射可以产生空气电离，形成有害气体）。

（二）红外线疗法

1. 红外线的治疗作用

红外线波长为 760~400000nm 的光。红外线治疗作用是强热效应，影响组织细胞内的代谢和神经系统功能，可增强细胞的吞噬能力和体液免疫力；改善血液循环，促进炎症消散和吸收；降低神经系统的兴奋性，有镇痛、解除肌肉痉挛，促进神经功能恢复作用；改善组织营养，消除肉芽水肿，促进肉芽和上皮生长，加快血肿消散，减轻术后黏连，促进疤痕软化，减轻疤痕挛缩等。

2. 治疗方法

应用红外线灯进行局部照射，灯头与宠物体表相距40~80cm，并可根据灯功率的大小及治疗局部的具体情况随时调整。治疗的合适剂量为使皮肤出现红斑为宜。每次治疗时间为15~30分钟，每日1~2次。

3. 适应证

慢性胃炎、风湿性肌炎、关节炎、神经痛、扭伤、挫伤引起的跛行、乳腺炎、腱鞘炎、皮肤疾患等。

4. 禁忌证

急性炎症、恶性肿瘤、结核、出血性疾患等。

（三）激光疗法

激光是由一种受辐射的光放大而产生的。应用不同激光器及不同剂量治疗某些疾病的方法为激光疗法。激光器根据工作物质的不同分为He-Ne激光器、CO_2激光器等气体激光器，红宝石激光器、掺钕钇铝石榴石激光器（YAG）等固体激光器和砷化镓等半导体激光器。

1. 激光的治疗作用

小剂量的低能激光具有刺激和调节作用，大剂量则具有抑制作用。低功率激光具有消炎、消肿、镇痛、脱敏、止痒、收敛、促进肉芽和上皮的生长、加速伤口、溃疡、烧伤、骨折的愈合，促进断离神经的再生和毛发生长的作用，能改善血液循环，增进代谢，恢复器官功能和激素的平衡分泌，提高机体的免疫功能。

2. 治疗技术

He-Ne激光治疗：首先要清洁选定的照射部位或进行除毛处理，对患病宠物进行必要的保定，然后打开激光器，调整电流至激光管输出稳定并达到最佳，调整照射距离达50~80cm，激光束与照射部位垂直，照射5~15分钟（根据需要），每日1次，连续8~12日为1个疗程。YAG及CO_2激光应按激光器的使用说明书进行操作。

3. 适应证

He-Ne激光的适应证：创伤、溃疡、烧伤、脓肿、疖、炎性肿胀、淋巴腺肿、蜂窝织炎、腱及腱鞘炎、滑膜炎、关节炎、软组织挫伤、睾丸炎、直肠脱出、皮肤湿疹、皮炎、皮肤瘙痒症、疱疹、不育、乳房炎、阴道炎、阴道脱出、肠炎及消化不良。YAG及CO_2激光适于黑色素瘤、皮肤疣、乳头状瘤等体表各部位肿瘤等。

十二、中毒急救法

中毒急救总的原则是：阻止有毒物质继续进入体内，尽快排出已经进入体内的毒物，用特效解毒药物拮抗或消除已经吸收的毒物，应用普通解毒药物增强肝脏的解毒功能和肾脏的排泄功能，根据整体和器官的具体状态，采取综合性的治疗措施。

1. 制止有毒物质继续进入体内

当宠物处于有毒物质的环境中时，应使中毒宠物迅速远离毒物污染的环境。皮肤或黏膜接触毒物时，应立即用大量的清水或生理盐水冲洗干净。

2. 排出有毒物质

为排出已经进入胃肠道的有毒物质，可以采取以下的措施。

为排出停留于胃内的有毒物质，可以通过以下催吐方法将毒物排出体外。

刺激咽后壁：对于清醒的动物，可以采用刺激咽喉后壁的方法致吐，可以使用投药板、压舌板、手术镊夹持的对侧端，从一侧口角探入刺激。

撒入食盐：可以用 10g 左右的食盐撒入中毒动物的口内，也具有催吐的效果，特别适于家庭抢救。

灌服双氧水：灌服 5~10ml 的 3%的双氧水，也具有催吐效果。

阿扑吗啡：静脉注射 0.04mg/kg 体重，或皮下、肌肉注射 0.5~1g（犬），均可以达到催吐的效果。

口服吐酒石：0.1~0.5g。

口服硫酸铜：0.2~1g。

口服吐根末：0.5~1g。

内服催吐解毒汤：甘草 60g，瓜蒂 7 个，玄参 60g，地榆 15g 或苦参 30g，水煎后口服。

值得注意的是，如果摄入的有毒物质具有腐蚀性，则不能催吐，以防毒物再度损害食道与口腔，并可以防止胃破裂。

3. 洗胃

适于麻醉后或处于昏迷的中毒宠物。由腐蚀性毒物中毒时，不能进行加压洗胃，以免导致胃破裂。洗胃液的选择与毒物种类有关。

在尚未明确毒源之前，可以选择清水、生理盐水或 0.5%的活性炭悬浊液进行洗胃。

当为有毒植物的生物碱、砷化物、氰化物或无机磷中毒时，可以选择 0.1%~0.2%的高锰酸钾溶液洗胃。因其可以使有毒物质氧化而失去毒性。但若为有机磷农药中毒时，则不能用高锰酸钾洗胃，因为这些农药氧化后毒性增强。

2%的碳酸氢钠可以使多种生物碱沉淀，并能结合某些重金属离子，如铁、汞等。但有机磷农药敌百虫在碱性条件下可以转变成毒性更强的敌敌畏，故其中毒时不能用碳酸氢钠洗胃。

0.2%~0.5%的硫酸铜可以用于无机磷中毒时，因为硫酸铜与磷作用后生成不溶性的磷化铜，从而不被吸收。

绿豆汤洗胃：当毒物摄入不超过 2 小时，可以用绿豆汤反复洗胃。

4. 缓泻

若摄入毒物超过 6 小时，则毒物已经进入肠道，需要进行导泻，以便尽快排出肠内毒物，减少吸收。但对于已经发生严重腹泻或脱水的动物，应慎重导泻。泻剂应选择刺激性小、不溶解毒物、不促进毒物吸收者为佳，一般选择盐类泻剂，因其能增加渗透压，阻止毒物吸收，排毒效果较好。常用的泻剂如下。

盐类泻剂：硫酸钠或硫酸镁 0.66~0.88g/kg 体重，稀释成 10%浓度。是最常用的泻剂。

油类泻剂：液体石蜡 50~100ml，只用于食盐中毒及汞中毒时，因其具有溶解脂肪，促进吸收的作用，故一般的中毒很少使用。

玄明粉：15~30g，冲服。

厚朴 10g，大黄 6g，加水 100ml，煎至 60ml，灌服。

5. 灌肠

为促进肠管蠕动，加速毒物排出，在使用泻剂的同时，可以使用温水以及 1%盐水或肥皂水灌肠。也可以使用高压灌肠法来促进呕吐，排出胃内的有毒物质。

6. 利尿

毒物吸收后多经泌尿器官排出，为加强排尿功能，可以选择利尿药物，如强心利尿药物苯甲酸钠咖啡因 0.05g/kg 体重。

容积性利尿药物：林格氏液、生理盐水等。

作用于肾脏（增强肾脏排泄功能）的利尿药物：双氢克尿噻，每日 20~50mg，口服；速尿（呋喃苯胺酸），肌肉或静脉注射，1~2mg/kg 体重，每日 1~2 次。

改变尿液 pH 值的药物：弱酸性物质在尿液 pH 值每增加 1.0，则其排泄速率加快 3~10 倍。碱性物质 pH 值降低时也具有相同的效果。尿液的酸化剂可以选择氯化钠，碱化尿液选择碳酸氢钠。当中毒物质化学性质明确时，进行这种处置十分有效。

脱水性利尿药物甘露醇：1~2g/kg 体重，静脉注射，间隔 4~6 小时进行 1 次。

50%葡萄糖：10~50g，静脉注射，具有利尿及解毒的双重作用。

利尿中药：车前子 5~10g，泽泻 5~12g，茯苓 5~15g，猪苓 5~10g 等。

五苓散 18g 与 30g 白糖加水调服。

绿豆甘草解毒汤水煎后日夜各服一剂。组成：绿豆 120g，生甘草 30g，丹参 30g，连翘 30g，石槲 30g，白毛根 30g，大黄 15~30g。

7. 放血

当毒物已经被吸收入血时，可以实施放血疗法，以减少体内有毒物质的含量。在放血后进行大量补液（葡萄糖、林格氏液等）也很有效。放血疗法对于降低颅内压和血压也有效。

8. 腹膜透析

腹膜透析对于中毒的解救、肾脏衰竭的治疗均具有较好的效果。在宠物临床具有应用价值。但对于脂溶性高和与蛋白质结合率高的物质，则腹膜透析不能解决问题。具体方法见本章“腹膜透析疗法”部分。

9. 促进代谢

投给苯巴比妥可以使一部分药物的代谢速率提高数倍，因此这些药物中毒时，可以选择苯巴比妥。但苯巴比妥仅能促进部分药物的代谢速率，且投给 4~6 小时后方发挥作用，而苯巴比妥本身也具有一定的毒性，故本法未必是一个最佳的方法。

10. 阻止吸收

阻止毒物的吸收需要在摄入毒物后 3 小时内进行，吸收迅速的药物则需要在 1 小时内进行，否则无效。

吸附毒物：常用高浓度的活性炭、木炭末、硅酸铝、滑石粉等进行。活性炭乳剂（200ml水加入5茶匙活性炭混匀）可以吸附任何毒物，但效果不一定确实。投给吸附剂后，要投给泻剂，以促进毒物排出体外。

黏浆剂：包括淀粉、阿拉伯胶、牛奶、蛋清等。它们在消化道黏膜上形成一层薄膜，阻止毒物吸收。

结合胆汁内排泄物质。一部分毒物从胆汁内高浓度排泄，再由小肠重吸收而进入血液。经口腔投给这些药物结合力强的物质，与之结合成非重吸收性物质，由粪便中排出体外，而使重吸收的毒物减少。部分重金属中毒多采用这种方法，如口服碳酸氢钠。

11. 化学解毒

应用化学解毒药物与特定的有毒物质发生化学反应，变成无毒物而排出体外。

1）氧化解毒

高锰酸钾和双氧水（1%~3%）是强氧化剂，能使有毒物氧化而解毒。它们对许多毒物，如配糖体类、亚硝酸盐、氰化物、磷等具有氧化作用，使其毒性减弱或消失。

2）中和解毒

碱中毒时可以用1%稀盐酸、0.5%~1%枸橼酸来进行中和，酸中毒时可以选用氧化镁、石灰水及氢氧化铝凝胶中和，但尽量不用碳酸氢钠，因产生二氧化碳而鼓胀。甘草绿豆汤（生绿豆250g、甘草60g，捣碎煎服）、蛋白水（鸡蛋清5~7个，加水至200ml）或豆浆、牛奶200~300ml，均具有中和解毒作用。

3）沉淀解毒

鞣酸能与金属类、生物碱、配糖体等毒物结合，生成不溶性复合物，达到解毒作用。但复合物能在消化道内被分解而重吸收，故要在应用鞣酸的同时，立即投给缓泻剂或进行洗胃，以使沉淀物迅速排出体外。氟化物或草酸盐中毒时，可以应用钙制剂1%~5%的葡萄糖酸钙或氯化钙解毒，使之生成氟化钙或草酸钙而沉淀，碘酊水溶液（500ml水中加15滴）可以使生物碱沉淀而解毒。钡中毒时，可以口服2%~5%的硫酸钠溶液，生成硫酸钡沉淀而解毒。

12. 特效解毒

针对某一种或某一类毒物表现出特效解毒作用的药物，称为特效解毒药物。

铅、汞、锑、锰、镍、铜、锌及一些放射性元素中毒：可以应用依地酸钙二钠（EDTA-$CaNa_2$）和促排灵（$EDTACaNa_3$）来进行抢救。因其能与多种金属结合成稳定的络合物，随尿排出体外。

砷及汞中毒：应用2，3-巴尔（BAL，二巯基丙醇）、二巯基丁二酸钠、二巯基丙磺酸钠、青霉胺及半胱胺酸等进行抢救。上述药物均含有巯基，能够夺取组织中与酶结合的金属离子，并与其结合成不易分解的巯基盐，随尿而排出。

氰化物中毒：应用亚硝酸钠—硫代硫酸钠疗法。用3%的亚硝酸钠注射后，能使血红蛋白迅速变成高铁血红蛋白，后者与氰离子迅速结合成氰化高铁血红蛋白，从而阻止氰离子对细胞色素C氧化发生毒性作用。但在体内氰化高铁血红蛋白不稳定，可以再分解出氰离子，再次对机体产生危害。故必须接着注射硫代硫酸钠，使之与未解离的氰离子相结合，生成毒性极低的硫氰酸盐而随尿排出体外。

有机磷中毒：可以使用胆碱酯酶复活剂、解磷啶、氯磷啶及双磷啶等。有机磷农药是一种神经毒素，与体内胆碱酯酶相结合，失去使之水解乙酰胆碱的活性，使神经末梢乙酰胆碱大量蓄积，出现一系列中毒症状。应用解磷啶（派姆 2–PAM），可与磷酰化胆碱酯酶的磷酰基结合，将其中的胆碱酯酶游离出来，恢复其水解乙酰胆碱的活性，从而解除有机磷农药的毒性作用。

硝酸盐中毒：可以应用亚甲蓝（美蓝）及维生素 C 进行治疗，使血液中的高铁血红蛋白变成氧合血红蛋白。

有机氟农药中毒：可以应用乙酰胺解毒，氟乙酰胺在体内乙酰胺酶的作用下，分解成氟乙酸，从而破坏三羧循环的正常进行。应用乙酰胺所提供的大量的乙酰基，与氟乙酰胺争夺乙酰胺酶，使氟乙酰胺不能水解出氟乙酸即被排出体外，而达到解毒的目的。

13. 改善疗法

改善换气，洁净皮肤，投给缓泻药物或利尿药物。

在等渗盐水中以 5%的比例加入甘露醇，加速利尿。该法在犬特别有效，甘露醇注射剂量为 1.1g/kg 体重，注射 30~60 分钟。

腹膜透析：对于铊中毒及苯巴比妥中毒有效。

14. 支持疗法

该方法是应用与毒物药理作用相拮抗的药物进行解救，以维持与生命有关的重要器官的功能。

抑制神经系统活动。疼痛时可以投给镇痛药物如盐酸杜冷丁，11mg/kg 体重；痉挛时可以投给解痉药物或麻醉药物，如戊巴比妥钠，26mg/kg 体重，安定 5mg，静脉注射。

维持呼吸。可以通过插入气管插管来确保呼吸道的通畅，应用人工呼吸机来输送空气等。

心脏衰竭时应用强心药物改善心脏功能。如使用苯甲酸钠咖啡因 50mg、樟脑磺酸钠 1~2ml、毒毛旋花子 K 0.25~0.5mg，用 5%的葡萄糖做 10~20 倍稀释后缓慢静脉注射。

血管麻痹时可以应用血管运动中枢刺激药物，如重酒石酸去甲肾上腺素 1~2mg，每百毫升 5%的葡萄糖加入 1mg，以每分钟 1~2ml 的速度滴注，并可以应用间羟胺等，间接刺激血管中枢的药物，涂布芥子泥，或吸入乙醚、氨气，但效果一般，直接作用于血管的药物盐酸异丙肾上腺素 10~30mg，皮下注射。

呼吸麻痹时直接用兴奋呼吸中枢的药物，如苯甲酸钠咖啡因 20~50mg，尼可刹米 0.125~0.5g，盐酸士的宁 0.5~0.8mg，皮下注射，并进行人工输氧。间接兴奋呼吸中枢的药物，如乙醚、氨等。

止吐、止泻。呕吐时应用止吐剂，如奋乃静、灭吐灵、呕泻宁、爱茂尔、维生素 B_6 等；腹泻时使用止泻剂，如氯苯哌酰胺。

抗痉挛可应用苯妥英钠 6~12mg/kg 体重，口服；苯巴比妥钠 2~18mg/kg 体重，静脉注射；扑癫酮 5~15mg/kg 体重，口服；安定 2.5~20mg，依体重大小，肌肉注射。

15. 全身治疗

补充营养物质。葡萄糖、多种氨基酸、脂肪乳等。

稀释毒物。静脉注射生理盐水、林格氏液。

促进排毒。速尿、甘露醇（以5%的比例加入5%的葡萄糖中静脉点滴），或点滴25%的山梨醇。

调节呼吸。确保呼吸道通畅，或应用人工呼吸器输氧。

维持电解质平衡。静脉注射林格氏液或口服补液盐（ORS）水等。

维持酸碱平衡。用碳酸氢钠或乳酸林格氏液纠正酸中毒。

兴奋或狂躁不安时可以应用镇静或麻醉药物，如戊巴比妥钠25mg/kg体重，氯丙嗪0.5~1mg/kg体重，氯胺酮5~7mg/kg体重，溴化钠0.5~2g（口服）等。

疼痛时投给镇痛药物，如杜冷丁11mg/kg体重，盐酸吗啡0.01~0.1g，内服阿片酊1~5ml（猫0.2~1ml），内服止痛片0.25~1片等。

控制体温。体温低时，可以用毛毯、保温灯等来维持体温，但应注意不要烧伤宠物。体温过高时，可用体表涂搽酒精、冷水灌肠或通过补液来实现降温的目的，同时又能缓解脱水。

防止脑水肿及保肝，可以应用葡萄糖、胆碱、胰岛素、维生素 B_1、维生素 B_2、维生素C及ATP、肌苷等。

十三、危症急救法

（一）心、肺复苏法

心、肺复苏是针对心搏骤停及呼吸停止而采取的抢救措施。心搏骤停为临床上最紧急的状况，典型的表现为意识突然丧失、大动脉波动消失及听不到心音，肌肉抽动，发绀，瞳孔逐渐散大，喘息样呼吸乃至呼吸停止。如果抢救不及时，机体各组织和器官将发生一系列不可逆性的生化与病理性的改变，导致迅速死亡。脑神经耐受缺血的时间分别为：大脑皮层3~4分钟，支配眼睑及瞳孔的中枢神经5~10分钟，小脑10~15分钟，延髓（呼吸和血管运动中枢）20~30分钟，脊髓45分钟，交感神经结60分钟。

心肺复苏的目的是维持肺换气和向组织运氧供血。可以按照下列顺序进行。并且可以通过瞳孔的改变来判断复苏的效果及预后。循环停止后45秒瞳孔开始散大，90秒内完全散大。获得有效的换气和循环时，则瞳孔立即缩小。

1. 通畅呼吸道

将口咽腔内的异物清除净后，插入气管插管。

2. 人工呼吸

在心脏按压的同时进行下面的人工呼吸。如果气管插管不能实施，则可使宠物头颈伸直，双颌紧闭，从鼻孔吹入气体，然后借助肺的回缩而自行呼出气体来完成换气。吹气的频率以12~16次/分钟为宜，人工呼吸操作方法见图2-2-6。胸廓均匀而有节奏的起伏及空气经过气管内而发出的气流声音为人工呼吸有效的指标。如果气管插管顺利，则需要用呼吸机或呼吸面罩来进行人工呼吸，以20ml/kg体重的换气量，以每5次心脏按压进行1次换气的频率进行，但需要注意的是由于正压换气，导致胸腔内压升高，使心搏血量及静脉回流血量均减少，且往往导致幼龄宠物肺的破裂而致气胸。

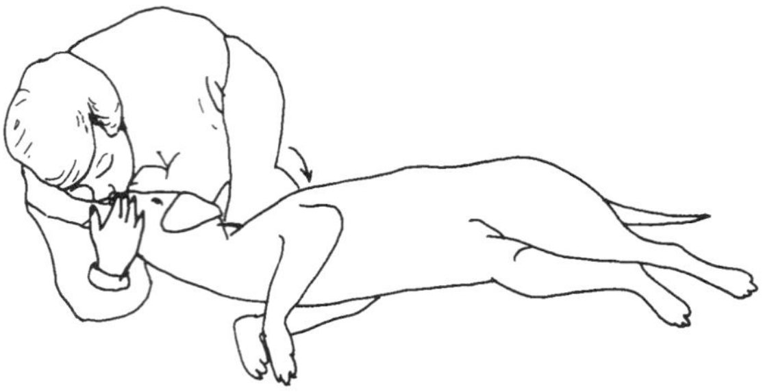

图 2-2-6 人工呼吸操作方法

3. 心脏按压

为确保脑和心脏冠状动脉的血流量，可以尝试下面的心脏按压。首先是心区拳击术，在心脏骤停后的瞬间，心脏的应激性明显升高，此时以中等力量连续拳击心区 3~5 次，可以使心脏复跳。心区拳击术无效时，可以采用心外式心脏按压，频率为 80~120 次/分钟，为增强按压效果，可以配合人工呼吸及进行心内注射 0.1%的肾上腺素 0.5ml（在按压后 30 秒内未恢复时），按压的部位如图 2-2-7 所示。按压有效的指标是：股动脉及颈动脉能够触及波动，黏膜由紫绀变红润，瞳孔由大变小，出现自主呼吸、吞咽动作及睫毛反射。按压的并发症有：肋骨骨折、气胸、血胸、心包积血、胃与肝的裂伤及大血管撕裂。当胸外心脏按压无效时，可以采用开胸式心脏按压，可以通过开胸术隔心包或直接心脏按压，按压的方法是从左右心室的游离壁向心室中隔压迫，同时进行人工呼吸。胸内按压有效的指标与胸外心脏按压相同。胸内心脏按压的并发症有心外膜及心肌内的出血、心肌纤维撕裂、胸腔出血、感染等。

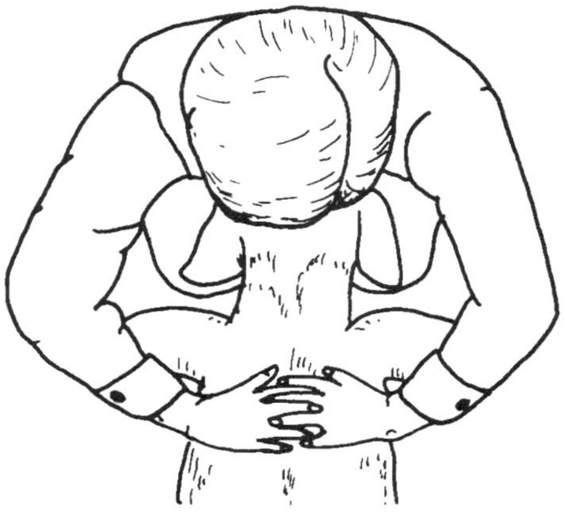

图 2-2-7 胸外心脏按压的部位与方法

4. 应用心、肺复苏药物

心脏复苏的药物有 0.1%肾上腺素 0.5ml 心内注射，必要时隔 3~4 分钟注射 1 次；异丙肾上腺素心内注射 0.1~0.2mg，必要时每隔 3~4 分钟注射 1 次；5%氯化钙 5~7mg/kg 体重，必要时隔 3~4 分钟心内注射 1 次；阿托品 0.2~0.4mg 心内注射；11.2%乳酸钠 15~30ml 心室内注射，特别适于高血钾引起的心搏停止。

肺复苏的药物有尼可刹米静脉注射 0.3~0.4mg/次；安钠加静脉注射或肌肉注射 0.2~0.4mg/次；山梗菜碱静脉注射 2~5mg/次，静脉滴注 10~20mg/500mg；回苏灵肌肉注射或静脉注射 5~12mg/次，静脉滴注 25mg/500ml；戊四氮静脉注射 0.1~0.2mg/次；野靛碱静脉注射 1~2mg/次；利他灵肌肉注射或静脉注射 15~30mg/次。

5. 心脏复苏辅助治疗药物

供给能量药物，如三磷酸腺苷（ATP）、细胞色素 C、肌苷等，为心肌代谢提供所必需的营养物质，以利于心肌工作。心脏内注射的剂量为 ATP20mg，细胞色素 C15mg，肌苷 20mg，碱化血液，在心脏停搏后抢救 5 分钟以上未复搏者，应立即静脉注射碳酸氢钠以纠正酸中毒，以利于心脏的复搏，可以应用 5%的碳酸氢钠 15~40ml，必要时隔 5~10 分钟给药 1 次，直至心脏复苏，但应避免直接进行心内注射（可导致心脏广泛性的坏死）。碳酸氢钠在改善心脏代谢性的酸中毒的同时，还可以在血液中释放二氧化碳，二氧化碳可以迅速进入脑内，导致脑神经中枢抑制，因此要进行适当的换气，以纠正二氧化碳蓄积；动脉输血可以引起血管反射，并使冠状动脉及大脑迅速得到大量的血液，一般可以快速注射 20~50ml/kg 体重；头部降温，在抢救开始后 5 分钟内给予冰帽，实施头部降温，同时给予不同组合的冬眠性药物，以防止发生寒战和抽搐；在复苏的早期使用血管收缩剂意义重大，可促使血液回流心脏，以保证冠状动脉及脑组织的供血，如去甲肾上腺素、间羟胺、肾上腺素、苯肾上腺素、甲氧胺、甲苯丁胺、异丙肾上腺素。

6. 抗休克治疗

在抗休克治疗时需要进行静脉留置针，以防休克时静脉塌瘪。抗休克治疗的药物可以选择乳酸林格氏液，补液的剂量为犬 40ml/kg 体重，猫为 20ml/kg 体重，以每小时 5~20ml/kg，速度不可过快，以防止发生肺水肿，同时可投给 20~50mg/kg 体重的氢化可的松，以稳定细胞膜。

7. 心室纤颤

可以应用电击除颤和药物除颤。电击除颤时可以选用 100~400J（W·S），0.0025~0.004 秒进行直流电击，或用 5A，450~800V，0.2 秒的交流电击。药物除颤可以应用心内注射 0.5mg 肾上腺素或 3.6%三羟甲基氨基甲烷（THAM）15~30ml，配合心脏按压。无电除颤时可以应用普鲁卡因酰胺 200mg 或利多卡因 100~150mg，另加肾上腺素 0.5mg 做心内注射，并配合心脏按摩。此外，在未应用阿托品进行麻醉前处置时，可以同时投给氯化钾（1mEq/kg 体重）和乙酰胆碱（6mg/kg 体重）。

8. 终止复苏的指征

凡经积极抢救后出现下列征象者可以终止复苏，瞳孔散大且意识丧失达 1 小时以上者、经抢救 1 小时后仍无自主呼吸者、心脏电活动停止达 1 小时以上者、脑电检测无电位变化者。

（二）昏睡的抢救

首先要保持呼吸道通畅，必要时进行辅助呼吸、止血和抢救休克。当发生痉挛时，投给抗痉挛的药物，如安定 5~10mg，静脉注射；苯巴比妥 50~150mg，肌肉注射；苯妥英钠 20~

40mg，静脉注射。进行对症、对因治疗，如颅内压升高时应用甘露醇、甘油及氢化可的松等，低血压时投给肾上腺素 0.5mg；异丙肾上腺素 1~2mg。投给脑激活剂，如细胞色素 C、胞二磷胆碱、氯腥脂、ATP、脑活素、脑神经生长因子等。

（三）过敏性休克的抢救

可以引起过敏的物质有：青霉素、链霉素、四环素、氯霉素、红霉素、万古霉素、硫酸庆大霉素、螺旋霉素、异种血清（抗毒素）、肾上腺皮质刺激激素、胰岛素、疫苗、垂体后叶素、普鲁卡因、氨苯甲酸乙酯、丁卡因、利多卡因、水杨酸钠、抗组织胺药物、安定类药物、磺胺类药物、维生素、肝素、阿司匹林、地塞米松、柴胡注射液和莪术油注射液等药物，蜜蜂、马蜂、毒蜘蛛、毒蛇、蜈蚣、蝎等有毒昆虫的刺蜇等，牛奶及部分鱼虾等食物过敏等。

过敏的治疗应积极而慎重，抢救的药品不宜过多，剂量也要适当。

首先，应用 0.1%肾上腺素 0.5~1ml 静脉注射，并根据需要隔 20~30 分钟注射 1 次。在昆虫刺蜇部位可以直接注射 0.3ml 的肾上腺素稀释液。

其次，确保呼吸道通畅，插气管导管，并戴氧气面罩。

再次，静脉注射速效的皮质激素，如氢化可的松 100~500mg，强的松龙 50~200mg，并根据需要每隔 3~4 小时反复注射。

静脉注射抗组织胺药物，如苯海拉明 1.1~2.2mg/kg 体重。

如果经上述抢救后很快恢复则预后良好。

（四）电击的抢救

首先要使宠物迅速脱离电源，如迅速关闭电源、用非导体将电线挑离触电的犬、猫，用木棍将紧贴电源的犬、猫与电源拨开或用草绳将触电的犬、猫拉离电源。然后进行下面的人工抢救。

1. 人工呼吸

当呼吸不规则或停止时，要迅速采用下面的办法进行人工呼吸。

口对口吹气法：术者深吸气，用两手压紧犬、猫的嘴巴，从鼻孔吹入气体，然后术者嘴离开，助手用两手压迫犬、猫的胸部，以帮助呼出气体，每分钟 14~16 次，如此反复进行。

仰卧压胸法：患犬、猫仰卧，术者将双手置于胸壁两侧，同时用力向内下侧挤压，使肺内气体充分排出，每分钟 14~16 次，反复进行。

仰卧牵肢法：患犬、猫仰卧，术者两手抓住患犬、猫的两前肢的臂部，向内侧挤压，然后再向外侧牵拉，每分钟 14~16 次，反复进行。

人工呼吸往往需要很长时间，如果在短时间内不见效果，不要轻易放弃治疗。

2. 吸入氧气

如果有条件，应进行吸氧，且在氧气中加入 5%的二氧化碳，可以起到兴奋呼吸中枢的作用，并通过机体代偿性反应而提高血压。但不能长期应用，否则，将导致呼吸衰竭。

3. 胸外心脏挤压术

心脏挤压可以使暂时停止的心脏仍能维持血液循环，以供给延髓呼吸中枢血液，对呼吸中枢的恢复有利，而挤压心脏对于心脏搏动的恢复有直接刺激作用。这要比单纯人工呼吸好得多。

4. 投给兴奋剂

尼可刹米可以直接兴奋呼吸中枢，但心搏兴奋剂如肾上腺素、麻黄碱等存在心搏时应禁用。

5. 其他处置

如果频繁出现期外收缩、心律不齐者，可以投给奎尼丁，每次 0.2g，每隔 2~3 小时投给 1 次，1 日 2~3 次。呼吸、心搏恢复后，为防止发生脑水肿和抽搐，可以投给高渗葡萄糖（50% 40~60ml），或用速尿。可用氯丙嗪防止抽搐。体温降低者进行保温。

（五）溺水的抢救

溺水死亡的原因是由于气管内吸入大量的水分而妨碍呼吸，造成窒息而死亡。

首先，可以使用救生圈或救生绳令其自救，或用木棒搭救，无效时下水抢救，对于非窒息或昏迷的犬、猫有效。

其次，进行医疗急救。对于呼吸不规则、微弱乃至停止的犬、猫，要清净口鼻内的异物。用手将患犬的两后肢倒提，使气管和食道内的水倒出，或将患犬、猫的后肢垫高，使水流出。具体操作方法见图 2-2-8。

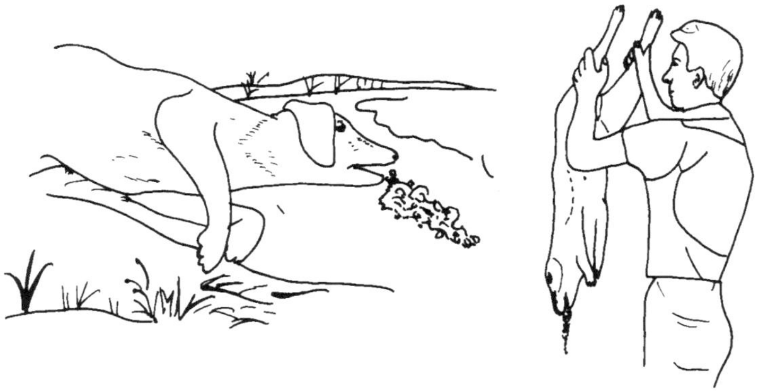

图 2-2-8　犬、猫溺水岸上抢救方法

再次，按照触电急救的方法进行人工呼吸、吸氧气、胸外心脏挤压及注射尼可刹米、安钠加、樟脑或肾上腺素等。并注意保暖，醒后给予热姜汤口服。

十四、安乐死法

1. 安乐死的适应证

安乐死对于与宠物结下深厚感情的主人来讲，无疑是一件难以接受的痛苦的事情，但是，对于因疾病折磨而痛苦不堪的患病宠物来讲，以及让主人从长久的痛苦中解脱出来这一点来看，安乐死又无疑是一种迅速结束绝症宠物与主人痛苦的最佳办法，因此，安乐死在目前的宠物医疗领域所占比例也比较大，约占门诊量的 0.5%。但对于仍有治愈希望而迫于主人的强烈要求不得已而为之的安乐死，无疑又给宠物医生带来很大的心理负担，总有一种图财害命之嫌，因此，应对于实施安乐死的适应证进行界定，以便临床实施。

适于安乐死的主要病症有：各种晚期癌症、久治不愈的高位截瘫、频发性治疗无效性犬瘟热、肾脏衰竭透析无效性尿毒症等。

2. 安乐死的方法

目前的安乐死主要是选用一些药物对心脏等生命脏器的不可逆性损害而在投药的瞬间或一定时间内使犬、猫丧失生命。目前使用最多的是静脉注射 10%的氯化钾，剂量为 1.5~2ml/kg 体重，静脉注射部位为颈静脉、前臂头静脉等，注射前一定要先撤除止血带，注射时要迅速，犬、猫可在瞬间因心脏处于舒张期停搏而死亡。也可以使用 1.5~2ml/kg 体重的来苏儿原液，以相同的静脉和注射速度，使血液内蛋白凝固及损伤心脏而死亡。也有人尝试超剂量的全身麻醉药物，如速眠新 0.5ml/kg 体重，静脉或肌肉注射。

第三节 外科手术

一、手术室基本设备及管理要求

（一）手术室基本设备

手术台：手术台可分为简易式和液压式两种。简易式：一个平整台面和支架。液压式：台面可做斜度转动，台面高低可以调节。

无影灯：手术台上方悬吊可移动的无影灯，供手术照明用，除无影灯之外还应具有手术照明灯或深创照明灯。

吸入麻醉机：在欧美发达国家，小动物手术室墙壁为吸入麻醉装置 5 个不同颜色的插口（绿色——氧气，黑色——氮气，白色——真空，蓝色——氧化氮，黄色——电缆线），供麻醉和手术之用。

器械台、真空吸引器、X 线观片灯、高频电刀、污物桶。

紫外线灯：安装在手术室天棚或墙壁，供照射消毒用。市售紫外线消毒灯为短波紫外线，有 15W 和 30W。一般在非手术时间开灯照射 2 小时，照射距离 1m 为最好。

手术室应该有良好的排水系统，便于冲洗地面。还应该有良好通风系统，便于室内气体排出。室内温度要保持适宜，以 20~30℃为宜，有条件可安装空调机。

（二）手术室管理

手术室内必须有严格的使用和清洁消毒制度。每次手术后立即清洗手术台，清理手术地面的污物，清理器械台及手术各种用品，并分别把手术备品摆放在固定位置。

术后冲洗后要及时通风干燥。手术污染备品、器械清洗后要及时消毒。

手术室消毒可以采用紫外线照射消毒和化学消毒剂喷洒消毒。紫外线照射消毒是指在术后室内清洗后，打开紫外线灯照射，照射时间 1~3 小时，照射时人员要离开室内。化学消毒剂喷洒法可在术前用 2%~3%来苏儿溶液喷洒地面、手术台面和器械台。

手术室应设有专人管理，保持室内备品齐全，性能完好，保证紧急手术时的需要。

手术室内不应该有闲杂人员进入，特别在手术时必须禁止闲杂人员进入。手术室不应该随便抛弃杂物，应投入到污物桶内。

二、手术基本技术

（一）麻醉法

1. 局部麻醉法

1）表面麻醉

(1) 皮肤表面麻醉。首选氯乙烷（Ethyl chloride），将氯乙烷的开口瓶握于手掌，喷口射向手术部位皮肤，使液体氯流直接垂直喷射到皮肤表面，距离 20~30cm，喷射的液体在皮肤表面形成冰晶，这种“冰冻”使皮肤表面麻醉，用于小的皮肤切口或穿刺。

(2) 黏膜（口腔、咽、鼻道、阴道）麻醉。结膜、角膜用棉花药签浸局部麻醉药，例如5%普鲁卡因溶液，压迫到黏膜表面几分钟，也可以把浸上局部麻醉药的棉球用镊子夹好在黏膜表面擦拭几次。黏膜和角膜，应用 5%~10%可卡因用吸液管滴入眼结膜囊和角膜表面。间隔 5 分钟，滴入眼内 2~3 次即可麻醉。

2）浸润麻醉

(1) 直接浸润麻醉法。在准备切口部位对整个长度和深度进行直接浸润麻醉。

方法：皮下组织浸润，麻醉真皮。应用足够长度的针刺入皮下组织，沿着准备切口部位长度缓慢推进皮下。如果切口有较大深度，针要向下，再注入深层组织（图 2-3-1）。

(2) 外周浸润麻醉法。对于手术部位周围和下层组织的四周注射，达到术部麻醉。

方法：针刺入手术部位边缘四周的皮下组织，呈菱形或扇形注射（图 2-3-2）。

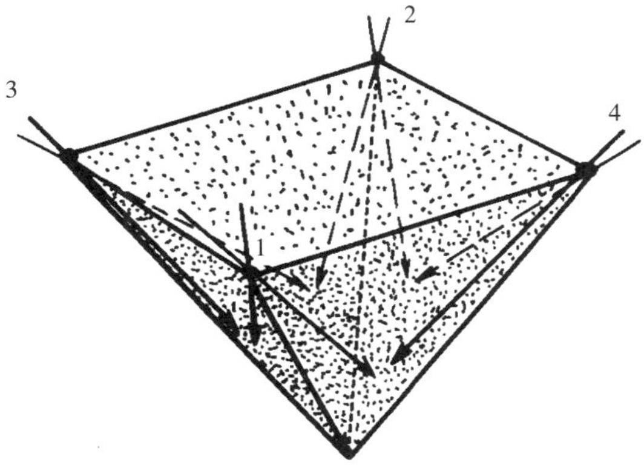

图 2-3-1　直接浸润麻醉法

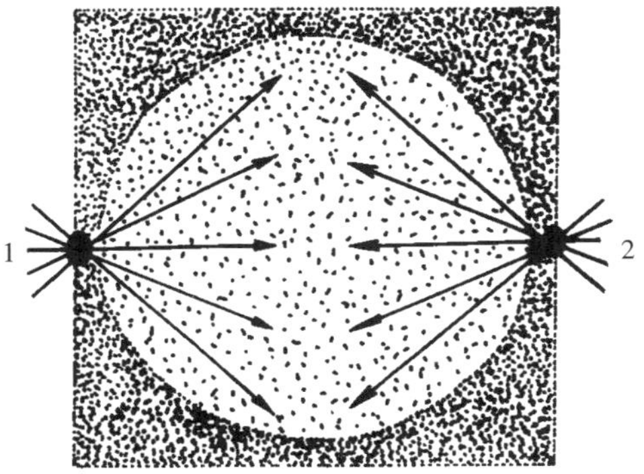

图 2-3-2　外周浸润麻醉法

(3) 浸润麻醉的禁忌证。如果术部存在蜂窝织炎和坏死性炎症时，不能进行浸润麻醉。

剂量：应用 0.5%~1%盐酸普鲁卡因溶液。

矩形或圆形浸润麻醉注射剂量要根据麻醉的面积大小来决定。产生麻醉效果要决定被麻醉组织的厚度和密度，一般 1~5 分钟出现麻醉，持续时间大约在 0.5~1 小时。

3）传导麻醉

（1）犬的关节诊断性麻醉注射法，所选针长 3~7cm，直径 0.5~1mm，注射 1%~2%盐酸普鲁卡因溶液 1~4ml。

肩关节：肩胛骨肩峰的远端大约一指宽，三角肌边缘前方和肱骨大粗隆上方，能摸到明显的窝。适宜固定关节，针水平地向后刺入窝内，深度 1~2cm，能触及关节软骨或关节液流出（图 2-3-3）。

肘关节：关节固定呈 45°角，肱骨外侧髁下面为注射点，针刺入向后推进深度 5~10mm，能触及关节软骨或关节液流出（图 2-3-4）。

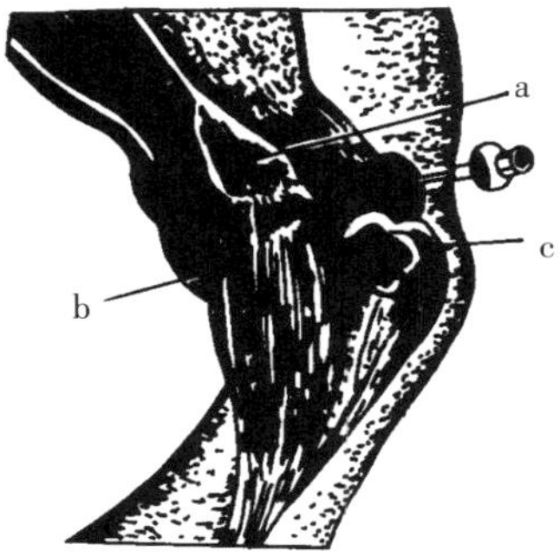

图 2-3-3 肩关节注射部位
a.肩峰 b.三角肌 c.肱骨大粗隆

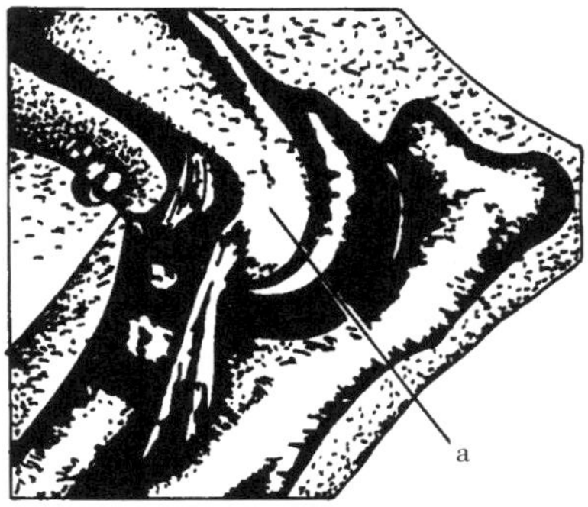

图 2-3-4 肘关节注射部位
a.肱骨外侧髁

髋关节：在股骨大转子的上边缘前方为注射点，针长 5~7cm，水平刺入皮肤，水平方向推进深度 4~6cm，关节液出现指示针已达到关节腔（图 2-3-5）。

膝关节：侧卧保定，关节固定呈直角，注射部位于膝关节内侧，在胫骨的近心端和股骨的内侧髁之间，髌骨韧带的后方，能触及明显的窝，在窝的中央，针向上、向后方刺入深度 1~3cm，针尖触及关节软骨或流出关节液。麻醉药物能影响整个膝关节，使各个关节囊均被麻醉（图 2-3-6）。

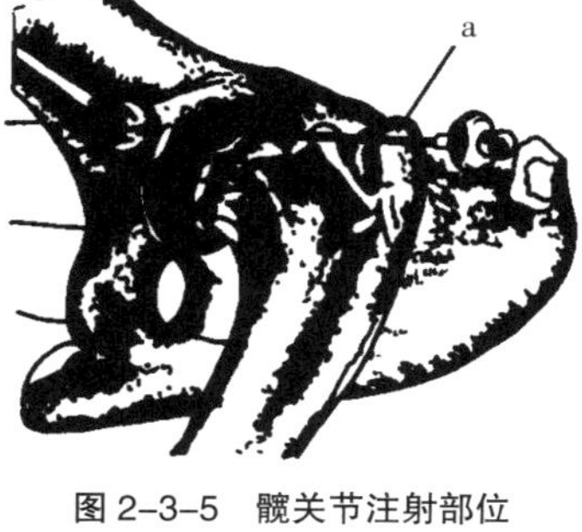

图 2-3-5 髋关节注射部位
a.大转子

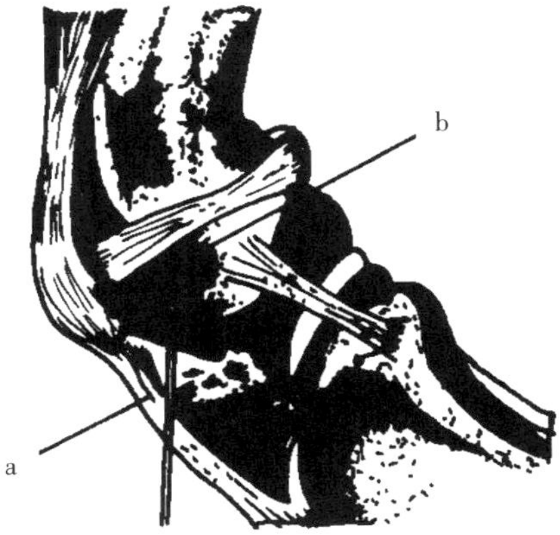

图 2-3-6 膝关节注射部位

a.膝韧带 b.股骨内侧髁

图 2-3-7 犬眶下神经麻醉及下颌齿槽神经麻醉

(2) 犬的头部神经传导麻醉

①眶下神经麻醉。德国牧羊犬眶下孔位于第三或第四前臼齿齿槽边缘的上方一指宽，眶下管大约在相应的位置。眶下孔触摸呈豌豆或蚕豆大小的凹陷，针刺入眶下孔进入整个管。德国牧羊犬眶下管大约 3~4cm，较小品种犬有 1cm 或更小。注入 2%普鲁卡因溶液 1~2ml（图 2-3-7）。

②下颌管内的下颌齿槽神经麻醉。通常有两个颏孔，一个位于另一个后面大约 1cm。前方的一个较大，位于第一臼齿的后面，下颌的侧表面的中部。

细针刺入最容易由黏膜刺入，下唇向下拉，右手指在第一臼齿下面触及下颌表面小浅的凹陷。针一定向下或向后刺入，通常只能刺入 1cm（见图 2-3-7）。

小型犬颏孔很小，只能使用细针，注射 2%盐酸普鲁卡因 1~2ml。后颊齿的麻醉不确实，需要局部浸润，扩大麻醉范围。

③眶裂内眼神经麻醉

[适应证] 用于眼窝和眼睑的手术。

[局部解剖] 从眶裂伸延到眼窝的神经分为泪神经、额神经和鼻睫神经。泪神经分布到泪腺和上眼睑，额神经于泪神经分支结合通过眶上孔伸延到额部皮肤和上眼睑。鼻睫神经进入眼窝内壁的内壁层并发出滑车下神经，在此之前，分出长的睫神经，依次又分出短的睫神经到眼球，滑车下神经分布到眼的内眼角，离开眼窝分布到内眼角附近的皮肤、结膜、泪阜和泪囊。下眼睑由颧神经和上颌神经的分支支配。

[方法] 宠物应用 8cm 长针，从眶中线的后边缘向后下方向刺入眼球后间隙。也可以选择针从外眼角，针尖指向对侧下颌关节方向刺入眶内。宠物注射 1%~2%盐酸普鲁卡因 5~8ml。

(3) 犬的指（趾）神经麻醉。注射部位在第一指（趾）骨的内外侧（图 2-3-8）。

图 2-3-8 指（趾）神经麻醉

左手握住趾尖使趾伸展，右手持细针斜刺入第一指（趾）骨的侧方的皮下组织。

剂量：每个注射点用 2%盐酸普鲁卡因溶液 2~3ml。

4）犬的硬膜外麻醉

犬可以实行高位和低位硬膜外腔麻醉。

［适应证］低位硬膜外腔麻醉用于尾、肛门、肛门周围腺、会阴和阴道手术。高位硬膜外腔麻醉用于卵巢、子宫、膀胱、乳腺和脊柱手术。也用于后肢骨折、脱臼和手术的麻醉。

［方法］低位硬膜外腔麻醉注射部位：荐骨和第一尾椎之间；第一和第二尾椎之间；第二和第三尾椎之间。这些间隙在尾上、下活动时，可以摸到明显的凹陷。皮肤剪毛、消毒，左手指握住尾椎。应用 1mm 直径的细针，与尾的背侧呈 45°~30°角，斜行插入选定凹陷部的中央皮肤和椎间韧带，深度 1~3cm。一旦针尖刺入脊髓管，明显地感到阻力消失。针的角度要保持足够的倾斜是麻醉操作的重要保证（图 2–3–9）。

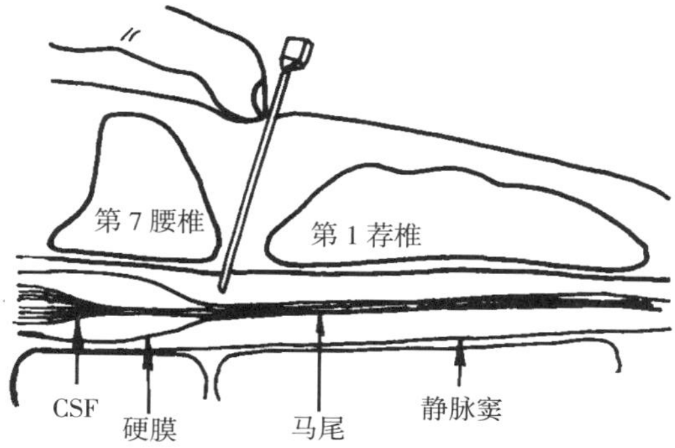

图 2–3–9 犬低位硬膜外麻醉

剂量：根据犬的大小不同注射 1%~2%盐酸普鲁卡因溶液 1~3ml。

高位硬膜外腔麻醉注射部位：可以应用低位硬膜外腔麻醉的相同部位；荐骨和第 7 腰椎之间：这是腰—荐间隙，确定这个注射部位，一手的拇指和中指放置在髂骨的左右两个荐粗隆上，食指触摸的间隙就是注射部位，就是在两个荐粗隆之间连线的中点（图 2–3–10）。

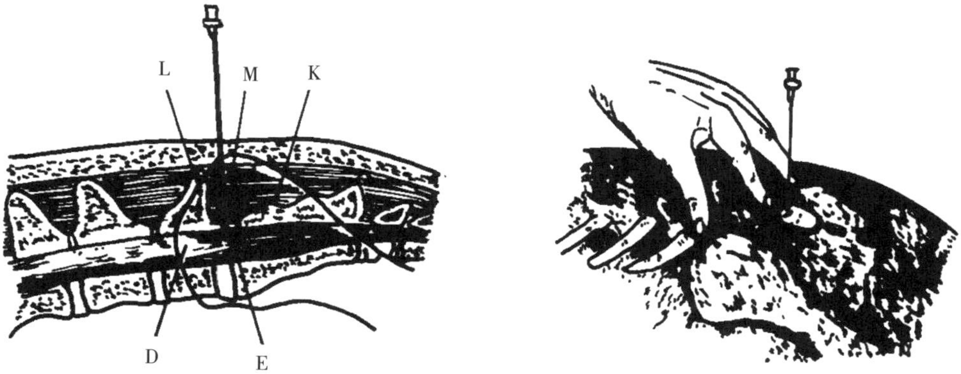

图 2–3–10 犬高位硬膜外麻醉

L.第 7 腰椎 K.荐骨 D.硬膜 E.马尾 M.髂骨

皮肤剃毛、消毒：针的选择根据犬的大小不同来选择，针垂直刺入皮肤，然后刺进关节间韧带，有轻轻抵抗，达到硬膜外腔间隙。特殊情况下，针能刺进蛛网膜下腔，脑脊髓液从针流出，这时针必须缩回一点。

剂量：应用1%~2%盐酸普鲁卡因溶液。注射剂量要根据麻醉的目的和动物的体长而定。体长的测量从头部的枕突起和尾根部连线长度。Frey 和 Voler 列出一个表把硬膜外麻醉分三个组：Ⅰ组为剖腹术；Ⅱ组为尾、肛门、阴道、尿道等手术；Ⅲ组为后肢手术（表2–3–1）。

表2–3–1 盐酸普鲁卡因硬膜外麻醉剂量

尾根到枕突长度(cm)	Ⅰ组	Ⅱ组	Ⅲ组
	1%普鲁卡因溶液剂量(ml)		
40	2.0	剖腹术剂量的1/2	剖腹术剂量的4/5
45	3.0		
50	3.5		
55	4.25		
60	5.0		
65	5.5		
70	6.5		
75	7.0		
80	8.0		
85	8.5		
90	9.25		
95	10.0		
100	10.75		

2. 全身麻醉

1）吸入麻醉

欧美发达国家小动物全身麻醉以吸入麻醉为主。

（1）吸入麻醉药物。氟烷是目前兽医临床使用最多的吸入麻醉剂。其特点是麻醉性能很强，为无色透明的液体，具有特异香味，沸点为50℃，无刺激性，在强光下分解，麻醉作用快，不燃烧，不爆炸。反复应用对肝脏有损害作用，可以使肾血流减少，使肾功能下降。价格较贵，多用密闭式吸入麻醉。

甲氧氟烷：无色透明，沸点为104.6℃。因为沸点高，吸入麻醉时需用专用蒸发器，才能保证一定的蒸气浓度。麻醉力强，是氟烷的2~4倍，术后镇痛效果好。但该药诱导、苏醒慢，对肾有毒性作用。现在人医已不用作麻醉剂。美国有人用于犬麻醉，以低浓度作为维持麻醉。

安氟醚：是新的卤族麻醉剂，化学结构似甲氧氟烷，液体味甘甜，不爆炸。临床上应用于犬的麻醉，安全可靠，诱导、苏醒快，麻醉维持平稳。但价格昂贵。

异氟醚：为安氟醚的同分异构体，其特点为无色稍有刺激性的挥发性气体，不燃烧不爆炸，对肝肾影响较小，肌松好，诱导平稳、快，苏醒快，副作用小。因其价格昂贵，国外小动物临床用于难产、病情严重或体弱犬和猫。

麻醉前给药：为提高麻醉的安全性，减少麻醉的副作用，消除麻醉和手术中的不良反应，使麻醉过程平稳，给动物以神经安定药、镇静药、镇痛药和肌松药，使麻醉效果更好，并能减少麻醉药用量。抗胆碱药会明显地减少呼吸道和唾液腺分泌，有利于麻醉时呼吸的管理。

（2）常用麻醉前用药。主要包括以下药物。

氯丙嗪：犬1~2mg/kg，猫2~4mg/kg，肌肉注射。

安定：产生安静、催眠和肌松作用。犬、猫0.66~1.1mg/kg，肌肉注射。

龙朋（二甲苯胺噻嗪）：具有镇痛、镇静、催眠和肌松作用。犬1~3mg/kg，猫3mg/kg，肌肉注射。

阿托品：抗胆碱药，在吸入麻醉时，可防止流涎和气道狭窄，能够消除吸入麻醉剂造成的由于副交感神经兴奋而引起的心血管系统和呼吸系统异常副作用。临床常规在吸入麻醉前20~30分钟，将阿托品与神经安定药一并注射。犬0.5~5mg/kg，猫1mg/kg，皮下或肌肉注射。

（3）吸入麻醉机及其附件。目前国内尚没有宠物专用麻醉机，宠物吸入麻醉机当前使用人用吸入麻醉机，国产 103 型吸入麻醉机属于普及型（图 2-3-11）。

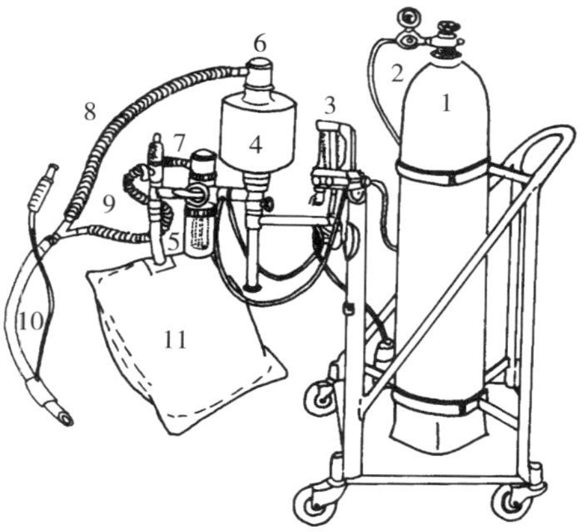

图 2-3-11　国产 103 型循环紧闭式氧气麻醉机

1.氧气瓶　2.氧气表　3.流量表　4.钠石灰罐　5.蒸发瓶　6.呼气活瓣
7.吸气活瓣　8.呼气经路　9.吸气经路　10.插管导管　11.呼吸囊

麻醉机用途一是实施全身吸入麻醉，二是供给氧气。

麻醉机包括：压缩气体钢筒、压力表、减压装置、流量计、药物蒸发器、CO_2 吸收装置、导向活瓣、逸气活阀、呼吸囊、呼吸管道和麻醉口罩。

二氧化碳吸收剂为实行循环紧闭式吸入麻醉时，动物的呼吸完全与外界的大气环境相隔开，呼吸完全在紧密封闭的环路中进行。必须在环路中有二氧化碳吸收装置，将呼出气中的二氧化碳吸收掉。二氧化碳吸收装置是一个具有进口和出口的容器，内装二氧化碳吸收剂——钠石灰（碱石灰），所以又称为钠石灰罐。二氧化碳吸收剂有两种，钠石灰和钡石灰。钠石灰最为常用，钠石灰含有 5%氢氧化钠，90%氢氧化钙和 1%氢氧化钾，还有适量硅酸盐，制成粗大的颗粒，这种颗粒吸收效果好。

钠石灰吸收二氧化碳时产生“中和热”，石灰罐中心温度升高，可达 60℃，吸收二氧化碳后由于 pH 值低于 12，由原来的粉红色变成黄白色。钠石灰作用耗尽之后，不再产生中和热，不发热，应该弃掉。

插管：气管内插管的使用能减少麻醉中的死腔；有效地保证呼吸道的畅通；防止口腔分泌物和胃内容物被误吸；有利于挥发性麻醉药的吸入；防止麻醉气体向周围溢散；给人工呼吸创造基本条件。

吸入麻醉的临床应用如下。

开放式吸入：不需要特殊的麻醉设备，将药液直接滴在纱布上，令其自然挥发，宠物在吸气时将口罩下面麻醉药吸入肺内，产生麻醉。乙醚、氯仿、氟烷等点滴开放吸入。

半开放式吸入：利用定向活瓣或其他装置来控制呼吸气流的运行，使吸入的气体充分由麻醉机供给，而呼出的气体逸入大气中。

密闭式吸入：这是现代吸入麻醉机循环紧闭式吸入装置。其装置包括：气源（供给吸入的氧气），麻醉药蒸发器使麻醉药被汽化成一定浓度的麻醉药气体。氧气和麻醉药蒸发气被吸入肺产生麻醉效应。呼出二氧化碳被二氧化碳吸收装置吸收。麻醉机设有呼和吸两个定向的活瓣，使呼吸气流定向运行。

吸入麻醉期间对宠物监测、观察和管理：呼吸的观察，要注意呼吸的通畅度，呼吸频率和幅度。循环系统观察，心跳频率，心音的强弱，血压，毛细血管再充盈时间等；体温变化，瞳孔变化和各种反射（眼睑反射、角膜反射、皮肤反射、肛门反射等）。

2）注射药剂麻醉

宠物注射药剂麻醉，国内外进展很快，除研制新的麻醉药物，还努力寻找几种药物组成复合剂。

（1）氟哌啶—芬太尼合剂（Innovar-vet）。为一种神经安定镇痛剂。氟哌啶为安定剂，芬太尼为镇痛剂，按 50:1 配制，20 世纪 70 年代美国 FDA 批准用于犬，到目前为止该药在北美应用仍非常广泛。常用于麻醉前给药、麻醉诱导和小的手术。

（2）舒泰（Zoletil）。为乙胺噻吩环乙酮—氟苯吡卓酮合剂。乙胺噻吩环乙酮为分离麻醉剂，氟苯吡唑酮为安定剂。其合剂按 1:1 配制。药效迅速，镇痛强，肌松好。该制剂在欧洲已批准用于犬、猫。西欧北欧应用很普遍。根据所需麻醉深度，注射不同剂量，肌肉注射：犬 7~15mg/kg，猫 10~15mg/kg；静脉注射：5~10mg/kg，猫 5~7mg/kg。

（3）美托咪啶（Medetomidine）。是芬兰 1988 年合成的新药，为 α_2—肾上腺素能受体激动剂。北欧用于犬、猫麻醉。与龙朋相似，但呕吐发生率低于龙朋。中等犬肌肉注射剂量 40μg/kg（静注 20μg/kg），可获镇静效果。

（4）异丙酚（Propofol）。是一种短效静脉麻醉药，常用于犬、猫麻醉，剂量为 6~7mg/kg，如麻醉前用 0.02~0.04mg/kg 乙酰丙嗪，其剂量减少 4mg/kg，该药镇静、肌松效果好，可与氟哌啶—芬太尼合剂及其他药物合用，均有良好麻醉效果。

（5）氯胺酮。用药前常规给予阿托品，防止流涎。注射阿托品后 15 分钟，肌肉注射氯胺酮 10~15mg/kg，5 分钟后产生药效。可持续半小时麻醉时间。

（6）犬眠宝。是犬的安定镇痛剂，使用剂量：小型、中型犬为 0.15~0.2ml/kg 体重，大型犬为 0.1~0.15ml/kg 体重，肌肉注射。其麻醉效果确实可靠，安全性较大，副作用小，使用方便，其苏醒剂为犬醒宝，手术完成后，注射 0.2~0.4ml/kg 体重，动物即可苏醒。

（7）速眠新注射液（846 合剂）。使用剂量：犬 0.1~0.15ml/kg 体重，猫 0.2~0.3ml/kg 体重，其苏醒剂为苏醒灵 4 号，以 1:0.5~1 比例静脉注射，能很快苏醒。

（二）组织分离法

1. 软组织分离法

对皮肤、筋膜、肌肉、腱膜、黏膜、浆膜以及内脏器官等分离，均属软组织分离。

1）软组织分离的目的

分离术部组织，造成手术通路，以显露发病器官或病灶。切除某一器官或发生病理变化的组织以及排除深部组织或空腔器官内的异物、病理性气体或液体。

2）软组织分离的原则

切口的大小、长度要适当，位置必须便于接近病变部，并使病变部位充分显露；切口应避免损伤大血管和神经以及腺体的输出管，以免影响术部组织或器官的机能；切口边缘要整齐，便于缝合和使创缘接合密切，以利愈合；分离组织应尽力避免过多的不必要分离，避免形成潜在的死腔或间隙，以免渗出液和血液积存，并确保创液及分泌物的引流畅通；二次手术时，应避免在疤痕上切开，因为瘢痕组织缺乏弹性，再生力弱，容易发生弥漫性出血。

3）软组织分离的种类

(1) 锐性分离法。用锐利的手术器械（手术刀、手术剪等）分离组织的方法。

(2) 钝性分离法。用不带刀的器械如刀柄、钝头止血钳等分离组织的方法。其目的在于避免损伤血管、神经或重要器官。有时钝性和锐性分离结合应用。

4）软组织分离方法

(1) 皮肤切开法。皮肤切开有两种方法：一是紧张切开，即在预定切口的两侧，用拇指和食指紧张固定皮肤后，在切口起点将圆刃刀的刀刃与皮肤垂直地刺透皮肤，再将刀放斜呈45°角，用力均匀地一刀切到切口止点即可。最好一次切开皮肤及皮下组织，多次切割可使切口边缘参差不齐；二是皱襞切开，即用于皮肤移动性较大而又能捏起的部位或离内脏器官和大血管较近的部位。术者和助手将预定切口两侧的皮肤捏起来，做成横皱襞，在皱襞中央自上而下切开至所需要的长度。

(2) 疏松结缔组织分离法。用刀柄剥开，然后将剩余的联系部分剪断或切开。

(3) 筋膜分离法。为了预防筋膜下面的血管和神经的损伤，先用镊子将筋膜提起切一小口，再将有沟探针插入筋膜下，然后用刀背靠沟底，刀刃向外挑开或用剪刀剪开，扩大切口到适当长度。

(4) 肌肉分离法。通常采取分层分离法，同时切口应尽量与肌纤维方向一致，以免切口过度紧张，影响愈合。对影响手术通路的肌肉也可斜切或横切，对扁平肌肉可用刀柄、或手指顺肌纤维方向进行钝性分离。

(5) 腹膜切开法。切开腹膜时，为了避免损伤肠管和内脏，应先用镊子夹起腹膜做一小口，然后插入有沟探针或食指与中指，引导手术刀外向式切开腹膜或用钝头剪刀剪开腹膜。

2. 硬组织分离法

分离骨组织常用的器械有：圆锯、线锯、骨锯、骨刮、骨钻、骨凿、骨钳、骨剪、骨锉、骨匙等。

分离骨组织的原则是：首先切开骨膜，然后用骨膜剥离器分离骨膜；避免引起骨裂；骨屑或小骨片不可留在伤口内，但是保留有健康骨膜的大骨片不可除去，以帮助骨组织的修复；切除骨的残端，为避免其锐端损伤软组织，需应用骨锉加以修整，使其光滑。

（三）止血法

在手术过程中，止血是经常遇到和必须处理的问题。少量出血覆盖在术野上，使术者不易分辨组织结构，容易误伤重要器官，妨碍手术正常进行；出血多时会影响犬、猫的健康，甚至危及生命。因此，手术过程中应及时采取有效的止血措施。常用的止血方法包括局部止血法和全身预防性止血法两种。

1. 局部止血法

1）压迫止血法

是用灭菌纱布或其他灭菌敷料，压迫出血部位。此法用于手术中的毛细血管止血。

2）填塞止血法

在找不到出血血管时，可用灭菌纱布类或灭菌布紧紧地填塞创腔，以达到止血的目的。留置的敷料一般在 12~48 小时后取出。

3）钳夹止血法

用止血钳夹住血管断端，加以压迫，使断端闭合而止血。最好钳夹的方向与血管断端垂直，以免过多地夹住组织。

4）留钳止血法

用止血钳夹住创伤深部血管断端，并将止血钳留在创伤内。留钳时间应不少于 24~48 小时。

5）结扎止血法

它是手术中最常用而且效果确实的止血方法。其方法有单纯结扎止血法和贯穿结扎止血法两种。

(1) 单纯结扎止血法。先用止血钳夹住血管断端并稍拉长，再用丝线扎住（图 2-3-12）。本法应尽量避免夹住血管周围过多的组织，以免组织发生坏死。

(2) 贯穿结扎止血法。将结扎线用缝针穿过钳夹的组织（勿穿透血管）后结扎。常用的方法有“8”字缝合结扎及单纯贯穿结扎两种（图 2-3-13）。贯穿结扎止血的优点是结扎线不易脱落，适用于大血管或重要部位的止血。

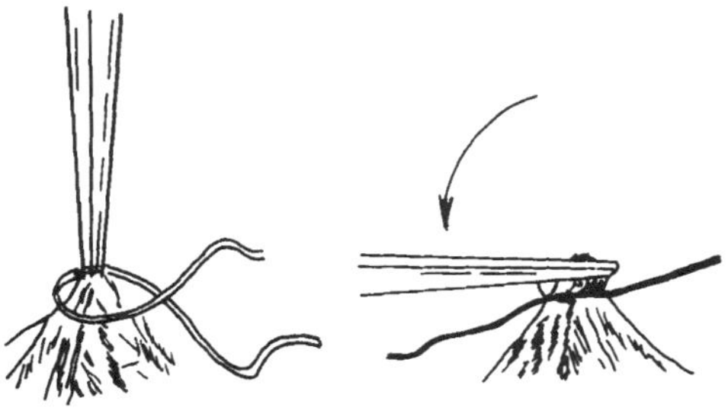

图 2-3-12　单纯结扎止血法

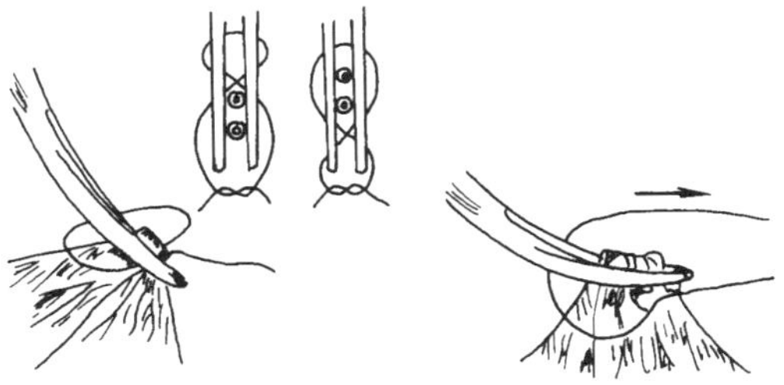

图 2-3-13　结扎止血法——“8”字缝合结扎及贯穿结扎

6）电凝及烧烙止血法

(1) 电凝止血。利用高频电流凝固组织的作用达到止血的目的。使用方法是用止血钳夹住血管断端，向上轻轻提起，擦干血液将电凝器与止血钳接触，待局部发烟即可。

(2) 烧烙止血。它是用烙铁的烧烙作用，使血管断端收缩封闭而止血。使用烧烙止血时，应将电阻丝或烙铁烧到微红，才能达到止血目的。烧烙时烙铁在出血处稍加按压后即迅速拿开，否则，组织黏附在烙铁上，当烙铁移开时而将组织扯离。也可用 50W 电烙铁烧烙止血。

7）临时止血法

在急救场合应用，方法有压迫绷带止血和止血带止血两种。

(1) 压迫绷带止血。当静脉和毛细血管出血时，在出血部位放上几层灭菌纱布和棉花，然后用绷带紧紧地包扎起来。

(2) 止血带止血。适用于四肢、阴茎和尾部手术。可暂时阻断血流，减少手术中的失血，有利于手术操作。止血带应有足够的压力（止血带远侧脉搏消失为度），放置时间不得超过2~3小时，冬季不超过40~60分钟，在此时间内如手术尚未完成，可将止血带临时松开10~30秒，然后重新缠扎。

2. 全身预防性止血法

手术前给犬、猫注射增高血液凝固性的药物和同类型血液，借以提高机体抗出血的能力，减少手术过程中的出血。常用的方法有：

(1) 肌肉注射0.3%凝血质注射液，以促进血液凝固。犬5~10ml/次。

(2) 肌肉注射维生素K注射液，增加凝血酶原，以促进血液凝固。犬10~30mg/次，猫1~5mg/次。

(3) 肌肉注射安络血注射液，以增强毛细血管的收缩力，降低毛细血管渗透性。犬5~10mg/次，1日2~3次。

(4) 肌肉注射止血敏注射液，以增强血小板机能及黏合力，减少毛细血管渗透性。犬2~4ml/次。

(5) 静脉注射10%氯化钙溶液，以增加血液中钙离子，可以使血液凝固时间缩短。0.5~1.5g/次。

(6) 输血是一种良好的全身性止血方法。它除了能增加施术犬、猫血液凝固性外，亦可刺激血管运动中枢，反射性引起血管痉挛性收缩。可于手术前30~60分钟给病犬、猫输入同种动物的氯化钙相合血。

（四）缝合法

缝合是将已切开、切断或因外伤而分离的组织、器官进行对合或重建其通道，从而促进创口愈合及恢复其功能的基本操作。

1. 缝合的目的与原则

1) 缝合的目的

为了手术或外伤性损伤而分离的组织或器官的创面对合，要给患病宠物创造安静的环境，给组织的再生和愈合创造条件，保护无菌创免受感染，加速肉芽创的愈合和促进止血。

2) 缝合的原则

为确保愈合顺利进行，缝合时要遵守下列各项原则：①严格遵守无菌操作；②缝合前必须彻底止血，清除凝血块、异物及无生机的组织；③凡无菌手术创或非感染的新鲜创经外科处理后，可做密闭缝合。具有化脓腐败过程或有深创囊的创伤可不缝合，必要时做部分缝合；④为了使创缘均匀接近，在两针孔之间要有相当距离，以防拉穿组织。缝针刺入和穿出部位应彼此相对，针距应相等，否则，易使创伤形成皱襞和裂隙；⑤一般是同层组织相缝合，非同类组织不能缝在一起。打结时既要适当收紧，又要防止拉穿组织，松紧要适度。缝合线打的结应系于创口的一侧；⑥创缘、创壁应互相均匀对合，皮肤创缘不得内翻、外翻或互相重叠，创伤深部不应留有死腔、积血和积液；⑦尽量减少缝线的用量，因为缝线在组织内皆为异物。缝线的粗细选择，一般以能胜任组织张力即可。

2. 打结

打结是外科手术最基本的操作之一，正确而牢固地打结是结扎止血和缝合的重要环节，熟练地进行打结不仅可以防止结扎线的松脱而造成创伤哆开和继发性出血，而且可以缩短手术时间。

1）结的种类

方结：又称平结。用于结扎较小的血管和各种缝合时的打结，不易滑脱。

三叠结：又称加强结，是在方结的基础上再加一个结。此种结较牢固，但遗留于组织中的结扎线较多。三叠结常用于有张力的组织缝合。

外科结：此结的做法是打第一个结时绕两次，使摩擦面增大，故打第二结时不易滑脱和松动。这种结牢固可靠，多用于大血管、张力较大的组织和皮肤缝合的打结。

假结：又称斜结，此结容易松脱。

滑结：打方结时，两手用力不均，只拉紧一根线，虽为两手交叉打结，而非为方结。打滑结容易滑脱，应经常实践中练习。结的种类如图所示（图 2–3–14）。

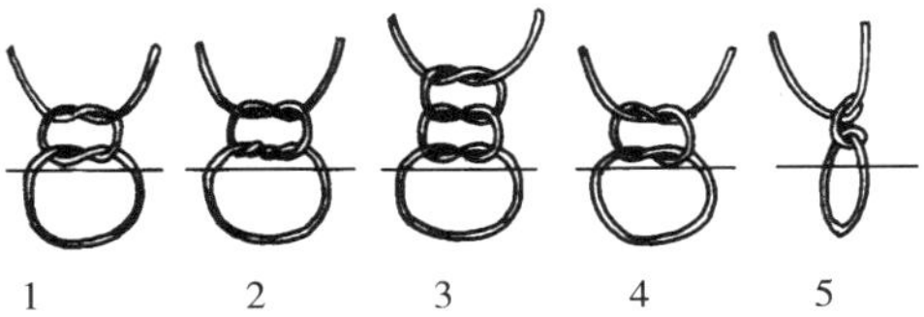

图 2–3–14　结的种类

1.方结　2.外科结　3.三重结　4.假结　5.滑结

2）打结方法

常用的打结方法有三种，即单手打结、双手打结和器械打结。

单手打结法：常用的一种打结方法，左右手均可进行，简便迅速（图 2–3–15）。

双手打结法：除用于一般结扎外，对深部或张力较大的组织缝合与结扎较为方便可靠（图 2–3–16）。

器械打结法：适用于结扎线过短、狭窄的术部、创伤深处和某些精细手术的打结（图 2–3–17）。

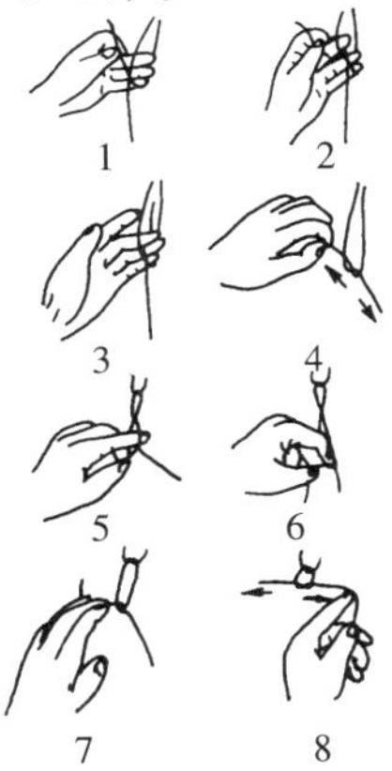

图 2–3–15　单手打结法

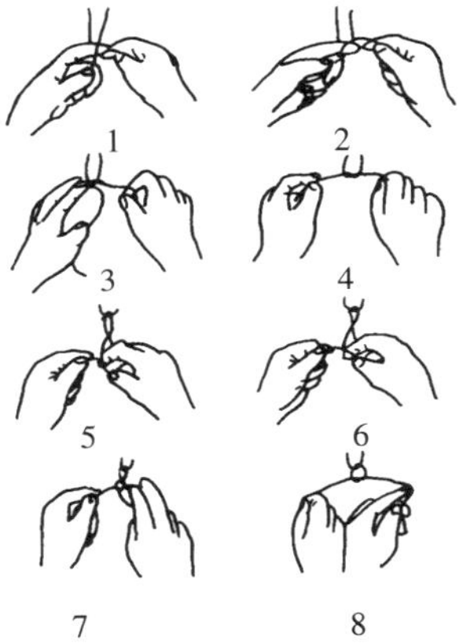

图 2–3–16　双手打结法

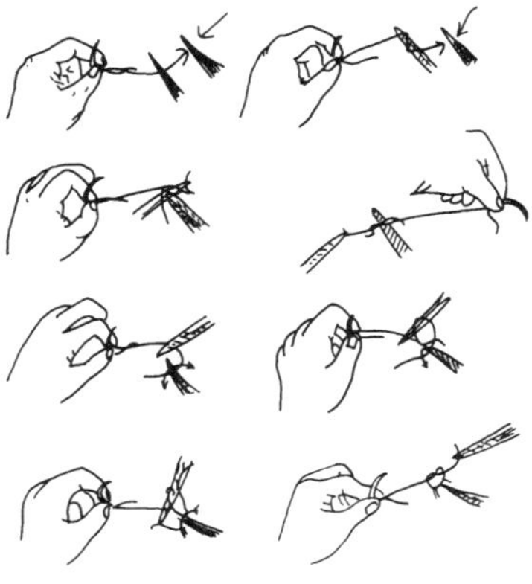

图 2–3–17　器械打结法

3）打结注意事项

拉紧结扣时，两线的拉紧方向应顺着结扣的方向，并且要尽量放平，否则，缝线容易在线结处折断。结第二扣时，注意第一扣不要松开，如组织张力过大，可由助手用止血钳轻轻夹住第一扣，待第二扣拉紧至第一扣时，将止血钳抽出。也可用线头压结。结扎时用力要均匀，两手离线结处不能太远，否则，易将线拉断或打不紧。

3. 缝合的种类

外科手术所用的缝合方法较多，各有特点，根据缝合后切口边缘的形态，可分为以下几种缝合法。

1）对合缝合法

对合缝合法又称单纯缝合。多用于皮肤、肌肉和筋膜的缝合。分为间断缝合与连续缝合两种。间断缝合又分为结节缝合和减张缝合两种。

（1）结节缝合。为最常用的基本的缝合法之一。此法是用一根缝线穿过两侧创缘打结，进针与出针距创缘 0.5~1.5cm，每针之间距离是 0.5~1.5cm。结要打在一侧，防止压迫切口。此种缝合效果确实，拆除方便，对局部血液循环影响甚微，个别缝线断裂，邻近缝线不受影响，如有感染需引流或排液时，可拆除部分缝线。其缺点是需要较多的时间和较多的缝线（图 2-3-18）。

此外，还有“8”字缝合，又称为双间断缝合，为两个相反方向交叉的间断缝合组成。多用于腱或由数层组织形成深创的缝合（图 2-3-19）。

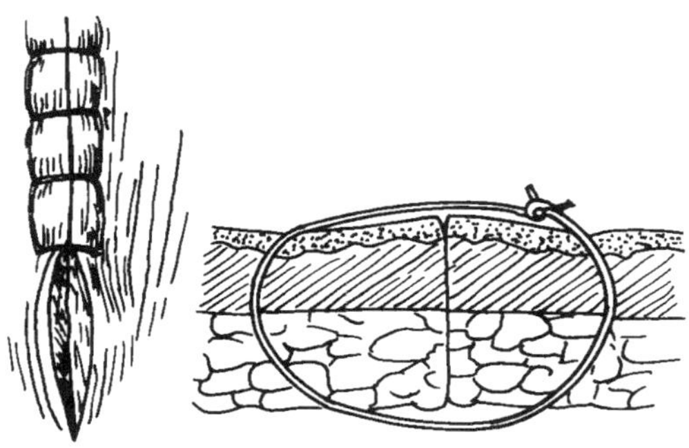

图 2-3-18 结节缝合

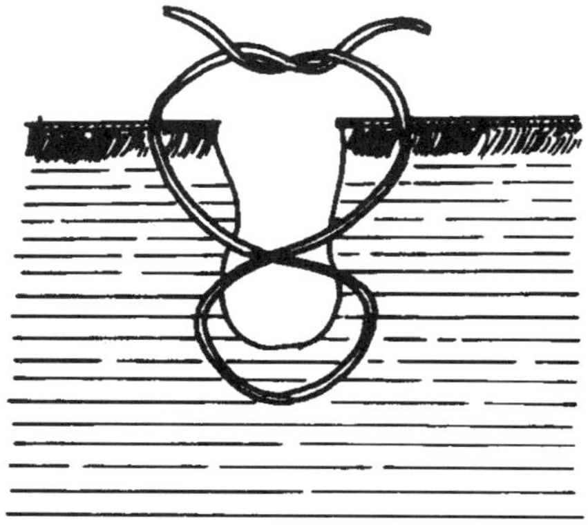

图 2-3-19 “8”字缝合

（2）减张缝合。在结节缝合的基础上，用缝线每隔 1~2 针缝一针减张缝合。减张缝合针的进出点距创缘 2~4cm，线的两端各自打结，并在两端线套内垫以灭菌纱布卷或胶管等，这种方法也叫圆枕减张缝合（图 2-3-20）。

图 2-3-20 圆枕减张缝合

2）连续缝合

用一根缝线把创口全部闭合的缝合，称为连续缝合。

（1）单纯连续缝合。用一条长的缝线，先在创口一端缝合打结，然后用同一缝线以等距离做螺旋形缝合，最后留下线尾，在一边抽紧打结（图 2–3–21）。此种方法密闭性能好，缝合速度快，但如有一处断裂，则全部缝合松脱。

（2）连续锁边缝合。此缝合方法和单纯连续缝合方法基本相似，但在缝合过程中每次将缝线交锁（图 2–3–22）。此种方法能使创缘良好对合，并使每一针缝线在进行下一次缝合之前就得以固定。多用于皮肤直线形创口的缝合及薄而又富于运动且易撕裂的组织缝合。

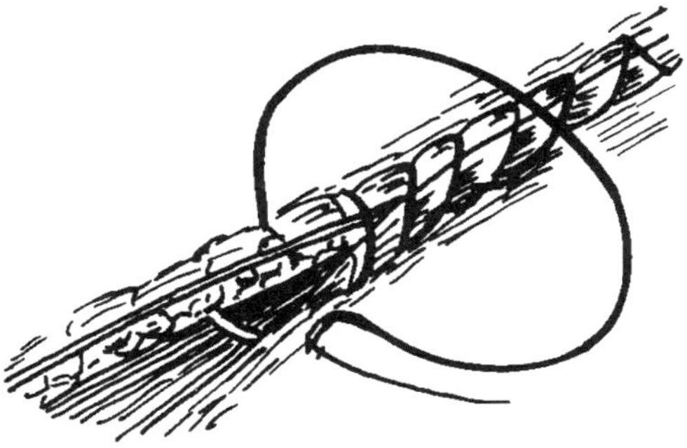

图 2–3–21 单纯连续缝合

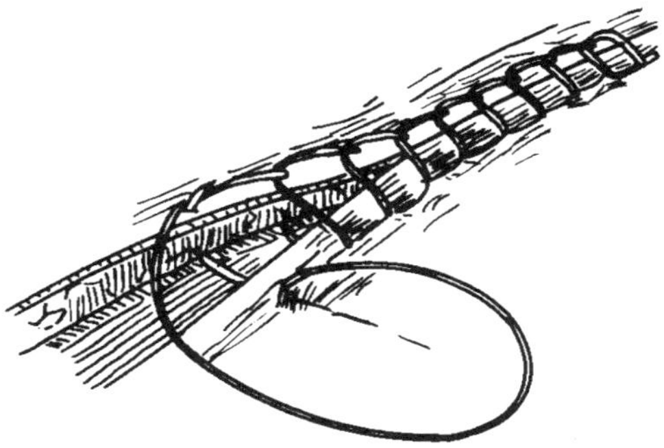

图 2–3–22 连续锁边缝合

3）内翻缝合法

内翻缝合法多用于胃肠缝合，此种缝合后创缘内翻，浆膜面相互紧靠，有利于愈合。

（1）间断内翻垂直褥式缝合。又称伦伯特（Lembert）氏缝合。在胃肠缝合时，用以缝合浆膜肌层（图 2–3–23）。

（2）连续内翻缝合

①连续内翻水平褥式全层缝合。又称康乃尔（Connell）氏缝合（图 2–3–24）。多用于肠端端或侧侧吻合时的第一层全层缝合。

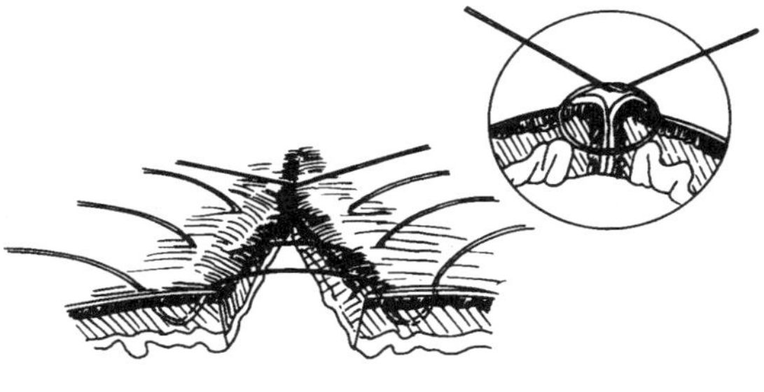

图 2–3–23 伦伯特氏缝合（间断内翻）

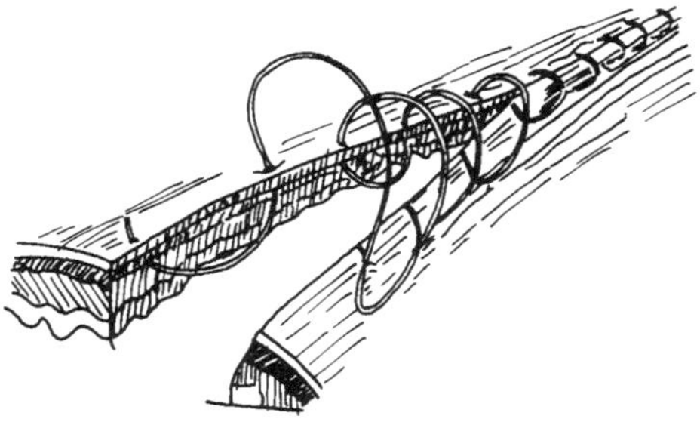

图 2–3–24 康乃尔氏缝合

②连续内翻水平褥式浆膜肌层缝合。又称库兴（Cushing）氏缝合（图 2–3–25）。用于胃肠缝合时的浆膜肌层内翻缝合。

图 2-3-25 库兴氏缝合

③连续内翻垂直褥式浆膜肌层缝合。常用于胃肠缝合中的第二层内翻缝合（图 2-3-26）。

④袋口缝合。又称烟包内翻缝合（图 2-3-27）。常用于直肠脱或阴道脱整复后紧缩固定缝合，亦可用于肠管的小创口或肠侧侧吻合前对肠断端的闭合。

图 2-3-26 连续内翻垂直褥式缝合

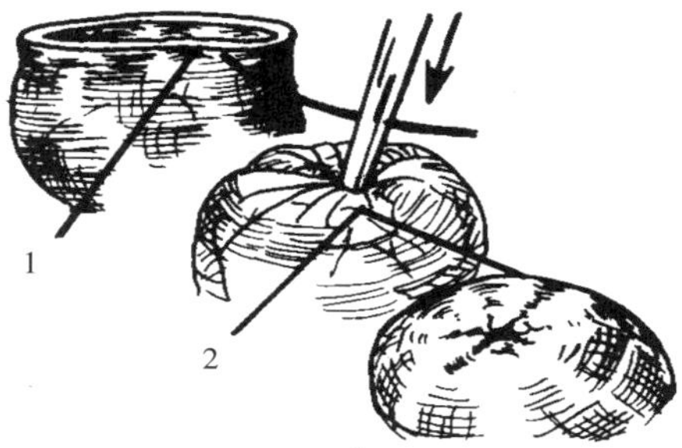

图 2-3-27 袋口缝合

（五）拆 线

皮肤缝合后，经过一段时间组织愈合，已能阻止切口裂开时，应拆除缝线。

拆线的时间因部位不同而异。头颈部、躯干部和背部 8~10 日。胸腹侧上部 10~12 日，下腹部要延至 14~16 日。对老龄体弱犬、猫局部张力较大、阻止恢复能力较差或天气寒冷等，可延期拆线。创口一经化脓，缝线便在创内变为感染源，应及早拆除。先拆除下部缝线，以利排脓引流，待局部创口二期愈合后，再拆除其余部分。

拆线的方法是：首先用碘酊消毒创口、缝线及创口周围皮肤，将线结用镊子轻轻提起，拉向一侧露出对侧针孔内的未污染的缝线，将灭菌剪刀插入线结下，紧贴对侧针眼将未污染的缝线剪断拉出缝线。再次用碘酊消毒创口及周围皮肤（图 2-3-28）。

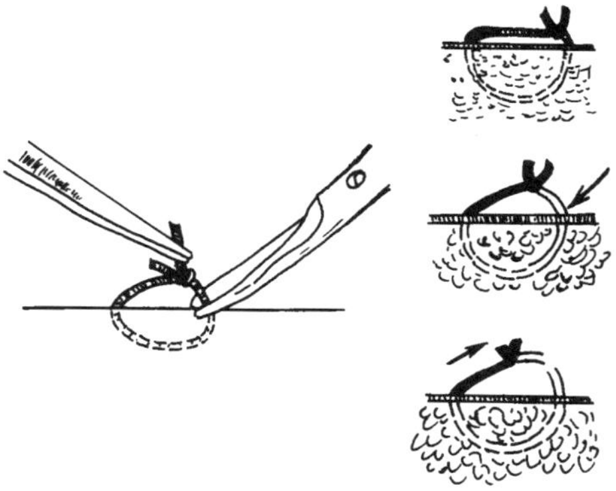

图 2-3-28 拆线法

（六）包扎技术

包扎技术是单纯以绷带包扎于患部，或先将适宜的敷料覆盖于患部（或加上衬垫），再以绷带包扎的方法，是外科治疗的一种基本技术。

包扎技术对创伤愈合有很大的影响。必须根据不同的部位和病情、数量掌握不同的包扎技术。

1. 包扎作用

保护作用：防止微生物及其他异物侵入伤口，避免外界因素的刺激，保持外用药物不流失等。

压迫作用：用以压迫患部，制止出血、渗血、创面肉芽组织过度增生、疝内容物脱出等。

减张作用：利用绷带的紧缩作用，以减少创伤部位的组织张力。对不便缝合的创伤，可促使创缘接近。对缝合的创伤，有避免组织撕裂或缝线拉断。

吸收作用：利用包扎绷带的内层的吸水性吸收创伤分泌物。

保温作用：保持或提高患部温度，增强血液循环，加速炎症的消退或伤口的愈合。

固定作用：用以保持患部安静，在某种情况下尚有一定的支撑作用。如骨折、肌腱断裂、关节脱位等，在局部整复后，应用夹板绷带包扎加以固定支撑。

2. 包扎材料

用作包扎的材料有纱布、棉花、麻布、油纸或油布及纱布卷等。它们必须柔软而有弹性。按治疗的目的不同，要有吸收能力或不透水的作用。贴近伤口的敷料，在使用前要经过灭菌或浸以防腐消毒药液。

纱布：根据需要剪成适当大的方块，将毛边向内折叠成 5~10cm² 的方块，每 10 块包成一包，放在纱布罐内灭菌，用以覆盖伤口、止血、填充创腔以及吸液等。

棉花：一般用脱脂棉，用以吸液、保温、防止感染。为防止与创面黏连，先覆以灭菌纱布再覆盖脱脂棉。

棉布：使用白布作复绷带、三角带、多头绷带、明胶绷带等。

防水材料：有油纸、油布、胶布、蜡纸等。一般放在纱布或棉花外层，用以防水，避免伤口浸湿污染。

麻布：有亚麻布、帆布或麻袋片等，用以保护绷带或用作蹄部包扎材料。

卷轴绷带：使用棉布、麻布及棉纱布制成，分三列、四列、五列等。按创伤的位置、大小、形状及动物种类选择使用。

3. 宠物的绷带、夹板和悬带

1）简易填充绷带

填充绷带是一种简易的保护被敷料覆盖肢的下部，也能向上覆盖肘关节或膝关节。用于保护伤口和手术切口，并能提供一定的支持。

2）Robert Jones 绷带

Robert Jones 绷带是一种厚的填充棉绷带提供压缩和支持病肢。其作用为在手术前暂时固定骨折，防止水肿；提供术后病肢的支持和治疗严重的软组织损伤。

3）Mason Meta 夹板

Mason Meta 夹板是用于肘关节或跗关节远端，支持病肢。一般用于矫形损伤治疗手术，也用于骨折的固定。

4）Spica 夹板

Spica 夹板是一种半硬式侧夹板。用肘和膝部并能缠过躯干固定肘或肩。这种夹板由石膏材料构成。一般用在固定肢体上部、髋或肩关节。

5）Velpeau 悬带

Velpeau 悬带用于对肩和胸壁支持前肢。使病肢完全休息，防止所有关节活动。一般用于肩关节脱臼和肩胛骨骨折治疗。

6）Ehmer 悬带

Ehmer 悬带是一种棉布带的悬带，防止髋关节负重。用于治疗髋关节脱臼。病肢能在内部旋动和髋部外展。

三、外科手术各论

（一）犬、猫拔牙术

[适应证] 牙齿瘘、龋齿、牙周炎、牙齿骨折、牙髓腔外露、颌骨骨折、齿槽感染。

[麻醉] 眶下神经传导麻醉或下颌齿槽神经麻醉；也可使用全身麻醉。

[方法] 松动的牙齿应用普通镊子或小齿钳子从齿槽拔出。

对于不松动的牙齿，钳子嘴从齿冠向下用力推进，尽可能深入齿槽，钳嘴一定夹住齿的颈部或齿根，前后左右活动，使牙齿从齿槽里松动，将牙齿拔出。

如果牙齿的颈和根已破坏，拔牙时不能使用钳子夹，需要使用牙起子。对于齿根已经松动应用成对的尖头起子，以斜的力量对着齿冠把齿根拔出。

对于牙齿已破坏，齿根留在齿槽内，齿根已经松动，这时可以应用 Bein 氏齿起子插入齿根和齿槽壁之间，牙根与周围组织分离开拔出齿根（图 2-3-29）。

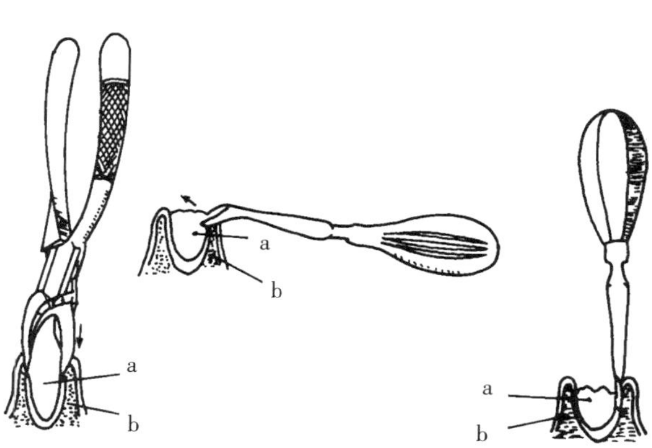

图 2-3-29 犬、猫拔牙术

a.牙齿 b.齿槽壁，箭头为用力方向

宠物拔牙，Bein 氏齿起子与齿钳子更为实用。

（二）犬扁桃体切除术

[适应证] 慢性扁桃腺炎，肿瘤。

[麻醉] 全身麻醉或镇静与局部麻醉相结合。

[方法] 腭扁桃体位于咽两侧的扁桃体窦内，健康扁桃体总是完全由黏膜褶覆盖咽腭弓；慢性炎症扁桃体以不同的程度突出到咽。扁桃体的游离部分前方顶端联结到黏膜褶的内侧；发生病变的腺体小结也存在于黏膜褶的内部。

犬胸侧卧在手术台上，全身麻醉。安装开口器，扁桃体应用棉签擦拭，应用 2%普鲁卡因溶液加入肾上腺素 2~3ml，注射在扁桃体的舌和咽的边缘。应用动脉钳钳住黏膜褶，提起可以看到扁桃体，应用骨刮从后向前刮除下层组织，扁桃体仍然在舌的边缘和两端附着黏膜。扁桃体的前端用动脉钳拉向口腔，切除扁桃体前端、舌边和后端附着物。剪子应该保持紧贴扁桃体组织，尽可能少地损伤腺体组织。外部咽筋膜存留未损伤，而内筋膜与扁桃体一起被切除。应用动脉钳把小血管钳夹 2~3 分钟止血，擦拭血液和唾液完成手术。

也可以应用扁桃体切除刀或勒除器切除扁桃体。器械从口腔的侧方置入扁桃体，放入扁桃体切除刀的窗口或勒除器的环内。扁桃体用动脉钳提起由扁桃体切除刀很快就切除扁桃体；应用勒除器缓慢切除扁桃体。充分止血完成手术。

[术后治疗及注意事项] 术后要给予软食 3~5 天。

（三）犬耳美容成形术

[术前准备] 犬耳美容成形术应该使小犬保持良好的营养状态，因为手术和麻醉的应激反应使免疫系统反应受到抑制，易于受到传染病威胁。在成形术前要进行疫苗预防注射。犬耳成形术的年龄见表 2–3–2。

保定：胸侧卧，毛巾放在头下面把头抬高，头部用保定带固定（见图 2–3–30）。耳和头顶部用消毒敷料覆盖。全身麻醉。

表 2–3–2　犬耳成形术的年龄

（美国小动物手术学列出犬耳修剪年龄）

品种	年龄	耳长度
史柔查狸（Schnauzer）	10 周龄	耳留下 2/3
拳师犬（Boxer）	9~10 周龄	耳留下 2/3~3/4
杜伯曼短毛猎犬（Doberman）	8~9 周龄	耳留下 3/4
大丹犬（Great Dane）	9 周龄或 8~10kg	耳留下 3/4
波士顿狸（Boston terrier）	4~6 月龄	全剪

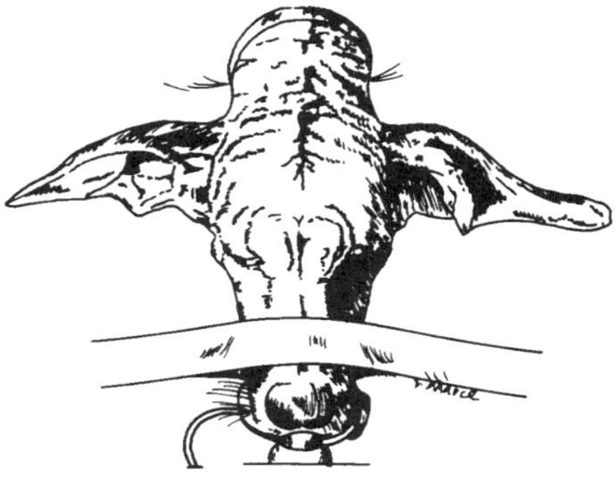

图 2–3–30　头的保定

[手术方法]

(1) 首先在耳屏和对耳屏软骨下面做一三角形皮肤切口，作为切割线的下方标记，这个部位是耳连接头部。确定修剪耳的长度的位置。把两耳耳尖一起完全伸展，在“预定长度”上用食指在耳的吻边“捏”成小标记，切割第二个切口，保证两耳同样长度。保证耳伸展状态，避免切割边缘发褶，由“预定长度”的切口到耳屏软骨下切口之间切割线上放置肠钳，钳夹大约耳的 2/3 部分。然后把放置肠钳的两耳对比观察，保证两个肠钳放同一位置。开始在肠钳外侧切割到肠钳的末端，大约耳长度 2/3 取下肠钳，出血的血管用止血钳钳夹并扭转止血，不要结扎止血。后耳动脉分支从耳尖到耳屏软骨之间，通常能被切除一半。

切口的下 1/3 部分用软骨剪剪成圆而扁平切口，达到耳屏软骨下切口。耳的剩余部分是保持耳的直立状态的重要部分。对侧耳按同样方法修剪。修剪后两耳比较观察进行细致修整（见图 2-3-31）。也可以用剪断的一耳缘做模具来修剪另一耳。

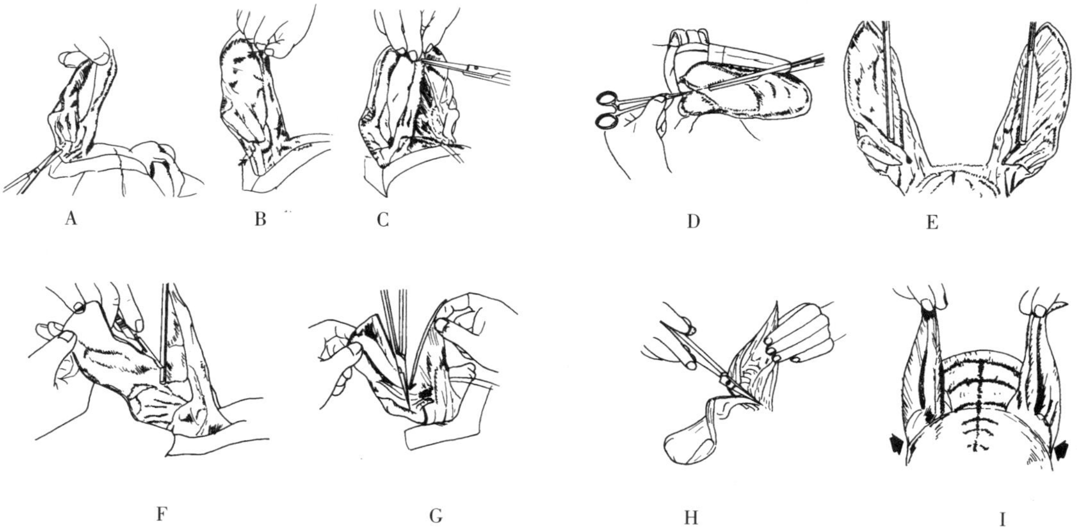

图 2-3-31 耳美容成形术

A.在耳屏和对耳屏软骨下做皮肤切口 B.确定耳“预定长度”用食指在耳的吻边“捏”一个标记 C.两耳尖伸展，在“预定长度”的两耳的吻边做一切口，保证两耳同一长度 D.在预定切割线上放置肠钳 E.从前方观察保证两个肠钳放置同一位置 F.开始切割肠钳外侧，切割到肠钳的末端 G.肠钳除去之后，继续切割耳的下 1/3 部分 H.切割耳屏和对耳屏软骨的耳的下 1/3 部分 I.保证两耳相同的长度

(2) 犬耳成形术的缝合。首先缝合耳基部的耳屏和对耳屏软骨的皮肤切口，皮肤应用间断缝合。然后应用非吸收缝线连续缝合大部分的耳边缘皮肤切口。缝针从耳的内侧向外刺入，使软骨外侧松散皮肤卷曲在软骨边缘上，使切口愈合快，减少瘢痕形成。缝合到耳尖，留下 6~12mm 不缝合，最后缝线不要打结，防止术后肿胀（图 2-3-32）。

(3) 犬耳成形术的术后护理。常用卷曲的纱布海绵和绷带；术后清洗血液，纱布海绵做成圆锥形放置耳内，充满耳的基部，保持耳直立。应用纱布沿缝线包括切口，然后应用黏合绷带呈“8”字形把两耳相互平行形成支撑。耳的这种绷带大约在 2 周当中，3 日包扎，1 日松开包扎；再 3 日包扎 1 日松开，如此反复。缝线在 7~10 日拆线（图 2-3-33）。

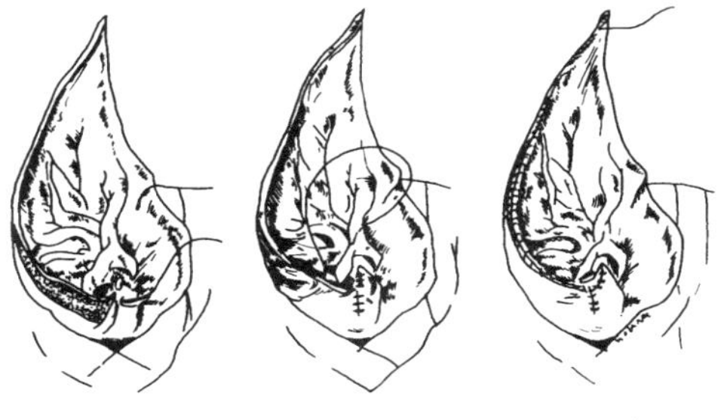

图 2-3-32　犬耳成形术的缝合

1、2.间断缝合耳基部的耳屏及对耳屏软骨皮肤切口　3.连续缝合耳的边缘皮肤切口，最后不要打结

图 2-3-33　犬耳成形术绷带

（四）犬外耳炎手术

[局部解剖] 犬的外耳边缘耳屏间切迹的下部是重叠的基部。在切迹的前部是耳屏，后部是对耳屏，两者呈现圆形延长突出。耳屏由半圆形软骨板支撑，由结缔组织形成松散连结。这些软骨一起形成外耳的管状软骨，外部由皮肤、内部由皮肤内层覆盖。皮肤由色素沉着被覆少量被毛，并含有耵聍腺，软骨性耳道与骨性管连结。

[适应证] 多瘤状赘生物，溃疡或化脓性外耳炎。

[麻醉] 全身麻醉。

[手术方法] 耳根周围部位剪毛和消毒。探针插入外耳道内，以便用手术刀切开外耳道，向下切到转折点进入手术部分。切口立即向后到耳屏裂口，在对耳屏的部位，切除狭窄的一条，所有的组织层全部切开（包括外部皮肤、皮肌、软骨和耳道的皮肤内层）。第二个切口始于耳屏的末端前部。软骨性耳炎两个切口在耳道最低部相连，切开皮肤和软骨，耳道的侧壁切除呈三角形，三角形的基部由耳屏形成，三角形的顶端由耳道的垂直和水平部位结合，这样水平部位的圆孔充分暴露。周围组织要分别剪除，在皮下的袋状一定要最低点排液。疣状外耳炎的耳道扩散的疣状物用剪刀剪除。弥漫性出血由纱布压迫结扎止血，如果耳道的后壁出现出血可以电凝。内侧皮肤层缝合到外部皮肤。在缝线结扎之前，软骨要包裹在内，软骨切断的边缘一定要由皮肤包裹。

任何软骨突出的边缘要提前用剪刀剪除，在创伤留下的开口用纱布在耳道内填塞 10~14 日至愈合，并用项圈防止犬抓坏。缝线不要急于拆除，愈合将出现第一期愈合，如果缝线拆开，愈合需要 3~4 周。

（五）犬的巩膜内腔活动假眼手术

[适应证] 犬由于各种原因引起失明或进行眼球摘除术后，为了美观起见施行该手术，也是犬的美容手术。

[保定和麻醉] 手术台横卧保定，头部固定，全身麻醉或眼球后浸润麻醉。

[术前准备] 准备巩膜内腔活动假眼座（图 2-3-34），此眼座由聚甲丙烯酸甲酯制成。用

0.1%新洁尔灭溶液消毒备用。

[手术方法]

(1) 切口。在角膜缘后方 2mm 处，用弯剪刀剪开球结膜全周，并剥离球结膜到直肌附着点前方。用刀片在正上方角膜缘后 2mm 处垂直切开巩膜 5mm。然后，用弯剪刀由此创口向角膜缘后 1mm 延长切口，并一直把全部角膜剪掉。

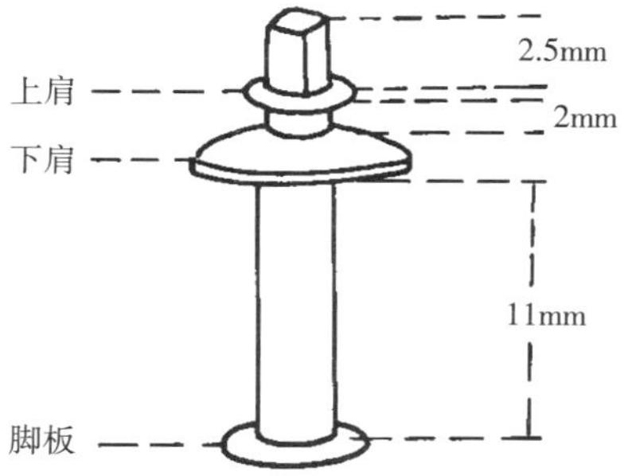

图 2-3-34 巩膜内腔活动假眼座

(2) 取眼球内容物。用有钩镊子固定巩膜切口边缘，以薄的巩膜复位器在正上方从巩膜内侧轻轻分离睫状体，一直把睫状体和巩膜全周分开（图 2-3-35）。然后用大锐匙在间隙向后分离脉络膜直至视神经乳头附近。最后用刮匙取出眼球内容物（图 2-3-36）。

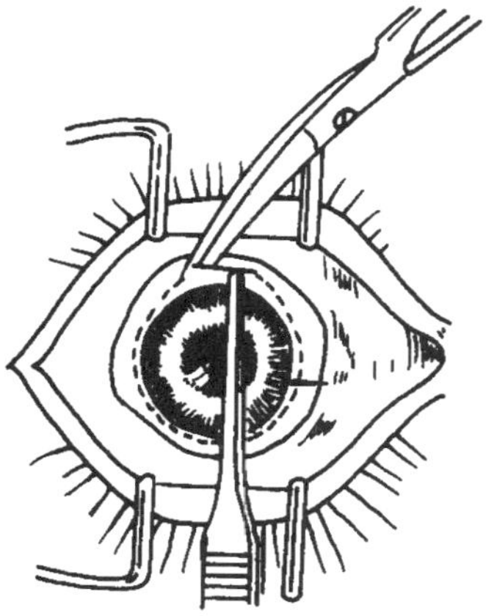

图 2-3-35 剪开巩膜

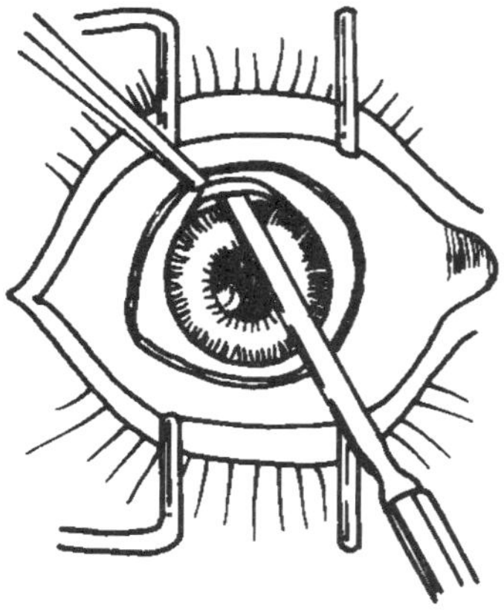

图 2-3-36 剥离睫状体

(3) 清除巩膜腔内容物。术者在食指尖上裹一层纱布，伸入巩膜腔内擦拭，清除巩膜腔内容物，如有出血，用探针烧灼止血（图 2-3-37）。

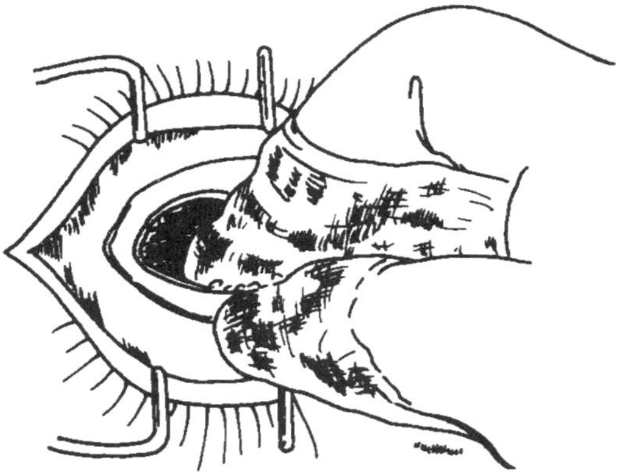

图 2-3-37 清除巩膜腔内容物

(4) 安装活动假眼座。垂直切开巩膜 7mm，将脚板由巩膜孔插入球后，在立柱两侧用 00 号丝线将巩膜孔各缝合一针以固定脚板。助手用两把镊子将巩膜创缘拉成一水平裂隙。将颈部放在裂隙中间，用 00 号丝线在下肩之前面水平缝合巩膜。并在上肩的浅面结节缝合球结膜。结膜囊内涂抗生素眼膏。并向巩膜腔内注入抗生素，以防感染。将结膜囊成形器之凹面正好放在露出方头上。轻压绷带包扎。

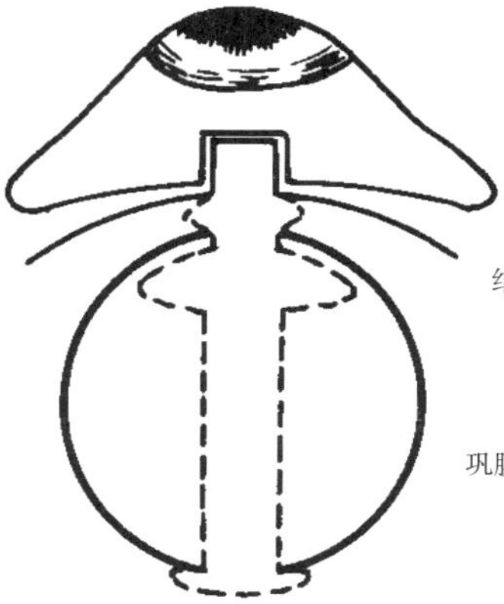

图 2-3-38　巩膜内腔活动假眼座及假眼

[术后治疗及注意事项]

(1) 术后全身给予抗生素或磺胺类药物治疗 1 周。眼部做普鲁卡因青霉素封闭治疗 1~2 天，防止术后感染脱出。

(2) 术后 2 周安装假眼（图 2-3-38）。

（六）眼角膜穿刺术（眼前房穿刺术）

[适应证] 外伤性前房积血超过瞳孔下缘。

[麻醉] 眼神经传导麻醉，表面麻醉。

[术前准备] 眼结膜囊注入生理盐水青霉素溶液，固定上、下眼睑和瞬膜。

[穿刺方法] 一般位于角膜缘下方位置，穿刺器与虹膜平面呈 60°角。以小指为支点，用腕部力量刺入前房。然后将刀放平，与虹膜平行，放出前房的积液和血液，取出穿刺针。

[注意事项]

(1) 穿刺针要锋利，术者用拇指和食指固定好刀尖，以小指为支点，防止刀刺入过深。

(2) 创口不能过大，防止虹膜脱出。

(3) 术后防止眼内感染，应用抗生素和可的松溶液眼内注射，抗生素溶液点眼。

（七）声带切除术

[适应证] 犬常因吠叫，影响周围住户休息，而实行声带切除术。

[局部解剖] 声带位于喉腔内，由声带韧带和声带肌组成。两侧声带之间为声门裂。声带上端始于勺状软骨的最下部，下端终于甲状软骨腹内侧面中部。

[保定和麻醉] 经口腔切除声带，动物胸卧位保定；经腹侧喉室声带切除时，仰卧保定。全身麻醉。

[手术方法]

(1) 口腔内喉室声带切除术。口腔打开，舌拉出后，压住舌根暴露喉室内两条声带，呈“V”形，用长板鳄鱼式组织钳（其钳头具有切割功能）作为声带切除器械。将组织钳伸入喉腔，抵于一侧声带的背侧，依次从声带背侧向下切除至腹侧 1/4 处。腹侧 1/4 声带不宜切除，因为声带在此处联合，切除后瘢痕组织易增生。

止血：用电灼止血或纱布止血。

(2) 腹侧喉室声带切除术。喉部腹侧常规灭菌准备，喉腹侧正中线上，以甲状软骨突起处为切口中心，前后切开皮肤 5~6cm，分离胸骨舌骨肌至喉腹正中两侧，充分暴露甲状软骨和环甲韧带，采用钳夹或压迫止血，纵行切开甲状软骨和环甲韧带，牵开软骨创缘显露喉室及两侧声带。剪除两侧声带，切除声带时，保留少许基部组织，术部出血较少，采用电烙铁烧烙止血，拭净喉室，喉软骨缝合，缝线不要穿过黏膜，常规缝合胸骨舌骨肌、皮下组织和皮肤。

[术后治疗及注意事项] 保持动物安静，防止鸣叫，术后注射强的松龙 2mg/kg，1 日 1 次，连用 2 周，然后减少至每日 1mg/kg，连用 2~3 周，防止声带组织切除后瘢痕组织增生。术后抗生素应用 3~5 日，防止术部感染。

（八）腮腺摘除术

[适应证] 腮腺化脓感染和肿瘤。

[保定和麻醉] 手术台横卧保定，全身麻醉。

[手术方法] 术前做好人工腮腺萎缩，用细套管针插入腮腺管，使针头向着腮腺方向，用玻璃注射器吸入加热 40~50℃融化的石蜡 4~5ml 注入腮腺管，然后用丝线结扎腮腺管。闭塞腺管使腺体萎缩。

切口位于耳基部，皱襞切开皮肤，由下颌骨后缘向后呈弧形切口，暴露腮腺与耳腹侧肌。钝性分离腮腺下缘充分止血，向上分离腮腺体深部，暴露面神经，避免损伤神经。并要分离颈外动脉小分支，结扎切断。根据具体情况，做部分腮腺摘除或全部摘除。因为全部摘除是非常困难，一般残留少量腺体组织，可以留置创内。

[术后治疗及注意事项]

(1) 根据需要放置引流管，排出渗出液体。

(2) 应用抗生素，防止术后感染。

（九）气管切开术

[适应证] 鼻或喉的暂时或永久性阻塞、呼吸困难或产生窒息；气管狭窄；鼻和副鼻窦手术前。

[局部解剖] 颈部的上中 1/3 之间，该部分是气管手术的部位。气管的腹侧中线由皮肤、皮肌、胸骨舌骨肌覆盖。气管环由纤维膜连结并连结环的内、外表面，且与软骨膜连在一起。在环之间有很窄的环韧带，胸骨甲状肌位于中线两侧。

[保定和麻醉] 手术台仰卧保定，局部浸润麻醉。

[手术方法] 术部剃毛、消毒，颈中线切口。因为气管小，位于深部，需要用两个钳子充分钝性剥离气管腹侧面皮肌和肌肉组织以及结缔组织，向外拉出气管，在第 3~4 气管环切开。应用小气管插管插入或将气管边缘缝合到创口的边缘。

[术后治疗及注意事项] 防止宠物摩擦术部，防止插管脱落；每日清洗术部，除去分泌物。待原发性疾病好转时，缝合切开的气管。

（十）食管切开术

[适应证] 宠物常常因吃骨头阻塞颈部食道或胸部食道，不能通过口腔和胃取出的异物。

另外，食道憩室需要食道切开。

[局部解剖] 食道位于气管的背侧，相当于第 3 颈椎的部位，然后逐渐转向气管的左侧，在第 6 颈椎部位（这个部位为颈部中和后 1/3 结合部），食道位于气管的左侧。从颈静脉沟观察由外向内为：皮肤、皮肌、颈静脉、位于背外侧颈总动脉、食道、气管。最后三部分由颈的深筋膜包裹。

[保定和麻醉] 手术台横卧保定，全身麻醉。

[手术方法] 术部选择决定于异物阻塞的部位，通常由颈静脉沟来触诊。如果异物位于食道的胸腔部位，犬的手术部位应该尽可能接近胸腔入口处。切开左侧颈静脉沟，术部剃毛、消毒，皮肤切开接近胸骨下颌肌，提起皮肤皱襞切开，防止损伤皮下静脉。钝性剥离颈静脉和胸骨下颌肌，在这里有颈动脉、交感神经、迷走神经和返神经位于深部。这个部位切口如果创口化脓，排液比在臂头肌边缘切口要方便容易。

钝性分离达到气管的侧表面，颈部的深筋膜纤维容易被刺破，钝性剥离食道，如果创口大小不容易取出异物，必须根据食道内异物的大小适当扩大创口。食道的颜色是淡红色，如果手术分离是空虚的食道，识别食道主要依靠手的触摸感觉，而不是依靠食道的外观，因为其外观与周围组织比较相似，纵行切开食道。

犬的食道异物常常是骨头，多滞留在食道的胸腔部位。这样病例应用长的钳子，或特殊的异物钳子，由食道创口插入食道，应用两个缝线提起食道壁创口，防止食道内黏液污染周围创口，钳住异物缓慢取出。首先应用肠线或细的丝线间断结节缝合食道的黏膜层，然后间断结节缝合食道肌肉层。清洗食道创口和周围创腔。最后间断结节缝合皮肤，在创口下面留下小创口，放置引流纱布，有利于排液。

[术后治疗及注意事项] 术后 1~2 日禁止饮水和喂食，给患犬戴上口套，防止随意采食食物。静脉注射葡萄糖溶液或生理盐水。2 日之后给予稀粥米饭。全身给予抗生素治疗 1 周，防止创口感染。术后 15 日之内不能使用食道插管。皮肤创口 15 日后拆线。

（十一）胸腔穿刺术

[适应证] 以诊断为目的，检查胸膜腔内渗出物的性质。以治疗为目的，排除胸膜腔内病理性积液。

[穿刺部位] 犬选择在左侧第 7 或第 8 肋间，从最后肋骨向前数第 6 和第 5 肋骨之间为第 8 肋间。与肩关节引水平线相交点下方，胸外静脉上方。为了避免损伤肋间神经和血管，穿刺时均在肋骨前缘。同时要注意不要损伤胸外动静脉。

[穿刺方法] 可以采用站立或侧卧保定。

术部消毒后，左手将术部皮肤稍向侧方移动，右手持针垂直刺入，通过肋间肌有一定阻力，当阻力消失，进入胸腔。如有积液即可流出。操作完毕后拔出针头，术后消毒。

[注意事项]

（1）遵守无菌操作，刺入深度要控制，避免损伤胸腔内器官。

（2）放出胸腔积液，要缓慢放出，不要速度过快。

（3）每次拔出穿刺针时，必须先夹闭针头上胶管，以免空气进入胸腔。

（十二）开放性气胸闭合术

[适应证] 开放性胸部透创、肺萎陷，严重呼吸、循环衰竭。

[麻醉] 根据患病宠物的病情可以选择不同程度的全身麻醉。

[手术方法]

(1) 术前准备。开放性气胸发生后，立即用纱布垫在患病宠物深呼气之末的一瞬间封闭阻塞胸壁创口，使之成为闭合性气胸，有利于争取时间清创。根据病情给予输氧、输液和抗生素治疗。

(2) 清创术。创口周围剃毛、消毒，然后将已准备好的灭菌大纱布展平，迅速阻塞胸壁创口内，应用灭菌纱布、脱脂棉填塞创内。剪除挫灭坏死组织，修整创腔，摘除异物，彻底止血。

(3) 胸腔探查。应用正压给氧控制呼吸进行胸腔探查，检查是否有肺、心器官损伤。胸腔内注入抗生素，防止胸腔内感染。

(4) 闭合创口。较小创口无须创口填塞，应迅速间断结节缝合胸膜肋间肌。对于较大创口，从创口的上角，由上而下，随着一点一点取出填塞纱布，一针一针间断结节缝合胸膜肋间肌。最后 1~2 针时，将整个纱布块取出后，迅速闭合胸腔。

恢复胸腔内负压，术后立即抽出胸腔内气体：用带短胶管针头刺入胸腔，在粗针头末端系一橡皮指套，指套末端做一排气孔，呼气时胸腔内气体可经指套排出，吸气时指套闭合无气体自外界吸入。

[术后治疗及注意事项] 术后 1~2 日单独饲养，防止犬与犬之间的戏耍。术后全身给予抗生素治疗 1 周，防止伤口感染。皮肤创口 10~15 日后拆线。

（十三）胸腔引流

在创口下方做一个 2cm 长创口直达胸腔，安放引流管。引流管为闭合引流，使用引流用水封瓶，自瓶塞中穿出长短两根玻璃管，上管的下端没于瓶内液面之下，上端连接引流管，短管与外界相通。水封瓶放置在胸腔之下。

（十四）开胸术

[适应证] 适应于膈疝修补术、右主动脉弓残迹手术、食道憩室及肺切除术。

[保定和麻醉] 根据开胸的不同径路可选择侧卧、半仰卧和仰卧位保定。全身麻醉。

[手术方法]

(1) 侧胸切开

保定：为侧卧保定。

术部选择。前胸手术：第 2、3 肋间；心脏和肺门区手术：第 4、5 肋间；后部食道和膈手术：第 8 肋间。

术部常规剃毛和消毒，皮肤切开，依次切开各层肌肉，背阔肌平行肋骨切开，尽量减少破坏背阔肌的功能，再切开锯肌和膈肌，尽量靠近肋骨前缘，分离切开肋间肌，避免损伤肋间的血管和神经，肋间内肌分离切开时，不要损伤胸膜。最后在胸膜上做 2~3mm 小切口，空气进入胸腔，肺萎缩离开胸壁，不用担心在胸膜切口时损伤肺脏。如果切口偏下时，要注意避开胸内动、静脉，或做好结扎。

安置扩创牵拉器，扩大切口。

胸壁创口缝合：首先将切口两侧肋骨拉紧，缝合第 4~6 间断结节缝合。打结时应用肋骨接近器或钳子使切口两侧肋骨接近。其他各层肌肉间断结节缝合，皮肤常规缝合。

(2) 肋骨切除术。侧胸切开通过肋骨切除，可以使胸壁创口扩大的一种侧胸切开术。

肋骨切除术：术部常规剃毛、消毒，在肋骨表面上切开皮肤、皮下组织及肌肉，在肋骨表面切开骨膜，在骨膜上形成“工”字形骨膜切口，用骨膜剥离器剥离骨膜，使整个骨膜与肋骨分离。注意不要损伤肋间血管、神经和刺破胸膜。骨膜分离后，切断肋骨两端，断端锉平。

胸膜切开进入胸腔。

胸腔缝合，首先缝合胸膜骨膜，间断结节缝合，然后缝合各层肌肉和皮肤。

[术后治疗及注意事项] 术后全身给予抗生素治疗 1 周，防止伤口感染。术后禁止剧烈运动，警犬停止训练。术后给予丰富的蛋白质饲料。术后创口 10~15 日后拆线。

（十五）犬心丝虫病手术

1. 肺动脉切开术

[保定] 右侧卧。

[麻醉] 全身麻醉。

[手术方法] 左侧第 4 肋间胸腔切开，切开肺动脉，使用长柄钳从肺动脉和右心室取出虫体。

肺动脉切开的优点是能直接暴露这个部位，在心脏和肺动脉的成年心丝虫有 90%能够取除去。

2. 右心室取出心丝虫

右心室前心切口，用钳子取出虫体，这个方法只能取出 1~2 个虫体，因为取出虫体很困难。这个方法不被采用。

3. 阻断血流右心室切开

中心胸骨切开术，阻断血流，右心室切开，更容易找到腔静脉，奇静脉可以暂时结扎减少血液丧失。缝线放置在心室，切开右心室直接取出心丝虫。这个方法优点能直接看到右心室。缺点是右心室支持缝线容易撕裂心肌造成血液丧失（图 2–3–39）。

4. 颈静脉切开术

这个方法不用全身麻醉，犬左侧卧，右颈静脉浸润麻醉，皮肤切口，右颈静脉暴露，远侧端结扎，止血带放置近心端，切开静脉，应用长的钳子插入静脉。进入右心房，使用钳子取出虫体，在腔静脉和右心房虫体是容易取出的（图 2–3–40）。

[术后治疗及注意事项] 术后给予抗生素治疗 2 周，防止感染。术后 1 周内禁止运动和训练。术后 8~12 日创口拆线。

图 2-3-39 右心室切开术

图 2-3-40 颈静脉切开术

（十六）动脉导管未闭手术

动脉导管未闭是犬的先天性疾病，是胚胎期的动脉导管在出生后未能闭合所致的疾病。按其血液动力学紊乱和血液分流的方向分为两种类型，由左向右的动脉导管未闭，称为 L-RPDA，血液由主动脉向肺动脉分流。L-RPDA 多发而且典型，因为是由左心室排出血液进入主动脉到全身，主动脉血液的一部分分流经未闭动脉导管进入肺动脉和肺（图 2-3-41）。由右向左的动脉导管未闭，称为 R-LPDA。血液由肺动脉向主动脉分流，很少发生，只占动脉导管未闭的 1%~2%。犬的未闭动脉导管是短的，通常宽 1cm，长则不到 1cm。

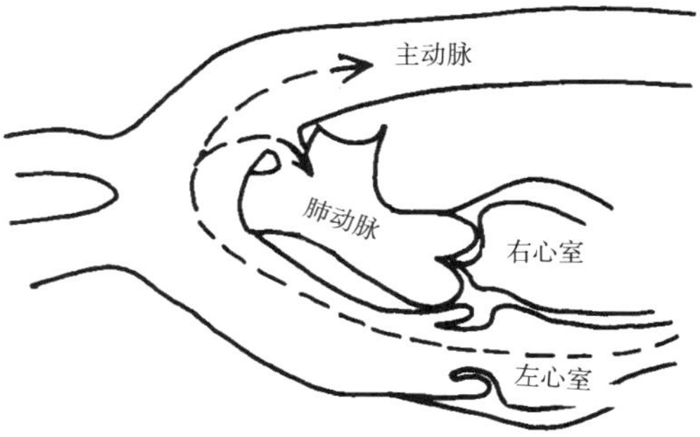

图 2-3-41 动脉导管未闭

该病多发于贵妇犬、德国牧羊犬、雪特兰牧羊犬、柯利牧羊犬、波美和斯斑尼犬等。母犬比公犬多发，约 4:1。

该病治疗只有手术方法。结扎未闭的动脉导管。手术尽量选择较年轻犬，手术成功率较高，对于体重不足 0.5kg 的小型犬，手术困难。

[麻醉] 全身吸入性麻醉或药物全身麻醉。

[保定] 右侧卧保定。

[手术方法] 左侧胸壁切开术：第 4 肋间切开，暴露肺脏，反转肺叶在主动脉和肺动脉间可以看见导管。导管位于主动脉的腹侧面和肺动脉的背侧面。在导管上面，两个血管之间有迷走神经通过。

肥胖动物不能看到导管，需要从纵隔和心包分离出导管。导管有连续脉搏冲动，在导管的腹侧面和前方能触摸到波动。这个部位相当于听诊检查最佳“沙沙”声音的部位。

在分离导管时，给动物注射阿托品防止在分离导管时，刺激迷走神经而引起迷走神经性心脏缓慢。

主动脉和肺动脉的分离：应用直角胆管钳，在导管前方自然裂隙分离，扩大横过纵隔平行向后，通过主动脉下面和肺动脉的前面，迷走神经在导管上通过应用湿纱布条提起。

动脉导管分离：由于导管脆弱，在分离时首先接近强波动主动脉，在导管的后面开始沿着主动脉右侧壁向下分离，在导管的前方开口的纵隔转动钳的尖端向下分离。导管的后壁分离容易。

动脉导管结扎：直角钳在导管下面引导两股 2~0 丝线绕过导管。首先结扎导管的主动脉侧缝线，动脉压增高，这是由于 Rranhamm 反射，心率减慢。然后结扎肺动脉侧，结扎 1~2 分钟后，肺动脉变小。

对体重大于 7kg 犬，如果在分离时出现导管撕裂时，可以放置安全放置线，阻断血流。安全放置线有以下几处，应用两股缝线，在导管前方绕过左锁骨下动脉和头臂动脉；应用缝线放置在导管远端的主动脉处；肺动脉上可放置止血钳。

近来，Jackson 和 Henderson 提出在远端右侧导管壁上做完全分离，穿过两股缝线，结扎导管。

缝线结扎闭合导管后，缝线终结末端要做修整，切除多余线头；结扎的缝线放置在心包内，并排列在心包边缘，防止左心房附属物疝形成，间断缝合心包创口。

胸腔引流管放置在胸壁切口的后方肋间。闭合胸壁切口，进行肋间肌和皮肤缝合。如果轻度负压，肺通常是膨胀，这时皮肤完全缝合，抽出胸腔空气，胸腔引流管要立即除去。

[术后治疗及注意事项] 患病宠物在 20 天之内避免做激烈活动与训练，5~7 日后可以拆线，术后要给予抗生素疗法，防止感染。

（十七）右主动脉弓残留（PRAA）手术

主动脉弓残留是犬的主动脉弓异常。在症状发生时给予手术矫正，预后良好。如果发生食道肌肉的神经支配受到损伤则预后不良。PRAA 的病理解剖是主动脉移向食道和气管的右侧。而产生气管和食道由心脏前基部包围，右主动脉弓在右侧，背主动脉在背侧，动脉韧带和肺动脉在左侧（图 2–3–42）。血流正常，但是当吃固

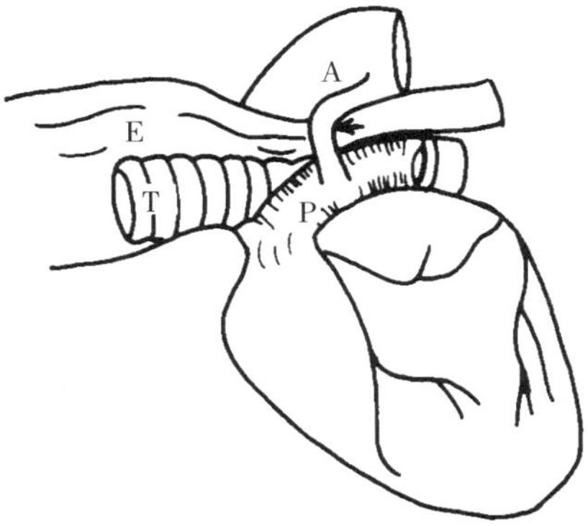

图 2–3–42　右主动脉残瘤

A.右主动脉　P.肺动脉　T.气管　E.膨胀的食道

体或大的坚硬食物压缩食道时会产生阻塞。

右主动脉残留的临床症状特点通常在断奶开始吃半固体或固体食物时，食道阻塞反胃呕吐明显。必要时可给予钡餐 X 线透视做出诊断。

[**保定**] 右侧卧保定。

[**麻醉**] 吸入麻醉或其他全身麻醉。

[**手术方法**] 在左侧胸壁第 4 肋间切开，肺向后填塞压迫，可见膨胀阻塞的食道，如果食道膨胀大于正常食道的 2 倍，术后恢复不理想。

食道插入润滑管，直接插入食道的膨胀部，可发现动脉韧带，它呈纤维状，但是可能是开放的动脉导管，要把动脉韧带与食道分离，双股缝线结扎，并切断。动脉韧带周围和纵隔组织与食道分离使食道移向左侧。食道的插管向后插入很容易通过阻塞部位，达到心脏基部进入胃，完成手术矫正。

胸壁缝合，抽出胸腔气体。

[**术后的治疗及注意事项**] 术后给予少量液体食物，如果食道膨胀较小，术后护理期间减少；如果食道膨胀严重，术后护理连续两个月，使食道缓慢地恢复到正常食物和喂饲习惯。

（十八）犬膈赫尔尼亚手术

膈赫尔尼亚是膈的裂口使腹腔器官脱出，进入胸腔。在术前用 X 线检查确定哪一侧胸腔有腹腔器官进入，或是两侧胸腔均有腹腔器官进入。

[**保定和麻醉**] 手术台横卧或犬仰卧保定，全身麻醉。

[**手术方法**] 患犬通常很虚弱，在术中需要给予输血。大面积皮肤剃毛、消毒，覆盖创巾。根据 X 线检查确定腹壁左侧或右侧皮肤切口，切口在肋弓后 2cm，切口开始在腹中线沿肋弓切开左侧或右侧腹腔。

筋膜和肌肉组织（腹直肌和腹斜肌）在同一方向切开，然后切开横筋膜，注意出血血管的结扎，切开腹腔。需要好的光源，首先看到脱出到胸腔的腹腔器官，术者手能触及膈的裂口，裂口通常位于膈的背侧，如果裂口向后延伸，腹部切口需要向后扩大。腹腔切开后，助手使用扩创器扩大切口，提高肋弓，术者还纳胸腔内肠管，胃和肝从膈裂口拉回腹腔，有时脱出器官相当多，这些器官还纳腹腔内适应性还有些困难，这时需要应用灭菌纱布卷进入腹腔填塞隔离保持膈破裂口清楚，便于缝合；腹腔器官不再进入胸腔，检查膈的撕裂口，应用较粗丝线间断缝合裂口，第一个缝线从裂口最深处开始。有时裂口涉及到胸壁膈的附着肌肉，膈的边缘缝合要直接缝到肋间肌上。要注意，创伤深处的缝合一定不要损伤食道和大的血管。

在器官还纳和膈的缝合时要注意观察呼吸运动，膈松弛时肺要膨胀，只有在这时期缝合比较容易。

在最后缝合打结之前，肺完全膨胀，从胸腔内排出所有空气。膈一定保持空气密封，在呼吸时一定不能听到口哨的声音，因为这时空气进入肺内。纱布卷从腹腔取出注意不要使异物留在腹内。腹腔撒布青霉素粉剂，用来防止黏连。使用缝线缝合腹腔各层，皮肤使用间断缝合。

[术后治疗及注意事项] 全身给予抗生素，防止术后感染，纠正全身水电解质酸碱平衡紊乱。保持患病宠物安静，减少活动。术后给予流食，多饮水。补充富含蛋白质、维生素的食物。皮肤缝线 7~10 日后拆除。

（十九）腹腔穿刺术

[适应证] 腹腔内有渗出液、漏出液或血液时，穿刺排出内容物；在疾病诊断时需要穿刺取其内容物，进行理化检查或病理学检查。

[器械] 套管针或注射针。

[保定和麻醉] 手术台上横卧保定。一般不用麻醉。

[手术方法] 穿刺部位为腹部中线，在脐与耻骨前缘之间的中点处。

穿刺部位剪毛、消毒。用套管针或注射针垂直刺入腹腔内，即有液体流出；套管针取出针芯即有液体流出。

排出内容物应缓慢地进行；有时内容物排出受阻，由于针孔被肠系膜或网膜堵塞所致，因此要摆动针头或在套管针内插入针芯，再取出针芯则继续流出。

[注意事项] 针头刺入时，在穿刺部位的皮肤稍微移动一下再穿刺，在拔出针头后，有利于皮肤覆盖腹腔穿刺孔。

（二十）剖腹术

[适应证] 剖腹术是腹腔器官的手术通路，如巨大结肠的切除术、肠捻转的整复、肠套叠的整复与切除术、卵巢切除以及子宫切开、难产助产等（图 2-3-43）。

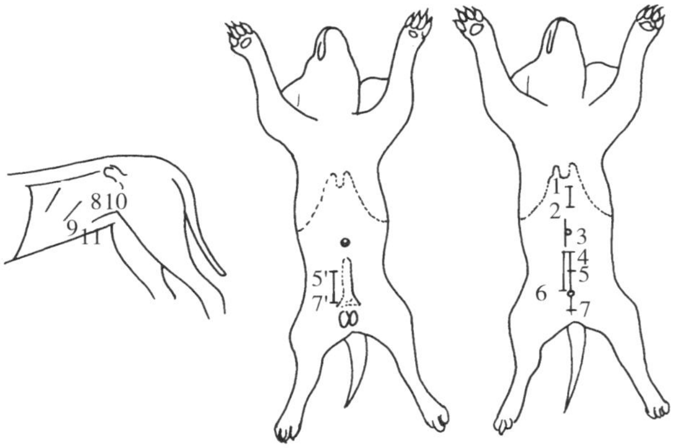

图 2-3-43　腹腔脏器手术的切开部位

1~2.胃切开术部　3.脐疝术部　4~5.卵巢摘出术部　4~6.子宫全摘出术部　5~7.剖腹产术部；雌性膀胱切开术部　5′~7′.雄性膀胱切开术部；隐睾手术部　8~9.肾脏手术术部；上部尿道手术术部　10~11.大型犬雌性剖腹产手术术部之一

[局部解剖] 腹壁从外向内由以下各层组织构成。

（1）皮肤。皮肤在背侧部较厚，腹侧部较薄，其下面有皮下组织。

（2）腹壁肌层

腹皮肌。腹皮肌是富有弹性的膜，密接腹外斜肌。

腹外斜肌。腹外斜肌是覆盖胸壁后方和腹壁的广阔肌。肌纤维从前上方走向后下方，下方腱质部与腹内斜肌的腱质部连接，在腹中部形成白线。

腹内斜肌。外由腹外斜肌覆盖，内为腹直肌。肌纤维在肷部以厚的扇状形向前下方行走，与腹外斜肌腱共同形成白线。

腹直肌。腹直肌位于腹壁下部，沿着白线前后走的长肌，位于腹内斜肌和腹横肌之间。

腹横肌。腹横肌是最内层的宽阔的薄肌，肌纤维由腰部上方横走向下终止于白线。白线前方接剑状软骨，后方止于耻骨前缘。

（3）腹膜。是浆膜被覆在腹腔内面。

（4）腹肌的神经。腹肌的神经是由最后胸神经、第 1、第 2 和第 3 腰神经的腹侧支分布在腹肌上。

[器械] 一般外科手术器械、压肠板等。

[保定和麻醉] 手术台仰卧保定或侧卧保定。全身麻醉或腰旁麻醉。

[手术方法]

（1）术部。由于实施手术的脏器不同，而手术部位也不同，多数手术是在白线两侧切开；肾脏和上部输尿管手术的部位是在腹部肋骨弓后缘；雄性的膀胱切开手术是在腹正中线侧方阴茎旁。

（2）切开腹壁方法

①锐性切开法。术部剪毛、消毒后，在白线上用手术刀切开皮肤、肌肉层后，可见有灰白色腹膜。用镊子或止血钳夹住腹膜稍向上方提起，将腹膜切一小孔，然后用食指和中指插入小孔中，沿着指间切开或剪开腹膜扩大创口，腹腔则切开。

②钝性分离法。术部剪毛、消毒后，用手术刀切开皮肤及皮肌，按腹外斜肌的肌纤维方向用止血钳插入肌纤维中钝性分离；用此方法依次钝性分离开腹内斜肌和腹横肌。切开腹膜，腹腔则切开。

③闭合腹腔。整复清理创缘，以生理盐水清洗创口，除去异物。以连续缝合法缝合腹膜，缝合腹膜时特别注意防止将脏器和腹膜缝在一起。再以结节缝合法缝合腹肌和皮肤。

[术后治疗及注意事项] 术后禁食 48 小时，以静脉补充营养需要。术后 48 小时后给予流质食物，如牛奶、肉汤、米肉粥等高营养流食。给予 2~3 日，逐渐改为半流食和正常食物。术后给予青霉素或磺胺类药物治疗 5~7 日；局部按一般创伤疗法治疗。术后第 4~5 日，装戴颈圈，防止啃咬缝合部。适当运动。一般术后 8~10 日拆线。

[并发症及其处置]

（1）腹膜感染。腹膜感染的原因是冷凉、干燥、机械的损伤、消毒药物和消化液处理不当或其出血、异物以及细菌感染所致。

随着打开腹腔之际，对常用的物理的、化学的刺激应限制在最小刺激量；或者将腹腔脏器取出腹腔外，将健康部分还纳腹腔内，用保护纱布压入防止脱出或固有手术在腹腔外施术，努力把健康部分隔离，防止细菌感染以及减少其他的机械性刺激。腹腔手术时，使用干燥灭菌的保护纱布和浸有 40~45℃微温的生理盐水纱布，两种均可使用。

术后腹膜炎一般在术后 24 小时出现最初症状，一般以体温升高开始。

腹膜感染人为的原因很多，因此，在手术操作时应特别注意。同时于术前和术后给予抗生素或磺胺类药剂有效防止发生腹膜感染。也可适当地应用对症治疗。

(2) 腹壁肌层和皮肤的感染。腹壁肌层和皮肤感染的原因，多数为消毒不全，术后创面保持不够、缝合失宜、形成死腔和排液不良，异物存在等。特别注意消化道手术其内容物的污染。在手术时应注意上述原因。化脓时，应将该部分的缝线拆除，确实进行排脓，按化脓创处置。

(3) 术后的肠管麻痹。由于手术种类和程度不同，剖腹术时术后肠管麻痹是常见的并发症。

肠管麻痹是由于浆膜相互黏连、腹膜机能减退、消化道内气体蓄积等而引起。因为对预后有较大的影响，所以应特别注意对其预防。干燥、冷凉、机械的或化学的刺激、轻度感染、各种镇痛剂的注射等都可造成不同程度的肠管麻痹，所以应特别注意这些因素。

术后肠管麻痹的预防措施：用温水或温食盐水灌肠，每 2~3 小时灌肠 1 次，每日 3~4 次。同时给予肠蠕动促进剂。

(4) 术后黏连。术后黏连多由于手术过程中机械的、化学的、温热的各种刺激损伤腹膜而引起。术后肠管麻痹和肠蠕动不足等也是黏连的原因。术中注意不够，将腹腔器官与腹膜缝合在一起必然要黏连。术后黏连的预防，应防止腹膜感染和术后肠管麻痹以及避免浆膜损伤。

(5) 术后尿闭。剖腹前膀胱处于空虚状态时，术后易引起尿闭。尿闭的处置方法是用导尿管排尿；雄犬或猫不能使用导尿管时，可在下腹部进行膀胱穿刺排尿。

(二十一) 胃切开术

[适应证] 取出胃内异物或肿瘤等。

[器械] 一般手术器械，胃钳子，缝胃用的细小弯针。

[保定和麻醉] 仰卧保定，全身麻醉。

[手术方法] 术部在剑状软骨和脐之间正中线上。术部剪毛、消毒后，切开皮肤和肌层，充分止血，切开腹膜。创口部敷以温生理盐水纱布，将胃拉至创口或创口外，在胃的下部垫以塑料布防止胃内容物流入腹腔，在胃大弯部装置胃钳子，避开大血管将胃切开，打开胃钳子，用创缘钳固定胃的创口，取出异物或切除肿瘤，然后用生理盐水冲洗胃的创口，洗净后用胃钳子将胃切口固定，胃壁用肠线或丝线进行褥式内翻缝合。用纱布浸以温生理盐水轻轻擦拭胃的创口后，还纳腹腔。依次缝合腹膜、腹肌各层和皮肤。碘酊消毒创部。

[术后治疗及注意事项] 术后静脉补充营养物质。48 小时后给以流质食物，以后改为半流质食物，逐渐进行正常给饲。术后给予 5~7 日的抗生素或磺胺类药物，消炎、抗感染。局部按一般创伤处置。术后注意犬啃咬创伤部。

(二十二) 肠管部分切除术及吻合术

[适应证] 取出小肠内异物、肠套叠、肠梗阻、肠扭转造成肠管坏死时，需要切除坏死部，做肠管吻合术等。

[器械] 一般外科手术器械，肠钳子 2 把。

[保定和麻醉] 手术台横卧保定，全身麻醉。

[手术方法] 按剖腹术方法打开腹腔。

寻找病变部位。术者将涂以生理盐水的手伸入腹腔内寻找病变部，把病变部拉出创口外，检查其发生的原因。

若为小肠内异物，拉出异物段肠管，在肠管的游离端侧方切开肠管，切开肠管后取出异物，用温生理盐水冲洗后，肠管切开部用肠钳进行缝合，先做肠管全层连续缝合，然后再做浆膜、肌层内翻缝合，缝合完毕。用温生理盐水冲洗，还纳于腹腔，按剖腹术方法闭合腹腔。

若为肠套叠、肠绞窄等病，肠管已坏死，将肠管坏死部切除，做肠管端端吻合术。

端端吻合术。将肠管两断端对齐，装着肠钳子于两端端的后方，先做肠管全层连续缝合，再做浆膜、肌层内翻缝合。缝合后将肠管用温生理盐水冲洗，还纳于腹腔。按剖腹术方法闭合腹腔。

[术后治疗及注意事项] 术后静脉补充营养物质。48 小时后给予流质食物。7 日后可给予常食。全身给予抗生素和磺胺类药物，局部按一般创伤治疗。

（二十三）盲肠切除术

[适应证] 盲肠炎或回盲部肿瘤等的外科疗法。

[器械] 一般外科手术器械，肠钳子 2 把。

[保定和麻醉] 手术台左侧向下横卧保定，全身麻醉。

[手术方法] 术部在右肷部，从肋骨弓后方向髋骨连线，在连线中点，上方距腰椎横突 3 指宽为切皮起点，沿着腹内斜肌方向前下方切开皮肤 5~8cm，切开腹外斜肌，按肌纤维方向钝性分离腹内斜肌和腹横肌，直达腹膜。切开腹膜，用创钩拉开创缘。手伸入腹腔，在十二指肠的内上方深层确认盲肠，将盲肠拉至创缘部，提起盲肠头，将血管（回盲肠动脉、静脉的回肠支和盲肠支）结扎，分离盲肠和回肠的结缔组织。用肠钳子夹住盲肠基部，切断盲肠进行端端缝合。以连续缝合法缝合腹膜，结节缝合法缝合腹肌、皮肤。

[术后治疗及注意事项] 术后禁食 48 小时，静脉补充营养物质，48 小时后逐渐给予流食，7 日后可饲喂常食。术后给予抗生素和磺胺类药物。

[注意事项] 盲肠部止血要确实，出血部位必须结扎止血，以防术后出血。切除盲肠时注意防止肠内容物污染其他脏器或腹腔。

（二十四）脾脏摘除术

[适应证] 脾脏破裂、巨脾症、脾脏肿瘤等的外科疗法。

[器械] 一般外科手术器械。

[保定和麻醉] 手术台仰卧保定或横卧保定。全身麻醉。

[手术方法] 术部在腹正中线，脐前方 4~5cm 处切开腹壁。术者将手伸入腹腔检查脾脏情况，若创口小可以扩大，继而将脾脏拉至创口或创口外，网膜可用浸有温生理盐水的纱布覆盖，防止干燥。分离脾脏周围的血管及结缔组织，在其基部结扎血管，确实结扎止血。用止血钳夹住基部与脾脏之间，然后切断将脾脏摘出。认为结扎确实，无出血后，将网膜及各种

组织还纳腹腔。按剖腹术方法闭合腹腔。

[术后治疗及注意事项] 术后以抗生素或磺胺类药物进行全身或局部治疗。手术中脾脏的血管要结扎确实，以防出血。

（二十五）腹壁疝手术

[适应证] 腹壁疝的外科疗法。

[器械] 一般外科手术器械。

[保定和麻醉] 手术台病变部向上的横卧保定。

[手术方法] 术部为病变部。沿着病变部纵行切开皮肤 5~8cm，钝性分离皮下组织至疝囊。还纳疝囊内容物。切开疝囊，纽扣状缝合疝环。将多余的皮肤切除，然后结节缝合皮肤。用碘酊消毒。

[术后治疗及注意事项] 全身投给抗生素或磺胺类药物 7 日，局部按手术创伤治疗。术后饲喂减量，进食八成左右，2~3 日后逐渐达到正常食量。

（二十六）脐疝手术

[适应证] 脐疝的外科疗法。

[器械] 一般外科手术器械。

[保定和麻醉] 手术台仰卧保定。全身麻醉。

[手术方法] 疝部皮肤切开长度是脐环的两倍，钝性分离皮肤与疝囊。脐疝有非嵌顿性和嵌顿性两种。非嵌顿性疝将疝内容物还纳于腹腔，切开疝囊，用褥式缝合法闭合疝环。切除多余的皮肤，以结节缝合法缝合皮肤，用碘酊消毒。嵌顿性疝，疝内容物不能还纳腹腔，首先找到未黏连部切开疝囊，然后钝性分离疝囊与疝内容物黏连部，逐渐分离开，将疝内容物还纳腹腔，用褥式缝合法闭合疝环，切除多余皮肤，以结节缝合法缝合皮肤。

[术后治疗及注意事项] 全身投给抗生素药物或磺胺类药物，连用 7 日，局部按创伤治疗。术后喂饲减量，进食八成左右，2~3 日后逐渐达到正常食量。

（二十七）腹股沟疝手术

[适应证] 腹股沟疝的一般外科疗法。腹股沟疝有先天性和后天性两种。

[器械] 一般外科手术器械。

[保定和麻醉] 手术台上仰卧保定，后躯抬高。全身麻醉。

[手术方法] 术部在腹股沟部，先触知腹股沟外环，纵向切开皮肤 4~8cm，钝性分离皮下组织与疝囊至腹股沟管皮下环，还纳疝囊内容物于腹腔内，切开皮下环，用褥式缝合法缝合腹股沟管皮下环。若保留睾丸者，可用结节缝合法缝合皮肤。若不保留睾丸者，在闭合腹股沟管皮下环后，在睾丸上方将精索结扎，在结扎下部切断，连同睾丸一并摘除，然后皮肤行结节缝合法缝合，在创部涂以碘酊消毒。

[术后治疗及注意事项] 全身投予抗生素或磺胺类药物，连用 7 日；局部按创伤治疗。术后喂食减量，每日进食八成左右，2~3 日后逐渐达到正常食量。

（二十八）会阴疝手术

［**适应证**］会阴疝的外科疗法。

［**局部解剖**］犬的会阴部是在尾的下方，从肛门至股内侧下方。在会阴部的骨盆腔后部皮下有密集的会阴筋膜。会阴筋膜与臀部、后腹筋膜相连接，与荐结节韧带一并进入骨盆外底部。前部表面有肛门括约肌和尾骨肌，它们与会阴筋膜共同支持着骨盆腔外口。当老龄雄犬这些骨盆外口的支持组织老化，起不到应有的作用则发生会阴疝。

［**器械**］一般外科手术器械。

［**保定和麻醉**］手术台伏卧保定，在下腹部放置沙袋，使后躯抬高。全身麻醉。

［**手术方法**］术前禁食 24 小时，手术当时排净粪尿。在臀部和会阴部剃毛、消毒。从疝的中心部切开皮肤，向两侧钝性分离皮肤，创口扩大后可见浅部臀肌和股二头肌，暴露疝囊，不要损伤会阴筋膜。用手指继续钝性分离疝周围组织，充分暴露疝囊及内容物。疝的内容物若为脂肪组织，则可结扎切除；疝内容物若为内脏器官，则可还纳回腹腔。首先缝合会阴筋膜，然后从上部依次缝合肛门外括约肌、尾骨肌形成肌膜瓣，再缝合荐结节韧带。切除多余皮肤，以结节缝合法缝合皮肤。碘酊消毒术部。

［**术后治疗及注意事项**］术后给予 1~2 周的抗生素或磺胺类药物，局部按创伤治疗。注意防止术部感染。有人认为进行该手术时，同时进行去势术，可防止复发。

（二十九）直肠固定术

［**适应证**］习惯性复发性直肠脱、直肠脱出部分未达到坏死程度，不需要直肠切除时，可把直肠固定在腹腔内，防止再脱出的直肠固定术。

［**器械**］一般外科手术器械，橡胶直肠塞。

［**保定和麻醉**］手术台横卧保定，全身麻醉。

［**手术方法**］将脱出的直肠黏膜用冷生理盐水洗净，除去附着在黏膜上的异物和污物，再用 0.1%高锰酸钾溶液对脱出的直肠部进行消毒，涂抹碘甘油，用手将脱出的直肠部轻轻地还纳回去，再用橡胶直肠塞塞住。在左侧肷部荐结节的前方 2~3cm 与荐结节下方 2~3cm 之交点处作为起点，向下垂直切开皮肤 5~10cm，打开腹腔。由助手从肛门部将脱出的直肠往前送至腹部切口附近，术者将直肠牵引至腹腔，固定在左侧腹壁上。固定方法，要求缝针刺入浆膜和肌层，不要刺透黏膜，用 2~3 针结节缝合法将直肠固定在腹膜和腹肌上（腹壁）。然后依次缝合腹膜、肌层和皮肤，关闭腹壁切口。术部以碘酊消毒。

［**术后治疗及注意事项**］术后给予 7~10 日的抗生素治疗。局部按创伤处置。术后 10~12 日拆线。

（三十）直肠脱出切除术

［**适应证**］直肠脱出难以整复者或直肠脱出的黏膜已变性、坏死者。

［**器械**］一般外科手术器械，长形钢针 2 支。

［**保定和麻醉**］手术台横卧保定，后躯抬高。全身麻醉或尾椎硬膜外麻醉。

[手术方法] 术前禁食 12~24 小时。手术时先牵行运动，使之排出直肠内宿粪以及尿液。再用温肥皂水灌肠，排出肠内容物，保持直肠内无宿粪。用 0.1%高锰酸钾溶液清洗消毒直肠黏膜。在距肛门 2~3cm 的健康黏膜处，用钢针在脱出的直肠水平方向刺入，上下一针、左右一针，两针呈十字交叉状，在钢针的前方 1~2cm 处将脱出的直肠横行切断，注意不要残留变性、坏死黏膜。确实止血。用丝线连续缝合法将浆膜和浆膜、肌层和肌层、黏膜和黏膜缝在一起，用碘甘油涂抹缝合部。除去钢针，将直肠还纳回去。

[术后治疗及注意事项] 术后 48 小时内禁饲，静脉内补充营养物质。术后全身应用抗生素治疗 7 日。每天直肠用 0.1%高锰酸钾溶液清洗，清洗后涂抹碘甘油。

（三十一）锁肛重造手术

[适应证] 锁肛是无肛门孔的先天性畸形，锁肛手术是人造肛门手术。

[器械] 一般外科手术器械。

[保定和麻醉] 手术台横卧保定，后躯抬高。全身麻醉或尾椎硬膜外麻醉。

[手术方法] 在正常的肛门部可触知膨隆部，剪毛、消毒该部。在膨隆部中心纵向切开皮肤，切口大小要求相对为肛门孔，用钝性分离法分开皮肤与皮下组织，直达直肠盲端，在盲端的顶部有一膜状隔称为肛膜，用丝线将肛膜两侧固定，钝性分离肛膜及直肠末端的周围组织，将内部粪便向直肠内推送，用止血钳夹住肛膜，将其切开，切开后排除内部粪便，用生理盐水清洗干净，再用青霉素溶液清洗直肠末端和肛膜切口部，将肛膜修整成圆形，皮肤创缘也修整成圆形，然后将肛膜的创缘与皮肤的创缘对应地缝合在一起，做成人工肛门（见图 2-3-44）。用 0.1%新洁尔灭溶液消毒创部。

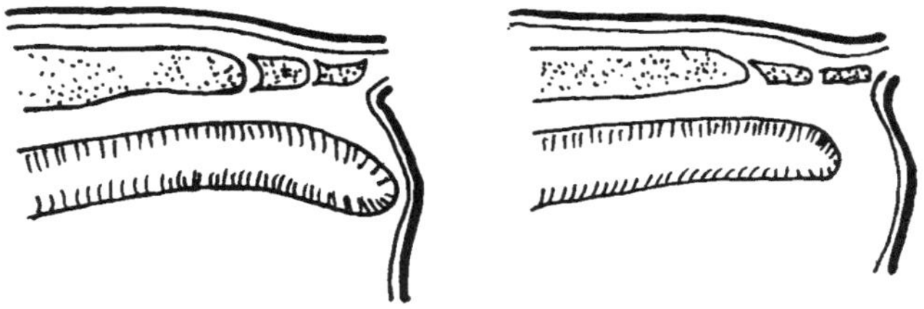

图 2-3-44　肛门膜状闭锁、肛管直肠闭锁

[术后治疗及注意事项] 术后经常以消毒液清洗人造肛门，涂抹碘甘油溶液，防止感染。切口应适当，不应过大或过小。

（三十二）犬的肛门囊切除术

[适应证] 慢性肛门囊炎、肛门囊脓肿、肛门囊瘘的外科疗法。

[局部解剖] 在犬的肛门左右有一个特殊的腺体称为肛门囊。肛门囊位于肛门外括约肌和肛门提肌之间，呈球形。根据犬的大小其肛门囊大小不等，从樱桃大到胡桃大。有长约 1cm 的排泄管，排泄管沿着肛门内外括约肌之间走向肛门黏膜和皮肤的移行部 3mm 的外侧，呈漏斗开口。内括约肌和囊壁之间的下方有直肠动脉的两个分支。

[器械] 一般外科手术器械。

[保定和麻醉] 手术台上横卧保定，尾部向上抬起固定，暴露出肛门部。全身麻醉或尾椎硬膜外麻醉。

[手术方法] 术前 24 小时禁食，视情况可在术前灌肠排除直肠内宿粪，防止污染手术部位。用 0.1%新洁尔灭溶液或 1%~2%来苏儿溶液清洗肛门部及周围，消毒。先将肛门囊内容物挤压排出，用 1%~2%来苏儿溶液清洗囊内。用探针插入肛门囊内，作为标记，沿着探针切开肛门囊，用止血钳子夹住囊壁，将肛门囊与其他组织分离开，注意止血，结扎直肠动脉分支。注意勿伤及肛门内括约肌。分离排泄管后，随同排泄管以及肛门囊全部摘除，用缝合线将其空腔进 2~3 针埋没缝合。用结节缝合法缝合皮肤。碘酊消毒。用同样方法切除对侧肛门囊。

[术后治疗及注意事项] 术后用普鲁卡因青霉素进行创围封闭治疗。术后安装颈圈，防止啃咬。术后 7 天左右拆线。

（三十三）膀胱穿刺术

[适应证] 尿闭时，其他导尿方法无效，防止发生膀胱破裂的急救方法。

[器械] 20ml 注射器和长的皮下注射针。

[保定和麻醉] 横卧保定。不用麻醉。

[手术方法] 术部，雌性犬在耻骨前缘前方的白线上或者膨胀最明显的部位；雄犬在耻骨前缘前方，阴茎侧方。术部剪毛、消毒。稍稍移动皮肤，拔出针头时，由于皮肤移位可覆盖针孔，防止感染。用注射针向膀胱垂直方向刺入即可排出尿液，排出尿液后拔出针头，用碘酊消毒术部。

（三十四）膀胱切开术

[适应证] 膀胱结石、膀胱肿瘤等疾病的外科疗法。

[器械] 一般外科手术器械。

[保定和麻醉] 手术台仰卧保定，全身麻醉。

[手术方法] 术部，雌性犬在耻骨前缘 3~5cm 的白线侧方；雄性犬在耻骨前缘 3~5cm 的阴茎侧方处。术部剪毛、消毒。从耻骨前缘向脐的方向切开皮肤 8~10cm，确实止血后，钝性分离皮下组织，按切皮方向切开腹直肌，直至腹膜。打开腹腔后用创钩拉开创缘。用手指伸入腹腔探查，膨满的膀胱一触便知；膀胱内容物空虚时，膀胱退至骨盆腔内，手指伸入骨盆腔内可触知膀胱。将膀胱拉至创口部或创外。膨满膀胱可用注射器抽出尿液。膀胱缩小。用钳子夹住膀胱顶固定，手术需要时则可将膀胱牵出创外。

当膀胱结石时，用钳子固定住膀胱顶，在膀胱顶附近避开血管，切开膀胱长约 3~5cm，用麦粒钳子或锐匙除去结石，除石时勿损伤膀胱黏膜。

当膀胱肿瘤时，视肿瘤生长的部位，尽量将膀胱移至创口外，在距肿瘤生长部位附近切开膀胱壁 5~8cm，将膀胱黏膜部翻转，在明视下切除肿瘤。

膀胱壁第一次全层连续缝合，第二次浆膜内翻缝合。用灭菌生理盐水清洗后还纳于腹腔。依次缝合腹膜、腹肌、皮肤，闭合腹腔。术部用碘酊消毒。

[术后治疗及注意事项] 术后全身给予抗生素药物治疗 1~2 周。充分休息，不做剧烈运动。

（三十五）尿道切开术

[适应证] 取出尿道内结石。

[器械] 一般外科手术器械，导尿管、小锐匙等。

[保定和麻醉] 仰卧保定，全身麻醉或局部浸润麻醉。

[手术方法] 首先确定结石部位。用生理盐水清洗包皮及阴茎头部，消毒。术者左手握住阴茎头部，右手将导尿管插入阴茎中至结石部。在阴茎腹侧部位剪毛、消毒。在阴茎腹侧正中线上切开皮肤 3~5cm，依次切开皮下组织、阴茎退缩肌、尿道海绵体、尿道黏膜。尿道创口 2~3cm。用小锐匙插入尿道内除去结石。然后将导尿管向尿道深部插入，检查尿道是否通畅。闭合尿道，以细丝线连续缝合尿道黏膜，再以结节缝合法缝合尿道海绵体、阴茎退缩肌和皮肤，留置导尿管，以免发生狭窄。

[术后治疗及注意事项] 术后全身给予抗生素或磺胺类药物治疗 7 天左右。留置导尿管 36~48 小时后拔出。

术后注意排尿情况，若再出现排尿困难或尿闭时，马上拆除缝线，仔细探诊尿道是否有无结石嵌留。

（三十六）尿道造口术

[适应证] 尿道上部结石的手术疗法。

[器械] 一般外科手术器械，导尿管等。

[保定和麻醉] 仰卧保定，两后肢向前方固定，暴露出会阴部。

[手术方法] 术前禁食 24 小时。术前用温肥皂水灌肠，除去直肠内宿粪，防止污染。

术部在会阴部正中线上，距肛门下方 3~5cm 处术部剪毛、消毒。用生理盐水清洗包皮及阴茎头部，将导尿管插入尿道内直至术部。

在术部切开皮肤长 3~4cm，出血时注意止血，大血管结扎止血，依次切开皮下组织、阴茎退缩肌、尿道海绵体和尿道黏膜，长约 2~3cm 的尿道创口。用小锐匙插入尿道内取出结石，导尿管从创口向深部插入，检查尿道是否通畅。然后将尿道黏膜与皮肤对合，用连续缝合法缝合黏膜和皮肤，即完成手术造口。用碘酊消毒创部。

[术后治疗及注意事项] 术后创部以普鲁卡因青霉素做创围封闭治疗 5~7 日左右。10 日左右拆线。

（三十七）肾脏摘除术

[适应证] 化脓性肾炎、肾结石、肾肿瘤、肾寄生虫以及交通事故造成的肾脏损伤的手术疗法。

[器械] 一般外科手术器械。

[保定和麻醉] 手术台横卧保定，全身麻醉。

[局部解剖] 犬、猫的肾脏位于第 2 至第 4 腰椎的腹侧面。肾脏呈蚕豆形，表面光滑。左

肾的侧缘与脾脏和腹壁相接。两个肾脏的内侧缘向内形成很深的切痕，称为肾门。肾门是血管和输尿管出入的地方。肾动脉数支由此进入肾脏，肾小球输出的输出管变成毛细血管网缠绕着曲细尿管变成小叶间静脉，汇集成肾静脉从肾门出来，则移行为大静脉。输尿管起于肾门，沿尿生殖皱褶走向骨盆腔，止于膀胱。肾周围有疏松结缔组织包被与附近器官相接。肾脏表面被结缔组织的白膜包着。

［**手术方法**］术部在最后肋骨后缘 4~5cm，距腰椎横突尖端 5cm 左右。

按剖腹术的方法打开腹腔。术者用手将腹腔器官分开，暴露出患病肾脏。用钝性分离方法分离腰椎下包着肾脏的腹膜，暴露出肾脏，用钳子在肾脏前缘或后端穿透肾的被膜及脂肪组织，沿着钳子用手指扩大被膜及脂肪组织，直至将肾脏完全剥离，注意勿伤及肾的实质部分，如有出血用纱布轻轻压迫止血。然后在肾门部剥离肾血管周围的脂肪及结缔组织，暴露出肾动脉、肾静脉，继续分离输尿管周围的脂肪及结缔组织，暴露出输尿管。分别用止血钳子夹住肾动脉、肾静脉以及输尿管，以丝线分别距肾 2~3cm 处结扎肾动脉、肾静脉和输尿管。然后切断肾动脉，再切断肾静脉，最后切断输尿管，用电烙铁烧烙其断端，将肾脏摘出。结扎确实无出血后，用灭菌生理盐水清洗术部，向腹腔内撒抗生素粉剂，以防感染。按剖腹术方法闭合腹腔。用碘酊消毒创部，整理创缘。

［**术后治疗及注意事项**］按剖腹术的治疗方法进行术后治疗。术中对肾动脉和肾静脉结扎要确实，防止术后出血。输尿管断端要用 50W 的电烙铁烧烙，使其密闭，防止污染。

（三十八）雄性犬、猫去势术

［**适应证**］去势术是切除雄性犬、猫的睾丸，使其性功能停止的手术。一般经宠物主人要求绝育或者老龄犬、猫利用价值不高，以及治疗某些疾病的外科疗法。

［**器械**］一般外科手术器械。

［**保定和麻醉**］犬仰卧保定，保定好四肢；猫将其头和躯干部放于口袋中，露出后躯部。全身麻醉或局部麻醉，亦可不麻醉。

［**手术方法**］阴囊部剪毛、清洗、消毒。术者左手沿着阴囊颈部握住犬的睾丸，将其轻轻压向阴囊底部，使两个睾丸正好位于阴囊缝际的两侧，固定住睾丸；切口分别位于阴囊缝际的两侧 0.5cm 处，术者右手持刀平行于阴囊缝切开阴囊的皮肤和总鞘膜，切勿伤及睾丸实质，切口长约 3~4cm，将睾丸轻轻挤出阴囊。在睾丸上方 4cm 左右处，贯穿结扎精索，结扎要确实，以防术后出血。在结扎线下方 1~2cm 处切断精索，除去睾丸，精索断端用碘酊消毒后，将其还纳阴囊内。用同样方法除去另一侧睾丸。清理阴囊切口的血凝块，用碘酊对创口进行消毒。公猫多用精索本身自打结，除去睾丸术。

［**术后治疗及注意事项**］术后适当运动，便于创液排出。术后无须治疗，也可给予口服抗生素药物 3~5 日。术后阴囊严重肿胀或有出血不止，可能是结扎线不确实或松脱，排液不畅，应及时全身麻醉，重新结扎止血和排出创内堵塞物，清创。

（三十九）隐睾阴囊固定手术

［**适应证**］隐睾（Cryptorchidism）亦称睾丸下降不全（lncomplete orchiocatabasis），是指一

侧或两侧睾丸未进入阴囊，停留于下降途中的任何部位。由于停留部位不同又分为腹腔隐睾和腹股沟隐睾。也有一侧性隐睾和两侧性隐睾。本手术是将隐睾之睾丸牵引至阴囊内的手术。

[器械] 一般外科手术器械，细的导尿管一支。

[保定和麻醉] 手术台仰卧保定或半仰卧保定，全身麻醉。

[手术方法] 术部在下腹部后方阴茎侧方 3~4cm 处，距耻骨前缘 10~15cm。

按剖腹术的方法打开腹腔。单侧隐睾者则在无睾丸侧切开腹腔。切口长约 10cm 左右。打开腹腔后寻找隐睾，隐睾多在肾脏的后方或腹股沟内环处，也可在腹股沟管内。

找到隐睾后，视其精索的长短，隐睾的精索长短不一。精索长者较好，可以牵引至阴囊内便于固定；精索短者，牵引至阴囊内有一定困难，现分别叙述如下：

精索长者，在同侧腹壁后寻找腹股沟管的内环，待找到内环时，用导尿管从内环插入腹股管内，探查其底部位置。若直通至阴囊底部时，拔出导尿管，术者用手轻轻拉动隐睾从内环向腹股沟管内推送，直至阴囊底部。切开阴囊后，以 1~2 针穿过睾丸外膜，将睾丸缝合固定于阴囊底壁上。再以同样方法固定对侧隐睾。

精索短者或腹股管未达到阴囊内时，无法使隐睾达到阴囊内者，可将导尿管从腹股沟管内环插入，探至腹股沟管的最末端，将导尿管从腹股沟管内拔出，有时最末端在股内侧距阴囊有段距离，术者用手轻轻拉动隐睾从内环向腹股沟管的最末端推送，送至不能再送时，暂时将睾丸固定在此处。待 3~4 个月后，再度造管牵引睾丸至阴囊底部，加以固定。

按剖腹术的方法闭合腹腔。手术创部以碘酊消毒，整理创缘。

[术后治疗及注意事项] 术后给予抗生素或磺胺类药物治疗 1~2 周。术后宠物应放在干燥、清洁地方，防止污染。术部按创伤处置。手术牵拉睾丸时，应轻轻牵拉，以防拉断精索。用导尿管探查腹股沟管时，尽量向管的左右扩大，以便睾丸易于通过。7~10 日后拆线。

（四十）犬前列腺肥大手术

[适应证] 危及生命的前列腺肥大。

[准备] 直肠检查，直肠和膀胱空虚，向尿道插入插管。

[麻醉] 全身麻醉或高位硬膜外腔麻醉。

[手术方法] 如果直肠检查前列腺确定在骨盆内，前列腺的大部分能够摸到，可选择会阴部径路手术，而直肠检查只有前列腺后部位能摸到，应该选择腹腔径路。

会阴部径路。犬背侧卧，系住尾部，骨盆部冲洗，会阴部剪毛消毒，直肠填塞纱布，肛门用荷包缝合，尿道插管，手术部位用创巾包裹。在肛门和坐骨弓之间做 10cm 长切口，平行或绕过肛门呈弯曲的皮肤切口。同时切开会阴部肌肉，创口用牵开器扩大，在直肠和尿道之间的肛门周围组织用手指拉向一侧，这样大约 10cm 达到前列腺，结扎出血血管，用手指做半圆形剥离，使前列腺游离，两个手指通过腺体将大约一半的腺体取出创内。

在这个位置进行前列腺纵沟两侧电凝。首先烧烙薄膜，然后烧烙肥大的组织，大约在膜下 1cm，电凝时要离开尿道至少 1cm。电凝完成后前列腺恢复正常位置，肛门周围部位用细肠线缝合，皮肤间断缝合。拆除肛门周围荷包缝合。注射青霉素溶液。

腹腔径路。犬背侧卧，包皮周围皮肤剪毛、消毒，进行尿道插管，创巾覆盖手术部位。

摸到耻骨，从耻骨做 10cm 长、平行包皮 1~2 指宽的皮肤切口。皮下组织大的静脉用双重结扎止血。创伤的内边缘拉向一侧，暴露白线。切开腹壁，牵开器扩创，用钝性分离暴露前列腺。注意防止实质性出血，通常前列腺位于耻骨下，牵拉进入创口时腺体用纱布包裹固定。

突出的小叶用电凝烧烙，球形电极可以通过薄膜 1~2cm 进入实质和组织烧烙。根据叶的大小，反复电凝 2~5 次。一定要离开尿道，不能损伤尿道，电极不能接近尿道，至少离尿道 1~2cm。当电凝完成后除去纱布，前列腺回到正常位置，缝合腹壁。术后治疗重要的一点是冲洗膀胱，给予抗生素治疗。

（四十一）犬的前列腺摘除术

［适应证］前列腺肥大和前列腺肿瘤的外科疗法。

［局部解剖］犬的前列腺是主要的副性腺器官。前列腺位于膀胱颈和尿道起始部，呈环形卷曲的球状为两个叶的小器官。其位置是由膀胱膨满和直肠扩张状态不同而有差异。当膀胱空虚时，位于骨盆腔内；当膀胱膨满时，位于耻骨前缘附近。小型犬从直肠内容易触摸到，大型犬，前躯抬高，一手从腹后部向后方压迫膀胱，另一手指从直肠内可以触诊。

［器械］一般外科手术器械，导尿管一支。

［保定和麻醉］手术台仰卧保定，全身麻醉。

［手术方法］术部在阴茎侧方 3~4cm，从耻骨前缘 5cm 左右向前切开则为术部。

术者左手握住阴茎头部，右手将导尿管从尿道口插入，直至膀胱内将尿导出。

打开腹腔，在术部距耻骨前缘 5cm 处向前切开皮肤 10cm 左右。充分止血，腹壁后静脉用双重结扎后从中切断。按剖腹术方法切开腹壁，打开腹腔。

打开腹腔后，将肠管轻轻推向前方，暴露出膀胱、前列腺及尿道，把膀胱和前列腺向前拉至创口部。可见分布于前列腺的血管，在膀胱外侧韧带的后方，左右腹膜皱襞内进入前列腺，将前列腺分支双重结扎后从中切断。

把导尿管从膀胱中向后牵拉退至前列腺前端，在前列腺前端环形切断膀胱颈与前列腺的连接，将膀胱分开固定。在前列腺后端环形切断尿道与前列腺的连接，在未切断前先将尿道用四根缝线从上、下、左、右固定，以防切断后尿道退至骨盆腔内。双重结扎前列腺前方与输精管并行血管并从中切断。使前列腺与其他组织完全分离。

将膀胱颈部的断端与尿道断端对接，将导尿管徐徐地插入膀胱内，将两断端用连续缝合法缝合在一起。按剖腹术方法闭合腹腔。用碘酊消毒术部。

［术后治疗及注意事项］术后给予抗生素或磺胺类药物治疗 1~2 周。局部按创伤处置。术后导尿管留置 48 小时，防止尿闭和尿道黏连。

（四十二）卵巢摘除术

［适应证］卵巢囊肿、卵巢肿瘤、重度卵巢炎等卵巢不治之症的外科疗法。经宠物主人的要求，为犬、猫做绝育手术。

［局部解剖］犬的卵巢位于最后肋骨与髋结节的中间，第 3~4 腰椎下方，两侧肾脏的后方。卵巢被腹膜的一部分包围着构成卵巢囊，其内侧有一细长裂隙状小孔称为卵巢门，这个

开口露出囊外。幼犬的卵巢囊为薄的膜，可以透视卵巢，但是，大多数成犬则因脂肪沉积而不能透视卵巢。卵巢的一端由短的卵巢固有韧带与子宫角相连，另一端以卵巢系膜的皱襞与肾脏的侧方和腹壁相连。卵巢的动脉有卵巢动脉和子宫动脉的卵巢支。

[器械] 一般外科手术器械，小钝钩一支。

[保定和麻醉] 手术台上仰卧保定，四肢牵张保定，全身麻醉。

[手术方法] 术前禁食12~24小时。

术部在脐的后方切开4~5cm左右，在白线侧方腹壁上。术部剪毛、消毒。

皮肤切开，在脐后白线侧方切开皮肤2~4cm，切开筋膜和肌层露出腹膜。剪开腹膜，打开腹腔。术者将手伸入腹腔内探查子宫角，找到子宫角后，术者沿着子宫角向前寻找卵巢，找到卵巢后，将卵巢用手指钩至创口外，集束结扎卵巢动脉，再结扎卵巢系膜及子宫动脉的分支，然后剪断卵巢周围组织，摘除卵巢。

用同样方法摘除另一侧卵巢，充分止血。按剖腹术方法闭合腹腔。

[术后治疗及注意事项] 术后给予抗生素或磺胺类药物5~7日，以防感染。

（四十三）剖腹产手术

[适应证] 难产的外科疗法。阵痛开始后24小时以上产不出胎儿者为难产，剖腹产手术是对犬、猫难产最好的治疗方法。

[器械] 一般外科手术器械。

[保定和麻醉] 手术台横卧保定或仰卧保定，全身麻醉，母体衰竭时应进行局部麻醉。

[手术方法] 术部，小型犬多在腹正中线的脐部至耻骨前缘之间，白线侧方2~3cm处。

打开腹腔，在术部切开皮肤10cm，切开筋膜、腹肌和腹膜。打开腹腔后，将其腹腔器官移至前方，暴露出子宫。将妊娠子宫拉至创口外，注意轻轻牵拉，因为难产后的妊娠子宫易损伤。

切开子宫，在胎儿数多的一侧子宫角，靠近子宫体近处切开子宫大弯部，避开血管纵行切开长约5~8cm左右的切口，或与胎儿同等大小的切口，露出胎膜，切开胎膜取出胎儿，同时将胎膜取出，依次取出一侧子宫角的胎儿。再通过子宫体从切口处取出另一侧子宫角的胎儿及胎膜。若胎儿数多时，也可同时切开两侧子宫角分别取出胎儿和胎膜。确切检查两侧子宫角内的胎儿和胎膜完全取出后，用温生理盐水冲洗子宫角内腔，排出冲洗液及其内容物，用消毒纱布擦干，注意防止污染腹腔及其器官。再向子宫角腔内撒布青霉素粉剂，以防感染。

缝合子宫，以连续缝合法全层缝合子宫壁，再以包埋缝合法缝合浆膜和肌层。

若子宫有明显变化，呈暗紫色或者已达坏死程度，出现不可逆现象，应将子宫全部摘除。

闭合腹腔，子宫缝合后，用温生理盐水清洗后，还纳于腹腔内。按剖腹术方法缝合腹壁各层，闭合腹腔。7~10日左右拆线。

[术后治疗及注意事项] 术后全身给予抗生素或磺胺类药物7~10日。术后子宫收缩不全时，给予小剂量垂体后叶素或卵泡激素，促进子宫收缩。术后注意监护和保暖。

术中防止子宫内污物、液体流入腹腔，造成污染腹腔、腹膜及腹腔脏器等，易引起腹膜炎和腹腔器官黏连，特别是肠黏连。术中减少肠管脱出于创口外，减少其暴露时间。

（四十四）子宫切除术

[适应证] 由于某些原因胎儿已经腐烂，子宫扭转，剖腹产时，发现子宫已经变成暗紫色或坏死时，为了保证母体安全可切除子宫，对于子宫蓄脓症治疗无效时、子宫肿瘤等均可实施本手术。

[器械] 一般外科手术器械，肠钳子两把。

[保定和麻醉] 手术台仰卧保定或横卧保定，全身麻醉，若母犬体弱衰竭时，可进行局部麻醉。

[手术方法] 术部在脐部至耻骨前缘之间的腹正中线侧方 2~3cm 处。

打开腹腔，术部剪毛、消毒。在术部切开皮肤 7~10cm 左右，按剖腹术的方法切开腹部筋膜和腹肌，露出腹膜，切开腹膜。术者以手指伸入腹腔内，寻找子宫，将子宫拉向创口或创口外。

摘除子宫，将子宫阔韧带上的子宫中动脉分别进行双重结扎并逐一从中切断，然后每隔 4cm 左右集束结扎子宫阔韧带，再在卵巢处双重结扎卵巢动脉，并从中切断，再切断子宫阔韧带，使一侧子宫角和卵巢分离于腹壁。再用同样方法将对侧的子宫角和卵巢从腹壁上切下。将离断的子宫角和子宫体拉出创口或创口外。在子宫体与子宫颈外用肠钳子夹住子宫颈部，在其后方 2~3cm 处用另一肠钳子夹住子宫颈固定，在两肠钳子之间切断子宫，取出子宫体和子宫角以及卵巢。将子宫颈断端用灭菌生理盐水清洗，除去内容物，用烟包缝合法缝合。

闭合腹腔，按剖腹术方法依次缝合腹膜、腹肌和皮肤。碘酊消毒，并整理创缘。

[术后治疗及注意事项] 术后给予抗生素或磺胺类药物治疗 1 周左右。局部按创伤处置。注意保暖、防止感冒。

（四十五）膀胱破裂修补术

[适应证] 交通事故、外伤、尿闭造成膀胱破裂或先天性膀胱破裂而进行的修补手术。

[器械] 一般外科手术器械。

[保定和麻醉] 手术台仰卧保定或横卧保定，全身麻醉。

[手术方法] 术部从耻骨前缘至脐部，雌犬在白线侧方 1~2cm，距耻骨前缘 5cm 左右；雄犬在阴茎侧方 2~3cm，距耻骨前缘 5cm 左右。术部剪毛、消毒。

打开腹腔，在术部耻骨前缘向脐部切开皮肤 8~10cm 左右，依次切开腹壁筋膜、腹肌和腹膜。打开腹腔后，先将腹腔内的尿液和腹腔内液吸出，然后找到膀胱，检查其破裂部位，视破裂情况加以修整，剪去不整的边缘。

修补膀胱，先以连续缝合法缝合膀胱壁的全层，再以包埋缝合法缝合膀胱的浆膜和肌层。在缝合部涂以灭菌消毒的凡士林，以防黏连，将膀胱还纳于腹腔。

处理腹腔，以大量生理盐水清洗腹腔及脏器，清洗后将其溶液全部吸出，反复清洗几次；再以青霉素生理盐水清洗 1~2 次；最后用甲硝唑溶液清洗腹腔及脏器 1~2 次，将所有溶液全部吸出后，腹腔内撒布青霉素粉剂，以防感染。用手轻轻整复腹腔各器官复位。

闭合腹腔，按剖腹术方法闭合腹腔，术后 10~12 日拆线。

[**术后治疗及注意事项**] 术后全身给予抗生素药物 1~2 周；或腹腔注射抗生素药物。术后静脉注射 5%甲硝唑溶液 100~150ml，每日 1 次，连用 3~5 日。局部按创伤处置。

术中腹腔内尿液的排出和腹腔清洗是必要的，处理后可以防止发生腹膜炎或器官黏连。清洗时一定要彻底清洗腹腔各部及各个器官。

（四十六）雌性犬尿道造瘘术

[**适应证**] 雌犬的尿道周围炎、尿道内或尿道周围肿瘤等原因造成尿道狭窄形成尿闭时或摘除肿瘤时的前处置。

[**器械**] 一般外科手术器械，导尿管、金属探针、钝钩等。

[**保定和麻醉**] 手术台仰卧保定或横卧保定，全身麻醉。

[**手术方法**] 在耻骨前方腹正中线剪毛、消毒。

将消毒的导尿管从尿道外口部插入尿道并固定。

术部在耻骨前缘前方 2~3cm 处，沿腹正中线向后方切开皮肤 4~5cm，钝性分离皮肤，切开耻骨前腱和骨盆内脂肪组织，暴露出膨隆部。

切开脂肪组织后，可以触及插入尿道深部的尿道探针。在尿道下方用创钩拉开创口并固定。在尿道的腹侧面切开尿道 2cm 左右。直至尿道黏膜。

缝合尿道，将切开尿道部的前方黏膜与皮肤切开创口的前方皮肤缝合在一起并固定。从此处向后方以连续缝合法缝合左侧尿道黏膜与左侧皮肤创缘缝合在一起；然后再以同样方法缝合右侧尿道黏膜和右侧皮肤创缘缝合在一起。

闭合尿道，将导尿管撤出，后部尿道口用结节缝合方法闭合。用灭菌生理盐水冲洗创部，涂布碘酊消毒。

[**术后治疗及注意事项**] 全身给予抗生素或磺胺类药物 5~7 日。术后局部注意污染，术后 2~3 日确认从尿道口排尿，必要时可从该部导尿。

（四十七）阴道脱出整复术

[**适应证**] 顽固性和习惯性阴道脱出保守疗法无效时，可实施本手术。

[**器械**] 一般外科手术器械，导尿管一支。

[**保定和麻醉**] 手术台仰卧或横卧保定，后躯抬高姿势。全身麻醉。

[**手术方法**] 术前禁食 12 小时，手术时用温肥皂水灌肠，排出直肠内宿粪。用 1%新洁尔灭溶液清洗和消毒阴门及阴道脱出部分。

首先将导尿管从尿道外口插入尿道内并固定，作为标志，以免手术时伤及尿道。

用钳子将阴道脱出部分钳住并拉向阴门外，再以缝合线在阴道脱出的上方健康部分缝合并固定，防止切除脱出部后阴道退回阴道内，不利缝合。

切除脱出部分，将松弛和肿胀的阴道壁在尿道外口前方三角形切除阴道黏膜。切除的范围决定于犬的体格大小和阴道黏膜松弛的状态。彻底止血，创面撒布抗生素粉剂，创面以结节缝合或连续缝合法缝合（见图 2-3-45）。

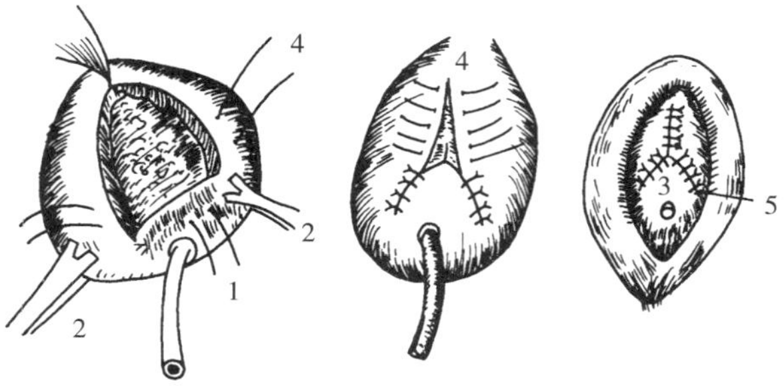

图 2–3–45 犬的阴道脱整复手术（MERILAT）

1.导尿管 2.钳子 3.尿道外口 4.缝线 5.结节缝合部

除去钳子和固定的缝合线，阴道壁自然还纳，向阴道内塞入洗必泰栓剂。

[术后治疗及注意事项] 术后全身给予抗生素或磺胺类药物 1 周左右。阴道内每日塞以洗必泰栓剂，每日 2 次，每次 1~2 粒。阴道部黏膜易出血，术中出血较多，对犬的血管可行集束结扎止血，小出血采用压迫止血；若出血不止，而且面积较大，不易发现血管时进行填充压迫止血。

（四十八）阴道肿瘤切除术

[适应证] 阴道肿瘤的手术治疗。

[器械] 一般外科手术器械，导尿管一支。

[保定和麻醉] 手术台横卧保定。全身麻醉。

[手术方法] 术前禁食 12 小时，手术时先用温肥皂水灌肠，排出直肠内宿粪。用 1%新洁尔灭溶液清洗和消毒阴门及阴道内。

首先将导尿管从尿道外口插入尿道内并固定，作为标志，以防手术时损伤尿道。

切除肿瘤，用钳子将肿瘤基部夹住，然后在其下方用集束结扎法分别结扎，结扎部位的多少依据瘤体大小而定，大者多结扎几处，小者则少结扎几处。注意结扎口之间相距不应过大，否则，易出血。结扎后，在结扎的上方切除肿瘤。以结节缝合法或连续缝合法缝合阴道壁。

若肿瘤瘤体较多，可采用上述方法分别切除。

[术后治疗及注意事项] 术后全身给予抗生素药物 3~5 日。阴道内每日塞以洗必泰栓剂，每日 2 次，每次 1~2 粒。如术后出血不止，按阴道脱出手术处置。

（四十九）乳腺肿瘤切除术

[适应证] 乳腺肿瘤及肿物的手术治疗。

[器械] 一般外科手术器械。

[保定和麻醉] 手术台横卧保定，全身麻醉或局部浸润麻醉。

[手术方法] 局限性肿瘤，术前禁食 12 小时。术部用 1%新洁尔灭溶液清洗、消毒。

切开皮肤，在肿瘤部中央纵行切开皮肤，钝性分离皮下组织和肿瘤，不要伤及肿瘤组织，露出大血管进行双重结扎并从中切断。切除后部乳房肿瘤时，应注意在腹股沟外环处有外阴动脉的分支，进行双重结扎并从中切断，充分止血。将整个肿瘤分离后切除。除净周围组织，必要时可摘除相应的淋巴结，以防转移。

恶性肿瘤则应摘除相应淋巴结。第 4 对和第 5 对乳腺发生恶性肿瘤时，应摘除腹股沟浅淋巴结；侵害第 1 对至第 3 对乳腺时，则应摘除腋窝淋巴结。

摘除肿瘤后，向创面撒布抗生素药物粉剂，缝合皮下组织和皮肤，应防止出现死腔。以压迫绷带包扎，2~3 日后拆除绷带。7~10 日左右拆线。

[术后治疗及注意事项] 术后在乳腺周围进行普鲁卡因青霉素封闭疗法。

（五十）断尾术

某些品种犬为了美观，有断尾整形的要求而进行本手术。手术根据犬种不同，断尾的部位也不同（见表 2–3–3）。

断尾的时间，仔犬于生后 7~10 日内断尾为宜；成年犬可随时断尾。

尾部疾病，如肿瘤、溃疡等，需要进行断尾治疗。

[器械] 一般外科手术器械。

[保定和麻醉] 手术台横卧保定，尾根部局部麻醉或者全身麻醉。

[手术方法] 各种犬按照标准要求确定术部。术部剪毛、消毒。在术部上方用止血带结扎，预防出血。

切开皮肤，在术部将尾部皮肤向尾根部推移 2~3cm，环形切开术部皮肤，钝性分离皮肤，暴露出尾关节，切断尾关节，断端充分止血，修整皮肤创缘，用皮肤包埋尾骨的断端，用结节缝合法缝合皮肤。解开止血带。碘酊消毒创部。卷轴绷带包扎。7~10 日拆线。

表 2–3–3　各种犬的断尾标准

犬名	保留尾椎长度
拳师犬	2~3 尾椎
笃宾犬	2~3 尾椎
罗威纳犬	1~2 尾椎
玩具型㹴	2~3 尾椎
爱尔兰㹴	留 1/3 长
猎狐㹴	留 1/3 长
可卡犬	留 2/5（母犬）、1/2（公犬）长
匈牙利猎犬	留 1/2 长
贵妇犬	留 1/2~2/3 长
弗兰德犬	留 1/2~3/5 长
库瓦兹犬	留 1/2~3/5 长

[术后治疗及注意事项] 术后局部注射抗生素药物 2~3 日，防止创部感染，单独饲养 1 周左右，以防犬与犬之间的舐咬。术后 4~5 日解除绷带。

（五十一）尾肌切断术

[适应证] 犬的卷尾和斜尾多数为尾肌发育不均所致，可切断尾肌来矫正。

[器械] 细的球头弯刀一把或尖刃弯刀一把。

[保定和麻醉] 手术台横卧保定。全身麻醉或硬膜外麻醉。

[手术方法] 卷尾矫正法，卷尾的术部在弯曲部的顶点。术部剪毛、消毒。

在弯曲部的顶点，背侧正中纵行切一小口，弯刀从此小口平行插入一侧皮肤和背侧荐尾肌，刀尖不要穿透对侧皮肤，从皮肤上用手控制使刀到达尾的侧面，使刀进入背侧荐尾肌的腹侧，刀刃向上转与背侧荐尾肌垂直，轻轻按压切断背侧荐尾肌，当切断该肌时可听到肌断的声音。创口缝合 1~2 针。用同样的方法切断对侧的背侧荐尾肌。

斜尾矫正法，斜尾术部在尾的腹侧面，术部剪毛、消毒。

在尾根部的腹侧面距肛门 5~6cm 的一侧，将皮肤纵行切开一小口，弯刀平行插入腹侧荐尾肌的腹侧面，刀刃向下转与腹侧荐尾肌垂直，轻轻按压切断腹侧荐尾肌，当切断该肌时可听到肌断的声音。创口缝合 1~2 针。碘酊消毒创口。用卷轴绷带包扎。

[术后治疗及注意事项] 术后用普鲁卡因青霉素溶液，在术部上方封闭注射，4~5 日，每日 1 次。术后 4~5 日解除绷带。

（五十二）膝盖骨脱位整复术

[适应证] 犬膝盖骨内侧脱位的整复疗法。

[器械] 弯刃刀一把。

[保定和麻醉] 患肢位于下侧的横卧保定，全身麻醉。

[手术方法] 膝关节前方及内侧剃毛、消毒。以股胫关节的角顶做一个 1/2 的线为假想线，以假想线的水平线和膝盖骨内侧垂线相交点为术部。术部进行局部麻醉。用弯刃刀刺入皮肤和筋膜，刀刃向内刺入到达膝盖骨内侧直韧带下方，将刀刃转向上方，切断紧张的膝盖骨内侧直韧带，关节即可整复。皮肤以结节缝合法缝合 2~3 针。用碘酊消毒。皮肤创伤进行包扎。术后 5~7 日拆线。

[术后治疗及注意事项] 无需术后疗法。

（五十三）犬椎间盘突出手术

[局部解剖] 在每对椎体之间除了寰椎和枢椎之外，还有椎间盘。椎间盘由胶状核（髓核）组成，由纤维软骨包裹外环结缔组织（纤维环），进入纤维软骨而逐渐吸收。胶状核起着缓冲垫的作用，平衡椎体活动时纤维环的压力，维持软骨和纤维环的纤维张力。椎间盘疾病（椎间软骨疣）失去椎间盘功能和纤维环断裂。髓核脱出进入锥管，导致压迫脊髓。椎间盘脱出一般出现在第 1~7 颈椎。第 10~13 胸椎及任何腰椎之间。开窗手术的目的是除去对脊髓的压力。

[麻醉] 全身麻醉。

[手术方法] 如果进行了脊髓 X 线造影检查，不要马上执行手术，要等 3~4 日之后，脊髓 X 线造影反应消失之后再手术。手术方法根据脱出的部位不同而不同。

颈椎椎间盘开窗术。犬背侧卧，头颈伸展，在颈腹下部，皮肤剪毛和消毒。在中线做切口，钝性分离腹下部、颈部肌肉、中线下气管。钝形牵开分离肌肉，气管和食管拉向一侧，肌肉、血管、神经拉向另一侧，操作必须要小心。创伤的深度能看到长的肌肉纤维，而分离进入颈椎、椎间盘的腹部膨胀，容易通过这些肌肉触及到。病变盘上肌肉组织层和其临近组织用钝性分离除去。切开盘长度 2~4mm，其内髓核用小的刮匙刮出。用类似方法完成邻近盘的处置。手术完成后缝合肌肉创口，皮肤缝合。缝线术后 8~14 天拆除，青霉素预防性注射。

第 12~13 胸椎和腰椎的椎间盘开窗术。如果脱出部位于第 12、13 胸椎或后部的腰椎，手术在背侧进行，因为这个部位更容易接近椎间盘。所以犬要腹部卧，背部弓起，在腹下放置垫，在术部准备之后，在中线上做 10~15cm 长的切口。皮瓣反转暴露后部胸椎和前部腰椎。怀疑病变盘应该置于切口的中央，接着在背最长肌侧边缘切开腰背筋膜，然后开始在侧部钝性分离肌肉组织和下层组织达到肋骨或横突。达到特定的病变盘，提供良好的可视创伤深度，必须注意分离肌肉、血管和神经，达到椎间孔。如果开始从第 13 胸椎或第 13 肋，第 13 胸椎和第 1 腰椎横突形成的三角，确定椎间盘并不困难。应用锐利的针或尖的腱切断术刀刺破病变盘达到髓核，用小刮匙完全除去胶状块，准确地找到髓核，针尖放置在肋骨的中央，准确对着盘的中央，然后水平插入。

腰椎部位定向点为椎体的横突关节的前边缘，针呈水平刺入椎盘。出血应压迫止血，腰背部筋膜用肠线缝合。皮肤用尼龙线缝合。

（五十四）犬髋关节脱位整复术

[适应证] 股骨头与髋臼脱位的整复疗法。

[保定和麻醉] 手术台仰卧保定，全身麻醉。

[手术方法] 由助手将患肢牵拉，以便于关节整复。根据关节脱位方向用不同整复方法矫正。

前背侧方脱位时，助手将患肢用力向下方牵拉，术者将股骨头用力向内侧方压迫整复，使股骨头还纳髋臼窝内。

前腹侧方脱位时，助手将患肢用力向前下方牵拉，术者将股骨头用力向后方压迫整复，使股骨头还纳髋臼窝内。

整复后，后肢各关节保持屈曲状态，用“8”字形绷带包扎固定。

（五十五）肘肿切除术

[适应证] 肘部黏液囊水肿、化脓性或纤维素性黏液囊炎以及黏液囊肿瘤等的外科疗法。

[器械] 一般外科手术器械。

[保定和麻醉] 手术台横卧保定，全身麻醉或局部麻醉。

[手术方法] 肘部剃毛、消毒。沿肘肿部纵行切开皮肤，切口长度比肘肿部稍长些。钝性分离皮肤与肿胀部的结缔组织，分离直至肘肿的基部，注意止血，较大血管断端可进行结扎止血或用电烙铁止血。沿其基部分离将肘肿全部切除。充分止血后，整理创缘，将多余的皮肤剪去，以结节缝合法缝合皮肤，碘酊消毒。

[术后治疗及注意事项] 术后以普鲁卡因青霉素溶液做创围封闭治疗，每日 1 次。切除肘肿时注意不要伤及关节囊；切除多余皮肤时，不要切除过多，以免缝合时缺皮，也可防止术后站立时手术创哆开。

（五十六）截肢术

[适应证] 四肢受到严重损伤或由于创伤继发严重细菌感染，发生坏死、坏疽等。

[器械] 一般外科手术器械和骨科器械。

[保定和麻醉] 患肢在上的横卧保定，全身麻醉。

[手术方法] 截肢部位由损伤部位及程度而定。一般于损伤部位的上部切断关节，若是臂骨或股骨下端损伤时，可以从骨的中部切断。术部剃毛、消毒。在切断部的上方3~5cm处进行环形局部麻醉。术者持刀沿患肢在术部环形切开皮肤一周，钝性分离皮下组织，剥开上方皮肤，充分止血，在切皮部上方4~5cm处切断肌肉，切断肌肉时对大血管进行结扎止血。把肌肉断端稍向上牵拉，暴露骨骼，用骨膜刮子剥离骨膜，保持骨膜完整，以备包埋骨断端用。剥开后用骨锯将骨锯断，用骨锉修理骨茬，用灭菌生理盐水清洗，牵拉骨膜包住骨端，将骨膜用烟包缝合法缝合。拉下上方的肌肉整理包在骨断端，施行褥式缝合法缝合肌肉。皮肤包围断端进行结节缝合。碘酊消毒，纱布绷带包扎。

若为关节部，则切开关节周围皮肤，分离皮下组织，再切开关节囊，将其关节切断，用皮肤包围关节断端进行结节缝合。碘酊消毒。

[术后治疗及其注意事项] 术后进行抗生素治疗，促进愈合，防止感染。

（五十七）犬的狼爪切除术

[适应证] 初生仔犬狼爪切除、成犬狼爪过长或损伤趾球者以及妨碍运动时或为了美观应宠物主人要求而切除狼爪。

[局部解剖] 狼爪是位于前后肢的系部稍下方，其尖端未达到地面的小爪。两前肢均有，后肢有时一肢可见，也有两肢均有，特别的也有两重并列而生。狼爪附着状态由于个体不同而有差异，有时附着在中指骨或中足骨，有的仅附着在结缔组织部。

[器械] 一般外科手术器械。

[保定和麻醉] 手术台横卧保定，局部麻醉。

[手术方法] 初生仔犬的狼爪，可在生后7日内切除。局部剪毛、消毒。用2%盐酸普鲁卡因溶液于狼爪上方做局部麻醉。麻醉后用手术刀或手术剪切断狼爪。以结节缝合法缝合皮肤1~2针即可。碘酊消毒。术后5~7日拆线。

成犬狼爪用同样方法切除。

[术后治疗及注意事项] 该手术为四肢末端手术，术后将犬放在干燥清洁地方，防止污染。

（五十八）猫爪切除术

[适应证] 爪的外伤，交通事故伤，健康爪对家具损伤等应宠物主人要求而去爪。

[局部解剖] 猫的爪从侧方看呈压扁的圆锥形，弯曲，前端尖锐，爪形属于钩爪。爪壁呈圆锥形，爪鞘基部呈冠状缘，在皮下与末节骨基部的轮状沟嵌合。

[器械] 一般外科手术器械。

[保定和麻醉] 手术台横卧保定，全身麻醉。

[手术方法] 指或趾端部剪毛、消毒。在爪的基部周围进行环形切开皮肤，分离皮肤，暴露出指（趾）关节，将其切断即可。充分止血，血管断端结扎止血。结节缝合法缝合皮肤。碘酊消毒后，包扎压迫绷带。

[术后治疗及注意事项] 全身给予青霉素治疗5~7日，术后2~3日可拆除绷带，进行开放疗法。术后将猫放在干燥清洁地方，防止污染。

（五十九）犬股骨头切除术

[适应证] 犬骨折并发髋关节脱位、髋关节形成不全、股骨颈骨折、髋关节畸形性关节炎等造成髋关节部持续性疼痛障碍时，进行股骨头切除的髋关节整形术。

[器械] 一般外科手术器械，股骨颈钳子。

[保定和麻醉] 患肢向上侧的横卧保定，全身麻醉。

[手术方法] 以股骨大转子为中心，广泛剪毛、消毒。在大转子处半圆形切开皮肤，分离皮下组织、暴露大转子。在大转子前方垂直背正中线切开筋膜。按肌纤维方向钝性分离臀浅肌、臀中肌、臀深肌到达髋关节。将股骨颈钳子确实装在股骨颈部，剪断股骨颈。在髋关节脱位时摘除股骨头。创内撒布抗生素粉剂，深层筋膜做 2~3 针结节缝合。结节缝合法缝合皮肤。碘酊消毒。

[术后治疗及注意事项] 术后无须特别固定，全身给予抗生素治疗，以防感染。术后 1~2 个月可改善其步行。

第四节　针灸疗法

一、针刺疗法

包括白针疗法、血针疗法、水针疗法、埋线疗法和电针疗法等五种。

（一）白针疗法

即指使用圆利针和毫针，在穴位上（除血针穴位以外）施针，治疗各种疾病的方法。

1. 针具

1）圆利针

系用不锈钢制成，针尖较锋利，针体直径约 2cm，针体长 2~6cm。在宠物上施针，多用人用圆利针。

2）毫针

系采用不锈钢或合金制成，针体直径约 1mm，针体较长，达 10~15cm。它适用于深刺或透刺几个穴位。

2. 针刺方法及其步骤

将患病宠物妥善保定后，根据病情选好施针穴位，并剪毛、消毒。

术者以右手拇指、食指夹持针柄，以左手拇指尖切压穴位及近旁皮肤，使针尖靠近左手拇指边刺入穴位。进针时，先将针尖刺至皮下，然后根据所需的进针方向，调好针刺角度，捻转进针达所需深度，待至一定深度后，必须采用提插捻转等手法，使患病动物出现拱腰、摆尾、提肢、肌肉收缩和皮肤颤动等现象（即“得气”），才能产生疗效。进针后，一般需要留针 10~20 分钟，在留针过程中，每隔 3~5 分钟可用提、插、捣、捻等手法，加强刺激强度。

左手拇指、食指夹持针体，并按压穴位皮肤，右手拿住针柄，一边捻转一边退针，退针后，对针孔消毒。

（二）血针疗法

即指使用小宽针和三棱针等针具，在患病宠物血针穴位（即穴位在静脉血管处）上施针，使之出血，从而达到防治疾病的方法。

1. 针具

1）小宽针

小宽针系用优质钢制成，其针头呈矛尖状，针刃锋利，针头宽约 4mm。

2）三棱针

多用优质钢或合金制成。针身呈三棱状。

2. 针刺方法及其步骤

保定动物，穴位处剪毛、消毒。

术者以右手拇指、食指持针体，根据所需的进针深度，留出针头一定长度，针柄抵于掌心内，用针刃与血管平行方向刺破血管，针退出后，血即流出，待达到适当的出血量后，若血流不止，可用酒精棉球轻压穴位，即可止血。

（三）水针疗法

即指在穴位处注射某些中药或西药，通过药物和针刺的共同作用而治疗疾病的方法，本法也叫穴位注射疗法。

1. 药物及器材

1）药物及用量

用作穴位注射的药物有生理盐水、5%~10%葡萄糖液、0.25%~0.5%普鲁卡因、维生素 B_1 及其当归、黄连素等注射液。药物的用量，一般每一个穴位以 5~10ml 为宜。

2）注射器及针头

5ml 或 10ml 注射器，6 号半、7 号和 8 号针头。

2. 操作方法

保定动物，穴位注射处剪毛、消毒。

右手持吸有药液的注射器，接上针头，左手拇指按压穴位，针尖沿左手拇指旁刺入，到达一定深度后，即可注射，注射完毕，拔出针头，对针孔涂搽 5%碘酊。水针取穴，每次不宜过多，通常每次注射 1~3 穴点，一般 2~3 日 1 次，每 3~5 次为 1 个疗程。如不愈，可隔 1 周再进行第 2 个疗程。

（四）埋线疗法

即指将羊肠线埋植在穴位内，产生持久性刺激的一种治疗方法。其操作方法是：穴位剪毛、消毒，术者右手持穿好肠线的缝针，从穴位一侧（旁 1cm 处）进针，向穴位下穿透皮肤和肌肉，从穴位的另一侧穿出，剪断穴位两边露出来的线头，轻提皮肤，使肠线完全植入皮下即可。

（五）电针疗法

即指在针刺出现反应后，给予适当电流刺激的一种治疗方法。

1. 器材

圆利针或毫针、电疗机（电针仪）及其附属用具（导线、金属夹子等）。

2. 操作方法

保定宠物后，根据病情，选定 2～4 个穴位（一般成对），穴位处剪毛、消毒，先按白针针刺方法将圆利针或毫针刺入穴位，使动物出现针刺反应。

将电疗机的正负极导线分别夹在针柄上，当确认输出调节在刻度“0”时，再接通电源。

频率调节由低到高，输出挡由弱到强，逐渐调至所需的强度，以患病宠物能耐受为度。

通电时间一般 15~30 分钟，也可根据需要适当延长。

在治疗过程中，为避免患病宠物对电刺激的适应，可适当加大输出；也可适当调整电疗机使频率和电流不断变化。结束时，频率调节应该由高到低，输出由强到弱。

完成一次治疗时，应先将输出和频率旋钮调至刻度“0”后，再关闭电源，接着除去金属夹，退出针具，消毒针孔。

一般每日或隔日施针 1 次，5~7 日为 1 个疗程，每个疗程间隔 3~5 日。

（六）激光穴位照射疗法

20 世纪 60 年代初，在医学界，美国 Gavan 等人研制成功 He-Ne 激光器。现在低功率激光不仅已广泛应用到临床实践，同时还进行了广泛的生物研究。

在兽医领域，20 世纪七八十年代，对犬、兔、猪、山羊、大白鼠等试验动物做了激光穴位照射，产生镇痛效应影响以及镇痛机理的研究。试验证明，He-Ne 激光功率 2mW~20mW。对上述不同科动物的痛阈均有提高作用。同时证明了痛阈的提高与体内内啡肽，5-羟色胺以及乙酰胆碱等神经原释放神经介质有关。此外，还证明了 L-色氨酸、D-苯丙氨酸、D-亮氨酸、乙酰胆碱以及胰岛素分别对痛阈值的提高有加强作用。这为临床治疗疼痛性疾病提供了理论依据。临床观察激光不仅有镇痛作用，同时对机体的组织器官，尤其对肌张力的改善有双向协调作用，还有促进神经修复的功效。

散焦镜头照射，镜头与患部或穴位距离 20cm 左右，根据病情，每次照射约 20 分钟。

二、艾灸疗法

采用艾绒制作的艾炷或艾卷，经点燃后在患病动物体表的一定穴位上进行熏灼而达到治疗疾病的方法，叫做艾灸疗法。

（一）艾炷灸

把艾绒捏成圆锥状，应尽量捏紧，使其上面为尖形，下面为圆形。使用时，将艾炷直接置于穴位上，点燃艾炷，待烧到接近底部时，再换 1 个艾炷，一般需 3~5 个艾炷。

（二）艾卷灸

艾卷是用陈旧的艾绒摊在棉皮纸上卷成，直径 0.5~1cm，长 5~10cm。使用时，将艾卷的一端点燃后，距穴位 1cm 处持续熏灼，给穴位一种温和的刺激，每穴灸 5~10 分钟。也可以按照下述方法操作，将艾卷点燃后，接触一下穴位皮肤，马上拿开，再接触再拿开，如雀啄食，反复进行 2~5 分钟。

三、犬常用穴位

犬常用穴位位置、局部结构、针灸法和主治如下表，穴位图详见图 2-4-1 至图 2-4-4。

（一）头部穴位

编号	穴位	位置	局部解剖	针灸法	主治
1	人中（水沟）	在上唇唇沟正中的上 1/3 与中 1/3 交界处，一穴	有鼻唇提肌、口轮匝肌、上唇动、静脉和眶下神经上唇支及眼神经的筛神经支分布	直刺 0.5cm	脑充血、中暑、支气管炎、癫痫
2	山根	鼻背正中，有毛与无毛交界处，一穴	有鼻唇提肌、眶下神经鼻外支、鼻背侧动、静脉分布	点刺 0.2~0.5cm，出血	脑充血、中暑、鼻窦炎、感冒、犬瘟热初期
3	三江	在内眼角下的眼角静脉处，左右侧各一穴	位于内眼角下方，鼻唇提肌、颧骨肌上的眼角静脉上，有眼角动脉并行	点刺 0.2~0.5cm，出血	便秘、腹痛、结膜炎
4	承泣	眶下缘中部上方，左右侧各一穴	位于眼结膜与球结膜间的结膜穹隆处，深层为眼球下直肌、眼球缩肌，有动眼神经和外展神经分布	将眼球上压，沿眼眶直刺约 2~4cm	急慢性结膜炎、视神经萎缩、视网膜炎、白内障
5	睛明（睛灵）	内眼角上下眼睑交界处，左右眼各一穴	在内眼角，有眼角动静脉、滑车下神经分布	把眼球向外推，直刺入 0.2~0.5cm	结膜炎、角膜炎、瞬膜肿胀
6	翳风	耳基部，下颌关节后下方的凹陷中，左右侧各一穴	有腮耳肌、腮腺、颞浅动静脉，深部为面神经干穿出处	直刺 1~3cm	面神经麻痹、耳聋
7	上关	咬肌后上方与颧弓背侧间的凹陷中，左右侧各一穴	皮下为颧肌，前缘为咬肌，后缘为腮腺，深层为颧肌，有耳睑神经颧肌支、颞浅动静脉分布	直刺 3cm；或艾灸	面神经麻痹、耳聋
8	下关	咬肌后缘中部，下颌关节下方与下颌骨角间的凹陷中（与上关相对），左右侧各一穴	同上关穴，有颊背神经及颊腹神经分布	直刺 3cm；或艾灸	面神经麻痹、耳聋、惊厥
9	耳尖	耳廓尖端外面脉管上，左右耳各一穴	耳廓背侧耳静脉上，与耳动脉平行，有耳后神经分布	点刺，出血	中暑、感冒、腹痛、痉挛
10	天门（风府）	头顶部，枕骨后缘正中，一穴	位于枕环关节的凹陷处，刺入颈耳浅肌、颈耳深肌，有枕神经分布	直刺 1~3cm；或艾灸	发热、脑炎、四肢搐搦、惊厥

（二）躯干及尾部穴位

编　号	穴　位	位　置	局部解剖	针灸法	主　治
11	颈　脉	喉下约 6cm 的颈外静脉上，左右侧各一穴	位于颈部颈静脉沟中，颈外静脉上 1/3 与中 1/3 交界处，背侧为臂头肌，腹侧为胸头肌	刺 0.5~1cm，出血	肺炎、中毒、中暑
12	大　椎	第 7 颈椎与第 1 胸椎棘突间，一穴	刺入棘间肌，有第 8 颈神经背支分布	直刺 2~4cm；或艾灸	发热、神经痛、风湿病、支气管炎、癫痫
13	陶　道	第 1、2 胸椎棘突间，一穴	刺入棘间肌，有第 1 胸神经背支分布	斜向后下方，刺入 2~4cm；或艾灸	神经痛、肩扭伤、前肢扭伤、癫痫、发热
14	身　柱	第 3、4 胸椎棘突间，一穴	刺入棘间肌，有第 3 胸神经背支分布	斜向后下方，刺入 2~4cm；或艾灸	肺炎、支气管炎、肩部扭伤、神经痛
15	灵　台	第 6、7 胸椎棘突间，一穴	刺入棘间肌，有第 6 胸神经背支分布	斜向后下方，刺入 1~3cm；或艾灸	胃炎、肝炎、肺炎、支气管炎
16	中　枢	第 10、11 胸椎棘突间，一穴	刺入棘间肌，有第 10 胸神经背支分布	直刺 1~2cm；或艾灸	食欲不振、胃炎
17	脊　中	第 11、12 胸椎棘突间，一穴	刺入棘间肌，有第 11 胸神经背支分布	稍斜向后下方，刺入 0.5~1cm；或艾灸	食欲不振、消化不良、腹泻、肝炎
18	悬　枢	第 13 胸椎与第 1 腰椎棘突间，一穴	刺入棘间肌，有第 13 胸神经背支分布	斜向后下方，刺入 1~2cm；或艾灸	风湿病、腰部扭伤、消化不良、腹泻
19	命　门（肾门）	第 2、3 腰椎棘突间，一穴	刺入棘间肌，有第 2 腰神经背支分布	斜向后下方，刺入 1~2cm；或艾灸	风湿病，腰部扭伤、慢性肠炎、阳痿、肾炎
20	阳　关	第 4、5 腰椎棘突间，一穴	刺入棘间肌，有第 4 腰神经背支分布	斜向后下方，刺入 1~2cm；或艾灸	性功能减退、子宫内膜炎、风湿病、腰部扭伤
21	关　后	第 5、6 腰椎棘突间，一穴	刺入棘间肌，有第 5 腰神经背支分布	直刺 1~2cm；或艾灸	子宫内膜炎、卵巢囊肿、膀胱炎、大肠麻痹、便秘
22	百　会	第 7 腰椎棘突与荐骨之间，即腰荐十字部凹陷中，一穴	刺入棘间肌，有第 7 腰神经背支分布	直刺 1~2cm；或艾灸	腰风湿、后躯瘫痪、直肠脱
23	尾　根	最后荐椎与第 1 尾椎棘突间，即荐尾结合部凹陷中，一穴	刺入棘间肌，有最后荐神经分布	直刺 0.5~1cm；或艾灸	后躯瘫痪、尾麻痹、脱肛、便秘、腹泻
24	尾　节	第 1、2 尾椎棘突间，一穴	刺入棘间肌，有第 1 尾神经分布	直刺 0.5~0.8cm；或艾灸	后躯瘫痪、尾麻痹、脱肛、便秘、腹泻
25	尾　干	第 2、3 尾椎棘突间，一穴	刺入棘间肌，有第 2 尾神经分布	直刺 0.5~0.8cm；或艾灸	后躯瘫痪、尾麻痹、脱肛、便秘、腹泻

续表

编 号	穴 位	位 置	局部解剖	针灸法	主 治
27	二 眼	第1、2背荐孔处，即在百会穴后第1、2个凹陷部旁开一指处，每侧各2穴	位于臀荐部，刺入股阔筋膜张肌和臀中肌，有臀前动、静脉和臀后神经分布	直刺1~1.5cm；或艾灸	后躯瘫痪、神经痛、子宫疾病
28	尾 本	尾根部腹侧正中尾静脉血管上，一穴	有尾动脉和尾神经腹支分布	直刺0.5~1cm，出血	腹痛、尾麻痹、腰部风湿
29	后 海	尾根部与肛门间的凹陷中，一穴	刺入肛门括约肌、尾肌，有会阴动、静脉、直肠神经分布	直刺1~3cm	腹泻、直肠麻痹、肛门括约肌麻痹、阳痿
30	肺 俞	倒数第10肋间，距背中线6cm处凹陷中，左右侧各一穴	位于第3肋间，背最长肌与肋间肌之间，有肋间动、静脉和肋间神经分布	沿肋间向下斜刺1~2cm；或艾灸	肺炎、支气管炎
31	厥阴俞	倒数第9肋间，距背中线6cm，左右侧各一穴	位于第4肋间，皮下有胸肌、背最长肌、肋间肌，并有肋间动、静脉和肋间神经分布	沿肋间向下斜刺1~2cm；或艾灸	心脏病、呕吐、咳嗽
32	心 俞	倒数第8肋间，距背中线6cm，左右侧各一穴	位于第5肋间，皮下有胸肌、背最长肌、肋间肌，并有肋间动、静脉和肋间神经分布	沿肋间向下斜刺1~2cm；或艾灸	心脏病、癫痫
33	督 俞	倒数第7肋间，距背中线6cm，左右侧各一穴	位于第6肋间，皮下有胸肌、背最长肌、肋间肌，并有肋间动、静脉和肋间神经分布	沿肋间向下斜刺1~2cm；或艾灸	心脏病、腹痛、膈肌痉挛
34	膈 俞	倒数第6肋间，距背中线6cm，左右侧各一穴	位于第7肋间，皮下有胸肌、背最长肌、肋间肌，并有肋间动、静脉和肋间神经分布	沿肋间向下斜刺1~2cm；或艾灸	慢性出血性疾患、膈肌痉挛
35	肝 俞	倒数第4肋间，距背中线6cm，左右侧各一穴	位于第9肋间，背最长肌与肋间肌之间，有肋间动、静脉和肋间神经分布	沿肋间向下斜刺1~2cm；或艾灸	肝炎、黄疸、眼病
36	胆 俞	倒数第3肋间，距背中线6cm，左右侧各一穴	位于第10肋间，背最长肌与肋间肌之间，有肋间动、静脉和肋间神经分布	沿肋间向下斜刺1~2cm；或艾灸	肝炎、黄疸、眼病
37	脾 俞	倒数第2肋间，距背中线6cm，左右侧各一穴	位于第11肋间，背最长肌与肋间肌之间，有肋间动、静脉和肋间神经分布	沿肋间向下斜刺1~2cm；或艾灸	食欲不振、消化不良、呕吐、贫血
38	胃 俞	倒数第1肋间，距背中线6cm，左右侧各一穴	位于第11肋间，背最长肌与肋间肌之间，有肋间动、静脉和肋间神经分布	沿肋间向下斜刺1~2cm；或艾灸	食欲不振、消化不良、呕吐、贫血
39	三焦俞	第1腰椎横突末端与髂肋肌相对的肌沟中，左右侧各一穴	内侧为背最长肌，外侧为髂肋肌，有第1腰神经及腰椎动、静脉分布	刺入1~3cm；或艾灸	食欲不振、消化不良、呕吐、贫血
40	肾 俞	第2腰椎横突末端与髂肋肌相对的肌沟中，左右侧各一穴	内侧为背最长肌，外侧为髂肋肌，有第2腰神经及腰椎动、静脉分布	直刺1~3cm；或艾灸	肾炎、多尿症、不孕症、阳痿、腰部风湿、腰部扭伤
41	气海俞	第3腰椎横突末端与髂肋肌相对的肌沟中，左右侧各一穴	内侧为背最长肌，外侧为髂肋肌，有第3腰神经及腰椎动、静脉分布	直刺1~3cm；或艾灸	便秘、气胀
42	大肠俞	第4腰椎横突末端与髂肋肌相对的肌沟中，左右侧各一穴	内侧为背最长肌，外侧为髂肋肌，有第4腰神经及腰椎动、静脉分布	直刺1~3cm；或艾灸	消化不良、肠炎、便秘

续表

编　号	穴　位	位　置	局部解剖	针灸法	主　治
43	关元俞	第5腰椎横突末端与髂肋肌相对的肌沟中，左右侧各一穴	内侧为背最长肌，外侧为髂肋肌，有第5腰神经及腰椎动、静脉分布	直刺1~3cm；或艾灸	消化不良、便秘、腹泻
44	小肠俞	第6腰椎横突末端与髂肋肌相对的肌沟中，左右侧各一穴	内侧为背最长肌，外侧为髂肋肌，有第6腰神经及腰椎动、静脉分布	直刺1~3cm；艾灸	肠炎、肠痉挛、腰痛
45	膀胱俞	第7腰椎横突末端与髂肋肌相对的肌沟中，左右侧各一穴	内侧为背最长肌，外侧为髂肋肌，有第7腰神经及腰椎动、静脉分布	直刺1~2cm	膀胱炎、血尿、膀胱痉挛、尿液潴留、腰痛
46	胰　俞	肾俞穴腹侧约3cm处，左右侧各一穴	刺入腹外斜肌、腹内斜肌、腹横肌中，有腰椎动、静脉和腰神经分布	直刺1~2cm	胰腺炎、消化不良、慢性腹泻、多尿症
47	卵巢俞	在第4腰椎横突末端下3cm处	刺入腹外斜肌、腹内斜肌、腹横肌中，有腰椎动、静脉和腰神经分布	直刺1~3cm	卵巢功能减退、卵巢炎、卵巢囊肿
48	子宫俞	在第5腰椎横突末端下3cm处	刺入腹外斜肌、腹内斜肌、腹横肌中，有腰椎动、静脉和腰神经分布	直刺1~3cm	卵巢囊肿、子宫内膜炎、腰部风湿
49	天　枢	脐眼旁开3cm，左右侧各一穴	刺入腹直肌，有腹壁后动、静脉和腰神经分布	直刺0.5cm	肠痉挛、肠炎、便秘、子宫内膜炎
50	中　脘	剑状软骨与脐眼之间正中处，一穴	位于腹中线正中处，有腹壁后动、静脉和胸段腹侧神经分布	斜刺0.5~1cm；或艾灸	食欲不振、消化不良、呕吐、急性胃炎、胃痉挛
51	膏盲俞	肩胛骨后角内侧，左右侧各一穴	刺入背阔肌、下锯肌、肩胛下肌，有肩胛下动、静脉和肩胛下神经、胸背神经分布	斜刺2~4cm；或艾灸	肩风湿、肩扭伤、肩部神经麻痹、肺炎、支气管炎

（三）前肢穴位

编　号	穴　位	位　置	局部解剖	针灸法	主　治
52	胸　堂	胸前外侧臂三头肌与臂头肌间的臂头静脉上（即胸前两侧血管上），左右各一穴	有臂头肌、胸深肌、胸浅肌以及臂神经分布	顺血管急刺1cm，出血	中暑、肩肘扭伤、风湿病
53	肩　井	扁峰前下方的凹陷中，左右肢各一穴	位于臂头肌、冈上肌、三角肌上，有臂动、静脉和肌皮神经分布	直刺1~3cm	前肢神经麻痹、肩部扭伤、冈上肌萎缩
54	肩外颙	肩峰后下方的凹陷中，左右肢各一穴	位于三角肌、冈下肌、臂三头肌上，有后旋臂深动、静脉和肩胛上神经、桡神经分布	直刺2~4cm；或艾灸	前肢神经痛或神经麻痹、前肢扭伤
55	抢　风	肩外颙与肘俞穴连线的上1/3与中1/3交界处，左右肢各一穴	位于三角肌后缘、臂三头肌长头和外头之间的方形孔窝中，有臂动、静脉和臂神经分布	直刺2~4cm	前肢神经麻痹、前肢扭伤、前肢风湿病

续表

编号	穴位	位置	局部解剖	针灸法	主治
56	郄上	肩外颙与肘俞穴连线的下1/4处，肘俞穴前上方，左右肢各一穴	刺入臂三头肌，有桡神经分布	直刺2~4cm	前肢扭伤、前肢神经痛、臂神经和桡神经麻痹
57	肘俞	肘端前方、臂骨外上髁与肘突间的凹陷中，左右肢各一穴	刺入臂三头肌、肘肌，有桡神经分布	直刺2~4cm	肘关节炎、前肢及肘部神经痛或神经麻痹
58	四渎	肘俞穴斜前下方，臂骨外上髁与桡骨外髁间前方的凹陷中，左右肢各一穴	有腕桡侧伸肌、指外侧伸肌、桡神经分布	直刺2~4cm；或艾灸	前肢扭伤、神经痛、臂神经和桡神经麻痹
59	前三里	前臂外侧上1/4处，腕外侧屈肌与第5指伸肌间，左右肢各一穴	前为第5指伸肌，后为腕外侧屈肌，有桡神经分布	直刺2~4cm；或艾灸	前肢神经痛或风湿病、桡神经麻痹
60	外关	前臂外侧下1/4处，桡骨与尺骨的间隙中，左右肢各一穴	前为第5指伸肌，后为腕外侧屈肌，有桡神经分布	直刺1~3cm；或艾灸	桡、尺神经麻痹、前肢神经痛或风湿病、便秘、乳汁分泌不足
61	内关	前臂内侧下1/4处，与外关穴相对的桡、尺骨间隙中，左右肢各一穴	前为桡骨，后为腕桡侧屈肌与指深屈肌，有正中神经分布	直刺1~2cm；或艾灸	前肢神经麻痹、胃肠痉挛、腹痛、心脏疾患
62	阳辅	前臂远端正中，阳池穴上方2cm处，左右肢各一穴	有前臂头动、静脉和桡神经分布	直刺0.5~1cm；或艾灸	前肢神经麻痹、腕腱扭伤
63	阳池	腕关节背侧，腕骨与尺骨远端连接处的凹陷中，左右肢各一穴	有前臂头动、静脉和桡神经分布	直刺0.5~1cm；或艾灸	指扭伤、前肢神经痛或神经麻痹；感冒、腕关节炎
64	腕骨	尺骨远端和副腕骨间的凹陷中，左右肢各一穴	有尺神经分布	从前臂内侧直刺0.5~1cm；或艾灸	胃炎、腕、肘及指关节炎
65	膝脉	第1腕掌关节内侧下方，第1、2掌骨间的掌心浅静脉上，左右肢各一穴	掌心浅静脉上	顺血管刺入0.5~1cm，出血	球、腕关节肿痛、屈腱炎
66	涌滴（前涌泉、后滴水）	第3、4掌（跖）骨间掌（跖）背侧静脉上，前后肢每肢一穴	掌（跖）背侧静脉上，有第3指（趾）背侧总神经分布	直刺1cm，出血	指（趾）扭伤、中暑、腹痛、风湿病、感冒
67	六缝（指、趾间）	掌（跖）、指（趾）关节缝中皮肤皱褶处，每肢三穴	有掌（跖）背侧动、静脉、指（趾）背侧固有神经分布	斜刺1~2cm；或点刺	指（趾）关节扭伤、神经麻痹

（四）后肢穴位

编　号	穴　位	位　置	局部解剖	针灸法	主　治
68	环　跳	股骨大转子最高点的前缘凹陷中，左右肢各一穴	位于臀浅肌、臀中肌、股二头肌，有臀后动、静脉和坐骨神经分布	直刺 2~4cm；或艾灸	坐骨神经炎、股神经麻痹
69	膝上（鹤顶）	膝盖骨上缘外侧约 0.5cm 处，左右肢各一穴	位于股四头肌，有股神经分布	直刺 0.5~1cm	膝关节炎
70	膝　凹	大腿内侧，股骨与胫骨外髁的凹陷中，左右肢各一穴	位于股二头肌、腓肠肌，有腓神经分布	直刺 0.5~1cm	膝关节炎
71	膝下（掠草、膝眼）	膝盖骨与胫骨隆起之间，膝外与膝中直韧带间，左右肢各一穴	位于膝外、膝中直韧带间，深部有膝关节囊	直刺 1~2cm；或艾灸	膝关节扭伤、膝关节炎、神经痛
72	后三里	小腿外侧上 1/4 处，在胫骨嵴与腓骨小头之下方间隙中，左右肢各一穴	位于胫前肌、趾长伸肌与趾深屈肌之间，有腓神经分布	直刺 1~2cm；或艾灸	后躯麻痹、骨盆支神经炎或麻痹、胃肠炎、肠痉挛、腹痛、发热、消化不良
73	解　溪	胫骨内侧与胫、跗骨间的凹陷中，左右肢各一穴	有腓神经分布，深部为关节囊	直刺 0.5cm；或艾灸	跗关节扭伤、后肢神经麻痹
74	中　付	跟骨内侧凹陷中，距解溪穴约 0.5cm，左右肢各一穴	有跖神经分布	直刺0.5cm；或艾灸	跗关节扭伤、后肢神经麻痹
75	后　跟	跟骨与腓骨远端的凹陷中，左右肢各一穴	有跖神经分布	直刺 0.5cm；或艾灸	跗关节扭伤、后肢神经麻痹
76	肾　堂	股内侧隐静脉上，左右肢各一穴	位于腓肠肌、股薄肌处的隐静脉上，有腓浅神经、隐神经分布	顺血管刺入 0.5~1cm，出血	髋关节扭伤、髋关节炎、神经痛

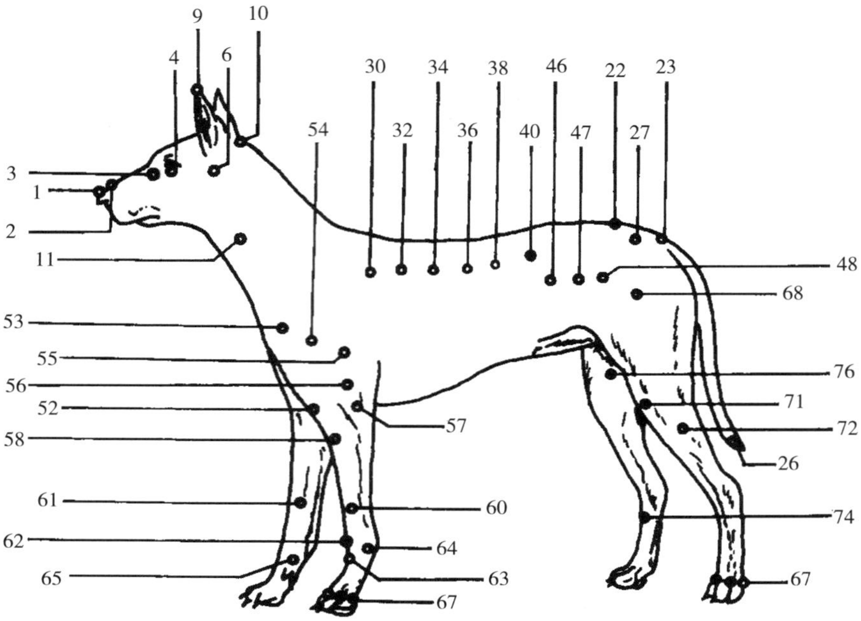

图 2-4-1 犬体表穴位

1.人中
2.山根
3.三江
4.承泣
6.翳风
9.耳尖
10.天门
11.颈脉
22.百会
23.尾根
26.尾尖
27.二眼
30.肺俞
32.心俞
34.膈俞
36.胆俞
38.胃俞
40.肾俞
46.胰俞
47.卵巢俞
48.子宫俞
52.胸堂
53.肩井
54.肩外颙
55.抢风
56.郗上
57.肘俞
58.四渎
60.外关
61.内关
62.阳辅
63.阳池
64.腕骨
65.膝脉
67.六缝
68.环跳
71.膝下
72.后三里
74.中付
76.肾堂

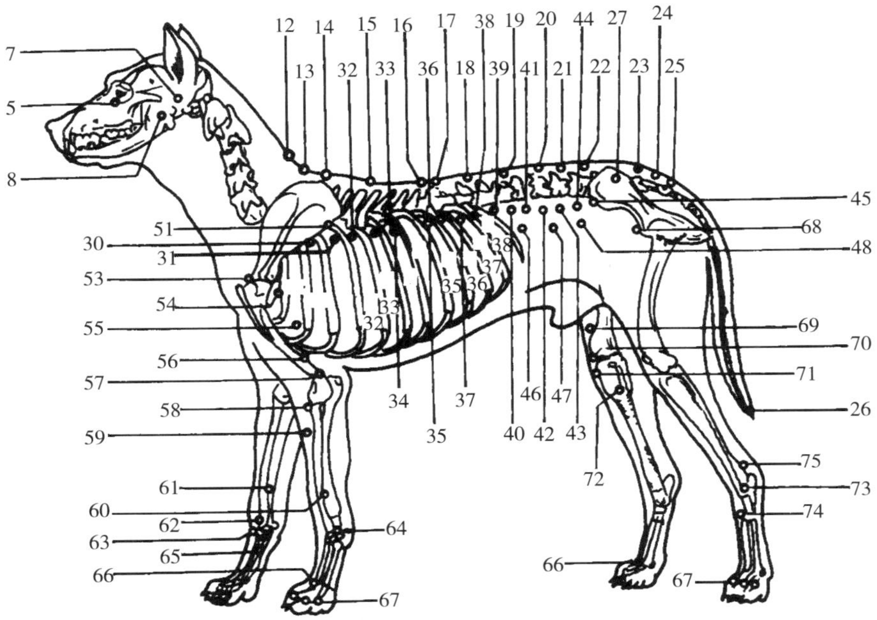

图 2-4-2　犬的骨骼及穴位

5.睛明
7.上关
8.下关
12.大椎
13.陶道
14.身柱
15.灵台
16.中枢
17.脊中
18.悬枢
19.命门
20.阳关
21.关后
22.百会
23.尾根
24.尾节
25.尾干
26.尾尖
27.二眼
30.肺俞
31.厥阴俞
32.心俞
33.督俞
34.膈俞
35.肝俞
36.胆俞
37.脾俞
38.胃俞
39.三焦俞
40.肾俞
41.气海俞
42.大肠俞
43.关元俞
44.小肠俞
45.膀胱俞
46.胰俞
47.卵巢俞
48.子宫俞
51.膏肓俞
53.肩井
54.肩外颙
55.抢风
56.郗上
57.肘俞
58.四渎
59.前三里
60.外关
61.内关
62.阳辅
63.阳池
64.腕骨
65.膝脉
66.涌滴
67.六缝
68.环跳
69.膝上
70.膝凹
71.膝下
72.后三里
73.解溪
74.中付
75.后跟

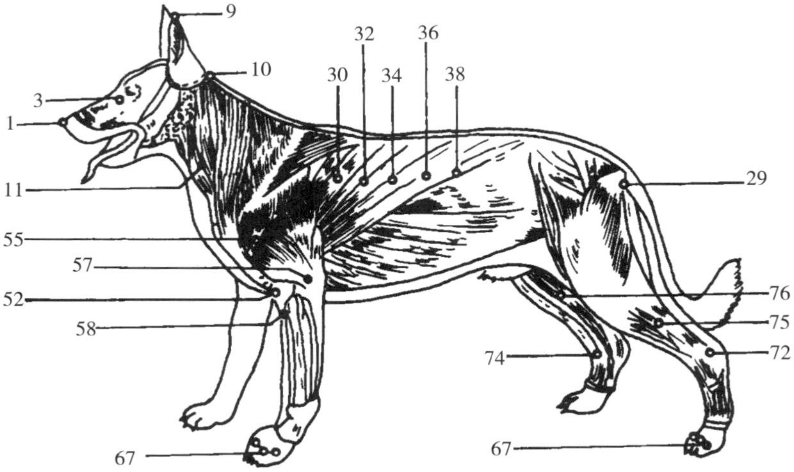

图 2-4-3 犬的肌肉及穴位

1.人中	11.颈脉	34.膈俞	55.抢风	72.后三里
3.三江	29.后海	36.胆俞	57.肘俞	74.中付
9.耳尖	30.肺俞	38.胃俞	58.四渎	75.后跟
10.天门	32.心俞	52.胸堂	67.六缝	76.肾堂

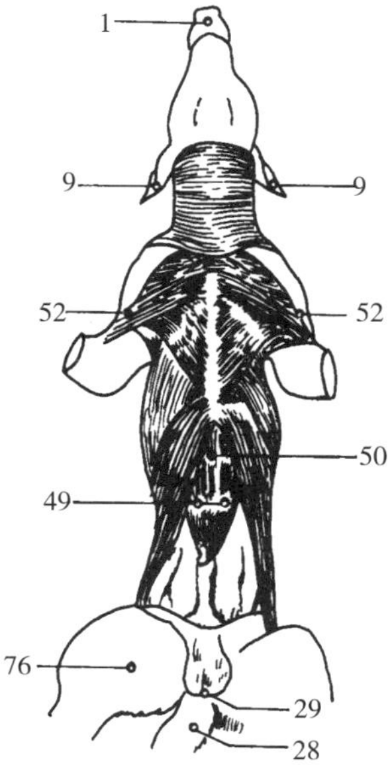

1.人中
9.耳尖
28.尾本
29.后海
49.天枢
50.中脘
52.胸堂
76.肾堂

图 2-4-4 犬腹侧穴位

第三章 犬、猫的传染病

第一节 犬的病毒性传染病

一、犬瘟热（Canine distemper）

犬瘟热（CD）是由犬瘟热病毒（Canine Distemper Virus，CDV）引起的，感染肉食兽中的犬科（尤其是幼犬）、鼬科及一部分浣熊科动物的高度接触传染性、致死性传染病。病犬早期表现双相热型、急性鼻卡他，随后以支气管炎、卡他性肺炎、严重的胃肠炎和神经症状为特征。少数病例出现鼻部和脚垫的高度角化。

［病原］CDV 在分类上属副粘病毒科，麻疹病毒属。核酸型为单股 RNA，病毒粒子呈圆形或不整形，有时呈长丝状。研究证实，来源于不同地区、不同动物和不同临床病型的 CDV 毒株属同一个血清型。

CDV 对热和干燥敏感，50~60℃ 30 分钟即可灭活，在炎热季节 CDV 在犬群中不能长期存活，这可能是犬瘟热多流行于冬春寒冷季节的原因。在较冷的温度下，CDV 可存活较长时间，在 2~4℃可存活数周，在-60℃可存活 7 年以上，冻干是保存 CDV 的最好方法。

CDV 对紫外线和有机溶剂敏感，最适 pH7.0，pH4.5~9.0 条件下均可存活。0.75%石炭酸和 0.3%季胺类消毒剂 4℃ 10 分钟不能灭活病毒，临床上常用 3%的氢氧化钠作为消毒剂，效果很好。

［流行病学］CDV 的自然宿主为犬科动物（犬、狼、丛林狼、豺、狐等）和鼬科动物（貂、雪貂、白鼬、臭鼬、伶鼬、南美鼬鼠、黄鼠狼、獾、水獭等）。在浣熊科动物中，曾在浣熊、蜜熊、白鼻熊和小熊猫中发现。近年来，发现海豹、海狮等可感染 CDV。

本病一年四季均可发生，以冬春季多发，有一定的周期性。据报道，每隔 3 年有一次大的流行。不同年龄、性别和品种的犬均可感染，以不满 1 岁的幼犬最为易感，犬群中自发性犬瘟热发生的年龄与幼犬断乳后母源抗体的消失有关。

病犬是本病最重要的传染源，病毒大量存在于鼻汁、唾液中，也见于粪便、泪液、血液、脑脊髓液、淋巴结、肝、脾、心包液中。主要传播途径是病犬与健康犬直接接触，通过空气飞沫经呼吸道感染。曾有报道 CDV 可通过胎盘垂直传播，造成流产和死胎。尚未发现有节肢动物传播 CDV 的报道。

［症状］犬瘟热的潜伏期随传染来源的不同，长短差异较大。来源于同种动物的潜伏期 3~6 日，来源于异种动物的潜伏期有时可长达 30~90 日。

犬瘟热的临床表现多种多样，与病毒的毒力、环境条件、宿主的年龄和品种及免疫状态有关。50%~70%的 CDV 感染呈现亚临床症状，表现倦怠、厌食、发热和上呼吸道感染。重症犬瘟热感染多见于未接种疫苗的幼犬。自然感染早期发热常不被注意，表现为结膜炎、干咳，继而转为湿咳、呼吸困难、呕吐、腹泻、里急后重、肠套叠，最终因严重脱水和衰弱而导致死亡。

犬瘟热的神经症状通常在 7~21 日出现，也有一开始发热时就表现出神经症状者。通常依据全身症状的某些特征表现预测出现神经症状的可能性，幼犬的化脓性皮炎通常不会发展为神经症状，但鼻部和脚垫的表皮角化可引起不同类型的神经症状。犬瘟热的神经症状是影响预后和感染恢复的最重要因素。由于 CDV 侵害中枢神经系统的部位不同，临床症状有所差异。大脑受损表现癫痫、好动、转圈和精神异常；中脑、小脑、前庭和延髓受损表现为步态及站立姿势异常；脊髓受损表现为共济失调和反射异常；脑膜受损表现为感觉过敏和颈部强直。咀嚼肌群反复出现阵发性颤搐是犬瘟热的常见症状。

幼犬经胎盘感染可在 28~42 日时产生神经症状。母犬表现为轻微或不显症状的感染。妊娠期间感染 CDV 可出现流产、死胎和仔犬成活率下降等症状。

新生幼犬在永久齿长出之前感染 CDV 可造成牙釉质的严重损伤，牙齿生长不规则，此乃病毒直接损伤了处于生长期的牙齿釉质层所致。小于 7 日龄的幼犬实验感染 CDV 还可表现为心肌病。临床症状包括呼吸困难、抑郁、厌食、虚脱和衰竭。病理变化以心肌变性、坏死和机化作用为特征，并伴有炎性细胞浸润。

犬瘟热的眼睛损伤是由于 CDV 侵害眼神经和视网膜所致。眼神经炎以眼睛突然失明、胀大、瞳孔反射消失为特征。炎性渗出可导致视网膜分离。慢性非活动性基底损伤与视网膜萎缩和瘢痕形成有关。

[实验室检验] 血液学和血清生化检验在犬瘟热的诊断中无太大意义。在表现严重全身性症状和神经症状的幼犬，血液学变化主要表现为淋巴细胞减少。实验感染新生幼犬可见血小板减少和再生性贫血。通过血常规检查，有时可在外周血循环中，尤其是淋巴细胞中见到包涵体。血沉棕黄层抹片检查则较常发现白细胞中的包涵体，尤其在发病早期更易见到。

[病理变化] CDV 为泛嗜性病毒，对上皮细胞有特殊的亲和力，因此病变分布非常广泛。新生幼犬感染 CDV 通常表现胸腺萎缩。成年犬多表现结膜炎、鼻炎、气管支气管炎和卡他性肠炎。表现神经症状的犬通常可见鼻和脚垫的皮肤角化。中枢神经系统的大体病变包括脑膜充血，脑室扩张和因脑水肿所致的脑脊液增加。

CDV 的包涵体通常呈嗜酸性，位于胞浆内，直径 1~5μm，可在黏膜上皮细胞、网状细胞、白细胞、神经胶质细胞和神经元中发现。人工感染后 35 日包涵体仍可在淋巴系统和泌尿道中发现。核内包涵体多位于被覆上皮细胞、腺上皮细胞和神经节细胞。

[诊断] 该病病型复杂多样，又常易与多杀性巴氏杆菌、支气管败血波特氏杆菌、沙门氏菌以及传染性犬肝炎病毒、犬细小病毒等病原混合感染或继发感染，所以诊断较为困难。根据临床症状、病理剖检和流行病学资料仅可做出初步诊断，确诊需通过下述方法进行。

(1) 病毒分离与鉴定。从自然感染病例分离病毒较为困难。组织培养分离 CDV 可用犬肾细胞、犬肺巨噬细胞和鸡胚成纤维细胞等。据报道，剖检时直接培养病犬肺巨噬细胞，容易分离到病毒。另外，取肝、脾、粪便等病料，用电子显微镜可直接观察到病毒粒子，或采用免疫荧光试验从血液白细胞、结膜、瞬膜以及肝、脾涂片中检查出 CDV 抗原，也可在肺和膀胱黏膜切片或印片中检出包涵体。

（2）血清学诊断。包括中和试验、补体结合试验、酶联免疫吸附试验等方法。

（3）犬瘟热 ELISA 试剂盒是检测 CDV 最为简便、快速的方法，目前广泛应用于犬场及宠物门诊。犬瘟热病毒和犬腺病毒抗原快速检测试纸（韩国安捷公司生产）检测方法见说明书。

[治疗] 感染 CDV 早期应用特异性犬瘟热病毒单克隆抗体或大剂量高免血清，配合犬用干扰素，具有较好的治疗作用。当出现神经症状时，应用特异性犬瘟热病毒单克隆抗体仍有一定的治疗作用。也可使用病毒唑（利巴韦林）、双黄连等抗病毒药物进行治疗。犬感染 CDV 后常继发细菌感染，可根据病情应用抗生素，如青霉素、头孢菌素、氟喹诺酮类、普康素等进行治疗，以减少死亡，缓解病情。

根据病犬的病型和病征表现采取支持和对症治疗措施，是增强机体抗病力的关键。对较早出现消化道症状，如呕吐、腹泻、脱水的病犬，要注意补液，同时补充三磷酸腺苷（ATP）、辅酶 A、细胞色素 C 等。对发热的病犬，可给予双黄连、清开灵、柴胡等。对肺功能差和呼吸困难的病犬，要减少输液量以防止医源性肺水肿，应给予平喘、镇静的药物，如氨茶碱、氯丙嗪、地西泮（安定）等。对出现神经症状的病犬，可口服扑癫酮或苯妥英钠。增加营养，如静脉输注犬血白蛋白，饲喂动物营养膏等可帮助病犬早日康复。

[预防] 一旦发生犬瘟热，为防止疫情蔓延，必须迅速将病犬严格隔离，用火碱、漂白粉或来苏儿彻底消毒，停止动物调动和无关人员来往，对尚未发病的假定健康动物和受疫情威胁的其他动物，可考虑用犬瘟热病毒单克隆抗体或高免血清做紧急预防注射，待疫情稳定后，再注射犬瘟热疫苗。

患犬瘟热的康复犬能产生坚强持久的免疫力，因此，防治本病的合理措施是免疫接种。在犬 4~6 周龄时，可接种进口的二联苗，预防犬瘟热和犬细小病毒感染；8~9 周龄时再接种进口的六联苗，预防犬瘟热、犬细小病毒感染、犬传染性肝炎、犬腺病毒Ⅱ型感染、犬副流感和犬钩端螺旋体病。也可用国产六联弱毒疫苗和五联弱毒疫苗进行预防接种。国产六联弱毒疫苗可预防犬瘟热、犬细小病毒感染、犬传染性肝炎、犬腺病毒Ⅱ型感染、犬副流感和犬狂犬病。这些疫苗对我国警犬、军犬、实验用犬、宠物犬等病毒性疾病的预防起到了积极的作用。

二、犬细小病毒感染（Canine parvovirus infection）

犬细小病毒（Canine Parvovirus，CPV）感染是近年来发现犬的一种烈性传染病。临床表现以急性出血性肠炎和非化脓性心肌炎为特征。

[病原] CPV 在分类上属细小病毒科，细小病毒属。其抗原性与猫泛白细胞减少症病毒（FPV）和水貂肠炎病毒（MEV）密切相关。CPV 对多种理化因素和常用消毒剂具有较强的抵抗力。在 4~10℃存活 180 日，37℃存活 14 日，56℃存活 24 小时，80℃存活 15 分钟。在室温下保存 90 日感染性仅轻度下降，在粪便中可存活数月至数年。甲醛、次氯酸钠、β-丙内酯、羟胺、氧化剂和紫外线均可将其灭活。

CPV 在 4℃条件下可凝集猪和恒河猴的红细胞，对其他动物，如犬、猫、羊等的红细胞不发生凝集作用。CPV 对猴和猫红细胞，无论是凝集特性还是凝集条件均与 FPV 不同，由此可区别 CPV 与 FPV。

[流行病学] 犬是主要的自然宿主，其他犬科动物，如郊狼、丛林狼、食蟹狐和鬣狗等也可感染。豚鼠、仓鼠、小鼠等实验动物不感染。

犬感染 CPV 发病急，死亡率高，常呈爆发性流行。不同年龄、性别、品种的犬均可感染，但以刚断乳至 90 日龄的犬较多发，病情也较严重，尤其是新生幼犬，有时呈现非化脓性心肌炎而突然死亡。纯种犬比杂种犬和土种犬易感性高。

病犬是主要的传染来源。感染后 7~14 日粪便可向外排毒。发病急性期，呕吐物和唾液中也含有病毒。

感染途径主要是由于病犬和健康犬直接接触或经污染的饲料和饮水通过消化道感染。无症状的带毒犬也是重要的传染源。有证据表明，人、苍蝇和蟑螂等可成为 CPV 的机械携带者。

本病一年四季均可发生，但以冬春季多发。天气寒冷，气温骤变，饲养密度过高，拥挤，有并发感染等均可加重病情和提高死亡率。

[症状] CPV 感染在临床上表现各异，但主要可见肠炎和心肌炎两种病型。有时某些肠炎型病例也伴有心肌炎变化。

肠炎型：自然感染潜伏期 7~14 日，人工感染 3~4 日。病初 48 小时，病犬抑郁、厌食、发热（40~41℃）和呕吐，呕吐物清亮、胆汁样或带血。随后 6~12 小时开始腹泻。起初粪便呈灰色或黄色，随后呈血色或含有血块。胃肠道症状出现后 24~48 小时表现脱水和体重减轻等症状。粪便中含血量较少则表明病情较轻，恢复的可能性较大。在呕吐和腹泻后数日，由于胃酸倒流入鼻腔，导致黏液性鼻漏。

心肌炎型：多见于 28~42 日龄幼犬，常无先兆性证候，或仅表现轻度腹泻，继而突然衰弱，呼吸困难，脉搏快而弱，心脏听诊出现杂音，心电图发生病理性改变，短时间内死亡。

[实验室检验] 肠炎型主要表现为白细胞减少，小犬可低到 $0.1\sim0.2\times10^9/L$，多数是 $0.5\sim2\times10^9/L$；较老的犬只有轻微的降低。因胃肠道黏膜受损，蛋白质缺失，造成低蛋白症，尤其是低白蛋白症。心肌炎型病犬表现为天冬氨酸激酶（AST）、乳酸脱氢酶（LDH）和肌酸激酶（CK）活性增高。

[病理变化] 肠炎型：自然死亡犬极度脱水、消瘦，腹部卷缩，眼球下陷，可视黏膜苍白。肛门周围附有血样稀便或从肛门流出血便。有的病犬从口、鼻流出乳白色水样黏液。血液黏稠呈暗紫色。小肠以空肠和回肠病变最为严重，内含酱油色恶臭分泌物，肠壁增厚，黏膜下水肿。黏膜弥漫性或局灶性充血，有的呈斑点状或弥漫性出血。大肠内容物稀软，酱油色，恶臭。黏膜肿胀，表面散在针尖大出血点。结肠肠系膜淋巴结肿胀、充血。

心肌炎型：肺脏水肿，局部充血、出血，呈斑驳状。心脏扩张，左侧房室松弛，心肌和心内膜可见非化脓性坏死灶，心肌纤维严重损伤，可见出血性斑纹。

[诊断] 病毒分离与鉴定：将病犬粪便材料加入胰蛋白酶消化后同步接种猫肾或犬肾等易感细胞培养。通常可采用免疫荧光试验或血凝试验鉴定新分离病毒。

血凝和血凝抑制试验：由于 CPV 对猪和恒河猴红细胞具有良好的凝集作用，应用血凝试验可很快测出粪液中的 CPV。

胶体金试纸条是国内外检测 CPV 最为简便、快速的方法，目前已在犬场和宠物门诊广泛应用。犬细小病毒和犬冠状病毒抗原快速检测试纸，用于诊断犬细小病毒感染。

[治疗] CPV 感染发病快，病程短，死亡率高，采用肌肉注射犬细小病毒单克隆抗体和干扰素结合对症治疗措施，可大大提高治愈率，目前已在临床上广泛应用。

输液疗法在 CPV 感染的治疗上具有重要意义。输液时，应注意机体的酸碱平衡、离子平衡及脱水的程度，首选林格氏液或乳酸林格氏液与 5%葡萄糖，以 1:1~2 的比例进行；呕吐严重的犬，注意补充钾，腹泻严重的犬，注意补充碳酸氢钠。静脉输注犬血白蛋白可加速机体渗透压和体液平衡的恢复。

控制继发感染，可根据病情应用抗生素，如青霉素、头孢菌素、氟喹诺酮类、普康素等进行治疗，以减少死亡，缓解病情。呕吐可用甲氧氯普胺（胃复安）、溴米那普鲁卡因（爱茂尔）、氢溴酸山莨菪碱（654-2），严重呕吐可用阿托品；出血可用止血敏、维生素 K；保护肠黏膜可用鞣酸蛋白、斯密达等。

[预防] 本病发病迅猛，应及时采取综合性防疫措施，及时隔离病犬，对犬舍及用具等用 2%~4%火碱水或 10%~20%漂白粉液反复消毒。

疫苗免疫接种是预防本病的有效措施。为了减少接种手续，多使用六联弱毒疫苗和五联弱毒疫苗进行预防接种。

三、犬传染性肝炎（Canine infectious hepatitis）

传染性犬肝炎是由犬腺病毒 1 型（Canine Adenovirus Virus Type1，CAV-1）引起的一种急性败血性传染病。主要发生于犬，也可见于其他犬科动物。在犬主要表现为肝炎和眼睛疾患，在狐狸则表现为脑炎。犬腺病毒 2 型（CAV-2）主要引起犬的呼吸道疾病和幼犬肠炎。

[病原] CAV 在分类上属腺病毒科，哺乳动物腺病毒属。CAV 包括 CAV-1 和 CAV-2 两型。两型具有共同的补体结合抗原，但其生化特性和核酸同源性不同。应用血凝抑制试验和中和试验可以将其加以区别。

CAV 对乙醚、氯仿有抵抗力。在 pH3~9 条件下可存活，最适 pH6.0~8.5。在 4℃可存活 270 日，室温下存活 70~91 日，37℃存活 29 日。56℃ 30 分钟仍具有感染性。病犬肝、血清和尿液中的病毒，20℃可存活 3 日。碘酚和氢氧化钠可用于消毒。

[流行病学] CAV 主要感染犬和狐狸，山狗、狼、浣熊、黑熊等也有感染的报道。犬不分年龄、性别、品种均可发病，但 1 岁以内的幼犬多发。幼犬死亡率高，可达 25%~40%，成年犬很少出现临床症状。

犬传染性肝炎的传染来源主要是病犬和康复犬。康复犬尿中排毒可达 180~270 日，是造成其他犬感染的重要疫源。传播途径主要是通过直接接触病犬的唾液、呼吸道分泌物、尿、粪和接触污染的用具而传播，也可发生胎内感染造成新生幼犬死亡。

[症状] 犬传染性肝炎自然感染潜伏期 6~9 日，最急性病例，在呕吐、腹痛和腹泻等症状出现后数小时内死亡。急性型病例，患犬怕冷，体温升高（39.4~41.1℃），精神抑郁，食欲废绝，渴欲增加，呕吐、腹泻、粪中带血。亚急性病例症状较轻微，咽炎和喉炎可致扁桃体肿

大；颈淋巴结发炎可致头颈部水肿。特征性症状是角膜水肿，即“蓝眼”病。角膜水肿的病犬表现为眼睑痉挛、羞明和浆液性眼分泌物。角膜浑浊通常由边缘向中心扩展。眼疼痛反射通常在角膜完全浑浊后逐渐减弱，但若发展为青光眼或角膜穿孔则重新加剧。慢性病例多发于老疫区或疫病流行后期，多不死亡，可以自愈。

[实验室检验] 在疾病早期，蛋白尿和胆红素尿反映了肾和肝的损伤。当肝实质广泛损伤时，丙氨酸转氨酶（ALT）、天冬氨酸转氨酶（AST）、碱性磷酸酶（ALP）、乳酸脱氢酶（LDH）等血清酶活性增高。发病早期白细胞减少，包括淋巴细胞减少和嗜中性白细胞减少，随后无并发症的康复犬可发生嗜中性白细胞减少和淋巴细胞增多。在病毒感染期间可见弥漫性血管内凝血，血小板数量明显减少，凝血酶原时间（PT）、凝血酶时间（TT）和激活凝血激酶时间（APTT）延长。

[病理变化] CAV 感染主要表现全身性败血症变化。在实质器官、浆膜、黏膜上可见大小、数量不等的出血斑点。浅表淋巴结和颈部皮下组织水肿、出血，腹腔内充满浅红色液体。肝肿大，呈斑驳状，表面有纤维素附着。胆囊壁水肿增厚，灰白色，半透明，胆囊浆膜被覆纤维素性渗出物，胆囊的变化具有诊断意义。脾肿大、充血。肾出血，皮质区坏死。肺实变。肠系膜淋巴结肿大，充血。中脑和脑干后部可见出血，常呈两侧对称性。

[诊断] 病毒分离与鉴定：可采取病犬血液、扁桃体或肝、脾等材料处理后接种犬肾原代细胞或传代细胞，随后可用血凝试验或免疫荧光试验检测细胞培养物中的病毒抗原。

快速检测试纸目前已广泛应用于宠物门诊和犬场。犬瘟热病毒和犬腺病毒抗原可用快速检测试纸检测。

[治疗] 在病初发热期，可用高免血清进行治疗以抑制病毒扩散，也可用犬血球蛋白静脉滴注或犬用干扰素，以提高机体抵抗力。对症治疗主要是补液、保肝，可用苦黄注射液 20~40ml 加入到 5%葡萄糖中静脉滴注；降低转氨酶可口服甘利欣 2~4 粒，每日 2 次；保肝可静脉给予氨基酸。严重病例，可用抗生素或磺胺类药物防止细菌继发感染。

一过性角膜炎，可用阿托品眼药点眼消除疼痛性睫状肌痉挛；严重角膜炎时，可用眼封闭疗法；角膜浑浊的病犬，可用普鲁卡因青霉素点眼。

[预防] 加强饲养管理和环境卫生消毒，防止病毒传入。坚持自繁自养，如需从外地购入宠物，必须隔离检疫，合格后方可混群。一旦发病，需立即控制疫情发展。应特别注意，康复期病犬仍可向外排毒，不能与健康犬合群。

关于免疫接种，国外已成功地应用甲醛灭活疫苗和弱毒疫苗进行免疫接种。国内多使用六联弱毒疫苗和五联弱毒疫苗进行预防接种。

四、狂犬病 (Rabies)

狂犬病，又名恐水症（Hydrophobia），俗称疯狗病。是由狂犬病病毒（Rabies Virus，RV）引起的人和所有温血动物共患的一种急性直接接触传染病。临床表现极度兴奋、狂躁、流涎和意识丧失，终因局部或全身麻痹而死亡。典型的病理变化为非化脓性脑炎、在神经细胞胞浆内可见内基氏小体（Negri Bodies）。

[病原] RV 在分类上属弹状病毒科，狂犬病病毒属。核酸型为单股 RNA。经中和试验研

究证实，该病毒群有 4 个血清型。

RV 可被日光、紫外线、超声波、1%~2%肥皂水、70%酒精、0.01%碘液、丙酮、乙醚等灭活。对酸、碱、石炭酸、新洁尔灭、甲醛、升汞等消毒药敏感。RV 不耐湿热，56℃ 15~30 分钟或 100℃ 2 分钟即可灭活，但在冷冻或冻干状态下可长期保存。RV 能抵抗自溶和腐烂，在自溶的脑组织中可保持活力达 7~10 日。

[流行病学] 几乎所有温血动物都对 RV 易感。犬、猫等宠物对 RV 高度易感，应及时进行有效的疫苗接种。

RV 主要存在于患病动物的延脑、大脑皮质、海马回、小脑和脊髓。唾液腺和唾液中也有大量病毒，并随唾液排出体外。主要通过咬伤的皮肤黏膜感染；也可通过气溶胶经呼吸道感染；人误食患病动物的肉或动物间相互残食可经消化道感染；在人、犬、牛及实验动物也有经胎盘垂直传播的报道。

本病一年四季均可发生，春夏季发病率稍高，可能与犬的性活动以及温暖季节人畜移动频繁有关。本病流行的连锁性特别明显，以一个接着一个的顺序呈散发形式出现。伤口的部位越靠近头部和前肢或伤口越深，发病率越高。年龄与性别之间无差异。

[症状] 本病潜伏期长短不一，一般 14~56 日，最短 8 日，最长数月至数年。犬、猫、人平均 20~60 日，潜伏期的长短与咬伤的部位深度、病毒的数量与毒力等均有关系。病型分为狂暴型和麻痹型。

犬：狂暴型分 3 期，即前驱期、兴奋期和麻痹期。前驱期为 1~2 日。病犬精神抑郁，喜藏暗处，举动反常，瞳孔散大，反射机能亢进，喜吃异物，吞咽障碍，唾液增多，后躯软弱。兴奋期为 2~4 日。病犬狂暴不安，攻击性强，反射紊乱，喉肌麻痹。狂暴与抑郁交替出现。麻痹期为 1~2 日。病犬消瘦，张口垂舌，后躯麻痹，行走摇晃，最终全身麻痹而死亡。

猫：多表现为狂暴型。前驱期通常不到 1 日，其特点是低度发热和明显的行为改变。兴奋期通常持续 1~4 日。病猫常躲在暗处，当人接近时突然攻击，因其行动迅速，不易被人注意，又喜欢攻击头部，因此比犬的危险性更大。此时病猫表现肌颤，瞳孔散大，流涎，背弓起，爪伸出，呈攻击状。麻痹期通常持续 1~4 日，表现运动失调，后肢明显。头、颈部肌肉麻痹时，叫声嘶哑。随后惊厥、昏迷而死。约 25%的病猫表现为麻痹型，在发病后数小时或 1~2 日内死亡。

[病理变化] 无特征性变化。濒死期动物表现痛苦状，消瘦，脱水，头、体表和四肢有外伤。死于狂犬病的犬，胃空虚，存有毛发、石块等异物。胃黏膜充血、出血、糜烂。肠道和呼吸道呈现急性卡他性炎症变化。脑软膜血管扩张充血，轻度水肿，脑灰质和白质小血管充血，并伴有点状出血。

[诊断]

(1) 综合性诊断。典型病例根据临床症状，结合咬伤病史，可做出初步诊断。

(2) 病原学检查。对怀疑为狂犬病的动物，取其脑组织、唾液腺或皮肤等标本，直接检测其中的 RV 或进行病毒分离，是确诊狂犬病的重要手段。

(3) 病毒包涵体检查。方法是取濒死期可疑狂犬病犬尸体的延脑、海马回等置于容器，作压印片检查。检查时，切取海马回，切面向上，置于吸水纸上，用载玻片轻轻按压切面，制成压印标本。室温自然干燥，滴加染色液（4%碱性复红和无水甲醇溶液 3.5ml，2%美蓝和无水甲醛溶液 15ml，无水甲醇 35ml 依次混合而成）数滴，18~70 秒后，流水冲洗，待干后镜检。发现神经细胞浆内有鲜红色、大小为 2~20μm 的呈梭形、圆形或椭圆形的 Negri 小体，即可作出诊断。

(4) 血清学检查。在狂犬病的预防工作中，检测血清中的 RV 抗体是评价疫苗效果的一个重要指标。检测和观察感染者血清中抗体消长情况，对狂犬病的诊断和预后也有重要价值。

[预防] 野生动物是狂犬病病毒的自然宿主，对其唯一可行的防治原则是减少已证实的媒介动物的群体数量，并避免这些动物与犬、猫和人的接触。

从世界范围来讲，由犬传播给人类的狂犬病数量居第一位，其次是猫。在控制犬的狂犬病方面，有两种方法已证实十分成功。即对有主家犬和军犬、警犬、实验用犬进行疫苗接种，同时取缔无主犬和游荡犬。乌拉圭已 40 年无狂犬病发生，成功的经验是对感染地区 80%以上的犬进行了疫苗接种。

狂犬病的疫苗接种分为两类，对犬等宠物，主要进行预防接种；对人则是在被疯狗或其他动物咬伤后做紧急接种（暴露后接种），争取在街毒进入中枢神经系统以前，就使机体产生较强的主动免疫性，从而防止临床发病。对于经常接触犬、猫和野兽，具有较大感染危险的兽医或其他人员，也应考虑进行预防性接种。

目前我国犬用狂犬病疫苗有三种，即 a-G 株原代仓鼠肾弱毒佐剂疫苗、羊脑弱毒活疫苗或灭活疫苗以及 Flury 病毒 LEP 株的 BHK-21 细胞培养弱毒疫苗。三种疫苗的免疫期均在 1 年以上，在控制传染媒介（犬），降低人群被咬伤发病率和狂犬病死亡率方面都有积极作用。

狂犬病是一种人兽共患的烈性传染病，主要构成对人的威胁。犬、猫等宠物，一旦发病，应立即向有关部门报告疫情，扑灭发病动物，房舍和周围环境彻底消毒，避免疫情扩散。对疑似狂犬病病犬咬伤的犬、猫的处理方法如下。

犬、猫等宠物被疑似狂犬病病犬咬伤后，应尽快用 20%的肥皂水彻底清洗伤口，再用大量清水进行冲洗，清洗和冲洗时间不少于 20 分钟。然后用 2%~5%碘酒和 75%乙醇涂搽伤口，清除或潜杀灭局部的病毒。只要未伤及大血管，一般不做缝合，不做包扎。伤口较大或头颈部重伤时，在做完清创和消毒后，做松散包扎，如伤口深、创面大，应放置引流条，以利于伤口污染物及分泌物的排出。

在进行伤口处理的同时，应立即接种狂犬病疫苗，并保证全程足量接种。一般接种后应检测血清中是否产生抗体，如没有产生抗体或抗体滴度过低，应继续接种。接种狂犬病疫苗应严格按说明要求进行。

如咬伤部位为头部或大面积咬伤，在按上述步骤处理的基础上，皮试阴性后，立即在伤口周围做抗狂犬病免疫血清浸润注射，进行紧急被动免疫，而且必须在伤口缝合前进行。再按免疫程序进行狂犬病疫苗免疫接种。

对被严重咬伤的宠物进行抗菌疗法，防止继发感染。可选用青霉素类、链霉素、头孢类抗生素进行肌肉注射或静脉缓慢滴注。

对咬伤后症状严重的宠物，进行对症疗法。如疼痛严重不安者，可给予安定镇静剂、止痛剂等。

对食欲不振或废食的被咬伤宠物，给予支持疗法，可用葡萄糖制剂、能量合剂、多种维生素等药物。

对被咬伤的动物严加看管，防止被感染后再伤人畜。一旦确诊被咬伤的动物感染了狂犬病，要立即处死，并对尸体进行焚烧或深埋等无害化处理。

五、犬冠状病毒感染（Canine coronavirus infection）

犬冠状病毒（Canine Coronavirus，CCV）可使犬产生轻重不一的胃肠炎症状，特征为频繁呕吐、腹泻、沉郁、厌食，临床症状消失后14~21日仍可复发，是当前对养犬业危害性较大的一种传染病。

［病原］ CCV在分类上属冠状病毒科，冠状病毒属。核酸型为单股RNA。CCV对乙醚、氯仿、脱氧胆酸盐敏感，对热敏感，易被甲醛、紫外线等灭活，但对酸和胰酶有较强的抵抗力，pH3.0、20~22℃条件下不能灭活，这是病毒经胃后仍有感染活性的原因。

CCV存在于感染犬的粪便、肠内容物和肠上皮细胞内，在肠系膜淋巴结及其他组织中也可发现病毒。CCV只有1个血清型，存在毒力不同的毒株。

［流行病学］ CCV仅感染犬科动物，犬、貂、狐均有易感性，不同年龄、性别、品种均可感染，幼犬的发病率和死亡率较高。尚未见人感染CCV的报道，病犬管理人员体内也未检出CCV抗体。

传染来源主要是病犬和带毒犬，病犬排毒时间为14日，保持接触性传染的能力为期更长。病犬经呼吸道、消化道随口涎、鼻液和粪便向外排毒，污染饲料、饮水、笼具和周围环境，直接或间接地传给有易感性的动物。CCV在粪便中可存活6~9日，在水中也可保持数日的传染性，因此一旦发病，则很难制止传播流行。

本病一年四季均可发生，以冬季多发，可能与CCV对热敏感，对低温有相对的抵抗力有关。过高的饲养密度、较差的饲养卫生条件、断乳、分窝、调运等饲养管理条件突然改变，气温骤变等都会提高感染和临床发病的几率。CCV经常和犬细小病毒、轮状病毒、类星状病毒等混合感染，往往可从一窝患肠炎的幼犬中同时检出这几种病毒，诊断时应予以注意。

［症状］ 本病传播迅速，数日内即可蔓延全群，人工感染潜伏期24~48小时，自然病例潜伏期1~3日。病犬嗜眠、衰弱、厌食，最初可见持续数天的呕吐，随后开始腹泻，粪便呈粥样或水样，黄绿色或橘红色，恶臭，混有数量不等的黏液，偶尔可在粪便中看到少量血液，临床上很难与犬细小病毒区别，只是CCV感染时间更长，且具有间歇性，可反复发作。

［实验室检验］ 病毒可从粪便中分离出。细胞致病作用只在犬的细胞培养上产生；而在其他动物的细胞上则不生长。从临床病例中取粪便进行超速离心，负染色后在电镜下观察，可见到冠状病毒的典型形态。

［病理变化］ 表现为不同程度的胃肠炎变化。尸体严重脱水，腹部增大，腹壁松弛，胃及肠管扩张；肠壁菲薄，肠内充满白色或黄绿色液体，肠黏膜充血、出血、肠系膜淋巴结肿大，肠黏膜脱落是该病较典型的特征；胃黏膜脱落出血，胃内有黏液，胆囊肿大；病犬易发生肠套叠。

［诊断］ 本病流行特点、临床症状、病理剖检缺乏特征性变化，在血液学和生物化学方面

也没有特征性指标，因此确诊必须依靠病毒分离、电镜观察和血清学检查。

取粪便悬液负染后进行电镜检查是检测 CCV 的最迅速方法。病毒分离最好使用 A-72 细胞，从粪便和小肠内容物分离病毒成功率最高。

快速检测试纸目前已广泛应用于宠物门诊和犬场。犬细小病毒和犬冠状病毒抗原快速检测试纸（检测方法见说明书）用于诊断犬冠状病毒感染。

[治疗] 目前尚无高免血清可供使用。对单纯 CCV 感染犬，以对症治疗为主，包括消炎、止吐、止泻、补液、增加营养等。为了尽快纠正电解质平衡，可用复方氯化钠液静脉滴注，并给予硫糖铝片、次碳酸铋等胃肠黏膜保护剂。对腹泻严重的犬，可每日 2~3 次口服妈咪嗳 500~1000mg。

[预防] 由于病犬粪便中含有大量的传染性病毒粒子，因此对病犬的严格隔离和保持良好的卫生条件尤为重要。一旦有该病发生，如不进行粪便处理和适当的消毒，就会在犬群中迅速传播。1:30 浓度的漂白粉水溶液和 0.1%~1%的甲醛是经济有效的消毒剂。

六、犬轮状病毒感染（Canine rotavirus infection）

犬轮状病毒（Canine Rotavirus，CRV）感染是主要侵害新生幼犬的、以腹泻症状为特征的急性接触性传染病。成年犬多呈亚临床感染。

[病原] CRV 在分类上属呼肠病毒科，轮状病毒属。核酸型为双股 RNA。CRV 对温度、乙醚、酸和胰酶不敏感。在 4℃和 37℃，CRV 对猪和人红细胞（O、AB 型）具有较好的凝集作用并可被相应的 CRV 抗血清所抑制。

[流行病学] 传染来源主要是病犬和隐性带毒犬。传播途径以消化道为主，含毒粪便污染用具和周围环境而使健康犬发生感染。CRV 通常引起幼犬严重感染，成年犬多呈亚临床感染。

[症状] 人工感染新生幼犬，20~24 小时后发生腹泻，并可持续 6~7 日。病犬排黄绿色稀便，夹杂有中等量黏液，严重病例粪便中混有少量血液。病犬被毛粗乱，肛门周围皮肤被粪便污染，轻度脱水。与其他病毒性疾病不同的是病犬自始至终精神、食欲正常，可作为临床鉴别的参考。

[病理变化] 人工感染后 12~18 小时死亡幼犬无明显异常。病程较长的死亡犬被毛粗乱，病变主要集中在小肠。轻型病例，肠管轻度扩张，肠壁变薄，肠内容物中等量、黄绿色；严重病例，小肠黏膜脱落、坏死，有的肠段弥漫性出血，肠内容物中混有血液。其他脏器不见异常。

[诊断] 病毒分离：可将病犬粪便材料经水解蛋白酶或胰蛋白酶处理后，接种犬肾传代细胞或犬胎肺细胞，因 CRV 的细胞病变不甚明显，可负染后电镜观察病毒粒子形态，也可采用间接免疫荧光试验和血凝抑制试验确认 CRV 的存在。

血清学检测方法：包括放射免疫测定法、免疫荧光试验、对流免疫电泳、酶联免疫吸附试验、血凝和血凝抑制试验等，可用于病毒鉴定和流行病学调查。

[治疗] 应立即将病犬隔离到清洁、干燥、温暖的场所，停止喂奶，改用葡萄糖甘氨酸溶液或葡萄糖氨基酸溶液给病犬自由饮用，也可注射葡萄糖盐水和 5%碳酸氢钠溶液，以防脱水、脱盐。同时，尽量使幼犬能摄取足量的初乳而使其获得免疫保护。

[预防] CRV 的免疫，不论是来自初乳（对幼犬而言），还是自身局部产生（对成年犬而言），都取决于小肠黏膜表面的抗体分泌情况。因此应保证幼犬能摄食足量的初乳，或给予采自成年犬的血清，使其获得免疫保护。

关于 CRV 的疫苗研究，倾向于弱毒活苗，目前处于研究阶段，尚未在临床上应用。

七、犬副流感病毒感染（Canine parainfluenza virus infection）

犬副流感病毒（Canine Parainfluenza Virus，CPIV）感染是犬主要的呼吸道传染病。临床表现发热、流涕和咳嗽。病理变化以卡他性鼻炎和支气管炎为特征。近年来研究认为，CPIV 也可引起急性脑脊髓炎和脑内积水，临床表现后躯麻痹和运动失调等症状。

[病原] CPIV 在分类上属副粘病毒科，副粘病毒属。核酸型为单股 RNA。在 4℃和 24℃条件下可凝集人“O”型、鸡、豚鼠、大鼠、兔、犬、猫和羊的红细胞。CPIV 可在原代和传代犬肾、猴肾细胞培养物中良好增殖。CPIV 可在鸡胚羊膜腔中增殖，鸡胚不死亡，羊膜腔和尿囊液中均含有病毒，血凝效价可达 1:128。

[流行病学] CPIV 可感染玩赏犬、实验犬和军、警犬，在军犬中常发生呼吸道病，在实验犬产生犬瘟热样症状。成年犬和幼龄犬均可发生，但幼龄犬病情较重。急性期病犬是最主要的传染来源。自然感染途径主要是呼吸道。

[症状] 本病是犬主要的呼吸道传染病。Crandell 等（1968）报道临床症状为突然暴发，发热，大量黏液性、不透明鼻分泌物和咳嗽。Binn 等（1968）报道 176 只犬中有 34%的犬发病，特征是突然暴发，迅速传播，干咳，浆液性或黏液性鼻漏，病犬疲软无力。当与支原体或支气管败血波氏杆菌混合感染时，病情加重。

另有报道，210 日龄犬感染后可表现后躯麻痹和运动失调等症状。病犬后肢可支撑躯体，但不能行走。膝关节和腓肠肌腱反射和自体感觉不敏感。

[病理变化] 可见鼻孔周围有浆液性或黏液脓性鼻漏，结膜炎，扁桃体炎，气管、支气管炎，有时肺部有点状出血。神经型主要表现为急性脑脊髓炎和脑内积水，整个中枢神经系统和脊髓均有病变，前叶灰质最为严重。

[诊断] 犬呼吸道传染病的临床表现非常相似，不易区别。细胞培养是分离和鉴定 CPIV 的最好方法。另外，利用血清中和试验和血凝抑制试验检查双份血清的抗体效价是否上升也可进行回顾性诊断。

[治疗] 对发病犬可用犬血球蛋白静脉滴注，以提高犬体抵抗力；可用广谱抗病毒药阿昔洛韦 10~20mg/kg 体重，口服，每日 3 次，连用 10 日，或利巴韦林胶囊 10~20mg/kg 体重，口服，每日 2~3 次，连用 7 日；体温升高的犬，可口服泛捷复胶囊，每次 1~3 粒，每日 3~4 次。

当犬感染 CPIV 时，常常继发感染支气管败血波氏杆菌、支原体等。因此，应用抗生素或磺胺类药物可防止继发感染，减轻病情，促使病犬早日恢复。

[预防] 多使用六联弱毒疫苗和五联弱毒疫苗进行预防接种。但对 CPIV 而言，产生的免疫力如何，尚无确实的实验数据予以证实。

八、犬疱疹病毒感染（Canine herpesvirus infection）

犬疱疹病毒（Canine Herpesvirus，CHV）感染可引起多种病型。新生幼犬多呈致死性感染；大于 21 日龄的犬主要表现上呼吸道症状；同时可造成母犬不育、流产、死亡以及公犬的阴茎炎和包皮炎。

［病原］CHV 在分类上属疱疹病毒科，甲型疱疹病毒亚科。CHV 只有 1 个血清型，但从不同地区、不同病型分离的毒株可能存在毒力的差异。

CHV 对温热的抵抗力较弱。56℃ 5~10 小时、37℃ 22 小时或 4℃ 1 天均可灭活，在-70℃仅可保存数月。pH6.5~7.6 条件下稳定，但在 pH4.5 以下 30 分钟即失去感染性。CHV 囊膜表面无血凝素，不凝集人和动物的红细胞。

［流行病学］CHV 只能感染犬，小于 14 日龄幼犬的体温偏低，恰好处于 CHV 的最适增殖温度，因此，易感性最高，常可造成致死性感染。CHV 主要通过唾液、鼻汁、尿液向外排毒，传播途径为呼吸道、消化道和生殖道。新生幼犬也可经胎盘感染。

［症状］自然感染潜伏期 4~6 日，人工感染 3~8 日，小于 21 日龄的新生幼犬可引起致死性感染。初期病犬痴呆、抑郁、厌食、软弱无力、呼吸困难、压迫腹部有痛感、排黄色稀粪。有的病犬表现鼻炎症状，浆液性鼻漏，鼻黏膜表面广泛性斑点状出血。皮肤病变以红色丘疹为特征，主要见于腹股沟、母犬的阴门和阴道以及公犬的包皮和口腔。病犬最终丧失知觉，角弓反张，癫痫。病犬多在临床症状出现后 24~48 小时内死亡。康复犬有的表现永久性神经症状，如运动失调、失明等。

大于 21~35 日龄的犬主要表现流鼻涕、打喷嚏、干咳等上呼吸道症状，大约持续 14 日，症状较轻。如发生混合感染，则可引起致死性肺炎。

母犬的生殖道感染以阴道黏膜弥漫性小泡状病变为特征。妊娠母犬可造成流产和死胎。公犬可见阴茎和包皮病变，分泌物增多。

［病理变化］新生幼犬的致死性感染以实质器官，尤其是肝、肾、肺的弥漫性出血、坏死为特征。胸腹腔内可见浆液-黏液性渗出。肺充血、水肿，肺门淋巴结肿大；脾充血、肿大；肠黏膜表面点状出血。偶尔可见黄疸和非化脓性脑炎。

［诊断］新生幼犬感染 CHV 后发病急，死亡率高。实质器官，尤其是肾的局灶性出血具有诊断意义。急性感染期，可从肾上腺、肾、肺、脾和肝等多种实质器官中分离到 CHV。血清中和试验可作为回顾性诊断和流行病学调查的手段。

［治疗］对新生幼犬急性全身性感染治疗无效。在流行期间给幼犬腹腔注射 1~2ml 高免血清，对幼犬有一定的保护作用，可减少死亡。对出现上呼吸道症状的病犬，可用广谱抗生素防止继发感染。

提高环境温度对病犬有利。将病犬置于保温箱中，或用取暖器加热等，均可帮助病犬早日康复。

［预防］由于 CHV 感染率低，且免疫原性较差，因此疫苗研制进展不大。

九、犬伪狂犬病（Pseudorabies）

伪狂犬病又称阿氏病（Aujeszky's Diseases），是由伪狂犬病病毒（Pseudorabies Virus，

PRV）引起的犬、猫和其他家畜及野生动物共患的一种急性传染病。病的特征是发热、奇痒、脑脊髓炎和神经炎。人也可感染，但一般不发生死亡。

[病原] PRV 在分类上属疱疹病毒科，甲型疱疹病毒亚科。核酸型为双股 DNA。PRV 仅有 1 个血清型，但从世界各地分离的不同毒株毒力有所差异。同一毒株对不同动物的致病性有所不同。

PRV 对外界环境具有较强的抵抗力。在污染的动物房内可存活 30~46 日，在肉中可存活 35 日以上。PRV 对乙醚、氯仿等脂溶剂、甲醛、紫外线、1%氢氧化钠等敏感，胰蛋白酶、胃蛋白酶等能灭活病毒，但不损坏衣壳。病毒粒子表面没有能凝集禽类和哺乳类动物红细胞的血凝素。

[流行病学] PRV 具有广泛的宿主范围。易感畜禽包括猪、牛、绵羊、山羊、鸡、鸭等；易感野生动物包括野猪、狼、狐、獾、刺猬、鼬、蝙蝠、猿、浣熊、鹿等；实验动物中家兔最为易感，其次为犬、猫、小鼠、大鼠、豚鼠和仓鼠。

猪和鼠类是该病毒的主要贮存宿主；犬、猫主要是由于误食了死于本病的鼠、猪和牛的尸体而感染，同时也可成为本病的传播者。

[症状] 本病的潜伏期随动物种类和感染途径而异。最短 36 小时，最长 10 日，一般多为 3~6 日，主要是通过飞沫、摄食和创伤感染。本病的临床表现和病程随动物种类和年龄而异。

犬：起初病犬精神抑郁，凝视和舐擦皮肤某一受伤处，随后局部瘙痒，主要见于面部、耳部和肩部，病犬用爪搔或用嘴咬，产生大块烂斑，周围组织肿胀，甚至形成很深的破损。病犬烦躁不安，对外界刺激反应强烈，有攻击性。后期大部分病犬头颈部肌肉和口唇部肌肉痉挛，呼吸困难，常于 24~36 小时死亡。

猫：症状与犬相似，发出痛苦的叫声，呈犬坐姿势，神经过敏。猫的瘙痒程度较犬严重，搔抓头部，致使皮肤破损、发炎。病猫烦躁不安，乱搔乱咬，甚至咬伤舌头。偶尔病猫表现明显的神经症状，运动失调，昏迷，病程很短，一般在症状出现后 18 小时内死亡。

[病理变化] 无特征病变，仅见局部损伤和因动物搔抓造成的皮肤破溃，以面部、头部、肩部较为常见，皮下呈弥漫性出血。局部淋巴结肿胀、充血。肺水肿。有的病例脑膜充血，脑脊液增加。

[诊断] 根据流行特点、临床症状和病理变化可以做出初步诊断。确诊需进行病毒分离和鉴定。血清学检测具有流行病学意义。

[预防] 疫苗接种是防治伪狂犬病的重要措施。在国外灭活苗和弱毒苗均广为使用。伪狂犬病主要通过猪和啮齿类动物传播。因此，犬、猫饲养房舍应有隔离设施，防止野鼠进入。同时，犬、猫要分别饲养，在房舍设计上应注意保持一定间隔。

本病对人的威胁虽然很小，但在欧洲曾有人患病的报道，并分离到病毒，说明 PRV 对人有一定的致病性。因此在病死动物的尸体处理过程中，有关人员应注意自身防护。

十、犬呼肠病毒病（Canine Reovirus Disease）

犬呼肠病毒感染是由犬呼肠病毒（Canine Reovirus，CR）引起的一种呼吸道传染病。临床表现发热、咳嗽和上呼吸道炎症。多数情况下症状轻微，采取合理的对症治疗措施，病犬可以康复。

［病原］ 犬呼肠病毒在分类上属呼肠病毒科，呼肠病毒属。哺乳动物犬呼肠病毒分为 3 个血清型。在犬主要是 CR–Ⅰ感染，CR–Ⅱ病毒感染较少，血清流行病学调查证实，犬群中存在犬呼肠–3 病毒抗体。

犬呼肠病毒在 pH2.2~9.0 条件下稳定，对热相对稳定，对脱氧胆酸盐、乙醚、氯仿具有很强的抵抗力。在室温条件下，能耐 1%H_2O_2、0.3%甲醛、5%来苏儿和 1%石炭酸 1 小时，过碘酸盐可迅速杀死犬呼肠病毒。

［流行病学］ 犬呼肠病毒已从多种脊椎动物体内分离到，包括人、猩猩、猴、猪、牛、绵羊、马、犬、猫、貂、袋鼠和禽类。感染动物的粪、尿、鼻分泌物中含有病毒，可污染周围环境，通过消化道、呼吸道等途径造成健康动物的感染。用犬呼肠病毒人工感染犬体内分离到病毒，表明犬可长期向外排毒，应予以注意。

本病发生具有一定的季节性，冬春季发病率和死亡率较高。不同年份的发病率也有差异，纯种犬比杂种犬易感性高。

［症状］ 犬呼肠病毒感染犬可引起发热、咳嗽、浆液性鼻漏、流涎等症状。感染犬病初可见持续性咳嗽，24 小时后表现黏液性鼻漏，脓性结膜炎、喉气管炎和肺炎，随后 50%病犬表现腹泻症状。

［诊断］ 犬呼肠病毒诊断可用聚丙烯酰胺凝胶电泳技术检查粪便中的病毒抗原。也可用敏感的组织培养细胞从粪便、呼吸道分泌物或其他组织中分离病毒。

［治疗］ 加强护理和适当的对症治疗，多数病犬可在 7~14 日内康复。

［预防］ 目前尚无有效疫苗可供使用。

十一、犬传染性气管支气管炎（Canine infectious tracheobronchitis）

犬传染性气管支气管炎通常是指主要由犬Ⅱ型腺病毒感染而引起的、以咳嗽为特征的犬接触传染性呼吸道疾病。该病又称为犬窝咳。

［病原］ 引起犬传染性气管支气管炎的病毒主要为犬Ⅱ型腺病毒（Canini adenovirustypeⅡ，CAV–Ⅱ）。该病毒可以破坏呼吸道上皮，导致各种细菌或霉形体入侵，引起严重的呼吸道疾病。CAV–Ⅱ引起的仔犬咳嗽又叫“犬窝咳”。CAV–Ⅱ和 CAV–Ⅰ相似，抵抗力中等，可在环境中存活数月。季胺盐类消毒剂可有效杀灭 CAV–Ⅱ。

［流行病学］ 患病动物病毒感染后，通过咳嗽、打喷嚏将呼吸道分泌物内的病原体扩散，健康犬经空气尘埃传播感染后，引起呼吸道局部感染。

［症状］ 患犬往往突然出现不同频率和强度的咳嗽，如未发生继发感染，病犬一般精神状态无明显变化。有的可能出现发热或食欲减退。咳嗽主要是由于呼吸道的气管、支气管部分受到刺激所致。病犬一般在咳嗽出现后 2 周内康复，但幼龄犬病程可达 3 周以上。用 CAV–Ⅱ进行实验感染显示，犬的发热程度与临床症状持续时间呈反相关系。直肠温度高的病犬较低烧犬康复更快。一般认为不累及其他器官，但有报道发现 CAV–Ⅱ可感染肠道，引起腹泻。大多数 CAV–Ⅱ感染症状轻微或不显临床症状。合并其他病毒或细菌感染的病犬，往往症状重剧，并出现死亡病例。

［诊断］ 主要根据病史和临床症状进行初步诊断。确诊本病则依赖于病毒分离和鉴定。可

取早期病犬呼吸道分泌物或死亡犬的气管、支气管内组织进行病毒培养，也可通过双份血清中特异性抗体升高的程度确定。

［治疗］目前对 CAV–Ⅱ感染的治疗尚无特殊化学药物，但可在早期应用高免血清进行治疗。多数犬除表现咳嗽外，不表现其他明显的临床症状，一般通过良好的饲养管理，特别是寒冬季节时，注意防寒保暖，病犬大多可以自然康复。对发生继发感染的病犬，应根据病原菌种类，采用相应的抗生素进行治疗，并采用对症和支持疗法进行综合治疗。

［预防］本病的预防可用 CAV–Ⅱ致弱苗。一旦犬场发生病犬，要立即用 CAV–Ⅱ疫苗进行免疫接种。建议对 2~4 周龄犬进行免疫以提高特异性免疫力。近年国外已成功研制出 CAV–Ⅱ滴鼻疫苗。

第二节　猫的病毒性传染病

一、猫泛白细胞减少症（Feline Panleucopenia）

猫泛白细胞减少症又称猫瘟热（Feline Distemper）或猫传染性肠炎（Feline Infections Enteritis），是由猫泛白细胞减少症病毒（Feline Panleucopenia Virus，FPV）引起的猫及猫科动物的一种急性高度接触性传染病。临床表现以患猫突发高热、呕吐、腹泻、脱水及循环血流中白细胞减少为特征。

［病原］FPV 在分类上属细小病毒科，细小病毒属。核酸型为单股 DNA。对乙醚、氯仿、胰蛋白酶、0.5%石炭酸及 pH3.0 的酸性环境具有一定抵抗力。50℃ 1 小时即可灭活。低温或甘油缓冲液内能长期保持感染性。0.2%甲醛处理 24 小时即可失活。次氯酸对其有杀灭作用。

FPV 仅有 1 个血清型，且与水貂肠炎病毒（MEV）、犬细小病毒（CPV）具有抗原相关性。FPV 血凝性较弱，仅能在 4℃条件下凝集猴和猪的红细胞。

［流行病学］FPV 除能感染家猫外，还可感染其他猫科动物（虎、猎豹和豹）及鼬科（貂、雪貂）和浣熊科（长吻浣熊、浣熊）动物。各种年龄的猫均可感染。由于种群的免疫状况不同，发病率和死亡率的变化相当大。母源抗体通过初乳可使初生小猫受到保护。多数情况下，1 岁以下的幼猫较易感，感染率可达 70%，死亡率为 50%~60%，最高达 90%。成年猫也可感染，但常无临床症状。

自然条件下可通过直接接触及间接接触而传播。处于病毒血症期的感染动物，可从粪、尿、呕吐物及各种分泌物排出大量病毒，污染饮食、器具及周围环境而经口传播。康复猫和水貂可长期排毒达 1 年之久。除水平传播外，妊娠母猫还可通过胎盘垂直传播给胎儿。

本病流行特点为冬末至春季多发，尤以 3 月份发病率最高。1 岁以内的幼猫多发，随年龄增长发病率降低，因饲养条件急剧改变、长途运输或来源不同的猫混杂饲养等不良因素影响，可能导致急性暴发性流行。

［症状］本病潜伏期 2~9 日，最急性型，动物不显临床症状而立即倒毙，往往误认为中毒。急性型 24 小时内死亡。亚急性型病程 7 日左右。第 1 次发热体温 40℃左右，24 小时左右降至常温，2~3 日后体温再次升高，呈双相热型，体温达 40℃。病猫精神不振，被毛粗乱，厌

食，呕吐，出血性肠炎和脱水症状明显，眼鼻流出脓性分泌物。妊娠母猫感染 FPV，可造成流产和死胎。由于 FPV 对处于分裂旺盛期细胞具有亲和性，可严重侵害胎猫脑组织，因此，所生胎儿可能小脑发育不全。

［实验室检验］典型血液学变化是第 2 相发热后白细胞数迅速减少，由正常时血液白细胞 $6\sim20\times10^9$/L 降至 6×10^9/L 以下，且以淋巴细胞和嗜中性白细胞减少为主，严重者血液涂片中很难找到白细胞，故称猫泛白细胞减少症。一般认为，血液白细胞减少程度标志着疾病的严重程度。血液白细胞数目降至 5×10^9/L 以下时表示重症，在 2×10^9/L 以下时往往预后不良。

［病理变化］以出血性肠炎为特征。胃肠道空虚，整个胃肠道的黏膜面均有不同程度的充血、出血、水肿及被纤维素性渗出物覆盖，其中空肠和回肠的病变尤为突出，肠壁严重充血、出血、水肿，致肠壁增厚似乳胶管样，肠腔内有灰红或黄绿色的纤维素性坏死性假膜或纤维素条索。肠系膜淋巴结肿大，切面湿润，呈红、灰、白相间的大理石样花纹，或呈一致的鲜红或暗红色。肝肿大呈红褐色。胆囊充盈，胆汁黏稠。脾脏出血。肺充血、出血、水肿。长骨骨髓变成液状，完全失去正常硬度。

［诊断］根据流行病学、临床双相热型、骨髓多脂状、胶胨样及小肠黏膜上皮内的病毒包涵体等病理变化及血液白细胞大量减少可以做出初步诊断。

血清学诊断：血清中和试验和血凝抑制试验最常用。快速诊断试纸目前已广泛应用于猫的门诊。

［治疗］FPV 感染发病快，病程短，死亡率高。近些年，应用高效价的猫瘟热高免血清进行特异性治疗，或用猫用干扰素，同时配合对症治疗，取得了较好的治疗效果。

输液疗法在 FPV 感染的治疗上具有重要意义。输液时，应注意机体的酸碱平衡、离子平衡及脱水的程度，首选林格氏液或乳酸林格氏液与 5%葡萄糖液，以 1:1~2 的比例进行；呕吐严重的猫，注意补充钾，腹泻严重的猫，注意补充碳酸氢钠。呕吐不止的猫，可用氯丙嗪或苯巴比妥，1~2mg/kg 体重，口服，一日 2 次。

控制继发感染，可根据病情应用抗生素，如青霉素、头孢菌素、氟喹诺酮类、普康素、保得胜注射液、牧特灵注射液等进行治疗，以减少死亡，缓解病情。

［预防］由于 FPV 仅有 1 个血清型，故所用疫苗均具有长期有效的免疫力。有 3 种疫苗可供选择，即甲醛灭活的组织苗、灭活的细胞苗和弱毒苗。出生 49~70 日的幼猫进行首次免疫接种，84 日龄时二免。以后每年加强免疫一次。猫进口三联苗可预防猫泛白细胞减少症、猫传染性鼻气管炎和猫杯状病毒病。

对于未吃初乳的幼猫，28 日龄以下不宜应用活苗接种，可先注射高免血清（2ml/kg 体重），间隔一定时间后再按上述免疫程序进行预防接种。由于 FPV 可通过胎盘垂直传播，弱毒活疫苗可能会对胎儿造成危害，故建议妊娠猫使用灭活疫苗。

二、猫传染性腹膜炎（Feline Infectious Peritonitis）

猫传染性腹膜炎是由猫传染性腹膜炎病毒（Feline Infectious Peritonitis Virus，FIPV）引起的猫科动物的一种慢性进行性传染病，以腹膜炎、大量腹水聚积和致死率较高为特征。

［病原］FIPV 在分类上属冠状病毒科，冠状病毒属。核酸型为单股 RNA。FIPV 对乙醚等

脂溶剂敏感，对外界环境抵抗力较差，室温下 1 日失去活性，一般常用消毒剂可将其杀死。但对酚、低温和酸性环境抵抗力较强。

[流行病学] FIPV 可感染各种年龄的猫，以 1~2 岁的猫及大于 11 岁老龄猫发病最多。不同品种、性别的猫对本病的易感性无明显差异，但纯种猫发病率高于一般家猫。该病呈地方性流行，首次发病的猫群发病率可达 25%，但从整体看，发病率较低。

本病可经消化道感染或经媒介昆虫传播，猫的粪尿可排出病毒。也可经胎盘垂直传播。

[症状] 本病症状分为“湿性”（渗出性）和“干性”（非渗出性）两种。发病初期症状常不明显或不具特征性，表现为病猫体重逐渐减轻，食欲减退或间歇性厌食，体况衰弱。随后，体温升高至 39.7~41.1℃，血液中白细胞数量增多。有些病猫可能出现温和的上呼吸道症状。持续 7~42 日后，“湿性”病例腹水积聚，可见腹部膨胀。母猫发病时，常可误认为是妊娠。腹部触诊一般无痛感，但似有积液。病猫呼吸困难逐渐衰弱，并可能表现贫血症状，病程数日至数周，有些病猫则很快死亡。约 20%的病猫还可见胸水及心包液增多，从而导致部分病猫呼吸困难。某些湿性病例（尤其疾病晚期）可发生黄疸。

“干性”病例则主要侵害眼、中枢神经、肾和肝等组织器官，几乎不伴有腹水。眼部感染可见角膜水肿，角膜上有沉淀物，虹膜睫状体发炎，眼房液变红，眼前房内有纤维蛋白凝块，患病初期多见有火焰状网膜出血。中枢神经受损时表现为后躯运动障碍，行动失调，痉挛，背部感觉过敏；肝脏受侵害的病例，可能发生黄疸；肾脏受侵害时，常能在腹壁触诊到肾脏肿大，病猫出现进行性肾功能衰竭等症状。

[病理变化] “湿性”病例，病猫腹腔中大量积液，呈无色透明、淡黄色液体。接触空气即发生凝固。腹膜浑浊，覆有纤维蛋白样渗出物，肝、脾、肾等器官表面也见有纤维蛋白附着。肝表面还可见直径 1~3mm 的小坏死灶，切面可见坏死深入肝实质中。有的病例还伴有胸水增加。

对于主要侵害眼、中枢神经系统等的病例，几乎见不到腹水增加的变化。剖检可见脑水肿；肾脏表面凹凸不平，有肉芽肿样变化；肝脏也见有坏死灶。

[诊断] 根据流行病学特点、临床症状和病理变化可做出初步诊断。对于“干性”病例，由于常常缺乏必要的诊断依据，应结合实验室检查进行确诊。

渗出液检查：腹腔渗出液早期多呈无色透明或淡黄色，有黏性，含有纤维蛋白凝块，暴露空气中即发生凝固；比重一般较高（大于 1.017），蛋白质含量较高（32~118g/L），并含有大量巨噬细胞、间皮细胞和嗜中性白细胞。

血清学检验：常用的有中和试验、免疫荧光试验。现已有了快速诊断试纸用于临床上诊断。

[治疗] 尚无有效的特异性治疗药物。出现临床症状的猫一般预后不良。有人在疾病早期应用免疫抑制剂，如皮质类固醇药物进行治疗取得了一定成效。严重病例，应用氨苄青霉素与泰乐菌素、泼尼松等，并配合应用维生素进行治疗，可缓解症状。

[预防] 可用 0.2%甲醛或 0.5g/L 氯乙啶（洗必泰）对污染的猫舍彻底消毒。消灭猫舍内的吸血昆虫及啮齿类动物，有助于控制本病。随着 FIPV 致病机理的进一步阐明及该病毒分离技术的成熟，可望研制出有效的疫苗。

三、猫传染性鼻气管炎（Feline infectious rhinotracheitis）

猫传染性鼻气管炎是由猫疱疹病毒 1 型（Feline Herpesvirus，FHV-1）引起的猫的一种急性、高度接触性上呼吸道疾病，主要侵害仔猫，发病率可达 100%，死亡率约 50%。

[病原] FHV-1 在分类上属疱疹病毒科，甲型疱疹病毒亚科，具有疱疹病毒的一般特征。FHV-1 仅有 1 个血清型。FHV-1 对外界环境抵抗力较弱，对酸、热和脂溶剂敏感。甲醛和酚易将其杀灭。在-60℃条件下可存活 180 日，50℃ 4~5 分钟灭活。在干燥条件下，12 小时以内即可灭活。

FHV-1 可吸附和凝集猫红细胞，可以采用血凝试验及血凝抑制试验检测病毒抗原和抗体。

[流行病学] FHV-1 主要通过接触传染，病毒经鼻、眼、咽的分泌物排出，易感猫通过鼻与鼻的直接接触及吸入含病毒的飞沫经呼吸道感染，自然康复或人工接种的耐过猫，能长期带毒和排毒，成为危险的传染来源。

FHV-1 具有高度的种属特异性，目前仅从家猫分离到了该病毒，但有时也能引起猫科其他动物发生感染，对猫科动物以外的其他动物及鸡胚不致病。

[症状] 本病潜伏期约 2~6 日，仔猫较成年猫易感且症状严重。病初患猫体温升高，上呼吸道感染症状明显，表现为突然发作，嗜中性白细胞减少，阵发性喷嚏和咳嗽，羞明、流泪、结膜炎，鼻腔分泌物增多，食欲减退，体重下降，精神沉郁。鼻液和泪液初期透明，后变为黏脓性。急性病例症状通常持续 10~14 日，成年猫死亡率较低，但约半数患病仔猫可发生死亡，合并细菌感染时死亡率更高。

带毒母猫所产新生仔猫可罹病，体衰、嗜睡、腹式呼吸或无症状死亡。耐过病猫，7 日后症状逐渐缓和并痊愈。部分病猫则转为慢性，表现持续咳嗽，呼吸困难和鼻窦炎症状。

[病理变化] 主要表现在上呼吸道。病初，鼻腔和鼻甲骨黏膜呈弥漫性充血，喉头和气管也可出现类似变化。较严重病例，鼻腔、鼻甲骨黏膜坏死，眼结膜、扁桃体、会厌软骨、喉头、气管、支气管甚至细支气管的部分黏膜上皮也发生局灶性坏死，坏死区上皮细胞中可见大量的嗜酸性核内包涵体。对于全身性感染的仔猫，血管周围局部坏死区域的细胞也可见嗜酸性核内包涵体。慢性病例可见鼻窦炎。表现下呼吸道症状的病猫，可见间质性肺炎及支气管和细支气管炎周围组织坏死，有时可见气管炎及细支气管炎的病变。

[诊断] 从临床症状看，FHV-1 所致疾病，与 FCV 感染、FPV 感染和猫肺炎（衣原体感染）很难区分，只有靠特异性的血清学反应或病原分离才能做出准确诊断。最可靠的诊断是分离病毒。

[治疗] 目前尚缺乏特效药。发病早期用 L-赖氨酸治疗有效。5-碘脱氧尿嘧啶核苷可用以治疗 FHV-1 感染引起的溃疡性角膜炎。

对于病猫，应用广谱抗生素可有效地防止细菌继发感染，防止后遗症的发生。对症疗法也十分重要，口腔损害和病程长的病猫，可口服或肌注维生素 A。结膜炎可每天多次用 10%磺醋酰钠、1%氯霉素或 0.5%新霉素眼膏涂搽，但不宜使用含皮质类固醇的眼膏。鼻炎可用麻黄素 1ml、氢化可的松 2ml、青霉素 80 万 u 的混合液滴鼻，每日 4~6 次。

患猫需早期隔离，隔离舍保持恒温，如有脱水，可口服或皮下注射等渗葡萄糖盐水，每日 50~100ml，分 2 次投给，为增进食欲，可给予少量香味食物，如鱼、肝、瘦肉等，有利于患猫康复。

[预防] 目前美国已有 FHV-1 弱毒苗可供应用。猫 63~84 日龄时首免，以后每隔 180 日加强免疫 1 次。该苗单独应用或与 FCV 弱毒苗联合应用，均有较好的预防效果。有时，也与猫泛白细胞减少症及猫肺炎（衣原体引起）疫苗联合应用。

带毒母猫不宜再做种用，因为分娩常是促进带毒母猫排出病毒的应激因素之一，从而造成新生仔猫的感染。

加强饲养管理是预防本病的根本措施。平时应尽量减少应激因素，将猫饲养于通风良好的环境中。新引进猫或仔猫应至少隔离观察 14 日方能混群饲养。减少每个猫群的数量和密度，加强饲养人员的个人卫生都对本病预防有一定好处。

四、猫白血病病毒感染（Feline leukemia virus infection）

猫白血病病毒（Feline Leukemia Virus，FeLV）是一种外源性 C 型反录病毒，感染猫产生两类疾病，一类是白血病，表现为淋巴瘤、成红细胞性或成髓细胞性白血病。另一类主要是免疫缺陷疾病，这类疾病与前一类的细胞异常增殖相反，主要是以细胞损害和细胞发育障碍为主，表现为胸腺萎缩，淋巴细胞减少，嗜中性白细胞减少，骨髓红细胞系发育障碍而引起的贫血。后一类疾病免疫反应低下，易继发感染，近年来已将其与猫免疫缺陷病毒（FIV）引起的疾病均称为猫获得性免疫缺陷综合征，即猫艾滋病（FAIDS）。

[病原] FeLV 在分类上属反录病毒科，肿瘤病毒亚科，C 型肿瘤病毒属，哺乳动物 C 型肿瘤病毒亚属。核酸型为单股 RNA。

与 FeLV 及所感染细胞有关的抗原有 3 类，即囊膜抗原、病毒粒子内部抗原和肿瘤病毒相关细胞膜抗原（FOCMA）。根据囊膜抗原的不同，FeLV 分为 A、B、C 3 个亚群或血清型。FeLV-A 和 FeLV-B 易从猫分离到，FeLV-C 则不常见。FeLV-A 致病作用很弱，但能建立持久的病毒血症；FeLV-B 不易建立病毒血症，但致病作用最强，可能是诱导恶性病变和 FAIDS 的直接病原；FeLV-C 主要引起骨髓红细胞系发育不全而导致贫血。

FeLV 对乙醚和脱氧胆酸盐敏感，56℃ 30 分钟可使之灭活。常用消毒剂及酸性环境（pH4.5 以下）也能使之灭活。对紫外线有一定抵抗力。

[流行病学] FeLV 主要引起猫的感染，不同性别和品种间无差异，幼猫较成年猫较为易感。据报道，约 33%死于肿瘤的猫是由于 FeLV 所致。FeLV 不传染给人，不会对人类健康构成威胁。

FeLV 在猫群中以水平传播为主要方式，病毒通过呼吸道和消化道传播。处于潜伏期的猫可通过唾液排出高滴度的病毒（每毫升唾液可含 10^4~10^6 个病毒粒子）。进入猫体内的病毒可在气管、鼻腔、口腔上皮细胞和唾液腺上皮细胞内复制。一般认为，在自然条件下，消化道传播比呼吸道传播更易进行。除水平传播外，也可垂直传播，妊娠母猫可经子宫感染胎儿。本病病程较短，致死率高，约有半数的病猫在发病 28 日内死亡。

[症状] 本病潜伏期一般较长，症状多种多样。

（1）与 FeLV 相关的肿瘤性疾病

①消化道淋巴瘤。主要以肠道淋巴组织或肠系膜淋巴结出现 B 细胞性淋巴瘤为特征，临床上表现食欲减退，体重减轻，黏膜苍白，贫血，有时伴有呕吐或腹泻等症状。此型较多见，约占全部病例的 30%。

②多发性淋巴瘤。全身多处淋巴结肿大，身体浅表的病变淋巴结常可用手触摸到。瘤细胞常具有 T 细胞的特征。临床上表现消瘦、精神沉郁等一般症状。此型病例约占 20%。

③胸腺淋巴瘤。瘤细胞常具有 T 细胞特征，严重者整个胸腺组织被肿瘤组织代替。由于肿瘤形成和胸水增多，引起呼吸和吞咽困难常使病猫发生虚脱。该型常发生于青年猫。

④淋巴白血病。这种类型常具有典型症状，表现为初期骨髓细胞的异常增生。由于白细胞引起脾脏红髓扩张会导致恶性变细胞的扩散及脾脏肿大，肝常肿大，淋巴结轻度至中度肿胀。临床上出现间歇热，食欲下降，机体消瘦，黏膜苍白，黏膜和皮肤上出现出血点，血液学检查可见白细胞总数增多。

(2) 免疫抑制。FeLV 阳性猫死亡的主要原因是贫血、感染和白细胞减少。这些猫容易感染主要是由于 FeLV 所致的免疫抑制。

[病理变化] 由于本病症状多种多样，病理变化也较复杂。淋巴结发生肿瘤时，常可在病理切片中看到正常淋巴组织被大量含有核仁的淋巴细胞代替。病变波及骨髓、外周血液时，也可见到大量成熟淋巴细胞浸润。胸腺淋巴瘤时，剖检可见胸腔有大量积液，涂片检查，可见到大量未成熟淋巴细胞。

[诊断] 根据临床症状和病理变化，结合实验室检查可以做出初步诊断。若病猫持续性腹泻，胸腺出现病理性萎缩，血液及淋巴组织中淋巴细胞减少，经淋巴细胞转化实验证明其细胞免疫功能降低即可怀疑本病。确诊需进行血清学和病毒学检查。

目前，采用酶联免疫吸附试验（ELISA）快速诊断试纸诊断此病，还采用免疫荧光技术、中和试验、放射免疫测定法等方法检测病猫组织中 FeLV 抗原及血清中的抗体水平，而进行 FeLV 的诊断和分型。

[治疗] 临床上可通过血清学疗法治疗猫白血病毒和猫肉瘤病毒引起的肿瘤。有的学者不赞成对病猫施以治疗措施，因治疗不易彻底，且患猫在治疗期及表面症状消失后具有散毒危险。据介绍，利用放射性疗法可抑制胸腺淋巴肉瘤的生长，对于全身性淋巴结肉瘤也具有一定疗效。

[预防] 目前尚无有效疫苗可供使用。最有效的预防措施是建立无 FeLV 猫群。猫群中引进新成员时，必须进行 FeLV 检疫，确认无 FeLV 感染后方可混群饲养。

五、猫免疫缺陷病毒感染（Feline immunodeficiency virus infection）

猫免疫缺陷病毒感染是由猫免疫缺陷病毒（Feline Immunodeficiency Virus，FIV）引起危害猫类的慢性接触性传染病，也称猫艾滋病（FAIDS）。临床表现以慢性口腔炎、鼻炎、腹泻及高度虚弱为特征。20 世纪 90 年代香港曾报道猫艾滋病 1 例。

[病原] FIV 在分类上属反录病毒科，慢病毒亚科，免疫抑制群。核酸型为单股 RNA。FIV 能在原代猫血液单核细胞、胸腺细胞、脾细胞和猫 T-淋巴母细胞系如 LSA-1 和 FL-74 细胞上生长增殖。

[流行病学] 病猫的感染率明显高于健康猫。各种年龄、性别的猫均可感染发病，由于FIV感染的潜伏期较长，因此，发病多为5岁以上的猫；公猫的感染率比母猫高2倍多。尤其是未经去势的公猫患病更多。因此认为猫患FAIDS与其性行为有直接关系。

FIV主要经被咬伤的伤口而感染。散养猫由于活动自由，相互接触频繁，因此，较笼养猫的感染率要高。在猫两性间的互舐中，通过唾液也能传染FIV。精液是否传染FIV未得到证实，母子间可相互传染。

本病呈世界范围性分布，在流行地区的猫群中，FIV阳性率达1%~12%，高危险猫群中高达15%~30%。猫群密度越大，患FAIDS的猫越多。

[症状] 潜伏期长短因猫而异。发病初期，表现发热、不适、嗜中性白细胞减少、淋巴腺肿等非特异性症状。随后50%以上病猫表现慢性口腔炎、齿龈红肿、口臭、流涎，严重者因疼痛而不能进食。约25%的猫出现慢性鼻炎和蓄脓症。病猫常打喷嚏，流鼻涕，长年不愈，鼻腔内储有大量脓样鼻液。由于FIV破坏了猫的正常免疫功能，肠道菌群失调，常表现菌痢或肠炎。约10%猫的主要症状为慢性腹泻。约5%表现神经紊乱症状。发病后期常出现弓形体病、隐球菌病、全身蠕形螨和耳螨疥癣等。有些病猫因免疫力下降，对病原微生物的抵抗力减弱，稍有外伤，即会发生菌血症而死亡。

[病理变化] 依症状表现不同可见不同的病理变化过程。结肠可见亚急性多发性溃疡病灶，在盲肠和结肠可见肉芽肿，空肠可见浅表炎症。淋巴结滤泡增多，发育异常呈不对称状，并渗入周围皮质区，副皮质区明显萎缩。脾脏红髓、肝窦、肺泡、肾及脑组织可见大量未成熟单核细胞浸润。

[诊断] 可采用病毒分离鉴定及免疫荧光试验等方法在有条件的实验室进行。

当前临床上已有酶联免疫吸附试验（ELISA）快速诊断试纸诊断此病。

[治疗] 目前尚无治疗本病的有效药物和疗法。患病猫只能采取对症治疗和营养疗法以延长生命。特异性抗病毒药物叠氮胸腺嘧啶虽已成功地试用于人艾滋病治疗，但尚未在FIV感染猫中试用。

[预防] 疫苗的研究工作正在进行，尚未在临床上应用。最佳的预防措施是改善饲养环境和饲养方式，改散养为笼养。猫的住处和饮食用具要经常消毒，保持清洁，雄猫实行阉割去势术。病（死）猫要集中处理，彻底消毒，以消灭传染源，逐步建立无FIV猫群。

六、猫杯状病毒感染（Feline calicivirus infection）

猫杯状病毒（Feline Calicivirus，FCV）感染是猫病毒性呼吸道疾病的一种，主要表现为上呼吸道症状，双相发热，浆液性和黏液性鼻漏，结膜炎，极度沉郁，有的病猫可听诊到呼吸啰音。猫FCV感染是猫的多发病，发病率较高，但死亡率较低。

[病原] FCV在分类上属杯状病毒科，杯状病毒属。核酸型为单股RNA。FCV对脂溶剂（如乙醚、氯仿和脱氧胆酸盐）具有抵抗力；对pH的敏感性介于肠道病毒和鼻病毒之间，pH3时失去活力，pH4~5时稳定；50℃ 30分钟灭活，$MgSO_4$和$MgCl_2$不能增强病毒对热的抵抗力。FCV无血凝性，只有1个血清型。

[流行病学] 自然条件下，仅猫科动物对FCV易感，常发于56~84日龄的猫，但7~84日龄

的猫均可感染发病。该病传染源主要是病猫和带毒猫。前者在急性期可随分泌物和排泄物排出大量病毒，污染笼具、地面等物品，也可直接传给易感猫。后者一般由急性病例转变而来，虽然临床症状消失，但可长期排毒，是最重要和最危险的传染来源。宠物商店、动物医院、后备种群、实验猫群等密集聚居处，更利于 FCV 的传播。

[症状] FCV 感染猫的潜伏期约 2~3 日，而后发热 39.5~40.5℃。症状的严重程度依感染病毒毒力的强弱而不同。口腔溃疡是具有特征性的症状，常见于舌和硬腭，尤其是腭中裂周围。舌部水泡破溃后形成溃疡，有时，鼻黏膜也可出现类似病变。

病猫精神欠佳，打喷嚏，口腔和鼻、眼分泌物增多，有时出现流涎和角膜炎。鼻、眼分泌物初呈浆液性、灰色，后呈黏液性，4~5 日后则可呈黏液脓性。有时可见痢疾和温和性白细胞减少的症状。病毒毒力较强时，可发生肺炎而表现呼吸困难等症状。小于 84 日龄的猫常可因此致死。某些毒株仅能引起发热和肌肉疼痛而无呼吸道症状。

猫感染 FCV 时，症状通常不如感染 FHV-1 时严重，多能耐过，7~10 日后恢复。耐过猫虽然临床症状消失，但往往成为带毒者，病毒主要存在于咽部，尤其是扁桃体内，成为危险的传染源。

[病理变化] 表现上呼吸道症状的猫，可见结膜炎、鼻炎、舌炎及气管炎。舌、腭部初为水泡，后期水泡破溃形成溃疡。溃疡的边缘及基底有大量嗜中性白细胞浸润。下呼吸道症状的病猫肺部可见纤维素性肺炎及间质性肺炎，后者可见肺泡内蛋白性渗出物及肺泡巨噬细胞聚积，肺泡及其间隔可见单核细胞浸润。

支气管及细支气管内常有大量蛋白性渗出物、单核细胞及脱落的上皮细胞。若继发细菌感染时，则可呈现典型的化脓性支气管肺炎的变化。表现全身症状的仔猫，其大脑和小脑的石蜡切片可见中等程度的局灶性神经胶质细胞增生及血管周围套出现。

[诊断] 由于多种病原均可引起猫的呼吸道疾患，且症状非常相似，因此，确切诊断较为困难。本病急性期，可取眼结膜刮取物、鼻腔分泌物和咽部及溃疡部组织，用猫原细胞进行病原分离。病毒的鉴定可用补体结合试验、免疫扩散试验及免疫荧光试验进行。

临床上已有快速诊断试纸诊断本病。

[治疗] 无特异性疗法。发生结膜炎的病猫，可用金霉素或氯霉素眼药水滴眼；发生鼻炎的病猫，可用麻黄素、氢化可的松和庆大霉素滴鼻；口腔溃疡严重时，可涂搽碘甘油或结晶紫。急性期病例，可应用广谱抗生素防止继发感染。

[预防] 该病康复猫带毒可达 35 日之久，故对其应严格隔离，防止病毒扩散。目前国外已有 FCV 弱毒疫苗以及与 FPV、FHV-1 等组成的联苗可供使用。

七、猫星状病毒感染 (Feline astrovirus infection)

本病是由猫星状病毒感染而引起的一种病毒性传染病。以持续性水样腹泻为主要特征。

[病原] 猫星状病毒是一种能引起猫腹泻的单链小 RNA 病毒。其生物学特征目前资料还不够全面。

[流行病学] 本病主要通过病猫消化道排泄物病毒传染。病猫和隐性带毒猫是主要的传染源，通过直接接触传染。健康猫通过消化道传染。

［症状］自然感染猫主要表现为持续性绿色水样腹泻，由于大量失去体内水分，病猫迅速消瘦，体重减轻、呕吐、厌食甚至废食。严重病例到后期表现为极度虚弱。最后可因脱水及电解质平衡紊乱而导致死亡。但大多数猫感染星状病毒后期表现为隐性、温和型和自限性感染。

［治疗］主要应采取对症治疗措施，可给猫用复方氯化钠制剂，及时补充失去的水分和电解质，并给予多种维生素。为防止继发感染，应给予广谱抗生素。

［预防］目前对猫尚无有效的疫苗，预防本病应加强饲养管理及常规消毒，防止病猫与健康猫接触。

八、猫轮状病毒感染（Feline rotavirus infection）

本病是由猫轮状病毒感染引起的一种病毒性传染病。以急性腹泻为主要特征。

［病原］猫轮状病毒是一类能够导致多种动物腹泻、相互间高度关联，具有囊膜的 RNA 病毒。

［流行病学］猫的轮状病毒感染十分普遍，健康猫和腹泻猫的粪便中均可分离到病毒。不同年龄、品种和性别的猫均对本病毒敏感。但一般成年猫发病率不高。幼猫发生本病往往与断乳、运输、气温突变、饲养管理条件恶化等应急因素和混合感染有关。

［症状］目前缺乏对自然感染猫的临床症状的系统描述。实验性感染猫，一般病猫呈现隐性、温和型和自限性腹泻。

［治疗］临床上对轮状病毒感染采取对症治疗。对腹泻主要采用补液疗法，可以静脉补给液体和电解质。同时采取支持疗法。应用各种维生素，能量制剂等，补充机体所需。对于有混合感染者，应针对感染的细菌种类，选用敏感药物进行抗菌治疗。

［预防］目前还没有有效的疫苗。病猫应隔离，防止相互传染。同时加强环境卫生的消毒工作。

九、猫牛痘病毒感染（Feline cowpox virus infection）

猫牛痘病毒感染是由牛痘病毒或类牛痘病毒感染引起的一种病毒性传染病。本病在家猫和野生猫中不常发生。主要见于西欧。

［流行病学］猫是偶然宿主，通过和自然贮存宿主（如野生啮齿动物和小型哺乳动物）接触而感染。本病发生似有季节性，多数病例出现在 6~11 月份，即夏秋季节。

［症状］病毒可典型地引起皮肤丘疹或结节，继而发展为水疱并破裂，留下溃疡面或结痂。丘疹或结节最常见于头颈和四肢，也可发生于机体任何部位。临床上患猫表现不适、发热、食欲减退或更严重的致死性全身感染，出现支气管肺泡肺炎和渗出性胸膜炎。

［诊断］本病可通过免疫荧光测定或电镜观察进行诊断，在感染组织内见到痘病毒即可确诊。

［治疗］本病尚无特效治疗药物，只能采取支持疗法，保持体液平衡及营养摄入，并服用适当的广谱抗生素。皮质类固醇可加重病情，应禁用。多数轻微皮肤痘病变的猫，可在 4~6 周内康复，但皮肤广泛性损害和免疫损伤的猫常以死亡告终。

[预防] 目前尚没有特异性疫苗应用。预防本病的办法是避免猫和野生贮存宿主接触，牛痘感染还可由病猫传染给人类，引起威胁生命的全身性疾病，因此，应引起高度重视。

十、猫海绵状脑病（Feline spongiform encephalopathy）

猫的传染性海绵状脑病是由朊病毒（Prion）感染引起的一种以神经症状为主要特征的传染病。

[病原] 朊病毒是一类非正常的病毒，它不含有通常病毒所含有的核酸，而是一种不含核酸仅有蛋白质的蛋白感染因子。其主要成分是一种蛋白酶抗性蛋白，对蛋白酶具有抗性。正因为这种结构特点，使其具有易溶于去污剂、有致病力和不诱发抗体等特性，给诊断和防治带来很大麻烦，给人类和动物的健康和生命带来严重的威胁。朊病毒颗粒对一些理化因素的抵抗力之强，大大高于已知的各类微生物和寄生虫，其传染性强、危害性大的特性极不利于人类和动物的健康。朊病毒从一类动物传染给另一类动物后，即这种病毒跨物种传播后，其毒性更强，潜伏期更短。

[流行病学] 据报道，猫患本病是因饲喂含未完全加工已感染疯牛病病毒的肉和骨的饲料所致。

[症状] 病猫呈进行性神经症状，运动与感觉反应受到严重影响，大部分感染猫行为异常。

[诊断] 猫海绵状脑病的诊断可通过组织病理学检查进行，病猫呈现典型海绵状脑病病变，脑内出现原纤维和修饰的 PrP 蛋白。

[预防] 对本病目前尚无有效治疗方法，感染猫常以死亡告终。如生前怀疑患猫为海绵状脑病，可实施安乐死术。

疯牛病的致病因子仅存在于牛的脑、脊髓和小肠内，因此，避免猫摄入以上 BSE 感染组织，就可有效防止本病发生。按照 BSE 的根除计划，改变饲料加工程序就可消除该病在宠物中的流行。

十一、猫呼肠孤病毒（Feline reovirus infection）

本病是由猫呼肠孤病毒（Reovirus）感染引起的一种病毒性传染病。

[病原] 猫呼肠孤病毒是一种定居于多种动物上呼吸道和胃肠道的双链 DNA 病毒。目前已从健康猫和病猫分离到 3 个同型（血清型）呼肠病毒，但一般不具明显的致病性。

[流行病学] 呼肠孤病毒感染在猫群中非常普遍。血清流行病学调查显示Ⅲ型感染最常见，Ⅱ型感染最少。

[症状] 以Ⅱ型呼肠孤病毒进行实验性感染，可引起猫发生隐性感染并发生血清阳转，或引起温和型缺乏全身症状的自限性腹泻。据报道，自然感染猫可引起腹泻和瞬膜前突。Ⅲ型呼肠孤病毒实验性感染可引起仔猫发生浆液性或黏液脓性结膜炎，但在自然发生的上呼吸道疾病中的作用并不明确。

[诊断] 呼肠孤病毒的诊断常用病毒分离的方法，接种时病料为结膜拭子或粪便。

[治疗] 患猫稍加治疗即可康复。尚无特异性治疗方法。

［预防］目前对本病无有效的预防措施。

十二、鲍纳病毒病（Borna virus disease）

猫的鲍纳病是由鲍纳病毒科中的鲍纳病病毒（Borna disease virus，BDV）引起的一种以非化脓性脑脊膜脑脊髓炎为特征的传染病。

［病原］鲍纳病病毒为有囊膜的 RNA 病毒，直径 85~125nm，基因组为不分节段的负股单链 RNA，长约 8.9kb，含 5 个主要的开放阅读框架，编码 3 种结构蛋白，排列顺序及大小依次为 5’P^{38}–P^{14}–P^{24}–3’，但其抗原性较弱，很难在机体测出其中的抗体。病毒可在水貂胚胎脑细胞中增殖。

［流行病学］鲍纳病病毒可能是一种虫媒病毒，蜱是可能的传播媒介，飞沫传染及经饲料饮水传播也可能存在。

［病状］急性感染时，临床症状包括步态摆晃、后肢运动失调、轻瘫，欲称“摇摆病”。在鲍纳病流行地区，亚临床感染十分普遍。临床上表现正常，但血清呈阳性。病理表现为非化脓性脑膜脑脊髓炎，包括血管周围淋巴细胞性浸润（血管套）、神经节细胞变性以及神经胶质细胞增生等。在海马角和嗅球的神经细胞内，出现小型的圆形嗜伊红性核内包涵体。

［诊断］根据临床症状和躯体运动表现，可对本病做出初步诊断。对脑脊髓液进行分析，应呈现非化脓性炎症特征。可通过死后组织学检查、免疫学诊断以及对脑组织 BDV 的 RT–PCR 扩增进一步确诊。

［治疗］本病目前尚无特异性治疗方法，急性感染猫可自然康复。对病情严重的病猫，治疗时，可根据临床症状进行一些对症治疗，以减轻病猫痛苦。

［预防］目前尚无用于本病预防的专用疫苗。主要通过防止与病猫接触，严格消毒，保持环境卫生等综合性防治措施来进行预防。

第三节　犬、猫的细菌性传染病

犬、猫的细菌传染病较多，多数都是常见多发病，危害较重。有些属人畜共患性传染病，在公共卫生上有着十分重要的意义。

一、破伤风（Tetanus）

破伤风是由破伤风杆菌产生的特异性嗜神经毒素引起的人畜共患病，在世界各地都有发生。病的特征为动物的运动神经中枢应激反应性增高，肌肉持续性痉挛收缩，污染地区的犬、猫也有发生。

［病原］破伤风杆菌，为革兰氏染色阳性长杆菌。周身鞭毛，能运动，无荚膜。芽胞位于一端，大于菌体，呈羽毛球拍状（图 3–3–1）。

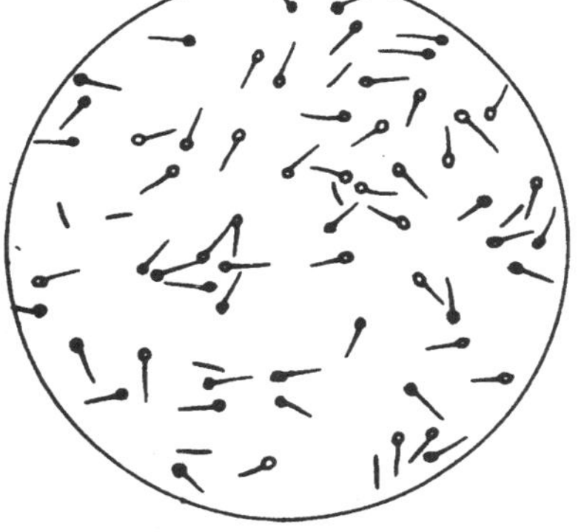

图 3–3–1　破伤风梭菌芽胞

在老龄培养物中往往不见杆状菌体，只见芽胞。

本菌严格厌氧，在普通培养基生长良好。在普通琼脂上长成细小、隆起、稍透明、蜘蛛状，或呈一薄层状菌落；在肉汤中呈略浑浊，而后沉淀，上澄清状；明胶穿刺培养时呈沿穿刺线穗状生长、棉花状放射，继而液化培养基变黑，并产生气泡；在厌气肉肝汤中呈稍浑浊，有细颗粒状沉淀，有咸臭味。本菌生化反应不活泼，一般不发酵糖类。

本菌能产生两种毒素：一种是破伤风痉挛毒素（神经毒素），为由 10 多种氨基酸组成的蛋白质，可被蛋白酶破坏，其毒性仅次于肉毒梭菌毒素（10^{-7}mg 能致小鼠死亡）。毒素性质不稳定，65℃ 5 分钟直射日光、0.05%盐酸、0.3%氢氧化钠或 70%酒精 1 小时即破坏。0.3%甲醛溶液作用 28 日后可脱毒为类毒素，接种动物产生抗毒素，能中和毒素。痉挛毒素主要作用于神经系统，可使感染动物发生强直症。另一种是溶血毒素，可使红细胞崩解，与破伤风杆菌致病性无关。对热不稳定，易被氧化灭活，但与神经组织结合后就不易被中和。

本菌抗原一是菌体抗原，二是鞭毛抗原。现有 10 个菌型，各型菌产生的毒素具有相同的生物学活性和免疫活性，可被任何一型抗毒素所中和。

菌的繁殖体抵抗力不强，100℃ 5 分钟即杀死。芽胞抵抗力极强，在土壤中可存活 10 年以上，一般消毒药不能杀死，含芽胞的材料经煮沸 1~3 小时才能被杀死。本菌对青霉素、磺胺类药物敏感。

［**流行病学**］易感动物十分广泛，犬、猫也感染。破伤风菌特别是芽胞广泛存在于自然界，污染的土壤、圈舍、环境、垫料、尘土和粪便等都是主要的传染源。据调查，动物粪便中破伤风杆菌芽胞的频率为：犬 50%，鼠 30%，绵羊 25%，牛 0~20%，马 16%~18%，家禽 15%。本病一般都是通过伤口进入机体，当侵入伤口的芽胞在适宜的条件下出芽繁殖产生大量毒素而致病，伤口小或由于伤口凝血、坏死、痂皮和粪土覆盖等造成厌氧环境，则更易产生大量毒素而发病。

本病由于感染途径特殊，故多呈散发；也无明显的季节性，各种年龄动物均感染。幼龄犬、猫比老龄的犬、猫更易感。农村散养犬、猫的发病率要比城市室内养的犬、猫发病率高，平原地区的要比高原地区的高，农区高于牧区，鼠多地区高于鼠少地区。

［**症状**］潜伏期根据伤口的深度、污秽程度和伤口部位有关，一般犬、猫 4~10 日，长的可达 2~3 周。伤口深而小和污秽，则厌氧条件好，离中枢又近，潜伏期短、发病快，病情也越严重。

通常犬、猫对破伤风毒素有一定抗性，故在临床上局部强直、痉挛较多见，即靠近伤部的肢体发生痉挛强直。有的出现牙关紧闭。部分敏感病例则发生全身性强直痉挛，对外界刺激非常敏感而引发兴奋，甚至出现耳朵僵硬竖起、瞬膜突出，口角向后吊起，脊柱僵直，呈木马样姿势，有的因呼吸肌痉挛而发生呼吸困难和吞咽困难，这在犬比较多见。一般患犬、猫神志清醒，有饮食欲，体温不高，最后窒息死亡。

［**剖检变化**］破伤风病尸一般无特殊的肉眼病变，仅可见到运动肌肉间浆液性浸润，黏膜、浆膜上有小出血点，肺充血、水肿，窒息致死病例血凝不良，呈紫黑色，有的可以找到伤口。

［**诊断**］典型病例根据症状可以诊断，但要与狂犬病、脑炎区别。对可疑病例则可以进行实验室检查后做出诊断。

（1）病料采取与检查程序。通常可采取伤口的分泌物、坏死组织等作为检查病料。实验室检查程序见图 3–3–2。

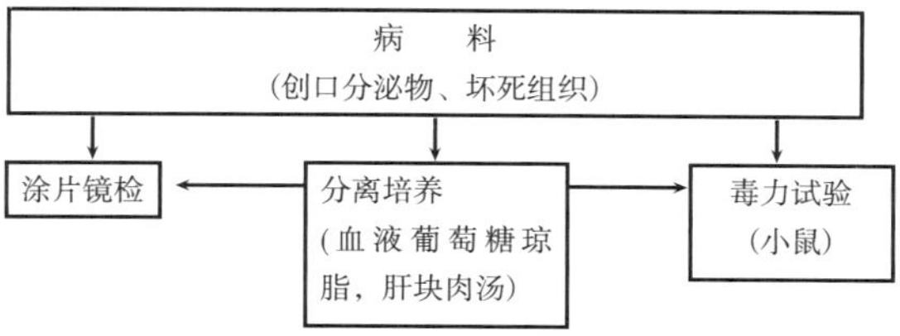

图 3–3–2　破伤风实验室检查程序

（2）涂片镜检。取创口深部的分泌物、坏死组织等病料和分离培养物涂片，做革兰氏染色后镜检，可见到状如鼓锤的单个或呈短链的阳性菌。

（3）分离培养。取病料做适当稀释后加热至 80℃，20 分钟，以杀死非芽胞菌，然后取液体接种于血液葡萄糖琼脂、肝块肉汤进行厌气培养，在血液葡萄糖琼脂上可见到典型溶血菌落；在厌气肉肝汤中呈浑浊生长，肝块软化成玫瑰色并有咸臭气味。

（4）毒力试验。取病料匀浆滤液或分离培养物滤液接种小鼠尾根部皮下，于注射后 12~24 小时出现尾强直、后肢及全身肌肉痉挛，甚至死亡，证明破伤风毒素的存在，判为阳性。

[治疗] 本病必须尽早发现、及时治疗才能见效，晚期病例无治愈可能。

（1）精心护理。一经发现应立即移至安静、温暖、清洁、光线幽暗的环境中，并立刻进行治疗，如有食欲则可供给富含营养、易消化的食物和饮水。

（2）清除病原。尽快找到伤口，进行外科扩创，清除伤部的脓汁、坏死组织和异物等，然后用 3%双氧水、1%高锰酸钾液或 5%~10%碘酊清洗消毒，再撒布碘仿硼酸合剂，并用青霉素、链霉素做封闭注射，以清除破伤风梭菌防止或减少毒素产生。

（3）特异性治疗。有效的疗法是尽早用破伤风抗毒素治疗，效果甚好。一般治疗剂量为每千克体重 500~1000u，可分点注射于创伤周围组织，也可静脉注射。通常在静脉注射前，先注射糖皮质激素或抗组织胺，以防止过敏反应发生。应该说明的是：抗毒素只能中和组织中未与神经细胞结合的毒素，不能进入脑脊髓和外周神经中而使已与神经细胞结合的毒素解脱出来；抗毒素仅在一定程度上减少神经细胞进一步的中毒，因此越早使用越好。

（4）对症治疗。在出现强烈兴奋或强直性痉挛时，可用氯丙嗪、巴比妥钠等镇静药物治疗。采食、饮水困难时可进行补液、补糖。酸中毒时，可静脉注射碳酸氢钠液进行缓解。也可用抗菌药物防止肺炎等继发病。

[预防] 首要的是防止创伤发生，一旦发现创伤应及时进行消毒以防感染，特别是对污秽、深部创伤要尽快清洗消毒。其次，在本病污染地区，一经发现深部创伤病例要及时注射破伤风抗毒素（血清）3000~8000u，可预防 4 周，防止发病。对污染、常发地区（场、群）的犬、猫每年皮下注射破伤风明矾沉降类毒素（疫苗）0.2~0.5ml，一般在 1 个月后产生免疫力，持续 1 年，第二年再注射 1 次，免疫期可持续 4 年。

二、结核病（Tuberculosis）

结核病是由结核分枝杆菌属中不同分枝杆菌种所致的人畜共患病。病的特征是在多种器官组织形成肉芽肿和干酪样或钙化病灶，多数呈慢性经过。世界各地都存在，犬、猫也感染发病。

[病原] 感染犬、猫的病原主要是分枝杆菌属中的结核分枝杆菌（即人型结核分枝杆菌）和牛结核分枝杆菌（即牛型结核分枝杆菌）。结核分枝杆菌、牛结核分枝杆菌与禽结核分枝杆菌均具有属的特征，如好氧、呈平直或稍弯细长和革兰氏染色阳性；富含类脂质、具抗酸性；不形成鞭毛和芽胞；对营养要求比较特殊。3 型结核分枝杆菌也存在形态、培养和致病上的差异，各有特性，见表 3–3–1。

表 3–3–1 结核分枝杆菌、牛结核分枝杆菌与禽结核分枝杆菌的特性差异

种	形态	培养特征		致病力				
		固体培养	液体培养	兔	豚鼠	鸡	犬	猫
人种	直或微弯曲，单个或平行、聚排，多为棍棒状，间或分枝状	菌苔干燥、粗糙，呈沙粒或疣状生长，呈灰或灰黄色	形成大块，多皱菌膜，日久部分菌膜下沉	+	+ + + +	−	+ +	+ +
牛种	短而粗，着色不均匀	生长更缓慢，菌落小而粗糙、干燥	菌膜瘠薄或呈网状，日久菌膜下沉	+ + + +	+ + + +	−	+ +	+ +
禽种	短而小，呈多形性	生长快，菌落光滑、湿润、丰盛，呈灰黄色片	形成厚而干燥粗糙菌膜，日久下沉后呈胶状物	+ + + +	+	+ + + +	−	−

本菌常用 Ziehi–Neelsen 氏抗酸性染色法染色，人工培养时需严格需氧，在加有蛋黄、血清、牛乳、马铃薯、甘油及吐温 80 的培养基上生长良好。菌对外界环境的抵抗力较强，在干燥的痰、病变组织和尘埃中可存活 6~8 个月，对紫外线敏感，直射日照 4 小时可杀死。一般消毒药在短时间内杀不死。其抵抗力较强与菌体含有大量类脂质与蜡质有关。对链霉素、异烟肼、对氨基水杨酸和环丝氨酸等药物敏感。

所有结核分枝杆菌都具有厚的细胞壁并含有极高的脂质成分（60%）、蛋白质和多糖等成分，具有增强对 T 细胞依赖性抗原作用；细胞壁中的蛋白质可使机体产生抗体，其中之一即结核菌素，与蜡结合可引起机体产生迟发性变态反应。多糖质与脂质结合成脂多糖，可引起机体发生速发性过敏反应，也可抑制抗原与抗体反应。核蛋白体核糖核酸（NRNA）是菌的免疫性抗原，能使机体产生特异性细胞免疫力。

本菌不产生外毒素和侵袭性酶，也无内毒素。其侵袭力与细胞壁中的类脂质、蛋白质和多糖质密切相关，多糖质与脂质结合的脂多糖能引起局部病灶内细胞浸润；类脂质中的磷脂、脂肪酸和蜡质能引起结核性细胞病变和干酪样坏死及结核结节。

[流行病学] 病兽特别是开放性结核病兽是主要传染源，带菌的人、牛、犬、猫等的痰分泌物中有大量菌排出扩散，通过污染的尘埃、饲料和水经消化道、呼吸道传染给健康犬、猫，但由犬、猫传染给人的病例尚无报道。猫也能通过带菌的牛乳和肉、内脏而感染牛结核分枝杆菌，其感染率远大于感染（人）结核分枝杆菌；据调查，城区结核病家庭中的猫发病率最高，约占猫中的 1%~12%，而在猫结核病中牛结核分枝杆菌的感染率占 94.7%、人种菌占 5.3%。犬、猫对禽结核分枝杆菌有天然抵抗力，临床上极少有感染发病。

[症状] 犬、猫结核多为亚临床感染，有的则在入侵局部引起原发病灶。犬感染后多表现

为支气管肺炎，胸膜有结核结节，发热，食欲下降，进行性消瘦，出现啰音和干咳；严重的病灶蔓延到胸膜、心包膜而出现呼吸困难、发绀和右心衰竭；若感染后发生原发性肠道病灶，则出现呕吐、腹泻。

猫结核病例表现以皮肤结核为多，常在颈部和头部主要是眼睑、鼻梁、颊部出现结节和溃疡；同时发生食欲时好时坏，贫血，进行性消瘦。肺结核病猫出现呼吸急促乃至困难。肠结核伴发下痢。

［剖检变化］ 患兽消瘦。犬多在肺、气管、淋巴结见到原发性病灶，即内含灰白色乃至黄灰色物外有包囊的结核结节。常见的继发性病灶为胸膜、心包膜、心肌、肝脏和肠壁的结核节，融合的、干酪样的，甚至空洞都可见到。

猫结核原发生结节病灶，多呈针头大、圆形、灰白色瘤状。眼结核病例，在虹膜边缘有小扁豆大的干酪性结节，在结膜、角膜也可见到。继发性结核病例，多在肠系膜淋巴结、脾脏和皮肤见到结核病灶。

［诊断］ 本病无特征性症状，迫杀或尸体剖检后根据结核病变可以做出诊断。对临床可疑病例应进行实验室检查。

（1）透视检查。X 线透视可确定病灶性质、范围、部位，并可判定治疗效果。

（2）结核菌素皮内反应试验。多采用结核菌钝化蛋白提取物（PPD）进行皮内反应试验，剂量为皮内注射结核菌素 250u/0.1ml，然后测定注射部皮厚（肿胀）作出判定。但由于猫的反应较弱，故多用于犬结核病的诊断。

（3）病料采取与实验室检查程序。生前可以采取痰液、尿液、乳汁、血清，死后则采取淋巴结、结核病灶等病料。检查程序如图 3-3-3 所示。

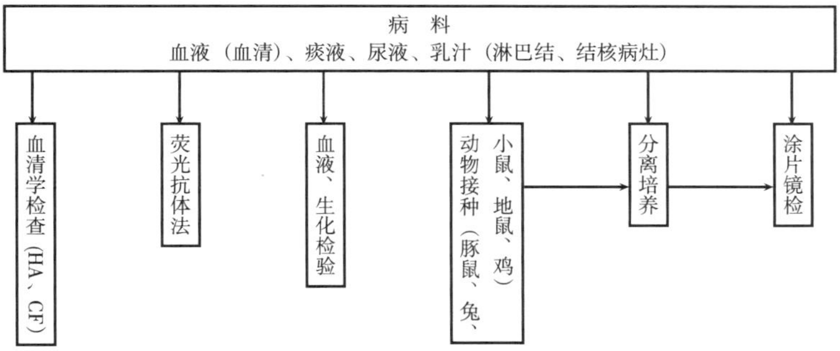

图 3-3-3　结核病实验室检查程序

（4）涂片镜检。取痰液、尿液、乳汁、病灶干酪样脓汁或分离培养物做厚涂片，火焰固定，用 Ziehi-Neelsen 氏抗酸性染色法染色，镜检可见红色的结核分枝杆菌，其他菌呈蓝色。

（5）荧光抗体法。取痰液、尿液、乳汁、病灶干酪样脓汁做涂片和取淋巴结等病料组织制成切片，进行荧光抗体染色后镜检，可见到发荧光的结核分枝杆菌。

（6）血液、生化检验。取血液做细胞计数检查，可见到红细胞减少和白细胞增多；做生化检验，出现血清白蛋白含量降低、球蛋白增高。

（7）血清学检验。取血清进行血凝（HA）试验及补体结合试验（CF），补体结合试验的阳性与结核菌素皮内反应试验的阳性符合率可达 50%~80%。

(8) 分离培养。将病料先用4%氢氧化钠液处理以杀灭其他细菌，然后取沉淀物接种Lowen-steia-Jensen氏培养基，置37℃培养1周以上可见菌生长。

(9) 动物接种。取病料匀浆液或分离培养物腹腔接种豚鼠、兔、小鼠、地鼠、鸡进行毒力测定和菌的鉴定。

[治疗] 从公共卫生角度看，除非贵重名贵品种的犬、猫病例在严格隔离条件下有治疗价值外，通常对病患和阳性病例均采取捕杀，以防止散毒。

可采用的治疗药物与方法如下：异烟肼，每千克体重4~8mg，每日2~3次；利福平，每千克体重10~20mg，分2~3次口服；链霉素，每千克体重10mg，每日2次肌肉注射，但猫不宜应用。上述治疗方法仅能收到临床治愈的目的，防止排菌和复发，不能杀灭体内的病菌。完全治愈尚需靠犬、猫提高自身抵抗力和免疫力，即加强饲养管理。

若出现全身症状，可对症治疗。

[预防]

(1) 定期进行检疫，将检疫阳性病例和可疑病例立即进行隔离或做捕杀处理，彻底消除疫源。

(2) 牛乳、牛肉等饲料必须煮熟后喂，不得生喂。

(3) 结核病家庭不宜饲养犬、猫，特别不能亲吻犬、猫，不得随地吐痰。

(4) 在免疫预防上，可试用卡介苗做预防接种，免疫期可达1年。

三、布鲁氏菌病 (Brucellosis)

本病是由布鲁氏菌引起的一种人畜共患性传染病。本病的特征为：生殖器官和胎膜发炎，引起流产、睾丸肿、不育及多种器官组织的局部病灶。世界各地都存在，我国也有发生、流行，尤以东北、内蒙古和西北等牧区的羊、牛、鹿最为严重；犬布鲁氏菌病则以吉林、广西等地区为重，猫的病例不多见。

[病原] 布鲁氏菌属中共有6个种，20个生物型，即马耳他布鲁氏菌，我国称羊种布鲁氏菌，有3个生物型；流产布鲁氏菌，我国称牛种布鲁氏菌，有8个生物型；猪布鲁氏菌，有4个生物型；绵羊布鲁氏菌；沙林鼠布鲁氏菌和犬布鲁氏菌。在我国已发现牛种菌的1、2、3、4、5、6、9型和猪种菌的1、3型，犬种菌也已发现。

在自然条件下引起犬、猫布鲁氏菌病的病原主要是犬种菌、牛种菌和羊种菌，呈现显性的或隐性的感染，成为重要的传染源。

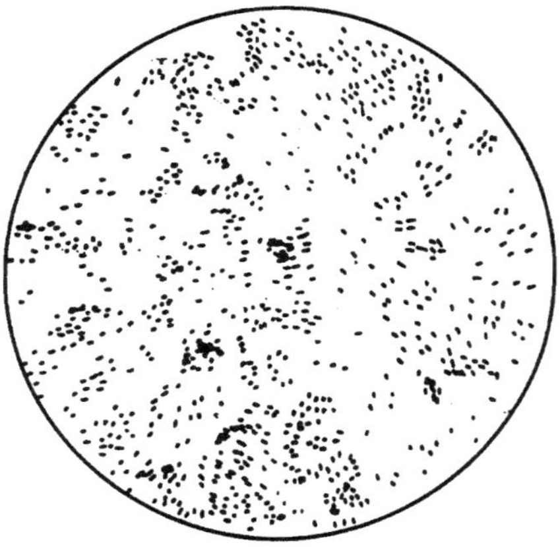

图3-3-4 布鲁氏菌形态排列

本菌为革兰氏染色阴性的球杆状或短杆状菌，多呈单在，很少成对、短链或聚堆排列（图3-3-4），不形成荚膜，无运动性。为需氧菌，初代分离培养对需要在加有血液、血清、组织提取物或吐温40的培养基中生长，而且生长缓慢，经数代培养后才能在普通培养基、大气环境中生长，且生长较快，由原来的7~14

日变为 2~3 日。

本菌有 3 种抗原，即 A、M 和 R 抗原，光滑型菌株以含 A 和 M 抗原为主，但在每种菌的分布比例不同；粗糙型菌株不含 A、M 抗原，仅含 R 抗原。但光滑型和某些粗糙型菌株存在着共同的亚表面抗原（天然半抗原），具有反应原性。

本菌的抵抗力不强，直射日光下 0.5~4 小时杀死，在土壤中可活存 20~40 日，在乳、肉中可存活 60 日，在皮毛上可生存 75~120 日，一般消毒药均可将其杀死。

[流行病学] 多种动物（人、羊、牛、猪、鹿、马、骆驼、犬、猫等）均对布鲁氏菌有易感性或带菌，实验动物中如豚鼠、小鼠、兔等也感染，只是对不同菌的种、型、株的感染性有差异。因此，本病的传染源十分广泛。流产母犬从阴道分泌物、流产胎儿、胎衣等排菌，菌也随乳汁排出，其排菌时间可持续一年半以上；产下的仔犬多数已发生胎盘垂直感染而成为带菌者，仔、母犬都可成为菌的宿主，是十分危险的传染源，招致传染人和其他动物。患病及感染的公犬、猫，可自精液和尿液排菌，成为传染源，这在发情季节非常危险，到处扩散传播。

小型纯种犬、猫易感性最高，在群养犬、猫（场）中断奶幼犬、猫的感染率可达 75%而发生暴发，城市和农村散养的犬、猫多呈散发。性成熟的和繁殖的犬、猫发病多，初胎犬、猫发生较多见。除了可垂直感染外，吃食污染食物以及交配等途径通过消化道感染和损伤的黏膜、皮肤感染。

[症状] 潜伏期长短不一，短的半月，长的半年，在未出现流产病状前处于不显性感染。一般在母犬、猫妊娠的最后 30~50 日发生流产，流产后阴道长时期流出分泌物；有的在流产、死产后出现不孕；有的则发生反复流产。公犬和公猫感染后有的不显症状，有的出现睾丸肿（睾丸炎、附睾炎和前列腺炎）或睾丸萎缩，也可招致不育。患犬和患猫也有的发生关节炎、腱鞘炎而表现跛行。

[剖检变化] 隐性感染病例见不到明显的病理变化，仅可见到淋巴结炎性肿胀。有症状的病例则可见到关节炎、乳腺炎、睾丸炎、淋巴结炎、骨髓炎等病变。流产母犬和母猫及孕犬、孕猫可见到阴道炎及胎盘、胎儿部分溶解，并伴有脓性、纤维素性渗出物和坏死灶。发病的公犬和公猫可见到包皮炎性变化和睾丸、附睾丸炎性肿胀等病灶。

[诊断] 引发犬、猫流产、不育和睾丸肿的原因比较复杂，故根据临床症状和流行特点等只能做出初步诊断，与钩端螺旋体病等鉴别或确诊，尚需进行实验室检查。

（1）变态反应。于犬、猫尾根部无毛处皮内注射布鲁氏菌水解素 0.2ml，在 24~48 小时各检查 1 次，出现明显水肿判为阳性。

（2）病料采取与实验室检查程序。采取流产胎衣、羊水、阴道分泌物和胎儿胃内容物、肺、肝以及有病变的肝、脾、淋巴结，或乳腺、睾丸、附睾等病变组织，或乳汁、初乳、精液、血液、血清等。实验室检查程序如图 3–3–5 所示。

（3）涂片镜检。几乎从布鲁氏菌感染动物的组织和分泌物的涂片中都可检出菌。常用的是采取流产胎衣、绒毛膜水肿液、胎儿胃内容物或肝、脾、淋巴结等病变组织，制成涂（触）片后用柯兹罗夫斯基法染色，镜检可见到红色、球杆状的菌；也可用革兰氏法染色，镜检可见到阴性的球杆菌。

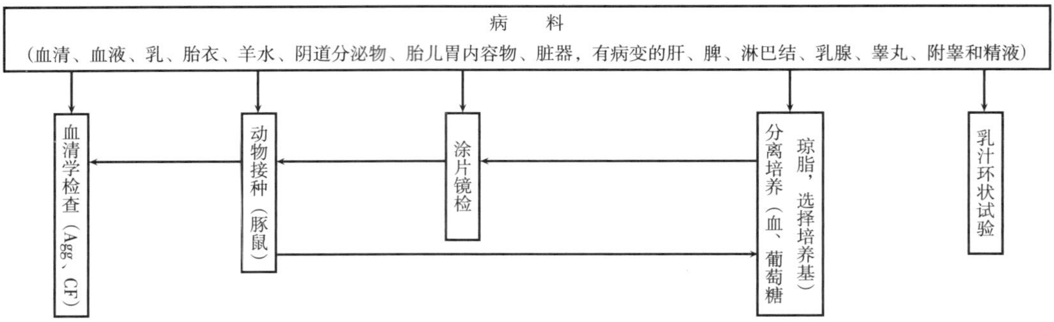

图 3–3–5 布鲁氏菌病实验室检查程序

（4）分离培养。几乎从布鲁氏菌感染动物的组织和分泌物中均分离到菌，最易分离到菌的病料为所有流产病料和病变组织，有时也可从精液、乳汁和血液（菌血病时）中分离到布鲁氏菌。未污染的病料接种血液琼脂、血清葡萄糖琼脂或肝汤琼脂上，在 5%~10%二氧化碳和通常条件下培养，可见到典型的菌落。污染病料可接种于加有染料（1:2.5 万~15 万硫堇、1:5 万碱性复红或 1:20 结晶紫）的甘油肝汤琼脂，分别在 5%~10%二氧化碳和通常条件下 37℃培养，可见到布鲁氏菌生长。若认为病料中含菌不多，则可将病料接种（腹腔、皮下或肌肉注射）豚鼠进行增菌，经 28 天后剖检取脾脏再做分离培养。各菌种及生物型的鉴别见表 3–3–2。

表 3—3—2 布鲁氏菌各菌种与生物型的鉴别

生物型	牛种菌生物型								羊种菌生物型			猪种菌生物型				犬种	沙林鼠种	羊绵种
	1	2	3	4	5	6	7	8	1	2	3	1	2	3	4			
需要 CO_2	⊕	⊕	⊕	⊕	–	–	–	–	–	–	–	–	–	–	–	–	–	–
H_2S 产生△	+	+	+	+	–	⊖	⊕	+	–	–	–	+	–	–	–	–	+	–
硫基培养	–	–	+*	–	+	+*	+	+	+	+	+	+	+	+	+	+	–**	+
碱性复红	+	–	+	+	+	+	+	+	+	+	+	⊖	–	+	⊖	⊖	⊖	⊖

注：+，均为阳性；⊕，大多为阳性；–，均为阴性；⊖，大多为阴性；△，浓度为 1:50000（W/V）；*，硫堇为 1:25000（W/V）；**，硫堇为 1:15000（W/V）。

犬种布鲁氏菌的分离培养，可先将血液（菌血症）或其他病料匀浆悬液接种 6~8 日龄鸡胚卵黄囊，再取死胚的卵黄囊液接种培养基进行分离培养。

（5）动物接种。取新鲜病料或制成病料匀浆悬液腹腔接种 0.5~0.8ml 无特异抗体的豚鼠，于 14~21 日后进行心脏采血分离血清做凝集试验，根据凝集价做出判定。于 20~30 日后迫杀，采取肝、脾、淋巴结进行分离培养。

（6）血清学检查

①凝集试验 一般在感染后 4~5 日血清中即出现凝集素，主要是 IgM，随后逐渐增高，主要是 IgG 和 IgA，可持续 1 年以上。通常采用平板凝法，犬、猫血清凝集价 1:50（++）以上判定为阳性。

②补体结合试验 一般在感染后 7~14 日血清中出现补反抗体，主要是 IgM 与 IgG，补反阳性与细菌分离阳性有密切关系，是污染群净化的重要措施之一。

（7）乳汁环状试验。取乳样 1ml 置于小试管内，加入布鲁氏菌乳环状抗原，摇匀后置

37℃水浴 1 小时，乳脂上浮并形成红环，乳柱由原来的红色变为白色者判为阳性。本法可用以判定群体是否排菌，与血清凝集试验并用可提高阳性检出率，还可说明病的活动性。

(8) 用犬布鲁氏菌抗体快速诊断试纸进行诊断。

[治疗] 无特效疗法，主要是抗菌治疗。早期用链霉素、卡那霉素、庆大霉素等抗生素，并结合用维生素 C、维生素 B_1 等治疗，效果很好。

[预防]

(1) 每年进行 1~2 次检疫（平板凝集试验），淘汰阳性犬、猫，并不得种用。

(2) 清净场（群）和在检疫处理后的污染场（群），可用布鲁氏菌羊 5 号弱毒疫苗免疫，皮下注射 3~3.5 亿活菌，每年 1 次。

(3) 雄性犬、猫在配种前应进行检疫，阴性者用于配种，阳性者立即处理。

(4) 严格执行消毒措施，无论定期的、产后的或检疫后的消毒都要坚持进行。

(5) 清净场（群）最好实行封闭式的自繁自养方式，引进的种兽应隔离检疫、观察 1 个月，健康者方可混群饲养。

(6) 对污染场（群），可以采取有计划的以临床检查、定期检疫、及时处理阳性者和严格消毒等综合性措施，以求建立净化场（群）和培育健康群。

四、沙门氏菌病（Salmonellosis）

沙门氏菌病又称副伤寒（Paratyphoid），是各种由沙门氏菌属细菌引起的疾病总称，是人畜共患性传染病。临床特征为：败血症和肠炎，也可发生母畜流产；在人则发生食物中毒和败血症。本病呈世界性分布。犬、猫沙门氏菌病在我国广泛存在，病的临床特征为败血症和肠炎。

[病原] 犬、猫沙门氏菌病的主要病原是沙门氏菌属中的鼠伤寒沙门氏菌（S. typhimurium），具有沙门氏菌属的形态特征，如以周鞭毛运动、无芽胞、革兰氏染色阴性与呈两端钝圆杆状。本菌为兼性厌氧菌，在普通培养基上生长良好，在液体培养基生长呈均匀浑浊；在固体培养基上培养 24 小时后长成表面光滑、半透明、边缘整齐的小菌落。

鼠伤寒沙门氏菌的生化特征除具有硫化氢（三糖铁琼脂）阳性、靛基质阴性、VP 阴性、MR 阳性、赖氨酸脱羧酶阳性、发酵葡萄糖产酸和不发酵乳糖等沙门氏菌属的共性外，其主要特征为：阿拉伯糖、卫予醇、左旋酒石酸、黏液酸试验为阳性。

鼠伤寒沙门氏菌的菌体（O）抗原为 1、4、5、12 型，鞭毛（H）抗原为Ⅰ相 i，Ⅱ相 1、2。本菌具有毒力较强的内毒素，可引发机体发热，黏膜出血，中毒性休克以致死亡；以及具有广泛的寄主范围，对各种动物和人有致病性。

沙门氏菌能在环境中存活和增殖是本病传播的主要因素。菌对热和大多消毒药很敏感，60℃ 5 分钟可杀死肉类的细菌；酸、碱、甲醛和石炭酸复合物是常用的消毒药。菌在饲料和尘埃中存活时间较长，在粪便、皮毛中可长期存活，在土壤中可存活数月，在含有机物的土壤中存活更适应。

[流行病学] 病的感染动物十分广泛，病菌分布极广，患病的、带菌的和鼠类寄主都是本病发生流行的疫源，感染犬、猫长期或间歇性地随粪排菌，污染饲料、水、土壤、垫料、用

具和环境，并通过直接或间接途径传播。本病主要通过消化道、呼吸道传染，而同窝新生仔犬、猫的感染源则多是带菌母犬、猫。

仔幼犬、猫易感性最高，多呈急性暴发；成犬、猫在应激因素作用下也感染，但多呈隐性带菌，少数也会发病。本病无明显的季节性，但与卫生条件低下、阴雨潮湿、环境污秽、饥饿和长途运输等因素密切相关。

[**症状**] 本病基本上是仔幼犬、猫的一种急性败血性疾病。患病仔幼犬、猫多呈菌血症和毒血症（内毒素），出现精神极度沉郁，食欲减低乃至废绝，体温升高到40~41℃，虚弱，继而表现腹痛和剧烈腹泻，排出带有黏膜的血样稀粪，有恶臭味，严重脱水。有的甚至出现休克或抽搐等神经症状。年龄稍大的幼龄病例，多表现胃肠炎病状，精神萎顿，食欲下降，初期体温升高到40℃以上，随后出现腹泻，粪便初呈稀薄水样后转为黏液状，严重的粪内混有血迹，数天后严重脱水，可发生死亡。也有的出现呼吸困难等肺炎症状或抽搐等神经症状。成年病例呈慢性经过，表现顽固性腹泻，逐渐消瘦，或有间歇发热。

无论患病犬、猫，隐性感染犬、猫和康复犬、猫均带菌排菌，长的达数周甚至数月。

[**剖检变化**] 最急性死亡的病例可能见不到病变。病程稍长的可见到尸体消瘦，脱水，黏膜苍白；肝、脾、肾等实质器官有出血点（斑），肝脏肿大、呈土黄色、有散在坏死灶，肺水肿有硬感；明显的黏液性、出血性肠炎变化主要在小肠后段、盲肠和结肠，肠内容物含有黏液、脱落的肠黏膜呈稀薄状，重的混有血液，肠黏膜出血、坏死，肠黏膜有大面积脱落；肠系膜及周围淋巴结肿胀出血，切面多汁。

[**诊断**] 本病的临床症状易与犬细小病毒感染、冠状病毒感染、猫泛白细胞减少症和大肠杆菌病等混淆。根据流行特点，临床与剖检特征只能获得初步诊断，确诊必须进行实验室检查。

（1）病料采取与实验室检查程序。在无菌操作下采取血液（或心血）、粪便、肠内容物、肝、脾、肺、淋巴结等病料。通常要选择濒死或刚死不久的病例采取新鲜的病料，未经治疗的亚急性病例更理想。实验室检查程序见图 3–3–6。

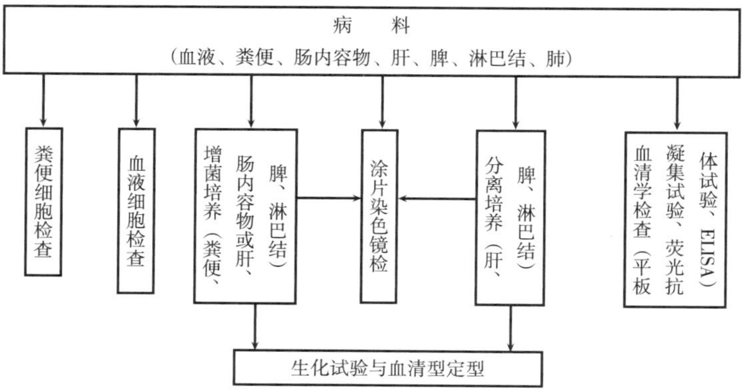

图 3–3–6 沙门氏菌病实验室检查程序

（2）粪便细胞检查。取粪便样品做白细胞数检查，若见有白细胞或白细胞数增加，则表明为沙门氏菌性肠炎或其他细菌性肠炎，否则，可能是病毒性肠炎。

(3) 血液细胞检查。取血液样品做细胞数检查，若血液中性粒细胞、淋巴细胞、血小板减少，且可在白细胞内见到沙门氏菌则表明为副伤寒。

(4) 涂片镜检。取发热期血液、肝、脾等病料或纯培养物做涂（抹）片染色镜检，可见到革兰氏染色阴性、无荚膜的直杆菌。

(5) 增菌培养。取粪便、肠内容物或污染病料接种亮绿–胱氨酸–亚硒酸钠肉汤（或亮绿–胆盐–四磺酸钠肉汤）培养基中，37℃培养 24 小时后，再接种在脱氧胆酸钠—枸橼酸琼脂等选择培养基上以获得纯培养。

(6) 分离培养。取肝、脾、淋巴结、心血等病料或增菌培养物接种 SS 琼脂、亚硫酸钠琼脂（BSA37℃琼脂）和麦糠凯琼脂 37℃培养 24~48 小时，在 SS 琼脂上长成圆形、光滑、湿润、灰白色菌落，在麦康凯琼脂上呈无色小菌落。

(7) 生化试验。副伤寒沙门氏菌的生化特性为：能发酵葡萄糖、甘露醇、麦芽糖、卫矛醇，不发酵乳糖、蔗糖，不利用尿素，不液化明胶，赖氨酸脱羧酶反应阳性，β–半乳糖苷酶反应阴性，酒石酸盐反应阳性。

(8) 血清型定型。取分离的纯菌液（抗体）与标准定型血清做凝集试验进行定型。常见的鼠伤寒沙门氏菌血清型为 O_1、O_4、O_5 和 O_{12}，其抗原性具有高度的稳定性和敏感性。

(9) 血清学检查。采取血液分离血清做凝集试验和间接血凝试验以诊断沙门氏菌感染，但本法对带菌动物的特异性低。

[治疗]

(1) 发现病犬、猫立即隔离，给予精心护理和治疗。喂给易消化、富有营养的流食。

(2) 对脱水又无呕吐的病例可以经口服（灌）等渗盐水或口服补液盐，也可静脉补液以缓解失水。

(3) 对心功能衰弱者可肌肉注射 0.5%强而心，仔幼犬、猫 0.5~1.0ml，成犬、猫 1~2ml。

(4) 出现便血的病例，可口服肾上腺色腙（安络血）5~10mg，每日 2~4 次。以上均为对症治疗，可较好地缓解病情。

(5) 有效的治疗方法应是抗菌药物治疗，常用甲氧苄氨嘧啶，按每千克体重 0.004~0.008g，或磺胺甲基异恶唑（或磺胺嘧啶）0.02~0.04g，分 2 次喂服，连用 5~7 日；也可按每千克体重口服新霉素（片）6~10mg，每日 1 次，连服 5~7 日。

[预防] 重点在于认真做好日常的防疫、卫生和消毒工作。采取综合性防治措施。

(1) 坚持每天的环境、圈舍、笼器具、食具等的清扫、清洗工作，在温暖季节要用水冲洗场地；定期进行消毒、灭鼠、杀虫。

(2) 饲料或食物，特别是动物性饲料应煮熟后再喂。

(3) 对可疑病犬、猫和痊愈带菌犬、猫要坚持隔离饲养，不得混群散毒传播。

五、肉毒梭菌毒素中毒 (Clostridium botulinum)

本病为由肉毒梭菌的外毒素（肉毒毒素）引起的一种人畜共患性中毒性疾病。病的特征是出现运动中枢神经麻痹和延脑麻痹的症状，死亡率极高。在犬、猫中时有发生。

[病原] 本菌为革兰氏染色阳性的粗大杆菌，两端钝圆，多散在，偶见有成对或短链排

列，无荚膜，周身有 4~8 根鞭毛、运动力弱。有芽胞且位于一端，呈卵圆形略大于菌体，犹如网球拍状。为腐物寄生菌。

本菌为严格厌氧菌，在 28~37℃生长良好，但在温度 25~31℃和 pH7.8~8.2 时最易产生毒素。在含有血液或葡萄糖或肝组织的培养基中生长更好，在葡萄糖血液琼脂上长成细小、扁平、颗粒状、中央凹陷、边缘不整带丝状菌落，且易融合，有溶血圈。在葡萄糖肉渣肉汤中肉渣被 A、B、F 型菌消化而呈黑色，且有腐败恶臭味，上清液含有外毒素。

本菌分 A~F 6 个型，在肉汤中 A、B、F 3 型呈浑浊，底部有粉状或颗粒状沉淀；而 C、D、E 型则呈清亮，有絮片状生长粘于管壁；A、B、E、F 型能溶化吕氏血清斜面，而 C、D 型不溶化；A、B、F 型能消化肉块使之变黑，有腐败恶臭，而 C、D、E3 型则否。本菌能发酵葡萄糖、麦芽糖、果糖，产酸产气；能迅速液化明胶，能分解凝固血清和卵白，产生硫化氢，不形成靛基质。

本菌能产生毒力强大的（毒性比氰化钾大 1 万倍）外毒素（一种特殊蛋白质、由 19 种氨基酸组成），具有耐热（80℃ 30 分钟、100℃ 10 分钟破坏），耐酸和抵抗蛋白酶的特性。根据毒素的抗原性将肉毒梭菌分为 A、B、C、D、E、F 等 6 个型，其中 C 型又分 C_α 和 C_β 两个亚型，各型菌产生相应的致病性相同而抗原性不同的毒素，且只能被其相应型抗毒素所中和。

本菌繁殖体在 80℃ 30 分钟、100℃ 10 分钟即杀死，但芽胞经煮沸 6 小时，干热 185℃ 5~10 分钟、高压 115℃ 20~30 分钟才能杀死。

肉毒梭菌存在于污染的土壤、污泥、粪便和皮毛、垫料中，遇适宜环境即繁殖产生毒素而致病。不同型毒素对不同动物的致病力也不同，引起犬、猫等动物发病的多是存在于腐肉及以食腐肉为主的非脊椎动物体内的 C 型及 D 型毒素。

[流行病学] 本病存在于世界各地。犬、猫都易感，猫的发病率要比犬高。自然病例多数由于摄食腐败的动物性饲料或污染毒素的饲料和水而经消化道传染发病。由于污染环境中的芽胞生存久长，故极易在污染饲料中发芽繁殖产生大量毒素，使动物食之发病。由于本病是毒素引发，所以一般在动物消化道内的肉毒梭菌及其芽胞对动物并无危害。

本病的发生与动物年龄、性别和季节无大关系，但与饲料中毒素量、吃入量多少以及污染饲料的温度环境有关，毒素污染严重的可引起群发，吃入多的病情重笃，死亡率极高。

[症状] 潜伏期 4~24 小时，长的数日，这要取决于毒素型和食入量。多为突然发病，体温不高。初期出现进行性、对称性肢体麻痹，通常从后肢向前肢延伸，进而发生麻痹，但尾巴仍能摇动。患犬反射机能下降，肌肉松弛，但神志清醒，继而出现呼吸困难、卧地不起呈瘫痪状，流涎，头下垂，大小便失禁等一系列麻痹症状，最后窒息死亡。

[剖检变化] 肉毒梭菌毒素主要侵害神经与肌肉接合点，故在剖检上无特殊病变。常见到的病变有：咽喉、会厌部黏膜上有出血点，并覆有一层黏液性物。胃肠黏膜有时有卡他性炎性病变，并有小出血点。心内外膜也有出血点。有的出现肺充（淤）血、水肿。神经系统一般见不到肉眼病变。

[诊断] 根据临床特征、流行病学调查和剖检无特征性病变等可以做出初步诊断，确诊时的实验室检查主要是毒素检测。

（1）病料采取与检查程序。采取可疑的垫料、饲料、死动物、污泥等样品用于细菌分离，采取病犬的胃肠内容物、尸体、血清等病料做肉毒梭菌毒素检测。实验室检查程序见图 3–3–7。

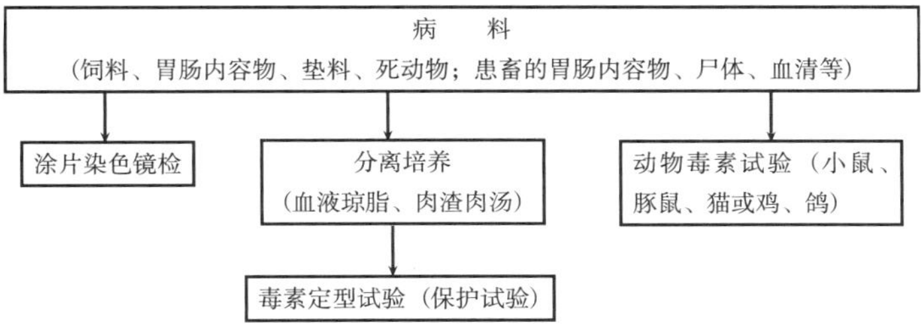

图 3–3–7　肉毒梭菌毒素中毒实验室检查程序

（2）分离培养。取可疑样品（饲料、垫料、动物死尸等）煮沸 1 小时以杀死非芽胞菌，接种血液琼脂进行厌氧培养，可见到典型菌落；也可接种肉渣培养基后加热 80℃ 20 分钟，然后 37℃培养 24 小时，涂片染色镜检，可见到典型的菌。

（3）涂片镜检。取怀疑有肉毒梭菌污染的饲料、死动物尸体组织等直接涂片染色镜检，或将样品煮沸 1 小时处理后接种培养，然后再涂片镜检，均可见到革兰氏染色阳性菌。

（4）动物毒素试验。取可疑饲料、病死动物尸体组织、患犬的胃肠内容物和血清，加入倍量灭菌生理盐水（或蒸馏水）成悬液，置室温 1~2 小时后离心或滤过，取上清液或滤液分成 2 份，1 份 100℃加热 30 分钟做对照，另 1 份不加热灭活做毒素试验，各取 0.2~0.5ml 皮下或腹腔注射小鼠（也可用豚鼠或猫），若试验组鼠在 1~2 日死亡而对照鼠存活，则表明检料样品中含有毒素。用豚鼠试验的剂量为 1~2ml，观察 3~4 日发病死亡。

也可取发病犬、猫的血清注射小鼠，如发病死亡，同样可作出确诊。

还可取分离培养液、接种小鼠等实验动物，试验组与 100℃加热 30 分钟对照组同样可以获得结果。

如取加热处理与未处理的病料滤液、血清或分离培养液各 0.1~0.2ml，分别注射于鸽（鸡）两侧眼睑皮下，在注射后 0.5~2 小时未加热处理眼睑出现麻痹、闭合，而处理眼睑则正常；未处理组的鸽（鸡）也可在 10 多个小时后死亡，判定毒素为阳性。

（5）毒素定型。取肉毒梭菌毒素分型抗毒素（标准阳性血清）分别与分离培养液或病料上清液、滤液经感做处理后接种小鼠等实验动物，进行保护力试验，以确定毒素型。

[治疗] 在早期用多价或 C 型（犬、猫多属 C 型肉毒梭菌毒素中毒）抗毒素治疗效果很好，通常肌肉或静脉注射 2~5ml。但对晚期病例疗效不佳。

对因食入可疑饲料而中毒的病例，则可采取洗胃、灌肠或服用泻剂等疗法，以及强心、补液等对症治疗，以缓解病况。

[预防] 首先，做好日常的环境卫生，清除周围的动物死尸，填平死水池塘和洼地。其次，禁喂变质和可疑的饲料，动物性饲料要煮熟后喂。对污染地区的动物应每年用多价或 C 型肉毒梭菌甲醛灭活疫苗做预防免疫接种，也可用甲醛灭活的明矾沉淀类毒素预防接种。

六、大肠杆菌病（Colibacillosis）

大肠杆菌病是人和温血动物的常见病，广泛存在于世界各地。病原为大肠埃希氏菌，病的特征为败血症与腹泻，在犬、猫主要侵害仔幼犬，且往往与犬瘟热、病毒性肠炎、猫泛白细胞减少症等混合感染或继发感染，从而增加死亡率。

[病原] 大肠埃希氏菌又称大肠杆菌，是所有温血动物肠道后段的常在菌，在肉食动物和杂食动物肠道中的带菌量远比草食动物多，部分菌株具有致病性或条件致病性。

本菌为革兰氏阴性小杆菌，两端钝圆，有的近似球杆状，不形成芽胞，有鞭毛，运动或不运动，多数菌株有荚膜，有些菌株表面有一种具有毒力因子的黏附性纤毛。属兼性厌氧菌，在普通培养基上生长良好，在液体培养基内呈均匀浑浊，管底常有絮状沉淀，有特殊粪臭味；在营养琼脂上长成光滑形菌落（S），呈光滑、微隆起、灰白色、湿润状、菌落易分散于盐水中；在血液琼脂上一些菌株产生 β 型溶血；在麦康凯琼脂上呈红色菌落。

本菌的生化特性为：氧化酶阳性反应，能发酵利用多种碳水化合物，靛基质 MR 反应阴性，不产生脲素酶，不利用丙二酸钠，不液化明胶。

本菌抗原由 O（菌体）、K（荚膜）和 H（鞭毛）三部分组成，O 抗原存在于细胞壁，主要由脂多糖、黏多糖和 O 抗原多糖侧链组成，具有抗原特异性，迄今大肠杆菌 O 抗原血清型菌株已超过 170 个；K 抗原存在于菌细胞荚膜中，是一种对热不稳定的多糖抗原，有一定的免疫活性；H 抗原属鞭毛抗原，是一种蛋白质，不耐热，具有良好的抗原性。

大肠埃希氏菌是一些疾病的特定病原菌，也可引起机会性感染。根据其致病机理的不同可分为肠致病性大肠埃希氏菌、侵袭性大肠埃希氏菌、肠毒素性大肠埃希氏菌等，其中后者是人畜腹泻的主要病原菌，且已发现有定居因子、内毒素和外毒素等 3 种致病因子。

本菌对外环境因素的抵抗力中等，对物理和化学因素较敏感，55℃ 1 小时或 60℃ 20 分钟可杀死。在犬舍内，大肠杆菌在污水、粪便和尘埃中可存活数周至数月。本菌对石炭酸和甲醛高度敏感。

[流行病学] 本病主要侵害仔幼犬和猫，成年犬和成年猫很少发生。在我国的南方地区发病率与死亡率要比北方地区高。几乎无明显的季节性和品种上的差别，但与气温、卫生条件密切相关。病犬与带菌犬自粪便排菌，广泛地污染了环境（犬舍、场地、用具和空气）、饲料、饮水和垫料，从而通过消化道、呼吸道传染，仔犬主要经污染的产房（室、窝）传染发病，且多呈窝发。

本病的发生、流行的另一个重要因素就是各种应激因素的干扰，这对仔幼犬、猫的致病作用更大。诸如潮湿、污秽、粪尿蓄积、卫生状况低下及饲养管理不善导致抗病力下降等都是诱发的重要因素。实践表明，在产仔季节的新生仔发病多，新引进的仔幼犬、猫和初产仔最为严重。

[症状] 新生仔潜伏期短的 10 多个小时，一般为 1~2 日。多突然发病死亡，有的出现体温升高到 40℃以上，精神萎靡，吮乳停止，排出黄白色混有气泡的稀粪，有腥臭气味，很快昏迷死亡。幼犬病例的潜伏期长短不一，约 3~4 日。主要表现为精神沉郁、厌食乃至废绝，体温升高到 40~41℃，出现呕吐，随后发生剧烈腹泻，粪便初呈黄绿色、污灰色乃至混有气泡，最后混有血液甚至呈水样。有的病例发生抽搐、痉挛等神经症状。

[剖检变化] 尸体污秽不洁，消瘦。实质器官主要出现出血性败血症变化，肝脏充血、肿大，有的有出血点；脾脏肿大、出血；特征性的病变是胃肠道卡他性炎症和出血性肠炎变化，

尤以大肠段为重，肠管菲薄，膨满似红肠，肠内容物混有血液呈血水样，肠黏膜脱落，肠系膜淋巴结出血肿胀。

［诊断］ 根据流行病学特点、临床症状和剖检特征只能做出初步诊断，类症鉴别必须进行实验室检查方能作出确诊。常用的实验室检查方法如下。

（1）病料采取与检查程序。采取未经任何治疗的、急性或亚急性型濒死或刚死不久病犬的肠内容物、肝、脾、血液等病料，病料采取应在无菌操作下进行。实验室检查程序如图 3–3–8。

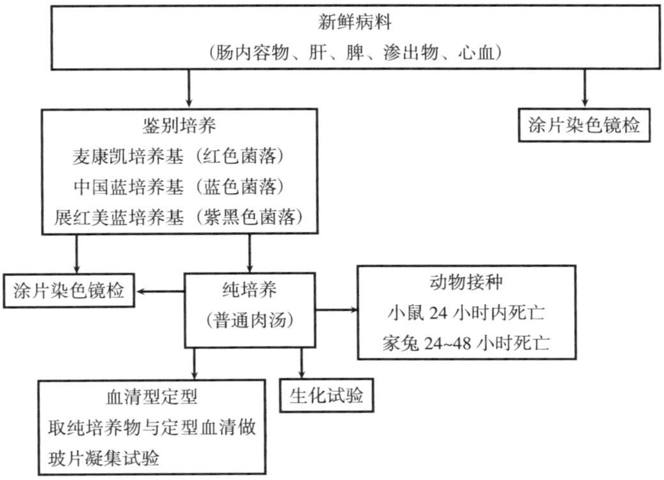

图 3–3–8 大肠杆菌病实验室检查程序

（2）涂片镜检。取病料组织或培养物涂片，做革兰氏染色后镜检，可见到阴性短小杆菌。

（3）分离培养。取病料接种麦康凯琼脂、普通肉汤和普通琼脂，37℃培养后可见到在麦康凯琼脂呈红色、在普通琼脂上呈半透明露珠状菌落和在普通肉汤呈均匀浑浊；有些菌株在血液琼脂上形成溶血圈。

（4）生化试验。常用微量生化管进行，本菌能发酵乳糖、葡萄糖，产酸产气；不分解蔗糖，不液化明胶，不产生硫化氢，VP 与 MR 阴性。

（5）动物接种。取培养 24 小时的纯培养物接种小鼠、家兔，可发病死亡，并可做进一步的涂片镜检以判定分离菌株的致病性。

（6）血清型定型。取分离菌株菌液与大肠杆菌标准定型血清做玻片凝集试验，以鉴定血清型。

［治疗］ 有效的治疗办法是光源分离菌株做药敏试验，选择最敏感药物进行治疗。常用的治疗方法有：①取异源（牛、羊）抗病血清 200ml，加入新霉素 50 万 u、维生素 B_{12}2000μg，维生素 $B_1$30~40mg 和青霉素 50 万 u 制成合剂，仔幼犬病例皮下注射 0.5~2ml，必要时隔 1 周重复数次；②庆大霉素，皮下注射 20mg，每日 2 次，连用 3~5 日。

［预防］ 防止本病发生的关键在于做好日常的防疫、卫生、消毒工作，特别是产室（窝）的卫生消毒工作必须彻底；尽早使新生仔吃到初乳，最好使全部仔都能吃到；在常发场（群），于流行季节和产仔季节也可用异源动物抗病血清做被动免疫，然后再用多价灭活疫苗

做预防注射。

七、诺卡氏菌病（Nocardiasis）

本病是由诺卡氏菌属（原放线菌属）中最常见的病原菌星形诺卡氏菌引起的一种多种动物感染的疾病总称。也是一种人畜共患的慢性传染病。病的特征是在肺、淋巴结、乳房、脑和皮肤、实质脏器等组织形成脓肿。本病在世界各地存在，我国也不例外，在犬、猫中也有发生。

［病原］ 犬、猫诺卡氏菌病的病原是星形诺卡氏菌。本菌为革兰氏染色阳性杆菌，有时有分枝，有时分枝菌丝缠结或呈长丝，不形成荚膜和芽胞，无运动性，有较弱的抗酸性。为需氧菌，培养温度为28~30℃，能在血液琼脂和沙氏琼脂上生长，长成隆起、堆积、重叠的颗粒性菌落，边缘不规则，常产生黄橙色色素。

本菌能发酵果糖、葡萄糖、糊精、甘露糖产酸，还原硝酸盐，产生尿素酶，过氧化氢酶反应阳性，氧化酶反应阴性。本菌不耐热，一般消毒药可杀死。

［流行病学］ 病菌属土壤腐物寄生菌，广泛分布于自然界。犬、猫、牛、马、羊、鸡和人均易感，常通过伤口和呼吸侵入。犬、猫多由尖牙、骨刺、芒刺、杂物刺等污染刺伤经黏膜、皮肤伤口感染。犬的发病率比猫高，农村地区比城市高，散放的比圈养的高，猎犬、警犬比伴侣犬高。各种年龄犬、猫均感染，发情季节发病多。

［症状］ 本病在病菌感染后既能在创伤局部发病，也可经淋巴和血行扩散到全身，这与动物免疫功能、抵抗力相关。

（1）皮肤型。多发生于四肢，在损伤感染处出现脓性肉芽肿、蜂窝织炎、结节性溃疡及排脓瘘管，脓肿、瘘管中的脓汁内含有菌丝丛。

（2）胸型。犬和猫均发生，由吸入感染，主要出现胸膜炎病状，体温升高，呼吸困难，胸腔有脓性渗出物而成为脓胸。

（3）全身型。犬多发生，伴有高热、咳嗽、精神沉郁，食欲减退乃至废绝，呼吸困难，流鼻液，有的出现神经症状，类似犬瘟热。

［剖检变化］ 特征性的病变是损伤皮肤局部、肺、胸膜、肝、脾、肾等器官组织出现脓肿、蜂窝织炎、瘘管、脓胸、结节性坏死溃疡。脓汁中可见到菌丝丛，血相中出现嗜中性白细胞和巨噬细胞增多的化脓性炎性变化。

［诊断］ 根据临床症状和剖检特征可以做出诊断或初步诊断，但确诊还需要进行实验室检查。

（1）涂片镜检。取脓汁、渗出物涂片后用革兰氏法或抗酸性染色法染色，镜检可见到革兰氏阳性和抗酸性的杆状或分枝状或断裂菌丝状菌。

（2）分离培养。取脓汁、渗出物和病变组织接种沙氏培养基、普通营养琼脂，于28~30℃培养，可见到典型菌落，也可做涂片镜检和生化特性鉴定。

（3）动物接种。取脓汁和纯培养物腹腔接种小鼠，待发病或死亡后采取病料做涂片或分离培养。

［治疗］ 治疗上首选的药物是磺胺类药物，剂量要足，疗程要长，复方磺胺甲基异噁唑、磺胺二甲基嘧啶等的疗效较好。磺胺二甲基嘧啶，每千克体重24mg，每日口服3次；磺胺嘧

啶，每千克体重 40mg，每日口服 3 次；还可用磺胺增效剂、磺胺和青霉素联合治疗，最初青霉素剂量可用每千克体重 10 万~20 万 u。通常疗程需 6 个月以上，治愈率皮肤型可达 80%，胸型可达 50%，全身型可达 10%。

[**预防**] 尚无有效的免疫制剂用于本病的预防。关键在于防止发生创伤和及时处理创伤等综合性防治措施。

八、放线菌病 (Actinomycosis)

放线菌病是由牛放线菌引起牛、马、猪、犬、猫、鹿和人的共患性疾病。犬感染后的病征为组织增生成瘤状肿、胸腔脓性炎症和脓肿。猫很少发生。

[**病原**] 放线菌介于真菌与细菌之间，近似丝状原核微生物。牛放线菌呈多形态，且随生存环境而变化，在组织中呈肉眼可见的小菌块，色似硫磺而称为“硫磺颗粒”；或似一个缠结的菌团，中央由纤细而密集的分枝菌组成。革兰氏染色中央呈阳性，而周边呈阴性；当颗粒压碎后染色镜检，菌体呈菊花状与多形性，菌丝末端膨大，向四周放射排列。不形成芽胞，无运动性，非抗酸性。

本菌为兼性厌氧，在 10%~20%二氧化碳条件下生长茂盛。在血清琼脂高层穿刺时，可见沿穿刺线稍下部出现结节样生长，而上部与表面不生长。在脑心浸液琼脂上培养 18~24 小时，可见细小、圆形、平整、表面呈颗粒或平整、柔软的菌落。在液体培养基内长成浑浊，管底有沉淀，振摇后沉淀不破碎，有时呈黏稠样或颗粒样生长。

本菌能缓慢地发酵葡萄糖、乳糖、麦芽糖、果糖、蔗糖和杨苷，产酸不产气，不发酵鼠李糖、木胶糖和葡萄糖。本菌分 A、B、C 3 型。菌在自然界有较强的抵抗力，广泛存在于污染的土壤、饲料和饮水中，也常寄生于动物的口腔和上呼吸道内。一般消毒药可杀死，但对石炭酸的抵抗力较强。

[**流行病学**] 菌在自然界分布极广，污染的土壤、饲料、饮水、空气和环境都可成为疫源，主要经皮肤、黏膜损伤和吸入污染尘埃等途径感染。若侵入伤口而局部发生炎性坏死，菌大量繁殖则易引发全身性感染。各种年龄犬、猫均易感，但不能直接传染给人。

[**症状**] 皮肤型病例，多发生在四肢、后腹部及尾部出现蜂窝织炎、脓肿和溃疡结节，有的发展成瘘管，流出恶臭的红棕色或黄色分泌物。胸型病例在犬较多见，主要由吸入感染，主要出现胸部炎症病状，如咳嗽、呼吸迫促甚至困难，有的发热、消瘦，有鼻液流出。骨髓型病例见于犬、猫，可见到全身性病状，有的出现脑炎症状。

[**诊断**] 本病较易诊断，主要与诺卡氏病相区别，有赖于实验室检查。标本最好是从病料中洗涤出的硫磺样颗粒。

(1) 涂片镜检。取脓汁、渗出物和病变组织做涂片，革兰氏染色后镜检，可见到特殊的阳性形态，以此与诺卡氏菌区别。

(2) 分离培养。取脓汁、渗出物、病变组织接种血液琼脂、葡萄糖琼脂，在 10%~20%二氧化碳条件下培养，可见到细小、圆形、乳白色的菌落。

(3) 动物接种。取病料腹腔接种豚鼠、家兔，经 3~4 周后扑杀剖检，可见到特征性的大网膜上灰白色的、外有包膜的结节，内含大量放线菌，涂片镜检、分离培养极易成功。

［治疗］皮肤型病例可采用外科手术与长期抗生素联合疗法，治愈率约 80%以上；胸型等全身性病例，可用抗生素治疗，治愈率均在 50%以下。常用青霉素做大剂量、长时间治疗，每日肌肉注射，每千克体重 10 万~20 万 u，疗程 2~3 个月。此外，四环素、林肯霉素等也有一定疗效。

［预防］只能采取综合性防治措施预防本病的发生，重点应是加强日常的卫生消毒工作，尽可能清除环境中的病原；以及防止创伤的发生和及时处理伤口，诸如清除芒刺、笼舍内的金属刺和防止发情季节的争斗等。

九、莱姆病（Lyme disease）

本病又称莱姆包柔体病，是由伯氏疏螺旋体引起的一种以动物关节肿胀、跛行、四肢运动障阻、皮肤病变和人游走性慢性红斑、儿童关节炎与慢性神经系统综合征为特征的经蜱传播的自然疫源性人畜共患病。本病已先后在美、欧、大洋、非和亚洲地区发现，并有继续蔓延扩大之势。在我国，自 20 世纪 80 年代中期发现以来，已在 10 多个省证实存在，其危害性应引起重视。

［病原］伯氏疏螺旋体（Borrelia burgdorferi，Bb）又称伯氏蜱疏螺旋体，属螺旋体类螺旋体属。菌体的螺旋疏而粗，螺旋密度不规则。培养比较困难。

本菌呈近似弯曲螺旋状，鞭毛少，具有扭曲、翻转运动特征，姬姆萨染色良好，革兰氏染色呈阴性，在暗视野或相差显微镜下可直接见到菌体及运动性。为厌氧、微需氧菌，在含有 5-氟脲嘧啶和卡那霉素（8mg/ml）的 BSKZ 培养基上可分离培养，也可在加有 1.3%琼脂糖的固体 BSK 培养基上长成菌落，也可在液体 BSKZ 培养基中生长，在 33℃培养最佳。本菌也可在鸡胚卵黄囊、尿囊腔或尿囊膜上生长；能在菌的传播媒介蜱体内生长繁殖，蜱是主要的自然宿主。

本菌具有特别耐受高温和干燥的特性，但对各种理化因素的抵抗力不强。对青霉素、红霉素、四环素等敏感，加入 0.06~3.0μg/ml 即有抑制作用；但对庆大霉素、卡那霉素和新霉素在 8~16mg/ml 浓度时仍能生长，故可将其加入培养基中作为分离培养的选择培养基。

本菌能发酵葡萄糖产酸，其抗原较其他疏螺旋体稳定。

本病呈世界性分布，已在几十个国家、地区中发现。在我国自 1985 年在黑龙江地区首先被发现以来，已在近 30 个省区证实，自然宿主包括人、马、牛、羊、犬、猫、鹿、浣熊、野兔、狼、狐、山狗和多种小型啮齿动物。

［流行病学］多种野生的、家养的、鼠类等动物和人均易感，蜱是主要的自然宿主和传播媒介，并与野生动物、鼠类、家养动物循环传染形成广泛的疫源。本病主要由带菌蜱等吸血昆虫通过叮咬吸血传染，感染动物可通过排泄物向外排菌，从而又成为传染源。蜱类中，美国主要是达明硬蜱，欧洲是鼠籽硬蜱，亚洲是全钩硬蜱。在我国，东北地区主要是全钩硬蜱，而长角血蜱、三棘血蜱和嗜群血蜱则是东北、华北和西南地区主要传播媒介，福建林区为粒形硬蜱，内蒙古的森林草蜱也带菌。无疑，输血、注射工具等也是本病另一个重要的传播媒介，在我国更应引起重视。

本病的发生、流行多在蜱（蚊、螺）等大量滋生、活动的炎热季节，6~9 月往往形成发病高峰和流行高峰。

［症状］ 感染动物发病后的症状基本相同。犬主要表现发热，体温升高到39℃以上；精神萎靡，嗜睡；厌食，食欲减退；关节发炎、肿胀，四肢发硬，跛行，行动、触压肢关节有疼痛感；局部淋巴结肿胀。有的出现眼病和神经症状，但更多的病例发生肾功能损伤，如出现蛋白尿、圆柱尿、血尿和脓尿等症状。有些病犬还出现心肌炎症状。通常犬四肢蜱叮咬部有明显的毛发脱落、皮肤坏死剥落。

病猫的临床症状与犬相似，如发热、沉郁、食欲减少或废食、关节肿胀、跛行等。孕猫发生流产。

［剖检变化］ 尸体消瘦，被毛脱落，皮肤坏死剥落，体表淋巴结肿大、出血。心肌炎病变，如心肌变性、坏死；肾小球肾炎和间质性肾炎等病变。关节炎病变，如关节腔积液，有渗出物。有的胸腹腔有积液和纤维蛋白附着。

［诊断］ 根据流行特点（蜱的分布、流行季节）、临床和剖检特征可以做出初步诊断，确诊则有赖于实验室检查作出。

（1）病料采取与实验室检查程序。采取患病动物的病灶组织（渗出物、组织块）、血液、尿液、渗出液、脑脊液和蜱等做病料。检查程序见图3-3-9。

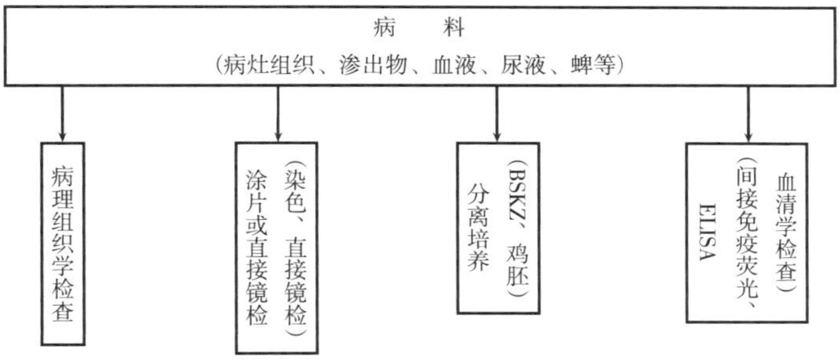

图3-3-9　莱姆病实验室检查程序

（2）病理组织学检查。取肾、肺、关节部等病变组织，按常规处理切片、染色、镜检，可见到肾含有中等量的嗜酸性细胞管型，坏死细胞管型，膜增生性肾小球炎与上皮变性；肺出现大单核细胞、嗜中性细胞和嗜酸性细胞形成的间质性肺炎；肠出现浆细胞浸润；滑膜见有大量绒毛增生和淋巴细胞、嗜中性细胞及嗜酸性细胞灶。

（3）直接镜检。取病料或培养物做涂片，革兰氏染色后镜检可见到阴性菌体，姬姆萨染色后镜检可见着色的菌体。取病料或培养物做悬滴标本，在暗视野或相差显微镜下可见到运动的菌体。

（4）分离培养。取病料接种加有5-氟脲嘧啶和8mg/ml卡那霉素的BSKZ选择培养基上，置34~37℃下培养2周以上，取样做直接镜检，可见到着色或运动的细菌。

（5）血清学检查。敏感性较强，检出较高的血清学方法是酶联免疫吸附试验（ELISA），抗原为提纯的菌鞭毛蛋白。而间接免疫荧光试验多用于检查关节炎和神经症状病例，可检测出关节液和脑脊髓液中很高的抗体滴度。现已有快速诊断试纸诊断此病。

此外，多聚酶链（PCR）技术在检测菌体抗原上具有灵敏、特异性强等优点。

[治疗] 治疗上尚无特效疗法，青霉素、四环素、红霉素和头孢三嗪等的疗效较好。

[预防] 在病的预防上，重点是做好灭蜱等吸血昆虫的工作，化学与生物（欧洲黄蜂）防治的效果均较好；同时要做好灭鼠工作和医疗器具的消毒工作；对疫区要坚持定期检疫，淘汰阳性犬、猫，并进行彻底消毒。目前尚无有效的疫苗用于免疫预防。国内外的研究动态是：①全菌体灭活苗，美国已有利用化学灭活的兽用疫苗获准用于犬，间隔 2~3 周接种两次，免疫期可达 5 个月以上，以后每年免疫 1 次。②全菌体弱毒活菌，Sadziene 等利用强毒株进行体外传代而育成一株无毒力的鞭毛缺失突变株制成弱毒活菌，从 10^5 菌数接种小鼠可产生保护性抗体而获免疫，且抗体效价明显高于灭活疫苗。③亚单位疫苗，研究表明在 Bb 菌体蛋白中保护性亚单位抗原主要是 OspA、OspB、OspC、OspF 和 ObpA 等，其中 OspA 为强免疫抗原，能刺激机体产生高效价保护性抗体。亚单位疫苗已在北美人体上应用，保护率达 70%~92%，疫苗安全有效。④DNA 疫苗，Stover 等（1993）将编码 BbOspA 蛋白基因体外连接到卡介苗（BCG），构建成重组 BCG-OspA，从 10^bcfu 鼻腔黏膜接种小鼠后能持续抗 OspA 特异性抗体，并可抵抗同种强毒攻击，对 DNA 疫苗的前景十分乐观。

十、巴氏杆菌病 (Pasteurellosis)

本病在兽医学上指由多种巴氏杆菌引起的一种哺乳动物和禽类的共患病的总称。世界各地都存在，在犬、猫也有发生。

[病原] 巴氏杆菌属迄今已发现有 19 个种，其中多杀性巴氏杆菌有 3 个亚种，与兽医有关的种有：多杀性巴氏杆菌杀禽亚种、多杀性巴氏杆菌多杀亚种和多杀性巴氏杆菌败血亚种，溶血性巴氏杆菌，犬巴氏杆菌，鸡巴氏杆菌，淋巴管炎巴氏杆菌，梅尔巴氏杆菌和海藻糖巴氏杆菌。

犬、猫巴氏杆菌病的病原主要是犬巴氏杆菌和嗜肺性巴氏杆菌。犬巴氏杆菌即原多杀性巴氏杆菌第 6 生物型（犬型菌株），有两个生物型，其中 1 型菌株存在于犬口腔，能通过咬伤口传染人而致病；2 型菌多存在于病牛肺炎病灶。本菌的形态、染色与培养特性和多杀性巴氏杆菌相同。在病变组织中呈球杆或短杆状，在保菌动物中为杆状，两端钝圆，用瑞氏或美蓝染色两极染，革兰氏染色阴性。在加有血液、血清或高铁血红素的培养基上生长良好，无溶血性。新分离的强毒株有荚膜，并有较强的荧光。本菌有 4 种荚膜型抗原和 16 种菌体型抗原，但与犬巴氏杆菌的生化特性也有差别。

嗜肺性巴氏杆菌是犬、猫和小型实验动物咽喉部常在菌，往往成为继发感染的病原菌。本菌无两极浓染特性，革兰氏染色阴性。在血液琼脂上长成光滑、灰白色、半透明奶油状菌落，不溶血，有特殊气味。生化特性见表 3-3-3。

表 3-3-3 多杀性巴氏杆菌、犬巴氏杆菌和嗜肺性巴氏杆菌生化特性

	MB	VP	靛基质	葡萄糖	半乳糖	果糖	麦芽糖	乳糖	海藻糖	甘露醇	卫予醇	山梨醇	蔗糖	氧化酶	尿素酶	接触酶	硫化氢
多杀性巴氏杆菌	–	–	–	–	+	–	–		+	+	–	– (+)*	+	+		+	+
犬巴氏杆菌	–	–	1 型+ 2 型–	+	+	+	–	–	+	–	–	–	+	+	–	+	
嗜肺性巴氏杆菌	–	–	+	+	+	–			+	–	–	–	+	+	+	+	

注：(+),多杀亚种阳性；+，阳性；–，阴性。

[流行病学] 犬、猫常是病原菌的带菌者，小鼠、大鼠、地鼠、豚鼠也是嗜肺性巴氏杆菌的健康带菌者，一旦在各种应激因素的作用下，或者在感染其他病原时或抵抗力降低时，就会引发或混发或继发疾病，并在群体中成为致病菌，引起病的流行，由此而表现出在犬、猫场（群）易发生、在散养犬、猫中不多见的特点。幼龄犬、猫多发。

病犬带菌犬、猫从分泌物、排泄物排菌污染环境、饲料、饮水等。病菌可以通过呼吸道和消化道感染，也可由于争斗损伤、咬伤而由伤口传染。人感染往往是由犬、猫咬伤、抓伤经伤口感染发生。

[症状] 一般多与犬瘟热、猫泛白细胞减少症等疾病混合发生或继发，幼犬病例症状明显，成犬单独发病的不多。主要表现体温升高到40℃以上，精神沉郁，食欲减退或拒食，渴欲猛增，呼吸迫促乃至困难，流出红色鼻液，咳嗽，气喘或张口呼吸。眼结膜充血潮红，有多量分泌物。有的出现腹泻。有的病犬在后期出现似犬瘟热的神经病状，如痉挛、抽搐、后肢麻痹等。急性病例在3~5日后死亡。

[剖检变化] 气管黏膜充血、出血。肺呈暗红色，有实变。胸膜、心内外膜上有出血点，胸腔液增量并有渗出物。肝脏肿大，有出血点。胃肠黏膜有卡他性炎症变化。淋巴结肿胀出血，呈棕红色。肾脏充血变软，呈土黄色，皮质有出血点和灰白色小坏死灶。

[诊断] 根据临床症状、剖检变化不能作出诊断，必须进行实验室检查才可确诊。

（1）病料采取与实验室检查程序。生前采取发热期血液、鼻腔和咽喉分泌物，死后采取心血、胸腔渗出物和气管、肺、肝、脾、淋巴结等病料以及血清。检查程序如图3–3–10。

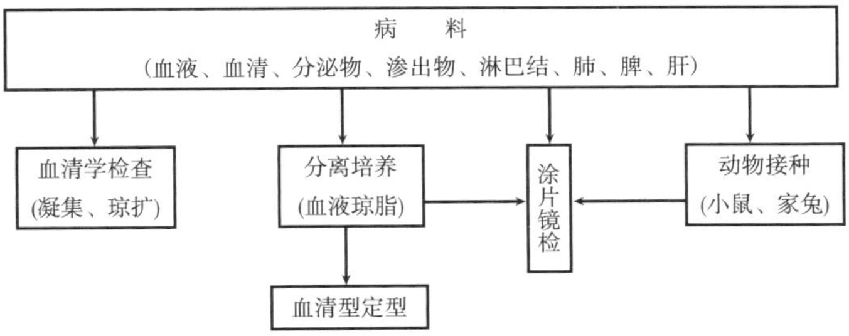

图3–3–10　巴氏杆菌病实验室检查程序

（2）涂片镜检。取心血、分泌物、渗出物和肺、肝、脾、淋巴结等病料做涂（触）片，用瑞氏、美蓝染色液染色后镜检，可见两极浓染的菌；革兰氏染色呈阴性菌；墨汁染色，菌体为红色，荚膜呈在菌体周围的亮圈，背景为黑色特征。

（3）分离培养。取病料接种血液琼脂，37℃培养，可根据菌落形态和在45°折光下观察到的荧光性等特征作出判定。必要时，也可对纯分离菌株进行生化特性检查。最后进行血清定型。

（4）动物接种。取肺、肝、渗出物等病料制成匀浆悬液或分离培养物皮下或腹腔接种小鼠、家兔，在72小时内发病死亡。也可在剖检后取病料做涂片镜检，进一步鉴定。

（5）血清学检查。常用的是平板凝集法，血清凝集价在1:40以上判为阳性。琼脂扩散法可检出感染动物，一般在感染后10~17日即可检出抗体，血清抗体可持续数月以上。

[治疗] 广谱抗生素和磺胺类药物都有一定的疗效。常用的药物有：四环素，每日每千克体重 50~110mg，分 2~3 次口服，连服 4~5 日；阿米卡星，5~10mg/kg 体重，每日 2 次，肌肉注射；磺胺二甲基嘧啶，每日每千克体重 150~300mg，分 3 次口服，连服 3~5 日。

[预防] 重点在于加强饲养管理，卫生防疫和减少应激因素、提高抗病力等综合性措施。目前，尚无有效的疫苗用于免疫预防。此外，在常发地区（场、群）可用土霉素等加入饲料内喂饲 1 周，进行间断性地药物预防，如能与其他抗生素或磺胺类药物交替使用则更佳。

十一、坏死杆菌病 (Necrobacillosis)

本病是由坏死杆菌引起的各种哺乳动物、禽类和龟蛇类的散发性传染病。其特征为损害部分皮肤、皮下组织和消化道黏膜发生坏死，转移的器官组织形成坏死灶。多呈散发或表现地方流行性。不同动物因发病部位和临床表现不同，曾有不同的病名。如牛羊腐蹄病、猪坏死性皮炎等，但在犬、猫都称为坏死杆菌病。本病广泛存在于世界各地，我国也普遍存在。

[病原] 坏死杆菌属梭杆菌属，为一种多形性菌。多呈短杆状、梭状或球状，在感染组织中常呈长丝状，菌体内有颗粒包涵体，无鞭毛，不形成芽胞和荚膜。革兰氏染色阴性，在培养基上培养久后用石炭酸复红或碱性美蓝染色呈串珠状。本菌为严格厌氧菌，在加有血液、血清、葡萄糖、肝块的培养基上生长良好。本菌多数菌株不发酵糖类，能凝固牛乳并胨化。本菌分 A、B 和 AB 三型，在血液琼脂上 A 型呈扁平、金属灰色菌落，形成 B 型溶血圈，能产杀白细胞素，可致死小鼠；B 型菌落呈隆起、圆整，无或弱溶血；AB 型菌落为毡状菌丝构成，中央致密，周围疏松。

本菌产生内毒素，主要为类脂 A，耐热。也产生外毒素，除菌滤液皮下注射家兔能使兔产生炎症。

菌对理化因素的抵抗力不强，1%甲醛液、1%高锰酸钾液、2%氢氧化钠液和 5%来苏儿均可在 15 分钟内杀死，60℃ 15 分钟、100℃ 1 分钟可将本菌杀死，但在尿中、粪便中和土壤中可存活 10~50 天。

[流行病学] 易感动物十分广泛，实验动物中兔和小鼠最敏感，无论显性感染或隐性带菌动物均可成为传染源。据报道，患病动物的粪便带菌率达 52.3%~64.7%。

本病主要通过污染的土壤、场地、饲料、垫料、圈舍和尘埃等经皮肤、黏膜损伤感染，而低洼地、烂淤泥、死水塘和沼泽地都是菌的长久生存地，也是病的疫源地。

本病在犬、猫多发生于发情季节，争斗、活动、损伤频繁，极易发生，也正值温暖季节。但多呈散发，猫发病少。

[症状] 新生仔犬均因产室有污染菌，经脐部可感染伤口。创伤、脐伤十分有利于菌繁殖致病。病初无明显异常，随后表现弓腰排尿，精神萎靡，脐部肿硬，并流出恶臭的脓汁。有的由于四肢关节损伤感染而发生关节炎，出现局部肿胀、跛行。如局部转移至内脏器官肺、肝后，则可发生败血症死亡。

成犬病例多为坏死性皮炎和坏死性肠炎。坏死性皮炎以猎犬发生多，主要经四肢损伤感染，病初出现瘙痒、肿胀，有热痛，跛行。当脓肿破溃后流出脓汁，有可能会有痒觉和炎症消退，若及时治疗则可在 3~5 日后治愈。坏死性肠炎则由于肠黏膜损伤感染所致，出现腹泻、消瘦。

[剖检变化] 剖检可见大、小肠黏膜坏死，有溃疡灶，坏死部有伪膜，膜下见有溃疡。

[诊断] 根据临床症状和剖检变化可做出初步诊断，确诊应进行实验室检查。

(1) 病料采取与实验室检查程序。采取病健交界处组织、病灶内的炎性渗出物和肝、脾、肠等病料，采取时应保持厌氧环境和防止杂菌污染。实验室检查程序见图 3–3–11。

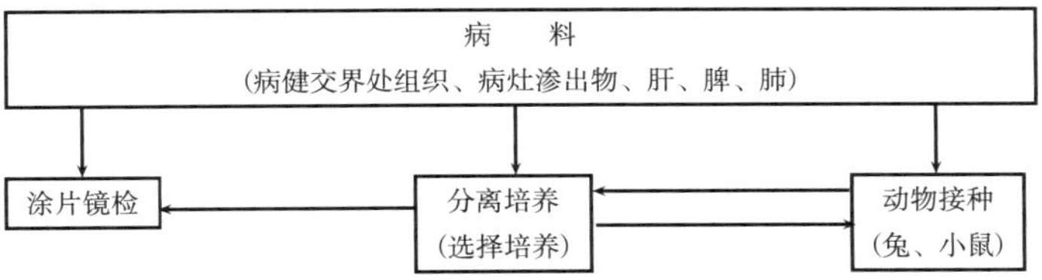

图 3–3–11　坏死杆菌病实验室检查程序

(2) 涂片镜检。取病健交界处组织或分离培养物制成涂片，用等量酒精、乙醚混合液固定，再用碱性复红—美蓝、稀释石炭酸复红或碱性美蓝染色，镜检可见着色不均匀的长丝状菌体。

(3) 分离培养。就地用灭菌棉拭子蘸取病变深部的渗出物，立即插入含硫乙醇酸钠半固体培养基内，迅速在厌氧条件下接种培养。常用的选择培养基为含有 0.02%结晶紫、0.01%孔雀绿和苯乙基乙醇的卵黄培养基，或加有新霉素、万古霉素、链霉素的培养基，或者加有链霉素和结晶紫的培养基，均可抑制杂菌生长。接种后立即放入含有 10%CO_2、80%N_2、10%H_2 和以冷钯为催化剂的厌氧缸内培养，可见到一种带蓝色的菌落，中央不透明，边缘有一圈亮带。

也可采取未污染的肝、脾、肺病变组织或动物接种病料悬液接种葡萄糖血液琼脂平板上，在厌氧下进行分离培养，也较易成功。

(4) 动物接种。取病料制成悬液，于兔耳外侧皮下接种 0.5~1ml，或于小鼠尾根部皮下接种 0.2~0.4ml，观察 7~12 日，可见局部坏死、脓肿、消瘦、死亡。取肝、脾、肺等病灶病料，再做涂片镜检和分离培养，均可见到坏死梭杆菌。

[治疗] 局部治疗。首先对局部进行扩创清洗，然后用 1%高锰酸钾液或 3%煤酚皂液消毒，再涂搽 5%~10%龙胆紫、撒布高锰酸钾、炭末混合剂或高锰酸钾、磺胺粉合剂。也可在创面直接涂搽龙胆紫或 10%甲醛酒精液。

全身治疗。常用磺胺类药物或抗生素进行治疗，磺胺二甲基嘧啶、螺旋霉素、氟苯尼考、四环素、金霉素等均有效。

[预防] 据报道，用坏死杆菌 A 型强毒菌株制备的灭活疫苗具有免疫力，可试用。然而，重要的还是要采取综合性预防措施，诸如保持圈舍清洁干燥，粪便常清除干净，垫料干燥，场地平整，不积水、不泥泞，定期消毒；防止斗咬、踢打，不喂粗硬饲料及避免外伤发生。

十二、钩端螺旋体病 (Leptospirosis)

钩端螺旋体病是由一群致病性钩端螺旋体引起的一种急性或隐性感染的人畜共患性传染

病。本病的特征为：短期发热，黄疸，血红蛋白尿，母犬流产和出血性素质等。本病为世界性分布，尤以热带、亚热带地区多发。我国也有发生、流行，犬的发病率远比猫高。

[**病原**] 迄今，全世界已发现钩端螺旋体有19个血清群、180个血清型。引起犬感染发病的钩端螺旋体主要是犬型和出血黄疸型钩端螺旋体，其他血清型也能感染犬。猫血清中虽然也可以检出多种血清型钩端螺旋体的抗体，但对猫的致病性不大。

本菌为纤细、螺旋弯曲、革兰氏染色阴性菌，具沿长轴方向滚动式或横向屈曲式运动。镀银染色法着色佳，用暗视野或相差显微镜观察活体菌效果最好。

本菌生长需要碳长链的脂肪酸、维生素 B_1 和维生素 B_{12}。严格需氧，人工培养的培养基常以林格氏液、磷酸盐缓冲液或井水为基础，加入7%~20%的新鲜灭活的兔血清或牛血清白蛋白、油酸蛋白提取物V组分及吐温80。通常多用柯索夫培养基或切尔斯基培养基，在28~30℃下培养1~2周，用液体或半固体培养基培养的效果更好。

本菌生化反应极不活泼，不发酵利用糖类，而糖类也不足以维持菌的生长。菌的抗原结构有两类，一类为S抗原，位于菌体中央，当菌体破坏即表现出凝集原和补反抗原活性；另一类是在菌体表面的P抗原，为凝集原，属脂多糖，具有群和型的特异性。

本菌对自然界的抵抗力较强，但对理化因素的抵抗力较弱。在污染的河水、池水和湿土中可存活数月，在尿中存活28~50日。对热、日光、酸碱等很敏感，很快死亡。一般消毒药都能杀死。对多种抗生素敏感。

人和动物致病的多属似问号钩端螺旋体类，其能产生一种具有溶血活性的神经鞘磷酯酶C及对淋巴系统有破坏作用的内毒素。似问号钩端螺旋体现有14个血清群、150个血清型。

[**流行病学**] 钩端螺旋体的自然宿主十分广泛，几乎所有温血动物都能感染，而啮齿类动物特别是鼠类是最重要的自然宿主，多呈健康带菌，形成疫源地，从而提供了本病广泛传播的条件。宿主和带菌动物长期从尿排菌。

本病的传播多通过污染的水、饲料经黏膜、皮肤感染，经交配、损伤等途径也可感染。一些吸血昆虫和节肢动物也是本病重要的传播媒介。

犬、猫感染后，病菌定位于肾脏，无论发病或不发病都能自尿液排菌相当长的时间，从而广泛地污染环境、笼舍、饲料和水，直接或间接地传播扩散，即使体内存在抗体仍能间歇性地随尿排菌数年。

本病在犬、猫有明显的季节性，一是表现在发情交配季节，二是在春秋季节发病多。公犬和仔幼犬发病率要比母犬、老龄犬高。

[**症状**] 犬感染后的潜伏期为5~15日。在临床上多出现急性出血型、黄疸型和血尿型三类。

(1) 急性出血型。病早期体温升高到39.5~40℃，表现震颤和广泛性肌肉触痛，心律不齐，发喘乃至呼吸迫促，食欲减退甚至废绝，精神萎顿。继而出现呕血、鼻出血、便血等出血症状，随即精神极度萎靡，体温下降以至死亡。死亡率高达60%~80%。

(2) 黄疸型。潜伏期5~15日。病初体温升高到39.5~41℃，持续2~3日左右，食欲减退，间或发生呕吐。随后出现可视黏膜甚至皮肤黄疸，出现率约25%以上；严重的全身呈黄色或棕黄色乃至粪便也呈棕黄色。重病例，由于肝脏、肾脏损伤而出现尿毒症病状，口腔恶臭、昏迷或出现出血性、溃疡性胃肠炎病状，转归多死亡。

（3）血尿型。有些病例主要出现肾炎病状，表明肾脏、肝脏被入侵的菌严重损伤，招致肾功能和肝功能机能障碍，从而出现呼出尿臭气、呕吐、黄疸、血尿、血便、脱水甚至引发尿中毒等病状。

猫能感染多种血清型钩端螺旋体，从血清中可检出相应的特性抗体，但在临床上仅可见到比较轻的肾炎、肝炎病状，几乎见不到急性病例。

[剖检变化] 尸体可视黏膜、皮肤黄染，有尿臭气味。剖开后可见到浆膜、心包膜、黏膜黄染和出血点，口腔黏膜、舌有溃疡灶。肺充血水肿，肝肿大、色暗、质脆。肾肿大、表面有出血点和小坏死灶，慢性病例的肾脏萎缩和纤维素性变性。胃肠黏膜有出血斑点，肠系膜淋巴结出血、肿胀。

[诊断] 根据临床症状，剖检特征仅能做出初步诊断。确诊必须进行实验室检查。

（1）病料采取与检查程序。通常在生前采取临床发病 1 周后的血液、脊髓液，发病后 1 周至数周内的尿液，以及病死剖检时采取膀胱尿液、肾脏、肝脏等病料。组织病料要先制成匀浆悬液，污染病料要在培养基中加入 5–氟脲嘧啶 100~400μg/ml 或新霉素 25μg/ml，以抑制杂菌生长；也可加入两性霉素 B 2~5μg/ml，或制霉菌素 50μg/ml，以抑制霉菌生长。实验室检查程序见图 3–3–12。

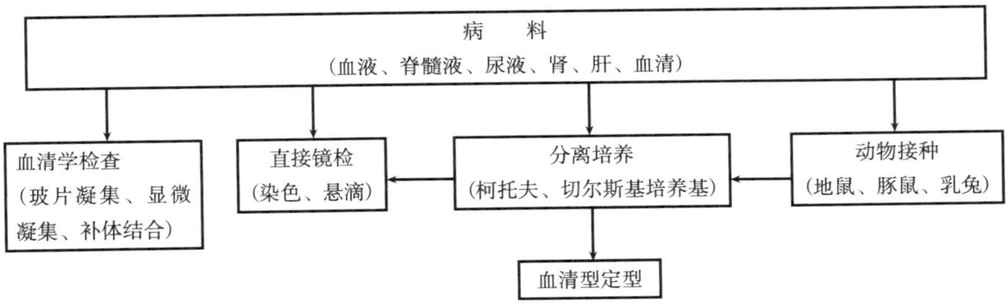

图 3–3–12　钩端螺旋体病实验室检查程序

应该注意的是病料直接镜检和分离培养等的检出率较低，为了提高检出率应重视如下几点：应采取体温升高期（菌血症期，约 1 周左右）的抗凝血和脊髓液作标本；应采取 1 周病程以后的尿液作标本，中性或弱碱性尿液标本的检出率高；应采取濒死或刚死不超过 1~2 小时的肾、肝组织，制成 1:5~10 的匀浆悬液经低速离心后取沉淀作标本；选择未经抗生素治疗的病例采取病料标本；所有病料标本必须在采取后 2 小时内进行检查。

（2）直接镜检

①暗视野镜检：将新鲜的血液、脊髓液、尿液和新鲜肝、肾组织悬液制成悬滴标本，在暗视野显微镜下进行观察，可见到运动的菌，如将病料做低速离心集菌后取沉淀制成悬滴标本观察效果更好。

②涂片染色镜检：取病料做姬姆萨或镀银染色法（钩端螺旋体全染色法）后镜检，可见着色菌体。

（3）分离培养。取新鲜病料接种于柯托夫或切尔斯基培养基（加有 5%~20%灭能兔血清），置于25~30℃下培养，每隔5~7日用暗视野检查1次，初代培养甚至需要长达1~2个月。

（4）动物接种。取病料标本腹腔接种14~18日龄地鼠，体重250~400g；乳兔体重150~200g；幼豚鼠或20~25日龄仔犬，剂量为1~3ml，每天测体温、观察1次，每2~3日称重1次；接种后第1周内隔日采血做直接镜检和分离培养。通常在接种后4~14日出现体温升高、体重减轻、活动迟钝、食欲减退、黄疸、天然孔出血等症状，然后将病死、濒死和不发病的迫杀，进行剖检，采取膀胱尿液和肾脏、肝脏组织进行镜检、分离培养，并做出判定。

（5）血清学检查。动物在感染后不久即可在血清中检出特异性抗体，且迅速升高，持续很久，常用的方法如下。

①玻片凝集试验　简便实用的是染色抗原玻片凝集法。抗原有单价与多价两种，多为10倍浓缩抗原。使用10倍浓缩的碱性变红玻片凝集抗原，在以1:10血清稀释度进行检查时与微量凝集试验的符合率为87.7%。

②显微凝溶试验　当抗原与低倍稀释血清反应时，出现以溶菌为主的凝集溶菌，而随血清稀释度增高，则逐渐发生以凝集为主的凝集溶菌，故称之为凝溶试验（也可称为显微凝集试验或微量凝集试验）。本法既可用于检疫定性，也可用于定型。抗原为每400倍视野含50条以上的活菌培养物。滴度判定终点以血清最高稀释度孔出现50%菌体凝集者为准。如果康复期血清的抗体滴度比病初期血清的高出4倍以上，或单份血清抗体滴度达1:100以上有诊断意义。

③补体结合试验　补反抗体在感染发病后2~3日即出现，持续时间较长，故对病的早期诊断和血清流行病学调查有价值。抗原为多价抗原，由每400倍视野含100条菌体液经洗涤后浓缩10倍的菌体提取物制成。样本血清滴度在1:20以上者，或双份血清滴度升高4倍以上者判为阳性。

［治疗］青霉素每千克体重4万~8万u，每日1次肌肉注射；双氢链霉素每千克体重10~15mg，每日2次肌肉注射，效果都很好。通常先用青霉素治疗2周，待肾功能好转后再用双氢链霉素治疗2周，可使病犬排菌。犬治愈率可达85.2%。

［预防］首先要消灭传染源，如通过检疫及时处理阳性和带菌动物，捕杀鼠类，通过消毒等措施净化环境等；其次是进行预防接种，犬通常用双价或多价钩端螺旋体甲醛灭活氢氧化铝吸附疫苗，首次注射1ml，间隔2周做第2次注射，免疫期为6个月以上。

十三、犬链球菌病（Streptococcosis）

链球菌病是由一大类致病性化脓性球菌引起的一种人畜共患性疾病，在人和多种动物能引起诸如败血症、乳房炎、关节炎、脓肿、脑膜炎等疾病。对犬主要危害仔幼犬，成犬多为局部化脓性病灶。世界各地都存在，在我国也屡有发生。

［病原］引起犬链球菌病的病原主要是马链球菌兽疫亚种和肺炎链球菌。马链球菌兽疫亚种原称兽疫链球菌，属化脓链球菌组。本菌革兰氏染色阳性，呈球形，陈旧培养物菌体呈卵圆形，病变组织涂片时常见到短链或中等长链排列，在肉汤培养基中可形成长链。有荚膜，不形成芽胞，不运动。

本菌在血液及血清培养基中生长良好，在血液琼脂上形成β-溶血圈。能水解精氨酸，能发酵乳糖、山梨醇产酸，不发酵甘露醇、菊糖、棉子糖、海藻糖，不产生靛基质，VP 阴性，不液化明胶。本菌菌体表面有型特异性的蛋白质抗原，分 8 个血清型。能产生溶血素。

肺炎链球菌，菌体稍大，革兰氏染色阳性，陈旧培养物菌体常呈阴性。呈钝端相对、尖端相背的双排列，在痰、脓汁和肺病变中有时呈单在或链状。无鞭毛，无芽胞，在机体内或含血清培养基中形成荚膜，但经人工传代培养后即消失。菌在血液或血清培养基中生长良好，在 10%二氧化碳条件下生长更好。在血液琼脂上形成细小、光滑、灰色的菌落，形成圆形或草绿色的 α 溶血圈，菌体能自溶而呈中央凹陷、周围隆起的“脐”状。

本菌能分解葡萄糖、麦芽糖、蔗糖、果糖、乳糖、蕈糖产酸，不分解棉子糖、卫矛醇。菌的抗原结构比较复杂，除有荚膜多糖抗原、菌体种属特异性抗原、菌体核蛋白抗原外，还有亚型抗原。目前肺炎链球菌已有 80 多个型，其中Ⅰ、Ⅱ、Ⅲ型菌致病力较强，其他型菌致病力弱或无致病力。致病性菌能产生溶血素、杀白细胞素和透明质酸酶，菌自溶后还能释放紫癜产生物质。

[流行病学] 链球菌的易感染十分广泛。不同年龄、品种、性别的犬都能感染，但仔幼犬的易感性更高，发病率和死亡率最高。病犬、猫与带菌犬、猫是主要的传染源，成窝仔犬发病的传染源是哺乳母犬。病菌可直接的或经污染的空气、用具、饲料等间接地通过损伤的皮肤和呼吸道、消化道黏膜感染，仔犬经脐感染和吮乳感染的较多见。

本病的发生或流行往往与多种诱发因素有关，诸如饲养管理不当，导致体质下降和抗病力低下；发情季节易于发生外伤而感染发病；环境卫生恶劣，饲养密度过大等都可诱发本病。

[症状] 仔犬多为经脐部感染而发生的急性败血症经过。特别是感染后发生菌血症，体温升高，出现卡他性乃至出血性肠炎，脐源感染发炎，多数转移至关节而发生关节炎，最后导致败血症死亡。

成犬多发生皮炎、淋巴结炎、乳房炎和肺炎，母犬出现流产。

[剖检变化] 仔犬多见脐化脓，实质器官有脓肿灶，尤以淋巴结脓肿为常见；肝脏和肾脏有出血点，严重的可见肠道出血和化脓性关节炎病变。成犬病例以化脓性病变为特征。

[诊断] 根据症状、剖检特点可以做出初步诊断，确诊仍需进行实验室检查。

(1) 病料采取与实验室检查程序。主要采取脓汁、关节液、乳汁、鼻咽分泌物和肝、肺、肾、脾病灶或心血等病料。实验室检查程序见图 3-3-13 所示。

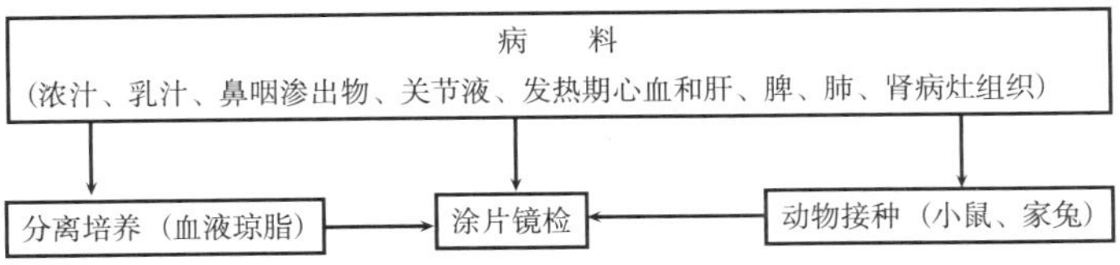

图 3-3-13　犬链球菌病实验室检查程序

(2) 涂片镜检。取病料制成涂（触）片，做革兰氏染色后镜检，可见到阳性的球形、呈短链的链球菌。

(3) 分离培养。取病料接种血液琼脂培养基上，37℃培养 24 小时，可见到灰白色、透明、湿润黏稠、露珠状菌落，并有溶血圈。

(4) 动物接种。取病料悬液、分离培养物，皮下或腹腔接种小鼠或家兔，经 3~4 日发病死亡，取病料做涂片镜检和分离培养可获得阳性结果。

[**治疗**] 最好在经初步诊断后立即进行病原菌分离，然后马上做药敏试验，选择最敏感的药物进行治疗。通常用对革兰氏阳性菌最有效的青霉素、氟苯尼考、四环素、土霉素和磺胺类药物等治疗效果较好，如肌肉注射青霉素 20~40 万 u 或红霉素 50~150mg，连用 3~5 日；也可每次口服磺胺类药物 0.2~0.3g，1 日 2 次，连服 1 周，均有良好的效果。

[**预防**] 防制本病的发生，关键在于加强平时的饲养管理和卫生防疫措施，其中尤以增强动物的抵抗力与全面做好环境消毒卫生工作更为重要以及减少应激因素的诱发作用。

在免疫接种方面，可用分离菌株制成甲醛灭活疫苗，试用于免疫预防也有效。

十四、犬支气管败血博代氏菌病 (Canine bronchiseptic bordetellosis)

犬支气管败血博代氏菌病的病原是支气管败血博代氏菌 (Bordetella bronchiseptica)，多数病例往往混合感染犬副流感病毒而发生。病的特征为鼻炎、气管炎–支气管肺炎类综合征，是多种动物和人感染的人畜共患性传染病，呈世界性分布。

[**病原**] 支气管败血博代氏菌，是革兰氏染色阴性小杆菌，呈单在或成双、两极着色，具周身鞭毛有运动性，有的有荚膜。严格需氧，在普通培养基上能生长，也能在麦康凯培养基上生长，在马铃薯培养基上生长丰盛，并使马铃薯变棕黑色。多数菌株在血液琼脂培养基上形成 β 溶血圈。不发酵糖类，氧化酶、氧化氢酶、尿素酶试验阳性。

本菌具有菌相变异特性，在动物体内或培养基上常发生由光滑 (S) 型至粗糙 (R) 型变异。常将前者称为Ⅰ相菌，具有密集的周身菌毛，少有鞭毛，具有荚膜抗原和不耐热的坏死毒素，有致病性和免疫原性；将后者称为Ⅲ相菌，无菌毛，多见有周身鞭毛，无荚膜与毒力；介于中间的Ⅱ相菌，为过渡型菌，毒力较弱。

本菌抵抗力弱，一般消毒剂消毒均有效。

[**流行病学**] 易感动物十分广泛，几乎对各种动物都有致病性。犬、猫也易感染发病，仔幼犬、猫易感性更高，往往呈全窝发病。患病动物乃至一些带菌健康动物是主要的传染源，不定期地自呼吸道向外排菌扩散。在饲养管理、卫生防疫不佳和饲养密度大的饲养场舍，群体暴发流行危险性很大，往往出现仔幼犬、猫成窝发病的现象。通常随着年龄的增长易感性与发病率下降。群、场、区一旦发生就很难清除。

本病主要通过飞沫、空气中的水汽和尘埃经呼吸道传染，哺乳母畜也可通过鼻端接触，经鼻腔传染给幼仔。

[**症状**] 4~12 周龄幼犬发病率最高，两侧鼻孔出现水样鼻液，轻的呈一时性，有痒感搔鼻；重病例呈鼻漏样，打喷嚏，间歇性剧烈干咳，在轻度触诊时可引起气管诱咳，听诊时在气管和肺区有粗厉的呼吸音，重度病例可因致死性支气管肺炎而死亡。成年和老龄病例症状轻，有的可持续数周干咳，多数能自癒。

[**剖检变化**] 可见鼻炎、气管炎或支气管肺炎变化。肺脏有化脓灶，大小不一，数量不等，肝脏有的也有脓灶，脓灶切开见有乳白色黏稠脓汁。呼吸道黏膜充血、水肿。

[**诊断**] 病的确诊应采取病料进行实验室检查。

(1) 病料采取与实验室检查程序。用棉拭子采取活体病例或病死尸体鼻腔分泌物，采取病例的呼吸器官病变病料，血清等。实验室检查程序见图 3-3-14。

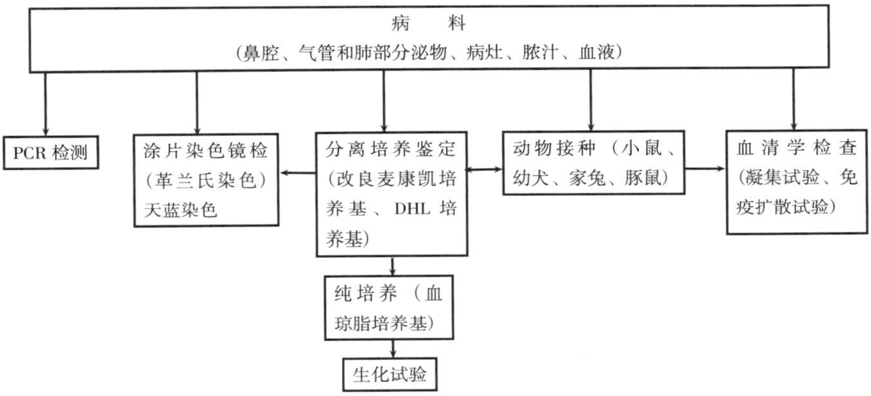

图 3-3-14　犬支气管败血博代氏菌病实验室检查程序

(2) 分离培养鉴定。取棉拭料液等病科接种于麦康凯或 DHL 培养基上，组织病料还需接种血琼脂培养基，37°C 培养 48 小时后再放室温 1 天，可见麦康凯培养基上圆形、光滑、隆起、透明、略呈茶红色的菌落，在 DHL 培养基上的菌落呈无色半透明。然后经纯培养后做进一步生化试验等鉴定。

(3) 涂片镜检。取分泌物、病灶组织、脓汁等病料，分离培养物，涂片做革兰氏或美蓝染色，镜检可见到革兰氏阴性和球杆状、杆状小杆菌。

(4) 动物接种。取病料、分离培养物作小鼠、豚鼠、仔幼兔、仔幼犬鼻内接种，可在数日内出现鼻炎、支气管肺炎症状。

(5) 血清学检查

①凝集试验。抗原制备，取 I 相菌接种胰蛋白胨豆肉汤中，37℃培养 24~48 小时，加福尔马林灭活后制成。方法：取被检血清做系列稀释，吸取稀释血清加等量抗原液混匀，37°C 感作 2 小时后放冰箱过夜判定，1:10 稀释出现颗粒状凝集者判为阳性。

②免疫扩散试验。抗原制备，取 I 相菌接种于含有绵羊鲜血的鲍—姜琼脂上，37°C 培养 36 小时，加入适量缓冲生理盐水将 I 相菌落洗下，制成每毫升含菌 2500 亿的菌悬液，加入福尔马林灭活后离心（1000rpm20 分钟），取沉淀物加入缓冲生理盐水洗涤后再离心（12000~15000rpm 20 分钟），弃去上清液，加入少量缓冲盐水和 0.01%硫柳汞防腐即为抗原。阳性血清制备，用 I 相菌灭活菌液作免疫原，以首次每毫升 100 万菌量、间隔 1 周免疫敏感健康家兔，共免疫 6 次，每次菌量以 10 倍递增，末次注射后 4~5 日检测抗体效价，免疫扩散法测定达 8 倍以上为合格，于第 7 周心脏采血分离血清，加入 0.01%硫柳汞即为阳性血清，应用时还需用Ⅲ相菌进行吸收（方法：7 孔法，中央孔滴抗原，1、2、4、5 孔加被检血清，3、6 孔滴阳性血清。抗原孔与被检血清间形成沉淀线且其末端与其相邻的阳性血清孔与抗原间的沉淀线相融合者判为阴性，阳性血清与抗原性间的沉淀线末端相邻的被检血清孔之抗原方向偏弯者也判为阳性）。

(6) PCR检测。

[治疗] 多种抗生素可获临床治疗效果，但不能达到彻底治愈和消除带菌、排菌与再次发病，因为链霉素、土霉素、泰乐霉素、庆大霉素和卡那霉素等的药效达不到鼻腔深部。实践表明，用一种黏液溶解剂和庆大霉素喷雾治疗，效果更明显。

[预防] 其一，强化饲养管理，防疫卫生，检疫隔离，淘汰处理发病、带菌动物和污染场(群)，仔幼动物药物预防（按吨饲料添加100g金霉素）等措施；其二，实施疫苗接种措施进行免疫预防，国外的弱毒活苗给犬滴鼻接种，免疫效果十分满意；国内的巴氏杆菌、博代氏菌二联油乳剂灭活苗的免疫效果也很好。

十五、弯曲菌病（Campylobacteriosis）

弯曲菌病原名弧菌病（Vibriosis），是由弯曲菌所致的人畜共患性疾病的总称，各种动物都能感染发病，犬、猫也不例外。临床特征为流产、腹泻，犬病例以流产、不孕和乳房炎为多，人除腹泻、食物中毒外尚可见到流产、败血症与关节炎等病状。本病呈世界性分布，在我国也广泛存在。

[病原] 主要是弯曲菌属（Campylobacter）中的胎儿弯曲菌（C.fetus）和空肠弯曲菌（C. jejuni）两个种。

本菌呈纤细、螺旋状、撇形、S形、鸥状多形态。在老龄培养物中呈螺旋状长丝或圆球形，运动力活泼。革兰氏染色阴性，结晶紫染色效果好，微需氧，对培养要求高，在加有血液、血清培养基中于10%CO_2条件下初代培养良好。对1%牛胆汁有耐受性，十分适合于纯菌分离。菌在10~12日龄鸡胚尿囊液中生长，在接种后5日可致死鸡胚。对妊娠豚鼠可致流产。

本菌有耐热的菌体（O）抗原和不耐热的鞭毛（H）抗原，有的菌株有荚膜（K）抗原，菌的血清型多。

本菌抵抗力不强，对干燥、日光和消毒药敏感易杀死。

[流行病学] 各种动物和人都能感染，且感染后均可成为传染源并经呼吸道、消化道、泌尿生殖道排出的排泄物、渗出物、分泌物扩散传播。有的可成为保菌排菌者，从而呈现病的地方流行性。

本病的传染途径也多种多样，经消化道、呼吸道和交配途径都能传染。也能由污染的乳和肉食品而引发人的食物中毒和感染患病。

[症状] 主要出现子宫炎、阴道炎症状、流产、腹泻，食欲不整，精神萎顿，虚弱，一般体温正常。死亡率不高。

[剖检变化] 母犬病例见有子宫炎、输卵管炎和阴道炎变化，黏膜红肿，分泌物渗出物增加；流产胎儿水肿，肝脏浑浊肿胀，有坏死灶。腹泻病例可见肠炎变化，出血、黏膜脱落等。

[诊断] 本病无特征性症状和病症，根据临床表现和剖检变化、流行特点只能作出初步诊断，确诊必须采取病料进行实验室检查。

(1) 病料采取与检查程序。通常采取阴道分泌物、流产胎儿、胎盘、血液、胆汁和肠内容物用于实验室检查。实验室检查程序见图3-3-15。

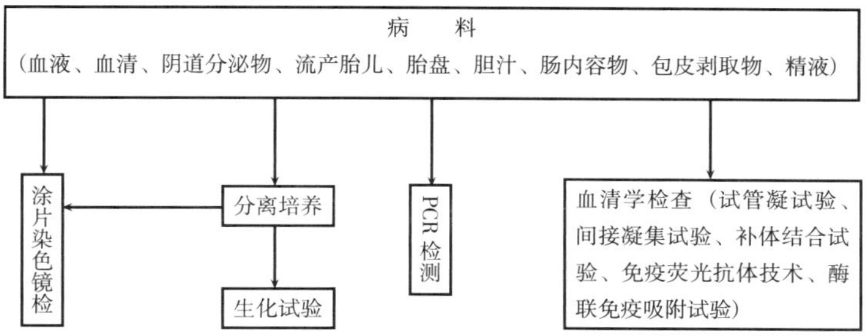

图 3–3–15　弯曲菌病实验室检查程序

（2）涂片镜检。几乎从排泄物、分泌物和流产胎儿中均可检出菌，利用革兰氏染色法和一般染色剂染色效果均好，其中结晶紫染色液的效果更佳，可见到典型菌。

（3）分离培养。取分泌物、胎盘胎衣等排出物，特别是新鲜的流产胎儿和胃内容物接种于以鲜血琼脂为基础的选择培养基（Shirrow 培养基、Butzler 培养基、改良 Campy BAP 培养基）上，若加入多种抗生素抑制其他肠道菌则更有利于菌的生长。于微氧条件下（10%CO_2、5%O_2、85%H_2）37°C 培养，可见到白色、扁平、湿润、光滑、不溶血的菌落。对分离菌作进一步鉴定。

（4）分离菌鉴定

①涂片染色镜检。可见到纤细多形态、端生单一鞭毛、呈旋转锥样运动的典型菌；

②生化试验。氧化酶接触酶试验阳性，尿素酶试验阴性，亚硝酸还原试验阳性，不液化明胶，MR 和 VP 试验阴性，不产生色素，不发酵糖类。胎儿弯曲菌能在 25°C 下生长，在 42°C 不生长，空肠弯曲菌则相反，在 3.5%食盐中两者都不生长。

③血清学鉴定。用标准分型血清进行鉴定分型。

（5）血清学检查。血清学检查方法很多，其中简易快速的首推阴道黏液凝集试验。方法是：采取阴道黏液先用生理盐水或 0.3%福尔马林盐酸缓冲液作 1:2 稀释，再作 1:4~1:64 系列稀释。各吸取 0.5ml 稀释液加入试管，加入等量抗原后混匀，置 37℃下感作 24~40 小时后判定，凝集价达 1:32 者为阳性。本法为检测 IgA 抗体效价。

（6）PCR 检测。

［治疗］对流产病例可采取局部治疗与全身治疗同时进行，对腹泻病例则多采用抗生素类药物治疗。诸如用四环素族、链霉素等抗生素局部处理和全身治疗等。

［预防］除了强化常规的防疫卫生和食物卫生管理外，也可试用疫苗进行免疫预防。据报道（Clak 等，1977），一种胎儿弯曲菌（性生物型与肠生物型）组成的油乳剂灭活菌在实践中证明安全有效，接种两次的效果更好。

十六、犬猝死症（Canine sudden death syndrome）

犬猝死症是由产气荚膜梭菌（C.perfringens）引起的人畜共患病种之一，是 20 世纪 80 年代以来在我国出现的动物猝死症中的一种。病的特征是：发病急、死亡快、死亡率高，器官组织出血性败血症变化。动物猝死病已在全国 20 多个省市地区发生，应引起重视。

[病原] 产气荚膜梭菌又称魏氏梭菌，为厌氧性粗大杆菌。革兰氏染色阳性，呈单个或双链，无鞭毛不运动，在动物体内能形成荚膜。芽胞卵圆形，位于菌体中央或亚中央。

本菌在 Zeissler 血液琼脂培养基上长成圆形隆起、光滑、灰白色的纽扣状、不透明菌落，多数菌落有溶血双环，内环为透明的 β 溶血圈，外环较暗为 α 溶血圈。在厌气肉肝汤中 37℃培养很快出现一致性浑浊，产生大量恶臭气体。在牛乳培养基上呈强烈发酵反应。

本菌依据产生毒素的不同，分为 A、B、C、D、E、F6 个型，侵害犬的多为 A 型产气荚膜梭菌。A 型产气荚膜梭菌主要产生 α 毒素，具有坏死、溶血和致死作用。本菌生化特性为：分解葡萄糖、麦芽糖、乳糖、蔗糖、海藻糖、淀粉、鼠李糖、果糖、棉子糖、木糖、蕈糖、山梨醇、肌醇，产酸产气；木杨苷、甘露醇、靛基质阴性；明胶液化、卵磷脂酶、硝酸盐还原、H_2S 试验阳性。

本菌广泛存在于土壤、污水和人、动物肠道中，芽胞抵抗力强，长期存在于外界环境中，随着外环境的持续污染、破坏，不断地扩散传播。

[流行病学] 几乎各种哺乳动物均易感，家养的、驯养的（犬、猫、兔、貂、狐、貉、鹿、麝鼠等）和野生观赏的（大熊猫等）动物均感染，人也能感染发生坏死性肠炎。在不同年龄、品种、季节均可发生，呈散发或区域性流行。在我国一些肉食犬、宠物犬、军警犬场（基地）和养犬户中多次发生、流行过，损失惨重。

据报道（褚美芬等，2004），浙江一地区在短短的 1 个月内就病死牛 26 头（占牛总数 18.2%，奶牛、水牛、黄牛）、犬 22 只、羊 1 只。

本病主要通过消化道或皮肤、黏膜损伤进入动物体，饲养管理不良、环境卫生恶劣等均是诱发的原因。

[症状] 很少见到前驱症状，多突然发病，出现突然不食，乱窜乱撞，狂叫，转圈，倒地呻吟，四肢划动，口吐白沫，呼吸困难，大小便失禁，痉挛、抽搐，继而沉郁，有的腹泻，可视黏膜发绀。病犬多在发病后数小时内死亡，快的仅数十分钟，死亡率 100%。

[剖检变化] 可见胸腔积液，肺充血、出血、水肿，气管、支气管内有泡沫液体；腹水增量，呈黄色，小肠充气，浆膜出血，空肠与回肠内充满胶冻状液，肠黏膜出血溃烂，大肠黏膜脱落有溃疡灶；胃黏膜充血、脱落；肝脏肿大有出血、质脆易碎；肾肿大，有出血坏死灶。

[诊断] 根据流行特点、症状和剖检特征可以作出初步诊断，确诊应由实验室检查结果作出。

（1）病料采取与实验室检查程序。采取心血、空肠与回肠内容物、肝脏、脾脏、粪便等病料供实验室检查用，检查程序见图 3–3–16。

（2）涂片染色镜检。取病料常规制片、染色，镜检可见到细菌特征。

（3）分离培养。取粪便、肠内容物作加热处理后的上清液与组织和液体病料同时接种厌气肉肝汤、鲜血琼脂培养基，37℃培养 20~24 小时。取纯分离物作生化试验进行鉴定和血清型定型。

在细菌分离培养中，有 84.6%的病牛病料和 72.7%的病犬病料可分离到产气荚膜梭菌。

（4）动物接种。取病料，培养物接种小鼠、家兔进行发病和毒力检查。

（5）血清学检查。主要应用凝集试验、中和试验和 SPA–ELISA 试验等方法，效果均好。

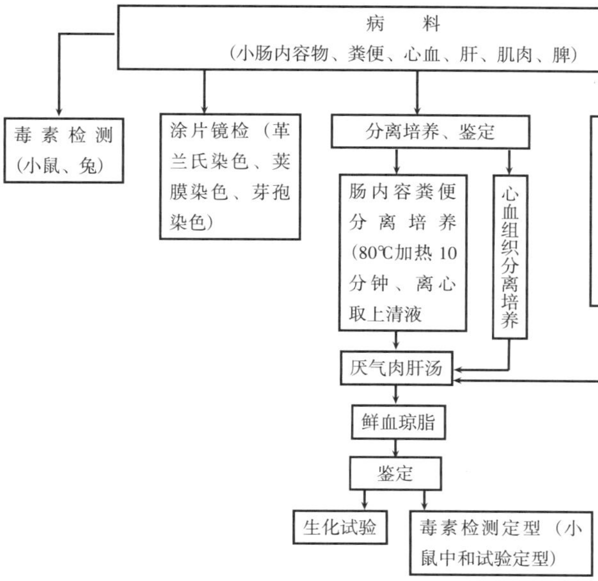

图 3-3-16　犬猝死症实验室检查程序

［治疗］抗生素、磺胺类等药物均无治疗效果。在早期用抗血清治疗，按每千克体重 2~3ml，效果较好，可获得 80%以上的治愈率。

［预防］防制病的发生、流行的重要措施有：①切实做好平时的检疫、卫生、消毒、防疫等工作，严禁疫区动物进出；②病死动物一律进行无害化处理；③疫区实施强制免疫接种，目前已有多种灭活疫苗供应，诸如产气荚膜梭菌灭活苗、产气荚膜梭菌—巴氏杆菌二联苗等，既可用于紧急接种，也可用于预防接种，效果均好。免疫程序为犬首次肌肉注射 2ml，间隔 2 周再注射 3~4ml；兔的剂量减半，免疫期 6~8 个月。

十七、耶氏菌小肠结肠炎（Yersinia enterocolitica）

耶氏小肠结肠炎是小肠结肠耶氏菌引起的一种人畜共患传染病。临床表现出以小肠结肠炎、胃肠炎或全身性症状等。伪结核耶尔森菌偶尔也可引起发病。本病呈世界性分布，我国也广泛存在，1980 年首次从猪体分离到该菌。1982 年，福建省首先报道 3 人的病例，目前，济南、吉林、山西、浙江等省相继从人、猪和水体中检出了该菌。

［病原］小肠结肠耶氏菌（Yersinia Enterocolitica），为肠杆菌科，耶尔森菌属，为兼性厌氧革兰氏阴性球杆菌，偶尔可见两极浓染，不形成芽孢和荚膜。根据菌体抗原可分为 50 多个血清型，但仅有少数血清型与致病有关，而且各地区致病血清型可能有所不同。抗原结构比较复杂，有 O、H、K 三型，我国主要有 O9、O8、O5、O3 等。有毒力菌株大都具有 V 和 W 抗原，并能产生肠毒素。

最适生长温度为 20~28℃，耐低温，在 4℃仍能生长，在 25℃培养可形成鞭毛，但在 37℃时则不形成或很少有鞭毛。该菌在普通琼脂培养基上生长良好，部分菌株在血液琼脂平板上可出现溶血环。在麦康凯琼脂上，本菌较其他肠道致病菌生长慢，菌落小，为乳糖不发酵菌落。

［**流行病学**］多种野生动物及家畜均可为小肠结肠耶氏菌的储存宿主。猪是该菌的主要贮存宿主。猪、犬、猫等都可呈健康带菌状态。主要是通过饮水和食物经消化道感染。或者因接触感染动物粪便、污染饲料及周围环境传播本病，或与屠宰工人、饲养管理人员的间接接触而感染。

［**症状**］病犬表现为食欲下降、厌食，严重者废食。多数病犬有腹泻症状，表现为持续腹泻、粪便带有血液或黏液，急性病例可能有腹痛、呕吐，表现精神沉郁，收腹。但大多数被感染的犬、猫呈亚临床经过。

［**病变**］剖检可见肠黏膜充血和出血，肠系膜淋巴结肿大，肝脏形成结节性病变。组织学检查表现为慢性肠炎并有单核细胞浸润。

［**诊断**］确诊主要依靠细菌的分离鉴定，但仅从粪便中分离出细菌并不能确诊，因为部分动物是本菌的携带者。若从血液或肠淋巴结中分离到该菌，则对于区分临床感染和无症状携带者具有重要意义。

粪便标本可直接接种于麦康凯或 SS 琼脂平析上，也可根据该菌嗜冷特性，将取自粪便及食物等的待检材料置于 pH7.4~7.8 的磷酸盐缓冲液中，于 4℃增菌 2~3 周，再用耶氏菌专用选择性培养基于 25℃和 36℃培养 24~48 小时。血液样本可以直接接种于增菌培养基进行培养，挑选可疑菌落进行鉴定。主要鉴定依据为 25℃培养时动力阳性、脲酶阳性、H_2S 阳性和血清型鉴定。

［**治疗**］主要采用抗生素治疗。本菌对青霉素药物普遍有耐受性，可选用四环素、氟苯尼考、庆大霉素、头孢菌素及氟喹诺酮类药物治疗。同时，对于腹泻严重病例，需要进行输液以调节机体水和电解质平衡，多用复方林格氏液，同时，补充足够的维生素类和能量等。

［**预防**］由于多种动物可以携带耶氏菌，因此，依靠治疗来消除本病比较困难。应通过加强饲养管理，增强动物的抗病力，强化防疫卫生、检疫隔离、淘汰处理发病、带菌动物。

十八、鼠疫（Plague）

鼠疫（Plague）是由鼠疫杆菌引起的人和多种动物感染的人畜共患的烈性传染病。呈世界性分布。我国已消灭了人类鼠疫。该病的特征为：高热、淋巴结肿痛、出血倾向、肺部特殊炎症等。猫比犬敏感，猫的死亡率高达 50%。

［**病原**］鼠疫杆菌是引起烈性传染病鼠疫的病原菌。鼠疫杆菌属于小杆菌科耶氏菌属，为两极浓染的卵圆形的革兰氏阴性短杆菌。大小 0.5~0.8μm×1~2μm，单个散在，偶尔成双或短链。有荚膜（或称封套）。在病灶标本中及初代培养时，呈卵圆形。在液体培养基中生长呈短链排列。

本菌为需氧及兼性厌氧菌，最适温度为 27~28℃，初次分离需在培养基中加入动物血液、亚硫酸钠等以促进其生长，在血平板上，28℃培养 48 小时后，长成透明的、中央隆起、不溶血、边缘呈花边样菌落，这种菌落形态为本菌的特征。在液体培养基中 24 小时孵育逐渐形成絮状沉淀，48 小时在液表面形成薄菌膜，从菌膜向管底生长出垂状菌丝，呈钟乳石状。鼠疫杆菌对外界抵抗力强，在寒冷、潮湿的条件下，不易死亡，在–30℃仍能存活，于 5~10℃条件下尚能生存。可耐直射日光 1~4 小时，在干燥咯痰和蚤粪中存活数周，在冻尸中能存活 4~5 个月，但对一般消毒剂、杀菌剂的抵抗力不强。对链霉素、卡那霉素及四环素敏感。

鼠疫杆菌毒株有下列抗原成分和毒素。包括荚膜 FI（Fraction Ⅰ）抗原、毒力 V/W（Virulcnce）抗原、鼠毒素、内毒素、杀菌素等。其中与其致病和免疫有关的有荚膜抗原（n 抗原）、V 和 W 抗原、外膜蛋白抗原和鼠毒素等。该菌对理化因素的抵抗力较弱，但在环境中的痰液中可存活 36 天，在蚤粪和土壤中能存活 1 年左右。

[流行病学] 本病主要通过蚤类血传播。动物与人由被感染的鼠蚤叮咬而传染。也可因宰杀感染动物由破损创口侵入，或因吸入含本菌的气溶胶感染。我国已基本查明有 11 种啮齿动物为该菌的贮存宿主，并有 11 种蚤类可作为其传播媒介。随着人类居住和生活条件的改善，除极个别地区外，鼠疫由鼠群直接传播到人群的病例较少，但与感染家猫有关的病例时有发生。吸入感染猫（肺型鼠疫）的呼吸道分泌物、黏膜或皮肤伤口被感染猫的分泌物或渗出液污染等均可能发生感染，猫和犬最常见的感染途径为捕食带菌鼠、野兔或者被鼠蚤叮咬。本病为人畜共患烈性传染病。在公共卫生上有重要的意义。

[症状] 猫发生本病较为多见，而犬发生该病的记录不多。临床上最常见的为颈部和下颌淋巴结出现化脓性淋巴腺炎，并有明显毒血症状。表现为寒战、高热、精神高度沉郁，虚弱；发生急性出血性支气管肺炎症状；皮肤有广泛淤点、淤斑及皮肤坏死，黏膜也有出血点，并有鼻出血、吐白沫、便血、尿血等严重出血现象，很快出现休克。美国报道 119 例自然感染猫中，半数以上为淋巴结炎型、肺型和败血型不超过 10 例。猫鼠疫可表现为急性型（1~7 日死亡或康复）和慢性型（病程 2~4 周）。对人工感染的 10 只犬，则出现一过性症状，体温 40.5℃并持续 72 小时，但 7 日后全部康复。

患病动物实验室检查血白细胞总数及中性粒细胞增多，红细胞、血红蛋白及血小板减少。

[诊断] 对本病的诊断，应从以下几个方面着手。

(1) 进行流行病学调查。一般发生在疫区，近期有与病鼠、病猫的接触史，或捕食患病鼠史。

(2) 根据临床表现诊断。如出现急性局部淋巴结炎及明显毒血症状、急性出血性支气管肺炎；皮肤有广泛淤点、淤斑及皮肤坏死。

(3) 实验室检查。

对病原的检查一般采用“四步诊断”（又叫四步检查）：镜检、培养、动物接种和鼠疫菌体裂解试验。对首获菌株，还应进行生物学、生化学和血清学等方法的鉴定。

直接涂片检查：取渗出液、淋巴结穿刺液、血液或死亡动物的脏器等涂片或印片，分别进行革兰氏和美蓝染色，检查细菌的形态和染色特性。也可应用免疫荧光抗体技术进行快速诊断。

细菌分离鉴定：可将穿刺液、尸体组织材料、心血等接种于血液琼脂培养基上，经约 48 小时培养形成直径 1~1.5mm 灰白色黏稠的粗糙型菌落，挑取可疑菌落进行染色、血清凝集、噬菌体裂解及免疫荧光抗体染色等鉴定。

鼠疫血清学检查：主要有鼠疫细菌凝集试验、鼠疫间接血球凝集试验、鼠疫反向间接血球凝集试验、鼠疫放射免疫沉淀试验及酶联免疫吸附试验（ELISA）等。

(4) 鉴别诊断。腺鼠疫应与急性淋巴结炎、丝虫病淋巴结肿及野兔热相鉴别；败血症型鼠疫应与普通败血症相鉴别；肺鼠疫应与肺型炭疽、其他原因引起的肺炎相鉴别；各型鼠疫早期均应与伤寒、钩体病相鉴别。

[**治疗**] 本病一旦发生，要遵循及时治疗，减少死亡；正确用药，提高疗效；精心护理，促进康复；消毒隔离，防止传播的原则。

鼠疫杆菌对多种抗生素敏感。首选药物是链霉素，辅助治疗或预防性投药用四环素、卡那霉素、庆大霉素等。同时还可应用广谱抗生素、磺胺类药物。治疗至少应持续到临床症状消失后 24 小时。在进行对病原治疗的同时，要进行必要的对症治疗。对于治疗价值不大的患病猫，应予以处死，并进行无害化处理。

[**预防**] 本病的关键是消灭传染源和寄生蚤。首先要注意公共卫生。一旦怀疑猫、犬发生本病，应进行快速确诊，防止病原扩散和污染周围环境；要对所有可疑患病动物进行严格隔离；在进行治疗和处理时应穿工作服、戴口罩和手套；要对可能被污染之处用酚类或季胺盐类的消毒剂进行严格的消毒并驱杀动物体表、家庭和动物医院的寄生蚤；一旦确诊为鼠疫，应上报主管部门并建议动物的主人到医院进行诊治。

第四节 犬、猫的真菌性疾病

真菌性疾病大致可分为两类，一类是由病原性真菌感染引起的疾病，称为真菌病；另一类是由产毒性真菌所产的毒素被食入后所导致的疾病，称为真菌中毒症。然而，如烟曲霉菌和黄曲霉菌等致病性真菌，则兼有感染性和产毒性。本节主要介绍由病原性真菌感染的真菌病，即犬、猫的真菌病。

犬、猫的真菌病包括皮肤真菌病、浅在真菌病和深部真菌病三类。主要的皮肤真菌病有：感染皮肤的犬、猫孢子菌病，犬、猫毛癣菌病；浅在真菌病有：感染皮下或黏膜的犬、猫颗粒性皮炎、犬鼻孢子菌病；深部真菌病有：感染淋巴结的犬、猫丝状菌病，感染犬角膜的犬曲霉菌病，感染犬、猫皮肤、消化道和中枢神经的隐球菌病，感染犬、猫皮肤、肺、胃的犬、猫芽生菌病，感染犬、猫肺、脾和淋巴结的犬、猫组织胞浆菌病，感染犬、猫支气管、淋巴结、肺、脾、肾、胃的犬、猫球孢子菌病。

真菌的抵抗力很强，在干燥环境中可生存 3~4 年，煮沸 1 小时才能杀死，2%~5%氢氧化钠溶液、3%甲醛液可用于消毒，一般消毒药不能杀死。

一、孢子菌病 (Sporophylic disease)

本病是皮肤真菌病中的一种，主要是由犬小孢子菌和石膏状小孢子菌引起；另外，小孢子菌也可使犬致病。通常寄生于犬、猫等多种动物的被毛、皮肤表皮和趾爪角质蛋白组织中，而引发各种皮肤病。病的特征为皮肤上出现脱毛斑，皮肤损伤而有渗出液、鳞屑和结痂等。

[**病原**] 犬小孢子菌，属半知菌亚门、丝孢菌目、小孢子菌属。在病料镜检时，呈圆形、小孢子密集成群围绕于毛干上；在皮屑中可见菌丝。可见直而有格的菌丝和中央宽大两端稍尖纺锤形的大分生孢子，孢子末端表面粗糙有刺，多格。小分生孢子少，呈棍棒状（图 3–4–1）。本菌在葡萄糖蛋白胨琼脂上，在室温下生长快，中心表面无气生菌丝，覆有白色或淡黄色的细

粉末，周围为白色羊毛状气生菌丝。随菌落扩大，表面出现同心圆的勾纹，菌落变为淡棕黄色，背面呈橘黄色或红棕色。

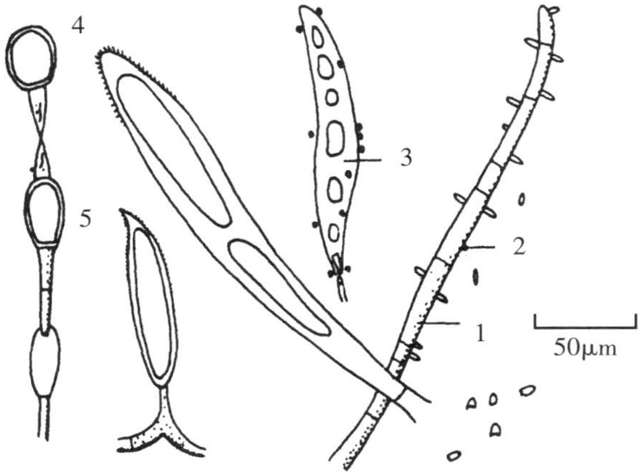

图 3-4-1　犬小孢子菌

1. 菌丝　2. 小分生孢子　3. 大分生孢子　4. 球拍状菌丝　5. 厚壁孢子

（引自《医学真菌鉴定初编》，孙鹤龄主编）

石膏状小孢子菌，镜检时可见大量大分生孢子呈纺锤形，两端稍细，菌丝较少。初代培养物见有少数小分生孢子呈棍棒状。病料镜检时，在毛外可见孢子呈链状排列或密集包绕着毛干，在皮屑中可见菌丝和孢子。本菌在葡萄糖蛋白胨琼脂上，在室温下生长快，约 3~5 日出现菌落，中心隆起有一小环，周围平坦面上覆白色绒毛样气生菌丝。菌落初呈白色，后变为淡黄色至棕黄色粉末状菌落，凝结成片。菌落中心色深边缘色淡，背面呈红褐色至橙黄色。

[流行病学] 本病菌广泛存在于土壤、空气、水及腐败有机物中，遍布全世界。污染物、病人和病的动物都是传染源，主要传染途径是接触（沾污、摩擦、抓痒、扑捉、争斗、梳洗、抚摸、交配等）传染，包括动物与污染物、动物与动物和动物与人之间的直接或间接传染在内。幼龄犬、营养不良和皮毛不洁的成犬更易感染，阴暗、潮湿、污秽、拥挤均有利于本病的传播蔓延。秋冬季节发病率高，群养比散养的发病率高，在北美地区猫全年发生，在犬于 10 月至次年 2 月间发病率最高。

据报道，美国约有 15%猫感染犬小孢子菌而致病，其中约 90%的猫呈亚临床感染，是一个十分重要的传染源。

[症状] 潜伏期 7~28 日。犬多为显性感染，猫多呈亚临床感染而成为带菌者，都是危险的传染源。在患犬面、耳、四肢、趾爪和躯体部皮肤局部出现病状，初期红肿，损伤和渗出液发痒，继而被毛脱落，圆形病灶扩大或呈不规则的弥散状，或覆有断毛、渗出物等痂垢，当细菌混合或继发感染时甚至有脓疱或脓汁。本病除局部病状外，还有明显痒感，细菌感染严重的可出现全身症状。本病急性病程 2~4 周，然后转为慢性，可持续数月至数年。

[诊断] 根据病史、症状和流行情况可以做出真菌性皮肤病的诊断，但要做出定性鉴定尚需进行实验室检查。

（1）病料采取与实验室检查程序。采取活体、患部毛发、皮屑、病灶四周组织等病料。实验室检查程序如图 3-4-2 所示。

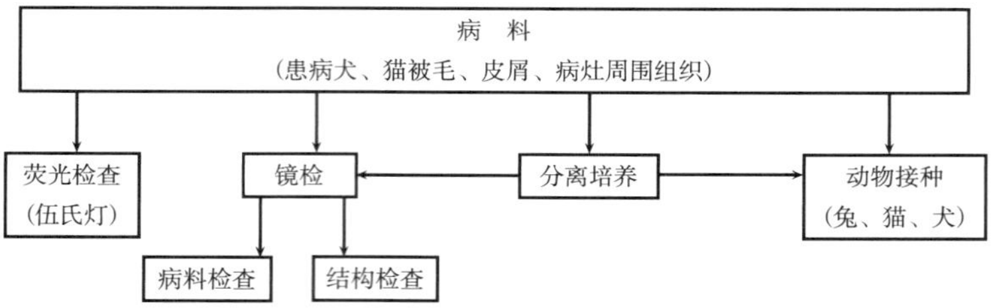

图 3-4-2　孢子菌病实验室检查程序

（2）荧光性检查。取患犬皮损区的毛发、皮屑，在暗室里用伍氏灯（Wood's lamp）照射检查，可见到犬小孢子菌感染发出黄绿色的荧光；石膏样小孢子菌感染则少见到荧光；须（发）毛癣菌感染无荧光。

（3）镜检。取病灶边缘的毛发、皮屑或组织置载玻片上，滴加 10%~20%氢氧化钾溶液后在火焰上微热，待软化透明后覆盖玻片，在低倍显微镜下进行病料镜检和在高倍镜下做结构检查。

①病料检查　在犬小孢子菌感染时，可见到毛干有多量圆形小孢子聚集成群地围绕着，在皮屑中可见到少量菌丝；在石膏样小孢子菌感染时，在病毛外孢子呈链状排列或聚集成群绕在毛干上，在皮屑中可见到菌丝和孢子。

②制片镜检　在犬小孢子菌感染时，可见到直而有格的菌丝和很多中央宽大、两端稍尖的呈纺锤形大分生孢子。孢子壁厚，末端部表面粗糙有刺，多格，小分生孢子较少，单细胞，呈棍棒状，沿菌丝侧壁产生；在石膏样小孢子菌感染时，可见大量分生 4~6 个的大分生孢子，呈纺锤形，两端稍细，菌丝较少。在初代培养物中偶见有少数小分生孢子，呈棍棒状，沿菌丝侧壁产生。

（4）分离培养。先将病料用 70%酒精或 2%石炭酸浸泡 2~3 分钟，以灭菌生理盐水洗涤后接种沙氏琼脂培养基或葡萄糖蛋白胨琼脂，在室温培养 2~3 周。在犬小孢子菌感染时，可见到中心表面无气生菌丝，覆有白色或黄色细粉末，周围为白色羊毛状气生菌丝的菌落，菌落大小约 1mm 以上。在石膏样小孢子菌感染时，可见到中心隆起一个小环，周围平坦，上覆白色绒毛样气生菌丝，菌落初呈白色渐变为棕黄色粉末状，并凝成片。

（5）动物接种。取病料或培养物接种受伤部皮肤，使之感染。约经数日，即可出现发痒、发炎、脱毛、结痂等变化。实验动物如兔、猫、犬等均可。

[治疗] 首先可用对角质浸力强、对菌抑制的克霉唑软膏、咪康唑软膏、癣净等药物涂搽经洗净的患部，1 日 2 次，直至治愈。其次，外用同时内服灰黄霉素，每千克体重每日 30~40mg，拌料连用 4 周以上，妊娠动物忌用；酮康唑，每日每千克体重 10mg，分 3 次口服，连用 2~8 周，服药期间忌喂牛奶与碱性食物，偶有过敏反应。

还可参考第十六章犬、猫的皮肤病中的“癣病”治疗方法。

[预防] 国外已有犬小孢子菌预防和治疗疫苗，应用效果较好。另外，预防本病还应采取

综合性措施。

注意环境卫生、个体卫生和公共卫生，防止菌的繁殖、扩散、传染；加强检疫，用伍氏灯对引进的可疑的犬、猫进行照射检查，阳性者立即隔离；发现患病犬、猫应立即隔离治疗，对环境、用具用煤酚油、次氯酸钠、氯化苯甲羟胺和甲醛消毒，并注意人身安全；对医疗场地、环境、器械等要加强消毒，禁止患者从事饲养、医疗工作。

二、犬鼻孢子菌病 (Rhinosporidiosis)

犬鼻孢子菌病是由西伯立鼻咯孢子菌侵害犬鼻、眼黏膜的一种浅在性真菌病。其特征是慢性息肉性鼻炎和眼炎。本病分布于世界各地，我国也存在。

[病原] 西伯立鼻咯孢子菌，其孢子丝内生孢子呈球状，直径 7~9μm，由大型孢子囊扩大、成熟、破裂、释放出。孢子能直接感染动物器官组织，也能循环自身的生长发育周期。

[流行病学] 本病的自然发病、流行还不十分清楚。有些学者认为病的传播是通过尘埃、污水等媒介间接传播，然而人工实验也证明病菌不能动物与动物间直接传染。通常认为本病的发生、流行是由于病菌经损伤黏膜侵害鼻和眼所致。在兽医临床上，主要侵害犬、牛、马、驴，人可自然感染。

[症状] 病犬初期表现为鼻、眼黏膜红肿或浮肿、发痒、流泪、流出黏性鼻液。继而出现黏膜增生，在鼻腔形成大大小小的鼻息肉，呈菜花样或乳头状瘤，质软、淡红色、易出血，在眼部呈小颗粒状增生物。鼻息肉有蒂或无蒂，表面和切开后可见到灰白色的孢子囊。

[诊断] 根据病的特征可以诊断，但要确诊或与恶性肿瘤的鉴别就要做实验室检查。通常采用取病灶病料涂片直接镜检，或者取病变组织做病理切片进行按常规染色镜检，可见到鼻孢子菌的孢子囊与内生孢子。

[治疗] 通常在发现鼻息肉后立即进行手术切除，也可向病灶部注入两性霉素 B，或者静脉注射锑制剂进行治疗。

[预防] 本病的预防，重点在于加强犬舍、场地和环境的清洁卫生管理，防止外伤，特别是头部黏膜的损伤。

三、隐球菌病 (Cryptococcosis)

本病是由新型隐球菌（酵母）引起的一种多种动物感染的深部真菌病，主要侵害犬、猫的皮肤、鼻腔、肺、消化道和中枢神经。广泛分布于全世界，我国也存在。

[病原] 新型隐球菌又称新型隐球酵母，属真菌门、半知菌亚门、芽生菌纲、隐球酵母属。是动物和人的一种条件致病菌。菌在自然界为腐生菌。菌体为圆形或卵圆形孢子，外有一层透光的厚荚膜，而非致病菌则无荚膜。孢子不出芽或出芽，多为边芽生殖，孢子内含有一个大的脂肪颗粒和多量小颗粒（图 3-4-3）。本菌在葡萄糖蛋白胨琼脂上于 25~37℃培养（非致病性菌在 37℃不生长），2~5 日长成乳白色黏稠的菌落，并形成类淀粉样物。菌落呈不规则圆形，表面有蜡样光泽，以后菌落变厚，色转为橘黄色，少数液化。镜检可见圆形孢子，多数有芽，孢子有荚膜，无真菌丝，但可见到芽管。菌在液体培养基中形成菌环，不形成菌膜。本菌不发酵葡萄糖、麦芽糖、蔗糖和乳糖。

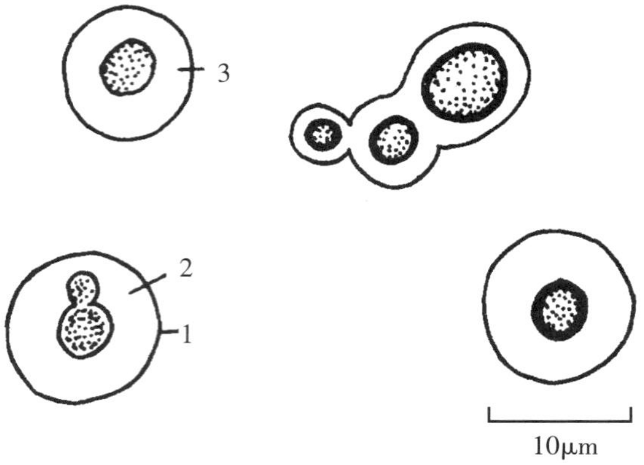

图 3–4–3 新型隐球菌

1.芽生孢子 2.荚膜 3.子细胞

（引自《医学真菌鉴定初编》，孙鹤龄主编）

[流行病学] 在兽医方面，马、牛、犬、猫等感染发病，人也能感染发病。菌广泛存在于自然界，在土壤、污水、腐烂果菜、植物、鸽粪、牛奶中均存在，是主要的疫源。本病主要通过污染的空气、饲料、饮水和用具经呼吸道、消化道和皮肤等途径侵入动物机体引起感染，并损害肺、消化道、神经系统和皮肤等而发病。病的发生往往与机体抵抗力低下、体况不佳及各种应激因素的作用直接有关；此外，由此也可引起内源性发病，因为在健康动物的皮肤、咽喉、胃肠道往往带菌，一旦抵抗力下降，或大剂量、长时期使用抗生素和肾上腺皮质激素，或者与其他疾病混合，继发感染时也会发生。

猫的发病率比犬高，公猫的发病率更高。但动物与动物间或动物与人间，尚未见有互相直接传染的公开报道。

[症状] 在犬全身皮肤都易感染，在猫则头部皮肤多发生。主要于头部出现丘疹、结节、脓肿，破溃后流出脓血；在眼可发生颗粒性脉络膜视网膜炎和视神经炎，出现角膜浑浊，有的失明。

肺型病例，在犬、猫出现咳嗽，呼吸促迫甚至困难，有啰音，甚至出现体温升高等全身症状；在猫主要侵害上部呼吸道，鼻孔流出脓性鼻液，严重的鼻液内混有血液，鼻孔污秽，鼻梁肿胀发硬，有的有溃疡灶，颌下淋巴结肿大。

神经型病例，出现共济失调、转圈、后躯麻痹、失明和嗅觉丧失等神经病状，主要损害中枢神经。有的病例则出现骨骼损害病状。

[诊断] 根据流行病学和临床表现不能作出诊断，实验室检查后可作出确诊。

（1）病料采取。通常采取鼻液、脓汁、溃疡病灶渗出物和骨髓等作为检查病料。

（2）涂片镜检。取病料作为墨汁涂片，镜检可见典型的厚荚膜孢子；取用氢氧化钾液处理病料涂片，镜检时仅可见芽生孢子，不见厚荚膜。

（3）分离培养。取病料接种葡萄糖蛋白胨琼脂 37℃培养，可长出典型的菌落。

（4）动物接种。取病料（匀浆）悬液，接种小鼠腹腔或尾静脉，常在 2~8 日死亡。剖检后取病料涂片镜检，可见到菌体。

[治疗] 两性霉素 B 的疗效比较理想，首次用量为每千克体重 0.5mg，加于 5%葡萄糖液中静脉注射，如无副作用，以后隔日 1 次，剂量为每千克体重 1mg，但累计量不得超过 8mg。也可与 5-氟尿嘧啶合用，用时两性霉素 B 剂量减半，5-氟尿嘧啶每日每千克体重 150mg，分 4 次口服，疗效很好。氟康唑，猫 50mg/只，口服，每日 2 次，为猫首选治疗药物。在皮肤感染时，可同时做局部手术治疗。

[预防] 重点是做好平时饲养管理、卫生防疫和认真消毒等工作，病死尸体要焚烧，防止污染土壤。

四、念珠菌病（Candidiasis）

念珠菌病又称假丝酵母病，是一种内源性的深部真菌病，病原是念珠菌属（假丝酵母属）中不同种。多种动物感染念珠菌，但不同的动物感染的菌种也不同。病的特征是侵袭黏膜（呼吸道、消化道、泌尿生殖道）和器官所引发的多种病变和病征。本病是一种人畜共患性疾病，在动物中幼龄犬、猫发病多。

[病原] 念珠菌属于半知菌亚门、隐球酵母科真菌，已发现有 81 种，其属的特征为：在培养基上呈白色或乳白色酵母样菌落；镜检菌体呈圆形或椭圆形，营芽生方式繁殖，形成假菌丝，而后可为真菌丝。在动物最重要的是白色假丝酵母。即念珠菌病的主要病原菌。

白色假丝酵母（菌）又称白色念珠菌。在经氢氧化钾溶液处理的标本中，镜检可见圆形、卵圆形芽生孢子。卵圆形芽生孢子的芽管延长形成假菌丝。新分离的菌株假菌丝上带有成团的球状芽生孢子，菌丝内有梨形细胞。老龄菌株假菌丝上有少量芽生孢子，但真菌丝较多。革兰氏染色，菌丝和芽生孢子阳性（图 3-4-4）。本菌在葡萄糖蛋白胨琼脂上，于室温 25℃培养 3~5 日，出现表面乳白色（偶呈淡黄色）、圆形、奶酪样隆起的菌落。本菌能发酵葡萄糖、麦芽糖，产酸产气，发酵蔗糖产酸，不分解乳糖。

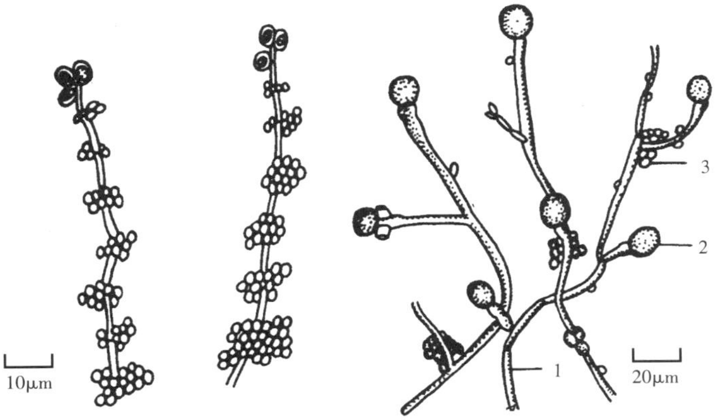

图 3-4-4 白色假丝酵母菌

1. 假菌丝 2. 厚壁孢子 3. 芽生孢子

（引自《医学真菌鉴定初编》，孙鹤龄主编）

[流行病学] 本菌是动物和人的皮肤、黏膜、消化道常在菌，也是一种条件性致病菌，当饲养管理不良、维生素缺乏、长期使用广谱抗生素或免疫抑制剂，招致机体抵抗力下降，常

引起内源性感染而发病。有时也可由患病动物直接或间接传染给健康动物，幼龄动物和体弱动物的易感性和发病率更高。本病为世界性分布。

［**症状**］菌主要侵害犬、猫的上部消化道，在口腔、食道黏膜形成一个或多个隆起的软斑，并覆有黄白色伪膜，故俗称为“鹅口疮”。严重的整个食道被黄白色伪膜所覆盖，剥离伪膜则露出溃疡面，表现疼痛不安，流口涎。有的发展到胃肠黏膜，同样出现溃疡，引发呕吐和腹泻等病状。也有的扩展或侵害到呼吸道、肺脏、肾脏和心脏，则出现全身性病状，转归多不良。

［**诊断**］本病无特异的症状和肉眼病变，确诊与鉴别均要依赖实验室检查。

(1) 病料采取与实验室检查程序。考虑到白色假丝酵母菌是一种常在菌，在分泌物、排泄物中都可分离或检查到菌，所以必须采取病料并从中可分离到致病性菌方可作出结论。通常采取患病动物黏膜病灶组织（溃疡物及渗出物、伪膜）和器官病灶组织（刮取物、渗出物及溃疡组织）及血清作为检查病料。实验室检查程序见图 3–4–5。

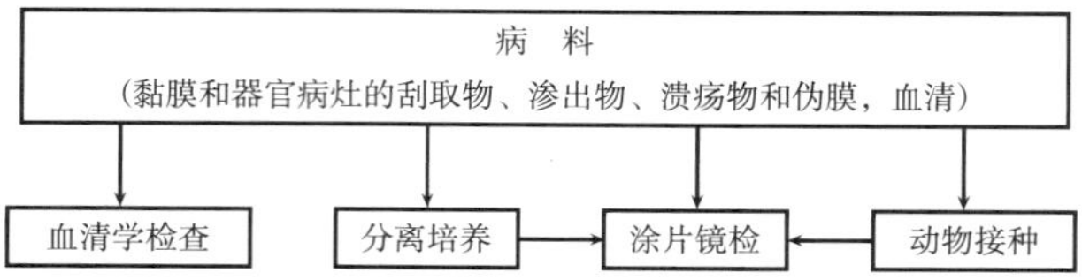

图 3–4–5　念珠菌病实验室检查程序

(2) 涂片镜检。取病料分离培养物做涂（触）片后，革兰氏染色镜检，可见到阳性酵母样细胞。

(3) 分离培养。取病料接种沙氏琼脂培养基，在室温或 37℃培养，挑取典型菌落做涂片镜检后，再将初代分离的酵母样菌接种于含有 1%吐温 80 的大（玉）米粉琼脂，25℃培养 24~48 小时后涂片，镜检可见菌丝顶端长出圆形厚壁孢子；也可接种于 0.5%羊血清中，于 37℃培养 4 小时后镜检，可见到芽生孢子和芽管形成。

(4) 动物接种。取 1%培养菌悬液 1ml，耳静脉注射家兔，在 4~5 日发病死亡，剖检可见到肾脏高度肿胀，肾皮质有播散状粟粒大小脓肿，由此而确定菌的致病性。

(5) 血清学检查。取血清做乳胶凝集试验、琼脂扩散试验和间接免疫荧光试验，对全身性念珠菌感染诊断有一定价值。

［**治疗**］总的来说，除非是优良种犬、猫，否则，无治疗价值。通常根据发病部位不同可以采取局部治疗和全身性治疗，局部治疗时常用两性霉素 B 软膏和龙胆紫涂搽，连用 1~2 周可治愈；若为消化道疾病，则可用克霉唑，每日口服 0.5~1g，连用 2~3 周，或每日用制霉菌素 40 万~100 万 u。连用 1 周，疗效也较好。

［**预防**］重点在于加强饲养管理和卫生防疫工作，诸如给予全价营养饲料，对幼龄动物尤为重要，减少各种应激因素的作用；坚持做好日常的卫生工作，保持通风、干燥；对引进动物要进行隔离检疫、观察 1 个月，饲养密度要适当，避免过度拥挤；尽量避免长期使用抗生素、皮质类固醇激素和免疫抑制剂等。

五、芽生菌病（Blastomycosis）

本病是由皮炎芽生菌引起的一种深部真菌性疾病，主要感染犬、猫的肺脏、皮肤和消化道，牛、马、禽也感染，为世界性分布疾病，尤以北美为多。病的特征是皮肤、肺脏、胃和骨骼等形成化脓性、肉芽肿性病变。

［病原］ 皮炎芽生菌属半知菌亚门、芽生菌纲、隐球酵母科真菌，具有双相性，在土壤内或在沙氏葡萄糖培养基上培养时，长成白色至黄褐色菌丝，并有圆形或椭圆形分生孢子；在动物病灶和渗出物中形成类酵母菌，壁厚，具有双层轮廓的芽细胞。本菌繁殖方式为无性繁殖，即成熟的酵母细胞先长出小芽，芽细胞长成熟后脱离母细胞，再出芽形成新的个体，如此循环往复。

［流行病学］ 污染的土壤、空气和环境等是主要的传染源，经直接或间接地吸入、食入孢子而感染，孢子在动物体内生长发育成酵母样菌，从而引发疾病。幼犬发病多，猫较少发生，公犬比母犬发病率高，纯种犬、猫比杂交种、土种发生多，其中，德国牧羊犬和泰国猫最易感染。但动物与动物间不能直接接触传染。

本病的发生与动物体况、抵抗力和应激因素有关，病程也不一，但大多是慢性经过。菌也可通过血液淋巴途径转移到皮肤、骨骼等部位发病。

［症状］ 潜伏期的长短决定于动物的体况和抵抗力，短的数日或数月，长的则数年才出现症状，多数呈慢性经过。菌的靶器官组织多数是肺、眼、皮肤、皮下组织、淋巴结、胃、鼻腔、睾丸和脑等，这些器官受侵害后出现相应的临床症状，诸如呼吸困难、咳嗽、发出啰音，体温升高到40℃以上，消瘦。有的皮肤有溃疡，病灶伴有渗出物。有眼睑肿胀，流泪，有分泌物流出，角膜浑浊，严重的失明。如侵害关节、骨骼，则出现跛行。

［诊断］ X射线检查，肺脏有实变，肺间质有小结节病灶。取病灶部组织、渗出物等病料涂片，革兰氏染色，镜检可见芽生酵母样细胞。也可用免疫扩散、免疫荧光和乳胶凝集试验等进行检查。

［治疗］ 治疗时可用两性霉素B，首次于5%葡萄糖液加入0.5mg/kg体重，静脉注射，如无反应，于第2次可增加至1mg/kg体重，隔日1次，但累加量不得超过8mg/kg体重。两性霉素B与利福平合用，效果很好。也可用酮康唑或伊曲康唑治疗，疗效也较好。

［预防］ 对本病的预防应加强平时的饲养管理和卫生防疫工作，环境、场地（特别是泥土地）要经常消毒。病死尸体不得土埋，应焚烧，以防止其在土壤中再繁殖。

六、球孢子菌病（Coccidioidomycosis）

本病是由粗球孢子菌引起的多种动物感染的深部真菌病，主要感染动物的支气管、肺、膈、淋巴结、胃、脾、肾等器官组织，人也可感染。病的特征是：肺、淋巴结等器官形成化脓性肉芽肿，呈慢性经过。世界各地都有发生，我国也有存在。

［病原］ 粗球孢子菌属双相真菌，当在土壤中营腐生时及接种在培养基上培养时均能产生分隔菌丝和少量节孢子。本菌的节孢子是一种感染性孢子，抵抗力极强，在4℃干燥环境中可存活数年。感染性节孢子一经侵入动物机体即发育成孢子囊，囊内含有大量内生孢子，当内

生孢子成熟即逸出进入附近组织而致病；或经淋巴和血流转移到其他器官组织生长发育成新的孢子囊，反复侵害机体而致病。

[流行病学] 本病在亚热带、温带、低洼潮湿地区流行，菌在土壤中长期生长繁殖，不断产生孢子，从而成为疫源地。孢子随风扩散污染空气和环境，多数经呼吸道吸入感染；也可由菌污染的尘土、物品接触皮肤创伤而经伤口感染。本病的发生流行与季节有关，潮湿大风季节发生多；乡村的发病率比城市高，中心大城市的犬、猫很少发生。

患病动物的渗出物、排泄物和尸体进入土壤，就会造成污染源，或成为新的疫源地，或者加重了土壤污染的程度，若不加以防范，就将会成为永久的疫源。然而，至今尚未见到动物之间或动物与人之间的相互传染报道。

[症状] 原发性病例，仅多发生于皮肤和肺。皮肤型在皮肤损伤局部形成硬结，继而发展成中心溃疡面，相近淋巴结肿胀成硬结。肺型主要损伤支气管，有的侵害肺，出现咳嗽，呼吸迫促乃至呼吸困难，X 射线检查可见到结节和空洞。

扩散性病例，多由原发性病菌经淋巴、血流扩散至其他器官组织而形成，主要损伤肺、淋巴结、脾、肾、胃肠等器官，出现发热、精神沉郁、食欲减退甚至拒食，消瘦，呼吸困难。

剖检时可见体表淋巴结和患病器官附近淋巴结肿大，脾、肾、肺和胃肠可见到肉芽结节，切开见有脓汁或干酪样物。菌侵入骨髓，可出现跛行。

[诊断] 本病根据临床表现和剖检变化不易诊断，确诊应靠实验室检查。

(1) 涂片镜检。采取病灶脓汁、干酪样物和组织、渗出物等病料置载玻片上，再加 1 滴 10%氢氧化钾液使之溶解、透明，镜检可见菌体。

(2) 分离培养。通常取病料接种沙氏培养基和葡萄糖蛋白胨琼脂上培养，然后观察菌落形态。

(3) 变态反应。取球孢子菌素（抗原）给犬、猫尾根部无毛处做皮内注射，经 24~48 小时后注射局部出现直径 5mm 以上的红肿硬结块为阳性。对原发性感染的反应较强，而扩散性感染的反应较轻。

(4) 血清学检查。可用沉淀试验、补体结合试验检查血清抗体的滴度，作出判定。

[治疗] 治疗药物多采取两性霉素 B（0.5mg/kg 体重），或与四环素联合应用，但两性霉素 B 剂量要减半；也可用酮康唑，每日 10mg/kg 体重，分 3 次口服，或用伊曲康唑 5~10mg/kg 体重，口服，每日 1 次。疗效更理想。

[预防] 可参照念珠菌病、隐球菌病和芽生菌病的方法进行。

七、毛霉菌病（Mucormycosis）

毛霉菌病又称丝状菌病，是由多种丝状菌引起的多种动物和人的深部真菌病。病的特征为急性型发生溃疡性坏死和血栓性梗死，慢性型形成肉芽肿。本病在多数国家存在，尤以欧洲和美洲地区多发，在我国也有发生。在犬、猫主要感染肠系膜淋巴结、下颌淋巴结、纵隔淋巴结、支气管淋巴结及相关的呼吸器官与消化器官和犬的外耳道、角膜。

[病原] 丝状菌的菌丝是由成熟孢子在基质上萌发产生的芽管伸长形成的丝状或管状，单一的细丝为菌丝，交织成团的为菌丝体。菌丝分有多数的有格菌丝和少数的无格菌丝两种，

其中部分菌丝伸入基质中专门吸取水分和营养，即为营养菌丝；另一部分伸向空中，即为气生菌丝，并发育成繁殖菌丝。菌丝细胞由细胞壁、质、核和线粒体、核糖体等组成，幼龄细胞充满细胞质，老龄细胞有大液泡。

犬、猫丝状菌病的病原主要是总状毛霉菌、白吉利丝孢子酵母，伞枝梨荚霉和米根霉，分别属于不同属。丝状真菌在培养基上的菌落多种多样。底菌丝直接生出分生孢子梗，菌落外观呈树枝状；底部菌丝生出气生菌丝后再生出分生孢子梗；有的分生孢子自底部菌丝体成束生出，菌落呈粒状或粉状。不同种的菌落大小也各异，有些菌产生的颜色也不同，同一菌种在不同的培养基上所形成的菌落也相异，但同一菌种在一定的培养基上菌落的形态、大小、颜色和结构等是相对稳定的。这也是鉴定的重要依据。

[流行病学] 病菌广泛存在于自然界，在土壤、堆肥、干草、谷物、烂菜、垫料、空气中都存在，通常均通过空气、饲料等经呼吸道和消化道传染。

急性病例，主要是胃肠炎病状，出现精神沉郁、呕吐、下痢，有的发热与食欲减退和咳嗽、呼吸迫促。慢性经过病例，无明显临床症状，仅见食欲减退、阵咳和下痢。剖检时，可见肠系膜淋巴结、支气管淋巴结、下颌淋巴结和纵隔淋巴结等肿胀，硬实，切开见有黄色肉芽肿；支气管、胃肠道有溃疡、结节和坏死灶；有的在肝脏也可有散发的干酪样坏死灶，甚至在慢性病例有些病灶已钙化。

[诊断] 本病无特殊的临床症状和特异的剖检变化，不易作出诊断。只有依赖实验室进行病原学检查才可确诊。常用的实验室检查方法包括采取病料（淋巴结病灶、胃肠道和肝脏病灶的组织、渗出物、脓汁等）做涂片镜检、分离培养和病理组织学检查，均可见到菌体。

[治疗与预防] 可参照念珠菌病、芽生菌病的方法进行。

八、组织胞浆菌病（Histoplasmosis）

本病是由荚膜组织胞浆菌所致的多种动物感染的深部真菌病。犬、猫组织胞浆菌病主要侵害皮肤、肺脏、淋巴结、肝脏、脾脏、肾脏和中枢神经等器官组织。病的特征为：肺炎、淋巴结肿、腹泻、肝脏和脾脏肿大及皮肤结节性溃疡。

[病原] 组织胞浆菌属半知菌亚门、丛梗胞菌科、组织胞浆菌属。为双相型真菌，在空间宽广、氧气充足的土壤、沙氏和葡萄糖蛋白胨琼脂等培养基上的阶段为以菌丝繁殖为主的腐生型，产生白色至棕色的棉絮样菌丝，菌丝上长有小分生孢子和大分生孢子，小分生孢子易感染肺脏，大分生孢子易感染胃肠道；在空间紧密、氧气不足的动物体内则以孢子繁殖为主的寄生型，呈芽生方式从母细胞产生呈圆形或卵圆形的芽孢子。

本菌对外界的抵抗力较强，含菌脓汁在日光下存活 5 日，在圈舍内可活存 6 个月，加热 80℃以上方可在数分钟内杀死，一般消毒药中 3%甲醛、5%石炭酸和 3%煤酚皂能将其杀死。

[流行病学] 病菌广泛存在于污染土壤中，在温暖、潮湿和含有机物的土壤中能长期生长、繁殖，诸如禽舍、鸟类栖息地和蝙蝠生栖场所都可成为本病的疫源地，从而污染环境、空气、饲料、饮水和垫料，经呼吸道、消化道传染，但动物之间或动物与人之间的传染尚未见报道。各种年龄的犬、猫均可感染发病，猫较犬易感，幼龄犬、猫多呈扩散性感染发病，而青年犬、猫多呈显性感染。在饲养管理不善、卫生状况低下和应激因素作用下导致机体抵

抗力下降，更容易感染发病。

[症状] 原发性病例，仅在皮肤、肺部或胃肠道损伤处局部发生炎性病症，通常出现一些亚临床症状，诸如皮肤局部红肿和结节，重的出现坏死、溃疡灶；肺脏局部炎症，出现咳嗽、厌食、发热和呼吸迫促；胃肠道局部炎症，表现下痢、消瘦、不规则发热等。

扩散性病例，多数由肺、胃肠道原发性病菌经淋巴及血流转移扩散后发生，除出现原发性症状外，主要出现肝、脾、淋巴结损伤症状，如肝、脾肿大、贫血和单核细胞增多等。有的转移到眼会出现全眼炎，如红肿、流泪、眼有分泌物。有的扩散到脑，引发痉挛、麻痹、转圈等神经症状。

病损部可见结节、溃疡等病灶，肝脏、脾脏和淋巴结明显肿大。

[诊断] 根据流行病学和临床症状不易诊断，胸部 X 光透视也难确诊，确诊必须进行实验室检查。

(1) 血液学检查。采抗凝血液，离心后取白细胞层做涂片，用瑞氏或姬姆萨染色液染色后镜检，可见到嗜中性粒细胞、单核细胞中的菌体。

(2) 涂片镜检。采取病灶部渗出物、脓汁和溃疡物及组织做涂片，用姬姆萨染色液染色，镜检可见到菌体。

(3) 分离培养。本菌的初代分离培养比较困难，可取病料接种沙氏或葡萄糖蛋白胨琼脂培养基上或参照用脑、心、肝、脾浸出液加葡萄糖、蛋白胨、水解乳蛋白琼脂培养基分离培养伪皮疽组织胞浆菌的方法进行，以观察菌落特征。

(4) 血清学检查。可用乳胶凝集试验、琼脂扩散试验和免疫荧光试验进行检查、诊断。

[治疗与预防] 可参照芽生菌病。

九、曲霉菌病 (Aspergillosis)

曲霉菌是由曲霉菌属中多种曲霉菌引起的一种人畜共患的深部真菌病。犬、猫曲霉菌病主要由烟曲霉菌所致的感染支气管、肺脏的疾病，故称为犬、猫烟曲霉菌病。病的特征是在呼吸器官组织发生炎症并形成肉芽肿结节病变。本病呈世界性分布，我国也屡有发生。

[病原] 烟曲霉菌是曲霉菌中最常见、致病性最强的病原菌，属半知菌亚门、丝孢菌目、丛梗孢科、曲霉菌属。镜下可见分生孢子梗带绿色，光滑。顶囊呈绿色烧瓶状，小梗为单层且紧密地生长于顶囊上部。分生孢子呈绿色、球状，表面粗糙有细刺，分生孢子头呈长短不一的短柱状（图 3-4-6）。在葡萄糖蛋白胨琼脂上，室温或 37~45℃培养，初呈白绒毛样菌落，后菌落中心变为烟绿色，并形成大量孢子。烟曲霉菌的一些亚种能产生一种具有强烈痉挛性的烟曲霉震颤素 A 和烟曲霉震颤素 B 及可引起肝

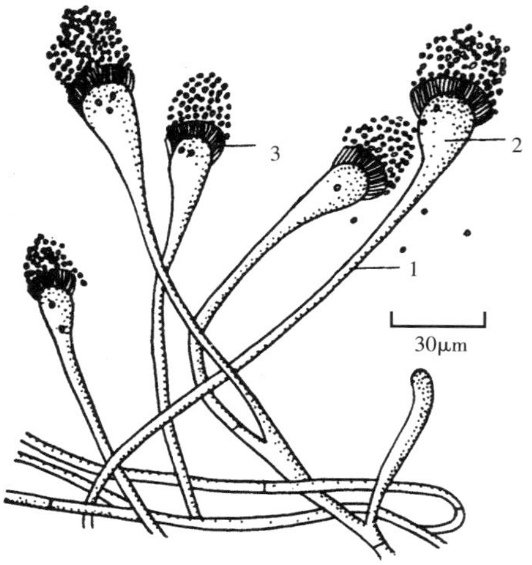

图 3-4-6 烟曲霉菌

1. 分生孢子梗 2. 顶囊 3. 分生孢子

(引自《医学真菌鉴定初编》，孙鹤龄主编)

脏损害与皮炎的烟曲霉酸等毒素，因而是一种病原性、产毒性真菌。

[流行病学] 烟曲霉菌为世界性分布，在土壤、腐败有机物内可繁殖，也可从大麦、玉米、小麦和发霉垫料中分离到菌，而成为传染源。多种动物和人都能感染，幼龄动物的易感性和发病率较高。本病主要通过污染孢子的空气、饲料和水经呼吸道、消化道传染。通常都是在动物衰弱、抗病力低和各种应激因素作用下，或应用皮质类固醇后，或在混合或继发感染状况下才会感染发病。发病率还与品种有关，德国牧羊犬等多发生。目前，尚未见动物传染人的报道。

[症状] 本病在犬，主要侵害鼻窦和额窦，通常都由鼻腔外伤或发生肿瘤后感染发病，鼻孔流出黏脓性分泌物，有的混有血液，打喷嚏。X 射线检查可见鼻窦、额窦骨骼增生损坏。

在猫主要损害支气管和肺脏，出现咳嗽、发热，肺部 X 射线检查可见大量结节性坏死。有的发生肠型，表现腹泻、体温升高和精神沉郁，一般都是混合或继发性感染。

[诊断] 本病临床上不能作出诊断，确诊必须进行实验室检查。

(1) 涂片镜检。刮取肺脏、鼻窦和鼻腔分泌物等病料置载玻片上，加 1 滴生理盐水，盖上盖玻片，镜检可见顶囊膨大，分生孢子梗不分枝，小梗与分生孢子的排列及色泽特征。

(2) 分离培养。取病料接种葡萄糖蛋白胨琼脂上，室温或 37~45℃培养，菌落初呈白色绒毛样，3~4 日后变为中心呈烟绿色。接种卡贝克培养基上培养，菌落呈绒毛状或直立气生菌丝丰富；初产生白色分生孢子或带蓝色或呈绿色，老龄菌落呈黑褐色。

[治疗与预防] 与隐球菌病相同。

十、毛癣菌病 (Trichophytosis)

本病主要包括由石膏样毛癣菌引发的粉末型毛癣菌病和由舍恩莱毛癣菌引起的黄癣两种，都是犬、猫重要的皮肤真菌病。毛癣菌病的临床症状、流行特点与孢子菌病基本相同，往往都在皮肤真菌病中一起介绍。

[病原] 石膏样毛癣菌包括亲动物性的粉末型和亲人性的绒毛型两种，犬、猫感染的是前种，广泛分布于世界各地。含菌病料在显微镜下于皮屑中可见到分格菌丝、关节菌丝，孢子排列成串，无荧光。制片镜检，可见细分格菌丝和多量梨形或棒状的小分生孢子，偶见有结节菌丝和大分生孢子（绒毛状菌落）；也可见到螺旋状、球拍状或结节状菌丝，小分生孢子呈球形，常呈葡萄串状，有少量大分生孢子（粉末状菌落），本菌在葡萄糖蛋白胨琼脂上常出现两种菌落：粉末状菌落，其表面呈粉末样显黄色，中央见有少数白色菌丝团，布满培养基，背面呈棕红色；绒毛状菌落，其表面有密而短齐、色雪白的菌丝，中央有乳头状突起，边缘整齐，背面呈棕黄色。

舍恩莱毛癣菌又称黄癣菌。在含菌病料中于毛上呈毛内型菌丝，于黄癣痂上充满粗细不一的孢子，于皮屑及甲屑中呈少量菌丝及偶有成链孢子。制片结构镜检，菌丝粗而有膨胀突起，呈现胞浆浓的分枝菌丝，并有大量厚壁孢子。本菌在葡萄糖蛋白胨琼脂上生长良好，通常有两种菌落：亚洲型生长慢，呈蜡状光滑致密，有脑回样皱褶，边缘有放射菌丝；欧洲型菌落生长快，隆起，有皱褶，表面不整，呈淡黄或淡棕色。

此外，马毛癣菌和疣状毛癣菌只感染犬，引发皮肤真菌病。

[流行病学] 本病的流行病学症状与孢子菌病基本相同。

(1) 本病的发生、流行与气候、季节、年龄、性成熟和环境卫生、营养状况密切相关，温暖、潮湿季节比寒冷、干燥季节高，但犬的毛癣菌病一年四季均可感染发病，其高峰多在11~12月；犬、猫毛癣菌病的发病率在皮肤真菌病中比率较低，猫仅占1%左右；幼小、体弱和营养不良的犬、猫容易感染发病；成年犬、猫机能和免疫功能发育成熟，如皮肤局部皮脂和汗腺分泌的脂肪酸等都能抗击毛癣菌的感染。

(2) 多数毛癣菌十分亲动物，动物与动物直接或间接接触都能感染，病的动物是主要的传染源，皮屑、结痂、断裂皮毛及渗出物散播而污染环境、空气、土壤、用具等进一步传播。

(3) 本病典型的症状为：病变部呈圆形向周围扩展，呈圆形、椭圆形或弥散形，局部有鳞屑、脱毛，或形成结痂；慢性的出现局部皮肤大块损伤并伴有皮屑而呈隆起状，有的形成结痂，痂皮下若有细菌感染则成脓癣。

[诊断]

(1) 伍氏灯在暗室里照射检查病料（毛发、皮屑、痂皮或活体病损部）时，无荧光出现。

(2) 病料镜检时，石膏样毛癣菌于皮屑中可见分隔菌丝或关节菌丝，孢子成串排列，无荧光；舍恩莱毛癣菌于病毛上可见毛内型菌丝，于黄癣痂皮上布满孢子，于皮屑和甲屑中有少量菌丝；疣状毛癣菌，在皮屑中可见成串排列孢子。

(3) 制片镜检时，绒毛状菌落制片，石膏样毛癣菌可见细的分隔菌丝和多量梨形或棒形小分生孢子，无螺旋菌丝和大分生孢子；粉末状菌落制片，可见螺旋状菌丝、球拍状和结节状菌丝，小分生孢子呈球形，并聚集成葡萄串状，有少量棒状大分生孢子。舍恩莱毛癣菌，可见菌丝膨胀出现突起，粗细不一，形状成分枝状，不见大、小分生孢子。

(4) 培养特征：石膏样毛癣菌菌落呈绒毛状，菌丝整齐、白色、中央突起的菌落；黄癣菌菌落呈粉末状菌落，可见粉末状黄色菌落。

[治疗] 治疗时，先剃去癣斑周围的被毛，用5%煤酚油涂搽癣痂，清除痂块，先涂搽1:10发烟硝酸无水羊毛脂，以后涂搽1:20发烟硝酸无水羊毛脂；也可用10%水杨酸和雷硝辛（Resorcin）软膏、10%萘软膏或10%碘酊等，一般2~3周可治愈。

[预防] 本病的防治，主要加强平时的环境卫生，对引进动物应隔离检疫，并隔离观察1个月。一旦发生，应立即进行全群检疫和及时隔离病犬、猫并治疗及进行彻底消毒。常用的消毒药为50℃的5%硫酸或石炭酸，或60℃的5%煤酚油，房舍也可用甲醛熏蒸消毒。

第五节 犬、猫的立克次体病与衣原体病

立克次体病的发生多与自然宿主、传播媒介节肢动物有关，犬、猫的立克次体病不多。

一、犬埃立克体病（Ehrlichiosis）

埃立克体病是立克次体科中的埃立克体族病原体引起的一类人畜共患自然疫源性疾病。其特征是：发热并伴有白细胞与血小板减少，贫血与出血，蜱是主要传播媒介。感染动物广泛，包括人和犬、马、牛、羊、鹿和小型啮齿类动物。

犬埃立克体病是由一种寄生在犬白细胞、淋巴样细胞和血小板中的犬埃立克体和寄生于淋巴样细胞、网状细胞的新立克次体，以及寄生在白细胞的马埃立克体引起的犬科动物的败血性传染病。本病于 1935 年在阿尔及利亚首次被发现，随后不久，非洲、中东以及亚洲相继发现并有报道。我国 1998 年首次报道本病。本病广泛分布于非洲、亚洲和美洲等许多地区。病的特征为呕吐、黄疸、进行性消瘦、贫血和脾脏肿大。

[病原] 犬埃立克体、新立克次体和马埃立克体同属于立克次氏体目、立克次氏体科、埃立克体族、埃立克体属，均具有立克次体的共同特性。诸如均为多形态，能通过细菌滤器，革兰氏染色阴性，姬姆萨染色呈黄色或蓝色，马基维罗氏法染成红色；不能在普通细菌培养基上生长，在鸡胚及细胞中增殖良好，在鸡胚成纤维细胞能形成蚀斑；具有毒性物质，其在体外能使红细胞溶解，注射动物体内可引起死亡；内毒素能引起发热等全身症状和使血管通透性增高。具有细胞免疫特性，病愈后可获得坚强的免疫力；以节肢动物为宿主、增殖体、载体和传播媒介。

犬埃立克体和马埃立克体寄生于感染犬科动物白细胞，既能通过蜱卵传播，也能通过蜱的发育阶段传播。新立克次体寄生于犬科动物的淋巴样细胞、网状细胞，能通过吸虫卵和吸虫发育阶段传播。

立克次体对理化因素抵抗力弱，对低温和干燥抵抗力强。一般消毒药在 56℃ 10 分钟都可杀灭。广谱抗生素中的四环素、氯霉素、金霉素等能抑制其繁殖，青霉素则无作用，磺胺类药物对某些种反而可促进其繁殖。

[流行病学] 本病是以热带、亚热带地区为主的全球性疾病。在我国，自 1993 年在云南犬与人群中证实以来，已先后在广东、广西、福建、新疆、内蒙古、大兴安岭等地区出现，范围广泛应引起重视。犬科动物均易感，犬的易感性高。我国南方地区病的发生流行的特点是：在季节上全年都有发生，6~7 月是发生高峰；在年龄与性别上无多大差别，仔幼犬死亡率较高；在品种上，德国牧羊犬最敏感，发病率高，大丹犬、拉布拉多犬、海威乃犬、金毛寻回犬和杂交藏獒犬等也可感染发病，比格犬也可人工感染发病；在广东一些犬场（基地）仔幼犬病例（1~2 月龄）的特点是：发病急、病程短（平均 7 日）、死亡率高（67%）（潘华等，2001）。感染的和发病的犬科动物都可以为传染源，临床康复犬既能成为隐性感染，还可在应激因素作用下再次复发。急性病犬带菌可长达 2 年以上，一种非洲豺带菌期达 4 个月以上。节肢动物（血红扇头蜱等）是本病最主要的贮存宿主和传播媒介，当在春秋季节蜱大量繁殖时也是本病的流行盛期；本病多发生于热带和亚热带地区。另一个传播因素是人为的输血途径，这在我国目前状况下尤为危险，几乎对供血犬都未进行血液学与血清学检查。

本病的暴发流行，往往还与巴尔通氏体病、锥虫病、巴贝西虫病等混合发生。

[症状] 潜伏期 7~21 日。特征性的临床症状是：周期性发热，呕吐，黏液性、脓性鼻汁，眼有分泌物，约有 30%~50%病例发生鼻出血，呼出恶臭气味，进行性消瘦，腹部触诊可摸到脾肿大。有的病例可见到可视黏膜苍白或黄染，出现贫血和出血，也有的在腹下部、腹股沟部出现红斑脓疱性疹、四肢浮肿或皮肤糜烂灶。也会出现过敏、惊厥、麻痹等脑炎病状，以及胃肠炎（如血（黑）便）等病状。

大部分急性病例在 1~2 周后症状逐渐消失转为慢性，约持续 1~4 个月后又会复发。仔幼犬的发病率与死亡率均比成年犬高。

[剖检变化] 黏膜、浆膜有出血变化，脏器组织有贫血变化，如苍白、色淡等。肺水肿，肝脏、肾脏呈斑驳样，脾脏显著肿大，肝脏、淋巴结肿大，骨髓增生，胸腔积水，胃肠黏膜出血、有溃疡灶。

[诊断] 根据流行特点和症状、剖检特征可以作出初步诊断，但不易与血寄生虫病、巴尔通氏体病相区别，确实诊断应依赖于实验室检查。实验室检查程序见图 3-5-1。

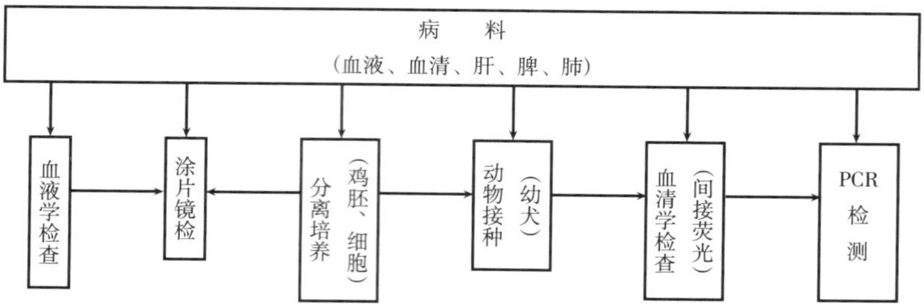

图 3-5-1 犬埃立克体病实验室检查程序

(1) 血液学检查。采取病状出现后 1 周内的血液样本做血细胞、血红蛋白和细菌等检查，可见单核细胞增多、嗜酸性粒细胞消失，红细胞总数和血红蛋白下降以及寄生于白细胞内的立克次体。

(2) 涂片镜检。采取病犬发热期的活体脾、肝、肺组织和发病 1 周内病犬的血液做涂片，染色后镜检可见到菌体。

(3) 分离培养。取发病犬的血液（发热期）和病料组织悬液接种鸡胚与鸡胚成纤维细胞和脊椎动物细胞（犬腹腔巨噬细胞）进行分离培养，必要时可以根据病变和涂片镜检作出判断。

(4) 动物接种。取新鲜的病料（血液、脾、肝和肺等的匀浆悬液）接种健康幼犬，可发病并出现典型病状。

(5) 血清学检查。常用间接荧光抗体法，取病犬脾、肝、肺组织或蜱中肠组织，用荧光抗体染色后镜检，可检出菌体抗原。也可取血清样本检测特异性抗体，现已有快速诊断试纸诊断此病。

(6) 多聚酶链（PCR）检测。取发热期病料（全血、脏器组织）提取基因组，在埃立克体（属或种）特异引物引导下作 PCR 检查，出现特异性带即可确诊。

[治疗] 广谱抗生素如四环素、金霉素、土霉素和磺胺二甲基嘧啶等有较好的疗效，但很难消除带菌状态。四环素片剂，按每千克体重 20mg，口服，每日 2 次，连续服用；磺胺二甲基嘧啶，每千克体重口服 130mg，连服 3~4 日；土霉素，每日每千克体重静脉或肌肉注射 10mg；金霉素，每日每千克体重口服 30~100mg，连服 3~4天。

[预防] 迄今尚无有效的疫苗用于免疫预防。重点应放在消灭传播宿主蜱上，诸如破坏、消灭蜱滋生条件，堵塞犬舍洞隙，灭鼠，杀灭环境内的寄生蜱；引进犬进行隔离检疫，经驱杀虫处理后方可混群；以及淘汰病犬和阳性犬。对供血犬的检查，即血液学和血清学检验阴

性犬的血才可用于输血。此外，也可进行药物预防，如每日口服长效四环素每千克体重0.6mg，1 日 1 次，在蜱生活周期内应连续使用。

二、猫血巴尔通氏体病（Haemobartonelliasis）

猫血巴尔通氏体病又称猫传染性贫血，是由猫血巴尔通氏体引起的一种以贫血、脾肿大为特征的立克次氏体疾病。于 1953 年首次发现于美国猫群，目前本病在世界很多国家存在。

［病原］ 猫血巴尔通氏体，属立克次体目，无形体科，血巴尔通氏体属的成员。专性寄生于猫的红细胞内或紧贴于红细胞上或游离于血浆中，无固定形态。革兰氏染色阴性，姬姆萨染色呈紫色或蓝色，马基维罗氏染色呈红色，呈小杆状、球状或双球状等不定形态。不同的菌株在形态、大小和毒力上也有差异，小的直径 0.2~1.0μm，大的长度达 3.0μm；毒力强的菌株感染后发生重笃病症，有明显的症状，毒力弱的菌株感染后多为无明显的症状。

［流行病学］ 猫对不同的菌株感染性也有差别，1~3 岁猫的易感性和发病率均较高，尤以公猫更高，多数呈不显性感染，也是最危险的传染源，但在各种应激因素作用下可引起恶化乃至暴发流行。在自然条件下的有关发生、流行的情况尚不十分清楚。吸血的节肢动物（蚤、虱等）是重要的传播媒介，同时不仅是载体，而且能在其肠壁上皮细胞、唾液腺、生殖器等特定细胞内增殖而不引起死亡，成为自然宿主。同样，吸血节肢动物通过叮咬由病母猫传递给新生子代。另外，在兽医临床上，如输血、注射器械等污染传递也存在，这在我国目前不重视的状况下更加危险。实验证明，用小剂量的病猫血液经腹腔、静脉注射和口服等途径均能使健康猫感染发病。

本病具有地方流行性，污染地区猫群的发病率明显高于其他地区的猫群。

［症状］ 实验性诱发病例的潜伏期为 1~5 周。自然急性病例的临床表现为：精神沉郁，虚弱倦怠，食欲不振，间歇性发热，体温升高到 39.5~40.5℃，贫血，有的出现可视黏膜黄染，体重减轻，腹部触诊可摸到脾显著肿大，急性病例较多见。慢性病猫体温正常或低于常温，体况瘦弱，软弱无力，不愿活动且失去对外界的敏感性，有的出现可视黏膜黄染、脾脏肿大。也有的病猫出现呼吸困难，且与贫血程度有关。

病猫血液白细胞总数及分类值均增高，多数病例单核细胞绝对数增高并发生变形，单核细胞和巨噬细胞有吞食红细胞现象。血细胞压积（PCV）通常在 20%以下，出现病状前的病猫的血细胞压积在 10%以下。典型的再生性贫血变化是本病血液学的特征之一。

［剖检变化］ 可视黏膜、浆膜黄染，血液稀薄，脾脏明显肿大，肠系膜淋巴结肿胀多汁，骨髓出现再生现象。

［诊断］ 根据临床症状和剖检特征可以作出初步诊断，确诊有赖于实验室检查。

（1）血液学检查。按常规进行血液学检查，红细胞数可减少到 100 万/mm^3 以下，白细胞总数增加，多数病例单核细胞绝对数增加；血红蛋白值降为 7g/ml 以下；血细胞压积常在 20%以下，严重的病猫在症状出现前降到 10%以下。

（2）血片检查。取血液涂片镜检，可见血细胞出现典型的再生性贫血，即呈现大量的弥散性嗜碱性粒细胞，有核红细胞、大小不一的红细胞，以及豪威尔周立氏小体（Howell-Jolly bodies）和网状细胞数增多。

(3) 病原体检查。可连续数天采取血液做涂片染色镜检，可见到着色的猫血巴尔通氏体。取血液做涂片，用姬姆萨染色液染色，镜检可见寄生或附着于红细胞的紫蓝色菌体；如用吖啶橙染色，在紫外显微镜下可见到受害红细胞上的小体；用马基维罗氏染色液染色镜检，可见红色菌体。

[**治疗**] 输血疗法最有效，对急性病猫更佳，但应选择在早期时机，即发现溶血现象或血细胞压积在 15%以下时为妥，每隔 2~3 日输给 30~80ml 全血。口服足量的四环素，每千克体重 35~110mg；或土霉素，每千克体重 35~44mg，或氯霉素，每千克体重 28~56mg，每日分 2 次投给，持续 10~20 日，均有效果。此外，静脉注射硫乙胂胺钠也有效。

然而，在治疗中约有 1/3 急性病猫仍预后不良，即使临床治愈猫也可成为带菌者，呈隐性感染，在应激因素作用下仍有可能复发。

[**预防**] 尚无有效的预防方法。仍要采取综合性防治措施。首先是杀虫灭鼠，要坚持经常；其次是定期消毒，保持卫生环境；第三是清除患病的、隐性感染的猫，以消灭传染源；第四是选择一次性医疗器械，特别是输血器械、注射器和供血猫的检疫要严加注意，消除人为的临床上的传播途径。

三、猫衣原体病（Chlamydiosis）

猫衣原体病又称猫肺炎，是由鹦鹉热衣原体引起的一种以结膜炎、鼻炎和肺炎为特征的猫传染病。鹦鹉热衣原体可引起多种动物和人的多种疾病，已在我国许多地区发生。

[**病原**] 鹦鹉热衣原体猫株，属衣原体目、衣原体科、衣原体属，鹦鹉热衣原体种。在形态上分体小的原生小体，姬姆萨染色呈紫色，马基维罗氏染色呈红色，在体外有高度感染性；体大的始体，姬姆萨染色呈蓝色，马基维罗氏染色也呈蓝色，是细胞内的繁殖体，无感染性。本菌革兰氏染色呈阴性。

本病为严格的寄生性菌，能在 6~8 日龄鸡胚卵黄囊中生长繁殖，并可在 5~6 日内致死鸡胚，并出现卵黄膜充血、易剥离、绒毛尿囊膜水肿、胚体有出血点等病变。也可在 FL、BHK 和 Vero 等传代细胞上生长，也能在小鼠肾和睾丸等原代细胞上生长繁殖。

本菌的抵抗力不强，37℃ 48 小时、56℃ 5 分钟死亡，70%酒精和 3%过氧化氢很快就杀死，但在感染鸡胚的卵黄囊中在-20℃下可存活多年。

鹦鹉热衣原体在抗原性和致病性上有明显的株特异性。在网状内皮细胞和眼结膜、生殖器官、胃肠黏膜上皮细胞及胎儿、胎盘组织细胞内生长繁殖，产生病变或综合征，而且不同的毒株间有差异。猫型毒株对眼结膜、鼻黏膜、气管和细支气管黏膜上皮细胞有亲和性，并在细胞内繁殖致病。

[**流行病学**] 猫对鹦鹉热衣原体猫染株十分易感，不同品种、年龄的猫都可感染。病猫、带毒猫是主要的传染源，从眼及呼吸道分泌物大量排菌，扩散传播，污染的空气、尘埃、飞沫、饲料等经黏膜感染。实验证明，在用含菌气溶胶感染后 7~10 日，即可在结膜、鼻腔、气管和细支气管上皮细胞内分离到菌。

[**症状**] 实验性气雾感染病例的潜伏期 3~5 日，于第 5~10 日出现单侧性结膜炎病状，随后另侧眼也发病，并伴发 3~8 日高热。病初眼睑痉挛，充血，结膜浮肿，流泪，继而出现黏

脓性分泌物，形成滤泡性结膜炎。

自然病例通常也先发生单侧性黏脓性结膜炎，约在 5~7 日发展到对侧眼，食欲不振、不愿活动，伴发鼻炎的病猫出现阵发性打喷嚏和流出鼻液。重者继发支气管炎和肺炎，呼吸困难，咳嗽、发热、流出脓性鼻液、萎靡、怠倦等症状，甚至鼻腔、口腔黏膜出现溃疡灶。

［**剖检变化**］典型病变在眼、鼻、肺等器官。结膜充血，肿胀，可见明显的中性粒细胞、淋巴细胞、组织细胞浸润性变性坏死，淋巴滤泡肿大。有的病例可见化脓性鼻炎，鼻腔内有脓液，黏膜充血出血，有溃疡灶，肺脏有间质性肺炎病灶。

［**诊断**］根据临床症状和剖检变化只能做出初步诊断，确诊应进行实验室检查。

（1）病料采取与实验室检查程序。采取新鲜分泌物、渗出物和病灶组织作为检查病料。实验室检查程序见图 3–5–2。

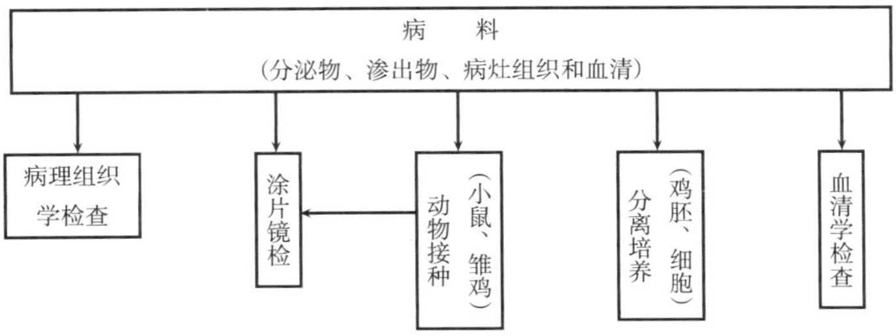

图 3–5–2　猫衣原体病实验室检查程序

（2）病理组织学检查。取病灶组织病料做切片，进行常规的姬姆萨染色，镜检可见到眼结膜、鼻腔黏膜上皮细胞内有大量衣原体，肺泡内巨噬细胞浸润，间质内白细胞浸润及肺泡上皮细胞增生。

（3）涂片镜检。取新鲜的分泌物、渗出物和病灶组织病料做涂片，姬姆萨染色后镜检，可见到细胞浆内小的亮红色或紫色的感染小体及大的蓝色的非感染性颗粒。

（4）分离培养。鸡胚培养：取眼结膜、鼻腔棉拭子标本及病料组织匀浆悬液，接种 5~7 日龄鸡胚卵黄囊，多于第 5~12 日死亡。剖检可见水肿、充血、出血病变，做涂片染色镜检，可见典型的衣原体。细胞培养：取眼结膜、鼻腔棉拭子按常规制成无菌洗液，以及取病料组织按常规制成无菌匀浆悬液，接种原代或传染细胞进行培养，可见到细胞病变，取细胞培养物制片做染色镜检，可见到胞浆内的衣原体。

（5）动物接种。取病料棉拭子洗液、病灶组织悬液及分离培养物接种小鼠、雏鸡脑内、肌肉、皮下或腹腔均可感染发病。

（6）血清学检查。常用的方法有玻片凝集试验和琼脂扩散试验。抗原制备：取分离培养的卵黄囊或细胞培养物，用磷酸液冲盐水（pH7.2）做 1:5 稀释，100℃ 30 分钟灭活，加入石炭酸使最终浓度为 5%，混匀即成。

［**治疗**］首选药物是四环素，其局部疗效远比全身用药为好，通常在早期持续用药 5 日以上的效果比较理想，其他四环素族抗生素也适用。

［**预防**］防治措施的重点应是加强卫生防疫、检疫和改善饲养管理，防止各种应激因素的作用等。据报道，鹦鹉热衣原体 Cello 株疫苗免疫猫后能明显地减轻及缩短症状和病程的效果。

第四章 犬、猫的寄生虫病

第一节 原虫病

一、弓形体病（Toxoplasmosis）

弓形体病也称弓形虫病、弓浆虫病，是一种以猫为终宿主的人畜共患寄生虫病，主要侵害呼吸和神经系统。呈世界性分布，我国也有过发生的报道。

[病原] 病原为龚地弓形体，是专性细胞内寄生虫。根据弓形体发育阶段的不同分为滋养体、包囊、裂殖体、配子体和卵囊 5 个型，其中滋养体和包囊 2 个型存在于中间宿主内；裂殖体、配子体和卵囊只出现在终宿主——猫体内。中间宿主包括多种哺乳动物、鸟类和爬虫类。裂殖体、配子体和卵囊 3 个型只存在于终宿主的猫科动物。卵囊还可存在于转运宿主（蚯蚓、苍蝇、蟑螂等）的肠道和身体上。

滋养体呈弓形，一端稍尖、一端钝圆，大小为 4~7μm×2~4μm，用姬姆萨氏或瑞氏染色后，在显微镜下可见胞浆呈浅蓝色，有颗粒；核呈深蓝紫色，偏向钝圆一端。电镜观察可见有顶环、类锥体、弓丝等细微结构。

包囊型呈卵圆形，直径为 50~60μm，有较厚的囊膜，囊中有数十个至数千个不等的虫体。包囊型具有较强的抵抗力，在宿主体内可存活数年，在死亡的动物组织内可存活几日，但加热高于 66℃时能很容易被杀死。

裂殖体在猫的上皮细胞内进行无性繁殖，1 个裂殖体可以发育形成许多裂殖子。

配子体是在猫的肠细胞内进行有性繁殖的虫体。小配子体色淡，核疏松，后期分裂形成许多小配子；大配子体的核致密，较小，含有着色明显的颗粒。

卵囊呈卵圆形，平均约为 12μm×10μm，有双层囊壁，表面光滑。每个卵囊里形成 2 个卵圆形的孢子囊，大小为 11~14μm×9~11μm，每个孢子囊内含 4 个长形弯曲的子孢子，大小为 8μm×2μm 左右，有残体。卵囊在适宜条件下可存活 1 年以上，干热 70℃、沸水、强碱或强氨溶液中可被杀死。

[生活史及流行病学] 弓形体的整个生活史是在终宿主和中间宿主内完成的。

在终宿主（猫）内的发育：猫吃食了含有弓形体包囊的动物组织或发育成熟的卵囊后，包囊内的滋养体或卵囊内的子孢子就进入猫的消化道，并侵入肠上皮细胞，在肠上皮细胞内进行球虫型的发育和繁殖。首先是通过裂殖生出大量的裂殖子，到一定时间，部分裂殖子进行配子生殖转化为配子体及大小配子，最后形成卵囊。卵囊会随猫的粪便排到体外，在外界适宜的环境中，经 2~4 日发育为感染性卵囊。被猫摄入的滋养体，有一部分进入淋巴和血液循环，被带到全身各脏器和组织，侵入有核细胞。在有核细胞内以内出芽法或二分法进行繁殖。滋养体在有核细胞内繁殖时，猫自然产生免疫力及抵抗力来阻止滋养体的繁殖，一部分滋养体被消灭，另一部分滋养体在猫的脑和骨骼肌等处形成包囊。

在中间宿主（犬等）体内发育：犬通过口、鼻、眼、呼吸道黏膜、眼结膜和皮肤感染弓形体的滋养体，常见的感染途径是摄食了被卵囊污染的饲料、饮水及环境内杂物等。犬感染弓形体后主要是通过淋巴、血液循环侵入有核细胞，在胞浆内以内出芽的方式进行无性繁殖。如果犬没有产生免疫力和抵抗能力，而弓形体虫株毒力很强，就可能引起犬弓形体病的急性发作。反之，弓形体繁殖受阻，则出现轻微发病或不出现临床症状，存留的虫体会在犬的一些脏器组织中形成包囊。

[症状] 成年犬、猫多数为潜伏感染或无症状的隐性感染，猫的血清中常有高滴度的 IgG，犬缺少。青年犬、猫感染出现临床症状，特别是仔犬、仔猫症状表现较严重，主要表现为发热、食欲不振、精神沉郁、虚弱、黏膜苍白、咳嗽、呼吸困难，有的甚至出现出血性腹泻和黄疸。少数有剧烈呕吐，并出现中枢神经系统紊乱。弓形体病能引起流产、早产或死胎。

[诊断] 临床上必须以检出病原体或证实血清中抗体滴度升高才能确诊。

（1）临床诊断。以临床症状为依据进行初诊，急性病例，红、白细胞减少，中性粒细胞增多。中性粒细胞减少和单核细胞增多者较少见。慢性病例，白细胞总数增多，主要为中性粒细胞增多，血小板减少，但没有出血倾向。

（2）实验室诊断

①病原体检查：取可疑病犬、猫或尸体的组织、体液做涂片、压片或组织切片，自然干燥后甲醇固定，姬氏液或瑞氏液染色后镜检，发现裂殖子即可确诊。还可采用集虫法，取病犬的排泄物（肠内容物、尿液、痰液、眼分泌物等）离心（2000 转/分钟）5 分钟，用沉渣涂片染色检查。也可以用病料接种于小白鼠腹腔进行病原检查。

②血清学诊断：血清学诊断主要有血细胞凝集试验、补体结合试验、中和试验等，常用的方法为血细胞凝集试验。

③荧光诊断：用荧光异硫氰酸盐，被染上的弓形体呈发光的黄绿色。

④国外已有动物弓形虫（lgM、lgG）抗体快速诊断试纸进行诊断。

（3）鉴别诊断。临床症状与犬瘟热特别是神经型犬瘟热很相似，很容易相混淆，诊断时应加以鉴别。

[治疗] 使用磺胺类药物进行治疗，其中以磺胺-6-甲氧嘧啶效果最好。磺胺嘧啶 70mg/kg 体重，口服，每日 2 次，连用 3~4 日。如果配合使用甲氧苄氨嘧啶或二甲氧苄氨嘧啶效果更好，剂量为磺胺嘧啶的 1/5。同时应配合口服等量碳酸氢钠粉，并增加饮水。磺胺-6-甲氧嘧啶 60~100mg/kg 体重，配合甲氧苄氨嘧啶 14mg/kg 体重，口服每日 1 次，连用 4 日，首次量加倍。克林霉素，犬 10~20mg/kg 体重，猫 12.5mg/kg，口服或肌肉注射，每日 2~3 次，连用 3~6 周。

[预防] 不喂生肉，防止犬、猫捕食啮齿类动物。防止猫粪污染饲料、饮水等。本病可感染人，孕妇感染后易造成流产，应注意预防本病。

二、球虫病（Coccidiosis）

球虫病是由等孢球虫寄生于犬、猫小肠和大肠黏膜上皮细胞，临床上主要表现为血便、贫血、衰弱和食欲减退。

［病原］犬、猫球虫病的病原是等孢球虫。等孢属球虫的形态特征是卵囊内有 2 个孢子囊，而每个孢子囊内含有 4 个子孢子。犬等孢球虫卵囊呈宽椭圆形或卵圆形，无色，有 2 层薄而光滑的卵囊壁，无微孔，大小为 35~42μm×27~33μm，是犬粪中最大的卵囊。

［生活史及流行病学］等孢球虫卵囊随粪排出体外，在适宜环境条件下，完成孢子化发育形成孢子细胞，孢子细胞分裂为子孢子。当发育为含有 2 个孢子囊的孢子化卵囊时才具有感染性。犬吞食了感染性卵囊后，子孢子从卵囊内逸出，迅速侵入小肠黏膜上皮细胞内，进行裂体增殖，形成裂殖体，裂殖体的核进行裂体增殖形成大量的裂殖子，裂殖子再逸出侵入新的肠上皮细胞内，重复上述过程进行发育，经过若干代后转为配子生殖，裂殖子形成许多大、小配子（雌、雄细胞）。大、小配子进入肠管并结合后，生成合子，合子周围迅速形成 2 层囊壁变为卵囊，随粪排出体外。

卵囊抵抗力不强，在 100℃ 5 秒就可被杀死，在干燥的空气中几日内也会死亡。球虫病在环境卫生不良和饲养密度较大的养犬场常会严重流行，常发生于高温多湿季节，对幼犬危害大。患病和带虫的成年犬、猫是本病的重要传染源。

［症状］急性病例会排稀软混有血液和黏液的粪便，并混有脱落的肠黏膜上皮细胞，很快消瘦，黏膜苍白，继发感染时有微热，有的出现呕吐症状。患病幼犬、猫多因极度衰竭而死亡，成年犬、猫抵抗力较强，常呈慢性经过，经过一段时间后可自然康复，但数月之内仍有卵囊排出。

［诊断］采用饱和盐水浮集法，在粪便中发现卵囊就可确诊。在粪便中可检出肉孢子虫属、贝诺孢子虫属、莱文球虫属和粪地弓形体卵囊，应注意区别。必要时可结合临床症状，剖检可见肠黏膜肥厚、有结节和糜烂、内充满暗红色黏液等作为辅助诊断。

［治疗］磺胺二甲氧嘧啶 50mg/kg 体重，口服，连用 1~2 周。磺胺嘧啶 55mg/kg 体重加甲氧苄氨嘧啶 10mg/kg 体重，口服，每日 2 次，连用 5 日。呋喃唑酮 4~10mg/kg 体重，每日 1~2 次，连用 5 日。对严重脱水和血便严重的要进行对症治疗。

［预防］严格保持犬舍干燥、卫生，用具应经常清洗，并定期消毒。在母犬分娩前 10 日饮用氨丙啉溶液（每 1000ml 水加 0.9g），幼犬、猫连续饮用 7 日可预防本病。

三、巴贝斯虫病（Babesiaosis）

本病是由巴贝斯虫引起的经硬蜱传播的血液寄生虫病。格斗的比特犬和幼犬最易感染。

［病原］引起犬巴贝斯虫病的病原主要有 3 种，即犬巴贝斯虫、吉氏巴贝斯虫和韦氏巴贝斯虫。

（1）犬巴贝斯虫。寄生在犬红细胞内，虫体呈多型性，典型的为梨形，一般长约 4.5~5μm，最长可达 7μm。一端尖，另一端圆，内有空泡。

（2）吉氏巴贝斯虫。寄生在犬红细胞内，虫体很小，大小为 1~3.3μm，形状多呈环形、椭圆形、圆点形、单梨形、小杆形，偶尔可见十字形和成对的小梨形虫体，以圆点形、环形及小杆形最多见。圆点形虫体为一团染色质，姬氏液染色呈深紫色，多见于感染的初期。环形虫体为浅蓝色的细胞质包围 1 个空泡，带有 1 团或 2 团染色质，位于细胞质的一端，虫体小于红细胞直径的 1/8，偶尔可见大于红细胞半径的椭圆形虫体。在 1 个红细胞内可寄生多达 30 个虫体，但以寄生 1~2 个虫体较多见。

(3) 韦氏巴贝斯虫。除虫体稍大外，形态与犬巴贝斯虫相似。

[生活史及流行病学] 巴贝斯虫是通过中间宿主蜱感染的。蜱叮咬巴贝斯虫病犬，巴贝斯虫就随血液红细胞进入蜱的消化道，在蜱消化道内虫体从红细胞内逸出，侵入蜱肠上皮细胞进行多数分裂，形成很多细长的虫体，进入蜱的成熟卵内发育。当蜱卵发育成幼虫时，巴贝斯虫虫体又进入幼蜱肠道内进行大量分裂，最后在蜱的唾液腺内进行分裂发育为对犬有感染力的新虫体。当这种具有巴贝斯虫感染力的蜱叮咬犬时，虫体便随唾液进入犬体感染犬。

该病多发于有蜱的地区，在蜱的活跃期（春、秋季）疫情严重。纯种犬和引进犬易发本病，地方土犬和杂交犬对本病有较强的抵抗力。

[症状]

(1) 犬巴贝斯虫病。急性病例体温高达 40℃以上，精神沉郁，食欲废绝，黄疸性贫血，呕吐，腹泻，粪便内往往混有血液，尿呈黄褐色，严重的会突然虚脱。慢性病例持续发热，轻度黄疸及贫血，肝、脾肿大，呈胆红素尿。

(2) 吉氏巴贝斯虫病。常呈慢性经过，一般病初发热，持续 3~5 日后，随后有 5~10 日体温正常期，呈不规则回归热型。精神沉郁，不愿活动或活动时四肢无力。高度贫血，结膜苍白，一般不出现黄疸；食欲减少或废绝，明显消瘦。触诊脾脏肿大，肾（双侧或单侧）肿大且疼痛。尿呈黄至暗褐色。

(3) 韦氏巴贝斯虫病。常引起耳、背和其他部位皮肤广泛性出血。

[诊断] 依据特征性临床症状（高热、贫血、血红蛋白尿和脾肿大）以及有蜱存在或叮咬的病史可作出初诊，采病犬末梢血（耳尖血）做涂片，姬氏液染色后镜检，发现红细胞内有巴贝斯虫可确诊。

血清学诊断中，间接荧光抗体试验、酶联免疫吸附试验的特异性较高。分子生物学检测中，有核酸探针和 PCR 方法用于本病的诊断。

[治疗]

(1) 特效药物治疗

①台盼蓝（锥蓝素）5ml/kg 体重，用生理盐水加温溶解配成 1%溶液，用棉花纱布滤过，蒸气灭菌 30 分钟后静脉注射。使用该药一定要注意副作用，防止药液漏入皮下，药液要现用现配，注射时药液温度应保持在 30℃左右，缓慢注射。一旦出现异常反应，要立即停止注射，用抗组织胺药物如苯海拉明等缓解异常症状，缓解后再注射。

②硫酸喹林脲（阿卡普林）0.5mg/kg 体重，皮下或肌肉注射，对早期急性病犬疗效明显，但有不同程度的不良反应，不良反应明显时剂量可降至 0.25~0.3mg/kg 体重。

③三氮脒（贝尼尔、血虫净）5~5.5mg/kg 体重，配成 1%溶液，皮下或肌肉注射。

④咪唑苯脲 5mg/kg 体重，皮下或肌肉注射，间隔 24 小时再用 1 次。

以上药物根据病情及治疗情况，隔日重复使用 1 次。

(2) 对症治疗。针对严重贫血情况进行大量输血，同时肌肉注射维生素 B_{12} 0.2mg，每日 2 次，或口服人造血浆 10ml，每日 3 次。使用广谱抗生素防止继发或并发感染。出现严重脱水及衰竭时，要及时输液以维持正常代谢需要，并注意纠正代谢性酸中毒。如出现黄疸和并发肝损伤时，要使用保肝药物和能量合剂。

[**预防**] 主要做好防蜱灭蜱工作，有效切断中间传播环节。对发生巴贝斯虫病犬做到早发现、早治疗，对其他健康犬可用台盼蓝、贝尼尔、阿卡普林等药物进行预防注射。

四、利什曼原虫病 (Leishmaniasis)

利什曼原虫病又名黑热病，是由杜氏利什曼原虫寄生于内脏引起的人畜共患慢性寄生虫病，白蛉为其传播媒介。根据传染源不同，我国利什曼原虫病分为三种类型，有人源型、犬源型、野生动物型。

[**病原**] 杜氏利什曼原虫有无鞭毛体和前鞭毛体两种形态。无鞭毛体很小，呈圆形，直径 2.4~5.2μm，有的呈椭圆形，大小为 2.9~5.7μm×1.8~4.0μm，用瑞氏液染色后，胞质呈浅蓝色，圆形胞核呈红色，常偏于虫体一端。无鞭毛体见于哺乳动物体内及 37℃组织培养物中。

前鞭毛体因发育程度不同呈多种形状，成熟虫体多呈细而长的纺锤形，长约 12~16μm，前端有 1 根与体长相等的鞭毛。前鞭毛体见于传播媒介（白蛉）体内或 22~28℃的组织培养物中。

[**生活史及流行病学**] 自然感染是通过吸血昆虫白蛉传播的，当雌性白蛉吸食患病动物（包括人）血液时，无鞭毛体被摄入蛉胃，随后在白蛉消化道内以二分裂法繁殖，发育为前鞭毛体，并逐步向白蛉的口腔集中，成为成熟的具有感染力的前鞭毛体。当白蛉再叮咬健康犬（或其他动物）时，成熟的前鞭毛体随白蛉的唾液进入健康犬体内，在皮下组织被巨噬细胞吞噬后，在其中发育繁殖。前鞭毛体脱去游离鞭毛成为无鞭毛体，无鞭毛体随血液循环到达身体各部，其中以在脾、肝、骨髓和淋巴结中的巨噬细胞内最易繁殖。犬是杜氏利什曼原虫的重要保虫宿主。

[**症状**] 利什曼原虫的潜伏期从数周、数月到 1 年以上不等，多数犬感染后呈隐性带虫状态，一般无明显症状。少数犬出现皮肤损害症状，被毛粗糙失去光泽，甚至脱落。脱毛处有皮脂外溢或糠秕样鳞屑或因皮肤增厚形成结节，结节破溃后形成溃疡。皮肤病变多见于头部，尤其是耳、鼻及眼周围最为明显，其他部位也可出现。病的晚期，病犬出现食欲不振，甚至拒食，逐渐消瘦，贫血，精神萎靡，咳嗽，呕吐，腹泻，排黑黄色便。眼部的皮肤损害可引起眼缘发炎，有的还出现体温中度升高、眼角炎和结膜炎，有的出现足关节肿胀和强直。随着病情进一步发展，患犬吠叫声变得嘶哑甚至困难，最后因恶病质而死亡。猫一般为亚临床感染。

[**诊断**] 取病犬皮肤未破结节的内容物，或抽取骨髓或肿胀的外周淋巴结穿刺物等进行涂片，瑞氏液染色后镜检，发现虫体就可确诊。也可用福尔马林凝胶试验诊断，方法是在 1ml 被检血清中加 1 滴福尔马林，在几分钟内血液凝固，并很快变为不透明的鸡蛋白的为阳性，但此方法特异性不强。还可采血进行间接血凝试验、酶联免疫吸附试验等血清学诊断。

利什曼原虫病死亡犬解剖可见脾肿大，许多器官有肉芽肿，在内皮细胞（尤其是骨髓、肝和脾脏的内皮细胞）中可找到利什曼虫。

[治疗] 葡萄糖酸锑钠 150mg/kg 体重（总量不超过 5g）配成 10%注射液，分成 6 份进行肌肉注射或静脉注射，每日 1 次。如果没有完全治愈可继续进行第 2 个疗程，但总剂量应增加 1/6。使用该药常出现发热、呕吐、咳嗽、腹泻等不良反应，一般会自行消失，不需处理。也可使用新锑波芬、二脒替和其他芳香双脒类药物。

[预防] 在有该病流行地区，应加强对犬的管理，经常进行检查，及时发现及时处理，尤其对有皮肤病变者应重点检查，对无价值的病犬应予以捕杀。同时用 5%滴滴涕消灭环境中的白蛉，并用菊酯类等杀虫药定期喷洒犬舍及犬体。本病可传染给人，接触时要特别注意。

五、隐孢子虫病 (Cryptosporidiosis)

隐孢子虫病是一种临床上以腹泻为主要症状的原虫病，属人畜共患寄生虫病。

[病原] 本病原是小隐孢子虫和鼠隐孢子虫。隐孢子虫的卵囊呈圆形，极小，无孢子囊，内含 4 个裸露的子孢子，其他部分由很多颗粒组成。小隐孢子虫卵直径在 6μm 以下，鼠隐孢子虫卵囊直径为 6~8μm。

[生活史及流行病学] 犬、猫是通过食入被厚壁卵囊污染的饲料和饮水而感染隐孢子虫病的。厚卵囊进入体内后，寄生于胃肠道或呼吸道的上皮细胞内（细胞质外），在此进行无性生殖（裂体生殖），释放子孢子，发育为含有 6~8 个裂殖子的 I 型裂殖体。I 型裂殖体又侵入上皮细胞进行裂体生殖，一部分再循环发育为 I 型裂殖体，另一部分发育为含有 4 个裂殖子的 Ⅱ 型裂殖体。Ⅱ 型裂殖体不能进行无性生殖，而是直接进行有性生殖阶段，生成配子，雌、雄配子结合形成合子。最后进行孢子生殖，由合子发育为卵囊。卵囊有厚壁和薄壁两种，80%为厚壁卵囊，随粪便排出体外成为传染源。20%薄壁卵囊自细胞逸出后，很快破裂释放子孢子，重新侵入邻近肠上皮细胞重复感染，成为自身感染卵囊。

隐孢子虫宿主范围极广，鱼类、爬行类、鸟类和哺乳类都可寄生，经口感染，可直接或间接传播。卵囊抵抗力很强，卫生状况差、体质差的犬、猫很容易发病。

[症状] 临床上主要表现急性水样腹泻，排便次数很多，同时还会出现食欲不振、呕吐、消瘦等症状。抵抗力弱的犬、猫临床症状明显且严重，免疫机能正常的犬、猫临床表现不明显，并能自然恢复。多数隐孢子虫病犬、猫肠系膜淋巴结肿大，小肠和盲肠增厚、扩张。

[诊断] 根据持续性水样腹泻等典型临床症状和抗生素、抗腹泻药治疗无效的情况下可初诊。确诊必须从粪便中检出隐孢子虫卵囊。临床上可选用蔗糖漂浮法、福尔马林醋酸沉淀法、直接涂片法来检查粪便中卵囊。石炭酸品红液背景染色方法如下：取新鲜腹泻粪便加等量石炭酸品红液在玻片上充分混合，制成薄涂片，室温下空气晾干，加显微镜用的油浸镜用油在涂片上，加盖玻片，在明视野显微镜高倍下观察，隐孢子虫卵囊明亮、折光，其他全部是黑的。

[治疗] 巴龙霉素 125~165mg/kg 体重，口服，每日 1 次，连用 5 日。泰禾菌素 11mg/kg，口服，每日 1 次，连用 28 日。国内外报道拉沙里菌素钠、奎宁、林可霉素、螺旋霉素也有一定疗效。该病治疗中，对症和支持疗法具有极其重要意义。

[预防] 搞好犬、猫卫生和环境卫生，提高抗病能力。注意人要避免直接接触病料，环境杀虫用甲醛或氨熏烟消毒法可杀灭卵囊。

六、贾第虫病 (Giardiasis)

贾第虫病是由贾第虫寄生于肠内以腹泻为主要症状的一种人畜共患寄生虫病。

[病原] 贾第虫病的病原主要是蓝氏贾第虫，贾第虫有滋养体和包囊两种形态。滋养体呈梨形，两侧对称，其前端宽而圆，后端狭窄，腹前部有一大的吸盘，有 8 根鞭毛从不同的部位发出。1 个虫体有 2 个细胞核，大小为 12~17μm×7~11μm。

包囊为卵圆形，大小为 9~13μm×7~9μm。包囊内是由鞭毛和轴柱组成酶丝状物，并有 2~4 个核。包囊在增殖时，每个包囊进行 2 次分裂为 2 个虫体。

[生活史及流行病学] 犬、猫通过口腔感染贾第虫包囊，包囊进入消化道后在十二指肠脱囊变成滋养体。滋养体利用吸盘吸附在肠壁上，寄生于小肠前部，有些则落入肠腔，随食糜到达肠腔后段形成包囊，包囊随粪便排出体外。通常包囊出现在正常的粪便中，而滋养体则在腹泻的粪便中。

贾第虫病是通过滋养体吸附在肠黏膜表面，对肠黏膜造成机械性刺激，使肠黏膜的吸收能力降低，引起肠胃功能紊乱和腹泻。

寄生于犬的贾第虫可感染猫，寄生于人的贾第虫可感染家兔和犬。

[症状] 本病多见于幼犬、猫，大多数成年犬、猫为无症状的隐性感染。严重感染时出现以腹泻为主的临床症状，表现为食欲不振，胃肠胀气，消瘦，贫血，被毛粗糙，腹泻时粪便中常混有黏液和血液。

[诊断] 看到粪便中的滋养体和包囊即可确诊。

(1) 直接涂片镜检。取新鲜腹泻粪便直接滴于载玻片上，加盖玻片镜检，可见活动的滋养体。包囊最好用硫酸锌漂浮法检查，注意与粪便中食物残渣相鉴别。

(2) 染色标本镜检。将被检样品涂于载玻片上，自然干燥、固定后，用姬姆萨或苏木青精铁染色，高倍镜下观察。

[治疗]

(1) 灭滴灵（甲硝哒唑）首次用量为 44mg/kg 体重，以后按 22mg/kg 体重给药，口服，每日 3 次，连用 5 日。该药有血尿、肝中毒、呕吐等副作用，使用时应特别注意，妊娠和哺乳母犬以及严重消瘦犬禁用。

(2) 阿的平 50~100mg/次，口服，每日 2 次，连用 3 日。间隔 3 日后再连用 3 日。该药有食欲降低、呕吐、腹泻、瘙痒、皮肤发黄等副作用，使用碳酸氢钠可减轻呕吐。该药能穿过胎盘，因此妊娠犬禁用。芬苯哒唑（苯硫哒唑）50mg/kg，口服，每日 1 次，连用 3~7 日。阿苯哒唑（丙硫苯咪唑）25mg/kg，口服，每日 2 次，连用 2~7 日。

同时要进行对症治疗，特别是要及时纠正脱水和电解质失衡。

[预防] 本病是经口感染，应注意防止食入污染的饲料和饮水。现已有贾第虫疫苗用于预防本病。

七、毛滴虫病（Trichomoniasis）

毛滴虫病是由五鞭毛滴虫引起的以仔犬黏液性出血性腹泻为特征的原虫病。

［病原］病原为五鞭毛滴虫，只有滋养体一种形态，不形成包囊。滋养体呈椭圆形或梨形，大小为 6~14μm×4~6.5μm。虫体前部有核，核的前方有一簇动基体，长出 5 根前鞭毛，4 根为一组向前伸出，另 1 根则向后伸展。与轴柱和波动膜相连成整体。

［生活史及流行病学］毛滴虫的生活史简单，滋养体随饲料或经饮水进入犬、猫体内，寄生于大肠并在肠道内以纵二分裂法生殖，不形成包囊，滋养体随粪便排出体外成为传染源。

毛滴虫分布于全世界，热带、亚热带地区较为流行。粪便中的虫体在潮湿环境下可存活数小时至 8 日不等。多种动物（包括人）会感染此病，蝇可传播本病。

［症状］以顽固的慢性腹泻为典型症状，稀便中常带有黏液和血，食欲不振、消瘦、被毛粗乱、贫血和嗜眠等。当有其他寄生虫混合感染时，腹泻加重并持续时间长。

［诊断］粪便中看到虫体可确诊。

（1）直接检查。取新鲜不成形粪便，用生理盐水稀释后直接镜检，可见鞭毛和波动膜运动。在成形的粪便中，虫体变圆，休眠，不运动，很难鉴别。

（2）染色检查。取新鲜粪便直接涂片，用 PAF（结晶苯酚 20g 加生理盐水 825ml、95%乙醇 125ml、福尔马林原液 50ml）固定，姬姆萨染色，镜检。此虫不易染色。

［治疗］甲硝唑（灭滴灵）60mg/kg 体重，口服，每日 3 次，连续投服 5 日。

［预防］主要是注意饮食卫生和环境卫生。

八、阿米巴虫病（Amebiasis）

阿米巴虫病是由阿米巴虫引起的一种以持续性腹泻或下痢为特征的人畜共患原虫病。人是阿米巴虫的自然宿主，犬的发病率较低。

［病原］病原为痢疾阿米巴，也称溶组织内阿米巴，有滋养体和包囊两种形态。滋养体分内质和外质，内质颗粒状，外质透明。运动时外质伸出，形成伪足。内质有一圆形的核。滋养体有大小之分，大滋养体为致病型，大小为 20~40μm，内质含有红细胞。小滋养体为共生型，大小为 7~20μm，形态不规则，又称为变形虫。

包囊呈圆球形，直径为 5~20μm，外周有一层较厚的透明囊壁，内含 1~4 个细胞核，含 4 个核者为成熟包囊。

［生活史及流行病学］阿米巴包囊随污染的食物或饮水进入犬、猫的消化道，在小肠下段从囊壁逸出，经过一系列复杂的变化分裂成 4 个单核的小滋养体，以细菌为营养，经二次分裂繁殖成很多的滋养体。小滋养体有些停止活动形成包囊，有些再侵入大肠壁并落入肠腔，随粪便排出体外。大滋养体侵害肠壁引起腹泻和痢疾，当机体抵抗力强或受到治疗时，大滋养体从肠壁落入肠腔又变成小滋养体，再形成包囊排出体外。大滋养体不能直接形成包囊。

该病呈世界性分布，热带和亚热带较为流行，但在卫生状况差的情况下，温带和较冷地区感染率和热带地区一样。

本病的传染源为健康带虫者。滋养体对外界自然环境的抵抗力很差，会很快死亡。包囊的抵抗力较强，慢性期和无症状的带虫者排出的包囊是主要的传染源，蝇类、蟑螂能传播包囊。包囊对干燥、热及化学药物敏感。

[症状] 典型症状为持续腹泻，粪便中带有血液或黏液。急性型危害极大，出现急性出血性结肠炎症状，致死率很高。慢性型为间断性腹泻。有时出现肝、脑和其他组织脓肿。

[诊断]

(1) 病原检查。取新鲜稀便（最好是带黏液或血液的）直接涂片，如果粪便太黏稠，可加少量生理盐水稀释，加温到37℃，高倍镜下可见滋养体以及伪足活动。粪便中包囊少，可用浓集法检查包囊。包囊用碘液染色呈黄绿色，并隐约可见核和拟染色体。

(2) 直肠检查。用直肠镜直接观察黏膜溃疡，并做活检和刮拭物涂片检查。

(3) 免疫诊断法。常用的有酶联免疫试验（ELISA）、间接荧光抗体试验（ILA）和间接血凝试验（IHA）等。

[治疗] 甲硝唑（灭滴灵）60~120mg/kg，口服，每日1次，连用5~7日。还可选用磷酸氯喹、吐根素、卡巴砷等。

[预防] 搞好环境卫生和犬、猫身体卫生，无害化处理带虫的粪便，特别注意灭鼠、灭蝇和灭蟑螂等。

九、小袋虫病（Balantidiasis）

小袋虫病是由结肠小袋纤毛虫引起的以溃疡性结肠炎为主要临床症状的原虫病。

[病原] 结肠小袋纤毛虫是较大的纤毛虫，虫体分为滋养体（活动期）和包囊（非活动期）。

滋养体呈长椭圆形或圆形，大小为50~80μm×30~60μm。虫体中部有大、小核，大核较大，呈腊肠形，与营养有关；小核小，与生殖有关，常被大核遮盖。虫体前端有一略为倾斜的沟，胞浆中尚有空泡和食物泡等结构。虫体后端有肛孔，整个体表覆有纤毛。

包囊呈圆形或卵圆形，直径为40~60μm，有两层囊膜，囊内含有1个虫体。

[生活史及流行病学] 结肠小袋虫包囊通过污染饲料和饮水经口进入犬、猫消化道，在胃内经消化液作用脱囊，成为滋养体，然后寄生于大肠，在结肠黏膜中以横二分裂法繁殖。当虫体通过直肠后段，由于粪便成形的失水作用，刺激虫体结囊形成包囊。滋养体随粪便排出后也能结囊形成包囊。包囊的抵抗力很强。

本病分布于世界各地，热带地区最为普遍。猪的感染率高，人的感染率虽然不高，但致病性很强，要引起重视。

[症状] 通常，结肠小袋虫的致病力并不强，不会产生明显的临床症状。只是严重感染，并有其他肠炎并发症或其他因素使机体抗病力降低时，才发生严重的溃疡性结肠炎。表现为拉稀，粪便先为半稀，后水泻，带有黏液和血液。精神沉郁，食欲减退或废绝，有时体温升高。

[诊断] 粪便中看到滋养体和包囊即可确诊，方法参照阿米巴病的诊断。

[治疗] 甲硝唑（灭滴灵）60mg/kg体重，口服，每日2次，连服5日。也可选用呋喃唑酮、土霉素、黄连素、巴龙霉素、卡巴砷等。

[预防] 注意犬、猫个体卫生和饮食卫生，远离猪舍，并禁止犬、猫舔食猪的粪便。人感染该病病情较为严重，应予以注意。

第二节　蠕虫病

一、蛔虫病（Ascariasis）

蛔虫病是蛔虫寄生在犬、猫小肠和胃内，影响其生长发育的寄生虫病，主要危害幼犬和小猫。

[病原] 蛔虫病的病原主要是犬弓蛔虫、猫弓蛔虫和狮弓蛔虫。

犬弓蛔虫呈中间稍粗、两端较细的圆柱形，虫体稍弯于腹面。雄虫长 5~11cm，尾部弯曲，尾翼发达，有两根 0.75~0.95mm 长的交合刺。雌虫长 9~18cm，尾部伸直，生殖孔位于虫体前半部。虫卵呈短椭圆形，外壳有明显的小泡状结构，大小为 68~85μm×64~74μm。

猫弓蛔虫成虫与犬弓蛔虫相似，但其颈翼膜短而宽，往头端逐渐变窄形成箭头状。雄虫长 30~60mm，有两根等长的交合刺，长 1.63~2.08mm；雌虫长 40~100mm。虫卵结构与犬弓蛔虫虫卵相似，大小为 64~70μm。

狮弓蛔虫也呈中间稍粗、两端较细的圆柱形。虫体稍弯于背面。雄虫长 4~6cm，无尾翼膜，有两根交合刺。雌虫长 3~10cm，尾端尖细而长直，生殖孔开口于虫体前 1/3 与中 1/3 交界处。虫卵近似圆形，外膜光滑，大小为 19~61μm×74~86μm。

[生活史及流行病学] 蛔虫虫卵随粪便排出体外，在适宜的条件下，经 3~5 日发育为内含幼虫的感染性虫卵，犬、猫吞食了感染性虫卵后，虫卵在肠内孵化成幼虫。幼虫穿透肠壁进入血循环，行至肺部，再沿气管和咽部至口腔，又被咽下至胃和小肠发育成虫。

蛔虫虫卵对外界因素有很强的抵抗力，很容易污染犬所吃的食物、饮水和所活动的环境。犬、猫是通过污染的食物、饮水经口感染，妊娠母犬可经胎盘传染给胎儿。

[症状] 蛔虫病主要危害幼犬和小猫，临床上以消瘦、发育迟缓为主要表现。先腹泻后便秘，腹痛，呕吐。大量虫体聚集在小肠，可引起肠阻塞、肠套叠或肠穿孔而死亡。有时虫体释放的毒素可引起神经症状。幼虫移行到肝、肺，可引起肝炎、肺炎症状。

[诊断] 根据消瘦、生长迟缓进行初诊，在粪便见到虫卵或成虫即可确诊。用直接涂片法和浮集法检查粪便中的虫卵。

浮集法：取少量粪便于干净试管或小瓶内，加少量饱和盐水充分混匀后，再加满饱和盐水使液面稍高出管口或瓶口，盖上盖玻片，静置 5 分钟后取下盖玻片扣置于载玻片上，显微镜下检查。

直接涂片法：取少量粪便于载玻片上，加 2~3 滴水混匀后，加盖玻片直接镜检。

[治疗]

①盐酸左旋咪唑 10mg/kg 体重，口服。

②枸橼酸哌哔嗪（驱蛔灵）100mg/kg 体重，口服，对成虫有效；200mg/kg 体重可驱除 1~2 周龄幼犬内未成熟的虫体。

③丙硫苯咪唑（抗蠕敏）10mg/kg，口服。

④甲苯咪唑（安乐士），每日 100mg，口服，每日 2 次，连服 3 日。

⑤阿苯哒唑（肠虫清）400mg，口服。

⑥伊维菌素或阿维菌素 0.2~0.3mg/kg 体重，皮下注射。柯利犬及其血统犬禁止使用。柯利犬及其血统犬可用美国辉瑞药厂生产的赛拉菌素（大宠爱）透皮剂治疗。

[预防]

对犬、猫进行定期驱虫。注意环境、食物的清洁卫生，对犬、猫的粪便应进行无害化处理。

二、绦虫病（Cestodiasis）

绦虫病是由多种绦虫寄生于犬、猫小肠而引起的一种常见寄生虫病。

[病原] 犬、猫体内的绦虫种类很多，但最常见的是犬复孔绦虫和泡状绦虫。绦虫虫体一般呈带状，背腹扁平，左右对称，白色不透明，体长由几毫米到十几米，绦虫为雌雄同体，由头节、颈节和链体组成。头节细小呈球形或梭形，为吸着器官，其形状有 3 种类型：吸盘型、吸槽型和吸叶型。颈节为头节之后的细而短的部分。链体由数个至数千个节片组成，自前向后由幼节（未成熟节片）、成节（成熟节片）和孕节（子宫内充满虫卵）组成。孕节从虫体后端不断脱离，新的节片不断形成。

犬复孔绦虫虫体长 10~50cm，宽 5mm。虫卵呈圆形，直径 35~50μm，透明，有两层薄的卵壳，内含六钩蚴。

泡状绦虫虫体长 75~500cm，虫卵近似椭圆形，大小为 38~39mm×0.03~0.035mm。

[生活史及流行病学] 绦虫的生活史较复杂，其发育都需要 1~3 个中间宿主才能完成整个生活史。孕节脱落随粪便排出体外，在外界孕节破裂虫卵散出，中间宿主（蚤类）幼虫食入虫卵，虫卵在其肠内孵化，六钩蚴钻入肠壁，进入血腔开始缓慢发育。当中间宿主生长成蛹最终为成虫时，六钩蚴也发育为感染性的似囊尾蚴。犬、猫食入有感染性的似囊尾蚴中间宿主后，似囊尾蚴就在犬、猫体内发育为成虫。

犬绦虫除复孔绦虫以蚤为中间宿主外，其他都是以人、猪、羊、牛、马、鱼、兔、骆驼及野生动物等为中间宿主，犬为终宿主。

犬、猫是通过食入感染的肉、鱼等（中间宿主）经口感染。

[症状] 感染犬临床表现不明显，严重感染时，可引起慢性肠炎，出现消化不良、腹泻、腹痛、消瘦和贫血。虫体成团时，会堵塞肠管，导致肠梗阻、肠套叠、肠扭转甚至肠破裂。

不断脱落的孕节会附在肛门周围刺激肛门，引起肛门瘙痒或疼痛发炎。

[诊断] 猫肛门瘙痒在地上摩擦可怀疑有绦虫。通过观察犬粪便或肛门周围是否有类似米粒的白色孕节或短链体，如果有就可确诊。用饱和盐水浮集法检查粪便内的虫卵或孕节。

[治疗] 绦虫病，可选下列药物治疗：

①吡喹酮犬 5mg/kg 体重，猫 2mg/kg 体重，口服。或 2.5~5mg/kg 体重，皮下注射。

②氯硝柳胺（灭绦灵）154~200mg/kg 体重，口服。服前禁食 12 小时，有呕吐症状的犬可加大剂量直肠给药。

③阿苯哒唑（肠虫清）400mg，每日口服，连服 3 日。

④甲苯咪唑片（安乐士），每次 200mg，口服，每日 2 次，连服 3 日。

［预防］

①定期驱虫，定期检查，以每季度驱虫 1 次为宜，驱虫后的粪便应进行无害化处理，防止散播。

②不饲喂生食（生肉、生鱼），特别禁止喂食含有绦虫的动物内脏，需要喂食时必须充分高温煮熟。

③搞好环境卫生，保持犬舍、猫窝内外的清洁和干燥，定期消毒，杀灭绦虫蚴中间宿主(即蚤、毛虱等)。

三、钩虫病（Ancylostomiasis）

钩虫病是钩虫寄生于犬、猫小肠引起的以贫血、消化紊乱和营养不良为主要症状的寄生虫病。

［病原］病原种类很多，感染犬、猫的钩虫有犬钩虫、巴西钩虫、锡兰钩虫和狭头钩虫等，但最常见的是犬钩虫和狭头钩虫。

犬钩虫为淡黄色，呈线状，头端稍向背侧弯曲，口囊很发达，口囊前缘腹部两侧有 3 对锐利的钩状齿。雄虫长 10~12mm，雌虫长 14~16mm。虫卵为浅褐色，呈钝椭圆形，大小为 56~75μm×37~47μm，新排出来的含有 8 个卵细胞。

狭头钩虫为淡黄白色，两端稍细，口弯向背面，口囊发达，前腹缘两侧各有一片半月状切板。雄虫长 5~8.5mm，雌虫长 7~10mm，虫卵形状与犬钩虫相似，大小为 65~80μm×40~50μm。

［生活史及流行病学］虫卵随粪便排出体外后，在适当的条件下（20~30℃），经 12~30 小时孵化出幼虫，幼虫再经 1 周左右蜕化为感染性幼虫。犬、猫吞食感染性幼虫进入体内，停在肠内，逐渐发育至成虫。感染性幼虫还可穿过皮肤、黏膜进入犬、猫外周血管，随血液循环到达心、肺，再沿支气管、气管和咽喉移行至口腔，再咽下，最后停在肠内，发育为成虫。

犬、猫通常经口感染或经皮肤和口腔黏膜而感染，也可经胎盘和乳汁感染。全国各地都有发生。

［症状］消瘦、衰弱、贫血、结膜苍白，排带有腐臭气味黏液性血便，呈柏油状，经皮肤感染的会发生皮炎。轻度感染的犬、猫不表现临床症状。

［诊断］根据临床症状进行初诊。用饱和盐水浮集法检查粪便，发现钩虫虫卵即可确诊。

［治疗］对症状轻的可直接用下列药物驱虫：

①盐酸左旋咪唑 10mg/kg 体重，口服。

②丙硫苯咪唑 50mg/kg 体重，口服，连用 3 日。

③甲苯咪唑（安乐士）100mg，每日 2 次，连用 3 日。

④阿苯哒唑（肠虫清）400mg，口服，连用 3 日。

⑤盐酸丁咪唑 0.22ml/kg 体重，皮下注射。

⑥伊维菌素或阿维菌素 0.25mg/kg 体重，皮下注射。

对贫血严重的犬必须输血、输液，待症状缓和后再驱虫。

[预防] 可参照犬蛔虫病的预防。

四、鞭虫病（Trichuriasis）

鞭虫病也称毛首线虫病，是由狐毛首线虫寄生于犬的盲肠而引起的主要危害幼犬的寄生虫病，一般猫不发生该病。

[病原] 寄生于犬的鞭虫为狐毛首线虫，虫体前部呈毛发状，整个外形像鞭子，前部细，像鞭梢，后部粗像鞭杆，故取名鞭虫。虫体为乳白色，雄虫长 50~52mm，后端卷曲；雌虫长 39~53mm，后端钝直。虫卵为黄褐色，两端细，中间粗，两端有盖，像腰鼓一样，大小为 52~61μm×27~30μm。

[生活史及流行病学] 鞭虫虫卵随粪便排出体外，在温暖潮湿的条件下（33~37℃）经 15~20 日发育为感染性虫卵，此时虫卵内含有幼虫，当犬、猫吞食感染性虫卵，进入肠道后，幼虫由卵内孵出，附在大肠上，经 1 个月发育成成虫。

虫卵对外界环境有较强的抵抗力，对寒冷和冰冻耐受性强，在自然状态下，虫卵可保持 5 年的感染能力。犬、猫通过经口食入感染性虫卵而感染。全国各地都有发生。

[症状] 轻度感染常不出现明显症状，或仅表现间歇性软便或带少量黏液血便。重度感染时，出现大肠炎症，腹泻，粪便中混有鲜红色血液，有时粪便呈褐色，恶臭，逐渐出现贫血、脱水等全身症状。鞭虫对幼犬危害性大，可导致死亡。

[诊断] 根据出血性腹泻等临床症状可怀疑为本病，用饱和盐水（浮集法）检查到粪便中鞭虫腰鼓形的虫卵可确诊。

[治疗]

①鞭虫灵 2mg/kg 体重，口服。

②丁苯咪唑 50mg/kg 体重，口服，连用 2~4 日，可灭杀成虫和虫卵。

③甲苯咪唑（安乐士）100mg，口服，每日 2 次，连服 3 日。

④阿苯哒唑（肠虫清）400mg，口服。

⑤苯硫咪唑 50mg/kg 体重，口服，每日 1 次，连用 3 日，安全有效。

症状严重犬应进行对症治疗。

[预防] 可参照蛔虫病的预防方法，但本病应特别注意保持犬舍及运动场所的清洁干燥。

五、犬食道虫病（Canine Spirocercosis）

犬食道虫病或称犬血色食道虫病、犬旋尾线虫病，是由狼旋尾线虫寄生于犬的食道或大动脉壁形成肿瘤状结节的寄生虫病。

[病原] 犬食道虫病病原是狼旋尾线虫。狼旋尾线虫为淡血红色，卷曲成螺旋状。雄虫长 30~40mm，尾端有 4~5 对特殊的小乳突；雌虫长 54~80mm，尾端钝，只有 1 对乳突，阴门开口于食道后端。虫卵呈长椭圆形，大小为 30~37μm×11~15μm，卵壳厚，内含 1 个弯曲的虫胚。

[生活史及流行病学] 犬食道虫虫卵随粪便排出体外后，被食粪甲虫（中间宿主）吞食

后，虫胚从虫卵中孵出，经蜕皮后发育成具有感染力幼虫并在食粪甲虫的气管内形成包囊。此时的食粪甲虫被两栖类、爬虫类、鸟类（也有鸡）和小哺乳类等吞食，幼虫包囊可以在它们体内的肠系膜内继续存活，仍具有感染力。犬食入了含有感染性包囊的食粪甲虫或上述两栖类、爬虫类等而被感染后，幼虫钻入胃壁或肠壁中，经血液循环移行到主动脉和食道，在食道壁和主动脉壁中形成结节发育成熟。

[症状] 轻度感染犬不表现临床症状，只有当食道病变发展为肉芽肿，压迫食道阻碍食物通过时，才出现吞咽困难、呕吐、流涎和咳嗽等症状，导致病犬食欲减退。若结节内有细菌感染则体温升高，个别病犬因动脉壁结节破裂，导致急性死亡。

[诊断] 根据临床症状和 X 线检查可见食道口有肿瘤样阴影来诊断。用饱和硝酸钠漂浮法或沉淀法检查粪便中有虫卵可确诊。

[治疗] 可选用下列药物进行治疗：

①丙硫咪唑 50mg/kg 体重，口服。

②六氯对二甲苯（血防 846）100~200mg/kg 体重，口服，连续口服 1 周。

③乙胺嗪（海群生）10mg/kg 体重，口服。

[预防]

①无害化处理患犬的粪便。

②杀灭食道虫的中间宿主和媒介动物。

③避免生食中间宿主和媒介动物。

六、犬血丝虫病 (Filariidae)

犬血丝虫病也称犬心丝虫病或犬恶丝虫病，是由犬恶丝虫寄生于心脏的右心室及肺动脉而引起的，致使循环障碍、呼吸困难及贫血等症状的一种寄生虫病。

[病原] 本病原是犬恶丝虫，虫体为黄白色，呈细长粉丝状，雄虫长 12~18cm，尾部数回盘旋。雌虫长 25~30cm，尾部较直。幼虫叫微丝蚴，长 220~360μm，在血液中做蛇形或环形运动。

[生活史及流行病学] 犬血丝虫的微丝蚴在犬、猫的外周血液中出现，被中间宿主的蚊子或蚤等吸入体内后，经两次蜕皮变成感染性幼虫。犬、猫被带有感染性幼虫的中间宿主叮咬后，幼虫侵入犬、猫的皮下组织，经淋巴或血液循环而到达心脏和大血管，经 8~9 个月发育为成虫。成虫在犬体内可存活数年。

通过蚊子叮咬传播，因此该病传染季节是夏季，一般是地方性流行。

[症状] 咳嗽、易疲劳、食欲减退、消瘦、背毛粗乱、贫血。血丝虫成虫可使三尖瓣和肺动脉瓣功能障碍，出现呼吸困难、腹水、四肢浮肿、胸水和肺水肿。当虫体堵塞主要动脉血管时，会引起急性死亡。有的会出现瘙痒、脱毛等皮肤病症状。

[诊断] 根据外周血液内检查出微丝蚴来确诊。

（1）直接涂片法。采末梢血液 1 滴，置载玻片上，放上盖玻片镜检或直接血液涂片镜检。

（2）毛细吸管法。以毛细血管吸血后离心，取血浆和血细胞交界处的样本镜检。

（3）离心集虫法。采 1ml 血液与 2%福尔马林 10ml 混合，1500r/min，离心 5 分钟，取沉淀物染色镜检或直接镜检。

由于多种原因，如用上述方法未检出微丝蚴，并不能说明未感染。因此，对疑似本病而又查不出微丝蚴的可以采用X线透视（右心房、右心室和肺动脉扩张）、超声波或免疫方法来检查。

［**治疗**］对于该病的治疗，可选用下列药物：

①乙胺嗪（海群生）100mg/kg 体重，口服，每日 1 次，连服 1 周。

②密砷胺 2.5mg/kg 体重，肌肉注射，每日 1 次，注射 2 次。

③悌波芬 0.5~5ml，连续多日肌肉注射或静脉注射，可杀灭微丝蚴。

④硫砷胺 2.2mg/kg 体重，间隔 6~8 小时，每日 2 次，连用 2 次。

⑤伊维菌素或阿维菌素 0.05~0.1μg/kg 体重，皮下注射，杀灭微丝蚴。

⑥米尔贝霉素（Milbemy cin）500ug/kg 体重，口服，每月 1 次，连用 12 个月。

对于症状严重的犬，要进行对症治疗。

［**预防**］

①定期驱虫，特别在蚊子繁殖季节（5~10 月）连日或隔日口服乙胺嗪（海群生）55mg/kg 体重，或盐酸左旋咪唑 0.5mg/kg 体重，连服 5 日为 1 个疗程，间隔 2 个月后再服 1 个疗程。也可用伊维菌素、米尔贝霉素或二乙烯卡巴嗪（DEC）预防。

②搞好环境卫生，消灭蚊虫。

③防止与野犬、猫或感染的犬、猫接触。

七、旋毛虫病（Trichinosis）

旋毛虫病是由旋毛虫寄生于犬、猫小肠和横纹肌内的一种重要的人畜共患寄生虫病。

［**病原**］旋毛虫病的病原是旋毛线虫，该虫是很小的线虫，虫体前半部为食道，后半部较粗，生殖器官为单管型。雄虫长 1.4~1.6mm，雌虫长 3~4mm，阴门位于食道部中央。幼虫长 0.1~0.15mm，在横纹肌细胞之间形成包囊，包囊由内、外两层构成，呈椭圆形或圆形，连同两端的囊角便呈梭形，长约 0.5~0.8mm。

［**生活史及流行病学**］旋毛虫成虫和幼虫寄生于同一宿主。成虫寄生于小肠，叫肠旋毛虫。幼虫寄生于骨骼肌内，叫肌旋毛虫。肠内雄、雌旋毛虫交配后，雄虫死亡。雌虫在肠腺中发育，产生幼虫。幼虫随淋巴和血液循环，进入全身的骨骼肌，在骨骼肌内经 1~3 个月发育形成包囊，6 个月后包囊开始钙化。若幼虫不被其他动物吞食，幼虫则以钙化而死亡。犬、猫吞食含有幼虫的包囊，旋毛虫幼虫在胃内破囊而出，在小肠内经 40 小时发育为成虫，经 7~10 日产出幼虫。

包囊的抵抗力很强，在腐肉中可存活 100 日以上。鼠的感染率较高，是犬、猫旋毛虫病的主要感染源。

犬、猫是吞食含有肌旋毛虫包囊的生肉经口感染的。

［**症状**］不同阶段的虫体引起不同的临床症状。

成虫（肠旋毛虫）引起肠炎：表现为食欲减退，呕吐和腹泻，严重时出现血性腹泻。

幼虫（肌旋毛虫）引起急性肌炎：表现为肌肉疼痛、发热，有的出现吞咽、咀嚼和行动困难或眼睑水肿，1 个多月后症状逐渐消失，成为长期带虫者。

[诊断] 旋毛虫所产的幼虫不随粪便排出，不适用于粪便检查，因此生前诊断较困难。如果依临床症状怀疑该病，可穿刺取一小块舌肌做活体组织检查，发现肌纤维中有旋毛虫包囊即可确诊。此外，还可用皮内反应和沉淀反应进行诊断。死后在肌肉中发现幼虫包囊即可确诊。

[治疗] 甲苯咪唑 25~40mg/kg 体重，分 2~3 次口服，连服 5~7 日。对成虫和幼虫都有效。

伊维菌素对旋毛虫成虫有效，对幼虫效果差。

对症治疗主要减轻肌肉瘙痒疼痛，可用促肾上腺皮质激素或肾上腺皮质激素（醋酸可的松）等。

[预防]

①禁止饲喂生的或未煮熟的肉类。

②搞好环境卫生，特别做好灭鼠工作。

③人可感染该病，接触时应注意。

八、肺毛细线虫病 (Capillariasis)

肺毛细线虫病是由肺毛细线虫寄生于犬的气管、支气管、鼻腔和额窦而引起的一种寄生虫病，临床上主要表现为鼻炎、气管炎和支气管炎，有时可出现鼻窦炎症状。

[病原] 肺毛细线虫成虫呈乳白色，虫体细长。雄虫体长 15~25mm，尾部有两尾翼，有一根纤细的交合刺，交合刺外包有交合刺鞘。雌虫体长 20~40mm，阴门开口接近食道末端。虫卵大小为 59~80μm×30~40μm，卵壳厚，带有纹理，呈淡绿色，两端各有一卵塞。

[生活史及流行病学] 肺毛细线虫在肺中发育成熟后产卵，卵随痰液上行到咽喉部，被咽下后经消化道，随粪便排出体外。在外界适宜条件下，经 5~7 周发育为感染性虫卵。宿主吞食感染性虫卵后，在其小肠中孵出幼虫，幼虫钻入肠黏膜，随血液移行到肺，这段时间约需 7~10 日。在肺中经 1 个月左右发育为成虫并产卵。宿主主要通过采食被感染性虫卵污染的食物和饮水而感染本病。

[症状] 犬、猫轻度感染不表现明显的临床症状，严重感染时，常引起鼻炎、慢性支气管炎、气管炎，病犬表现为流涕、咳嗽、呼吸困难、被毛粗糙、逐渐消瘦、贫血等。

[诊断] 根据临床症状，结合鼻液、粪便检查发现虫卵或幼虫即可确诊。检查虫卵时应注意与鞭虫病（狐毛首线虫）进行区别，肺毛细线虫较小，卵壳表面有明显的凹陷点。

[治疗]

①左旋咪唑 5mg/kg 体重，连用 5 日，停药 9 日后，再重复 1 次。或 4.4mg/kg 体重，皮下注射，连用 2 日，2 周后按 8.8mg/kg 体重，皮下注射。

②甲苯咪唑 6mg/kg 体重，每日 2 次，连用 5 日。

③对呼吸道及肺炎症状严重的患犬，应在使用驱虫药的同时，配合应用抗生素治疗。

[预防] 及时清除粪便、污物，严格保持犬舍及周围环境卫生。

九、肾膨结线虫病（Dioctophymiasis renale）

肾膨结线虫病又称肾虫病，是由肾膨结线虫寄生于犬肾或腹腔而引起的一种疾病，主要临床特征为体重减轻、血尿、尿频、不安、腹痛等。本病常呈地方性流行。

[病原] 肾膨结线虫属于圆形科线虫，其雌虫是目前已知的最大线虫。成虫粗大，活的虫体呈鲜红色圆柱状，两端略细，表皮有横纹，沿每条侧线有乳头排列。口无唇，口周围有两环乳头，前环乳头较细，后环位于结节膨大处。雄虫体长 14~45cm，直径 3~4mm，其交尾伞呈钟状，有交接刺 1 根，呈刚毛状。雌虫体长 20~103cm，直径 5~12mm，为单子宫，肛门位于后侧，呈半月状，阴门位于前侧的食道部。虫卵呈椭圆形，大小为 60~84μm×39~52μm，卵壳厚，表面有许多小凹陷，呈微棕色。

[生活史及流行病学] 肾膨结线虫的第一中间宿主是蛭蚓科的贫毛环节动物，第二中间宿主为淡水鱼类。淡水鱼也可能是转运宿主。终末宿主是犬、狐、马、猪等多种动物和人。其成虫在宿主肾脏产卵并随宿主的尿液排出，被中间宿主吞食后在其体内发育成感染性幼虫。犬食入未煮熟带有感染性幼虫的鱼肉而感染，幼虫在其消化道内游离出来，从胃或十二指肠移行到腹腔或肾脏内寄生。也有人认为游离出的幼虫在胃黏膜下滞留 5 日左右，穿过胃壁进入肝脏，于感染后 50 日左右移行到肾脏。感染性幼虫感染终末宿主到开始产卵需要 5 个月。一般认为已感染过的犬不再重复感染。

[症状] 在感染早期表现不明显，当幼虫接近或达到成熟时出现症状，表现为血尿、脓尿、尿频等尿路感染症状。虫体寄生时间长则出现体重减轻、贫血、腹痛、呕吐、腹水、便秘或腹泻。若虫体阻塞输尿管，则发生肾盂积水，引起肾脏肿大，触诊可触摸到肿大的肾脏。如为一侧肾脏受到侵袭时，由于代偿作用，一般症状不明显。如两侧肾脏都受损害时，则会引起肾功能不全，出现神经症状乃至发生尿毒症而死亡。

当虫体寄生于腹腔时，可引起腹膜炎、腹水或腹膜出血，患犬出现腹痛、不安等。虫体寄生于腹腔则尿中检不出虫卵。

[诊断] 尿中检出特征性虫卵，即可确诊。如检不出虫卵也不能排除本病，因为仅有雄虫或雌虫寄生，或虫体寄生在腹腔时，均检不出虫卵。可用 X 线摄影检查。

[治疗]

(1) 手术治疗。对于已确诊有虫体寄生于腹腔或肾脏的患犬，最有效的治疗办法是手术摘除虫体。如单侧肾脏病变严重，可施行肾脏摘除术。

(2) 丙硫苯咪唑 250mg/kg 体重，口服，驱虫效果可达 100%。

(3) 四咪唑 10mg/kg 体重，配成 5%溶液，1 次肌肉注射，驱虫效果可达 85.7%，间隔 7 日重复 1 次，连用 3~5 次为好。

(4) 左旋咪唑 5~7mg/kg 体重，配成 5%溶液，1 次肌注，驱虫效果可达 58.3%~87.1%，并能抑制肾虫排卵 77~105 日。

[预防] 应禁止犬吞食生鱼或其他水生动物。

十、麦地那龙线虫病（Dracunculiasis）

麦地那龙线虫病是由麦地那龙线虫的成虫寄生于犬的皮下组织引起的疾病，临床主要特征为局部皮肤出现红斑、水肿、水疱和溃疡。本病为人畜共患病，主要流行于热带地区，我国也有发生本病的报道。

[病原] 麦地那龙线虫的成虫虫体细长，呈圆柱形。口呈三角形，其周围有外环乳头 8 个，内环乳头 6 个。雌虫体长 70~120mm，雄虫体长 40mm。雌虫的子宫里含有大量幼虫，属于胎生繁殖的寄生虫。

[生活史及流行病学] 麦地那龙线虫的中间宿主是剑水蚤，终末宿主是犬，还可感染马、牛、狼、灵长类等动物和人。犬吞食带有感染性幼虫的剑水蚤后感染，幼虫在宿主消化道游离出来，移行到皮下组织定居，发育为成虫。雌虫从皮下组织内把头伸向皮肤，当与水接触时，雌虫的前端伸出体外，虫体破裂，幼虫从子宫内逸出，进入水中。幼虫被水中的剑水蚤吞食后，在其体内发育为感染性幼虫。

[症状] 犬一般在感染 43 日后，虫体移行到皮下组织开始出现症状，主要表现为发热、呕吐、腹泻和荨麻疹，寄生部位的皮肤出现红斑、水疱和溃疡。水疱液为黄色，内含有炎性细胞和幼虫。虫体死亡时，其崩解物被组织吸收而出现中毒症状，表现为呼吸困难、精神萎顿和昏迷。如继发细菌感染则症状加重。

[诊断] 根据临床症状，在皮肤溃疡处发现虫体或在水疱液中检出幼虫，即可确诊。

[治疗]

(1) 根治方法。局麻后手术摘除虫体。

(2) 药物驱虫。可应用甲苯咪唑、丙硫咪唑、左旋咪唑、甲硝唑（灭滴灵）或伊维菌素驱虫。

(3) 配合抗生素治疗，防止继发感染。

[预防] 在流行地区，注意不要让犬到河流、湖水和池塘中洗澡和游戏，发现感染应及早治疗，避免污染环境。

十一、类丝虫病（Filaroidiasis）

类丝虫病是由类丝虫科类丝虫属的几种类丝虫寄生于犬的气管、支气管黏膜下或肺脏引起的疾病，临床上主要表现为顽固性咳嗽。

[病原] 本病病原体有欧氏类丝虫、褐氏类丝虫和乳类丝虫，其中欧氏类丝虫寄生于犬的气管和支气管，褐氏类丝虫寄生于肺实质部，乳类丝虫寄生于细支气管和肺实质部，后两种很少见。欧氏类丝虫雄虫体长 5.6~7.0mm，尾端钝圆，交合伞退化，有两根较短的交合刺。雌虫体长 9~15mm，雌虫较粗，阴门开口于肛门附近。虫卵大小为 80μm×50μm，卵壳薄，属卵胎生寄生虫。幼虫长 232~266μm，尾部呈“S”状。

[生活史及流行病学] 类丝虫属是直接发育，不需要中间宿主。其虫卵在宿主体内发育为第一期幼虫，随唾液和粪便排出体外后很快成为感染性幼虫。通过粪便污染和母犬舔抚幼犬而造成感染。然后，幼虫通过淋巴液和门静脉移行到肺，再移行到支气管，常寄生于气管分

叉处。本病易感染 6 周龄以内的幼犬。

[症状] 虫体寄生在气管和支气管黏膜或黏膜下层，刺激组织形成灰白色或粉红色结节，直径为 1mm 以下，虫体寄生于息肉样结节中。结节发展很慢，实验感染 92 日后的结节直径为 2mm，到 252 日时仅增加到 6mm。严重感染时，气管分叉处有许多炎性渗出物。

本病主要感染幼犬，多呈慢性经过，有时可能引起死亡。主要临床症状为顽固性咳嗽、呼吸困难、食欲缺乏、消瘦、贫血等。幼犬致死率可高达 75%。

[诊断] 用内窥镜检查支气管或化验痰液，发现幼虫即可确诊。检查粪便也可发现幼虫，但检出率不高，必须仔细检查。另外，雌虫产卵是间断性的，必须进行多次检查。即使粪便检查为阴性，仍不能排除本病。

[治疗] 丙硫苯咪唑 25mg/kg 体重，连服 5 日，停药 2 周后再用药 1 次。

[预防] 严格执行卫生消毒措施，保持犬舍干燥卫生。母犬在产前应进行驱虫，对新引进的犬要隔离检查，确认健康后方可并入犬群中饲养。

十二、类圆线虫病（Strongyloidosis）

类圆线虫病是由类圆线虫科的粪类圆线虫寄生于犬、猫的小肠而引起的疾病，其临床特征主要表现为皮炎、支气管肺炎、腹泻、脱水和衰弱等。本病主要侵害幼年犬、猫，对成年犬、猫致病性不强。

[病原] 类圆线虫的雌性成虫虫体细小，肉眼不易观察，大小约为 1.0mm×0.05~0.075mm，呈乳白色，口腔小，有两片唇，食道简单，阴门位于身体中 1/3 与后 1/3 交界处。杆状蚴的大小为 0.2~0.25mm×0.016mm，丝状蚴为杆状蚴的 2~3 倍。虫卵大小为 70μm×40μm，卵壳薄而透明。

[生活史及流行病学] 类圆线虫可感染犬、猫、狐狸、猴等动物和人，属兼性寄生虫，能以自生世代和寄生世代两种形式进行发育。其寄生世代属孤雌繁殖。成虫只有雌虫能寄生于犬、猫体内。

寄生于宿主小肠黏膜的雌虫产出的卵，很快形成胚胎，孵化后随粪便排出体外，形成杆状蚴，在适宜的外界温度（27℃）和湿度下，经 2~3 日发育为自生性成虫。在外界条件差的情况下，杆状蚴直接发育为具有感染性的丝状蚴。丝状蚴可经皮肤或消化道感染宿主。丝状蚴直接钻入皮肤，经淋巴进入血液，也可经口腔感染经消化道黏膜进入血液，经心、肝移行到肺脏，然后上行到咽喉部，经吞咽到消化道在宿主的小肠定居，经 3~5 日发育为成虫。一般感染后经 7~10 日即可从宿主粪便中排出幼虫。

[症状] 主要表现为皮炎，局部出现瘙痒和红斑。患犬食欲减退、眼角脓性分泌物增多、咳嗽等，接着出现腹泻、脱水、衰弱、贫血、消瘦等恶病质症状。腹泻若是非出血性的，一般很快康复。若为出血性的则预后不良。

[诊断] 根据幼年犬、猫先有皮肤病变或呼吸道症状，表现为咳嗽、眼脓性分泌物增多，7~10 日后出现腹泻等消化道症状，结合粪检发现虫卵或幼虫的化验结果，即可确诊。

[治疗]

（1）噻苯咪唑 50mg/kg 体重，口服，连用 3 日，停药 2 周后再重复 1 次，驱虫效果较好。

(2) 四咪唑 20mg/kg 体重，口服。或用海群生（乙胺嗪）100mg/kg 体重，口服。

(3) 肠衣龙胆紫 30~60mg，口服，每日 2 次，连用 7~10 日，必要时重复 1 次。

(4) 伊维菌素 0.25mg/kg 体重，皮下注射。

[预防]

(1) 经常用石炭酸、热碱水或石灰乳消毒地面、餐饮具，并保持犬舍及周围环境干燥、卫生。

(2) 定期驱虫，驱虫前禁止使用免疫抑制剂治疗皮肤病。

(3) 发现病犬及时治疗，并注意隔离消毒。

十三、泡翼线虫病（Physalopteriasis）

泡翼线虫病是由泡翼线虫寄生于犬、猫肠道引起的疾病，临床特征为呕吐和排柏油样粪便。本病可见于犬、猫和其他食肉动物。

[病原] 泡翼线虫其虫体类似于蛔虫，肌肉发达，雄虫体长 13~45mm，雌虫体长 15~60mm。虫卵大小为 42~60μm×29~42μm，虫卵在排出时已含有幼虫。

[生活史及流行病学] 泡翼线虫不但能感染犬、猫，还能感染其他食肉动物引起发病。其生活史目前还不清楚，但肯定需要中间宿主。中间宿主可能是蟑螂、蟋蟀和甲虫等节肢动物，还可能有第二中间宿主参与传播本病。其成虫寄生于宿主的胃和十二指肠。

[症状] 患病犬、猫主要表现为呕吐，且呕吐物带血，粪便为暗红色呈柏油状。严重者出现消瘦、贫血和虚弱。病理变化以胃炎、胃出血和十二指肠炎为主。

[诊断] 根据临床症状，结合粪检发现虫卵可以确诊。

[治疗]

(1) 双羟苯酸噻嘧啶 5mg/kg 体重，内服。

(2) 敌敌畏 11mg/kg 体重，内服。

(3) 对症状严重且体质弱的患病犬、猫，应先采用对症治疗，等病情好转后再进行驱虫。

十四、华枝睾吸虫病（Clonorchiosis）

华枝睾吸虫病是由后支睾科支睾属的中华分枝睾吸虫寄生于犬、猫胆囊和胆管内所引起的疾病。本病除可感染犬、猫、猪、鼠等多种食肉动物和杂食动物外，还可感染人，属人畜共患病。在我国广东、广西、江苏、浙江、湖北、湖南、山东、河南、河北、四川、北京、上海及东北等地都有发病的报道。

[病原] 华枝睾吸虫的成虫腹背扁平，呈灰白或微黄色，半透明，虫体表面平滑，体形狭长，前端略尖，后端钝圆，大小为 10~25mm×3~5mm。口吸盘在虫体前端，腹吸盘在虫体前端 1/5 处，比口吸盘小。睾丸有 2 个，位于虫体后部，前后排列，呈珊瑚状分枝。卵巢有 1 个，位于睾丸前方，边缘为花瓣状分叶，受精囊呈茄形，位于前睾丸和卵巢之间。子宫盘曲于卵巢和腹吸盘之间，内充满虫卵。劳氏管细长弯曲，开口于虫体背侧。口腔在口吸盘内下接短的食道和咽。肠管 2 支，沿卵黄腺内侧直伸至虫体后端，以盲端终止。排泄囊呈略弯曲的长管形，位于虫体后 1/3 部的中央，排泄孔开口于虫体末端。虫卵为黄褐色，卵壳厚，大小为

29μm×17μm，形似灯泡，上端有卵盖，后部有一小突起，内含毛蚴。

[生活史及流行病学] 华枝睾吸虫的发育过程需要两个中间宿主。第一中间宿主为淡水螺，第二中间宿主为淡水鱼和虾。终末宿主为犬、猫、猪、鼠等动物和人。

华枝睾吸虫的成虫寄生于终末宿主的胆管或胆囊内，所产的虫卵随粪便排出。虫卵被淡水螺食入后，在其消化道中孵出毛蚴，毛蚴进入螺的淋巴系统，逐步发育为胞蚴、雷蚴、尾蚴。成熟的尾蚴钻出螺体游于水中，遇到第二中间宿主淡水鱼或虾，即钻入体内，在其肌肉中形成囊蚴。终末宿主吞食了含有囊蚴的生鱼或虾而被感染，幼虫在十二指肠中破囊游出，经胆总管进入胆管和胆囊。也有人认为，幼虫是钻入肠壁经血液进入胆管的。从虫卵被淡水螺吞食到发育为成熟的尾蚴游入水中，约需 100 日左右，幼虫在犬体内发育为成虫约需 1 个月。

[症状] 虫体寄生于胆管和胆囊内，机械性刺激黏膜，引起胆管炎和胆囊炎。虫体寄生时间长时，可引起肝脏结缔组织增生，肝细胞变性萎缩，甚至引发肝硬化。临床上主要表现为消化不良、食欲减退、慢性下痢、黏膜黄染、消瘦、贫血、抵抗力下降等，常因继发其他疾病而死亡。剖检可见胆囊肿大，胆汁浓稠，胆管及胆囊壁增厚，肝出现脂肪变性或肝硬化。

[诊断] 根据发病情况（当地有本病流行、有生食鱼虾的习惯）、临床症状（慢性经过、消化不良、下痢、消瘦、贫血等），结合粪便虫卵检查结果，即可作出诊断。

[治疗]

(1) 吡喹酮 50~75mg/kg 体重，口服。

(2) 六氯对二甲苯 50mg/kg 体重，每日 1 次口服，连用 10 日。

(3) 丙酸哌嗪 50~60mg/kg 体重，混入饲料喂服，每日 1 次，连用 5 日为 1 个疗程。

(4) 丙硫苯咪唑 30mg/kg 体重，口服，每日 1 次，连用 12 日。

十五、后睾吸虫病 (Opisthorchosis)

后睾吸虫病是由后睾科后睾属的猫后睾吸虫寄生于犬、猫胆管中引起的疾病。本病在病理和临床症状上与华枝睾吸虫相似。

[病原] 猫后睾吸虫和华枝睾吸虫形态很相似，虫体长 7~12mm，宽 2~3mm，新鲜虫体为淡红色，体表光滑，食道短，两个盲肠末端几乎达虫体后部，睾丸分叶，但不是分枝状，子宫未伸延到卵巢后，虫卵大小为 26~30μm×11~15μm，有卵盖，排出时卵内含有 1 个毛蚴。

[生活史及流行病学] 整个生活史与华枝睾吸虫相似，但第一中间宿主为李氏豆螺，第二中间宿主是一些淡水鱼类。成虫主要寄生于犬、猫的胆管中，有时也寄生于小肠或胰导管中。

本寄生虫病的致病过程、临床症状、诊断及治疗方法可参阅华枝睾吸虫病。

十六、并殖吸虫病 (Paragonimiasis)

并殖吸虫病又称肺蛭病或肺吸虫病，是由并殖科并殖属的几种吸虫寄生于犬、猫肺组织内所引起的疾病。本病在临床上以慢性支气管炎为特征，属人畜共患病，能感染多种野生动物、家畜（如虎、狼、狐、犬、猫、貉和猞猁等）和人。

[病原] 本病的病原有卫氏并殖吸虫、四川并殖吸虫、会同并殖吸虫等，其中最常见的是卫氏并殖吸虫。卫氏并殖吸虫虫体肥厚，椭圆形，形似咖啡豆，背面隆起，腹面扁平，呈红

褐色，体表有小刺。虫体长 7.5~16mm，宽 4~8mm，口吸盘在虫体前端，腹吸盘位于虫体中部，两者大小相似。口腔接肌质咽球，食道短，肠管弯曲，伸延至虫体后端。睾丸两个呈分叶状，左右并列于虫体后 1/3 处，无雄茎和雄茎囊。子宫盘曲于腹吸盘右侧，左侧是卵巢，生殖孔开口于腹吸盘左后方。虫卵为椭圆形，呈金黄色，卵盖清楚，大小为 75~118μm×42~67μm，卵内含有 1 个胚细胞和 10 多个卵黄细胞。

[生活史及流行病学] 卫氏并殖吸虫的发育过程需要两个中间宿主。第一中间宿主为淡水或半咸水螺，第二中间宿主是淡水或半咸水螃蟹和螯虾。其成虫在终末宿主的肺部虫包囊内产卵，虫卵随痰液食入消化道，通过粪便排出体外。虫卵在 25~30℃水中经 18~20 日发育为毛蚴。毛蚴自虫卵内孵出后在水中游动，能存活 1~2 日，遇到适宜的中间宿主淡水螺时，即侵入其体内继续发育，经胞蚴、母雷蚴、子雷蚴等阶段逐步发育为许多的短尾蚴。短尾蚴自螺体内逸出后，即侵入第二中间宿主蟹、喇蛄或虾体内并形成囊蚴。囊蚴在蟹或喇蛄体内生存时间很久。犬、猫等终末宿主因吃了含有活囊蚴的蟹、喇蛄和虾等，或吃了被囊蚴污染了的食物和水而感染。感染后囊蚴在小肠中破囊游出，钻入肠壁，进入腹腔并穿过横膈膜，移行到肺小支气管附近组织寄生并发育为成虫。成虫周围有结缔组织包囊，其包囊有微细的管道与小支气管相通，虫卵通过管道排入小支气管。成虫在终末宿主体内可存活 5~6 年，有的甚至长达 20 年。

[症状] 临床上以慢性支气管炎为主，主要表现为精神不振、阵发性咳嗽、呼吸困难、常伴发气胸。如虫体侵入肝脏、脑组织中形成异位寄生时，可能会出现一些更为严重的症状。

[诊断] 根据临床症状、粪便虫卵检查发现虫卵，即可确诊。也可 X 线检查或皮内反应试验进行诊断。

[治疗]

(1) 吡喹酮 10mg/kg 体重，内服。

(2) 丙硫苯咪唑 50~100mg/kg 体重，每日 2 次，内服，连用 2~3 周。

(3) 硫双二氯酚 100mg/kg 体重，每日 1 次，连用 7 日。

(4) 硝氯酚 2mg/kg 体重，每日 1 次，内服，连用 3 日。

十七、裂体吸虫病 (Schistosomiasis)

本病亦称为日本血吸虫病或血吸虫病，是由裂体吸血科裂体吸血属的日本裂体吸虫寄生于哺乳动物和人的门静脉系统的小血管所引起的一种严重的人畜共患地方性寄生虫病，在我国主要流行于长江流域。

[病原] 日本裂体吸虫为雌雄异体，雄虫呈乳白色，虫体长 10~20mm，宽 0.5~0.55mm，背腹扁平，具有口吸盘、腹吸盘和抱雌沟，外观呈筒状。雌虫较雄虫细而长，其大小为 15~26mm×0.3mm，虫体呈暗红色的线状，前细后粗，常居于雄虫的抱雌沟内，呈抱合状态，以便于交配产卵。虫卵大小为 70~100μm×50~65μm，椭圆形或圆形，淡黄色，卵壳较薄，无卵盖，卵内含有 1 个活的毛蚴。

[生活史及流行病学] 日本裂体吸虫的中间宿主为钉螺，终末宿主是犬、猫等哺乳动物和人。其成虫寄生于终末宿主的门静脉和肠系膜静脉中，一般呈雌雄合抱状态。雌虫交配受精后，移行到肠系膜小静脉末端产卵。1 条雌虫每日可产卵 1000 个左右，其中一部分顺血流到

肝脏，一部分逆血流沉积在肠壁。虫卵在肝脏或肠壁内发育为毛蚴，毛蚴分泌毒素溶解肠壁形成溃疡，加之肠壁肌肉的收缩作用，虫卵进入肠腔随粪便排出体外。如虫卵进入水中，在适宜条件下，孵出毛蚴。毛蚴在 11~25℃下可存活 14~26 小时，如遇上钉螺，则钻入钉螺的软组织内，继续发育，逐渐形成母胞蚴、子胞蚴和尾蚴。1 个毛蚴在钉螺体内经无性繁殖，可产生数万条尾蚴。成熟的尾蚴自螺体内逸出进入水中，遇到终末宿主时，多经皮肤感染，也可通过口腔黏膜或胎盘感染，随血流到肝脏门静脉和肠系膜静脉中定居，发育为成虫。一般自尾蚴侵入终末宿主体内到产卵约需 30~40 日。

[症状] 本病的临床症状因患病动物的种类、年龄、饲养管理条件、自然免疫状态及感染的程度不同而异。犬、猫感染时，一般小犬症状较重，病初在尾蚴钻入皮肤处引发皮炎，局部出现瘙痒和疹块，幼虫移行到肺时，由于机械刺激引起咳嗽。主要症状出现在感染后 1 个月左右的成虫产卵期，表现为精神沉郁、体温升高、食欲减退、消瘦、贫血、里急后重、腹泻、排出带黏液的血样稀便。如发生肝肿大或肝硬化时，可引起腹水。犬严重感染时，多为急性经过，且预后不良。

[诊断] 根据当地流行病学情况和临床症状可作出初步诊断，确诊必须做病原学检查。病原学检查一般采用粪便沉淀孵化法，将粪便加水调成糊状，用铜筛过滤收取滤液，加水洗涤，待粪渣虫卵下沉后，倒掉上层液体再洗，直到水清为止。如水温在 15℃以上，应用 1%食盐水洗涤以抑制毛蚴孵化。将洗好的粪渣放入 25℃的温水中，放在阳光下，每隔 2 小时观察 1 次，一般观察 5~12 小时，如发现有毛蚴即可确诊。

[治疗]

(1) 吡喹酮 5~10mg/kg 体重，内服。

(2) 酒石酸锑钾 5~7mg/kg 体重，分 3 次静脉注射，每日 1 次。锑剂的毒性和副作用较大，使用前应进行保肝和输液，以提高患病犬、猫的承受能力。

(3) 六氯对二甲苯（血防 846）80mg/kg 体重，内服，10 日为 1 个疗程。

(4) 对症治疗。对严重贫血的患病犬、猫可输血或用代血浆 10~15ml/kg 体重，静脉注射。对出血症状严重的可用安络血等止血药物。对体弱的犬、猫，在治疗的同时应注意加强营养、补充蛋白质、微量元素和多种维生素等。

[预防] 在本病流行区要坚持对犬、猫进行定期检查，定期驱虫，同时做好灭螺和粪便无害化处理工作。

第三节 蜘蛛昆虫病 *

一、疥螨病 (Sarcoptidosis)

疥螨病是由疥螨科疥螨属的寄生虫寄生于犬、猫皮内引起的皮肤性疾病，临床特征为剧烈瘙痒、脱毛和湿疹性皮炎。本病广泛分布于世界各地，潮湿及卫生条件较差的地区多发。

---

* 这一节的其他病参见“第十六章犬、猫的皮肤疾病”。

[病原] 引起犬、猫疥螨病的病原体是犬疥螨和猫背肛螨。犬疥螨虫体近圆形，黄白色，背面稍隆起，腹面扁平。雌虫大小为 0.2~0.23mm×0.14~0.19mm，雄虫为 0.33~0.45mm×0.25~0.35mm。虫体背面有细横纹、锥突、鳞片和刚毛，腹面有四对粗短的足，足上有爪和吸盘。虫卵呈椭圆形，大小为 150μm×100μm。

猫背肛螨较小，仅有犬疥螨一半左右，肛门位于虫体背面，背面的锥突和棘突都比较小。

[生活史及流行病学] 疥螨属不完全变态的节肢动物，发育需经过卵、幼虫、若虫和成虫四个阶段，其整个生命周期都在犬、猫身上进行，需 8~22 日，平均 15 日。雌雄疥螨在皮肤表面交配后，雄虫死亡，雌虫钻入宿主表皮挖凿隧道，并在隧道内产卵，卵经 3~8 日孵化为幼虫，幼虫移行至皮肤表面活动，在毛间和皮肤上开凿小穴，并在穴内蜕化变为若虫，若虫又钻入皮肤挖凿成狭而浅的隧道，在里面发育为成虫。

[症状] 本病多发于患病犬、猫的四肢末端，面部、耳部、腹侧和腹下部，逐渐蔓延至全身。病初在患部出现红斑、丘疹，皮肤薄的部位还会出现水疱或脓胞。因剧烈瘙痒，患病犬、猫不断啃咬和摩擦患部，局部出血、渗出、结痂、表面形成黄色痂皮，进而皮肤增厚，被毛脱落。增厚的皮肤尤其是面部、颈部和胸部皮肤常形成皱褶。

整个病程都伴有剧烈的瘙痒，患病犬、猫烦躁不安，不断地搔抓、啃咬和摩擦患部，气温上升或运动后症状加剧。病程延长则出现食欲下降，消化吸收功能紊乱，逐渐消瘦，贫血继而出现恶病质。如继发感染，则发展成为深在性脓皮病，最终导致死亡。

猫背肛螨多发于面、鼻、耳及颈部的皮肤，严重感染时常使皮肤增厚，龟裂，出现黄棕色痂皮，可导致死亡。

[诊断] 根据临床症状，结合螨虫检查发现虫体或虫卵，即可确诊。

螨虫检查：用刀片刮取病变部与正常皮肤交界处稍偏病变部位一侧的皮屑（必须刮到稍见血处为好），把病料放于载玻片上，滴加 50%甘油溶液，加盖玻片后置于低倍显微镜下观察，可检出活的螨虫。亦可加滴 10%~20%氢氧化钾溶液混合，放置 20~30 分钟后，加盖玻片镜检。陈旧病灶和较轻病变的早期不易检出虫体，需多次刮取多部位的病料，反复检查。

[治疗] 首先将患部及周围剪毛，除去污垢和痂皮，用温肥皂水或 0.2%来苏尔液清洗患部，再用药治疗。

(1) 伊维菌素 0.2mg/kg 体重，皮下注射，间隔 7~10 日再用 1 次。赛拉菌素（大宠爱）滴剂外用。或 10%硫磺软膏涂于患部，每日 1 次，连用 7~10 日。或 1%疥宁膏涂于患部，每日 1 次，连用 7~10 日。或 5%溴氰菊酯用清水做 1000 倍稀释，局部涂搽。或 20%速灭菊酯配成 0.008%溶液，局部涂搽。

(2) 对症治疗。对继发感染的病例，应配合抗生素全身治疗，同时要加强营养，补充蛋白质、微量元素和多种维生素。

(3) 要坚持疗程，确保疗效。由于疥螨的生活周期为 3 周，所以 3 周后再重复治疗 1 次，连续治疗 2~3 个疥螨生活周期，以确保疗效。

二、蠕形螨病（Demodicidosis）

蠕形螨病亦称为毛囊虫病或脂螨病，是由蠕形螨寄生于犬、猫的皮脂腺、淋巴组织或毛囊内而引起的一种常见而又顽固的皮肤病。本病多发于5~10月龄幼犬，成年犬多见于发情后期或产后的雌犬。部分犬的发病有明显的家族病史。

[病原] 犬、猫蠕形螨病的病原体是犬蠕形螨和猫蠕形螨。犬蠕形螨偶尔也能感染猫。犬蠕形螨虫体细长，呈蠕虫状，虫体长0.25~0.3mm，宽0.04mm，外形上可分为前、中、后三部分。口器位于前部，呈膜状突出。中部有4对很短的足，足由5节组成。后部细长，表面密布横纹。雄虫的生殖孔开口于中部的背面，雌虫的生殖孔则在腹部第4对足之间。虫卵呈梭形，长约0.07~0.09mm。

[生活史及流行病学] 蠕形螨全部发育生活过程都在宿主身上完成。发育史包括卵、幼虫、若虫和成虫4个阶段，若虫有3期。犬蠕形螨一般先在皮肤毛囊的表层，以后进入毛囊的底部，有的还能侵入皮下组织和淋巴结内，并在那里生长繁殖，转变为内寄生虫。

本病是直接接触传染。正常幼犬身上常有蠕形螨存在，但不发病，当皮肤发炎或机体处于应激状态或抵抗力下降时，虫体开始大量繁殖并引起发病。犬的遗传素质不同，发病率也不相同。有的学者认为，犬的身体瘦弱、缺乏营养或某种维生素时，发病的可能性增大。

[症状] 犬的蠕形螨病多发于面部和耳部，严重时可蔓延到全身。病初患部脱毛、秃斑，界限明显，毛囊周围有红润的小突起，并伴有皮肤的轻度潮红和麸皮状脱屑，随后皮肤变为红铜色，患部几乎不痒。有的因继发感染而发展为脓疱型，患部化脓，形成脓疱和溃疡，流出的淋巴液干涸结痂，皮肤形成皱褶或出现皱裂。多数病例有一种特殊的臭味。严重的病例会因脓毒血症或自体中毒而死亡。

[诊断] 根据临床症状（无痒感的皮肤病变）结合病料虫体检查发现虫体，即可确诊。

虫体检查方法：切开患部的结节或脓疱，取内容物涂片，或用10%~20%氢氧化钾液将病料溶解后再涂片，在低倍显微镜下检查。病初检出率低，应反复多部位检查，以提高检出率。

[治疗] 本病的治疗应做到早发现、早诊断、早治疗，坚持疗程，确保疗效。治疗前应先将患部剪毛，用双氧水或1%~2%呋喃西林溶液清洗患部后，再用下列药物治疗。

（1）伊维菌素0.2mg/kg体重，皮下注射，7~10日重复1次。

（2）1%伊维菌素2ml+1%疥宁膏30g混合，涂搽患部，每日1次，连用3~5日。赛拉菌素（大宠爱）滴剂外用。

（3）苯甲酸苄酯33ml，软皂16g，95%酒精51ml混合，涂搽患部，每日用药1次，每次涂搽2遍，中间间隔1小时，连用3日。

（4）10%硫碘软膏涂于患部。

（5）5%碘酊涂搽患部，每日2次，连用3~5日。

（6）对脓疱型重症病例，在应用上述方法治疗的同时，还应根据药敏试验结果，选用高效抗生素治疗，以防并发或继发感染。同时还要加强营养，补充蛋白质、微量元素和维生素。

三、耳痒螨病（Otodectosis）

犬、猫耳痒螨病是由犬耳痒螨寄生于外耳道引起的外耳部炎症。本病临床较多见，除可发生于犬、猫外，还可感染雪貂和红狐等动物。

[病原] 犬耳痒螨的外形为椭圆形，足体凸出。雄虫体长0.35~0.38mm，其全部足的末端

均有吸盘，第 3 对足的末端有 2 根细长的毛，尾突不发达。雌虫体长 0.46~0.53mm，第 1、2 对足的末端有吸盘，第 4 对足不发达，不能伸出体缘。

[生活史及流行病学] 耳痒螨的发育过程包括卵、幼虫、若虫和成虫 4 个阶段，约需 3 周时间，其整个生命周期都在动物皮肤表面完成。耳痒螨寄生于宿主的外耳道内，靠刺破皮肤吸吮淋巴液和表皮鳞屑为生。本病为直接接触传播，犬、猫之间也可相互传播。

[症状] 因耳痒螨活动的刺激引起局部炎症，使皮肤渗出、增厚和形成痂皮，并伴有剧烈的瘙痒。犬、猫表现为烦躁不安，经常摇头、搔抓或摩擦患耳，造成耳淋巴液外渗或出血，甚至引起耳血肿或水肿而使整个耳部肿大。外耳道有厚的棕黑色蜡质样渗出物或鳞状痂皮。有时由于继发感染，病变可延及中耳、内耳及脑部等，并出现严重的全身症状。久治不愈者多预后不良。

[诊断] 根据发病史、临床症状结合耳内渗出物检查，发现虫体或虫卵即可确诊。

[治疗]

(1) 将患病犬、猫麻醉或保定确实后，清除外耳内渗出物和痂皮。

(2) 用抗生素滴耳剂或眼药水清洗外耳，擦干。

(3) 向耳内滴入 1%伊维菌素或其他杀螨药物。

(4) 伊维菌素 0.2mg/kg 体重，1 次皮下注射，7~10 日后重复用药 1 次。

(5) 如引发中耳炎或感染严重时，要应用抗生素全身治疗，并要注意加强护理和坚持疗程。

四、蚤感染症 (Flea infection)

蚤感染症又称为蚤病，是由体外寄生性吸血昆虫蚤及其排泄物刺激引起的皮肤疾病。本病的临床特点为急性散在性皮炎和慢性非特异性皮炎并伴有剧烈瘙痒。本病呈世界性分布，潮湿及卫生条件较差的地区多发。

[病原] 蚤俗称跳蚤，属寄生性吸血昆虫。寄生于犬、猫常见的病原蚤有犬栉首蚤和猫栉首蚤，前者只限于犬和野生犬科动物，后者则寄生于犬、猫及其他多种温血动物，有时也可寄生于人体。

蚤体细长无翅，两侧扁平，体长 1~3mm，体表有较厚的几丁质外皮，呈深褐色或黄褐色。头小，与胸部紧密相连，有刺吸式口器，触角粗短，分 3 节平卧于触角沟内。胸小，足大而粗壮有力，活动性强。腹部由 10 节组成，通常只见前 7 节，后 3 节退变为外生殖器。

[生活史及流行病学] 成年蚤的大部分时间在宿主身上度过，在宿主身上或地上产卵，1 只雌蚤可产卵 200~400 个。蚤卵经过 1~2 周孵化为幼虫，幼虫经 2 周左右发育成熟后，粘附在食物碎屑上化为蛹，再经 5 日左右蜕化为成虫。蚤的整个生活周期约为 36 日。

[症状] 成年蚤以血液为食，在其叮咬吸血时，具有毒性的唾液及排泄物刺激，引起急性散在性皮炎和慢性非特异性皮炎，并伴有剧烈的瘙痒。患病犬、猫表现为烦躁不安，啃咬、搔抓和摩擦患部。在耳廓、肩甲、臀部或腿部附近出现急性散在性皮炎，有的则在后背部和阴部发生慢性非特异性皮炎。病初患部出现丘疹、红斑、病程延长时则出现脱毛、落屑、痂皮、皮肤增厚和色素沉着等症状。严重感染的病犬、猫则出现贫血、消瘦，并在其被毛间可

见到白色有光泽的蚤卵，背部被毛的根部有煤焦油样颗粒（蚤的排泄物）。

［诊断］发现犬、猫瘙痒不安时，应进行仔细检查，尤其要检查头部、背中线附近、臀部和尾尖部，如发现蚤、蚤卵或排泄物，即可确诊。

［治疗］

（1）除虫菊酯或75%鱼藤酮粉撒布于患病犬、猫体表，以杀灭身上的蚤。

（2）对于皮炎和瘙痒症状严重的病例，可用扑尔敏等抗过敏药物以缓解症状，并应用抗生素进行局部和全身治疗，以防止并发或继发感染。

（3）伊维菌素 0.2mg/kg 体重，皮下注射。也可内服阿维菌素。赛拉菌素（大宠爱）滴剂外用。

（4）对周围环境可用 0.5%~1%来苏尔或 1%~2%敌百虫溶液喷雾。对垫褥等用具要经常更换，清洗，置于阳光下曝晒和定期消毒，以及时杀灭蚤的幼虫。

（5）戴防治蚤项圈。

五、蜱致麻痹（Paralysis caused by tick）

蜱致麻痹是由某些寄生性蜱所分泌的毒素引起的一种四肢肌肉对称性松弛麻痹症，其特征为无热、麻痹呈上行性发展，同时伴有四肢和腹壁肌腱反射机能障碍。本病呈世界性分布，蜱寄生的各种脊椎动物都可能发生，犬的感染最常见。

［病原］蜱又称壁虱或扁虱，为不全变态节肢动物，其种类很多，全世界有 3 科、28 属、600 余种。已经证明有 54 种蜱具有引起动物麻痹的能力，在我国发现能引起本病的有二棘血蜱，国外已报道的有全环硬蜱、安氏革蜱、变异革蜱、血色硬蜱、角硬蜱、苏格兰硬蜱、walkerae 锐缘蜱和辐射锐缘蜱。

［生活史及流行病学］一般认为，引起蜱致麻痹是一种神经毒素。关于这种毒素的性质有几种假说，有人认为是一种蜱代谢产物或是蜱唾液和宿主组织相互作用产生的毒性代谢产物，也有人认为是某种微生物或某种共生生物的一种代谢产物。

毒性作用主要与雌性硬蜱有关。雌蜱吸血时所分泌的毒素进入宿主体内循环，影响神经肌肉接头处乙酰胆碱的释放，从而影响运动神经、感觉神经和自主神经的功能，导致宿主发生麻痹。麻痹时的功能障碍也波及支配呼吸肌的传入神经纤维，导致血液中二氧化碳含量增加，氧分压和血液 pH 值下降。呼吸性酸中毒还会损伤调节血液动力学的功能器官。一个成熟雌蜱即可导致犬死亡，但不是所有的虫株都能致病，感染的犬也不是全都发病。本病的发生流行与宿主对毒素的敏感性、年龄、免疫力、行为方式、反应性和群居的密度等因素有关，也与蜱诱导麻痹的能力强弱和动力学、交配活力、侵染的机会和吸血期有关。蜱致麻痹的发病高峰与雌蜱的活动季节有关，常发季节为春季和早夏。

［症状］临床症状取决于感染蜱的种类及释放毒素的强弱和宿主对毒素的敏感性。一般在被致病蜱叮咬后的 5~7 日发病，病初表现为不安、轻度震颤、步态不稳、共济失调，软弱无力直至后肢麻痹。症状很快加重，麻痹的范围逐渐扩大呈上行性发展，患病犬前肢或后肢不能活动，或不能站立或不能坐下，麻痹的部位对刺激仍有反应。还可见到眼球震颤，呼吸、咀嚼和吞咽困难，但体温正常。出现呼吸麻痹后几小时犬即死亡。

[**诊断**] 根据受蜱侵染，突然出现麻痹、病情迅速恶化，除去蜱后犬很快恢复正常等临床症状和发病史，可以作出诊断。

[**防治**]

(1) 首先要尽快除去叮咬在犬体身上的蜱，虫体少时可直接用手摘除，虫体多时，用0.04%~0.08%畏丙胺溶液擦洗或药浴，或皮下注射伊维菌素，或戴防治蜱项圈。

(2) 对症治疗，10%葡萄糖酸钙和10%葡萄糖混合静脉滴注，肌肉注射强力解毒敏、维生素 B_1、维生素 B_{12} 等，以促进功能的恢复。也可用康复犬血清 0.5ml/kg 体重，静脉注射。

(3) 在蜱活跃季节，定期对易感犬进行药浴。

六、虱病（Pediculosis）

虱病是由兽虱和毛虱寄生于犬、猫体表引起的皮肤寄生虫病，临床主要特征为瘙痒、被毛粗乱、脱毛和皮肤损伤。

[**病原**] 虱是无小羽毛的扁平昆虫。兽虱以食血为生，其口器是刺吸式，主要寄生于哺乳动物。毛虱以食毛和皮屑为生，其口器为咀嚼式，主要寄生于鸟类和哺乳动物。虱是体表永久性寄生虫，具有严格的宿主特异性。寄生于犬体表的有犬长颚虱和犬啮毛虱，寄生于猫体表的是腹嘴猫虱。

[**生活史及流行病学**] 兽虱和毛虱均属不完全变态节肢动物。成虫在宿主体表交配，雄虫交配后死亡，雌虫于交配后 2~3 日开始产卵。产卵时分泌一种胶液使虫卵粘在被毛上，雌虫于产卵后 1~2 日死亡，雌虫每日产卵 10 个左右，一生可产卵 5~300 个。卵经 5~9 日孵出幼虫，幼虫从卵盖钻出后数小时就能吸血，细幼虫经 2~3 周的反复 3 次脱皮变为成虫。整个生活周期至少需要 16 日，通常为 3~4 周，成虫的寿命为 30~40 日。

虱每年能繁殖 6~15 代，秋冬季节犬被毛浓密，有利于虱的繁殖，其传染方式为直接接触传播。虱离开犬、猫体后，在 35℃ 24 小时即可死亡，在 0~6℃时可存活 10 日，因此冬季为虱传播的最适季节。

[**症状**] 虱在吸血时，由于叮咬和分泌毒素的刺激，引起剧烈的瘙痒，而使患病犬、猫表现为烦躁不安，经常啃咬、搔抓和摩擦患部，因而影响了采食和正常休息。患病犬、猫被毛粗乱、消瘦、贫血、脱毛、皮肤损伤和脱屑，时间稍长，则出现精神不振、体质虚弱，有时皮肤上出现小结节、出血点或坏死病灶，如继发感染则可造成化脓性皮炎。

[**诊断**] 在病变部位发现虱或虱卵，即可确诊。

[**治疗**]

(1) 用氯菊酯、除虫菊酯、鱼藤酮、甲氧菊等杀虱药物进行药浴、清洗、喷雾和药粉撒布，可有效地防制虱的侵染。

(2) 由于虱卵不易杀死，应在 10~14 日后重复用药 1 次。

(3) 如皮肤损伤严重或已继发感染时，不要外用刺激性太强的药物，同时要使用扑尔敏、肤轻松等抗过敏类药物和抗生素治疗。

(4) 要加强饲养管理，保持犬、猫体表及周围环境清洁、干燥、卫生，定期检查体表和被毛，发现有虱存在，要及时隔离治疗。

第五章
犬、猫的消化系统疾病

第一节　上消化道疾病

一、口炎（Stomatitis）

口炎是口腔黏膜深层或浅层组织的炎症。临床上多以口腔黏膜潮红、肿胀、流涎为主要特征。按炎症的性质可分为卡他性口炎、水泡性口炎、溃疡性口炎、坏疽性口炎。临床上以溃疡性口炎较常见。

[病因] 机械性刺激：如齿石、锐齿、尖锐异物（骨刺、鱼刺、玻璃片、钉子、木刺等）损伤口腔黏膜后继发感染。

物理、化学性刺激：电灼伤、烫伤，误食刺激性较强的化学药品，如生石灰、氨水、强酸、强碱、汞中毒、各类高浓度防腐剂、消毒药等。

继发于其他疾病：如继发于舌伤、咽喉炎、螺旋体感染、猫鼻气管炎、梭形芽孢杆菌、犬瘟热、B族维生素缺乏、贫血和尿毒症、乳头状念珠菌、霉菌等。

[症状] 初期有饮食欲，但采食小心，有口腔不适感。咀嚼缓慢或困难或不咀嚼。流涎，口腔黏膜潮红、肿胀，乃至水疱、溃疡和坏疽等。患犬常常搔抓口腔，诊察时，口腔敏感，口温升高，呼出的气体有时有异味或恶臭味。

[诊断] 首先应查找病因，根据接触史（外伤、铁钉、铁丝、竹片、消毒药、化学药品）进行初步分析。机械性因素常伴有口腔出血经历和局部红肿，甚至脓肿，局部变化明显。化学性因素多以较大面积潮红、肿胀和有灼烧感为特点。水疱性口炎时，口腔黏膜有大小不等、数量不等的水疱。溃疡性口炎时，口腔黏膜糜烂和溃疡。坏疽性口炎时，在溃疡面上常覆有污秽的灰黄色假膜，口臭明显。继发感染后，可见下颌淋巴结肿大，初期坚硬后变软，触之有痛感。

[治疗] 先排除病因，如取出口腔异物、修整锐齿。重点治疗原发病，防止和治疗继续发病。一般用1%食盐水、3%双氧水、2%~3%硼酸溶液、2%~3%碳酸氢钠溶液、5%明矾溶液、0.2%聚烯吡咯酮碘含漱液、0.01%利凡诺尔液冲洗口腔，1日3次为宜。口臭严重时，用0.1%高锰酸钾溶液冲洗口腔。溃疡面应用碘甘油或1%龙胆紫涂布创面。口服复合维生素亦可。流涎明显的犬，可用硫酸阿托品0.5~1mg肌肉注射。根据口炎的性质选择西瓜霜、氟美松软膏、制霉菌素软膏或1%磺酸甘油混悬液。有继发感染倾向时，可全身应用抗生素疗法和抗真菌疗法。病犬护理应饲喂流食或软质半流食。

二、舌炎（Glossitis）

犬的舌部炎症可分为原发性和继发性两种。

[病因] 原发性多因外伤和口腔内异物的持续性刺激，齿龈炎、齿列不整、烧伤、误食或误饮毒物（有机磷或腐蚀性药物）及外科处理口腔时失误等引起。继发性如钩端螺旋体、疱疹病毒感染时可引起本病。

[症状] 流涎、采食及饮水困难、咀嚼和吞咽困难或异常，口腔恶臭，舌红肿热痛形成溃疡或舌麻痹。

[诊断] 主要根据临床症状，特别是饮水时舌运动困难明显。检查口腔是否有其他因素或发现异物。唾液和口腔黏膜刮取物涂片镜检、细菌培养、姬姆萨染色确定有无原虫。

[治疗] 原发病应除去病因后，用复方硼砂溶液口腔内喷雾，也可用0.1%高锰酸钾或1%食盐水冲洗。患部涂搽碘甘油或2%龙胆紫液。有病毒感染时，在结合治疗原发病的同时，给予维生素A、维生素C、B族维生素等，有原虫感染时，给予甲硝唑7~15mg/kg体重，口服每日2次，连用5日。

三、齿石（Calculus）

[病因] 齿石是磷酸钙、硫酸钙等钙盐和有机物以及铁、硫、镁等混合物，这些混合物与黏液、唾液沉积在一起成为硬固的沉积物。在犬的犬齿和上颌臼齿外侧多见。

[症状] 齿龈潮红，在齿龈缘形成黄白色、黄绿色或灰绿色的沉着物。有时可见舌和颊黏膜损伤，有时由于齿石的压挤，可见齿龈和齿根部的骨膜萎缩。多变成褐色、暗褐色，并可引起齿龈炎和齿槽骨膜炎。检查口腔时，可发现齿龈溃疡、流涎，口腔具有恶臭味，在黏膜损伤部有食物积聚。

[治疗]

(1) 平时宠物主人经常用脱脂棉蘸食盐清洗擦拭齿的外侧面。以防齿石生长沉积。

(2) 平时多给予固形食物或骨块等，也可给予橡胶玩具使其啃咬玩耍，防止齿石生长沉积。

(3) 止血钳或手术凿除齿石，齿石除去后，用0.1%的高锰酸钾溶液仔细清洗口腔。

(4) 破溃处涂以碘甘油，必要时全身给予抗生素疗法。

四、口腔异物（Foreign body of oralcavity）

口腔异物是指口腔内停有异物，如骨头片或木片嵌入齿缝间，针、竹签、花草刺入口腔黏膜的状况。

[病因] 当乳齿更换期或消化系统患病时，犬有异嗜而啃咬硬物。犬食入大块骨头片、带鱼钩的鱼等。还见于先天性硬腭裂口、外伤性上腭破裂以及拔牙等使食物残留于齿龈凹陷部。

[症状] 主要特征是流涎。如异物夹在齿间，犬经常用前肢搔抓颜面部。患犬虽有食欲，但因疼痛而采食困难。有时口角有血液流出。口腔黏膜局限性充血、肿胀，病程长时，一侧

面部肿胀。

［诊断］通过问诊和口腔详细检查，可以做出诊断。针或鱼钩刺入时，通过 X 线检查确认。

［治疗］除去口腔异物。用生理盐水、2%硼酸液或 0.1%高锰酸钾液冲洗口腔，涂搽复方碘甘油或 2%龙胆紫液。依病情进行全身抗感染治疗。

对上腭畸形或损伤所致的口内异物，应进行原发病治疗。

五、齿龈炎（Gingivitis）

本病是齿龈的急性或慢性炎症，以齿龈的充血和肿胀为特征。

［病因］主要由齿石、隅齿、异物等损伤性刺激而引起。有时因嘶咬致使牙齿松动或齿龈损伤而继发感染。慢性胃炎、营养不良、犬瘟热、尿毒症、维生素 C 或 B 族维生素、烟酸缺乏、重金属中毒等，均可继发本病。

［症状］单纯性齿龈炎的初期，齿龈边缘出血、肿胀，似海绵状，脆弱易出血。并发口炎时，疼痛明显，采食和咀嚼困难，大量流涎。严重病例，形成溃疡，齿龈萎缩，齿根大半露出，牙齿松动。

［诊断］根据临床症状，详细检查不难确诊。出血严重时要与丙酮苄羟香豆素中毒和血小板减少症相区别。

［治疗］清除齿石，治疗隅齿等。局部用温生理盐水清洗，涂搽复方碘甘油或抗生素、磺胺制剂等。病变严重时，使用氨苄青霉素普鲁卡因 0.5~1ml 和地塞米松 0.5~2.0ml，肌肉注射，连用 3~6 日。维生素 $K_1$0.5~2.0ml，皮下注射，每日 1 次。复合维生素 B 10mg，口服，每日 3 次。注意饲养管理，饲喂牛奶、肉汤、菜汤等无刺激性食物。

六、牙周炎（Periodontitis）

牙周炎也称牙槽脓溢，是牙周膜的急性或慢性炎症。本病以齿槽骨骼的再吸收、牙齿松动、齿龈萎缩为特征。

［病因］由齿石产生的机械性刺激并继发感染所致。齿龈组织损伤或牙齿排列不整引起食物滞留，低钙饮食或发病过程中口腔内细菌侵入齿龈，破坏齿膜组织，都可能引起本病。牙齿咬合不良也常是本病的病因。全身性疾病如糖尿病、甲状腺功能亢进和慢性肾炎也可引起本病。

［症状］初期有采食欲望，但要小心翼翼；齿龈红肿、变软、口臭、流涎、牙齿松动，挤压齿龈流出脓性分泌物或血液。食欲逐渐降低，患犬表现出痛苦状，体重逐渐减轻。

［诊断］根据口臭、牙齿松动、齿龈肿胀、流涎或挤压齿龈排出脓汁等症状可以确诊。

［治疗］消除齿石及食物残渣，注意不要损伤软组织及牙齿釉质层，拔去松动的牙齿和残留的乳齿。齿龈用盐水冲洗，涂碘酊或 0.2%氧化锌溶液。甲硝唑与复方新诺明同时口服，效果良好。若齿龈增生肥大，可用电烧烙法除去过多的组织。手术后，全身用抗生素、复合维生素 B、烟酸等，数日内供给流质食物或柔软的食物，直至齿龈痊愈。

七、咽炎（Pharyngitis）

咽炎是咽黏膜及其深层组织的炎症。临床上以吞咽障碍、咽部肿胀、流涎、触压时敏感为特征。

[病因] 原发性咽炎在犬比较少见，主要由机械、化学和温热刺激所致。如吞食冰雪和吞食温度过高的食物，或因异物刺激损伤咽部黏膜而引起（鱼刺等）。咽炎多继发于口腔感染、扁桃体炎、鼻腔感染、流感、犬瘟热、传染性肝炎等。

[症状] 初期采食缓慢，以后采食困难或无食欲。常有空口吞咽、流涎、呕吐和咽部黏膜充血等症状。若疼痛严重，动物拒绝饮水。咽部触诊，敏感性增加，表现躲闪、摇头、抗拒和恐惧。有的患病动物会出现全身症状，乏力、拒食，并发喉炎时，频发咳嗽和有时体温升高。

[诊断] 咽炎多取急性经过，无并发症时，根据吞咽障碍，咽部肿胀及触压敏感，不难诊断。重点应注意诱发原因（机械性、理化性、继发性感染）。

[治疗] 加强护理，消除炎症，是本病的主要治疗原则。应将病犬放置于温暖、干燥、通风良好的犬舍内。对轻症病犬，可给予流质食物，并勤饮水，用温水或白酒温敷局部，或外敷复方醋酸铅液；对重症病犬，应禁食，静脉补充液体和能量，或行营养灌肠，切忌用胃管经口投药。为清除炎症，可采用2%~3%的硼酸液蒸气吸入，配合抗生素和磺胺类药物治疗，多数可于1~2周内治愈。

八、咽麻痹（Pharyngoparalysis）

咽麻痹是指咽丧失吞咽能力。

[病因] 中枢性咽麻痹多半是由脑病所引起，还可见于狂犬病、肉毒中毒。外周性咽麻痹较少见，系因吞咽神经损伤所致。

[症状] 病犬突然丧失吞咽能力，食物、饮水及唾液从口鼻中流出。病犬常因误咽而死于吸入性肺炎，或因长期不能饮食，衰竭而死。

[诊断] 吞咽能力突然丧失，食物和唾液从口鼻中流出；咽内部触诊，咽部肌肉无收缩反应。中枢性咽麻痹，常伴有舌脱出。继发异物性肺炎时，表现为咳嗽和呼吸困难。X光摄影，咽部有气体并且呈明显扩张状态。钡餐透视可见钡剂留在咽部，未能进入食管。

[治疗] 关键在于治疗原发病。对持续不食的犬，可静脉补充营养。

可应用抑制胆碱酯酶和兴奋骨骼肌的西柳宁，0.5mg/kg体重，口服，每日3次。

九、咽痉挛（Pharyngospasm）

本病是咽部环状括约肌异常痉挛所致吞咽困难（尤其是固体食物）的疾病。成年犬较少发生，多见于断乳后的仔犬。

[病因] 是支配咽部环状括约肌的神经（主要是迷走神经）异常所致。

[症状] 仔犬断乳后开始采食固体食物时，出现持续性吞咽困难。患犬只能吞咽少量流质食物，固体食物滞留在咽部后多被吐出。常可诱发咳嗽和流出少量鼻汁，或继发吸入性肺炎。

[诊断] 仔犬哺乳期结束后，开食时出现症状。伴有咳嗽和流出少量鼻汁。X线检查：口服硫酸钡连续造影，硫酸钡滞留在咽后部，仅有少量由食道起始部送入胃内。吸入性肺炎时，出现粗厉的肺呼吸音。

[治疗] 咽部环状括约肌切断术是目前有效的治疗方法。术后两天即可采食和吞咽固体食物。若手术切断处肌纤维发生瘢痕性收缩，可于手术后1~2周复发。对吞咽困难的犬，应给予流质食物，宜少食多餐。

十、咽喉水肿 (Edema of throat)

本病多见于短头犬种和肥胖犬，以呼吸音尖厉、病程急、黏膜发绀为特征。往往来不及抢救而死亡。

[病因] 由于天气过热、体温升高或兴奋时剧烈地浅表呼吸，造成喉头过分运动所致。

[症状] 一般在30~60分钟内急剧发病，4~5小时内消失。病犬表现呼吸浅表或呼吸困难，结膜、黏膜发绀，突然死亡。

[诊断] 咽喉部检查有明显咽头或喉头软骨及声带浮肿，喉头侧室外翻，可以确诊。

[治疗] 给予镇静剂，硫酸阿托品0.02~0.05mg/kg体重，皮下注射，对体温升高的病犬可物理降温，冷水灌肠或冷水浴，犬舍内保持安静。也可给予皮质类固醇制剂。引起喉头侧室外翻或闭塞的部位，应实施外科手术切除。

十一、多涎症 (Hypersialosis)

本病是因唾液腺分泌亢进而表现出来的流涎。因吞咽困难所致的流涎，一般称为假性流涎症。

[病因]

(1) 真性流涎。见于刺激唾液腺分泌的药物（如铋、汞、吗啡、乙醚），作用于副交感神经的药物以及苦味药物等。口炎、唾液腺感染或痉挛、恐惧等心理性刺激或某些传染病的经过中都可发生流涎。

(2) 假性流涎。常见于颅骨骨折、下颌骨骨折、换牙、下颌关节炎症、扁桃体炎、食道炎等，也有口、咽或食道异物及唇、舌或咽麻痹所致。

[症状] 病犬口唇周围有很多泡沫样唾液。当分泌亢进而无吞咽困难时，唾液全部咽下，胃呈膨胀状态，有的出现反射性呕吐。假性流涎常伴有唇下垂或舌脱出。

[治疗] 首先治疗原发病。对药物或毒物中毒引起的流涎应催吐或洗胃，对严重持续流涎未确定病因的，要用阿托品0.05mg/kg体重，口服或皮下注射，制止流涎。对神经性或反射性障碍引起的流涎，应使用镇静剂、安定剂。

十二、唾液腺及其导管损伤 (Injury of slivary gland and duct)

根据唾液腺的解剖部位常发生损伤者为腮腺（耳下腺）及腮腺导管。

[病因] 唾液腺的偶发损伤，外伤或交通事故，由尖锐物体刺伤或切割物体所致，脓肿、犬互相咬架等都可造成唾液腺损伤。

[症状] 呈现各种创伤所固有的特点。此外，创内持续流出唾液，于采食时其唾液流出量增多，由于创伤被唾液内所含的溶菌酶的显著消毒作用，所以很少见到化脓。创伤愈合顺利而治愈，但常常最后形成永久性瘘管。

[治疗]

(1) 减少唾液分泌，可用阿托品 0.2~0.5mg/kg 体重，皮下注射。

(2) 按创伤的治疗方法进行损伤的治疗。

(3) 当形成瘘管时，为了制止唾液分泌，可用腐蚀性药物：10%的硝酸银溶液和 5%碳酸溶液腐蚀。

(4) 为了使唾液腺萎缩，经腮腺瘘管用注射器注入溶解的石蜡，注入石蜡后可进行腮腺管的结扎。也可经腮腺导管向内注入 5%福尔马林溶液，使唾液腺发生坏死，7~8 日后将它摘除。

十三、口唇炎 (Oral lips Inflammation)

当外伤或感染时，犬的口唇黏膜及口唇皱襞经常发生急性或慢性皮炎。有原发性和继发性两种。

[病因]

(1) 原发性唇炎。犬啃咬尖锐物品（如骨头、木片、植物等），可刺破口唇。齿的位置异常或上腭犬齿直接咬伤。

(2) 继发性唇炎。邻近组织炎症的波及，如口炎。仔犬急性脓疱性皮炎、疥癣、毛囊虫病、皮肤真菌病，长耳犬种的外耳炎流出的渗出液刺激，四肢及躯干的细菌性皮炎，过敏反应等，都可继发本病。

此外，唇部皮肤皱襞发达的犬种（西班牙猎犬、瑞士搜救犬），因吞咽和脱落的黏膜组织等潴留物的刺激以及唾液分泌旺盛的犬，均可诱发本病。

[症状] 主要表现流涎、口臭（要与口炎、齿龈炎、胃炎、尿毒症等口臭相区别），下颌前端被毛湿润、污秽、犬用前肢搔抓面部或直接在其他物体上摩擦口唇，口唇黏膜红肿，形成溃疡。慢性病例，口唇部出现很多结节。B 族维生素缺乏时，口唇黏膜发红、干燥，唇和唇周围皮肤结合部形成龟裂或痂皮，舌与齿龈多有溃疡或坏死性变化。唇周围皮炎除皮肤发红肿胀外，周围被毛也变色脱落。唇周围附有黄色或褐色的恶臭渗出物，并伴有皮肤溃疡性变化。

[诊断] 由疥癣、毛囊虫等外寄生虫感染或皮肤真菌感染扩散引起的唇周围皮炎，可在面部病灶取样镜检或分离培养，检查虫体。

[治疗] 除去病因，患部消炎。剪去唇周围的被毛，清洁病灶。用 0.1%的高锰酸钾溶液、2%硼酸液或 3%双氧水以及有收敛作用的 2%~5%硫酸铝钾液、0.2%~2.0%鞣酸液、0.5%醋酸液冲洗患部。涂搽复方碘甘油或抗生素软膏，也可用皮质激素类软膏，每日 2~3 次。对顽固性增生性唇周围皮炎，可行外科切除不良的肉芽组织，涂 5%~10%硝酸银液。为防止全身感染，全身应用抗生素和磺胺类药物。

十四、唇裂和腭裂（Cheiloschisis and Palatoschisis）

唇裂和腭裂是常见的口腔颌面部的先天性畸形，是胚胎期颜面形成不全所致。唇裂又称兔唇。本病可能与遗传相关，带有家族史。

[病因] 遗传因素，可发生在直系或旁系有血缘关系的犬。内外环境因素，营养缺乏，如缺乏维生素及微量元素；感染和损伤，如病毒感染；内分泌因素；药物因素等。孕犬接触放射线。

[症状] 常发生于上唇中缝，上唇唇裂多见，下唇唇裂少见。短头品种犬常发。按裂隙部位和程度，可分为单侧，不完全和完全唇裂。腭裂少于唇裂。腭裂多见于硬腭，软腭裂少发。硬腭裂有时伴发齿槽裂开。外观畸形，幼犬吮乳时乳汁从鼻孔返流，对进食功能有影响，犬体消瘦。

[治疗] 外科手术修复是治疗的主要方法。裂隙小者应早期手术矫正。3 个月龄是手术的适期。裂隙大者，应予以淘汰。公犬不能作为种用犬。吮乳困难者，应给予人工饲喂。腭裂应改善和建立正常的腭咽闭合功能。

十五、扁桃体炎（Tonsillitis）

扁桃体炎是扁桃体受感染或刺激而发生的充血和肿胀，可分为原发性和继发性、急性和慢性炎症。慢性扁桃体炎发生于短头颅犬种。

[病因] 原发性扁桃体炎常为溶血性链球菌和葡萄球菌感染所致。物理和化学性刺激扁桃体窝可引起本病。慢性呕吐，幽门痉挛、支气管炎，常可继发本病。

[症状] 急性扁桃体炎患犬多食欲不振、流涎、呕吐、吞咽困难，重症犬体温升高，下颌淋巴结肿胀，常有轻度的咳嗽。扁桃体发红肿胀，由隐窝向外突出，表面附有白色或灰色渗出物。有的可见坏死灶或形成溃疡。隐窝口上纤维组织增生，口径变窄或闭锁，病犬抵抗力降低。

[诊断] 除有食欲不振、流涎、呕吐、吞咽困难外，慢性扁桃体炎以反复发作为特征。开口拉出舌头查明扁桃体肿胀及充血程度。犬的恶性淋巴瘤和鳞状细胞癌也可引起扁桃体肿大，应注意鉴别。

[治疗] 急性扁桃体炎初期，可在颈部冷敷，除去扁桃体黏膜上的渗出液，涂搽复方碘甘油溶液。青霉素 80 万 u 肌肉注射，每日 2 次。磺胺二甲氧嘧啶首次 0.2~1.0g，次日减半，皮下注射。六神丸 3~10 粒/次，口服，每日 2 次。对反复发作的慢性炎症，可试行扁桃体摘除术。

十六、特发性咀嚼肌炎（Idopathic myositis of masticatory muscles）

特发性咀嚼肌炎也称萎缩性肌炎，是咀嚼肌（咬肌、侧头肌、翼外肌）的特发性炎症性疾病，而且有德国牧羊犬的嗜酸性白细胞增多症的特征。咀嚼肌呈对称性或不对称性萎缩。本病与侵害骨骼肌的嗜酸性白细胞性肌炎有所不同。

[病因] 本病的病因尚不明确。有人认为与自身免疫性疾病有关，因为咀嚼肌与其他骨骼肌在免疫学上具有不同的表面抗原，对该抗原有过敏反应。有人报道，本病与人的多发性肌

炎有关。对肌肉有亲和性的柯萨奇病毒等可继发咀嚼肌局限性感染。也可能由于侧头、下颌关节过分伸展损伤第 5 脑神经所致。

[症状] 急性期可见咀嚼肌肿胀和疼痛，进行性张口和咀嚼困难。咀嚼肌单侧或双侧渐进性萎缩。

[诊断] 咬肌萎缩、开口困难、采食困难、逐渐消瘦。肌组织活检，可见淋巴细胞浸润和肌肉明显萎缩。肌肉被脂肪组织所代替，肌束膜和肌膜增生。

[治疗] 给予肾上腺皮质固醇类药物，倍他米松 2~4mg/日，连用 2 周，酌情减量。同时用胃导管投食，注意增加营养，加强护理。

十七、嗜酸性粒细胞性肌炎（Eosinophilic Myositis）

本病是侵害犬肌肉的一类急性复发性炎症，以嗜酸性粒细胞增多、咀嚼肌障碍为特征。常发于 4 岁以下的德国牧羊犬。

[病因] 病因不明，可能为变态反应和自身免疫反应所致。

[症状] 突然发生咀嚼肌对称性肿胀，肌肉僵直，结膜水肿，瞬膜垂脱和眼球突出。病犬口半开，采食困难。发作持续 1~3 周，咀嚼肌明显萎缩。扁桃体发炎。下颌淋巴结肿胀，咀嚼肌以外的肌肉也可出现肿胀和僵直，表现跛行甚至运动失调。虽然脊髓反射正常，但姿势反射明显减弱。

[诊断] 实验室检查，急性期和发作期的嗜酸性粒细胞升高达 20%~40%。血清天门冬氨酸转氨酶、肌酸激酶、乳酸脱氢酶、血清蛋白及 β 球蛋白升高。组织活检，患部肌肉有大量嗜酸性粒细胞浸润。尽管此细胞浸润十分广泛，但实际上肌肉的病变却呈间杂性，坏死的肌纤维多为灶性。

根据发病的周期性和对发病部位及品种的特异选择性，肌肉活组织检查更为确切。但要注意与特发性咀嚼肌炎相鉴别。

[治疗] 目前尚无改变进行性发作的疗法。但在急性期发作时投予肾上腺皮质激素和促肾上腺皮质激素，对本病有一定治疗效果。为避免病犬肌肉活动，可用胃管投食，注意补充全价营养。

十八、食道炎（Esophagitis）

食道炎是食管黏膜表层及深层的炎症。

[病因] 原发性食道炎，主要是由于机械性、化学性和温热刺激，损伤食道黏膜。继发性食道炎，可由于咽或胃黏膜炎症的蔓延，亦可见于食道梗塞、食道痉挛、食道狭窄等使食物滞留于食道，可继发食道炎。使用肌肉松弛类药物、食道周围肿瘤和淤血及感染食道虫等均可导致食道炎。

[症状] 初期食欲不振，很快表现吞咽困难、大量流涎和呕吐。广泛性坏死性病变时，可发生剧烈干呕或呕吐。常拒食或吞咽后不久即发生食物返流。急性食道炎的病犬由于胃液逆流发出异常呼噜音，口角有黏液。急性严重吞咽困难时，呈食道梗阻样反应。

[诊断] X 线检查不易发现，仅可见胸部食道末端的阴影增粗和部分食道内有气体滞留

等。食道照影可发现急性期食道黏膜面不规则，有带状阴影和一过性痉挛。用食道内窥镜可以直接观察食道壁，并可正确判断病变类型及程度。

［治疗］首先应除去刺激食道黏膜的因素。误食腐蚀性物质和胃液逆流等引起急性炎症时，为了缓解疼痛，可服用利多卡因等局部麻醉药，同时用抗生素水溶液反复冲洗。并结合全身抗感染治疗。

大量流涎时，硫酸阿托品 0.05mg/kg 体重，皮下注射。给予甲氧氯普胺（胃复安）0.2~0.4mg/kg 体重，口服，每日 3~4 次，西沙比利 0.1mg/kg 体重，口服，每日 2~3 次。对有采食能力的患犬，应给予柔软而无刺激性的食物。注意要少食多餐。

十九、食道扩张（Esophagectasis）

食道扩张是指食道管腔的直径增加。它可发生于食道的全部，或仅发生于食道的一段。食道扩张有先天性和后天性之分，犬、猫都可以发生该病。

［病因］先天性食道扩张是遗传性疾病。丹麦种大丹犬的发病率最高，其次是德国牧羊犬和爱尔兰塞特猎犬。猫以暹罗猫和与暹罗猫有血缘关系的猫发病率较高。吞咽障碍或食物返流多半发生在断奶前后。

后天性食道扩张可发生于任何年龄的犬和猫。大多数病例的原发病因目前尚不清楚。由于食道运动性减弱而造成的食道扩张，可见于影响骨骼肌的某些全身性疾病，如重症肌无力、甲状腺机能低下、肾上腺皮质机能低下等。也可由肿瘤、外伤等引起。

［症状］吞咽困难、食物返流和进行性消瘦是本病的主要症状。病初，在吞咽后立即发生食物返流。以后随着病的进展，食道扩张加剧，食物返流延迟。有先天性食道扩张的仔幼犬在哺乳期饮食完全正常，在饮食变为固体食物时，才开始发生呕吐。由于食道滞留在扩张的食管内发酵，可产生口臭。并且能引起食道炎或咽炎。动物死亡通常是由于吸入性肺炎以及恶病质所致。

［诊断］胸部 X 线检查，可发现食道扩张。如用钡剂造影，可显示食道扩张的程度和病变范围，并有助于排除气管环异常，或发现导致异常的原因。

［治疗］对先天性食道扩张，可对动物进行特殊饲喂，即将动物提起来饲喂。这对早期病例可使症状自然消失。有人认为，先天性食道扩张系分布于食道的神经发育迟缓所致。当将动物提起来饲喂时，食道所受压力较小，不至于发生扩张。提起来饲喂应一直持续到功能正常、发育完善时为止。诊断治疗越早，预后越好。幼犬如迟至 5~6 个月才得到诊断，则预后不良。

后天性食道扩张，如能查出原发病因进行治疗，一般可以消除。但继发于全身疾病的食道扩张，疗效都不理想。某些病例可进行食道肌切开术。给予半流质饮食，实行少量多餐。或将食物放于高于动物的头部，使其站立吃食，借助于重力作用使食物进入胃内。还可以用复合维生素 B 进行支持疗法。

二十、食道痉挛（Esophagism）

食道痉挛是食道局部感染和运动功能亢进的一种综合征。当吞咽运动时，环状咽头括约肌过分弛缓而使食道不蠕动、胃食道括约肌反射性扩张，贲门呈机械性闭塞状态。

[病因] 确切病因尚不清楚。有人认为与遗传因素有关，也有后天产生的。据报道，食道外迷走神经病变或食道肌神经节细胞异常是导致食道痉挛的原因。多于断乳时发病。

[症状] 食欲正常，病犬长期呕吐食物，空口咀嚼，口内流涎，头颈伸展，在食道沟处能看到食道痉挛性收缩的波动。先天性呕吐的犬消瘦，发育不良。

[诊断] 根据临床症状和 X 线检查可以确诊。X 线检查可见食物能正常经过环状咽头肌，靠重力进入胸部食道后，蓄积于扩张的食道部。

[治疗] 目前尚无有效疗法。可将流质食物与固体食物混合饲喂，或少量多餐。痉挛发作时，应用镇静解痉药，如阿托品等。对有价值的军、警用犬可实施咽头造瘘术，通过咽头瘘管补给食物。

二十一、食道麻痹（Paralysis of esophagus）

食道麻痹是指食管肌失去收缩功能。

[病因] 食道麻痹可见于某些嗜神经病毒性疾病，如狂犬病、病毒性脑炎等；内毒素中毒、延髓损伤。

[症状] 在伴发咽麻痹时，病犬不能饮水，不能采食，食物及唾液从口鼻返流，食道因食物的积留而扩张并突出于食管沟。

[诊断] 根据症状不难确诊，关键是要对原发病因进行诊察。

[治疗] 目前，尚无有效疗法。可皮下注射硝酸士的宁 0.5~0.8mg/kg 体重，还可配合电疗法。

二十二、食道梗阻（Esophageal obstruction）

食道梗阻是指食道被食物团或异物所阻塞。临床上以突然发病和咽下障碍为特征。异物阻塞可分为完全阻塞或不完全阻塞。最容易发生食道梗阻的部位是食道的胸腔入口处、心底部和进入食道裂孔处。犬的异物梗阻约比猫多六倍。

[病因] 饲料块片（骨块、软骨块、肉块、鱼刺）、混在饲料中的异物、由于嬉戏而误咽的物品（手套、木球）都可使食道阻塞。饥饿过甚、采食过急或采食中受到惊扰，突然仰头吞咽是发生梗阻的常见原因。

[症状] 不完全梗阻，见动物有不很明显的骚动不安、呕吐和哽咽动作，摄食缓慢，吞咽小心，仅液体能通过食道入胃，固体食物则往往被呕吐出，有疼痛表现。完全梗阻及被尖锐或穿孔性异物阻塞时，患病动物则完全拒食，高度不安，头颈伸直，大量流涎，出现哽咽和呕吐动作，吐出带泡沫的黏液和血液，常用四肢搔抓颈部，头部水肿。

呕吐物吸入气管时，可刺激上呼吸道出现咳嗽。锐利异物可造成食道壁裂伤。梗阻时间长的，因压迫食道壁发生坏死和穿孔时，呈急性症状，病犬高烧，伴发局限性纵隔窦炎、胸膜炎、脓胸、脓气胸等，多取死亡转归。

[诊断] 根据病史和突然发病的特殊症状，颈部食道梗阻时，可通过触诊感知。投胃管插至梗阻部不能前进或有阻碍感，可初步确诊。X 线检查：通过投入硫酸钡摄影，可确定阻塞物的性质、形状和位置。

[治疗] 试用催吐剂阿扑吗啡 3mg，皮下注射。或行全身麻醉，在食道内窥镜观察下，取出异物。

当阻塞部接近咽喉且又比较圆滑时，可用手在颈部将异物向头侧捏挤，将阻塞物经咽部推出。胸部食道内异物经口排除较困难，行剖腹手术试从胃侧牵引摘除。

严重衰竭、脱水、食道穿孔犬，尤其异物压迫食道壁疑似坏死而又无法引出且危及生命时，要实施食道切开术。

食道梗阻时间长时，均有并发症。必须局部与全身大量应用抗生素药。

二十三、食道狭窄 (Stricture of esophagus)

本病是指食道黏膜增厚、形成瘢痕等使食道腔变窄。犬的先天性狭窄较为少见。

[病因] 闭塞性狭窄，多因创伤和术后瘢痕、食道寄生虫所形成的结节以及腐蚀性药物继发的食道炎所致。食道外部肿瘤、永久性右位主动脉弓等的压迫，可引起压迫性狭窄。胃食道返流的食道狭窄已有报道。

[症状] 病犬以吞咽困难，食物返流，营养不良为特征。患犬快速进食后 2~3 分钟即吐出食物。液体食物易于通过，固体食物较难于通过。食道狭窄进一步发展，可使食道完全闭塞，患犬明显消瘦、衰竭。

[诊断] X 线摄影检查，可发现食道狭窄和狭窄部前方有很多气体。内窥馈检查，可以确诊狭窄，通过黏膜活组织检查可区分良性和恶性病变。

[治疗] 对病程长的犬，以维持营养需要为主。瘢痕性狭窄可通过胃镜用探针扩张。食道狭窄严重时，可行狭窄部切除术或肌层切开术。压迫性狭窄时，要尽早除去压迫物。永久性右位主动脉弓先天性血管异常时，可通过外科修复。同时给予高营养易消化的流质食物。

二十四、食道憩室 (Diverticula of esophagus)

食道憩室是指食道壁的一部分呈囊状扩张，多发于胸腔入口处的食道，分为鼓出性憩室和牵拉性憩室两种。

[病因]

(1) 鼓出性憩室。发生较少。是先天性食道肌肉层收缩无力，由于吞咽动作，食道内压力增高而逐渐鼓出，多发生在咽和食道的交接处。

(2) 牵拉性憩室。发生较多。因受外部拉力等作用，使食道壁部分或全部呈囊状扩张。多见于食道周围淋巴结、脊椎、肺等器官炎症愈合时。这种憩室较小，多单独发生。主要发生部位为气管分支部。先天性血管环异常的犬，其前端的食道也可能出现憩室。

[症状] 根据食道憩室的大小、食物滞留量多少而表现出不同的临床症状即可确诊。患犬食欲减少，身体消瘦，吞咽困难，流涎，间歇性呕吐中常有黏液以及未消化的食物。食后触摸颈部有肿瘤样感觉。鼓出性憩室多长期无症状。

[诊断] 根据临床症状及 X 线摄影可确诊。食道镜检查，可确定憩室部有无食道炎、食道下部狭窄以及憩室程度等。

[治疗] 无症状的小憩室不必治疗。狭窄部前方的憩室要通过矫正狭窄部而缩小，有的可

恢复近于正常。对与周围组织粘连而发生的食道憩室，可通过外科手术分离。憩室中有食物残留时，要冲洗干净，以防发生憩室炎。对已经出现症状的犬，可手术切除食道的囊状部。

二十五、胃食道套叠症（Gastroesophageal intussusception）

胃食道套叠症是胃的一部分套入食道内，并发巨大食道症。主要见于幼犬。

［病因］长期反复呕吐，严重的食道疾病或原因不明的疾病持续作用，使食道扩张，胃的一部分（主要是大弯部）在胃内反转，黏膜面扩张嵌入食道内。有时胃内容物的量、呼吸状态、体位等各种条件变化时，胃的位置不动，突然套入食道内，再恢复至正常。但在严重病理情况下，这种套入很难自然恢复。

［症状］突然呼吸急促，间或呼吸困难，进食或饮水后吐出。随病情的发展，食欲废绝，精神极度沉郁、脱水，很快衰竭。慢性的患犬，逐渐陷入恶病质状态。有时因消化道内潴留气体而腹部膨满。

［诊断］通过胸部X线检查，在扩张的胸部食道和胸部食道末端部，可见与周围组织界限明显的阴影增加。消化道钡餐造影可见食道内套叠结构及胸部食道末端阻塞性阴影中有襞样结构。造影剂向消化道运动时，食道内有狭窄样变化。胃在排空的情况下，部分套入食道内时较难确诊。

［治疗］

（1）手术整复。开腹，首先将套入的胃回纳腹腔。为防止复发，可将扩大的贲门部修复变窄，进一步将胃固定在腹壁上。术后防止继发食道炎，一周内禁止经口饲喂。

（2）对症疗法。对于急性病犬要注意调节呼吸功能，确保呼吸通畅。对于废食的病犬，争取尽早补液，幼犬和脱水严重的可采取补液疗法，补液的同时注意补钾。尤其反复呕吐的犬易造成碱中毒，要监护血浆二氧化碳结合力，适宜补充氯化铵，以使症状得到缓解。术后有轻微呕吐的犬，会逐渐消退。

二十六、唾液腺炎（Sialoadenitis）

唾液腺包括腮腺、颌下腺和舌下腺。机体在受到外界或内在不良因素的影响时，往往会引起唾液腺炎。其中最常见的是腮腺炎，其次是颌下腺炎，舌下腺炎较为少见。犬和猫有时呈地方性流行。

［病因］有原发性和继发性两种。原发性主要是局部外伤，如尖锐异物刺入腮腺管或颌下腺管，并受到附着的病原微生物的侵害而引起。继发性的病因常见于口炎、咽炎、腮腺管结石等。

［症状］因病因的不同，所表现的临床症状也不一样。急性唾液腺炎多为一侧性，初期体温升高，周围组织发生炎性浸润。局部红、肿、热、痛，头颈部常偏向一侧，伴有采食、咀嚼障碍、吞咽困难、流涎等症状。化脓性腮腺炎，常向邻近组织蔓延，甚至破溃流脓。

［诊断］本病与咽炎、腮腺下淋巴结炎、皮下蜂窝织炎临床症状相似，容易误诊。应结合唾液腺的解剖部位和特点进行分析，慢性经过时，由于腺体组织的增殖，触诊局部肿大而坚硬，感染初期体温升高，在采食和吞咽时流涎严重。

[治疗] 除去病因，抗菌消炎。病初宜用50%酒精温敷，再用碘软膏或鱼石脂软膏涂搽，用磺胺碘化钾凡士林软膏涂搽，并配合抗生素药物治疗。化脓时，应迅速切开排脓，并用双氧水或0.1%高锰酸钾溶液冲洗，同时注射抗生素药物。给予清淡易消化富含营养的饲料。治疗无效时，可进行外科手术切除。

第二节　胃肠疾病

一、急性胃炎（Acute gastritis）

急性胃炎是由各种原因所致的急性胃黏膜炎性变化。犬最为多见，幼犬易发。临床特征是呕吐、腹痛为主。

[病因] 急性胃炎分为原发性和继发性两种。原发性急性胃炎是由于喂饲过饱，采食腐败变质的食物、饮污秽不洁的水、误食异物、食物过冷或过热等；投服有刺激性的药物或误食有毒物质：如砷、汞、磷、铝等，刺激胃黏膜而引起发病。喂饲牛奶、鸡蛋、鱼肉等也可引起变态反应性胃炎。继发性胃炎：常继发于犬瘟热、犬细小病毒病、犬传染性肝炎等传染性疾病以及肾炎、慢性肾功能衰竭和胃肠寄生虫病等。

[症状] 呕吐和腹痛是急性胃炎的主要症状之一。发病急，呕吐一般在食后30分钟左右出现，初期吐出物为未充分消化的食糜，以后则为泡沫状黏液和胃液，呕吐物中有时混有血液、有黄绿色胆汁或胃黏膜脱落物。病犬食欲不振或废绝，渴欲增加，大量饮水后，很快发生呕吐而且加剧。由于腹痛而表现不安，前肢向前伸展。触诊腹部腹壁紧张，触诊胃部敏感。由于持续呕吐，则出现脱水，引起电解质紊乱。体温升高，脱水、酸中毒，甚至休克。检查口腔时，可见黄白色舌苔，闻到口臭味。

[诊断] 根据临床症状可初步诊断；胃镜检查依据胃黏膜变化即可确诊。临床需与胃内异物、胃溃疡、急性胰腺炎相鉴别。

[治疗] 以清除病因、消炎止痛、纠正电解质紊乱为原则。

(1) 祛除病因。停止一切对胃有刺激的食物和药物，给以富有营养的流质饮食或短时禁食。如不呕吐可给予少量的清水，12~24小时后，给予热牛奶、糖水、米汤、稀饭或高糖、低脂、低蛋白，易消化的流质食物，逐渐给予半流质食物，数天后恢复正常饮食。

(2) 清理胃内有毒物质。初期可用催吐剂，盐酸阿扑吗啡3~5mg，皮下注射或口服，吐酒石0.05~0.3g；后期给予油类泻剂，液体石蜡或植物油10~20ml，口服，排出胃内残留的有毒物质。

(3) 制止呕吐。病犬和病猫呕吐严重或反复呕吐者，尽量不给口服药物。给予甲氧氯普胺（胃复安）1~2ml，溴米那普鲁卡因注射液（爱茂儿）1~2ml，肌肉注射，每日2次；亦可用盐酸氯丙嗪1~6mg/kg体重，或硫酸阿托品0.1~0.2mg，肌肉注射，每日2次。

(4) 纠正水、电解质紊乱。可用复方氯化钠溶液或5%葡萄糖盐水、维生素C、维生素B_1、维生素B_6等混合静脉注射。如有酸中毒和缺钾时，可补充10%氯化钾溶液或5%重碳酸氢钠溶液。休克者经补液、纠酸效果不佳时，可用升压药。

(5) 消炎。一般不用抗生素，但由细菌引起，特别伴有腹泻者，可内服黄连素、环丙沙星、诺氟沙星等。

(6) 健胃止痛。可口服稀盐酸、含糖胃蛋白酶、苦味酊、乳酶生等；止痛可口服阿托品、普鲁本辛等。

二、慢性胃炎 (Chronic gastritis)

慢性胃炎是指不同病因引起的慢性胃黏膜炎性病变。以胃动力及消化障碍为主要特征。老龄犬、猫多发。

[病因] 病因尚未完全明确。胃黏膜长期受到不同因素刺激，胃酸缺乏，营养不良，中枢神经机能失调，内分泌机能障碍等，均可引发本病。

[症状] 病程呈慢性经过。病犬、猫食欲不振，经常出现间歇性呕吐，呕吐物有时混有少量血液，并常发生逆呕动作。常有嗳气、腹泻等消化不良症状。重者则逐渐消瘦，走路无力、被毛粗糙，无光泽，轻度贫血等。

[诊断] 依据临床检查和症状难以诊断，只有靠胃镜检查和胃液检查来确诊。

胃镜检查：浅表性胃炎可见黏膜水肿，红白相间，有斑点状出血、糜烂、黏稠黏液附着。萎缩性胃炎黏膜呈灰白色或苍白色，也呈红白相间。黏膜变薄，皱襞变细或平坦，黏膜下血管显露呈网状。肥厚性胃炎可见黏膜皱襞隆起粗大，呈铺路石状、脑回或结节状，伴有糜烂、出血。

X 光造影和超声检查：可诊断出黏膜肥大、结节性病变、肿瘤等。

胃液检查：胃液分析，胃酸减少或缺乏，胃液中含有上皮细胞、白细胞、黏液及细菌。

[治疗] 消除病因，避免给予对胃有刺激性的食物和药物。喂食要有规律，给予易消化的食物。

胃黏膜保护剂，口服硫糖铝 0.5~1.0g，每日 3 次；胶态次枸橼酸铋（得乐）冲剂 110mg，每日 4 次，分别于食前半小时及睡前口服，4 周为 1 个疗程。也可口服乳酶生，胃蛋白酶、淀粉酶、胰酶等。

胃酸降低和缺乏的犬、猫，可口服 1%稀盐酸或胃蛋白酶合剂 10ml，每日 3 次。

疼痛发作时，可用解痉剂，如阿托品、溴丙胺太林（普鲁本辛）等。

有胆汁返流的犬、猫，可用考来烯胺（消胆胺），每日 0.1~2.0g，分 4 次口服；伴有腹胀的犬、猫，可用多潘立酮（吗丁林）10mg 或西沙必利 5~10mg，口服，每日 3 次。

中药治疗，用黄芪健中汤加减或一贯煎加味。

由传染病继发的慢性胃炎，除治疗原发病，可根据病因给予抗病毒药抗生素或磺胺类药物。

三、胃内异物 (Foreign body in stomach)

犬、猫误食难以消化的异物并滞留于胃内。多见于小型品种犬、幼犬和幼猫。

[病因] 犬、猫误食煤块、石头、骨头、毛团、木块、线手套、尼龙袜、破布、塑料、金属物等；或在训练时以及幼犬嬉戏时误咽训练物、果核、小的球类、小的玩具等。营养不良、

维生素和矿物质缺乏，寄生虫病、胰腺疾病以及有异嗜癖的犬、猫均可发生本病。屡见报道。

[症状] 病初病犬、猫食欲不振，采食后出现呕吐，精神沉郁，痛苦不安、呻吟，经常改变躺卧地点和位置。时间长，则消瘦、体重减轻。触诊胃部敏感。尖锐异物可引起胃黏膜的损伤，有呕血和血便，易发生胃穿孔。

[诊断] 根据病史、临床症状以及 X 线检查可以确诊。

[治疗] 初期投予催吐剂 0.1%盐酸阿扑吗啡 5~10ml，皮下注射，使其呕吐，排出异物。有时有些异物可与肠内容物一并排出，因此，可观察 2~3 日再处置。对量多而大的异物可行胃切开术取出异物。

对有异嗜的犬、猫，应根据情况治疗原发病；在训练和嬉戏时，应特别注意防止犬、猫误食。

四、胃扩张（Gastratrophis）

胃扩张是采食过量和后送功能障碍所致胃剧烈膨胀的一种急性腹痛性疾病。发病急，以腹部膨胀和腹痛为主要特征。按内容物性状可分为食滞、气胀和积液三型；按发生可分为原发性和继发性两种。

[病因] 原发性者，因采食过量、干燥、难以消化、易发酵或膨胀的食物，立即进行剧烈运动或饮用大量冷水而引起。继发性者，继发于胃扭转、小肠积食、肠便秘、肠梗阻等。胃负荷过度，使迷走神经兴奋和胃肠运动增强，继而交感—肾上腺系统功能亢进，幽门痉挛，胃内容物停滞、发酵，产生乳酸和气体，吸引体液回渗，结果造成胃膨胀和腹痛，重症可使胃或膈破裂。本病大体型犬较多发。

[症状] 原发性者多于采食后数小时发病，继发性者则在原发病过程中很快发生。病犬、猫腹部膨大，呈中度间歇性腹痛或持续性剧烈腹痛，不安、有的鸣叫、有嗳气、流涎。眼结膜潮红或发绀，呼吸促迫，脉搏增数。腹部叩诊呈鼓音，听诊有金属性胃音。常于数小时内死于心力衰竭、胃或膈破裂。

[诊断] 根据病史及临床症状可以确诊。胃管鉴别，胃管插入容易，排出大量气体的为胃扩张；胃管插入困难且无气体排出的多为肠扭转。

[治疗] 减压、制酵、镇静和解痉为治疗原则。

（1）减压。排出胃内气体：胃管排气法，以胃管插入胃内，排出胃内气体；或用细套管针或注射针头经腹壁刺入胃内，排出胃内气体。

（2）制酵。胃内气体排净后，可通过胃管或注射针头注入制酵剂，防止气体再生。可灌注乳酸、醋酸、松节油等制酵剂。

（3）止痛解痉。可用盐酸吗啡、杜冷丁、乳酸镇痛新、氯丙嗪等药物。

（4）手术治疗。采取上述措施，症状仍得不到好转时，应及时进行剖腹术和胃切开术，排出胃内气体及其内容物。

（5）症状缓解后，应禁食 24 小时，以后几日内给以流食，逐渐变为正常食物，控制饮水和活动。

五、胃扭转（Gastric volvulus）

胃扭转是胃幽门部从右侧转向左侧，导致食物后送功能障碍的疾病。本病多发生于大型犬，雄犬比雌犬多发。

［病因］致使胃脾韧带伸长、扭转的各种因素，如饱食后训练、打滚、跑、跳跃以及旋转等，均可引发犬的胃扭转。

［症状］发病急，突然发生腹痛，不安，卧地滚转。腹部膨满、腹部叩诊呈鼓音或金属音。腹部触诊敏感。病犬呼吸困难，脉搏频数。如不及时抢救，很快死亡。

［诊断］根据临床症状、X 线或胃管检查可以诊断。胃管插入困难或插不到胃，腹部膨满症状不见减轻者，可以确认胃扭转。

［治疗］剖腹探查及整复。确诊为胃扭转时，首先应开腹进行探查，结果则更明确。

首先将胃内气体排出，用注射针头或用连接吸引装置的穿刺针穿刺，排出胃内气体后进行整复。如果胃内容物多而洗不出来，或胃内有肿块存在时，可行胃切开术，除去全部内容物，切除肿块。

整复后给予胃蛋白酶 0.2mg、乳酶生 1g、干酵母 4g，口服，每日 2~3 次。同时给予维生素 B_1、维生素 B_6、维生素 C 等。

手术后，给予抗生素或磺胺类药物进行消炎抗菌，有助于术后愈合；必要时输液，维持水和电解质平衡。

术后停喂 24~48 小时，停喂期间从静脉补充营养，以后可喂饲少量牛奶、肉汁、稀食等易消化的食物，喂饲量要逐渐增加，直至达到正常饲喂。

六、胃出血（Gastrorrhagia）

胃出血是各种原因引起胃黏膜出血。以吐血、便血及贫血为主要特征。

［病因］方形猪骨块、鸡骨片、木片、塑料碎片、金属等异物刺伤胃黏膜；犬瘟热、钩端螺旋体病、重度胃炎、胃肠溃疡、胃肿瘤等均可引起胃出血。

［症状］呕血，呕吐物呈暗红色，有酸臭味。粪便呈暗黑色，煤焦油样，有恶臭味。潜血试验阳性。眼结膜和口腔黏膜苍白，呼吸加快，心音增强。病犬倦怠、乏力，步态不稳。病期长时，可出现贫血、食欲不振、消瘦、皮下浮肿等。

［诊断］根据吐血和便血以及潜血试验阳性可以初步诊断。实验室检查，红细胞、血色素及红细胞压积均减少。胃镜检查，既能明确诊断又能进行止血治疗。

［治疗］本病的治疗，首先要去除病因，在此基础上采取以下疗法。

（1）补充血容量，输入复方乳酸氯化钠液（乳酸林格液）扩容，适量输全血等治疗。

（2）采取止血措施，维生素 $K_1$0.5~2mg/kg 体重，皮下注射。或酚磺乙胺（止血敏）、肾上腺色腙（安络血）、云南白药、凝血酶等。

（3）黏膜保护剂：替普瑞酮（施维舒）50mg，口服，每日 3 次；硫糖铝 0.5~1.0g，口服，每日 3 次。

(4) 贫血的犬，给予硫酸铁 0.3~0.5g，口服，每日 3 次。口服铁剂胃肠反应犬，可给予右旋糖酐铁 50mg，肌肉注射，维生素 B_{12}100mg，肌肉注射，每日 1 次。

(5) 喂饲易消化的食物，少食多餐。可给予少量促进消化药物。

七、消化性溃疡 (Peptic ulcer)

消化性溃疡是指胃和十二指肠等处发生慢性溃疡。溃疡多于胃酸和胃蛋白酶对自身黏膜的消化而形成，故称消化性溃疡，即胃十二指肠溃疡。

[病因] 病因是多因素的，常见于环境、饮食、遗传、阿司匹林、保泰松等非甾体类消炎药的投给、微生物、幽门螺旋杆菌感染和各种应激因素等。主要是由于破坏了黏膜屏障的防御作用而引起的。也可继发于急性和慢性胃肠炎、慢性尿毒症、肝脏疾病等。

[症状] 食欲不振，呕吐，呕吐常发生采食后，呕吐物带有血液，甚至吐血。腹部有压痛，进食后 1 小时左右压痛明显。渴欲增强，有时有嗳气。排出黑褐色血便，潜血试验阳性。病期长的犬消瘦，体重减轻。溃疡往往造成胃肠穿孔，导致急性腹膜炎而死亡。

[诊断] 临床上诊断比较困难，如出现吐血和血便以及潜血试验阳性则可初步诊断。X 线钡餐检查，直接征象为龛影，慢性者十二指肠球部变形。胃镜检查，镜下可见溃疡病灶即可确诊。

[治疗]

(1) 药物治疗。制酸药物：氢氧化铝凝胶 5~10ml，口服，每日 3 次；氧化镁 0.5~1.0g，口服，每日 3 次；或西米替丁、法莫替丁、胃得乐口服。抗幽门螺杆菌治疗：胃得乐每日 7~8mg/kg 体重，呋喃唑酮每天 5~10mg/kg 体重，甲硝唑每日 20mg/kg 体重，阿莫西林每日 50mg/kg 体重等，主张两种以上联合治疗。中药治疗：乌贝散、养胃冲剂、三九胃泰冲剂、猴菇菌片等。

(2) 对症治疗。甲氧氯普胺（胃复安）每次 0.2~0.3mg/kg 体重，口服，必要时肌肉注射，每次 0.1~0.2mg/kg 体重；或用多潘立酮（吗丁林）每次 0.3~0.5mg/kg 体重，口服，止吐。思密达或硫糖铝片保护胃和十二指肠黏膜。酚磺乙胺（止血敏）100mg/次，肌肉注射，或肾上腺色腙（安络血）10mg/次，口服，止血。阿托品 0.5mg/次，或溴丙胺太林（普鲁本辛）每次 0.5mg/kg 体重，口服，以解痉止痛。

(3) 手术治疗。对药物治疗无效的病犬，应行外科手术切除溃疡病灶。

加强护理、合理饮食，应给予软且易消化的食物，少食多餐。

八、胃、十二指肠溃疡急性穿孔 (Acute perforation of gastroduodenal ulcer)

胃、十二指肠溃疡急性穿孔是因溃疡侵蚀穿透胃、十二指肠壁引起的疾病。是溃疡病发展过程中的一个严重合并症。

[病因] 因溃疡病侵蚀胃壁和十二指肠肠壁，致使胃壁和十二指肠肠壁破裂而穿孔。

[症状] 有典型的溃疡病病史，突然发生腹痛，不安，腹肌紧张呈板状，触诊有压痛，后期肠音减弱，消失。腹腔穿刺可抽出淡黄色浑浊液体。

[诊断] 根据病史以及临床症状可以初步诊断，经腹腔穿刺检查，可抽出淡黄色浑浊液体即可确诊。

[治疗]

(1) 溃疡病穿孔修补术。手术简单易行，即闭合穿孔，用大网膜组织填塞，清除积液，进行腹腔内消炎，用抗生素药物和甲硝唑等治疗。

(2) 胃部分切除术。在穿孔部切除部分胃，可一次性治疗穿孔及溃疡病。

(3) 肠管部分切除术。在十二指肠穿孔部切除部分肠管，可一次性治疗肠穿孔及十二指肠溃疡。

(4) 术后禁食 48 小时，静脉补充营养。禁食 48 小时后，给予软的易消化的流质食物，由流质改为半流质食物，逐渐改为正常食物。控制术后感染，给予抗生素或磺胺类药物。

九、幽门狭窄 (Pyloric stenosis)

幽门狭窄是指幽门括约肌肥厚所致的幽门口狭窄，以持续性呕吐为特征。本病根据发生原因可分为先天性狭窄和后天性狭窄两种。

[病因] 先天性幽门狭窄是由于幽门括约肌先天性增生，或因胃和十二指肠韧带异常发达所致。但增生的原因目前尚不十分清楚。据报道，产前 20 天注射胃泌素的母犬，其所产仔犬能发生中度幽门肥厚；对生后 30 日龄的仔犬注射胃泌素，可造成幽门肥厚及十二指肠溃疡。本病多见于波士顿㹴和拳师犬。

后天性幽门狭窄，多继发于幽门痉挛、肌变性及胃泌素分泌过多，此型发病率无品种和年龄差异。

[症状] 先天性幽门狭窄的仔犬，腹部膨大，有食欲，但生长迟缓，一般在断乳期饲喂固形饲料时，表现喷射性呕吐，呕吐发生于食后 24 小时内，呕吐物不含胆汁。若饮水或喂食少量肉汁等流食时，呕吐不明显。患犬持续呕吐，可造成脱水和电解质失衡，且逐渐衰竭，最后多因异物性肺炎而死亡。

后天性幽门狭窄的患犬，表现为由定期呕吐逐渐转为食后喷射性呕吐。呕吐时间不定，大型犬种呕吐物较多。若投与钡剂透视，可见胃排空时间延长。

[诊断] 根据临床症状及 X 线检查，可以确诊。但要注意与幽门痉挛相鉴别。

X 线造影做胃内容物排空时间测定（GET），正常情况下，胃内容物排空时间为 60 分钟，如内容物停滞 5 小时以上，则可考虑幽门狭窄和幽门痉挛。

[治疗] 本病的根本疗法是手术切开幽门肌。保守疗法是对幽门痉挛的犬，采食前 20~30 分钟，投予阿托品 0.05~0.1mg/kg 体重，或食前约 30 分钟给予氯丙嗪 1~2mg/kg 体重。少食多餐也可缓解症状。

十、幽门痉挛 (Pylorospasm)

幽门痉挛是指幽门括约肌痉挛性收缩，以无规律性呕吐为特征。多见于短头品种犬及兴奋性高的 3 岁以下犬。

［病因］发生本病的主要原因是植物性神经功能障碍所致。幽门前庭的蠕动波减少或缺乏、括约肌弛缓、十二指肠溃疡及严重胃炎等均可引起本病。

［症状］患犬采食或饮水后，间歇性不规律地呕吐。呕吐后食欲正常，但发育迟缓，渐进性消瘦。

［诊断］本病主要根据 X 线检查来确定。观察胃蠕动波（GPW），如 GPW 由增强到减弱，且向十二指肠方向移动极弱，用解痉药物有效，则可确诊。

［治疗］采食前约 30 分钟，口服地西泮（安定）或氯丙嗪等均有一定疗效。

十一、急性肠炎（Acute enteritis）

急性肠炎是肠道表层组织及其深层组织的急性炎症，临床上以消化紊乱、腹痛、腹泻、发热为特征。本病见于各种年龄和品种的犬、猫，无明显性别差异，但 2~4 岁的小型纯种犬多发。

［病因］原发性急性肠炎主要原因有饲养不良，如食入腐败食物、化学药品、灭鼠药中毒等。过度疲劳或感冒等，使胃肠屏障机能减弱；滥用抗生素而扰乱肠道的正常菌群。某些传染病如犬瘟热、犬细小病毒病、钩端螺旋体病等，以及寄生虫病如钩虫病、蛔虫病、球虫病等也常伴发急性肠炎。

［症状］患病犬、猫在病初呈肠道卡他性炎症变化，常见的症状为急性水样下痢。同时还表现食欲不振或废绝，通常幼龄犬、猫的临床表现较成年犬、猫严重。

小肠和胃的急性炎症表现为频繁呕吐，若有上消化道出血时，粪便呈煤焦油色或黑色。

大肠急性炎症时，则表现为里急后重，排黏液性稀便，若有出血则在粪便表面附有鲜血。

严重的犬、猫表现发热、腹部紧张、疼痛、黏膜苍白、脱水等。

［诊断］根据病史和临床症状可以做出诊断，若确定引起本病的原因，尚需做实验室的特异性检查和检测。

［治疗］

(1) 在 24 小时内应禁食，对脱水的患病犬、猫应进行输液。输液以选用乳酸林格氏液为好，根据脱水程度确定输液量，要在 1~2 日内纠正脱水。同时注意纠正酸中毒和碱中毒，酸中毒时应补充碳酸氢钠，碱中毒时可补充氯化胺或氯化钠。

(2) 呕吐严重的犬、猫，可用舒必利（止吐灵）注射液 1~2ml，肌肉注射。或甲氧氯普胺（胃复安）注射液 10mg/kg，肌肉注射。或氯丙嗪 0.6mg/kg 体重，肌肉注射。

(3) 对出血性下痢的患犬、猫，在用止血药物止血的同时，应选用庆大霉素、氯霉素、卡那霉素等广谱抗生素，以防止细菌的继发感染。

(4) 对寄生虫引起的肠炎，应及时用抗寄生虫药物进行驱虫。

(5) 对中毒犬、猫要尽快用解毒药解毒，及时排出毒物，减少吸收。

(6) 呕吐控制后，可口服补液盐。能够少量进食的犬、猫，可给予易消化无刺激性的食物，如菜汤、稀饭、肉汤等。

(7) 促进食欲，给予赛庚啶 2mg/kg 体重，口服，每日 1 次。或奥沙西泮（Oxazepam），猫 2~3mg，口服，每日 1~2 次。

十二、十二指肠炎（Duodenitis）

十二指肠炎是指十二指肠的炎症，分为原发性和继发性两种。原发性十二指肠炎又称为非特异性十二指肠炎，继发性十二指肠炎又称为特异性十二指肠炎。本病临床缺乏特征性症状，常与慢性胃炎、慢性肝炎、胆道疾病和慢性胰腺炎并存。

［**病因**］目前认为原发性十二指肠炎是一种独立的疾病，其病因尚不十分清楚，可能与胃酸分泌过多、服用刺激性食物或药物等因素有关。继发性十二指肠炎是由一些特异性病因引起的十二指肠的炎症，包括寄生虫感染，血管疾病引起的出血性十二指肠炎，肝炎、胆囊炎、胰腺炎蔓延或压迫，导致十二指肠血液供应障碍等。由此可见，十二指肠炎是一种多病因疾病。

［**症状**］病犬主要表现为精神差，食欲不振，呕吐，呕吐物为白色或黄色黏液。严重的病犬呕吐物中带血而呈咖啡色，粪便黑色，患犬因为腹痛而表现为腹部紧张、不愿走动等临床症状，用碱性药物可缓解临床症状。

［**诊断**］单凭临床症状很难确诊，临床主要依靠内窥镜进行确诊。内窥镜观察可看到十二指肠黏膜粗糙、充血、水肿、糜烂、血管暴露、出血或黏膜有颗粒感及结节状增生，黏膜皱襞肥厚粗大，但无溃疡症状。

临床需与十二指肠溃疡、慢性胃炎、慢性胆道疾病等区别。

(1) 与十二指肠溃疡相鉴别：十二指肠炎与十二指肠溃疡在临床上症状相似，均表现为腹痛、呕吐、可为碱性药物所缓解。仅仅从临床症状难以区分，主要根据内窥镜检查区分。

(2) 与慢性胃炎相鉴别：慢性胃炎临床也表现为腹部不适、疼痛、呕吐、消化不良等症状，与十二指肠炎相似，与慢性胆道疾病相鉴别，两者经常同时存在。临床主要依靠内窥镜检查区分。

(3) 与慢性胆道疾病相鉴别：慢性胆道疾病、胆囊炎、胆石症等临床表现为腹痛、呕吐，多发生于饱餐之后，应用碱性药物不能缓解临床症状。临床主要靠 B 超、X 光等检查与十二指肠炎相鉴别。

［**治疗**］本病的治疗与十二指肠溃疡和慢性胃炎的治疗基本相同，主要应用抗酸剂和黏膜保护剂。一般采用所谓的“三联治疗”，即两种抗生素和一种制酸药，如甲硝唑+阿莫西林+奥美拉唑。另一方面，要加强饲养管理，消除犬不良的生活习性、饮食、药物等致病因素。可以给犬一些容易消化的食物，如稀饭、牛奶、肉类等。平时要加强锻炼，饲喂要做到定时定量，制止犬乱啃木头等不容易消化的东西。本病一般预后良好，如能及早治疗，可以防止十二指肠溃疡的发生，避免出现并发症，提高治愈率。

十三、慢性肠炎（Chronic enteritis）

慢性肠炎是肠黏膜的慢性炎症。

［**病因**］原发病因尚不完全明确，继发或伴发慢性肠炎的疾病主要有淋巴细胞–浆细胞性肠炎、嗜酸细胞性肠炎、绒毛萎缩、小麦过敏性肠炎、巴申纪犬免疫增生性肠炎等。此外，小肠内细菌过度增殖、淋巴管扩张以及淋巴肉瘤等也可引起慢性肠炎。

[症状] 患病犬、猫主要表现食欲不振，长期持续腹泻，吸收不良，营养缺乏，体况消瘦。

[诊断] 根据临床症状容易诊断，若找出其致病原因较为困难。

[治疗] 以对症治疗为主。对严重腹泻的犬、猫，可每日输液以补充营养，必要时应补充氨基酸及葡萄糖。投予止泻收敛药，如次硝酸铋、鞣酸蛋白等。由于患病犬、猫多能进食，可给予易消化吸收的食物。

十四、犬出血性胃肠炎综合征（Canine Hemorrhagic Gastroenteritis Syndrome）

出血性胃肠炎综合征是犬的一种原因不明的疾病，以突然呕吐和严重血样腹泻为特征。

[病因] 本病与细菌内毒素引起的内毒素性休克、变应性反应或过敏性反应相类似。有人提出本病与免疫性结肠炎的发病机理相似，还有人认为梭状芽胞杆菌与本病的发生有关，但目前均无定论。本病多见于 2~3 岁的青年犬，无品种和性别差异。但小型玩赏犬、小型史柔查狸和长毛狮子犬发病较多。

[症状] 腹泻前 2~3 小时突然呕吐，呕吐物中常混有血液，排恶臭果酱样或胶胨样便。犬精神沉郁，嗜睡，毛细血管充盈时间延长，发热，腹痛，烦躁不安。

[诊断] 由于血液浓缩，红细胞压积（Ht）值明显升高，可达 60%~80%。有的嗜中性白细胞增加，核左移。根据临床症状和实验室检查可初步诊断。

[治疗] 免疫球蛋白 0.5~1ml/次，皮下注射。酚磺乙胺（止血敏）100~200mg，肌肉注射，每日 2~3 次。舒必利（止吐灵）1~1.5ml/次，肌肉注射。

对 Ht 值 60%以上的病犬，要静脉留针滴注乳酸林格氏液加抗生素，速度控制在每小时 13~14ml/kg 体重。间隔 2~3 小时检查 1 次 Ht 值，直到毛细血管充盈时间正常（1~2 秒）为止。Ht 值下降后的 2~3 日，继续滴注乳酸林格氏液，能饮水时，逐渐减少输液量。

十五、蛋白漏出性胃肠炎（Gastroenteritis of Protein Leakage）

本病是血浆蛋白成分由胃肠黏膜向消化道大量漏出而造成的低蛋白血症，临床表现为腹泻、浮肿、胸水、腹水等。

[病因]

(1) 肠肝循环失衡。当肝脏合成蛋白增强，血清蛋白又不断漏入胃肠内时，则引起低蛋白血症。

(2) 原发性蛋白漏出性胃肠炎。是由于肠道淋巴管阻塞或狭窄时，小肠壁淋巴管腔扩张，淋巴液漏出的同时，也大量丢失蛋白质。

(3) 继发性蛋白漏出性胃肠炎。是由于急性胃肠炎、溃疡性结肠炎、嗜酸细胞性胃肠炎、肠淋巴肿瘤等造成胃肠黏膜毛细血管通透性增强，以及淤血性心功能不全，导致血清蛋白漏出。此外，局部纤维素溶解增强，也可使蛋白漏出。

[症状] 病犬四肢和下腹部发凉、浮肿。肠淋巴管扩张时，出现乳糜性腹水和腹围增大。食欲减退，呕吐，脂肪便。营养吸收不良的犬，体重减轻，消瘦，脱水。后期多因缺钙而引起痉挛。

［诊断］

(1) 肠黏膜活检对本病的确诊和鉴别诊断极为重要，可与口炎性腹泻、淀粉样变性、嗜酸细胞性胃肠炎及肠淋巴管扩张症相鉴别。

(2) 淋巴细胞减少，血清白蛋白明显降低。

证明白蛋白漏出的方法可用 ^{51}Cr 标记的人白蛋白同位素示踪物，按 1.47Ci/kg 体重的剂量静脉注射，蛋白由粪便排泄的正常值为 1 小时 0.6μCi，患犬可达 10μCi。

［治疗］

(1) 给予不含麸质的高蛋白低脂肪食物。

(2) 投予抗纤维蛋白溶酶的止血环酸 60mg/kg 体重，分 4 次口服（本药注射无效）。

(3) 柳氮磺胺吡啶 80mg/kg 体重，分 3 次口服。醋酸泼尼松 0.5~1mg/kg 体重，分 2 次口服，视病情酌减。

(4) 对症疗法可参照消化吸收不良综合征的治疗。

十六、嗜酸性粒细胞性胃肠炎（Eosinophilic gastroenteritis）

嗜酸性粒细胞性胃肠炎是胃肠道由于嗜酸性粒细胞浸润而引起的严重慢性炎症性变化，以末梢血液中嗜酸性粒细胞绝对增多为特征。

［病因］本病可能属于过敏性反应，但尚未证明有特定的抗原物质存在。据报道，本病与寄生虫在脏器中移行及免疫反应等都有重要关系。病犬胃肠、淋巴结及嗜酸性粒细胞浸润的部位有浆细胞存在。

［症状］病犬食欲减退，呕吐，持续腹泻，常见血便，体重减轻，被毛粗乱，皮肤干燥，弹性降低，逐渐脱水。

［诊断］

(1) 血液生化检查，嗜酸性粒细胞绝对增加，白细胞增加，血清总蛋白降低，β-球蛋白增加。粪便检查，多可见氮含量增加及脂肪便。

(2) 持续顽固性腹泻和血便，投予健胃助消化药、收敛药以及更换食物等均无效。

(3) 粪便黏液涂片镜检，可见多量嗜酸性粒细胞。

(4) 剖腹取部分肠黏膜做病理检查，可见消化道管壁增厚，嗜酸性粒细胞浸润，黏膜有溃疡、糜烂和出血。

［治疗］选用肾上腺皮质激素，可有效地缓解症状。

醋酸泼尼松 2.5mg/kg 体重，分 2 次口服，连服数日症状好转后，可改为 0.3~0.5mg/kg 体重，20~30 日后，间断投药 0.5mg/kg 体重。同时投予硫糖铝片 0.5~10mg/kg 体重，口服，每日 3 次。甲氧氯普胺（胃复安）5~10mg/次肌肉注射，每日 2 次。

十七、肠套叠（Bowel intussusception）

肠套叠是指一段肠管及其附着的肠系膜套入到邻近一段肠腔内的肠变位。犬的肠套叠较多见，尤其幼犬发病率较高。多见于小肠下部套入结肠。因盲肠和结肠的肠系膜短，有时也发生盲肠套入结肠、十二指肠套入胃内。

[病因] 主要由于过度活动和肠道的痉挛性蠕动所致，常见于犬细小病毒感染、犬瘟热、感冒、肠炎以及寄生虫寄生等的刺激；食入大量食物或冷水时，肠内气体增加，刺激局部肠道而产生剧烈蠕动，引起近端肠道套入远端肠道；幼犬断乳后采食新的食物引起吸收不良等；反复剧烈呕吐、肠肿瘤和肠道局部增厚变形，也能引起肠套叠。

[症状] 急性型表现为高位性肠阻塞症状，几天内即可死亡。慢性型可持续数周不等。肠套叠病犬主要表现为食欲不振、饮欲亢进、顽固性呕吐、黏液性血便、里急后重、腹痛、脱水等。腹部触诊有紧张感，右下腹部可触摸到坚实而有弹性似香肠样的套叠肠段，粗细为肠管的 2 倍左右，套入长度不等。按套入层次分为三级，一级套叠如空肠套入空肠或回肠，回肠套入盲肠；二级套叠为空肠套入空肠再套入回肠；三级套叠为空肠套入空肠，又套入回肠，再套入盲肠。

[诊断]

(1) 根据顽固性呕吐、无大便及腹部触诊有香肠样物，可疑似本病。

(2) X 线检查，可见 2 倍肠管粗细的圆筒状软组织阴影，肠阻塞严重时，套叠部的肠壁间有气体阴影或出现双层结构。

(3) 本病注意与直肠脱鉴别。当肠道突出肛门外时，用钝性探子插入直肠和突出肠道之间进行探诊，肠套叠时，探子插入很深。

[治疗] 肠套叠初期，试用温肥皂水灌肠整复或腹壁触诊整复。有时用抗痉挛药物或麻醉药，也可使初期肠套叠自然复位。症状明显的犬，应尽快剖腹手术整复。若套叠时间过长，肠壁发生粘连或坏死，应切除病变肠段。

整复方法：一只手握住套叠部肠管的最外层，另一只手靠近肠管嵌入端轻轻拉出，当套入过紧难以拉出时，可在套叠部最外层肠管浆膜的近端沿纵轴划 2~3 个裂缝，便于复位。整复后，检查嵌入的肠段，对拉出 5 分钟后仍呈暗色或没有动脉搏动的肠段应切除，实施断端吻合术。难以整复的肠套叠可直接切除。对脱水的犬，要充分补液，有休克症状时可投予氢化可的松 6~10mg/kg 体重，静脉注射。术后护理参照肠梗阻。

十八、肠绞窄（Bowel Strangulation）

本病是指小肠和结肠被腹腔某些条索或韧带绞结，使肠腔闭塞不通，引起血液循环障碍的疾病。

[病因] 主要是因肠道外物体压迫，使肠腔迅速封闭所引起的高度充血性肠变位。过度跳跃、打滚、奔跑等，可使活动性大的肠段蠕动增强、痉挛或弛缓，而引起肠管绞窄。

[症状] 持续性剧烈腹痛，食后呕吐，不时号叫、呻吟，回视腹部，不愿走动。可视黏膜发绀，肌肉震颤，肠音减弱或消失。严重的病犬、猫呈高度衰竭和脱水状态，体温降低。有的犬、猫因血液循环障碍，消化道出血，尚可见大量呕血。

[诊断] 通过外部触诊或 X 射线检查不难诊断。剖腹探查可明确病变部位及其程度。血液学检查，血沉减慢。腹腔穿刺液呈红色。

[治疗]

(1) 投予镇痛剂缓解症状，注意纠正酸碱失衡和脱水，维持血容量。

(2) 早期剖腹手术，整复或切除坏死的肠段，做肠吻合术。术后全身投予抗生素，禁食48小时，第3日可饲喂流质食物，尽量使犬、猫安静，避免运动。

十九、肠梗阻 (Intestinal obstruction)

肠梗阻是肠腔的物理性或功能性阻塞，使肠内容物不能顺利下行，临床上以剧烈腹痛及明显的全身症状为特征。根据肠腔阻塞程度，可分为完全梗阻和不完全梗阻。

[病因]

(1) 物理性因素。有肠内异物（如犬、猫常误吞玩具、石块、牵引带、布条及绳索等）、粪便秘结、肠道寄生虫、肠道内外肿瘤、肠炎、肠套叠、肠绞窄、肠扭转、肠道手术后形成瘢痕及疝等，使肠腔闭塞，造成机械性肠梗阻。

(2) 功能性因素。支配肠壁的神经紊乱或发炎、坏死，导致肠蠕动减弱或消失；或肠系膜血栓，导致肠管血液循环发生障碍，继而使肠壁肌肉麻痹，肠内容物滞留。

[症状] 主要表现神经性呕吐，呕吐物的性状及呕吐时间依阻塞部位和程度不同而异。不完全梗阻的仅在采食固体食物时发生呕吐，此时饮欲亢进。由于呕吐时吸入空气，胃肠道内产生气体以及分泌亢进等，使腹围膨胀和脱水。肠蠕动音先亢进后减弱，排出煤焦油样腹泻便，以后排便停止。阻塞和狭窄部位的肠管充血、淤血、坏死或穿孔时，可表现腹痛。

[诊断]

(1) 血清淀粉酶、脂肪酶升高，血清尿素氮在阻塞初期无变化，长期阻塞或肠管内出血时，轻度至中度升高。

(2) X线检查，阻塞前部的肠管扩张，有特征性气体像。站立位时，可见液体与气体之间的水平线，阻塞部以下的肠管呈空虚像。

(3) 肠道造影，投入钡剂后，肠道造影可确定阻塞部位。物理性肠梗阻的急性期，可见肠蠕动亢进或逆蠕动。疑似大肠被秘结粪便堵塞时，肠道造影可确定大肠的通过障碍。

[治疗] 物理性阻塞时，手术除去阻塞物。阻塞部肠段发生坏死的，要切除坏死部分肠段，做肠断端吻合术。功能性阻塞时，因肠道功能丧失，对肠管扩张和内容物不能顺利下行的，可做肠腔缩窄整复手术。术后禁食18小时，静脉补液。用高浓度葡萄糖时，肌注抗生素，以预防静脉炎和静脉栓塞。补给能量的同时，要加维生素C和复合维生素B族。为控制感染，应选用青霉素、链霉素。禁食48小时后，可饲喂肉汁等流质食物，3日后改为常食。

二十、结肠炎 (Colitis)

结肠炎是结肠的炎症性疾病，常引起犬、猫的急性和慢性腹泻。

[病因] 尚不完全清楚，一般认为与自身免疫反应有关。细菌的急性感染、化学刺激、全身性疾病以及犬、猫紧张不安而使结肠蠕动亢进等均可致病。结肠黏膜损伤也可引起结肠炎。

[症状] 病犬、猫排便量多，呈喷射状，粪便稀薄如水，有难闻的气味。结肠黏膜损伤严重时，腹泻便带血，里急后重，体温正常或升高。病犬、猫腹痛或消瘦。持续出血或腹泻的犬，可导致贫血或脱水。

[诊断] 根据病史和结肠镜检查可以确诊。钡剂灌肠可帮助了解病变范围和有无合并症。

采集粪便做细菌培养有利于诊断。

[治疗] 改变犬的生活环境，除去病因。给予易消化、营养丰富的食物，禁喂有刺激性食物。根据粪便培养和药敏试验选择抗生素。口服给药效果较好。

对剧烈腹泻的犬，阿托品 0.015mg/kg 体重，分 3 次口服，以使肠蠕动减弱，延长内容物在肠道内的通过时间，增加水分吸收。同时给予药用炭 10mg/kg 体重，或鞣酸蛋白 100mg/kg 体重，分 3 次口服。急性病犬用氢化可的松 5~20mg/次，猫 1~5mg/次静脉注射，每日 1 次；慢性病犬用醋酸泼尼松 0.5~2mg/次，口服，每日 2 次。贫血严重的犬，可考虑输血或口服人造补血浆。

二十一、便秘（Constipation）

便秘是指肠道内容物和粪团滞积于肠道的某部，逐渐变干变硬，使肠道扩张直至完全阻塞。若便秘时间过长，肠道内容物中的蛋白质异常发酵及其分解产物被吸收，可引起自身中毒，导致全身性变化。本病多发于老龄犬、猫。

[病因] 长期饲喂干食物，限制摄取流体食物。食喂过量的骨头、过量的骨粉或磷酸钙盐，使肠道内形成一种不易移动的灰浆块等。摄食过少，对肠道的机械或化学刺激不足，促进排便的肌肉弛缓无力等，均可引起本病。继发于排便疼痛的疾病，如直肠内异物、肛门囊炎、肛门囊肿、肛门周围形成瘘管、肛门狭窄、肛门痉挛。有机械性通过障碍的疾病，如前列腺肥大、骨盆腔肿瘤、骨盆骨折恢复后的骨盆狭窄、结肠和直肠的肿瘤、会阴疝等。支配排便的神经异常，如脊髓炎和脊椎骨折压迫骨髓所致的后躯麻痹、老龄犬、猫迷走神经紧张性减退及特发性巨大结肠症等。内分泌紊乱所致的甲状旁腺功能亢进和甲状腺功能减退而引起结肠平滑肌功能减退。全身衰弱和高度脱水也可诱发本病。

[症状] 病犬、猫食欲不振或废绝，呕吐或呕粪；尾巴伸直，步态紧张。脉搏加快，可视黏膜发绀。轻症犬反复努责，排出少量秘结便；重症犬排出少量混有血液或黏液的液体。肛门发红和水肿。触诊后腹上部有压痛，肠音减弱或消失。直肠指诊能触到硬的粪块。

[诊断] 根据病史和症状可以确诊。血液学检查，严重便秘并有脱水时，红细胞数和红细胞压积轻度升高，间或有低血钾症。

[治疗] 对较轻的早期病犬、猫，可于腹部触压积结的粪便并将其捏碎，然后用液体石蜡或肥皂水灌肠。也可用硫酸镁 10~20g 加入自来水 200ml。果导片 1~3 片，口服，效果较好。小型犬、猫可用开塞露于肛门内挤入。便秘持续时间长，药物治疗无效时，可进行剖腹手术以直接确定患部，粉碎或软化肠内容物，或切开肠管排出结粪。对继发性便秘应同时治疗原发病。

二十二、巨大结肠症（Megacolon）

本病是指结肠的异常伸展和扩张，分为先天性和继发性两种。

[病因] 结肠远侧端的肠壁内神经丛先天性缺陷，结肠长期处于收缩状态而堵塞粪便，导致前端结肠扩张和肠壁肌层增厚。此外，引起慢性便秘的多种因素，如肛门囊炎、直肠内异

物、骨盆骨折、前列腺肥大等，均可继发假性巨大结肠症。

［症状］ 先天性病犬生后 2~3 周内出现症状。症状轻重依结肠阻塞程度而异，有的数月或长年持续便秘。便秘时仅能排出浆液性或带血丝的黏液性少量粪便，偶有排出褐色水样便。病犬腹围膨隆似桶状，腹部触诊可感知充实粗大的肠管。继发性病犬除便秘外，有呕吐、脱水、精神沉郁，甚至衰弱等。

［诊断］ 主要依据腹部触诊，摸到集结粪便的粗大结肠。直肠探诊触到硬的粪块或不含粪便的扩张结肠。X 线检查，钡剂灌肠后可以确诊。通过直肠镜检查也可直接确定结肠有先天性狭窄、阻塞性肿瘤、异物等。

［治疗］

(1) 对衰竭的病犬首先输液，补充电解质和能量合剂，改善营养后再取出积结的粪便。

(2) 液体石蜡 20~50ml 灌肠，可软化粪便。也可用植物油或温肥皂水 500~1000ml 灌肠。

(3) 轻症病犬可适当运动，投服泻剂，促进粪便排出。

(4) 重症犬，必要时用分娩钳将粪块夹出。

(5) 对于先天性直肠或结肠狭窄、阻塞性肿瘤或异物等，可施以外科肠管切除术或肠管切开术除去病变。

(6) 饲料中添加缓泻药硫代叮二辛钠 50mg，口服，每日 1~2 次，或乳果糖 5~10mg，口服，每日 3 次。

二十三、直肠憩室（Rectaldiverticula）

直肠憩室一般是由先天性或后天性因素造成直肠壁部分扩张而形成。因憩室滞留大便而持续产生排便感。

［病因］ 犬尚未发现先天性憩室的病例，后天性因素见于直肠平滑肌断裂和会阴疝。当犬直肠内有异物或充满粪便时，后躯受到突然撞击，可使直肠壁平滑肌断裂，由肠黏膜和浆膜形成憩室。正常时，直肠末端由外侧尾肌、肛门提举肌及骨盆隔膜从侧面支撑。当会阴疝时直肠末端失去支撑，肠壁伸长而形成憩室。

［症状］ 主要表现为努责和里急后重。当并发会阴疝时，有的憩室可进入疝内。憩室内滞留粪便时可发展为憩室炎或直肠坏死。

［诊断］ 直肠检查和 X 线摄影，可以确诊。

［治疗］

(1) 伴有前列腺肥大的犬，去势可恢复骨盆隔膜的张力。

(2) 并发会阴疝时，可适时做疝孔缝合和骨盆隔膜修复术。

(3) 对重症犬施以直肠皱褶手术，方法是从会阴部切开，把直肠囊壁做若干折叠式缝合，也可在直肠壁做纵行椭圆形切除，然后分层缝合，闭锁肠管。

(4) 术后给予抗生素或磺胺类药物，防止感染。

二十四、直肠狭窄 (Stenosis of rectum)

直肠狭窄是由于瘢痕组织所致的肠腔狭窄。

[**病因**] 肛门囊炎、肛门周围瘘、直肠周围脓肿及其慢性炎症，以及异物或外科处置等引起直肠壁损伤的瘢痕组织所造成直肠和肛门的永久性狭窄。本病多见于老龄的德国牧羊犬、比哥犬、贵妇犬。

[**症状**] 通常表现里急后重，排便困难或排出细条状便。肛门指诊可触及狭窄部，并有疼痛反应和出血。

[**诊断**] 用硫酸钡剂直肠造影，可查出狭窄部和缺少黏膜的直肠内壁。疑似有新生组织时，可做组织活检。

[**治疗**] 对于黏膜瘢痕性的轻度狭窄，可试用扩张棒保守治疗。接近肛门处的狭窄，从会阴部切开，剥离到直肠外壁后，切除狭窄部。深结肠部位的狭窄，从肷部做切口，切除狭窄部，做肠管吻合术。

二十五、直肠脱垂 (Proctoptosis)

本症是指后段直肠黏膜层脱出肛门（脱肛）或全部翻转脱出肛门（直肠脱）。犬不分品种和年龄都可发生本病，但年轻犬更易发生。

[**病因**] 常见于胃炎、腹泻、里急后重、难产、前列腺炎、直肠便秘以及代谢产物、异物和裂伤引起的激烈努责，饲喂缺乏蛋白质、水和维生素的多纤维性饲料，严重感染蛔虫、球虫等的青年犬易发。先天性直肠括约肌无力的波士顿小猎犬在发育期，比其他品种犬易发。

[**症状**] 直肠黏膜脱出（脱肛）的犬，在排便或努责时，可见淤血的直肠黏膜露出肛门外。直肠翻转脱出（直肠脱）的犬，肛门突出物呈长圆柱状，水肿，直肠黏膜红肿发亮。如果直肠持续突出，黏膜变为暗红至发黑，严重时可继发局部性溃疡和坏死。病犬反复努责，在地面上摩擦肛门，仅能排出少量水样便。

[**治疗**]

(1) 脱出直肠整复手术。本法适用于脱肛初期，水肿轻微，黏膜没有破损、坏死者。患犬横卧或仰卧保定，垫高后躯。用5%明矾液清洗脱出的黏膜，针刺水肿部位，待水肿黏膜皱缩后再慢慢还纳，直至完全送回为止。然后于肛门周围深部肌肉三角形注射酒精，每点3ml，防止再脱出。

(2) 对顽固性脱肛和直肠脱的犬，将脱出部分用0.1%高锰酸钾液清洗后，还纳脱出物，用烟包缝合法将肛门缝合，留有一定缝隙，便于排便。或用直肠固定术整复。

(3) 直肠切除术。适于直肠脱出时间长、黏膜水肿严重或坏死者。对患犬常规消毒、麻醉、保定，用2根直径2mm，长20cm的不锈钢针，于脱出的直肠基部行十字交叉穿透固定，然后距插钢针处1~1.5cm处用刀切除脱出的全部直肠，充分止血后，先以3mm间隔结节缝合浆膜，然后再结节缝合黏膜，将浆膜层包埋。最后拔出钢针，肠管自动回缩到肛门内。

二十六、锁肛（Atresia ani）

锁肛是指肛门被皮肤封闭而无肛门孔的先天性畸形，常伴有肛门括约肌功能障碍。1994年我国曾报道1例后天继发性锁肛。

［病因］妊娠末期的正常胎儿会阴部出现一凹陷的原始肛，逐渐向内凹入与直肠盲端相遇，中间仅有一膜状隔称肛膜，以后肛膜破裂即成肛门。但有的犬原始肛发育不全或发育异常，则出现锁肛或肛门与直肠之间被一层薄膜所分隔的畸形。本病可能与遗传有关。后天继发性锁肛可能因为是胚胎时期，后肠和原始肛发育障碍，造成直肠盲端与原始肛之间的肌膜较厚，生后破裂孔小，或因胚胎时期，原始肛发育异常，过早过深地凹入体内，以后由于周围组织的发育造成肛门狭窄。犬出生后因肛门狭窄而排粪困难，引起肛门局部组织破裂，由于炎性增生，使肛门孔闭锁后形成一道小褶。

［症状］先天性锁肛的仔犬出生后数日腹围逐渐增大，表现不安、呕吐、频频努责，努责时肛门周围膨胀，膨胀严重的犬，表现呼吸困难。继发性锁肛的仔犬有排便史，常于20~30日龄左右发现腹部胀满，触诊腹壁紧张，能触及硬粪块。听诊肠音弱，尾根下部皮肤完好，努责时突出，触之有弹性，相当于肛门部位有一道横向的小褶，并附有干粪迹。

［诊断］检查肛门有无开口即可确诊。

但要注意与直肠闭锁相鉴别。直肠闭锁是直肠盲端与肛门之间有一定距离，因胎儿期的原始肛发育不全所致，症状比锁肛严重，努责时肛门周围膨胀程度比锁肛小。锁肛和直肠闭锁通过X线检查确定。抬起患犬后躯，根据肠内气体聚集于直肠末端的部位来判断。

［治疗］早期施以锁肛造孔术（人造肛门术）效果较好。术后腹部按摩有助于肠内积气和积粪的排出，用0.1%高锰酸钾液缓慢灌肠，全身抗感染治疗。

二十七、肛门囊病（Anus sac disease）

肛门囊病是肛门囊内的腺体分泌物贮积于囊内，刺激黏膜而引起的炎症。本病常见于小型犬和猫，大型犬很少发生。

［病因］犬的肛门囊位于内、外肛门括约肌之间的腹侧，左右各1个，呈球形。中型犬的肛门囊直径为1mm左右。肛门囊以2~4mm长的管道开口于肛门黏膜与皮肤交界部。把犬、猫尾部上举时，开口部突出于肛门，易于看到。肛门囊内衬以腺体，分泌灰色或褐色含有小颗粒的皮脂样分泌物。当肛门囊的排泄管道被堵塞或犬为脂溢性体质时，其腺体分泌物发生贮积，即可发生本病。此外，肥胖犬、猫的肌肉节律性运动失调，也可使肛门囊内容物排泄受阻而发生本病。

［症状］病犬、猫肛门呈炎性肿胀，常可见甩尾、擦舔并试图啃咬肛门，排便困难，拒绝抚拍臀部。接近犬、猫体时可闻到腥臭味。炎症严重时，肛门囊破溃，流出大量黄色稀薄分泌液，其中混有脓汁。肛门探诊，可见肛门处形成瘘管，疼痛反应加重。

［诊断］根据临床症状可初步诊断，通过直肠探诊或直肠镜检查，可以确诊。

［治疗］

（1）除去内容物。把犬、猫尾举起暴露肛门，用拇指和食指挤压肛门囊开口部，或将食指插入肛门与外面的拇指配合挤压，除去肛门囊的内容物。然后，向囊内注入消炎药等。0.3%碱性品红溶液于清创后涂在肛门囊破溃处，或灌肠后用绷带卷蘸饱和品红液，塞入直肠内，2~3 次即可奏效。

(2) 肛门囊炎症较重并伴有全身症状的犬、猫，应全身抗感染治疗。如有复发，可向囊内注入复方碘甘油，每日 3 次，连用 4~5 日。然后注入碘酒，每周 1 次直至痊愈为止。

(3) 肛门囊已溃烂或形成瘘管时，宜手术切除肛门囊。注意不要损伤肛门括约肌和提举肌。

肛门囊切除术：

①术前 24 小时禁食，灌肠使直肠完全排空。

②犬取俯卧保定，尾巴固定于背部，肛门周围剃毛、消毒。

③硬膜外麻醉，硫喷妥钠 8.8mg/kg 体重。

④持钝性探针插入肛门囊底部，助手用止血钳固定外侧皮肤，纵向切开皮肤，彻底切除肛门囊，清除溃烂面、脓汁及坏死组织，破坏瘘管。

⑤修整新鲜创口，撒抗生素粉剂，局部压迫止血，常规缝合。术后肌肉注射青霉素 80 万 u、链霉素 100 万 u，每日 2 次。局部用双氧水或生理盐水清洗，碘酊消毒，涂消炎软膏，每日 1 次。

术后 4 日内喂流食，减少排便，防止犬、猫坐下及啃咬患部，每日带犬、猫散步 2 次。

二十八、肛门周围炎 (Perianal infammation)

本病是患肛门囊病的犬、猫反复摩擦臀部或持续腹泻，粪便污染肛门周围，导致肛门周围组织发炎。

[症状] 病犬、猫常表现不安，伴有疼痛和瘙痒，回视臀部，在墙角或硬物体上摩擦臀部。肛门周围污秽不洁。

[治疗] 根据病因，对症治疗。局部用生理盐水、双氧水或 0.1%雷佛奴尔液擦洗，泼尼松龙喷雾制剂喷洒，涂以醋酸可的松或肤轻松软膏。

二十九、直肠息肉 (Recta polypi)

本病是直肠的肿瘤性组织增生性疾病，通常是良性的增生。

[病因] 病因不祥。

[症状] 轻症患病犬、猫主要表现里急后重，便血和腹泻，严重的可见自肛门口脱出红色组织包块，由于摩擦而形成溃疡时，则发生出血。患犬、猫的息肉多为良性增生，但息肉增大时，则可能成为恶性组织增生。

[诊断] 本病根据临床症状不难诊断，必要时应进行直肠探查，即可确诊。

[治疗] 外科手术切除是最好的治疗方法。手术切除后的息肉，有的复发，可重复手术切除。

第三节 肝、脾、胰、腹膜疾病

一、急性肝炎 (Acute hepatitis)

急性肝炎是肝脏实质细胞的急性炎症，临床上以黄疸、急性消化不良和出现神经症状为特征，肝脏出现不同程度的肝脏实质细胞急性弥漫性变性、坏死和炎性细胞浸润等病理过程。

[病因] 本病主要由传染性因素和中毒性因素引起。

(1) 传染性因素。见于各种病毒、细菌及寄生虫感染，如犬Ⅰ型腺病毒、疱疹病毒、细小病毒、结核杆菌、化脓杆菌、梭状菌、真菌、钩端螺旋体感染以及巴贝斯虫等寄生虫感染，这些病原体侵入肝脏或其毒素作用于肝细胞而致病。

(2) 中毒性因素。各种有毒物质和化学药品的中毒，如误食砷、汞、氯仿、鞣酸、四氯化碳、黄曲霉等以及反复投予氯丙嗪、睾酮、氟烷、氯噻嗪等，均可引起中毒性肝炎。采食霉变腐败的食物及工业加工的有毒分解物也可引起急性肝炎。

(3) 其他因素。食物中蛋氨酸或胆碱缺乏时，可造成肝坏死。充血性心力衰竭、门脉和肝脏淤血时，可因压迫肝实质而使肝细胞发生变性、坏死。

[症状] 患病犬、猫明显消瘦，精神沉郁，全身无力，初期食欲不振，而后废绝。体温通常正常或略有升高。眼结膜黄染。粪便呈灰白绿色、恶臭，不成形。肝区触诊有疼痛反应，腹壁紧张，于肋骨后缘可感知肝肿大。叩诊肝脏浊音区扩大。患病犬、猫病情严重时，表现肌肉震颤、痉挛、肌肉无力、感觉迟钝、昏睡或昏迷。肝细胞弥漫性损害时，有出血倾向。血液凝固时间、出血时间明显延长。

实验室检查：谷-丙转氨酶、谷-草转氨酶、碱性磷酸酶等酶活性升高，尤以乳酸脱氢酶活性增高明显。并发弥漫性血管内凝血时，血液中血小板及纤维蛋白明显减少。血清胆红素升高，血清总蛋白和γ-球蛋白增加，血清尿素氮和血清胆固醇降低。

[诊断] 本病可根据临床症状、肝区触诊、叩诊变化及实验室结果进行诊断。不同原因引起的急性肝炎，应根据其发病史和不同的临床特点进行诊断与鉴别诊断。

传染性肝炎往往有传染性，具有群发的特点，并有其特定的症状。毒性物质或化学药品引起的中毒性肝炎时，往往粪便恶臭，出血性腹泻，嗜中性细胞增加，核左移。因用药不当引起的肝炎，病症轻微，胆汁严重淤滞，血清乳酸脱氢酶明显升高，谷-丙转氨酶稍升高，嗜酸性细胞和嗜中性细胞增加。当误食腐败变质的食物引起肝坏死时，血清胆固醇及游离脂肪酸升高，血清中磷脂、总蛋白及白蛋白降低。

[治疗] 主要是除去病因，护肝解毒。

根据病因进行对因治疗，积极治疗原发病。如属于病毒引起的，可采用抗病毒药物，应用高免血清等。属于细菌性的，应根据不同的致病菌选用相应抗生素；如属寄生虫引起，应选用合适的抗寄生虫制剂。属中毒性的，要给予解毒，如氨中毒引起肝炎的犬，可用20%谷氨酰胺5~20ml及鸟氨酸制剂0.5~2.0ml，皮下注射。

采取对症疗法。有黄疸者，要采用利尿除湿疗法，可用苦黄注射液 30~40ml/d，或中药茵陈汤加减口服，连用 1 周以上。为促进胆汁排出，可内服人工盐或硫酸镁（钠）10~30g。有出血者，要予以止血，可选用维生素 K_3 肌肉注射，1~2 次/日，连用数日。进行性黄疸和转氨酶活性升高的犬，可用糖皮质激素地塞米松 1~5mg 肌肉或静脉注射，强力宁 20~40ml 静脉注射，每日 1~2 次。

采取护肝解毒疗法。可选用 5%~25%葡萄糖、复合氨基酸混合静脉注射，根据患病犬、猫的体重，每日葡萄糖的用量 200~500ml，氨基酸 100~250ml，连用数日。但出现神经症状的犬不能投予氨基酸制剂。投予大量的维生素，尤其是 B 族维生素，可根据犬、猫体重每日投以维生素 B_1 50~300mg、维生素 B_6 5~10mg，或复合维生素 B 0.1~1.0g，补充大量的维生素 C，每日 100~500mg，连用数日。

此外，要加强护理，使犬安静休息，给以碳水化合物为主的易消化食物，逐渐增加蛋白性食物。

二、慢性肝炎（Chronic hepatitis）

慢性肝炎是由各种致病因素引起的肝脏慢性炎症性疾病，可分为慢性持续性肝炎和慢性活动性肝炎。

[病因] 引起慢性肝炎的病因很多，确切原因尚不完全清楚。多数慢性肝炎是由急性肝炎转化而来。各种代谢性疾病、营养及内分泌障碍也可继发本病。

[症状] 主要表现为长期的消化功能障碍，并伴有全身症状。患病犬、猫精神萎靡不振、倦怠、呆滞、行走无力、皮毛枯焦、逐渐消瘦，最为突出的是消化系统症状，病犬食欲不振、腹泻、便秘或腹泻与便秘交替发生、粪便色淡、偶有呕吐。有的出现轻度黄疸，触诊肝脏和脾脏中度肿大，有压痛。

[诊断] 根据病史、临床症状可以作出初步诊断。实验室化验结果对诊断与鉴别诊断很有价值。病犬、猫血清胶质反应阳性，慢性活动性肝炎碱性磷酸酶、谷-丙转氨酶的活性均明显高于持续性肝炎。溴酚酞磺酸钠试验滞留率阳性，凝血酶原时间延长。

[治疗] 应注意保肝，避免饲喂脂肪含量高的食物，给予富含蛋白质、高碳水化合物和多种维生素的食物。选用 ATP、辅酶 A 等能量合剂口服或肌肉注射，对处于各期的肝功能恢复有一定作用。投予利胆药物，可用 10%去氢胆酸钠 2~5ml，隔日静脉注射，或用熊去氧胆酸片 10~40mg，口服，每日 3 次。对于活动性肝炎主要是对细胞的抗炎症治疗及抑制炎症向间质蔓延，可用地塞米松 2~5mg、氨基酸制剂 5~50ml、维生素 $B_1$10~20mg/kg 体重，加入葡萄糖液及平衡盐溶液中，静脉滴注。

三、肝硬化（Hepatocirrhosis）

肝硬化是由多种致病因素长期或反复作用于肝脏而引起的一种慢性疾病。其病理学特征为肝细胞出现弥漫性变性、坏死和再生，并伴有结缔组织弥漫性增生。

[病因] 引起肝硬化的病因多而复杂，主要由感染、中毒及代谢性障碍所致。如长期的肝

蛭、心丝虫等寄生虫感染，病毒性肝炎、肠道感染等感染性疾病；长期的胆囊排泄不畅、胆汁淤积、营养障碍和脂肪肝等；铜、砷、磷、汞、氯仿、单宁酸、四氯化碳、煤焦油、棉籽酚等化学毒素及黄曲霉素中毒，慢性酒精中毒等均可继发肝硬化。

[症状] 肝硬化初期没有明显的特征性症状，主要表现为精神较差，食欲不振、便秘、腹泻，或便秘和腹泻交替发生，这是由于胃肠道分泌和吸收功能紊乱所致。随着病变的进展，由于纤维组织的收缩和门脉区附近增大的再生肝细胞小岛压迫门脉分支，再加上肝内肝动脉和门静脉之间的新生侧支循环使肝动脉的血直接流入门脉系统，结果引起门脉高压症，通常可引起大量腹水和脾肿大。急性肝炎和重症肝炎继发的肝硬化发展较快。根据病性可分为活动性和非活动性肝硬化。

活动性肝硬化全身症状明显，主要表现为精神沉郁、高度消瘦、食欲废绝、体温升高，触诊肝区有明显压痛，可视黏膜黄染，随着病情的发展，腹水逐渐增多，下腹部触诊有波动感和移动性浊音。病犬、猫步态不稳，有出血性素质，病的后期出现抽搐和昏睡状态，最后出现肝昏迷和衰竭而死亡。

非活动性肝硬化缺少特异性症状。表现被毛粗糙，精神沉郁，食欲不振，不耐活动。倦怠，消瘦，轻度黄染，反复腹泻或便秘等。心源性肝硬化有明显腹水和肝脏肿大，腹水多的犬腹围膨隆。

[诊断] 根据发病史、临床症状和病理变化可作出初步诊断，确诊需进一步进行血液检查。血液生化指标检查，谷–丙转氨酶、乳酸脱氧酶升高，尤其是活动性肝硬化明显升高，血氨可高达 500μg/100ml 以上。血象检查，白细胞和血小板降低，中度的大细胞性贫血，淋巴细胞、单核细胞相对增加。超声波检查或肝脏穿刺活检是最可靠的方法。

[治疗] 食物疗法，要给予高蛋白、高碳水化合物和富含维生素的食物，维生素类特别要注意给予大量 B 族维生素和维生素 C，禁食脂肪含量高的食物。贫血时，口服硫酸亚铁，如有出血倾向可皮下注射维生素 K。食欲不好者，应静脉注射葡萄糖。

为促进肝细胞再生和提高血清的蛋白水平，可用复合氨基酸 250~500ml/日，静脉注射；肌苷 100~150mg/日，肌肉注射；为除去肝内脂肪，可用泛酸 10~15mg/次，每日 1~3 次或泛硫乙胺 10~15mg/日，肌肉注射；为控制神经症状和肝昏迷，可用谷氨酸钠、精氨酸及乌氨酸等；为抑制肠道内氨发酵、防止高氨血症，可用磺胺类药物。

如腹水严重，应限制食盐的摄入量，口服利尿剂，如双氢克尿塞，成犬 25mg/次，每日 3 次。如腹水过多而影响循环或呼吸时，可进行腹腔穿刺放液，具体方法见第二章第三节相关部分。

四、肝脓肿 (Hepatic abscess)

肝脓肿是各种化脓性细菌感染使肝脏形成脓性病灶，脓肿大小不等，可能单个，也可能是多个。

[病因] 常见的细菌有链球菌、葡萄球菌、绿脓杆菌和大肠杆菌等。寄生虫胆道感染时，细菌经胆道侵入肝脏；消化道、腹腔和盆腔炎症时经门脉系统侵入肝脏；细菌性心内膜炎等败血症时，细菌经肝动脉侵入肝脏，均可导致肝发生脓肿。

［症状］病犬、猫出现弛张性或间歇性高热，消瘦和便秘，触诊肝区有疼痛反应。重症病例精神高度沉郁，食欲废绝，呼吸困难，胸部触诊敏感等。若脓肿破溃，脓汁进入腹腔，则可并发急性腹膜炎。如治疗不及时，预后不良，本病死亡率较高。

［诊断］对本病的诊断，可用超声波检查或进行 X 线检查。必要时做腹腔探查。血象检查嗜中性白细胞增加（特别是分叶核细胞），血沉加快，对诊断具有一定的帮助。

［治疗］用大量的抗生素或磺胺类药物治疗为主。常用青霉素注射和口服磺胺类药物，通常应用两种以上广谱抗生素，如氨苄西林、头孢霉素、土霉素等。对大的单纯性脓肿，可进行手术排脓。同时进行对症疗法。

五、脂肪肝（Fatty liver）

脂肪肝主要是中性脂肪贮存于肝细胞而造成肝脏肿大的疾病。肥胖猫易得肝脂肪沉积症。

［病因］脂肪肝的病因主要有两类：一类是原发性的，长期摄入高脂肪和高碳水化合物、含蛋白质低的食物、饥饿、运动不足以及抗脂肪物质不足时，都可发生原发性脂肪肝。另一类是继发性的，急性和慢性肝炎、其他传染性病和寄生虫病、慢性胰腺炎及各种慢性代谢性疾病、糖尿病等，组织内的脂肪被动员贮存到肝脏而引发本病。

猫肝脂肪沉积症由多种应激原引起，如搬家、换食粮、添新动物、更换主人和运输等。

［症状］精神不振、食欲减退、偶有呕吐、腹胀，有时出现腹泻，或腹泻与便秘交替出现，肝脏肿大，触诊肝脏无明显的压痛。猫肝脂肪沉积症表现不吃食、黄疸、消瘦等。

［诊断］本病的诊断主要依据肝脏穿刺活检来确诊。还可进行超声波检查。猫肝脂肪沉积症实验室检验，肝转氨酶活力增强。

［治疗］应加强饲养管理，给予高蛋白和维生素含量高的食物，避免喂给高脂肪类食品。另外，应用能促使肝细胞内的脂质分解或排泄的一些药物，如巯丙酰甘氨酸、泛酸钙和蛋氨酸等。

猫肝脂肪沉积症治疗：病初强迫饲养食物，病后还可做胃瘘管饲喂食物。

六、胆管炎和胆囊炎（Cholangeitis and cholecystitis）

胆道炎症以胆管炎症为主者称胆管炎，以胆囊炎症为主者称胆囊炎。两者常同时发生，几乎各种动物都会发生。

［病因］引起胆管和胆囊炎的主要因素是细菌感染。其中，主要是大肠杆菌和沙门氏细菌感染最为重要，其他还有产气荚膜杆菌、葡萄球菌、链球菌以及厌氧菌等。它们主要通过十二指肠侵入胆管和胆囊引起炎症。其次是胆管和胆囊堵塞。胆结石、肝片吸虫、蛔虫等堵塞胆管，引起胆汁淤滞，以及它们的机械刺激作用，也常常造成胆管和胆囊的炎症。

［症状］急性胆管炎和胆囊炎的初期，胆管和胆囊黏膜充血、水肿，发生炎性浸润，胆汁淤滞。病犬主要表现为精神不振、食欲差、体温升高、腹部疼痛、呕吐等，严重的病例还出现黄疸症状。后期往往因为肝脏实质受到损害，因而表现为实质性肝炎的症状。有的病例发生胆管和胆囊肿胀、化脓性浸润，甚至形成胆囊穿孔，引发腹膜炎。慢性胆管炎和胆囊炎多

由急性病例反复发作迁延而来，临床一般无特异性症状，可表现为轻微的腹痛，有时疼痛明显，特别是吃了油腻食物后症状更加明显。

[诊断] 可以根据病犬的临床症状进行初步的诊断，然后再结合实验室检查和 B 超检查进行确诊。

（1）实验室检查：主要表现为细胞总数和中性粒细胞升高，肝功能检查有时血清转氨酶升高。

（2）B 超检查：准确率较高。如果是结石引起，可见到胆囊或胆管结石，胆囊和胆管有不同程度的扩张。急性胆囊炎时，可见到胆囊增大，胆囊壁增厚，呈强回声带。还可以看到胆囊内的积脓、坏死等征象。

鉴别诊断，需与十二指肠溃疡穿孔、急性胰腺炎、肝脓肿等相区别。

[治疗] 胆囊、胆管炎一旦确诊，治疗原则是积极支持疗法，在适当的时机手术解除胆道梗阻状态，防止并发症。

（1）非手术治疗。可采用禁食、解痉、抗感染等支持疗法。

解痉止痛：可应用阿托品 0.5mg，皮下注射；或山莨菪碱 5mg，肌肉注射。应用止痛剂要慎重，以免掩盖症状而延误治疗。老年犬要警惕胆囊坏疽或穿孔引起腹膜炎。

抗感染：要选用有针对性的抗生素，以抑制胆管、胆囊内需氧菌的生长。首选可选用氨苄西林、头孢他啶、庆大霉素等其中一种，控制厌氧菌可选用甲硝唑。

补液和抗休克：要补充能量、水分和电解质，纠正电解质和酸碱平衡紊乱。短期大剂量使用糖皮质激素，可以抑制炎症和缓解症状。

（2）手术治疗。经过以上治疗后病情没有缓解或加重，可以根据病情发展采取手术。胆囊切除术是急性胆囊炎的常规手术方式。当胆囊颈部与周围组织粘连严重无法分离时；可做胆囊部分切除。对于胆管梗阻引起的胆管炎，可用内镜逆行胆管引流，是近年开展胆管减压、控制胆管感染的有效方法。

七、脾破裂（Rupture of spleen）

脾破裂是指各种致病因素作用于脾脏引起破裂的一种疾病，有脾实质、脾被膜同时破裂发生腹腔内大出血和仅脾实质破裂两种，后者流出的血液可贮积于脾被膜内而形成血肿，以后因为活动或用力才使血肿破裂发生内出血。

[病因] 脾破裂是由于脾脏遭受直接或间接暴力而引起，如继发于某些疾病或交通事故等。

[症状] 患病犬、猫有明显的腹痛，呼吸困难，呈胸式呼吸，呕吐，出血较多者，可视黏膜苍白，心搏动加快，脉搏快而弱，触诊腹部有疼痛感，叩诊腹腔浊音区扩大，且有移动性浊音，听诊肠鸣音减弱，腹部穿刺可抽出不凝固的血液，腹围膨隆甚至呈桶状。实验室检查，红细胞、血红蛋白与红细胞压积下降。

[诊断] 根据病史、左腹肋部外伤等，结合临床特征，不难作出诊断。腹腔穿刺、实验室检查及超声波检查对本病的诊断极有帮助。

[治疗] 对发生脾破裂的犬、猫，为防止出血性休克，应及时补液，输血，保持静脉通

畅，同时，应用安络血，6-氨基己酸等药物止血，用抗生素防止继发感染，如确诊脾发生破裂，则应尽早急救，行脾切除术。手术方法参见第二章相关内容。如只伤及表面，可在清除表面血块之后，进行脾修补术。对脾肿大的病犬，可做预防性脾摘除。

八、急性胰腺炎（Acute pancreatitis）

急性胰腺炎是因胰腺酶消化胰腺自身所引起的一种以胰腺水肿、出血、坏死为主要病理过程的一种急性炎症。临床上以突发性前腹部剧痛、休克和腹膜炎为特征。

[病因] 引起急性胰腺炎的病因较为复杂，一般认为有以下原因。

（1）感染。因病毒、细菌和寄生虫感染而发生胰腺炎。如犬传染性肝炎、犬钩端螺旋体病以及犬胆道蛔虫感染等。

（2）胆管疾病。总胆管 Vater 氏壶腹部梗阻，可引起胆汁逆流入胰管，并使未激活的胰蛋白酶原激活为胰蛋白酶进入胰腺组织，引起自身消化。胆石嵌顿，肿瘤压迫、局部水肿常造成总胆管 Vater 氏管阻塞。

（3）胰管阻塞。因胰管阻塞使胰管压力增高，胰腺泡破裂，胰酶逸出而发生胰腺炎。常见于胰管痉挛、十二指肠炎等。

（4）其他原因。饲喂高脂肪食物时可诱发急性胰腺炎。此外，高脂血症、甲状腺功能减退、糖尿病、中毒病等损害胰腺而发生急性胰腺炎。

[症状] 水肿型胰腺炎，患病犬、猫精神差，食欲不振或废绝，进食后腹部疼痛；呕吐和腹泻，有时粪便中带血，触诊敏感，腹壁有压痛、弓背收腹。出血性坏死性胰腺炎表现为精神高度沉郁，昏睡，血压、体温降低，呕吐、剧烈腹泻乃至血性腹泻，腹壁紧张，腹部压痛剧烈。随着病情的发展，意识丧失，全身痉挛，进而发生休克。

[诊断] 本病可根据临床症状和实验室检查结果进行诊断。实验室检验，血清淀粉酶和脂肪酶明显增高，腹水中含有淀粉酶。血常规检查，白细胞数明显升高达 3~5 万/mm^3，中性粒细胞明显增高，核左移。超声波检查，胰腺肿大增厚。X 线检查可见右上腹部密度增加。本病大多预后不良。

现在临床上已有快速诊断试纸，进行快速诊断本病。

[治疗] 本病的治疗原则是抑制胰腺分泌、消炎止痛、纠正水盐代谢紊乱。

抑制胰腺分泌。应禁饲喂和饮水 4 日，避免刺激胰液分泌。应用硫酸阿托品抑制胰腺分泌，根据患病犬、猫体重的大小，每次 0.1~0.5mg，皮下或肌肉注射，也可静脉滴注，每日 2~3 次。

抗酶疗法。抑胰肽酶 5~10 万 u，缓慢静脉注射。

消炎止痛。头孢菌素 20mg/kg 体重，静脉注射，每日 3~4 次。或用氨苄西林、头孢霉素等广谱抗生素，肌肉注射或静脉滴注。选用吗啡 5~10mg 肌肉注射，或杜冷丁 2~5mg/kg 体重，肌肉注射。

防止休克。可选用氢化可的松 5~15mg，静脉注射或肌肉注射。

纠正水盐代谢紊乱。可选用乳酸林格氏液、生理盐水、复方氯化钠注射液，或 5%~10%

葡萄糖液配合 B 族维生素和维生素 C 等进行静脉滴注。

手术疗法。一旦发生胰腺坏死，要尽快施行胰腺切除术。

加强饲养管理和护理，禁食后病情好转时，可给予少量易消化的食物，但不可喂得过多。

九、慢性胰腺炎（Chronic pancreatitis）

慢性胰腺炎是指胰腺反复发作性或持续性炎症变化，临床上以腹痛反复发作、脂肪便及糖尿病为主要特征。本病无年龄及品种间差异。

［**病因**］目前尚不很清楚。一般认为与下列因素有关。

(1) 感染。胰腺附近的某些器官如胆囊、胆管的感染可经淋巴转移至胰腺，急性局限性胰腺炎久治未痊愈者以及幽门、十二指肠感染等，往往发展为慢性胰腺炎。

(2) 胰血管病变。如胰动脉硬化、血栓形成等。

(3) 慢性胰管梗阻。由胰石、胆道口括约肌痉挛及胰管狭窄等所致。

［**症状**］精神不振，反复腹痛，剧烈疼痛时伴有呕吐。食欲异常亢进，但生长发育停滞，消瘦，皮毛无光泽。消化不良，粪便量多，其中含有多量脂肪和蛋白，有恶臭气味，呈灰白色或黄色。当病变进一步发展到胃、十二指肠、总胆管或胰岛时，可产生消化道阻塞。出现血糖升高及尿糖。

［**诊断**］根据病史、临床症状及粪检实验室检查结果可以确诊。实验室检查，除检验粪便中脂肪球和未消化的肌纤维外，还可采用 X 线软片做明胶消化试验进行胰蛋白酶测定。B 超显示胰腺增大或缩小，形态不规则，回声低，胰管狭窄，不规则，偶尔可发现胰腺内有结石或假囊肿，对诊断有一定的价值。

［**治疗**］对患本病的犬、猫，应喂以低脂肪、易消化的食物，并做到少量多餐。

本病在急性发作时，可参照急性胰腺炎的治疗方法治疗。应用药物来维持胰腺的功能，可选用胰酶制剂或胰粉拌料，连日喂服，同时补充维生素 K、维生素 A、维生素 D、维生素 B_{12}、叶酸和钙剂。为抑制胰腺分泌，应给予制酸解痉药。对于反复发作，病情不断恶化，胆总管梗阻，引起黄疸者，应及时采取手术疗法。

十、胰腺变性萎缩（Pancreas degenerative atrophy）

胰腺变性萎缩是指胰腺外分泌细胞非炎症性损害的疾病，临床上以胰酶缺乏综合征为特征。2 岁以下的青年犬多发。

［**病因**］确切的病因目前还不明。一般认为某些感染性因素可导致本病，如犬瘟热病毒和心丝虫柯萨奇病等可损害胰腺腺泡细胞，从而引起本病。另外，长期饲喂高脂肪的食物，营养不良、饥饿、各种疾病引起的恶病质等也可导致本病的发生。

［**症状**］精神不振，营养不良，表现出严重的贫血症状，黏膜苍白。幼小的犬、猫患本病，则生长发育缓慢或停滞。被毛粗糙无光泽，食欲亢进，但进行性消瘦，排出大量的恶臭的脂肪性稀粪，肠膨气，腹围增大等。

［**诊断**］根据病史和临床症状可作出初步诊断。为进一步诊断可进行试验性喂服胰酶，观

察症状有无好转来确定，如有明显效果，则可确诊。

[治疗] 本病的治疗应长期甚至终身投予胰酶制剂如多酶片，用量应根据临床症状、粪便性状以及实验室检查结果决定。另外，要给予高蛋白、高碳水化合物和低脂肪的食物，补充维生素等。

十一、腹膜炎 (Peritonitis)

腹膜炎是腹膜壁层和脏层各种炎症的统称。按疾病经过，分为急性和慢性腹膜炎；按病变范围，分为弥漫性和局限性腹膜炎；按渗出物的性质，分为浆液，浆液–纤维蛋白性、出血性、化脓性和腐败性腹膜炎。临床上以腹壁疼痛和腹腔有炎性渗出液为特征。

[病因] 急性腹膜炎多因腹膜受到损伤、内脏穿孔和破裂等引起，如各种腹腔手术、腹腔穿刺、去势等，常因消毒不严格而感染细菌引起腹膜炎；腹腔某些脏器穿孔，如消化道穿孔，膀胱穿孔、子宫穿孔时以及肝、脾、胆囊及胆管破裂或穿孔时常引起急性腹膜炎；某些传染病和寄生虫病往往继发腹膜炎。此外，治疗过程中因误在腹腔内注射某些有刺激性的药物，如钙制剂、各种消毒剂，以及磺胺类药物等常引起腹膜炎。

慢性腹膜炎多由急性腹膜炎转变而来，并逐步转为慢性弥漫性腹膜炎。

另外，由于各种不同原因也可能引起乳糜腹、血腹和肿瘤性腹腔渗出。

[症状] 急性腹膜炎时，患病犬、猫精神高度沉郁，不愿走动，食欲废绝，体温升高，心跳加快，心律不齐，脉搏急速而微弱。呼吸急促，呈现明显的胸式呼吸。剧烈的腹痛，痛苦呻吟，低头收腹，拱背卷缩，反射性呕吐，排粪迟缓。腹腔积液时，下腹部向两侧对称性膨大。触诊病犬、猫躲避或抵抗，腹壁紧张，压痛明显。听诊肠音初期增强，后期减弱。叩诊呈水平浊音，浊音区上方呈鼓音。

慢性腹膜炎病情发展较缓慢，症状较轻，体温一般正常或轻度升高，由于肠管常发生粘连，而使肠蠕动减弱，进而表现出消化不良和疼痛，有时伴有腹水和水肿。

[诊断] 根据病史和症状可初步诊断，可用 X 线或超声来诊断。X 线检查腹部呈玻璃样腹腔内阴影消失。确诊可抽取腹水进行实验室检查。腹水中可见嗜中性白细胞和巨噬细胞。乳糜腹的液体为乳白的云雾状液体和液体中三酸甘油酯含量相对胆固醇较高而诊断。

[治疗] 本病的治疗原则是除去病因，消炎抗菌，控制渗出。

首先，要及时治疗原发病，对因外伤或腹腔内脏穿孔、粘连、破裂引起的急性腹膜炎病例，要及时进行手术。对有大量腹腔积液者，要进行腹腔穿刺放液后，再注入抗生素。可在腹腔内注入 20 万 u 青霉素、20 万 u 链霉素，0.25%普鲁卡因溶液 10ml 和 5%葡萄糖溶液 5ml。

为控制腹膜炎症，应全身使用抗生素，可选用氨苄西林、头孢霉素、庆大霉素等肌肉注射或静脉滴注。为了制止渗出，可用 10%葡萄糖酸钙 20~40ml 静脉注射，每日 2 次。

另外，要纠正脱水，维持电解质平衡，改善微循环，可静脉滴注复方氯化钠溶液、5%~10%葡萄糖和等渗盐水，同时补给 B 族维生素、维生素 C 等。进行对症治疗，解除便秘可进行灌肠通便，制止疼痛可应用安痛定等。

要使病犬、猫安静休息，给予易消化食物。

十二、腹水（Ascites）

腹水也称腹腔积液，是指腹腔内液体非生理性贮留的状态，它不是一种独立疾病，是伴随许多疾病的一种病征。腹水可分为渗出液和漏出液。老龄犬和幼犬易发生。

［病因］本病的发生主要是因血液和淋巴的回流发生困难所致，通常继发于引起门静脉淤血的某些疾病，如肝硬化、肿瘤、门静脉栓塞和寄生虫病；此外，心脏疾病、肺脏疾病、肠系膜动脉、门静脉或大的淋巴管被肿瘤压迫、某些血液病、肾脏疾病等，都可引起腹水；严重的营养不良，血液中蛋白质含量过低，胶体渗透压低时，也可引起腹水的发生。重症肝炎、胰腺炎和腹膜炎症皆可引起腹水。

［症状］患病犬、猫精神不振，行动迟缓，四肢无力，病程较长者渐进性消瘦。被毛粗乱，体温一般正常，脉搏快而弱，呼吸困难。食欲减退，有时呕吐，排尿减少，四肢下部浮肿，黏膜苍白或发绀，最典型的外观是，腹水未充满时腹部就向下向两侧对称性膨胀，腹水充满时腹壁紧张呈桶状。触诊腹部不敏感，如在一侧冲击腹壁，可在对侧腹壁感到波动，并可听到击水音。叩诊两侧腹壁有对称性的等高水平的浊音，腹腔穿刺有大量透明黄色液体。

［诊断］根据视诊、触诊和腹腔穿刺液的检查可确诊。诊断时，要注意腹水和腹膜炎的区别，腹水多为慢性，体温不高，腹壁不敏感。另外，腹水时，穿刺液中各种细胞含量较腹膜炎时低。

［治疗］要积极治疗引起腹水的原发病，并采取对症疗法。呋塞米（速尿）2~5mg/kg 体重，口服，每日 1~2 次，连用 5 日。

有大量腹水时，可穿刺放液，穿刺部位可选腹壁最低点，但不可一次放液量过大，否则，可引起虚脱，一般不超过 40ml/kg 体重；应用强心剂如洋地黄、咖啡因和利尿剂如利尿素氢氯噻嗪（双氢克尿塞）或用 10%氯化钙静脉注射，加强腹水的吸收和排出。为防止低血钾，可将 10%氯化钾溶液用 5%~10%葡萄糖溶液稀释或 0.1%~0.3%溶液缓慢静脉注射。对于低蛋白血症者，可静脉滴白蛋白。

另外，加强饲养和护理，喂予高蛋白、低钠的食物，限制饮水。

十三、游走脾（Wandering spleen）

本病也称异位脾，在临床上很少见到。

［病因］通常因脾脏肿大时的牵拉作用、脾蒂和韧带先天性过长所致。

［症状］如无脾蒂扭转，早期一般无明显症状。脾脏异位常沿左腹侧向下移动至盆腔。早期，脾脏可在腹腔中活动；随着时间的推移，脾脏与周围组织粘连在一起。当发生脾蒂扭转时，则脾脏充血肿大，并出现渗出，腹膜在渗出液的刺激下，形成局限性或弥漫性炎症。如蒂内动脉完全阻塞，脾脏可呈急性坏死或纤维化萎缩。游走脾有时由于牵拉或压迫附近内脏表现出相应的症状。如牵拉胃部可有呕吐、嗳气；压迫肠道可引起便秘或肠梗阻；膀胱或子宫受压迫则有排尿困难或发情周期紊乱。腹部触诊脾脏能自由推动或恢复到左上腹部的正常位置。

[诊断] 本病较难确诊，应根据腹部触诊结合临床症状进行诊断，采用超声波诊断可以确诊。

[治疗] 本病的根治应采取脾切除术，方法参见第二章第三节“脾脏摘除术”，同时要采取对症疗法，注意术后护理。

十四、脾脏肿大（Splenomegalia）

脾脏肿大系在某些因素的作用下，脾脏的基本结构即血窦扩张和淋巴滤泡的激活而表现为体积增大的一种临床症状。

[病因] 引起脾脏肿大的原因很多，主要有以下几种。

(1) 感染。包括急性、亚急性和慢性感染。急性感染如传染性单核细胞增多症、败血症、弓形体病和沙门氏菌病等；亚急性和慢性感染如慢性结核病、布鲁氏菌病和血吸虫病等。

(2) 免疫性增殖和非感染性肉芽肿疾病。如抗原性滤泡增殖、风湿性关节炎、铅中毒等。

(3) 充血性脾脏肿大。包括门脉性肝硬化、脾脏扭转等因素导致的脾脏静脉回流受阻。

(4) 血液系统疾病。发生溶血性疾病时，脾脏因为脾索巨噬细胞和窦内皮细胞增生而肿大。此外，骨髓及骨髓增生性疾病如真性红细胞增多症也可导致脾脏肿大。

(5) 肿瘤性疾病。白血病、淋巴瘤和其他各种癌细胞转移到脾脏等。

[症状] 脾脏肿大是很多疾病的一种临床表现，如恶性淋巴瘤、血吸虫病等，多为继发性。病犬主要表现为下腹部变大或下腹部有凸起表现，触诊可感知脾脏体积变大、后移，病犬一般没有明显的疼痛表现。但在脾脏发生扭转时，除了可以感知患犬脾脏肿大外，患犬还可表现为精神沉郁、呻吟、剧烈的腹痛、呕吐、前肢刨地等症状。

[诊断] 脾脏肿大主要根据一般检查、实验室检查、X 光和 B 超检查进行确诊。

(1) 一般检查。如果犬临床表现为下腹部变大、呕吐、疼痛性呻吟、腹部触诊有明显的实质性扁平器官等症状，就可以初步确诊。正常情况下，脾脏体积小而扁平，其背侧位于最后两个肋骨下，触摸时不明显。当脾脏肿大明显时，其位置可以延伸到脐孔后方，甚至骨盆前端。

(2) 实验室检查。脾脏肿大的犬，因为脾脏功能亢进可表现为血细胞和血小板减少。

(3) 通过人工气腹进行 X 光摄片，也可以观察到脾脏体积的变化；B 超检查，还可以发现脾脏囊肿、肿瘤、结核结节等。

注意与胃扩张—胃扭转的鉴别诊断。在有些脾脏肿大的情况下，可以因为牵连而导致胃胀气或胃扭转。而胃胀气或扭转时，常常导致脾脏因血液循环障碍而肿大。单纯性胃扩张时，通过插胃管放气，病犬症状可明显改善；胃扭转时，则胃管插不进。单纯性脾肿大或扭转时，即使通过插胃管可以放出一些气体，但病犬腹部膨胀减轻不明显。

[治疗] 主要是消除引起脾脏肿大的根本原因。针对原发病进行药物治疗；对肿瘤性疾病进行化学疗法；对感染性疾病进行抗生素治疗；对免疫介导性疾病进行免疫抑制性治疗。

药物治疗原发病疗效不佳和脾破裂时，则需要进行脾脏切除手术。为了纠正代谢性酸中毒，静脉注射碳酸氢钠溶液。适当地应用皮质类固醇制剂，稳定患病犬、猫病情。

十五、黄疸（Icterus）

黄疸是由于胆色素代谢障碍，血清胆红素浓度增高，使组织染成黄色的一种病理状态，是各种肝胆疾病及溶血性贫血的一个症状。

［病因］ 黄疸分为阻塞性黄疸（Obstructive jaundice）、肝细胞性黄疸（Hepatocellular jaundice）或实质性黄疸（Parenchymatous jaundice）以及溶血性黄疸（Hemolytic janudice）。阻塞性黄疸根据阻塞部位分为肝外阻塞性黄疸（是由胆道阻塞狭窄所致）和肝内胆汁淤滞性黄疸（见于胆小管性、药物性、部分病毒性肝炎。肝细胞性黄疸多由于肝实质细胞障碍而发生，如各种肝炎、肝硬化、钩端螺旋体病、败血症等）。溶血性黄疸体内红细胞破坏过多，血红蛋白大量游离，胆红素形成过多而造成黄疸，多由于血液原虫病、焦虫病、弓形体病等。

［症状］ 主要表现为可视黏膜及皮肤黄染，特别是巩膜最早出现黄染。阻塞性黄疸时皮肤瘙痒，血清胆红素升高，出现胆色素尿，呈绿黄色或褐黄色，大便有异常臭味。同时，有各种相应疾病的临床症状。

［治疗］ 黄疸是多种疾病所共有的一个症状，应积极治疗原发病。对症治疗主要是清热解毒，利尿除湿。可用 10%葡萄糖液，加维生素 C 大量输液，另外，大剂量应用 B 族维生素，给予 ATP、辅酶 A 等能量制剂。肝外阻塞者，可口服考来烯胺（消疸胺）2~4g，每日 3 次。

十六、急腹症（Acute Abdomen）

急腹症是指各种原因所致的腹腔脏器的急性疾病和表现以急性腹部症状为特征的一组疾病的总称，临床上也称为急性腹痛。包括很多疾病，往往因为发病急、变化快、病情复杂，给临床诊断带来很大困难。若不及时治疗，患病宠物就会疼痛难忍、病情恶化、休克，甚至会有生命危险。

［病因］ 引起急腹症的原因很多，主要包括：

(1) 腹腔脏器的急性感染。包括急性胆囊炎、胰腺炎、膈下脓肿、子宫和输卵管的炎症等。

(2) 囊状器官的穿孔。包括胆囊穿孔、胃穿孔、肠穿孔、膀胱破裂等。

(3) 梗阻性原因引起的血液循环或内容物排出障碍。主要包括胃扩张—扭转、脾脏扭转、肠梗阻、肠套叠、肠扭转、腹外疝嵌顿、胆囊或胆管结石、肾脏结石、输尿管结石、膀胱结石引起的尿闭、子宫扭转等。

(4) 腹腔损伤性疾病。包括创伤引起腹壁损伤、脏器损伤等。

(5) 出血性疾病。主要包括胃肠大出血、腹腔血管破裂、肝脏和脾脏破裂引起的大出血。

(6) 引起急腹症或急性腹痛症状的其他疾病（非真性急腹症）。包括肺炎、心绞痛、心肌梗死、糖尿病、酮症酸中毒、铅中毒等。

［症状］ 临床上急腹症的主要特征是急性腹痛，病犬可表现为腹部紧张或弓背、疼痛不安、呕吐等症状。餐后短时间出现呕吐，表明胃受刺激或胃炎。喷射状呕吐可见幽门阻塞。餐后 4~6 小时出现呕吐，吐出大量未消化食物，是胃贮存性疾病，如运动异常或排空障碍。

呕吐物的特征：呕吐物中带血是食道、胃或十二指肠出血。呕吐物呈黄色或绿色，说明是胆汁回流。呕吐物呈绿色或棕色液体，有恶臭味，一般是来源于十二指肠。但由于病变器官不同，症状也往往有所不同。有些病例如胃扩张—扭转还表现为腹部胀气，胃区叩诊呈鼓音、呼吸困难、喜饮水等；胃肠大量出血或脾脏破裂时，病犬表现为严重吐血或便血，可视黏膜苍白；脾脏扭转病例，通过腹部触诊可感知脾脏明显肿大；而肠套叠病犬，可触摸到香肠样结构；膀胱结石的犬，可表现血尿、少尿或无尿，结石引发完全堵塞时，能时显看到或摸到后腹部球状膨大等症状，病犬往往迅速陷于休克状态。

[诊断] 引起急腹症的原因很多，而且症状都非常相似，给临床诊断带来了不少难题。临床诊断必须做到“稳、准、快”，盲目治疗或拖延治疗，都可能使病情恶化。犬急腹症临床诊断方法包括：

(1) 一般检查。包括询问病史、观察临床症状、触摸、腹腔穿刺等手段。根据有无黄疸、出血、贫血、大小便情况、腹部有无香肠样结构以及腹腔穿刺液的理化性质，基本可以初步确定病变的部位。

(2) 实验室血清生化检查、血常规检查和尿常规检查。胰腺炎、胆囊胆管炎、膈下脓肿、胃肠穿孔等可表现为白细胞升高，急性大出血则表现为红细胞降低，胰腺炎时淀粉酶活性升高。

(3) 内窥镜检查、X 光检查和 B 超检查。借助内窥镜检查，对胃肠穿孔的诊断有确诊意义。X 光检查有利于排除因为肺炎引起的腹痛症状，并能确诊胃肠穿孔、结石性疾病。B 超检查主要用于胆囊胆管疾病、肾脏和膀胱结石、胰腺炎等疾病的检查。

(4) 手术探查。对疑似腹腔大出血或内脏破裂、胃肠穿孔引起严重腹膜炎、肠梗阻等发生血液循环障碍、有明显腹痛而治疗未见好转的病例，有必要进行手术探查。

鉴别诊断时应与炎症性急腹症、破裂或穿孔性急腹症、梗阻或狭窄性急腹症、出血性急腹症以及损伤性急腹症相区别。

[治疗] 一般处理原则：临床治疗要迅速，以免病情迅速恶化。治疗时，首先要及早查明病因，确定治疗方案，并积极实施治疗。对于不知原因的急腹症，要密切观察，反复检查。禁用一些麻醉镇痛药物，以免掩盖病情。必要时可用阿托品等解痉药物，禁止喂食、饮水和灌肠，以免加重穿孔性疾病的污染。在观察的过程中，要积极采取防休克、抗感染、纠正酸中毒和自体中毒的措施。

非手术治疗：对于一些单纯的腹膜炎、胰腺炎、子宫炎和轻中度急性胆囊炎，往往不需要手术，通过消炎和对症治疗就能取得良好的效果。对于一些体质虚弱但可以不立即手术的犬，如急性胆管结石等，可以先进行抗休克、抗感染、纠正电解质紊乱和酸中毒，为手术做好准备。必要时给予输氧。

手术治疗：对于急性胃扩张—扭转、胃肠穿孔、脾脏扭转、肠梗阻、肝脏和脾脏破裂、膀胱破裂、胆囊破裂等危急症状，则需要在进行对症治疗的同时，进行手术治疗。

十七、腹壁疝 (Ventral hernia)

腹壁疝是指腹腔内脏器经腹壁破裂孔脱至皮下。

[病因] 本病多见于腹壁外伤，如在车祸、摔跌、动物相互厮咬等情况下，往往可能出现腹壁肌层或腹膜破裂而表层皮肤仍保留完整。腹腔手术之后，腹壁切口内层缝线断开、切口开裂，而皮肤层愈合良好，内脏器官脱至皮下，形成腹壁疝。

[症状] 患病犬、猫腹壁皮肤囊状突起，大小随疝内容物多少和性质不同而异，触诊局部可以摸到疝环，内容物的质地随脱出的脏器不同而异。早期腹壁疝其内容物一般可以还纳，但如发生局部炎症，则触摸时可感知疝的轮廓不清，如发生嵌闭，则疝内容物不能还纳，囊壁紧张，出现急腹症症状，腹痛不安，食欲废绝，呕吐，发热，严重者可出现休克。

[诊断] 本病的诊断主要根据病史、临床特点进行，用手触诊可感觉到疝轮，同时可触及其内容物，即可作出诊断。鉴别诊断时应与腹腔肿瘤等相鉴别。

[治疗] 本病应行手术治疗。手术时，全身麻醉，仰卧保定，前高后低姿势。按常规在肿胀处剪毛消毒，在肿胀部中心皱起处切开皮肤，分离皮下组织，找到疝囊，将疝内容物还纳于腹腔，分别找到腹膜和腹壁肌层，并做新的创口且予以修整，对腹膜和腹壁肌层做连续螺旋式缝合，再对皮肤层修整，切除多余的皮肤，做结节缝合，必要时，做减张缝合。在缝合腹底壁疝时，用褥式缝合或减张缝合法。急性外伤性腹壁疝时，往往伴有多发性损伤，所以，在手术整复之前需先稳定病情，改善全身状况。

十八、脐疝 (Umbilical hernia)

脐疝是指腹腔内脏经脐孔突入脐部皮下。其内容物多为大网膜、镰状韧带及小肠等，幼犬多发。

[病因] 本病多与遗传有关，常见于脐部先天发育异常、脐孔闭锁不全以及脐部化脓或腹壁发育缺陷的犬和猫。母犬、猫的发病率高于公犬、猫。母猫过分舔仔猫脐部时，也有可能引起本病。

[症状] 脐部呈现局限性球形肿胀，触摸质地柔软，也有的紧张，一般无红、痛、热等炎性反应。非粘连性病例多能将内容物还纳到腹腔，并可摸到疝轮。少数病例疝内容物与疝囊发生粘连，疝内容物不能还纳腹腔，发生嵌闭性脐疝，血液供应障碍，局部出现肿胀、疼痛等，患病犬、猫出现精神沉郁，弓背收腹，食欲废绝，严重者可出现休克。

[诊断] 本病诊断较易。用手触摸脐部，如内容物可退缩，又能感觉到疝轮，即可作出诊断。也可进行 X 线诊断。但应与脐部肿胀、感染和肿瘤相区别，必要时可用穿刺法进行诊断。

[治疗] 由于多数脐疝小，无明显临床症状，不必手术治疗，随年龄增大多在 6 月龄以后自愈，或用疝带保守疗法治疗。保守疗法无效时可进行手术治疗。如内容物已粘连或发生嵌闭，应尽早进行手术，手术方法参见第二章第三节相关内容。

十九、腹股沟阴囊疝 (Inguen-scrotal hernia)

腹腔内容物经腹股沟管突至阴囊的鞘膜腔内称为阴囊疝；腹腔内容物经腹壁而向外突出称腹股沟疝。前者多发生于幼年公犬，后者多发于母犬。

[病因] 先天性腹股沟疝多因腹股沟内环过大所致，后天性腹股沟疝常见于中年未去势的

母犬，多因妊娠、剧烈运动和肥胖使腹内压增大，腹股沟内环孔变大引起腹腔内脏突出。猫呈散发性发生。

[症状] 单侧或双侧腹股沟部隆起，质地柔软呈面团状，无红、热、痛等炎症现象。疝的大小不等，外观差异很大，从小到大难以看出似含有怀孕的子宫或膀胱。母犬腹股沟疝可向阴部扩展，类似会阴疝；公犬的阴囊疝多为单侧发生，呈索状肿胀。可压迫腹股沟环处静脉或淋巴回流，出现睾丸和精囊肿胀和水肿。由于腹股沟环小，疝内容物易发生嵌闭，使局部肿胀更明显。

[诊断] 本病的诊断应根据病史、临床症状和触诊结果进行诊断。但应与血肿、脓肿、淋巴结肿大及乳房肿瘤等相区别。膀胱插管和穿刺等方法有助于本病的诊断。必要时，也可采用 X 线摄影或造影检查。

[治疗] 本病的治疗应进行手术修复，手术方法参见第二章相关内容。

二十、会阴疝（Perineal hernia）

腹膜后脂肪和骨盆腔器官经盆腔后结缔组织凹陷突至会阴部皮下称为会阴疝。本病常见于未去势的老年公犬，疝内容物多数为直肠，少数为膀胱、前列腺和腹膜后脂肪。

[病因] 本病主要与下列原因有关，先天性盆腔后结缔组织无力、激素失调、前列腺疾病，慢性便秘使盆膈不能支撑直肠等，均可引起发病。确切的病因目前尚不十分明了。

[症状] 明显的症状是排粪努责和会阴隆起。以单侧会阴疝多见，且大多数为右侧会阴疝。可见患病犬、猫肛门腹外侧、会阴部出现柔软、波动的皮下肿胀，如患双侧会阴疝，则肛门向后脱垂，手推可整复。若肿胀质硬和疝痛多为嵌闭性疝。会阴部皮肤充血、水肿或溃疡。疝内容物多为膀胱或前列腺。用手指进行直肠检查时可通过直肠壁触知。

[诊断] 根据病史、临床症状和直肠检查可做出诊断。手指直肠检查有助于证实疝内容物。必要时，可采用 X 线检查。

[治疗] 保守疗法只能适当缓解症状，如给病犬、猫服用轻泻剂和激素治疗等，对使粪便变软，增加排粪量，减轻前列腺增生有一定作用，但不能根治本病。本病的根治在于手术疗法。如果发生两侧会阴疝，不应同时打开两侧，以防修补时肛门外括约肌紧张。应间隔 4~6 周再修补另一侧。会阴疝手术结束后，应再做公犬去势手术。会阴疝的手术方法参见第二章相关内容。

第六章
犬、猫的呼吸系统疾病

第一节　上呼吸道疾病

一、感冒（Cold）

感冒是以上呼吸道黏膜炎症为主要症状的急性全身性疾病，临床上以流鼻涕、呼吸增数、体温不同程度升高为特征。本病多发于幼犬。气候多变季节发病率高。

[病因] 饲养管理不当、营养不良、长途运输、过度疲劳、突然受寒冷刺激等因素，都可导致本病的发生；当机体抵抗力低，上呼吸道黏膜防御机能减退时，呼吸道内的常在菌大量繁殖，可导致本病的发生。此外，本病往往有很高的接触传染性，其病原很可能是病毒。

[症状] 主要表现为精神不振，食欲减退，呼吸加快，体温升高；结膜潮红，轻度肿胀，羞明，流泪；咳嗽，流鼻涕，流出的鼻涕起初为浆液性，以后变为黄色黏稠状，有的可见鼻黏膜有糜烂或溃疡，鼻黏膜高度肿胀时，鼻腔狭窄，呼吸困难，呼吸次数增数，肺泡呼吸音增强；心率加速，心音增强。皮肤温度不均，四肢末端和耳尖发凉。

[诊断] 根据受到寒冷侵袭后突然发病、咳嗽、流鼻涕及发热等全身性症状可作出初步诊断。应注意与副流感、犬瘟热初期、犬腺病毒Ⅱ型感染初期相区别。

[治疗] 应以解热镇痛，祛风散寒为原则。可选用复方氨基比林、安乃近、安痛定、复方阿司匹林等。为防止继发感染，应适当应用抗生素和抗病毒类药。此外，要特别注意加强护理，做好防寒保暖工作。

[预防] 加强饲养管理，提高抗病力，特别是在气温突然变得寒冷时，要加强防寒保暖工作。

二、鼻出血（Epistaxis）

鼻出血是指鼻腔或副鼻窦黏膜血管破裂出血并从鼻孔流出的一种症状。

[病因] 原发性鼻出血多见于外伤、异物、寄生虫等损伤鼻黏膜所致；继发性鼻出血常由出血性素质的疾病引起，如慢性鼻窦炎、鼻炎引起的鼻黏膜溃疡、钩端螺旋体病、犬钩虫病等感染性疾病、肿瘤、息肉以及香豆素类毒鼠药中毒等。

[症状] 单侧或双侧鼻孔内流出血液，一般为鲜血，呈滴状或线状流出，不含气泡或含有几个大气泡。继发性鼻出血一般多持续流出棕色鼻汁。犬的钩虫病呈间歇性小出血和静脉水肿。当出现大出血并持续不止时，患病犬、猫可出现严重的贫血症状，表现为可视黏膜苍白，脉搏弱而快。如治疗不及时，可因严重失血而死亡。

［诊断］根据临床症状可作出诊断。本病的鉴别诊断，应注意与肺出血，气管、支气管出血相区别。一般呼吸道出血时在血液中有多量气泡。

［治疗］轻度鼻出血一般无须特殊治疗，除去病因，加强饲养管理，使犬安静休息，即可止血。如仍不能止血，可在额、鼻梁上实施冷敷数分钟到半个小时；也可用浸有 1:50000 的盐酸肾上腺素等止血药的纱布或棉花球塞入鼻腔。此外，应进行全身性用药，可肌肉注射肾上腺色腙（安络血）、酚磺乙胺（止血敏）、维生素 K 等药物，静脉注射 10%氯化钙溶液，补给适量的维生素 C，必要时可给予输血。

［预防］避免鼻部损伤，及时治疗可能引起鼻出血的原发性疾病。

三、鼻　炎 (Rhinitis)

鼻炎是鼻腔黏膜的炎症，临床上以鼻黏膜充血、肿胀、呼吸困难、流鼻涕、打喷嚏为主要特征。

［病因］原发性鼻炎主要由寒冷、化学、机械因素等刺激引起，例如吸入致敏性的花粉、尘埃、有毒气体、昆虫等，当鼻腔黏膜受到以上因素的刺激时可引起鼻炎。继发性鼻炎主要见于一些传染病的发病过程中，如犬瘟热、副流感、犬腺病毒Ⅱ型感染等。另外，鼻腔周围的器官炎症也可蔓延到鼻腔从而引起鼻炎。

［症状］急性鼻炎病初表现为鼻黏膜充血、肿胀，患病犬、猫因鼻黏膜发痒而打喷嚏、摇头、蹭鼻子，继而鼻孔流出浆液性、黏液性、脓性、血样鼻涕。鼻黏膜可有糜烂。炎症进一步发展到呼吸道时，表现为呼吸急促，张口呼吸，因鼻腔黏膜肿胀，鼻分泌物的增多，堵塞鼻腔，可听到鼻塞音；部分病例可见到下颌淋巴结肿胀，伴有结膜炎时，有羞明、流泪、眼分泌物增多等症状。少数患病犬、猫可出现呕吐、扁桃体炎、咽喉炎。通常情况下，犬的食欲、体温等无明显变化。病程 6~8 日，经过良好。

慢性病例主要表现为长期流鼻液，鼻涕多为黏液性或脓性，量时多时少，也可能发出腐败气味，有时可见鼻涕中混有血丝。

［诊断］主要依据临床症状作出诊断。鉴别诊断时，要注意区分原发性和继发性鼻炎以及副鼻窦炎。

［治疗］对于轻症病例，将其置于温暖、通风的环境，除去病因，往往无须特殊治疗可自愈。对非细菌性所致的鼻炎，可选用 2%~3%硼酸液、0.1%高锰酸钾液、1%~2%苏打水或 1%明矾溶液冲鼻，然后向鼻内滴入消炎药水或搽消炎药膏；如属于植物花粉和真菌孢子过敏引起，充血严重者，可应用肾上腺素液滴鼻，或全身用去甲肾上腺素、马来酸氯苯那敏（扑尔敏）、地塞米松等抗过敏药物；对于原发性或继发性的细菌感染所引起的鼻炎，可选用抗生素，如头孢霉素、氨苄西林、氯霉素等口服或注射，必要时可以局部用药。真菌性鼻炎病犬，可用 1%复方碘甘油喷入鼻腔，连续用药 10 日，如长期顽固性鼻炎，经药物反复治疗无效时，可采用手术方法治疗。

［预防］注意预防受寒感冒和其他致病因素的刺激。对于继发性鼻炎，应及时根治原发病。

四、副鼻窦炎 (Catarrhus sinus paranasales)

副鼻窦炎是上颌窦、额窦及蝶窦黏膜的炎症，临床表现为各副鼻窦黏膜发生浆液性、黏液性或脓性甚至坏死性炎症。上颌窦炎多见，其次是额窦炎。

[病因] 本病可分为原发性和继发性。原发性副鼻窦炎多因犬、猫机体抵抗力下降时感染病菌所致，较为少见。继发性副鼻窦炎较为多见，通常继发于急性、慢性鼻腔疾病，如鼻炎、流感、放线菌病、面部挫伤、骨折以及变态反应等。

[症状] 鼻腔中流出大量鼻液，患病犬、猫呼吸困难，触诊时有痛感、局部肿胀，流出的鼻液起初为浆液性或黏液性的，其后为脓性并有臭味，有时混有血液。当患病犬、猫剧烈运动、咳嗽或强力呼吸时，流出的鼻涕增多。如细菌性窦腔黏膜炎症发展到鼻腔黏膜时，则引起鼻炎，并可能通过鼻泪管感染，引起眼结膜炎，发生鼻泪管堵塞。急性严重病例除表现为流出脓性鼻涕外，还可能出现全身症状，体温升高，畏寒或颤抖，惊恐不安，狂躁惨叫。慢性病例主要表现为持续性流出黏液性或脓性鼻液，局部肿胀，叩诊肿胀呈浊音，无全身性症状和明显的疼痛。流出的鼻液量多少视发病部位不同而异，当筛鼻窦炎时鼻液量较少，而上颌窦炎和额窦炎时，则鼻液量较多。

[诊断] 急性病例可通过临床症状作出诊断，慢性病例则可以借助于鼻窦穿刺术或圆锯术进行诊断。

[治疗] 对于急性病例，如鼻窦严重充血肿胀，用1%麻黄素、肾上腺素、滴鼻净滴鼻，以收缩血管，减轻肿胀。有全身性症状时，应用抗生素或磺胺类药物，可选用氨苄西林20~40mg/kg体重，口服，每日2次；或土霉素30mg/kg体重，口服，每日2次，以控制炎症。对于黏膜有严重的病变，鼻窦中有大量鼻液者，应做圆锯术进行治疗。

[预防] 加强饲养管理，提高抗病能力，针对本病的发生原因，避免各种致病因素的刺激，及时治疗各种原发病。

五、软腭异常 (Soft palate abnormality)

软腭异常为短头综合征之一，多见于短头的英国斗牛犬、巴哥犬、北京犬、狮子犬等。短头猫少见。以鼻孔狭窄等上呼吸道阻塞、呼气性呼吸困难、咽或喉内负压增高为特征。

[病因] 本病由遗传性和后天因素引起，软腭过长是短头品种犬特有的先天性异常症。

[症状] 软腭过长的犬，因妨碍采食，食物进入食道时，往往从鼻腔喷出。犬在休息时呼吸音高朗，表现干咳、湿咳、鼾声，病犬睡眠时更明显。易造成呼吸困难。由先天性异常引起的呼吸道狭窄，在并发喉炎、扁桃体炎时，往往造成严重呼吸困难，如治疗不及时，可因缺氧而致死。

软腭裂多在腭正中线上，出生后哺乳困难，乳汁从鼻孔逆流，可见两侧性乳汁污染鼻孔两侧，发育迟缓易引起鼻炎，可因异物性肺炎导致呼吸困难而致死。

[诊断] 软腭裂肉眼可直接观察到，易于诊断。软腭过长症有特征性临床症状，可直接用喉头镜观察。肥大下沉的软腭，可在颈部X线侧面摄影诊断。

[治疗] 软腭过长，为了减轻黏膜水肿和肿胀，用肾上腺素0.1~0.3mg/次10倍稀释，静脉

注射 1~2 次。或用泼尼松，或泼尼松和抗生素合用。可手术切除过长部分。腭裂者缝合两端使其闭锁，不宜作为种犬用。因软腭异常造成呼吸困难者，应采用输氧疗法。因食物和液体逆流入鼻腔引起异物性肺炎者，要及时清除吸入的异物，并按吸入性肺炎的治疗方法进行治疗。

六、喉炎（Laryngitis）

喉炎是喉黏膜及黏膜下层组织的炎症，可分为原发性和继发性、急性和慢性，临床上以剧烈咳嗽、喉部肿胀、敏感性增强、疼痛为主要特征。

［病因］ 原发性喉炎的病因主要有物理性、化学性以及各种机械性因素，如寒冷的刺激；吸入有害气体、烟雾；异物梗阻等。继发性喉炎则多因某些病毒或细菌的感染，邻近器官的炎症所致，如犬副流感、犬瘟热、犬腺病毒Ⅱ型感染，猫鼻气管炎等。

［症状］ 主要表现为剧烈咳嗽，初期多为干咳，咳声粗厉，渗出物较少，随着病程的发展，渗出物增多，由干咳转为湿咳。病犬表情痛苦，呼吸困难，低头张口呼吸，并呼出恶臭气体。如遇寒冷刺激喉部高度敏感，咳嗽加剧，犬咳嗽后常呕吐。触诊喉部可诱发咳嗽。

轻症喉炎无明显全身症状。严重患病犬、猫精神不振，表情疲倦，可有食欲下降，体温升高，呼吸急促，脉搏增数等症状。同时由于呼吸困难，可呈现缺氧症状，表现为可视黏膜发绀，吃食和饮水时咽下困难。发生严重喉部水肿者，喉部可听到狭窄音和啰音。

［诊断］ 患病犬、猫出现剧烈咳嗽、喉部敏感增高及狭窄音或啰音，结合喉镜检查，可做出临床诊断。喉镜检查可发现咽喉黏膜血管增生和水肿；猫主要是咽喉水肿。鉴别诊断时，要与咽炎、支气管炎、鼻炎等疾病相区别，咽炎时主要表现为吞咽困难；支气管炎时，喉部一般不敏感，胸部听诊有各种啰音，且全身症状明显；鼻炎时可见大量鼻涕，一般咳嗽不明显。

［治疗］ 首先要消除各种病因的刺激，其次要积极治疗原发病。治疗原则是消炎、止咳、祛痰。

有全身症状者，可选用氨苄西林消炎，患犬每日 10~25mg/kg，分 2~3 次肌肉注射或口服；患猫每日 6~20mg/kg，分 2~3 次肌肉注射或口服。头孢霉素每日 15~30mg/kg，分 2~3 次口服。干咳犬可用磷酸可待因 1~2.2mg/kg，皮下注射，每日 3~4 次；猫 0.25~0.4mg/kg 体重，口服；湿咳者可用川贝止咳糖浆；急性和慢性喉炎也可用 1%明矾液滴入喉腔内，六神丸 3~6 粒，口服，每日 2 次。

七、喉头麻痹（Laryngeal paralysis）

本病犬较常见，以呼吸困难、不耐运动、咳嗽及喘鸣为主要特征。大型犬多发，中、小型犬也可发生。

［病因］ 有先天性和后天获得性两种。先天性的多由自体显性基因遗传而发病；后天获得性的病因目前还不明了。另外，有作用于神经的意外性外伤或医源性外伤；喉反神经或胸腔迷走神经受到胸内外物体的影响以及肿瘤的压迫等；脑部的某些疾病也可能导致喉麻痹的发生。

[症状] 病犬吸气困难，吸气时喘鸣音，进行性不耐运动，运动时出现明显的缺氧症状，表现为呼吸急促，可视黏膜发绀。

[诊断] 主要根据本病的特征性症状进行临床诊断；必要时采用喉镜检查进行确诊。检查时，先将犬实施全身麻醉，通过喉镜观察喉部运动的情况，患有此病的犬，在吸气时杓状软骨及声带停在原位或外展无活力，如非本病则无此表现。

[治疗] 采取对症和对因治疗。对症疗法主要是输氧，缓解缺氧症状。对喉部或肺部有水肿的可用氢氯噻嗪（双氢克尿噻）2~4mg/kg 体重，口服，每日 2 次。地塞米松或氢化可的松，肌肉注射或口服。对因疗法应针对本病发生的原因，积极治疗原发病，必要时可采用手术疗法。

八、气管麻痹（Trachea paralysis）

本病多发生于小型观赏犬和短头品种犬，可分为背腹型和侧面型两种。背腹型多为自然病例，胸腔入口的气管段为易发部位；外鼻孔狭窄，软腭过长或浮肿的犬多发。

[病因] 有先天性和后天性两种因素，确切的病因现在尚不明了。先天性的与品种有关，例如先天性软骨钙化、小型观赏犬、短头犬种的先天性鼻孔狭窄和软腭过长症等较为多发；后天性的与某些疾病有关，例如严重支气管阻塞、支气管炎、细支气管炎常可造成气管麻痹；慢性呼吸困难往往气管疲劳易发生麻痹；气体交换量减少也可发生麻痹。另外，后天性骨软化或严重缺钙症等都可造成气管麻痹。

[症状] 在犬采食、饮水、运动时，发出特征性“嗄”样叫声的干性间歇性咳嗽。常表现为呼吸困难症状。呼气延长、用力呼吸提示胸腔入口处的气管麻痹，吸气延长、用力呼吸提示颈部气管麻痹。换气不足出现体温升高时，容易引起热射病。病犬表情痛苦，用力呼吸，出现明显的缺氧症状，表现为可视黏膜发绀。触诊颈部气管变平；听诊可听到气管内的捻发音，呼气比吸气时有长而高亢的气管呼吸音。

[诊断] 根据病史及临床特征进行诊断。通过听诊、气管触诊和 X 线检查，可进一步作出诊断。X 线检查气管麻痹的侧面像为颈部后方到胸部前方的气管内腔变窄，气管背侧缘因麻痹而管壁模糊不清，腹侧缘清晰。

[治疗] 本病的治疗原则为消炎、抗菌、镇咳。

（1）抗菌消炎。用氨苄西林，10~20mg/kg 体重，口服，每日 2 次。氯霉素，30~50mg/kg 体重，口服，每日 1 次。也可用头孢霉素口服或肌肉注射。

（2）镇咳平喘。用氨茶碱，10mg/kg，口服或肌肉注射，每日 2 次；盐酸麻黄素，5~15mg/kg 体重，口服，每日 1~3 次。地塞米松，0.5mg/kg 体重，口服，每日 1~2 次。

（3）供氧。对于呼吸困难、严重缺氧的患病犬、猫，应予吸氧。

（4）喷雾疗法。1%异丙肾上腺素 0.6ml、庆大霉素 100mg、卡那霉素 500mg，多粘菌素 60ml 及生理盐水 5ml，溶解后经口腔喷雾，每日 3 次，每次 20 分钟。

第二节 肺、支气管及胸腔疾病

一、支气管炎（Bronchitis）

支气管炎是犬、猫的支气管黏膜在各种致病因素作用下发生的急性或慢性炎症，临床上以咳嗽、胸部听诊有啰音为特征。本病可发生于任何年龄犬，老龄和幼龄犬、猫较为多见，多发于春秋季节和气温骤变时。

[病因] 各种应激因素是引起支气管炎的主要诱因，如寒冷以及机械、物理、化学因素刺激等。感染性因素有病毒性疾病，犬呼肠孤病毒、犬瘟热病毒、犬流感病毒、犬Ⅱ型腺病毒、犬传染性肝炎病毒、猫鼻气管炎病毒、猫杯状病毒感染等；常见的细菌感染有支气管败血波氏杆菌、假单孢菌、大肠杆菌、肺炎克雷伯氏菌及霉形体感染等；也可能由上呼吸道或肺部炎症蔓延而来。

[症状] 急性发病犬、猫有食欲减退，呕吐，精神萎顿，体温略有升高，如发展到细支气管炎则出现体温持续升高，脉搏增数，呼吸困难等全身症状。犬、猫突发带有疼痛的干咳，以后随着渗出物增加而变为湿咳，两侧鼻孔流浆液、黏液乃至脓性鼻液，咳嗽后流出量增多。胸部听诊，肺泡呼吸音增强，发病 2~3 日可听见干、湿性啰音。叩诊无明显变化。X 线摄影可见较粗纹理的支气管和细支气管炎阴影。

慢性气管支气管炎表现为顽固性的咳嗽，常为剧烈、粗厉的、突然发作的痉挛性咳嗽，以运动、采食、夜间或早晚更为严重。听诊时，呼气延长，肺部都有喘鸣音。如果支气管黏膜结缔组织增生变厚造成管腔狭窄，则发生呼吸困难。

急性病例血液学检查可见白细胞总数增高，伴有嗜中性白细胞增多。

[诊断] 本病主要依据明显的咳嗽，胸部听诊有干、湿性啰音。胸部 X 线摄影检查，急性病例，沿支气管有斑状阴影；慢性病例可见肺纹理增强，支气管周围有 X 射线透不过的圆形部分。

鉴别诊断上，应注意与鼻炎、喉炎、肺炎等呼吸系统疾病相鉴别。

[治疗] 本病的治疗原则是消除炎症，祛痰止咳。

（1）消除炎症。用青霉素 4 万 u/kg 体重，静脉或肌肉注射，或链霉素 20mg/kg 体重，肌肉注射，每日 2 次。也可选用氨苄西林、新霉素、庆大霉素、头孢菌素或其他广谱抗生素。

（2）祛痰止咳。用磷酸可待因 1~2mg/kg 体重，口服，每日 2 次；分泌物多时，氯化铵 0.15~0.3g/kg 体重，口服，每日 3 次；分泌物黏稠时，可用羧甲基半胱氨酸（化痰片）口服。急性病例，配合应用地塞米松等皮质类固醇制剂，0.3mg/kg 体重，肌肉注射。

慢性支气管炎，用碘化钾 0.2~1.9mg/kg 体重，口服，每日 2~3 次。

此外，要精心护理，注意将患病犬、猫置于安静、温暖、通气和清洁的环境中。

[预防] 加强饲养管理，提高机体抗病力；严格按免疫程序进行各种疫苗接种，按时驱虫；加强卫生管理，保持环境、犬舍和犬具等的清洁卫生，避免机械、化学、物理等因素的刺激，保护呼吸道的自然防御功能，积极治疗原发病。

二、支气管肺炎（Bronchopneumonia）

支气管肺炎也称为小叶性肺炎或卡他性肺炎，是细支气管及肺泡的炎症。临床上以弛张热型、呼吸次数增多、叩诊有散在的局灶性浊音区、听诊有啰音和捻发音为特征。多见于老龄和幼龄犬、猫。

[病因] 原发性病因多为饲养管理不当，饥饿过劳、受寒感冒，物理、化学等因素刺激，降低了机体抵抗力，使外源性和内源性致病细菌大量繁殖以致引起发病。例如肺炎球菌、葡萄球菌、链球菌、真菌感染、蛔虫等寄生虫的移行，均可成为本病直接致病原因。

继发性支气管肺炎常发生在犬瘟热、犬腺病毒病、犬疱疹病毒病、猫呼吸道综合征过程中。

[症状] 患病犬、猫精神沉郁，眼睛无神，眼分泌物增多。食欲不振或废绝，体温升高40℃以上，呈弛张热。脉搏随着体温的变化而改变，病初稍强，随着病程的发展，频率逐渐加快。病初鼻镜干燥、流鼻液，咳嗽。听诊局部肺泡音增强，以后减弱或消失，有支气管湿性啰音及捻发音。叩诊出现浊音区。重症犬、猫呼吸困难，出现明显的腹式呼吸，可视黏膜发绀。

X线检查可见肺纹理增强，伴有小片状模糊的斑状阴影。

血液学检验，白细胞总数大量增加，嗜中性白细胞增加，核左移，单核细胞增多，嗜酸性粒细胞缺乏。

[诊断] 根据临床特征、X线检查及血液学检查结果可作出诊断。但对细菌性、霉菌性、寄生虫性肺炎的鉴别诊断尚需借助于渗出物和黏液的培养、细胞学检验等进一步的分析。

本病应与支气管炎、大叶性肺炎相区别。支气管炎热型不定，胸部叩诊呈过清音甚至鼓音。大叶性肺炎多呈稽留高热，病程更为急促，胸部叩诊呈现大片浊音区，X线检查有明显而广泛的阴影。

[治疗] 本病的治疗原则是消炎、止咳、制止渗出，促进吸收和排除以及对症治疗等方法。

为消除炎症，控制感染，可用广谱抗生素治疗，通常选用四环素、青霉素、庆大霉素、先锋霉素等，在应用抗生素的同时，配合应用磺胺类药物内服。为了使治疗更有针对性，根据痰、鼻分泌物、黏液、胸腔渗出物或血液培养、药敏试验结果选择合适抗生素。

祛痰止咳，可选用樟脑酊、吐根阿片散、复方甘草合剂、必咳平、乙酰半胱氨酸等。

制止渗出可静脉注射10%葡萄糖酸钙溶液，每次10~15ml。对呼吸困难和心力衰竭者，可用强心剂和输氧。为扩张气管可用麻黄素静脉注射或肌肉注射。此外，要加强对患病犬、猫的护理，注意保暖，饲喂富含蛋白质、多种维生素、易消化的饲料。

[预防] 基本同支气管炎相同，但应加强预防和根治能继发本病的一些传染病和寄生虫病等。

三、猫支气管哮喘（Feline bronchial asthma）

猫支气管哮喘又称猫过敏性支气管炎，是气管、支气管树对各种刺激物的高度敏感性所引起的急性、慢性、阻塞性支气管痉挛。

［病因］是由各种机械的、化学的以及生物性因素刺激猫的呼吸道引起过敏所致，但确切的病因目前尚不完全清楚。

［症状］可分为急性和慢性两种。急性者往往突然患病，患猫呼吸急促，张口呼吸，呈现增强性或强迫性呼气，可视黏膜发绀，出现明显的缺氧症状，心跳加速，突然出现不安，喘鸣、窒息甚至休克等症状；慢性者出现阵发性干咳、频咳伴有喘鸣，发作时呈现不安、呼吸急促、缺氧等症状。气管触诊易诱发咳嗽，呼吸音增强；诱咳后通常喘鸣更加明显。

［诊断］本病依据临床症状可作出诊断。

［治疗］本病应采取止咳平喘、抗过敏和防止继发感染为治疗原则。

(1) 平喘、扩张支气管。氨茶碱 5mg/kg，口服，每日 2 次；对急性的短期治疗，慢性者应长期治疗。氧气疗法有较好效果。或用特布他林（博利康尼）0.625mg/猫，口服，每日 2 次。

(2) 祛痰止咳。磷酸可待因，1~2mg/kg，口服，每日 2 次；湿咳时，氯化铵，0.15~0.3g/kg，口服，每日 3 次。

(3) 抗过敏。可用皮质类固醇，如泼尼松龙，2mg/kg 体重，静脉滴注；或地塞米松，0.5~1.0mg/kg 体重，静脉滴注；或醋酸 6-甲泼尼松龙，1mg/kg 体重，静脉滴注，每 2~6 周 1 次，均有较好效果。也可选用抗组织胺药：马来酸氯苯那敏（扑尔敏），2~4mg/kg 体重，口服，每日 1~2 次；或苯海拉明，2~4mg/kg 体重，口服，每日 1~2 次。

(4) 可用抗生素治疗，防止继发感染。四环素 10mg/kg 体重，口服，每日 3 次，或用阿莫西林 10mg/kg 体重，口服，每日 2~3 次，连用 7~10 日。

(5) 氧气疗法。为缓解缺氧状态，可进行输氧。

［预防］应加强饲养管理，改善环境，避免接触各种致病因子。注意防寒保暖，经常更换垫料，除去猫舍中的杂质，如沙子、灰尘等，避免烟雾刺激，避免与有害化学物质、有刺激性气体接触。

四、肺炎（Pneumonia）

肺炎是肺实质的急性或慢性炎症，临床上以高热稽留、呼吸障碍、低氧血症、肺部广泛浊音区为特征。

［病因］本病的病因主要有：

(1) 感染。病毒、细菌侵害呼吸系统所致；如腺病毒Ⅱ型，肺炎双球菌、链球菌、葡萄球菌、真菌感染以及原虫、蠕虫等寄生虫感染等。

(2) 饲养管理不良。如受寒感冒、劳役过度、长途运输、环境卫生差、吸入有毒有害气体等，致使犬、猫机体抗病能力降低，免疫功能下降。

(3) 变态反应。吸入某些过敏源、异物、花粉等都可能是本病的诱因。另外，部分被溶解了的细菌放出内毒素，以及细菌毒素和组织的分解产物被吸收后，可刺激机体产生特异性的免疫抗体，引起变态反应。

［症状］病犬、猫精神不振，食欲减退或废绝，体温高达 40℃以上，稽留不退，脉搏增数

可达每分钟 100~150 次，结膜潮红，鼻镜干燥，常流铁锈色鼻液，常有剧烈的疼痛性咳嗽；犬、猫呼吸急促，可达每分钟 50 次以上，并伴有明显腹式呼吸，呈进行性呼吸困难，有严重的缺氧症状，可视黏膜发绀。肺部听诊可听到湿性啰音；叩诊病变部呈浊音或半浊音，周围肺组织呈过清音。

实验室检查：白细胞总数增高，核左移，红细胞沉降反应加速。血小板减少。淋巴细胞减少。

[**诊断**] 根据临床特点和实验室检查结果可以作出初步诊断，进行 X 线检查可见到病变部位有明显的阴影，有助于诊断。本病应与胸膜炎、支气管炎相区别。

[**治疗**] 治疗原则基本上同支气管肺炎。

(1) 抗菌消炎。对细菌感染，应使用广谱抗生素，以青霉素、链霉素为主。也可选用红霉素、庆大霉素、头孢霉素、卡那霉素等。厌氧菌和异物吸入性肺炎，可选用洁霉素，5~10mg/kg 体重，肌肉注射，每日 2 次；需氧菌性肺炎可用头孢霉素Ⅰ，10~15mg/kg 体重，每日 3 次，静脉注射；如因厌氧菌感染，在应用青霉素、链霉素的同时，口服克霉唑片或静脉滴注甲硝唑注射液。

(2) 止咳平喘。本病常伴有支气管炎痉挛和喘鸣，可选用复方甘草片、磷酸可待因、氯化铵、碳酸铵等口服。

(3) 输氧疗法。严重缺氧时应及时予以输氧。

五、异物性肺炎 (Foreign body pneumonia)

异物性肺炎是由于吸入异物到肺内引起支气管和肺的炎症，统称为异物性或吸入性肺炎。

[**病因**] 灌药方法不当、吞咽障碍是异物性肺炎最常见的原因。当咽炎、咽麻痹、食道阻塞和伴有意识障碍的脑病史，由于吞咽困难，容易发生吸入或误咽现象，从而引起异物性肺炎。

[**症状**] 异物进入肺内，最初是引起支气管和肺小叶的卡他性炎症，表现为呼吸急速而困难，明显的腹式呼吸，体温升高 40℃以上，精神沉郁，食欲下降或废绝，畏寒，有时战栗，心跳加快，脉搏快而弱，并出现湿性咳嗽。随后病理过程剧烈，最终陷于肺坏疽。

由于肺坏疽的形成，病的后期呼出带有腐败恶臭味的气体，鼻孔流出有奇臭的污秽鼻液。显微镜检查鼻液时，可看到肺组织碎片、红白细胞、脂肪滴及大量微生物等。如鼻液加 10% 氢氧化钾溶液中煮沸，离心获得的沉淀物，在显微镜下检查，可见到由肺组织分解出来的弹力纤维。肺部检查，触诊胸部疼痛明显，听诊有明显啰音。叩诊呈浊音，后期可能出现肺空洞而发出灶性鼓音。若空洞周围被致密组织所包围，其中充满空气，叩诊呈金属音；若空洞与支气管相通则呈破壶音。

[**诊断**] 根据病史和临床特征可作出初步诊断。X 线检查，若见到透明的肺空洞及坏死灶的阴影，即可确诊。本病的鉴别诊断应与腐败性支气管炎区别，腐败性支气管炎缺乏高热，并且在鼻液中无弹力纤维。

[**治疗**] 本病应以缓解呼吸困难、排出异物、制止肺组织腐败分解及对症治疗为原则。

为缓解呼吸困难，应进行氧气吸入。排出异物时，让患病犬、猫横卧，后腿抬高，有利于咳出异物。皮下注射 2%盐酸毛果芸香碱 0.2~1ml，增加气管分泌，促使异物排出。防止继发感染，可选用头孢霉素、氨卞西林、链霉素等抗生素或口服磺胺类药物等。

［预防］保持舍内清洁，空气新鲜，避免有刺激性的气体、污物对呼吸道的侵害，灌药时，要严格按操作规程进行，避免将药物灌入气管和肺内。同时，积极治疗可能引起本病的疾病。

六、肺气肿（Pulmonary emphysema）

肺气肿是肺的肺泡气肿和间质性气肿的统称。该病是因肺组织内空气含量过多而致体积膨胀。肺泡性肺气肿是指肺泡内空气量增多。间质性肺气肿是气体进入间质的疏松结缔组织中使间质膨胀。

［病因］有原发性和继发性两种。原发性的主要是因剧烈运动、急速奔跑、长期挣扎，由强烈的呼吸所致。老龄犬因肺泡壁弹性降低较容易发生本病。继发性的常因慢性支气管炎、支气管狭窄、气胸时的持续咳嗽，因气体通过障碍而发生。

［症状］呼吸困难、气喘，张口呼吸，是明显的缺氧症状，可视黏膜发绀，精神沉郁，易疲劳，脉搏细数，体温一般正常。听诊肺部肺泡音减弱，可听到碎裂性啰音及捻发音。在肺组织被压缩的部位，可听到支气管呼吸音。叩诊呈过清音，叩诊界后移。X 线检查肺区透明、膈肌后移、支气管影像模糊。继发性肺气肿往往伴有原发病的症状。

［诊断］根据病史、临床症状，肺部叩、听诊变化和 X 线检查结果，可作出确诊。

［治疗］本病的治疗原则是积极治疗原发病，改善肺的通气和换气功能，控制心力衰竭。

如因慢性支气管炎、支气管扩张引起，应采取祛痰止咳，抗菌消炎，改善支气管扩张状态，同时给予输氧疗法。每日多次低浓度吸氧疗法，能缓解呼吸困难和控制心力衰竭。当出现水肿时可用利尿剂，如氢氯噻嗪（双氢克尿塞）10~20mg，口服，每日 2 次。服药时，要注意补充钾。雾化吸入支气管扩张药，如茶碱类、拟肾上腺素药等效果更好。适当选用呼吸调节剂，如福米诺苯盐酸盐 50~80mg，口服，每日 3 次，以提高病犬的血氧分压和降低二氧化碳分压。对较大的局限性肺气肿可采取手术疗法。此外，要加强护理，使患病犬、猫保持足够的休息。舍内要通气良好，清洁，温度、湿度适宜，给予富含蛋白质和维生素的食物。

七、肺水肿（Pulmonary edema）

肺水肿是肺毛细血管内血液量异常增加，血液的液体成分渗漏到肺泡、支气管及肺间质内过量聚积所引起的一种非炎性疾病，临床上以极度呼吸困难，流泡沫样鼻液为特征。

［病因］心源性的：多见于充血性左心衰竭、过量的静脉输液和肺毛细血管压增高。

非心源性的：多见于低蛋白血症，如肝病时蛋白合成能力下降，肾小球肾炎的蛋白丢失，消化不良综合征等；肺泡-毛细血管渗透性增加，如出血性休克、氧中毒、癫痫发作、内毒素血症、微血栓、烟气吸入、败血病等。

［症状］突然发病，高度混合性呼吸困难，弱而湿的咳嗽，头颈伸展，鼻翼扇动，甚至张口呼吸。呼吸数明显增多。眼球突出，静脉怒张，结膜发绀，体温升高，两侧鼻孔流出大量粉红色泡沫状的鼻液，多有严重水肿。胸部叩诊呈浊音，听诊可听到广泛的水泡音。

胸部X线检查，肺视野的阴影呈散在性的增强，呼吸道轮廓清晰，支气管周围增厚。如为补液量过大所致，肺泡阴影呈弥漫性的增加，大部分血管几乎难以发现，如因左心机能不全者并发的肺水肿，肺门呈放射状。

[诊断] 根据病史，突然发生高度混合性呼吸困难，流泡沫样鼻液等症状可以初步确定，确诊应依据X线检查。

[治疗] 本病进展迅速，要及时采取急救措施，否则，可危及生命。

治疗原则是，除去病因，保持病犬安静，减轻心脏负担，缓解肺循环障碍，制止渗出，缓解呼吸困难。

对于因肺毛细血管压增高、充血性左心衰竭者，首先使犬安静，禁用兴奋剂。适当使用镇静剂，可肌肉注射苯巴比妥5~15mg/kg体重。为减少肺毛细血管压可用利尿剂，如速尿1~2mg/kg体重，每日4~6次；呋塞米（速尿）2~4mg/kg体重，口服，每日3~4次。为制止渗出可用10%葡萄糖酸钙5~10ml，静脉注射。为改善气体交换可输氧。扩张支气管用氨茶碱6~8mg/kg体重。为缓解循环血量，也可放血6~10ml/kg体重。对心律不齐者可给予普萘洛尔（心得安）。渗出性肺水肿可用皮质类固醇，如地塞米松、泼尼松龙等。

[预防] 应注意环境卫生，及时治疗可能引起肺水肿病的各种疾病。避免刺激性气体和其他不良因素的影响。

八、肺出血 (Pneumohemorrhagia)

肺出血是肺动脉壁损伤，变性并伴有肺动脉压增高等因素所引起的一种疾病，临床上以咯血为主要特征。

[病因] 咯出的血液主要来自肺脏，其次来自支气管黏膜。犬心丝虫病、肿瘤、结核、肋骨骨折、肺动脉压升高，可引起肺出血。突发性咳嗽、外伤、肺部炎症、淤血等也可成为肺出血的病因。

[症状] 突发性从鼻和口腔流出鲜红色血液，并混有泡沫。出血量的多少因出血部位而异，重症者精神沉郁，脉搏加快，呼吸促迫，咳嗽。出血过多者，可视黏膜苍白，皮肤变凉，心跳加快，血压下降。听诊时可于肺、气管处听到湿性啰音。

[诊断] 主要是同鼻出血、呕血相区别。肺出血呈鲜红色，其中含有大量气泡，血液不凝固。而胃出血引起的呕血（吐血）呈暗红色，含有食物残渣，呈酸性反应。鼻出血时流出血液中不含泡沫或只含几个大气泡。

[治疗] 首先应使动物安静。外伤引起出血者要尽早处理原发病。为增强血液凝固性可用1%~2%氯化钙溶液3~5ml，静脉注射。咳痰性出血，可给予维生素C 500~1000mg，肌肉注射，每日1次。消炎镇咳，可用盐酸麻黄碱5~10mg，口服。或氨茶碱10mg/kg体重，口服，泼尼松龙0.5~1.0mg/kg体重，口服，每日1次；对继发感染者，及时给予抗生素或磺胺类药物。可根据药敏试验结果来选择抗生素类药物。

九、肺囊泡症 (Pulmovesicle)

肺囊泡症是指肺内含有空气或液体的异常空间的总称。本病无明显症状，但囊泡破裂时，可突然发生紧张性气胸，造成呼吸困难而致死。

[**病因**] 可分为先天性和后天性两种。

先天性肺囊泡症见于胎儿期肺异常，如支气管囊泡、纵隔支气管囊泡、淋巴管肿样囊泡、腺肿发育不全等。后天性肺囊泡症病因尚不明确。可继发于感染、支气管阻塞、阻塞性肺气肿等病程中，特别是肺炎等时发生的急性肺泡壁破裂，肺泡融合成大的囊泡。

[**症状**] 本病多无症状，胸部X线摄影可偶然发现。泡破裂可发生自然气胸。表现呼吸困难。大泡压迫气管引起末端肺感染。泡内有液体潴留，X线摄影可见气体和液体界面。

[**诊断**] 因本病多无明显症状，较难确诊，发生明显症状时，进行胸部X线检查，可见囊泡壁呈毛发状阴影和透光性强的界限清晰的圆形或椭圆形囊泡，肺尖部更明显。可依此做出诊断。

[**治疗**] 本病如转为严重闭塞性肺气肿，则多预后不良，可能造成突然呼吸困难而致死。如泡大且呈进行性、反复感染以及并发气胸时，应手术切除囊泡或肺叶，并及时应用抗生素类药物治疗。

十、胸膜炎（Pleuritis）

胸膜炎是指由各种致病因素作用于胸膜而引起的炎症。其临床上以腹式呼吸，听诊胸膜摩擦音和胸部叩诊出现水平浊音为特征。病理特征为胸膜发生炎症渗出和纤维蛋白沉积的炎症过程。

[**病因**] 胸膜炎可有原发性和继发性两种。原发性胸膜炎可因胸壁各种外伤、胸膜腔肿瘤、或受寒冷刺激等使机体防御机能降低时，病原微生物乘虚侵入而致病。继发性胸膜炎通常是呼吸道或胸腔器官感染蔓延所致，如结核病、猫传染性腹膜炎以及肺、心包、淋巴结的炎症性感染蔓延到胸膜而发病。

[**症状**] 病初表现精神沉郁，食欲不振，体温升高，常达40℃以上。呼吸加快，出现明显的浅表呼吸，呈腹式呼吸，有时咳嗽；触诊胸壁有明显疼痛感，胸部听诊有摩擦音，这种摩擦音因胸膜渗出物而减弱，有时可能听到拍水音，胸部叩诊呈水平浊音。肺脏由于受大量渗出液压力而出现呼吸困难和部分萎陷。慢性胸膜炎表现反复性微热、呼吸促迫。若胸膜已发生广泛粘连或高度增厚，听诊肺泡音微弱，多于胸后上部出现浊音。

[**诊断**] 主要根据病史和临床症状作出初步诊断。X线检查更有助于确诊；胸腔穿刺对诊断很有价值，可流出大量黄色易凝固的渗出液，富含纤维蛋白块；血液学检验白细胞总数和中性粒细胞增多，有核左移现象，淋巴细胞相对减少。可作出诊断与鉴别诊断依据。

[**治疗**] 治疗原则为消除病因，消炎止痛，制止渗出，促进渗出物吸收和排出，防止自体中毒。

消炎可选用青霉素、头孢霉素、链霉素等，用法参照肺炎、支气管肺炎的治疗，最好用胸膜腔穿刺获得的渗出液进行细菌培养和药敏试验，然后选用适当抗生素进行全身性治疗。止痛用杜冷丁，11mg/kg体重，每日2~3次，肌肉注射；或用麦佩里啶，10~20mg/kg体重，每日2~3次。为增强心脏功能，促进吸收和排泄，可应用强心剂、利尿剂和轻泻剂。为制止渗出可用10%葡萄糖酸钙溶液20~40ml静脉注射。胸腔积液过多，呼吸困难时，可行胸腔穿刺排液，并用0.01%~0.02%呋喃西林或0.1%雷佛奴尔等消毒液冲洗胸腔，然后再注入青霉素、链霉素等抗生素。另外，还应适当采用其他对症治疗方法。

十一、胸腔积液（Hydrothorax）

胸腔积液是指漏出液积于胸腔内，简称胸水，通常以呼吸困难为特征。

［病因］本病常因某些疾病阻碍血液和淋巴循环所致。例如充血性心力衰竭、心内膜炎等心脏疾病；充血性肺水肿及肺脏的某些慢性病；肿瘤而使静脉干受到压迫导致血液循环障碍。长期消耗性疾病引起慢性贫血、稀血症等均可引起胸腔积液。此外，中毒、胸腔内淋巴管扩张等疾患均可引起本病。

［症状］患病犬、猫体温一般正常，比较特征的症状是呼吸困难，严重时甚至张口呼吸，呼吸浅表，听诊在水平浊音区有时可听到心音，心音通常减弱，而有时心音消失。叩诊时两侧呈水平浊音，随着体位变化而改变。穿刺液检查为漏出液。

［诊断］根据缺乏全身症状，呼吸困难等特征以及叩诊胸壁水平浊音等可作出初步诊断。穿刺液检查对确诊本病很有帮助。但应注意同胸膜炎区别。胸膜炎有胸部疼痛、咳嗽、体温升高、听诊有摩擦音等症状，穿刺液为渗出液，而胸腔积液无上述症状，胸腔积液为漏出液。必要时，可采取 X 光和超声波检查诊断与鉴别诊断。

［治疗］确诊并积极治疗原发病。对症治疗，如积液过多，严重呼吸困难者，则应穿刺排液，并注入适量抗生素和醋酸可的松等。如胸腔积液不多时，可用利尿剂，如氢氯噻嗪（双氢克尿塞），2~4mg/kg 体重，口服，每日 2 次；或速尿，2~4mg/kg 体重，静脉注射或口服，每日 2~3 次，以促进漏出液的排出。用强心剂，如普萘洛尔（心得安），5~40mg/kg 体重，每 8 小时 1 次，以促进漏出液的吸收。

十二、胸腔积血（Thoracic cavity hematocele）

胸腔积血是胸膜壁层、胸腔内脏器官或横膈膜出血，使血液贮留于胸腔内的一种疾病。又称血胸。

［病因］本病多见于外伤，如肋骨骨折、胸壁透创等胸部创伤，肺血管肉瘤、肺挫伤、胸腔手术时造成血管破裂、横膈膜疝引起肺脏或横膈膜出血以及膈疝伴有脾或肝脏破裂等。此外，血液凝固异常、双香豆素中毒、骨髓机能降低也是引起血胸的重要原因。

［症状］患病表现为明显的腹式呼吸，呼吸浅表而困难，出血严重者可出现出血性休克。突然虚脱、四肢发凉，脉搏细而弱，可视黏膜苍白或发绀。听诊肺泡音减弱、心跳快而弱；肺泡听诊区移向胸部背侧，叩诊呈浊音。由血液凝固异常引起的血胸、鼻和齿龈出血，可视黏膜多见点状或出血斑。血尿、血便及皮下出血。穿刺检查为血液，可凝固，与外周血液性质相同。

［诊断］根据病史、临床症状可作出初步诊断。胸腔穿刺可作出确诊，X 线检查可见到胸腔内有积液阴影。有助于诊断与鉴别诊断。

［治疗］以抗休克治疗、止血、改善血液循环及防止继发感染为原则。

如有休克者，首先应进行抗休克治疗，及时补充体液，有条件者，予以输血，如出血较多，应尽早行胸腔穿刺，抽出积血，同时给氧。穿刺后，应向胸腔内注入青霉素、链霉素。

确诊并积极治疗原发病是关键。为达到止血目的，可手术结扎止血，并用酚磺乙胺（止血敏）10~40mg/kg 或维生素 K 200mg，肌肉注射。要注意预防继发感染。

十三、胸腔积脓（Thoracic cavity empyema）

胸腔积脓是因化脓性感染而引起的胸腔内脓液贮留。也称脓胸，又称为化脓性胸膜炎。

[病因] 主要是胸膜、肺、纵隔、腹膜发生炎症，胸腔内肿瘤等继发感染化脓性细菌所致，如链球菌、双球菌、大肠杆菌、绿脓杆菌、放线菌、诺卡氏菌感染等。发生胸壁透创、咬伤、胸部食管破裂等也易发生感染而引起本病。

[症状] 患病犬、猫精神沉郁，行走无力，食欲废绝，体温升高，呈腹式呼吸和张口呼吸，呼吸急促，表情痛苦。伴有咳嗽，叩诊或触诊胸壁有疼痛感；肘外展、淋巴结肿大。胸腔穿刺液检查，有脓样渗出物。

[诊断] 主要根据病史及临床症状作出初步诊断，胸腔穿刺可作出确诊。

[治疗] 本病的治疗，如属继发性的，应从确诊和治疗原发病着手；要及时进行穿刺排脓，根据穿刺排脓进行细菌培养和药敏试验，选择高敏抗生素药物肌肉和胸腔内注射，也可静脉注射。胸腔内注射蛋白溶解酶以加速脓汁的溶解和吸收。采取适当的对症疗法。预后不良。

十四、气胸（Pneumatothorax）

气胸是指胸膜腔内贮积气体。外伤性的气胸因创口闭合情况不同而分为闭合性和开放性气胸，肺或支气管破裂后，气体不能排出，使胸膜腔内压力不断增高者，称为张力性气胸。

[病因] 主要由外伤性和自发性原因所致。外伤性的通常是由于外伤致使胸膜壁层、胸膜脏层或肺脏破裂，空气自裂孔进入胸膜腔，使肺脏萎缩。如锐器刺伤、胸壁透创、肋骨骨折等，使胸腔负压消失。自发性的如肺、支气管、气管自发性破裂，多见于肺结核、肺气肿、肺肿瘤等。

[症状] 若少量的胸膜腔内积气，可无明显症状，或只出现呼吸急促。严重者表现为明显的腹式呼吸，呼吸困难、有疼痛表情。可视黏膜发绀。患侧胸廓运动性差，肋间隙张开，胸廓扩大。听诊时呼吸音减低或消失，叩诊呈鼓音。X 射线检查，气胸部分透明度增强，肺纹理消失，肺向肺门收缩，其边缘可见线状阴影的脏层胸膜。气管、心脏明显移位现象。其外围透明度增加。如胸壁透创或肋骨骨折引起空气大量进入胸腔，胸膜腔内压超过大气压，肺将萎缩，患病犬、猫可能因缺氧而很快死亡。

[诊断] 依据临床症状和发病史诊断并不困难，本病的主要临床特点是突发性呼吸困难，长期肺病史或肿瘤，应疑为自发性气胸。胸壁外伤可能为创伤性气胸；X 线检查可确诊本病。

[治疗] 对少量胸腔积气的轻病例无须特殊处理，让其休息，保持安静，一般 1~2 日可自行痊愈。外伤性气胸，应立即进行外科处理，清理创口并严密缝合，用无菌纱布或棉垫覆盖伤口，外用胶布及绷带扎紧，使外界空气不再进入胸膜腔，然后做胸膜腔穿刺，抽气减压。可采用恒定的负压抽吸系统减压。外伤性气胸，大多同时有血胸，如有休克者，应及时补液，有条件者予以输血。若肺和呼吸道破裂，必须进行手术处理。严重呼吸困难病例，给予氧气。

严重创伤或疑有感染者应全身给予抗生素药物。痰多者，要及时予以清除，并给予祛痰止咳药物，氯化铵 0.15~0.3g/kg 体重，口服，每日 3 次。

十五、纵隔气肿（Mediastinal emphysema）

纵隔气肿是纵隔内贮留气体的疾病，又称为纵隔积气。

［病因］本病发生的原因主要有：颈部损伤使气管、食道破裂，空气吸入纵隔内；胸段气管、食道破裂空气直接贮留纵隔内；各种原因引起的肺泡破裂，使空气沿呼吸道和血管系统经肺内达纵隔内，如在肺脓肿、肺炎时，剧烈咳嗽、剧烈呼吸运动、吠叫、呕吐等情况下均可能出现肺胞破裂。此外，纵隔感染产气杆菌时，也可产生气体发生纵隔气肿。

［症状］本病一般情况下无明显症状。有的患病犬、猫精神萎顿，食欲不振或废绝，时有呕吐，呼吸困难，不安。颈、胸部皮下大面积气肿，触诊可感知捻发音。如因损伤引起，可同时出现局部出血，因肺部感染所致，往往伴有严重的全身症状，体温升高。

［诊断］本病结合外伤或肺、气管、支气管病史，可作出初步诊断。皮下气肿严重时，支气管造影及支气管镜检查可确定损伤部位。

［治疗］对于轻症犬，应使患病犬、猫安静休息，有条件者，予以吸氧，一般无须特殊处理。如系外伤引起，应尽快进行外科处理。有气胸呼吸困难时，应尽快排出胸腔内气体。属肺囊肿、肺脓肿、肺炎等病引起的，应及早治疗原发病，切除病灶。当发生感染时，应进行抗菌疗法，可选用头孢霉素、氨卞西林、阿莫西林、链霉素等药物。同时应用可的松等类固醇制剂。

［预防］防止可引起纵隔气肿的外伤，并积极治疗各种原发病。

十六、乳糜胸（Chylothorax）

本病是胸腔内贮留乳糜的疾病，临床上以胸腔内积有肠淋巴液、含乳糜微粒为特征，又叫真性乳糜胸。胸腔内贮留液外观上似乳糜样的液体，含有脂肪变性的肿瘤细胞、结核、炎症产物、胆固醇等称假性乳糜胸。

［病因］外伤、纵隔肿瘤等阻塞胸导管，是本病最常见的原因。纵隔部、横膈膜及心脏等外科手术后或胸导管及其分枝的管壁受肿瘤、炎症、真菌性肉芽肿等的压迫、浸润、糜烂及坏死。右侧横膈膜疝、咳嗽、呕吐使胸腔内压变化，脆弱的淋巴管及扩张的淋巴管分枝破裂等均可诱发本病。胸导管和前腔静脉联系不佳、胸导管静脉开口部形成血栓、纵隔部胸导管形成囊泡等，也可发生本病。

［症状］急性乳糜胸患病犬、猫主要表现为精神沉郁，食欲下降或废绝，少数急性病犬脉搏快，体温低，较特征的症状是呼吸困难，呈腹式呼吸，可视黏膜苍白，突然虚脱。外伤性乳糜胸，数日至 2 周以后出现症状。病程长的犬，多饮、少尿、倦怠、易疲劳、体重减轻。听诊肺泡音减弱或消失，叩诊有浊音。有的胸部和腹部浮肿。因肺炎或外科手术后感染等出现发热。

血液学检查有时淋巴细胞、嗜酸性细胞减少。胸腔穿刺液检查，乳糜呈乳白色、奶样，无臭味。试管垂直放置，乳糜液上部形成乳油层苏丹Ⅲ染色，显微镜下可见乳糜微粒及明显的橙染脂肪球。乳糜涂片染色标本，可见大量淋巴细胞，偶见嗜中性细胞。乙醚溶解试验，乳糜液中加乙醚振荡，乳糜微粒溶解变透明。假性乳糜胸几乎不含乳糜微粒，被大量胆固醇所代替，乙醚溶解试验不透明，苏丹Ⅲ染色未见脂肪球。假性乳糜胸、胸腔积液中胆固醇浓度必须高于血清中胆固醇。

［**诊断**］本病通过胸腔穿刺，检查穿刺贮留液，进行乳糜染色为阳性者，即可确诊。本病要与肺部感染、纵隔部肿瘤、肋骨外伤等相鉴别。通过穿刺液的检验可以区别。

［**治疗**］如胸腔内存积乳糜液较多，影响呼吸，应及时进行穿刺，吸出贮留的乳糜液，解除呼吸困难。同时，给予吸氧疗法，为控制乳糜液流入胸腔，应进行胸导管结扎，但如属于纵隔部肿瘤、胸部淋巴管扩张及先天性乳糜胸的犬，则不宜结扎。为了促进积液重吸收和减少纤维化，给予芸香甙 50mg/kg 体重，口服，每日 3 次。为预防和控制感染，给予抗生素治疗；病情严重者，应通过静脉补给葡萄糖、电解质、氨基酸及脂溶性维生素等。在饲养管理方面，要注意使患病犬、猫安静休息，避免剧烈运动，给予低脂肪、高蛋白、高能量的食物。

十七、膈疝（Diaphragmatic hernia）

膈疝是一种内疝，是指肝、胃肠等腹腔脏器通过横膈膜裂隙进入胸腔的疾病。

［**病因**］本病有先天性和后天性两种，先天性的是由于在胚胎期膈未能完全闭合所引起，若在胚胎期腔静脉裂孔、主动脉裂孔及食道裂孔不能形成皱襞，愈合不良，则残留先天性横膈膜裂孔而使腹腔脏器反套入此部，从而形成横膈膜疝。后天性的多见于交通事故或多由于从高处坠落等剧烈的腹压压向胸腔或贯通性损伤等造成横膈膜破裂，而形成横膈膜疝。

［**症状**］膈疝一般无特征性的临床症状，先天性病例多见于仔犬。表现为呼吸困难，尤其是在采食固体料时更为剧烈，病犬严重呕吐，腹痛，弓背收腹，精神沉郁，生长发育缓慢。如果小肠进入胸腔内，胸部听诊可听见肠蠕动音。肝脏嵌入较窄的横膈膜裂孔时，出现胸膜积液。由于肝脏的损害，肝功能异常。血清转氨酶和碱性磷酸酶等升高，血清尿素氮升高。后天性的急性病犬多为外伤所致。根据腹腔脏器进入胸腔的多少，常出现不同程度的呼吸困难，腹式呼吸明显，腹围缩小，黏膜苍白，如有血管损伤，往往可有内出血，甚至出现休克症状，心跳加快，脉搏细数，并有轻度体温升高。

［**诊断**］本病的诊断较为困难，采用 X 线摄影和超声波检查来确诊。

X 线摄影可看见横膈阴影部分或全部缺损。心包像不明显，胸腔内有气体阴影。钡餐造影可确认消化管位移，或胸腔内出现造影剂。

超声波检查探查时膈不完整，胸腔内可探查到肝或肠管。

［**治疗**］急性横膈膜疝的治疗，首先应使患病犬、猫安静，呼吸平稳，输氧、输液，必要时给予输血，防止窒息，控制休克后必须马上手术。横膈膜疝的手术方法可参见第二章膈疝修补术。对于先天性膈疝，应尽早施行手术，一般在 8~16 周龄时为宜。

第七章
犬、猫的生殖泌尿系统疾病

第一节　生殖器官疾病

一、阴茎包皮外损伤性疾病 (Damage disease outside of prepuce of penis)

阴茎包皮外损伤性疾病，是指阴茎包皮的皮肤和筋膜层发生的损伤性疾病，临床上常见的为包皮外挫伤、包皮外创伤、包皮外蜂窝织炎和包皮外脓肿等几种。

[病因] 包皮外挫伤，主要由于公犬、猫的跳跃、爬跨和跌倒时，外物的碰撞，以及钝性物的打击，牵引绳索的摩擦或保定绳的压迫，导致挫伤的发生。包皮外创伤，主要由于公犬、猫跳跃带有尖锐物（钉子、铁丝等）的栏杆或铁丝网，或尖锐物体的碰撞等所致。包皮外蜂窝织炎，常为损伤后由于葡萄球菌、链球菌或厌氧菌感染的并发症，包皮外脓肿，为损伤后由葡萄球菌、链球菌或绿脓杆菌等化脓性菌感染所致。

[症状] 包皮外挫伤：包皮外挫伤可分为轻度、中度和重度三种。轻度挫伤临床呈现包皮下垂部轻微肿大，局部有增温和疼痛感。包皮口周围皮肤向内卷而包皮上的长毛刺激着包皮囊黏膜（壁层）。由于水肿和黏膜受刺激，患犬、猫极为不安，不时用舌舔包皮或用后肢踢抓包皮，致使病情加重。中度挫伤呈现弥散性血肿，并迅速扩大，触诊时有发热和波动感。针刺可流出血水。病后 3~5 日，患部蓄积纤维蛋白块，触诊时有捻发音。在血肿的远端积血水，触诊时有波动感。重度挫伤包皮囊呈深红色、水肿、深部出血。患犬、猫体温升高，精神沉郁，呼吸和心跳加快，排尿困难，尿液呈小股间断排出。包皮重度挫伤常并发蜂窝织炎，进而发展成弥漫性的坏死。

包皮外创伤：可分为浅表创、深部创和穿透创三种。浅表创是指皮肤和皮下组织的破损；深部创是指整个包皮的皮肤和筋膜层里面均受破损；穿透性创是指包皮囊裂开。由于包皮外创伤主要是撕裂性的，所以临床上呈现创缘不整齐，裂口哆开较大，局部水肿和疼痛，一般出血不多等特征。这种创伤愈合较慢，常发生感染和导致蜂窝织炎。

包皮外蜂窝织炎：发病初期，整个包皮呈现急性弥漫性炎性水肿，局部温度和痛觉明显增高，皮肤紧张发亮。肿胀开始为面团样，随后变得坚硬，以后在不同部位呈现软化灶，形成多处脓肿。在包皮下垂部的皮肤上破口和排出淡黄色的脓汁。若为厌氧菌感染时，可呈现出腐败性蜂窝织炎，其特征是组织为腐败性分解，并有气泡形成。病犬、猫性反射完全抑制，常用舌舔患部，排尿时不安，尿液呈小股间断性溅出。全身症状急剧恶化，体温升高 40~41℃，精神不振，食欲减退，呼吸和心跳加快。

包皮外脓肿：多发生于包皮下垂部或与腹壁毗连处。主要特征是呈半圆形肿胀，触诊时有痛感和温度增高。肿胀初期坚硬，随着脓肿的成熟而变软，有波动感，用针刺时流出脓汁。在整个脓肿期间，患犬、猫全身状况一般无明显变化，有时体温升高。性反射常呈现抑制状态。

[诊断] 根据病史和临床症状即可作出诊断。包皮外脓肿，还可通过穿刺获得确诊。

[治疗] 包皮外挫伤的治疗原则为保持患病宠物安静、控制血肿发展、缩短水肿时间和控制感染。具体做法如下。

(1) 患犬、猫隔离饲养和治疗。受伤的第 1 日局部进行冷敷，普鲁卡因—青霉素封闭疗法，肌肉注射糖皮质类固醇，连用 2~3 日。第 4~5 日，患部涂以 2%碘酊或 5%蜂胶酊，或用 T.D.P、紫外线照射。

(2) 中度挫伤患者。除上述疗法外，第 5~6 日切开血肿取出血块，经抗生素处理后用细丝线间断缝合切口，6~7 日后拆线，切口可达到一期愈合。公犬、猫在切口愈合后 2~3 周可恢复使用。

(3) 重度挫伤患者。经过治疗后其疗效和生殖功能是否良好，主要取决于挫伤时组织坏死的多少。治疗后如果局部炎症、水肿等已消散，但局部瘢痕纤维组织过多，可影响生殖功能，不能作种用。

包皮外创伤的治疗，包括外科处理、普鲁卡因封闭疗法以及防腐剂和抗生素的使用等，一般效果良好。若治疗不及时，血肿部位结缔组织纤维变性，可形成坚固的包茎。此时，必须将纤维组织切除。否则，影响公犬、猫的性反射功能。

包皮外蜂窝织炎的治疗原则为既要治疗本病，又要防治脓毒症的发生。应采取消炎、防腐剂的局部处理和补液、抗生素的全身疗法相结合的防治措施。

包皮外脓肿的治疗原则为抑制化脓菌的生命活力，及时切开排脓，提高机体抵抗力。具体方法为脓肿初期，可用普鲁卡因—青霉素封闭，同时涂搽酒精鱼石脂软膏，或进行热敷等，以促进脓肿的成熟。当脓肿成熟时，及时切开脓肿，脓腔用 0.1%高锰酸钾溶液冲洗，并用抗生素或磺胺类药处理，进行开放疗法。或创腔内用 0.1%依沙吖啶（雷佛奴尔）纱布条引流、创口部分缝合，3~4 日后除去引流，并向切口内注入抗生素，周围涂以蜂胶酊或碘酊。5~6 日拆线。一般术后 20~25 日切口完全愈合，公犬、猫可恢复使用。

二、阴茎包皮内损伤性疾病（Damage disease inside of prepuce of penis）

阴茎包皮内损伤性疾病，是指阴茎头和尿道部的皮肤与包皮囊壁发生的损伤性疾病。临床常见的有包皮内挫伤、包皮内创伤、包皮内（阴茎）脓肿和包皮内溃疡等几种。

[病因] 包皮内挫伤，当公犬、猫阴茎勃起时，突然中断性交，或受外力（物）的打击、碰撞时，可引起阴茎的包皮囊壁损伤，也常发生于公犬的同性恋时。包皮内创伤，当公犬、猫性反射异常时常发生，临床上常发生的创伤有挫伤、裂伤和割伤，这些创伤有浅表的，也有深部的，当勃起的阴茎在其他犬被毛上滑动、摩擦时，可使包皮内组织发生浅表性挫伤，也可能造成尿生殖道撕裂，包皮囊层的裂伤多为钉子、铁丝等尖锐性物体所致。包皮内脓肿，是挫伤或创伤的继发症，由化脓性菌经包皮囊壁侵入感染所致。包皮内溃疡，由于阴茎和包皮囊层原发性创伤治疗不及时和不得当所致。

[症状] 包皮内挫伤：在麻醉下进行检查，可发现阴茎和包皮囊壁层水肿、发红，并有大小不等的紫色血斑。水肿严重时，可导致包皮囊壁层外翻。由于阴茎头部和包皮囊炎症，可刺激公犬、猫发生勃起和性交动作，而致多次挫伤，易于感染化脓，可导致脓肿或化脓性龟头包皮炎。

包皮内创伤：受伤后，包皮囊明显出血，包皮长毛被血块粘着，阴茎包皮体积增大，患部疼痛反应增加，有的病例包皮囊壁层外翻。当阴茎头部损伤时，阴茎外皮有较大的缺损，表面带血污，边缘不整齐。尿生殖道擦伤时，则伴有海绵体出血，有的患犬、猫由于阴茎周围的组织发生水肿，体积增大、发红和呈现紫色血斑。当包皮层外翻处裂伤时，伤口哆开较大，出血不多。包皮囊壁层裂伤哆开大、边缘不整。由于炎性水肿，使包皮囊外翻。若治疗不及时，这种外翻可变成永久性的，并可发展为硬固的包茎。包皮囊壁层伤口的感染，往往导致包皮蜂窝织炎的发生。

包皮内脓肿：患犬、猫性反射（勃起、射精等）抑制，全身状况无明显变化。局部检查时，可发现有半圆肿胀，多半局限于包皮囊缝面的穹隆处。触摸时有疼痛、肿胀，壁有波动感，穿刺可排出脓汁。

包皮内溃疡：患犬包皮的长毛被渗出物粘着，有时从包皮口流出脓汁。患犬、猫性反射抑制，配种和采精时，精液内有血液和脓汁。

局部检查时，阴茎头溃疡，表面滑润，覆以混有血液的脓性纤维蛋白性渗出物，边缘整齐，拨去渗出物，即为光滑的出血面。

[诊断] 根据病史和临床症状即可作出诊断。

[治疗] 包皮内挫伤：局部处理，用0.1%高锰酸钾溶液或0.1%苯扎溴铵（新洁尔灭）溶液洗涤阴茎和包皮囊壁，干燥后涂以蜂胶等防腐消毒乳剂或羟皮质软膏，以后每日向包皮腔内注入抗生素（金霉素等）乳剂1次，注入后要轻轻按摩包皮，使乳剂均匀分布于包皮囊壁，连用2~3次。全身治疗，可用氨苄西林40万~160万u，肌肉注射，每日早晚各1次，连用2~3日，损伤可痊愈。

包皮内创伤：首先用0.1%的高锰酸钾溶液或0.1%苯扎溴铵（新洁尔灭）溶液冲洗和处理阴茎头部和翻转的包皮囊壁，再清除伤口的血凝块，修整创缘和止血，在创面上撒布抗生素（如青霉素与链霉素等）或磺胺类粉剂，也可用碘仿磺胺粉（1:9）。浅表性创伤，经上述处理后，可涂以复方蜂胶酊，每隔1~2日用1次，一般2~3周后可痊愈。当深部感染创时，要进行彻底的外科处置，放入浸透金霉素或雷佛奴尔乳剂的引流，并缝合创面全长的2/3，至第4~5日，伤口未被感染时，再在创面上撒些抗生素粉剂，并密闭缝合。白膜深部创伤和海绵体损伤，机械清洗、外科处置和撒布抗生素粉剂后，伤口应做两层缝合，即第一层做白膜缝合，第二层做包皮囊层缝合。为防止犬舔咬创口和缝线，应适当包扎，并安装颈圈或侧杆保定。

包皮内脓肿：治疗方法见包皮外脓肿。

包皮内溃疡：患犬保定、麻醉后，对阴茎头浅表性溃疡，可用硝酸银棒或氢氧化钾、氢氧化钠、20%硝酸银溶液烧灼腐蚀后，用2%氯亚明或1%高锰酸钾溶液清洗溃疡面，再撒布氨苯磺胺—高锰酸钾合剂或氨苯磺胺—碘仿—硼酸合剂，也可以2%的雷琐辛溶液涂布，每隔1~2日处理1次，直至痊愈。对包皮囊层翻转部溃疡，经一般外科消毒处理后，要切除或剪除病理的组织，在创面上撒布抗生素粉剂，用细线间断缝合。术后采用一般抗生素疗法和物理疗法。据报道，使用普鲁卡因溶液时溃疡周围封闭，配合紫外线局部照射有较好的治疗效果，或用 CO_2 激光聚焦烧灼和汽化赘生的肉芽也有较为满意的效果。

三、阴囊皮炎（Scrotal Dermatitis）

阴囊皮炎是阴囊表皮和真皮发生的炎症，是种用公犬常见的疾病之一。

［病因］清洁剂、消毒剂、杀虫剂或生毛剂等接触性刺激引起；对某些物质的接触性过敏所致；继发于一般的皮肤病，如脓皮病、跳虱叮咬引起的过敏性皮炎。

［临床症状］阴囊表皮炎性水肿、渗出、溃疡、变硬，触之敏感，局部温度升高；患犬不停舔吮阴囊。

当感染细菌直接侵入睾丸和附睾时，可引起继发性睾丸炎和附睾炎，导致睾丸被膜与阴囊的粘连。睾丸温度的升高，可导致精子生成质量下降。

［诊断］通过视诊、问诊、触诊，根据病因和临床症状，即可作出诊断。必要时，应与阴囊皮肤外伤和皮肤瘤（肥大细胞瘤、鳞状细胞瘤等）进行鉴别诊断。

［治疗］消除导致该病发生的潜在因素；清除环境中的化学或致敏物质的刺激；给以抗菌、消炎、抗过敏药物的治疗；使用伊丽莎白颈圈以防止患犬对患部的舔咬或自残。

四、包皮囊外翻（Eversion of preputial pouch）

包皮囊外翻，是指某些致病因素使包皮囊壁层露出在外面的病理现象。

［病因］由于公犬、猫性反射异常或不规范的人工采精时，造成的包皮多次机械性摩擦性损伤（挫伤）和炎症，促进包皮囊外翻。由于品种和个体差异，有的公犬包皮囊壁层过分发育、尾侧包皮肌松弛或发育不全等，往往发生习惯性包皮囊外翻。

［症状］包皮囊裸露部分呈圆筒状与外界接触，常被异物污染，呈现擦伤、紫血斑和皲裂等。病初，患犬、猫阴茎头部的包皮囊定期外露，在采食、排尿、排粪和性兴奋时明显，尿呈小股溅出。随后，由于尿液浸渍包皮囊壁，使包皮囊外翻加重并引起发炎。若不及时治疗，脱出的包皮囊壁层纤维组织增生，导致顽固性包皮囊外翻和包茎的形成。

［诊断］根据病史和临床症状，即可作出诊断。

［治疗］对习惯性和非习惯性包皮囊外翻初期的患犬、猫，可采用消除炎症，预防顽固性外翻和并发症。

麻醉和卧式保定，患部进行剪（剃）毛、消毒。用 0.1%高锰酸钾、1%硫酸锌或硫酸镁溶液清洗包皮囊后，把脱出部分整复至包皮囊腔内，注入抗生素乳剂。然后在垂下的包皮上套以橡皮胶环，以防再外翻。每天向包皮内注入抗生素或其他消炎防腐乳剂 1 次，连用 3~5 日为 1 个疗程。同时可进行光疗，以促进炎症消散。消炎后，可采用热疗和按摩腹腔侧壁和包皮肌所在部位，以恢复包皮肌的正常功能。

上述疗法无效时，可采用锁扣状连续缝合法，将包皮囊壁层脱出部分固定在包皮囊壁上，以达到治愈目的。

手术方法与步骤：①麻醉、保定与包茎手术同。②局部剪毛、消毒后，用 0.4mm 左右的细缝线，进行 4~6 针的锁扣状连续缝合，把包皮囊壁层固定在包皮囊上。③局部清理干净后，缝线外面涂火绵胶或蜂胶酊保护。④术后每日向包皮囊腔注入抗生素或防腐乳胶。⑤术后 12~36 小时，在缝合部出现小圆枕形肿胀，7~8 日后消肿，10~12 日拆线。拆线后 15~20 日公犬开始使用。

五、包皮囊脱出（Prolapse of preputial pouch）

［病因］包皮囊脱出是习惯性外翻的继发症，即包皮囊外翻后，由于静脉血回流困难，使包皮囊壁层脱出部分发生淤血性水肿而不能复原者叫包皮囊脱出。此外，包皮水肿、血肿和蜂窝织炎、阴茎断裂等，都可继发包皮囊脱出。

［症状］病初脱出部呈急性炎性水肿，表面光滑有光泽，暗红色、增温、有痛感。患犬常舔咬患部。由于外界条件（干燥、机械损伤、污染等）对脱出部的经常刺激作用，可引起局部的擦伤、破裂、溃疡、坏死灶等现象。包皮囊脱出长期会造成包茎。

［治疗］对公犬、猫包皮囊脱出多采用手术切除。同时对原发病进行治疗。

六、包茎（Phimosis）

［病因］由于损伤性病理过程，使包皮口狭窄、阴茎不能由包皮囊伸出叫包茎。致病原因可由包皮部的挫伤和创伤所引起的炎性水肿、瘢痕形成引起包皮口的狭窄，包皮龟头炎和阴茎骨断裂以及包皮囊外翻等，均可导致包茎的形成。此外，由于公犬阴茎和包皮的发育不全，也可形成先天性包茎。

［症状］炎性包茎，局部温度增高，包皮水肿，有时包皮囊外翻，排尿困难或有包皮流出物，患犬不时用舌舔该部。瘢痕性包茎，包皮囊腔内有尿液潴留膨胀，包皮口狭窄，用手挤压可排出尿液。

［治疗］炎性包茎的治疗原则是抗菌、消炎、止肿、提高机体抵抗力。对瘢痕性包茎的治疗，可采用包皮部分切除术，即将包皮腹侧壁的三角皮瓣与包皮口外瘢痕组织一起切除，以达到扩大包皮口的目的。

手术步骤与方法：①用戊巴比妥钠或 846 进行轻度全身麻醉。用 1%普鲁卡因液对包皮筋膜层进行浸润麻醉。②将公犬卧式保定。③局部剪毛、消毒，包皮囊腔用 0.1%高锰酸钾液冲洗，然后插入一段消毒过的胶管，以便手术时固定包皮。④手术前，根据瘢痕和包皮口狭窄的大小，确定切除皮瓣的大小。切除的皮瓣应呈三角形，三角形顶沿中线距离包皮口尾侧处，三角形底为包皮口的游离缘。⑤手术时，术者左手把握住包皮后，右手持刀由三角形顶开始向三角形底将三角形的皮肤、筋膜层和肌肉纤维一起截除（保留包皮囊壁层），止血后，在三角形区域沿着中线纵切包皮囊壁层。去掉胶管，创口经清理和抗菌粉剂处理后，用细号缝线将包皮囊壁层缘向相应的三角形缺损缘进行结节缝合。⑥手术后，加强饲养和护理，每日用抗生素或磺胺药物处理局部 1~2 次，连用 5~7 日；抗生素针剂肌肉注射，连用 2~3 日；术后 7~8 日拆线，伤口可达一期愈合。公犬可在拆线后 2~3 周用于配种。

七、嵌顿包茎或嵌闭包茎（Paraphimosis）

嵌顿包茎是指由于某些致病因素使阴茎不能回复到包皮囊内的病理现象。

［**病因**］主要由于阴茎前部（阴茎头和部分阴茎体）遭受机械的、物理的或化学的损伤，而发生急性炎性水肿等病理过程，使其体积增大，同时造成阴茎缩肌的张力降低，从而发生嵌闭包茎。包皮口皮肤内翻、包皮囊外翻、阴茎头肿瘤和包皮龟头炎等，可引起嵌闭包茎。此外，公犬腰荐部神经传导径路损伤时，造成阴茎麻痹，可引起麻痹性嵌闭包茎。

［**症状**］阴茎头部露出包皮囊外面，嵌闭部肿胀，呈弥漫性水肿，发绀，痛觉敏感。可出现擦伤、溃疡和坏死灶。以后肿胀部炎症由急性转为慢性，结缔组织增生，此时肿胀较硬，无热无痛。嵌闭的继续发展，可使阴茎完全丧失感觉。

如果是由包皮口的肿瘤引起的嵌闭包茎，可呈现排尿困难、患犬不安等症状。如果是麻痹性嵌闭包茎，其垂下部无明显的损伤，局部温度正常或稍低，阴茎可以整复至包皮囊内后又立即露出，阴茎对疼痛刺激不敏感，会阴部皮肤、股后部表面和阴囊丧失知觉，肛门和尾巴松弛，甚至后肢运动失调。

［**治疗**］首先应消除致病原因。患犬在麻醉和卧式保定下进行治疗。对新发生和由炎性水肿引起的嵌闭包茎，用 0.1%高锰酸钾溶液清洗患部，涂以氢化可的松或抗生素软膏后，将其整复至包皮囊内，若患部炎性水肿显著时，可用针局部扎刺，待水肿减轻后，再将脱出的阴茎整复至包皮囊内。为预防阴茎的再脱出，可将包皮口暂时缝合数针，每日向包皮囊腔内注入抗生素乳剂，连用 3~5 日，即可拆除缝线。

为了促进炎症消失和坏死组织的分离，局部可用红外线照射、氦氖激光照射、CO_2 激光照射或超声波疗法等。有溃疡时可用 1%龙胆紫溶液涂搽。赘生的病理性肉芽可用硝酸银棒或 10%硝酸银溶液腐蚀。

对瘢痕性狭窄或肿瘤引起的嵌闭包茎，应在进行瘢痕或肿瘤切除后，再将脱出阴茎整复至包皮囊腔内。对麻痹性嵌闭包茎和进行性湿性坏疽、大面积的瘢痕或溃疡等嵌闭包茎患犬不宜种用。必要时可进行阴茎截断术。

加强对患犬的饲养护理，注意患犬的排尿情况。当暂时性排尿困难而膀胱充盈时，应采取人工导尿或膀胱穿刺放（抽）出尿液。为防止患犬舔咬患部，应装置侧杆或颈圈保定。

八、包皮龟头炎（Balanoposthitis）

在包皮囊壁层发炎时通常伴发龟头炎，形成包皮龟头炎。

［**病因**］急性包皮龟头炎主要由于包皮和龟头部遭受机械性损伤而引起。损伤多发生在交配、采精过程中，或在包皮口进入草茎、沙粒之后。物理性和化学性损伤也可引起。损伤之后，原来隐存在包皮囊腔的病原微生物（葡萄球菌、链球菌、棒状杆菌等）即可侵入而发生急性感染。慢性包皮龟头炎主要由于蓄积在包皮囊腔内的尿液和污垢分解产物长时间刺激而引起，或由于急性炎症转变而成。某些传染性病原体（疱疹病毒等）和原生动物（滴虫等），可引起公犬、猫特异性包皮龟头炎。

此外，患有包茎和包皮外翻的公犬、猫，往往并发或继发本病。

［症状］包皮龟头炎的一般症状是包皮呈现炎性肿胀，局部温度增高，疼痛敏感，从包皮口流出浆液性或脓性分泌物，并将包皮上的长毛黏附着，形成干固的痂皮，可见包皮囊壁层和龟头表面常覆盖有炎性渗出物，其渗出物的性质因炎症类型而异。

包皮龟头炎的初期，公犬、猫性反射兴奋或异常，继而性反射抑制。急性包皮龟头炎时，包皮囊壁层肿胀严重，淤血，呈紫红色，表面光滑明亮，疼痛敏感，包皮口紧缩狭窄，阴茎不能伸出，排尿困难，尿液变细或呈滴状流出。触诊局部呈捏粉状。患犬、猫常伴有体温升高、食欲不振等全身症状。若取化脓性炎症经过的病例，在损伤 2~3 周后可逐渐形成包皮囊壁层脓肿，呈球形、大小不定。触诊有柔软、波动感。脓肿破溃后从包皮口流出具有腐败气味的脓液。慢性经过的病例，因包皮纤维性增生，结缔组织围绕阴茎，限制其自由活动，甚至使阴茎与包皮囊层粘连，可造成包茎。此外，因炎症和阴茎缩肌功能障碍，向外脱出的龟头不能缩回到包皮囊内，不断遭受挫伤和炎性肿胀，可造成嵌闭性包茎。

［治疗］包皮龟头炎的治疗，一般是在麻醉和卧式保定下，首先剪除包皮口长毛，拉出阴茎，用 0.1%高锰酸钾溶液或其他防腐、收敛药液，充分冲洗龟头和包皮囊翻转部，彻底清除包皮垢，干燥后再用防腐剂处理包皮囊壁层和龟头，然后把阴茎送回包皮囊内，必要时在包皮下垂部套上一弹力不大的胶皮环，以防止阴茎自动露出或包皮囊外翻，直到阴茎知觉和阴茎缩肌功能恢复为止（1.5~2 小时）。对浆液卡他性和浆液纤维蛋白性包皮龟头炎，在龟头和包皮囊壁涂布一层抗生素或磺胺类软膏或乳剂，每隔 1~2 日 1 次，或向包皮囊腔内注入乳剂，可获得良好效果。对脓性纤维蛋白性包皮龟头炎，在包皮囊壁层和龟头表面撒布一层抗生素或磺胺类药物粉剂，或其他防腐、收敛、抗菌药物的混合粉剂，每日 1 次，或向包皮囊腔内注入抗生素乳剂，连用 3~4 日后，每隔 1~2 日注入 1 次，直到炎症消失。患犬有明显疼痛、不安时，可适当使用镇静、止痛药物，如氯丙嗪、地西泮（安定）等。有严重排尿障碍时，处理原则与嵌闭包茎相同。

九、阴茎异常勃起（Priapism）

当公犬阴茎与性兴奋无关地持续性勃起时，即为阴茎异常勃起。

［病因］支配阴茎勃起的神经受到刺激或损伤，阴茎基部的海绵体静脉发生栓塞，注射安非他明嗜眠发作时，均可能发生异常勃起的现象。

［症状］阴茎持续勃起，患犬舔舐阴茎，暴露出外面的阴茎组织病理变化，根据暴露时间和与外界情况而定。表现为水肿、炎症、坏死等，如神经系统受损时，则出现神经症状。

［诊断］如没有性刺激而长时间勃起即可作出诊断。此应与嵌顿包茎区别，阴茎异常勃起可用手工复位到包皮内，而嵌顿性包茎一般是不能或很难将其复位到包皮内。

［治疗］阴茎异常勃起，有的犬一般护理可能会自然消退和痊愈。对长时间异常勃起应用 0.1%的高锰酸钾溶液清洗和用金霉素等软膏涂布暴露的阴茎，并防止犬的舔舐和自残。在治疗和除去病因的同时，进行支持疗法。神经性阴茎异常勃起，可能变成阳痿，但具体取决于受伤的部位和治疗的情况。因静脉栓塞的阴茎异常勃起，可能是永久性的。

十、阴茎骨断裂（Bone broken of penis）

阴茎骨断裂是指阴茎骨和白膜的损伤，并伴有阴茎海绵体出血及其周围组织血肿者。

［病因］勃起的阴茎，突然过分弯曲，或碰撞、打击、跨越围栏等，都是阴茎骨断裂的主要原因。

［症状］公犬阴茎骨断裂时，全身症状一般无明显变化。局部症状只有仔细观察时方可发现，即在阴囊颈前腹下阴茎部呈现肿胀，触诊有疼痛、温热感，穿刺可排出不凝固的血液。公犬、猫常舔咬患部。当突然接近母犬、猫或采精时，公犬、猫有强烈的爬跨行为，但阴茎不能完全伸出和勃起。严重者性反射消失，阴茎变位，肿胀明显，排尿困难。病初，在麻醉情况下，阴茎可从包皮囊内自由拉出诊治，断裂、肿胀部随阴茎移动而转移，这是重要的诊断证候。如果不及时治疗或病的后期时，阴茎已与损伤组织粘连，施行麻醉，阴茎也拉不出来。

［诊断］根据临床症状即可作出诊断。必要时可进行X射线检查，以进一步确诊。

［治疗］轻微患犬、猫，可通过药物综合治疗，可促进其自愈。严重患犬、猫，可通过手术治疗（尿道、阴茎切开术、阴茎切断术）进行根治，但愈合后的公犬、猫，有的就不能作种用。

十一、阴茎永久性系带（Perpetuals band of penis）

阴茎沿缝上或腹侧面与包皮囊壁层先天性粘连，并影响公犬、猫的性交行为，称阴茎永久性系带。少见，但在数种犬中已有报道。

［病因］阴茎永久性系带是先天性系带没有断裂。以索状与在系带组织里面的血管连接，以及黏膜层之间结缔组织增生、发展的结果。

［症状］阴茎永久性系带，分为游离系带和结合系带两种。游离系带是突出于阴茎缝上或包皮囊壁层上的黏膜褶。根据在勃起过程中的厚度和体积变化，游离系带又分为普通系带、勃起系带和纤维系带3种。普通系带是分布在阴茎缝不同部位的薄的黏膜褶，这种系带常在阴茎勃起和射精表现之初出现，由于遭受多次的机械性损伤之后，可引起炎症。由于炎症灶的存在，成为阴茎感受器的额外刺激物，就是没有母犬在场时，公犬、猫仍有勃起反射的表现。普通系带的存在，可促进公犬、猫异常性反射的表现，使阴茎和包皮囊发生机械性损伤。勃起系带是特殊的组织突起，呈小圆柱形，质地软，突出于阴茎缝表面。当阴茎勃起时，由于通过系带里面的血管充血，使突起体积增大、质地变得坚实。患有勃起系带病的公犬、猫，可使其勃起和射精反射抑制。纤维系带是突出于阴茎表面上的坚实组织增厚部分，由普通系带和勃起系带转移而成。由于多次机械性损伤，使纤维组织在其中增生发展的结果。纤维系带的存在，可影响公犬、猫正常的性行为。或影响阴茎沿阴道壁自由滑动，对阴茎感受器还有疼痛性刺激，可导致性反射抑制。结合系带是阴茎与包皮囊壁层紧密结合的结缔组织粘连。当粘连是沿阴茎缝全长分布时，即为成片结合系带。若以不同长度和厚度呈索状粘连时，即为部分结合系带。患有结合系带的公犬、猫，当阴茎勃起时，会使阴茎变弯曲并有痛感。如果结合系带经龟头连接在包皮囊壁上，也可抑制勃起和射精的反射。

[诊断] 可根据在交配时的观察症状，或在麻醉的条件下，进行仔细检查加以确诊。

[治疗] 采用手术疗法，切除系带。患犬、猫在麻醉和卧式保定下施术。将阴茎由包皮囊内取出，用 0.1%高锰酸钾溶液处理后，在系带近侧阴茎上包扎环形卷轴绷带，以便于固定和防止出血。

用外科刀或手术剪切除永久性系带。普通系带最好用激光刀或电烙器进行切除，这种方法伤口不用缝合，能保证止血。勃起系带、纤维系带和结合系带切除后，伤口用细线做间断缝合。取下绷带，阴茎用抗生素或磺胺药软膏或乳剂处理后，送回包皮囊腔内。在阴茎感觉和缩肌功能恢复之前，为防止阴茎脱出和伤口污染，在包皮垂直部，套上橡皮环 1.5~2 小时，为防止犬、猫醒后舔咬患部，应安装上颈圈或侧杆。

术后加强饲养和护理，每隔 2~3 日向包皮囊内注入抗生素乳剂，10~15 日后伤口可愈合，公犬、猫在术后 4~5 周可开始使用。

十二、阴茎发育不全（Agenesis of penis）

阴茎发育不全的公犬、猫，表现阴茎过小和过短。这种公犬、猫的性欲和拥抱反射一般是良好的，但阴茎勃起无力，不能进行交配。这种病要根据临床症状（生殖器官反射情况）和经麻醉后对阴茎等的检查结果进行确诊。阴茎发育不全的公犬、猫，不能作种用，应予淘汰或去势。

十三、尿道下裂和上裂（Epispadias and hypospadias）

公犬的尿道外孔不是开口在自然或正常的位置上，而是开口在阴茎的腹面（尿道下裂）或背面（尿道上裂）。这种病在仔犬初生时便可发现。病犬不能作种用。

造成这种病的原因可能是妊娠期间给予外源性孕酮或雌激素；也可能是胎儿发育期间雌激素分泌不足。

轻症可通过尿道口术重建加以纠正；重症施行尿道造口术和去势术，并切除多余的阴茎、包皮和阴囊。

十四、阴茎勃起龟头出血（Balanus bleeding）

在青年公犬，曾发现一种阴茎先天性异常现象，即当阴茎勃起时，龟头出血，可影响公犬进行交配。当阴茎不勃起时，则看不到出血现象。临诊检查时，在龟头上可发现边缘较大、中间凹陷的圆形小突起。这种公犬不能作种用。

十五、阴茎缩肌功能障碍（Dys function of penis contracting muscle）

阴茎缩肌功能障碍的公犬，身体发育一般无异常，但与母犬交配或采精阴茎勃起时，阴茎缩肌发生痉挛。这种病多发生于青年公犬，其病因和发病机制尚不清楚。其临诊主要表现为勃起的阴茎不能完全由包皮囊内伸出，但性反射正常，精液品质良好。由于阴茎缩肌功能障碍有遗传性，故患有这种病的公犬不能作种用。

十六、阴茎头部弯曲（Head bent of penis）

有的公犬，当阴茎勃起时，其阴茎头部呈现弯曲状态，可影响交配。致病原因和发病机制尚不清楚。但有以下几种可能。

（1）阴茎弯曲与先天性阴茎海绵体发育不良有关。

（2）与包皮囊发育不均衡和阴茎背（尖）韧带发育异常有关。

（3）由于阴茎勃起时，阴茎背和阴茎侧的白膜过度伸展，超过了尿道沟周围较厚和较强的膜的伸展性所致。

（4）这种病与早期发生血肿部位的纤维组织发展引起的阴茎海绵体不均衡的充血有关。

这种病尚无有效治疗方法。手术疗法复杂，效果不一定好，加上可能有遗传性，故这种公犬，不能作种用。

十七、睾丸炎、睾丸鞘膜炎和附睾炎（Orchitis，perididymitis and epididymitis）

由于睾丸鞘膜炎、睾丸炎和附睾炎常常同时发生。该病有一侧性和两侧性。按炎症经过可分为急性和慢性；按炎症性质可分为无菌性和化脓性。

［**病因**］外伤和细菌、病毒的感染是本病发生的主要原因。如结核菌、布氏杆菌、绿脓杆菌、放线菌、链球菌和葡萄球菌等都可引起本病的发生。犬瘟热病毒也可引起本病。寄生虫病也可引起发病。

［**症状**］在急性经过时，睾丸体积明显增大、水肿、局部增温、疼痛。阴囊皮肤紧张、发亮，由于炎症过程可侵及睾丸的间质和实质，炎症越严重时，对精子形成的影响也越严重。在炎症初期，公犬的射精量增加，精子有凝集趋向。以后射精量逐渐减少，精子数量也减少，并出现大量畸形精子。

在患布氏杆菌病性睾丸炎时，除上述症状外，阴囊腔内积有大量渗出物。在化脓性和结核性睾丸炎时，可形成一个或几个脓肿，这些脓肿可向阴囊腔破溃，继而可发展成化脓性精索炎和腹膜炎。

化脓性睾丸炎的特点是公犬精神萎靡不振，体温升高，性反射抑制。精液内有死精子和脓液。脓肿局部有波动区，穿刺时可排出脓汁。

在慢性无菌性睾丸炎和附睾炎时，患犬症状常呈亚临床型，检查时可见精液质量逐渐恶化和睾丸硬度变化。精液质量变化的主要标志是精子凝集、畸形和精液中有白细胞。由于精细管胚上皮消失，并伴有结缔组织增生，可使睾丸硬固，表面隆凸不平，导致局灶性或弥漫性的睾丸纤维变性。

在慢性睾丸鞘膜炎时，睾丸和阴囊壁发生粘连。

［**诊断**］根据临床症状和精液检查结果可做出诊断。

［**治疗与预后**］急性睾丸炎和附睾炎的初期，采用抗生素疗法，若为一般原发性感染，应根据细菌培养和药敏试验结果，选用抗生素，同时注意维生素 A、维生素 C、维生素 D 和维生素 E 的投给，治疗效果良好，患犬经治愈后 2~3 个月，才能完全恢复精子形成。一侧性慢性睾丸炎和附睾炎，可用抗生素疗法之后再将其进行手术摘除，以保留健康侧的睾丸和附睾。这

样可延长公犬的使用年限。两侧性或继发性睾丸炎和附睾炎，目前尚无良好治疗方法，可进行手术摘除。

本病预后谨慎或不良。由于本病可能是某种传染病（布氏杆菌、结核杆菌病等）的临床症状表现之一，所以，必须按照兽医法规进行专门检查，只有在各种传染病的检查结果都是阴性时，才能采取治疗措施。

十八、睾丸变性和萎缩（Testicular degeneration and atrophy）

睾丸的变性、萎缩，可引起公犬、猫精子形成障碍。

[病因] 种公犬、猫的饲养、管理、使用和卫生保健条件，对生殖器官变性的发展、精子的形成障碍起着重要的作用，例如，公犬发生伴有高热的全身性疾病（犬瘟热、布氏杆菌病、结核病、脓毒症等）和自家中毒（肝病和肾病等）或化学毒物中毒；长期饲喂腐败霉烂的饲料；长期限制使用碘制剂、砷制剂和硝酸制剂等，可使睾丸胚上皮变性；长期大量应用抗生素，对精子形成也会产生有害的影响；当局部病理过程破坏阴囊的温度调节机能时，也可使睾丸变性，如静脉曲张，精索血管血栓，腹股沟阴囊疝，鞘膜腔蓄积渗出物、漏出物或血液以及水肿、阴囊皮炎和湿疹等。

[症状] 睾丸变性、萎缩，是呈现慢性经过。其病理特点分为三个阶段。首先是变性阶段，即细精管胚上皮变性，变性可发生于睾丸的局部或整个睾丸。若发生局部性变性时，临床症状不明显，往往不易被发现；若发生弥漫性变性时，开始是精子的形成受到抑制，而后是精子形成障碍。在精液内除了可发现精子数量减少外，还可发现有大量未成熟的精子和死精子，以及个别的圆形单核或多核细胞，这种精液受胎力很低。在精子形成障碍这个时期，睾丸仍保持其正常大小，表面光滑和可移动性，但精细胞的胚上皮消失，睾丸逐渐丧失其弹性，质变软。

其次是变性萎缩阶段，即变性进入胚上皮的更深层，在精细管腔隙内，不仅有精子细胞裂解，而且还有初级精母细胞裂解。与变性发生的同时，睾丸实质发生萎缩，精子形成停止，精细管腔隙变大，在壁上可发现有单个的初级母细胞和精原细胞等。在睾丸变性萎缩时，公犬的精液呈水样，没有精子，或仅有少量的畸形细胞和死细胞，此时，患犬的睾丸体积明显变小，变实。

最后是结缔组织化阶段，即为睾丸变性萎缩的结果，睾丸实质被纤维结缔组织所取代。不仅在精细管周围有纤维结缔组织，而且在睾丸间质也有纤维结缔组织，精细管腔变窄，睾丸间质细胞数量减少等。在睾丸结缔组织化时，公犬除了睾丸内没有精子外，睾酮数量显著减少。实验室和临床检查时没有精子或精子数减少，睾丸萎缩而明显硬固。公犬的性反射和第二性征逐渐消退。

[诊断] 根据临床症状和精液检查结果可作出诊断。

[治疗]

(1) 首先应改善公犬、猫的饲养管理条件，特别要供应维生素 A、维生素 D 和维生素 E。日粮中加鱼肝油、胡萝卜等。

（2）如果饲料中维生素不足时，可肌肉注射维生素 A 浓缩剂，每日 3~5u 和维生素 E 浓缩剂，每周 0.01~0.02g。

（3）为了改善睾丸实质的营养，最好进行 2~3 次静脉注射 0.25%普鲁卡因溶液，每次间隔 48 小时，每次 5~15ml。

对于丧失精子形成机能的公犬、猫已无治疗价值，应予以淘汰，或进行睾丸摘除术。

［预后］ 根据病因和病理过程的发展阶段而异。如果公犬、猫精子形成抑制和障碍，仅仅是由于饲养管理条件不良或因阴囊水肿、皮炎和湿疹等引起的，经过适当治疗，精子形成是有可能恢复正常。但大多数公犬睾丸变性与萎缩，预后不良。

十九、前列腺肥大（Prostatauxe）

前列腺肥大是老龄公犬、猫前列腺功能障碍的常见病。6 岁以上的公犬有 60%都有不同程度的前列腺肥大。临床特征为排尿困难。

［病因］ 前列腺肥大的病因尚未十分清楚。一般认为，由于雄性激素和雌性激素之间失调或雌激素作用占优势所致。按组织学结构可将前列腺肥大分为腺瘤型、纤维型和纤维腺（混合型）三种。雄性激素分泌过剩可引起腺瘤型肥大，雌性激素分泌过剩则可引起纤维型肥大。

［症状］ 主要症状是里急后重、排尿困难或便秘，患犬频频努责，仅排出少量黏液。偶有少尿、血尿和膀胱膨满现象。有的病例由于过度努责，腹压加大，致使肥大的前列腺进入骨盆腔而形成会阴疝。后肢明显跛行，全身症状不明显。

［诊断］ 通过腹部触诊或直肠指诊，可发现前列腺肿大。必要时进行 X 射线检查，即膀胱内注入造影剂再摄片，可见前列腺的大小和形状异常得以确诊。

［治疗］ 睾丸摘除术是最有效的治疗方法。多数病例在术后 2 个月，前列腺的体积即可缩小。间断性给予少量己烯雌酚 0.1~0.2mg，可促使前列腺萎缩。当药物治疗无效时，可进行前列腺摘除术。有会阴疝的病例，在进行疝矫正术的同时，进行睾丸摘除术。对便秘病例，可投给泻剂或进行灌肠，调整饮食。

二十、前列腺囊肿（Prostatic cyst）

在先天性前列腺畸形的条件下，伴发腺瘤型前列腺肥大时，称为前列腺囊肿。

［病因］ 前列腺管阻塞可导致分泌物的蓄积而形成囊肿。有的犬或猫由于胚胎时期体中肾管的残迹在前列腺中形成前列腺小室而蓄积分泌物，也可形成前列腺囊肿。

［症状］ 基本上与前列腺肥大相同。当囊肿大到足以压迫附近的直肠和尿道时，导致排便和排尿的障碍。当囊肿被感染时，则转为前列腺炎。

［诊断］ 直肠指诊和腹部触诊，可摸到有波动感无疼痛的、非对称性的前列腺肿大。X 射线造影或用 B 超检查即可确诊。

［治疗］ 穿刺排出囊肿内蓄积液体可缓解症状，但数日后分泌物又蓄积而复发，反复穿刺易引起感染。较好的方法是进行外瘘术（袋形术），即切开囊肿的腹侧，除去内部液体，烧烙或切除囊肿内侧的赘生组织，然后将囊肿壁切缘与皮肤切缘缝合在一起，形成外瘘，每天清洗术部，根据病情，一般开口保留 7~14 日。伴有前列腺肥大的病例，应将增生的结节和囊肿

内壁一同切除。为防止感染，可向囊肿内注入抗生素。对体弱不适合手术的病例，只有采取保守疗法。睾丸摘除术对本病治疗无效。

二十一、前列腺炎（Prostatitis）

［病因］主要继发于泌尿道感染，在公犬精液中曾分离出链球菌、葡萄球菌、绿脓杆菌、大肠杆菌、变形杆菌和放线菌等和全身感染的布氏杆菌和结核杆菌等。

［症状］可分为急性或慢性。按炎症性质可分为卡他性和化脓性。前列腺炎初期的典型征候是射精量增加，精液稀薄和 pH 值增加到 8~8.5。检查精液时，可见精子的活力和浓度下降，精子凝集，有白细胞等。在精液中可分离出各种微生物。前列腺炎最初表现为疼痛反射，即通过直肠触摸患侧前列腺时，可发现睾丸被拉向阴囊内腹股沟管部。当两侧性发炎时，则有两侧睾丸拉紧的现象。

病的初期，前列腺分叶轮廓明显，随后因其中积聚渗出物，体积不断增大，被膜紧张，分叶和轮廓不明显或消失。当有脓肿时，有波动感，此时，患犬精神沉郁、体温升高至 40℃以上，性反射抑制等。随着化脓性前列腺炎的发展，精液品质不断恶化，患犬射出的精液呈黄色、褐色或灰绿色，精液呈黏液样、混有白色絮状物，并具有腐败气味。

实验室光镜下检查时，除发现精子数减少外，还可发现有大量不活动的精子。精子的中部和尾部畸形，在 $1mm^3$ 的精液里，可分检出 500 个多型核白细胞和细菌、嗜中性白细胞和较大的变性上皮细胞。血液检查可见白细胞增多，在尿液中发现有白细胞和细菌。

［诊断］可根据临床症状和精液检查结果作出诊断。怀疑为某种传染病，如结核病和布氏杆菌病等，应按照兽医法规进行专门检查。

［治疗与预后］传染病检查是阳性的公犬迅速淘汰。非传染性前列腺炎，一般在早期治疗效果良好。治疗时，应用青霉素 40 万~80 万 u，链霉素 50 万~100 万 u，肌肉注射，早晚各 1 次，连用 5~7 日为 1 个疗程，一般经 1~2 个疗程可治愈。或根据细菌培养，药敏试验结果，选用抗生素治疗。采用前列腺微波以及热疗加抗生素离子透入治疗慢性前列腺炎，疗效较好。也可用 0.25%普鲁卡因 20ml，加青霉素 80 万 u 和链霉素 0.5g，进行前列腺周围封闭疗法。在上述药物治疗的同时，应注意对症治疗和改善病犬的饲养管理。患犬在治愈 2~3 个月后才能恢复使用。本病的预后，根据其发病原因和病的发展阶段不同而异。多数病例是预后不良。

二十二、隐睾（Cryptorchidism）

公犬在出生后 12 周龄左右，其睾丸已降至阴囊腔内并具有一定的游走性，1 周岁后位置基本固定。若成年犬睾丸仍留在腹腔内或腹股沟管内，不下降到阴囊内即为隐睾，又称睾丸下降不全。

［病因］隐睾的原因，一般认为是由于激素分泌紊乱，即犬的促性腺激素不足和胎儿雄性激素不足以及隐性基因遗传所致。

［症状］犬隐睾多见于左侧，少见于右侧和左右两侧，当一侧隐睾时，留在阴囊的一侧睾丸仍能正常起作用和维持公犬的性功能。当两侧隐睾时，虽然阴囊内没有睾丸，而留在腹腔、腹股沟或阴囊颈部的睾丸，并不破坏产生雄性激素（睾酮等）的功能，所以，仍可促进前列

腺和外生殖器的正常发育，公犬仍有明显的第二性征和性反射。另一方面，睾丸留在腹腔内在高温（38.5℃）条件下，可抑制精细管胚上皮的发育，所以，可显著地抑制精子形成，两侧隐睾丸的犬，在其射出的精液内没有精子，无生育力。

[**诊断**] 临床对公犬生殖器官的检查，发现一侧或两侧阴囊内缺少睾丸即可确诊。

[**治疗与预后**] 对 3 岁以内单侧或双侧隐睾犬，可试用绒毛膜促性腺激素 1000u，肌肉注射，每周 2 次，5 周为 1 个疗程，可能使青春期前的犬、猫的睾丸下降至阴囊内。药物治疗无效后应行睾丸固定术，将睾丸固定在阴囊内。高位隐睾可分期手术。手术时机多主张在 5 岁以内的犬、猫为佳。预后不良，不能作种用，必须淘汰或进行隐睾摘除。

二十三、睾丸发育不全（Testicular hypoplasia）

[**病因**] 睾丸发育不全，即睾丸发育不充分、不成熟。此病多发生于胚胎发育障碍，并与隐性基因遗传有关。

[**症状**] 睾丸发育不全，有一侧性和两侧性的，一侧性睾丸发育不全多为左侧，患侧睾丸除体积小之外，触诊时感觉质软或呈面团样，局部温度和疼痛反应均无增高，睾丸表面光滑，仍可活动，呈卵形或梭形。两侧性睾丸发育不全时没有精子；一侧性睾丸发育不全时，精子减少并有畸形，但性欲正常。

[**治疗**] 预后不良，无治疗价值，必要时进行手术摘除睾丸。

二十四、睾丸扭转（Testicular torsion）

睾丸扭转即精索的旋转，导致睾丸的异常变位和趋于梗阻状态。本病常见于 5 月龄至 10 岁的犬，多见于易发生隐睾的犬种。

[**病因**] 发生肿瘤的隐睾犬，当肿瘤的硬块重量增加时，能诱发精索扭转；非隐睾犬，当阴囊韧带外伤性破裂或解剖学上发育不良时，可引起精索旋转。由于睾丸和附睾是借助于阴囊韧带附着于睾丸腹侧缘精索筋膜上的，该韧带的部分破裂可使鞘膜与睾丸一起发生有限的旋转；阴囊韧带的完全破裂，可造成睾丸的完全扭转，如旋转角度 180°、360°、540°和 720°均已有报道。

[**症状**] 当阴囊内睾丸发生急性扭转时，扭转的睾丸疼痛剧烈，可呈现轻度低烧，患犬不愿活动、步态僵硬、有病感和呕吐现象，经 24 小时后，扭转的睾丸疼痛可能有所缓解或消失。睾丸扭转 180°时，可能触摸到睾丸甚至附睾尾的位置异常；当腹腔内睾丸急性扭转时，可呈现食欲不振、体温升高、呕吐等症状，触诊腹后部有疼痛性肿块；当睾丸为慢性或部分轻度扭转时，可能临床症状不明显，触诊时偶尔发现腹部有肿块。

[**诊断**] 根据临床症状，急性扭转时，睾丸剧烈疼痛并伴有全身症状，即可作出初步诊断。对腹腔内睾丸扭转的诊断较困难，可进行实验室检查帮助诊断：如血象显示白细胞增多，有时核左移；超声波检查，有无肿块；必要时可通过手术进行确诊。

[**治疗**] 对阴囊内睾丸扭转，可选择去势疗法。如果扭转小于 180°，可施术将睾丸复位，再修复阴囊韧带，可避免摘除睾丸，一般效果良好。

对腹腔内睾丸扭转，首先进行输液、镇痛等支持疗法，以稳定宠物的病情，然后施以开腹术进行修复或施以睾丸摘除术。

二十五、附睾和输精管发育不全（Hypoplasia of epididymis and deferent duct）

［病因］附睾和输精管发育不全或缺陷，与胚胎发育障碍和隐性基因遗传有关。

［症状］这些器官发育不全，有一侧性和两侧性的，最常见的是右侧附睾和输精管发育不全。

进行外表检查时，这种公犬的发育没有明显的影响，其睾丸的大小、硬度正常，表面光滑、移动性良好。但触诊患侧附睾处可摸到坚实的细索，附睾尾不明显，有时在附睾头处可摸到柔软的、无炎症的半圆形隆起。公犬虽有明显的性反射，但射精很少成功，即使射出精液，其中精子很少（单侧性）或没有精子（两侧性）。

输精管发育不全时，由睾丸排出来的精液积聚在附睾管里，由于精子的滞留，使其体积增大，当精囊发育不全时，直肠检查触摸不到或很小。

上述器官一侧发育不全时，公犬患病初期尚可生产出质量正常的精液，以后则精子数量减少并出现畸形精子。

［诊断］根据临床症状和生殖器官的检查结果不难做出诊断。

［治疗与预后］无治疗价值。本病预后不良，由于本病有遗传性，所以患犬不宜作种用。

二十六、雌雄同体（两性畸形）（Monoecism）

雌雄同体即在同一犬体内既有睾丸，又有卵巢存在，称为真雌雄同体或称真两性畸形。当同一犬体不是有睾丸就是有卵巢，并有一种异常的外生殖器如只有睾丸和母犬的外生殖器（阴道、阴蒂等）同时发育的情况，称为假雌雄同体或称假两性畸形。

由于性腺发育程度不同，雌雄同体犬在临床上或表现出公犬征象，或表现出母犬征象。

这种犬由于先天性不育，也无治疗方法，必须进行淘汰，必要时进行手术疗法。

二十七、公犬（猫）不育症（Infertility）

公（猫）犬不育症，是指公犬、猫由于多种原因引起暂时性或永久性的性功能障碍，不能实现受精和繁殖的病理状态。

［病因］引起公犬、猫不育的病因可分为先天遗传性不育和后天获得性不育两类。

先天性不育：主要是由于生殖器官先天性发育不全或缺陷所致。如隐睾症、睾丸发育不全、附睾发育不全或缺陷、两性畸形、输精管发育不全或缺陷都可引起无性欲、无精子、精液品质不良、交配困难等而导致不育。

后天性不育：后天性致病原因又分为疾病性、环境性、营养性和技术性等几方面。疾病性不育，主要由于生殖器官疾病或功能异常所致，如睾丸炎、附睾炎、睾丸变性和萎缩、前列腺炎，包茎、嵌顿包茎等都可引起性欲缺乏、交配困难或精液品质不良，造成不育。此外，一些严重的全身性疾病，如布氏杆菌病、弓形体病、钩端螺旋体病以及某些消化、内分泌、神经和心血管疾病等，都会引起公犬、猫的不育症。营养性不育，主要由于饲养不当所致，如饲量不足，品种单一，品质不良等，可使生殖系统发育不良，精液量少或品质差，或饲喂数量过多，缺乏运动、过于肥胖等，都可引起性功能降低或障碍。环境性不育，主要由于突然改变管理方法和交配环境、交配时外界应激因素（炎热、寒冷、噪音、人为的干扰等）的刺激，以及长期的禁闭或关养等都会引起公犬、猫性欲降低，甚至性反射抑制。技术性不育，主要由于人工授精时，采精操作不规范，精液处理不当，可使精液品质下降，或配种时粗暴的处理、干扰等，可使交配困难，导致暂时性不育。

［诊断］ 不育症的诊断包括病史的调查、临床检查和实验检查。病史调查，包括犬、猫的年龄，有无生殖器官病症和其他疾病，性欲或性反射是否正常，平时饲养管理情况，饲料种类、数量、品质等。临床检查除了通过全身检查，了解不育犬、猫的全身状况，是否患有其他全身疾病，重点是对病例生殖系统的检查，如观察外生殖器的形态、大小、有无损伤、肿胀，有无炎性分泌物等；触诊阴囊可知睾丸等的位置、大小、质地是否正常；必要时采集精液样品检查，以评定其质量，以及进行睾丸活组织的检查。

［治疗］ 对先天性和后天性公犬、猫生殖器官疾病引起的不育症，应根据不同的疾病采用不同的治疗方法，可参照本章有关疾病的治疗方法进行治疗。对其他全身性疾病引起的不育病例，主要是治疗原发病。对营养性不育病例，主要改善饲养管理，给予富有营养（蛋白质、维生素等）的饲料，并注意适当的运动。对环境性不育病例，应除去外界环境不良应激的刺激。对技术性不育病例，采精或配种时，应遵守操作规程，操作应熟练轻柔。对性欲不强的病例，在配种前 1~2 日给予睾丸素可增强性欲，如丙酸睾丸酮，每日 10~50mg，肌肉注射，连用 3~5 日。

二十八、外阴炎 (Vulvitis)

外阴炎是指母犬、猫外阴部（阴唇和阴道前庭）的炎症。是母犬、猫常发病，但往往被忽略。

［病因］ 主要由于分娩时和助产时外阴部皮肤和黏膜受损伤，或交配时外阴部黏膜损伤后细菌感染所致。此外，阴道炎常继发外阴炎。

［症状］ 患犬、猫不安，局部红肿、疼痛、发痒，出现阴道分泌物，经常用舌舔患部。有的病例因阴门周围常被炎性分泌物污染而诱发皮炎或湿疹。

［诊断］ 根据临床症状即可作出诊断。

［治疗］ 0.1%高锰酸钾溶液、碧洁洗液或洁尔阴洗液等清洗外阴部和尾部，开张阴门冲洗阴道前庭，然后局部涂以消炎软膏如抗生素或磺胺软膏等。为了减少尾根刺激患部，可将患犬、猫尾根缠上绷带系于一侧保定。

二十九、阴道炎 (Vaginitis)

阴道炎是指犬、猫阴道和阴道前庭黏膜的炎症。多发生于经产母犬、猫。

［病因］ 原发性阴道炎主要因交配、分娩、难产助产及阴道检查时，受损伤和感染所致。病原微生物有细菌、霉菌和滴虫等。继发性阴道炎主要由邻近组织器官的炎症蔓延所致，如继发于子宫炎、膀胱炎等。

［症状］病犬、猫烦躁不安，经常舔阴门。阴道黏膜潮红、肿胀，并有炎性分泌物排出，从阴门流出的分泌物，散发出一种吸引公犬的气味，在非发情期可接受公犬、猫交配，因此，常被误认为发情。阴道黏膜呈现充血、肿胀，并有分泌物附着于阴道黏膜表面。

［诊断］根据临床症状可以确诊。用电光检耳镜仔细检查阴道时，可发现黏膜有小的结节、脓疱或肥大的淋巴滤泡。

为区别子宫颈、子宫体和子宫角的炎症，可采用空气或阳性造影剂进行造影、X 线摄片检查有助于诊断。阴道分泌物检查：查到滴虫，可确定为滴虫性阴道炎；若查到真菌，真菌培养阳性，可确定为真菌性阴道炎。

［治疗］先用 0.1%高锰酸钾溶液或 0.1%依沙吖啶（雷佛奴尔）溶液、生理盐水冲洗阴道，再用青霉素软膏或磺胺软膏、碘甘油涂布于黏膜上。有溃疡时可涂布 2%硫酸铜膏或注入抗生素栓剂、洗必泰栓剂。滴虫性阴道炎，口服甲硝唑 0.2g，每日 3 次。局部用药：药物冲洗阴道后，阴道内放入滴维净 1 片或甲硝唑 1 片，也可放曲左霉素 10 万 u，每日 1 次。继发于其他疾病的阴道炎，在治疗阴道炎的同时，积极治疗原发病。对顽固性和慢性感染的阴道炎，应进行细菌培养和药敏试验后，选择最佳药物治疗。

真菌性阴道炎，长期使用抗生素者要停止用药。局部用药：制霉菌素片或栓剂 10 万~20 万 u，每晚放入阴道 1 次，10 次为 1 个疗程。或用酮康唑片或栓剂放入阴道内，每次 1 片，7 日为 1 个疗程。也可用 1%甲紫溶液涂抹阴道壁，每周 3~4 次，连用 2 周。注意用药勿过频，因易引起化学性外阴炎和黏膜溃疡。

三十、阴道增生症（Vaginal hyperplasia）

阴道增生症是指犬、猫的阴道底或壁部分的黏膜增生性肥厚。

［病因］阴道增生症与母犬发情期有关，是由于雌性激素过度刺激所致。各品种的母犬均可发生，最常见于短头型品种，特别是中型猎兔犬。

［症状］发情期母犬的阴道部分黏膜肥厚形成肿块，外阴肿胀。患犬交配或排尿发生困难。严重者肿块突出于阴门口。当突出的肿块被擦伤后，可导致感染、化脓或溃烂。肿胀通常在发情期后不久消退，但下次发情时可能复发。无其他明显症状。

［诊断］根据临床症状即可作出诊断。检查时可发现肿块起源于阴道底或壁部，通常在子宫颈和阴道之间。增生时，肿块呈圆顶状并常有蒂，当阴道或子宫脱出时突出部分的体积更大，并有宽大的基部。这些应与肿瘤、阴道脱出或子宫脱出相区别。

［治疗］轻微的肿胀或肿块，通常在发情期后不久即可消退。当突出的肿块擦伤和感染时必须进行外科切除。大面积肥大的患犬，应在切除肿块组织的同时切除卵巢，只有切除卵巢才能加速残存性肥大的消退和防止复发。对种用母犬、猫可通过人工授精进行繁殖。

三十一、阴道脱出（Vaginal prolapse）

阴道脱出是指阴道壁的一部分或全部外翻和脱出于阴门口或阴门之外。多见于发情前期和发情期的母犬、猫，偶尔也发生于妊娠后期的母犬、猫。

［病因］发情前期和发情期雌性激素分泌过多，致使阴道黏膜增生浮肿，会阴部组织松

弛，引起阴道脱出；便秘、尿闭、胃肠急性膨气、腹泻、妊娠后期母犬久卧等，均可引起母犬的强烈努责和腹内压的增高；阴道受强烈刺激，小型母犬用大型公犬交配，或交配中强行使犬分离等，均可诱发阴道脱出。此外，由于遗传因素所致，如拳师犬等短头品种犬和瑞士救护犬等易发本病。

[症状] 初期，当犬卧下时可见黏膜潮红肿胀的阴道外露于阴门处，站立后可自行缩回。若时间稍长和脱出部分增大，此时犬站立后也无法自动缩回。若脱出部分接触异物发生擦伤时，则可引起黏膜出血、污染或糜烂等。

阴道全部脱出时，可见阴道呈球状翻于阴门外，黏膜通常发紫、水肿、表面有裂口，破口有凝血块，有污物沾染，甚至感染、化脓。

[诊断] 根据临床症状即可作出诊断。犬阴道平滑肌瘤也会突出于阴道内或阴门外，与阴道脱出相似，但其质地较硬，并与动物发情无关，且多见于老龄犬。

[治疗] 轻症的阴道脱出，于发情结束后可自然恢复。阴道部分脱出，站立后能自行复原病例，主要防止脱出部分增大和黏膜受损伤，保持外阴部的清洁卫生，防止尾及其他异物对脱出阴道黏膜的刺激，保持后躯高、前躯低的体位，以及防止能使腹内压升高的疾病发生，常不需治疗即可自行恢复，必要时对脱出部涂以抗生素软膏或油膏。对阴道脱出而不能还纳的，应采取整复手术治疗：①先用0.1%温高锰酸钾溶液清洗患部，再用2%明矾溶液进行收敛清洗；②进行止血和清除异物，水肿严重者要针刺放液，有大的破口应缝合；③将脱出阴道整复原位，为防止再脱出，可在阴门处缝合固定；④术后护理，保持多站立和前低后高的体位；⑤对习惯性和保守疗法无效的可进行阴道脱出切除术。术后饲喂稀软食物防止便秘，为防止感染和增强机体抗病力，术后2~3日，每日肌肉注射抗生素。患犬几日后即可痊愈。

阴道严重糜烂者，可对糜烂部进行切除术。妊娠期发生阴道脱出时，一般采用保守疗法，若保守疗法无效时，为保全母犬、猫，可进行剖腹产术。不用于繁殖的犬、猫，可进行卵巢摘除术。

三十二、阴道闭锁（Vaginal atresia）

阴道闭锁是指母犬、猫的阴道和阴道前庭连接部的阴道瓣膜形成一纤维组织带，将阴道分为前后两部，互不相通，造成性交障碍。

[病因] 阴道闭锁属于先天性发育异常所致。动物在胚胎发育早期，尿生殖窦后部与后肠相接，形成一泄殖腔，随后中胚层向下生长，将尿生殖窦与后肠完全隔开，分别发育成后部为盲端的生殖道和直肠。副中肾管后部与泌尿生殖窦融合形成阴道瓣，当胎儿出生时阴道瓣已消失。只有个别动物发育异常，阴道瓣不能消失，即形成阴道闭锁。

[症状] 阴道闭锁的患犬、猫，往往一时不易发现。当发情时表现兴奋不安，食欲减退，时常鸣叫，外阴红肿，有性交欲望，但阴道内被一完整的瓣膜封闭或不全封闭，致使交配时阴茎无法插入，以致屡配不孕。

[诊断] 使用探针或探棒探诊时，若发现阴道腔不通，同时，通过阴道内触诊时，若发觉阴道瓣膜封闭阴道，即可确诊。

[治疗] 进行阴道瓣膜切开术：将麻醉的患犬、猫保定于手术台上，前低后高体位；用

0.1%高锰酸钾溶液将阴道和后躯清洗消毒后，助手将犬阴唇从两边向外翻转保定；术者用止血钳夹持阴道瓣膜向外牵引，充分暴露术部；在阴道瓣膜突出部先做一小切口，再用弯形外科剪做十字形剪开瓣膜成四瓣，然后分别将四瓣膜剪除。修剪过程中，有暗红色血液从阴道流出，应用纱布吸干，对出血点应进行压迫或缝合止血。术后保持外阴部清洁，术后 2~3 日使用抗生素肌肉注射，患部注入抗生素或磺胺油膏或洗必泰栓剂。术后 1~2 周可痊愈。

三十三、子宫内膜炎（Endometritis）

子宫内膜炎是指子宫黏膜及黏膜下层的一种急性或慢性炎症。

[病因] 在发情期、配种、分娩、难产时助产、流产、胎衣不下以及人工授精时，由于细菌（链球菌、葡萄球菌或大肠杆菌、变形杆菌或棒状杆菌等）的感染所致。子宫黏膜的损伤和机体抵抗力降低，是促使本病发生的重要因素。此外，阴道炎、子宫脱出、死胎等，都可继发子宫内膜炎。

[症状] 急性子宫内膜炎：体温升高，精神沉郁，食欲减少、烦渴贪饮，有时呕吐和腹泻，有时努责和排尿姿势。从阴道排出灰白色浑浊含有絮状分泌物或脓性分泌物，特别在卧下时排出较多。子宫颈外口充血、肿胀和稍张开。通过腹壁触诊时，子宫角增大、有疼痛反应，呈面团样硬度，有时有波动感。

慢性子宫内膜炎：多无明显全身症状。主要以患犬、猫发情不正常或不发情、屡配不孕、孕后易发生流产，有时从阴道排出浑浊带有絮状物的黏液或脓性分泌物。子宫颈外口充血肿胀。通过腹壁触诊时可触知子宫角粗大。有的由于子宫颈肿胀和增生，腔道变狭窄，脓性分泌物蓄积于子宫内，子宫角明显增大，触诊时子宫壁紧张有波动，患犬、猫有疼痛反应。

[诊断] 根据病史和临床症状即可作出诊断。

[治疗] 以消除炎症、增强机体抵抗力和恢复子宫功能为治疗原则。

对炎性分泌物较多的犬、猫，先用消毒药液 0.1%高锰酸钾或 0.1%依沙吖啶（雷佛奴尔）等冲洗子宫后，向子宫内注入消炎抑菌药，青霉素 20 万~80 万 u 和链霉素 50 万~100 万 u 或新霉素 50~100mg 等。为促进子宫收缩和宫颈口张开，有利于炎性分泌物排出，可肌肉注射己烯雌酚 0.20~0.4mg/次和催产素 5~30u/次。当伴有全身症状时，应用抗生素或磺胺类药物治疗，并适当补液。如上述疗法无效时，可考虑施行子宫切除术。

三十四、子宫肌炎（Uterus myositis）

炎症从子宫内膜波及到子宫体，深达子宫肌层，引起子宫充血、水肿，甚至化脓、坏死，称为子宫肌炎。

[病因] 本病多由于流产、分娩，或子宫腔手术不洁，或因不洁的阴道检查，不洁交配、子宫内膜息肉坏死等致使细菌感染而引起内膜炎症，炎症严重波及子宫肌层导致本病。

[症状] 子宫肌炎有急性与慢性之分。急性子宫肌炎临床表现为体温升高、腹痛、食欲不振、精神差等；慢性子宫肌炎多由急性子宫炎转化而来，临床表现较轻微的下腹隐痛等。

[诊断] 本病的诊断主要依据发热、腹痛、阴道内排出分泌物的病史，同时临床触诊急性子宫肌炎时，子宫体增大、质软、压痛明显；慢性子宫肌炎时，子宫体均匀性增大、质地较

硬，并有轻度压痛。实验检查，急性时白细胞计数增加，中性细胞增多，血沉加快，可辅助诊断。

［**治疗**］本病多采用抗生素类药物、磺胺类药物治疗。

三十五、子宫蓄脓综合征（Pyometrium syndrome）

子宫蓄脓综合征是指子宫内蓄积大量脓液并伴有子宫内膜增生性炎症。临床上可呈现子宫蓄脓、子宫内膜炎、子宫脓肿等多种疾病的症候群。

［**病因**］主要与母犬、猫体内激素代谢紊乱、微生物感染、机械性刺激有关。

内分泌因素：黄体激素（孕酮）长期持续作用于子宫内膜可引起子宫内膜囊性增生，囊性子宫内膜增生是子宫对孕酮的一种异常反应，也是子宫蓄脓的开始阶段。雌激素可以增强孕酮对子宫的损害作用和加快子宫蓄脓的发展。如母犬发情结束后，不论妊娠与否，功能性黄体可持续分泌黄体激素 2 个月以上。假妊娠时，为了阻止泌乳，长期注射或内服黄体激素或合成黄体激素类药物等，都可导致本病的发生。

微生物感染：当子宫内膜囊性增生时，子宫抵抗力降低，使病原菌（葡萄球菌、大肠杆菌、变形杆菌和沙门氏菌等）易于侵入和繁殖，引起子宫内膜炎、化脓和蓄脓。

机械性刺激：有人实验证明，对子宫内膜逐渐增加机械刺激，如用铁丝线插入子宫内或用铁丝搔刮子宫内膜，可出现典型的子宫内膜增生症。

［**症状**］病犬精神沉郁，厌食，多数患犬、猫多饮多尿，有的犬呕吐。一般体温正常，发生脓毒血症时，体温升高。阴门排出分泌物较多，带有臭味。阴门周围、尾和后肢跗关节附近的被毛被阴道分泌物污染，有的犬频频舔阴门。子宫颈关闭的病例，其腹部膨大，触诊敏感，可摸到扩张的子宫角。子宫显著肥大的病例，可见其腹壁静脉怒张。

临床血象检查其白细胞数增加，犬通常为 20×10^9/L~100×10^9/L；核左移显著，幼稚型达30%~50%以上；红细胞、血红蛋白均正常，但有时出现贫血现象，红细胞容积不到正常值的36%。血清蛋白检查多数病例呈现高蛋白血症，往往是纤维蛋白原正常，而 γ-球蛋白增高。血清尿素氮和血清总蛋白稍增高。阴道涂片检查有大量的或成堆的嗜中性白细胞和微生物。

［**诊断**］根据病史、临床症状、临床血象检验和 X 射线检查等进行综合分析，即可作出诊断。

直肠检查：排粪排尿后，举起犬的后躯，把手指尽量向直肠深部插入，即可触到骨盆前方扩张的子宫。

X 射线检查：从腹中部到腹下部有旋转的香肠样均质像，有时尚出现妊娠中期的子宫角念珠状膨大像。

超声波断层检查：将犬仰卧保定，腹下部充分剪毛和涂布耦合剂后，把探头垂直接触皮肤，先确定膀胱的位置和大小，然后把探头从子宫颈向子宫角方向边移动边观察子宫的图像，子宫内蓄脓的扩大子宫腔呈散射回波。子宫内滞留有多量内容物时，呈水平上升的回波。

糖尿病病例，也有多饮多尿，但腹围不增大，不呕吐，并表现多食、高血糖和糖尿等，可与之相区别。本病与腹水的鉴别可通过触诊和 X 射线检查进行。与膀胱炎、慢性肾炎、钩端螺旋体病、肠梗阻、中毒症等鉴别诊断，主要靠血液学检查。

［**治疗**］根据病情，可采取手术疗法或药物疗法。

手术疗法：即进行卵巢、子宫摘除术是本病的根治方法。但有相当一部分患犬由于体质虚弱，不适宜手术，因此，应先采用支持疗法即适当给予输液、输血、使用抗生素等，待机体体液、电解质失衡状态改善后，再行手术。对有低蛋白血症的患犬、猫，可用右旋糖酐制剂 15~30ml/kg 体重，静脉注射。

药物疗法：以促使子宫颈张开和子宫收缩，消除子宫内感染的微生物，除去致病因素（孕酮）的来源为治疗原则。

可选用雌激素、睾酮、催产素或前列腺素。睾酮每次内服 200~300mg，每周 2 次，连用 3 周；前列腺素 0.25~1mg/kg 体重，肌肉注射；催产素一次 10~20u。在子宫颈开张的情况下，也可使用麦角新碱或前列腺 F2a 250μg/kg 体重，皮下注射。子宫内容物基本排完后，适当投入抗生素。也可采用头孢类抗生素 35mg/kg 体重，静脉注射，每日 3~4 次，连用 3~5 日有效。

对囊性增生型子宫蓄脓综合征，有人曾用搔刮子宫内膜的方法而治愈。

三十六、子宫脱出（Uterine inversion）

子宫脱出是指分娩后子宫的一部或全部翻转，脱出于阴道内或阴门外。多发生于分娩后数小时内，多见于老龄犬、猫。

［**病因**］营养不良，运动不足，经产老龄犬、猫，胎儿过大或胎水过多，子宫过度扩张使之松弛，分娩后阴道有损伤或过分受刺激，努责剧烈等，都可引起子宫脱出。助产时不加滑润剂而粗暴牵引也会诱发本病。

［**症状**］部分脱出的子宫停留在阴道内，从外表不易被发现。患犬、猫表现不安，努责，腹壁紧张，有轻度腹痛现象。阴道检查时可发现子宫翻转脱出于阴道内。

全部脱出的子宫露出阴门外。有的为一侧子宫角脱出，外观呈长圆形棒状物悬挂于阴门外，也有两侧子宫角同时脱出，外观呈分叉状的两根长圆形棒状物悬挂于阴门外。脱出的子宫黏膜淤血或出血、水肿、受伤及感染时可化脓、坏死，有的患犬咬破脱出的子宫可引起大出血，继发败血症。

［**治疗**］治疗时采用手术整复的方法，将脱出的子宫还纳复位。整复前应进行局部或全身麻醉，以便于手术操作和减轻母犬、猫对来自产道刺激的敏感性。对部分脱出阴道内的子宫，术者手指消毒后伸入阴道内，轻轻向前推压脱出的子宫部分，必要时将并拢的手指或用器械伸入阴道及子宫内，顶住脱出的子宫，左右摇动向前推进，可将子宫复位。

对完全脱出于阴门外的子宫，应先选用 0.1%高锰酸钾溶液或 2%明矾溶液清洗，并清除污物和血凝块等，然后向阴道和子宫内推送，在推送时，助手将患犬两后肢提起，利用重力便于将脱出的子宫还纳复位。对较难还纳病例，可在腹腔切开一小口（在耻骨前缘的腹中线上），手指伸入将子宫牵引回腹腔后再缝合腹壁切口。

整复后向阴道和子宫内投入抗生素胶囊（如金霉素或土霉素等），同时肌肉注射垂体后叶素 5~10u。为了预防术后再脱出，可在阴道内填塞以纱布卷做成的阴道塞，放置 1~2 日，也可在阴门周围进行烟包缝合，2~3 日可拆线。

当脱出子宫发生破裂、大面积损伤或发生坏死、难以还纳以及反复脱出时，为挽救母犬、猫的生命，可进行子宫切除术。

三十七、子宫捻转 (Torsion of uterus)

子宫捻转是指子宫沿其纵轴发生程度不同的扭转。本病多发生于妊娠中后期的犬、猫。

[病因] 子宫捻转多因剧烈运动如跳跃、翻滚等有关，当犬、猫身体进行急剧转动时，沉重的子宫未能随之迅速转动而引起捻转。早产或分娩时子宫角的异常收缩以及胎儿的异常活动，也可促进子宫捻转的发生。此外，子宫阔韧带过长或松弛，也可诱发本病。

[症状] 子宫捻转发生于妊娠期，称为产前捻转。病犬、猫以突然发生疝痛症状为特征。皮温降低，黏膜苍白或发绀，呼吸浅表，脉搏微弱，肌肉张力降低，对刺激反应迟钝乃至消失，严重者发生昏迷等症状。腹部触诊和配合直肠指检，有时可触及紧张、捻转的子宫。

子宫捻转发生于分娩时，称为临产捻转，除临床呈现疝痛症状外，可引起难产。进行产道指检时，可发现产道狭窄或完全闭锁，直肠和腹部检查时，可触及捻转的子宫。

[诊断] 根据发病突然、急性疝痛、分娩时发生难产，以及腹部触诊、直肠和产道指检结果，即可作出诊断。

[治疗] 可提起患犬、猫的两后肢，急速地向子宫捻转方向旋转，力求捻转的子宫复位。否则，可进行剖腹整复术或剖腹产术。

三十八、子宫破裂 (Metrorrhexis)

[病因] 子宫破裂是因妊娠后期遭受外力作用，难产时助产操作的错误或用过量催产药，以及产后急性坏死性子宫炎或子宫蓄脓所致。

[症状] 患犬、猫精神沉郁，体温升高，拒食，腹痛，呕吐等。延误治疗可继发腹膜炎或有生命危险。

[诊断] 根据病史和临床症状、腹腔穿刺流血液性混合液即可作出诊断。

[治疗] 立即进行剖腹术，将子宫破口缝合或将子宫切除，严格冲洗腹腔，并注入抗生素，闭合腹腔切口，静脉注射电解质和抗生素，术后加强护理。

三十九、输卵管炎 (Salpingitis)

输卵管炎是指输卵管被感染后发生的急性和慢性炎症。

[病因] 由于子宫或卵巢的炎症蔓延或扩散所致，也可由血液或淋巴循环将病原菌带进输卵管而感染。

[症状] 急性输卵管炎：输卵管黏膜炎性肿胀，有出血点，黏膜上皮变性和脱落。有炎性分泌物（黏液或脓液）堵塞输卵管，管腔扩大似囊肿状。当输卵管肌炎和浆膜发炎时，可与邻近组织或器官粘连。有疼痛和喜卧等症状。

慢性输卵管炎：主要特征是结缔组织增生，管壁增厚，管腔显著狭窄。

[诊断] 根据病史、临床症状和开腹探查，可以确诊。

[治疗] 对急性输卵管炎，可用抗生素和磺胺类药物治疗，同时腰荐部进行按摩和温敷，有一定效果。慢性输卵管炎较难治愈。

四十、卵巢囊肿（Ovarian Cysts）

卵巢囊肿是指卵巢组织中未破裂的卵泡或黄体，因其本身发生变性和萎缩而形成一球形空腔。前者为卵泡囊肿，后者为黄体囊肿。犬的卵巢囊肿发病率占卵巢疾病的37.7%。

［病因］卵巢囊肿发病原因尚未完全清楚，一般认为与脑下垂体分泌促黄体激素不足有关。

饲料中缺乏维生素A和维生素E，运动不足；注射大量的孕马血清促性腺激素或雌激素等，是导致本病发生的因素。此外，卵巢囊肿也可继发于子宫、输卵管、卵巢的炎症。

［症状］卵泡囊肿，由于卵泡素分泌过多，可引起母犬、猫性欲亢进，持续发情，阴门红肿，偶尔见有血样分泌物；神经过敏，表现凶恶，经常爬跨其他犬、猫、玩具或家庭成员，但母犬、猫却拒绝交配。

黄体囊肿的母犬、猫，表现为长期不发情。

［诊断］根据病史和临床症状可作出诊断。必要时可进行腹腔探查术。

［治疗］使用促黄体激素20~50u，肌肉注射，一周后未见效者稍加大剂量再注射一次。或用绒毛膜促性腺激素50~100u，肌肉注射。

也可使用黄体酮2~5mg，肌肉注射，每日或隔日1次，连用2~5次，或内服17-a羟孕酮3~5mg/kg体重。上述疗法无效时，进行卵巢摘除术。

四十一、卵巢炎（Ovaritis）

卵巢炎是指卵巢被感染后所发生的急性和慢性炎症。

［病因］急性卵巢炎主要由于附近器官组织（子宫、输卵管等）炎症蔓延所致，或病原菌经血液和淋巴循环进入卵巢而感染。慢性卵巢炎多数由急性转变而来。

［症状］急性卵巢炎患犬、猫表现为体温升高，精神沉郁，食欲减退，呈现腹痛和喜卧等症状。慢性卵巢炎患者，全身症状不明显，主要表现性周期不规则或不发情等症状。

［诊断］根据临床症状和结合卵巢组织学检查结果做出确诊。急性卵巢炎时，卵巢组织浸润，卵泡生长和成熟停止；慢性卵巢炎时，卵巢组织增生变性，并为结缔组织所代替。

［治疗］急性卵巢炎可使用抗生素或磺胺类药物治疗，并在饲料中增加维生素A、维生素E。慢性卵巢炎患者，可进行卵巢摘除术。

四十二、卵巢功能不全（Hypoovarianism）

卵巢功能不全是指卵巢功能暂时性扰乱、减退或功能永久性衰退。

［病因］甲状腺功能减退使脑垂体促性腺激素活性降低，导致卵巢功能不全。近亲繁殖可引起卵巢发育不全或卵巢功能减退。饲养管理不善，营养不良（特别是蛋白质不足），体质虚弱或长期患慢性疾病等，都可出现卵巢功能不全。

［症状］由于卵巢静止或幼稚、卵泡发育中途停顿等，临床主要表现为性周期延长，性欲缺乏或不发情，卵巢功能障碍严重时，生殖器官会呈现萎缩。

［诊断］根据病史和临床症状即可作出初步诊断。最后确诊需进行腹腔探查和组织学检

查。组织学检查可见初级卵泡中卵细胞核溶解，卵泡区增厚，同时，第三期卵泡的卵泡膜和上皮脱落，随后卵丘萎缩，卵泡黄体化，皮质和髓质内结缔组织增生并出现浆细胞。有时出现初级、次级和第三期卵泡小颗粒变性，皮质内小血管堵塞，较大血管透明、蛋白变性。

［**治疗**］以改善饲养管理，治疗原发病和恢复性功能为治疗原则。恢复性功能可选用促卵泡激素（FSH）20~50u，肌肉注射，每日 1 次，连用 2~3 日；人绒毛膜促性腺激素（HCG）100~200u，肌肉注射，每日 1 次，连用 2~3 日；孕马血清促性腺激素（PMSG）100~200u，肌肉注射，每日 1 次，连用 2~3 日后，观察效果。

四十三、永久黄体（Permanent corpus luteum）

永久黄体或黄体滞留是指分娩或排卵后，卵巢上的黄体超过正常时间不消失者。据报道，永久黄体的发病率约占卵巢疾病的 49.2%。

［**病因**］主要由于饲养管理不善，营养供给失调，动物过肥或过瘦，维生素和矿物质缺乏和不足，引起机体新陈代谢障碍，内分泌功能紊乱，从而造成脑下垂体前叶分泌促卵泡激素不足，促黄体激素过多，导致卵巢上的黄体持续时间过长而发生滞留。此外，子宫疾病、中毒或中枢神经系统协调紊乱，以及影响丘脑、垂体和生殖器官的其他疾病，也是黄体滞留的诱发因素。

［**症状**］临床表现主要特征是母犬、猫分娩后或配种后，长期不发情。

［**诊断**］根据不发情的病史和开腹探查结果即可做出诊断。

［**治疗**］以除去发病原因，改善饲养管理，补充维生素和矿物质为治疗原则。促使黄体消散可选用下列激素：前列腺素 F2a（PGF2a）1~2mg，肌肉注射，每日 1 次，连用 2~3 日，黄体即可溶解消失；孕马血清促性腺激素（PMSG）50~100u，或促卵泡激素（FSH）20~50u，或己烯雌酚 1~2mg，每日 1 次，肌肉注射，连用 2~3 日。

四十四、母犬（猫）不孕症（Infertility）

不孕症是指母犬、猫性成熟以后或分娩后经 2~3 个性周期仍不发情或不予配种，或经几次配种后仍不能受孕的一种病理状态。

［**病因**］引起母犬、猫不孕症的原因可分先天遗传性和后天获得性不孕。

先天性不孕：主要是由于生殖器官发育不良或缺陷所致。如两性畸形、生殖道畸形、卵巢发育或功能不全、子宫发育不全或缺陷等。

后天获得性不孕大致包括如下方面：

疾病性不孕：是指生殖器官疾病和某些全身性疾病而引起的不孕。如卵巢炎、卵巢囊肿、持久黄体、子宫内膜炎、子宫蓄脓综合征等。全身性疾病如布氏杆菌病、弓形体病、钩端螺旋体病、结核病、李氏杆菌病等，都可导致母犬、猫的不孕。

营养性不孕：由于饲料量不足、品种单纯、品质不良或缺乏某种与繁殖功能密切相关的营养物质，如蛋白质、维生素 A、维生素 E、维生素 B 和矿物质钙、磷等，致使整个机体功能和新陈代谢障碍，生殖系统发生功能性和病变性变化，造成不孕。或由于饲喂量过多，又缺乏运动，过于肥胖，致使卵巢内脂肪沉积，卵泡上皮发生脂肪变性，繁殖功能遭受破坏，造成不孕。

环境性不孕：由于母犬、猫的生殖功能与气温、日照、湿度以及其他外界应激因素都有密切关系。当饲养环境突然改变，使母犬、猫不能适应当地外界环境不良应激因素的刺激，也可引起母犬、猫的不孕。

技术性不孕：由于错过适当的配种时机，或人工授精技术不熟练，精液处理不当等，往往引起母犬不孕。此外，患有不育症的公犬、猫，也可引起母犬、猫的不孕。

［症状］ 本病的共同特征是性功能紊乱和障碍。如不发情、持续发情，屡配不孕或不能配种等。其他症状则因致病原因不同而有差异。如先天性不孕病例，除性功能紊乱外，主要表现为生殖器官的解剖构造异常，如畸形、发育不全或细小等。后天获得性生殖器官疾病引起的不孕病例，则有生殖器官疾病的症状，如子宫内膜炎、阴道炎、子宫蓄脓等病例均有炎性分泌物自阴道流出等表现。而其他疾病引起的不孕症，除表现性功能紊乱、不孕或流产外，主要表现为原发病的固有症状，如布氏杆菌病、弓形体病、钩端螺旋体病等。

［诊断］ 不孕症的诊断包括了解病史、临床检查和实验检查等方面。重点在临床检查。

临床检查包括全身检查和生殖系统检查两部分，而重点是生殖系统的检查。通过全身检查，可以了解不孕犬、猫的全身状况，是否患有其他疾病。生殖系统的检查包括外生殖器官的检查、阴道检查和触诊检查，如观察阴门的大小、形状、有无肿胀和分泌物、分泌物的性质和数量等；检查阴道黏膜颜色、有无炎性分泌物，有无损伤、水疱和结节，子宫颈的状态；通过腹壁触诊，可感知子宫的位置、大小、质地和内容物的状态等。有条件或必要时，为判断患犬、猫丘脑下部、垂体和卵巢的功能是否正常，可对其生殖激素水平进行测定。B 超有助于诊断。

［治疗］ 犬、猫不孕症的治疗，应根据病因采取相应的治疗措施。如生殖器官先天性发育不良或缺陷所致的不孕病例，可采用生殖激素如孕马血清促性腺激素或绒毛膜促性腺激素、前列腺素等。对疾病性不孕病例，则根据不同的疾病，采取不同的治疗措施，如子宫炎，可进行子宫冲洗、注入抗生素等，详见有关疾病的治疗。对营养性不孕病例，应改善饲养管理，给予全价营养的饲料，特别注意补给足够的蛋白质、维生素和微量元素，要有足够的运动。对环境性不孕病例，应除去外界环境不良应激因素的刺激。对技术性不孕病例，应掌握配种时机，采用重复交配或多次交配，以增加受精机会。人工授精时，严格遵守采精、保存、授精等操作规程。由于种公犬、猫不育症而引起的母犬、猫不孕，应更换种公犬、猫。

可试用中药治疗。方剂 1：党参 15g，茯苓 15g，甘草 15g，枸杞子 20g，菟丝子 20g，鹿角霜 20g，熟地 20g，当归 15g，山药 20g，巴戟天 20g，仙灵脾 20g，香附 15g，滋阴补肾、补脾养血。煎服。

方剂 2：当归 15g，川芎 10g，香附 10g，坤草 30g，丹参 15g，泽兰 15g，茯苓 15g，赤芍 15g，熟地 20g，甘草 10g。养血、活血、调经。煎服。

四十五、假孕 (Pseudocyesis)

假孕又称伪妊娠，是指犬、猫排卵后，在未受孕的情况下出现腹部膨大、乳房增大，并可挤出乳汁，以及其他类似妊娠犬、猫的症候群。

［病因］母犬假孕，主要由于母犬发情排卵后交配期不当而不受孕或根本未曾交配，其卵巢上均能形成功能性黄体（或称性周期黄体）。此黄体的功能至少维持 75 日，在此期间由于它分泌孕酮的作用，使母犬产生一系列类似妊娠的表现。

母猫假孕，由于母猫的排卵属于刺激性排卵，所以母猫发情后，只有经过交配而未受孕的母猫，其卵巢上的卵泡才会成熟破裂排卵，并形成黄体，出现假孕现象。而发情后未交配的母猫，则不排卵和不形成黄体，所以也不会出现假孕现象，这点与犬不同。此外，母猫假孕的时间比母犬短，因为母猫的功能性黄体在排卵后 44 日时即丧失功能。犬、猫假孕，除内分泌紊乱如黄体功能持续，所分泌的孕酮作用时间延长等外，母犬、猫生殖器官疾病如子宫炎、子宫蓄脓等或母犬、猫长期拴系，缺乏运动等更易诱发此病。

［症状］犬多发生于发情后 2~3 个月期间，猫则发生于发情配种而未受孕后的 1~1.5 个月期间。

临床表现与正常妊娠非常相似，患犬、猫性情温和、被毛光亮、早期有呕吐、腹泻、食欲增加等妊娠反应。随后在发情或配种后 50 日，腹部脂肪蓄积，腹部增大，乳房增大，并可挤出乳汁。接近分娩时期（约 55 日）也会出现筑窝行为，食欲不振或废绝，母性本能增强，并愿为其他母犬、猫所产的仔犬、猫哺乳。有的病例吸吮自己的乳汁。

若为内分泌紊乱所致假孕的患犬、猫，一般在出现上述分娩前症状 1~2 周后，其症状即可消失。若为子宫蓄脓则会排出多量脓性分泌物，污染产床和房舍，处理不及时、不恰当，可转为慢性炎症过程。

［诊断］根据发情配种情况和临床特征即可作出诊断。腹部触诊可感知子宫角增粗变长，但无胎儿。必要时可进行 X 射线或 B 超检查，有助于确诊。

［治疗］对于内分泌紊乱所致的病例，可以肌肉注射卵泡激素或睾丸素，以抑制黄体孕酮的分泌。如甲基睾丸酮 1~2mg/kg 体重，或前列腺素 1~2mg/次，每日 1~2 次，连用 2~3 日。

有的假孕病例，特别是猫往往不治自愈。只要投给一些镇静剂（如溴剂等），加强运动，乳房极度增大时可涂以碘酊，带上嘴罩防止吸吮自己的乳汁等，可促使早日摆脱假孕现象。

对于子宫蓄脓等病例，在治疗本病的同时，可参见本章节有关疾病进行治疗。

四十六、子宫外孕（Exfetation）

子宫外孕又称异位妊娠，是指受精卵（胚胎）或胎儿由于某种原因，着床于子宫以外的妊娠现象。根据胚胎着床部位的不同，通常分为卵巢妊娠、输卵管妊娠和腹腔妊娠。犬的胎儿胎盘附着在肠系膜和网膜上，可继续发育成熟。

［病因］子宫外孕，主要是由于卵细胞移行过程发生障碍或破坏所致。如当动物排卵时卵细胞不排出卵泡，精子可通过腹腔钻进这种卵泡内而发生卵泡内受精，胚胎就在卵泡内发育；当输卵管蠕动功能紊乱时，可使管腔狭窄，受精卵移行至子宫内受阻，只有在输卵管内发育；或当动物严重出血伴随输卵管破裂时，可中断妊娠或继发腹腔妊娠。

［症状］子宫外孕的犬、猫，临床上无明显症状，只表现不发情。胎儿通常是不能发育到足月即死亡，随后被吸收或机化，被网膜、肠系膜或结缔组织所包裹。

[诊断] 根据临床症状，再通过触诊和腹腔探查，即可作出诊断。或进行 X 射线检查作出确诊。

[治疗] 进行剖腹术，将胎儿取出。

四十七、防止与终止妊娠（Pregnancy prevention and termination）

防止母犬、猫妊娠的最适用方法是进行卵巢摘除术。对已妊娠的母犬，由于是在不适当的年龄和时间所配上的种，或是与不可接受的公犬发生计划外的配种等，为了避免产生不想要的仔犬，可采取一些措施将妊娠终止。

由于给母犬投给雌性激素后，母犬不愿交配，故可防止妊娠。

母犬交配后 5 日内投给己烯雌酚：第 1 日肌注油剂 0.5~4mg，以后每日口服 0.5~4mg，每日 1 次，连用 5~7 日；或投给 17-β 环戊丙酸雌二醇，0.25~2mg，肌肉注射，每日 1 次，连用 3~5 日。可防止受精卵的着床，从而终止妊娠。但发情征象可持续 2~3 周。

(1) 妊娠早期的终止：可用透明带抗原、抗附植复合物异喹啉或类固醇合成抑制剂等免疫避孕制剂进行治疗，有一定的效果，但效果差，安全范围窄，副作用大。现正在研究使用其他药物（如环氧司坦类固醇合成抑制剂等）；在间情期的 5~10 日，注射非合成的 PGF_{2a} 来溶解黄体，可达到治疗效果，剂量为 0.25mg/kg，每日 2 次，皮下注射，连用 5~7 日为一疗程（可引起配种后的 15 只犬中的 12 只发生黄体溶解）。若在确诊妊娠之前使用此药，能终止妊娠。

(2) 妊娠中期引产：$PGF_{2\alpha}$ 可用于妊娠约 30 日的母犬进行流产，剂量为 0.1~0.25mg/kg，每日 3 次，皮下注射，一般 4~11 日为一个疗程。可通过 B 超检查，确定所有胎儿排出以后可停止治疗；配种后 21~30 日，经 B 超确诊妊娠后，再使用药物流产；$PGF_{2\alpha}$ 的副作用有注射后腹泻、流延、呕吐、呼吸急促、排尿和发抖等，这些现象随着治疗而逐渐减轻或消失。

在流产之前，宠物出现不安，体温低，做窝和排恶露等现象。治疗后的犬可恢复到正常的生殖周期，但由于 PGF_{2a} 缩短了间情期，即在下次发情期可能比预计的要早些。

(3) 其他引产药物：据报道，地塞米松在妊娠后半期，可引起胎儿的死亡和流产。剂量为 0.1~0.2mg/kg，皮下注射，每日 2 次，连用 7~14 天为一个疗程；米索前列醇是一种子宫颈松弛剂，可从阴道内投药，剂量为 1~3μmg/kg，每日 1 次，与 PGF_{2a} 同时使用，可以加强 PGF_{2a} 中期引产的效果。

四十八、抑制发情的措施（Estrus Suppression）

抑制发情的药物比较多，但都各有利弊。现介绍以下几种药物供选用。

1. 米勃龙（Mibolerone），又名 7a，17-二甲诺龙，可抑制犬的发情。剂量分别为 1~11kg 体重 30μg，12~22kg 体重 60μg，23~45kg 体重 120μg，大于 45kg 体重如德国牧羊犬，剂量要达到 180μg，每日口服。

此药应在乏情期给药，并至少在发情前期开始前 30 日给药，可连续给药 24 个月，当停药后 7~200 天可恢复正常发情。

作用机制：米勃龙为抗垂体激素制剂、雄性激素制剂和同化制剂，通过负反馈机制，抑制垂体合成和释放垂体促性激素，从而阻止发情。

副作用：米勃龙可增高血清丙氨酸氨基转移酶和胆红素浓度，可造成肝细胞发生病理变化；妊娠期注射可使雌性胎儿雄性化；性成熟前注射可造成骺软骨成熟前闭合，可呈现阴蒂肥大和白色阴道分泌物；可干扰泌乳和声音雄厚，有麝香味的呼吸，皮脂溢加重等。

注意事项：不推荐用于拟作种用的母犬；妊娠期禁用；用药期间发情不能配种；初情期发情母犬禁用。

2. 醋酸甲地羟孕酮（Megestrol Acetate），此药在美国是唯一得到批准的用于妊娠前的避孕药。可用来阻止排卵或延迟母犬的发情。

根据使用目的的不同，其使用剂量也不同。

为阻止排卵和缩短发情期：在发情前期的开始 3 日就服用，剂量以 2.2mg/kg，每日 1 次，连用 8 日；若某一犬的发情前期很短，则这种疗法可能无效。

为抑制或延迟发情：在预计的发情前期开始前至少 7 日开始给药，剂量为 0.55mg/kg，每日 1 次，连喂服 32 日；治疗中若出现发情，则继续以 2.2mg/kg，每日 1 次，连服 8 日，以抑制排卵，然后停药。

四十九、流产（Abortion）

流产是指母体或胎儿的生理功能发生紊乱，使母体与胎儿之间的孕育关系受到破坏而引起的妊娠中断。可能表现为胚胎完全被吸收，或排出不足月活胎儿、死胎或腐败胎儿。

［**病因**］本病病因可分为感染性和非感染性两种。

感染性流产，即母体受到细菌、病毒、原虫等的感染而发生的流产。常见病原体有布氏杆菌、葡萄球菌、大肠杆菌、沙门氏杆菌、犬瘟热、钩端螺旋体、胎儿弧菌、弓形体等。

非感染性流产，主要由于内分泌失调，如孕犬、猫体内雌激素过多而孕酮不足或缺乏；生殖器官疾病，如慢性子宫内膜炎等，虽然妊娠，但可影响胎儿继续发育；饲养管理不当，如饲料霉烂变质，营养成分不全；近亲繁殖，胎儿发生畸形或早期死亡；外界环境不良、应激因素的影响，如寒冷、高温、噪音、惊扰、拥挤、过频捕捉等；母体其他系统的重剧疾病，如心脏功能衰竭、剧痛、中毒等；机械性损伤，如跳跃、打架、碰撞、挤压、跌倒等外力作用于孕犬、猫腹部，以及手术的影响或用药的失误等，都有可能引起流产。

［**症状**］预兆性流产：妊娠犬、猫从阴道内流出透明或半透明的胶胨样黏液，有时混有血液，临床稍有不安表现，呼吸粗厉，脉搏增快。腹部触诊或 X 射线检查时，胎儿活跃（胎动不安）。阴道检查，子宫颈外口闭锁、子宫（黏液）塞尚未流失。

隐性流产：妊娠初期，囊胚着床前后，此时尚未形成胎儿，胚胎死亡后组织液化而被母体吸收，子宫不留任何痕迹。母犬、猫也无任何明显症状，故难发现和难与不孕鉴别，只有配种后已确诊妊娠的犬、猫，当复诊时原妊娠现象消失才被发现。

早产：分娩预兆不明显，只在排出胎儿前 2~3 日，乳房突然胀大，阴唇稍肿胀，阴道内流出清亮黏液。排出死亡未变化或无活力的胎儿。腹部触诊时，无胎动反射。阴道检查，子宫颈外口稍微张开，黏液稀薄。

延期流产：妊娠中断，胎儿死亡。但由于子宫阵缩微弱或无阵缩，子宫颈口张开不大或未张开，死胎长期停留于子宫内，称延期流产。

在延期流产中有两种情况：①胎儿干尸化，即妊娠中断时，黄体机能仍促使子宫继续持妊娠状态。子宫不收缩，子宫颈口也不张开，没有细菌侵入，死胎停留在子宫内，组织内的水分和胎水被吸收，变成棕黑色，体积缩小，好似干尸（木乃伊）一样。母犬、猫无任何症状表现。腹部触诊或直肠检查时，无胎动和胎水，子宫紧包着 1~3 个或更多个形状不规则的硬物。②胎儿浸溶，即胎儿死亡后，由于黄体萎缩，子宫颈口张开，细菌经阴道侵入子宫内。胎儿的软组织先气肿，后分解、液化和排出，最后剩下大部分或部分骨骼残留在子宫内。当胎儿气肿、浸溶时，子宫也发生炎症，病初患犬、猫精神沉郁，体温升高，食欲减少，有的呈现腹泻等症状。病的后期，往往转为慢性炎症过程，症状减轻或不明显，仅从阴道内流出少量脓性分泌物。腹部触诊或直肠检查，可感知子宫壁肥厚和胎儿骨片的相互摩擦。阴道检查，可见阴道和子宫颈黏膜重度发炎，子宫颈口张开，有时阴道中有胎骨碎片。

[诊断] 根据病史和临床症状即可作出诊断。对感染性流产，如布氏杆菌感染时，可通过流产胎儿或胎盘的细菌分离培养，以及母犬、猫血清凝集试验来确诊。弓形体感染时，可通过胎儿脏器，尤其是胎儿脑组织中原生虫的检查，或进行组织切片进行确诊，或用母犬、猫血清进行补体结合反应诊断。

[治疗] 安胎、保胎：当发现母犬、猫有预兆性流产时，及时投给保胎药和镇静剂，如肌肉注射孕酮 5~10mg，每日 1 次，连用 3~5 次，对缺乏孕酮性流产才有效。有习惯性流产病史的母犬、猫，可在妊娠的一定时间，预计发生流产之前开始注射孕酮。已出现流产预兆的，也可使用孕酮和镇静剂，如氯丙嗪、溴剂等。禁止阴道检查，以免刺激母犬、猫促进流产。

促进胎儿排出：子宫颈口已张开，胎膜已破，胎水流出，胎儿不能排出时，可使用催产素或前列腺素、雌激素等，促进子宫收缩，将胎儿排出。若子宫颈口张开不良或不开时，以及胎儿干尸化时，可使用己烯雌酚，能使干尸化胎儿排出，或子宫内注入前列腺素可获得良效。若胎儿较大或胎儿位置、姿势不正常，用上述方法仍不能排出时，则进行引产术或截胎术，将胎儿取出。

胎儿浸溶的治疗：对胎儿已经腐败或软组织浸溶液化时，可使用雌激素或手术方法扩张子宫颈口，将胎儿骨骼逐块取出。术后用 0.1%高锰酸钾或雷佛奴尔溶液冲洗子宫，将残留在子宫内的胎儿分解组织和液体排出。注意加强护理和预防继发败血症。

五十、难产（Distocia）

难产是指妊娠犬、猫在分娩过程中，已超过正常分娩时间而不能将胎儿娩出。

[病因] 引起犬、猫难产的原因有如下几方面。

胎儿异常。如胎儿过大、胎位不正、畸形胎、胎向和胎势异常、气肿胎等，往往会引起难产。

母体产道狭窄。包括子宫狭窄（如子宫先天性发育不良、子宫捻转、子宫肌纤维变性），子宫颈狭窄（子宫颈异常、先天性发育不良、纤维组织增生或瘢痕），阴道和阴门狭窄，骨盆腔狭窄、畸形以及产道肿瘤等，都会影响胎儿娩出。

母体分娩力不足。如营养不良、年老体弱，运动不足、过度肥胖，以及激素不平衡或不足（雌激素、前列腺素或垂体后叶素分泌失调，孕酮过多）等，都可引起分娩力（阵缩与努责）微弱，造成难产。

[**症状和诊断**] 难产的症状通常是显而易见的，但要区分其种类、程度，是否还有胎儿未娩出等，则有赖于病史调查和临床检查。

病史调查：即了解或询问病例是初产还是经产，经产者以往是否发生过难产；配种日期和公犬、猫的品种及大小；本次分娩发动时间，阵缩和努责的强度及频度，是否已分娩出胎儿及只数，每只胎儿娩出的间隔时间；是否经过处理和处理情况如何等。

临床检查：即先观察病例的阵缩和努责的情况，从产道流出的分泌物情况和已娩出的仔犬、猫情况。然后将母犬、猫保定好的情况下，进行腹部触诊和产道检查。可以查明子宫的大小、产道扩张程度、有无异常，有无胎儿，是死胎还是活胎等。

难产母犬、猫通常有如下表现，有助于诊断：①阵缩和努责持续时间和强度正常，但自分娩开始发动后30分钟，胎儿未娩出者，很可能为难产。若从阴道内流出绿色分泌物，表明胎盘已经分离，胎儿仍未娩出则为难产，且多为产道狭窄和胎儿异常性难产。②阵缩和努责次数少、持续时间短、力微弱，自分娩开始发动后3小时，胎儿尚未娩出则为难产，且多为原发性子宫乏力性难产。③当分娩出1只或几只胎儿后，经过4小时以上无继续分娩现状，但腹部触诊或产道检查产道内仍有胎儿则为难产，且多为子宫收缩无力性难产。④初产母犬、猫妊娠期超过1~2日或经产母犬、猫妊娠期超过1~2周者，若胎儿仍活着分娩时往往发生难产，且多为胎儿发育过大性难产。

[**治疗**] 犬、猫难产的治疗方法包括药物助产和手术助产两类。

(1) 药物助产主要用于母体原发性阵缩和努责微弱或无力时。对于产道狭窄，胎向、胎位、胎势异常时禁用，以免引起子宫破裂。在子宫颈口完全张开以后，可使用催产素（缩宫素）或垂体后叶素5~30u，皮下或肌肉注射。为了增强子宫对子宫收缩剂的敏感性和促进子宫颈口张开，可先肌肉注射雌激素，如已烯雌酚、雌二醇等0.1~1mg，再注射催产素。也可静脉注射10%葡萄糖酸钙溶液10~100ml，以增强子宫的收缩。

(2) 手术助产的方法包括牵引术、矫正术、截胎术和剖腹产术。牵引术是指用手指或长柄产钳伸入产道，将胎儿夹住并牵拉取出。矫正术是指用手指或器械伸入产道，将胎向、胎位或胎势异常的胎儿矫正后，再牵引取出。截胎术是指经牵引术助产无效并已死亡的胎儿，将其分割成数块分别取出。剖腹产术是指经牵引术助产无效（因胎儿过大、产道狭窄等）、胎儿仍活着时，切开母体腹壁和子宫，将胎儿取出。以上手术助产方法，可根据难产的类型、产道的状态、胎儿的死活和胎向、胎位、胎势是否正常以及母体健康状况等，选择最佳方法。

五十一、胎衣不下 (Retained placenta)

犬、猫的分娩与其他动物一样，分为子宫收缩、排出胎儿和排出胎衣三个阶段。有的犬、猫在分娩出一个胎儿后，立即将相应的胎衣排出，有的则是胎儿排出后经15分钟左右才将胎衣排出。当最后一个胎儿分娩出后2~6小时胎衣仍不排出时，称为胎衣不下。

[病因] 主要由于子宫收缩不力而引起胎衣不下。如子宫因多胎和持续分娩胎儿之后而剧烈伸张时、分娩时母体肥胖导致子宫复原不全、缺乏运动或运动不足时可引起子宫弛缓等，都可引起子宫收缩不力而发生胎衣滞留。

妊娠期间子宫有炎症时，也可能引起胎衣不下，因为胎衣以胎盘绒毛固定在凹穴内，即使剧烈阵缩也不容易从凹穴中脱出来。当胎盘发炎时则绒毛膜上的绒毛也肿胀，它们往往和子宫黏膜紧密地粘连，导致胎衣不下。因此，某些全身感染性疾病（如布氏杆菌病、结核病等）的犬、猫，常会发生胎衣不下。

此外，饲料质和量的不足，也是造成胎衣不下的诱因。

[症状] 在正常情况下，胎儿分娩后只排出少量绿色分泌物（为胎盘中红细胞降解成子宫绿素，当胎膜脱离时，从产道排出），分娩后数小时内即停止排出。若分娩后有多量分泌物排出，并且由绿色变为黑色分泌物达 6 小时以上，即为胎衣滞留。

胎衣不下的犬、猫，病初有剧烈努责现象，但未见胎衣排出，腹部触诊时感知子宫呈节段性肿胀。若滞留在子宫内的胎衣在 12~24 小时内完全排出来，犬、猫多半不会发生并发症，全身症状不明显。若胎衣不下超过一天则发生腐败，微生物和毒素很快进入机体内，在第二天即表现明显的全身症状，如体温升高，食欲废绝，呼吸和心跳加快，产道内流出难闻的分泌物。若不及时进行治疗，往往并发败血症后很快（3~5 日内）死亡。

[诊断] 早期诊断胎衣不下的最好方法，是在犬分娩时仔细观察排出的胎衣是否与胎儿数相同，少则可能滞留在子宫内。也可对分娩后数小时，产道内仍排出大量分泌物的母犬，进行阴道检查时发现有部分胎衣滞留于产道内和腹部触诊时发现子宫节段性肿大，即可作出诊断。

[治疗] 胎衣不下超过 12 小时的病例，先用防腐消毒药液（如 0.1%高锰酸钾或 0.1%雷佛奴尔等）冲洗（灌注）子宫，隔一段时间再投入抗生素（如青霉素等）可促进胎衣的排出和控制子宫内感染。同时注射催产素或垂体后叶素（5~30u/次），或麦角新碱（0.1~0.5mg/次）。若子宫颈口未张开时，则先注射雌激素（0.2~0.5mg/次），待宫颈张开后再用上述子宫收缩药。

对部分胎衣滞留时，可用两指伸入阴道内夹住胎衣牵引出。也可用产科钳伸入产道内夹住胎衣并加以旋转，将其抽拉出。

对无法取出胎衣，如子宫颈已紧密关闭或子宫已坏死的病例，可进行剖腹剥离胎衣或切除子宫。

对全身症状较明显的病例，应根据病情实施全身性对症和保护治疗。

五十二、产褥败血症（Puerperal septicemia）

产褥败血症又称产后败血症，是由于子宫或阴道严重感染而继发的全身性疾病。

[病因] 由于在分娩过程中产道受到损伤后感染发生炎症，或在分娩后胎衣长时间滞留而腐败时，病原菌及其毒素很快进入淋巴和血液循环，引起全身性的严重感染。引起产褥败血症的病原菌通常为链球菌、葡萄球菌和大肠杆菌等。

[症状] 根据机体的抵抗力和病原菌在机体内繁殖的特征不同而异。一般临床呈现严重的全身症状为体温升高很快，24 小时内可比常温高出 2℃以上，食欲废绝，时有呕吐，脉搏细而

快，呼吸快而浅，恶寒战栗，皮肤冰冷，尤其是耳朵、四肢和乳房等，对周围环境十分淡漠。从产道内排出巧克力色难闻的分泌物。

［诊断］根据病史和临床症状，即可作出诊断。

［治疗］由于产褥败血症发展迅速、症状严重，因此，必须治疗及时得当，才能挽救患犬、猫的生命。一般采取局部处理、全身用药和对症治疗的综合疗法。

局部处理：对局部感染灶，如子宫、阴道内的损伤、炎症或化脓时，进行外科处理；子宫内滞留胎衣或渗出物时，注射子宫收缩剂，促进排出，随后子宫内注入抗生素。

全身用药：为杀灭侵入血液中的病原菌，应及早联合使用抗生素和磺胺类药物。有条件可做细菌药敏试验，选用最佳药物。

对症治疗：根据病情配合输液或输血、强心和抗酸中毒等疗法。

五十三、产褥痉挛 (Puerperal tetany)

产褥痉挛又称产后癫痫、产后搐搦，是运动神经异常兴奋而导致肌肉发生搐搦性或战栗性的痉挛性疾病。临床上以痉挛、低血钙症和意识障碍为特征。多发生于产仔多、泌乳量高的母犬、猫和小型、兴奋型犬。此病虽然在产前、分娩过程中和产后 6 周之内均可发生，但多发生于产后 2~4 周期间。

［病因］缺钙是导致发病的主要原因。经临床血钙检验表明，正常母犬血钙含量为 9~12mg/100ml（2.241~2.988mmol/L）；而病犬血钙含量多为 8mg/100ml（1.992mmol/L），严重的病例只有 6~7mg/100ml（1.494~1.743mmol/L）或更少。由于分娩前后钙补充不足，母体本身缺钙或从肠道吸钙量减少，而分娩后大量泌乳和大量的钙进入乳汁中，致使血钙浓度显著下降，神经肌肉兴奋性增高，从而引起肌肉发生搐搦性或战栗性痉挛。

饲养管理不善，肥胖，妊娠后期日粮中食盐过多等，均可引起本病。

［症状］此病开始时病犬表现不安、乱跑和恐惧。10~30 分钟后出现运步蹒跚、后躯僵硬、运步失调，然后突然倒地，四肢伸直，肌肉战栗性痉挛，此时病犬口张开并流出泡沫状唾液，呼吸急迫，脉搏细而快，眼球向上翻动，可见黏膜充血。少数病例体温升高达 40℃左右。

产褥痉挛，可呈现间歇性发作，且病情和症状逐次加重，在发作间歇期患犬不表现上述症状。痉挛发作持续 2~4 天时间，如不及时治疗患犬通常在痉挛发作中死亡，少数是在昏迷状态中死亡。

［诊断］妊娠母犬在分娩前后出现典型的战栗性痉挛症状，实验室检查出现低血钙（4mg%~7mg%）即可确诊。

［治疗］以补钙、镇静、抗痉挛为治疗原则。

补钙：10%葡萄糖酸钙溶液或 10%硼酸葡萄糖酸钙溶液 10~50ml/次，静脉注射。病情缓解后，可每日口服钙片 0.5~1.0g/次和维生素 D_3 0.5 万~1.0 万 u/次，连用 3~4 周。

镇静：为了镇静可静脉注射 3%~5%戊巴比妥钠溶液 3~5mg/kg 体重，或盐酸氯丙嗪 0.5~1.0mg/kg 体重等。

抗痉挛：对持续性痉挛病例，用上述药物疗效不明显时，可注射 25%硫酸镁溶液 0.1ml/kg 体重，静脉注射。痉挛可以得到缓解和消除。若经过若干时间又复发，可用同样剂量重复注射。

其他可根据病情进行对症治疗。

五十四、乳房炎（Mastitis）

乳房炎是指乳腺受到病原微生物的感染而发生的急性或慢性炎症。

[病因] 病原微生物主要通过乳头或乳头皮肤损伤侵入感染，也可由体内其他部位的感染病灶，经血行转移至乳腺所致。常见病原微生物为葡萄球菌、链球菌、大肠杆菌、绿脓杆菌等。此外，布氏杆菌、结核杆菌、变形杆菌和霉形体等也可引起乳房炎。慢性乳房炎，可由急性乳房炎转变而来，但更常见于老龄犬、猫，其发生可能与体内激素代谢紊乱或失调有关。

[症状] 急性乳房炎：病初，乳房潮红、肿胀、皮肤紧张，触诊坚实，并有热痛，母犬、猫常不让仔犬、猫吮奶，泌乳量减少或停止。随后，在患病乳房内形成一些小肿块，此时体温升高、精神沉郁、食欲减退，从乳房中可挤出稀薄、浑浊、含有絮状物或血液的乳汁。

慢性乳房炎：临床上以乳腺内结缔组织增生而形成硬块，乳腺萎缩，泌乳功能丧失等为主要症状，其他全身症状不明显。

[诊断] 根据临床症状和乳汁变化，即可作出诊断。

[治疗] 急性乳房炎，为缓解炎症可注射抗生素和糖皮质激素，每日 1~2 次，连用 2~3 日。并在乳房外涂以鱼石脂软膏或用普鲁卡因青霉素溶液在患病的乳房基部作环形封闭，以促进炎症消散。若形成脓肿则及时切开排脓和用防腐药液冲洗。若呈现毒血症则进行抗生素和输液疗法。

慢性乳房炎，参照上述方法治疗无效时，可考虑患病乳腺切除。有些病例则应进行卵巢子宫切除术。

五十五、乳汁积滞（Galactostasis）

乳汁积滞即乳汁在乳腺中过度积聚和排出困难。

[病因] 常继发于细菌性、化脓性或非细菌性乳腺炎；也见于母犬的断奶期或假孕期。

[症状] 乳腺轻度或中度肿胀，水肿和局部不适等。一般无明显全身症状。当继发急性坏疽性乳腺炎时，体温升高、食欲不振，全身不适等。可在母犬患病的乳腺上发现一个内翻的无功能的乳头。

[诊断] 本病易发生于假孕期母犬、猫，以及正在吮乳的仔犬突然断奶。患病乳腺中的乳汁细胞学检查可呈现如下变化：白细胞增数（>3000 个/μl）；非化脓性情况下可出现未变性的中性粒细胞、巨噬细胞，偶尔有酸性粒细胞；巨噬细胞数目相对较多时，说明炎症已趋于慢性过程，此时可见膨大的脂肪粒。

[治疗] 发生于假孕或突然断奶引起的乳汁积滞，可在病的初期进行冷敷，每日 3~4 次，每次 10~15 分钟；对严重的病例可使用温和的利尿剂和糖皮质激素治疗 2~5 日。

仅发生于一个乳腺发病时，可纠正内翻的乳头，按摩患病乳腺。或用该乳腺给仔犬哺乳，也可进行冷敷治疗。

结合抗菌药物的使用，以治疗和预防潜在性的坏死性乳腺炎。

五十六、乳溢症（Galactorrhea）

乳溢症即乳汁过度分泌或不正常的分泌，积聚于乳房内并从乳管滴出或受到刺激后排乳。

［病因］乳溢症的发生与动物的激素分泌失调有关。当妊娠母犬分娩前，血清孕酮含量突然下降，促乳素含量逐渐升高，促使乳汁分泌和排出；假孕母犬或间情期母犬，其卵巢上的黄体消退时，也往往发生乳溢症；间情期的母犬，当进行子宫卵巢摘除术后，可刺激黄体消退，有时也可分泌乳汁，发生乳溢症；母犬、猫，因疾病在治疗过程中使用孕酮类药物，如甲孕酮、乙酰甲地孕酮等，当停止使用时，也可能引起乳溢症。

［诊断］间情期母犬、猫和使用孕酮治疗的动物，出现乳腺不适当的发育和不正常的分泌乳汁，即可诊断为本病。

［治疗］一般不需要特殊治疗，只要适当减少患犬的食物和饮水，加强饲养护理，3~5 日即愈。若母犬乳溢症持续时间长时，可采用雄性激素治疗：甲基睾丸素 1~2mm/kg 体重，口服，每日 1 次，5~7 日为一个疗程。

五十七、缺乳症（Hypogalactia）

缺乳症或称无乳症（Agalactia）是指母犬、猫分娩后乳量不足或全无的病理状态。

［病因］由于母犬、猫营养不良、体质衰弱；配种过早、乳房发育不全或母犬、猫年龄已老，乳腺萎缩；母体患有严重疾病，如子宫疾病、胃肠疾病、乳房疾病等；外界环境不良应激因素的刺激，如气候的变化、饲料的更换、栏舍的改变、噪音和人为的干扰等；内分泌功能紊乱，尤其是调节乳腺活动的激素分泌失调等。都可以导致母犬、猫产后无乳症。

［症状］由于母犬、猫乳量少或无乳，临床呈现乳房松软、缩小，若为乳房炎时是炎性肿胀的用手挤不出乳汁。仔犬、猫哺乳次数增加但吃不饱，经常追赶母犬、猫吮乳，有时乳头被咬破，甚至发炎、溃烂。仔犬、猫常因饥饿而呜叫、乱啃咬，很快消瘦，甚至全窝仔犬、猫死亡。

［诊断］根据临床症状即可作出诊断。

［治疗］对母犬、猫，应以改善饲养管理，补充营养，消除病因，治疗原发病为治疗原则。必要时可用药物催乳，如垂体后叶激素 5~30u/次，每日 1 次，连用 2~3 日或促甲状腺释放激素 5~30μg/次，肌肉或皮下注射。

中草药催乳：方剂：当归 12g，川芎 10g，桃仁 10g，党参 20g，白术 12g，茯苓 12g，益母草 25g，蒲公英 25g，银花 20g，王不留行 15g，穿山甲 15g，花粉 10g，熟地 15g。煎汤，1 次灌服。

该方剂为 5~10kg 体重母犬的参考量，大型犬还要加大用药量。

方剂：通乳丹

党参 20g，黄芪 30g，当归 15g，麦冬 15g，木通 15g，桔梗 15g，猪蹄 2 只。煎汤灌服。

加减：食少便溏加炒白术 15g，山药 20g。

方剂：下乳涌泉散

当归 15g，川芎 10g，白芍 20g，生地 20g，柴胡 15g，青皮 15g，桔梗 15g，漏芦 15g，通

草 15g，白芷 15g，穿山甲 15g，王不留行 15g，甘草 10g。

加减：乳胀加丝瓜络 10g，香附 15g；乳胀痛有肿块，局部热痛加蒲公英 20g，败酱草 15g，赤芍 15g。

对仔犬、猫，可选择产乳多、有效乳头多、产仔少、护仔力强、性格温顺、分娩时相同或相近母犬、猫进行寄养。在寄养失败或无条件寄养时，则可进行人工哺乳。

五十八、公犬（猫）雌性化综合征（Feminization syndrome）

公犬、猫雌性化综合征是指公犬、猫性欲减退、雌性型乳房、皮肤角质化和色素沉着为临床特征的一种疾病。

［病因］由于睾丸曲细精管上皮细胞瘤所引起的雌激素分泌过多，或因医源性雌激素投给过量所致。

［症状］患犬、猫临床呈现无性欲、乳房和乳头肿大，有的分泌乳汁，严重者似发情母犬、猫样引诱其他公犬、猫。皮肤角质化最初见于腹侧，后蔓延至生殖器和股后部，并有色素沉着、左右对称性苔癣化。有的发生耳垢性外耳炎。肿瘤多发生于单侧睾丸，患侧睾丸为浅表肿大和有硬感。阴茎和非肿瘤侧睾丸萎缩。慢性病例可发生脂溢性皮炎和脱屑。前列腺肥大病例可出现血尿和脓尿。

［诊断］根据临床症状，结合实验室组织活检有睾丸曲细精管上皮细胞瘤进行确诊。

黑色素表皮增厚症，也有皮肤角质化和色素沉着，但病变常发生在腋下，后蔓延至腹部和后肢，且无乳房肿大和外耳炎。真菌性皮炎无对称性皮肤病变。可与本病相区别。

［治疗］丙酸睾酮 20~50mg/次，每 5~7 日 1 次，皮下或肌肉注射；地塞米松 0.5~1.0mg/次，肌肉注射，每日 1 次，连用 2~3 日。本病最有效的治疗方法是睾丸摘除术（患侧或双侧）。对皮肤苔癣化的病例可涂以碘酊或蜂胶乳剂、水杨酸乳剂等。对外耳炎清洁耳道后，滴入氯霉素或新霉素水剂。

五十九、泌尿生殖器瘘管（Urogenital flstula）

犬、猫的泌尿生殖器瘘管，公的有膀胱脐孔瘘、尿道皮肤瘘等，母的有尿道阴道瘘、膀胱尿道宫颈瘘、膀胱阴道直肠瘘等。其中以膀胱脐孔和尿道皮肤瘘比较常见。

［病因］上述犬、猫泌尿生殖器瘘管，多数是由于先天性发育不全或异常所致。也有少数是后天性的，如穿透创特别是穿入尿道的创伤以及外科手术的错误或遗留的缝线所引起。

［症状］临床主要表现为尿液由膀胱通过脐孔或腹部瘘管孔向外漏出，造成尿液长期淋漓于腹部并出现皮肤湿疹。

［诊断］根据临床症状，即可作出诊断。

［治疗］无并发症的泌尿生殖器瘘管，一般通过手术疗法效果是良好的。

六十、脐炎（Omphalitis）

脐炎是指仔犬、猫脐带断端被感染而发生的炎症、化脓或坏疽等病理现象。一般多发生于仔犬、猫生后 3~6 日。

［病因］本病主要由于助产时脐带消毒不严，或产房（栏舍）卫生不良致使脐带污染，或仔犬、猫相互舐吸脐带所致。此外，初生仔犬、猫脐带闭合不全或有脐尿管瘘时，被感染所致。

［症状］病初脐带肿胀、疼痛，有时肿胀可蔓延至脐带周围的腹部。局部温度增高。随后，由于脐带断端被腐败物所堵塞，在脐带中央能触感到索状物，并可挤出恶臭的脓汁。这表明脐部已化脓或坏死，此时会有体温反应。严重者可引起全身感染（败血症、破伤风病），甚至死亡。

［治疗］病初可用 0.25%普鲁卡因溶液 10~30ml，内加青霉素 40~80 万 u，在脐孔周围进行封闭注射，或青霉素、链霉素等抗生素肌肉注射。局部用 0.1%高锰酸钾溶液清洗后涂以龙胆紫或碘酊。对已化脓和坏死时，应排除脓汁，清除坏死组织，然后用消毒液洗净，撒上消炎粉，肌肉注射抗生素。对有败血症或破伤风症状的病例，在治疗局部的同时，应做相应的全身处理。

第二节 泌尿器官疾病

一、尿道损伤（Injury of urethra）

尿道损伤是指多种因素直接或间接地作用于尿道所造成的伤害。多发生于公犬、猫。

［病因］多因会阴部受到直接或间接地打击、碰撞或跳越障碍物时发生挫伤；有时因枪伤、弹片或锐器造成损伤；耻骨或阴茎骨骨折的断端或骨碎片引起损伤；此外，尿道探诊、导尿或手术时，因操作不慎引起尿道损伤。

［症状］根据损伤部位和损伤程度的不同，临床症状也有差异。

阴茎部尿道挫伤时，局部发生肿胀、增温、疼痛，皮肤呈紫色。触诊十分敏感。病犬、猫常用舌舔患部，排尿不畅或尿频等。若尿道发生创伤时，除有上述症状外，尿中混有血液和出现漏尿等症状。常因感染引起排尿障碍或尿闭，甚至膀胱破裂。

会阴部尿道损伤时，尿液可渗入皮下，感染后引起蜂窝组织炎、化脓和形成瘘管。

骨盆部尿道损伤时，尿液可渗入骨盆腔和腹腔，下腹部肌肉紧张，并呈现水肿现象。严重者可呈现腹膜炎、休克等全身症状。

［诊断］根据病史和临床症状即可作出诊断。必要时可进一步检查和确诊，如确定其损伤部位和程度，可做逆行性尿路造影检查。如怀疑骨盆骨折，可施行直肠检查等。

此病与膀胱破裂相区别的要点：后者膀胱空虚，导尿管插入通畅无阻，注入生理盐水后，抽出量与注入量不符。

［治疗］以解除疼痛、防止休克、保持尿路通畅和控制感染为治疗原则。

防止休克：应用镇痛剂和补液，病情稳定后，立即进行局部处理。如吗啡 5~15mg 皮下注射，必要时间隔 4~8 小时重复给药。同时静脉注射 5%葡萄糖溶液和地塞米松等糖皮质激素。

尿道损伤的处理：局部挫伤，先用冷敷后用温热疗法或红外线照射。同时在损伤部位用

0.25%~0.5%普鲁卡因溶液 10~20ml 加青霉素 20~40 万 u，进行封闭疗法。若为创伤时，应清洗、除去异物，修补尿道破裂处。为确保尿道愈合，可插入导尿管，置留 5~7 日。膀胱积尿时，可行穿刺排尿，若尿道损伤严重，排尿障碍时，可行膀胱插管术，建立临时尿路。尿道损伤难以修补或尿道阻塞不能恢复畅通时，可在会阴部做尿道造口术，建立永久性尿路。

控制感染：治疗过程中，配合抗生素的使用，控制或预防感染。

二、尿道炎（Urethritis）

尿道炎是指尿道黏膜发生炎症，临床上以排尿困难、导尿管插入疼痛、排出尿液浑浊（内混有黏液、脓液等）为特征。

[病因] 主要由于尿道黏膜受到机械性、化学性致病因素的刺激，引起损伤后继发感染所致。也可由邻近器官的炎症蔓延所引起，如包皮炎、膀胱炎、阴道炎、子宫内膜炎等。

[症状] 病犬、猫频频排尿，但排尿困难，排尿时动物痛苦不安，尿液呈线状、断续排出。由于尿中混有炎性分泌物，所以尿液浑浊，严重者混有脓液或血液，有时排出脱落的黏膜。触诊患部敏感，探诊时导尿管插入困难，病犬、猫有疼痛不安表现。一般全身症状不明显。

[诊断] 根据排尿困难和排尿疼痛，触诊局部敏感和探诊困难，以及尿中含有炎性产物而无管型等，即可作出诊断。

[治疗] 以消除病因，控制感染为治疗原则。具体治疗方法参阅膀胱炎的治疗。

尿道有阻塞物时应进行手术。必要时可行膀胱插管术，经插管排尿，让尿道得以充分休息，待尿道炎症消退后再拔除膀胱插管。

三、尿道狭窄（Urethrostenosis）

尿道狭窄是指尿道内异物（肿瘤等）或炎症产物的存在，尿道周围组织器官病变的压迫，或尿道壁的挛缩等，使尿道呈现狭窄状态。公犬和公猫发病率较高。

尿道狭窄，犬多发生在接近阴茎口处、前列腺沟或坐骨弓处；猫多发生在阴茎头和坐骨弓处。

[病因] 骨盆外尿道狭窄多因手术或创伤引起。骨盆部尿道狭窄多因骨盆骨折或前列腺疾病引起。此外，尿道内肿瘤、尿道壁损伤后的瘢痕挛缩等，均可引起本病。

[症状] 病犬、猫频尿、滴尿、排尿痛苦和血尿，并时常舔尿道外口。若尿道阻塞则导致尿液滞留和膀胱膨胀。

[诊断] 根据病史和临床症状即可作出诊断。必要时，通过尿道插管，既可采尿、排尿，又可确定狭窄部位和程度。通过尿路摄影和逆行性尿道造影，进一步确认肾脏大小、形状、膀胱贮尿情况、前列腺肿大及其形状、有无异物或尿道狭窄等。通过实验室检查，尿道损伤的可见尿中混有血液；尿液 pH 值偏高者多为膀胱炎；尿沉渣中可见磷酸盐结晶或胱氨酸结晶等时，应考虑为尿路结石。

[治疗] 插入导尿管排出积尿，或用细长针头通过腹壁刺入膀胱内，抽吸出尿液，配合使用抗生素等消炎药，以缓解症状和控制感染。

当尿道狭窄不能解除时，可在狭窄部的近端做尿道造口术。

（1）骨盆外严重尿道狭窄，可行耻骨前部、会阴部和阴囊部尿道造口术。耻骨前部尿道造口术是从阴茎骨后端距阴囊 1~2cm 偏于头侧切开尿道 1~2cm，露出尿道黏膜，并将黏膜和皮肤缝合在一起。会阴部尿道造口术是由外尿道口插入插管后，将宠物伏卧，两后肢向下保定（会阴部手术体位），肛门暂时袋口缝合，防止排粪。距阴囊 1.5~3cm 的后侧正中线切开尿道，将尿道黏膜和皮肤缝合。阴囊部尿道造口术是阴囊皮肤和两侧睾丸摘除后，将阴茎后退肌侧转到坐骨弓附近，切开尿道 2~4cm，再将尿道黏膜缝在皮肤上。

（2）骨盆部尿道严重狭窄，可进行骨盆外膀胱尿道吻合术。在耻骨联合前方，从包皮头侧端至距离阴囊 2~2.5cm 处，偏于腹正中线切开。包皮和阴茎侧转，腹壁露出后，沿腹正中线切开腹膜，通过骨盆联合处切开骨盆腔（防止损伤膀胱颈和膀胱动脉）向前列腺的后方切开骨盆内尿道（防止膀胱内尿液流入腹腔）。摘除前列腺，双重结扎尿道球动静脉后剪断，将尿道球索引至腹壁切口处，与膀胱颈进行吻合术。切除睾丸、常规闭合腹腔。留置导尿管 3~5 日。

四、尿道阻塞（Urethrophraxis）

尿道阻塞是指具有排尿障碍、尿闭等特征的多种疾病的综合征。多发生于公犬和公猫。

［病因］尿道阻塞常见病因除结石外，有尿道异物、肿瘤、尿道炎性增生、尿道手术或损伤后的瘢痕形成，以及前列腺肥大、囊肿、肿瘤等的压迫尿道时，都可引起尿道阻塞。

［症状］尿道阻塞的主要症状为频频努责，做排尿动作，但排尿困难或尿闭。当尿道不全阻塞或狭窄时，尿液呈滴状、线状或淋漓断续排出，尿中有时带有血液。尿道完全阻塞时，则尿液完全不能排出，即发生尿闭。尿液滞留在膀胱内，腹围膨大，触诊腹部时可触及充满尿液的膀胱。严重病例，若不及时治疗，可继发膀胱破裂、腹膜炎、肾衰竭或尿毒症。

［诊断］根据病史和临床症状，结合尿道探查，可作出诊断。为了判断阻塞物是结石、异物、肿瘤，还是瘢痕组织，以及确定病变部位和阻塞程度等，可进行 X 射线检查。

［治疗］以消除病因、缓解阻塞、控制感染和对症治疗为本病治疗原则。

对尿道不完全阻塞者，可用涂以润滑剂的导尿管插入尿道内，强行通过狭窄处进行扩张，每天反复几次，直至排尿畅通为止。同时配合使用抗生素和考的松制剂，以控制感染和抑制瘢痕的形成。

对尿道结石引起阻塞者，可通过手术排除结石。常用的手术方法有：自尿道外口插入导尿管至结石处，用生理盐水进行冲洗，力争将结石冲回膀胱，再行膀胱切开术取出结石；也可在确定结石阻塞部位后，再行尿道切开术取出结石；当尿道严重损伤或不宜进行上述手术时，也可在耻骨前尿道部或会阴部进行尿道造口术。

对尿道炎、尿道黏膜肿胀引起阻塞者，应先进行膀胱插管术，让尿道得到充分休息，同时全身和局部配合使用抗生素等抗菌、消炎、防腐药物，待炎症消除后，再拔除膀胱插管。

对前列腺疾病或肿瘤引起尿道阻塞者，应积极治疗原发病。

对有膀胱破裂、腹膜炎或急性肾衰竭的病例，进行相应的对症治疗。

五、膀胱炎（Cystitis）

膀胱炎是指膀胱黏膜和黏膜下层的炎症。多由病原微生物感染所致，临床上以疼痛性频尿、尿沉渣中见有多量膀胱上皮、脓细胞、红细胞为特征。常发于雌性犬、猫。

[病因] 主要由于病原微生物感染、邻近器官炎症的蔓延和膀胱黏膜的机械性刺激或损伤等因素所引起。

病原微生物感染：常见病原菌，如化脓杆菌、葡萄球菌、大肠杆菌、变形杆菌、绿脓杆菌等，通过血液循环或经尿道侵入膀胱引起感染。此外，膀胱穿刺或导尿时，消毒不严造成感染。

真菌性感染常见的有芽生菌、念珠菌、隐球菌属、曲霉菌等，病原真菌生长繁殖和侵入膀胱而引起感染。

邻近器官炎症蔓延：如肾炎、输尿管炎、尿道炎、阴道炎、子宫炎等，都可蔓延至膀胱而发炎。

机械性损伤：膀胱结石或新生物刺激膀胱黏膜以及导尿管损伤膀胱黏膜等，都可引起炎症。

[症状] 病犬、猫频频排尿或做排尿姿势，排尿时表现疼痛不安，每次排出的尿量很少，或呈滴状流出。尿液浑浊，有强烈的氨臭味，并混有多量黏液、血液或血凝块和大量的白细胞等。触诊膀胱疼痛，多呈空虚状态。一般无明显全身症状，当炎症波及深部组织，或同时伴有肾炎、输尿管炎时，出现体温升高，精神沉郁、食欲不振等不同程度的全身症状。

[诊断] 根据病史、临床症状、膀胱触诊变化和尿液检查结果，即可作出诊断。

（1）尿液检查。尿液检查在诊断上最为重要。采取自然排尿或穿刺、导尿在光镜下检查。尿中混有多量白细胞并呈现浑浊时为脓尿，呈褐色时为血尿，具有氨臭味。尿中查到细菌时，说明膀胱已被感染。尿中查到真菌时，出现真菌尿，说明已被真菌感染。若同时脓尿、血尿、蛋白尿和细菌尿时，说明为尿路感染。膀胱炎的蛋白尿是由血细胞成分和黏膜渗出液产生的。

（2）血液检查。膀胱炎一般无白细胞增加和嗜中性白细胞核左移。这些变化可与肾盂肾炎或前列腺炎相区别。

（3）X 射线检查。可诊断出一些并发症，如尿结石、肿瘤、尿道异常，膀胱内憩室和慢性膀胱炎等。

[治疗] 以改善饲养管理、抗菌消炎和对症治疗为原则。

对膀胱炎的病犬、猫，首先给以适当休息，喂给无刺激性、营养丰富的优质食物，给予清洁饮水。适当限制喂给高蛋白食物。

先用温生理盐水反复冲洗膀胱后，再用药液冲洗。如以消毒为目的，可用 0.1%高锰酸钾溶液或 2%硼酸溶液、0.02%呋喃西林溶液、0.05%~0.1%依沙吖啶（雷佛奴尔）溶液等；以收敛为目的，可用 1%~2%明矾溶液或鞣酸溶液。慢性膀胱炎可用 0.02%~0.1%硝酸银溶液。膀胱冲洗干净后，可直接注入青霉素溶液（40~80 万 u 溶于 5~10ml 注射用水中）。

为控制感染和消除炎症，可选用抗生素类、喹诺酮类、磺胺类药物或抗真菌药物。出血严重的病例，可选用全身止血药，如肾上腺色腙（安络血）0.1~0.3mg/kg 体重，每日 2 次；或酚磺乙胺（止血敏）5~15mg/kg 体重，每日 2 次，肌肉注射。

六、膀胱痉挛（Cystospasm）

膀胱痉挛是指膀胱平滑肌或膀胱括约肌痉挛性收缩，无炎症病变。临床上以尿淋漓、暂时性闭尿和尿性腹痛为特征。

[病因] 常见于中枢神经系统疾病或疝痛性疾病，可反射性地引起膀胱痉挛。也可见于尿液长时间的滞留、尿中异物（结石、肿瘤、毒物等）的直接刺激，引起膀胱痉挛。

[症状] 膀胱括约肌痉挛时，由于尿液滞留，病犬、猫呈现腹痛，常做排尿姿势，但无尿液排出，触诊膀胱充满，按压亦不见排尿，导尿管探诊时插入困难。膀胱平滑肌痉挛时，尿液不断流出，膀胱只有少量尿液或空虚，导尿管容易插入膀胱。

[诊断] 根据临床症状和导尿管探诊结果即可作出诊断。在临床上需与下列疾病相区别。

尿道阻塞：尿道触诊敏感，尿液浑浊，内可见黏液、血液或脓液。X 射线检查可发现阻塞物（结石、肿瘤等）。

膀胱炎：排尿频繁，触诊膀胱空虚，尿液检查有明显的变化。

膀胱麻痹：用手按压能使尿液排出，停止按压后尿即停止，触诊膀胱无疼痛反应。导尿管探诊无疼痛，且容易插入膀胱。尿液检查无明显变化。

[治疗] 以消除病因，解除痉挛为治疗原则。可用温水或水合氯醛溶液灌肠。行膀胱按摩或插入导尿管排出尿液，同时注入 2%~4%普鲁卡因溶液 5~10ml，有良好效果。亦可注射抗痉挛药物。

七、膀胱麻痹（Cystoparalysis）

膀胱麻痹是指膀胱肌（平滑肌、括约肌）的紧张度降低和收缩力丧失，并导致膀胱尿液滞留。临床上以不随意排尿、膀胱充盈、无疼痛等为特征。

[病因] 膀胱麻痹多由于腰荐部脊髓的损伤、出血、炎症、肿瘤等疾患所致。此外，脑和脑膜炎症或损伤，尿道阻塞、尿液大量滞留，膀胱括约肌痉挛，膀胱炎或邻近组织器官炎症，致使膀胱平滑肌收缩力减退或丧失，导致膀胱麻痹。

[症状] 因尿道阻塞和膀胱括约肌痉挛引起的膀胱麻痹初期或膀胱不全麻痹时，病犬、猫常有频频排尿动作，只有少量尿液呈滴状或线状排出或无尿排出。因脊髓、脑损伤引起的膀胱麻痹或膀胱完全麻痹时，病犬、猫常缺乏排尿反射，亦无频频排尿动作出现，当膀胱高度充满尿液时才不随意地少量排出，通过腹壁压迫膀胱和插入导尿管时，可排出大量尿液。当同时伴有膀胱括约肌麻痹的病例，则尿液不随意地、时断时续地呈线状或滴状排出，呈现排尿失禁症状。触诊膀胱内少尿或空虚。

膀胱麻痹病犬、猫，除有上述排尿反射、动作和排尿量的变化症状外，由于大量尿液滞留于膀胱内，腹压增高，致使腹部膨胀，但腹部触诊按压膀胱时无任何疼痛反应。

[诊断] 根据排尿异常（排尿障碍、不随意排尿、尿失禁等），膀胱尿量充盈情况，压迫膀胱无疼痛反应，以及导尿管探查结果，即可作出诊断。

胸、腹、腰部 X 射线摄影，可进一步确诊膀胱尿液充盈情况和引起膀胱麻痹的原因。此外，尿路先天性异常（异常输尿管等）、膀胱颈及近侧尿道损伤（骨盆骨折、医源性疾病等）以及雌犬、猫卵巢、子宫全摘除手术后，都可出现尿失禁症状，应与膀胱麻痹类症相区别。

[治疗] 以消除发病原因，及时治疗原发病，采取相应的对症疗法为治疗原则。

每天定时导尿或按压排尿，如因尿道阻塞，可通过膀胱穿刺导尿。为增强膀胱的收缩力，每天按摩膀胱 2~4 次，每次 5~10 分钟，也可皮下注射兴奋剂 0.1%硝酸士的宁 0.5~1.0mg，每日或隔日 1 次，或氯化氨基甲酰甲基胆碱 5~15mg，口服，每日 3~4 次，连服 10 日，以使肌肉张力充分恢复。为预防尿路感染，可使用尿道消毒剂，抗生素类和磺胺类药物。

八、膀胱破裂（Cystorrhexis）

膀胱破裂是指膀胱壁发生裂伤，尿液和血液流入腹腔所引起的一种膀胱疾患。以排尿障碍、腹膜炎、尿毒症和休克为特征。本病公犬多发。

[病因] 腹部受到重剧的冲撞、打击、按压以及摔跤、坠落等，尤其当膀胱尿液充满时，使膀胱内压急剧升高、膀胱壁张力过度增大而破裂。骨盆骨折的断端、子弹、刀片或其他尖锐物的刺入，可引起膀胱壁贯通性损伤。使用质地较硬的导尿管导尿时，插入过深或操作过于粗暴，以及膀胱内留置插管过长等，都会引起膀胱壁的穿孔性损伤。此外，膀胱结石、溃疡和肿瘤等病变状态也易发生本病。

[症状] 膀胱破裂后尿液立即进入腹腔，膨胀的膀胱抵抗感突然消失，多量尿液积聚腹腔内，可引起严重腹膜炎，病犬、猫表现腹痛和不安，无尿或排出少量血尿。触诊腹壁紧张，且有压痛。随着病程的进展，可出现呕吐、腹痛、体温升高、脉搏和呼吸加快、精神沉郁、血压降低、昏睡等尿毒症和休克症状。

[诊断] 根据临床症状初步诊断为膀胱破裂的犬、猫可进行导尿、膀胱穿刺和 X 射线检查来确诊。如导尿时发现膀胱空虚或仅有少量尿液；或腹腔穿刺时有尿液流出，即可确诊为膀胱破裂。再通过 X 射线膀胱造影检查确诊更为可靠。

[治疗] 以打开腹腔，清除腹腔内积液，修补膀胱破裂口，控制腹膜炎，防止尿毒症和休克的发生，治疗原发病为本病的治疗原则。

自耻骨前缘，沿腹中线向脐部切开腹壁，腹腔打开后先排放或吸引腹腔内积液，检查膀胱破口，消除膀胱内血凝块，处理受损脏器或插管冲洗尿路结石，再用温灭菌生理盐水冲洗，然后修复缝合膀胱壁破口。

膀胱壁破口修复缝合时，为避免膀胱与输尿管接合处阻塞，可用细号肠线进行两道浆膜肌层缝合（缝线不要露出黏膜面）。缝合腹壁之前再用温灭菌生理盐水或林格氏液充分冲洗腹腔和脏器，吸净腹腔内的冲洗液，然后撒入青霉素 80 万~160 万 u 和链霉素 100 万~200 万 u。最后分层缝合腹壁切口。

术后加强护理，每日腹腔内注射抗生素，连续 1 周，以控制感染。大量输液以促进肾功能恢复和纠正尿毒症。此外，根据病情采取相应的对症疗法。

九、急性肾功能衰竭（Acute renal failure）

急性肾功能衰竭是指各种致病因素造成的肾实质急性损害，是一种危重的急性综合征。

临床上以少尿或无尿，氮质血症、水和电解质代谢失调、血钾含量增高等为特征。以往曾将本组疾病称为“急性肾功能不全”、“急性肾小管坏死”等，经近年来深入研究对本组疾病的发病机理有进一步认识，上述名称都不能确切地反映疾病的本质，目前已少用。

[**病因**] 急性肾功能衰竭致病原因较多，按其致病机理可归纳为急性肾缺血和急性肾中毒两类。按其致病部位又可分为肾前性、肾性和肾后性三类。

(1) 肾前性病因：由于大出血、严重腹泻和呕吐、大面积烧伤、腹水、休克等引起血容量骤减，有效循环量不足；心力衰竭、心输出量减少；肾血管阻塞，肾脏急性缺血等原因，均可引起急性肾衰竭。

(2) 肾性病因：由于严重感染、中毒、创伤、急性心肌梗死或急性心衰竭、休克等都可引起肾脏急性缺血和病变，如肾小管基底膜坏死、肾血管阻塞等引起本病。

(3) 肾后性病因：由于尿路阻塞（损伤、结石等）引起肾小球滤过受阻，血氮增多，同时因缺血造成肾小管上皮坏死而导致本病。

[**症状**] 可分为少尿期、多尿期和恢复期三个时期。

少尿期：病的初期，病犬、猫在原发病（出血、溶血反应、烧伤、休克等）症状的基础上，排尿量明显减少，甚至无尿。由于水、盐、氮质代谢产物的潴留，可表现水肿、心力衰竭、高血压、高血钾症、低血钠症、酸中毒和尿毒症等症状，并易发生继发或并发感染。少尿期历时不定，短者约 1 周，长者 2~3 周，如果长期无尿，应考虑有无肾皮质坏死的可能性。

多尿期：病犬、猫经过少尿期后尿量开始增多而进入多尿期。此时水肿开始消退、血压逐渐下降，但血中氮质代谢产物的浓度在多尿初期反而上升，同时因水、钾、钠丧失，病犬、猫可表现四肢无力、瘫痪，心律紊乱甚至休克，重者可因室性颤动等而猝死。病犬、猫多死于多尿期，故又称为危险期。此期持续时间约 1~2 周，病者若能耐过此期，便进入恢复期。

恢复期：病犬、猫排尿量逐渐恢复正常，各种症状逐渐减轻或消除。但由于机体蛋白质消耗量大，体力耗损甚巨，故在恢复期中仍表现四肢乏力、肌肉萎缩、消瘦等，因此应根据病情，继续加强调养和治疗。恢复期的长短，取决于肾实质病变恢复的程度。重症犬、猫，若肾小球功能迟迟不能恢复时，可转为慢性肾功能衰竭。

[**诊断**] 根据临床症状和实验室检查的特征变化进行诊断。

尿液检查：少尿期的尿量少，而比重低。即在某些诱发病史的基础上，如严重外伤、烧伤、失水、失血、中毒、感染等，特别是有休克时，每日尿量突然减少至 20ml/kg 体重以下（少尿）甚至 1.5~5ml/kg 体重以下（正常指标为每日尿量 20~167ml/kg 体重）；尿正常比重为 1.015~1.050，若比重固定在 1.010 以下为可疑，1.007~1.009 即可肯定诊断。同时尿钠浓度偏高、尿中可见红细胞、白细胞和各种管型及蛋白。此外，在多尿期的尿比重仍偏低，尿中可见白细胞。

血液学检查：白细胞总数增加和中性白细胞比例增高；血中肌酐、尿素氮、磷酸盐、钾含量升高；血清钠、氯、CO_2 结合力降低。

补液试验：给少尿期的病犬、猫补液 500ml 后，静脉注射呋塞米（速尿）10mg，若仍无尿或少尿，尿比重低者，可认为急性肾功能衰竭。

肾造影检查：急性肾衰竭时，造影剂排泄缓慢，根据肾显影情况可判断肾衰竭程度。如肾显影慢和逐渐加深，表明肾小球滤过率低；显影快而不易消退，表明造影剂在间质和肾小管内积聚；肾显影极淡，表明肾小球滤过功能几乎停止。

超声波检查：可确定肾后性梗阻。

［**治疗**］以治疗原发病，防止脱水和休克，纠正高血钾和酸中毒，缓解氮血症为治疗原则。

（1）原发病的治疗。创伤、烧伤和感染时，投以抗生素，防止败血症和内毒素性休克，可静脉注射氨苄西林 5000~10000u/kg 体重，对肾脏毒性小，且较为安全。脱水和出血性休克时，可用生理盐水 10~20ml/kg 体重，静脉注射（大出血时应输血）、地塞米松 0.3~0.6mg/kg 体重或氢化可的松 2~3m/kg 体重，肌肉注射。中毒病应中断毒源，及早使用解毒药，缓解机体中毒反应，适度补液，如重金属中毒时可用二巯基丙醇 4.4~6.6mg/kg 体重，肌肉注射，间隔 4~6 小时 1 次。尿路阻塞时，应尽快排尿，可考虑采用外科手术方法排除阻塞原因，排除滞留的尿后应适当补充液体。

（2）少（无）尿期的治疗。无尿是濒死的预兆，必须尽快利尿，可用呋喃苯胺酸 4~6mg/kg 体重，口服，每 8~12 小时 1 次。或丁尿胺 0.02~0.03mg/kg 体重，口服。血浆 CO_2 结合力在 12~15mmol/L 以下时，按酸中毒治疗，可用 5%碳酸氢钠溶液 20~40ml/次静脉注射。但高血压及心力衰竭时禁用。高钾血症时，可用生理盐水或乳酸林格氏液 10~20ml/kg 体重静脉注射。出现高氮血症时，可在脱水纠正后静脉注射 20%甘露醇 0.5~2.0g/kg 体重，静脉注射，4~6 小时 1 次，或给予 25%~50%葡萄糖溶液 1~3ml/kg 体重，静脉注射，并限制蛋白质的摄入和补充高能量、维生素食物。

（3）多尿期的治疗。在此期的初期仍可按上述方法进行治疗。以后随排尿量的增加，电解质大量流失时，应注意电解质的补充，尤其是钾的补充。避免低血钾症的出现。血中尿素氮为 20mg/100ml（犬）或 30mg/100ml（猫）时，可作为恢复期开始的指标，若低于上述指标时，则应逐步增加蛋白质的摄入，以利于康复。

（4）恢复期的治疗。补充高蛋白、高碳水化合物和维生素丰富的饮食。

［**预防**］积极抢救原发病危的病犬、猫，防止或减少发生休克或血容量不足，避免使用对肾脏血管有强烈收缩的药物。设法解除肾血管痉挛等是预防或减少本病发生、降低死亡率的有效措施。20%甘露醇、25%山梨醇或低分子右旋糖酐静脉注射，在利尿的同时，又可改善肾脏血液循环。有急性溶血或肌红蛋白尿时，可用低分子右旋糖酐以改善微血管循环和减少红细胞的破坏，同时使用碳酸氢钠使尿液呈碱性，减少血红蛋白或肌红蛋白的沉积。中毒者及早使用解毒药等。

十、慢性肾功能衰竭（Chronic renal failure）

慢性肾功能衰竭是多种慢性肾脏病晚期的严重综合征。因肾脏排泄和调节功能失常，临床出现许多代谢严重紊乱和水、电解质与酸碱平衡失调的表现，常危及患犬、猫的生命，需要积极救治。

［**病因**］慢性肾功能衰竭多由急性肾功能衰竭转化而来。亦见于多种肾病，如肾小球肾炎、肾盂肾炎、肾性糖尿病等的晚期，或因尿道结石所致。

［**症状与诊断**］根据本病的发展过程和症状表现程度，可将慢性肾功能衰竭分为四期（见表 7-2-1）。

表 7-2-1 慢性肾功能衰竭的分期及其症状

病期	Ⅰ期（储备能量减少期）	Ⅱ期（代偿期）	Ⅲ期（非代偿期）	Ⅳ期（尿毒症期）
肾小球滤过率	>50%	50%~30%	30%~50%	<5%
尿量	正常	多尿	少尿	尿闭
Na	正常	有时降低	多降低	降低
K	正常	正常	有时降低	升高
Ca	正常	正常	降低	降低
PO_4	正常	正常	升高	升高
酸碱平衡	正常	正常	代谢性酸中毒	代谢性酸中毒
其他	血清肌酐和血液尿素氮（BUN）轻度升高	轻度贫血，脱水，心力衰竭等	中度和重度贫血，BUN 升高至 130mg%以上	出现多种临床症状，尤以神经症状和骨骼变形明显，BUN 高达 200mg%~500mg%

［**治疗与预防**］参照急性肾功能衰竭的治疗和预防。饲养上喂以高能量、低蛋白食物。使用雄性激素，促进机体蛋白合成、抑制蛋白分解和缓解氮血症症状。根据病情，镇静、抗感染等对症治疗是必要的。

十一、肾小球肾炎（Glomerulonephritis）

肾小球肾炎简称肾炎，是一种由感染后或中毒后变态反应引起的肾脏弥漫性肾小球损害为主的疾病。临床上以肾区敏感、疼痛、水肿、高血压、血尿和蛋白尿为特征。犬、猫均可发生，可分为急性和慢性两种肾小球肾炎。

［**病因**］本病病因尚未完全明了。一般认为与感染和中毒因素有关。感染因素多由于细菌（链球菌、双球菌、葡萄球菌、结核杆菌等）、病毒（犬瘟热、传染性肝炎、钩端螺旋体等）、寄生虫（弓形体等）感染所致。中毒因素：如胃肠炎症、代谢性障碍疾病、皮肤疾病、大面积烧伤等所产生的毒素，以及代谢产物或组织分解产物等的内源性中毒时，可引起肾小球肾炎；摄食有毒物质，如汞、砷、磷等或霉败食物等的外源性中毒时，亦可引起肾小球肾炎。

本病的发病机理尚未十分明确。但在临床和实验观察表明，本病并非微生物直接感染肾脏发生，而是由于感染后产生的变态反应所引起。肾小球肾炎变态反应性致敏有两种情况：①微生物产生的毒性物质或其他毒物经血液循环进入肾脏，与肾小球毛细血管基底膜的黏多糖结合形成结合抗原，并产生相应的抗体，当重新感染或持续存在于体内的微生物与抗体在肾小球毛细血管基底膜上发生反应，即可引起基底膜损伤和肾小球肾炎。②免疫复合物的沉着，即病原体（抗原）的刺激，产生相应的抗体，当抗原和抗体达到一定量时，二者在血液中结合成可溶性抗原-抗体复合物，这种复合物随血液循环流入肾脏时，在肾小球毛细血管内皮下沉积为颗粒状透明蛋白样物质，并吸附血液中的补体。抗原—抗体—补体附合物具有阳性趋化性，可吸引大量中性粒细胞集聚在基底膜上，并释放出溶酶体酶，对局部组织有损伤破坏作用，同时可引起肥大细胞释放组织胺，结果引起血管通透性增高和急性肾小球肾炎的一系列变化。

慢性肾小球肾炎发生的病因与急性肾小球肾炎相同，仅为刺激作用轻微和持续时间较长。此外，急性肾小球肾炎病程延长或后期时，往往转变为慢性肾小球肾炎。

[症状] 急性肾小球肾炎的患犬、猫，精神沉郁，体温升高，食欲不振，有时发生呕吐、腹泻、肾区敏感、触诊疼痛，肾脏肿大。不愿活动，步态强拘，站立时背腰拱起，后肢集拢于腹下。患犬、猫频频排尿，但尿量较少，有的病例有血尿或无尿。动脉血压升高，脉搏强硬，第二心音增强。随病程延长，由于血液循环障碍和全身静脉淤血，可见眼睑、胸腹下发生水肿。当发展为尿毒症时，则出现呼吸困难，衰竭无力，肌肉痉挛，昏睡，体温低下，呼出气中有尿臭味。

慢性肾小球肾炎发展缓慢，食欲不振，消瘦，被毛无光泽，皮肤失去弹性，体温正常或偏低，可见黏膜苍白。有的出现明显的水肿、高血压、血尿或尿毒症。病初期多尿，后期少尿，发展为尿毒症时意识丧失、肌肉痉挛、昏睡。病程长短不一，轻者数月可痊愈，重者可延长 1~2 年不定。有的反复发作。

[诊断] 根据病史、临床症状和实验室检查结果，可以确诊。

患急性肾小球肾炎的犬、猫，尿检为尿量减少，尿比重增高，蛋白含量增多，尿沉渣中可见有透明颗粒、红细胞管型，有的可见有上皮管型及散在的红细胞、肾上皮细胞、白细胞和病原菌等。血检为红细胞数轻度减少，白细胞数正常或偏高，血沉加快，严重病例血中非蛋白氮升高。肾功能测定多数病例有程度不同的功能障碍，以肾小球滤过率的改变最为明显，内生肌酐清除率或尿素清除率均显著降低。

慢性肾小球肾炎的潜伏期尿蛋白较少，活动期常增多，晚期反而减少。尿沉渣中可见大量颗粒和透明管型，晚期病例可见粗大的颗粒蜡样管型，当出现红细胞管型时，则提示肾小球肾炎的急性发作。

[治疗] 急性肾小球肾炎应以加强护理，抗菌消炎，利尿消肿，抑制免疫反应和防止尿毒症的发生为治疗原则。

将病犬、猫置于清洁、温暖和通风良好的笼舍中。给以高能量低蛋白食物，病初或少尿期应限制食盐。水肿或少尿者，可用除汞制剂以外的利尿剂，如呋喃苯胺酸 5mg/kg，或双氢克尿塞 2~4mg/kg 体重，口服，每日 2 次，必要时可静脉注射利尿合剂（普鲁卡因 0.1~0.2g，10%~25%葡萄糖 200ml）或脱水剂（甘露醇、山梨醇等）。抗菌消炎可选用头孢菌类抗生素或喹诺酮类药物；不应使用对肾脏有损害的抗生素，如庆大霉素和卡那霉素等；严重肾脏功能障碍时，禁用磺胺类药物，以免形成肾结石。为抑制免疫反应，可用地塞米松 0.25~1.0mg，肌肉注射，每日 1 次，猫剂量减半，或泼尼松等。如并发急性心力衰竭、高血压、血尿或尿毒症时，则进行对症治疗。

慢性肾小球肾炎的治疗方法与急性肾小球肾炎相同。但不易治愈，且易反复发作。现根据其发病机理归纳治疗环节、原则和措施如表 7–2–2。

表 7-2-2 慢性肾小球肾炎的治疗环节、原则和措施

治疗环节	治疗原则	治疗措施
针对抗原	避免接触抗原 除去抗原	预防感染 预防感染、除去病灶或肿瘤
针对抗体	抑制抗体形成	糖皮质激素、抗癌药物
针对炎症介质	抑制补体活性 抑制纤维蛋白形成 抑制血小板凝集 抑制中性粒细胞趋化和吞噬作用 抑制激肽、组织胺、慢性反应物质的释放	肝素 肝素、苄丙酮香豆素、尿激酶 肝素、糖皮质激素、消炎痛、潘生丁 阿司匹林、降糖灵 糖皮质激素、消炎痛、阿司匹林 色甘酸二钠、海群生

十二、肾盂肾炎（Pyelonephritis）

肾盂肾炎是指病原微生物侵入肾盂、肾小管系统和肾间质所引起的化脓性炎症。临床上以体温升高、肾区敏感、脓尿和尿沉渣中见有肾盂上皮等为特征。

［病因］主要由于病原微生物感染所致。常见的致病菌有大肠杆菌、链球菌、葡萄球菌、绿脓杆菌、产气杆菌、肺炎杆菌、变形杆菌等。有的可由病毒、真菌或原虫感染所致。在一般早期病例中病原微生物常为单一的，但继发于结石、梗阻等而转入慢性期时，则混合感染较常见。病原微生物侵入肾脏有下列几种途径。

尿源性或上行性感染。在正常情况下，尿道口附近的 1~2cm 处常有少数细菌存在，母犬、猫由于尿道较短，细菌易于侵入，可经膀胱和输尿管上行到达肾脏而引起肾盂肾炎。在正常情况下，尿液是随输尿管蠕动下流入膀胱，但当泌尿道梗阻或膀胱功能紊乱、输尿管括约肌闭合不全时，尿液可自膀胱逆流，细菌随同进入输尿管和肾盂，条件适宜时即发生感染。

血源性或下行性感染。各种败血症以及体内感染病灶引起的菌血症时，病原微生物可从血液循环侵入肾脏，引起肾盂肾炎。

淋巴性感染。当与肾脏相邻近的脏器如膀胱炎、结肠炎时，病原微生物可由输尿管周围淋巴管到达肾脏，引起肾盂肾炎。

［症状］患急性肾盂肾炎的犬、猫，表现精神沉郁，体温升高至 39.5~40℃之间，多呈弛张热或间歇热，食欲减退，呕吐，有腹痛和腹泻症状。患犬、猫频频排尿，病初尿量减少，排尿困难。尿液浑浊，并混有黏液和大量脓液。血液学检查可见嗜中性白细胞增多，并有核左移现象。触诊肾区有痛感，叩诊有疼痛反应。严重者可见贫血和出现心脏衰弱等症状。慢性肾盂肾炎多为亚临床型，常无明显症状，当两侧肾盂都感染时，可出现肾功能衰竭的各种症状。

［诊断］根据临床症状及肾区触诊变化，结合尿液检查有大量脓细胞、肾盂上皮细胞、白细胞等，且多发生于雌性犬、猫等特征，即可诊断为肾盂肾炎。

［治疗］以消除感染，增强肾盂的活动功能，促进尿液和炎性产物的排出，加速恢复过程为治疗原则。

根据尿液病原微生物培养和药物敏感试验结果，可选用抗生素或磺胺类药物、喹诺酮类药物。为促进炎性产物的排出及尿路消毒，可使用利尿剂如氢氯噻嗪 10~50mg/次，每日 1~2 次，和尿路消毒剂，如肌注或静注乌洛托品 100~200mg/kg 体重，每日 1~2 次。

[预防] 加强饲养管理，增强机体防御机能，消除各种诱发因素或原发病等，是预防或减少本病发生的主要方面。注意保持犬、猫体（尿道、会阴部等）的清洁，以及减少不必要的导尿和泌尿道的器械操作，也可避免本病的发生。

十三、间质性肾炎（Interstitial nephretis）

间质性肾炎是指肾脏间质发生弥散性或局灶性非化脓性炎症。临床上以肾间质结缔组织增生、肾实质萎缩、肾体积缩小、质地坚硬为特征。

[病因] 间质性肾炎的病因尚未完全明了。一般认为与感染和中毒有关。如某些细菌性、病毒性传染病如犬瘟热、传染性肝炎等，钩端螺旋体病时可以见到间质性肾炎。外源性毒素和蛋白质分解产物等，也可引起本病。此外，间质性肾炎也可继发于其他肾脏病的后期。

[症状] 间质性肾炎病程较缓慢，在病的发生初期症状不明显，病犬、猫排尿量增多，尿比重降低；病的后期排尿量减少，尿比重增高。肾区触诊时可感觉肾脏体积缩小、质地坚硬，但无疼痛反应。血压升高，心搏动增强，主动脉第二心音增强；血液红细胞数、血红蛋白和红细胞压积值降低，血液尿素氮含量增高。病的后期可发展为尿毒症。

[诊断] 根据病史、临床症状和尿液检查结果，一般可以作出诊断。尿沉渣检查可见少量红细胞、白细胞、肾上皮和大量颗粒管型。必要时可通过肾脏组织学检查，可见特征性的间质组织增生来确诊。

在类症鉴别上要与钩端螺旋体病和细菌感染而引起的细菌性肾盂肾炎相鉴别。钩端螺旋体病可在肾小管内发现钩端螺旋体集块以及通过其他反应来鉴别。细菌性肾盂肾炎的尿中可查到多量的细菌（大肠杆菌、变形菌等），且无血尿和血红蛋白尿。

[治疗] 以消除病因，加强护理，纠正水和电解质平衡的紊乱等为治疗原则。有并发症时，应对症治疗。具体方法参照肾功能衰竭和肾小球肾炎的治疗。

十四、肾病综合征（Nephrotic syndrome）

肾病综合征又称肾小球肾病，是一组由多种致病因素引起肾小球轻微病变为主的非炎性肾脏疾病综合征。临床上以蛋白尿、浮肿、低蛋白血症和高脂血症为特征。

[病因] 引起本综合征的原因很多，可归纳如下两类。

全身疾病所引起的肾病综合征：发生于某些传染性疾病如犬瘟热、结核病、细菌性心内膜炎等；中毒性疾病如金属盐、驱虫药等中毒；代谢性疾病如高血糖、高脂血、高氮血症等；过敏性疾病如过敏性紫癜、花粉或药物等过敏源过敏等；心血管疾病如肾静脉血栓、缩窄性心包炎等。

由各类肾脏疾病所引起的肾病综合征：如继发于慢性肾小球肾炎、肾脏淀粉样变性、遗传性肾炎等。

[症状] 本病轻者仅见尿中有少量蛋白和肾上皮细胞。重者表现渐进性全身水肿，严重时胸腔和腹腔积水。尿量减少、尿比重增高、尿蛋白试验呈强阳性反应，尿沉渣检查可见大量肾上皮及肾上皮管型。血液学检查呈现血清总蛋白量降低、总胆固醇含量增高（超过300mg%）、血脂增高、血液尿素氮升高。患病犬、猫表现贫血、衰弱、消瘦。

[诊断] 根据持续性蛋白尿、全身水肿、高脂血症、低蛋白血症等主要症状可以确诊。本病症状与肾小球肾炎相似，但临床上无血尿表现、无血压升高、无肾区敏感疼痛等特征，可与肾炎相区别。

[治疗] 以消除病因，改善营养，利尿消肿，抗炎抗过敏，增强免疫力等为治疗原则。

消除病因：使用抗生素、呋喃妥因等抗菌药控制感染，中断毒源和解救中毒等，以治疗原发病。

改善营养：由于从尿中流失大量蛋白质，血浆蛋白含量下降，所以在饲料中必须补充足够的蛋白质。为防止水肿的加剧，应限制饮水和食盐的摄入量。

消除水肿：可使用利尿、脱水剂，如口服、肌注或静注呋喃苯胺酸 5mg/kg 体重，每日 1~2 次，氢氯噻嗪 10~50mg/次，甘露醇 20%注射液 0.25~0.5ml/kg 体重，肌肉注射，山梨醇剂量与甘露醇同等。

抗炎抗过敏：可用糖皮质激素、地塞米松 0.25~1.0mg，口服，静脉注射或肌肉注射，每日 1~2 次；泼尼松或泼尼松龙 2~15mg，口服，1~10mg 静脉注射或肌肉注射，每日 1~2 次。

调节和增强机体的免疫力：可使用免疫增强剂，如白蛋白 5~10g 静脉注射，可防治低蛋白血症和肾脏疾患引起的水肿和腹水等；丙种球蛋白 0.1%~0.3%ml/kg 体重，肌肉注射，每日 1 次，有效期为 4~6 周，可提高机体对多种病毒和细菌的抵抗力；转移因子 1~4ml/次，皮下注射 1~2 周 1 次，干扰素 200 万~500 万 u/次，皮下注射，隔日 1 次，可增强机体对疾病的抵抗力。

出现酸中毒时，宜用乳酸钠溶液 10~50ml/次或 5%的碳酸氢钠溶液 10~40mg/次，静脉注射，每日 1~2 次。出现心脏衰竭时，可用咖啡因 100~400mg，皮下、肌肉或静脉注射，每日 1~2 次，重症隔 6 小时 1 次，也可用洋地黄制剂等。

十五、肾盂积水 (Neprydrosis)

肾盂积水是指一侧或两侧肾的尿液排出受阻，尿液滞留于肾盂内，引起肾盂扩张状态。

[病因] 肾盂积水主要由于尿路机械性或功能性阻塞所引起。

机械性阻塞常见于尿路（肾盂、输尿管、膀胱）的炎症、结石、肿瘤；先天性尿路狭窄或肾、输尿管异常；腹部肿瘤、妊娠后期，子宫或前列腺肥大对尿道、输尿管或膀胱颈的压迫等所致。

功能性阻塞常见于中枢神经和末梢神经病所致。

[症状] 一侧性肾盂积水时，一般可由另一侧肾脏起着代偿性功能，故临床上无明显症状。当两侧性肾盂积水时，患病犬、猫表现出肾功能不全和尿毒症症状。继发细菌感染时，可出现体温升高、白细胞数增加等全身症状。滞留液转为脓液时，表明肾盂积水已转为脓肾症。

[诊断] 可通过触诊、X 射线摄影或 B 型超声波检查等，以了解肾脏的大小、肾盂扩张情况、阻塞部位和滞留液的性状等，有利于确诊。

单侧肾盂积水时，由于肾盂滞留液体而明显扩张，两侧肾脏大小不均等，患侧肾脏肿大，这可与健侧肾脏小相区别。患侧肾脏肿大，且表现平滑，这可与表面凹凸不平的肾肿瘤和囊泡肾相区别。

可用22~25号穿刺针吸出滞留液检查，肾盂积水的液体性状近于尿液，这可与液体为脓液性状的脓肾症相区别。

［治疗］以治疗原发病，消除阻塞，恢复排尿功能为治疗原则。

一侧性肾盂积水，其病情严重时，可施行外科手术除去病因（结石、肿瘤）、切除病变部，当健侧肾有充分代偿功能时，也可摘除病侧肾脏。

两侧性肾盂积水的治疗方法，参照肾功能衰竭和肾小球肾炎的治疗。

十六、尿毒症（Uraemia）

尿毒症是由于肾功能衰竭，致使代谢产物和其他有毒物质在体内蓄积而引起的一种自身中毒综合征。是肾功能衰竭的最严重表现。

［病因］严重的肾功能衰竭可引起尿毒症。本病的发生与下列因素有关。

尿素作用：由于肾功能衰竭，尿素可通过肠壁进入肠腔，再经肠道内细菌尿素酶的作用分解为具有毒性作用的氨和铵盐（碳酸铵、氮基甲酸铵）被吸收入血内，引起神经系统中毒症状。

肠道毒性物质作用：随肾脏功能衰竭，伴有肝脏解毒功能降低，由肠道来的有毒物质，如酚、酪胺和苯乙二胺等被吸收入血内，既不能经肝解毒，又不能从肾脏排出，蓄积在血液内引起中毒症状。

蛋白质分解产物的作用：某些蛋白质的分解产物，如胍类化合物（甲基胍、胍乙酸、胍基琥珀酸等）在体内的蓄积，可抑制体内某些酶（乳酸脱氢酶、ATP酶等）的活性，从而导致犬、猫的抽搐等神经症状，以及诱发胃肠炎和心包炎等。此外，胍基琥珀酸有抑制血小板黏着和淋巴细胞转化的作用，因此，病犬、猫易于发生出血和免疫功能低下。

酸性代谢产物作用：由于酸性代谢产物排出障碍而发生酸中毒。可引起犬、猫呼吸、心脏活动改变和昏迷症状。

［症状］尿毒症可引起机体各组织器官发生功能障碍，因此，临床症状也复杂多样。

神经系统：主要表现为精神极度沉郁、意识紊乱、昏迷和抽搐等症状。

循环系统：往往出现高血压、左心室肥大和心力衰竭，晚期可引起心包炎和听到心包摩擦音。

消化系统：主要表现消化不良和肠炎症状，如食欲不振或废绝、呕吐、腹泻、口有氨味和口腔黏膜溃疡等。

呼吸系统：由于酸中毒，可使呼吸加快加深，呈现周期性呼吸困难（陈施二氏呼吸或库斯摩尔氏呼吸等）。由于代谢产物蓄积，可引起尿毒症性支气管炎、肺炎和胸膜炎，并呈现相应的症状。

血液系统：有不同程度的贫血，晚期可见鼻、齿龈和消化道出血，皮下有淤血斑等。

电解质平衡失调：可伴发高钾低钠血症、高磷低钙血症和高镁低氯血症。

皮肤：皮肤干皱，弹性减退，有脱屑、瘙痒症状。皮下往往发生水肿。

［诊断］有肾脏病史和典型症状的病犬、猫比较容易诊断。对无肾脏病史者诊断比较困

难，必须结合实验室检查结果，作出综合性诊断。

血液学检查：血浆中尿素氮、肌酐值增高。二氧化碳结合力降低。

尿液检查：尿沉渣中见有少量红细胞、白细胞和各种管型。尿比重明显降低。

肾功能检查：显示尿酚红排泄率下降，尿浓缩功能减退。内生肌酐消除率降低。

[**治疗**] 在饲养上，应给予优质低蛋白高能量和富含维生素的食物，给予充足饮水，若无水肿时可适当补给食盐。若不能进食者，可由静脉供给营养。

消除病因，积极治疗引起尿毒症的原发病，如及时治疗肾功能衰竭、改善肾微循环，解除尿道阻塞等。

纠正水、电解质和酸碱平衡紊乱，如对有脱水现象或尿量减少者，应及时输以生理盐水或葡萄糖溶液，但如有严重水肿和无尿者，应停止输给。发生酸中毒时应静脉注射5%碳酸氢钠溶液或11.2%乳酸钠溶液10~40ml。

高血磷低血钙时，可口服氢氧化铝凝胶5~10ml，每日3次，可阻止磷的吸收和减少钙的丧失。血钾升高时，口服钠型阳离子交换树脂2.5~5g，每日3次。或静脉注射25%葡萄糖溶液50~100ml加胰岛素5~10u。尿毒症、酸中毒纠正后，血钙游离度低，可产生低钙性抽搐，故在输给碱性溶液前先输给10%葡萄糖酸钙溶液5~10ml。为缓解高氮血症和促进蛋白质合成，可隔日或每周2次肌肉注射苯丙酸诺龙或丙酸睾酮10~30mg/次。

对症治疗，如呕吐时，可肌肉注射或口服胃复安或维生素B_6，每日2次，或肌肉注射氯丙嗪等。有抽搐者可静脉注射或肌肉注射安定、苯妥英钠或苯巴比妥钠等。贫血或出血时，可输入适量新鲜同型血液；若出血严重者，可使用抗血纤溶芳酸、止血环酸或6–氨基乙酸等。

十七、尿石症（Urolithiasis）

尿石症又称尿路结石，是肾结石、输尿管结石、膀胱结石和尿道结石的统称。临床上以排尿困难、阻塞部位疼痛和血尿为特征。

[**病因**] 尿结石形成的原因尚未完全清楚。一般认为与食物单调或矿物质含量过高、饮水不足、矿物质代谢紊乱、尿液pH值的改变、尿路感染和病变等因素有关。

胶体和晶体平衡失调：在正常尿液中含有多种溶解状态的晶体盐类（磷酸盐、尿酸盐、草酸盐等）和一定量的胶体物质（黏蛋白、核酸、黏多糖、胱氨酸等），它们之间保持着相对的平衡状态。此平衡一旦失调，即晶体超过正常的饱和浓度时，或胶体物质不断地丧失分子间的稳定性结构时，则尿液中即会发生盐类析出和胶体沉着，进而凝结成为结石。

体内代谢紊乱：如甲状旁腺功能亢进，甲状旁腺激素分泌过多等，使体内矿物质代谢紊乱，可出现尿钙过高现象，以及体内雌性激素水平过高等因素，都可促进尿结石的形成。

尿路病变：尿路病变是结石形成的重要条件。①当尿路感染时，尿路炎症可引起组织坏死，加上炎性渗出物、细菌的积聚，可形成结石的核心，其外周由矿物质盐类和胶体物质环绕凝结而形成结石。此外，许多细菌如葡萄球菌、变形杆菌、沙门氏菌等可使尿素分解为氨，使尿液变为碱性，易于引起磷酸钙、碳酸钙等沉淀，有利于尿路结石的形成。②当尿路梗阻时，可引起肾盂积水，使尿液滞留，易于发生感染和晶体沉淀，形成结石。③当尿路内有异物，如缝线、导管、血块、细菌、脱落上皮细胞等存在时，可成为结石的核心，尿中晶体盐类沉着于其表面而形成结石。

尿结石主要在肾脏（肾小管、肾盏、肾盂）中形成，以后移行至膀胱，并在膀胱中继续增大，故认为膀胱是犬、猫尿结石最常见的场所。肾小管内的尿石多固定不动，但肾盂或膀胱内的结石则可移动，有的移行至输尿管和尿道时，可发生阻塞。结石的阻塞部位刺激尿路黏膜，引起局部黏膜损伤、发炎、出血，致使尿路平滑肌发生痉挛收缩，呈现肾性腹痛。由于尿路阻塞引起排尿困难或尿闭，膀胱积尿，导致膀胱麻痹甚至破裂。

[症状] 尿石症的临床症状与其阻塞部位、体积大小、对组织损害程度不同而异。

肾结石：多位于肾盂，肾结石形成初期常无明显症状，随后呈现肾盂肾炎的症状，排血尿，肾区压痛，行走缓慢，步态强拘、紧张。严重时可形成肾盂积水。

输尿管结石：急剧腹痛，呕吐，患病犬、猫不愿走动，表现痛苦，步行拱背，腹部触诊疼痛。输尿管单侧或不全阻塞时，可见血尿、脓尿和蛋白尿；若双侧输尿管同时完全阻塞时，无尿进入膀胱，呈现无尿或尿闭，往往导致肾盂肾炎。

膀胱结石：患病犬、猫排尿困难，血尿和频尿，但每次排出量少。膀胱敏感性增高。结石位于膀胱颈部时，可呈现排尿困难和疼痛表现。较大的结石触诊时往往可摸到。

尿道结石：多发生于公犬、猫。尿道不全阻塞时，排尿疼痛，尿液呈滴状或断续状流出，有时排尿带血。尿道完全阻塞时，则发生尿闭、肾性腹痛。膀胱极度充盈，患病犬、猫频频努责，却不见尿液排出。时间拖长，可引起膀胱破裂或尿毒症。

[诊断] 根据临床症状、尿道探诊和 X 线造影检查结果可作出确诊。有的膀胱结石同时伴发膀胱息肉或膀胱肿瘤。

犬、猫常见的尿结石有如下几种：

(1) 磷酸盐尿结石。呈白或灰白色，生成迅速，可形成鹿角状结石，常发生于碱性尿液中。X 射线显影较淡。

(2) 草酸盐尿结石。呈棕褐色，表面粗糙有刺，质坚硬，易于损伤尿路而引起血尿，发生于碱性尿液内。X 射线特征为尿石中有较深的斑纹，呈桑葚状，边缘呈针刺状，并向外放射。

(3) 尿酸盐尿结石。呈浅黄色，表面光滑，质坚硬，常发生于酸性尿液中。X 射线显影较淡。

(4) 胱氨酸盐尿结石。表面光滑，能透过 X 射线，在 X 射线上不易显影，故称为“透光性结石”，发生于酸性尿液中。

(5) 碳酸盐尿结石。呈白色，质地松脆，发生于碱性尿液中。

(6) 磷酸铵镁尿结石。又称鸟类石，呈 3~8 面的棱柱状，发生于中性偏碱的尿液中。X 线特征呈圆形、光滑或有小平面。

(7) 猫的尿结石为磷酸盐尿结石、草酸盐尿结石、尿酸盐尿结石和磷酸铵镁尿结石。

[治疗] 以排出结石为主，对症治疗为辅的治疗原则。

饮食药物治疗：对不完全阻塞或病情轻微的病例，给予矿物质少而富含维生素 A 的食物，配合中药排石汤并给大量清洁饮水，投给利尿剂等，以稀释尿液和增加排尿量，并可冲洗尿路，使体积细小的结石随尿排出。对磷酸盐、草酸盐和碳酸盐结石，可投给酸性食物或酸制剂，如氯化铵等，使尿液酸化，以促进结石的溶解和病情的好转。对尿酸盐和胱氨酸盐的结石，则宜投服碳酸氢钠，使尿液碱化，亦可达到阻止结石形成和促进结石溶解的目的。此外，对尿酸盐结石，可用异嘌呤醇 4mg/kg 体重，口服，每日 1 次。可阻止尿酸盐凝结。对胱氨酸盐结石，可用 D-青霉胺 15~30mg/kg 体重，口服，每日 1 次。使其成为可溶性胱氨酸复合物，由尿液排出。

在药物溶解排石过程中，应给予抗生素治疗，防止感染。

外科手术治疗：对体积较大的结石，并伴发尿路阻塞时，必须及时施行尿道切开术或膀胱切开术取出结石。如有膀胱息肉或膀胱肿瘤，需同时手术切除之。如果结石少而且较小，可用超声碎石。

十八、原发性肾性糖尿病（Primary renal diabetes）

原发性肾性糖尿病，是犬、猫的一种遗传性肾小管疾病，临床上以血糖含量值正常，而尿中含有葡萄糖为特征。

［病因］原发性肾性糖尿病，是由于肾曲小管重吸收葡萄糖功能先天性缺陷所致。健康动物在血糖值正常情况下，肾小球滤过液中的葡萄糖在流经肾小管时，在近曲小管处全部被重吸收回血液内。而病犬、猫这种重吸收功能发生障碍，葡萄糖不能被充分吸收而出现糖尿。

［症状］患病犬、猫临床表现多尿、多饮、糖尿和氨基酸尿为特征。偶见蛋白尿。但血糖值正常。

［诊断］根据临床呈现糖尿而血糖值正常时，即可作出诊断。

葡萄糖耐量试验正常，肾功能无损害，注射胰岛素对尿糖含量无明显影响，这可与糖代谢发生紊乱所致的糖尿病相区别。

［治疗］原发性肾性糖尿病对犬、猫影响不大。目前也无有效治疗方法。

十九、肾淀粉样变性（Renal amyloidosis）

淀粉样变性是动物的一种因代谢障碍而引起的全身疾病。其病理特征是淀粉样物质沉着于全身器官。当淀粉样物质沉积于肾脏引起的肾的病变，称为肾淀粉样变性。肾病综合征为其主要临床症状，晚期可导致肾功能衰竭而死亡。各种动物都可发生，其中以牛、犬、猫较多见，其他动物很少发生。

［病因］本病病因尚未完全清楚。一般认为，主要继发于慢性化脓性疾病，如慢性肾盂肾炎、结核病、骨髓炎、肺脓肿、各种恶性肿瘤等的发病过程中。其发病可能与细菌毒素、肿瘤代谢产物以及免疫反应异常等有关。原发性肾淀粉变性，常发生于以往完全健康、无诱发病的动物，其原因不明。在人的资料表明，遗传性淀粉样变性有 28%伴发肾淀粉样变性，在 80 岁以上的老年人中，30%~50%可以在体内找到淀粉样物质沉积。

［诊断］病因分析，常有化脓性或感染性疾病史。临床症状，早期食欲减退，烦渴多尿，水样腹泻，迅速消瘦；继则出现颌下、胸前水肿、体腔积液、腹部或直肠内触诊肾脏肿大、有压痛，少尿或无尿。

实验室检查：血清总蛋白量显著减少（低蛋白血症），白蛋白减少，α-球蛋白增多，白蛋白比值降低，血中非蛋白氮升高。尿中含有大量蛋白质（犬一昼夜排出的尿蛋白质介于0.5~1.5g）。尿沉渣中有肾上皮细胞和大量的透明管型等。

肾活组织检查：肾脏穿刺采取活组织进行组织学检查，观察淀粉样变性情况。肾实质的毛细血管和血管周围细胞间隙内有淀粉样物质沉着，用碘液染色时，组织中淀粉样物质肉眼可见。此外，根据淀粉物质亲和刚果红的特点，可利用刚果红吸附试验来辅助诊断。

病理解剖特点：皮下和胃肠黏膜水肿，肾、肝、脾脏肿大，肾毛细血管和血管周围细胞间隙内有淀粉样物质沉着。

［**防治**］本病尚无有效疗法。对伴发进行性肾衰竭的宠物，可施行对症疗法和支持疗法。在严重肾衰竭出现前，采用高蛋白质食物，可延缓低蛋白血症和肾病综合征的发生。体腔积液时，应用利尿剂以减轻其症状（详见肾病综合征等治疗）。

从理论上来说，淀粉样变性可以通过以下几个途径中断其发病环节：祛除淀粉样物质生成的刺激因素；阻断淀粉样特质的生成；改变淀粉样物质在细胞外的分布；促进淀粉样物质的分解和利用。

基于上述设想和认识，临床上用于治疗淀粉样变性的主要药物有：①免疫抑制剂，常用的有环磷酰胺和苯丁酸氮芥。其剂量和用法同一般肾病治疗，有些病例可使蛋白尿明显减少。在继发于类风湿性关节炎之病例，应用免疫抑制剂后可使关节肿病减轻；②肾上腺皮质激素，在某些存在大量蛋白尿的患犬，在应用泼尼松后可见尿蛋白减少；③秋水仙碱（colchicine）是一种微血管药物，可抑制中性多核细胞和吞噬细胞的内含和吞噬作用，抑制和减少淀粉样物质的合成。治疗剂量为每日1~2mg，口服，每日2次或每日0.5~0.8mg静脉注射，分1~2次注射；④二甲基亚砜（DMSO），此药可以溶解淀粉样物质，并使其快速由肾脏排出，故能显著减轻淀粉样物质的发生。剂量为3~8g，口服，每日2~3次；⑤D-青霉胺（D-Penicillamine），用于由风湿性关节炎引起的淀粉样变性效果良好。可降低类风湿因子活性，缓解淀粉样物质浸润。剂量为0.5~1g，口服，每日3~4次，因其对肾脏有损害作用，故应用时要严密监测肾功能。

二十、中毒性肾病（Nephrotoxicosis）

中毒性肾病是指药物、化学制品、生物制品等经动物食入或吸入体内而引起肾脏结构异常或功能改变的一类肾脏疾症的总称。

［**病因**］引起肾脏损伤和功能改变的毒性物质包括内源性肾毒物和外源性肾毒物两大类。

在内源性肾毒物中，如高钙、高磷、高尿酸或高草酸血症时，都可引起肾间质和肾小管的病理变化。

在外源性肾毒物中，重金属，如汞、铅、钼、镉、铬、砷、铀、锂、铊等，化学毒物，如有机溶剂、碳氢化合物、农药、杀菌剂、煤酚等。肾毒药物，如氨基甙类抗生素、先锋霉素、多粘菌素、万古霉素、两性霉素B、磺胺类、某些麻醉剂和止痛药等，生物毒，如蛇毒、蜂毒、生鱼胆、蕈毒等，以及物理毒，如放射线、电休克等。

［**发病机理**］毒物对肾小管上皮细胞的直接毒性作用；外源性毒物作为抗原或半抗原进入机体后引起免疫性肾损害，使之原位复合物形成肾毒物质引起过敏性休克致使肾小球滤过功

能减退；结晶体堵塞肾小管，引起梗阻性肾病。

[症状] 根据其发病机理不同而异，但其共同表现为：①近端和远端肾小管功能障碍证候群为葡萄糖尿、氨基酸尿、磷酸盐尿、低钾血症、烦渴、多尿、肾小管酸中毒等；②肾性骨病、肾钙化或肾结石；③急性肾功能衰竭综合征（少尿或非水尿）；④急性过敏性间质性肾炎；⑤慢性肾功能衰竭综合征；⑥肾炎与肾病综合征；⑦全身症状以继发于肾衰竭的尿毒症相关症状为主。

[诊断] 有使用肾毒性药物、重金属、有机溶剂、放射性物质、镇痛药物、生物毒素、生鱼胆、毒蕈、一氧化碳或内源性毒物病史；很多情况下，临床症状和实验室检查与急性肾衰竭相似；本病可伴有其他脏器的功能损害或衰竭，水电解质平衡紊乱及酸碱平衡失调；双肾 B 超检查，常发现双肾体积增大，结构紊乱，慢性中毒时双肾缩小；肾脏病理组织学检查，可确定肾小管的损伤程度或急性与慢性，有助于鉴定病因和作出预后的判断。

[治疗] 治疗原则为停止接触（食入或吸入）毒物、促进毒物排泄（输液、解毒措施、透析疗法、血浆置换或落流）及针对病因治疗。

停用可疑毒物，避免与毒物接触。促进毒物排出可用支持疗法，如补液，维持水电解质平衡，纠正酸碱平衡紊乱，利尿以促进药物从尿中排泄，并用保肝措施。必要时用血液净化消除体内毒物。给以安静的休息，有的急性中毒患犬，需要洗胃、催吐和导泻，积极治疗并发症。如感染、溶血、缺血、肌肉溶解等。部分毒物中毒可用特效的解毒药。如汞中毒可用二巯丙磺钠、二巯丁二钠；铅中毒可用依地酸钙钠或二乙烯三胺五乙酸，近年来有使用二巯丁二钠注射或二巯基丁二酸口服；镉中毒可用二巯代氨基酸盐类（Dithiocarbamates）；银中毒可用氯化钠溶液口服；砷中毒可用二巯丙醇、二巯丙磺钠；金中毒可用青霉胺，钡中毒尚无理想解毒药物，可试用二巯丁二钠或青霉胺，主要是补钾对症处理；铋中毒可用二巯丙醇、二巯丙磺钠；铬中毒可用硫代硫酸钠、二巯丙磺钠；铜中毒可用依地酸钙钠、青霉胺；锂中毒尚无特殊解毒药物，急性中毒时可静脉注射氯化钠以拮抗其毒性；铊中毒可口服普鲁士蓝或双硫腙；铀中毒可用二乙稀三胺五乙酸或依地酸钙钠；乙二醇中毒可用乙醇；有机磷中毒可用阿托品。出现伴发或并发疾病时，按相应的伴发或并发疾病治疗。

第八章
犬、猫的血液循环和造血系统疾病

第一节 心血管疾病

一、心律不齐（Cardiac dysrhythmias）

心律不齐是犬、猫脉搏异常和出现不规则心音的病理表现。

[病因] 正常犬、猫心脏的自动节律性使其能以一定频率不停地、有节律地搏动。心脏的自律性受神经和体液的调节，使心跳的频率与整体的活动相适应。心脏特殊传导组织的自律性以窦房结最高，发生兴奋最早，这种兴奋向外扩散传导，依次引起心房、房室结、房室束及左右束支、浦肯野氏纤维和心室肌的兴奋。因窦房结引起整个心脏的搏动，故称为“正常起搏点”，所产生的节律称为“窦性节律”。当心脏的起搏能力或兴奋传导发生障碍时，则可引起心律不齐。见于先天性 WPW 综合征、后天性心脏疾病、中毒、电解质紊乱等。

[症状] 根据病性不同，有的犬、猫无明显危害，有的可突然死亡。轻症的心音和脉搏异常，易疲劳，运动后呼吸和心跳次数恢复缓慢。重症则表现为无力，安静时呼吸促迫，严重心律不齐，呆滞，痉挛，昏睡，衰竭，甚至突然死亡。

[诊断] 死后解剖，肉眼和组织学观察难以发现异常。通过听诊，辨别心动过速、心动过缓、间歇性心跳、心音不整及触诊脉搏不规则等可初步诊断。

心电图检查对诊断心律不齐最有意义。心电图检查应在安静状态和运动负荷后进行。心律不齐心电图的分析方法如下：

①根据心跳正常或异常来判定心动过速、心动过缓或阵发性频脉。

②根据节律规则与否以及是否与呼吸相关联，判定窦房阻滞、窦性心律不齐、呼吸性心律不齐、房室阻滞及心房纤颤等。

③根据有无 P 波和 QRS 波群间隔是否连续，判定窦性节律、房性节律、结性节律、房室解离及心房纤颤等。

④根据 P 波和 QRS 波群的振幅以及是否在同一方向上，判定左房性节律、结性节律及冠状静脉性节律。

⑤根据 QRS 波群的形态，判定心室性期外收缩、束支传导阻滞及 WPW 综合征。

⑥根据有无 P 波和基线摆动来判定心房节律、心房纤颤及假心律不齐。

⑦根据异常波形是单独出现还是连续出现，判定单发性期外收缩、阵发性心动过速及 WPW 综合征。严重心律不齐的犬、猫可同时出现上述变化。心律不齐的分类见表 8-1-1 所示。

表 8-1-1 心律不齐的分类

起搏异常兴奋		传导的紊乱	
窦房结起搏周期异常	窦性心动过速 窦性心动徐缓 窦性心律不齐	传导障碍的发生部位	窦房传导阻滞（窦房之间） 房室传导阻滞（房室之间） 心房传导阻滞（心房内） 心室传导阻滞或束支传导阻滞（心室内）
异位性起搏	期外收缩 阵发性心动过速 心房颤动 心房扑动 心搏脱逸 心律脱逸	传导障碍的发现法	不全传导阻滞 完全传导阻滞 WPW 综合征

[治疗] 心律不齐的治疗大体上可按表 8-1-2 所列的方法和药物进行处理。

表 8-1-2 心律不齐的处理

区 分	处 理
窦性心动过速	不必采取特殊处置，除去病因，注意管理
窦性心动徐缓	不必采取特殊处置，除去病因，注意管理
窦性心律不齐	治疗原发病
期外收缩	不必特殊处理，可选用奎尼丁、普鲁卡因酰胺、洋地黄、钾盐
阵发性心动过速	刺激迷走神经，可选用奎尼丁、普鲁卡因酰胺、洋地黄
心房纤维性颤动、扑动	可选用奎尼丁、普鲁卡因酰胺、洋地黄、安替比林、抗凝血剂
心室纤维性颤动、扑动	可选用洋地黄、B 族维生素、维生素 E
心搏脱逸、心律脱逸	可选用洋地黄、B 族维生素、维生素 E
窦房传导阻滞	可选用肾上腺素、阿托品、麻黄素
房室传导阻滞	改善管理，除去病因
心房传导阻滞	治疗原发病
心室传导阻滞	治疗原发病
WPW 综合征（预激综合征）	可选用普鲁卡因酰胺、阿托品、亚硝酸异戊酯

二、心力衰竭（Cardiac failure）

心力衰竭是心肌收缩力减弱，使心脏排血量减少、静脉回流受阻、动脉系统供血不足而呈现的全身血液循环障碍的一系列症状和体征的综合征。

[病因]

（1）心脏负荷加重。后负荷（收缩期负荷）加重的原因为主动脉瓣、肺动脉瓣狭窄或体循环、肺循环动脉高压；前负荷（舒张期负荷）加重常见于心脏瓣膜闭锁不全及先天性心脏畸形等。

（2）心肌发生病变。见于心肌炎、心肌病、严重贫血、甲状腺功能亢进及维生素 B_1 缺乏等。

（3）继发于急性传染性（如犬瘟热、细小病毒病等），寄生虫病（如弓形虫病），中毒性疾病、慢性肾炎及慢性肺泡水肿等。

（4）在治疗疾病过程中，过快或过量的输液以及不常剧烈运动的犬、猫突然运动量过大等。

[症状] 急性心力衰竭的犬、猫表现高度呼吸困难，精神极度沉郁，脉搏细数而微弱，可视黏膜发绀，体表静脉怒张。神志不清，突然倒地痉挛，体温降低，并发肺水肿，胸部听诊可听见广泛性湿性啰音，两侧鼻孔流出泡沫样鼻汁。

慢性心力衰竭的犬、猫其病程发展缓慢，精神沉郁，不愿活动，易疲劳，呼吸困难，黏膜发绀。四肢末端发生水肿，运动后水肿会减轻或消失。听诊心音减弱，出现机械性杂音和心律不齐。心脏叩诊浊音区扩大。

左心衰竭时，犬、猫主要呈现肺循环淤血，由于肺脏毛细血管内压急剧升高，可迅速发生肺水肿，表现为呼吸加快和呼吸困难，听诊有各种性质的啰音，并发咳嗽等。

右心衰竭时，犬、猫主要呈现体循环淤血和全身性水肿，由于肾脏血液量不足，肾小球的滤过减低，使尿的生成减少。同时由于有效循环血液量不足，引起钠和水在组织内潴留，进一步加重了全身性水肿，引起脑、胃肠、肝、肾等实质脏器的淤血，并表现出各实质脏器功能障碍的一系列症状。

[诊断] 主要根据发病原因、临床症状进行综合分析诊断。呼吸困难，静脉怒张，四肢水肿及心肺听诊的病理变化等具有诊断意义。X 线检查，可见心影扩大。

[治疗] 急性心力衰竭的治疗，应采取胸部按压心脏、输氧、心脏内注射肾上腺素或静脉注射不含肾上腺素的利多卡因 4.4~8.8mg/kg 体重，可使心博恢复正常。把舌拉出口腔外以利于呼吸，必要时进行气管插管。慢性心力衰竭的治疗原则是减轻心脏负担，提高心肌收缩力。使用强心剂、利尿剂（减轻前负荷）和血管扩张剂（减轻后负荷），辅之以对症治疗。治疗心衰常用药物见表 8–1–3。

表 8–1–3　心衰常用药物（犬）

血管紧张转换酶抑制剂　（ACEI）	
依那普利	0.5mg/kg，PO，SID~BID
卡托普利	0.5~2mg/kg，PO，BID~TID
利诺普利	0.5mg/kg，PO，SID
苯泽普利	0.25~0.5mg/kg，PO，SID~BID
其他血管扩张剂	
联胺嗪	0.5~2mg/kg，PO，BID
硝酸甘油（膏）	0.5~3cm 间隔 4~6h，经皮涂药
硝基氰酸	每分钟 1mg/kg，IV，根据血压情况增减量
利尿药	
呋塞米（速尿）	1~4mg/kg，PO，SID~TID；或 2~4mg/kg，IV；IM，SQq2~6h
螺旋丙酯	2mg/kg，PO，SID
氢氯苯噻哒嗪	2~4mg/kg，PO，SID~BID
地高辛	0.005~0.01mg/kg，PO，BID
抗心律失常药	
阿替洛尔	0.2~3mg/kg，PO，SID~BID
普萘洛尔（心得安）	0.2~2mg/kg，PO，BID~TID
地替占	0.5~1.5mg/kg，PO，TID

引自《小动物临床手册》。

①减轻心脏负担，使犬保持安静，避免过量运动，必要时可给予镇静剂。少量多次饲喂易消化的食物，适当限制食盐的摄入量。

②强心药物的应用主要用洋地黄类药物，对病情不太严重的犬、猫，口服洋地黄粉 0.03~0.04mg/kg 体重，首次投予 1/3 量，每 8 小时逐渐减 1/2 量，当心脏情况有所改善，心率减慢，排尿等时，以 1/10 量作为维持量。

③对病情严重的犬、猫，应用洋地黄毒苷注射液，静脉注射，首次量为 0.2~0.4mg，以后每隔 8 小时注射 0.2mg，待呈现作用后，每日给予维持量（总量的 1/10）。也可使用毒毛旋花子苷 K 0.25~0.5mg，用 5%葡萄糖溶液稀释 10~20 倍，缓慢静注。必要时，2~4 小时后以小剂量重复 1 次。如果可能进行维持疗法：硫酸奎尼丁片 11~22mg/kg 体重，口服，每 6 小时 1 次。

④投予利尿剂，消除水肿。呋塞米（速尿）0.6~0.8mg/kg 体重，肌肉注射或静脉注射，每日 1 次。或氢氯噻嗪（双氢克尿噻），0.05~0.1g，肌肉注射，每日 1~2 次，连用 3~4 日后，停药 1~2 日再用。

⑤应用血管扩张剂，减轻心脏后负荷。如氢化可的松等皮质激素。

⑥对症治疗，纠正酸碱平衡失调和电解质紊乱，注意纠正低钾血症。必要时进行氧气疗法。用三磷酸腺苷、辅酶 A、细胞色素 C、维生素 B_6 和葡萄糖等能量合剂进行辅助治疗。

三、窦性心动过速（Sinus tachycardia）

犬、猫的正常心律为窦性节律和不规则的窦性节律，因年龄、品种、体重、体温及精神等因素的影响而出现不同的变化。初生仔犬和仔猫可发生窦性心动过速。

[病因] 见于生理性如兴奋、运动、疼痛等交感神经紧张，疾病性如淤血性心功能不全、贫血、发热、毒血症、休克及甲状腺功能亢进症和药物性如阿托品、肾上腺素及异丙肾上腺素等。此外，犬尚有原因不明的心动过速。

[症状] 常表现为心率和脉搏快，听诊出现快而规则的 S_1–S_2 节律。单纯的窦性心动过速无临床症状。

[诊断] 根据心电图检查来确诊。心电图的 R–R 间期缩短，P 波异位重叠于 T 波中，无法辨认其形态，P 波、QRS 波群、T 波均正常。

[治疗] 本病治疗原发病后多可恢复。伴有心功能不全时，可用普罗帕酮（心律平）50~200mg，口服，每日 3 次，或以 1.0~2.0mg/kg 体重溶于 10%葡萄糖注射液 20ml 中，静脉滴注；普萘洛尔（心得安）0.5~1.0mg/kg 体重，分 2~3 次静脉滴注。抗心率失常药物见表 8–1–4。

表 8–1–4 抗心律失常药物

药　物	作用机制	适应证	禁忌证	剂　量	副作用	注　释
阿替洛尔（Ⅱ类）	选择性 β 受体拮抗剂	犬：室上性心动过速，某些室性心动过速 猫：同上，甲状腺毒性	窦性心动过缓，房室阻滞，高血压，CHF，同时应用钙离子通道阻断剂	犬：6.25 ~ 12.5mg/kg，PO，BID 猫：6.25 ~ 12.5mg/kg，PO，SID ~ BID	心动过缓，AV 阻滞，CHF 恶化	在 AF 时可用洋地黄来降低心室收缩速率
硫酸阿托品	副交感神经兴奋剂	窦性心动过缓，Ⅰ度或Ⅱ度房室阻滞，在麻醉时的心动过缓，阿托品反应试验	心动过速性心律不齐，胃肠道疾患（相关性）	犬、猫：0.01 ~ 0.04mg/kg　SQ，IM，IV	胃肠弛缓，窦性心动过缓，口腔干燥	麻醉性心动过缓可能会因减轻麻醉深度而缓解

续表

药　物	作用机制	适应证	禁忌证	剂　量	副作用	注　释
地高辛	增加迷走神经兴奋性，$Na^{+}K^{+}$-ATP酶泵抑制剂	室上性心动过速，特别是在心衰时	洋地黄中毒 室性心律不齐 相关性： 低血钾 与奎尼丁同用 肾功能异常	犬：0.005～0.01mg/kg，PO，BID 猫：2～3kg　0.032mg/kg，PO，QID；4～5kg　0.0312mg/kg，PO，SID；＞6kg　0.0312mg/kg，PO，BID	心动过缓，AV阻滞，室性心动过速，恶心，呕吐，下痢	出现禁忌症状时可能需要减量
地高辛吸附剂	在血液中与地高辛结合	急性地高辛中毒		犬：急性中毒时，每摄入地高辛1mg用吸附剂40mg		有时需重复给药
盐酸地尔硫䓬（Ⅳ类）	钙离子通道拮抗剂	室上性心动过速	窦性心动过缓，AV阻滞，并发β受体阻断	犬：0.5～1.5mg/kg，PO，TID 猫：1.75～2.4rmg/kg，PO，BID-TID	窦性心动过缓，AV阻滞，CHF恶化	在AF时可与洋地黄同用以降低心室的反应程度
盐酸艾司洛尔（Ⅱ类）	选择性β受体阻断剂	急性室上性心动过速，偶尔用于室性心动过速	窦性心动过缓，AV阻滞，CHF，高血压，钙通道阻断剂	犬、猫：250～500μg/kg缓慢IV CRI：50～200μg/kg·min	高血压，心动过缓，AV阻滞	超短效（作用仅持续20min）
格隆溴胺	抗胆碱能	用于急性室上性心动过速，Ⅰ、Ⅱ级AVP阻滞，麻醉时心动过缓	心动过速，胃肠道疾病（相关性	犬、猫：0.005～0.01mg/kg，IM，IV；或0.01～0.02mg/kg，SQ	胃肠蠕动停止，窦性心动过速，口腔干燥	麻醉所致心动过缓，也许用减低麻醉深度能解决
异丙肾上腺素	β受体拮抗剂	心动过缓救急用	心动过速性心律不齐	0.01μg/kg/min速度静滴，加量至显效	高血压 心动过速性心律不齐	
利多卡因（IB类）	细胞膜稳定剂	室性心动过速性心律不齐救急用	逸搏 相关性：并用西米替丁或β阻断剂	犬：2～4mg/kg　IV（最大剂量10min内不得超过8mg/kg），CRI　25～75μg/kg·min 猫：0.25～0.75mg/kg，慢一次IV	呕吐，震颤 斜视，抽搐	在猫副作用明显，出现禁忌证状，需要减量
盐酸美西律（IB类）	膜稳定剂	犬：室性心律不齐慢性用药	逸搏	犬：5～8mg/kg，PO，BID～TID	呕吐，神经毒性	与Ⅰ、Ⅱ类药物合用可治疗室性心动过速（VT）
盐酸普鲁卡因胺（IA类）	延长有效不应期	犬：室性心动过速 猫：顽固性室性心动过速	病态窦房结综合征（SSS），逸搏	犬：10～20mg/kg，IM，PO，QID；8～20mg/kg，IV，一次性，CRI　25～50μg/kg·min 猫：3～8mg/kg，PO，TID～QID；1～2mg/kg，IV，一次性，CRI　10～20mg/kg·min	高血压（IV输入过快），胃肠道症状，促进心律不齐	
溴丙胺太林	抗胆碱能	心动过缓慢性治疗用药	胃肠道疾病（相关性）	0.25～0.5mg/kg，PO，BID～TID		在某些最初有反应的宠物，但其后也可变成顽固性的
普萘洛尔（Ⅱ类）	非选择性β受体拮抗剂	犬：室上性，室性心动过速 猫：同上，甲状腺	窦性过缓，AV阻滞，高血压，CHF，与钙通道阻断剂同用	犬、猫：0.02～0.06mg/kg，IV（5～10min） 犬：0.2～1.0mg/kg，PO，TID 猫：2.5～5.0mg，PO，BID-TID	高血压，心动过缓，AV阻滞，CHF恶化，气管痉挛	在AF时可与洋地黄同用，以减低心室反应，还可与Ⅰ类药同用治疗VT
奎尼丁（LA类）	延长有效不应期，改变自律神经兴奋剂	犬：室上性、室性心动过速，急性AF终止 猫：顽固性心律不齐	病态窦房结综合征，心动过缓，逸搏，与地高辛同用	犬：原药6～20mg/kg，IM，QID（324mg=202mg奎尼丁），PO，TID或QTD	高血压，室性心律不齐，恶化CHF，AV阻滞，胃肠道症状及其他	不同制剂含量不同，与地高辛同用可能需要降低地高辛用量，以避免毒性反应

续表

药　物	作用机制	适应证	禁忌证	剂　量	副作用	注　释
氨酸甲苯胺（IB 类）	稳定细胞膜	犬：室性节律不齐慢性治疗药		犬：10 ~ 20mg/kg，PO，TID	厌食，呕吐，神经毒性	
维拉帕米（Ⅳ类）	钙通道拮抗剂	室上性心动过速急性治疗药	窦性心动过缓，AV 阻滞，CHF 严重低血压	犬、猫：0.05mg/kg，IV（5min 以内），10 ~ 30min 间隔重复至显效，总剂量不得超过 0.2mg/kg	心动过缓，AV 阻滞，低血压，恶化 CHF	缓慢注射以避免出现急性低血压

注：药名下括号内表示的是抗节律不齐药物标准分类。表中用药量是估量，可根据临床和宠物个体情况进行调整。

AF= 房颤；CHF= 充血性心力衰竭；CRI= 静脉滴注；VT= 室性心动过速；IV= 静注；IM= 肌注；FO= 口服；AV= 房室。

引自《小动物临床手册》。

四、窦性心动过缓（Sinus bradycardia）

本病是一种慢性心率，当犬的窦性心律低于 45~55 次/min（bpm），猫的窦性心律低于 90 次/min 时则为窦性心动过缓。

[病因] 本病常见于甲状腺功能减退症、洋地黄中毒、缺氧、高钾血症及肾上腺皮质功能减退症。

[症状] 心率和脉搏慢，精神萎靡，不耐活动，有的昏厥。

[诊断] 听诊第一心音和第二心音频率发生改变，出现慢而规则的 S_1–S_2 节律。

[治疗] 纠正始发病因。在急诊情况下，静脉注射异丙肾上腺素或多巴酚丁胺。

五、期外收缩（Extrasystole）

本病是由窦房结以外的异位起搏点提前发出激动所致。按异位激动起源，通常将其分为房性、结性及室性三种。前两者统称为室上性。期外收缩为心律不齐中最常见者，正常犬也可见到。其对循环系统的影响决定于期前收缩的次数、出现时期及出现部位等，一般室上性比室性严重。

[病因]

（1）房性期外收缩。所有心房的疾病都可发生。常见于二尖瓣闭锁不全引起的心房扩张和导致右房负荷的心丝虫病。此外，三尖瓣闭锁不全、动脉导管未闭等先天性心脏畸形也可发生。

（2）结性期外收缩。除房性原因外，洋地黄中毒及迷走神经紧张等也可发生。

（3）室性期外收缩。见于淤血性心功能不全、心肌病、外伤性心肌炎、洋地黄中毒、植物神经紧张以及心脏手术等心室肌受到刺激。

此外，犬尚有原因不明的期外收缩。

[症状] 通常不表现症状。听诊可发现在正常心搏动出现前有一提早的心搏动，其后有一较长间歇，表现为第一心音强，第二心音减弱或消失。触诊为脉搏脱漏。频繁出现期外收缩时，犬、猫的精神沉郁，无力，运动耐受力下降，有时呈神志不清状态。

[诊断与鉴别诊断] 根据心电图检查的波形特征来确定各种期外收缩。

（1）房性期外收缩。P 波提前出现，波长与正常波稍有不同。PQ（R）间期延长。

(2) 结性期外收缩。P 波可出现于 QRS 波群之前或出现于 QRS 波群之后，也可埋于 QRS 波群之中。PQ（R）间期缩短。

(3) 室性期外收缩。期前出现的 QRS 波群的前位无 P 波，QRS 波形异常。

各期外收缩的波形相同的为单源性室性期外收缩，波形呈两种以上形态的为多源性室性期外收缩。后者的病情严重。

[治疗] 散发性不表现临床症状的期外收缩不需要治疗。对频繁发生期外收缩的犬、猫，要先消除引起期外收缩的原因和诱因，治疗原发病。

(1) 室上性期外收缩。盐酸普萘洛尔（心得安）1mg/kg 体重，分 3 次口服，同时并用冠状动脉扩张剂，潘生丁 2.5mg/kg 体重，分 2 次口服，效果较好。

(2) 室性期外收缩。可用利多卡因、普鲁卡因酰胺或硫酸奎尼丁等，同时并用冠状动脉扩张剂。

六、心房间隔缺损（Atrial septal defect）

本病是心房间隔有缺损孔的先天性心脏畸形。根据缺损孔的位置可分为瓣膜不全型、卵圆窝型、前腔静脉型、后腔静脉型、冠状静脉窝型、Septum intermedium 型和全缺损型 7 种。犬多见于卵圆窝型，偶有发生 Septum intermedium 型的。其发病率约为先天性心脏病的 3%~5%。

[病因] 本病确切病因不明，常见于西摩族犬，一般认为与近亲繁殖的遗传因素有关。

[症状] 无合并症的房间隔缺损不表现临床症状，常在健康检查时被偶然发现。听诊在肺动脉瓣口处，第二音亢进及固定性分裂音，有收缩期杂音。这种杂音是由于心房短路，通过肺动脉瓣血流增加，肺动脉瓣血流增加，肺动脉瓣相对狭窄而产生的。但肺高压时，肺血流减少而无分裂音。

当并发动脉导管未闭或心室间隔缺损等时，可出现早期心功能不全。并发主动脉狭窄和二尖瓣闭锁不全时，症状则加重。

[诊断]

(1) 心电图检查。为正常窦性心律。但 QRS 波群平均电轴右偏，呈右心室肥大波形。

(2) 胸部 X 线摄影。无合并症时，由于肺血流增加，肺血管阴影明显增强。

[治疗] 心功能不全的患犬，每日用洋地黄 0.01~0.03mg/kg 体重，口服。并发动脉导管未闭的可致早期心功能不全，确诊后应尽早实施动脉导管闭锁手术。

七、心室间隔缺损（Interventricular septal defect）

胚胎时大约在第一房间间隔出现时，心室也开始分隔为左右两部分。心室间隔的原发肌沿心室的前和后向心内膜垫的方向延伸，并逐渐与后心内膜垫相融合而完全闭锁。若融合封闭不全，则发生心室间隔缺损。根据发生的部位可分为窦部间隔缺损、膜样部缺损和圆椎间隔缺损三种。犬的心室间隔缺损发病率为先天性心脏疾病的 6%~15%。

[病因] 有报道认为，本病与多基因有关，也有染色体异常并伴有 Klinefeter 综合征的病例。英国斗牛犬易发生本病。有人试验性对妊娠 20~24 日的雌犬投予醋酸氢化可的松 10~25mg/kg 体重，生出的仔犬可发生本病。

［**症状**］根据缺损孔大小和肺动脉压高低而表现出不同的临床症状。缺损孔小时，通常哺乳能力、生长发育和一般运动无异常，仅在剧烈运动时，耐力较差。听诊在胸骨左缘第 4~5 肋间可听到有最强点的全缩期粗大杂音。胸部 X 线摄影，心脏阴影有轻度扩张，肺血管阴影稍增强。

缺损孔大且伴有肺动脉压高时，表现为左心功能不全。多数犬在断乳前不出现临床症状，少数重症犬由于气喘而不能正常哺乳，断乳前发育迟缓，断乳后采食困难。尽管骨骼发育正常，但增重受到影响。幼龄犬反复出现呼吸道感染。运动时气喘和呼吸困难等左心功能不全，可见于所有患犬。因肺动脉压高于体循环的血压，出现由右至左的分流而发绀。听诊在胸骨右缘第 3~6 肋间有最强点的全缩期杂音和第二心音高亢。

［**诊断**］

（1）心电图检查。呈左心室肥大波形。

（2）胸部 X 线摄影。两心室和肺动脉主干呈扩张像。

［**治疗**］缺损孔小的可自然闭合，预后良好。缺损孔大时，在幼龄期就应对左心功能不全进行治疗。洋地黄 0.01mg/kg 体重，连日投予；呋塞米（速尿）0.6mg/kg 体重或氨苯喋啶 2.5ml/kg 体重，连日投予。

引起呼吸系统感染时，投予氨苄西林每日 30~80mg/kg 体重，分 3~4 次，口服。或头孢霉素每日 30~60mg/kg 体重，分 2~3 次，口服。

八、动脉导管末闭（Patent ductus arteriosus，PDA）

动脉导管末闭是动脉导管于出生后仍继续保留的病理状态，是一种先天性心血管畸形。动脉导管在胚胎期是连接肺动脉和主动脉的一条动脉管，由于胎儿期的肺没有呼吸功能，呈肺不张状态，因此，右心室的血液排入肺动脉后，绝大部分经动脉导管流入主动脉，供给后躯的需要。出生后由于肺脏开始呼吸，右心室排入肺动脉的血液进入肺脏，而流经动脉导管的血液越来越少，因此动脉导管逐渐闭锁。本病是心脏外科发展史上第一种使用外科手术完全治愈的先天性心脏畸形。动脉导管末闭在犬较为常见，发病率占先天心脏病的 25%~36%。而猫则少见。

［**病因**］尚不明确。Patterson 用长毛狮子犬做交配实验证实，本病与多基因有关。易患本病的犬种有长毛狮子犬、柯利牧羊犬、波美拉尼亚犬和雪特兰牧羊犬。

［**症状**］取决于动脉管的短路量和肺动脉压的高低。主要表现为左心功能不全和右心功能不全。出生后的仔犬当肺动脉压低于主动脉和短路血量多时，血液可由主动脉流入肺动脉，不表现临床症状。随着年龄增加，逐渐出现左心功能不全。听诊在动脉瓣口有持续性杂音。当肺动脉压高时，仔犬哺乳能力差，发育迟缓，出现腹水和四肢浮肿。由于血液由右向左短路，后躯可出现轻度发绀。听诊无持续性杂音，但投予升压剂后，杂音变得明显。股动脉触诊呈跳跃脉。

成年犬当短路血量少时，无明显的证候，可听到心杂音。短路量多时，则表现为不同程度的呼吸困难。如安静时呼吸困难、夜间发作性呼吸困难，甚至并发呼吸器官反复感染。

[诊断]

(1) 心电图检查。伴有肺动脉高压时，两心室呈肥大波形。不伴有肺动脉高压时，左心室呈肥大波形。

(2) 胸部 X 线摄影。左心房和左心室扩张及肺血管阴影增强像。

[治疗] 在肺动脉高压出现前，做外科结扎手术。动脉导管口径细的做单纯结扎即可，管径粗的需要分离后缝合闭锁。术中要保护迷走神经与喉返神经。肺动脉压高时则预后不良，发生手术并发症时，常导致死亡。

九、永久性右位主动脉弓 (Permanent right aortic arch)

本病是犬在胚胎期主动脉弓发生异常的先天性血管畸形，临床上以持续性呕吐为特征。

[病因] 正常犬在胚胎期，主动脉是由左主动脉发育形成。本病时，左主动脉弓不发育成主动脉，而右主动脉弓变成主动脉。这个主动脉在胸部食道右侧行走，把气管、食道和肺动脉挤向左侧。这样，食道和气管的右侧为主动脉，腹侧为肺动脉的主干和心脏基部，左背侧为动脉管，由这几部分形成血管环，把食道和气管绕在里面，导致食道闭塞和食物通过困难。但气管功能不受影响，呼吸无异常。

本病为德国牧羊犬的遗传性疾病，多发生于 20~60 日龄的幼犬。爱尔兰塞特犬和猎犬偶有发生。而猫则少见。

[症状] 患犬精神和食欲正常，流体食物可通过食道进入胃内，但固体和半固体食物则停留在心脏水平面的食道内。进食后数分钟即发生持续性呕吐，然后又将呕吐物重新食入。颈部食道出现可逆性隆起，且呼气或压迫胸部时更为明显。病犬表现营养不良、瘦小和脱水。持续性呕吐可造成异物性肺炎。

[诊断] X 线摄影检查，硫酸钡餐造影做胸侧位和背腹位摄影，可见气管和食道向左移位，心基部前方食道扩张。

鉴别诊断上，要注意与食道痉挛、食道憩室及食道狭窄相鉴别。食道痉挛时，整个食道扩张。食道憩室常发生在胸腔入口或其邻近部位。食道狭窄是由食道异物和食道瘢痕形成的，通过问诊、呕吐物类型、发生时期以及 X 线摄影检查可以鉴别。

[治疗] 手术切断血管环，松开缠绕的食道，分离狭窄部周围的组织，使食道呈游离状态。术后 2 周内每日饲喂数次软质食物。让犬养成坐式采食的习惯，以使食物顺利进入胃内。

本病早期采取外科手术治疗，预后良好。若病程长，食道严重扩张后，即使切开血管环，多数病犬食道不能恢复正常功能。继发异物性肺炎的犬，预后不良。

十、肺动脉瓣狭窄 (Pulmonary valve stenosis)

本病根据狭窄部位分为瓣上狭窄、瓣性狭窄和瓣下狭窄。犬的发病率占先天性心脏疾病的 11%~20%。

[病因] 易患本病的犬种有英国斗牛犬、狐㹢、比哥犬、奇娃娃犬、小型史劳策犬、纽芬兰犬、拳师犬及西摩族犬。用比哥犬做实验性交配证明，本病是与多基因有关的遗传性疾病。

[症状] 有无临床症状决定于狭窄程度和心肌的代偿能力。轻度患犬不表现临床症状。中

度患犬运动时呈呼吸困难，但平时与正常犬一样。重度病犬出生后发育正常，但很快出现右心功能不全，多在断乳前死亡。成活的犬以后表现为运动时呼吸困难、肝脏肿大、腹水及四肢浮肿等右心功能不全的证候，有的运动时突然出现昏迷而死。中度和重度患犬，因心房短路和末梢循环不全而表现发绀。

［诊断］

(1) 胸部触诊，在肺动脉口区域左侧第 3 肋间与肋软骨接合处可感知收缩期震颤，但有的重度和初生患犬触不到。

(2) 听诊，在肺动脉口处有最强点的驱出性杂音。心杂音向颈部和背侧扩散。重度患犬在胸骨右缘可听到第四心音。有右心功能不全时，心杂音减弱，于三尖瓣口处可听到全收缩杂音。

(3) 心电图检查。常为窦性心律。心功能不全和右心房负荷增加时，P 波增大，以后转为心房纤颤。QRS 波群呈右心室肥大的波形。

(4) 胸部 X 线摄影。无症状犬呈正常像。肺动脉瓣高度狭窄时，呈心扩张像。肺血流减少，肺部图像清晰。

［治疗］无症状的肺动脉瓣狭窄预后良好。中度和重度患犬，在心功能不全出现前应尽早做手术修复，可采用扩张右心室流出通道的方法。

十一、心内膜垫不全症（Endocardial cushion defect）

本病是房室心内膜垫组织发育不良或愈合不全所致。

［病因］心内膜垫不全症是由房间隔下部与室间隔上部和三尖瓣与二尖瓣所形成。正常时，愈合隆起于心房内，分为均等的左右两部分，左侧形成二尖瓣前尖，右侧参与形成室间隔、房间隔和三尖瓣。当心内膜垫发育不良或愈合不全时，可出现房间隔愈合不全、室间隔上部缺损或二尖瓣前尖和三尖瓣间隔等的异常。房间隔缺损时，左心房的血直接进入右心房，肺血流量高达体血流量的 3 倍以上，而且由于两房室瓣闭锁不全，左右心房明显扩张。房室间隔都缺损时，可发生肺高血压，伴发各种肺合并症而陷入缺氧状态。犬的本病在先天性心脏病中占 3%。

［症状］房间隔缺损型的患犬，发育状况良好，当房室病变严重时，可见呼吸困难和发绀，出现早期心功能不全，听诊有驱出性缩期杂音。房室间隔缺损的患犬，有早期重度心功能不全及不明显的发育不良。

［诊断］胸部 X 线摄影，可见明显的心阴影扩大和肺血管阴影增强，尤其是右心房和右心室扩张非常明显。心电图检查，多为 I 度房室传导阻滞。左心室造影，犬取背腹像，可见左心室出口窄而细长，二尖瓣有裂痕。

［治疗］目前尚无根治的方法。主要是改善心功能不全的状态和防止继发感染。房室间隔缺损的犬，多于生后早期死亡，心功能不全较轻的犬可长期存活。

十二、二尖瓣闭锁不全（Mitral insufficiency）

本病是瓣膜增厚、腱索伸长等瓣膜发生改变，使心缩期的左心室血流逆流入左心房的现象，主要表现为左心功能不全的变化。

[**病因**] 有病毒感染、细菌性心内膜炎继发和遗传学说，目前多认为与遗传基因有关。本病主要发生于老龄犬，多见于长毛狮子犬、史劳策犬、西班牙长耳犬、奇娃娃犬、杜伯曼犬、狐狸及波斯顿狸等犬种。雄犬比雌犬易患本病。

[**症状**] 主要是由左心功能不全所表现出来的一系列症状。初期表现为运动时气喘，以后发展为安静时呼吸困难以及夜间发作性呼吸困难。夜间发作性呼吸困难主要发生于深夜 11 时到凌晨 2 时左右，早晨和傍晚发作的少。以此可与慢性支气管炎的咳嗽和阵发性喘息相鉴别，不过并发感染慢性支气管炎时，则难以诊断和治疗。

[**诊断**]

(1) 听诊可听到全缩期杂音。心杂音的最强点位于胸骨左缘第 4~6 肋间的心尖部或稍靠背侧（肋软骨接合部），并向腋窝、背侧或尾部扩散，胸部触诊有震颤。

(2) 心电图检查。为正常的窦性节律。但心功能不全的犬可出现室上性心动过速或心房纤颤。P 波幅增宽，呈双峰性。QRS 波群中的 R 波增高。ST 波随病情发展而下降。

(3) 胸部 X 线摄影。重症犬可见左心房左心室扩张、肺静脉淤血和肺水肿。

本病根据病变程度和心脏的代偿能力可分为四期，各期的症状和治疗方法见表 8-1-5 所示。

表 8-1-5 二尖瓣闭锁不全的各期症状与治疗

项目 病期	临床症状	听诊（全收缩期杂音）	胸部 X 线摄影	心电图	治　疗
Ⅰ	无	1/6~3/6 和咔嗒音	正常	正常	限制运动、可用洋地黄治疗
Ⅱ	运动时气喘，活动能力差	2/6~4/6	气管偏移、左心房扩大（轻度）	左心室肥大、（疑似）正常窦性节律	选用洋地黄
Ⅲ	安静时呼吸困难，夜间发作性呼吸困难，心脏喘息	3/6~5/6	气管偏移显著、左心房扩大、肺静脉淤血	左心室肥大波形、ST 稍降低	选用洋地黄、呋塞米
—	呼吸困难、心脏喘息、发绀、难于治疗	3/6~6/6	气管偏移、左心房重影、左心室扩大、肺水肿	左心室肥大波形、ST 降低、心律不齐	选用洋地黄、呋塞米、双嘧达莫（潘生丁）

[**治疗**] 治疗原则为加强心肌收缩力，使心搏出量增加，消除水肿，减轻心脏前负荷。扩张血管减轻心脏后负荷。具体治疗方法参照心力衰竭的治疗。

十三、主动脉瓣狭窄 (Aortic stenosis)

本病根据狭窄部位分为瓣上型、瓣下型和瓣型三种。犬多为瓣下形成纤维环型。由于心肌冠状循环障碍，导致心肌坏死和纤维化。犬发病率较高，占先天性心脏疾病的 6%~12%。

[**病因**] 尚不明确。Patterson 通过实验性交配结果证实，纽芬兰犬的瓣下狭窄与多基因有关。本病多见于牧羊犬和拳师犬。

[**症状**] 轻度患犬无临床症状，但可听到驱出性杂音。中度和重度患犬表现为不耐运动，运动时呼吸困难和昏迷。冠状循环发生障碍时，心肌发生缺血性变性，导致心功能不全或突然死亡。

［诊断］

(1) 胸部触诊。于胸骨左缘第 3~4 肋间和颈动脉入胸部可触知收缩期震颤。重度患犬股动脉压降低。

(2) 听诊。在主动脉区域和胸骨左缘或右缘第 4 肋间附近能听到驱出性杂音。心杂音向颈部和背侧扩散。

(3) 心电图检查。呈正常和窦性心律。但心功能不全时，有心房纤颤和心室性心率加快。QRS 波群呈典型的左心室肥大波形。因心肌缺血而 ST 波下降。

(4) 胸部 X 线摄影。无心功能不全时，左心室扩张不明显，侧面和背腹像可见主动脉起始部扩张和凸出。当心功能不全时，左心房和右心室明显扩张。

［治疗］ 目前尚无根治方法。并发感染细菌性心内膜炎的犬，可长期投予大剂量抗生素。对轻症和中度患犬要限制运动，注意防止发生感染性疾病，可存活数年。出现心功能不全的犬则预后不良。

十四、法乐氏四联症（Tetralogy of Fallot）

本病是包括肺动脉瓣口狭窄、心室间隔缺损、主动脉右位骑跨于缺损的心室间隔上和右心室肥大等四种改变的先天性心血管畸形。犬的发病率占先天性心脏病的 3%~10%。

［病因］ 尚不十分明确。一般认为荷兰狮子犬有本病的遗传基因，试验性交配其后代的 70%发生本病。查理士猎犬和英国斗牛犬也易发。

［症状］ 主要由于缺氧而引起发育迟缓、发绀、多血细胞血症等。根据漏斗部狭窄程度而表现症状轻重不等。漏斗部轻度狭窄时，有的发绀。重度狭窄或闭锁时，有阵发性气喘，严重发绀和活动能力很差。心室间隔缺损自然封闭时，可出现心功能不全。听诊第一心音正常，第二，音亢进，在肺动脉口处有特征性的驱出性心杂音。心杂音强度与漏斗部狭窄程度成反比。听不到心杂音的患犬，病情更为严重。

［诊断］

(1) 心电图检查。明显发绀的患犬，呈典型的右心室肥大波形，QRS 波群轴右偏。不发绀的患犬，有的呈两心室肥大波形。

(2) 胸部 X 线摄影。肺血流减少，肺动脉段凹陷，右心室右心房肥大，心尖翘起，心影呈靴状，肺轮廓明显扩大。不发绀的患犬，肺轮廓正常，肺血流增加。

［治疗］ 以治疗低氧血症为重点。急性发作时吸氧。对反复发作的病犬，投予 β-阻断剂，盐酸普萘洛尔（心得安），每日 0.5~2mg/kg 体重，口服，分 2~3 次。限制运动，给予低钠食物，补充铁剂，以促进造血功能。此外，还要投予抗生素，防止感染。

外科根治手术目前临床上还做不到。发绀严重的犬，可采用保守的 Blalock-Taussig 短路手术，使左锁下动脉与肺动脉吻合。心室间隔缺损自然封闭的患犬，应早期做漏斗部狭窄去除手术。预后主要依漏斗部狭窄程度、心室间隔缺损自然封闭犬，可突然发生心功能不全而致死亡。

十五、房室传导阻滞（Atrioventricular block，AVB）

本病是指激动从心房向心室传导过程延缓或完全阻滞。心脏内房室结传导激动最慢，由房室结调节血液从心房驱入心室的时间，因此房室传导阻滞引起房室结异常则易表现心律不齐。这是犬心律不齐最常见的原因之一，多无临床症状。根据传导阻滞程度不同，可将房室传导阻滞分为三度：第一度为房室间传导时间延长，但心房激动全部都能传至心室；第二度为部分激动不能传至心室；第三度则为激动全部均不能传至心室，故亦称为完全性房室传导阻滞。

［病因］房室传导阻滞是由心肌异常（如心内膜炎、心肌炎、心肌病等）、迷走神经紧张、胸部外伤、冠状动脉供血不足的低氧血症、药物中毒（为β受体阻断剂，特别是洋地黄中毒）、先天性心脏畸形、心脏肿瘤及慢性心功能不全等多种原因所致。严重阻滞多为房室结的器质性病变，洋地黄中毒时临床症状严重。

［症状］第一度、第二度阻滞常无临床症状，洋地黄中毒时表现呕吐和食欲不振。第二度阻滞听诊有心音脱漏。第三度阻滞的患犬，表现精神沉郁，易疲劳，嗜眠。听诊有明显的心动过缓和第一心音亢进，有时可听到心房音。触诊可感知明显的心尖搏动。当心房音清楚时，颈静脉搏动阳性。

［诊断］房室传导阻滞需通过心电图检查来确定。

第一度房室传导阻滞仅见PQ（R）间期延长在0.13秒以上，节律、波形和心室搏动次数并不减少。

第二度房室传导阻滞为部分窦性P波不能下传至心室产生QRS波群。第二度阻滞可以分为两型，I型为PQ（R）间期逐渐延长终至有一个窦性P波不能下传至心室；Ⅱ型为PQ（R）间期恒定而在P波后有一个QRS波群脱漏。后期阻滞程度严重。

第三度房室传导阻滞的心率多在60次/分钟以下，P波与QRS波群完全无关，两者有各自的频率，P波较QRS波群多。

［治疗］临床上对无异常表现的第一度和第二度房室传导阻滞的患犬，不需要治疗。

投予洋地黄出现的房室传导阻滞应立即停药。

对原因不明的QRS波群脱漏，可投予阿托品或异丙肾上腺素。尤其因迷走神经紧张所致时，阿托品效果明显。洋地黄中毒和高钙血症引起的第三度完全阻滞，除去病因可以恢复。

为提高心室率、增加心室输出量，可静脉滴注异丙肾上腺素，心室率增加后，按0.1~0.2mg/kg体重，肌肉注射或皮下注射，每日4次；之后以15~30mg/kg体重，口服，每日3次。

十六、房室解离（Atrioventricular dissociation）

本病是指心房和心室以各自的起搏点完全独立地收缩。根据解离程度分为完全房室解离和不完全房室解离；根据持续时间分为持续性房室解离和一过性房室解离。本症以P波和QRS波群不发生联系为特征。心室搏动数100次/min以下，比心房搏动数多。

［病因］常见于治疗心律不齐时，使用洋地黄、奎尼丁、普鲁卡因酰胺等药物中毒。高钾血症、迷走神经紧张、电解质紊乱等也可诱发本病。

[症状] 患犬主要表现为呼吸困难、虚脱。颈静脉搏动阳性，这是由于房室闭锁时心房收缩，血液逆流入颈静脉中而产生的。听诊心尖第一心音响度强弱不等，由于房室同时收缩，产生所谓大炮音。

[诊断] 心电图特征为 P 波与 QRS 波群完全无关，两者有各自的频率。QRS 波群形态大多畸形。

[治疗] 房室解离多为继发，应首先除去病因。

由药物中毒引起的，应立即停药。

低钾血症时补充钾，可恢复窦性心律。

伴有心动过速时，用普鲁卡因酰胺 1~3mg/kg 体重，在心电图监测下缓慢静脉注射。

完全房室解离的犬，可用硫酸阿托品 0.04mg/kg 体重，以 4~6 小时间隔静脉或肌肉注射；也可将去甲肾上腺素 1mg 加入 5%葡萄糖 500ml 中，静脉滴注；或以去甲肾上腺素 0.1~0.2mg/kg 体重，肌肉注射。

十七、肺源性心脏病 (Corpulmonale)

肺源性心脏病，简称肺心病。是由于肺组织、胸廓或肺动脉系统病变所引起的肺动脉压力增高，右心负荷增加，进而发生右心肥厚，最后可发展为右心衰竭的心脏病。根据起病缓急和病程长短的不同，可分为急性和慢性两类。

[病因]

(1) 急性。由犬血丝虫引起的急性腔静脉综合征所致。

(2) 慢性。主要有三方面因素。

①肺和支气管疾病：见于慢性丝虫感染、肺气肿、慢性支气管炎、间质性肺炎、支气管扩张等。

②胸廓运动障碍性疾病：见于胸部的肌肉或骨骼异常、脊椎后侧弯曲症及漏斗胸等。

③肺血管疾病：见于肺肿瘤等。

[症状] 在心脏发生异常之前，病犬咳嗽、呼吸困难、腹式呼吸，呈头颈前伸，前肢开张姿势。听诊第二心音亢进 (肺动脉瓣口部)。代偿不全期，则出现浮肿、腹水、胸水及肝肿大。

[诊断]

(1) 心电图检查。Ⅱ、Ⅲ及 aV_F 导联，P 波尖锐、振幅在 0.4mV 以上，呈肺性 P 波。电轴右偏，出现 Ta 波，PQ 波下降。

(2) X 线检查。右心室扩张，肺轮廓明显，肺野透过性增强。肺动脉圆锥显著凸出。

[治疗] 首先治疗肺脏疾病。投予支气管扩张药物，镇咳，抗感染，并用皮质激素类药物。对陷于代偿不全的犬，可采用洋地黄疗法。注意使犬保持安静，禁止运动过度。

十八、特发性心肌病 (Idiopathic cardiomyopathy)

本病是除其他心血管疾病所引起的心肌病变以外的基本病变位于心肌的疾病。根据病理解剖特点，本病可分为充血型心肌病 (CCM) 和肥厚型心肌病 (HCM) 两种。充血型心肌病多发生于大型或超大型犬（如大猎犬、瑞士搜救犬、德国牧羊犬等）。心房和心室明显扩张，但无心肌代偿性肥厚，本型特征为心肌收缩力减弱，多数患犬有心房纤颤和淤血性心功能不全。肥厚型心肌病主要病变为心肌肥厚，左心室内腔变小，心室壁变硬，心肌伸缩性降低。

[病因] 不十分明确。有人认为肥厚型心肌病与家族性和胎儿期畸形有关，充血型心肌病可能为病毒感染和心肌炎的继发。

[症状] 发病初期表现为易疲劳、嗜眠、食欲不振，渐进性消瘦，咳嗽，呼吸浅表，间或呼吸困难，有的出现腹水、四肢浮肿、胸腔积液。心房纤颤时，脉搏不整、静脉淤血和静脉有搏动。听诊心跳加快，心音和股动脉搏动不一致。房室瓣闭锁不全时，出现缩期杂音。并发腹主动脉血栓时，可造成后肢运动麻痹。

[诊断]

(1) 胸部 X 线摄影。二尖瓣闭锁不全所致肺水肿时，肺纹理不清。伴发胸水时，心脏阴影不清。淤血型心功能不全时，心阴影明显扩张。

(2) 心电图检查。心房纤颤最明显的变化是 P 波消失，R 波不稳定。左心室肥厚和心脏扩张时，可见 S–T 波形异常。常见心房性期外收缩和心室性期外收缩。

(3) 生化检查。乳酸脱氢酶升高，谷–草转氨酶和谷–丙转氨酶轻度或中度升高，血清白蛋白降低。

(4) 组织学检查。可见心室间隔与左心室壁的肌纤维化、心肌肥厚、动脉管内膜高度增厚。

[治疗] 以缓解心功能不全和对症治疗为原则。

对充血型心肌病患犬，用洋地黄甙 0.01~0.05mg/kg 体重，静脉滴注，可增加心肌收缩力。肥厚型心肌病患犬，可用 β–肾上腺素阻断剂，如普萘洛尔（心得安）0.02~0.06mg/kg 体重，静脉注射，或 0.2~1.0mg/kg 体重，口服，每日 3~4 次。对肥厚型心肌病患犬，原则上不使用洋地黄制剂。

为扩张冠状动脉，增加冠状动脉血流量，可用潘生丁制剂，如双嘧达莫（双嘧啶胺醇）12.5~50mg，口服。根据症状适当改变剂量。

投予强利尿剂，呋塞米 2~4mg/kg 体重，静脉注射，以缓解肺水肿、腹水及胸水。

给予低钠的食物。

十九、心肌炎（Myocarditis）

本病是伴发心肌兴奋性增加和心肌收缩功能减弱为特征的心肌炎症。多为其他疾病继发或并发，单独发生较少。犬、猫常见肥大性心肌炎和扩张性心肌炎以及病毒性心肌炎等。按其炎症的性质可分为化脓性和非化脓性；按其侵害的组织可分为实质性和间质性；按其炎症的病程可分为急性和慢性。临床上常见急性非化脓性心肌炎。

[病因] 心肌炎主要并发于某些传染病，如犬瘟热、钩端螺旋体病、结核病等均可并发急性心肌炎。犬细小病毒病能引起犬心肌的慢性变性，寄生虫病、脓毒败血症、毒物中毒的经过及严重贫血，也可发生心肌的炎症和变性。猫的肥大性心肌炎和扩张性心肌炎病因不明，雄性猫比雌性猫发生较多。

［症状］急性心肌炎以心肌兴奋的症状开始，脉搏快速而充实，心悸亢进，心音高朗。运动后心率次数和力量仍维持一个时期而后降低。冠状循环障碍和心肌变性时，脉搏增强，第二心音减弱，伴发收缩期杂音，常出现期前收缩和心律不齐。重症心肌炎可见全身衰竭、震颤、昏迷，突然死亡。慢性心肌炎呈周期性心脏衰竭，体表浮肿，病犬、猫剧烈运动后，出现呼吸困难，黏膜发绀，脉搏加快，节律不齐。

［诊断］

心电图检查，急性心肌炎初期，R 波增大，T 波增高，P–Q 和 S–T 间期缩短。急性心肌炎严重期，R 波降低、变钝，R 波增高，P–Q 和 S–T 间期延长。急性心肌炎致死期，R 波、S 波更小，T 波更高。

根据病史、临床症状及心电图检查，进行综合判断，可以作出诊断。临床上通过检查心肌兴奋性增高，可以作为急性心肌炎的一个指标。方法是先测定犬、猫在安静状态下的脉搏次数，然后令犬、猫运动 5 分钟，停止运动 2~3 分钟后，再测定脉搏数。健康犬、猫的脉搏数可恢复如初，而患心肌炎的犬、猫由于心肌的兴奋性异常增高，脉搏数在很长时间内仍维持在较高水平。

［治疗］以减少心脏负担、改进心肌营养、抗感染及对症治疗为原则。

（1）使患病犬、猫保持安静，避免过度运动，多次少量的饲喂易于消化而富含营养和维生素的食物。

（2）大剂量投予维生素 C 50mg/kg 体重、维生素 $B_1$30mg/kg 体重，口服，每日 2 次，有助于损伤心肌的修复和改善心肌代谢。

（3）针对原发病和防止继发感染，可大量投给广谱抗生素。

（4）当犬、猫可视黏膜发绀或高度呼吸困难时，应给以氧气治疗，其方法是将人用氧气瓶吸氧管插进病犬鼻孔，调整氧气流量和氧浓度，一般以 30%~60%为度。对猫可用洋地黄改善心肌的功能，对犬应禁止使用洋地黄制剂。

二十、心内膜炎（Endocarditis）

本病是心内膜和瓣膜的炎症，犬、猫的房室瓣膜和心内膜慢性纤维变性是心脏病的常见原因，分为感染性和非感染性两类。

［病因］全身性细菌感染、病毒感染、心丝虫和原虫等感染均可发生心内膜炎。犬的尿毒症也常见心房壁层心内膜炎。瓣膜性心内膜炎常见于细菌持续感染、慢性脓血症、乳房炎、子宫炎及前列腺炎等。此外，雄性猫肥大性心肌病也常伴随着严重的心内膜炎。

［症状］患病犬、猫食欲减退，倦怠，运动耐力降低，运动后气喘、咳嗽。而且夜间咳嗽剧烈，间歇时间短。猫突然发生后肢运步困难，并伴有左心室肥大、左心房扩张及心房肥大，主动脉和心房形成栓塞。听诊可见全缩期杂音及奔马律心杂音。

［诊断］急性细菌性心内膜炎时，血液检查白细胞明显增多。X 线检查，可见肺充血、肺水肿及胸腔积液像。心电图检查，可见明显的左心房扩大及左心室扩大波型。

［治疗］用利尿药和降低心肌收缩力的药物。

（1）呋塞米（速尿）1~2mg/kg 体重，肌肉注射，每日 2 次；螺内酯（安体舒通）2mg/kg

体重，乙酰水杨酸（阿司匹林）1mg/kg 体重，口服；奎尼丁 2.5mg/kg 体重，口服，每日 1 次，对本症有缓解作用。

（2）对细菌感染所致心内膜炎，应结合细菌分离培养结果进行药敏试验，以便选择有效的抗生素治疗。

（3）对寄生感染所致的心内膜炎，要驱虫或通过手术摘除虫体。

二十一、腔静脉综合征（Cava syndrome）

本病也称为后腔静脉栓塞、急性肝性综合征、肝不全综合征或犬血丝虫病的急性型，临床上以突发性血尿、黄疸、精神沉郁、食欲减退和虚脱等为特征。多见于 2~7 岁青年犬，春季多发。

［病因］ 本病的直接原因是感染犬血丝虫。本病的溶血原因尚不十分明确，可能为血丝虫本身引起瓣膜障碍或循环紊乱，潜在性使红细胞脆性增加所致。

［症状］ 患犬突然精神沉郁，食欲减退，虚脱，突然排泄黄褐色至红葡萄酒样或咖啡样尿液，可视黏膜苍白或黄染，四肢发凉，步态踉跄，腹围增大，呼吸急促，腹部触诊呈鼓音。

［诊断］

（1）听诊。心缩前期能听到明显粗厉的摩擦音。心杂音的音质与临床症状有相关性，杂音越明显，症状越严重，病情变化也越快。

（2）血象检查。红细胞数、红细胞压积值和血红蛋白血量都有不同程度减少，白细胞数轻度或中度增加，有明显的核左移，淋巴细胞和嗜酸性白细胞减少。红细胞呈可再生性贫血象。

（3）血清呈溶血色或黄疸色。谷–丙转氨酶、谷–草转氨酶、碱性磷酸酶、乳酸脱氢酶及胆红素增加。

（4）心电图检查。显现心房的异位性节律和右心室肥大。

（5）X 线检查。与犬心丝虫病影像相同。

［治疗］

（1）外科手术。犬血丝虫的成虫主要寄生于右心房、后腔静脉及肝静脉，有的寄生于肺静脉。可从颈静脉手术取出虫体，或行右侧开胸手术摘除虫体。术后犬的心杂音即刻消失，其他症状也可明显缓解。

（2）支持疗法。贫血严重时，需要输血。犬最大一次输血量为全血量的 10%~20%，常以 5~7ml/kg 体重，静脉输入，为减轻输血的不良反应，可给犬肌肉注射地塞米松 10~20mg。同时结合强心、保肝疗法。

二十二、心包炎（Pericarditis）

本病是由多种致病因素引起的心脏包膜脏层和壁层的炎症，既可单独发生，也可能是全身性疾病的一个症状，或是附近组织病变如心肌炎、心内膜炎等蔓延所致。犬和猫的心包炎不多见。

［病因］ 常见于细菌感染、心脏肿瘤、血管肉瘤等。

[症状] 犬的心包炎时常伴有大量血性渗出。表现呼吸困难、呼吸加快、易疲劳和腹水。

[诊断] 听诊可听见心音遥远及心包摩擦音。超声心动图可以鉴定心包积液和心包增厚。心包穿刺能确定心包液的性质。

[治疗] 患病犬、猫要减少活动，对细菌感染应通过细菌培养和药敏试验，选择有效的抗生素进行治疗。对肿瘤引起的心包炎，可行手术切除病变组织。其他疾病继发的应积极治疗原发病。

二十三、心包积液 (Hydropericardium)

本病是指心包腔内有大量液体聚积，根据液体性质可分为渗出性、漏出性及出血性三种。

[病因] 常见于充血性心力衰竭、传染性寄生虫感染、贫血、心脏肿瘤、血管肉瘤及心包炎等。

[症状] 患病犬、猫表现厌食、虚弱、呼吸困难，易疲劳，腹水。听诊可听到心音遥远。

[诊断] X 线检查可见圆形扩张的心脏影像。心电图检查显示，S–T 段波偏离。超声心动描记器可测出有无渗出液。

[治疗] 对渗出性和漏出性心包积液可通过穿刺的方法排出积液；对有血凝块的出血性心包积液应行外科手术去除血凝块，以缓解症状，但多数可复发。因此，要积极治疗原发病。

二十四、淋巴管炎和淋巴结炎 (Lymphangitis and Lymphadenitis)

本病是由各种病原微生物及肿瘤、免疫因子的浸润而使淋巴管和淋巴结发生炎性病变或体积增大的疾病，根据炎性病变的分布不同而分为全身性和局部性；根据发病的快慢而分为急性和慢性。

[病因]

(1) 感染性因素。常见的主要是布氏杆菌、结核杆菌等；真菌感染主要是放线菌、诺卡氏菌、隐球菌、孢子丝菌、曲霉菌、芽生菌及组织胞浆菌等；立克次氏体感染主要是埃利希氏体、埃洛科明吸虫热和鲑中毒综合征；寄生虫感染有弓形虫、疥螨、蠕形螨等。

(2) 免疫功能异常。自身免疫性的有全身性红斑狼疮、类风湿性关节炎等。

(3) 肿瘤。原发性的有淋巴肉瘤，转移性的有肛门腺瘤、恶性黑色素瘤、乳腺癌、鳞状细胞癌、淋巴细胞白血病等。

[症状] 根据炎症发生的部位而表现出不同的临床症状。初期无明显临床症状，发病多为慢性经过。

(1) 体表淋巴管炎和淋巴结炎。犬、猫发生局部或全身感染、肿瘤及癌变时，体表相关部位的淋巴管和淋巴结则出现炎性变化。幼犬脓皮病时，头面部出现水肿、囊泡、瘙痒及化脓。颌下淋巴结肿大时，多为口腔牙周疾病、口炎、口腔肿瘤、脓肿或赘生物等。肩胛前淋巴结或腘淋巴结肿大时，表现四肢疼痛，形成瘘管、跛行等相应的症状。

(2) 胸腔内淋巴结炎。犬、猫全身性真菌感染如放线菌病、芽生菌病、隐球菌病、组织胞浆菌病时，多表现发热、精神沉郁、昏睡、体重减轻、咳嗽。结核菌病感染时，犬则表现肺炎、胸水和气胸的症状，猫多表现皮肤慢性溃疡。

(3) 腹腔内淋巴结炎。患病犬、猫多不表现明显的临床症状，常见的真菌感染有放线菌病、组织胞浆菌病等。此外，胃肠和泌尿生殖系统炎症、肿瘤等都能引起腹腔内淋巴结炎。

(4) 全身性淋巴管炎和淋巴结炎。多见于全身性疾病和淋巴肉瘤，患病犬、猫表现持续发热、贫血、全身水肿，体表有多数肿块。听诊可听到心脏杂音和心律不齐。常见的疾病有败血症、弓形体病、蠕形螨病、疥螨病、埃利希氏体病、鲑中毒综合征、全身性红斑狼疮等。

[诊断]

(1) 活组织检查。对局部肿胀、出现结节和硬块时，可进行活组织检查，以确定是否淋巴结肿大。

(2) 血象检查。血细胞计数可反应贫血状况，提示菌血症、真菌、立克次氏体感染等。嗜中性粒细胞增多，则提示体内有炎症；单核细胞增多，常见于全身性真菌感染；嗜酸性细胞增多，常见于寄生虫感染。

(3) 穿刺检查。胸、腹腔穿刺通过细胞生理生化检查，以确定胸、腹水的性质。

(4) X 线检查。根据 X 线影像，一并结合穿刺和活组织病理分析，可以确定炎症性质。

[治疗] 以治疗原发病为原则，采取相应的对症和支持疗法。

第二节　血液病

一、特发性血小板减少性紫癜（Idiopathic thrombocytopenic purpura，ITP）

本病是因血小板减少而引起的疾病，临床主要表现以自发性皮肤和黏膜的出血斑、淤血点及内脏出血为特征。

[病因] 通常认为本病是一种与免疫状况有关的疾病。现已证明部分病犬有抗血小板抗体。已知抗血小板抗体除可引起血小板寿命缩短，血小板与原核细胞有共同抗原，故血小板抗体可抑制原核细胞，影响或干扰原核细胞发育成熟，使血小板生成减少。

[症状] 患病犬、猫全身皮肤和黏膜出现淤血斑，口腔黏膜和阴道黏膜有点状出血，皮下出血多见于腹部、股内侧、四肢等部位。尚可见齿龈、眼前房和眼底出血。有时吐血、便血及尿血。当受到外伤时，易出现淤血斑及出血不止。此外，由于出血部位不同，表现出受损伤脏器特有的症状。出血严重的犬、猫则发生贫血。

[诊断] 血小板数减少到 5 万以下，有的甚至减到 1 万以下。血小板的形态和着色异常。骨髓中原核细胞数正常或增加，幼核细胞比例增多，血小板减少。血凝性降低，出血时间延长，血凝块退缩不良。但全血凝固时间、凝血酶时间正常。血小板抗体阳性。

[治疗] 泼尼松 2mg/kg 体重或地塞米松 0.2mg/kg 体重，口服，每日 2 次，连用 1~2 周后逐渐减量。长春新碱 0.025~0.05mg/kg 体重，间隔 7~10 日静脉注射 1 次。输血或静脉输注血小板，对淤血斑可采取局部止血方法。

二、先天性凝血功能障碍（Congenital coagulation disorder）

本病是由内、外凝血径路中的某一凝血因子先天缺乏而引起的出血性疾病。犬因近亲繁殖，而本病的发病率较高。

[病因及症状]

（1）第Ⅶ因子缺乏症。本病是常染色体性遗传病，见于比格犬、阿拉斯加犬及其杂种犬。纯合基因的第Ⅶ因子活性是3%以下，凝血酶原时间延长。杂合基因无症状，凝血酶原时间正常，但第Ⅶ因子活性约减少一半。纯合基因易患蠕形螨病。

（2）血友病A（第Ⅷ因子缺乏症、古典血友病）。这是与雄犬、猫X染色体有关的不完全隐性遗传病，半纯合基因的雄犬、猫与杂合的雌犬、猫交配所生雌性仔犬、猫可患本病。其发病率与犬、猫的品种有关，纯种和杂种犬、猫都可发生。临床表现轻重不等，轻症犬、猫到性成熟时仍不易发现，病犬、猫的第Ⅷ因子凝血活性明显降低，但与第Ⅷ因子的相关抗原正常或增加，活化部分凝血致活酶时间延长。载体（杂合的雌性犬、猫）第Ⅷ因子凝血活性约一半是正常的，第Ⅷ因子相关抗原正常或升高。

（3）血友病B（第Ⅸ因子缺乏症）。遗传形式和血友病A相同。有报道，圣比纳救护犬、美国的西班牙长耳犬、法国斗牛犬、苏格兰㹴、小型苏格兰牧羊犬、英国短毛猫、喜马拉雅猫等易发生本病。

诊断方法与血友病A相同，但血友病A添加正常血清时，不能纠正活化部分凝血致活酶时间的延长，而血友病B则可以纠正。

（4）血管性假血友病。此病是缺乏一种血浆V-W因子引起的凝血障碍及出血，是常染色体显性遗传病。见于德国牧羊犬、德国短毛猎犬、巨型史劳策㹴、戈登猎犬、苏格兰㹴、杜伯曼犬以及猫等，雌雄犬、猫都可患病。

典型症状是消化道出血，血尿，鼻出血，齿龈出血，体表血肿。剪爪过短、断尾、断耳手术时，出血不止。本病用常规的凝血功能试验不能确诊，必须测定V-W因子。

（5）第X因子缺乏症。本病是仅见于美国的西班牙长耳犬和一个杂交品种犬的常染色体隐性遗传病。新生仔犬和青年犬有严重出血倾向，但成年犬较轻。表现为纯合子胎儿流产，初生仔犬因脐带或胸腔内或腹腔内出血而死亡。杂合子则因外科手术而加重病情。

（6）第Ⅺ因子缺乏症。本病是常染色体遗传病，见于英国斯普林格犬、德国魏玛犬、爱尔兰㹴。轻症犬有血尿、齿龈出血、鼻出血。重症犬于术后12~24小时持续出血。第Ⅺ因子的活性纯合子为正常的20%以下，杂合子为40%~60%。

（7）第Ⅻ因子缺乏症。本病见于标准卷毛犬、德国短毛猎犬及猫。表现为内源性凝血时间延长。

（8）异常纤维蛋白原血症。本病是常染色体不完全显性遗传病，见于近亲交配的俄国狼犬、圣伯纳犬、苏格兰牧羊犬。其临床特征为体表血肿、跛行、鼻出血以及术后过度出血。纤维蛋白量正常，但内源性和外源性血液凝固时间显著延长。纤维蛋白原异常可能是存在胚胎纤维蛋白原。

［诊断］根据病史、临床检查及凝血功能来确诊。

（1）询问病史。调查家族史、既往出血性病史、生活环境及使用过的药物等。对有出血史的要调查当时的出血程度，详细询问是自然出血还是外伤或术后出血，是大量出血还是渗出性出血，出血持续时间，从哪个部位出的，怎样止住血的等等。过去出血时的年龄、出血次数以及有无并发其他疾病如肝炎病、尿毒症、自身免疫性疾病、全身感染、恶性肿瘤等。

（2）一般临床检查。为了确定出血的部位、程度、性质，应详细检查出血是体表面还是深部，检查有无鼻出血、血尿、血便、黏膜的点状或斑状出血，软组织或体腔有无血肿。

黏膜表面有慢性出血的，可怀疑血小板异常或血管性假血友病。大的血肿是凝血因子缺乏，易于确定。脾肿、肝肿、淋巴结炎等多为后天性疾病。

（3）凝血功能检查。根据活化部分凝血致活酶时间和凝血酶原时间，对轻症或中度病犬不易诊断，需要做特异凝血因子的定量检测。

［治疗］避免意外创伤，认真考虑犬舍的结构和内部安装，不使用妨碍止血的药物。

对贫血严重的患犬应输新鲜血，贫血不严重的可输血浆 6~10mg/kg 体重，至止住血为止。硫酸亚铁 3mg/kg 体重，口服，每日 1 次。叶酸制剂 15mg，肌肉注射，每日 1 次，直到红细胞比容正常为止。

饲喂柔软易消化的食物，禁喂骨头等硬质食物，以防止损伤口腔黏膜。

三、遗传性血小板功能缺陷症（Hereditary platelet afunction）

本病是猎水獭猎犬和矮脚猎犬等的常染色体显性遗传性疾病。临床表现出血倾向。血小板的凝集性、黏附性、血块退缩以及出血时间等均发生异常。

［病因］本病是猎水獭猎犬和矮脚猎犬等的常染色体显性遗传性疾病。

［症状］有出血倾向，血小板的凝集性、黏附性、血块退缩以及出血时间等均发生异常。

［诊断］通过血小板计数和凝血时间检查，可以确诊。

［治疗］对出血明显的犬，要输全血或血小板，禁用具有降低血小板功能的阿司匹林、保泰松等药物。

四、播散性血管内凝血（Disseminated intravascular coagulation，DIC）

本病是发病机理和临床经过均较复杂的一组出血综合征，是许多疾病发展过程中的一种病理状态。其特征是全身播散性血管内纤维蛋白沉积和血小板凝集，形成播散性微血栓，消耗大量凝血因子和血小板，在病程中可继发纤维蛋白溶解亢进，从而引起微循环障碍、出血、血栓和溶血等临床表现。

［病因］病因较为复杂，凡是能破坏机体凝血系统和抗凝血系统之间的平衡，导致血管内淤血和血管内皮损伤的疾病，均可引起本病的发生。

（1）病原体感染。见于严重的细菌感染，尤其是能产生内毒素的细菌及血丝虫病。

（2）肿瘤。见于血管瘤及能产生凝血致活酶的肿瘤。

（3）肝病。肝硬化及黄曲霉毒素中毒。

（4）其他。热射病、大范围创伤、产科合并症、低血溶性休克、血管内溶血、急性胰腺炎及淀粉样变性。

[症状] 患病犬、猫初期以原发症状为主，病的后期才表现出本病的症状。以广泛性自发性出血为主，见于皮肤、可视黏膜、消化道、呼吸道及尿道等出血，肺和肾脏易形成血栓。

[诊断] 本病的临床症状特征性不强，主要以实验室检查为诊断依据。根据血小板减少、纤维蛋白原减少、纤维蛋白降解物增多、凝血酶时间延长及原发疾病种类可以诊断。发现破损的红细胞和红细胞碎片，也可作为诊断依据。

[治疗]

(1) 消除病因与诱因。这是中止血管内凝血进展的重要措施。积极有效地控制感染，切除肿瘤或坏死组织，以使原发病得到缓解。

(2) 输液。可补充血容量，除去血管内淤血，稀释凝血酶和纤维蛋白降解产物及纤溶活化物质。根据病原种类、机体酸碱失衡情况、脱水程度等，选择适宜的输液剂型。输液量和输液速度可根据病犬、猫的体况及红细胞压积值来调整，通常最初 1 小时的输液速度为 13~14ml/kg 体重，之后若排尿正常，可改为 10ml/kg 体重。

(3) 中止血管内凝血的发展。目前最常用的药物是肝素，但要以早期、足量和足够的疗程为原则。开始以 10u/kg 体重，静脉注射，间隔 8~12 小时重复数次，以后根据病情及凝血时间来调整用量。

(4) 补充凝血因子。本病消耗大量凝血因子，当凝血因子低时，使用肝素可加重出血。因此，临床上可在肝素治疗的同时，将肝素加入新血液或血浆内使用，肝素具有活化抗凝血酶物质的作用，这种血浆以 10ml/kg 的剂量，每隔 3 小时静脉注射 1 次。

(5) 激活网状内皮系统。本病患犬、猫的网状内皮系统功能降低，无法清除活性凝血因子。血浆在低温下的凝集物含有激活网状内皮系统的物质。可用健康犬、猫的新血浆冻结后在冷库内融解，收集浮在表面的冷凝物质，每 3 小时给病犬、猫静脉注射 10~20ml。

(6) 使用抗血小板凝聚药物。阿司匹林、双嘧达莫（潘生丁）、吲哚美辛（消炎痛）、保泰松等均有抗血小板凝聚的作用。小分子右旋糖酐也有抗凝作用。阿司匹林每日 25mg/kg 体重，结合抗感染和输液治疗，对病情较轻的犬有一定效果。

(7) 糖皮质激素。对内毒素性休克和肾上腺皮质功能减退所致的本病有效，但长期连续使用有抑制免疫功能和促凝作用。

五、贫血 (Anaemia)

本病是指一定容积的循环血液中红细胞数、血红蛋白及红细胞压积值低于正常以下，红细胞向组织输送氧的能力降低的异常状态。贫血不是特定的疾病，而是各种原因引起的不同疾病的一种症状。根据贫血可再生与否，分为再生障碍性贫血和可再生性贫血。

[病因]

(1) 再生障碍性贫血

①营养性贫血：缺铁、铜、叶酸、维生素 B_{12} 等。

②化学因素引起的贫血：多见于药物中毒，如氯霉素投予过量、抗肿瘤药物中毒、含硫药物中毒、有机磷农药中毒、砷等重金属中毒、慢性苯中毒、三硝基甲苯中毒等。

③慢性感染性疾病：细菌、真菌、病毒的慢性感染，慢性肝病、慢性肾病、慢性间质性肾炎、甲状旁腺功能减退症、肾上腺皮质功能减退症等。

骨髓造血功能障碍性贫血：见于X线照射、电离辐射、淋巴细胞性白血病、多发性骨髓瘤等。

（2）可再生性贫血

①失血性贫血：见于各种外伤、胃肠道寄生虫病、弥散性血管内凝血、膀胱炎出血、尿结石出血等。

②溶血性贫血：见于巴贝斯虫病、埃利希氏体病、血巴尔通氏体病、利氏曼原虫病、自身免疫溶血性贫血、新生儿黄疸症、洋葱中毒、铅中毒、全身性红斑狼疮、钩端螺旋体病、丙酮酸激酶缺乏性贫血等。

［症状］患病犬、猫根据贫血的程度不同而表现出轻重不同的临床症状，常见的有可视黏膜苍白，精神沉郁，嗜睡，不耐运动，心跳和脉搏数明显增加，气喘，被毛粗乱，便血、出血和淤血斑，血色素尿或血尿。感染性疾病则出现体温升高。

［诊断］本病的诊断较容易，重要的是确定发病的原因和贫血的性质，以便于为治疗提供客观依据。主要根据血细胞形态学的特点，结合病史进行诊断。

（1）营养性贫血。维生素B_{12}或叶酸缺乏时，骨髓象和血象出现巨幼红细胞，红细胞平均体积大于77μm³，红细胞平均血红蛋白量为3.2×10^{-8}~3.6×10^{-8}g，同时也可见巨粒细胞和巨核细胞。而缺铁时，血象可见小红细胞、低色素性贫血，红细胞平均体积小于60μm³，红细胞平均血红蛋白量少于3.1×10^{-8}g，骨髓象可见幼红细胞增生活跃，多为中幼红细胞和晚幼红细胞。

（2）骨髓功能障碍性贫血　特征是血象出现幼粒和幼红细胞，但轻度和中度幼粒–幼红细胞增多有时也见于大量失血和溶血性贫血，因此有必要进行骨髓象检查来鉴别。

（3）出血性贫血。急性出血时血细胞和血浆同时损失，最初数小时内仅有血容量的急剧减少，红细胞压积和血红蛋白量基本没有变化，出血24~48小时后，外周血中出现多染性红细胞，网织红细胞数增多。失血1小时后，血小板急剧增加。骨髓象可见有核细胞明显增生，幼红细胞比例增多。慢性出血可见血清铁浓度降低，血清总铁结合力也降低。

（4）溶血性贫血。血象检查，红细胞呈球形，红细胞内出现海恩茨小体，网织红细胞和骨髓幼红细胞增多，周围血液中出现幼红细胞。呈血红蛋白血症，血浆血红蛋白可高达100mg%以上。当急性溶血贫血时，血清游离胆红素增高；慢性溶血贫血时，可出现合并肝细胞性黄疸。患病犬、猫有血红蛋白尿和尿胆原排出增多。

（5）遗传性凝血功能障碍性贫血。进行血液各种成分的检测十分必要，如检测凝血因子Ⅶ、Ⅷ、Ⅸ、Ⅹ、Ⅺ、Ⅻ等以及凝血试验、血小板计数、出血时间测定，以此来区分凝血功能障碍性贫血的不同原因。

［治疗］对再生障碍性贫血，凡是可能引起再生障碍的病因都应设法去除，疑似药物或食物过敏的要立即停止饲喂，同时投予具有同化作用的非特异性红细胞生成刺激剂雄激素，常用的有丙酸睾酮、羟甲烯龙（康复龙）等，复康龙每日0.5~2.0mg/kg，分3次口服。肾上腺糖皮质激素具有造血和止血作用，可用于有出血和溶血症状的犬、猫，泼尼松的剂量为每日0.5~1.0mg/kg体重。对再生障碍性贫血犬、猫要尽量少输血。有发热及嗜中性粒细胞明显降低

的要投予广谱抗生素。

对可再生性贫血的犬、猫，首先要除去病因，同时对重度贫血要尽快输血。对免疫性溶血性贫血，如果输入的血液在不断地破坏时，应配合使用肾上腺糖皮质激素加以控制。补充造血物质如铁制剂、维生素 B_{12}、维生素 B_6、叶酸。对于溶血性和免疫性贫血犬、猫，醋酸泼尼松片 1~2mg/kg 体重，口服，每日 2 次，一般用药 2~4 周。药物治疗无效时，可实施脾切除手术。

六、白血病（Leukemia）

本病是造血系统的恶性肿瘤，其特征是骨髓中有广泛的幼稚白细胞（白血病细胞）增生，并进入血液浸润破坏其他组织。本病根据增生的细胞不同，可分为骨髓性白血病（粒细胞性白血病）和淋巴性白血病（淋巴细胞性白血病）；根据病程不同可分为急性白血病和慢性白血病；根据血液中白细胞多少分为白血性白血病（白细胞明显增多）和非白血性白血病（白细胞减少）。

[病因] 本病的病因与发病机理尚未完全明确。通常认为引起发病的因素有病毒感染、致癌物质及遗传三方面的原因。犬的粒细胞性白血病、淋巴性白血病、肥大细胞性白血病是由病毒感染引起的，猫的淋巴肉瘤、粒细胞性白血病等是由猫白血病病毒引起的。

[症状]

(1) 粒细胞性白血病。此型白血病多见于 1~3 岁犬，但发病率很低。表现为食欲不振或废绝，体温升高，严重贫血，有的犬呕吐，腹泻，饮欲增加，多尿，肝、脾、淋巴结肿大，贫血，临床症状超过 1 个月的犬，多预后不良。

血象检查：白细胞计数逐渐增高，最高可达 4 万以上，个别病例白细胞数有减少的，但白细胞比例变化明显，粒细胞可达 70%~90%，主要为中性粒细胞。淋巴细胞的比例急剧降低，而单核细胞有所增加。

骨髓象检查：幼稚粒细胞和各种未成熟的粒细胞显著增加，涂片上可见大量的不成熟和不正常的嗜中性粒细胞。骨髓中的其他成分如幼红细胞系和单核细胞系均被这种异常原始细胞所取代。

(2) 淋巴性白血病。此型白血病多见于 4 岁以下的青年犬，猫的发生较少。患犬、猫表现为精神沉郁，食欲不振，消瘦，呼吸急促或轻度呼吸困难，体表淋巴结如颌下淋巴结、咽部淋巴结、浅颈淋巴结、膝窝淋巴结、腋窝淋巴结、腹股沟淋巴结等肿大，并出现跛行，呕吐，腹泻，皮下组织形成多发性小结节，腹水增多。腹部触诊，脾肿大。剖检肠系膜淋巴结有肿瘤块。

血象检查：红细胞数减少，呈轻度低色素性贫血，多染性红细胞和幼稚红细胞增加。白细胞总数高达 3~6 万，个别犬、猫白细胞正常或减少。在白细胞分类上，淋巴细胞绝对增加，出现分化型和未分化型淋巴细胞。

骨髓象检查：多数病犬、猫出现异型淋巴细胞和大量幼稚淋巴细胞。

(3) 单核细胞性白血病。表现为精神沉郁，食欲废绝，可视黏膜苍白，发热，咳嗽，扁桃体肿大，体表淋巴结和脾脏肿大。

血象检查：红细胞数轻度减少，白细胞中度或高度增加，最高达 8 万。单核细胞增加，出现大量各分化过程的单核细胞。

骨髓象检查：可见未分化和分化型的各种单核细胞增生。

(4) 肥大细胞性白血病。多见于老龄犬、猫。表现为食欲不振，体温稍升高，烦渴，多饮，呕吐，腹泻，呼吸急促。特征变化为皮肤出现结节，结节直径多为 3cm 以下，单发或多发，先出现于躯干，再向四肢和头颈部蔓延，有时可并发表层化脓性炎症及溃疡性变化。

血象检查：红细胞数稍降低，白细胞数增加，肥大细胞明显增多。

骨髓象检查：肥大细胞增高可达 70%以上。

［诊断］本病主要根据临床症状和血象与骨髓象检查来确诊。

［治疗］尚无可靠治疗方法。主要是采取支持疗法控制病情，延长生命。

(1) 抗肿瘤药物。甲氨喋呤 0.3~0.8mg/kg 体重，静脉注射，每周 1 次。

(2) 环磷酰胺 2.0mg/kg 体重，连日口服；或 1.0mg/kg 体重，静脉注射，每周 1 次。

(3) 阿糖胞苷 2~5mg/kg 体重，静脉滴注，每日 1 次，连用 5~7 日。长春新碱 0.1~0.4mg/kg 体重，静脉注射，每周 1 次或 0.025~0.05mg/kg 体重，静脉注射，每周 1 次。

(4) 口服或皮下注射泼尼松、氟美松等药物。上述药物并用效果较好。根据病情，投予蛋白合成激素，强心、保肝，给予维生素等，也可注射卡介苗等免疫增强剂，以增强机体的免疫力。

七、灰色柯利犬综合征（Gray collie syndrome）

本病是特定被毛颜色的柯利牧羊犬的遗传性致死性疾病，以周期性嗜中性细胞减少和对细菌感染的抵抗力降低为特征。

［病因］本病的遗传形式是单纯的常染色体性隐性遗传。患犬的父母被毛颜色为黑色或杂色，因近亲交配而引起。本病发生于 2~8 月龄的银灰色、深灰色、灰色柯利牧羊犬。

［症状］患犬精神沉郁，食欲减退，发热，结膜炎。关节疼痛，跛行。齿龈严重发炎和出血。本病并发细菌感染时，病情逐渐加重，多因败血症、肺炎、出血性胃肠炎或各种化脓性疾病而致死。

［诊断］周期性嗜中性细胞减少是本病特征性变化之一。此细胞减少 3 日，又正常或稍增加 6~7 日，以 11~12 日为一个变化周期。减少期的中性粒细胞大部分为未成熟缺陷细胞。骨髓活组织检查表明，中性粒细胞系在初期有一个成熟缺陷。中性粒细胞周期性变化的同时，血小板、单核细胞和网状细胞也随着变化。

血清白蛋白减少，γ-球蛋白和 α-球蛋白增加。本病的后期可发生贫血。

根据被毛的特征颜色，初生期的弱仔与同窝犬相比发育迟缓，同窝仔犬有早期死亡，嗜中性细胞的周期性变化，可以确诊。

［治疗］中性粒细胞减少期，投予青霉素、链霉素。也可静脉注射纯化的犬球蛋白及维生素 C 等。

本病是遗传性疾病，病犬与同谱系的其他犬不能用于繁殖。

八、血友病（Hemophilia）

本病是一组遗传性血液凝固障碍性疾病，主要特征为易出血，常见于雄性犬。

［病因］血友病分为 A、B 两型，分别为第Ⅷ凝血因子和第Ⅸ凝血因子先天缺乏。此两种因子都是形成血液凝血酶原激活物所必需，如果其中某一因子缺乏，就会使凝血酶原激活物的形成发生障碍，凝血酶原形成凝血酶就会延缓，相继又会影响纤维蛋白原的激活，以致纤维蛋白的形成发生障碍。因此，患犬血液凝固时间延长，轻度创伤或手术后容易出血。

本病为不完全 X 染色体隐性遗传。患此病的犬与正常母犬交配所生的雌性仔犬全部是杂合子（XX′）的隐性遗传犬，而雄性仔犬正常。隐性遗传犬再与正常犬交配所生仔犬中，雄性仔犬有 1/2 患病（XY）、雌性仔犬有 1/2 为隐性遗传犬。据报道，发生本病的几乎都是纯种犬，如爱尔兰㹴、小型苏格兰牧羊犬、比哥犬、长毛牧羊犬、奇娃娃犬、德国牧羊犬、英国雪达犬、拉布拉多犬、灵缇等，杂种犬偶有发生。

［症状］本病的出血症状与病犬的第Ⅷ因子或第Ⅸ因子活性降低的程度基本一致。

（1）轻症型。多见于断尾或手术后异常出血。

（2）重症型。轻度外伤或碰撞，易引起严重出血和皮下血肿。常见于关节内出血、肌肉血肿、永久齿长出时从齿龈部出血等。

［诊断］根据临床特征、家族史及实验室检查可以确诊。患犬血液凝固时间明显延长，部分凝血致活酶时间也延长，凝血酶原消耗不良。但血小板数及其功能正常，凝血酶原时间和凝血素时间也正常。

血友病 A 的第Ⅷ因子活性降低，但第Ⅷ因子相关抗原正常或升高。

［治疗］无可靠的根治方法。主要以补充缺乏的凝血因子和对出血症状进行治疗为主。为此，最有效的是输健康犬的全血。第Ⅷ因子不稳定，所以血友病 A 需要输新鲜血。依贫血程度可用新鲜或冻融血浆。第Ⅸ因子较稳定，输储存的血液效果尚好。

有人认为用猪或牛的抗血友病球蛋白也有效。其他药物如糖皮质激素、抗纤维蛋白溶解药物，如止血环酸均有一定止血作用。对轻症犬（鼻出血和小血肿等）输新鲜全血 10~20ml/kg 体重，持续 1~5 日，或静脉注射新鲜血浆 5~10ml/kg 体重。严重出血犬可静脉注射第Ⅷ因子或第Ⅸ因子浓缩剂 10~20u/kg 体重。

九、真性红细胞增多症（Polycythemia vera）

本病是病因不明的骨髓增生性疾病之一，发病缓慢，主要特征为明显的红细胞增多。犬发生的不多。

［病因］不明。

［症状］可视黏膜高度充血，静脉怒张，多饮，多尿，出血，吐血，出血性肠炎，血尿。癫痫样发作，运动失调，闭眼或嗜睡，脾肿大，因荐骨病及血栓而导致跛行。

［诊断］红细胞压积值达 60%~80%（正常值为 45%），红细胞数明显增多，可达 1×10^6~$1.5\times10^6/\mu l$。红细胞寿命正常，查不出异常血红蛋白。白细胞数为 10000~30000/μl，变化不显著。动脉血氧分压正常（PO_2:90mmHg、PCO_2:25mmHg）。血浆铁还原率亢进。

［治疗］

（1）放血。每隔 48 小时放血 10~20ml/kg 体重，数次后使红细胞压积值维持在 40%~50% 的正常范围。

（2）骨髓抑制性药物。环磷酰胺 2mg/kg 体重，静脉注射，连用数日。

十、紫癜（Purpura）

本病是临床上表现为自发性皮肤和黏膜出血斑、淤血点及内脏出血的一类出血性疾病。

［病因］

（1）血小板减少。见于原发的自身免疫性血小板减少和继发的各种原因引起的血小板减少。

（2）凝血功能障碍。原发性和继发性凝血功能障碍，受到外力撞击或外伤的作用。

（3）血管壁异常。血管壁的通透性增加。

（4）过敏。常见于犬、猫的速发型和迟发型过敏反应，如药物过敏、吸入性过敏、接触性皮炎、荨麻疹等。

（5）感染性疾病。病毒性感染、细菌性感染、寄生虫性感染等。

［症状］患病犬、猫皮肤和黏膜出现出血斑。有的皮肤出现丘疹、红斑及脱毛，并伴剧烈瘙痒。转为慢性经过的则患部范围不断扩大，色素沉着。根据病情发展不同，伴有其他器官或全身症状。当受到外伤时，易出现淤血斑及出血不止。此外，由于出血部位不同，表现出受损伤脏器特有的症状。出血严重的犬、猫发生贫血。

［诊断］根据临床症状易于诊断。

［治疗］

（1）排除可能致病因素。对过敏引起的可隔日投予 1 次泼尼松龙，但不能长期使用。

（2）免疫抑制剂。长春新碱 0.025~0.05mg/kg 体重，间隔 7~10 日，静脉注射 1 次。对全身性红斑狼疮患犬、猫，可用环磷酰胺 6.6mg/kg 体重，静脉注射。

（3）用同种动物制备新鲜血浆。方法是采全血后低速离心，每 7~8 分钟 800rpm 或每 2~3 分钟 1500rpm，在 2 小时内按 6~10ml/kg 体重，静脉注射。

第九章

犬、猫的神经系统疾病

第一节 中枢神经系统疾病

一、脑震荡及脑挫伤（Concussion and contusion of brain）

脑震荡及脑挫伤都是由于颅骨受到钝性暴力物的作用，致使脑神经受到全面损伤的疾病，表现为昏迷、反射功能减退或消失等脑功能障碍。脑震荡只是脑组织受到过度的震动，无肉眼可见的病变。但脑挫伤比脑震荡更为严重，多伴发脑组织破损、出血和水肿。

［病因］主要由于扑打、冲撞、跌倒、坠落、交通事故等而引起。参战时，由于炸弹、炮弹、地雷、原子弹爆炸以及各种火器伤等，均可引起脑震荡或脑挫伤。

［症状］由于脑震荡的轻重程度与脑挫伤部位和病变的不同，所表现的临床症状也不一样。但均是在受伤后突然发病，出现一般脑症状或灶性症状。其中脑震荡表现为一瞬间倒地昏迷，知觉和反射功能减退或消失，瞳孔散大，呼吸变慢，有时发哮喘音，脉搏增快，脉律不齐，有时呕吐且伴有大小便失禁等。经过几分钟至数小时后，会慢慢醒过来，反射功能也逐渐恢复，与此同时全身各部肌肉纤维收缩，引起抽搐和痉挛，眼球震颤，病犬抬头向周围巡视，经过多次挣扎，终于站立。

脑挫伤的一般脑症状和严重的脑震荡大致相似，但意识丧失时间较长，恢复较慢，由于脑组织破损所形成的瘢痕，常遗留些灶性病状，发生癫痫等。如大脑皮层颞、顶叶运动区受到损害时，病犬向患侧转圈，对侧眼睛失明。小脑、小脑脚、前庭、迷路受损害时，则运动失调，身向后仰滚转，有时头不自主地摆动。当脑干受损害时，体温、呼吸、循环等重要生命中枢都受到影响，出现呼吸和运动障碍，反射消失，四肢痉挛，角弓反张，眼球震颤，瞳孔散大，视觉障碍。大脑皮层和脑膜损害时，意识丧失，呈现周期性癫痫发作。当硬脑膜出血形成血肿时，因脑组织受压迫，而出现偏瘫，出血侧瞳孔散大，蛛网膜下出血，立即出现明显的脑症状。

［诊断］根据发病原因和发病情况，结合临床症状，不难确诊。但必须注意与脑膜炎、脑出血、脑血管栓塞等区别。

［治疗］治疗原则是加强护理，镇静安神，保护大脑皮层，防止脑出血，降低颅内压，促进脑细胞功能的恢复。其中加强护理，对脑震荡及脑挫伤，不论病情轻重，都应保持安静，将头抬高，应用水袋冷敷。而防止脑出血，可用6-氨基乙酸（EACA）2~3g、抗血纤溶芳酸（PAMBA）50~100mg，加入10%葡萄糖溶液中，静脉注射，每日2~3次，维生素K_3、止血敏、

安络血等，也可酌情使用。降低颅内压，可用50%葡萄糖溶液20ml、20%甘露醇100ml或25%山梨醇100ml，静脉注射，每日2~3次，同时尚可应用利尿酸10~20mg或速尿10mg，加入10%葡萄糖溶液中，静脉注射。改善脑缺氧时，可给予氧气吸入，保持呼吸道通畅，必要时做气管切开术。

为促进脑细胞功能恢复，昏迷时间较长者，可酌用细胞色素C 10~20mg，加入25%葡萄糖溶液中，静脉注射。在恢复期可用三磷酸腺苷10~20mg，肌肉注射。

当发生痉挛、抽搐或兴奋不安时，应给予苯巴比妥钠、氯丙嗪或水合氯醛等镇静剂。当合并感染、体温升高时，应给予抗生素。

二、晕车症（Car sickness）

晕车症是犬乘坐汽车、火车、飞机等交通工具时，表现为流涎、恶心、呕吐等为主要特征的病症。

［病因］晕车是由于受到持续颠簸震动，前庭器官的功能发生变化而引起的。如果犬高度紧张或恐惧，更易发生晕车症。

［症状］主要表现为流涎、干呕和呕吐，也有不停地打呵欠的。

［治疗］下车后，将犬带到清静环境下休息症状即可减退。也可用氯丙嗪1mg/kg体重，肌肉注射。切不可贸然用5%碳酸氢钠溶液等碱性药物。

［预防］为防止晕车，可提前将苯巴比妥（片剂）按1~2mg/kg体重，口服，每日1次。有晕车史的犬，乘车前12小时和前1小时，按上述剂量口服苯巴比妥；或乘车前1小时肌肉注射盐酸乙酰丙嗪0.22mg/kg体重，最低可维持12小时。

三、日射病和热射病（Sun stroke and heat stroke）

犬对热的耐受性弱，日射病是日光直接照射头部而引起脑及脑膜充血和脑实质的急性病变。热射病尽管不受阳光照射，但体温过高，这是由于过热、过劳及热量散失障碍所致的疾病。日射病和热射病都能最终导致中枢神经系统功能严重障碍或紊乱，且两者的症状较难区别。本病多见于短头品种犬。

［病因］关在高温通风不良的场所或在酷暑时强行训练，环境温度高于体温，热量散发受到限制，从而不能维持机体正常代谢，以致体温升高。此外，麻醉中气管插管的长时间留置、心血管和泌尿生殖系统疾病以及过度肥胖的机体也可阻碍热的散发。

［症状］体温急剧升高达41~42℃，呼吸急促以致呼吸困难，心跳加快，末梢静脉怒张，恶心、呕吐。黏膜初呈鲜红色，逐渐发绀，瞳孔散大，随病情改善而缩小。肾功能衰竭时，则少尿或无尿。如治疗不及时，很快衰竭，表现痉挛、抽搐或昏睡。

［临床病理］Ht值明显升高（65%~75%）。高热引起严重的中枢神经系统及循环系统变化。剖检可见大脑皮层浮肿，神经细胞被破坏等。

［治疗］用冷水浇头部或灌肠，将犬放置阴凉处保持安静。对陷于休克的犬，静脉滴注加5%碳酸氢钠和林格氏液。输液中注意监测Ht值，防止肺水肿。如排尿量多可继续输液，必要时留置导尿管。对短头品种有上呼吸道障碍、黏膜发绀的犬，行气管插管，充分输氧。严重

休克时，地塞米松 1mg/kg 体重，静脉滴注，氯丙嗪 1~2mg/kg 体重，肌肉注射。切不可贸然应用 5%碳酸氢钠溶液等碱性药物。

四、脑炎（Encephalitis）

脑炎是由感染引起的脑实质的炎症，肝昏迷、尿毒症等引起的脑部症状称为脑病。广义的脑炎包括各种脑部感染和脑病。根据病灶的性质分为化脓性脑炎和非化脓性脑炎。

[病因] 化脓性脑炎是由头部创伤、邻近部位化脓灶波及、败血症及脓毒血症经血行性转移所致。非化脓性脑炎多由病毒性或细菌性传染病和细菌毒素中毒引起。偶有寄生虫（线虫的幼虫）进入脑内引起脑炎的。

[症状] 依炎症部位和程度以及犬的神经类型而异，主要表现为不定型的神经症状。病初高度兴奋，行为异常，触摸体表发出嗥叫。少数病犬，瞳孔缩小，结膜充血，目光敏锐，步态不稳，视力逐渐减弱、失明。可见癫痫样发作及转圈运动。末期晕厥，陷入昏睡状态。

化脓性脑炎伴有高热或微热，单纯性脑炎通常不发热。犬瘟热性脑炎主要表现为抽搐和运动障碍或后躯麻痹。

[临床病理] 脑脊髓液中蛋白质与细胞的含量显著增多。化脓性脑炎脑脊髓液中的沉淀物除嗜中性粒细胞外，可见病原微生物。如果是由于病毒或中毒性因素引起的，淋巴细胞会增多。

[诊断] 根据临床症状及病情发展过程，结合临床病理检查结果，可以建立诊断。

[治疗] 病毒所致无特效药物，细菌引起的脑炎可用氯霉素 10~30mg/kg 体重，静脉注射。髓膜炎可用氨苄西林 2~10mg/kg 体重，静脉或皮下注射；庆大霉素 2~4mg/kg 体重，肌肉注射。当犬狂躁不安时，可用氯丙嗪 1~2mg/kg 体重，静脉点滴或肌肉注射；或苯巴比妥 2~5mg/kg 体重，口服，每日 3 次。为降低颅内压及消除脑水肿，可静脉注射 20%甘露醇溶液 1g/kg 体重，20 分钟输完。病犬应置于阴凉通风处，犬舍保持安静，光线要暗。给予牛奶、鸡蛋、肉汤等易消化的营养丰富的食物。中枢神经系统抗生素的渗透性见表 9-1-1。

表 9-1-1 中枢神经系统中抗生素的渗透性

高渗透	中渗透	低渗透
甲氧丙胺嘧啶 甲硝唑 恩诺沙星 氯霉素 强力霉素	青霉素 氨苄西林 苯甲异噁唑青霉素 四环素	氨基糖苷类 头孢菌素 红霉素

引自《小动物临床手册》。

五、脑室积水（Hydrocephalus）

由于颅腔内贮留大量脑脊髓液，导致颅内压升高，引起意识、感觉、运动障碍的疾病，称为脑室积水。脑脊髓液蓄积于脑室内称为脑内积水；积聚在蛛网膜下腔则称为脑外积水。

[病因] 脑积水有先天性和后天性两种。先天性脑积水，与胚胎的大脑导水管和某一脑室

间孔或蛛网膜下腔发育缺陷有关；后天性脑积水，多因维生素 A 缺乏而引起。脑膜脑炎、脑充血、脑囊尾蚴以及肺脏、心脏、肝脏的慢性疾病的经过中，常伴发脑积水。

[症状] 先天性脑积水，初生的仔犬颅膨胀、变软，呈半球形，眼球突出，眼睑震颤，不能站立；后天性脑积水，多为慢性经过，呈现特异的意识障碍，感觉迟钝，运动扰乱。并出现心脏、呼吸和消化器官功能紊乱现象。

(1) 意识障碍。病犬表现神情痴呆，目光无神，垂头站立，眼睑半开半闭，似睡非睡，犹似嗜眠，对周围环境缺乏反应，不认主人，不听呼唤。采食异常，有时不食不喝，有时采食缓慢。

(2) 感觉迟钝。皮肤敏感性降低，轻微刺激全无反应。听觉扰乱，耳不随意转动，常常转向声音相反的方向。微弱音响不致引起任何反应，但有较强的音响时，如突然拍掌，往往引起高度惊恐和战栗。视力模糊，皮肤反射减弱，但腱反射反而增强。

(3) 运动扰乱。运动反常，步态不稳，后躯摇晃，盲目奔走，碰到障碍物不知躲避。在病发过程中，心搏动徐缓，呼吸缓慢，节律不齐，肠蠕动减弱，常发生便秘。重剧病例，有时出现脑灶性症状，如白内障、眼球震颤等，有时发生癫痫样惊厥。

[诊断] 脑积水单凭临床症状不能作出诊断，必须结合病史和采集脑脊髓液检查。必要时用 X 线检查具有毛玻璃样外观；超声检查、CT 或 MRI 检查可见脑容扩张，脑电图检查呈高电压，慢波。

临床上应注意与慢性脑炎、脑软化、脑脓肿、脑震荡等进行鉴别。

[治疗] 尚无特效疗法。一般只有加强护理，降低颅内压，促进脑脊髓液吸收，缓和病情。据报道，使用维生素 A 或多种维生素复合剂，改善营养和利尿，对个别病例可能有效。还可采用小剂量肾上腺皮质激素疗法，地塞米松 0.25mg/kg 体重，口服，每日 1 次。一般用药 3 日，症状缓解，1 周后药量减半，第 3 周起每隔 2 日，服药 1 次。具体治疗方法参照脑挫伤的治疗。

六、癫痫 (Epilepsy)

脑部兴奋性过高的某些神经元，突然或过度地重复放电，所引起的突然性脑功能短暂异常；由于过度放电神经元的部位不同，临床上出现阶段短暂的感觉障碍，肢体抽搐、意识丧失、行为障碍或自主神经的功能出现异常，称为癫痫发作。上述各种功能异常可以单独或同时出现，有反复发作倾向者称为癫痫。单次发作不能构成癫痫。

[病因] 癫痫有原发性和继发性两种。原发性癫痫又称真性癫痫或自发性癫痫，是犬的一种遗传性疾病，占犬癫痫的绝大多数。病犬的脑结构正常，但脑功能不正常。首次发作通常出现在德国牧羊犬、黄毛猎犬和拉布拉多猎犬。其原因可能是由于长期的近亲繁殖，导致大脑皮质和皮质下中枢对外界刺激过敏，容易感受外界极轻微的刺激；也可因偶然的声响、光线照射或受到惊吓等而发病。病犬一般表现为成年性运动癫痫，随着年龄的增长，其发作有更频繁和更严重的倾向。

继发性癫痫又称为症状性癫痫，可能由于代谢失调或中毒引起；也可能由器质性脑病引起。前者如环境缺氧使脑的氧供应不足，低血糖、肝病所致的肝功能降低，电解质失调，循环系统损害，肾病等引起。引起癫痫的颅内原因见于创伤性、代谢性、肿瘤性、炎症性、毒素性或血管性脑病及脑寄生虫等。此外，外周神经的损害、过敏反应以及极度的刺激也会促使癫痫发作。

[症状] 犬原发性癫痫可由四个阶段组成，即癫痫先兆期、前驱症状期、发作期和发作后期。在先兆期，病犬表现不安，严重焦虑，表情茫然或其他不引起畜主所注意的行为改变；前躯症状期，动物丧失知觉变得安静；在发作期，所有肌群的紧张性突然增加，稍后犬倒地，其后伴随所有肌群有节奏的或阵挛性的惊厥，类似奔跑或踩踏板样运动，阵挛期间，常伴有大小便失禁、多涎、瞳孔散大等，持续几秒到几分钟；在发作后期，动物知觉渐渐恢复，但不能恢复其全部神经系统的功能，病犬可能呈现视觉缺失、共济失调、意识模糊、抑郁、疲劳或其他症状，发作后期可持续几秒到几天。

继发性癫痫可能是原发病的临床症状之一。局部神经障碍表明是颅内疾病。引起癫痫发作的颅外疾病，一般不引起局部的神经障碍。癫痫发作是大脑障碍的外部表现，而大脑的功能障碍常表现为对侧的视觉缺失，对侧面部的感觉迟钝或面部表情改变或向患病侧做圆圈运动。如果引起癫痫发作的脑内障碍扩散到整个中枢神经系统时，除大脑外，还可能有中枢神经系统其他部分失调的临床症状。发作停止后，多数病犬可以自行起立，仍可自由采食。但虚弱无力，神情淡漠。

[治疗] 首先应加强护理，使病犬安静躺卧，避免各种不良因素的刺激和影响，如剧烈运动、过度惊吓等。在饲养上应注意给予易于消化的食物，减少日粮中蛋白质和食盐的含量。对原发性癫痫的病犬，考虑到其有遗传的可能，一般不宜留作种用。继发性病例，应加强对原发病的治疗。药物治疗，可选用镇静解痉药以增强大脑皮质的抑制作用，恢复中枢神经系统的正常调节功能。可给予三溴合剂（溴化钾、溴化钠、溴化铵各 0.5g），每日分 2 次内服，可连续服用；出现溴中毒（皮疹、上呼吸道炎）时停用，内服缓泻剂以促进溴剂的排出。也可给予苯妥英钠，剂量 2~6mg/kg 体重，每 8~12 小时内服 1 次。苯巴比妥 2~6mg/kg 体重，6~12 小时内服 1 次。安定 2.5~100mg，静脉注射直至收效。扑米酮 55mg/kg 体重，皮下注射。

七、脊髓损伤及脊髓震荡（Trauma and concussion of spinal cord）

脊髓在脊椎骨连成的椎管内。椎体因受挫折而发生脱位或骨折，压迫或损害脊髓时，称为脊髓挫伤。椎体在直接或间接暴力作用下，脊髓受到强烈震动，称为脊髓震荡。

[病因]

（1）脊髓挫伤。由于冲撞、跌倒、坠落、挣扎或奔跑跳跃时肌肉的强烈收缩，致使脊椎骨骨折、脱位或捻挫而损伤脊髓所致。战时，枪弹、炸弹片经椎间孔进入椎管内，也能引起脊髓挫伤。最常发生的部位为颈椎、胸椎和腰椎。当患佝偻病、骨软症、骨质疏松症时，因骨质的韧性降低极易发生椎骨骨折而引起脊髓挫折。

（2）脊髓震荡。多由于钝性物体的打击、跌倒或坠落致使脊髓发生震动和溢血，而脊椎未受到损害。

由于椎骨骨折、脱位、变形或因出血性压迫，致使脊髓的一侧或其他个别的神经束，乃至脊髓整个横断面通向中枢与外周神经纤维束的传导作用中断，其后部的感觉、运动功能都陷入麻痹。泌尿生殖器官及直肠功能也发生障碍。

[症状] 由于脊髓受损害的部位和程度不同，所表现的症状也不尽相同。

(1) 颈部脊髓损害。在延髓和膈神经的起始部（第 5~6 颈神经）之间引起全横径损害时，四肢麻痹，呈现瘫痪。膈神经与呼吸中枢联系中断，呼吸停止，立即死亡。如果部分受损害，前肢反射功能消失，全身肌肉抽搐或痉挛，大小便失禁，或发生便秘和尿闭。有时可能引起延髓麻痹；发生吞咽障碍，脉搏徐缓，呼吸困难，体温升高。

(2) 胸部脊髓损害。全横径损害时，引起损害部位的后方运动麻痹和感觉消失，反射功能正常或亢进。后肢发生痉挛性收缩。大小便失禁，或发生便秘和尿闭。

(3) 腰部脊髓损害。当腰脊髓的前 1/3 受损害时，引起臀部、荐部、后肢的运动和感觉麻痹；当腰部的中 1/3 受损害时，因股神经运动核被侵害，则引起膝与腱反射消失，股四头肌麻痹，后肢不能站立；当腰脊髓的后 1/3 受损害时，通常荐脊髓也被侵害，引起坐骨神经支配的区域（尾及后肢）感觉和运动麻痹。大小便失禁，肛门反射消失。尿淋漓。

当暴力作用的瞬间，在脊髓受损部的后方，发生一过性的肌肉痉挛。受伤部位出现疼痛、肿胀、变形和异常变位。

[诊断] 根据病史、病因、脊柱损伤情况及相应的临床症状可以确诊。个别病例需进行脊椎 X 射线检查或脊髓造影检查。典型病例，根据临床特征，可以初步确定损伤部位（见表 9–1–2）。

表 9–1–2　脊髓各分节病灶症状特点

分节病灶	症状特点
颈部（C_1~C_5）	运动失调，四肢运动呈不全麻痹，尤以后肢明显，反射功能减弱。有的全身肌肉抽搐、痉挛、脊柱疼痛。常伴有呼吸困难、吞咽障碍
颈胸部（C_6~T_2）	运动失调。前肢反射功能减弱，肌肉弛缓、萎缩。后肢的反射功能和肌肉紧张性正常。颈部脊柱疼痛
胸腰部（T_2~L_3）	后肢运动失调，不全麻痹，反射功能减退，肌肉弛缓。前肢、尾的运动及肛门反射正常
腰荐部（L_4 以后）	后肢运动失调，不全麻痹，肌肉萎缩。前肢正常，肛门反射消失，大小便失禁

[治疗] 脊髓震荡和轻度脊髓挫伤可以治愈，但伴有椎骨骨折和脱位时，治愈困难。要使病犬安静，可给予镇静剂和止痛剂。

病初可在损伤部位施行冷敷，其后热敷或石蜡热敷。麻痹部位可施行按摩、涂搽刺激剂或进行电疗、电针或碘离子透入疗法。

腰脊髓损伤时，百会穴注射醋酸氢化可的松、维生素 B_1、硝酸士的宁 1ml，有一定的效果。必要时可施行外科手术，矫正椎骨变形。

防止并发感染，可用抗生素药物。

八、脊髓炎及脊髓膜炎 (Myelitis and Meningomyelitis)

骨髓炎为脊髓实质的炎症。脊髓膜炎则是脊髓软膜、蛛网膜和硬膜的炎症。临床上以感觉、运动功能和组织营养障碍为特征。

脊髓炎和脊髓膜炎虽然是不同的疾病，但两者往往同时发生。

脊髓炎按炎性渗出物性质，可分为浆液性、浆液纤维素性及化脓性。按炎症过程的分布，可以分为局限性、弥漫性、横贯性、散布性脊髓炎。

[**病因**] 本病病因与脑膜脑炎大致相似。除因椎骨骨折、脊髓震荡、脊髓挫伤及出血等引起外，多继发于犬瘟热、狂犬病、伪狂犬病、破伤风、弓形虫病、全身性霉菌病、狂犬病疫苗注射后、感冒、受寒、过劳是发病的诱因。当病原微生物及其毒素经血行或淋巴途径侵入脊髓膜或脊髓实质后，引起脊髓炎及脊髓膜炎。

[**症状**] 急性脊髓炎病初，表现发热，精神沉郁，四肢疼痛，尿闭，以后逐渐出现肌肉抽搐和痉挛，步态强拘，反射功能障碍，尿失禁。横断性脊髓炎，表现相应脊髓节段的支配区域的皮肤感觉、肌肉张力和反射减弱或消失。初期不全麻痹，数日后陷入全麻痹。颈部脊髓炎引起前后肢麻痹，腱反射亢进，伴有呼吸困难。胸部脊髓炎，引起后肢、膀胱和直肠括约肌麻痹，表现截瘫、不能站立。荐部脊髓炎表现尾部麻痹，大小便失禁。

[**临床病理**] 脑脊髓液检查，有细菌感染的脊髓液浑浊，白细胞和蛋白质明显增加；病毒感染时淋巴细胞增加。

[**诊断**] 根据突然发生的麻痹症状，结合病因分析，一般诊断不难。但在临床上易与脑膜脑炎、臀部风湿病、肾炎、脊髓压迫、血红蛋白性疾病、寄生虫等原因引起的麻痹混淆，需要慎重鉴别。

[**治疗**] 由犬瘟热等并发的脊髓炎难以治愈。由细菌感染所致的脊髓炎可用易于进入脊髓液的抗生素治疗。氯霉素 10~30mg/kg 体重，肌肉注射，或 50~100mg/kg 体重，口服；磺胺嘧啶钠 25mg/kg 体重，静脉滴注。也可用泼尼松 0.5~1.0mg/kg 体重，口服，碘化钾 500mg，口服。同时注意护理，使犬保持安静。炎症稳定后，给予复合维生素 B 和三磷酸腺苷二钠。为防止肌肉萎缩，对麻痹的犬施以按摩、电针疗法，必要时可皮下注射硝酸士的宁。为促进神经细胞的分化和再生，促进神经损伤后的功能恢复，可肌肉注射神经生长因子。此外，对原发病要采取相应的治疗措施。

九、慢性变性性脊髓障碍 (Chronic degenerative of spinal cord disorders)

本病也称德国牧羊犬的变性性脊髓障碍，主要是胸腰段脊髓发生横贯性损伤。见于高龄德国牧羊犬渐进性后躯不全麻痹或运动失调。

[**病因**] 本病的病因不明，多发于 6 岁以上的德国牧羊犬及其杂种犬。

[**症状**] 主要表现后肢失调性不全麻痹，渐进性后肢拖地，爪有擦伤，两后肢分开或交叉，站立和行走困难，发生麻痹的后肢肌肉萎缩。

[**诊断**] 本病极少发生知觉障碍和膀胱括约肌障碍，可与椎间盘突出、脊髓压迫、变形性脊椎症和弥漫性脊髓炎等相鉴别。此外，根据犬种、年龄、病史、临床症状等参考脊髓造影等辅助诊断。

[**治疗**] 尚无可靠的治疗方法。多采用对症治疗，给予维生素 B_1、三磷酸腺苷、辅酶 A、肌苷、细胞色素 C 等。

十、肝性脑病（Hepatic encephalopathy）

肝性脑病是由肝病引起的代谢异常而导致中枢神经障碍的病理状态。肠道内细菌常产生氨、巯基乙醇、短链脂肪酸、吲哚等多种有毒成分，正常的肝脏可将其分解并解毒。当各种原因引起肝功能障碍时，这些有毒成分直接作用于中枢神经。本病在临床上较常见。

[病因] 主要有先天性门脉异常和肝实质性损害（肝炎、脂肪肝、肝硬化、肝肿瘤等）。前者多见于青年犬，后者多见于老龄犬。此外，摄取大量蛋白质、胃肠道出血、碱中毒、低钾血症、尿毒症、感染症、脱水、投予利尿剂、镇静剂等，都可成为本病的诱因。

[症状] 患犬与同窝犬相比，发育不良，食欲不振，呕吐，腹泻，口臭，流涎，发热，泪盈眶，多饮多尿，有泌尿系统结石的出现血尿。腹围膨满，有腹水，随之出现周期性神经症状。表现沉郁，运动失调，步态踉跄，转圈，癫痫样发作，且有异常鸣叫，沿墙壁行走，震颤，昏睡以至昏迷。

[临床病理]

(1) 血液检查。红细胞增加，血清总蛋白和血清尿素氮降低，血清谷-丙转氨酶和碱性磷酸酶升高，血氨于食后明显升高。

(2) 酚磺酞溴钠排泄实验。静脉注射酚磺酞溴钠 5mg/kg 体重，30 分钟后滞留超过 5%。

(3) 氨负荷实验。疑似本病的犬，氯化胺 0.1g/kg 体重，口服，30 分钟后血氨明显高于投予前。

(4) 尿沉渣检查。多见尿酸铵结晶。

(5) X 射线检查。可见肝萎缩或轮廓不清，有腹水、肾肿大或泌尿系统结石。

[诊断] 根据临床症状和临床病理检查可以作出诊断。

[治疗] 为了防止尿道内氨和氨化物的吸收，应饲喂低蛋白食物。卡那霉素 10mg/kg 体重，口服，每日 3 次。硫酸镁或硫酸钠 5~25g 溶于一杯水中灌服；甲硝唑 7.5mg/kg，口服，每日 3 次。以清理胃肠，杀灭细菌。重度昏睡的犬多为碱中毒，应静脉输入乳酸林格氏液。

十一、精神性多尿病（Psychic hyperdiuresis）

本病是由某些精神因素所致的强烈口渴、大量饮水而引起的多尿。多见于神经质类型的犬。

[病因] 多是由于特定的刺激或环境因素突然变化（如爆竹声响、剧烈的噪音等）所致。

[症状] 饮水突然增加，日饮水量在 70ml/kg 体重以上，甚至超过 100ml/kg 体重。随后尿量增加，尿比重降低，血浆胶体渗透压降低。

[诊断] 根据发病诱因的环境因素和临床变化可以诊断。类症鉴别，可根据本病的夜间尿量减少、禁水试验尿量减少且尿比重增大，与尿崩症相鉴别。几种伴有多尿的疾病其尿和血浆胶体渗透压比较见表 9-1-3。

[治疗] 改善饲养环境，限制饮水，投予氯氮䓬（利眠宁）0.8mg/kg 体重，每日 2 次口服，使犬保持安静。

表 9-1-3 伴有多尿疾病的尿和血浆胶体渗透压比较

病 名	饮 欲	尿量（ml/kg·d）	尿比重	尿 糖	血浆渗透压
尿崩症	++	150~200	1.001~1.005	-	升高
肾障碍	+	40~60 以下	1.010 左右	-	降低
糖尿病	+++	100 以下	上升	+++	升高
精神性多尿症	+++	100 以上	降低	-	降低

第二节 外周神经疾病

一、舞蹈病（Chorea）

本病是头部或四肢躯干的某块肌肉或肌群剧烈地间歇性痉挛和较规律无目的地不随意运动。因痉挛发生于颈部和四肢，行走时呈舞蹈样步态，所以称为舞蹈病。

[病因] 主要为脑炎所致。见于犬瘟热、一氧化碳中毒、脑肿瘤、脑软化、脑出血等。

[症状] 患病肌群多为颜面、颈部、躯干等，严重的可波及全身各肌群。多伴以癫痫样发作、运动失调、麻痹或意识障碍，很快进入全身衰竭。

头部抽搐发生于口唇、眼睑、颜面、咬肌、头顶及耳等。颈部抽搐时，颈部肌肉上下活动和点头运动。横膈膜抽搐可见沿肋骨弓的肌肉间歇性痉挛。四肢抽搐限于单肢或一侧的前后肢同时抽搐。

[临床病理] 与犬瘟热相同。死于神经症状的病例常见非化脓性脑炎和脱髓鞘病变。镜检变化：最具诊断意义的是在多种细胞和胞浆内出现圆形或卵圆形嗜酸性包涵体，常见于泌尿道、膀胱、呼吸系统、肠黏膜上皮细胞内。核内包涵体可见于膀胱细胞、脾滤泡中有淋巴样细胞和充血性坏死，视网膜水肿，部分脱落。

[治疗] 目前还没有理想的缓解抽搐症状的治疗方法，可参照犬瘟热的治疗原则，对犬瘟热的治疗采用免疫血清皮下或肌肉注射，用免疫犬全血进行静脉注射效果更好。血清以 2~5ml/kg 体重，连用 3~4 日。应用抗病毒注射剂或口服剂，如病毒唑、中草药、干扰素、特异性转移因子等，静脉输注复方生理盐水、葡萄糖、维生素 C 和抗菌药物等；应用各种对症疗法，如止吐、止泻等。加强护理，对不食者进行人工灌食。

二、面神经麻痹（Facial palsy）

面神经是支配耳、口唇、眼睑等面部各肌肉的运动和舌前 2/3 处味觉的神经。面神经麻痹是面神经干及其分支，在各种致病因素影响下，发生的传导功能障碍，多发于 6~9 岁的西班牙长耳犬和拳狮犬。按损害程度分为全麻痹和不全麻痹。

[病因] 面神经分支损害多见于下颌骨边缘弯曲部外伤、慢性中耳炎或外耳炎、面神经中枢延髓的障碍或占位性病变等；犬之间争斗造成前庭功能障碍、传染病及某些中毒病的经过，均可引起本病的发生。一过性特发性神经炎也可引起本病。

[症状]

(1) 完全麻痹。头部浅表肌肉变软，颊周围和鼻部皱襞消失，颜面变平，耳朵下垂，对声音刺激无反应。眼睑反射消失，下眼睑下垂，形成眼袋。口唇下垂，有唾液滴下。采食困难，吞咽障碍，颊、齿之间有食物滞留。病情严重时，病犬出现流涎，口腔、眼睑干燥，甚至发展为角膜炎和结膜炎。

（2）不完全麻痹。患侧肌肉变软失去紧张性，比正常侧下垂，鼻歪向健侧。病侧鼻孔塌陷，唇弛缓。皮肤和黏膜无知觉。

［诊断］注意观察颜面的对称性，犬睡眠时眼睑是否闭合，音响刺激耳廓是否左右活动，触碰眼角是否眨眼等。

［治疗］治疗的原则是消除病因，恢复神经传导功能和预防肌肉萎缩。

面神经外伤性或特发性神经炎，多在 3~8 周内自然痊愈。急性炎症和水肿时，用肾上腺皮质激素制剂有一定的疗效。眼睑麻痹时，为预防角膜炎，可涂消炎软膏。为兴奋神经的传导功能，可在神经经路上按摩、电针、理疗等。或同时皮下注射硝酸士的宁溶液，隔日 1 次，5 次为 1 个疗程。

三、多发性神经根炎（Polyneuroradiculitis）

本病主要发生于浣熊咬伤或搔抓后，以弛缓性麻痹为特征。也称急性多发性神经炎。

［病因］本病病因尚不明确，可能与自身免疫有关。近年来发生于美国的狩猎犬。

［症状］犬被浣熊咬伤后 7~14 日发病，表现后肢无力、反射减弱，很快发展为麻痹状态，有的可出现呼吸肌麻痹、四肢厥冷、鸣叫声微弱。患病 10 日内症状严重，以后逐渐好转，病程 3~6 周，且易并发泌尿系统疾病和胃肠功能障碍。

［临床病理］病变局限于脊髓腹侧脊髓神经和末梢神经。神经纤维出现节段性脱髓鞘和轴索变性，静脉周围有白细胞浸润。

［诊断］根据临床症状和病史可以诊断。肌电图测定诱发的肌电位变化有助于诊断。

［治疗］主要是对症治疗。为了防止肌肉萎缩，每日按摩 2 次，也可用 TDP 治疗仪照射促进血液循环。有呼吸麻痹证候时，可使用人工呼吸装置。

有人认为病初可用抗生素和地塞米松，初期量为每日 0.5~2.0mg/kg，维持量为每日 0.25~1.0mg/kg，每日分 2 次口服，合用，可减轻神经损害。甲基硫酸新斯的明肌肉注射也有一定效果。

四、外周神经损伤（Injuries of the peripheral nerve）

［病因］本病是由于动物机体受到外界暴力的挤压、冲撞，或跌落于硬地等致病因素的作用而导致的。神经干周围或神经本身的肿瘤也可引发此病。此外，也可由于受凉之后或继发于其他疾病，神经干周围注射刺激性药物，也可引起神经的损伤。

外周神经损伤可分为开放性和非开放性两种。开放性损伤常伴随着软组织和硬组织的创伤而引起神经的部分断裂或完全断裂。非开放性损伤常伴随着软、硬组织的挫伤而发生神经干的震荡、挫伤、压迫、牵张和断裂。

［症状］神经干的震荡，肉眼看不到神经的明显变化，仅引起神经的暂时性麻痹，症状很快消失。神经干的挫伤，受伤神经干仍保持解剖学上的连续性，神经纤维完整，神经内发生

小溢血和水肿或神经纤维发生变性，表现为反射减弱，所支配的肌肉发生功能减退或丧失，或出现神经过敏。神经干受压，表现为神经组织的退行性变性，所支配的组织发生麻痹。神经干的牵张和断裂，多因暴力或超生理范围的外力作用所致。神经牵张时，神经的完整性保持正常，神经所支配的组织表现为部分麻痹症状。神经干断裂，可出现神经完全麻痹症状，神经功能完全丧失，时久会使所支配的肌肉发生萎缩，如为感觉神经断裂，则知觉完全丧失。

[治疗] 除去病因，防止感染，辅以温热疗法。防止感染全身应用抗生素疗法、磺胺类药物疗法。辅以温热疗法、红外线疗法等。全身应用维生素 B_1、维生素 B_{12}。为兴奋神经皮下交替注射硝酸士的宁液 0.01g，每日 1 次，6~8 次为 1 个疗程。按摩，每日按摩患部 2 次，每次 20 分钟。电针疗法有明显疗效。

五、三叉神经麻痹（Paralysis of trigeminal nerve）

[病因] 多因三叉神经经路被肿瘤、血肿、脓肿、异物压迫所致。当犬咬住沉重巨大的物体或咀嚼硬骨时，三叉神经运动支受到剧伸或挫伤时，常引起三叉神经麻痹。另外，脑桥的挫伤、炎症，犬瘟热或 B 族维生素缺乏也能继发此病。

[症状] 当三叉神经全麻痹时，其分布区域感觉完全丧失，呈现咀嚼障碍。眼神经麻痹时，额部至耳根、眼睑和角膜全无感觉，角膜反射消失，触摸角膜不引起眨眼，也不引起眼球转动及瞬膜露出。上颌和下颌神经麻痹时，颜面、鼻梁、颊部、嘴唇、口腔黏膜和舌黏膜感觉丧失，口腔张开，下颌下垂，舌伸出口外，口吐白沫，采食和饮水困难。咀嚼发生紊乱。

[治疗] 应加强护理，注意营养，恢复神经的传导功能，积极治疗原发病。具体治疗方法参考面神经麻痹的治疗。

六、舌下神经麻痹（Paralysis of hypoglossal nerve）

[病因] 一般是由于颌下间隙的深部创伤及神经周围的血肿、脓肿、肿瘤压迫所致。有些脑病也可伴发舌下神经麻痹。

[症状] 舌脱出于口外，不能缩回，故而引发采食、饮水、咀嚼和吞咽困难。病久犬舌发生水肿、创伤，乃至萎缩，表面出现皱褶。

[治疗] 参考面神经麻痹的治疗。

七、桡神经麻痹（Paralysis of radial nerve）

[病因] 主要由外伤所致，如臂骨外髁部损伤、前臂骨骨折、第 1 肋骨骨折、前肢向前外方剧伸及侧卧保定长时间压迫。有时也可发生于麻痹性肌红蛋白尿、过劳等疾病经过中。还可因肿大腋淋巴结的压迫而发病。

[症状] 桡神经麻痹时，所支配的肘关节、腕关节和指关节的伸展肌失去作用。

(1) 全麻痹。站立时肩关节伸展过度，肘关节下沉，腕关节及指关节屈曲，掌部向后、爪尖壁着地，患肢变长。被动固定住腕、球关节，患肢能负重。运步时，患肢提举伸扬不充分，爪尖壁拖地。着地负重时，除肩关节外，其余关节均过度屈曲。触诊臂三头肌及腕、指伸肌弛缓无力，其后逐渐萎缩。皮肤感觉通常无变化，麻痹区内间或感觉减退，或感觉过敏。

（2）不全麻痹。站立时，患肢尚能负重，有时肘肌发生震颤。运步时，患肢关节伸展不充分，运步缓慢，呈现跛行。负重时，关节稍屈曲，软弱无力，常发生蹉跌，地面不平和快步运动时尤为明显。

（3）部分麻痹。主要见于支配腕桡侧伸肌和指总伸肌的桡深神经麻痹。站立时无明显异常，或由于指关节不能伸展而呈类似突球姿势。运步时，患肢虽能提举，但腕、指关节伸展困难或不能伸展，以致患肢蹄迹与对侧蹄迹并列。快步运动时，常常蹉跌而以系部的背面触地。桡神经的臂三头肌肌支麻痹时，因臂三头肌松弛无力，致肩关节开张，肘关节下沉，前臂部伸向前方，腕关节屈曲，掌部与地面垂直，呈尺骨肘突全骨折的类似症状。快步时，侧望患肢在垂直负重的瞬间，肩关节震颤，臂骨倾向前方。

［治疗］治疗方法与肩胛上神经麻痹基本相同。据临床经验，火针抢风穴及肘俞穴，对不全麻痹或部分麻痹疗效显著。亦可电针抢风穴和前三里穴，间断电流，通电 30 分钟，每日 1 次，7 日为 1 个疗程。

八、尺神经麻痹（Paralysis of ulnar nerve）

［病因］引起犬前腿支配神经损伤的常见病因是直接创伤、因保定或持续麻醉时侧卧造成的缺血，偶尔见肿瘤波及臂丛的神经或小神经根。过度牵拉前肢，使肩部过度外展，可致整个神经丛撕脱或过度牵张。临床表现可反映出硬膜内腹神经根和背神经根不同程度的损伤。在第 1 肋骨和肱骨交点处桡神经沟中的桡神经最易受到伤害。

［症状］臂神经丛完全麻痹的动物，其特征表现为静立时肘关节下沉、腕关节和掌关节不完全屈曲。麻痹肢呈拖拉状，如负重可见肘部和腕部塌陷。臂神经丛的五支主要神经（肌皮神经、腋神经、桡神经、尺神经和正中神经）中如果桡神经近肘端受损伤时，肘部、掌部和指部不能伸展负重，出现严重的运动功能障碍。如伤及肘部远端，可见指部和掌部着地。桡神经严重损伤时，主要表现为前肢和指部背面敏感性消失。尺神经和正中神经麻痹时，指部和掌部不能屈曲。腋神经和肌皮神经损伤后，则肩部运动和肘部屈曲分别受到影响。如果肿瘤或创伤或炎症影响了第 6 颈椎至第 2 胸椎段脊髓（臂神经丛起自此段），就可见到前肢或后肢的双侧性轻瘫。臂神经丛的神经纤维瘤常波及脊髓，并引起不同部位的偏瘫。波及第 1 胸神经根时，在肢体麻痹的同侧常可见到霍纳氏综合征。在发病 1~2 周后，失去神经支配的肌肉群可发生严重的神经性肌肉萎缩。

犬发生臂丛神经炎的特征为前肢跛行，肌电图检查可见典型的弥散型去神经异常，脑脊液检查和脊髓照相术检查都正常。用糖皮质激素治疗后，病情好转。该病与牛肉或马肉制品日粮有关。

［诊断］诊断时需准确了解病史，并对前肢进行细致的神经学检查。骨折时放射学检查可以确诊损伤的部位。感觉完全丧失的病例愈后保守，神经再生需 2~4 个月，分析肌肉群的肌电图，可确定损伤的程度。随后对神经传导进行检测可以尽快查清神经再生情况，并提出更确切的预后报告。

［治疗］神经急性挫伤的病例，应缓解组织水肿和神经受到的压迫。神经严重损伤时，应进行外科手术探查和修复。如受伤肢体呈拖拉状时，蹄部易被划破，可用皮靴套加以保护。

如所需恢复期较长，可进行理疗，包括肌肉按摩，对患肢各关节做人工屈曲和伸展活动，这样有助于防止肌肉萎缩造成的关节固定。臂神经丛撕脱的宠物，预后不良。对小动物如果治愈无望，需截除患肢。

九、胫神经麻痹（Paralysis of tibial nerve）

［症状］站立时，跗关节、球关节及冠关节呈屈曲状态，患肢稍踏于前方并能负重。运步时，患肢仍可提伸，各关节过度屈曲，爪向上抬举过高，随后痉挛样地向后向下迅速着地（轻击地面）。患病宠物不能进行快步运动。患肢股后及胫后部肌肉弛缓无力，并逐渐萎缩。

［治疗］电针百会、路股、大胯、小胯、巴山、牵肾、仰瓦、邪气及汗沟等穴位。

十、腓神经麻痹（Paralysis of peroneal nerve）

［症状］全麻痹时，患肢关节下沉，跗关节过度屈曲，并以爪前壁接触地面，患肢好像变长。被动地将趾关节伸直，尚能负重；一旦行进，则球、冠关节又复屈曲。运动时，由于趾关节不能伸展，而以爪前壁接地拖拉前进。后退时，屈曲的球关节被拉直，爪踵接触地面，呈拖拉样后退。触诊时跗关节的屈肌和趾关节的伸肌弛缓无力，有时小腿前外侧感觉消失，腓神经支配区内的反射消失，肌肉萎缩。

不全麻痹时，症状较轻微。站立时无明显异常或有时出现球关节掌屈状态；运步时亦表现球节掌屈及爪前壁接地负重，转弯或患肢踏着不确实时，球节掌屈更易发生。

［治疗］电针穴位同胫神经麻痹。或者主穴选百会、路股及大胯；配穴选腓沟内阿氏穴，用间断电流通电 20~30 分钟，电流从弱到强，每日 1 次。

十一、肩胛上神经麻痹（Paralysis of the suprascapular nerve）

［病因］发病原因多为外伤性，如肩前部被打击、冲撞或拉伸伤。目前新论点认为由于肩部突然受到剧烈过度向后伸展拉伤，致该神经导致麻痹的论点。

［症状］肩胛上神经完全麻痹的病犬站立时肩向外展，离开胸壁，胸前出现凹陷，肩关节明显向外支出，表现为负重性肩外偏，当举起健肢时，肩外展更明显。病期长时，肩部肌肉萎缩。不完全麻痹时，症状轻微不易发现，病久肩部肌肉出现渐进性萎缩。

［治疗］病初应用温热疗法，外用抗炎药物、超声波疗法、TDP 疗法、激光疗法以及电针疗法等，配合使用维生素 B_1、维生素 B_{12} 局部注射。可试用氢溴酸加兰他敏溶液，对肌肉萎缩有一定作用。

第十章

犬、猫的内分泌系统疾病

一、幼犬脑垂体侏儒症（Infancy pituitary dwarfism）

幼犬脑垂体侏儒症，是常染色体隐性遗传病，幼犬的生长激素和其他促激素分泌降低而造成其脑垂体功能降低，多发于2月龄以上的德国牧羊犬、杜宾犬和魏玛犬等。

[病因] 近亲繁殖是导致脑垂体侏儒症的主要原因。该病通常与颅咽管口咽外胚层不能分化为垂体远侧部促激素分泌细胞有关，使脑垂体不能完全发育。另一种原因是发生于颅咽管口咽外层的良性肿瘤。

[症状] 患犬从出生到2月龄时与同窝仔犬生长无差异，以后发育明显迟缓，胎毛换毛不全和刚毛缺乏逐渐明显，体格矮小。患本病的成年德国牧羊犬的体重降至正常的1/2左右，但整个体形生长匀称，除头部和腿部有簇毛外，其他部位发生两侧对称性脱毛。永久齿发育延迟或完全缺乏。骨骼骺化延长达4年。睾丸和阴茎变小，阴茎骨钙化延迟或不完全，阴茎鞘萎缩。卵巢皮质发育不良，发情周期不规律或不发情。甲状腺和肾上腺皮质等内分泌功能都减退，患犬的寿命明显缩短。

[诊断] 根据明显的发育迟缓，测定甲状腺素、肾三碘甲氨酸及肾上腺皮质醇的水平，明显低于正常范围，即可确诊。

[治疗] 对生长激素分泌障碍犬，投予牛生长激素10u，皮下注射，隔日1次，连用1个月。

二、肢端肥大症（Acromegaly）

肢端肥大症是犬、猫生长激素过度分泌所致。引起结缔组织、骨骼和内脏过度生长的综合征。

[病因] 犬的肢端肥大症是由长期使用孕激素治疗或发情后期产生的内源性孕酮浓度增加引起的。这两种激素促使生长激素过度分泌。猫的肢端肥大症是由于垂体腺肿瘤，促使生长激素过度分泌。多发生于中、老年犬、猫。

[症状] 病初头部、颈部软组织肿胀，皮肤皮褶增多，皮肤增厚，厌食，行动迟缓，有时出现敏感性尖叫，心力衰竭，气喘，牙齿齿间距离增大，特别是门齿。

[诊断] 实验室诊断出现高血糖和糖尿，血清碱性磷酸酶和丙氨酸转氨酶轻度升高。猫红细胞轻度增多，检测血清生长激素和胰岛素样生长因子浓度，可以确诊肢端肥大症。CT和MRI检查，可显示垂体腺瘤的位置和大小。应与喉麻痹、异物、上呼吸道肿瘤和单纯糖尿病相鉴别。

［治疗］停止激素治疗，手术切除子宫和卵巢，能有效地治疗母猫的肢端肥大症。目前尚不能对垂体腺瘤进行手术切除。无有效药物。对猫可以进行 Co^{60} 源放射治疗，能降低生长激素的分泌。

三、尿崩症（Diabetes insipidus）

尿崩症是作用于肾脏远曲小管和集合管的加压素（抗利尿激素，ADH）分泌和释放减少，或肾小管对抗利尿激素的反应性降低，使尿在肾小管中不能被浓缩，故临床特点为突出的多饮、多尿和尿比重降低。依其病因不同，本病可分为丘脑–垂体后叶性尿崩症、肾性尿崩症和原发性多饮症，也称为致渴尿崩症、心理性多饮症或强迫性饮水症。临床上多见于老年犬、猫，与品种性别无关。

［病因］当脑部的垂体神经部、漏斗柄、下丘脑、视上神经核受到压迫或破坏时，使抗利尿激素分泌和释放减少所致。肾性尿崩症见于肾髓质纤维化的疾病。原发性多饮症可能源于渴欲调节机制缺陷或是行为异常表现之一。

［症状］主要表现为大量饮水，多尿。由肿瘤引起的呈渐进性，由外伤或髓膜炎引起的为突发性症状。患病犬、猫频尿和夜间排尿，与其他疾病相比，本病的多饮、多尿非常明显，排尿量可达 30~80mg/kg 体重以上。尿比重明显降低，多为 1.010 以下。

［诊断］根据慢性多尿、多饮，持续低比重尿可以诊断。应与尿失禁和频尿相区别。

鉴别诊断上，要与肾上腺皮质功能亢进症和肝功能障碍的精神性多尿症相鉴别。鉴别方法有禁水试验和注射抗利尿激素两种。

（1）禁水试验。使病犬、猫的膀胱排空后，测定体重，停止给水和饲料 3~8 小时，每隔 1 小时称量犬、猫体重，并测定排泄的尿和膀胱内潴留尿的比重（渗透压），当体重减少 3%~6%时，停止试验。若尿不浓缩而体重急剧下降，则为阳性。

（2）抗利尿激素试验。体重 15kg 的犬投予后叶加压素 1.3μg，体重 15kg 以上的犬，投予 2.7μg，猫的用量为 0.15μg，肌肉注射。停止给水和饲料，然后每隔 60~90 分钟测定犬、猫体重和尿量（排泄尿和膀胱尿），给予前次称量体重减少量的水，再测尿量和尿比重。本试验至少要进行 7 小时。观察两种试验所需的时间，可类症鉴别。

［治疗］对丘脑–垂体性尿崩症的犬、猫，可用单宁酸后叶加压素 0.02~0.1u/kg 体重，根据犬、猫体重的大小，隔 2~3 日肌肉注射 1 次。若摄水量不减少，可增加药量。肾性尿崩症注射 ADH 无效，可口服氯磺丙脲，日剂量为 10~12mg/kg 体重，每日 1 次，此药具有促进 ADH 形成和增加肾脏对 ADH 感受性的作用，但要注意低血糖。也可选用氯噻嗪 10~20mg/kg 体重，分 2 次口服。氢氯噻嗪（双氢氯噻嗪）为 2~4mg/kg 体重，分 2 次口服。限制钠盐的摄入。

四、甲状腺功能亢进症（Hyperthyroidism）

本病是由于甲状腺激素分泌过多、基础代谢亢进所引起的内分泌疾病。临床上以高代谢率综合征、神经兴奋性增高、甲状腺肿为特征。最常见于中老年猫，偶见于犬。弥漫性肿大者多伴有不同程度的突眼症。

［病因］本病病因尚不完全清楚，猫多是由于甲状腺滤泡细胞瘤或多结节状增生所致，而

犬是由于甲状腺肿所致。此外，可能与自身免疫、内分泌功能紊乱、精神刺激等有关。

[症状] 甲状腺弥漫性肿大多为两侧对称，腺体质软，触之有弹性。甲状腺结节性肿大者多为两侧不对称，单个或多个，结节质地较硬。病犬、猫代谢综合征表现为食欲增加，体重减轻，排便次数增加，多饮多尿，体乏无力。随后出现不安，运动活泼，易兴奋。眼球不同程度突出，眼睑水肿，羞明流泪，结膜充血。部分患猫表现厌食、嗜睡、抑郁及体重减轻症状。听诊可闻心动过速，心缩期杂音，脉搏及呼吸数增加，心房颤动。血清蛋白结合碘增高。

[诊断] 依据投予碘或丙硫氧嘧啶可改善症状。^{131}I 试验，甲状腺对放射性碘摄取量增加即可确诊。注意和糖尿病相鉴别。

[治疗]

(1) 复方碘甘油 0.2~0.4ml，口服，每日 1 次，连用 5~10 日有效。丙硫氧嘧啶，猫 5mg，口服，每日 2~3 次，连用 2~6 周，长期治疗，减至最低有效剂量。

(2) 放射性 ^{131}I 治疗，可减少甲状腺素的合成。

(3) 普萘洛尔（心得安）2.5~5mg，口服，每日 2~3 次。

(4) 对长期服药无效或停药后复发的犬、猫，应做甲状腺部分切除。

五、甲状腺功能减退症（Hypothyroidism）

本病是由于甲状腺素（T_4）和三碘甲状腺原氨酸（T_3）缺乏病所致。临床上以代谢率下降、黏液性水肿、嗜眠、畏寒、性欲减退、皮肤被毛异常为特征。本病常见于犬，猫偶有发生。

[病因] 本病 90%以上是甲状腺萎缩以及甲状腺的滤泡细胞持续坏死。

(1) 先天性甲状腺功能减退主要是幼年的甲状腺发育不全、结构缺陷或缺乏以及遗传性甲状腺炎所致。

(2) 后天性甲状腺功能减退，成年犬常见的原因有淋巴性甲状腺炎和自发性甲状腺萎缩，导致甲状腺激素及促甲状腺激素缺乏所致。

(3) 继发性甲状腺功能减退的常见原因是占位性病变引起脑垂体促甲状腺细胞损伤。

(4) 猫的甲状腺功能减退主要是放射性碘、外科手术切除甲状腺及投予抗甲状腺药物过量所致的医源性原因。本病在杜伯曼犬、爱尔兰塞特犬、大丹犬、可卡犬、德国猎犬、戈登猎犬及巴哥犬的发病率较高。雌性较雄性易发。

[症状] 甲状腺激素缺乏可影响所有器官系统的功能，临床表现是多方面的。常见于 4~10 岁犬发病。先天性病犬、猫主要表现呆小，四肢短，皮肤干燥，体温降低。后天性病犬、猫表现为精神沉郁，心率缓慢、脉搏减弱，虚弱，嗜眠，畏寒，运动易疲劳。皮肤呈两侧对称性无瘙痒的脱毛，患部由颈、背、鼻梁、胸侧、腹侧、耳廓及尾部等处开始，逐渐扩展到全身。皮肤光滑干燥，触之有冷感。有的脱屑增加而转为脂溢性病变，并有轻度瘙痒。重病犬、猫发生黏液性水肿，面部和头部皮肤形成皱纹，触之有肥厚感和捻粉样，但无指压痕。

雌犬、猫无发情期延长，发情减退或停止。雄犬、猫的性欲或精子活力降低。

[诊断] 根据临床症状及血液生化检查，血清 T_4、T_3 值降低，血清碘含量降低，胆固醇升高，基础代谢率降低，可以确诊。但要与肾上腺皮质功能障碍的初期和某些皮肤疾病相鉴别。

[治疗] 投予左旋甲状腺素钠，犬 22mg/kg 体重，口服，每日 2 次；猫 0.05~0.1mg，口服，每日 1 次。或三碘甲状腺氨酸钠，犬 4~6mg/kg 体重，口服，每日 3 次，猫 4mg/kg 体重，口服，每日 2~3 次。2~3 周可见好转。对临床上有明显心脏疾病和代谢迅速增强的犬、猫应投予半量。在对症疗法中，应及时补充铁制剂、叶酸、维生素 B_{12} 等。

六、甲状腺瘤（Thyroma）

甲状腺瘤多发生于犬和猫，平均发病年龄为 10~13 岁。老龄猫亚临床型结节性甲状腺肿瘤的发病率为 15%~30%，犬甲状腺瘤占颈部肿瘤的 10%~15%。拳狮犬、英国牧羊犬、牧羊犬及金毛猎犬最易发生。无性别差异。

[病因] 病因目前尚不清楚。

[症状] 犬的甲状腺瘤多为甲状腺腺癌。首先在颈腹侧出现肿块，仅有 10%~15%能触摸到肿块。继之出现肿瘤压迫喉、气管，表现呼吸和发声困难；压迫及侵及介导，呈现吞咽障碍；累及颈交感神经，则出现霍恩氏综合征。头颈部水肿，肌肉麻痹，有的髓样腺癌出现低钙血症和水样腹泻。约有 20%~22%的腺泡腺瘤出现甲状腺功能亢进。

[诊断] 根据临床症状可初步诊断。X 线和 CT 检查，可以确诊。

[治疗] 无特效疗法。根治方法是甲状腺全切除，手术时应避开返神经，或保留一侧甲状旁腺，以防术后缺钙症。其存活率和时间也应考虑。亦可不全切除，但需补以甲状腺素替代疗法，或放疗和化疗。

七、甲状旁腺功能亢进症（Hyperparathyroidism）

本病是由于甲状旁腺激素及具有甲状旁腺样作用的物质分泌过多，导致机体钙磷代谢紊乱的疾病。临床上以骨质疏松、泌尿道结石或消化道溃疡为特征。

[病因]

(1) 原发性甲状旁腺功能亢进。是由于甲状旁腺瘤的增生、肥大或腺癌等时，自主性分泌过多的甲状旁腺激素所致。多见于老龄犬、猫发病。德国牧羊犬家族性甲状旁腺增生——Ⅱ型多发性内分泌肿瘤已有报道。

(2) 假性甲状旁腺功能亢进。是由于骨和甲状旁腺以外的肿瘤，特别是淋巴肉瘤、恶性淋巴瘤等肿瘤细胞分泌骨吸收性物质（甲状旁腺样多肽、前列腺素 E_2、破骨细胞刺激因子），结果表现甲状旁腺分泌亢进样的高钙血症和低磷血症。

(3) 营养性继发性甲状旁腺功能亢进。是由于长期饲喂缺乏矿物质和维生素（主要是钙、磷、维生素 D）或钙磷比例不当的食物而使血钙降低，继而引起甲状旁腺激素分泌过多所致的疾病。多见于青年犬、猫。

(4) 肾性甲状旁腺功能亢进。是由于慢性肾功能不全所致磷酸盐排泄障碍，使血磷增加，血钙减少而刺激甲状旁腺分泌增加，引起骨矿物质吸收，使血浆中磷酸盐进一步增加，继而低血钙又刺激甲状旁腺代偿性增生。

[症状] 病犬、猫食欲不振，呕吐，便秘，肌无力，走路摇晃，定向力丧失，反应迟钝，心律不齐。多饮，多尿，有时出现血尿和尿路结石，常伴有代谢性酸中毒。假性甲状旁腺功

能亢进患犬、猫症状除与原发性相同外，还有病理性骨折以及恶性肿瘤等其他综合症状。营养性继发性甲状旁腺功能亢进患犬、猫则主要表现骨质疏松，触诊呈多发性骨病和骨折，可见跛行和步态异常。成年犬、猫颌骨明显脱钙，齿槽硬膜消失。肾性甲状旁腺功能亢进患犬、猫除表现全身骨吸收，尤其是头部骨骼外，尚可见肾功能不全和尿毒症所致的多饮、多尿、脱水、呕吐以及呼气有氨臭味。仔犬、猫的先天性肾功能异常，可见头部肿胀和乳齿异常。

［诊断］

(1) 血液生化检查，血钙升高，血磷降低，血清碱性磷酸酶升高，尿磷排泄量增加。

(2) X 线检查，可见骨密度降低，尤其是上颌骨和下颌骨的密度降低明显，骨质呈纤维状或虫蚀状，齿槽骨板吸收和形成骨囊肿。

(3) 假性甲状旁腺功能亢进患犬、猫的血液生化检查指标与原发性相同，X 线检查还可发现肿瘤及其转移病灶。有淋巴肉瘤的患犬、猫，甲状旁腺萎缩，甲状腺组织增生。

(4) 营养性继发性甲状旁腺功能亢进患犬、猫血液生化检查，初期血钙明显降低和血磷稍降低，以后呈高磷血症。当骨骼有病变时，碱性磷酸酶活性升高。X 线检查，呈全身骨骼的 X 线透过性增强，齿槽硬膜消失，多发性长骨骨折。

(5) 肾性甲状旁腺功能亢进患犬、猫的血液生化检查，血清尿素氮和肌酸酐升高，血钙基本正常或稍高。X 线检查，骨呈脱钙像。本病要注意与维生素 D 生成不足的肾性佝偻病相鉴别。

［治疗］

(1) 对原发性甲状旁腺功能亢进，轻症犬、猫可试用磷酸盐溶液 200ml，静脉注射，以促进钙进入骨骼。为防止脱水，要同时补液，对症治疗。对甲状旁腺肿瘤和增生的腺体应行外科手术切除，术后发生抽搐的可给予葡萄糖酸钙 10~15ml，缓慢静脉注射。不宜手术时，可投予雌激素和同化类固醇，以抑制骨的吸收。

(2) 对假性甲状旁腺功能亢进的早期肿瘤，做外科手术切除，并结合化疗、放疗、免疫疗法以及对症治疗，症状可以得到明显改善。

(3) 对营养性继发性甲状旁腺功能亢进青年患犬、猫，饲喂 2~3 个月的维生素 D 和钙磷比例为 2:1 的食物。对食欲不振的犬、猫，可静脉注射葡萄糖酸钙以改善症状。病犬、猫易发生新的骨折，因此在管理上要非常注意，症状缓解后可给予钙磷比例为 1.2:1 的食物。

(4) 肾性甲状旁腺功能亢进患犬、猫，多为慢性不可逆的病理变化，因而难以治愈。对慢性肾功能不全的犬、猫，要对症治疗，适当增加饲料中的钙含量。

八、甲状旁腺功能减退症 (Hypoparathyroidism)

本病是甲状旁腺激素分泌不足或不分泌及靶器官对甲状旁腺激素反应降低的疾病。以肌肉痉挛、抽搐、低钙血症和高磷血症为特征。

［病因］多因甲状腺手术时损伤及摘除甲状旁腺，放射性同位素照射、颈部外伤、感染、恶性肿瘤转移和浸润等，也可引起甲状旁腺萎缩或破坏。高钙血症及骨内钙释放增加、犬瘟热、镁缺乏症等，可一过性抑制甲状旁腺激素的分泌。犬特发性甲状旁腺功能减退 (idio-pathichypopas athroidism) 可能是一种自体免疫性疾病。在猫颈部手术损伤了甲状旁腺是唯一

的原因。

[症状] 表现为局部或全身肌肉自发性收缩，全身肌肉抽搐、痉挛，神经质的犬、猫精神不安，步态不稳，肌肉挛缩，呕吐等。心肌受损时，表现心动过速。病程长时，常出现皮肤粗糙，色素沉着，被毛脱落，牙齿钙化不全。

[诊断]

(1) 血液生化检查，血钙降低 4~6mg/100ml，血磷严重升高。尿钙、磷含量减少。

(2) 心电图检查，QT 间期延长，ST 段延长，T 波矮小。

[治疗] 提高血钙浓度，缓解抽搐症状，可用 10%葡萄糖酸钙 10~20ml，静脉注射，每日 2 次。抽搐症状控制后，可改为口服葡萄糖酸钙 1~2g，同时投予维生素 D_3 2500~5000u/d，有助于钙从肠道吸收。

双氢速固醇具有类甲状旁腺激素的作用，以 0.5~2.0ml，肌肉注射，但要注意尿钙及血钙的变化。甲状旁腺激素治疗，可用 25~200u 皮下或肌肉注射，患病初期有效。

氢氧化铝凝胶 20ml，口服，每日 3 次，能减少肠道对磷的吸收。

九、肾上腺皮质功能亢进症 (Hyperadrenocorticism)

本病又称库兴氏综合征 (Cushing's Syndrome)，是由于肾上腺皮质激素分泌过量所致，一般是指糖皮质激素皮质醇增多症。仅见于犬。

[病因] 尚不明确，多见于下列情况。

(1) 下丘脑–垂体功能紊乱或垂体病。垂体分泌过多的促肾上腺皮质激素 (ACTH)，引起双侧肾上腺皮质增生而分泌过多的皮质醇，由此原因所致犬发病的约占本病 70%。

(2) 原发性肾上腺皮质病变。见于肾上腺皮质腺瘤及皮质癌。此腺体肿瘤的生长和分泌功能为自主性，不受垂体促肾上腺皮质激素 (ACTH) 的控制。由于分泌大量的皮质醇反馈抑制垂体 ACTH 的释放，以致使癌变的同侧及对侧肾上腺皮质发生萎缩性病变。

(3) 由外分泌腺肿瘤等癌细胞分泌类似 ACTH 活性物质所致。

(4) 长期大量投予促肾上腺皮质激素及皮质醇类激素所致。

[症状] 病初因血液中高浓度皮质醇阻碍抗利尿激素的生成或释放，患病犬表现多尿，继发性多饮。由于糖皮质激素直接作用于食欲中枢，约 80%的病犬食欲增强，肝脏肿大，腹肌无力，腹围膨隆呈木桶状。

病犬表皮和真皮萎缩，皮肤菲薄，形成皱襞，血管显露，腹部可见很多粉刺，鳞屑增加，皮肤呈纤细的砂纸样。70%病犬出现无瘙痒两侧对称性脱毛。因毛囊萎缩，易摩擦的部位为肷部、下腹部、股部、带项圈犬的颈部周围明显脱毛。不完全脱毛的犬只残留头部和四肢末端有毛，完全脱毛约需 1 年时间。

由于钙盐沉着，脊柱部、腹部或腹股沟部形成皮肤结石，伴有皮肤内斑点或出血的表层溃疡，真皮、表皮或角质层大量沉着黑色素。

蛋白质代谢的异化作用带来骨骼肌的消耗，出现明显的肌肉萎缩、震颤，脊柱弯曲，飞节和肘头部易产生褥疮。

本病也可逆行性压迫大脑或脑干部而引起视力丧失，盲目运动。96%病犬肺脏沉着无机物，也有沉着于骨骼肌和胃壁上的。偶见骨质疏松症和骨折。侵害骨骼特别是椎体的病犬，X 线检查较明显。

雌性犬发情周期停止，雄性犬性欲减退等。

[诊断]

(1) 血象检查。淋巴细胞减少，为循环血液中白细胞的 6%。嗜酸性粒细胞减少至 100ml 以下，伴以中性粒细胞增加的白细胞增多（超过 17000）。

(2) 血液生化检查。血糖稍增加 150~160mg/100ml，平均 111mg/100ml。血清胆固醇升高到 250~400mg/100ml，平均 290mg/100ml，50%病犬超过 300mg/100ml。谷–丙转氨酶和碱性磷酸酶活性升高。血浆皮质醇增加。

(3) 尿常规检查。尿比重 1.015 以下，平均 1.007。泌尿系统感染的犬，尿沉渣检查呈病理性变化。

(4) ACTH 刺激试验。即于 8 小时内静脉注射 ACTH 10u，正常犬注射 ACTH 后，血浆中 17–羟皮质类固醇值为 9.5μg%~22μg%，而本病犬血浆 17–羟皮质类固醇显著增高，可达 50μg%~60μg%。

(5) 肾上腺皮质功能试验。血浆中 17–羟皮质类固醇浓度增高，为正常值（3~10μg）的 2~3 倍，一般可达 20μg 以上。昼夜周期性波动消失。24 小时尿中 17–羟皮质类固醇测定明显增高。

(6) CT 和 MRI 是肾上腺检查最精确和可靠的方法，其次是超声波诊断和 X 线平片。

[治疗]

(1) 化学疗法。犬对邻对二氯苯二氯乙烷的敏感性个体差异很大，应注意出现肾上腺皮质功能减退症的副作用。邻对二氯苯二氯乙烷 30~50mg/kg 体重，口服，每日 1 次，连用 5~10 日，然后间隔 1 周或 2 周同剂量投予 1 次。如出现恶心、呕吐、腹泻及食欲减退等副作用时，应停止用药，并给予皮质醇 1.5~2.0u/kg 体重，口服。也可开始投邻对二氯苯二氯乙烷，第 3 日时口服皮质醇，副作用有持续到用药后 7 日的。投予皮质类固醇过量引起的症状可逐渐自愈。也可使用甲吡酮 100~200mg，口服，每日 3 次。

(2) 肾上腺摘除术。适于肾上腺皮质增生及肿瘤。手术时，将类固醇水溶性氢化可的松 50~100mg 加入生理盐水中，静脉注射，术后用量为 0.2~1.0mg/kg 体重。口服醋酸氢化可的松醋酸脂，每日 3~4 次。

(3) 给予高蛋白食物。用抗脂溢性洗发液清洗犬体表以减少皮质脱屑，对干燥的皮肤和被毛用 Slpha Kehi 洗浴有效。

十、肾上腺皮质功能减退症（Hypoadrenocorticism）

本病是由一种、多种或全部肾上腺皮质激素不足或缺乏所致。全肾上腺素皮质激素缺乏最为多见。有原发性和继发性之分。原发性常为全肾上腺皮质激素缺乏，在人称为阿狄森氏病（Addison's Diseae）。7 岁左右的犬（中年犬）易患此病，纯种犬发病率高，有的甚至从 2 岁开始。

[病因] 自身免疫性肾上腺皮质萎缩、癌转移、深部真菌感染、淀粉样变性、X 线照射、

手术、出血、梗塞等，能使肾上腺皮质本身形成病变的都能引起原发性肾上腺皮质功能减退。

丘脑—垂体前叶功能减退、肾上腺切除、长期用糖皮质激素治疗过程时突然停药，也可引起本病发生。

[症状] 病犬、猫抑郁，食欲不振，患部被毛稀少，毛短而细，精神差，不愿走动，很易死亡；身上有异味；可能脱毛，皮厚而苔藓化，有色素沉着，皮屑多，甚至出现变态性皮肤病，如皮脂溢；由于细菌繁殖，有炎症。急性型除上述症状外，表现发热、心率快、休克、昏睡，若治疗不及时则很快死亡。

[诊断] 根据皮肤黏膜色素沉着等典型临床表现可初步诊断，测定血中 ACTH 增加，方可确诊。应与肾脏和肝脏疾病、尿崩症、血钙过高相鉴别。

(1) 血液生化检查。血钠降低，血钾升高，血钙轻度升高。正细胞性贫血，嗜酸性粒细胞和淋巴细胞的绝对值及分类数升高。血清尿素氮随症状升高（28~100mg/100ml 或更高）。有的血糖降低至 60mg/100ml 以下。

(2) 心电图检查。T 波低平或倒置，P–R 间期与 Q–T 期间延长。血钙升高时，P 波消失。

(3) 激素定量。尿中 17–羟皮质类固醇近于零，血中皮质醇也降低（犬正常值为 5~10g/100ml）。

(4) ACTH 兴奋试验。上午 8~10 时肌肉注射促肾上腺皮质激素（ACTH）1 支，分别于注射前后 1 小时或 2 小时，测定血中皮质醇含量，阿狄森病犬、猫血中皮质醇升高不明显。

[治疗] 可服用甲状腺素，配合香波洗涤患病犬。一般用甲状腺素治疗最快 3 周见效，有时 3 个月见效。先用 T_4，仍不见效时再用 T_3（比 T_4 强几十倍）。病程进一步发展可见皮肤脱毛，苔藓化，皮肤感染螨虫也常见。对于慢性、急性患病犬、猫，还可选择用下列方法治疗。

(1) 慢性病犬、猫可采取替代疗法。饲喂食盐量应多于正常犬、猫。选用醋酸去氧皮质酮皮下包埋或肌肉注射，同时监测电解质、尿素氮等的变化。泼尼松 0.5~2.0mg/kg 体重，上午口服，隔日 1 次。

(2) 急性型病犬、猫陷于休克状态时，应积极抢救。葡萄糖生理盐水静脉滴注，琥珀酸泼尼松钠 4.4~22.0mg/kg 体重，静脉注射，醋酸去氧皮质酮 0.2~0.4mg/kg 体重，肌肉注射，同时补以 5%碳酸氢钠溶液，解除酸中毒。每隔 4 小时监测血中电解质及二氧化碳结合力，并结合尿量、心电图、中心静脉压等变化，分析病情，采取适当的治疗措施。若血压升高，全身状态改善时，可逐渐减少投药量。

十一、嗜铬细胞瘤（Pheochromocytoma）

嗜铬细胞瘤是发生在肾上腺髓质或交感神经节的一种缓慢的红棕色被毛性肿瘤。好发生于老年犬。无性别和品种差异。

犬的嗜铬细胞瘤与人一样，能分泌过量的儿茶酚胺，还可产生血管肠肽（VIP），促肾上腺皮质激素、降钙素或甲状旁腺素等肽类激素。

[症状] 后腔静脉受压时，后腹部表现静脉怒张，后肢水肿，无力。肾上腺素分泌过多时，出现室性心律不齐和非心性肺水肿。去甲肾上腺素分泌过多时，出现心动过速，心力衰竭，呼吸困难；虚弱无力，肌肉震颤，头抵物体，发生癫痫，血压升高；可视黏膜出血，体

重减轻，昏睡、多饮、多尿。

触诊腹壁可触及肿块及腹腔积液。病犬结膜潮红，体温升高，感觉异常，有时出现神经症状。

［诊断］ 实验室检查可见血糖升高，红细胞增多，甘油三酯含量增加，蛋白尿和血尿。

X 线检查，病犬肾上腺肥大或钙化。非选择性腔静脉造影，约有 50%的病犬存在肿瘤栓子。

腹腔超声检查可能显示出肾上腺肿块。CT（计算机断层扫描）或 MRI（核磁共振）是可供选择的诊断方法。

［治疗］ 唯一有效的治疗方法是手术切除肾上腺。术前给予 α-甲基酪氨酸，以抑制酪氢酸氧化酶，减少儿茶胺的产生。心动过速或心律不齐，给予普萘洛尔（心得安）0.15~0.5mg/kg 体重，口服，每日 3 次。或静脉注射心得安或利多卡因。

对不能手术的病犬，可使用苯苄胺或 α-甲苯酪氨酸等药物，以降低血压。

十二、胰岛素分泌过少症（Hypoinsulinism）

本病是胰腺受各种原因引起功能障碍所致，临床上表现为原发性糖尿病症状，常见于性成熟的各品种犬、猫，小型长卷毛犬、短腿犬、短腿小猎犬及肥胖的猫发病率较高，且雌性比雄性发病率高。

［病因］ 过度肥胖或长期饲喂过多高热量食物而运动量不足。苯妥英钠等药物和静脉内营养疗法都可抑制胰岛素的正常分泌。胰腺实质病变，如胰腺炎、胰腺癌、胰高血糖素瘤及胰腺切除等。内分泌功能紊乱，常见的有肾上腺皮质功能亢进、嗜铬细胞瘤、甲状腺功能亢进、垂体功能亢进等，都能反射性抑制胰腺分泌胰岛素。由某些疾病导致，如尿毒症、血浆渗透压过高、颅内损伤等。

［症状］ 患病犬、猫表现食欲亢进，多饮、多尿，消瘦，体重下降。患犬眼睛可出现白内障。有的则表现精神沉郁、厌食、呕吐。

［诊断］

（1）血液生化检查，血糖值增高，其他生化指标都在正常范围。

（2）尿常规检查，可见糖尿和少量酮体。但出血性膀胱炎也可见糖尿，应注意鉴别。

［治疗］

（1）胰岛素治疗。犬以 0.125~0.167u/kg 体重，皮下注射，猫对胰岛素较敏感，应以 0.125u/kg 体重缓慢皮下注射，同时监测血糖值的变化，血糖值不能急速下降和降得过低。在正常情况下，胰岛素每日的分泌峰值在下午或傍晚，因此，早晨有轻度的血糖升高是正常的，而白天犬、猫的采食、运动及环境应激因素也可影响血糖值。所以，使用胰岛素治疗应连续监测一段时间的血糖值。

（2）对患病犬、猫要选择高蛋白、低碳水化合物、低脂肪的食物饲喂，同时要尽量固定食物的种类和定时定量饲喂。

（3）每日让犬、猫有一定的活动量，以增加肌肉对葡萄糖的需要和胰岛素的活性，减少机体对外源性胰岛素的依赖性。

十三、胰岛素分泌过多症（Hyperinsulinism）

本病是胰腺的胰岛 β-细胞瘤使胰岛素分泌过剩，血糖浓度降低而表现神经功能障碍的疾病。通常发生于 5 岁以上的犬，特别是老龄犬。拳狮犬种发病率高，性别与品种的差异尚不清楚。

[病因] 本病发生于胰岛的肥大细胞增生。但犬、猫多为功能性胰岛细胞肿瘤，如胰腺瘤、胰癌、胰腺增生、微小胰腺瘤、胰岛非 β-细胞瘤等。犬常发生胰腺癌，发病率高达 60%，且多见于右侧胰叶。猫多见分泌胃泌素的胰岛非 β-细胞瘤。

[症状] 过多的胰岛素使血液中的葡萄糖进入细胞内而导致低血糖。轻症病犬、猫表现不安，常常边走边叫。颜面肌肉痉挛，后肢无力，四处排粪、排尿。重症病犬、猫表现恶心、呕吐、心跳加快，全身间歇性或强直性痉挛，神志不清，视力障碍、昏睡等。

[诊断] 血液生化检查，正常犬、猫空腹时的血浆胰岛素为 20u/ml，患本病的犬、猫血浆胰岛素达 54u/ml 以上。同时测定血糖值为 60mg/ml 以下时，则提示本病。鉴别诊断上注意区别自发性低血糖。

[治疗] 10%~20%葡萄糖 0.5~1.0g/kg 体重，快速静脉滴注。重症犬、猫可用 50%葡萄糖溶液。泼尼松 4mg/kg 体重或地塞米松 0.5~2.0mg 肌肉注射。长时间持续口服苯妥英钠或普萘洛尔（心得安），苯妥英钠 10mg/kg 体重，每日 1 次。

对高胰岛素血症的犬、猫，二氮嗪 10mg/kg 体重，每日 2 次。氢氯噻嗪（双氢克尿噻）0.5~1.0mg/kg 体重，配合使用可增加药效和减轻二氮嗪的副作用。若要彻底治愈，则必须对释放胰岛素亢进的功能性腺体肿瘤进行外科手术切除。

十四、雌性激素过多症（Hyperestrinism）

本病在雌性犬、猫和雄性犬、猫均可发生，雌性犬、猫表现为卵巢功能不均衡 I 型，雄性犬、猫表现为雌性化综合征。但多发于 5 岁以上的雌性犬、猫。

[病因] 因卵泡囊肿、卵巢肿瘤及雌激素投予过量所致。

[症状] 犬表现与发情无关的异常子宫出血、子宫内膜增生和发情样证候，外阴部肿胀，阴道流出分泌物，乳头变大。皮肤左右对称性脱毛，常见于肷部、阴道周围、乳房和会阴部，脱毛可波及全身，但头部和四肢末端多无变化。色素沉着和脂溢性皮炎。子宫内膜增生的犬表现多饮，多尿，当继发感染时，可引起子宫蓄脓症。

[诊断] 阴道黏膜涂片无正常发情犬的各种细胞成分。血清性激素测定明显高于健康对照犬、猫。有发情样证候的内分泌性皮肤病可怀疑本病。根据临床病理变化即可确诊。

[治疗] 摘除卵巢、子宫是最可靠的治疗方法。为了促进被毛生长，可给予甲状腺素。对子宫内膜增生的犬，投予孕酮 10~50mg/日或人绒毛膜促性腺激素 100~150u/日。

十五、雌性激素缺乏症（Hypoestrinism）

本病是卵巢或子宫切除后造成雌激素分泌障碍的疾病，多见于做过避孕手术的雌犬、猫。

[病因] 卵巢囊肿、卵巢肿瘤或卵巢切除后使雌激素分泌减少，可造成本病的发生。

[症状] 雌激素具有增加尿道括约肌紧张性的作用，雌激素严重缺乏时，病犬、猫不能随意地排尿或每次仅排少量尿液。

[诊断] 做过避孕手术或试验性治疗（投予激素），可为诊断提供依据。

[治疗] 雌二醇复合制剂 0.1~0.5mg/次，每 2~3 周肌肉注射 1 次。已烯雌酚 0.1~1.0mg/日，口服，连用 3~5 日，然后维持量 1.0mg，每周 1 次。苯甲酸雌二醇 0.5~1mg/次，2~3 日肌肉注射 1 次，如逐渐好转，可延长投药间隔。

十六、雄性激素过多症（Hyperandrogenism）

本病是病理性雄性激素分泌亢进的疾病，雄性和雌性犬、猫都可发生。

[病因] 原发性的睾丸肿瘤、脑下垂体萎缩病变、雌犬、猫切除卵巢以及医源性的雄性激素投予过量，都可引起本病的发生。

[症状] 患病犬、猫性欲强烈，不断爬跨公母犬、猫。全身对称性脱毛，并有色素沉着。

[诊断] 根据临床症状和治疗性诊断可以确诊。

[治疗] 对药物引起的应停止投予，对肿瘤所致的可以做去势手术。

十七、雄性激素缺乏症（Hypoandrogenism）

本病是犬、猫由于各种原因使睾丸分泌睾酮不足或精子生成障碍的疾病，临床上主要表现为性欲降低。

[病因] 原发性的有先天性睾丸发育不全、双侧隐睾、电离辐射或放射线照射等，继发性的有下丘脑–垂体肿瘤、过度肥胖、甲状腺功能减退等。

[症状] 患病犬、猫性欲低下，发育障碍，繁殖力弱或无。

[诊断] 测定睾酮的激素水平明显低下，精液检查可见精子数量少，精子活力异常，甚至无精子。

[治疗] 对隐睾犬、猫可试行外科修复手术。睾酮 1mg/kg 体重，肌肉注射，每周 1 次。泼尼松 1mg/kg 体重，口服，隔日 1 次。

第十一章 犬、猫的免疫性疾病

一、新生犬黄疸症（Neonatal canine jaundice）

本病是因母犬和父犬的血型不同，胎犬具有某一特定血型的显性抗原，通过妊娠和分娩而侵入母体，刺激母体产生免疫抗体，当仔犬出生后，通过吸吮初乳获得移行抗体，使红细胞发生破坏产生的黄疸症，临床上表现为贫血、黄疸或急性死亡。这是同种免疫性溶血性疾病。

[病因] 犬发生本病的血型因子为 CEA-1 型。母犬是 CEA-1 型阴性血型，受 CEA-1 型阳性血型抗原的作用，在初乳中含有抗 CEA-1 型阳性红细胞抗体，因此，可使吸吮这种初乳的 CEA-1 型阳性仔犬发生本病。

[症状] 新生仔犬出生后完全正常，吸吮初乳后开始发病。病情与吸吮初乳量有关。初乳中的抗体效价越高，吸吮的初乳量越多，则发病越重。因而，出生时越大、活力越强的仔犬多先发病死亡。超急性重度患犬，未出现本病的特征症状，就可在短时间内衰竭死亡。此时，多见血色素血症和血色素尿症。通常，患犬精神沉郁，吸吮力减弱，出生后 2 日，口腔和眼结膜出现明显的贫血症状。黄疸症状从第 3 日开始加重。尿液肉眼观察呈红色，潜血反应阳性。出生 2~3 日后的尿胆红素为阳性。

[诊断] 出生时正常的新生仔犬，于吸吮初乳后精神沉郁、衰竭死亡或明显衰弱的应怀疑本病。此外，通过下述方法证明阳性时，即可确诊。

(1) 收集尿液或死亡仔犬立即取膀胱尿液，尿色和潜血试验阳性。

(2) 用加 EDTA 的毛细采血管采血、离心，红细胞压积值明显减少，血浆红染或黄染的溶血性贫血为阳性。

(3) 取新生仔犬血液 2~3 滴，加入 2ml 生理盐水，轻轻混合，立即变成红色透明液，表明红细胞抵抗降低。血液涂片，姬姆萨染色，可见多量中央浓染的小型环状红细胞。

(4) 血清免疫学检查，患犬红细胞直接 Coombs 试验阳性，仔犬血清和父犬血细胞有溶血反应和间接 Coombs 试验阳性。

[治疗] 怀疑本病的犬，应立即断离母乳，改为人工哺乳。投予肾上腺皮质激素，泼尼松龙 2mg/kg 体重，口服，可抑制网状内皮系统吞噬红细胞。饲喂 2%~3%葡萄糖液，以稀释和迅速排泄进入体内的游离血红素。对重度贫血的患犬，腹腔内输血 20ml。

二、血小板减少症（Thrombocytopenia）

本病以血小板减少、皮肤和黏膜的淤血点和淤血斑及鼻出血为特征。

[病因] 由于骨髓疾病免疫介导的破坏作用、消耗性凝血病造成血小板生成减少，也可能因某些病毒感染或使用某种致弱的活病毒疫苗而引起。此外，雌激素疗法是引起本病的一种潜在因素。

[症状] 在皮肤或黏膜上突然出现淤血斑和淤血点，伴有鼻出血、大便呈深褐色及血尿，严重病犬、猫黏膜苍白。

[诊断] 采血定量测定血小板数，通过出血时间或血块凝集试验测定血小板数量，即可以确诊。

[治疗] 皮质类固醇治疗有效，但疗程过后会复发。为了避免复发，每日或隔日给予维持量。对使用类固醇药物没有作用的病例，改用长春新碱、环磷酰胺等抗肿瘤药物，有利于刺激血小板生成和促进血小板附着。输血补充血液时，要输给新鲜的全血或富含血小板的柠檬酸盐抗凝血浆。

三、特发性皮炎（Atopic dermatitis）

本病是一种发生于多种动物的瘙痒性、慢性皮肤病，约10%的犬易患本病，㹴和大麦町犬的发病率较高。病犬具有产生大量反应素抗体（IgE）的遗传倾向。

[病因] 由吸入变应原如花粉、霉菌、皮屑而引发本病。在猫，食物性过敏原是皮肤损害更常见的原因。

[症状] 病初出现剧烈瘙痒，多为全身性的，患犬常舔嚼趾部和腋下，尤其是无毛部位和汗液过多部位更为明显。继之出现红斑、水肿、丘疹、渗出、结痂以及皮脂溢等。皮肤损害可因舔嚼、抓搔和继发细菌感染而加重。猫的特发性皮肤损害表现为粟疹或局部性反应。

[诊断] 采用皮肤皮内试验鉴定诱发过敏原，但猫用皮肤试验检测诱发过敏原的可靠性不如犬。将诱发变应原注射到皮肤上，出现的水泡和潮红反应是过敏状态的局部表现。

[治疗] 对于大约60%患犬，降低致敏性是有效的。每隔1个月注射1次适量的诱发变应原直到改善为止。如果降低致敏性失败或无效，可隔日用肾上腺皮质激素治疗。

四、食物性变态反应（Allergy of food）

本病以犬、猫皮肤瘙痒及胃肠炎为特征。临床常见犬、猫的皮肤病是由食物过敏引起，如在猫的粟粒状皮炎、嗜曙红性斑、无痛性溃疡的病因中，食物过敏反应所致约占10%；在犬的不明原因的过敏性皮肤病中，62%的病例是由食物过敏反应造成的。

[病因] 本病是由致敏原（变应原）通过黏膜进入机体而发生的局部性过敏反应。

[症状] 患病犬、猫表现剧烈而持久的皮肤瘙痒，猫的过敏性胃炎表现在进食后1~2小时发生呕吐，呕吐物呈胆汁色，粪便被覆新鲜血液及带血点。猫的皮肤损伤主要发生在头部和颈部，出现红斑、脱毛、粟粒状皮炎、耳炎和耳廓皮炎、表皮脱落和嗜曙红斑，少数病灶发生在背部、股部、趾（指）、四肢、会阴等处。犬的过敏性肠炎表现小肠的轻微炎症，频频地间歇性排出稀软恶臭并附有黏液和血液的粪便，有时伴发呕吐、黏液样便的胃肠炎综合征。犬的皮肤病变表现脱毛、苔藓化、色素沉着过多等亚临床症状。

[诊断] 通过严格控制食物及用皮质类固醇药物无明显效果，而又无体外寄生虫感染等临

床体征，可以诊断。

[治疗]

(1) 葡萄糖酸钙 20~40ml、维生素 C 1000~2000mg，静脉注射，每日 1 次。

(2) 喂低蛋白食物，补充维生素和矿物质。如果通过改变食物也不能奏效，可每日或隔日给予低剂量的肾上腺皮质激素类药物。

五、寻常性天疱疮 (Pemphigus vulgaris)

寻常性天疱疮是由免疫机制异常而引起的典型的自身免疫性皮肤病，病变多发于皮肤和黏膜交界部。本病常见于中年犬，发病率无性别和品种差异。PV 是最早发现、最严重的一种天疱疮。1975 年已有过报道。

[病因] 本病的自身抗体形成机制尚不明确。一般认为病毒附着、化学药物或酶的作用，使自身组织的抗原性发生改变；侵入的微生物与某些组织有共同抗原，可起交叉免疫反应；免疫活性细胞的突变和免疫稳定功能失调等，都可产生自身抗体而发生免疫性疾病。

[症状] 多呈急性经过，初期病犬表现溃疡性口炎、齿龈炎及舌炎。随之，黏膜和皮肤交界部，如口唇、眼睑、肛门、外阴、包皮、鼻孔及指趾内侧很快出现水疱。水疱破裂形成溃疡、继发感染时，表现严重的皮肤炎症变化，患部瘙痒、疼痛，有时发热，精神沉郁。皮肤出现尼克尔斯基氏症，健康的皮肤表面用指头摩擦，表皮易于剥离的现象。

本病的病变发生在表皮的棘层，由表皮细胞间的粘合质和部分表皮细胞壁作为抗原而产生自身抗体，使表皮的细胞间质溶解，细胞间结合疏松而产生缝隙，但表皮的基底细胞不发生病变。

[诊断]

(1) 间接荧光法。测定血清中存在自身抗体。其方法是以正常的皮肤组织作抗原，加被检血清感作，再用荧光素标记的抗犬免疫球蛋白抗体感作，荧光显微镜下检查。

(2) 直接荧光法。病变部的表皮组织中有免疫球蛋白沉积，以病变部组织作抗原，用荧光素标记的抗犬免疫球蛋白抗体感作，荧光显微镜下检查。

(3) 组织活检。病变部基底层上部的棘细胞溶解，形成缝隙。

[治疗] 发病初期泼尼松 1~3mg/kg 体重，口服，每日 2 次，若效果不明显，则以 4~8mg/kg 体重，口服，连用 5 日，再以 0.5~1mg/kg 体重的维持量口服。为防止继发感染，可并用土霉素等广谱抗生素。陷入恶病质时，持续投入免疫抑制剂，可一时性缓解症状，但停药后即可复发。

上述药物无效时，可试用环磷酰胺及硫唑嘌呤（依木兰）等免疫抑制剂。环磷酰胺 1.5~2mg/kg 体重，口服，每周 4 次，停药 3 日，然后，每周 1 次，出现白细胞减少和血尿时，停止用药。硫唑嘌呤（依木兰）1.5mg/kg 体重，口服。金硫葡萄糖 1~5mg，肌肉注射，1 周后以 2 倍剂量肌肉注射，然后，以 1mg/kg 体重，每周 1 次，连用 3 个月。免疫抑制剂常与少量肾上腺皮质激素并用。

六、落叶状天疱疮（Pemphigus foliaceus）

本病与寻常性天疱疮相同，属于自身免疫性皮肤病。1977 年，Halliwell 首次报道犬发生此病。落叶状天疱疮与寻常性天疱疮主要不同点是症状轻，黏膜与皮肤交界处病变少。本病除犬外，猫也发生。犬的发病率无品种、年龄及性别的差异。

［病因］本病是机体对自身表皮细胞的间质物质和部分表皮细胞壁发生的免疫反应。

［症状］皮肤与黏膜处突然形成水疱，短时间内破溃形成痂皮，以后取慢性经过。病变多发生于面部，尤其是鼻、眼周围及耳部，病变范围扩大时，见于指（趾）周围，腹股沟部，甚至波及全身。病变呈水疱性、溃疡性、脓疱性变化。患部脱毛、发红、渗出，形成广范围痂皮。本病无全身症状，也很少有细菌感染，但表现出程度不同的瘙痒。

［诊断］根据临床病理变化，结合临床症状，可以确诊。

活检可见脓疱形成于表皮的角质下层或颗粒层，棘细胞层发生融合角化。嗜酸性细胞浸润，通常炎性反应较弱。

［治疗］泼尼松 2~6mg/kg 体重，口服，每日 1 次，症状缓解后减量。可用环磷酰胺长期治疗。金硫葡萄糖 5~10mg，口服，每周 1 次，连用 3 个月后每月 1 次。

七、类天疱疮（Pemphigoid）

类天疱疮是自身免疫性疾病，发病率较高，常见于长毛牧羊犬及其相关的品种犬。

［病因］由于皮肤的基底膜发生免疫球蛋白沉着（自身抗原），而引起皮肤的病理变化。

［症状］临床上分为急性型和慢性型两种。

(1) 急性型。患犬精神沉郁，不食，发热。皮肤黏膜交界部、口腔黏膜、头部及耳廓突然出现不易破溃的水疱，此型与寻常性天疱疮的临床表现不同。

(2) 慢性型。患犬下腹部和腹股沟部出现短时间的灶性水疱，并形成溃疡，若病灶局部无刺激，则病灶不会扩散。慢性型的转归良好。

［诊断］根据临床病理变化，结合临床症状可以确诊。在水疱、溃疡及病灶周围取活检材料进行组织学检查，特征性变化是表皮与真皮明显分离，且形成水疱。尚可见融合的有棘细胞以及水疱内含有血清和少量白细胞。真皮处有轻度非特异性反应，荧光抗体直接法证明，表皮和真皮交界处有线状或球状免疫球蛋白和补体附着。

［治疗］急性型天疱疮伴有全身症状时，应早期使用肾上腺皮质激素。为防止细菌继发感染，全身投予抗生素。泼尼松 3mg/kg 体重、氯霉素 25mg/kg 体重，口服，每日 3 次，连服 7 日。之后，泼尼松按每日半量或半量以下服用。对局限性慢性型，用盐酸环丙沙星软膏涂布，每日 3~5 次即可。

八、自身免疫性溶血性贫血（Autoimmune hemolytic anemia）

本病是某种原因产生的红细胞自身抗体加速红细胞的破坏而引起的溶血性贫血，多发于 2~8 岁的雌犬。

[病因] 自身抗体的产生机制尚不清楚。有人认为是抗原性物质变化及产生抗体的组织功能紊乱所致。

(1) 原发性。病因不明。

(2) 继发性。继发于各种疾病如白血病、全身性红斑狼疮、甲状腺疾病、巴贝斯虫病等，药物如非那西丁、青霉素、杀虫剂、磺胺类药物、胰岛素等，某些细菌、病毒以及寄生虫及其代谢产物形成的抗体。

(3) 抗体型与发生频率。最适反应温度为37℃的温式不完全抗体型发生频率最高，其次为生理盐水中出现的自身凝集反应和生物体内出现的溶血反应。最适反应温度为4℃的冷式凝集反应和不完全抗体型发生很少。

(4) 抗体型与病情

①温式抗体（IgG）型。贫血和经过急而重。

②冷式抗体（IgM）型。多取慢性经过，症状轻，四肢发凉，暴露的血液发生明显凝集和溶血。

[症状] 突然贫血，可视黏膜苍白，2~3 日后逐渐出现黄疸。患犬精神沉郁，不愿活动，心悸和呼吸加速。约半数患犬发病初期体温升高，由于致敏的红细胞在脾脏内淤滞和崩解加快，造成脾肿大，出现溶血、血色素血症和血色素尿症。皮肤主要变化是四肢出现浅在性皮炎，尾和耳的尖端部坏死。有寒冷症状的患犬病情较重。

[诊断] 根据临床病理变化，结合临床症状可以确诊。

红细胞减少，出现中央浓染的小型球形红细胞，Ht 值减少到 5%~20%。红细胞抵抗明显降低，在 5ml 生理盐水中滴入数滴血液，很快出现溶血。约 75%的患犬血小板减少至 10 万/μl 以下。中性粒白细胞增加，核左移，数日后则出现明显的幼稚红细胞再生象。血清胆红素增高，通常可达 2~4mg/100ml。间接胆红素 Coombs 试验阳性。

[治疗]

(1) 大剂量投予皮质类固醇制剂，如泼尼松龙 1~2mg/kg 体重，口服，每日 2 次。急性溶血期症状缓解时，应逐渐减量，10~20 日后维持量为 0.5~1mg/kg 体重，每日 1 次。类固醇制剂无效或长期使用出现副作用时，改用环磷酰胺 2mg/kg 体重，口服，每日 1 次，连服 4 日。

(2) 为抑制抗体产生和抑制致敏红细胞的破坏或类固醇制剂治疗无效的犬，应摘除脾脏。重度贫血患犬必须输血时，应做交叉配血试验，同时并用大剂量皮质类固醇制剂。

(3) 在溶血期，对犬要绝对保持安静，必要时结合输氧、强心、补液疗法。

九、全身性红斑狼疮 (Systemic lupus erythematosus)

本病是一种由于对自身组织不能识别而引起的全身性非化脓性慢性炎症的自身免疫性疾病。主要侵害关节、皮肤、造血系统、肾脏、肌肉、胸膜和心肌等，多见于雌犬，一般预后不良。

[病因] 尚未明确。一般认为与遗传因素、病毒感染、长期服用某些药物，如肼苯哒嗪、

丙硫氧嘧啶。也可能与阳光和紫外线照射等有关，这是外界致病因子作用于有遗传免疫缺陷的机体，使免疫功能失调，产生大量自身抗体所致。

[症状] 患犬表现多器官组织损伤的各种变化。通常，有对抗生素无反应的持续发热，倦怠，嗜眠，食欲不振，体重减轻。多数患犬发生多发性关节炎，尤其跗关节和腕关节，表现红、肿、热、痛、站立困难，咀嚼肌和四肢肌肉萎缩。半数患犬呈出血性素质和巨脾。少数患犬出现皮肤病变和肾、心、肺及中枢神经系统的功能障碍。

[诊断] 根据皮肤和多器官损害所引起的体征，血液中检出红斑狼疮（LE）细胞（LE 细胞可在多关节点的关节液检出）、抗细胞抗体，则可以确诊。

[治疗] 泼尼松 1.5~3.0mg/kg 体重，晨服，每日 1 次，连用 10 日后减半量，1 个月后隔日口服维持量。也可并用环磷酰胺或硫唑嘌呤（依木兰）2mg/kg 体重，口服，每日 1 次，使用 4 日后停药 3 日。对血小板减少症，可用长春新碱 0.02mg/kg 体重，静脉注射，每周 1 次。

十、免疫介导性脑膜炎（Immunemediated meningitis）

本病也称结节性动脉外膜炎，常发生于成年小猎兔犬、拳狮犬、德国短毛向导犬及秋田犬。

[病因] 本病的发病原因尚不清楚。

[症状] 主要表现周期性发热，严重患犬的颈部疼痛和强直。病犬不愿走动，持续 5~10 日后，完全或部分正常的间歇期持续 1 周。此病常自身限制达数月以上。秋田犬的脑膜炎综合征常继发于多发性关节炎，病犬表现严重的热发作导致全身性强直。发病犬生长缓慢。

[诊断] 本病诊断依靠实验室检查。脑脊髓液中的蛋白质和中性粒细胞升高、脑膜血管受损及其动脉炎，可提示本病。

[治疗] 肾上腺皮质激素治疗可减轻症状。但秋田犬的脑膜炎综合征对肾上腺皮质激素和联合免疫抑制剂治疗效果不佳。

十一、免疫缺陷病（Immunodeficiency disease）

本病包括吞噬作用缺陷、免疫球蛋白缺陷、选择性免疫缺陷、病毒诱导免疫缺陷等。

(1) 吞噬作用缺陷可见外周血液中所有细胞成分（主要是中性粒细胞）发生周期性降低。表现为皮肤、呼吸系统和胃肠道对细菌感染的易感性增高，对抗生素治疗效果不明显。

(2) 免疫球蛋白缺陷（获得性的）发生于不能吸收充足母源抗体的新生犬、猫，或患主动免疫球蛋白合成降低疾病的老龄犬、猫。某些病毒感染如犬瘟热、犬细小病毒可严重地损害淋巴网状内皮系统，使正常抗体产生受到阻断。

(3) 选择性免疫缺陷其依据尚不清楚，波斯猫特别容易发生严重的、有时是顽固性的皮肤霉菌感染，某些品种犬如德国牧羊犬会感染局部和全身性曲霉病。

(4) 病毒诱导免疫缺陷，如犬瘟热病毒引起的幼犬联合免疫缺陷，使抗体球蛋白水平逐渐降低。犬和猫的细小病毒感染引起中性粒细胞数量和淋巴细胞反应严重及短暂低下。

十二、丙球蛋白病（Disease of γ-globulin）

本病是一类血清免疫球蛋白水平过量增高的疾病，可分为多克隆性和单克隆性，前者涉及所有主要免疫球蛋白的增高，后者仅涉及单一的均质免疫球蛋白。

［病因］

（1）多克隆丙球蛋白病见于慢性脓皮病、慢性病毒病、细菌或真菌感染，肉芽肿、慢性寄生虫感染，慢性立克次氏体病，慢性免疫性疾病等。

（2）单克隆丙球蛋白病以血清中存在一种均质的免疫球蛋白和无关的免疫球蛋白降低为特征。分泌单克隆抗体的肿瘤或源于浆细胞或源于淋巴母细胞。犬的骨髓瘤蛋白通常为 IgG，IgA 的骨髓瘤见于德国牧羊犬，猫的骨髓瘤蛋白为 IgG。

［症状］取决于原发性肿瘤的部位和病理变化程度以及分泌免疫球蛋白的量和类型。在头颅、肋骨、骨盆和脊椎的平滑的骨髓腔经常发生浆细胞骨髓瘤，病骨的病理性骨折可导致中枢神经系统或脊柱疾病而引起疼痛和跛行。淋巴肉瘤常涉及实质器官。

［治疗］免疫球蛋白分泌性肿瘤，可用肾上腺皮质激素和烷基化药物，以减轻病情。犬的预后比猫好。对于有黏滞度过高综合征的犬，则需采用血浆去除法以降低血清黏滞度，注射抗生素和球蛋白有助于预防继发感染。

第十二章
犬、猫营养及代谢性疾病

第一节　糖类代谢病

一、母犬低血糖症（Hypoglycemia in bitches）

本病主要发生在妊娠母犬分娩前后，是血糖降低到一定程度而发生的综合征。临床上主要表现为神经症状。

[病因] 引起母犬血糖降低的主要原因是胎仔数过多，胎儿迅速发育或分娩后初生仔犬大量哺乳造成营养消耗过高，同时机体对糖代谢的调节功能下降而致病。

[症状] 发病一般较突然，患犬表现为体温升高达41~42℃，呼吸加快，脉搏增速。全身呈强直性或间歇性抽搐，四肢肌肉痉挛，造成不能运动或运动共济失调，反射功能亢进。尿液有酮臭味，酮体反应呈强阳性。

[诊断] 通过检测，血糖值在40mg/100ml以下，血液酮体在30mg/100ml以上，结合症状即可确诊。

本病与母犬产后癫痫（产后子痫、产后抽搐症）的症状相似。但后者血钙明显低于正常值而血糖和尿酮体正常，且本病多见于分娩前后1周左右的母犬，产后癫痫多发生于产后1~3周内。

[治疗] 补糖：20%葡萄糖溶液按1.5ml/kg体重，静脉滴注，或5%葡萄糖氯化钠液250~500ml、地塞米松2~4ml，静脉注射，注射3~4小时后，再按250mg/kg体重，口服葡萄糖粉。按上述方法每日处置1次至病症消失。

[预防] 升糖：投给胰高血糖素0.3~1mg/次，皮下注射。分娩前后要注意增强营养，喂饲以碳水化合物为主的食物。

二、幼犬一过性低血糖症（Transient hypoglycemia of puppy）

本病多见于3月龄左右的小型玩赏犬。

[病因] 主要是寒冷或饥饿诱发了幼犬的低血糖，有时也见于消化器官功能障碍影响糖的吸收而导致低血糖。

[症状] 病初精神沉郁，反应迟钝，步态不稳，可视黏膜苍白，颜面肌肉抽搐，全身出现阵发性痉挛，很快陷入昏迷状态。

[诊断] 诊断的关键是测定血糖，血糖值低于50mg/100ml即可确诊。

［治疗］静脉注射较高浓度的葡萄糖液有效。常用 20%葡萄糖加等量复方氯化钠液，以 10ml/kg 体重，缓慢静脉滴注；或用 10%~15%葡萄糖液 5~10ml/kg 体重，缓慢静脉滴注，维持血糖正常范围。上述方法仍不能维持正常血糖水平时，可用氢化泼尼松 0.5mg/kg 体重，皮下注射，或用氢化可的松 1~2mg/kg 体重，肌肉注射，每日 1~2 次，直至症状消失 24~48 小时后停药。

［预防］对易发病幼犬应加强饲养管理，每天少食多餐，每日给予 2~3g 白糖，可有效防止发生低血糖。

三、猎犬功能性低血糖症（Functional hypoglycemia of hound）

本病常见于严重神经质的猎犬，在狩猎 1~2 小时后发生。

［病因］神经敏感型猎犬进入狩猎活动后，神经高度兴奋，处于应激状态，机体代谢特别是糖代谢发生障碍，而突然发生血糖降低。

［症状］突然发病，步态不稳，癫痫样抽搐，数分钟后可恢复。

［治疗］令患犬停止狩猎，喂给含高糖的食物，可很快恢复常态。严重者可静脉注射 10%~20%葡萄糖液。

［预防］猎犬出猎前 1 小时分 2~3 次给予高蛋白食物。狩猎过程中，多次饲喂含高糖的食物可预防本病的发生。

四、不耐乳糖症（Lactose intolerance）

本病多发于成年犬，发病率随年龄的增长而增高，是一种消化吸收不良的综合征。

［病因］有的犬肠黏膜中的乳糖分解酶先天性不足或缺乏（Lactase deficiency），有的犬断乳后，肠黏膜中乳糖酶活性迅速降低，特别是长期不吃乳品的犬，也可使乳糖酶渐渐减少以致缺乏。在以上情况下，食物中的乳糖不能被消化分解而进入下部肠道，形成高渗状态或异常发酵而导致腹泻。

［症状］食入牛奶或其他乳制品后，数小时之内即出现腹泻，肠音高朗或肠鸣以及腹痛不安等症状。

［防治］只要停喂含有乳糖的食物，症状即会很快消失。对于长期不喂牛奶的犬，不应突然喂食大量的牛奶，而要先少量喂给，逐渐加量。对于先天性不耐乳糖的仔犬必须用不含乳糖的特制奶粉进行人工哺乳。

五、糖尿病（Diabetes mellitus）

糖尿病是由各种原因造成胰岛素相对或绝对缺乏以及不同程度的胰岛素抵抗，使体内碳水化合物、脂肪及蛋白质代谢紊乱的内分泌疾病。中老年犬、猫最易发病。所有犬都可发病。多见于腊肠犬、狮子犬、苏格兰㹴等犬种。

［病因］引起胰岛的 β-细胞分泌胰岛素相对或绝对缺乏的常见原因有慢性胰腺炎、胰腺萎缩、胰腺肿瘤、胰腺损伤等。另外，内分泌系统异常及神经系统损伤，如促肾上腺皮质激

素、生长激素等过多，以及脑震荡、脑出血、脑肿瘤等也可引起糖尿病。饲料单一，长期过多地饲喂碳水化合物饲料，造成动物过肥，肝脏脂肪堆积，阻碍糖原存储，易使β-细胞负担过重、疲惫及衰竭而发病。此外，遗传因素对本病的发生也有影响。

[症状] 发病较缓慢，早期不易被发现。其典型症状是“三多一少”，即多饮、多食、多尿和体重减少，食欲大进。病情严重时，尿量增加3~5倍，尿比重增高达1.060~1.068，尿和呼出气带有特殊的芳香甜味（类似烂苹果味）。进一步发展则可见顽固性呕吐和黏液带血性下痢，尿呈酸性反应，发生酸中毒，最后陷入糖尿病性昏迷。约有半数患犬早期即开始出现白内障，逐渐失明，猫很少发生白内障。有的患犬尾尖发生坏死。

[诊断] 根据临床症状并结合检验血糖、尿糖不难作出诊断。患犬空腹血糖值达140mg/100ml以上，患犬餐后血糖值达200mg/100ml以上。尿糖呈强阳性，并伴有酮尿。

应注意与遗传性肾性尿糖、尿崩症和肾上腺皮质功能亢进相鉴别。遗传性肾性尿糖虽也有多食、多尿及尿糖高等症，但血糖正常。尿崩症尿比重降低且无糖尿。肾上腺皮质功能亢进症，可肌肉注射20u促肾上腺皮质激素，根据皮质醇的消长情况来判定。

[治疗] 主要应采取改善饲养管理的疗法。日粮中限制碳水化合物饲料，多给肉、蛋、乳等含蛋白质多的食物。饮水不限，在水中加入碳酸氢钠。对珍贵的患病犬、猫，可应用胰岛素，按1~5u/kg体重，皮下注射，每日1次，直到晨尿不含糖为止。当发生下痢时，立即停药，口服降糖药物，如苯乙双胍片，每次25mg，每日2~3次，也可内服优降糖、降糖灵等。

六、糖原蓄积病（Glycogenosis）

糖原蓄积病是糖原过多蓄积在肝、肾、心脏、肌肉、网状内皮系统和中枢神经系统内引发的代谢病。多见于小型品种的犬。

[病因] 主要病因是肝脏内的葡萄糖-6-磷酸酶先天性不足，而肝脏合成糖原的功能正常，致使糖原在肝脏等器官内异常蓄积。此外，成年犬的胰岛β-细胞瘤时，由于大量分泌胰岛素，使血糖大量进入细胞，也可造成糖原蓄积。长途运输、高热、寒冷等应激因素以及体内外寄生虫感染、腹泻、呕吐等是本病发生的诱因。

[症状] 发病迅速，患犬突然精神沉郁、呆滞，间或不安、呻吟、号叫，运动共济失调，四肢呈蛙泳状。有时出现呕吐、流涎，稀便呈煤焦油样。有时癫痫样发作、大小便失禁。抽搐缓解后又能正常饮水。体温降低或正常，食欲稍减或正常。

[诊断] 血糖值严重降低，可达20~40mg/100ml。根据临床症状和血糖变化可作出诊断。其血糖持续长期升高可与一般的低血糖症相鉴别。

[治疗] 首先要多喂高碳水化合物食物，并增加喂饲次数。对出现症状的犬，按5%~20%葡萄糖液，5~10ml/kg体重，静脉注射，连用3~5日。同时投予皮质类固醇制剂及维生素类药物。必要时给予解痉或镇静药物，以缓解抽搐等神经症状。

在护理上要注意保温，同时避免患犬受到刺激。

手术疗法：做门—腔静脉吻合术，目的是使血糖向全身转移，可明显改善其代谢和生长发育。

给予大剂量高渗葡萄糖而血糖仍持续在较低水平者，多系先天性葡萄糖-6-磷酸酶缺乏所致，这种患犬无治疗价值。

七、葡萄糖-6-磷酸脱氢酶缺乏症 (G-6-PDH deficiency)

本病是以红细胞稳定遭受破坏而易发生药物性溶血反应为特点的代谢病，主要发生于雄犬。

[**病因**] 主要是红细胞内的葡萄糖-6-磷酸脱氢酶（G-6-PDH）遗传性缺乏而导致红细胞中生成的还原型辅酶Ⅰ缺乏，使与维持红细胞稳定的还原型谷胱甘肽含量减少，红细胞的抗氧化能力降低。在这种情况下给犬投服具有氧化作用的药物时，即可诱发红细胞的溶解而发生急性血管内溶血，导致严重贫血。

[**症状**] 给犬、猫投服具有氧化作用的药物如磺胺、阿司匹林、非那西丁、伯氨喹啉、血防-846 等药物后，一般经 1~3 日，突然发生血色素尿、贫血和黄疸。

[**诊断**] 根据投予具有氧化作用的药物后发生溶血反应，同时在溶血的红细胞中可检出很多海恩茨氏小体，即可作出诊断。与其他引起贫血疾病不同的是发生在投给具有氧化作用的药物后。

[**治疗**] 对红细胞压积值在 15%以下的犬，应输血。有人采用一些抗氧化作用的药物，如维生素 E、亚硒酸钠、维生素 E、黄芪等治疗此病有一定疗效。

为预防肾功能障碍，可用林格氏液 50~60ml/kg 体重，静脉滴注。

第二节 维生素代谢病

一、维生素 A 缺乏症 (Hypovitaminosis A)

该病是维生素 A 长期摄入不足或吸收障碍所引起的一种慢性营养缺乏病。犬、猫患此病较少。

[**病因**] 主要是饲料中缺乏维生素 A 和 A 原（胡萝卜素）所致。维生素 A 和 A 原主要存在于胡萝卜、南瓜、优质绿色植物性饲草、黄玉米和乳、蛋、动物肝脏、腺体器官中。如果宠物长期缺乏这类饲料，就会使之患维生素 A 缺乏症。如果妊娠母犬、猫长期缺乏这类饲料，则会造成幼仔发病。宠物缺乏光照和运动不足、微量元素缺乏、饲料中缺乏脂肪以及患胃肠疾病，均可诱发本病。

[**症状**] 主要表现为视觉障碍、神经症状和发育受阻。各种动物的临床症状有所不同。

犬和猫主要症状是夜盲，干眼病，怕光羞明。结膜干燥，视敏度降低。严重者，角膜软化、角膜浑浊，角膜溃疡和穿孔，虹膜脱出以致失明。有时表现为胃肠卡他，皮肤干燥，发出不良气味，贫血和体力衰弱。还可见运动失调，反复发作性痉挛等神经症状。

[**诊断**] 根据病史调查，若饲料中长期缺乏维生素 A，结合临床症状以及用维生素 A 治疗有效等，可建立诊断。实验室检查：生理盐水棉拭子轻刮结膜涂片，镜检可见角质上皮细胞，

有助于诊断。应注意与犬瘟热的鉴别，犬瘟热有明显的双相热，有各种继发和并发症，单纯用维生素 A 治疗无效。

［治疗］ 对较轻症者可喂饲含丰富维生素 A 的食物，如鸡蛋、肝脏、胡萝卜等。同时积极治疗原发病。早期轻症可口服维生素 A 25000u/日，症状好转逐渐减量。重症或消化障碍者，可用维生素 AD 注射剂 0.5~1ml，肌肉注射，每日 1 次。症状好转改口服并逐渐减量。亦可肌肉注射精制鱼肝油制剂。注意要防止长期大剂量使用维生素 A 制剂以防中毒。

［预防］ 要保证食物中含有足够的维生素 A 或 A 原，宠物食品不可过于单一，适当喂饲青绿饲料和胡萝卜等。对妊娠母畜可适当补喂鱼肝油等含维生素 A 的制剂。

二、维生素 A 过多症（Hypervitaminosis A）

［病因］ 长期喂饲含大量动物肝脏的食物，因肝脏中含大量维生素 A，会使维生素 A 在犬、猫体内蓄积，从而抑制成骨细胞的功能，使韧带和肌腱附着处的骨膜发生增殖性病变。

此外，长期大量投予维生素 A 制剂，也可造成医源性维生素 A 中毒。

［症状］ 食欲减退、体重减轻、感觉过敏；四肢关节肿胀、疼痛，出现跛行。有的病犬出现全身震颤，尿失禁。

［诊断］ 根据病史调查和临床症状不难作出诊断，注意与痛风、维生素 B_1 缺乏症等相鉴别。

［治疗］ 立即停止给予维生素 A 以及含维生素 A 的食物。对关节肿胀、有跛行者，按 0.5~1.0mg/kg 体重肌肉注射地塞米松，每日 1 次，连用 3~5 日。

［预防］ 避免长期大量喂饲动物肝脏，不能将鱼肝油当成营养品长期投予。

三、维生素 B_1 缺乏症（Hypovitaminosis B_1）

维生素 B_1 缺乏症是由于饲料中硫胺素不足或含有分解、拮抗硫胺素的物质所引起的一种营养缺乏病，以出现神经症状为主要特征，犬和猫有时发生。

［病因］ 主要是饲料中维生素 B_1 含量不足。维生素 B_1 即硫胺素在五谷和豆类（主要是其果皮和胚）、酵母、麦麸以及动物的肝、心、肾、瘦肉中含量较高。对于犬，如果长期食用大米饭，或者去过皮的玉米粉，厨房废物，又缺乏新鲜蔬菜和水果也能发生本病。猫如果长期食用熟肉，又不给青菜或水果也能患维生素 B_1 缺乏症。

生鱼肉中含有硫胺酶，某些化学药物（如抗球虫药氨丙嘧吡啶）能竞争性拮抗硫胺素的吸收，所以犬、猫若食入过多这类物质也能引起体内维生素 B_1 的不足。

此外，当犬和猫患腹泻病、肝病时，能导致对维生素 B_1 的吸收和利用障碍；当动物妊娠、哺乳、发热、运动量过大、甲状腺功能亢进等机体对维生素 B_1 需要量增加时，而摄入维生素 B_1 不足，均会引发本病。

［症状］ 犬、猫发病后食欲减退，消瘦，生长缓慢，虚弱无力，体重减轻。步态不稳，后躯无力甚至麻痹，不能站立，阵发性抽搐，有感觉过敏，角弓反张，呕吐，昏迷等。

［诊断］ 根据饲料中硫胺素不足等病史调查，临床表现麻痹、运动障碍等神经症状，以及

用硫胺素治疗有显效，可建立诊断。全血乳酸和丙酮酸含量明显增高，有诊断意义。需注意与犬瘟热、钙磷代谢紊乱、低血糖症等相鉴别。

［治疗］对轻症犬、猫用维生素 B_1 按每日 30~50mg 分 2 次口服，连用 1 周。对重症犬、猫，维生素 B_1 可按 3~15mg/kg 体重肌肉注射或静脉注射。勿用葡萄糖液稀释，以免加重病情。应同时补充其他 B 族维生素，但烟酸、叶酸不宜过多，以免阻碍维生素 B_1 的磷酸化作用。

［预防］加强饲养管理，增喂富含维生素 B_1 的饲料。注意不要给猫、犬喂生鱼。

四、维生素 B_2 缺乏症（Hypovitaminosis B_2）

维生素 B_2 又称核黄素，是生物体内黄酶的辅酶，黄酶在生物氧化中起着传递氢体的作用。维生素 B_2 缺乏症也发生于犬、猫。

［病因］核黄素富含于酵母、肝、肾、麸皮、大豆和青绿饲料中，动物消化道内的微生物可以合成维生素 B_2。而宠物如长期饲料单一，饲料中缺乏维生素 B_2，就会引发本病。在患胃肠疾病时，因影响维生素 B_2 的吸收和利用，也能发生维生素 B_2 缺乏症。

［症状］犬和猫生长停滞，表现有皮炎、脱毛、眼炎、食欲不振、易疲劳、慢性腹泻、晶状体浑浊等症状。有的犬、猫出现贫血、痉挛和虚脱，有的出现口炎、阴囊炎。

［诊断］根据病史调查和症状，以及投予维生素 B_2 有明显疗效，可建立初步诊断。核黄素从尿中排泄量和红细胞含量下降可作为诊断参考。注意与维生素 A 缺乏症相鉴别。

［治疗］首先要在饲料中添加酵母、肝及肾等动物性饲料。病情较重者，给予核黄素 10mg，口服，每日 2 次，连服 10 日。也可皮下注射 B 族维生素。

［预防］平衡饲养，饲料中要有足够的维生素 B_2。

五、维生素 B_6 缺乏症（Hypovitaminosis B_6）

维生素 B_6 是吡哆醇、吡哆胺和吡哆醛的总称，在体内经磷酸化后，是转氨酶、氨基脱羧酶的辅酶，与胆固醇和中枢神经系统的代谢有重要关系。维生素 B_6 缺乏，可引起各种代谢障碍。本病有时见于犬、猫。

［病因］富含维生素 B_6 的饲料有酵母、谷物种子的外皮、青绿饲料、肉类、肝脏等。当喂给宠物的饲料长期维生素 B_6 不足时易患本病。当慢性腹泻等吸收不良，妊娠、哺乳等，对维生素 B_6 需求量增加或使用有拮抗维生素 B_6 作用的药物如异烟肼等亦可引发本病。

［症状］主要以小红细胞性低色素性贫血为特征，同时还发生神经退行性变性和肝脏脂肪浸润，可出现癫痫样发作，共济失调，甚至昏迷。幼犬胃肠功能障碍，食欲不振，发育不良，消瘦，反应过敏，有的眼睑、鼻、口唇周围、耳根后部、面部发生瘙痒性红斑样皮炎或脂溢性皮炎，有的舌、口角发炎。

［诊断］根据病史和症状及用维生素 B_6 治疗有效，可作出初步诊断。尿中维生素 B_6 排出减少，而黄尿烯酸增加。应与缺铁性贫血相鉴别。

［治疗］应用维生素 B_6，犬 0.05mg/kg 体重，肌肉注射，也可口服。连续用药 10 日。

［预防］饲料中要有足够的肉类、肝脏或酵母粉等。

六、维生素 C 缺乏症（Hypovitaminosis C）

维生素 C 缺乏症也称坏血病，是由于维生素 C（抗坏血酸）缺乏而使毛细血管壁通透性增大，引起皮下、黏膜、肌肉出血的一种疾病。犬有时发病。

［病因］主要是日粮中缺乏青绿饲料，或饲料蒸煮过度。贮存过久致使维生素 C 被破坏。此外，在慢性疾病和应激过程中，动物体内维生素 C 消耗增加，也可发生维生素 C 相对性缺乏。

［症状］病犬齿龈肿胀、紫红、光滑而脆弱，易出血，常继发感染形成溃疡。生长缓慢，体重下降，心动过速，黏膜和皮肤易出血、发炎，有时粪尿中混有血液。有的病犬四肢长骨骨骺端肿胀，疼痛，表现为跛行。

［诊断］根据病史和临床症状可建立初步诊断。X 线检查见骨质疏松、长骨骨骺端钙化带变密增厚、骨皮质变薄、骨小梁细小等，有助于确诊。尿中维生素 C 减少可作为诊断依据。用维生素 C 治疗如迅速见效，即可确诊。临床上需注意与血友病、血小板减少性紫癜、佝偻病相鉴别。

［治疗］喂饲富含维生素 C 的食物，改进食物的加工方法，减少对食物中维生素 C 的破坏。对症状较重者可给予维生素 C 150~300mg，口服，每日 3 次，连服 2 周。必要时可给予 100~200mg 静脉注射，每日 1 次。有贫血者可给予铁制剂或输血，对四肢跛行者可应用消炎镇痛剂。

［预防］对犬、猫不宜长期喂饲谷物饲料，应适当增加肝、肾等动物性饲料，同时喂饲维生素 C 丰富的水果和蔬菜。

七、维生素 D 缺乏症（Hypovitaminosis D）

维生素 D 缺乏症是动物饲料中缺乏维生素 D 及不足，或光照不足，维生素 D 原转变为维生素 D 减少所引发的一种营养性疾病。在幼犬、猫主要表现为佝偻病，在成年犬、猫主要表现为骨软化症。

［病因］一是犬、猫采食的饲料中缺乏维生素 D，二是犬、猫体内合成的维生素 D 不足。宠物食品中含维生素 D 较丰富的是鱼肝油、乳、肝、蛋黄等。宠物食品中长期缺乏含维生素 D 的饲料易发生本病。当慢性消化不良、寄生虫感染及镁过量等，也能引起维生素 D 吸收障碍而促发本病。动物体的皮下组织中含有 7–脱氢胆固醇，在紫外线或日光照射下，可转变为维生素 D3。当宠物长期在室内饲养，很少晒到太阳时，其体内合成的维生素 D 就会不足，也是发生本病的原因。

维生素 D 的主要作用是促进钙、磷在小肠的吸收，加速骨骼钙化，促进肾小管对钙、磷的回收。所以缺乏维生素 D，就会使肠对钙、磷的吸收减少，血钙、血磷含量下降，骨中钙和磷沉积不足，乃至骨盐溶解，最后导致成骨作用障碍。

［症状］前驱症状可见有异嗜，如啃吃墙土、泥沙、污物等。因关节疼痛而步态强拘、跛行。患犬往往呈膝弯曲姿势、O 形腿、X 形腿，可见有骨变形，关节肿胀。幼犬的肋骨与肋软

骨结合部肿胀，呈串珠状，胸骨下沉，脊柱骨弯曲。成犬上颌骨肿胀，口腔变狭窄，咀嚼障碍，易发生龋齿和骨折。

[诊断] 根据病史及症状、X 线检查骨密度降低等，可以建立诊断。当血钙浓度在 9mg%以下，血磷浓度在 2.5mg%以下时，即可确诊。注意与风湿病、痛风等病相鉴别。本病使用维生素 D 制剂治疗，并补充钙、磷后，症状可明显减轻。

[治疗] 应用维生素 D 制剂。如内服鱼肝油；皮下或肌肉注射维生素 D_2 胶性钙注射液，犬每次 0.25 万~0.5 万 u，维生素 D_3，犬 0.15 万~0.3 万 u/kg 体重，肌肉注射。也可用 1，25-二羟钙化醇进行治疗。注意给予维生素 D 不要过量，否则，易引起中毒。

[预防] 要给宠物充足的日光浴，经常到室外活动。饲料中注意补充钙制剂，如贝壳粉、骨粉等，要使饲料全价，给予优质蛋白质食物。

八、维生素 E 缺乏症（Hypovitaminosis E）

维生素 E 又叫生育酚、抗不孕维生素，除可维持正常生殖功能外，尚与肌肉及其他系统的健全有关。维生素 E 缺乏症是维生素 E 摄取不足引起的代谢病。

[病因] 一是饲料中维生素 E 含量不足。维生素 E 存在比较广泛，各种谷物、植物种子胚芽、植物油、麦麸及蛋黄、乳汁、肝脏中含量丰富，当对饲料加工、贮存不当时，可破坏维生素 E，饲料中加入过量不饱和脂肪酸，也能促进维生素 E 的氧化和破坏。二是长期腹泻，脂质吸收不良，也可造成维生素 E 的吸收障碍而导致维生素 E 缺乏。三是快速生长的犬（猫）和妊娠母犬（猫），消耗维生素 E 增加；硒缺乏时，维生素 E 的需要量也增大，这种情况下，如若维生素 E 的摄取不能相应增加，也易发生维生素 E 缺乏症。

[症状] 母犬的受精卵发育不全，造成胎儿被吸收而不孕；公犬的精母细胞变性，发生睾丸萎缩。猫发生小脑软化症，出现运动失调。各种动物出现食欲下降、无力。发生肌肉变性、萎缩，组织中的过氧化物蓄积而引起脂肪组织炎，皮下组织坚硬，触摸疼痛，贫血，慢性肝功能障碍等。

[诊断] 通过了解饲料情况和症状以及用维生素 E 制剂治疗有显著疗效，容易建立诊断。通过进行血液中维生素 E 含量的检测，可作为诊断的依据。注意与布氏杆菌病相鉴别。

[治疗] 醋酸生育酚注射液 0.08ml/kg 体重，隔日肌肉注射，合并使用碳酸精氨酸 2~4ml/日，皮下注射，效果良好。

[预防] 调整日粮，合理加工、贮存饲料，减少日粮中的不饱和脂肪酸，增喂谷物饲料或小麦胚油。对妊娠宠物可在每千克饲料中添加 10~20mg 维生素 E。

九、维生素 K 缺乏症（Hypovitaminosis K）

维生素 K 缺乏症是由于动物体内维生素 K 不足而引起的营养代谢性疾病。常发生于犬、猫。

[病因] 宠物日粮中缺乏青绿饲料或肝脏、植物油及水果等富含维生素 K 的食物易引发本病。正常情况下，动物消化道内的微生物能合成维生素 K，所以不易造成维生素 K 的缺乏，

但当动物患胃肠疾病时，脂肪类物质吸收障碍，致使脂溶性的维生素 K 吸收减少；另外，大量或长期服用磺胺类药物与抗生素，可使胃肠内微生物数量减少，也会因维生素 K 合成不足而引发本病。

［症状］主要表现为凝血时间延长和具有出血性素质，各种动物都会表现出程度不同的贫血、厌食、衰弱等。主要在各部位皮下组织甚至腹腔、胸腔内发生出血，严重者发生重度贫血，眼结膜苍白，皮肤苍白而干燥，同时出现全身代谢紊乱。

［诊断］根据病史和症状以及用维生素 K 治疗有效，较容易建立诊断。根据发病较慢和凝血相的实验室检验可作出确诊。注意与血友病、血小板减少症和抗凝血杀鼠药中毒相鉴别。

［治疗］可应用维生素 K_3 肌肉注射，犬每日 10~30mg，猫每日 10~20mg。

［预防］调配好饲料，每千克饲料内增补维生素 K0.5mg。注意及时治疗胃肠道和肝脏疾病，磺胺类和抗生素药物的应用时间不宜过长。

十、生物素缺乏症（Biotin deficiency）

生物素又称维生素 H，是羧化酶的辅酶，参与体内固定或脱去 CO_2 的过程，起 CO_2 载体的作用，并能促进动物生长。犬和猫偶有发病。

［病因］生物素广泛存在于动、植物性饲料中，酵母、肝脏、肾脏中含量较高，而且哺乳动物的胃肠道内微生物可以合成生物素，所以一般不易造成生物素的缺乏。但如对饲料调制保存不当，会使饲料中产生拮抗生物素的物质，例如链球菌可产生抗生物素蛋白，能影响动物对生物素的利用。特别是当动物患胃肠疾病，或长时间投服磺胺类、抗生素等药物破坏了胃肠道内正常菌群的平衡，都会使动物减少生物素的获得。另外，生的蛋清中存在抗生物素蛋白，所以过多采食生蛋清也能引发本病。

［症状］犬主要表现为鳞屑样皮炎，脱毛，生长发育受阻，身上有臭气。猫科动物主要表现为贫血，消瘦，发育不良，皮炎，脱毛等。

［诊断］检查饲料中生物素的含量可作为参考，一般认为每千克饲料中有效生物素含量应在 150mg 以上才能满足动物需要。

诊断中要注意与其他 B 族维生素的缺乏以及锌、硫缺乏引起的脱毛相鉴别，除进行所缺乏物质的饲料、血液检验外，进行治疗性试验是简便的诊断法。

［治疗］在每千克饲料中加入 350~500mg 合成的生物素，能使症状很快改善。或者在饲料中加入干燥酵母，也有良好疗效。

［预防］饲料要合理加工和保存；适当喂给肝、鱼粉、黄豆粉等生物素含量高的饲料。禁用生蛋清饲喂宠物。

十一、叶酸缺乏症（Folic acid deficiency）

叶酸又称维生素 B_{11} 或维生素 M，在体内转变为具有生物活性的四氢叶酸，参与多种氨基酸的代谢，参与嘌呤、嘧啶等甲基化合物的合成，对核酸的合成有直接影响。本病犬、猫偶发。

［病因］叶酸在植物的绿叶，花生、大豆以及肝、肾、乳汁等食物中含量丰富，除猪以

外的多数动物消化道内微生物可合成叶酸，所以正常情况下，动物不易缺乏叶酸。但在长期喂饲低蛋白性饲料或煮熟时间过长的饲料会引起发病。大量投服抗生素等抑菌性药物，能使叶酸在体内的合成量减少。患胃肠疾病的动物，也能影响对叶酸的吸收和利用。另外，妊娠和哺乳母犬和母猫，对叶酸需求量增加，易患本病。

［症状］患病犬、猫主要表现为贫血、食欲不振、消化不良、腹泻、消瘦、生长缓慢、繁殖力下降、皮肤发疹和胃肠炎症状。

［诊断］根据分析饲养状况，结合临床症状，参考病理解剖变化（皮肤黏膜苍白、贫血、皮肤发疹、胃肠炎等）可进行初步诊断。生化检验的特征是红细胞内含有过量多谷氨酰叶酸衍生物。

注意与生物素缺乏症、维生素 B_{12} 缺乏症以及缺铁性贫血等症相鉴别。本病投予叶酸制剂后，症状可很快消失。

［治疗］立即调整日粮组成，增加酵母、青绿饲料、豆类等富含叶酸的成分。

严重者可应用叶酸制剂治疗，犬和猫 0.1~0.2mg/kg 体重，内服，或肌肉注射，连用 5~10 日。还可给予维生素 C 或维生素 B_{12} 制剂，以减少叶酸消耗，提高疗效。

［预防］保持日粮营养全价。应用鱼粉或油浸豆饼作蛋白性饲料时，要注意补充叶酸。在投服磺胺等抗菌药物时应适当增加叶酸等 B 族维生素的给予量。

十二、烟酸缺乏症（Nicotinic acid deficiency）

烟酸又称维生素 PP 或抗癞皮病（Pellagra）维生素，包括尼克酸和尼克酰胺。前者在体内转变为后者，与核酸、磷酸、腺嘌呤组成脱氢酶的辅酶。宠物有时发生本病，又称黑舌病。

［病因］烟酸在许多动植物性饲料中都有，在谷类、酵母、麦麸、肝、肾等食物中含量丰富，但在玉米中含量很少，而且含有抗烟酸作用的乙酰嘧啶，所以长期用玉米喂饲宠物时，易发生烟酸缺乏症。低蛋白日粮可加剧烟酸缺乏。

［症状］犬和猫患病后表现为口腔和食管上皮发炎，并有溃疡，舌和口腔黏膜发黑，唾液黏稠，呼出气恶臭。犬科动物还发生糙皮病，因胃肠黏膜发炎、溃疡而出现腹泻、食欲减退、体重减轻，有的还发生贫血。猫科动物表现为腹泻、体重减轻、新生仔死亡、口腔溃疡，大量流黏稠唾液。

［诊断］根据癞皮、黑舌、皮炎、腹泻等症状不难诊断。要注意与其他 B 族维生素缺乏和锰等微量元素缺乏相鉴别。本病投予烟酸后症状很快改善，通过检验血液中烟酸含量有助于确诊。腹泻与沙门氏杆菌病相似，通过细菌学检查可以鉴别。

［治疗］对症状严重者，成年大型犬用烟酸 50~100mg，口服，每日 3 次，连用 1 周。小型犬和幼犬适当减量。

［预防］防止日粮单一，给予全价饲料，特别要避免仅用玉米长期喂饲宠物。在日粮中适当增加动物性饲料。在饲料中添加 10~20mg/kg 烟酸可有效预防本病。

十三、胆碱缺乏症（Choline deficiency）

胆碱也称维生素 B_4，属于抗脂肪肝维生素。病的特征是生长发育受阻，肝、肾脂肪变性，消化不良，运动障碍。犬和猫也有发生。

[病因] 胆碱的自然来源是动物性饲料鱼粉、肉骨粉、青绿饲料和饼粕等。宠物日粮中胆碱含量不足是主要病因。日粮中烟酸含量过高时，以甲基烟酰胺的形式排出，使机体缺少合成胆碱必需的甲基族，会引发本病。另外，锰缺乏也能导致胆碱缺乏。

[症状] 犬主要表现为脂肪肝，消化不良，生长停滞。胆碱缺乏时，即使日粮中锰、生物素、叶酸含量充足也能引起骨短粗病，发生肝脂肪变性。幼犬和幼猫关节、韧带和肌腱往往发育不全。

[诊断] 根据日粮中胆碱含量检测，结合临床症状及病理解剖变化，如肝、肾弥漫性脂肪浸润，可以建立诊断。注意与锰缺乏症的鉴别诊断。

[治疗] 应用氯化胆碱内服或混于饲料中喂饲，如能同时配合应用维生素 B_{12} 和叶酸制剂，疗效更好。在治疗的同时，应调整日粮组成，保证供给胆碱含量丰富的饲料，如肉骨粉、鱼粉、麦麸、饼粕、豆类、酵母、全乳和脱脂乳等。

[预防] 向每千克饲料中添加氯化胆碱 1g，肌醇 1g，维生素 E 10u，可有效地预防本病的发生。

第三节　矿物质及微量元素代谢病

一、佝偻病 (Rachitis)

佝偻病是幼龄犬、猫软骨骨化障碍，导致发育中的骨钙化不全，骨基质钙盐沉积不足的一种慢性病。宠物虽不如其他动物发病率高，但也时有发生，犬发病还是较多的。

[病因] 主要原因是维生素 D 不足或缺乏。维生素 D 缺乏的具体原因见本章第二节维生素 D 缺乏症。

饲料内钙、磷不足或比例不当也是发生本病的重要原因。凡影响钙、磷正常吸收的疾病，如甲状旁腺功能异常、胃肠功能障碍等，也能引发本病。

断乳过早可促进本病的发生。

[症状] 最引人注意的症状是骨骼变形。四肢关节肿胀，肋骨和肋软骨结合部肿胀呈捻珠状。四肢骨骼弯曲，表现为内弧呈“O”形或外弧呈“X”形的肢势。头骨、鼻骨肿胀。硬腭突出，口裂常闭合不全。肋骨扁平，胸廓狭窄，胸骨舟状突起而呈鸡胸状。脊柱弯曲变形。

此外，患病宠物精神沉郁，异嗜，喜卧，不愿站立和运动。运步时，步样强拘。发育停滞，消瘦，出牙障碍，齿面不整。有的出现腹泻和咳嗽。严重的可发生贫血。

[诊断] 根据病史调查和临床症状不难建立诊断。当犬的血钙浓度在 9mg%和血磷 2.5mg%以下时，即可确诊为本病。

注意与传染性多发性关节炎鉴别，要点是本病在经过中体温、脉搏、呼吸无变化，无传染性，且肿胀的关节无热无痛。

[治疗] 应用维生素 D 制剂，如内服鱼肝油、皮下或肌肉注射维生素 D_2 胶性钙注射液、肌肉注射维生素 D_3 注射液等。在应用维生素 D 的前后要注意补钙，如口服碳酸钙、乳酸钙，

静脉注射氯化钙、葡萄糖酸钙等。静脉注射钙剂，初期每日 1 次，以后每周 1~2 次。有消化不良时，酌用健胃剂。

[预防] 对妊娠母犬、猫和哺乳母犬、猫要全价饲养，经常补钙。幼龄宠物要多晒太阳，多运动，并积极防治胃肠病。

二、骨软病 (Osteomalacia)

骨软病是骨质进行性脱钙，未钙化的骨基质过剩，而使骨质疏松的一种慢性骨营养不良性疾病。临床上以骨骼变形为特征。犬、猫偶有发病。

[病因] 日粮中钙、磷比例失调，特别是磷含量绝对或相对缺乏是造成本病的主要原因。犬、猫食物中钙磷最合适的比例：犬为 1.2~1.4:1，猫为 0.9~1.1:1。有的犬主人担心爱犬缺钙，长期大量喂食钙剂，而忽视了补磷，造成钙、磷比严重失调，容易引发本病。动物在钙、磷供应总量不足的条件下，对磷的缺乏更为敏感，易发生骨软症。维生素 D 缺乏时，可促进磷的缺乏。此外，锌、铜、锰等微量元素的缺乏也对骨软症的发生有促进作用。

[症状] 病初发生消化功能紊乱，喜食泥土、破布、塑料等，有的甚至因异嗜而发生胃肠阻塞。随后出现运动障碍，运步强拘，腰腿僵硬，拱背、跛行，喜卧，不愿起立。继之则出现骨骼肿胀变形，四肢关节肿大，易发生骨折和肌腱附着部的撕脱。

[诊断] 依据异嗜、跛行和骨骼肿大变形不难诊断。通过饲料分析钙、磷比例失调或绝对量不足以及 X 线摄影骨质疏松，即可确诊。血钙多无明显变化，而血磷明显降低。

注意与慢性氟中毒鉴别，后者具有典型的釉斑齿和骨脆症，饮水中氟的含量高。

[治疗] 关键是调整不合理的日粮结构，满足犬、猫对磷的需要，要增加骨粉的喂量。对重症病例，可配合应用无机磷酸盐，如 20%磷酸二氢钠注射液或 3%次磷酸钙注射液等，静脉注射。另外，要保证钙、磷的绝对供给量。

适当补充维生素 D 和锌、铜、锰等微量元素。

[预防] 防止长期、大量、单一地补给钙剂。注意经常分析日粮成分，及时调整钙、磷比和绝对量。

三、产后癫痫 (Postpartum epilepsy)

产后癫痫又称产后抽搐症、产后子痫，是母犬分娩后多发的严重代谢病，常见于小型、兴奋型犬，大型犬很少发生。多发生于分娩后 5~30 日，而发生于分娩后 7~22 日的又占发病数的 75%左右。猫较少发生。具体病因、症状、诊断、治疗见生殖系统疾病中的产后痉挛。

四、镁代谢病 (Mgnesium metabolic disease)

镁代谢病包括镁缺乏症和镁中毒。镁在体内可作为多种酶的激活剂，从而影响脂肪、蛋白质和能量代谢，同时，镁离子也是糖代谢及细胞呼吸酶系统不可缺少的辅助因子。细胞外液中的镁还能与钙、钾等离子协同，维持肌肉、神经的兴奋性和心肌的生理功能。在动物体内 70%以上的镁是以磷酸盐形式存在于骨骼和牙齿中。

[**病因**] 镁缺乏症的发生主要有以下几方面的原因：一是宠物从食物中吸收的镁不足。正常情况下，宠物采食的肉类、豆类、谷物等均含有较多的镁，故不易发病，但当食物过于单一，给含镁少的饲料时，就有可能发病。二是镁的排出量增多。如在慢性腹泻、大量泌乳时，镁会从粪、乳中大量流失而导致发病。三是当患胃肠道疾病时，动物吸收镁的功能障碍时，也易发病。四是应用大剂量排镁的利尿剂也可引发本病。

镁中毒：通过采食自然发生的极罕见，主要原因是投给镁制剂过多而引起发病。

[**症状**] 宠物患镁缺乏症时，表现生长迟缓，爪外展，甚至掌骨和跖骨也外展、增长，软组织钙化，长骨骨端外缘扩大。缺镁可使神经兴奋性失去控制，因而肌群呈无制约性兴奋性收缩，表现为对外界反应过于敏感，耳竖起，头颈高抬，行走时肌肉抽动，最后宠物表现出惊厥，并可能迅速死于抽搐之中。

镁中毒的主要表现为采食量减少，呕吐，生长速度下降，拉稀，甚至昏睡。用含大量镁的食物喂猫时，可发生泌尿系统综合征，特征是尿石性排尿困难、血尿，甚至尿道阻塞以及膀胱炎等。

[**诊断**] 通过临床症状和对饲料的分析不难建立镁代谢病的诊断。通过血清镁的检测可确诊，并应与钙缺乏症相鉴别。正常血清镁浓度为 2.5mg%。

[**治疗**] 治疗镁缺乏症主要应去除病因，并采取对症治疗。轻症者氧化镁 0.2~0.5g，口服，每月 3 次，或 10kg 体重肌肉注射，或 25%硫酸镁液 4~5ml，每日 3 次；重症者，10%硫酸镁液 10ml，用 5%葡萄糖液稀释成 1%的浓度，缓慢静脉注射。

治疗镁中毒主要应立即停止投予镁制剂，并给予利尿剂，促进镁从尿中排出。

[**预防**] 防止食物过于单一，要对日粮中镁的含量进行检测，当镁不足时，应添加镁石膏等含镁制剂。成年大型犬每天对镁的需要量为 80~180mg。

五、铜代谢病（Copper metabolic disease）

铜缺乏症主要发生于牛、羊、鹿等反刍动物，犬、猫也有发生。而对铜过量或称铜中毒最敏感的是羔羊，其次为绵羊、山羊、犊牛和牛，单胃动物对铜过量耐受性较大，犬、猫发生铜中毒者虽较少，但也时有报道。

铜在动物体内分布浓度最高的器官是肝脏和脑，其次为肾脏、心脏和被毛，再次为骨骼和肌肉。铜主要是通过影响铁的代谢而参与造血活动；铜还参与构成细胞色素 C、酪氨酸酶、抗坏血酸氧化酶、尿酸酶和半乳糖酶等的合成，从而影响机体的物质代谢；铜参与色素代谢；铜与动物繁殖的关系密切；缺铜或铜过多，都可产生大脑及脑干的病变。

[**病因**] 原发性铜缺乏主要是因为宠物日粮中长期缺乏铜，一般认为，饲料干物质含铜量低于 3mg/kg 可以引发铜缺乏症。继发性铜缺乏则是因为饲料中含钼过多，干扰了动物对铜的吸收，除了钼，硫、铅、铬、银、锌、镍、锰等也是铜的拮抗物。

急性铜中毒多因一次性注射或内服大剂量可溶性铜而引起，如给犬大量硫酸铜溶液催吐时易引发本病。慢性铜中毒主要是饲料中长期含铜量过高，另外，有些犬可能因遗传基因缺陷，产生类似人的遗传病（Wilson 病）样的铜中毒。

［症状］

（1）铜缺乏症犬、猫虽然不缺铁，但也表现出贫血症状。因缺铜造成含铜酶活性降低，导致骨骼胶原的强度下降，发生骨骼疾患，表现为骨骼弯曲、关节肿大，跛行，四肢易骨折。深色被毛的宠物，缺铜时易造成毛色变淡、变白，尤以眼睛周围为甚，状似戴白边眼镜，故有“铜眼镜”之称。

（2）铜过多症也能引起贫血，这是由于铜和铁在小肠中吸收互相竞争的结果。急性铜中毒犬、猫可出现呕吐，粪及呕吐物中含绿色或蓝色黏液，呼吸加快，脉搏频数。后期体温下降，虚脱，休克，严重者在数小时内死亡。犬、猫慢性铜过多症时，呼吸困难，昏睡，可视黏膜苍白或黄染，肝脏萎缩，体重下降，腹水增多。

［诊断］根据病史调查和临床症状不难建立铜代谢病的诊断。要注意对铜缺乏症与维生素D缺乏症和钙缺乏症的鉴别。测定血铜有助于确诊，血铜含量低于0.7μg/ml，可诊断为铜缺乏症。测定血浆铜蓝蛋白活性，可为早期诊断提供重要依据。血浆铜蓝蛋白的正常量为45~100mg/L。

［治疗］铜缺乏症时，一般选用经济实用的硫酸铜口服，将硫酸铜按1%的比例加入食盐中，再将此铜盐按正常量混于食物中喂饲，有明显疗效。

铜中毒时，为了使血浆中游离铜迅速与白蛋白结合，促进铜排出体外，可使用钼酸铵每只成犬50~100mg混于饲料中喂饲，连用1周，对慢性铜中毒有效。还可肌肉注射20%硫代硫酸钠0.2ml/kg体重，每日1次，连用1周。如能应用2，3，2–四胺（2，3，2–tetramine）15mg/kg体重，分两次服用，疗效更好。对急性铜中毒要立即停止供给铜剂，如铜盐仍存胃内，应及早用0.2%~0.3%黄血盐溶液洗胃，配合应用盐类泻剂、重金属解毒剂（如依地酸钙钠）、补液补碱疗法、激素疗法（如可的松等），能增强疗效。

［预防］为预防铜代谢病，应注意对日粮中铜含量进行检测，防止铜含量过高或过低。防止饲料单一，如长期以肝脏喂饲犬、猫，易发生慢性铜中毒。对于产于英格兰的贝灵顿㹴，因其遗传缺陷，肝脏易蓄积铜而引起铜中毒，故绝对不能饲喂含铜量过高的食物。

六、铁代谢病（Iron metabolic disease）

在犬、猫中，铁的缺乏症较为常见，而铁过多症多因偶食过多铁制剂而引发，少见。机体中的铁主要存在于两大类物质中，一类物质是血红蛋白、肌红蛋白以及一些酶系统，如细胞色素酶、过氧化氢酶和过氧化物酶等。前两者作用是运输氧和二氧化碳，后者作用是参与组织呼吸，推动生物氧化还原反应。另一类物质存在于铁传递蛋白、铁蛋白和含铁血黄素中。铁蛋白是机体铁储存的主要形式，含铁血黄素是铁过量时的沉积物。机体中约60%~70%的铁存在于血红蛋白中，3%的铁存在于肌红蛋白中，其他存在于各种酶系统和铁蛋白中，游离的铁离子极微。

［病因］铁缺乏症的主要原因是铁的需要量大、供应不足，特别对仔犬、仔猫，因生长发育迅速，靠母乳已不能满足对铁的需求，此时若不能从补饲饲料中获得足够的铁，就易患铁缺乏症。此外，犬、猫患虱蚤等寄生虫病，或其他失血性疾病，也可因铁耗损过多而发病。因消化道慢性炎症，或饲料中含钴、锌、铬、铜和锰过多，也会使铁的吸收减少。铜缺乏时，

也能使铁的吸收减少。

铁中毒症主要见于投予铁制剂过多，或饲料中被铁剂污染而发病。

［症状］宠物缺铁时的主要症状是贫血。临床表现为易疲劳，发懒，稍运动后则喘息不止，可视黏膜色淡逐渐至微黄染，饮、食欲下降。幼犬和幼猫生长停滞，对传染病抵抗力下降，易感染、易死亡。

铁过多症少见，急性铁中毒时表现为厌食，少尿，腹泻，体温下降，代谢性酸中毒，最终死亡。慢性铁过多症则表现为食欲下降、生长缓慢，有的发生慢性胃肠炎。

［诊断］根据病史调查、临床症状和补铁或停喂铁剂有疗效，可建立诊断。需注意铁缺乏症与铜缺乏症、维生素 B_6 缺乏症、某些寄生虫病的鉴别。测定铁传递蛋白的铁饱和度可作为缺铁性贫血的重要依据，但需一定的条件和设备，临床上常进行饲料或母乳中的含铁量测定，以诊断铁代谢病。健康动物母乳中含铁为 1.2mg/kg。

［治疗］治疗铁缺乏症的主要措施是补铁。口服铁剂的首选药是硫酸亚铁，它价廉、刺激性小、吸收率高。根据体形大小，可给犬口服 0.1~0.5g，配成不超过 1%的水溶液，每日 1 次，连用 7~14 日。其他口服剂有焦磷酸铁、乳酸铁、枸橼酸铁等。

注射用铁剂主要采用葡聚糖铁和葡聚糖铁钴注射液，剂量以元素铁计算，仔犬每次肌肉注射 100mg，一般不需重复注射。

补铁时要随时注意观察，严防补铁过量而造成铁中毒。

［预防］预防铁缺乏症的主要措施是加强对仔犬、猫的饲养管理，保证它们从母乳或食物中获取充足的铁。犬每千克体重给予 3mg 铁，即可维持正常的血红蛋白浓度。要保证哺乳犬、猫从食物中获得更充足的铁。必要时让宠物啃食干净的黏土。

七、锰代谢病（Manganese metabolic disease）

锰是必需微量元素，是多种酶的组成成分和激活剂，对动物生长、骨骼形成和生殖器官的发育具有重要作用。宠物中锰缺乏症时有发生，而锰过多症极罕见。

［病因］饲料中锰长期不足是锰缺乏症的主要原因。当宠物长期食用玉米等植物性饲料，而该饲料是从缺锰的土壤中提取的，则易发生本病。另外，日粮中含有过多锰的拮抗剂，如钙、铁、钴过多，也会影响锰的吸收利用，造成缺锰。

［症状］犬、猫发生锰缺乏时，主要表现为骨骼畸形，腿短而弯曲、关节肿大、站立困难、不愿行走。有的表现为运动失调、抽搐。患病犬、猫往往生长停滞，生殖功能紊乱、发情延迟甚至不发情。

［诊断］根据骨骼变形和生殖功能障碍以及食物中锰含量低可建立锰缺乏症的诊断。缺锰与佝偻病症状类似，但后者血中碱性磷酸酶活性增高，而缺锰时则降低，且补钙及维生素 D 后无疗效，可资鉴别。

［治疗］可通过口服硫酸锰治疗锰缺乏症。也可用万分之一的高锰酸钾液饮水数日治疗。

［预防］饲料中的锰一般不要低于 40mg/kg。

八、锌代谢病（Zinc metabolic disease）

宠物有时发生锌缺乏症，而发生锌过多症少见。动物体中的锌主要存在于骨骼、皮肤和被毛中，血液中的锌大部分在红细胞中。锌是多种金属酶的组成成分或是酶的激活剂，它主要参与动物机体 DNA、RNA 和蛋白质的合成，它还与胰岛素的活性有关。

［病因］锌缺乏症主要原因是饲料中锌含量不足。一般蛋白质类食物中锌含量较高，海产品是锌的主要来源，奶类和蛋类次之，蔬菜及水果中锌含量少。长期以碳水化合物类饲料喂饲宠物，易患本病。但食物中某些成分比例不当或存在过多锌的拮抗剂，也会影响对锌的需求量和吸收。例如，给猫过多饲喂植物性蛋白质，能使之对锌的需要量增多，每 100g 干食物中需添加 10mg 锌（正常为 3mg）。食物中高钙能减少犬对锌的吸收而造成缺锌症。

［症状］生长发育缓慢是锌缺乏的主要症状。幼畜食欲减退、腹泻、消化紊乱、消瘦、发育停滞。

皮肤角化不全和脱毛是缺锌特征性变化，宠物被毛粗糙，眼、口、耳、下颌、肢端、阴囊、包皮和阴门周围出现厚的痂片和鳞片，趾（指）垫增厚龟裂。身体上有色素沉着。

另外，还表现有生殖能力下降，公犬和公猫睾丸变小萎缩，母犬和母猫性周期紊乱，屡配不孕。有的发生骨骼变形。

食物中锌含量过多时，虽对动物毒性不大，但可影响动物对铜和铁的吸收与利用。

［诊断］根据特征性临床表现：皮肤角化不全、生长缓慢和病史，结合血清中锌含量的检测，犬血清锌含量为 13.62~14.67μmol/L，易于建立锌缺乏症的诊断。但需注意与下列疾病鉴别。

疥螨病：有奇痒，皮肤刮取物镜检能发现虫体，用杀虫剂有效。

渗出性皮炎：是湿润的脱屑性皮炎，而锌缺乏症为皮肤干燥、角化不齐、痂皮易碎。

烟酸缺乏症：用烟酸治疗有效。

［治疗］锌缺乏症时，应调整日粮中含锌量，也可口服、注射或皮肤涂搽锌剂。

一般采用硫酸锌 10mg/kg 体重，口服，每日 1 次，连用 2 周。常用的锌盐有：葡萄糖酸锌、醋酸锌、元素锌等。也可肌肉注射碳酸锌。于皮肤患部涂布 10%氧化锌软膏，亦能奏效。

［预防］日粮中必须含有足够的锌，一般应含锌 40mg/kg，生长期幼畜和种公畜要保持在 60~80mg/kg。同时要注意饲料的钙含量不要过高，一般限制在 0.5%~0.6%之间。

九、碘代谢病（Iodine metabolic disease）

碘是合成甲状腺素所必需的元素。碘在机体内主要存在于甲状腺中，占全身总碘量的 1/5~1/3。宠物时有发生碘缺乏症的报道，而碘过多症主要见于使用碘剂过量时，发生较少。

［病因］原发性碘缺乏，主要起因是从食物中摄取碘的量不足。食物中碘与土壤和水中碘的含量密切相关，所以长期喂饲从缺碘地区产出的食物就易患此病。我国缺碘地区较广，所以人的甲状腺肿呈地方流行性，因而国家采用了推广食用加碘盐的方法，大大减少了本病的发生。宠物的碘缺乏症与人的碘缺乏症有一定相关性。

继发性缺碘：某些化学物质或致甲状腺肿物质可影响碘的吸收，干扰碘与酪蛋白结合，十字花科植物及其子实副产品，如芜菁、甘蓝、油菜、油菜子饼、亚麻子饼，以及黄豆、豌豆、扁豆、花生等及含有阻止或降低甲状腺聚碘作用的硫氰酸盐、过氯酸盐、硝酸盐等均属此类物质，常可引发缺碘。

[症状] 甲状腺肿大是碘缺乏症的典型症状。在犬、猫于喉后方及第3、4气管环内侧可触及肿大的甲状腺，通常比正常大2倍，肿大明显时，可见颈腹侧隆起，吞咽困难，呼吸困难，叫声异常，还伴有颈部血管受压的症状。

由于甲状腺活力严重下降，可使正在生长发育的犬、猫发生呆小症，使成年犬、猫出现黏液水肿，临床上呈现被毛短而稀疏，皮肤硬厚脱屑，精神迟钝、呆板，嗜睡，钙代谢也发生异常。成年母犬、猫不易妊娠或胎儿被吸收。

碘剂给予量过大时可引起碘中毒，出现呼吸和脉搏增快、厌食、消瘦和体温升高，有的出现皮疹和痉挛。

[诊断] 根据病史调查和临床症状不难建立初步诊断。必要时进行尿碘和血清蛋白结合碘测定，进行综合诊断。碘缺乏症应注意与佝偻病等代谢病的鉴别诊断。

[治疗] 碘缺乏症时应立即采取补碘措施。可内服碘化钾或碘化钠。犬每次口服0.2~1g，每日1次，连用数日。也可内服复方碘液（含碘5%、碘化钾10%），每日10~12滴，20天为1个疗程，间隔2~3个月再用药1个疗程。还可喂食碘盐（20kg食盐中加碘化钾1g）。

[预防] 喂饲十字花科植物及其子实副产品时，应加大补碘量，比正常补碘量增大4倍。

十、硒代谢病 (Selenium metabolic disease)

宠物有时发生硒缺乏症，而发生硒过多症少见，主要是因补硒过量造成的。

硒是维持动物机体正常生理功能的必需微量元素。硒的生理功能还没完全搞清，现已知它是谷胱甘肽过氧化物酶的组成成分，对于保护细胞膜的正常结构起着重要作用。此外，硒还参与辅酶A和辅酶Q的合成，催化细胞色素C的还原过程，促进丙酮酸脱羧，所以在物质代谢中发挥着重要作用。

[病因] 宠物饲料中硒含量不足是发生硒缺乏症的直接原因。土壤中缺硒直接影响植物性饲料中缺硒，间接的又使动物性饲料中硒含量不足。所以，硒的缺乏有一定地区性，我国很多地区土壤中都贫硒，所以对缺硒症的研究也很多。

维生素E的缺乏能加重硒的缺乏，因为二者有互补、协调作用，在一定条件下维生素E可代替硒。由于饲料中硒或维生素E缺乏而引起的营养性肌营养不良，又称为白肌病。

应激反应是硒缺乏症的诱发因素，如犬、猫突然改变生活环境、长途运输、过度奔跑、咬斗等可能促使硒缺乏症的发生。

硒拮抗元素是硒缺乏症的继发因素。饲料中铜、锌、砷、镉及硫酸盐含量过高，可使硒的吸收和利用率下降，即使硒供给量充足，也能发生硒缺乏症。

[症状] 硒缺乏症时，主要发生于骨骼肌、心肌、胃肠平滑肌等各种肌组织的变性。因而动物表现不爱运动，跛行，甚至不能站立；有时出现心率快、脉搏无力、心性水肿等；有的出现消化功能紊乱、生长停滞；有的表现为生殖功能下降等。有的病例在剧烈运动、受到

惊吓、过度兴奋、互相追逐中突然发生心猝死。

［诊断］依据基本症候群，结合特征性病理变化，参考病史及地区土壤硒含量情况不难作出诊断。应注意与维生素 E 缺乏症的鉴别。还应注意与某些伴有消化障碍的传染病的鉴别。

［治疗］补硒是治疗缺硒症的基本措施。用 0.1%的亚硒酸钠溶液 0.5~1ml，肌肉注射，间隔 2~3 日再注射 1~2 次。疗效确实。如能配合应用维生素 E 口服，则疗效更好。

［预防］在缺硒地区要注意对饲料硒含量的测定，当硒含量较低时，要注意补硒。对幼犬用半合成饲料（每千克干饲料含 0.01mg 硒和 1mg 维生素 E）饲喂，另外，每千克干饲料添加 0.5mg 硒（亚硒酸盐），可防止犬的硒缺乏症。

第四节　其他代谢病

一、肥胖症（Adipositas）

本病是一种脂肪代谢障碍性疾病，其特征是皮下和腹膜下积聚大量过剩的脂肪。致使体重增加、体型改变，并影响运动和其他生理功能。

［病因］外源性肥胖病是指获得的营养物质超过营养需求，加之宠物运动不足，致使脂肪在全身均匀大量沉积而发病，为单纯性肥胖症。长期在室内喂养、黏液质气质的老龄宠物，易患肥胖病。

内源性肥胖病主要起因是中枢神经系统对物质代谢的调节发生紊乱的脑型肥胖病，或内分泌器官活动紊乱的内分泌型肥胖病。常见的病因有脑下垂体、甲状腺、松果体、生殖腺等功能减退，或者胰岛素分泌过剩。以上因素都可使体内脂肪氧化过程大为降低，从而导致脂肪大量积聚。

也有人认为本病与遗传因素有密切关系。

［症状］一般肥胖逐渐发展。动物体型肥胖，浑圆，腹、肩、颈、股部常形成柔软而富有弹性的皱褶。随着脂肪量增加，体力逐渐减弱，行动变得迟钝，嗜睡，易疲劳，尤其不耐热，稍加运动即喘息不止。易发生消化不良或皮炎。公犬和公猫性欲消失。严重时呈现呼吸困难，心搏强劲，脉搏增数，有时发生心、肾功能障碍，并出现相应症状。

［诊断］根据外貌症状，结合血清脂质增高可作出诊断。应注意对单纯性肥胖与肾上腺皮质功能亢进和甲状腺功能减退症相鉴别，后二者肥胖外貌不甚明显，且有内分泌腺功能紊乱的相应症状。

［治疗］首先要调整日粮组成，能量供应至少要低于能量消耗的 10%~15%，要减少日粮中脂肪和碳水化合物的数量，主要给予蛋白质。要加强运动，逐渐增加运动量。

药物疗法：可应用甲状腺素溶液 0.1g，口服或皮下注射，每日 1 次，连用 10 日。也可采用兴奋交感神经的麻黄素制剂，常用的是硫酸苯异丙胺，犬每次 0.4~0.6mg/kg 体重，皮下注射，也可口服。性激素不足时，可采用性激素皮下注射。为改善胃肠功能，应经常给予缓泻剂。

［预防］根本措施是改善饲养管理，给予全价饲料，减少高能饲料的供给，并增加肌肉活

动，加强运动。

二、高脂血症（Hperlipemia）

高脂血症是指血液中脂类含量升高，以肝脏脂肪浸润、血脂升高、血液外观异常为特征。犬、猫有时发生本病。

［**病因**］本病的发生与各种原因引起的采食减少和营养低下等饥饿状态或营养应激有直接关系。在绝食和饥饿时，脂肪组织中贮存的甘油三酯在酯酶的催化下，水解为脂酸和甘油，并释放入血，脂酸除了被利用的部分，其余大部分被肝脏摄取，或再酯化为甘油三酯和磷酯，而使血脂升高。

此外，当甲状腺功能减退、肾上腺皮质功能亢进、糖尿病、急性胰腺炎等疾病时，可因脂肪代谢异常而引发本病。

本病的诱因是长期食入高脂肪食物、运动不足和肥胖。

［**症状**］犬、猫高脂血症多数表现为体躯肥胖，皮下脂肪丰富，容易疲劳，消化不良，呕吐，腹痛、腹泻，精神沉郁，口渴，有的抽搐。有易患糖尿病的倾向。

［**诊断**］本病无特征性临床表现，诊断的主要依据是血清或血浆外观呈乳白色和甘油三酯含量升高。

［**防治**］首先应除去致病因素，增加采食量，给予优质蛋白质饲料，少给脂肪和碳水化合物。

对犬、猫可口服或静脉注射巯丙酰甘氨酸，日剂量为 100~200mg，连用 2 周。调节血脂药：烟酸，开始剂量为 50~100mg，每日 3 次。1~3 周后增加至 2~3g/日。氟伐他汀 20~40mg，每日 1 次，晚上服用。鱼油制剂加少量维生素 E 能加强疗效。若用阿拉斯加深海鱼油，不用增加维生素 E。

三、黏液水肿（Mucus edema）

本病的实质是甲状腺功能减退引起的内分泌疾病，特征是黏液蛋白样物质沉积于黏膜或皮下等部位。本病常见于犬，以 4~6 岁中型或大型雌犬多发，猫有时也发病。

［**病因**］大多起因于自发性甲状腺炎、甲状腺萎缩、甲状腺肿瘤等甲状腺疾病，甲状腺摘除也能引发本病。

继发性黏液水肿多因脑下垂体肿瘤、出血、坏死等引起的甲状腺刺激激素分泌减少所致。

［**症状**］成年犬早期症状是脱毛，尾根部和尾尖部尤其明显。90%的病例皮肤干燥、落屑、被毛无光泽、脆弱，剪去的毛不易再生，毛色发白。20%的病例，伴有皮脂溢，继发感染时发生瘙痒。患病犬、猫表现精神沉郁，嗜睡，怕冷，耐力下降；有的发生流产、不育、性欲减退，发情不正常。重症者，皮肤色素过度沉着，因黏液水肿而皮肤增厚，眼上方、颈和肩背侧尤为明显。体重增加，四肢感觉异常，面神经麻痹，精神兴奋，有攻击行为。运动强拘，体温低下，伤口经久不愈，便秘，心动过缓，心电图低电压。

［**诊断**］根据临床症状可建立初步诊断。实验室检查，血清甲状腺素（T_4）含量正常为 10~40μg/L，如低于 10μg/L 即可确诊，并可作为与其他肥胖性疾病相鉴别的依据。

［治疗］ 本病对甲状腺素反应敏感，补充甲状腺素后，症状能明显改善。常用左旋甲状腺素钠 0.02mg/kg 体重，口服，每日 1 次；或三碘甲状腺原氨酸 5mg/kg 体重，口服，每日 3 次。用药至症状改善后仍需维持数日。对有心律不齐，心力衰竭者，要从小剂量开始，逐渐加大剂量，以减少副作用。二者也可合用，按 3:1 或 4:1 配制。长期用药以左旋甲状腺素钠为好。中药治疗，用甲状腺素控制不理想时，可用黄芪、党参、仙灵脾、仙茅、补骨脂等治疗。

四、脑积水（Hydrocephalus）

脑积水是脑脊液在颅腔内贮留过多的病症。根据产生原因可分为先天性和后天性水头症。根据积液部位可分为脑外水头症、脑内水头症及贯通性水头症。

［病因］ 先天性水头症是因遗传因素和脑畸形引起，后天性水头症引发因素有头颅外伤、脑炎、脑肿瘤、维生素 A 缺乏症、维生素 B_{12} 缺乏症及佝偻病等。不管何种因素，本病都是因为脉络丛的脑脊液产生过量，而蛛网膜绒毛吸收障碍而造成脑脊液的蓄积。

［症状］ 患犬、猫主要表现为头颅扩大，头颅冠突出，大小不对称。囟门扩大的犬，出现头颅皮肤凹陷。头颅叩诊似敲打熟西瓜音。

先天性水头症：患畜精神沉郁，运动失调，无力，痉挛，持续性鸣叫，大脑和脊髓反射障碍。检查眼底可发现视神经乳头浮肿。视力减退，瞳孔散大，眼球突出、震颤。

后天性水头症：头颅骨化，囟门和骨缝闭锁。成年犬颅内压增高，表现为精神迟钝、抑郁、嗜眠，转圈运动，有时为痉挛性癫痫样发作。

［诊断］

（1）X 线摄影。先天性水头症可见囟门开张，颅骨骨缝离开，颅骨皮质变薄，大脑出现均一的毛玻璃样变化。

（2）脑室造影。全身麻醉后，用 22 号脊髓针于扩大的囟门中央，距正中线 0.5cm 处刺入 1~1.5cm，向脑室内注入空气 1~10ml，或碱酞葡胺 60（剂量为 3ml），可见明显扩张的脑室及菲薄的大脑皮质。

［治疗］ 原则是抑制脑脊液的生成，促进吸收，改善流通和排出过多的脑脊液。

用地塞米松 1.1mg/kg 体重，皮下注射，并用醋唑磺胺 5~10mg/kg 体重，口服，每日 1 次。若脑内压升高，用 20%甘露醇 2.2g/kg 体重，静脉滴注。

对因感染性炎症引起的水头症，应投予抗生素、泼尼松龙、维生素 A、复合维生素 B 等。必要时，可施行外科手术，以排出颅内过多的脑脊液。

五、丙酮酸激酶缺乏症（Pyruvate kinase deficiency）

本病即为丙酮酸激酶（PK）缺乏性贫血，简称 PK 缺乏症，又称先天性溶血性贫血，是由于红细胞内丙酮酸激酶先天性缺乏，葡萄糖酵解和能量代谢障碍所致的一种先天性非球性红细胞性溶血性贫血。本病多见于犬，特别是巴圣吉犬、狸犬、比格犬较多发病。

［病因］ 与先天性遗传性因素有关。成熟的红细胞仅靠葡萄糖的无氧酵解作用来产生三磷酸腺苷（ATP），ATP 是维持红细胞功能的能量物质。PK 在糖酵解过程中，使磷酸丙酮酸变为

丙酮酸而产生 ATP。当 PK 缺乏时，ATP 产生不足，红细胞寿命缩短，易很快破坏而引起贫血。

［症状］ 通常幼犬在 6 个月龄之内起病，病程数月至数年不等。多数在 4 岁前死于溶血危象、继发感染、铁质沉积所致的肝硬化或骨髓纤维化所致的再生障碍性贫血。

病犬生长缓慢，容易疲劳，可视黏膜苍白或黄白，心动过速，心区听诊有缩期杂音。腹部触诊可摸到肝、脾明显肿大。后期病犬颅骨及长骨骨密质层增厚，骨松质层模糊，骨髓腔内呈不均匀的矿物密度。

［诊断］ 依据本病有家族发生史，急性或慢性溶血性贫血的各种体征及末期的骨髓纤维化和再生障碍性贫血表现可建立初步诊断。为确诊和与其他贫血性疾病相鉴别，应进行红细胞 PK 活性测定。因正常白细胞的 PK 活性 10 倍于红细胞，检测时必须彻底清除样本中混杂的白细胞。

［治疗］ 一般采用对症疗法。脾切除只有短期缓解效果。输血可以救急，但反复输血常加重病情。已有报道，用同窝正常犬的骨髓做同种异体骨髓移植，可使病犬溶血停止，完全康复，并已存活 6 年。

六、痛风 (Gout)

本病又称尿酸素质、尿酸盐沉积症和结晶症，是由于嘌呤核苷酸代谢障碍，尿酸盐形成过多或排泄减少，在体内形成结晶并蓄积的一种代谢病。临床上以关节肿大、运动障碍和尿酸血症为特征。各种动物均可发生。

［病因］ 动物性饲料过多是引起本病的主要原因，但非唯一因素。给宠物喂饲过多富含核蛋白和嘌呤碱的蛋白质饲料，易引起发病。属于这类饲料的有动物内脏、肉屑、鱼粉及熟鱼等。遗传因素与本病的发生有一定关系。

另外，肾脏损伤可诱发本病。在禽类，尿酸占尿氮的 80%，其中大部分通过肾小管分泌而排泄。当肾小管功能不全时可使尿酸盐分泌减少，产生高尿酸血症，以致尿酸结晶在实质脏器浆膜表面沉着，称为内脏痛风肾中毒型。再有，维生素 A 缺乏时，输尿管上皮角化、脱落，堵塞输尿管，使尿酸排泄减少也能引发痛风。

［症状］ 多取慢性经过。患病宠物精神沉郁，食欲减退，消瘦，被毛蓬乱，行动迟缓，周期性体温升高，心搏加快，气喘，血液中尿酸盐升高。

关节型痛风：运动障碍，跛行，不能站立。关节肿大，病初肿胀软而痛，以后逐渐形成疼痛不明显的硬结节性肿胀。结节小如大麻子，大似鸡蛋，分布于关节周围。病久者，结节软化破溃，流出白色干酪样物，局部形成溃疡。

内脏型痛风：表现为营养障碍，下痢，消瘦，增重缓慢。

［诊断］ 依据喂饲动物性饲料过多、关节肿大，关节腔或胸腹腔内有尿酸盐沉积可作出诊断。关节内容物检验：呈紫尿酸铵阳性反应，显微镜检查可见细针状或禾束状或放射状尿酸钠晶粒。或将粪便烤干，研成粉末，置瓷皿中，加 10%硝酸 2~3 滴，待蒸发干涸，呈橙红色，滴加氨水后，生成紫尿酸铵而呈紫红色。

［防治］ 目前尚无有效治疗方法。关节型痛风，可手术摘除痛风石。急性期处理：炎痛喜

康 20mg，每 12 小时 1 次，3~4 日症状可缓解。缓解后每日 20mg，症状消失后停药。保泰松首次剂量 200mg，以后 100mg，6 小时 1 次，直至症状缓解。上述药物无效者，可用泼尼松 2mg/kg 体重，口服。慢性期处理，排尿酸药丙磺舒 0.25g，口服，每日 2 次；苯溴酮每日 25~100mg，维持量 50mg，隔日 1 次，口服。也可用阿托品或亚黄比拉宗（Sulphipyrazont）口服，每日 2 次。抑制尿酸合成药别嘌呤醇 100mg，口服，每日 2~4 次，维持量 100mg，1 日量。

七、异嗜（Pica）

异嗜是一种病症，是动物吞食食物以外的异物的病态，是犬、猫常发生的一种营养代谢病。

［病因］主要是营养失衡，缺乏某些矿物质、维生素等，特别是处于生长发育期的幼犬、幼猫，在食物过于单一，不能全价饲养时，更易发生异嗜。

患寄生虫病，如钩虫病、蛔虫病等也可发生异嗜。异嗜也见于胰脏疾病和狂犬病等疾病的过程中。

［症状］常见犬、猫吞食木片或石子、砖头、碎布、青草、塑料、橡胶制品等。根据吞吃异物的性状和在消化道内滞留与否或滞留的部位，临床表现不尽相同。锐利的异物可能损伤口腔，可见流涎和口腔出血；有的可造成食道、胃、肠内异物，造成梗阻或者穿孔。因动物舔食被毛而在胃内形成毛团并不少见。消化道内异物时，宠物往往有厌食或绝食、呕吐等症状。

［诊断］根据临床症状易于诊断，而消化道内异物可通过腹部、食道触诊或 X 线检查发现。

［治疗］调整食物的营养结构，投给微量元素或科固舒等。定期驱虫。通过催吐、缓泻或手术的方法排出消化道内的异物。

［预防］防止食物单一，采取平衡饲养。

八、淀粉样变性（Amyloid degeneration）

本病是淀粉样物质沉积于组织间隙，并由此引起沉积部位组织器官功能障碍的疾病。在犬主要发生于肾脏，其次是肝、脾、胰、消化道及心脏等。犬有时发病，猫发病较少。

［病因］尚未搞清。原发性的淀粉样变性可能与遗传因素有关；某些慢性感染、消耗性疾病、免疫功能不全、恶性肿瘤等也可继发本病。

淀粉样物质是以淀粉样纤维为主要成分的蛋白质，来源于免疫球蛋白 L 链的 AL 蛋白、含大量精氨酸的 AA 蛋白或胰岛素等。淀粉样物质沉着于组织间隙，使受压迫的细胞萎缩并导致功能障碍。

［症状］依淀粉样物质沉着的部位和程度而有不同表现。当沉着于肾脏间隙，则主要损害肾小球，出现多尿、蛋白尿、肾脏肿大或萎缩；沉着于消化道、胰、肝等脏器时，出现慢性腹泻、呕吐、明显消瘦、脱水。有的出现肝、脾肿大等症状。

［诊断］仅通过临床症状不易确诊。取肾、脾、肝或胰等脏器的活组织，用碱性刚果红染色，淀粉样物质呈橙红色。用旋光显微镜检查可见翡翠绿旋光的沉着物。用高锰酸钾预先处

理后，染色性和旋光都消失的为 AA 蛋白。电镜检查可准确确定有无淀粉样纤维物质。

还可取病料用苏木精—伊红染色，淀粉样物质呈嗜伊红性均质无结构态。

［治疗］无特效疗法。可试用二甲基亚砜，皮肤涂布或口服，同时采取相应的对症治疗。

九、吸收不良综合征（Malabsorption syndrome）

本病是小肠黏膜功能障碍引起的各种营养物质吸收不良，导致营养异常低下的病理状态的统称，它包括引起消化不良和吸收不良的多种疾病。根据病因可分为 3 种，即原发性、继发性和消化障碍性。

［病因］

(1) 原发性。是由于小肠黏膜本身损害所致。如口炎性腹泻的小肠绒毛上皮细胞含有很多谷胶蛋白或致酶物质，使绒毛萎缩、融合或消失，黏膜面变平，造成吸收障碍。

(2) 继发性。见于各种消化器官疾病或全身性疾病的经过中。如浸润增生性疾病、肠炎、肠淋巴肉瘤、淀粉样变性等；先天性异常、乳糖酶缺乏症等；肠淋巴管扩张症；小肠淋巴管回流的淋巴结肿瘤或重度炎症等。

(3) 消化障碍性。见于胰腺疾病。胰腺炎或胰腺癌时，胰腺消化液分泌障碍，淀粉酶和脂肪酶减少等；肝脏和胆囊疾病，胆汁分泌或排泄障碍时，由于缺乏复合胆汁酸盐而不能使食物中脂肪变成微粒而被吸收。犬患本病时，约 75%是胰腺外分泌障碍所致。

［症状］

(1) 原发性吸收不良。又称口炎性腹泻，常取慢性经过。一般食欲较好，但体重逐渐减轻，多有呕吐。顽固性消化不良的犬，长期排酸性恶臭的脂肪便或灰白色便，每日排便 4~6 次。病犬低蛋白血症、低钠血症，有的呈低血糖症。

(2) 继发性吸收不良。其临床表现与原发病有关。通常，病犬精神沉郁，但食欲较旺盛，排泄大量脂肪便，腹部胀满，渐进性消瘦，贫血。

(3) 消化障碍性吸收不良。其特征是食欲增加，体重却减轻，消瘦，腹泻，有轻度或重度的脂肪便，排便次数增加。

［诊断］

(1) 粪便中脂肪的检查。取新鲜粪便涂抹于载玻片上，加 3~4 滴饱和苏丹Ⅲ液（饱和苏丹Ⅲ液是取 70%乙醇和等量丙酮混合，加过量苏丹Ⅲ染料，用前过滤而成），放上盖玻片，用高倍镜检查，一个视野有 5 个以上脂肪球即为脂肪消化不良，多因胰液分泌不足或胆道堵塞引起。

(2) 粪便中蛋白质的检查。饲喂新鲜生肉后，粪便涂片，复方碘甘油染色，发现存在肌纤维时即为蛋白质消化不良。

(3) 粪便胰蛋白酶活性试验。取 1g 粪便和 9ml 的 5%碳酸氢钠液混合，将未显影固定的 X 光胶片放入混合液中 2.5 小时，若 X 光胶片透明，则胰蛋白酶阳性，说明不是胰液分泌障碍性消化不良。

(4) 脂肪吸收试验。绝食 16 小时后，投予植物油 3ml/kg 体重，2~3 小时后，若血浆发白浑浊，则表示胰脂肪酶的分泌功能正常。

(5) 活检。对本病发病部位的鉴别诊断很重要。剖腹手术，在十二指肠、空肠和回肠横向切下各 1 小块椭圆形组织，对肠系膜淋巴结、肝脏和胰脏也各取一小部分，对六个样品进行检查，确认病变部位。

[治疗] 首先应查明病因，才能有针对性地治疗。在查明病因基础上，给予对症治疗，例如，用维生素 B_{12} 3mg/kg 体重、叶酸 0.5mg/kg 体重和铁制剂等口服，同时投予淀粉酶、脂肪酶、蛋白酶、纤维分解酶、胆汁合成复合制剂、次硝酸铋等助消化、健胃、保护胃肠黏膜的药物。对有明显脱水的病犬，要进行输液和纠正酸碱失衡。输液要根据病犬的体况采取不同的途径给药，而且液体的量一定要补足。

另外，要注意更换饲料，多喂高蛋白、低脂肪的食物，当然日粮的配方要依据不同的发病原因制定。

十、巴洛氏病 (Balo's disease)

本病是莫拉巴洛氏首先发现的，故常称莫拉巴洛氏病或简称巴洛氏病。主要发生于 2~6 个月龄的幼犬，且中、大型犬发病较多。

[病因] 尚未搞清。已知犬能在体内合成自身必需的维生素 C，所以犬不易发生维生素 C 缺乏症。但多数患病仔犬比同龄健康犬体内合成和排泄维生素 C 的量多，且对患仔犬投予大量维生素 C 可明显改善症状，提示本病仍与维生素 C 的代谢异常有关。

另外，本病还可能与无机物或维生素特别是维生素 A 和维生素 D 摄取过量、降钙素过多或某些激素失衡有关，但尚未被证实。

[症状] 本病的特征性变化是骨形成减退和毛细血管性溢血。病犬不愿活动，跛行。触摸时因疼痛而鸣叫，长骨远侧端肿胀。本病的骨病变呈全身性，但桡骨远侧端最重。

受外力作用易造成骨膜出血甚至血肿。若血肿分解产物被吸收，可引起体温升高，精神沉郁，食欲不振，饮水较多。

[诊断] X 线摄影，可见特征性的骨质疏松变化。与佝偻病不同，常有骨膜下出血，骨膜下出血灶有钙沉着，呈骨膜性骨质增生。生长迅速的骨端病变最重，与骨干端相接处（骺骨板）常形成坏血病带。骨膜下血肿引起的钙沉着多发生于骨外缘，与骨皮质间形成狭小的间隙。此外，有时可见新生骨小棘，骨干端变粗，骨皮质变薄。

[治疗] 大剂量投予维生素 C，每日 500~1000mg，可很快减轻骨肿胀和疼痛，体温恢复正常。维生素 C 要连续给予数周为宜。有的虽四肢肿胀持续多月，但经治疗后，疼痛和发热多在 24 小时内消退。

对有持续疼痛的犬，在给予维生素 C 的同时，应投予肾上腺皮质激素和镇痛剂。如给予泼尼松 2mg/kg 体重，口服；阿司匹林 30mg/kg 体重，口服，每日 3 次，连用 1 周。

十一、抗利尿激素分泌失调 (Disorder of antidiuretic hormone secretion)

该病见于人和犬，是一种抗利尿激素自发性分泌过多的疾病，又称为抗利尿素异常综合征。

[病因] 常见原因包括抗利尿激素分泌性肿瘤、非肿瘤性胸腔内疾病、中枢神经疾病、手

术或严重创伤性应激以及使用某些药物，如巴比妥酸盐、吗啡、耗钾性利尿剂、长春新碱等。这些致病因素通过改变血浆晶体渗透压和循环血量，或是造成抗利尿激素异位性分泌而造成抗利尿激素异常增多。

［**症状**］病犬有消化障碍，表现为厌食、恶心、呕吐等；常有神经症状，如精神错乱、容易兴奋、头抵物体、癫痫发作等；还有时心律失常。

因抗利尿激素分泌过多，可造成水潴留，循环血量增加，促进肾小管排钠，而表现下述特征：尿钠增加，尿呈高渗性；血钠持续性降低，血浆渗透压下降。

［**诊断**］根据低钠血症，尿钠增加，以及限制饮水后病情迅速缓解不难进行诊断。注意与原发性肾上腺皮质机能减退相鉴别，这种病虽与本病在临床症状上相似，但存在氮质血症和高钾血症，同时本病肾上腺皮质功能正常。

［**治疗**］原则是限制饮水，补充钠盐，抑制抗利尿激素分泌。轻症者，限制饮水即可奏效。血钠过低而伴发神经症状时，应静脉缓慢注射 3%氯化钠溶液，连续 2~4 小时；还可应用氯丙嗪 0.1~2.2mg/kg 体重，口服，每日 1~2 次。去甲金霉素 3~6mg/kg 体重，口服，每日 1~2 次，或用碳酸锂 25mg/kg，口服，每日 1 次。这些都是具有拮抗利尿激素作用的药物。

第十三章

犬、猫的中毒性疾病

一、有机磷杀虫药中毒（Organophosphorus insecticide poisoning）

有机磷化合物种类繁多，广泛用作农药。农作物杀虫药及兽用驱虫药或杀虫药，对人畜的毒性很大。

[病因] 犬、猫误食喷洒过有机磷农药的食品或菜类；误饮被农药污染的水；舐舔染药饮食器具，农药包装物，配药和喷洒药用具。犬、猫吸入撒喷药时漂散的药粉、药滴、气溶胶。不按规定方法和剂量驱除体内、外的寄生虫被人投服本类药物而中毒。

[症状] 根据中毒的程度，可分为轻度、中度和严重中毒等三种类型。

(1) 轻度中毒。犬、猫精神沉郁或略显不安、乏力、食欲减少、恶心、呕吐、呕吐物有蒜味或韭菜味、口腔湿润或流涎、鼻部微汗、呼吸数稍增、肠音增强、排稀软便。血液胆碱酯酶活性已降至其正常值的75%左右。

(2) 中度中毒。犬、猫食欲废绝、缩瞳，初期出现以眼睑、上唇、鼻端、咀嚼肌震颤，继而颈部、躯干、全身肌肉震颤或抽搐、流涎、嗜睡、呕吐、呕吐物有蒜味或韭菜味，腹痛、肠音亢进、频排稀水便、呼吸及脉搏增数、体温升高、卧地不起、步态蹒跚。血液胆碱酯酶活性已降至其正常值的50%左右。

(3) 重度中毒。犬、猫全身战栗，狂暴不安，盲目奔跑或猛冲，嗷叫，咬牙，瞳孔缩小呈线状，可视黏膜与皮肤发绀，心搏急速，脉细弱，喘息，大量流涎，剧烈腹痛，粪尿失禁，昏迷，痉挛，麻痹。血液胆碱酯酶活性已降至其正常值的30%以下，最后呼吸中枢麻痹和心力衰竭而致死。

[诊断] 根据有农药接触史，临床症状，胆碱酯酶活性测定，以及对病料毒物分析结果进行综合判定。

实验室检验：按血液胆碱酯酶活性简易测定法检测血样，如显现褐色或绿色，确诊为有机磷农药中毒。显褐色中毒较轻，显绿色中毒较重。

药物诊断：及时应用特效解毒剂后，如犬、猫病情明显好转，可进一步确诊。

[治疗]

(1) 停喂停饮疑为被有机磷化合物污染的食物和饮水，将中毒犬、猫移至温暖安静通风处，及时抢救。

(2) 经消化道中毒的犬、猫，立即选用微温的1%肥皂水，3%~4%碳酸氢钠液洗胃、投服或灌肠。经皮肤中毒的犬、猫，可选用微温的3%~5%碱水、2%~5%肥皂水、5%石灰水冲洗皮肤。如为敌百虫或二嗪农、八甲磷、硫特普等农药中毒时，可选用1%食盐水、食醋、1%醋酸溶液、清水等洗胃、投服、灌肠或冲洗皮肤，尤其敌百虫绝对不能用碱性溶液救治，因敌百虫遇碱，毒性增强。但对对硫磷中毒时，只能用碱性液洗胃，禁用高锰酸钾溶液洗胃。犬、猫经上述处置后，再投服活性炭、硫酸钠或人工盐，以吸附毒素和导液。

（3）轻度中毒的犬、猫可选用硫酸阿托品、碘解磷定、氯解磷定，均为皮下注射 0.2mg/kg 体重。中度和重度中毒的犬、猫，静注硫酸阿托品 0.2~0.5mg/kg 体重，半小时后仍未见停止流涎、瞳孔散大、病情好转等“阿托品化”证候时，应改为皮下注射或肌肉注射本品，并可重复用药，继续观察，待出现明显“阿托品化”证候后，减少给药次数和用量（0.1~0.2mg/kg 体重）。如在应用阿托品治疗时，配合应用碘解磷定、氯解磷定、双复磷、双解磷等，疗效更佳。对重度中毒的犬、猫，各药均可按 20mg/kg 体重的用量，用生理盐水或 5%葡萄糖液稀释后缓慢静脉注射或肌肉注射，每 2~3 小时给药 1 次。症状缓解后酌情减量，每 12 小时给药 1 次或停药。本类药物忌与碱性药物配伍。

（4）对症支持疗法。为加强肝脏解毒和调节水盐代谢平衡，适量静注葡萄糖液或糖盐水，并加维生素 C；发生肺水肿时，应静注高渗葡萄糖液；根据病情还可给予抗生素、镇静剂、强心剂、呼吸兴奋剂、连翘败毒散等。但禁用洋地黄、肾上腺素、吗啡等药物。

[预防] 加强有机磷农药的保管和使用，及时销毁用过的包装物；勿使犬、猫接触含有机磷农药和兽药；禁止在喷洒农药区域训犬或散放犬、猫；应用本类药物治疗犬、猫疾病时，应注意药物的剂量、浓度和用法。

二、毒鼠磷中毒（Gophacide Intoxication）

毒鼠磷亦称对氯苯酚，为有机磷类灭鼠药。本品对小鼠口服 LD_{50} 为 15mg/kg 体重，对犬、猫毒性强。常用 1%毒饵杀灭鼠类。

[病因] 犬、猫常因误食本品毒饵，染毒的食物或饮水，毒死鼠类而中毒。

[症状] 急性中毒：病犬、猫恶心、呕吐、食欲废绝、呼吸困难、流涎、多痰、大汗、瞳孔缩小；继之，可见肌肉震颤、步态蹒跚、共济失调。可视黏膜发绀、心率加快、心音浑浊、血压升高、鼻流细泡沫状液体，肺区可听到湿性啰音、支气管呼吸音和肺泡呼吸音减弱或消失，肠音先高朗后低沉，时见稀水便、眩晕、嗜睡、昏迷、抽搐、瘫痪，因心力衰竭和呼吸麻痹而致死。

慢性中毒：少数犬、猫呈现慢性中毒，眩晕、精神沉郁、四肢无力、喜卧或蹲伏、恶心、呕吐、缩瞳、肌肉震颤、多汗、心悸、呼吸困难等。如及时治疗多康复。

[诊断] 根据犬、猫有毒鼠磷接触史及呈现以胆碱能使神经兴奋为主症的临床体征，即可确诊。

[治疗]

（1）经口中毒犬、猫立即催吐；选用活性炭混悬液、2%碳酸氢钠液洗胃，再投服硫酸钠导泻，以减少和排出残存于胃肠中的毒物。

（2）肌肉注射或静脉注射阿托品，轻度中毒犬、猫，每隔 30 分钟至 2 小时注药 1 次；严重中毒的犬、猫，每隔 15~30 分钟静脉注射 1 次，直至达到“阿托品化”后，再减量肌肉注射，直至康复。

（3）解磷定或氯磷定 20mg/kg 体重，溶于 10%葡萄糖液，给犬、猫缓慢静脉注射，每隔 2~4 小时重复 1 次，注入半量至症状好转，再减量至症状消失（注意氯磷定不可与碱性药物配伍应用）。

（4）经皮肤染毒的犬、猫应尽快移离现场，用清水冲洗皮肤；眼、耳部用生理盐水冲洗 10 分钟，再向眼内滴入 1%阿托品 1~2 滴；病情严重者，给予阿托品和解磷定或氯磷定进行抢救。

（5）对症支持疗法。根据病情可进行补液，给予镇静剂、强心剂、呼吸兴奋剂、维生素 C 等。

［预防］注意毒鼠磷及其毒饵的配制、保管及使用，勿使犬、猫接触；及时销毁本品及毒饵的包装物、毒死的鼠尸、染毒食物；盛放毒饵的器皿，不能用肥皂水清洗后再装食物饲喂犬、猫。

三、磷化锌中毒（Zinc phosphide poisoning）

磷化锌亦称二磷化三锌，纯品为暗灰色带光泽的结晶，有蒜臭味，按 2.5%~5%的比例与食物配制成毒饵，是常用的杀鼠药。

［病因］犬、猫不喜嗅磷化锌的气味，较少接触毒饵。犬、猫常因误食被本药毒死的鼠类而中毒。犬的中毒量为 20~40mg/kg 体重。

［症状］一般在食后 15 分钟至 4 小时内呈现中毒症状。突然发生，食欲减少、昏睡、流泡沫状唾液、呕吐、呕吐物发蒜臭味，在暗处观察呕吐物可见磷光；腹痛、腹泻、便中混血，在暗处观察粪便可见磷光；呼吸促迫、呼出气体亦发蒜臭味、心动徐缓、心律不齐；尿量减少，尿呈黄色，含红细胞、蛋白质或管型；继之，共济失调、兴奋不安、感觉过敏、喘息、痉挛、惊厥、昏迷，常于 2~3 日内死亡。

猫中毒后常见口、咽、喉黏膜糜烂，食欲废绝，呕吐，腹痛，腹泻，便中混血并发磷光，皮肤出血，血尿，黄疸，烦躁不安，兴奋，抽搐，惊厥，昏迷，喘息，鼻流泡沫状分泌物，多于 2~3 日内死亡。

［诊断］根据病史、临床症状、剖检病变等可初诊本病；如果在犬、猫体内检出磷化锌，可确诊本病。

（1）犬、猫有食入毒死鼠类的病史。

（2）临床症状。突发呕吐、腹泻、喘息、呼出气体和呕吐物有蒜臭味或磷光，可初步诊断。

（3）毒物检验。胃内容物或病死犬、猫的胃内容物、肝肾为检材。用溴化汞或碘化镉溶液试验法，检出磷化锌；用显微结晶法或亚铁氰化钾法，检出锌离子。或应用化学法，同时检出磷和锌时，均可确诊。

［治疗］

（1）发现犬、猫中毒后，立即灌服 0.2%~0.5%硫酸铜溶液催吐，选用 5%碳酸氢钠液或

0.1%~0.5%高锰酸钾液洗胃，再投服硫酸钠导泻。

（2）选用葡萄糖酸钙液、碳酸氢钠液、高渗葡萄糖液等静脉注射；并酌情给予镇静剂、解痉剂。

（3）民间解毒法：仙人掌 10~15g，捣碎后拌入 100~150g 花生油，一次灌服；猫适当减量。严重中毒的犬、猫隔 8 小时，可再服 1 次。

四、敌鼠钠中毒（Diphacinone poisoning）

敌鼠钠是茚满二酮类强力抗凝血药，广泛用作杀鼠药。对犬、猫毒性较大。

［病因］敌鼠钠或其毒饵保存、置放不当被犬、猫误食；犬、猫食入被本品毒死的死鼠等均可发生中毒。中毒致死量：犬为 20~50mg/kg 体重，猫为 5~50mg/kg 体重。

［症状］急性中毒：中毒犬、猫无前驱症状，常因脑血管、心包纵隔、胸膜等部位急性内出血而致死亡。

亚急性中毒：病犬、猫可视黏膜苍白、贫血、体温低、呼吸困难、咳嗽；口、舌、齿龈、鼻黏膜、结膜、巩膜、眼内、皮肤等部位出血；失明、呕血、鼻出血、便血、体质虚弱、喜卧、关节肿胀、跛行、共济失调、水肿、心搏动减弱、心律不齐、肌肉抽搐、全身痉挛、麻痹、瘫痪、虚脱而致死。病程较长的犬、猫可见体温升高和黄疸。妊娠中毒犬常发生流产。

［诊断］犬、猫有接触或误食敌鼠钠及其毒饵和被毒死动物的病史。

根据发病犬、猫血凝不良、广泛出血症状等可初步诊断。

实验室检验：取发病犬、猫胃内容物、血液、尿液、呕吐物和可疑食物等。用三氯化铁反应法、盐酸羟胺反应法、氢氧化钠反应法检出敌鼠钠；并见凝血酶原时间延长、血小板数量正常或稍低等，即可确诊。

鉴别诊断：本病应与黄曲霉中毒、血小板减少症、维生素 K 缺乏症、放射性损伤等疾病相鉴别。

［治疗］

（1）中毒后，立即进行催吐、洗胃和导泻，以排出毒物。

（2）静注维生素 K_1，犬 10~20mg/次溶于 5%葡萄糖液，每 12 小时注药 1 次，连用 3~4 日。亦可肌肉注射维生素 K_3，犬 10~30mg/次，猫 5~15mg/次，连用 6~7 日。维生素 K_1 和维生素 K_3 联合给予可提高疗效。

（3）重危犬、猫可输入新鲜全血。犬 10~30ml/kg 体重，猫 5~10ml/kg 体重。输血时前半量快速输入，后半量缓慢输入。

（4）对症支持疗法。根据病情给予安络血、镇静剂、强心剂、补液剂、ATP、肌苷、维生素 C、保肝剂、高渗葡萄糖液、吸氧、体腔空刺排出渗出血液等。

五、氟乙酸钠中毒（Fratol Poisoning）

氟乙酸钠为剧毒杀鼠药，通常制成丸剂作毒饵，用于杀灭田间、草原、厂矿、仓库、粮仓周边的野鼠。

[病因] 犬、猫常因误食本药的毒饵或吞食中毒死鼠而导致中毒。

[症状] 犬、猫多在食后2~3小时发生中毒。初见不安，食欲减少，呕吐，精神沉郁，腹痛，频排粪尿；继之，可见发热，腹泻，粪尿失禁、狂吠、骚动不安、感觉过敏、盲目奔跑、转圈运动，可视黏膜发绀，喘息，心律失常，抽搐，痉挛，昏迷。多在十余分钟至数小时内死亡。

[诊断] 根据病史，发病犬、猫显现的临床症状和病变特征等即可确诊。

(1) 在发病区域有施放氟乙酸钠或氟拉图杀鼠药和犬、猫误食毒饵及鼠类的病史。

(2) 临床诊断。根据犬、猫发病急、病程短、死亡快及迅速发生呕吐、可视黏膜发绀、循环衰竭、短期沉郁速转兴奋的临床症状，可初步诊断为本病。

(3) 病理学诊断。剖检犬、猫可见胃肠内积有鼠毛、碎骨残肉，皮下、胃肠黏膜、肺、肝、肾等显著出血或坏死，血液呈紫黑色等变化，为确诊本病的重要病理学依据。

[治疗] 中毒后，立即投服催吐剂或用牛乳洗胃。再静注硫代硫酸钠或肌注单乙酸甘油酯，犬0.5mg/kg体重。根据病情尚可给予巴比妥类药。高渗葡萄糖液、葡萄糖酸钙液、止血剂、补血剂、维生素、止喘剂，解痉剂、强心剂等。严重中毒犬、猫预后不良。

六、氟乙酰胺中毒 (Floroacetamide Poisoning)

氟乙酰胺为无色、无味，毒性极强的杀鼠药。

[病因] 犬、猫常因误食本品毒饵或吞食被其毒死的鼠类而发生中毒。中毒量：犬为0.05~0.5mg/kg体重，猫为0.3~0.5mg/kg体重。

[症状] 一般在食后30分钟至2小时出现中毒症状。可见犬呕吐，喘息，腹痛，频排粪尿，可视黏膜发绀，心律失常；短暂精神沉郁后，显现兴奋不安，吼叫，狂奔，感觉过敏，抽搐，痉挛，癫痫等症状。猫中毒症状与犬相似，但兴奋症状较犬轻，而心律失常，吼叫，感觉过敏等症状较犬重。犬、猫通常在食入本品毒物后十余分钟至数小时内死亡。

[诊断] 根据病史，犬、猫的临床症状及病变特征等确诊本病。

[治疗] 本病多为预后不良，应尽早抢救。中毒后，立即给予催吐剂，洗胃，导泻；肌肉注射单乙酸甘油酯0.5mg/kg体重，或静脉注射，肌注硫代硫酸钠液；并可根据病情，给予镇静剂，静脉注射高渗葡萄糖液或葡萄糖酸钙液。

七、砷中毒 (Arsenic poisoning)

砷类化合物可分为无机砷和有机砷两大类。常见的无机砷化合物有砷酸铅、砷酸钙、亚砷酸钠、亚砷酸钙、三氧化二砷、雄黄、雌黄等。常见的有机砷化合物有新胂凡钠明、胂苯胺酸、胂苯胺酸钠、甲基胂酸锌、甲基胂酸钙、甲基胂酸铁铵、砷-37、退菌灵等。

[病因]

(1) 犬、猫误食被含砷农药、杀虫剂、灭鼠药、除草剂、工业染料污染的食物而中毒。

(2) 犬、猫滥用含砷药物，用量过大，用法不当而引起中毒。

(3) 砷制剂厂、金属冶炼厂排出的废水废气，污染空气、土壤、水源、农作物、饲料，使其附近饲养的犬、猫吸入或摄入含砷物质，日久蓄积易发生慢性中毒。

(4) 慢性砷中毒的妊娠和哺乳犬、猫体内的砷化物，可经胎盘、乳汁，致使胎儿和幼龄犬、猫中毒。

[症状]

(1) 急性中毒。一般在采食后1~3小时发病。出现流涎、呕吐，呕吐物发出蒜臭味，剧烈腹痛和腹泻、排黏血便，可视黏膜肿胀、发绀、出血，呼吸促迫、脉搏细弱等。严重时，出现吞咽困难、四肢疼痛、乏力、肌肉震颤、共济失调、痉挛、嗜睡、昏迷、血尿或蛋白尿、体温初高后低。如不及时抢救，多于食入毒物后12小时至数日内死亡。

(2) 慢性中毒。犬、猫逐渐消瘦、精神沉郁、痛觉和触觉减退，脱毛，脱爪甲，黄疸，腹痛，腹泻，粪便呈暗黑色，不孕、流产、麻痹、瘫痪。病程可达1~2年。

[诊断]

(1) 犬、猫有接触、误食、误饮砷化物的病史，以及滥用或超量应用砷（胂）类药物的用药史和临床症状，即可初步诊断为本病。

(2) 血液学检验。中性粒细胞和血小板减少，嗜酸性粒细胞增多。红细胞形态异常并含嗜碱性斑点；血清总蛋白、血清尿素氮、血清胆红素、谷草转氨酶、谷丙转氨酶等值均升高，血钾和血钠等值均降低。是确诊本病的重要依据。

(3) 毒物快速检验。取胃内容物、尿液及可疑食物，用铜片反应法，检出砷化物即可确诊。

[治疗] 对急性中毒者，应立即催吐、洗胃，再选用投服牛乳、鸡蛋清、豆浆、活性炭、硫酸钠等导泻。但禁用碳酸氢钠或稀盐酸洗胃。

二巯基丙醇是砷中毒的特效解毒剂。犬4mg/kg体重，猫3mg/kg体重，肌肉注射，第1日3~4次，第2日2~3次，第3~7日，每日1~2次；或5%~10%硫代硫酸钠液、二巯基丙磺酸钠液、二巯基琥珀酸钠液等。应对肾功能进行监测，防止发生药物性肾炎。

对症疗法：为防止酸中毒，选用静注乳酸钠、碳酸氢钠、右旋糖酐、血浆等；为提高抗病力，选用静脉注射生理盐水或10%~25%葡萄糖液，并加入大量维生素C和维生素B_1。明显出血时，肌肉注射或静脉注射维生素K；贫血时，输血（10ml/kg体重）或给予补血剂；剧烈腹痛时，皮下注射杜冷丁或肌注氢溴酸山莨菪碱；严重腹泻时，在补液同时给予胃肠黏膜保护剂；狂躁不安时，给予镇静药；心脏衰弱和呼吸衰竭时，给予强心剂和呼吸中枢兴奋剂；禁用钾制剂；麻痹或瘫痪时，皮下注射盐酸士的宁。

八、灭鼠灵中毒（Shoxin Poisoning）

灭鼠灵亦称华法令，属双香豆素类强力抗凝血性杀鼠药。本品无臭、无味，鼠类对用其制成的毒饵并不畏避，常被诱食，还能被鼠类带回鼠洞供其他鼠食用，约需1周才能发挥药效，常使全窝鼠死于洞内。本品对鼠类、犬、猫毒性较强，其中毒致死量：大鼠及小鼠为50~100mg/kg体重，犬为20~50mg/kg体重，猫为5~50mg/kg体重。犬、猫极易接触其毒饵而致发中毒。

[病因] 犬、猫常因误食本品毒饵、被毒饵染毒的食物、毒死的鼠类及其他动物尸体而中毒。

[症状]

急性中毒：无任何前驱症状，因内出血而突然死亡。

亚急性中毒：可视黏膜苍白，结膜、巩膜、眼内、口舌黏膜、齿龈等部出血，呕血，鼻出血，便血。虚弱，呼吸困难，步态蹒跚，共济失调，关节肿胀，有压痛，跛行。体表大面积血肿，心律不齐，心搏微弱，全身虚脱、抽搐、痉挛、麻痹而死亡。病程较长常见黄疸症状。

[诊断] 根据病史、临床症状、病理特征等可初步诊断，依据实验室检验结果即可确诊。

实验室检验。毒检：检测犬、猫活体血浆或尸肝中的灭鼠灵浓度，如确认有中毒致死浓度的本品即可确诊。血检：犬、猫凝血酶原出现时间，凝血时间及凝血激酶部分活化时间等均延长；亦可作为确诊本病的重要依据。

药物治疗诊断：发病犬、猫应用维生素 K_1 治疗明显见效，为进一步确诊本病的重要依据。

鉴别诊断：应与维生素 K 缺乏症，血小板减少症，维生素 A 过多症，大量应用肝素或其他抗凝血剂及外伤等相鉴别。

[治疗]

(1) 精心护理，保持安静，保温，避免外伤，适时给予镇静剂。

(2) 及时应用止血剂维生素 K_1，犬、猫均为 5mg/kg 体重，溶于 5%葡萄糖液中，缓慢静脉注射，连用 5~7 日后，改为同时口服维生素 K_1 和维生素 K_3。

(3) 重危犬、猫可静脉注射全血或抗凝全血 20mg/kg 体重，其中前半量快速静注，后半量以 20 滴/分钟的速度静滴。以增加血容量和止血功能。

(4) 严重呼吸困难和贫血者，应及时吸氧或胸腔穿刺，缓慢抽除渗出的血液。

(5) 对症支持疗法。根据病情，适时给予能量补充剂、抗感染剂。

九、铅中毒 (Lead poisoning，plumbism)

铅中毒是犬、猫误食过多含铅物质所致的中毒病。临床以流涎、腹痛、腹泻、兴奋不安、贫血为特征。多发于换牙期幼犬、患有异嗜癖或喜舔咬的犬、猫。

[病因] 犬、猫经常舔食含铅化合物的颜料、机油、汽油、含铅农药或软膏，长期饮用含铅量超标的自来水，吸入多量含铅废气等而导致中毒。犬的铅中毒量为 10~20mg/kg 体重。

铅化合物可经消化道、呼吸道、皮肤吸收进入血液中至全身器官。铅的排出比较缓慢，主要随粪便排出体外，其次是经肾随尿排出，也可随乳汁排出。

[症状]

(1) 急性中毒。犬、猫常于食后 12~24 小时突然发病，尚未见症状，即已死亡。

(2) 亚急性及慢性中毒。犬、猫食欲下降、吐沫、流涎、空嚼、咬牙、呕吐、腹痛、间歇性腹泻、眼球震颤、瞬膜突出、拒光、对刺激敏感；严重中毒可见头颈肌肉震颤、兴奋不安、狂叫、步态蹒跚、共济失调、消瘦、贫血、后躯麻痹、癫痫等神经症状。体温常升高。

[诊断] 有接触铅化物的病史。

临床症状：体温不高，呈现以消化系统和神经系统症状及贫血为特征的体征。

X 线诊断：可见犬、猫胃肠道内散布点片状或条絮状密度增高的阴影（忌服钡餐）。提示犬、猫食入含铅化合物和鼠尸碎片。

实验室检验。血涂片检查：具有大量有核及嗜碱性斑点的红细胞，嗜中性白细胞增多，核左移，外周血中有大量晚幼红细胞。发病犬、猫的血红蛋白含量明显降低，呈低色素性贫血。血铅检测：全血含铅量的判定，有临床症状的犬、猫超过 0.4mg/ml，无临床症状的犬、猫超过 0.6mg/ml 时，均可判为阳性，即为铅中毒。骨髓检查：有大量晚幼红细胞，是铅中毒引起贫血的特征。尿液检验：检出粪卟啉，可证实中毒后实质器官的损伤程度。

[治疗] 急性中毒时，选用 1%硫酸钠液或硫酸镁液洗胃或内服；亦可内服鸡蛋清、牛乳、蛋白水。静注 10%葡萄糖酸钙或 5%~10%硫代硫酸钠液。内服乳酸钙、碳酸氢钠或碘化钾。

驱铅疗法：可选用下述药物和疗法。①缓慢静脉滴注依地酸钙钠：犬 25mg/kg 体重，溶于 100~200ml　5%葡萄糖液或生理盐水，1 日 2 次，连用 2~5 日。停药 1~2 日酌情再用。②肌肉注射二巯基丙醇：犬第 1 日 5mg/kg 体重，1 次，第 2 日剂量减半，均为 6 小时 1 次，第 3 日后每日 2 次，7 日为 1 个疗程。③内服青霉胺，犬 100~250mg/次，每日 4 次，5~7 日为 1 疗程。

中药疗法：给中毒犬灌服解毒汤或槐角汤等亦有一定疗效。

十、洋葱中毒 (Onion poisoning)

[病因] 洋葱中的有毒成分为正丙基二硫化物。毒物可氧化血红蛋白，形成海恩茨氏小体，含有大量此种小体的红细胞可被网状内皮系统细胞吞噬而引起贫血。同时可损害骨髓。实验证实，给犬投喂一个中等大小的熟洋葱或连续投喂混有洋葱汁的熟食，红细胞内即可发现海恩茨氏小体，7~10 日发生严重贫血。犬的洋葱内服中毒剂量为 15~20g/kg 体重，给犬饲喂洋葱和葱汁的熟食可发生中毒。

[症状]

(1) 急性中毒。一般在食后 1~2 日发病。病出现明显的红尿，随时间长短逐渐从浅红色、深红色至黑红色。严重中毒者，犬的尿液呈咖啡色或酱油色，食欲下降，精神沉郁，心悸亢进，呕吐、腹泻，治疗不及时，可能导致死亡。

(2) 慢性中毒。多见于长期饲喂含有少量洋葱或葱汁的犬，常呈轻度贫血和黄疸。

[诊断]

根据有饲喂洋葱或葱汁熟食的病史和典型的血红蛋白尿，基本上可确诊。必要时可以结合血常规检查、血液生化及尿液检查，有助于该病的诊断。

对于慢性中毒及症状不典型的病例，据文献报道，检查海恩茨氏小体是确诊本病的确实可行的方法。急性中毒：血浆呈粉红色、红细胞数、血红蛋白量及 Ht 值等中度减少，网织红细胞增多，红细胞大小不等并呈明显多染性，白细胞总数稍增等。慢性中毒：多染性红细胞和有大量海恩茨氏小体的红细胞增加。

[治疗] 轻度中毒犬立即停喂洋葱后即可自然康复；对严重溶血的病犬，可静注葡萄糖液或林格氏液，ATP、辅酶 A、维生素 C 等；口服或肌肉注射复合维生素 B 及维生素 E。皮下注

射安钠加和呋噻米；严重贫血犬，可输血或给予补血剂。根据病犬情况可适当给予抗生素及泼尼松、地塞米松等。

十一、食物中毒（Food poisoning）

[病因] 犬、猫食入腐败变质的肉、乳、蛋、鱼、过期罐装食品，发馊的残羹剩菜等可引起食物中毒。

[症状] 贪食过多的犬、猫常不显症状，多在食后12小时内致死。而多数犬、猫则呈现精神沉郁、食欲减少或废绝，口渴、呕吐、口吐白沫、喘息、咳嗽、鼻出血、结膜发绀、颌下淋巴结肿大、体温升高、腹泻、粪便腐臭并含有黏液、碎片、纤维蛋白或血凝块、出现荨麻疹、脱水。重病犬、猫，可见肺炎、黄疸、感觉过敏、抽搐、后躯麻痹，终至虚脱而致死。血红蛋白含量升高，核左移，血钾减少。耐过中毒的妊娠犬常发生流产和死胎。

肉毒梭菌毒素中毒：犬、猫发病急、病程短、鸣叫、食欲减少或废绝。眼有脓性眼眦、瞳孔散大、眼球突出、呼吸困难、心搏动加快、口吐白沫、喜卧、步态踉跄、斜颈、常昏迷致死。

鱼类中毒：犬、猫食入腐败鱼类，其所含有的组织胺可致过敏性中毒。病犬、猫精神萎顿，食欲废绝，流涕、垂头、喜卧、瞳孔散大，可视黏膜发绀，恶心、呕吐，继之腹泻、尿失禁，出现荨麻疹、体温多无变化或稍见升高，心搏加快，呼吸促迫，感觉迟钝、痉挛，四肢麻痹，后躯瘫痪，昏迷，因呼吸衰竭致死。

[诊断] 根据犬、猫有食入腐败变质的动物性食物或残羹剩菜的病史；临床及症状可初步诊断，检出沙门氏菌、葡萄状球菌以及肉毒梭菌即可确诊。

[治疗]

(1) 立即停喂腐败变质食物和鱼类，改喂脂肪少易消化的食物，口服补液盐水或绿豆汤、牛奶、糖水等。

(2) 对中毒的犬、猫，先行催吐或选用5%碳酸氢钠液，0.2%高锰酸钾液，活性炭液洗胃或灌肠，再投服人工盐或硫酸钠缓泻。

(3) 及时给予抗菌消炎药。可用氯霉素、丁胺卡那霉素、环丙沙星、氧氟沙星、磺胺二甲嘧啶、磺胺甲基异唑、甲氧苄氨嘧啶、阿莫西林、大蒜等。

(4) 及时补液，静注林格氏液加10%葡萄糖液、地塞米松、维生素C、盐酸苯海拉明或盐酸异丙嗪，肌肉注射或皮下注射。

(5) 酌情给予胃膜素、次硝酸铋、复合维生素等。对肉毒梭菌中毒的治疗，可用A型和B型肉毒梭菌抗毒素各1万u，肌肉注射或静脉注射，6~8小时后再注1次。

[预防] 加强动物性食品及其加工制品的卫生检验、监督和管理；及时处理销毁病死动物尸体，消毒场地和用具；不给犬、猫饲喂腐败变质的肉、乳、蛋、鱼或死因不明的动物肉类和内脏；犬、猫食物需经煮沸，不得久放，喂量不可过多；鱼类食物中加少量醋，可减少组织胺的毒性。

十二、食盐中毒（Salt poisoning）

食盐是犬、猫进行新陈代谢不可缺少的物质之一，在日粮中配合一定比例，能提高食欲，增强代谢，促进发育。犬每天摄入食盐量以 0.25~0.5g/kg 体重为宜。

［病因］常因犬、猫日粮配料错误、食盐比例过高，食盐混合不匀；连续喂给含盐量较高的渍物、咸鱼、咸海鲜品或残羹剩菜；饮水不足，犬、猫缺乏维生素 E 和含硫氨基酸时，可提高食盐的敏感性，加速中毒的发生。犬的食盐中毒量为 1.5~2.2g/kg 体重，致死量为 3.7~4g/kg 体重。

［症状］

(1) 急性中毒。犬、猫常于采食后 1~2 小时发病。口渴、食欲减退或废绝、呕吐、结膜潮红、兴奋不安；继之，腹痛、腹泻、粪中有血或黏液。不停空嚼，口唇周围沾满白色唾沫，心搏动微弱、呼吸促迫、少尿。感觉过敏、肌肉震颤、共济失调、瞳孔散大、盲视、耳聋、结膜发绀、反射消失、后肢麻痹或瘫痪、嗜酸性白细胞明显增多、昏迷，多在数小时内因呼吸麻痹而致死。

(2) 慢性中毒。可见犬、猫喜饮、食欲减少、贫血、消瘦、磨牙、流涎、瘙痒、失明、低体温、精神沉郁、转圈运动、昏迷，经 2~3 天因呼吸衰竭致死。

［诊断］根据病史、临床体征、实验室检验结果等确诊本病。

实验室检验：采取慢性病犬血清或急性病死犬、猫的肝、脑、肌肉等组织，经检验后，如发现血清钠及上述组织的氯化钠含量显著增高时，即可确诊。

［治疗］

(1) 立即停喂含盐过多的日粮和食物，给予足够的饮水，也可投服牛乳、米汤等。

(2) 及时补液，如静注 5%葡萄糖酸钙液或 10%氯化钙液；为缓解脑水肿，静注 25%山梨醇或高渗葡萄糖溶液；视病情可给予强心剂、镇静剂、解痉剂。

［预防］加强食盐和饲料盐的管理，防止犬、猫偷食；配制犬、猫日粮和食物时，应按添加标准加入食盐，且需混匀；不可长期饲喂含盐量高的日粮和食物；限制高盐食物的给量，并供足饮水。

十三、黄曲霉毒素中毒（Aflatoxin poisoning）

黄曲霉毒素中毒是犬、猫采食了被黄曲霉或寄生曲霉污染并产生毒素的饲料所引起的一种急性或慢性中毒。黄曲霉素是黄曲霉菌的代谢产物，至今已发现 20 余种，经鉴定可分为 B_1 和 G_1 两大类，两者化学结构相似，均为二呋喃香豆素的衍生物，易溶于多种有机溶剂，不溶于水，耐高温。毒性以 B_1 最强，G_1 次之，B_2 和 G_2 较弱，通常所称黄曲霉毒素是指 B_1 而言。犬、猫对黄曲霉毒素高度敏感，LD_{50} 0.5~1g/kg 体重。

［病因］犬、猫常因食入被黄曲霉菌或寄生曲霉菌污染的日粮或食物而致发中毒。

［症状］中毒初期，可见食欲减退、萎靡不振、对周边事物淡漠、生长缓慢、逐渐消瘦、体温正常，可视黏膜苍白、视物不清、步态不稳、粪便干燥；继之，精神沉郁、低头嗜睡、

唇麻痹、流涎、吞噬困难、盲视、可视黏膜及皮肤黄染、肌肉震颤、间断性腹泻。排稀水便或血便，粪尿失禁，腹部下垂，穿刺可见腹水、昏迷；后期红细胞显著减少，白细胞总数增多，凝血时间延长，拱背，刨地，头触食盆，烦躁不安，转圈运动，不久转为昏睡、昏迷。少数中毒犬、猫病程短暂，于发病后数小时内死亡；多数中毒犬、猫呈慢性经过，数日或十余日后致发心力衰竭而死亡。

[诊断] 根据病史、临床症状和病理学变化即可初步诊断。检出黄曲霉毒素方可确诊。

黄曲霉毒素的检验：将可疑饲料（食物）样品磨细后用氯仿提取，提取蒸发干燥后，加苯—乙腈混合液稀释，然后用硅胶薄板层析，在紫外线下观察，若饲料样品中有黄曲霉毒素 B_1 存在，在薄板上见到蓝紫色荧光斑点，并可测定其含量。

[治疗]

(1) 停喂霉败日粮和食物，给犬、猫低脂肪含糖食物，注意观察病情变化，加强护理。

(2) 中毒后，立即用 0.1%~0.2%高锰酸钾液洗胃，再投硫酸钠或人工盐缓泻。

(3) 采取解毒、保肝、止血措施，静脉注射 25%~50%葡萄糖液和维生素 C、葡萄糖酸钙液、氯化钙液、乌洛托品液；内服蛋氨酸，犬 0.5g/次，猫 0.1g/次，每日 2~3 次，或给予肌苷。

(4) 对症疗法：中毒犬、猫心脏衰弱时，可给予安钠咖或强尔心；兴奋不安时，给予盐酸氯丙嗪；为防治并发感染，给予青霉素和链霉素，但禁用磺胺类药（易加速死亡）；中毒恢复期的犬、猫应给予鱼肝油和多种维生素。

十四、亚硝酸盐中毒 (Nitrite poisoning)

在饲料、食物、叶菜、野生植物和饮水中，常含硝酸盐或亚硝酸盐。当菜类饲料或食物贮存不当、发热、腐烂、调制方法失误时，在细菌的作用下，可使硝酸盐转化为亚硝酸盐。误食误饮含有此种盐类的饲料、食物、饮水时，均可使犬、猫发生急性中毒而致死。

[病因] 饲喂微火焖煮或煮后放置过久的食物；犬、猫误饮硝酸盐超标的井水、池塘水、沤绿肥的坑水均可使犬、猫发生中毒。

[症状] 采食后不久突然发病，贪食体壮的犬、猫发病更快且较严重。主要表现为不安、尖叫、流涎、呕吐、呼吸加快、心搏增速、走路摇摆、时起时卧或呆立不动；严重中毒的犬、猫，可见张口伸舌，呼吸促迫，口吐白沫，鼻端、耳尖、体表皮肤、四肢发凉，体温降至常温以下，瞳孔散大，可视黏膜发绀，心搏细弱，血液呈酱油色、凝固不良；全身震颤、抽搐、共济失调、卧地不起、昏迷，多在中毒后数十分钟至 4 小时内，因窒息而死。妊娠母犬常在亚硝酸盐中毒康复后发生流产。

[诊断] 根据病史、临床症状、病变特征及毒物检验结果确诊本病。

联苯胺快速定性试验：取胃内容物和可疑残存食物的液汁各 1 滴滴于滤纸上，加 10%联苯胺液 1~2 滴，再加冰醋酸 1~2 滴，如滤纸上的液滴处变为棕红色，证实含有亚硝酸盐，即可确诊。

对贵重的犬、猫，必要时可取胃内容物、呕吐物、血液等检样，送至毒检部门，进行定性和定量检验，即可确诊。

［治疗］

（1）中毒后，先静脉注射1%美蓝溶液5~10mg/kg体重，或甲苯胺蓝溶液5mg/kg体重，再静脉注射10%~25%葡萄糖液和维生素C。

（2）对症疗法。犬、猫喘息时，注射山莨菪碱或尼可刹米；心脏衰弱时，注射强尔心或安钠咖；严重溶血时，适量放血再补液，口服肾上腺皮质激素；为碱化尿液，口服碳酸氢钠；轻度中毒犬、猫安静休养，投喂适量糖水、牛乳、蛋清。

十五、阿托品类药物中毒（Poisoning by atropine）

阿托品类药物为M胆碱受体阻断药，兽医临床主要用作解痉剂和散瞳剂。常用制剂有硫酸阿托品、颠茄酊、氢溴酸东莨菪碱、氢溴酸山莨菪碱、氢溴酸后阿托品等。

［病因］治疗时应用本类药物剂量过大或连续多次给药；有些过敏体质病犬虽用治疗量亦可致发中毒。

［症状］中毒初期犬、猫口干舌燥、吞咽困难、肠音减弱；继之，兴奋不安，结膜潮红，瞳孔散大，视物不清，肠音消失，臌胀，腹痛，不见排粪、少尿或排尿困难，尿液浑浊；后期体温升高，脉搏急速，烦躁不安，阵发性痉挛，反射迟钝，四肢厥冷，因呼吸麻痹而致死。

［诊断］根据犬、猫有超量或连续应用阿托品类药物及过敏的病史；临床可见先兴奋后麻痹，瞳孔散大，腺体分泌减少，胃肠麻痹，臌胀等体征，即可确诊。必要时可取检样做猫眼散瞳试验加以验证，进一步确诊。

［治疗］

（1）中毒后，先用0.05%高锰酸钾液或2%~4%鞣酸洗胃，再投服盐类泻剂导泻。

（2）给予拮抗剂，犬皮下注射硝酸毛果云香碱3~20mg/次，每6小时1次；或甲基硫酸新斯的明0.25~1mg/次。

（3）瞳孔散大及视力障碍犬，可用0.2%~0.5%水杨酸毒扁豆碱点眼。

（4）对症疗法。根据病情选用镇静剂，呼吸中枢兴奋剂，强心剂，解热剂，补液，肾上腺皮质激素，吸氧，导尿等。

［预防］除解救犬、猫有机磷中毒大剂量应用本类药物外，治疗犬、猫其他疾病时，应严格掌握本类药物的适应证、剂量和用法，切勿连续超量给药。

十六、巴比妥类药物中毒（Poisoning by barbital）

［病因］巴比妥类药均为巴比妥酸的衍生物。主要制剂有巴比妥、苯巴比妥钠、戊巴比妥、异戊巴比妥、司可巴比妥、硫喷妥钠等。兽医临床广泛应用本类药物作镇静剂、催眠剂、解痉剂、抗惊厥剂、麻醉剂。本类药物久用可产生耐药性和依赖性。多因滥用本类药物或剂量过大，疗程过长而使犬、猫中毒。

［症状］精神沉郁，闭目头晕，倦怠无力，瞳孔散大，呼吸浅表或喘息，血压下降，时见皮炎、皮疹、出血性血疱、剥脱性皮炎；严重中毒的犬、猫，可见昏睡、昏迷、休克，因呼吸衰竭而致死。

[诊断] 根据病因和临床症状等即可确诊。

[治疗]

(1) 中毒 3 小时以内的犬、猫，大量应用生理盐水或 0.2%高锰酸钾液洗胃，再投服硫酸钠导泻。

(2) 给予呼吸中枢兴奋剂，如氧化樟脑，尼可刹米，樟脑磺酸钠等。

(3) 给予解毒药，如美解眠，犬、猫用量均为 15~20mg/kg 体重，溶于 5%葡萄糖液，缓慢静滴。

(4) 对症支持疗法：根据中毒犬、猫的病情，给予或静脉注射 5%碳酸氢钠液，乳酸钠液，甘露醇，利尿剂，糖盐水，低分子右旋糖酐，复合维生素，升压药等。

十七、咪唑苯脲中毒

[病因] 咪唑苯脲是我国 1985 年首次合成的有机磷类抗血孢子虫药。本药治疗剂量通常不显现毒性反应，但其抗胆碱酯酶作用超过犬体耐受力或用量过大，用法不当时，常可致发犬类急性中毒。

[症状] 急性中毒犬给药 5 分钟后，即可显现剧烈频繁呕吐、腹泻、四肢无力、难于站立等中毒症状；随后可见精神沉郁、流涎、拒食、呼吸困难、心律不齐等。

[诊断] 根据病史、临床症状、血液学变化等即可确诊。

血液学检验：嗜中性白细胞增多，谷草转氨酶和血清尿素氮等值升高，尿蛋白和尿胆红素等均呈阳性反应等。

[治疗] 中毒后，立即皮下或静注硫酸阿托品 0.1~0.15mg/kg 体重，然后静脉注射氯磷定 15~20mg/kg 体重，根据病情配合应用保护肝脏、肾脏和纠正电解质平衡的药物。

[预防] 对体质较弱的犬慎用本药；使用本药时必须认真核算剂量，注意用法，并要跟踪观察犬的反应，发现不良反应时，立即解救。

十八、氨基糖苷类抗生素中毒 (Poisoning by aminoglycoside antibiotics)

氨基糖苷类抗生素是由氨基糖和配基连结而成的苷类杀菌性抗生素。

[病因] 本类药物应用不当，常使犬、猫发生不良反应和中毒。

[症状]

(1) 过敏性休克。有时发生于应用链霉素或庆大霉素的犬、猫。初见烦躁不安、畏寒、结膜初潮红后苍白，口腔干燥、恶心、呕吐；继之，发热、呼吸促迫、心悸、脉弱、血压下降、皮肤瘙痒、血疹、荨麻疹、皮炎、腹痛、腹泻、粪尿失禁、嗜酸性粒细胞增多、抽搐、昏迷，终因休克而致死。

(2) 耳器官的中毒反应 (耳毒性)。因内耳淋巴液中氨基糖苷类抗生素浓度持续过高，损害内耳柯蒂器内外毛细胞，使糖代谢、能量利用、细胞膜钾钠离子转换发生障碍所致。分为前庭功能失调和耳蜗神经损害两类。前庭功能失调时，可见犬、猫眩晕、恶心、呕吐、眼球震颤、平衡障碍、步态不稳等；其发生率：新霉素>卡那霉素>链霉素>庆大霉素>妥布霉素>奈替米星。耳蜗神经损害时，可见犬、猫眩晕，听觉迟钝或耳聋；其发生率：新霉素>卡那霉素>巴龙霉素>阿米卡星>西索米星>庆大霉素>妥布霉素>链霉素。但本类多数药物常可同时致发前庭功能失调和耳蜗神经损害。

(3) 肾脏的中毒反应（肾毒性）。犬、猫的主要中毒症状为肾性水肿、少尿、无尿、管型尿、血尿、尿钾增多、氮质血症、尿毒症等；其发生率：新霉素>卡那霉素>妥布霉素>奈替米星。

(4) 对神经肌肉接头的阻滞毒性。常因本类药物静脉注射或肌肉注射速度过快或用其冲洗术部；与肌肉松弛剂合用；应用于肾功衰竭、血钙降低、肌乏力的犬、猫等均易致发中毒。犬、猫的主要症状为唇、舌震颤或麻痹、肢体乏力、瘫痪、血压下降、心力衰竭、呼吸肌麻痹而致死；其发生率：新霉素>链霉素>卡那霉素、阿米卡星>庆大霉素、妥布霉素。

(5) 对消化道的毒性。经口给予犬、猫新霉素、卡那霉素、巴龙霉素后，胆汁中含药浓度增高，刺激胃肠，常致恶心、呕吐、臌胀、腹泻等中毒反应，影响肠道对脂肪、胆固醇、蛋白质、糖、铁的吸收，严重时可致脂肪性腹泻或营养不良。注射给药则少见此类反应。

(6) 对血液循环系统的毒性。本类药物应用失误，可减弱心肌的收缩力，致发心脏衰弱或心力衰竭、溶血性贫血和血液学变化。如白细胞总数、嗜中性粒细胞及血小板等减少；嗜酸性粒细胞、血清转氨酶及碱性磷酸酶等增多。

[诊断] 根据犬、猫有应用氨基糖苷类抗生素治疗史或过敏史；临床见有过敏性休克、耳毒性、肾毒性、神经肌肉接头阻滞、消化和血液循环系统等的中毒体征，即可确诊。

[治疗]

(1) 应立即减量或停药。

(2) 轻度过敏反应停药后即可自愈。严重过敏或发生休克时，必须抢救，可皮下或肌肉注射0.1%盐酸肾上腺素，犬0.1~0.5mg/次，猫0.1~0.2mg/次，或以10倍量生理盐水稀释后静脉注射。在5%葡萄糖液中加入氢化可的松，犬5~20mg/次，猫1~5mg/次；或加地塞米松磷酸钠，犬0.25~1mg/次，猫0.15~0.5mg/次，缓慢静滴。血压下降时，用酒石酸去甲肾上腺素，犬0.4~2mg/次，溶于5%葡萄糖液缓慢静脉滴注，或酒石酸间羟胺，犬2~10mg/次，溶于生理盐水缓慢静脉滴注。严重病犬需及时补液、吸氧、人工呼吸或按压心脏。

(3) 为减轻本类药物的中毒反应，可给予硫代硫酸钠或康得灵。为治疗听神经功能障碍，可用利多卡因、卡马西平、5%碳酸氢钠液、胞磷胆碱、乙酰谷酰胺等。

(4) 对发生神经肌肉阻滞的犬，可皮下注射或肌肉注射新斯的明0.25~1mg/次，每隔30分钟给药1次，直至呼吸恢复为止；缓慢静脉注射葡萄糖酸钙或氯化钙液；必要时给犬吸氧或人工呼吸。

(5) 根据病情，可给予神经营养药、抗贫血药、止血药、无毒或低毒的其他种类的抗生素，必要时可补钾、输血。

[预防]

(1) 应根据犬、猫病情和药物的适应证，严格控制剂量、浓度、给药途径和疗程；用药前需询问有无过敏史，用药后需跟踪观察，发现不良反应或中毒及时抢救。

(2) 妊娠、初生、幼龄、老龄犬、猫，以及患有听觉障碍、低钾血症、毒血症、尿毒症、肾病、肝病、腹泻、失水、缺氧、肌无力的犬、猫，应慎用或不用本类药物。

(3) 注意药物配伍，本类药物应避免与耳部或肾脏毒性较强药、抗组织胺类药、肌肉松弛药、全身麻醉药等合用。

(4) 犬、猫腱鞘、创腔、关节腔、胸腹腔等部位慎用本类药物。

十九、磺胺类药物中毒 (Poisoning of sulfonamides)

[病因] 磺胺类药物种类较多，抗菌谱较广，均为抑菌药。犬、猫一次大剂量和长期连续应用本类药物、静注速度过快，以及对本类药物过敏的犬、猫，均易发生药物过敏或中毒。

[症状]

(1) 急性中毒。主要表现为兴奋、感觉过敏、荨麻疹、共济失调、肌无力、痉挛、麻痹、食欲减少、呕吐、腹泻、昏迷等症状，个别犬偶见体温升高。

(2) 慢性中毒。主要表现为少尿、尿闭、结晶尿、蛋白尿、血尿；食欲减退、便秘、呕吐、腹泻、间歇性腹痛；可视黏膜出血、贫血、血凝时间明显延长、红细胞减少、颗粒性白细胞缺乏、血红蛋白值降低、药物注射部位发生炎症、肿胀、化脓、坏死等症状。

[诊断] 根据病史和发病犬、猫显现的神经、消化、泌尿系统症状及溶血性贫血等，即可确诊。

[治疗]

(1) 中毒时，应立即停药；超量投服本类药物时，应尽早洗胃。

(2) 发现犬、猫用药后，少尿、尿闭、结晶尿、蛋白尿、血尿时，应立即补液，静脉注射5%碳酸氢钠液、复方氯化钠液或5%葡萄糖液；或内服碳酸氢钠或口服补液盐。

(3) 发现犬、猫出现高铁血红蛋白症时，静脉注射1%美蓝溶液5~10mg/kg体重，并配合静脉注射高渗葡萄糖液和维生素C。

[预防]

(1) 注意本类药物的适应证和配伍禁忌，切勿滥用，严格控制给药剂量、用法和疗程，用药期间供足饮水；内服本类药物时应同服等量碳酸氢钠；静脉注射给药时应配用葡萄糖液，且需缓慢注药。

(2) 体质虚弱及患肝肾功能不全，颗粒性白细胞减少症和少尿、脱水、酸中毒、严重贫血、休克的犬、猫，应忌用或慎用本类药物。

二十、硫化二苯胺中毒 (Intoxication of phenothiazine)

[病因] 硫化二苯胺为驱虫药，常用其驱杀犬的蛔虫、蛲虫、毛首线虫等。本品应用不当或剂量过大易发生犬类中毒。

[症状] 初期可见精神沉郁，食欲减退，全身肌肉震颤，喜卧，不久体温升高，可视黏膜黄染，心音减弱，心律不齐；中期可见可视黏膜发绀，轻度兴奋，全身无力，饮食欲废绝，肠音消失，不见排便，呆立，步态蹒跚，红细胞减少；后期可见红细胞明显减少，犬陷于虚脱状

态，发生中毒后 4~5 日死亡。

[诊断] 根据用药失误及临床症状等即可确诊。

[治疗] 本病并无特效解毒药，只能采用加强护理，随时观察病情变化，对症治疗。如反复静注葡萄糖液、林格氏液、强心剂，补血剂、输血抗感染药等。

二十一、氯丙嗪中毒（Poisoning by chlorpromazine）

[病因] 氯丙嗪亦称冬眠灵，属吩噻嗪类药。兽医临床主要用其作安定剂。常因应用本品时，药量计算错误，应用过量，用药次数过多，或与其他药配伍不当，某些犬、猫对本药耐受性较差等原因，使犬、猫发生中毒。

[症状] 轻度中毒，可见骚动不安，频繁起卧，瞳孔缩小，体温降低，肌肉松弛，倦怠无力，嗜睡，偶见便秘。重度中毒，可见四肢厥冷，肌肉震颤或强直，共济失调，瞳孔缩小，反射消失，体温明显降低，呼吸浅表，心动急速，肝肿大，黄疸，昏迷，皮疹，皮炎，贫血，白细胞减少，时见尿潴留或尿失禁。

[诊断] 根据病史，以中枢神经系统抑制症状为主症，并从尿液中检出氯丙嗪或吩噻嗪类药物时，即可确诊。

[治疗]

(1) 发现犬、猫中毒后立即停药；如摄入大量氯丙嗪并在 6 小时内，可用微温开水或 0.05%高锰酸钾液洗胃，再投服硫酸钠导泻。

(2) 犬、猫昏睡、呼吸浅表，反射消失时，可注射尼克刹米或安钠咖。

(3) 肝肿大、黄疸、皮炎时，静注氢化可的松 5~20mg/次，溶于生理盐水或 5%葡萄糖液。

(4) 发生肺水肿时，静注高渗葡萄糖液、右旋糖酐、维生素 C；酸中毒时，静脉注射 5%碳酸氢钠液或乳酸钠液。

[预防] 患有糖尿病、肝功能障碍、心力衰竭的犬、猫禁用本药；治疗时剂量准确或不可超量应用；给予本品后，发现不良反应或中毒时立即停药，进行急救；本药可致发低血压，禁用肾上腺素类升压药。

二十二、马钱子碱中毒（Strychnine poisoning）

马钱子亦称番木鳖。马钱子为常绿乔木植物的成熟种子。其主要的药用成分为马钱子碱和番木鳖碱（士的宁）。

[病因] 犬、猫中毒多因误食本品毒饵或死鼠；本品的安全范围较小，毒性甚强，用药过量或使用不当常引起急性中毒。内服中毒量：犬为 0.75mg/kg 体重，猫为 1mg/kg 体重。本品注射用药的毒性比内服用药高 2~10 倍。

[症状] 本品中毒是以神经系统兴奋性增强为特点。初期犬、猫骚动不安，感觉过敏，对外界刺激反应性增强，肌肉抽搐，眼球震颤，瞳孔散大，可视黏膜发绀，呼吸急促，脉搏细弱，体温升高；继之出现牙关紧闭，角弓反张，惊厥，肌红蛋白尿。因呼吸肌痉挛窒息而死亡。

[诊断] 根据中毒病史和犬、猫的临床症状等即可初诊本病，必要时需结合病理学和毒物

检验结果确诊本病。

(1) 毒物检验。取胃内容物及尿液为检样，用层析法或显微结晶反应法检验。发现本品成分即可确诊。

(2) 鉴别诊断。本病应与犬、猫的破伤风、乙二醇中毒、电解质平衡障碍等疾病相鉴别。

[治疗]

(1) 发病后，应加强护理，置于安静较暗处，尽量避免外界刺激。

(2) 立即用 0.01%~0.05%高锰酸钾液、0.1%稀碘酊、1%碘化钾液或 2%~3%鞣酸液等洗胃或投服催吐剂；然后先投服活性炭，再投服盐类泻剂导泻。

(3) 给予巴比妥类药或愈创木酚甘油醚。

(4) 补液并给利尿剂，但禁用咖啡因和合成麻醉药品。

[预防] 注意本品毒饵的配制、保管和使用，防止犬、猫接触或误食；及时清除和销毁毒死的鼠类和野犬；应用马钱子或士的宁治疗犬、猫疾病时，应严格掌握适应证、用药剂量、用法及疗程。

二十三、蟾蜍中毒 (Poisoning by toad)

蟾蜍俗称癞蛤蟆或癞蛙，分布于世界各地，约有 250 余种。我国共有 9 种，其中花背蟾蜍、黑眶蟾蜍、大蟾蜍较为多见。蟾蜍的皮肤和黑卵有毒，不可食用。当蟾蜍受刺激时，其耳后腺和皮肤腺可分泌出白色黏稠毒性很强的毒液（鲜蟾酥）。蟾蜍毒液的主要成分为蟾毒内脂类、有机碱类、甾醇类及黏液质等。蟾毒内脂类毒素可使心率先减慢后过速或心室颤动，并有催吐、局麻和致发惊厥等作用；有机碱类毒素对周围神经有呈烟碱样作用；黏液质有溶血或凝血作用。我国已能将蟾蜍的毒液经干燥加工制成蟾酥，用其配制蟾酥丸、六神丸、八一抗癌片及中药方剂。利用蟾酥具有强心、升压、兴奋呼吸、抗炎、镇咳祛痰、促进宫缩、抗癌等药物作用治疗多种疾病。

[病因] 犬、猫捕食蟾蜍，舔食大量黑色蛙卵，黏膜或伤口沾附大量蟾蜍毒液，长时间连续或一次大剂量给予犬、猫含蟾酥类药物制剂等均可致发中毒。蟾酥对小鼠静脉注射的 LD_{50} 为 41mg/kg 体重；皮下注射为 96.6mg/kg 体重；腹腔注射为 36.24mg/kg 体重。

[症状]

局部症状：蟾蜍毒液误入犬、猫眼内可致发眼部红肿，视觉迟钝，严重时失明；损伤部染毒时，常导致红肿、糜烂、坏死。

全身症状：犬、猫误食蟾蜍 30 分钟至 1 小时后，可见恶心，呕吐，腹痛，腹泻，皮炎，可视黏膜发绀，呼吸急促，肌肉震颤，摇头，流涎，口唇和四肢厥冷麻痹，心率先徐缓后过速，心律不齐，血压下降，痛觉迟钝，昏迷，抽搐，休克等。治疗失时常于 24 小时内发生循环衰竭而致死。

[诊断] 综合病史、临床症状、心电图特征及动物试验结果即可确诊。

(1) 心电图诊断。犬、猫出现室性早搏、室颤及“洋地黄型”ST 段、T 波改变，为辅助确诊本病的重要依据。

(2) 动物试验。在玻片两侧各滴1滴发病犬或猫的呕吐液和蟾蜍毒液，再分别向两液中各滴1滴取自健康犬或猫的唾液，轻轻混匀并稍等片刻，如两液中均出现灰白色泡沫，即证实为蟾蜍中毒。

[治疗] 应立即给予催吐剂：反复用0.2%~0.5%高锰酸钾液洗胃及冲洗口腔黏膜，然后再投服硫酸镁（钠）导泻，以清除残存于胃肠中的蟾毒。接触蟾毒的眼部和伤口立即用生理盐水反复冲洗。

解毒：如出现心律失常、房室传导阻滞时，可肌肉注射或静脉注射硫酸阿托品，每0.5~1小时注射1次，直至心率恢复正常为止；如出现心源性脑缺血症状时，应给异丙肾上腺素1mg溶于5%葡萄糖液，缓慢静脉注射；补液纠正水和电解质紊乱，犬、猫排尿，后适量补钾。

对症疗法：呼吸困难时，给予呼吸兴奋剂或吸氧；肌肉震颤、抽搐、惊厥时，给予安定或氯丙嗪；腹痛时，给予杜冷丁或颠茄片。

[预防] 防止犬、猫误食蟾蜍及其卵；临床外用蟾酥制剂不可接触眼部和皮肤伤口；不可长时间或超大剂量应用蟾酥制剂，用药时应注意心脏的变化，以防中毒。

二十四、麻黄碱中毒 (Poisoning by ephedrine)

[病因] 麻黄碱是由麻黄提取的生物碱。近年研究证实，其有松弛平滑肌、兴奋心肌、收缩血管、兴奋中枢、苏醒、降温、抗病毒等作用。兽医临床多用其作平喘药。犬、猫中毒较为少见，多因治疗用药不当或超量给药而致发中毒。据报道，犬内服盐酸麻黄碱的用量超过治疗剂量的5~10倍时，可迅速发生中毒。

[症状] 主要表现为兴奋、不安、烦躁、肌肉震颤、鼻端出汗、流涎、呕吐、体温升高、脉搏加快、心音增强、血压升高、呼吸促迫、惊厥，终至循环和呼吸功能衰竭而致死。

[诊断] 根据病史和临床症状即可确诊。

[治疗] 中毒后，应立即给予催吐剂，洗胃及导泻；肌肉注射或静脉注射拮抗药，盐酸氯丙嗪，犬、猫均为1~3mg/kg体重；给予强心剂，呼吸兴奋剂；补液及吸氧。

[预防] 治疗犬、猫疾病时，严格控制本药的给药剂量；本药忌与单胺氧化酶抑制药合用；患有高血压、心脏病、糖尿病、甲状腺功能亢进、神经兴奋的犬、猫慎用或忌用本药。

二十五、蜘蛛中毒 (Arachnidism)

[病因] 犬、猫被毒蜘蛛刺螫后，毒液进入其体内可致发中毒。

[症状] 犬、猫被毒蜘蛛刺螫的局部可见出血、水肿、剧痛，不久便出现全身无力、肌肉和关节疼痛，体温升高，流涎，呕吐，腹痛，肌红蛋白尿等症状。

[诊断] 根据犬、猫有被毒蜘蛛螫伤的病史，出现局部和全身症状等即可确诊。

[治疗] 温敷刺螫部；给予镇静剂、镇痛剂、葡萄糖酸钙、糖皮质激素类药和抗组织胺剂等。24小时后即可康复。

二十六、一氧化碳中毒（Carbon monoxide poisoning）

一氧化碳是无色无臭的气体，易燃烧，与氧（2:1）的混合物易爆炸。

[病因] 警犬在烟尘弥漫的特殊事故现场或军犬在军事演习区，执行搜索、救护、训练时，吸入大量一氧化碳而致发急性中毒。厂矿饲养犬长期吸入生产中排放的一氧化碳易发生慢性中毒。家养犬、猫多因煤气渗漏或长期吸入主人吸烟喷吐的烟雾和家居装修物的释放物等而致发中毒。

[症状]

轻度中毒：可见犬、猫恶心、呕吐、感觉迟钝、全身无力、喜卧或蹲伏、眩晕、嗜睡、心搏加快、血压上升、呼吸增数、血液中碳氧血红蛋白浓度已超过 10%。

中度中毒：犬、猫恶心、呕吐、眩晕等症状加重，呕吐物呈黄绿色，肌无力，共济失调，瞳孔缩小，视物不清，皮肤和可视黏膜呈樱桃红色，出汗，脉细弱，心率加快，心律不齐，血压降低；呼吸频数、肺区可听到干性啰音。抽搐，昏迷，虚脱；血检可见碳氧血红蛋白浓度超过 30%并见非蛋白氮，尿素氮，血钾，谷草转氨酶等值均升高。尿检可见蛋白尿。

重度中毒：犬、猫可视黏膜发绀或苍白，常见红斑或疱疹，眼球震颤，双侧瞳孔缩小或散大，视听觉及肌反射明显减弱或消失，鼻流白色细泡黏液，频繁呕吐，呕吐物呈咖啡色或呕血，多汗、潮式呼吸，肺区可听到湿性啰音；胸片可见肺部片状阴影；脉搏细弱，心音浑浊，血压下降；心电图可见心动过速，房颤，房室或束支传导阻滞，心肌梗死；肠音减弱或消失，粪尿失禁，排褐色便，肌红蛋白尿；虚脱，昏迷，间歇性抽搐，血检碳氧血红蛋白浓度已超过 50%，白细胞增数、非蛋白氮、尿素氮、血钾、肌酐、谷草转氨酶、乳酸脱氢酶、肌酸磷酸酶等值升高。急性严重中毒的犬、猫，多在数分钟至 1~3 小时，因呼吸和循环衰竭而致死。

[诊断] 根据犬、猫有一氧化碳的接触史，急速发生的中枢神经系统损害为主的症状，结合血液碳氧血红蛋白浓度的检测结果即可确诊。

鉴别诊断：本病应与犬的急性胰腺炎、出血性紫癜、红细胞增多症等疾病相鉴别。

[治疗]

(1) 速将中毒犬、猫移出发病场所，置于空气新鲜处，注意保温和观察，立即采取急救措施。

(2) 为控制脑水肿，降低颅内压，可静脉注射 20%甘露醇、高渗葡萄糖液、输血、呋噻米或投服甘油。

(3) 为纠正酸碱平衡，可静脉注射 5%碳酸氢钠液、乳酸钠液或氨丁三醇。

(4) 为扩充血容量，改善微循环，可给予低分子右旋糖酐、血浆代用品、脑心舒、丹参、川芎嗪、透明质酸酶。

(5) 呼吸衰竭时，立即吸氧、人工呼吸、按压心脏、注射尼克刹米或氧化樟脑。

(6) 给予地塞米松或氢化可的松。

(7) 对症支持疗法：根据病情可给予脑活素、脑复新、脑复康等，配合使用阿托品、维生素 C 和维生素 E、超氧化物歧化酶、尼莫地平、脑益嗪、能量合剂，为控制感染，给予抗生素或氟喹诺酮类药。

二十七、三硝基甲苯中毒 (TNT poisoning)

［病因］三硝基甲苯（TNT）俗称炸药。警犬在执行侦察、搜索爆炸物或训练时，厂矿护院犬监护炸药仓库时，接触和误食 TNT 源物或渗漏包装物，常可发生中毒。

［症状］轻度中毒犬精神沉郁、喜卧、行动迟缓或呆立、四肢无力、食欲减退、消瘦等症状。重度中毒犬体温多无改变，可视黏膜苍白或轻度发绀，眼常半闭；腹泻、便呈粥状或水样，粪便呈灰黄色或暗红色，里急后重；心率加快，喘息；尿色橘黄或红褐；步态蹒跚、后躯摇摆，形似酒醉，因全身抽搐、痉挛、衰竭而死亡。

［诊断］根据病史、临床体征、病变特征、血检结果即可确诊本病。

血液学检验：红细胞、红细胞压积、血红蛋白等值明显降低；高铁血红蛋白、血清乳酸脱氢酶、血清谷-草转氨酶等值升高；血清谷-丙转氨酶降低，血清胆红素间接反应呈阳性等，即可确诊。

［治疗］立即给中毒犬一次静脉注射葡萄糖酸内酯 500mg，维生素 C 2g，葡萄糖氯化钠液 250~300ml。同时肌肉注射维生素 B_6、维生素 B_{12} 和铁制剂。根据病情可给予止血剂、抗生素、尿路消毒剂等。

［预防］在训练、执行侦察和搜索爆炸物时，要注意保护警犬免受 TNT 及其渗漏物的危害；厂矿要专人严格管理和保存 TNT 源物，及时妥善处理 TNT 渗漏物和包装物，避免犬类接触。

二十八、溴化物中毒 (Bromide Poisoning)

溴化物属安定类药物，其盐常用作动物镇静剂。本药亦是鼠药耐灭鼠灵的换代产品，通常配成 0.01%粉剂袋装毒饵，每袋含毒饵 16~42.5g。市售品为 Assauct,Vecogeande，Trounce 等。

［病因］本药常用于性情暴烈咬人犬，车船长途贩运犬，患脑炎、破伤风、食盐中毒犬，常因防治给药用量过大，长期连续给药；偷犬者或投毒者一次给药过量；犬、猫误食被本品鼠药毒死的鼠尸等而中毒。

［中毒机理］溴化物为神经毒，能阻止氧化磷酸化作用，改变 Na/K-ATP 泵的作用而致发脑水肿；本药亦可经肠迅速吸收，血浆半衰期为 5~6 日，经肝代谢，排泄缓慢，长期连续超量用药可致发蓄积中毒。本药 VD_{50}：犬 4.7mg/kg 体重，猫 0.54mg/kg 体重。0.01%毒饵的估计最小中毒剂量：犬 16.7g/kg 体重，猫 3g/kg 体重；估计最小致死量：犬 25g/kg 体重，猫 4.5g/kg 体重。

［症状］因体内蓄积中毒程度或误食本品毒量不同，表现出的症状也不同，犬、猫中枢神经受损程度也有所差异。临床可见急性中毒和慢性中毒。

(1) 急性中毒。犬、猫体温升高，狂躁不安，盲目运动，肌肉震颤，共济失调，呕吐、腹痛。对声光反应敏感而出现抽搐、痉挛、强直，终至昏迷致死。

(2) 慢性中毒。犬、猫误食含本品毒物 1~2 日可见呕吐、瞳孔散缩不定、皮疹、沉郁、嗜睡、肌肉震颤、四肢无力、运动失调、反射迟钝、后躯麻痹等迟发性综合征。

[诊断] 根据发病犬、猫有接触本药的病史，典型临床症状，脑电图异常，组织中定性检出本药残留等即可确诊。

应与狂犬病、有机磷中毒、士的宁中毒、氯化烃中毒、DEET 中毒等相鉴别。

[治疗]

(1) 发病犬、猫立即停药，置阴凉通风处，中毒 2 小时内为最佳抢救时机，反复用活性炭浆洗胃，每隔 4~8 小时投服 1 次硫酸镁，用温盐水灌肠，连灌 2~3 次。

(2) 为加速溴化物排出，可选用右旋糖酐葡萄糖液，右旋糖酐氯化钠液等静注，犬、猫均为 20ml/次，或静注生理盐水，犬 100~500ml/次，猫 40~50ml/次。同时皮下或肌肉注射呋塞米（速尿），犬、猫 0.5~1mg/kg 体重，1 日 1 次。

(3) 为减轻脑水肿，可静脉滴注甘露醇（犬、猫 10~20ml/次）与地塞米松磷酸钠（犬 0.125~1mg/次，猫 0.125~0.5mg/次）注射液。

(4) 为缓解肌肉震颤、抽搐，可静脉注射或肌肉注射地西泮（安定），犬、猫 0.06~1.2mg/kg 体重。

(5) 对症支持疗法。根据病情给予强心剂、能量合剂、复合维生素、胃肠黏膜保护剂。

二十九、阿司匹林中毒 (Aspirin/Salicylate poisoning)

阿司匹林（乙酰水杨酸）为酚类衍生物，是兽医临床常用的解热镇痛、抗风湿、抗血栓、促进尿酸排泄的药物。

[病因]

(1) 幼犬和猫的体内缺乏代谢酶，尤其是缺乏合成葡萄糖醛酸化物的酶而易发生中毒。

(2) 犬、猫意外吞食或误食本药，或因本药中毒致死的动物尸体而中毒。

(3) 犬、猫治疗用药剂量过大或连续多次给药而中毒。犬、猫一次服用本药剂量超过 60mg/kg 体重，可致发潜在中毒；猫对本药极为敏感，一次服用本药剂量超过 25mg/kg 体重，每日 3 次，连用 5~7 日可致中毒；犬一次服用本药后血药浓度超过 30mg/kg 体重以上时易发中毒；犬每隔 12 小时按 50mg/kg 体重剂量，服用本药后 2 小时易发中毒；猫每 2 日连用 100mg/kg 体重本药后，即发中毒；妊娠犬、猫应用本药极易中毒；个别过敏体质犬、猫虽按本药治疗剂量进行治疗亦可致发中毒。

[中毒机理] 阿司匹林内服经胃肠迅速吸收入血，经肝代谢，血浆半衰期为 3~5 小时。大剂量服用本药血浆半衰期可延至 20~40 小时，可阻止犬、猫体内氧化磷酸化过程，抑制前列腺素合成，使血糖升高，呼吸中枢先兴奋后抑制，迅速引发代谢性酸中毒，循环衰竭，损伤肝肾，致发脑水肿、血液凝固不良、皮肤黏膜、内脏出血等中毒症状和病变。犬、猫长期应用本药，可阻碍骨髓发育，发生再生障碍性贫血。

[症状与剖检病变] 中毒犬、猫体温升高，烦躁不安，废食，视力减退，眩晕，皮肤与可

视黏膜发绀，皮疹，水肿，恶心，呕吐物含血，腹痛，哮喘；严重中毒犬、猫，可见破伤处流血不止，血液不凝，抽搐，昏迷，终因休克、虚脱而致死。

剖检病变：中毒犬、猫全身血管怒张，胃和十二指肠黏膜脱落，出血，溃疡；脑淤血、水肿；心包积液、心肌变性；肺水肿。

［诊断］

（1）根据犬、猫有连续或超剂量应用本药，对本药过敏，误食本药或被本药毒死动物尸体等病史，以及临床症状与剖检病变特征等，即可初步诊断为本病。

（2）为进一步确诊本病，必须进行血液、尿液检验及 X 线检查。

血液检验：无菌取发病犬、猫血液检测，如见有血小板凝集和凝血酶原生长受抑制，凝血时间延长或见出血倾向，为确诊本病的重要指征。

尿液检验：无菌取发病犬、猫尿液 1ml，酸化后滴入 3 滴 10%氯化铁溶液。如见尿液变为红色，证实水杨酸阳性为确诊本病的重要依据。

X 线检查：发病犬、猫进行胃肠钡餐透视或拍片。见胃肠有反差强的小块状致密阴影，即为出血块或溃疡，为确诊本病参考指征。

应与营养代谢性酸中毒、乙二醇中毒、非类固醇中毒、抗菌消炎药中毒、布洛芬中毒等相鉴别。

［治疗］

（1）发现犬、猫中毒立即停药，催吐、洗胃、导胃；再投予牛乳、蛋清，以保护胃肠黏膜。

（2）中毒犬、猫先静脉注射 5%碳酸氢钠液，犬 10~40ml/次，猫 10~20ml/次，再静脉注射生理盐水，犬 100~500ml/次，猫 40~50ml/次，1 日 1 次。亦可喂服碳酸氢钠粉，犬、猫 0.5~2g/次，1 日 2 次。以碱化尿液，缓解体内酸中毒和休克。

（3）有出血征象时，可选用维生素 $K_1$10~25mg/次，溶于 5%葡萄糖液，每 12 小时静脉注射 1 次，连注 3~4 日；肌肉注射维生素 K，犬 10~30mg/次，猫 1~5mg/次，每隔 8 小时注药 1 次，连注 6~7 日；肌注酚磺乙胺（止血敏）或肾上腺色腙（安络血），犬 1~2ml/次，每隔 12 小时注药 1 次；犬静脉注射血小板或全血 80~100ml/次。

（4）珍贵重症犬、猫可采用碱性腹膜透析疗法，以净化血液。

（5）对症支持疗法。根据病情，给予镇静剂、抗过敏剂、组胺受体拮抗剂、甲腈咪呱、雷尼替丁、强心剂、止咳剂、保肝剂、肌苷、高渗葡萄糖液、维生素 C 等。发热犬、猫应置于阴凉处，头部冷敷，用酒精擦拭皮肤和四肢。

［预防］应用阿司匹林治疗犬、猫疾病时，切勿超量或连续多次给药；过敏体质的猫或妊娠猫禁用阿司匹林。

三十、硼酸与硼酸盐中毒（Boric Acid and Borate Poisoning）

我国有些牧区和农村用其作食品防腐剂。市售的灭蟑螂药、洁厕剂及某些消毒剂和医用药膏中多含有硼酸或硼酸盐。

［病因］犬、猫常因应用含有本品的消毒药洗浴，误食或误饮含有本品的食物。

［中毒机理］本品对犬、猫皮肤黏膜具有刺激性，吸收后可致发皮炎、结膜炎；经消化道吸收后体内代谢缓慢，有蓄积作用，并可影响消化酶活性，致发消化功能紊乱和营养代谢障碍；高浓度硼酸盐随尿排出时可损害肾脏和尿路。本品毒性不强，小鼠口服本品的 LD_{50} 为 5g/kg 体重。

［症状］发病犬、猫可见可视黏膜发绀、皮炎、眼炎、呕吐、腹泻、便中混有血液或黏液，气喘，肌无力、震颤、步态蹒跚、共济失调；久病犬、猫可见抽搐、肾区压痛，出尿、蛋白尿、血尿。

［诊断］

(1) 根据犬、猫有接触硼酸及其盐类产品的病史、本病特有症状、尿检结果等可初步诊断为本病。

(2) 尿液检查可见蛋白尿、血尿、尿沉渣中有脱落肾尿路上皮细胞、红细胞、白细胞、硼酸盐结晶等。

(3) 毒物检验。取呕吐物、胃内容物、剩余食物、尿液为检材。按姜黄试纸法和焰色反应法定性检出硼酸盐；按中和法定量检出硼酸盐百分含量，即可确诊为本病。

应与多聚乙醛、砷、铅、垃圾等中毒及非特异性肠炎相鉴别。

［治疗］本病无特效解毒药。可用生理盐水反复冲洗眼睛；用大量温肥皂水冲洗染毒皮肤；用活性炭洗胃后投服盐类泻剂导泻；静脉注射5%葡萄糖液，并加大量维生素 C；酌情给予呋喃妥因或乌洛托品、强心剂、平喘剂；为防止感染，可给予抗生素或喹诺酮类药；为调整胃肠功能，可给予多酶素片，复合 B 族维生素；为缓解体内酸中毒，可在饮水中加少许碳酸氢化钠粉，任犬、猫自由饮服。重症珍贵犬、猫可用腹膜透析疗法。

三十一、鱼藤酮中毒（Rotenone poisoning）

鱼藤为豆科多年生藤本植物，因其对鱼有剧毒亦称毒鱼藤。其全草、根茎、根均含有有毒的鱼藤酮、鱼藤素、灰叶素、灰叶酚。目前从鱼藤中提取藤酮，用作农药和兽药杀虫剂，市售含鱼藤酮农药有粉剂和乳剂。

［病因］警犬和猎犬穿越丛林长时间被鱼藤缠绕；误食其根茎全草或被毒死的鼠类和鱼；舔食或接触喷洒鱼藤酮的农作物等而中毒。

［中毒机理］鱼藤提取物以鱼藤酮毒力最强，属神经性毒物，对鱼、鸟、昆虫毒性大，对人畜毒性较小，猫对本品较犬敏感，但接触一定时间或误食一定数量鱼藤酮农药，可麻痹呼吸中枢和血管运动中枢而中毒致死。鱼藤酮对小鼠口服 LD_{50} 为 10~30mg/kg 体重，致死量为 66mg/kg 体重。

［症状］发病犬、猫体温正常，沉郁、软颈、黏膜干燥、皮疹、皮炎、结膜炎、鼻炎、咽喉炎、恶心、呕吐、呕吐物含暗褐色血液，阵发性腹痛、肠鸣、心悸、肌肉震颤、共济失调、抽搐、痉挛、低血糖、昏迷，终因呼吸中枢麻痹而致死。

［诊断］

(1) 血液检查。血红蛋白、红细胞、白细胞、淋巴细胞、血糖等均偏低，而中性颗粒细胞偏高，即为鱼藤酮中毒。

(2) 鱼藤酮检验。以呕吐物和胃内容物为检材进行鱼藤酮定性和定量检验。

定性检验：按碱性亚硝酸盐反应法检验检材，出现洋红色（2 小时不变）；按硝酸反应法检验检材，出现蓝色（30~60 秒后蓝色消退）；按麝香草酚反应法检验检材，出现紫红色，12 小时后变为蓝绿色；按香荚兰素反应法检验检材，先见紫色渐变蓝色，冷却加乙醇后又见深蓝色渐变绿色等。根据上述四项定性检验结果之一，即可确诊为鱼藤酮中毒。

定量检验：按醋酸汞法可检测出检材中鱼藤酮的百分含量。

根据病犬有接触鱼藤酮农药的病史、临床特征及血检、毒物检验结果可确诊本病。

[治疗]

(1) 用肥皂水或清水反复清洗，以清除病犬、猫体表毒物，减少毒物吸收。

(2) 病犬未出现痉挛症状前，先用硫酸铜催吐，再用 4%碳酸氢钠溶液洗胃，后投服硫酸钠导泻。

(3) 静脉注射 5%葡萄糖注射液或生理盐水，以排泄毒素。

(4) 静脉注射 10%~25%葡萄糖注射液，以解毒保肝，缓解低血糖症。

(5) 给予维生素 C、维生素 B_1、维生素 B_6、维生素 B_{12}。

(6) 对症支持疗法。根据病情，给予强心剂、利尿剂、镇静剂、润滑保护剂、人工呼吸、吸氧等。

三十二、烟碱中毒 (Nicotinism)

烟碱是烟叶的浸出物，香烟、雪茄、杀虫剂 Black leaf-40 中均含烟碱，主要成分为尼古丁。

[病因] 本病常因饲养者或观赏者远抛香烟或雪茄引逗犬、猫叼咬误咽、误食；犬、猫接触杀虫剂 Black leaf-40；偷犬者用含高浓度烟碱食物诱犬误食等引发中毒。

[中毒机理] 烟碱极易被犬、猫皮肤和黏膜吸收，可先使神经系统兴奋，而后转为麻醉，呈现烟碱箭毒样作用。小剂量烟碱对全身自主神经有刺激作用，先使副交感神经兴奋，后使交感神经兴奋，大剂量烟碱能阻断自主神经节及肌肉神经节间的冲动传导。

[症状]

(1) 急性中毒。犬、猫初期可见眩晕，瞳孔缩小，流涎，呼吸浅表缓慢、恶心、呕吐、腹痛、腹泻、肌肉和肢体震颤、心动徐缓；中后期可见沉郁，瞳孔散大，共济失调，抽搐、心动过速、心律失常，可闻心内性杂音，血压短时升高而后明显降低，昏迷、惊厥，呼吸衰竭而致死。

(2) 慢性中毒。犬、猫可视黏膜黄染，视物不清，便秘。

[诊断] 根据发病犬、猫有接触误食香烟、雪茄、杀虫剂 Black leaf 的病史，特征性临床症状等可初步诊断为本病。

实验室检验：

（1）血液检验。发病犬、猫糖增高、血钾降低、白细胞增多等是确诊本病的重要依据。

（2）烟碱定性检验。取犬、猫胃内容物、呕吐物、食物等为检材。按对二甲氨基苯甲醛反应法，环氧化氯丙烷反应法，显微结晶反应观察法，微量点滴反应法，青蛙实验法等，均证实含有烟碱。即可确诊。

鉴别诊断：本病应与有机磷中毒、士的宁中毒、黄嘌呤中毒、氨甲酸酯中毒等相鉴别。

[治疗]

（1）清除毒物，阻止毒物吸收，促进毒物排泄。

病犬、猫投服 0.2%~0.4%硫酸铜溶液，犬 20~100ml/次，催吐，猫 5~20ml/次，催吐；用 0.2%~0.5%高锰酸钾溶液、活性炭浆、清水等反复洗胃；间隔 0.5~1 小时后投服硫酸钠，犬 10~20g/次，猫 5~10g/次，均配成 5%~10%溶液，导泻；肌肉注射或静脉注射呋塞米（速尿），犬、猫 0.5~1mg/kg 体重，1 日 1 次；反复用肥皂水或微温水冲洗犬、猫体表皮肤染毒部位。

（2）对症支持疗法。犬、猫呼吸衰竭时应吸氧或人工呼吸，忌用呼吸中枢兴奋剂；发病初期可给予地西泮（安定），中后期可用盐酸去氧肾上腺素，犬、猫 0.15mg/kg 体重，加入 5%葡萄糖液中，缓慢静脉滴注；补液、补充电解质，纠正酸碱平衡。

三十三、除虫菊酯中毒（Pyrethrin poisoning）

除虫菊为菊科植物白花除虫菊的干燥花序，约含 1%除虫菊酯，具有杀虫药效好、击倒快、低毒等优点。近年来人工合成除虫菊酯类似物，具有杀虫谱广、对人畜毒性较低、环境残留较少等优点，故称其为拟除虫菊酯类杀虫药。本类杀虫药均属神经毒剂。目前市售实用产品有 20 余种，我国主要应用溴氰菊酯、氰戊菊酯、氯氰菊酯、氯菊酯、胺菊酯等，均属口服吸收毒性较大的中等毒性产品。本类杀虫药中多含除虫菊酯增效剂（P–450 细胞色素抑制剂）。家庭用杀虫剂为除虫菊酯类药与其他成分的混合物。除虫菊酯虽为低毒杀虫剂，但与其他杀虫剂，如灭虫菊、普鲁本辛酚等合用，可明显增强其毒性，或延长药物的半衰期。本类杀虫剂吸入毒性强。

[病因] 犬、猫误食或误饮喷洒过除虫菊酯类杀虫剂的食品、菜叶或水，危险性大。不按规定方法和剂量用药；被人投服本类药物等均可致发中毒。

[中毒机理] 除虫菊酯可使机体神经细胞膜发生轻度去极化，增加复后电位，导致重复性后放电，影响 Na^+、K^+通道，阻断运动电位而致发中毒。除虫菊酯增效剂能抑制和延缓除虫菊酯在机体内的代谢，增强其毒性和延长体内药物作用时间而提高药效。

据实验证实，除虫菊酯类常用杀虫剂的大鼠 LD_{50}（mg/kg）：溴氰菊酯口服为 67~86；氰戊菊酯口服为 451；经皮>5000；氯氰菊酯口服为 251~500，经皮>1820；氯菊酯口服为 1200，经皮>22500；胺菊酯口服为 4640；氟戊酸菊酯口服为 67~68；顺式氯氰菊酯口服为 53~79；苯醚菊酯口服>5000；甲氰菊酯口服 49~54；环虫菊酯口服为 1420~2800；中西菊酯口服雄鼠>25，雌鼠>10；百树菊酯口服雄鼠 550~750，雌鼠口服为 1200，经皮>5000。

[症状] 中毒的潜伏期为 1~24 小时。通常经皮肤染毒为 6 小时，经口染毒为 1 小时，吸入染毒为 30~40 分钟。

体温不定，神态恍惚；皮肤潮红，肿胀，瘙痒，丘疹，皮炎，口唇和四肢麻木，针刺反应弱或消失；缩瞳，流泪，眼炎，视物不清；气喘，流涕；大量流涎，恶心，呕吐，前腹压痛，腹泻，便血；初见心率减慢，血压偏低，渐转为心悸，血压升高，心律失常；乏力，多汗，肌肉震颤，共济失调；重病犬、猫可见眩晕，昏迷，强直性抽搐，阵发性扭颈，划肢，肺水肿，意识消失，终因呼吸麻痹而致死。

[诊断]

(1) 有接触，误食、误饮，吸入，用法用量不当，被人投服除虫菊酯类杀虫剂及其增效剂的病史，典型临床症状等即可初步诊断。

(2) 为确诊本病，发病犬、猫可做心电图检测，并无菌取脑脊液和血液进行检查。如心电图出现束波；脑脊液潘氏反应试验呈阳性；血液 r-氨基丁酸减少等即可确诊。应与有机磷、铅、多聚乙醛、氯化烃、烟碱、氨甲酸酯等中毒相鉴别。

[治疗]

(1) 经皮肤染毒犬、猫可用 2%~4%碳酸氢钠液或肥皂水反复冲洗皮肤染毒部位。

(2) 经口染毒犬、猫，先反复用弱碱液或 2%碳酸氢钠液洗胃，再投服活性炭浆吸附毒物，后投服盐类泻剂导泻。珍贵病重犬、猫可采用脂质透析疗法或血液灌流疗法。

(3) 应用解毒药：葛根素 5mg/kg 体重/次，每隔 2~4 小时，静脉注射 1 次，但需注意 24 小时内静脉注射本品不可超过 20mg/kg 体重；症状改善后改为每日静脉注射 1~2 次，直至症状消失。

(4) 对症支持疗法。抽搐犬、猫可肌肉注射或静脉注射地西泮或巴比妥类药（禁用吩噻嗪类药）；流涎，多汗，肺水肿时，可皮下或肌肉注射阿托品；发生心肌炎和变态反应时，应注射糖皮质激素；过敏性休克时，可静脉注射 0.1%肾上腺素；根据病情尚可进行输液，给予利尿剂，葡醛内酯（肝泰乐），能量合剂；眼炎时反复用生理盐水冲洗眼囊后，选用四环素（0.5%~1%）、氯霉素（0.25%~0.5%）、氧氟沙星（0.3%）等眼药水滴入眼结膜囊；皮炎可涂抹维生素 E 软膏、氨基甲酸乙酯霜、地塞米松搽剂、氢化可的松搽剂等。

三十四、甲醇中毒（Methylismus）

甲醇亦称工业酒精、木醇、木精，是由木材干馏或人工合成制得。工业上常用甲醇制造甲醛，完成甲基化反应或作溶剂。亦可用作防冻剂、油漆、涂料、摄影胶片、橡胶加速剂、香水、玻璃纸、甲醇与汽油混合作燃料。不法之徒常用甲醇制造假白酒。

[病因] 犬、猫常因吸入化工厂或装修房中的甲醇蒸汽，误食含有甲醇的工业酒精或假白酒的残汤剩菜而致发急性中毒。

[症状] 犬、猫常因吸入或误食甲醇后，经 6~96 小时的潜伏期，才能显现急性中毒反应。全身皮肤和可视黏膜发绀、拒食、乏力、眩晕、沉郁、呼吸急促、舌苔白黄、恶心、呕吐、前腹压痛、腹泻、共济失调、跛行、渐呈酒醉状；眼球压痛，对光反射减弱或消失，畏光，瞳孔散大或缩小，视物不清，眼底检查，可见视神经乳头充血、出血，眼底静脉怒张，视网膜水肿，视神经萎缩；严重中毒犬、猫体温降低，黏膜干燥，心动徐缓，深呼吸，昏迷，痉挛，休克，终因中枢性呼吸衰竭而致死。

[诊断] 犬、猫有接触，吸入，误食甲醇，工业酒精，假白酒的病史，特有的临床症状与

眼疾变化，可初步诊断为本病。

实验室检验：取发病犬、猫胃内容物和血液，按水杨酸甲酯法或高锰酸钾氧化法定性检验甲醇。前法嗅得冬青油香味，后法显紫红色，均证实含有甲醇。亦可按品红亚硫酸法定量检出甲醇百分含量。即可确诊。

［治疗］

(1) 尽快清除毒物。用3%~5%碳酸氢钠溶液反复洗胃，吸氧，放血。

(2) 乙醇抗毒疗法。医用95%酒精，犬首次 1ml/kg 体重的剂量，加入 5%葡萄糖液或生理盐水配成 10%乙醇溶液，30 分钟内静脉滴注完毕，然后按 0.166ml/kg 体重的剂量，同上法稀释后静脉滴注。

取 50%酒精，犬首次按 1.5ml/kg 体重的剂量，加入 5%葡萄糖液或生理盐水稀释成 5%溶液静脉滴注，其后按 0.5~1ml/kg 体重的剂量，口服，每间隔 2 小时给药 1 次。如病犬已处于抑制状态，不可按此法治疗。

(3) 美蓝疗法。1%美蓝溶液按 5~10mg/kg 体重的剂量，静脉注射。

(4) 纠正酸中毒。首次用 5%碳酸氢钠溶液，犬 10~40ml/次，猫 10~20ml/次，静脉注射，然后改碳酸氢钠粉，犬、猫 0.5~2g/次，口服。

(5) 对症支持疗法。中毒犬、猫发生惊厥、脑水肿、休克时，采用相应对症疗法治疗。

三十五、乙醇（酒精）中毒（Alcoholic poisoning）

乙醇是重要的化工原料，广泛应用于生产有机原料、医药、农药、橡胶、塑料、人造纤维、洗涤剂、染料、油漆、油脂、军工产品等。各类酒含乙醇浓度不同，白酒 38%~70%，葡萄酒 10%~15%，米酒 30%~40%，果酒 16%~48%，啤酒 8%~11%。

［病因］ 乙醇常与水合氯醛配伍作全身麻醉剂或基础麻醉剂，内服作杀菌止酵剂。皮肤和医疗器械消毒剂。犬、猫常用治疗用药或手术麻醉过量，舔食或误食含酒类或变质酒类的残羹剩菜，偷犬者用高浓度乙醇或酒类麻醉犬过量等而致发中毒。95%乙醇的 LD_{50}：犬为 5.5~6.6ml/kg 体重。

［症状］ 乙醇中毒症状的轻重程度决定于乙醇浓度，犬、猫体重大小，乙醇摄入量及耐受量。临床可见急性中毒和慢性中毒。

(1) 急性中毒。发病犬、猫悲鸣，吠叫，烦躁不安，眼明亮，结膜与舌潮红，皮温升高，喜饮，呼吸急促，心音增强，感觉迟钝，反射仍存，呕吐，腹痛，腹泻，多尿；渐转步态蹒跚，共济失调，呈酒醉状，眩晕，皮肤和可视黏膜发绀，散瞳，眼球转动或震颤，视物不清，眼睑，角膜，舌反射消失，体温降低，血压下降，心律不齐，呼吸微弱缓慢，趴地抽搐，惊厥，昏迷，休克，终因呼吸麻痹和循环衰竭而致死。

(2) 慢性中毒。犬、猫消化不良，黄疸，血尿，皮疹，皮炎，皮肤坏死，妊娠犬、猫常见流产。

［诊断］ 根据犬、猫有接触误食乙醇或含乙醇食物的病史、呕吐物气味、临床症状等即可确诊。

[治疗]

(1) 妥善保管乙醇和饮用酒类，防止被犬、猫误饮、舔食；治疗用药和手术麻醉时注意应用乙醇的剂量。将发病犬、猫置于温暖通风处。

(2) 轻度中毒犬、猫不需治疗，可投服浓茶水；严重中毒犬、猫应催吐，洗胃，灌肠。

(3) 为加速乙醇氧化，严重中毒时可选用胰岛素，犬 0.5~1u/kg 体重，猫 0.25u/kg 体重，溶于 5%葡萄糖液 50~100ml，1 次静脉注射；同时肌肉注射维生素 B_1、维生素 B_6 和烟酸。

(4) 为防止低血糖，静脉注射 10%~25%葡萄糖与氢化可的松混合液。

(5) 对症支持疗法：发病犬、猫兴奋，抽搐，惊厥，给予地西泮（安定）或氯丙嗪；呼吸困难给予尼克刹米，经口喷入气喘气雾剂（盐酸异丙肾上腺素）、吸氧、麻黄碱、氨茶碱；心脏衰弱给予安钠咖、维他康复；中枢神经抑制给予回苏灵，戊四氮；脑水肿静脉注射甘露醇与地塞米松磷酸钠混合液；昏迷时静脉注射哌醋甲酯，胆二磷胆碱。

三十六、蘑菇中毒（Mushrooms Poisoning）

蘑菇属真菌中的担子菌，亦称菌蕈或伞菌。因其种属和种类不同，所含毒素及中毒反应差异较大，被人和宠物误食极易致发中毒性的中枢神经障碍症、胃肠炎、肝坏死、溶血症。

（一）中毒性中枢神经障碍症

[病因与中毒机理]

本类毒蘑有红网牛肝菇、豹肝菇、残托斑毒菇、毒蝇菇、角鳞灰菇等。含有毒蝇碱和乙酰胆碱，能刺激并兴奋副交感神经；蟾蜍素能使眼色觉发生紊乱；光盖菌素（二甲基色胺衍生物）能使视觉、听觉、味觉发生紊乱和交感神经兴奋；幻觉诱发剂，如毒蝇碱、毒伞毒素、溶血素、落叶松蕈毒素等。

本类毒蘑菇被犬、猫误食后可致发中毒，先见意识障碍，而后渐转为神经功能紊乱。

[症状] 犬、猫误食本类毒蘑或含毒蘑食物 1~6 小时发病。可见恶心、呕吐、流涎、腹痛、腹泻、流泪、眼球震颤、视物不清或失明、畏寒、狂躁不安、狂叫、跛行，渐转为沉郁、昏迷、休克、痉挛、瘫痪、体温降低、四肢冷凉、心动徐缓、心音减弱、心律不齐，终因心力衰竭而致死。

[诊断] 因毒蘑种类繁多，所含毒物和毒性极为复杂，目前尚无毒物检验方法。根据发病犬、猫有误食本类毒蘑或含毒蘑食物的病史，典型临床症状和生物学试验可诊断为本类毒蘑中毒。生物学试验：给健康小鼠或青蛙投服发病犬、猫所剩食物、呕吐物、胃内容物后，鼠、蛙发生机体功能和形态改变并中毒致死的则为阳性。

[治疗]

(1) 停喂含毒蘑食物，将中毒犬、猫移至温暖、安静通风处。

(2) 清除毒物。选用 0.5%高锰酸钾液或 0.5%活性炭浆或鸡蛋清或浓茶等反复洗胃，然后投服 5%硫酸镁液，犬 5~20g/次，猫 2~5g/次。再用温盐水高位灌肠，犬 100~200ml/次，每日 1 次，连灌 2 次。

(3) 西药解毒疗法。对误食毒蘑已超过 24 小时的犬、猫，不需洗胃，可用温盐水高位灌肠，硫酸阿托品 0.05mg/kg 体重，肌肉注射或皮下注射。重症每隔 20~40 分钟注药 1 次，轻症每隔 30 分钟至 2 小时注药 1 次，症状减轻后再减量肌肉注射，直至康复。

选用二巯基丙磺酸钠 2~5mg/kg 体重，肌肉注射，每隔 6 小时注药 1 次，症状减轻后改每日 2 次，连用 5~7 日。

(4) 中药解毒疗法。方剂：绿豆 300g，甘草、生姜各 10g，加水煎汤投服，每日 1 剂，连服 2~3 日。

(5) 对症支持疗法。病初静脉滴注 5%碳酸氢钠液或高渗葡萄糖加大量维生素 C 液，症状减轻改静脉注射 5%葡萄糖液或糖盐水；神经兴奋可肌肉注射氯丙嗪；心律失常可肌肉注射普萘洛尔（心得安）；脑中毒可静脉注射地塞米松加 5%葡萄糖液；昏迷时肌肉注射强心剂或输氧；休克时静脉注射全血、血浆或右旋糖酐氯化钠液；出血时肌肉注射肾上腺素；为防感染肌肉注射抗菌素。

（二）中毒性胃肠炎

[病因与中毒机理] 本类毒蘑有小毒蝇菇、牛肝菇、白乳菇、毛头乳菇、黑菇、毒红菇等。含有毒性较强的类树脂、石炭酸、甲酚样物质，犬、猫误食后 0.5~6 小时致发胃肠功能紊乱而中毒。

[症状] 本类毒蘑中毒潜伏期短、病死率高。犬、猫主要症状为体温不定、流涎、恶心、呕吐、腹痛、腹泻、排水样便、视物不清、沉郁、心率增快或减慢、抽搐，重症可见牙关紧闭、气喘、跛行、昏睡、昏迷、血尿、全身麻痹或瘫痪、虚脱、休克，终因心力衰竭而致死。

[诊断] 同中毒性中枢神经障碍症。

[治疗]

(1) 无呕吐犬、猫用 0.02%~0.5%高锰酸钾液或 0.5%鞣酸液反复洗胃后投服活性炭浆。无腹泻者投服 5%硫酸镁液，并用温盐水高位灌肠。

(2) 肌肉注射硫酸阿托品，视病情每隔 30 分钟至 6 小时注药 1 次。

(3) 中药解毒疗法。方剂：制半夏、茯苓各 10g，陈皮、广木香、甘草各 6g，竹茹 5g，枳壳 3g，野菊花 20g，绿豆 50g。便血时加地榆炭 10g 或藕节炭 10g；严重吐泻虚脱时加人参 10g。水煎浓缩去渣，供 4 只中型犬投服，每日 2 次，连用 2~3 日。

(4) 对症支持疗法。同中毒性中枢神经障碍症。

（三）中毒性肝坏死

[病因与中毒机理] 本类毒蘑有白毒菇、褐鳞小菇、色脚黑褶菇、秋生盔孢菇等。均含毒肽类毒素，一类为鬼笔毒伞毒素，可迅速毒害肝细胞内质网，形成空泡和腔隙，发生急性坏死，但对肾、心肌、膈肌无明显影响，发病快，犬误食 5 小时至 6 日可致死。另一类为毒伞毒素，毒性较强，作用缓慢，可致肝细胞浑浊肿胀和脂肪变性，发生急性或亚急性肝坏死，同时可毒害脑、肾、肾上腺、心肌、横纹肌、发生淤血、水肿、变性与退行性病变，犬误食本

类毒蘑 5 小时至 6 日亦可致死。

[症状] 本类毒蘑中毒潜伏期较长、病死率高。通常犬、猫误食本类毒蘑或含毒蘑食物后 11~12 小时呈现规律性发病，先见胃肠炎，2~3 天后为症状消失的假愈期，然后可见肝病为主的症状。

中毒犬、猫可见口渴、饮欲增强、恶心、呕吐、剧烈腹痛、腹泻、便血、倦怠、冷漠、狂躁不安、肌肉震颤、畏寒、脉弱、消瘦；渐见散瞳，光反射减弱或消失、体温升高、心律不齐、低血压、心内性杂音、心包拍水音、气喘、鼻出血、吐血、舌和四肢麻痹、皮肤与可视黏膜黄染、肝叩诊区扩大、昏睡、痉挛、昏迷，终因呼吸与循环衰竭而致死。

[诊断] 同中毒性中枢神经障碍症。

[治疗]

(1) 清除毒物。同中毒性胃肠炎。

(2) 保肝疗法。静滴能量合剂与 10%葡萄糖混合液，肌肉注射脱氧核苷酸 25~50mg/日。

(3) 激素疗法。中毒性脑病和心肌炎的犬，可选用氢化考的松 1~2mg/kg 体重，或地塞米松 0.25~1mg/kg 体重，溶于 5%~10%葡萄糖液 250ml 静脉注射，1 日 1 次，连注 3~5 日。

(4) 为加速排毒，呋噻米（速尿）0.25~0.5mg/kg 体重加 10%葡萄糖液 250ml 静脉注射，每日 1~2 次。

(5) 肝功能损害的治疗。为预防肝昏迷，可给病犬投服谷氨酸钠片 1~2g/次，每日 2 次，或投服 γ-氨基酸 0.5~1g/次，每日 2 次。肝昏迷治疗可选用精氨酸 15~25g、谷氨酸钠（5.75g/20ml/支）10ml，溶于 5%葡萄糖液，静滴；γ-氨基酸 1~2g，乙酰谷氨酰胺 600mg，溶于 5%葡萄糖液，静脉注射；病犬投服牛黄安宫丸 1/3~1/2 丸/次，每隔 6 小时 1 次。

(6) 为解除或缓解神经传导障碍，用左旋多巴 0.25~0.5g 溶于 100ml 生理盐水，一次投服或灌肠。

(7) 出血的治疗。鼻出血、便血、血尿、血管内弥散性凝血，可选用维生素 K_1、肝素、低分子右旋糖酐等静滴。

(8) 肾功能损害犬，可在食物中加喂少量小苏打粉，给予利尿剂，呋喃妥因、抗生素；珍贵名犬可用透析疗法。

(9) 中药疗法。绿豆 100g，甘草 20g、水煎汤，投服或自饮，供 4~5 只中型犬用，每日 1 剂，连用 3~4 日。野菊花、紫草根、大青叶各 20g，绿豆 50g，甘草 6g，水煎汤，投服或自饮，供 4~5 只中型犬用，每日 1 剂，连用 3~4 日。治疗黄疸和出血犬，方剂：茵陈、车前子各 20g，当归、栀子各 10g，黄柏、广郁金、柴胡、甘草各 6g，大黄 12g（后下）。出血犬加旱莲草 20g，侧柏炭 10g，茜草 6g。上方药水煎汤，供 5 只中型犬投服或自饮，每日 1 剂，连用 2~3 日。

（四）中毒性溶血症

[病因与中毒机理] 本类毒蘑有鹿花菌菇和蚊缘毒菇。其主要含有鹿花蕈素（甲基联氨化合物），毒伞溶血素、马鞍酸等毒素。犬误食本类毒物后，可损害肝肾和中枢神经系统，致发溶血性黄疸，终因循环衰竭和尿毒症而致死。

[症状] 犬、猫误食本类毒蘑或含毒蘑等食物 1~2 天后，突见发热、战栗、全身肌肉敏感，狂躁不安，乏力、虚弱，皮肤与可视黏膜苍白黄染，恶心、呕吐、腹痛、腹泻，肝、脾叩诊界扩大，气喘、心律不齐，无尿、少尿和血红蛋白尿，终因循环衰竭和尿毒症而致死。

[诊断] 同中毒性中枢神经障碍症。

[治疗]

(1) 清除毒物。同中毒性中枢神经障碍症。

(2) 激素疗法和保肝疗法。同中毒性肝坏死。

(3) 中药解毒疗法。方剂：鸡血藤、参三七、茜草各 15g，绿豆 50g，甘草 6g。水煎汤，投服或自饮，供 4 只中型犬用，每日 1 剂，连用 3~5 日。

(4) 对症支持疗法。病犬输全血或血浆，血红蛋白尿犬，静脉注射 5%碳酸氢钠液、利尿剂或脱水剂；给予强心剂、平喘剂、维生素 C、B 族维生素。

三十七、青绿藻类中毒 (Blue-green algae poisoning)

近年来，因全球气候变暖，江河湖塘及近海水域中有机物质明确增多，青绿藻类迅速繁衍滋生，特别是含毒的微胞藻、念珠藻、水华束丝藻等藻类中含有大量类毒素和内毒素，已造成大量水生动物和鱼类死亡，严重影响饮用水源的水质，给人和动物生存带来严重危害，中毒事件时有发生。

[病因] 本病常因犬饮用含毒藻类池塘水，或因天气炎热在池塘内游渡解暑，有害藻类毒素经消化道和皮肤迅速吸收而中毒。

[中毒机理] 有害藻类具有四种毒素作用，即类毒素-a 能快速作用于机体细胞，形成去极化的神经毒；类毒素-s 具有拮抗拟胆碱的作用；微胞藻内含微胞毒素，其为循环多肽，属肝脏毒素；本类毒素可作用于细胞壁脂多糖而显现毒害细胞作用。

[症状]

(1) 神经毒素中毒。健康犬在饮服含毒藻类池塘水或在其中游渡后 15~45 分钟发病。可见皮肤苍白、肌肉震颤、抽搐、僵直、麻痹等症状，不久死亡。

(2) 微胞毒素中毒。健康犬饮服含藻池塘水后，迅速发生恶心、呕吐、腹痛，1~2 小时致死。

[诊断] 犬有接触青绿藻类或饮服过含藻池塘水的病史，典型临床症状等即可确诊。

[治疗] 本病中毒犬发病急、死亡快，极难抢救；幸存犬多患中毒性肝炎。

(1) 抢救急性神经中毒犬和微胞毒素中毒犬，应先给予盐酸肾上腺素，用生理盐水 10 倍稀释 0.1~0.3mg/次，心内可静脉注射；再立即催吐、洗胃，投服活性炭浆，再服盐类泻剂；然后给予 10%葡萄糖液与维生素 C 的混合液，静脉注射。

(2) 幸存中毒性肝炎犬的治疗。盐酸肾上腺素 0.1~0.3mg/次，肌肉注射每日 1~2 次；葡醛内酯（肝泰乐）50~200mg/次、肌苷 25~50mg/次、辅酶 A25~50u/次或促肝细胞生长素 5~20mg/次，上述各药均溶于 5%葡萄糖液，一次静脉注射，每日 1 次；25%山梨醇或 10%葡萄糖液加维生素 C 的混合溶液，静脉注射；为减少肠毒素和防止继发感染，给犬投服硫酸新霉素或阿莫西林。

三十八、清洁洗涤剂中毒（Detergents poisoning）

市售清洁洗涤剂可分为阴离子型、阳离子型、非离子型、碱类或聚磷酸盐等四大类产品。通常不易引发中毒，犬、猫使用不当时可偶发中毒。

（1）阴离子型清洁洗涤剂中毒。本类洗涤剂包括肥皂、洗衣粉、香波、餐具和果菜清洗剂等，是以烷基苯磺酸钠或烷基聚葡萄苷、葡萄酰胺、天然脂肪醇为表面活性剂合成的洗涤剂。但本类洗涤剂毒性极微，通常不易中毒。

（2）阳离子型清洁洗涤剂中毒。本类洗涤剂包括二合一洗发液，头发柔顺剂、润发剂、新洁尔灭等。多为烃基或芳香基季铵盐，主要含有甲苄素氯铵，烷基——二甲苄基氯化铵，氯化苄乙铵，西波林等。本类洗涤剂为组织软化剂和抗静电剂，毒性较阴离子型和非离子型洗涤剂大。摄入高浓度本类洗涤剂可腐蚀消化道，致发胃肠穿孔。过量摄入可损害机体中枢神经系统。

（3）非离子型清洁洗涤剂中毒。本类洗涤剂主要包括低泡沫洗衣剂和洗盘剂。其表面活性剂的主要成分为聚氧乙烯脂肪酸、聚氧乙烯失水山梨醇脂肪酸、聚乙烯丙烯化合物、多醚硫酸盐、苯酚衍生物等。

（4）碱类或聚磷酸盐清洁洗涤剂中毒。本类洗涤剂包括油污清洁剂、硬表面清洗剂、机械洗涤剂等。其主要成分为强碱和聚磷酸盐（水软化剂）。

[病因] 应用高浓度清洁洗涤剂长时间洗浴犬、猫或因误饮，经皮吸收，误入眼内而发生中毒。

[症状] 犬、猫皮肤潮红，发痒，疼痛，偶见丘疹，水疱，皮炎；出现结膜炎，角膜炎；口腔炎，咽喉炎，流涎，呼吸困难，恶心，呕吐，腹痛，腹泻；重症犬、猫可见抽搐，共济失调，精神沉郁，虚脱，低血钙症；少数犬可致发哮喘，多数犬、猫因呼吸麻痹而致死。

[诊断] 犬、猫有接触清洁洗涤剂的病史和特征性临床症状即可确诊。应与酚类化合物中毒、腐蚀剂中毒、松节油中毒相鉴别。

[治疗]

（1）将发病犬、猫移至温暖通风处，无须催吐洗胃，先投服牛乳或米汤稀释胃内容物，后投服藕粉或替普瑞酮，犬 25mg/次，每日 2~3 次；或达喜片，每次 1 片，每日 2 次。

（2）用生理盐水反复洗眼，用大量清水冲洗皮肤和被毛，用 1%醋酸液冲洗损伤皮肤，以清除沾污眼和体表的本类洗涤剂。

（3）误食强碱的犬、猫严禁催吐洗胃。应立即投服 1%~5%醋酸溶液或酸果汁，或稀盐酸或柠檬酸，再投服牛乳或生鸡蛋汁，或淀粉糊，以保护消化道黏膜。

（4）视病情变化，给予强心、补钙、止血、升压、利尿、镇静、补液等药物。

三十九、除藻剂中毒（Algaecides Poisoning）

发达国家常用除藻剂杀灭水塔、游泳池、花园池塘、空闲鱼池、浴盆、饮水器中滋生的藻类。近年来，我国京、津、沪等大都市，沿海和南方水系纵贯地区已引进国外除藻剂和国产除藻剂，用于水塔、楼顶水箱，公共泳池墙体、公园河塘、家用饮浴设备中藻类的清除。

[病因] 除藻剂中含有三嗪、二氧萘醌、敌草、灭草隆等有毒物质，均可抑制动物体内硫醇酶活性和中枢神经系统功能。常因除藻剂使用浓度和用法不当，犬、猫误饮、舔食、泳嬉而致发中毒或死亡，二氧萘醌和灭草隆的小鼠口服 LD_{50} 为 1.5g/kg 体重。

[症状] 健康犬中毒后可见皮炎、沉郁、胃肠炎等症；重症犬可见黄疸、气喘、共济失调、反射降低、知觉减退、排蛋白尿、血红蛋白尿、血尿，终因心力衰竭、呼吸中枢麻痹而致死。

[诊断] 根据犬有接触除藻剂的病史和临床症状，即可诊断本病。

[治疗] 用大量清水冲洗沾污除藻剂的犬类体表上皮肤；用生理盐水冲洗眼囊、口腔和鼻；催吐、洗胃、导泻；视病情给予强心剂、保肝剂、利尿剂，抗菌消炎剂以及补液等。

[预防] 注意除藻剂的保管和使用浓度及用法；勿让犬接触本品。

第十四章
犬、猫的损伤和外科感染

第一节　损　伤

一、创伤（Wound）

［病因］由各种机械性外力作用于犬、猫的组织和器官而引起。除无菌手术创外，均有不同程度的污染。

按照致病性质和原因分为：

擦伤：是皮肤表层遭受粗糙物体摩擦所致的损伤。伤面有擦痕和小出血。

刺伤：尖锐物体刺入组织而引起，创口不大，创道窄而深，易伤及深部组织和器官，不易发现，出血少。异物易存留创内，易形成瘘管，也可造成厌氧性感染。

砍伤：柴刀、斧子等劈砍组织而造成的损伤。创口裂开大，组织损伤严重，出血较少，剧烈疼痛。

切割伤：由锐利的刀刃、玻璃片、铁片等切割组织造成的损伤。创缘和创壁整齐，挫灭组织较少，易造成神经血管断裂，出血较多。

裂伤：创面皮肤发生撕裂或剥脱，创缘创面不整，创内深浅不一，创口裂开明显，有创囊或组织碎片，疼痛明显。

挤压创：车轮或重物挤压而发生的损伤。创形不整，挫伤组织较多，重者皮肤缺损，发生粉碎性骨折，一般出血少，污染严重，易感染化脓。

咬伤：动物牙齿咬伤所致的损伤。呈管状创，组织有时缺损，因受口腔细菌感染，易继发蜂窝织炎。

［症状］创伤的一般症状为创口裂开，初发时出血，有程度不同的疼痛，创围肿胀，功能障碍。

新鲜创的症状：创口有不同程度污染，创内有被毛和异物，创面被细菌污染。有时会伤及附近组织和器官，可出现创伤并发症。

化脓创的症状：创缘、创面肿胀、疼痛，创围皮肤增温，创内流出脓性分泌物。常为化脓性细菌的混合感染。根据脓汁的颜色、气味和黏稠度，可初步鉴别引起化脓性细菌的种类，脓汁为黄白色或微黄色，多为黏稠，且无不良气味，则是以葡萄球菌感染为主所致的脓汁；脓汁呈淡红色液状，多为链球菌为主所致的脓汁；脓汁呈黄绿色或灰绿色，浓稠，且有生姜味，多为绿脓杆菌所致的脓汁；脓汁呈淡褐色黏稠样，且有粪臭味，多为大肠杆菌所致的脓汁。

肉芽创的症状：化脓性炎症消退，创围炎症缓解，创内则出现红色，平整颗粒，较坚实的新生肉芽组织，肉芽组织表面附有少量灰白色、黏稠的脓性分泌物。创缘周围则生长灰白色的新生上皮。若肉芽组织不被上皮组织覆盖，则老化形成瘢痕。当肉芽组织受到机械、化学、物理等因素的经常刺激，易形成赘生肉芽组织。赘生肉芽组织高出于创围皮肤表面，易出血，不易治愈或久治不愈。

［**治疗**］创伤治疗的主要目的是预防和治疗创伤感染和中毒，因此，首先要消除感染和中毒来源，改善创伤 pH 环境，增强机体的生物学免疫功能，使病犬、猫对感染有较强的抵抗力；其次是促进创伤局部的神经营养障碍和血液循环恢复正常；第三是促进再生机能、保护再生机能。

主要方法有：

(1) 创伤的外科处理。分为初期外科处理，即伤后不超过 2~3 日内的新鲜创及次期外科处理，即伤后超过 3 日以上的陈旧创。

创伤清净术：包括创围剪毛、清洗、取出创内组织碎片及异物，应用化学防腐剂清洗创面，包扎保护性绷带等，适用于新鲜创和陈旧创。

扩创术：目的是扩开创伤、保证创液或脓汁能顺利排出和导入防腐性引流。包括造口和辅助切开。

创伤部分切除手术：除去严重污染和失去血液供应组织和损伤严重的组织，以期在非损伤组织界限内造成一个新创缘，创壁平整近似于新鲜创。术后可根据情况进行密闭缝合或开放疗法。

创伤全部切除术：从创内除去全部污染和损伤组织，在健康组织内造成一个无菌手术创。术后密闭缝合。

创伤的二次缝合：即肉芽创的缝合。为了加速创伤愈合和使大创伤愈合后瘢痕范围小，可进行肉芽创的缝合。二次缝合的创缘可阶段性接着，即缝合后先使创缘相应接着，经数月后将缝合线拉紧使创缘完全接着。

(2) 创伤的安静疗法和运动疗法。创伤发生后，最初 6~8 日伤口对感染及各种刺激的抵抗力是很弱的，因此病犬、猫应保持局部和全身安静是非常必要的，可以收入住院。根据情况局部可包扎绷带，创围做普鲁卡因封闭等。

当肉芽组织在创面上已形成完整的防卫面时，可对病犬、猫进行牵遛运动，可加速创伤愈合。

(3) 创伤的开放疗法和非开放疗法。创伤不包扎绷带称开放疗法，包扎绷带称为非开放疗法。前者适用于创内有大量浓汁不断排出；已发生厌气性和腐败性感染或有上述感染的可能；烧伤、褥疮、湿疹、化脓性窦道、分泌性及排泄性瘘管等。后者适用于四肢末端，有急性炎症、创伤水肿和干性败血性的创伤。在治疗过程中需要及时合理地更换绷带。

(4) 创伤的引流和非引流疗法。当创伤内有血液和窦性渗出物潴留时，适于引流疗法。引流是用无菌纱布条作为绵纱引流，将纱布条放于创内使潴留的血液和炎性渗出液经布条从创内引出，即是引流疗法。它适于创液或脓汁较稀薄，并且量较少的创伤。当创伤内炎性渗出物量大且黏稠时，绵纱引流很快丧失作用，此时最好用胶管引流。但要注意引流必需合理、正确，并适时更换和清洗，否则，不仅起不到引流作用，还可能阻流。经验证明，不正确使用引流容易引起脓性溃疡、某些化脓性窦道或瘘管。因此，当创内脓汁或创液能顺利排出创外或无液体贮留时，应使用非引流疗法。

（5）创伤化学防腐疗法。创伤冲洗剂：常用的有 0.9%生理盐水、3%过氧化氢溶液又称双氧水、碘酊、0.1%高锰酸钾溶液、0.1%~0.5%雷佛奴尔溶液、0.01%呋喃西林溶液、0.01%~0.02%苯托溴铵（新洁尔灭）溶液、0.02%杜米芬溶液和 0.05%氯乙啶（洗必泰）溶液等。

创伤撒布剂：粉剂吹入、撒布或用喷粉器将粉剂均匀地撒布创面上。常用的有青霉素、链霉素、氨苯磺胺、磺仿、呋喃西林等粉剂。

创伤贴敷剂：用膏剂、乳剂和粉剂放置于纱布块上再贴敷于创面，然后用绷带固定。常用的有抗生素软膏、魏氏流膏、磺胺乳剂、碘仿磺胺粉（1:9）、碘仿硼酸粉（1:9）和硫磺软膏等。

创伤湿敷剂：用数层纱布块浸蘸药液，再贴敷于创面并经常向纱布块上浇洒药液。如用 0.1%呋喃西林溶液、20%硫酸镁或硫酸钠溶液或 0.01%~0.05%苯托溴铵（新洁尔灭）溶液等。

创伤涂布剂：涂布剂是将液体药液涂布于创面上。常用的有 5%碘酊、2%龙胆紫溶液、1%~2%鱼肝油红汞溶液、红药水和鲁格稀释液等。

创伤灌注剂：常用于细而长的创道灌注。常使用挥发性和油性药剂，如 10%碘仿醚合剂、魏氏流膏、磺胺乳剂等。

（6）创伤的物理疗法。合理地应用物理疗法可以加速创伤炎性净化和组织再生，有利于创伤的修复治愈。常用的光疗法有红外线、紫外线及激光疗法。常用的电疗法有直流电离子透入疗法——透入青霉素、碘离子、锌离子等。短波、超短波及微波电疗法等，也可使用 TDP 照射。

（7）创伤的全身疗法。严重的创伤，特别是感染创，当病犬、猫出现体温升高、精神沉郁、食欲减退等全身症状时，应及时进行全身疗法，为了防治创伤感染，应及时合理地选用抗生素及磺胺类药物；为了减少炎性慘出和中毒，可给予氯化钙葡萄糖溶液 5~10ml，静脉注射和 5%碳酸氢钠溶液 10~40ml，静脉注射。亦可进行输血及输血浆治疗。

二、挫伤（Contusion）

［**病因**］犬、猫在钝性物体的打击和冲撞下，造成软组织非开放性损伤称为挫伤。

［**症状**］局部出现血斑、血液浸润和血肿，皮肤变色。肿胀呈坚实性，有弹性。受伤部位疼痛。挫伤发生部位不同，出现不同功能障碍。肌肉、骨及关节受到挫伤后，影响运动功能；发生于头部，则出现意识障碍；发生在胸部，影响呼吸功能；发生在腹部，有的形成腹壁疝、内出血，影响全身功能；腰、荐部挫伤，有的发生后躯瘫痪。

［**治疗**］挫伤的治疗原则是制止和促进溢血，消炎镇痛，防止感染，加速组织修复能力。病初局部冷敷，亦可涂布复方醋酸铅散等。经过 24 小时后改用温热疗法、红外线疗法或采用病灶周围普鲁卡因封闭疗法。局部涂搽樟脑酒精、樟脑软膏或 5%鱼石脂软膏等。并发感染者可用磺胺疗法，抗生素药物。

三、血肿（Hematoma）

血肿是由各种外力作用而使血管破裂，溢出的血液分离周围组织，形成充满血液的腔洞。

［病因］多因钝性物体的冲撞、刺创、咬创、火器创等原因而致使血管破裂，但皮肤没有破裂，血液流到皮下或肌肉间隙。非开放性骨折也能出现血肿。

［症状］一般血肿的特点是受伤后迅速肿胀，肿胀呈局限性波动或充满感，局部无痛无热。4~5 日后肿胀周围呈坚实感，中央部有波动，局部增温有时出现捻发音。穿刺时有血液流出。时间长久，可能引起淋巴结肿大和体温升高等全身症状。

［诊断］血肿特点是突然肿胀，有波动、无热、无痛和无全身变化等。根据其特点不难确诊。为了进一步确诊可进行穿刺。

血肿应与脓肿、肿瘤、疝、蜂窝织炎等病相鉴别。脓肿肿胀比血肿慢，局部四周硬中心软，局部增温，有痛感。蜂窝织炎局部出现红、肿、热、痛，并能引起全身变化。肿瘤肿胀慢，局部硬，无热无痛。疝有可复发性、无热无痛等特点。

［治疗］治疗原则制止溢血、防止感染，排出积血。当发生血肿时，立即装压迫绷带，局部皮肤涂碘酊，全身注射止血药物。经 4~5 日，如有小血肿，可用穿刺将血液排出。如血肿较大，可切开皮肤，清除凝血块和结扎血管止血，然后缝合创口。

四、烧伤（Burns）

烧伤是高温作用于畜体所引起的损伤。如失火、蒸汽、火炉、开水等。烧伤的深度和程度常与致伤程度和作用时间以及损伤面积有关。

烧伤深度是指局部组织被损伤的深浅而言。烧伤深度常用三度分类法。

一度烧伤：主要皮肤表皮层被损伤、伤部被毛烧焦，留有短毛，动脉充血，毛细血管扩张，局部轻度红、肿、热、痛等症状，感觉过敏，也叫红斑性烧伤。一般 7 日左右自行愈合，不留疤痕。

二度烧伤：损伤皮肤的表皮层及损伤真皮层一部分的称为浅二度烧伤或损伤真皮层大部分的称为深二度烧伤。被毛被烧光或烧焦，留有短毛，伤部血管通透性显著增加，血浆大量渗出，积聚在表皮与真皮层之间。局部出现水泡、红、肿、痛等，所以又叫水泡性烧伤。

三度烧伤：烧伤为皮肤全层或皮肤及皮下深层的组织，包括筋膜、肌肉和骨。此时组织蛋白质凝固，血管栓塞，形成焦痂，所以叫焦痂性烧伤。局部表现干性坏死，伤面不痛、干硬、温度下降，经 1~2 周后，死亡的组织溃烂、脱落，露出红色创面，易感染化脓。

烧伤程度决定烧伤的面积（以占体表总面积计算，用%表示）和烧伤度数（以Ⅰ°、Ⅱ°、Ⅲ°表示）以及烧伤部位和并发症。

烧伤程度判定：轻度烧伤 10%Ⅰ°、Ⅱ°以内，其中Ⅲ°不超过 2%；中度烧伤 11%~20%/Ⅰ°、Ⅱ°，Ⅲ°不超过 4%；重度烧伤 21%~50%/Ⅰ°、Ⅱ°，不超过 6%/Ⅲ°。

［治疗］首先尽快使患病宠物脱离灼热物质，力求缩短烧伤时间。止痛、镇静，防止啃、抓等。然后防止休克，因烧伤易发生疼痛性休克；烧伤后大量炎性渗出，会引起失水性休克；

烧伤后 14 日，由于炎性渗出物、组织分解产物被吸收，引起中毒性休克，尤其烧伤机体抵抗力下降、细菌侵入时。以上为不同时期应采取相应的治疗方法。

烧伤局部处理：一度烧伤经清洗后，保持局部干燥，即可自行痊愈。二度烧伤保持水泡不破裂。如果破裂，可用 5%高锰酸钾涂布或 3%紫药水涂布；防止感染十分重要；也可用紫草膏外敷。三度烧伤应及时切除坏死组织，进行皮肤移植。皮肤移植方法较多，当前多采用小块皮片栽植法、微粒皮浆涂布法等。

五、冻伤（Frostbite）

冻伤是由于低温而引起组织的损伤，最常见于耳、尾、阴囊、阴茎、四肢等部位。

[症状] 根据冻伤的程度可分三度。

一度冻伤：皮肤红，皮下水肿，有微痛，除去病因后，数日即可消失。

二度冻伤：皮肤和皮下组织呈弥漫性水肿，有时出现带血样的水泡。水泡自溃后，形成愈合迟缓的溃疡。

三度冻伤：在冻伤 7~10 日后，局部血液循环障碍而引起不同程度的组织干性坏死为特征。患部冷而缺乏感觉，皮肤先发生坏死，有的皮肤、皮下组织均发生坏死，甚至骨坏死。多因静脉血栓形成，周围组织水肿，继发感染而出现湿性坏疽。

[治疗] 治疗原则是消除寒冷、复温、预防感染。首先将有病犬、猫脱离寒冷环境，进入温暖房间，用温肥皂水洗净，局部擦樟脑精。

复温治疗：用 18~20℃的水进行温浴，在 25 分钟内不断向浴盆内加热水，使水温逐渐达到 38℃，水内加 1:500 的高锰酸钾液更好。当冻伤组织变软和组织血液循环开始恢复时，即达到复温的目的。复温后用肥皂水轻洗患部，涂搽 75%酒精，然后保暖。

有人提出快速复温法，即用 40~42℃温水浸泡，并保持水温，要求皮肤温度在 5~10 分钟内迅速越过 15~20℃。复温时严禁用火烤，或用雪擦患部。复温后放在温暖的房间内，以防再度冻伤。局部可用 5%龙胆紫溶液或 3%~5%碘酊涂搽，促进血液循环。也可用抗生素及其他抗菌药，以防感染。

对严重冻伤并已发生湿性坏死，应加速坏死组织的断离，促进肉芽组织的生长和上皮形成，全身应用抗生素以防感染。此时，手术切除坏死组织，清洗创面，涂布促进肉芽组织生长和抗菌药物，保护创面，以防再冻伤和感染。

六、化学性烧伤（Chemical burns）

化学性烧伤是指强酸、强碱、磷等化学物质直接作用机体而发生的损伤。各类化学物质烧伤特点如下：

酸类烧伤：常见于硫酸、硝酸、盐酸等。酸类可使蛋白质凝固，因此局部呈现厚痂、致密的干性坏死，常局限皮肤。临床上可根据焦痂颜色大致可判断酸的种类，黄色焦痂为硝酸烧伤，黑色或棕褐色为硫酸烧伤，白色或淡黄色为盐酸或碳酸烧伤。

碱类烧伤：常见于石灰、苛性钠或苛性钾所引起，碱对组织破坏力和渗透性强，还能皂化脂肪，吸出细胞水分，溶解组织蛋白。虽碱类烧伤局部疼痛较轻，但烧伤深度和程度比酸性烧伤重。

磷的烧伤：磷有自燃性，发出白色烟雾，有火柴燃烧味。在氧化时形成五氧化二磷，并释放出热量，对皮肤有腐蚀和烧灼作用。磷烧伤在夜间或暗室能看到绿色荧光。

［**治疗**］酸性烧伤首先用大量清水冲洗，然后再用5%碳酸氢钠或弱性碱性溶液冲洗，以达到中和作用。保护皮肤和防止感染。

碱性烧伤：除用大量清水冲洗后，用食醋或6%醋酸溶液中和。保护创面和防止感染。

磷烧伤：严禁用水冲洗，可用镊子除去磷颗粒。也可用1%硫酸铜溶液涂于患部，待磷变成黑色的磷化铜后，用镊子仔细除去，然后用大量水冲洗。

七、蜂蜇伤（Bee sting）

蜂类尾部有毒囊，能分泌蜂毒。蜂蜇伤犬、猫皮肤时，则将蜂毒注入犬、猫体内而致伤。

蜂毒含有乙酰胆碱、组织胺、S-羟色胺、透明质酸酶、磷酸酶A等，可使平滑肌收缩，血压下降，呼吸困难，局部疼痛，淤血和水肿等。蜂毒是酸性，易被消化酶、氧化物破坏。

临床多见于大黄蜂、黄蜂、蜜蜂、土蜂等蜇伤，蜇伤多见于头部。蜇伤后局部迅速出现肿胀、热痛，严重者出现全身症状，如血红尿脲、血压降低、心律不齐、呼吸困难、神经症状等，往往由于呼吸麻痹而死亡。

蜇伤后用3%氨水、肥皂水和5%碳酸氢钠溶液冲洗。伤口周围用1%盐酸普鲁卡因液5ml或1%盐酸吐根溶液行环状封闭，可很快止痛和消肿。注射抗过敏、抗休克药物。局部肿胀严重时，可切开皮肤排毒、解毒。

八、毒蛇咬伤（Venomous snake bite）

毒蛇都有毒牙和毒腺，咬伤犬、猫后，其毒汁注入犬、猫体内引起中毒。蛇毒进入体内，有两种扩散方式，一是随血液很快扩散到全身，使动物很快中毒死亡；二是蛇毒随淋巴扩散，其速度较缓慢。

世界上现在3000多种蛇，其中毒蛇650多种，我国有蛇160种，毒蛇47种。危害较大的毒蛇有眼镜蛇、眼镜王蛇、银环蛇、金环蛇、海蛇、蝰蛇、蝮蛇、五步蛇、竹叶青、龟壳蛇等。毒蛇多在长江以南及东南沿海地方。长江以北毒蛇相对较少，有蝰蛇、蝮蛇、龟壳花蛇、菜花烙铁头蛇等几种。

蛇毒是一种复杂的蛋白质化合物，是由多种氨基酸组成，它分为神经毒、血液毒及神经和血液毒三种。

神经毒：金环蛇、银环蛇等含此毒。主要干扰乙酰胆碱的合成、释放和作用，因而引起骨骼肌麻痹，甚至全身瘫痪；也能抑制呼吸中枢，使机体缺氧和呼吸衰竭。

血液毒：蝮蛇、竹叶青、龟壳花蛇、蝰蛇、五步蛇等。含心脏毒和酶，所以直接损伤心脏，使其病变坏死，引起心力衰竭。蛇毒含有多种酶，其中卵磷脂酶能使红细胞溶解、毛细血管扩张和渗透性增高，导致血容量不足和血压下降。蛋白分解酶能消化破坏血管壁，引起出血组织损伤，导致大片深部组织坏死。磷酸酯酶也能使乙酰胆碱合成障碍，使神经传导受阻，末梢血管扩张，血压下降，呼吸困难和衰竭等。

神经和血液毒：眼镜蛇、眼镜王蛇的蛇毒含有。以神经毒为主，通常先发生呼吸衰竭，随后发生心脏衰竭而死亡。

[症状] 神经毒毒蛇咬伤后，伤部无明显反应，只有眼镜蛇咬伤后，局部组织坏死，溃烂，不易愈合。全身表现流涎，呕吐，声音嘶哑，牙关紧闭，吞咽困难，呼吸急迫，四肢无力，共济失调，全身震颤或痉挛等。严重者肢体瘫痪，惊厥后昏迷，心力衰竭，呼吸中枢麻痹而死亡。

血液毒毒蛇咬伤后局部出现红、肿、热和剧痛，并不断扩大，皮下出血，组织溃烂坏死。出现全身症状，如呕吐、腹泻，黏膜和皮肤出血，少尿或无尿，蛋白尿或血尿，呼吸急，心率失常。严重时，犬、猫出现休克而死亡。

神经和血液毒毒蛇咬伤，以上两种毒蛇咬伤的症状均能出现。常以呼吸麻痹和心衰而死亡。

毒蛇咬伤均有对称蛇咬伤的齿印。

[治疗] 治疗原则是防止毒素扩散、排毒和解毒。

被毒蛇咬后立即在咬伤上方结扎，以防毒素沿血液或淋巴系统流到全身。然后处理伤口，伤口扩创并用双氧水或0.1%高锰酸钾溶液冲洗。也可扩创、冲洗反复数次，以达到将毒素消除。坏死组织切除。

季德生蛇药对蛇毒解毒有一定疗效，可口服和局部外用。也可注射多价抗蛇毒血清。

对症治疗：常大剂量注射泼尼松、地塞米松，以增强抗蛇毒和抗休克作用。强心利尿、补液是常用的方法，以利于排毒和保持血容量。

九、休克（Shock）

休克是因急性循环功能不全，全身组织特别是心、脑、肾重要器官因血流灌注不足而产生缺血缺氧、代谢障碍的一组临床综合征。若不及时治疗，能导致犬、猫死亡。根据引起休克的原因，有心源性休克、低血容量性休克、感染性休克、神经源性休克和过敏性休克。

[病因] 剧烈疼痛，严重失液，严重感染，变态反应，心脏泵衰竭以及农药中毒。

[症状] 病犬、猫精神状态变化明显，对周围环境无反应，烈性犬、猫变得温驯，脉搏细弱，结膜突然变为苍白。耳、鼻、唇端和四肢下部发凉。皮温和体温下降，预示垂危。舌垂于口外，舌色苍白，唇下垂，不能站立，也是垂危表现。

[治疗]

(1) 消除病因，根据引起休克的原因，给以相应的处理，如失血性休克主要是止血；感染性休克则应尽快消灭感染源，早期选用敏感的抗生素或磺胺类药物等进行治疗。

(2) 镇静止痛，可选用安乃近、安痛定，剧痛时可选用吗啡或杜冷丁。兴奋期用氯丙嗪、安溴合剂。

(3) 补充血容量，输入全血、血浆、葡萄糖液低分子右旋糖酐或复方氯化钠溶液等。在紧急情况下，可输入生理盐水、葡萄糖盐水、林格氏液等。

（4）纠正酸中毒，5%碳酸氢钠溶液，静脉注射。

（5）抗过敏，用盐酸苯海拉明、盐酸异丙嗪。

（6）强心，可选用肾上腺素、多巴胺、安钠咖、氧化樟脑（强尔心）等。

第二节 外科感染

一、毛囊炎（Folliculitis）

［病因］毛囊炎是由致病微生物引起的皮肤毛囊及其周围组织的炎症。根据毛囊的发病范围，临床上小动物的单纯性散在性毛囊炎如果治疗不及时，炎症扩散会造成疖、痈和脓皮病。

［症状］单纯性散在性毛囊炎在临床上十分常见，犬主要发生在口唇周围、背部、四肢内侧和腹下部，猫一般见于头部、颈背部。临床上毛囊炎的主要原因是毛囊口被堵塞，包括不洁物或者皮肤分泌物、毛囊内蠕形螨寄生，毛囊内细菌繁殖、内分泌失调等，毛囊口局部发生不大的脓疱。毛囊炎的主要致病菌是中间型葡萄球菌。

［诊断］临床上常见犬的毛囊炎主要是蠕形螨和内分泌失调引起的。正确的诊断是治疗的前提。一般可以刮取皮肤样品做实验室检查，细菌培养、药敏实验是必要的。

［治疗］根据诊断结果用药。可以采取皮肤消毒，除去致病外因，涂搽抗生素软膏。杀螨虫和细菌的药物，可选用红霉素、林可霉素以及磺胺类药物。也可用抗菌香波洗澡，每周2次。调节激素等治疗措施，一般疗效较好。

二、疖及疖病（Furuncle and furunculosis）

疖是毛囊、皮脂腺及其周围皮肤和皮下蜂窝组织内发生的局部化脓性炎症过程；多数疖同时散在出现或者反复发生而经久不愈，称为疖病。

［病因］疖与疖病的病因主要是皮肤不洁、局部摩擦损害皮肤、外寄生虫侵害等因素。

［症状］疖出现时，局部有小而较硬的结节，逐渐成片出现，可能有小脓疱；此后，病患部周围出现肿、痛症状，触诊时动物敏感；局部化脓可以向周围或者深部组织蔓延，形成小脓肿，破溃后出现小溃疡面，痂皮出现后，逐渐形成小的瘢痕。一般情况下，全身症状不明显。只有当疖病失去控制时，才可能出现脓皮病、化脓性血栓性静脉炎，甚至败血症。

主要的致病微生物是中间型葡萄球菌，表皮葡萄球菌、金黄色葡萄球菌、大肠杆菌等也是发生率较高的致病菌。在一定条件下，疖病也可以继发皮肤真菌的感染。

［诊断］诊断的主要目的是确定致病菌的种类和得到药敏实验结果。

［治疗］治疗方法是局部用药配合全身治疗。局部治疗时首先做局部清洁和消毒，然后每日涂搽高锰酸钾、鱼石脂软膏、敏感抗生素软膏、碘软膏等；如果局部化脓，则切开排脓，并用双氧水等处理患部。全身治疗可以根据药敏实验结果选择合适的抗生素，口服或者注射给药。也可用抗菌香波洗澡，每周2次。

三、蜂窝织炎（Cellulitis）

蜂窝织炎是疏松结缔组织内发生急性弥漫性化脓性炎症。犬、猫常发生于臀部、大腿等部位的皮下、筋膜下及肌肉间疏松结缔组织内，其特征是脓性渗出物浸润，迅速扩散，常伴有全身症状。

［病因］ 主要是化脓菌，特别是金黄色葡萄球菌、溶血性链球菌和腐败菌；也有化脓菌和腐败菌混合感染。静脉注射强刺激药，如钙制剂等也能引起蜂窝织炎。犬、猫由于相互抓咬最易发生原发性感染。

［症状］ 病初，局部出现弥漫性肿胀，呈水样肿胀。触诊局部增温、疼痛明显，有坚实感。体温升高、精神沉郁、食欲减退等全身症状。不久，因细菌作用使局部组织坏死，溶解液化，形成脓肿，皮肤破溃，流出较臭的脓性分泌物，此时全身症状好转，局部疼痛和增温均有好转。

发生在筋膜、肌肉间组织内的蜂窝织炎，局部肿胀、坚实、界限不清，触之疼痛明显。体温升高、精神沉郁、食欲下降等全身症状明显。如不及时治疗易发生败血症而死亡。

［治疗］ 病初，局部可用冷敷、醋酸铅明矾外敷，或用金黄散、鱼石脂软膏等外敷，以达到控制炎性渗出。也可进行普鲁卡因青霉素封闭疗法。如果局部肿胀严重，可及时在肿胀处多处切开，并用高渗盐水引流，使渗出液排出。在局部处理的同时，全身用抗菌药物，以防全身性感染。

当局部已形成脓肿，应及时切开排脓，用消毒药冲洗，将坏死组织切除，再用抗菌药引流纱布条。

四、脓肿（Apostasis）

任何组织或器官内形成外有脓肿膜包裹，内有脓汁蓄积而形成局限性脓腔，称为脓肿。

［病因］ 主要是化脓性细菌，如葡萄球菌、化脓性链球菌、大肠杆菌、腐败性细菌等细菌直接感染，或由血液、淋巴系统转移而来形成脓肿。任何组织和器官都会发生。

也有因静脉注射刺激药漏到皮下或肌肉间，也能造成脓肿，如氯化钙、砷制剂、水合氯醛等。

［症状］ 浅在性脓肿，初期局部出现无明显界限肿胀，触诊时局部增温，坚实和疼痛。以后肿胀的界限逐渐清晰和局限，四周较硬，肿胀中心因组织细胞、致病菌和白细胞崩解破坏而出现波动。由于脓汁溶解表层的脓肿膜和皮肤，可自溃流出脓汁。

深在性脓肿常发生于深层肌肉、肌间等组织内。由于脓肿部位深在，局部肿胀不明显，但局部增温、疼痛。皮下出现炎性水肿，手压有指压痕。在急性炎症时有全身变化，如体温升高、食欲下降等。一旦脓肿形成，则局部、全身症状都有改善。由于外力的作用，使脓肿膜破裂，脓汁流到组织间，经血液或淋巴系统转移到其他组织或器官，可引起败血症或转移性脓肿。

［诊断］ 浅在性脓肿根据临床症状不难诊断，用穿刺脓肿可以确诊。

脓肿必须与血肿、淋巴外渗、挫伤、疝、肿瘤、蜂窝织炎等相区别。

[治疗] 病初期可采用消炎、止痛和促进炎症渗出物的吸收，局部用冷敷、普鲁卡因封闭等。2~3 日后，可用轻刺激药，如鱼石脂软膏、热酒精绷带、温热疗法和理疗等。局部治疗的同时，还需全身性注射抗菌药。

如果脓肿成熟后应及时切开排脓，消毒液冲洗创腔，再用碘酊消毒，必要时可引流。

五、败血症 (Septemia)

败血症是全身化脓性感染，即有机体从局部感染病灶吸收致病菌及其生活活动中产物和组织分解产物而引起全身性病理过程。

[病因] 多因化脓性病原菌，如金黄色葡萄球菌、溶血性链球菌、大肠杆菌、厌气菌和腐败菌等而引起的脓肿、蜂窝织炎等化脓病灶而发生全身性感染。也有因大面积烧伤、泌尿系统感染、子宫感染、腹膜炎和某些传染病等也能引起败血症。

临床上分为毒血症和脓血症。毒血症是由致病菌所产生毒素或组织的病理分解产物被机体吸收到血液循环所致。脓血症是指细菌栓子或感染的血栓进入血液循环所致。

[症状] 毒血症：当毒素进入机体后，可引起中枢神经系统发生严重的中毒，新陈代谢引起急剧的变化，网状内皮系统、造血器官及氧化过程出现抑制。临床表现精神极度沉郁，运步蹒跚，躺卧，持续体温升高，间歇期短，仅死前体温才下降。食欲废绝、呼吸困难、心跳快而弱等全身症状。有时有出血点、结膜黄染。

脓血症：当细菌栓子或被感染的血栓进入血液循环和各组织和器官，在条件适宜时，其细菌即生长繁殖，产生大量毒素和坏死组织，并在这些组织和器官内形成转移性脓肿。局部出现脓肿前，除破坏局部组织或器官功能，还出现全身性症状，如体温升高，呈弛张热，精神沉郁，食欲下降或废绝，呼吸加快，心跳快而弱等。一旦形成脓肿时，则全身症状有所改善。如机体抵抗力下降或不及时治疗，则长期高热，全身症状加重，可导致动物死亡。如果肝脏发生转移性脓肿，眼结膜可出现高度黄染；如肾脏发生转移性脓肿则出现血尿。

以上两种全身性感染均出现血液学的变化。

[治疗] 全身性感染必须及早采取局部和全身性综合治疗措施，否则，预后不良。

局部治疗：对原发病灶及时切开排脓。切除坏死组织，用消毒药彻底冲洗、引流。详见蜂窝织炎、脓肿等治疗。

全身治疗：及早全身应用抗菌药，如大剂量抗生素，或磺胺类药及磺胺增效剂等。为了防止酸中毒可用碳酸氢钠疗法。对症疗法不可忽视，如补液、强心、利尿等。

六、厌氧性感染 (Anaerobic infection)

[病因] 本病多由厌氧性致病菌感染所致，主要有产气荚膜梭菌、恶性水肿梭菌、溶组织梭菌和水肿梭菌。也常与化脓性细菌混合感染。

[症状] 在伤后 1~3 日内发病。突然发生剧烈疼痛，体温升高，脉搏加快，脉弱。肿胀迅速蔓延，渗出物内含有气泡，出现捻发音。

气性脓肿：脓肿内有红褐色脓样渗出物，并含有气体，叩诊呈鼓音。

气性坏疽：肿胀迅速扩大，疼痛剧烈。创内有带泡沫的红色液体，具有恶臭味，受伤部皮下有捻发音。创面高度水肿。呈黄绿色，肌肉似煮肉样，后变为黑褐色。

恶性水肿：创围大面积水肿，皮下出现捻发音，产气较多，创内流出红棕色液体，其中含有少量气体，有恶臭味。

晚期出现严重毒血症、溶血性贫血和脱水。

［**治疗**］

（1）及时清创，清除创内异物和细菌。结合应用大量抗生素效果更好。防止对伤口过早缝合，避免人为地造成厌氧条件。

（2）药物疗法。洗创可用3%过氧化氢溶液，0.25%~1%高锰酸钾溶液，氯胺溶液，高渗溶液等。引流用0.1%雷佛奴尔溶液，3%过氧化氢溶液。创内撒布碘仿磺胺粉（1:9），抗生素粉，或磺胺类药剂。

（3）全身疗法。大剂量应用青霉素和四环素多次输液。为防酸中毒，可选用5%碳酸氢钠溶液。强心时，用安钠咖、氧化樟脑（强尔心）等。

七、腐败性感染（Putrid infection）

［**病因**］本病多由变形杆菌、腐败梭菌等与化脓性细菌混合感染。

［**症状**］创围呈现炎性水肿，创内流出淡绿色或淡黄褐色、黏稠样、有恶臭味的物质，常产生气泡。创内肉芽组织呈蓝紫色，不平整、易出血。全身症状明显。

［**治疗**］及时扩创，清除异物和坏死组织。引流通畅，控制或消除创伤感染，行开放疗法。具体方法参照厌氧性感染的治疗。

第十五章
犬、猫的运动器官系统疾病

第一节 骨骼、肌肉、腱等疾病

一、特发性多发性肌炎 (Idiopathic polymyositis)

特发性多发性肌炎是一种弥散性骨骼肌炎症，是犬较常见的肌肉疾病，大型成年犬发生较多。猫亦有时发生，但发病多在 6 月龄至 14 岁。

[病因] 病因至今仍未搞清楚，可能与自身免疫反应有关。有人在 2 例猫肌纤维发现包涵体，因此推测是病毒感染。也有人报道，猫的肌肉、腱和黏液囊疾病与胸腺瘤有联系。

[症状] 最常见的症状是肌肉无力，其程度不一。运动时病情加重，行走时出现跛行，步幅僵硬、高跷，很易疲劳，可见肌肉颤抖。休息后步伐可改善。猫因肌肉无力而不能跳高，多呈坐或卧式。犬无力吠叫，有时出现吞咽困难和流涎。因食管扩张、反胃而易造成异物性肺炎。急性发作的有发热、厌食、嗜睡、沉郁等症状。慢性病例长期出现反胃而造成营养不良，全身肌肉萎缩等症状。

[诊断] 除根据临床症状外，还应进行实验室检验。实验室诊断包括血清肌酸激酶活性 (CK) 增高，高达 2~100 倍，天门冬氨酸转氨酶 (AST) 活性加强。肌电显示阳性峰波、纤维颤动电位和异常高频放电。肌肉活组织检查证实肌纤维坏死、浆细胞和淋巴细胞浸润。胸部 X 射线检查，可见食管扩张或食管活动性减弱，同时也可确定有无肿瘤和异物性肺炎。

一旦诊断是本病时，还应做血清学和免疫学检查，因某些免疫性病 (如红斑狼疮) 和肿瘤 (如胞腺病) 可能是本病的致病因子。其测定内容包括血液细胞计数、关节滑液分析、尿检查、血清抗核抗体 (ANA) 滴度和红斑狼疮细胞检查等。

[治疗] 本病首选药是皮质类固醇，如醋酸泼尼松 (强的松) 1~2mg/kg 体重，肌肉注射，每日 2 次，连用 2 周，以后每 2 日 1 次，连用 2 周，一般用药后 24~72 小时疼痛明显减轻，疗效显著。也可用氢化泼尼松龙 (强的松龙) 1~4mg/kg 体重，口服，隔日 1 次。或泼尼松龙混悬液，4~7 日用 1 次。也可用其他免疫抑制剂，如环磷酰胺 6.6mg/kg 体重，每日 1 次，3 日后用量减为 1/3；6-巯基嘌呤 2mg/kg 体重，每日 1 次。如有感染，如异物性肺炎，用抗生素治疗控制感染。

二、犬嗜酸性粒细胞性肌炎 (Eosinophil myositis in dogs)

嗜酸性粒细胞性肌炎多发生于青年牧羊犬咀嚼肌，以嗜酸性粒细胞增多为特征的急性复发性炎症，故称嗜酸性粒细胞性肌炎。常发生于 4 岁以下的牧羊犬。

[病因] 当前对该病病因尚不十分清楚，可能与变态反应和自身免疫有关。

[症状] 突然急剧发病，其特征是咀嚼肌群肿胀疼痛，翼状肌肿胀明显。患犬不安，体温微高，眼睑紧张，闭合不全，眼球突出，结膜水肿，瞬膜垂脱，口常呈半开状，拒绝开口，采食困难。病程数日或数周，反复多次发作后，咀嚼肌明显萎缩。扁桃体发炎，下颌淋巴结肿胀。除咀嚼肌外，其他肌肉也有肿胀僵硬感，因而出现运动失调或轻度跛行。脊髓反射正常，但姿势性反射有改变。

[诊断] 急性期和发作期进行血检嗜酸性粒细胞增多达 20%~40%，血清天门冬氨酸转氨酶、肌酸激酶、乳酸脱氢酶、血清蛋白及 β-球蛋白升高。活组织检查，患部肌肉有大量嗜酸性粒细胞浸润（70%）。

根据周期性发病和发病部位以及品种的特异选择性等特点不难诊断。

[治疗] 病初选用抗组织胺药，如盐酸苯海拉明溶液，犬 5~50mg/kg 体重，1 日 2 次；氯苯那敏（扑尔敏）溶液 5~10mg。同时应用抗生素和皮质类固醇药。此外，加强患犬的护理，如避免活动，给全价营养食物，用胃管投食等。

三、咀嚼肌病（Masticatory myopathy）

咀嚼肌病是一种侵害咀嚼肌，特别是颞肌和咬肌的炎症性疾病。以发展速度分为急性和慢性。主要侵害大型犬，无年龄和性别的差异。本病是一种遗传性疾病。

[病因] 病因不清。有人认为是免疫介导性原因，在这些肌群中可测出抗 2M 型纤维的自身抗体。

[症状] 病初开口时疼痛，一般为对称性发生，有时为单侧性发生。厌食，咀嚼缓慢发展至不愿咀嚼，体重减轻。有时出现扁桃体和下颌淋巴结肿大。咀嚼肌萎缩又称为萎缩性肌炎，是咀嚼肌炎的后期阶段。牙关紧闭，在麻醉状态下也不能张开下颌。颞肌和咬肌萎缩。

[诊断] 根据临床症状，可初步诊断。组织学检查可见肌纤维萎缩与纤维化可确诊。应与三叉神经病、多肌炎、下颌关节病相鉴别。

[治疗] 泼尼松 1~2mg/kg 体重，口服，每日 2 次，连用 3~4 周，逐渐减量，以后给予维持剂量。也可给予硫唑嘌呤 2mg/kg 体重，口服，每日 3 次。张口困难，不能进食的病例，从静脉补充营养物质。

四、疲劳性（功能性）肌病（Exertional myopathy）

疲劳性肌病是由于肌肉剧烈活动所致的肌肉损伤的综合征。肌肉疼痛、肿胀和肌红蛋白尿为特征，又称为氮尿症或瘫痪性肌红蛋白尿。多发生于赛犬和工作犬。

[病因] 工作过频，过劳，活动剧烈，适应性缺乏。

[症状] 比赛或工作后，出现全身性肌肉肿胀，疼痛。严重时，僵硬、强拘，尤其是背部和后肢肌肉更为严重。

呼吸加深，加快。出现肌红蛋白尿。

［诊断］根据病史和临床症状可初步诊断。实验室检查，血清钾和磷可能升高，肌酶升高。

［治疗］静脉输入等渗生理盐水或 5%葡萄糖盐水，同时给予碳酸氢钠。充分休息，按摩肌肉。地西泮（安定）0.5mg/kg 体重，静脉注射。

五、风湿病（Rheumatism）

风湿病是常有反复发作的急性或慢性非化脓性炎症。其特征是胶原结缔组织发生纤维蛋白变性以及骨骼肌、心肌和关节囊中的结缔组织出现非化脓性局限性炎症。

［病因］风湿病的病因至今未完全阐明。近年来研究表明，风湿病是一种变态反应性疾病，并与溶血性链球菌感染有关，人类医学已证明是 A 型溶血性链球菌所致。已知溶血性链球菌感染后能引起两种不同的病理过程。一种是表现化脓性感染，另一种则表现为延期性非化脓性并发病，即变态反应性疾病，风湿病则属于后一类型。风湿病发作时，从病例的鼻、咽部拭子培养，可获得 A 型溶血性链球菌，从血清中测出各种链球菌的抗体。目前多数人认为风湿病是一种链球菌感染引起的变态反应及过敏反应。

此外，根据动物试验结果证明，不仅溶血性链球菌，其他抗原，如细菌蛋白质、异种血清、经肠道吸收的蛋白质及某些半抗原物质也能引起风湿性疾病。例如给兔子注射大量马血清，不仅引起肌肉风湿病，还可以引起关节风湿病、结节性关节周围炎、神经周围纤维织炎和皮下纤维织炎等。

临床实践证明，风、寒、潮湿、阴冷等因素是风湿病发生的重要因素。如天气闷热，受冷雨浇淋，洗澡受冷风侵袭，受贼风特别是穿堂风的侵袭，长时间躺在冷地板，特别是水泥地上等都能引发风湿病。

［症状］风湿病主要发生在活动性较大的肌肉、关节及四肢，特别是背腰肌群、肩臂肌群、臀部肌群、股后肌群、颈部肌群等。其特征是突然发生浆液性或纤维素性炎症，由于患病肌肉疼痛、运动不协调，步态强拘不灵活，跛行明显。由于患病肌肉不同，可出现支跛、悬跛或混合跛。跛行能随运动量增加和时间延长其症状减轻。触诊患病肌肉疼痛明显，肌肉紧张，犬主抱犬时有惊叫。风湿性肌肉有游走性，时而一个肌群好转，时而另一个肌群又发病。

急性风湿性肌肉炎时，出现明显全身症状，如精神沉郁、食欲下降、体温升高、心跳加快、血沉稍快、白细胞稍增。急性肌肉风湿病的病程较短，一般经数日或 1~2 周即好转，但易复发。当急性风湿病转为慢性时，全身症状不明显。病肌弹性降低、僵硬、萎缩，但跛行程度虽能减轻，运步仍出现强拘。病犬容易疲劳，风湿病对水杨酸制剂敏感。

［诊断］到目前为止风湿病没有特异性诊断方法，兽医临床上主要靠病史和临床症状，如突发性肌肉疼痛、运动失调、步态强拘不灵活；随运动量增加症状有些减轻；风湿性肌炎常有游走性和复发性；对水杨酸制剂敏感等特点加以诊断。一般不难诊断。

当前一些辅助诊断，如特异性水杨酸钠皮内注射试验、血常规检查、纸上电泳法检查、抗 O 测定等也不是 100%诊断率。

肌肉风湿病常与外伤性肌肉炎症、骨骼损伤、脊髓损伤、外周神经麻痹等病相混淆。从病史、致病原因及临床症状可与外伤性肌肉炎症、骨骼损伤、脊髓损伤、外周神经麻痹无疼痛反应等相区别。

[治疗] 风湿病治疗原则是消除病因、解热镇痛、消除炎症、祛风除湿和加强饲养管理等。肌肉风湿病常用以下药物治疗。

(1) 解热镇痛及抗风湿药。水杨酸钠，犬为0.2~0.3g，猫为0.1~0.3g，口服；如静脉注射，犬为0.1~0.5g；阿司匹林（乙酰水杨酸），犬为0.01~0.04g，每日2次，猫为40mg/kg体重，每日1次，口服；保泰松，犬为20mg/kg体重，口服，1日2次。

(2) 皮质激素类药。氢化泼尼松（强的松龙）混悬液，犬、猫为10~40mg/kg体重，隔4~5日1次；醋酸泼尼松（强的松）、醋酸可的松针剂，犬每日0.05~0.2g，分2次；氢化可的松针剂，犬为0.01g，每日1次；地塞米松，犬为5~10mg/kg体重，每日1次。

(3) 抗生素是控制急性风湿病链球菌的药物，首选青霉素类药物，也可用其他抗生素。

(4) 其他方法。静脉注射碳酸氢钠溶液；针灸；温热疗法；超短波电磁场疗法；中波透热疗法；激光疗法；局部涂搽刺激剂如红花油等均对风湿病有效。

六、骨髓炎（Osteomyelitis）

骨髓炎是骨组织（包括骨髓、骨、骨膜）炎症的总称。临床上可分为细菌性骨髓炎、真菌性骨髓炎和非感染性骨髓炎，但以细菌性感染为多见。按病情发展可分为急性和慢性两类。

[病因] 外伤性骨髓炎大多发生骨损伤后，特别是开放性骨折、粉碎性骨折或因骨折治疗中采用内固定等，病原菌可直接经创口而发生感染。这些病原菌多是葡萄球菌、链球菌、大肠杆菌、巴氏杆菌、犬布氏杆菌等。

血源性骨髓炎常因机体发生蜂窝织炎、脓肿、败血症等，病原菌由血液循环进入骨髓内而发生骨髓炎。

[症状] 急性化脓性骨髓炎一般是病原菌侵入髓内后，可能形成局限性髓内脓肿，也可能发展为弥漫性骨髓蜂窝织炎。此时患畜体温突然升高，精神沉郁，食欲降低或废绝。局部迅速出现灼热、疼痛性肿胀，压迫患部疼痛显著，出现严重功能障碍，发生于四肢的骨髓炎呈现重度跛行。局部淋巴结肿大，触诊疼痛。血液检查白细胞增多，血培养常为阳性。严重时，病情发展很快，不及时治疗，通常发生败血症而死亡。

经过一定时间脓肿成熟，局部出现波动，脓肿自溃或切开排脓后，形成化脓性窦道，临床可见到浓稠的脓液大量排出，此时全身症状缓解。用探针进入骨髓腔或用手指探查，可感到粗糙的骨质面，脓汁中常混有碎骨屑或渣。

[诊断] 骨髓炎根据病史和临床症状可初步确诊。也可以结合X射线检查和病原分离培养，但X射线检查在早期仅见患部软组织肿胀，一般在2周后患部骨质出现蚕食样破坏区或斑片样局灶性空洞，骨膜不规则地骨化。慢性病灶可见到患部周围骨质致密等变化。核闪烁技术显示由于炎症作用过多地获取放射性同位素。

[治疗] 治疗原则是使患病犬、猫安静，及早控制炎症的发展，防止骨坏死和败血症。应

用大剂量抗生素，最好选用广谱抗生素，持续用药直至炎症消失后 1 周止。局部出现脓肿或持续数日用药无效时，及早切开排脓，彻底冲洗。用锐匙刮除坏死组织和死骨或碎骨，并用抗菌药引流。如果无法控制炎症或阻止炎症蔓延，可采用截肢或切除患骨。

七、多发性嗜酸性粒细胞性骨炎（全骨炎）（Eosinophilic panosteitis）

全骨炎是一种自发性、自限性骨质硬化病。该病主要发生在幼龄大型犬。病变部位集中在长骨的骨干和干骺端，以骨髓内骨质增生为特征，兼有骨膜下新骨形成。本病又称为嗜酸性粒细胞性全骨炎或内生骨疣。

［病因］当前该病发生原因不明，可能与遗传有关。大型品种犬，尤其德国牧羊犬在 5~12 月龄的公犬易发病。公犬发病率高于母犬。可能与一过性骨局部供血异常、变态反应、代谢异常、寄生虫迁徙或病毒感染后的自体免疫反应有关。

该病的病理变化主要是脂肪骨髓疾病，病程呈周期性经过。先是骨髓脂肪细胞变性退化，继之基质细胞增生，膜内骨化，然后开始消退，髓腔内骨小梁逐渐消除，脂肪骨髓再生。往往都始于长骨的营养孔附近。骨外膜增厚，伴有骨的吸收和新骨的生成（外生骨疣）。

［症状］急性发作时会突然出现跛行，无创伤和外伤病史，一般发生某一肢出现跛行，前肢比后肢多发。也有多肢同时发病。跛行数天后消退，但 2~3 周转移到其他肢上。一般约 3 个月循环 1 次，18~20 月龄后逐渐痊愈。多数无发热等全身症状，局部温度不高，肌肉不萎缩，但触诊患部有压痛感。

［诊断］X 射线检查可发现周期性增生变化。早期营养孔附近的髓腔密度增高，骨小梁模糊。中期骨髓腔内出现单个或多个斑片状致密骨影，多个阴影有融合趋势，骨皮质内侧粗糙，骨外膜下骨呈平滑均质型或层面变化。后期，即发病数周后骨髓腔内致密骨影渐渐消退。X 射线征象与跛行程度无相关性。血液的血象和生化检验均正常。

本病应与肥大性骨营养不良病、软骨病、肥大性骨病等相区别。

［治疗］本病无特异性治疗法，常选用消炎镇痛药物，如泼尼松、泼尼松龙和阿司匹林等药进行对症治疗。一般能自愈。

八、骨膜炎（Periostitis）

骨膜的炎症称骨膜炎。临床上根据病程可分为急性骨膜炎和慢性骨膜炎；根据病理变化分为化脓性骨膜炎和非化脓性骨膜炎。

［病因］骨膜直接遭受钝性物体的打击和冲撞、压扎等，或长期受到反复摩擦、刺激，或急剧运动受肌腱、韧带强烈牵引而引起其附着部位的骨膜发生炎症。以上均能引起非化脓性骨膜炎。

化脓性骨膜炎是由于化脓性病原菌感染而引起。常发生于开放性骨折、骨膜附近的软组织感染创等。当骨膜受到化脓菌的侵入后，先发生浆液性化脓性浸润，在骨膜上形成很多小脓灶，或形成骨膜下脓肿。脓肿破溃，脓汁侵入周围软组织。骨膜与骨分离，使骨失去营养和神经分布，在脓汁的作用下，骨发生坏死、分解，呈沙粒状脱落脓腔内，则骨表面形成粗糙的溃疡缺损。

[症状] 化脓性骨膜炎病初期患部出现弥漫性、热性肿胀，有剧痛、皮肤紧张。随皮下组织脓肿形成和破溃，流出混有骨屑的黄色稀脓。此时全身症状和局部疼痛症状减轻。

非化脓性骨膜炎患部充血、渗出，出现局限性、硬固的热痛性扁平肿胀，皮下组织出现不同程度的水肿。若四肢的骨膜炎时可出现明显跛行。随运动量加大跛行更明显。如不及时治疗转入慢性骨膜炎，有时形成骨膜增厚或小骨赘。

[治疗] 化脓性骨膜炎病初期使患病宠物安静，局部用酒精热绷带、普鲁卡因青霉素封闭。全身应用抗生素。如果局部已出现软化灶，及时切开脓肿，必要时扩创，消毒液冲洗创腔，用锐匙刮除坏死组织和死骨，用抗菌药或高渗盐水引流。

非化脓性骨膜炎，病初除使动物保持安静外，在发病 24 小时内用冷敷，以后改为温热疗法和消炎药，如外敷复方醋酸铅散、鱼石脂软膏等。用普鲁卡因青霉素或普鲁卡因地塞米松进行局部封闭。对纤维性骨膜炎和骨化性骨膜炎可局部应用刺激药和理疗，严重者可用点状烧烙，或手术切除骨赘。

九、骨折（Fracture）

当外力超过骨所能忍受的极限应力应变时，在外力作用部位骨的完整性或连续性遭受破坏称之骨折。骨折的同时常伴有周围软组织损伤。如肌肉挫伤或断裂，血管断裂，神经挫伤和断裂，甚至皮肤破裂等。

[病因] 直接暴力，如车辆冲撞、压轧，钝性物体的冲击和压轧，枪击，从高处跌落而发生骨折。间接暴力，如奔跑、跳跃、急转弯、跨沟、滑倒等；也见于爪子嵌入洞穴、木栅缝隙等。

病理性骨折：主要是因骨质本身的疾病，如骨营养不良、骨髓炎、骨软症、佝偻病、骨肿瘤等。也有因慢性中毒，如慢性氟中毒等。以上都能引起骨质脆弱和应力降低，有时遭受不大的外力也可引起骨折。

临床上将骨折分为非开放性骨折和开放性骨折、不全骨折如骨裂和粉碎性骨折等。

[症状] 骨折症状分为骨折特有症状和其他症状。分述如下：

(1) 骨折特有症状

①变形。骨折两断端因受伤时的外力、肌肉牵拉力和肢体重力的作用下，使骨折段移位，如成角移位、侧方移位、旋转移位、纵轴移位、嵌入移位等。临床上可见患肢呈弯曲、缩短、延长等异常姿势。

②异常活动。在骨折后做负重运动或被动运动时，出现屈曲、摆动、旋转等异常活动。但肋骨骨折、椎骨骨折、蹄骨骨折等部位往往异常活动不明显。

③骨摩擦。在骨折处触诊，可听到骨折两断端互相触碰的骨摩擦音。对以上特有症状应仔细检查，如变形、异常活动在某些疾病中也会出现。例如，神经麻痹、腱断裂、关节囊破裂、关节周围的韧带断裂等。

(2) 骨折其他症状。由于骨折可引起骨膜、骨髓及周围软组织血管、神经的损伤，因此局部出现出血和炎性肿胀、明显疼痛。功能障碍在四肢骨折、脊椎骨折特别明显。一般不出现全身症状，但伤后 2~3 天，因炎症及组织分解产物会引起体温升高等全身症状。

[**诊断**] 依据病史和特有症状一般不难作出初步诊断。如果要确诊需进行 X 射线诊断，特别对肌肉组织比较厚的部位和靠近关节的骨骺处。

[**治疗**] 当发生骨折后，应使犬、猫安静，如果开放性骨折并有出血，需紧急包扎，以防大失血和污染。

当前对骨折的治疗常采用外固定和内固定两种方法。当骺、肘和膝关节以下的骨折，经整复易复位者可用外固定法。如果是肘或膝关节以上的骨折，多采用内固定法。

外固定法：首先进行全身麻醉。局部进行消毒。然后术者手持近侧骨折段，助手沿纵轴牵引远侧肢，保持一定拉力，使两断端对合复位。复位后，在骨折上下两关节用药棉包裹，然后根据具体条件选择固定材料。固定材料有木或竹子夹板，金属夹板或支架，热塑塑料夹板等，夹板的长度超过骨折上下两关节，宽度适宜。在骨折处前后左右装上夹板，外用绷带固定夹板。绷带的松紧要适当，过松易脱落和固定不确切。过紧影响局部血液循环。

内固定法：内固定常用骨髓针和接骨板以及骨螺钉等，对较小犬、猫多用骨髓针。其方法如下：

首先按照手术常规进行全身麻醉，局部剪毛、消毒。切开皮肤，在肌沟钝性分离肌肉，显露骨折两断端，清除创内凝血块和碎骨。

装骨髓针的方法：在骨折一端用骨钻将骨髓针刺入骨髓腔，并将骨髓针刺出骨折断端外，然后退出骨钻，将此端骨髓针插入另一骨折断端的骨髓腔内，使其两断端对合。清理创内的异物，包括坏死组织、游离组织、血凝块，用消毒液冲洗创口，然后用生理盐水冲洗，并注入抗生素；最后按手术常规缝合创口。

装接骨板的方法：根据骨折骨宽度、长度选择 4 孔、6 孔的接骨板。当分离出骨折两断端后，根据接骨板的孔距，用骨钻将装接骨板的骨钻孔，然后用骨螺丝将接骨板固定在骨上。检查骨折两断端对接如何，固定是否牢固。最后清洗和消毒创口，注入抗生素和缝合创口。

[**术后护理**]

(1) 不管外固定或内固定，在术后 2 周限制动物运动，2 周后自由活动，但不能剧烈运动。30 天后逐渐恢复运动。

(2) 全身应用抗生素以达预防和控制感染。

(3) 外固定术 24~48 小时后，检查固定下方是否有水肿，若有肿胀，说明包扎过紧，应重新包扎。

(4) 加强饲养管理和营养，补充维生素 A、维生素 D 和钙制剂。

(5) 外固定一般 45~60 日拆除绷带；内固定 90 日可手术拆除骨髓针或接骨板。但必须进行 X 射线检查，掌握骨折愈合情况方可确定是否拆除。

十、肥大性骨营养不良 (Hypertrophic osteodystrophy)

肥大性骨营养不良是以骨生长最活跃的长骨骨干骺区坏死、骨沉积物缺乏、骨小梁急性炎症的一种疾病。常见于 3~7 月龄体型大、生长快的犬种，如大丹犬、德国牧羊犬等。其临床特征为长骨骨骺端（桡尺骨、胫骨）肿胀、温热和疼痛。

[病因] 病因不详。有人认为与感染有关，但未培养出病原菌。另一种理论认为，本病与维生素 C 缺乏有关。还有人认为营养过度、矿物质过剩可能是本病的病因。

[症状] 临床症状主要表现为跛行、不愿站立。两肢对称性发病。触诊长骨骨骺部有肿大、增温和疼痛。伴有不同程度的体温升高，精神沉郁、厌食等。X 射线检查有明显的骨骺硬化，严重者骨骺肥大，骨外膜出现许多骨性沉积物，并呈串珠样，严重者可见病肢变形。

[诊断] 根据临床症状和 X 射线检查可确诊。应与犬全骨炎、骨髓炎、肥大性骨病相鉴别。

[治疗] 由于病因不清楚，很难制定正确的治疗措施，多采用对症治疗，如宠物疼痛明显时，应用解热镇痛药如保泰松、阿司匹林等；宠物厌食或脱水时，强迫喂食、补液等；为防止继发感染，可应用抗生素。同时要调换饲料或矫正日粮的不平衡。

十一、黏液囊炎（Bursitis）

在皮肤、筋膜、韧带、腱与肌肉下面，骨与软骨突起的部位，为了减少摩擦常有黏液囊存在。黏液囊炎有先天性和后天性。后天性黏液囊炎是由于摩擦使组织分离而形成裂隙。其形状和大小变化无常。黏液囊壁内由一层间皮细胞构成的内膜，外由结缔组织包围。当这些黏液囊发炎时，往往黏液囊内液体增多，囊壁增厚。

[病因] 当黏液囊受到挫伤、摩擦、碰撞、压迫等原因而引起黏液囊炎。

[症状] 急性非开放性黏液囊炎时，黏液囊内膜渗出，囊内积液，患部隆起肿大，温热，有波动感，穿刺有黏稠液体流出。对邻近肌腱活动受到限制，则引起其功能障碍，如四肢可引起不同程度的跛行。慢性非开放性黏液囊炎，局部症状轻微，但囊壁因结缔组织增生而增厚、坚硬。

开放性黏液囊炎创口流出黏液，长久不愈合，极易继发感染化脓，出现功能障碍，严重者有时出现全身症状。

[诊断] 黏液囊炎很易与黏液囊周围组织的炎症相混淆，如肌肉炎症、腱与腱鞘炎、关节炎等。黏液囊炎一般是局限性囊状隆起肿大。

[治疗] 非开放性黏液囊炎病初可采用控制炎症和渗出等措施，如冷敷、囊内注射考的松、青霉素等药，治疗无效时，可采用手术摘除。开放性黏液囊炎，特别是化脓性黏液囊炎时，一般采用手术摘除。手术摘除时，必须将黏液囊内膜全部切除，否则，久不愈合。

十二、肘肿（Elbow tumefaction）

肘肿是肘头皮下黏液囊发生炎症。或称肘结节皮下黏液囊炎（Olecranon bursitis）。体型大的犬易发生，有时一侧发病，也有两侧同时发病。

[病因] 多因肘突受到压迫或冲击或摩擦而引起，如犬长期在坚硬而粗糙的地面上，起卧时肘突受到挤压和摩擦。

［症状］在肘头部出现有界线的局限的肿大。初期有温热感、似生面团样的肿胀，微有痛感。以后由于渗出液的浸润和增多，有波动感。时间久，黏液囊周围结缔组织增生，有坚实感。如果破溃，流出带血的渗出液，很易继发感染成化脓性黏液囊炎。

［诊断］根据临床症状不难确诊。但要区别肘突骨折、肘突周围组织的炎症。

［治疗］常采用控制炎症、促进渗出物的吸收，如果黏液囊肿较大，常采用手术摘除。

手术摘除的方法见外科手术部分。

十三、腱炎（Tendinitis）

腱由胶原纤维束构成，具有坚韧、致密、富有弹性的特点，是肌肉的延续，也具有辅助肌肉运动和固定相关关节的功能。腱在通过关节和骨的突起处时有腱鞘包裹，以缓解腱与突起处的摩擦。

宠物在生理负重状态时，腱处于紧张状态，因腱富有弹性是完全可以适应的，当超过腱的生理范围时，腱纤维因高度牵引而发生炎症和腱纤维的断裂。

［病因］主要是由于超生理的运动使腱纤维过度伸张所致。如腱的剧伸、跳越障碍、滑跌、冲击和压轧等。也有因腱质发育不良、肢势异常。更有因腱附近组织感染而蔓延引起化脓性腱炎。

腱炎多发生在屈肌腱，特别指（趾）深屈肌腱、腕尺屈肌腱、跟腱等易发生炎症。

［症状］急性无菌性腱炎时，突然发生不同程度的跛行。局部增温、肿胀、疼痛，特别伸展屈肌腱时疼痛明显。如果病因不除或治疗不及时或不当时，则易转为慢性腱炎，其腱疼痛和增温虽有好转，但腱变粗而硬，弹性降低或消失，结果出现功能障碍，有时造成腱挛缩，限制关节活动。

化脓性腱炎的临床症状比无菌性腱炎更剧烈，有时出现局限性蜂窝织炎，最终引起腱的坏死。

［诊断］腱炎的诊断主要根据临床症状和病史不难确诊。

［治疗］治疗原则是控制炎性渗出，促进吸收，消除疼痛，防止腱挛缩。

急性腱炎时，可用冷敷，如用冰袋、醋酸铅溶液、冰水毛巾等。当前常用云南白药、沈阳红药喷雾剂，有止痛、消肿效果。也可用普鲁卡因青霉素封闭。当急性炎症减轻后，用温敷、酒精热绷带、鱼石脂软膏等，以达到促进吸收。

对亚急性和慢性初期，可使用物理疗法，如激光、超声波、微波治疗等。也可用刺激药，如鱼石脂、10%碘酊、白芨膏等。白芨膏的制法见关节挟伤。

对慢性腱炎可用强刺激药，如红色碘化汞软膏（红色碘化汞 1g，凡士林 5g），碘汞软膏（水银软膏 30g，纯碘 4g）等药外敷。也可以用火针、点状或线状烧烙。

对化脓性腱炎按外科感染创治疗。腱挛缩时，可进行切腱术。

十四、腱鞘炎（Tendovaginitis）

屈肌腱鞘炎比伸肌腱鞘炎发生率高，特别腕、指（趾）部的腱鞘炎发病率高。

[**病因**] 多因腱鞘及周围软组织受到挫伤、压迫、摩擦等。也有因腱和腱鞘过度牵引。腱炎和腱鞘周围组织炎症的蔓延所致。

[**症状**] 急性腱鞘炎临床特点是腱鞘肿胀、增温、疼痛、腱鞘内充满浆液性渗出液，触诊有明显的波动感，运步时有跛行。急性浆液纤维素性腱鞘炎时，患部增温、疼痛、肢体功能障碍比浆液性腱鞘炎严重，渗出物中有纤维蛋白凝块，因此患部除有波动外，在触诊和被动运动时有捻发音。往往腱鞘炎和腱炎并发或有因果关系。

慢性腱鞘炎常来自急性腱鞘炎，滑膜腔膨大充满渗出液，有明显波动，温热和疼痛不明显，跛行较轻，因此临床称之为腱鞘软肿。慢性浆液纤维素性腱鞘炎时，腱鞘各层黏连，腱鞘外结缔组织肥厚。严重时，发生骨化性骨膜炎，患部有局限性波动，温热、疼痛和跛行明显。化脓性腱鞘炎患部充血、敏感，如有创伤则流出黏稠含有纤维蛋白片的滑液，其临床症状是体温升高，跛行剧烈。如不及时治疗，可引起蜂窝织炎，甚至败血症。

[**治疗**] 急性腱鞘炎时，阿司匹林，犬 10~20mg/kg，口服，每日 2~3 次，猫为 3~6mg/kg，口服，2~3 次。限制活动 4~5 周。慢性或重症：滑膜内注射醋酸甲基泼尼松龙 10~30mg，2 周 1 次，仅用 2 次。注射后休息 2~3 周。也可用穿刺排液等方法。

十五、腱断裂 (Tendon beak)

腱断裂是指腱的连续性被破坏而发生分离。常见于屈肌腱和跟腱的断裂。

[**病因**] 非开放性腱断裂多因突然受剧烈过度的牵引；也有因骨质疏松或骨坏死时，剧烈的运动或牵引而引起腱附着处与骨脱离。腱坏死病也会发生腱断裂。

开放性腱断裂多因锐性物体切割，引起皮肤、腱同时破裂。如刀伤、玻璃、车辆压轧伤等。

[**症状**] 当腱断裂时，患腱松弛，断裂部位形成缺损。不久因溢血、断端收缩和肿胀，则断裂部增温和疼痛。由于腱的功能和部位不同，则出现功能障碍也不同，如屈肌腱断裂则不能负重；伸肌腱断裂则不能提举，跟腱断裂跗关节屈曲并下沉等症状。

[**诊断**] 在腱断裂初期根据临床症状不难确诊，如腱松弛、断端凹陷等特点。这与腱炎、腱鞘炎等易区别。

[**治疗**] 非开放性腱断裂时，可采用保守疗法，局部涂搽较强刺激药，正常肢势外固定，限制其活动范围，以达到结缔组织增生和腱愈合。

腱的断裂最常用的方法是手术缝合法，将腱的断端靠拢对接，用纽扣状减张缝合，或用使腱不易撕裂的其他方法缝合。外面装固定绷带。用碳纤维缝合，对腱的断裂缝合效果较好，因碳纤维能诱发腱的再生，缝好后，外装固定绷带。

十六、腱挛缩 (Tendon contracture)

腱挛缩最常见的是屈肌腱挛缩。它分为先天性和后天性挛缩。临床上最常见指（趾）浅屈肌腱和指（趾）深屈肌腱。

[**病因**] 先天性屈肌腱挛缩有的发生一肢，也有两肢或几肢同时发生。出生后就可见到腱

挛缩的特征。发生的原因不很清楚。可能与遗传有关，也可能与胎儿在子宫内位置不正而导致，也可能与钙磷和维生素 A、维生素 D 缺乏有关。

后天性腱挛缩多因腱炎、腱鞘炎和四肢的某些疾病使其腱长期屈曲而造成的。

[症状] 由于腱挛缩部位和程度不同其症状也不同。主要表现关节屈曲，使肢体不以伸直。如指（趾）深（浅）屈曲腱挛缩，可见到腕关节屈曲，以腕关节着地。

[治疗] 先天性轻度腱挛缩在出生后 1~3 日用人力将挛缩腱伸直，使其呈正常姿势，用小夹板绷带固定，保持 2~3 日拆开绷带观察效果。无效时，再装小夹板绷带，直至呈正常姿势。

严重腱挛缩可进行切腱术。其方法是按手术常规在挛缩部位进行剪毛、剃毛和消毒。在挛缩腱的外侧方切开皮肤，分离出挛缩腱，将切腱刀放在挛缩腱的背面，助手用力伸展腱，此时切腱刀在切割挛缩的腱，当使关节伸展到正常位置时停止。此时挛缩的腱也被切腱刀切割适宜程度。消毒创口，缝合皮肤，装小夹板固定。限制活动 1~2 周。

十七、脊硬膜骨化症（Dura mater ossification）

脊硬膜骨化症是脊髓硬膜发生骨化的状态，以脊硬膜内骨片样增生为特征。因脊硬膜骨化而引起神经根和脊髓的病变或受压。多发生脊柱活动性最大的部位。

[病因] 至今病因不详。有人认为本病与颈椎或腰椎活动所致的炎症有关，但也有人认为骨片即为骨瘤。

[症状] 如果硬脊髓膜上的骨片很小，临床上不表现症状，只有骨样增大 1~2 年后，才出现早期症状，即表现无原因的疼痛，尤其在站立、卧地、运动或抚摸时发现呻吟或哭叫声。运动扰乱，尤其头颈运动受限制，步态僵硬，运动时很易疲劳。随病情发展，肌肉发生麻痹；如果神经根或脊髓发生挫伤，则突然发生麻痹；当神经根炎时，原来的肌肉僵硬将被肌肉松弛代替。另外，还可发生持续性痛觉过敏，即轻微抚摸也会引起剧烈的疼痛。有时表现出感觉异常，咬啃麻痹部位。最后，原来痛觉敏感部位可能发生感觉消失。在肌肉僵硬的同时，由于反射增强，有时阴茎异常勃起，或因膀胱张力增高，在抚摸腹壁和会阴部常引起排尿，以后表现出大小便失禁。往往因衰竭而死，或毒血症而死亡。

[诊断] 主要根据临床症状诊断。结合 X 线照相确定病变的位置。

[治疗] 因病因不十分清楚，故没有特殊的治疗方法。临床上多采用对症治疗，如用消炎、镇痛药，例如巴比妥类、考的松类和保泰松等药。在治疗的同时加强护理十分重要，如防止褥疮和感染等。

十八、压迫性脊髓病（Compressive myelopathy）

[病因] 脊髓炎、骨囊肿、椎骨肿瘤、脊髓膜脓肿、脊椎前移、椎骨畸形、脊椎脱位、椎间盘突出、脊椎骨折、椎管或脊髓中的寄生虫移行、脑硬膜下和脊髓内出血等原因均可导致压迫性脊髓病，因而产生对脊髓和神经根的持续或反复的机械性刺激。多见于北京犬、法国喇叭犬、猎獾犬。

[症状] 主要表现为自发的疼痛症状。在站立、卧地、跳跃和抚摸时，都会不时地出现呻

吟和“汪汪”叫。有时脊柱僵硬或呈弯曲状。有些病例，颈部不能自行转动。开始后肢摇摆无力，尤其在转弯时步态不稳，起立困难，不能跳跃。行走时，四肢提举和屈曲度较小，使足趾背侧着地或擦地而行。随病程发展，可出现站立不稳，在臀部加以轻度抚摸即可跌倒，几乎不能自行站立或以前肢支撑而拖着后肢行走，最后瘫卧。有些病例在未出现临床症状时，突然出现弛缓性或紧张性麻痹。紧张性麻痹是指在麻痹区域内所有反射都增高，可见阴茎异常勃起、尿闭和便秘。弛缓性麻痹则所有反射迟钝、尿淋漓、肛门松弛等。如果病变在胸椎和腰椎连接部，一般有膝反射过度，足尖夹痛反射正常或消失，出现轻瘫现象。如果足尖夹痛反射消失，无论用什么方法治疗均无效，预后不良。

[诊断] 由于病因较复杂，除根据临床症状外，还需进行 X 射线诊断。

[治疗] 由于引起该病原因较多，应根据病因选择治疗方法。通常采用减压手术，如抽出脊髓液，防止和控制炎症等方法，对骨髓炎、脊椎囊肿、出血等病因引起脊髓受压有一定疗效。对脊椎脱位、椎间盘脱位或突出等疾病可采用手术整复方法。总之，根据病因而采取不同的治疗方法。

十九、脊髓挫伤（Contusion of spinal cord）

因打击、压迫、跌倒、跳跃、脊柱骨折等而使脊髓组织受到明显损伤叫脊髓挫伤。损伤不明显的叫脊髓震荡。因脊髓受到损伤造成功能障碍和截瘫。

[病因] 临床上见于被汽车冲撞、跌倒、高处坠落、外力打击等原因。当患佝偻病、骨软化症、骨营养不良、脊椎炎、脊椎骨折等也会诱发和易发脊髓损伤。

[症状] 脊髓损伤常见于颈部和腰部脊髓。当颈部脊髓挫伤而造成部分脊髓受伤时，体温升高，吞咽困难，脉搏慢，呼吸困难，全身肌肉抽搐，四肢拖地。寰椎脱位时，仅表现头部僵硬，保持左侧位姿势和运动失调。颈膨大部脊髓损伤（膈神经起源处之后）时，可引起四肢、体驱和尾巴的运动麻痹和感觉消失，腹式呼吸明显，胸式呼吸消失。紧接着身体前后部的反射都消失。但经多日或数小时后，身体反射又告恢复，仅前肢缺乏反射。病初肌肉轻瘫，后为强直性瘫痪。严重的两便失禁或便秘和尿闭。瞳孔散大，但仍有对光反射。间或阴茎勃起。

胸部脊髓受伤时，身体后半部麻痹，感觉消失，反射保持不变或增强，两便失禁或便秘和尿闭。胸部前端脊髓受伤时，只有腹式呼吸，缺乏胸式呼吸。

腰部前 1/3 脊髓受伤时，后肢感觉消失和运动麻痹，但反射保持不变或增强；当腰部中 1/3 的脊髓受伤时，除上述部位麻痹外，膝反射消失；当腰部后 1/3 处的脊髓受伤时，通常伴有骶部脊髓的伤害，引起臀部、髋部和尾部感觉消失和运动麻痹，尿失禁和肛门括约肌麻痹。

脊髓一侧（半边）损伤时，可引起同侧运动麻痹和对侧感觉消失。当延髓和第 5、6 对颈部脊髓完全横断时，则几秒钟之内因呼吸完全停止而死亡。

[诊断] 根据病史和临床特点可初步诊断。抽脊髓液发现其中混有血液。在椎管注射造影液进行 X 射线检查可确诊。本病必须与其他脊椎和脊髓其他疾病区别。

[治疗] 当脊髓受伤首先保持病畜安静和限制其活动，减少对脊髓的刺激。

对轻度脊髓损伤给予镇静剂和止痛药，静脉注射 20%甘露醇 2mg/kg 体重和地塞米松 2~

4mg/kg 体重，以防脊髓水肿。或以硬膜外注射 1%普鲁卡因 5ml、地塞米松 5mg、青霉素 40 万 u 混合液。局部应用红花油或其他刺激药。

对严重脊髓挫伤一般治疗效果不理想，预后不良或慎重。

第二节　关节疾病

一、腰扭伤（Lumbar sprain）

腰扭伤是由于外伤或腰部肌肉强烈收缩而引起的腰椎间关节及脊髓的损伤。临床上以运动和知觉功能障碍为特征。小型犬多发。

[病因] 常见于冲撞、摔倒、跳跃、坠落、抱犬或抓犬不当以及保定方法不当或动物骚动而引起的腰肌及关节的损伤。患有佝偻病和纤维素性骨营养不良的犬、猫，最易发生本病。

[症状] 脊髓扭伤时，关节韧带、肌肉被牵张或剧伸时，局部变化不明显，但后躯无力，背腰拱起，腰部触摸强硬，两后肢运步不灵活，有时打晃，后退及转弯困难。卧地时小心、谨慎，卧地后翻转无力，起立困难。叩诊腰部棘突有疼痛反应，凹腰反应迟钝。多数出现神经不全麻痹，后躯麻痹，运步时，后躯摇晃，站立不稳。严重时，两后肢瘫痪，以单肢或两后肢拖地前进，大小便失禁。

当挫伤发生在腰荐间隙时，其症状也表现不一。当发生在腰髓前 1/3 时，出现臀部、后肢和尾的知觉消失及运动麻痹，反射增强；当发生在腰髓中 1/3 时，除后肢麻痹外，因股神经核的损伤，膝反射消失，其他反射正常；当发生在腰髓后 1/3 及荐部脊髓损伤时，后肢坐骨神经分布区呈现运动麻痹和知觉消失，尾、直肠及膀胱麻痹，肛门哆开，反射消失。尿淋漓。

[诊断] 本病应与肌红蛋白尿、肌肉风湿病、骨软症相鉴别。

[治疗] 病犬、猫应安静休养，给予营养丰富和易消化的食物。

病变部位应用温热疗法或涂搽刺激剂等，以促进渗出物的吸收。

消炎止痛，可用抗生素疗法，防止感染。安痛定、安乃近或用溴制剂，以消除疼痛。初期可用盐酸普鲁卡因和青霉素创围封闭疗法，2%~3%盐酸普鲁卡因 20ml，将已稀释的青霉素混合后，进行创围及百会穴封闭注射，每日 1 次，连用 5~7 日。疗效较好。也可用云南白药喷雾剂。

针灸疗法。据董君艳等报道，以局部取穴为主，辅以循经取穴。其原则交叉使用体针、三棱针、水针和电针。

体针：取命门、阴关、百会、尾根、尾节、尾干、尾尖、六缝穴等。用泻法强刺激。每日 1 次，5 次为 1 个疗程。

三棱针：取六缝、十宣、尾尖、耳尖穴。用三棱针各放血 5ml。

水针：病程较长的犬、猫用此法。取环跳左右各 1 穴、后三里左右各 1 穴，两眼左右各 2 穴，用 1%盐酸普鲁卡因溶液 2ml 或利多卡因 2ml，维生素 $B_1$100mg，维生素 B_{12}100mg，穴位注射或阿氏穴或压痛肌束注入。

电针：对发病时间短（1~3 日内）的病犬、猫，效果较为明显。取穴后，先用密波治疗 5 分钟，然后改为疏密波，电量由中到强，逐渐增加刺激的强度，每次治疗 20 分钟。

常选用红外线疗法和药物治疗，促进神经末梢功能恢复的药物，维生素 $B_1$100mg、维生素 B_{12}100mg，肌肉注射或病变部肌肉注射，每日 1 次，5 日为 1 个疗程。

二、髋关节脱位（Dislocation of hip-joint）

髋关节脱位是指股骨头与髋关节窝脱离。临床上分股骨头与关节窝脱出落于别处叫全脱位；股骨头与关节窝仍保有一部分接触的叫不全脱位。全脱位时，股骨头向前方脱出叫前方脱位，股骨头向前上方脱出叫上方脱位，向内方脱出叫内方脱位，向后方脱出叫后方脱位。临床上以髋关节上方脱位较多。

［病因］ 多因外伤性所致，如汽车冲撞、跌滑、强烈牵引后肢。也有因髋关节发育异常而发生髋关节脱位。

［症状］ 髋关节前上方脱位是股骨头被异常固定在髋关节前上方，站立时患肢明显缩短，呈内收姿势或伸展状态，患肢外旋，趾尖向前外方，股骨头脱出于髋关节窝上外方，他动时运动患肢外展受限制，内收容易。大转子明显向上方脱出。运动时拖拉前进或三脚跳，并向外划弧形。

内方脱位，股骨头进入闭孔内时，患肢明显缩短，他动运动时，内收外展均容易。患肢呈三脚跳。直肠检查时，可在闭孔内触摸到股骨头，特别他动运动时更明显。

［诊断］ 髋关节脱位可根据临床症状不难诊断，特别在病初期。X 射线检查可以确诊，不仅可查明股骨头脱位的方向，还可区别髋关节发育异常和罗-卡-佩氏病（Legg-Calve-Perthes Disease）。如髋关节完全脱位，则预后不良。

［治疗］ 当前对髋关节脱位常用拖拉法，即在全身麻醉的状况下，助手握住患肢用力拉，使股骨头向髋臼窝移动，术者也按住股骨头向髋臼窝推入，当股骨头推入髋臼窝后，固定患肢的活动。由于髋关节脱位而引起圆韧带的撕裂或断裂、出血和髋关节炎症，长期不愈合。髋关节脱位整复后也常复发。

有人主张手术切开髋关节，清除髋关节凝血块和骨碎片，用骨螺钉或骨髓针将股骨头固定在髋臼中。但术后其髋关节活动性受到限制，而失去功能。国外以人工材料代替的全髋关节置换术（THR）虽然成功率较高，但并发症严重。国内尚无病例报道。

三、膝盖骨脱位（Patella luxation）

膝盖骨（髌骨）正常时根据膝关节屈伸而在股骨滑车上下滑动。一旦膝盖骨滑入滑车内侧，卡在股骨滑车内侧嵴上，使膝盖骨不能随膝关节屈伸而上下滑动，则使膝关节不能屈曲。膝盖骨滑入滑车外侧嵴时，同样不能上下滑动而使膝关节不能屈曲。本病常见于犬，猫少见。

［病因］ 可分为先天性和后天性。先天性是骨骼解剖上的畸形或骨骼结构上的改变导致膝盖骨脱位，故有人认为是一种遗传病。以内方脱位，以一肢多见，两侧性中有 20%~25%。多见于小型犬，如玩具犬、博美犬等。

后天性多因外伤性，如跳跃、竖立、碰撞等，也有因股四头肌强烈牵引或膝内外侧直韧带、膝中直韧带剧伸、撕裂等原因。

[症状] 当膝盖骨内上方脱位会突然出现跛行，患肢不能伸直，膝关节呈屈曲状态。运步时，患肢有时呈三脚跳。在运动时，膝盖骨有时能自然复位，其运步正常，但停止后，又出现上述症状。触诊无热无痛。有的小型犬可摸到很浅的滑车沟。

[诊断] 根据临床症状不难确诊。X 线检查发现髌骨位置异常。但应与股二头肌转位、膝盖骨伸肌断裂和膝骨关节炎等区别。

[治疗] 保守疗法常采用局部涂刺激药、针灸等方法。如果效果不理想，应尽早手术治疗。

四、髋关节发育异常 (Hip dysplasia)

髋关节发育异常是一种髋关节发育或生长异常的疾病。其特点是关节周围软组织不同程度的松弛、关节不稳（不全脱位）、股骨头和髋臼变形和退行性关节病。本病不是一种独立疾病，而是多种病因所致的复合性疾病。本病多发生于大型和生长快的幼年犬，如德国牧羊犬、纽芬兰犬、英国塞特猎犬等。猫和小型犬也有报道，似髋关节发育异常症状。

[病因] 最初认为是一种高度显性遗传疾病。现在认为此病是多因子或基因遗传，并在环境应激因素作用下，改变基因的表现型而诱发本病。

[症状] 病犬后肢步幅异常，往往一后肢或两后肢突然出现跛行，起立困难，站立时患肢不敢负重，行走时弓背或躯体左右摇摆。他动运动时，可听到或触感到“咔嚓”响声。髋关节松弛，多数病例疼痛明显，特别他动运动时，动物呻吟或反抗咬人。一侧或两侧髋关节周围组织萎缩，被毛粗乱。有些病例因关节疼痛明显而食欲下降，精神不振。个别动物体温升高，但呼吸、脉搏、大小便及血常规无异常。

[诊断] 根据临床症状可初步诊断，但最后确诊仍需 X 线摄影。X 线摄影可诊断出髋关节骨性增生、髋臼变浅、股骨头不全脱位等异常变化。同时可根据病情，确定其是可疑、轻度、中度还是严重。

[治疗] 早期可采用强制性休息，将犬关在小笼内让其蹲着，两后肢屈曲外展，以达到减少髋关节压力和磨损，防止不全脱臼进一步发展。也可用阿司匹林、保泰松等镇痛消炎药减轻疼痛（保泰松不能用于猫）。布洛芬和其他非类固醇类抗炎药物（NSAIDs）可致小动物胃溃疡或穿孔的药，不能使用。肥胖动物，应控制饮食，改变营养成分，减轻体重有助关节的恢复。用以上方法无效时，可进行手术治疗。

手术是在全身麻醉下，进行矫正骨畸形和关节的吻合。这类手术有骨盆切开术、髋臼固定术、股骨内翻切开术等；另一种是全部切除或置换髋关节。这些手术比较复杂，术后能否恢复功能值得研究。

五、椎间盘突出 (Slipped disc)

椎间盘突出是指因椎间盘变性、纤维环破坏、髓核向背侧突出而压迫脊髓引起的运动障碍为主要特征的脊柱疾病。多见于体型小、年龄大的软骨营养障碍的犬。常发生于胸腰和颈椎，其发病率分别为 85%和 15%。临床上以疼痛、共济失调、麻木、运动障碍和感觉麻痹为特征。

[病因] 椎间盘突出病因较多，如外伤、内分泌失调（甲状腺功能减退）、自身免疫因素、遗传、软骨营养障碍、应激、钙缺乏、溶酶体酶活性等。这些原因都能引起椎间盘退行性变化，也就是说，凡以引起椎间盘退变的原因都能发生椎间盘突出。

[症状] 颈部椎间盘突出，开始为病犬颈部、前肢过度敏感，颈部肌肉疼痛性痉挛，鼻尖抵地，腰背弓起，头颈不能伸展和抬起，行走小心，耳竖起，触诊患部可引起剧痛或肌肉极度紧张。重者，颈部、前肢麻木，共济失调或四肢瘫痪。

胸腰部椎间盘突出时，病初出现疼痛明显、呻吟、不愿挪步或行走困难。严重者，在剧烈疼痛后出现两后肢运动障碍、感觉消失，但两前肢正常。病犬尿失禁，肛门反射迟钝。

[诊断] 根据病史、症状等可初步诊断。X 射线摄片和 CT 检查可以确诊。

[治疗] 保守疗法可采用强制休息、限制活动、镇痛消炎等方法。地塞米松是首选药，也可口服保泰松、阿司匹林等，防止尿中毒应及时排尿。

近年来有报道，用甲泼尼龙琥珀酸钠（甲强龙）治愈椎间盘突出、脊髓挫伤效果较好。其方法是，第一天 30mg/kg 体重，溶于 150ml 5%葡萄糖水溶液，静脉注射，在 1 小时内输完；次日 35mg/kg 体重，溶于 150ml 50%葡萄糖水溶液静脉注射，在 1 小时内输完。同时每日皮下注射氨苄西林钠 0.5g，连续治疗 5 日。每天穴位注射维生素 B_1 或维生素 B_{12}200mg，其穴位是百会穴、后三里等，亦连用 5 日。

一般经治疗 5 日和加强护理（静养）14~20 日可恢复至痊愈。

上述方法无效时，可采用手术治疗，有开窗术和减压术两种。开窗术是在两椎体间钻孔，刮取突出的椎间盘突出物。减压术是切除椎弓骨组织，取出椎间盘突出物。

六、关节捩伤 (Distortion of articulations)

关节捩伤（关节扭伤）是关节受到间接的机械外力作用下，使关节超越生理活动范围，瞬间的过度伸展、屈曲或扭转而使关节损伤。

[病因] 主要是跳跃扭闪、跌倒、急转弯、失足登空、嵌入穴洞而急速拔腿、跳跃障碍等致使关节超过生理范围的损伤。也有因用力过猛、暴力、姿势不正等使关节扭伤。

[症状] 关节捩伤临床上共同症状是疼痛、跛行、肿胀、增温等炎症特点。病初患病关节触诊或他动运动疼痛明显，关节囊肿胀，增温有波动。时久，局部由急性炎症转入慢性炎症，疼痛、肿胀、增温均有好转，跛行症状减轻，但关节囊结缔组织增生和骨质增生，关节囊由软变硬。总之，局部症状与关节损伤的程度、病程不同，其症状也各异。由于扭伤关节部位不同而出现跛行也不同，如肘关节以上或跗关节以上的关节扭伤出现以混合跛为主，而膝、指（趾）关节扭伤则以肢跛为主。

[治疗] 治疗原则是控制炎症、促进吸收、镇痛消炎和恢复关节的功能。

病初（伤后 1~2 日），可进行冷敷，如冰袋、冷水浴等，同时限制活动。2 日后改用温热疗法以达到促进吸收；普鲁卡因和青霉素或考地松和青霉素关节腔注射；同时也可用镇痛药和患关节处涂轻刺激药。当转入慢性炎症时可涂中等刺激药或强刺激药，如四三一擦剂，10%以上碘酊等。

中药白芨膏对亚急性和慢性关节炎症有较理想的疗效。其方法如下：将白芨粉碎呈面粉样，100g 备用，用 250ml 醋加热，放入乳香 25g、没药 25g，待其溶化后，放入白芨粉 100g 和面粉 50g，充分搅拌，待成糊状，停止加热，待膏药温度降至 50~60℃时，摊在纱布上并撒冰片和麝香，包扎在患部，外面再裹以塑料布，上下两端绷带包扎，每日向塑料布内注入热醋，以达到药膏湿润。可保持 5~6 日。涂布前，应剪除关节周围被毛。白芨膏也适应于亚急性和慢性关节炎、腱类、腱鞘类、关节挫伤、非开放性骨折等。

七、关节挫伤 (Joint bruise)

关节挫伤主要是钝性物体的冲撞、打击、跌倒、重物压轧等原因，不仅使关节受伤，也使关节周围的组织损伤，如皮肤擦伤、皮下组织挫灭和溢血等，其炎症比关节捩伤更剧烈，波及范围更大，局部肿胀、疼痛、跛行更急剧。治疗方法基本上与关节捩伤相同，但皮肤擦伤时不能用冷敷或热敷，同时应按创伤处理，如消毒和防止感染等。

八、类风湿性关节炎 (Rheumatoid arthritis)

类风湿性关节炎是慢性进行性、侵蚀性和免疫介导多发性关节病。多发生 8 月龄至 9 岁（平均 4 岁）的小型犬和玩赏犬。

[病因] 最近认识到本病是由许多致病因素相互干扰所引起。它与免疫机制有关。内源性 IgG 蛋白刺激 IgG 和 IgM（称为类风湿因子），并与类风湿因子结合，在关节内形成免疫复合体，激活补体系统，产生几种白细胞趋化因子，这些白细胞趋化因子吸引白细胞到免疫复合体处，并与免疫复合体接触或将其吞噬释放各种能使关节滑膜发生病变的溶酶体，如胶原酶、组织蛋白酶（破坏基膜）和蛋白酶等。

开始滑膜出现炎症反应，如滑膜渗出、水肿、纤维蛋白的沉积，滑膜增生。随着病的发展，滑膜增厚、肥大，形成一种血管化的肉芽组织。后者干扰软骨来自滑液的营养而引起软骨坏死，并侵蚀软骨下骨，产生局部骨溶解，使关节面萎陷。严重时可累及关节韧带和肌腱。

[症状] 病初，一般表现精神沉郁、发热和厌食，以后出现跛行。跛行时轻时重，反复发作，关节僵硬，关节肿胀，常累及几个关节。后期，关节软骨进一步遭侵蚀，关节周围组织破坏加重而导致韧带断裂，关节畸形。

[诊断] 根据临床症状和发病过程可初步诊断。X 射线检查和类风湿因子试验有助于本病的诊断，但类风湿因子试验有时出现假阳性或假阴性。血液检查可见到白细胞增多，嗜中性白细胞比例增加。

[治疗] 目前尚无特效药物治疗，只能采用缓解疼痛、控制炎症、改善关节的功能。如口服阿司匹林 2mg/kg 体重，注射强的松龙 1~2mg/kg 体重等药物。

九、肥大性骨关节病（Hpertrophic arthritis）

肥大性骨关节病是继发引起骨膜增生的一种疾病，多与肺部疾病有关，故又叫肥大性肺骨关节病。本病老年犬多发，猫可见各种年龄。

[病因] 本病病因常与肺部原发性肿瘤或转移性肿瘤有关，也可继发肺炎、肺脓肿、支气管扩张、犬恶丝虫病、细菌性心内膜炎和肺结核等。这可能是因肺部病变刺激胸膜，使迷走神经兴奋，导致流入肢体下端血量迅速增多，使局部被动性充血，组织氧化不全，使指（趾）部骨膜增殖，并逐渐向上发展，引起爪和长骨骨性增生。

[症状] 四肢突然或逐渐发生跛行，病肢远端有连续几个月进行性增粗的病史。早期局部肿大、增温、用力触压疼痛、有动脉搏动感。以后转入慢性，疼痛不明显，但行走强直，呈高跷步态。有些病例长期伴有咳嗽、轻度呼吸困难症状。一般无全身症状，如食欲、大小便正常。

[诊断] 根据临床症状和X射线检查可以确诊。X线及超生检查可见沿长骨和指（趾）骨双侧性、广泛性骨质增生。最早可发现第2、5掌（跖）骨远端新骨增生，并逐渐向近侧端扩延。此变化可与骨瘤区别。胸部X线摄影及超声检查发现肺原发或继发肿瘤。

[治疗] 去除原发病因。切除迷走神经对治疗本病有一定价值。肺部肿瘤，并已转移，难以根治，可施行安乐死术。

十、多发性软骨源性外生骨疣病（Multiple cartilaginous exostoses）

多发性软骨源性外生骨疣是指软骨和骨骼良性增殖的一种疾病。骨疣突出于皮质骨，形成多个结节隆起。本病又称骨软骨瘤病（Osteochondrmatosis）。可发生任何骨骼。犬、猫均可发生，发生年龄一般在18月龄以内。

[病因] 人多发性软骨源性骨疣是一种常染色体显性为特征的遗传性疾病。在犬可能是遗传病，但确切的遗传方式有待进一步研究。一般认为本病因软骨细胞异常分化之故。起源于软骨骺板，软骨细胞异常分化，向骨骺板外侧90°偏离，再向骨干方向生长。内软骨骨化呈一圆柱状骨疣突出于骨皮质。它有正常骨组织结构，即有骨膜、骨密质和骨松质。在骨松质外被覆一层软骨帽，上有软骨膜。在骨疣与周围组织之间因摩擦而产生滑囊。因骨疣本身有其自身的骨骺板，因此，动物生长年龄结束时，外生骨疣也停止生长。如果动物成熟后骨疣继续生长，则有发生恶变的可能。

[症状] 在骨骼生长活跃期，常在椎骨、肋骨和四肢长骨端出现一个或多个圆形结节，质地较硬。外生骨疣本身无症状，但当其压迫肌腱、血管、神经等就会出现疼痛、跛行等相应症状。椎骨发生外生骨疣时，压迫骨髓时，则出现共济失调和麻痹等症状。

[诊断] 表在性外生骨疣能触摸到；深在性，肌肉较厚的部位可用X线摄影确诊。X线片显示在骨皮质表面出现有蒂或无蒂表面光滑或不规则的赘生物。

[治疗] 无临床症状者不进行治疗。当出现功能障碍时，进行手术切除。

十一、化脓性关节炎（Suppurating arthritis）

化脓性关节炎是关节受到化脓细菌的感染而发生。犬、猫虽不常见，一旦发生其病情则相当严重。

［病因］可分为血源性和外源性两种。血源性多是病原菌经血液循环感染关节。外源性多因关节透创，如咬伤、车祸、火器伤、关节内注射等而使关节囊破坏，关节周围组织发生化脓性感染直接蔓延所致。如骨骺骨髓炎、关节邻近软组织发生化脓创。

［症状］一般表现急剧关节红肿、热痛和功能障碍，关节腔内聚积浆液性、纤维素性和脓性渗出物，关节囊紧张，压迫和他动运动疼痛明显，并波动明显，此时出现高度跛行。随炎症的发现，关节囊增厚。有时关节囊破裂，脓汁流到皮下，使皮下出现化脓性炎症，皮肤溃破形成开放性化脓性关节炎。化脓性关节炎常伴有体温升高，精神沉郁、厌食等全身症状。

关节穿刺时，其滑液呈浆液、血性浑浊液或脓性。镜检可见到化脓菌、脓细胞和白细胞。

X 线检查仅见关节囊增厚、关节间隙增大。时间长可见纤维性关节强硬和骨性关节炎。

［诊断］根据局部和全身症状一般可作出诊断。关节穿刺可确诊，并能区别非化脓和化脓性关节炎。

［治疗］治疗原则是控制炎症，提高抗感染能力。

病初进行关节穿刺，排出脓性分泌物，向关节腔内注射抗生素，如青霉素或头孢霉素。同时进行细菌培养，进行药敏试验，选出适宜的抗生素。有人建议静脉注射抗菌药，直到症状减轻，改用口服药物。也可以在穿刺排出脓汁后，向关节腔注射含有抗生素的生理盐水，冲洗关节腔，在排出关节腔的液体后，再注入抗生素，每日 1 次。最好用药敏抗生素关节腔注射。

在进行关节腔穿刺、冲洗和向关节注射药物时，需严格消毒，防止再感染或混合感染。

用以上方法无效时，可切开关节囊，清洗关节腔，并安置引流管，术后每日冲洗 1 次。待关节化脓消除后，及时闭合关节囊。

急性炎症消退后或术后 10~14 日时，适当进行功能训练，以防关节粘连。

十二、关节脱位（Joint dislocation）

关节脱位由于受力学的、病理的以及某些作用而失去关节骨间关节面正常的对合关系。多因外伤所致，也见于某些先天性关节疾病而发生关节脱位。犬、猫常见于髋关节、肩关节、肘关节、膝盖骨等脱位。

［病因］临床最常见的是外伤性脱位，如打击、冲撞、跌倒、高空坠落、关节突然的强烈屈伸、强烈牵引等。也有因先天性（遗传因素）而引起的脱位，如犬髋关节发育异常而引起髋关节脱位；肘关节因肘关节内侧韧带、肘突及滑车发育不全而诱发肘关节脱位；膝关节因股骨结构异常而引起膝盖骨脱位。

［症状］由于各关节的功能、位置和结构不同，临床出现跛行种类和程度各异。但各关节脱位有其共同症状。

(1) 关节变形。由于关节骨端离开原位，则关节出现隆起或凹陷。

(2) 异常固定。因关节骨头与关节窝错开卡住，加之韧带和肌肉高度紧张，在非正常的位置上固定不动。

(3) 肢势的改变。在脱位关节的下方发生肢势改变，如内收、外展、屈曲或伸展等肢势。

(4) 功能障碍。在伤后立即出现跛行。出现跛行的种类和程度与发病关节功能、部位以及脱位程度有关。

外伤性关节脱位往往出现关节肿胀，这因关节及其周围组织受到破坏较重而出现炎症反应。

[诊断] 根据以上症状不难诊断，但各关节的脱位却有各自特征性症状，如膝盖骨脱位常关节屈曲呈弓形腿；髋关节脱位站立时患肢外旋，举肢严重受限，运步强拘。用X线检查可正确判断有无骨端变位和并发骨折等。

[治疗] 参见各关节脱位治疗的方法。

十三、斜颈 (Torticollis)

斜颈是颈部向一侧倾斜或扭转，是以症状命名。多因颈部肌肉的痉挛或麻痹、颈部肌肉风湿症、颈椎脱位、颈骨骨折、颈神经炎和麻痹、颈韧带损伤等病而发生斜颈。

[病因] 主要见于猛烈跌倒、高空坠落、钝性物体的冲击，打架啃咬、颈圈强烈牵引、颈圈过紧等。也见于因颈一侧性颈肌肉风湿。犬中耳炎也可出现斜颈。先天性斜颈比较少见。

[症状] 斜颈的临床症状差异较大，有的将头保持低垂，有的头颈向左侧或右侧歪斜，有的颈部向左侧或右侧弯曲，有头伸直而颈弯曲等。如因肌肉挫伤，常颈部肌肉炎性肿胀、疼痛等。如颈椎骨折、脱位而引起颈脊髓损伤表现卧地不起等症状。

[诊断] 由于引起斜颈原因较多，必须仔细观察和检查，必要时应X线摄片，以观察是否有颈椎骨折或脱位。

如颈椎骨折或脱位，一般预后不良。单纯颈肌挫伤经治疗预后良好。由于肌肉风湿、肌肉痉挛而发生斜颈，其预后慎重。

[治疗] 肌肉挫伤者，按挫伤方法治疗，如病初用冷敷，后改为刺激性药物外涂；同时在颈部装夹板以防颈变形。如因颈肌风湿应用抗风湿药，如水杨酸制剂、泼尼松、泼尼松龙等药物。

十四、运动失调综合征 (Movement disorder syndrome)

运动失调是指四肢运动器官发生障碍而造成的运动失调。引起四肢运动器官疾病的原因很多，由于病因复杂，临床上表现的四肢运动器官障碍的症状各异，因此叫运动失调综合征。

[病因] 临床上常引起四肢运动障碍（失调）的原因如下：

(1) 神经系统疾病。四肢的运动都是在神经支配下进行的，一旦神经系统发生疾病就会出现运动失调，如脑炎、脑膜炎、脑水肿、脑室积水、脑血栓、脑寄生虫、脑肿瘤、脑充血、脑挫伤、脑震荡、脑血肿、脑脓肿等脑的疾病。脊髓挫伤、脊髓炎、脊髓寄生虫和肿瘤、脊髓血肿和水肿、脊髓受压等脊髓疾病。外周神经的损伤和麻痹（包括肩胛上神经、桡神经、坐骨神经、胫神经、腓神经、股神经、闭孔神经等）；犬遗传性肥大性神经炎、急性多发性神经根神经炎、远端失神经支配病、犬急性特发性多神经病、糖尿病性多神经病等。某些传染病引起脑功能障碍病，如狂犬病、伪狂犬病、犬瘟热病、犬埃利希氏体病等。

某些传染病除上述引起神经功能障碍外，还有引起运动障碍的疾病，如布氏杆菌病、结核病、破伤风、放线菌病、诺卡氏病等。

某些寄生虫病也能引起神经性运动失调，如弓形虫、锥虫病等。

某些中毒病也能引起运动失调，如有机磷、有机氯农药，氟乙酰胺，灭鼠药中毒等。某些治疗药物引起的中毒也会造成运动失调。

营养代谢病引起运动的障碍临床上也是常见的，如维生素 D、维生素 B_1、维生素 B_2、维生素 B_{12} 等缺乏，钙缺乏或钙磷比例失调、肥胖症、低血糖等。还有其他微量元素缺乏或中毒也能引起运动失调。

（2）四肢骨骼肌肉等疾病

①骨骼疾病。骨骼在运动中起支架、缓冲（主要软骨）、运动灵活和保持速度等作用。骨骼病变均会出现运动障碍，如骨膜炎、骨髓炎、骨折、骨质增生和肥大、骨营养不良，化脓性骨膜炎和骨髓炎等。

②肌肉疾病。肌肉是四肢运动的动力来源，肌肉收缩和舒张使相应关节屈曲和伸展。当某一肌肉或某一部分肌肉出现疾病，就会发生相应的功能障碍和造成运动失调。如肌炎、肌肉风湿、肌肉断裂、肌肉病、肌肉转位等。

③关节疾病。关节在四肢运动中起缓冲、灵活、改变运动方向、保持运动速度等作用。如果某一关节出现疾病时，也能造成运动障碍。如各关节滑膜炎（关节炎）、关节擦伤、关节挫伤、关节创伤、关节脱位、关节周围炎、骨骺炎、骨关节病、骨折和炎症、关节发育不良、风湿性关节炎等。

④腱和腱鞘的疾病。腱富有弹性和韧性，支持体重的作用较大，腱也是起肌肉和骨骼相连的作用，腱鞘是在腱的外方，防止腱与骨骼、关节、肌肉之间摩擦等作用。如果某一部分腱或腱鞘发生疾病引起跛行，如腱炎、腱鞘炎或腱与腱鞘炎、腱剧伸、腱断裂、腱挛缩等。

⑤韧带疾病。多数韧带在关节的周围，起固定关节的作用。一旦出现韧带的炎症、断裂等病，不但影响关节的屈伸，同时出现不同程度的跛行。

⑥指（趾）和爪的疾病。如指（趾）间皮肤增殖、指（趾）皮炎、指（趾）新生物和刺伤、爪周炎等也能引起跛行。

某些疾病也能引起运动失调，如中耳炎和内耳炎、脊椎骨骨折、椎间盘脱位等。

总之，引起运动失调病因多而复杂，故在临床上表现症状也各异，当出现运动失调时，就应详细地检查和分析，将出现的症状和检查资料去粗取精，去伪存真，然后进行诊断和治疗。

［**症状**］根据引起运动失调的病因和症状，一般的规律是中枢神经的疾病引起四肢运动失调，不仅出现四肢运动障碍，还有全身症状或其他部位也出现相应的症状，四肢的肌肉松弛

或强直，反应消失或过度敏感。外周神经疾病，一般引起肌肉松弛和反应消失。

如为传染病、中毒病，除引起四肢运动失调，还有全身症状，如体温、精神和食欲等变化。

四肢的组织器官除引起运动失调外，都有局部病理变化，如炎症疾病，局部表现红、肿、热、痛等。骨折、脱位有其特有症状。肌肉风湿病、类风湿关节炎也有其特征。腱、肌肉的断裂均有凹陷。详见有关病的症状。

［**治疗**］根据病因不同而采取不同的治疗方法，同时采用对症治疗。各病治疗方法见有关疾病。

第十六章 犬、猫的皮肤疾病

在小动物临床诊疗工作中，皮肤病在犬、猫的疾病中占有较大的比例，由于病因复杂，种类繁多，需要化验设备和临床经验等多方面因素的影响，使一定比例的临床兽医对犬、猫皮肤病的认识不够深入，故临床上犬、猫皮肤病不易根治。本章将介绍临床上主要犬、猫皮肤病的诊治知识。

第一节 犬、猫皮肤病诊断基础

一、犬、猫皮肤病的分类

临床上，根据实际情况明确犬、猫的皮肤病的疾病类型是诊断和治疗的基础。从临床上分析，可以将犬、猫的皮肤病分成 16 种，包括：寄生虫性皮肤病、细菌性皮肤病、真菌性皮肤病、病毒性皮肤病、与物理性因素有关的皮肤病、与化学性因素有关的皮肤病、皮肤过敏与药疹、自体免疫性皮肤病、激素性皮肤病、皮脂溢、中毒性皮炎、代谢性皮肤病、与遗传因素有关的皮肤病、皮肤肿瘤、猫的嗜酸性肉芽肿和其他皮肤病。

二、犬、猫皮肤损害的类型

犬、猫发生皮肤病时，皮肤上出现各种各样的变化，皮肤的损害被分为原发性损害和继发性损害两大类。

1. 原发性损害

它是各种致病因素造成的皮肤原发性缺损。分为 9 种。

（1）斑点。斑点和斑是指皮肤局部色泽的变化，皮肤表面没有隆起，也没有质度的变化。斑点的形态是：皮肤表面平整，有颜色变化，这些颜色变化可能主要是由于黑色素的增加，也可能是色素的消退，如白斑，或急性皮炎过程中因血管充血而出现的红斑。

（2）斑。斑点的直径超过 1cm 称为斑，比如华法令中毒时可见到犬皮肤上的中毒性出血斑。

（3）丘疹。它是指突出于皮肤表面的局限性隆起，其大小在 7~8mm 以下，针尖大至扁豆大。形状分为圆形、椭圆形和多角形，质地较硬。丘疹的顶部含浆液的称为浆液性丘疹，不含浆液的称为实质性丘疹。皮肤表面小的隆起是由于炎性细胞浸润或水肿形成的，呈红色或粉红色。丘疹常与过敏和瘙痒有关。

（4）结或结节。是突出于皮肤表面的隆起，3~7mm 之间大小，它是深入皮内或皮下有弹性坚硬的病变。

(5) 皮肤肿瘤。更大的结是由于含有正常皮肤结构的肿瘤组织构成。其种类很多。

(6) 脓疱。脓疱是皮肤上小的隆起，它充满脓汁并构成小的脓肿。常见于葡萄球菌感染、毛囊炎、犬痤疮（粉刺）等感染所致的损害。从犬的皮肤脓疱中分离出的主要致病细菌是中间型葡萄球菌。

(7) 风疹。风疹界限很明显，隆起的损害常为顶部平整，这是因水肿造成的。隆起部位的被毛高于周围正常皮肤，这在短毛犬更容易看到。风疹与荨麻疹反应有关，皮肤过敏试验呈阳性反应。

(8) 水泡。水泡突出于皮肤，内含清亮液体，直径小于1cm。泡囊容易破损，留下湿红色缺损，且呈片状。

(9) 大泡。大泡的直径大于1cm，由于易破损而难以被观察到。在犬大泡病损处常因多形核白细胞浸润而出现脓疱。

2. 继发性损害

继发性损害是犬皮肤受到原发性致病因素作用引起皮肤损害之后，继发其他病原微生物的损害。

(1) 鳞屑。鳞屑是表层脱落的角质片。成片的皮屑蓄积是由于表皮角化异常。鳞屑生于许多慢性皮肤炎症过程中，特别是皮脂溢、慢性跳蚤过敏和泛发性蠕形螨感染的皮肤病过程中。

(2) 痂。痂是由于干燥的渗出物形成的，它包括血液、脓汁、浆液等。它们黏附于皮肤表面，病患部常出现外伤。

(3) 瘢痕。皮肤的损害超越表皮，造成真皮和皮下组织的缺损，由新生的上皮和结缔组织修补或替代，因为纤维组织成分多，有收缩性但缺乏弹性而变硬，称为瘢痕。瘢痕表面平滑，无正常表皮组织，缺乏毛囊、皮脂腺等附属器官组织，肥厚性瘢痕不萎缩，高于正常皮肤。

(4) 糜烂。当水泡和脓泡破裂，由于摩擦和啃咬，丘疹或结节的表皮破溃而形成的创面，其表面因浆液漏出而湿润，当破损未超过表皮则愈合后无瘢痕。

(5) 溃疡。溃疡是指表皮变性，坏死脱落而产生的缺损，病损已达真皮，它代表着严重的病理过程和愈合过程，总伴随着瘢痕的形成。

(6) 表皮脱落。它是表皮层剥落而形成的。因为瘙痒，犬会自己抓、磨、咬。常见于虱子感染，特异性、反应性皮炎等。表皮脱落为细菌性感染打开了通路。经常见到的是犬泛发性耳螨性皮肤病造成的表皮脱落。

(7) 苔癣化。因为瘙痒，动物抓、磨、啃咬皮肤，使皮肤增厚变硬，表现为正常皮肤斑纹变大。病患部位常呈高色素化，呈蓝灰色。一般常见于跳蚤过敏的病患处。苔癣化一般意味着慢性瘙痒性皮肤病过程的存在。

(8) 色素过度沉着。黑色素在表皮深层和真皮表层过量沉积造成色素沉着，它可能随着慢性炎症过程或肿瘤的形成而出现，而且常常伴随着与犬的一些激素性皮肤病有关的脱毛。在甲状腺功能减退过程中的脱毛与犬色素沉着有关，未脱掉的被毛干燥、无光泽和坏死。

(9) 色素改变。色素的变化中以黑色素的变化为主，其色素变化和脱毛可能与雌犬卵巢或子宫的变化有关。

（10）低色素化。色素消失多因色素细胞被破坏，使色素的产生停止。低色素常发生在慢性炎症过程中，尤其是盘形红斑狼疮。

（11）角化不全。棘细胞经过正常角化而转变为角质细胞，它含有细胞核并有棘突，堆积较厚者称为角化不全。

（12）角化过度。表皮角化层增厚常常是由于皮肤压力造成的，比如多骨隆起处胼胝组织的形成。更常见于犬瘟热病中的脚垫增厚、粗糙，鼻镜表面因角化过度而干裂，以及慢性炎症反应。

（13）黑头粉刺。黑头粉刺是由于过多的角蛋白、皮脂和细胞碎屑堵塞毛囊而形成的。黑头粉刺常见于某些激素性皮肤病。如犬库兴氏综合征中可见到黑头粉刺。

（14）表皮红疹。表皮红疹是由于剥落的角质化皮片而形成的，可见到破损的囊泡、大泡或脓疮顶部消失后的局部组织。常见于犬葡萄球菌性毛囊炎和犬细菌性过敏性反应的过程中。

三、犬、猫皮肤病的诊断

诊断是皮肤病治疗的基础，临床上皮肤病的治愈率低与诊断水平不高造成盲目治疗有直接的原因。犬、猫皮肤病的一般症状是脱毛或掉毛，这种情况多因动物瘙痒，自己抓、咬、摩擦患部皮肤引起感染。在夏季，尤其是闷热的雨季，是长毛犬患螨虫感染的高峰期，它与家庭有无地毯，犬是否常去草地活动有很大关系，也与品种有关。兽医在诊断皮肤病时，一般采用问诊，做一般检查，在正规的宠物医院，可以做实验室检查。对于养犬、养猫者，应懂得如何防治皮肤病，配有常用药品，仔细观察犬、猫的皮肤情况，用药后的好坏，以便兽医问诊时能全面地回答问题，这十分有利于兽医的诊治工作。专业的临床兽医在诊治犬猫皮肤病时，通常采用问诊、做一般检查，通过实验室诊断，然后进行治疗。

皮肤细胞学检查有助于皮肤病的诊断。

1. 问诊

（1）病程。首先要了解病初期动物的表现；用过什么药，用药后症状逐步减轻还是继续加重；犬、猫生活的环境，有无地毯、垫子，是否常去草地戏耍；有无接触过病狗、病猫；用什么洗发液，如何使用洗发液以及洗澡的方式和次数，水温是否过热；犬、猫哪个部位皮肤有病损，是否瘙痒以及瘙痒的程度等。

（2）病史。以前是否患过同样的疾病，症状如何；患病有无季节性；是否患过螨虫感染、真菌感染；是否处于分娩后期；有无药物过敏史、接触性皮炎史和传染病史。

2. 一般检查

（1）皮肤局部观察：被毛是否逆立，有无光泽，是否掉毛，掉毛是否是双侧性的，局部皮肤的弹性、伸展性、厚度，有无色素沉着等。

（2）病变。部位，大小，形状，集中或散在，单侧或对称，表面情况（隆起、扁平、凹陷、丘状等），平滑或粗糙，湿润或干燥，硬或软，弹性大或小，局部的颜色等。

3. 实验室检查

正规的宠物医院都应有完善的实验室检查项目和临床必备的设备，因为在许多情况下仅凭兽医的双眼进行判断会出现很大的误差。

（1）寄生虫检查

①玻璃纸带检查即用手贴透明胶带，逆毛采样，易发现寄生虫。②皮肤材料检查，注意刮取的深度，检查蠕形螨时应适当用力挤刮取处的皮肤，提高蠕形螨的检出率。③粪便检查，饱和盐水的方法比涂片法准确。

（2）真菌检查

镜检：①剪毛要宽些，将皮肤挤皱后，用刀片刮到真皮，渗血后，将刮取物放到载玻片上。

②Wood's 灯检查，对于犬小孢子菌感染的检出率高。

③真菌培养。在健康与病灶交界处取毛，经过真菌培养基的培养，观察真菌的菌落、确定真菌的种类。

（3）细菌检查。直接涂片或触片标本进行染色检查，做细菌培养和药敏试验等。

（4）皮肤过敏试验。局部剪毛、剃毛、消毒后，用装有皮肤过敏试剂的注射器分点做不同的过敏原试验，局部出现黄色丘疹则为过敏。

（5）病理组织学检查。直接涂片或活体组织检查。

（6）变态反应检查。皮内反应和斑贴试验。

（7）免疫学检查。免疫荧光检查法。

（8）内分泌功能检查。通过验血检查甲状腺、肾上腺和性腺的功能。

第二节 犬、猫常见皮肤疾病

一、跳蚤感染（Flea infection）

侵害犬和猫的跳蚤主要是犬栉首蚤和猫栉首蚤。它们引起犬、猫的皮炎，也是犬绦虫的传播者。猫栉首蚤主要寄生于猫和犬，而犬栉首蚤只限于犬和野生犬科动物。栉首蚤的个体大小变化较大，雌蚤长，有时可超过 2.5mm，雄蚤则不足 1mm。跳蚤是小、棕色、侧面狭窄的昆虫，在体表活动时可被发现。其卵为白色、小、球形。跳蚤在犬被毛上产卵，卵从被毛上掉下来，在适宜的环境条件下经过 2~4 日的孵化。它有三种幼虫，一龄幼虫和二龄幼虫以植物和动物性物质（包括成年跳蚤的排泄物）为食物；三龄幼虫只作茧，不吃食，茧为卵圆形，不易被人发现，它通常附在犬的垫料上，几天后化蛹，从卵发育为成年跳蚤总过程大约需要 2 周时间。温度和湿度对跳蚤影响很大，在低温、高潮湿度的情况下，跳蚤不吃食也能存活 1 年多，而在高温（干燥）、低湿度条件下，跳蚤几天后就死亡。犬、猫是通过直接接触或进入有成年跳蚤的地方而发生感染的。

［诊断要点］

在犬、猫的颈背和尾背部常可以发现跳蚤或者蚤粪。跳蚤刺激皮肤，使感犬因瘙痒而自己抓咬或摩擦患部；长期跳蚤感染可造成贫血。跳蚤感染还可能出现跳蚤过敏性皮炎，此时，犬感到非常瘙痒，脱毛，患部皮肤上有粟粒大小的结痂。在长毛犬身上不太容易找到跳蚤，但是跳蚤存在的确凿证据是发现它们的粪便，在犬体表被毛深处发现硬、黑、发亮的东西，把这些粪团放在一片潮湿的、浸有高渗溶液的白色吸墨纸上，跳蚤吸食血液的习惯使血红蛋白被滤出。

判断跳蚤存在的诊断方法：根据临床症状；观察到跳蚤或跳蚤粪便的存在；发现犬复孔绦虫结片的存在；也可根据跳蚤抗原的皮内试验结果。

[防治方法]

治疗跳蚤感染，过去常采用佩戴犬项圈（主要成分是菊酯类药物）来进行，这种方法简单牢靠，药效可持续 2~3 个月，但是对于动物的刺激性大。目前有效的治疗方法是使用“大宠爱”滴剂，安全、高效、毒性低，是当今世界上防治跳蚤的首选药物，还同时驱杀肠道蛔虫，并预防犬的心丝虫感染。用洗发剂洗犬被毛，可以将跳蚤洗掉或杀死，但无持续效果，因此单独用洗发剂不能控制跳蚤的感染。

预防跳蚤的有效方法可以采用赛拉菌素（大宠爱滴剂），有效期 2 个月左右。

二、蜱感染（Tick infection）

蜱俗称狗豆子或壁虱，它为褐色，长卵圆形，背腹扁平。雌蜱吸饱血后，虫体可膨胀达蓖麻子大小。蜱的卵较小，呈卵圆形，一般为黄褐色。蜱的幼虫、若虫和成虫分别在 3 种宿主（被蜱寄生的动物）体上寄生，吸饱血后离开宿生的动物，落地进行蜕皮或者产卵。蜱通常附着在犬的头、耳、脚趾上吸血，其附着部的皮肤受到刺激并出现炎症反应。一般只有幼犬被蜱严重感染才出现贫血，而这种因蜱造成的贫血和蜱麻痹的现象在家庭养犬中非常少见。注意，蜱是细菌、病毒、立克次氏体和某些原虫的传播媒介。

[诊断要点]

蜱被发现寄生于犬身上，在多数情况下是养犬者在梳理犬被毛时，看到并剥下犬身上的竭色“虫”，这就是蜱，大小从小米粒至黄豆大小不等。

[防治方法]

在蜱数量少时，养犬者用手把蜱剥下即可，注意拔除蜱时应当与皮肤表面垂直，以免将蜱的口器留在犬的皮肤上，引起异体反应。如果大量蜱寄生时，应进行药浴，或清洗被毛后撒药粉进行治疗。在屋内养犬的家庭应定期喷药以预防蜱。有院子的养犬者要注意犬窝的卫生，割掉或烧掉杂草使蜱无栖息之地。使用赛拉菌素（大宠爱）滴剂或载药项圈是有效的预防方法。

三、犬蠕形螨病（Demodicidosis）

犬蠕形螨寄虫在犬的皮肤，而且多寄生在皮肤的疱状突起内，并在此完成生活史，共需要 24 日。皮肤上可见到数量不等的、与周围界限分明的红斑。红斑多出现在眼、耳、唇和腿内侧的无毛处，犬并无痒感。但犬蠕形螨病是可造成犬死亡的寄生虫病，严重感染的犬，身体大面积脱毛，浮肿。当出现红斑、皮脂溢出和脓性皮炎时，病犬瘙痒，并常见体表淋巴结病变。犬的蠕形螨感染分局部性的和全身性的。局部感染多在年轻犬的头部，常见眼周围有红斑形成，圆形，局部被毛脱落，并有少量皮屑。在大多数病例中犬并无痒感，红斑代表皮肤的炎症过程。严重感染治疗不当或不予治疗，可造成全身感染，被蠕虫寄生的毛囊膨胀，破溃后螨虫扩散，细菌和碎屑进入皮肤中引起异体反应，并有脓疱和脓肿形成。螨虫也产生免疫抑制性血清因子，它易助长细菌的感染。全身性螨虫感染伴随严重的瘙痒以及明显的自我损伤。

[诊断要点]

诊断螨虫感染可根据病史，体表皮肤症状，皮肤刮取物镜检结果进行综合判断。注意，北京犬、腊肠犬等品种的犬十分容易感染蠕形螨，并且有复发性。

[防治方法]

同时治疗蠕形螨和细菌，注射用药与外用药物相结合。治疗蠕形螨感染可皮下注射多拉菌素、伊维菌素、阿维菌素等药物，每 7 日 1 次，每个疗程 4~5 周。全身瘙痒时可注射地塞米松或口服醋酸泼尼松、扑尔敏等，但是使用的时间不应当超过 3 日，以避免细菌的增长；当出现脓胞或脓肿时，应给予抗生素药物配合治疗。用含伊维菌素的浴液涂布患犬皮肤，是有效的辅助疗法。

维克药物香波和德玛药物香波有很好的辅助治疗作用。

四、疥螨病（Sarcoptidosis）

犬疥螨病是较严重的瘙痒性皮肤病。成年疥螨交配后，雌虫在犬皮内打洞，并在洞内产卵，卵经 3~8 日卵化，卵虫的幼虫移至皮肤表面蜕皮，相继发育为一期若虫、二期若虫和成虫。雄虫和未交配的雌虫也在皮肤内开凿洞穴，但交配是在皮肤表面进行的。整个生活史需要 10~14 日。犬疥螨是通过直接接触而感染的。

[诊断要点]

犬一般症状为掉毛、皮肤变厚，出现红斑，小块痂皮和鳞屑以及剧痒引起犬自己抓伤，继发细菌感染。疥螨常寄生在外耳，严重时波及到肘和跗关节部。在临床上，要注意耳尖和肘部同时脱毛和形成皮疹的病例。诊断疥螨主要根据临床症状和皮肤刮取物检查结果，耳部皮肤刮取物检出率较高。

[防治方法]

疥螨的治疗主要是皮下注射多拉菌素或伊维菌素，也可以使用阿维菌素。犬疥螨可以暂时地侵袭人，引起瘙痒、丘疹性皮炎，但犬疥螨不能在人身上繁殖，所以人不用治疗即可自愈。

外用赛拉菌素（大宠爱）滴剂是目前最有效、时间最长的方法。

五、耳痒螨病（Otoacariasis）

耳螨的整个生活史都在内侧耳壳上完成。犬、猫的耳螨是通过直接接触进行传播的，特别是在犬的哺乳期。

[诊断要点]

犬、猫的耳螨有高度传染性，有瘙痒感，犬、猫常自己抓伤，常见犬、猫摇头，有时甚至出现耳血肿、发炎或过敏反应，在外耳道有厚的棕黑色痂皮样渗出物。犬、猫耳痒螨的早期感染常是双侧性的，进一步发展则整个耳廓广泛性感染，鳞屑明显，角化过度并自己抓伤。更严重的感染则双耳廓有厚的过度角化性鳞屑，并漫延到头前部。犬、猫的耳螨常见侵害外耳道，但是耳螨还可引起耳和尾尖部瘙痒性皮炎。患耳同侧的后肢因抓挠患耳可以被耳螨感染。

[防治方法]

治疗犬、猫耳螨时应先清洁外耳道，再向耳内滴注杀螨药，皮下注射伊维菌素后，配合应用抗生素和皮质类固醇。使用赛拉菌素（大宠爱）滴剂是有效的治疗和预防耳痒螨的感染。

六、犬姬螯螨感染（Canine cheyletiell infection）

犬姬螯螨寄生于皮肤的角质层内，以组织液为食。它的生活史全部都在宿主身上完成，传播是通过直接接触进行的。姬螯螨虫造成轻度瘙痒，犬背部、臀部、头部和鼻上有黄灰色的鳞片，犬运动时掉下。也有的犬带虫但无症状。姬螯螨可以感染人。治疗时应洗净并除去鳞片，止痒可用皮质类固醇。伊维菌素（害获灭）、长效伊维菌素（害获灭）和多数杀螨虫剂对犬姬螯螨感染都有效。

七、虱病（Pediculosis）

引起犬虱病的主要有犬毛虱和犬长颚虱两种。犬毛虱还是犬复孔绦虫的传播者，它外形短宽，约 2mm 长，黄色带黑斑，雌虱交配后产卵于犬被毛基部，1~2 周后孵化，幼虫脱三次皮，经 2 周发育为成虱，成熟的雌虱可以活 30 日左右，它以组织碎片为食，离开犬身体后 3 日左右即死亡。卫生条件差是犬、猫感染虱子的主要原因。

[诊断要点]

因为犬毛虱以毛和表皮鳞屑为食，所以它造成犬瘙痒和不安，犬啃咬瘙痒处而自我损伤，引起脱毛，继发湿疹、丘疹、水疱、脓疱等，严重时食欲差，影响犬的睡眠，造成犬的营养不良。犬长颚虱为吸血性寄生虫。身体呈圆锥形，长 1.5~2mm。它终生不离开犬的身体。产卵在犬的被毛上，卵经 9~20 天孵化为稚虱，稚虱经 3 次蜕化后发育为成虱，从卵到成虱的发育过程需 30~40 日。长颚虱吸血时分泌有毒的液体，刺激犬的神经末梢，产生痒感。大量感染时引起化脓性皮炎，可见犬脱毛或掉毛，患犬精神沉郁，体弱，因慢性失血而贫血，犬对其他疾病的抵抗力差。

[防治方法]

预防虱子感染可用相应的浴液定期洗澡，治疗时应隔离病犬，比较而言，赛拉菌素（大宠爱）滴剂的临床治疗效果比较好。

八、癣病（Ringworm）

癣病是由于真菌感染皮肤、毛发和爪甲后所致的疾病。犬癣病主要是由犬小孢子菌感染的，其次是石膏样小孢子菌和须发癣菌感染，但是不同地区和不同气候条件下，犬的主要致病真菌的种类有所变化；猫的癣病95%以上是由犬小孢子菌引起的。传染的方式是直接接触感染，是人犬共患病，幼年、衰老、瘦弱及有皮肤缺陷的犬、猫易感染。病原菌在失活的角化组织中生长，当感染扩散到活组织细胞时立即停止，一般病程1~3个月，良性，常自行消退。从临床上看，继发性真菌感染的比例高。

［诊断要点］

患癣病的犬、猫患部断毛、掉毛或出现圆形脱毛区，皮屑较多。也有不脱毛、无皮屑而患部有丘疹、脓疱或脱毛区皮肤隆起、发红、结节化，这是真菌急性感染或存在的继发性细菌感染，称为脓癣。须发癣感染时，患部多在鼻部，位置对称。患病犬的面部、耳朵、四肢、趾爪和躯干等部位易被感染，病变处被毛脱落，呈圆形或椭圆形，有时呈不规则状。慢性感染的犬、猫病患处皮肤表面伴有鳞屑或呈红斑状隆起，有的呈痂，痂下因细菌继发感染而化脓。痂下的皮肤呈蜂巢状，有许多小的渗出孔。

诊断真菌感染常用Wood's灯、镜检和真菌培养。Wood's灯检查是用该灯在暗室里照射病患部位的毛、皮屑或皮肤缺损区，出现荧光为犬小孢子菌感染，而石膏样小孢子感染不易看到荧光，须发癣菌感染则无荧光出现。真菌检查的简单方法是刮取患部鳞屑、断毛或痂皮置于载玻片上，加数滴10%KOH溶液于载玻片样本上，微加热后盖上盖玻片。显微镜下见到真菌孢子即可确认真菌感染阳性。

［防治方法］

治疗真菌感染主要根据病的轻重，目前疗效最高、副作用最小的药物是特比萘酚，可以口服或者外用，但是特比萘酚对酵母菌的效果差。轻症、小面积感染可敷酮康唑、克霉唑或特比萘酚软膏。用时将患部及周围剪毛，洗去皮屑、痂皮等污物，再将软膏涂在患部皮肤上，每日2次，直到病愈。对于重症或慢性感染的病犬，应该外敷软膏配合内服1周以上的特比萘酚药片，每日1次；避免空腹给药，以防呕吐。患病犬应隔离。

由于犬的用具，如被病犬污染的笼子、梳子、剪刀和铺垫物等能传播癣病，所以，犬的用具不能互相用，而且应消毒处理。由于患病犬能传染其他犬或人，患病的人也能传染癣病给犬。因此，人与犬的消毒也是预防犬病的重要一环。

维克药物香波和德玛药物香波有很好的辅助治疗作用。

九、嗜酸性肉芽肿综合征（Eosinophilic granuloma syndrome）

本病是一组侵害猫和犬的疾病，病因尚不完全清楚。

［诊断要点］

猫的嗜酸性肉芽肿综合征包括三种病。

嗜酸性溃疡是一种不痛、不痒、界限明显的红斑性溃疡，主要出现在上唇。组织学检查表明是溃疡性皮炎，主要有嗜中性白细胞、浆细胞和单核细胞浸润。

嗜酸性斑是界限明显的红斑性突起，瘙痒，多见于大腿的中间部位。组织学检查表明是弥散性嗜酸性细胞性皮炎，细胞内和细胞间的水肿明显，表皮内水泡中含有嗜酸性细胞。

线状肉芽肿表现为界限清楚、线状结构的突起，呈黄色至粉红色不等，主要出现在后肢的尾侧面；组织学检查表明在线状胶原纤维周围有肉芽肿性炎症反应；当病变出现在口腔时，病变组织及周围有嗜酸性细胞浸润。

犬的嗜酸性肉芽肿与猫的线状肉芽肿相似，病变组织出现胶原变性，周围有肉芽肿和嗜酸性细胞浸润；如果病变出现在口腔，则表现为溃疡或者增生性团块，偶见斑块或结节；出现在唇及身体的其他部位时呈丘疹的形式。从发病率上看，西伯利亚犬更易感。

[防治方法]

对于猫，应该首先调查过敏性疾病，在病因不能确定时，按照4mg/5kg体重的剂量每2周肌肉注射1次醋酸甲基氢化泼尼松，2~3次为1个疗程；也可以口服氟羟泼尼松龙片4mg/kg体重，1~3日。对于复发的病例，每6日注射1次醋酸氢化泼尼松。病犬的治疗可以口服泼尼松或者泼尼松龙0.5~2mg/kg体重，3周后逐渐减量；有些复发的病犬需要每2日口服1次低剂量的皮质类固醇。

十、猫的种马尾病（Feline stud tail）

本病是发生于繁殖期公猫的内分泌性疾病，由于雄性激素分泌过盛，使尾部出现痤疮，并且可能继发细菌感染。

[诊断要点]

繁殖期公猫的整个尾背部皮脂腺和顶浆腺分泌旺盛，在尾背部出现黑头粉刺，可能发展成为毛囊炎、疖、痈，甚至于蜂窝织炎，皮肤溃烂并且向周围健康组织扩散。

[防治方法]

尾部剪毛后，用70%的酒精涂搽黑头粉刺发生的部位，将黑头粉刺挤出，涂布抗生素软膏，尾部用绷带包扎或者不包扎。如果出现皮下蜂窝织炎，先用3%的双氧水溶液清洗患部，再用生理盐水冲洗干净，然后局部涂布抗生素软膏，全身应用抗生素。考虑到此类型的公猫在几年之内均有复发性，手术摘除睾丸是彻底的治疗措施。

十一、犬的脓皮病（Canine Pyoderma）

犬的脓皮病是由化脓菌感染引起的皮肤化脓性疾病，临床上发病率高，根据病因又分为原发性的和继发性的两种。北京犬、德国牧羊犬、大丹犬、腊肠犬、大麦町犬易患脓皮病。治疗的效果依赖于正确而及时的诊断和根据药敏试验指导而用药。

[诊断要点]

幼犬的脓皮病主要出现在前后肢内侧的无毛处，成年犬的脓皮病的发病部位不确定；可见皮肤上出现脓疱疹、小脓疱和脓性分泌物，多数病例为继发的，临床上表现为脓疱疹、皮肤皲裂、毛囊炎和干性脓皮病等症状；如果根据病损的深浅，可以分为表层脓皮病、浅层脓皮病和深层脓皮病。

实验室诊断是治疗的基础，可以做皮肤的直接涂片、细菌培养和活组织检查；主要致病菌包括：中间葡萄球菌、金黄色葡萄球菌、表皮葡萄球菌、链球菌、化脓性棒状杆菌和奇异变形杆菌等细菌。根据药敏实验结果指导临床用药。

［防治方法］

增强机体抵抗力，全身和局部应用抗生素。红霉素、林可霉素、克拉维酸钾阿莫西林、甲氧苄啶（TMP）、头孢菌素、百多邦、甲硝唑、洛美沙星和恩诺沙星等药物可以用于治疗，用药的剂量应该依据药典的规定，根据病情可以加大药物的剂量，注意用药的方法、剂量、疗程与药物使用的顺序。

维克药物香波和德玛药物香波有很好的辅助治疗作用。

十二、与维生素有关的皮肤病（Dermatosis associated vitamins）

维生素 A 缺乏症：眼干燥、结膜炎、角膜浑浊甚至于角膜溃疡，共济失调，皮肤病损、皮肤上皮层异常，主要是支气管上皮、呼吸道上皮、唾液腺和输精管上皮。治疗时补充维生素 A 或者动物性食品，尤其是猫更需要充足的动物性食物。

维生素 A 中毒：猫长期以动物肝脏为食物的主要成分时，极易引起维生素 A 的过量甚至中毒。临床上表现为跛行性疾患、四肢触痛、牙龈炎甚至于掉牙。犬大量食入富含维生素 A 的食物（动物肝脏、鱼肝油）也出现同样的症状。

维生素 D：又被称为骨维生素。它可以将血中钙和磷的含量提高到正常骨骼矿物质化所需要的水平，在小肠刺激机体对钙和磷的吸收，参与骨钙的代谢以维持血钙的正常浓度，因此钙的吸收对骨骼生长发育至关重要。维生素 D 的缺乏引起佝偻病。但是维生素 D 的过量引起肺脏、肾脏、胃和其他软组织的广泛钙化，也有可能出现牙齿和爪子的畸形，摄入量过大时还可以引起犬、猫的死亡。

维生素 E 缺乏症：维生素 E 又称生育酚，它作为抗氧化剂在维持细胞膜的稳定性上有着重要的作用，维生素 E 与 Se 的关系密切，维生素 E 的需要量也受食物中聚不饱和脂肪酸含量的影响，食物中腐臭的脂肪使维生素 E 的需要量加大。维生素 E 的缺乏症可以影响四个方面：肌肉、繁殖、神经和血管系统，造成骨骼肌营养不良，睾丸输精管上皮退化和母犬、母猫妊娠失败。犬的维生素 E 的缺乏症还与免疫反应减弱有关；猫摄入含有多量聚不饱和脂肪酸的食物导致维生素 E 的含量低时，出现体内脂肪的炎症——黄脂病。

维生素 B_2：又称核黄素。它是氧化系统的两种辅酶的组成成分。缺乏维生素 B_2 则细胞不能生长。

维生素 B_2 的缺乏症与眼疾、皮肤异常和睾丸发育不良有关。

烟酸：又称抗癞皮病维生素或者 PP 因子。犬的烟酸缺乏症叫做黑舌病，伴随口腔溃疡和炎症，出现黏稠的、充满血污的唾液从口腔淌出，呼气恶臭。

维生素 B_6：包括吡哆醛、吡哆醇和吡哆胺。高蛋白质日粮加重维生素 B_6 的缺乏症。吡哆醇缺乏症导致体重下降、贫血，由于猫将草酸盐转化成甘氨酸需要吡哆醇，因此草酸盐结晶沉着于肾小管造成肾脏的不可逆性损害；犬的吡哆醇缺乏症偶见皮炎和脱毛。

生物素：缺乏症的早期主要是鳞状皮炎，只有当使用抗生素抑制细菌的活动以及日粮中蛋白质的含量大时，犬、猫才出现生物素缺乏的症状。鸡蛋中有与生物素形成稳定的、无活性的络合物的抗生物素蛋白（对热敏感），所以鸡蛋加热后食用营养价值更高。

与矿元素和微量元素有关的皮肤病

锰：锰的缺乏引起生长和繁殖缺陷以及脂类代谢失调，它引起一些泰国猫繁殖力低和局部白化病。

锌：缺锌的典型症状包括发育不良、厌食、睾丸萎缩、消瘦和皮肤缺损。锌与皮肤和体表之间的特殊关系使得它在伴侣动物营养中占据着重要的位置。

碘：碘的功能是在甲状腺素的合成上，甲状腺肿是缺碘的主要表现。犬的缺碘症包括皮肤和被毛异常，反应迟钝，淡漠和困倦。用过量的碘饲喂甲状腺功能减退的猫可以引起厌食、体重减轻和发烧。

十三、湿疹（Eczema）

［病因］湿疹是致敏物质作用于宠物的表皮细胞引起的一种炎症反应。皮肤病患处出现红斑、血疹、水疱、糜烂及鳞屑等现象，可以伴发痒、痛、热等症状。

湿疹的病因包括外因和内因。外因主要是皮肤卫生差，动物生活环境潮湿、过强阳光的照射、外界物质的刺激、昆虫叮咬等因素。内因包括各种因素引起的变态反应，营养失调，某些疾病等使动物机体的免疫能力和机体抵抗力下降等。

［症状］湿疹的临床表现分急性和慢性两种。

急性湿疹的主要表现是皮肤上出现红疹或者丘疹，病变部位始于面部、背部，尤其是鼻梁、眼部和面颊部，而且易向周围扩散，形成小水疱。水疱破溃后，局部糜烂，由于瘙痒和病患部湿润，动物不安，舔咬患部，造成皮肤丘疹症状加重。

慢性湿疹由于病程长，皮肤增厚、苔藓化，有皮屑；虽然皮肤的湿润有所缓解，但是瘙痒症状仍然存在，并且可能加重。

临床上最常见的湿疹是犬的湿疹性鼻炎。患病犬的鼻部等处发生狼疮或者天疱疮，患部结痂，有时见浆液和溃疡；当全身性和盘形狼疮发生时，鼻镜部出现脱色素和溃疡。

［诊断］湿疹的诊断主要应鉴别致病原因，临床上需要问诊、皮肤刮取物的分析、相关的实验室检查，配合临床症状的分析，一般可以确诊。

［治疗］湿疹的治疗应建立在确诊的基础上，注意综合治疗的重要性。止痒、消炎、脱敏，加强营养并且保持环境的洁净是必要的。

十四、皮炎（Dermatitis）

［病因］引起皮炎的因素很多，涉及外界刺激剂、烧灼、外伤、过敏原、细菌、真菌、外寄生虫等病因。皮炎在某些情况下是其他疾病的并发症状，变态反应在宠物皮炎的发生上占一定比例。

［症状］犬、猫等宠物皮炎的主要症状之一是皮肤瘙痒，引起患病犬、猫的搔抓，一般伴发皮肤的继发感染。病变包括皮肤水肿、丘疹、水疱、渗出或者结痂、鳞屑等；慢性皮炎以皮肤裂开和红疹、丘疹减少为主。

［诊断］皮炎治疗的首要因素是避免在未确诊病因的情况下盲目用药。诊断应该从问诊开

始，注意皮炎发病初期的症状、是否瘙痒、有无季节性、环境改变的因素、食物有无变化、是否存在感染等情况，同时问明用药情况和用药后动物的临床症状变化。

实验室检查包括病原微生物的鉴定和分离培养、活组织检查、皮内反应试验和内分泌测定等，必要时给予宠物低过敏性食物。

[治疗] 治疗根据诊断情况而定，包括皮肤局部药物涂搽和全身用药两个方面。

首先剪毛。对于急性湿性皮炎可以使用收敛性吸附剂或者类固醇类洗液与软膏。慢性干性皮炎可以外用皮质类固醇类软膏。去除皮肤鳞屑和痂皮可以使用硫磺和水杨酸、柏油（禁用于猫）和硫磺洗毛剂。在排除传染性病因后，给予超短效皮质类固醇药，如泼尼松、泼尼松龙，按 1mg/kg 体重的剂量做病初治疗，每日 1 次，逐渐变成隔日 1 次。如果动物瘙痒、搔抓严重，可以限制动物的四肢，给予镇静药，或者颈部佩带伊丽莎白圈。

十五、瘙痒症（Pruritus）

[病因及发病机理] 瘙痒症是一种症状而非一种疾病。一般因变态反应、外寄生虫、细菌感染和某些特发性疾病（如脂溢性皮炎等）引起。对于瘙痒的原因，一般认为传递介质是组胺和蛋白水解酶；痒觉经神经末梢传递到脊髓，再经脊髓腹侧的脊髓丘脑通道上升至大脑皮层；真菌、细菌、抗原–抗体反应和肥大细胞脱颗粒时均能释放或产生蛋白水解酶。白细胞三烯、前列腺素、凝血恶烷 A_2（均为花生四烯酸的分解产物）都能诱发炎症的产生，而必需脂肪酸、特别是 γ–亚麻酸可以用于消除白细胞三烯和凝血恶烷 A2 引起的炎症反应。

[诊断] 诊断内容包括临床问诊、视诊和实验室检查等步骤，以区分真菌、细菌、变态反应原等病因，必要时做活组织检查。注意瘙痒症有原发性和继发性的，如内分泌失调出现皮肤病后，可能继发细菌性脓皮病或者脂溢性皮炎，引起皮肤的继发性瘙痒。

[治疗] 针对致病因素给药，可以消除瘙痒。当确诊为特发性疾病后，可以使用皮质类固醇或者非类固醇类抗瘙痒药物（如阿司匹林、抗组胺药或者必需脂肪酸等）；应当注意：尽管皮质类固醇类的药效确实，但是许多动物可能会终生需要服用以控制瘙痒；因此，先用非类固醇类抗瘙痒药物治疗 1 个月，如果有临床治疗效果，则可以避免长期服用皮质类固醇类药物给患病动物带来的副作用。

口服“卓比林”有一定抗炎性瘙痒的效果。维克药物香波和德玛药物香波有很好的辅助治疗作用。

十六、毛囊炎（Folliculitis）

毛囊炎是由致病微生物引起的皮肤毛囊的炎症，根据毛囊的发病范围，临床上犬、猫的单纯性散在性毛囊炎如果治疗不及时，炎症扩散会造成疖、痈和脓皮病。

[症状] 单纯性散在性毛囊炎在临床上十分常见，主要发生在口唇周围、背部、四肢内侧和腹下部，一般并不会对犬、猫造成大的影响。临床上毛囊炎的主要病因是毛囊口被堵塞（包括不洁物或者皮肤分泌物）、毛囊内蠕形螨寄生、毛囊内细菌繁殖、内分泌失调等。毛囊炎的主要致病菌是中间型葡萄球菌。

［诊断］临床上常见犬的毛囊炎主要是蠕形螨和内分泌失调引起的。正确的诊断是治疗的前提。一般可以刮取皮肤样品，做实验室检查，药敏实验是必要的。

［治疗］根据诊断结果用药。可以采取皮肤消毒，杀螨虫和细菌，调节激素等治疗措施，一般疗效较好。维克药物香波和德玛药物香波有很好的辅助治疗作用。

十七、疖及疖病 (Furuncle and furunculosis)

疖是毛囊、皮脂腺及其周围皮肤和皮下蜂窝组织内发生的局部化脓性炎症过程；多数疖同时散在出现或者反复发生而经久不愈，称为疖病。

［病因］疖与疖病的病因主要是皮肤不洁、局部摩擦损害皮肤、外寄生虫侵害等因素。主要的致病微生物是中间型葡萄球菌，表皮葡萄球菌、金黄色葡萄球菌、大肠杆菌等也是发生率较高的致病菌。在一定条件下，疖病也可以继发皮肤真菌的感染。

［症状］疖出现时，局部有小而较硬的结节，逐渐成片出现，可能有小脓疱；此后，病患部周围出现肿、痛症状，触诊时动物敏感；局部化脓可以向周围或者深部组织蔓延，形成小脓肿，破溃后出现小溃疡面，痂皮出现后，逐渐形成小的瘢痕。一般情况下，全身症状不明显。只有当疖病失去控制时，才可能出现脓皮病、化脓性血栓性静脉炎甚至败血症。

［诊断］诊断的主要目的是确定致病菌的种类和得到药敏实验结果。

［治疗］治疗方法是局部用药配合全身治疗。局部治疗时首先做局部清洁和消毒，然后每日涂搽高锰酸钾、鱼石脂软膏、敏感抗生素软膏、碘软膏等；如果局部化脓，则切开排脓，并用双氧水等处理患部。全身治疗可以根据药敏实验结果选择合适的抗生素，口服或者注射给药。维克药物香波和德玛药物香波有很好的辅助治疗作用。

十八、犬指（趾）间囊肿 (Interdigital cyst)

指（趾）间囊肿是犬指（趾）间一种慢性炎症性损伤。临床上并不表现囊肿，实际以肉芽肿为特征的多形性小结节，故又称指（趾）间脓皮病，或指（趾）间肉芽肿。本病发病率约为 1.6%，发病年龄平均 2.5 岁。常见于德国牧羊犬。多发生于前肢第 3、4 指（趾）。

［病因］病因较复杂，多因毛囊细菌感染，皮脂腺阻塞、过敏反应、接触性变态反应、免疫缺陷、免疫复合病、异物如沙粒、种子、草芒等。感染的细菌多为金黄色葡萄球菌、β-溶血性链球菌、大肠杆菌等。

［症状］病初，局部表现为小丘疹，后逐渐发展成为结节，呈紫红色，闪亮和波动。挤压可破溃，流出血样渗出物。可在一个或几个脚上发生 1 个或多个结节。异物引起者，常为 1 个前脚单个发生。若细菌感染可发生多个结节。局部疼痛、行走跛行，常舔咬患脚。

［诊断］根据临床症状不难诊断。

［治疗］对异物性囊肿，首先用消毒液清洗脚趾，除去异物，外涂消毒药并包扎。也可除去异物后采用脚热浴疗法，每次 15~20 分钟，每日 3~4 次，持续 1~2 周。如此法无效时，可手术切除。

因细菌感染的囊肿，可用大剂量抗生素，治疗时间要长。也可用手术切除病变组织，敷抗生素药，几日后，再用消毒药清洗或浸泡。

对慢性指（趾）间囊肿保守疗法无效时，可采用患指（趾）蹼全切除术。

十九、脱毛症（Alopecia）

［病因］脱毛症是宠物局部或者全身被毛出现非正常脱落的症状，发生的原因多种多样，从临床上看，主要见于各种疾病的过程中以及被毛护理不当的情况。导致犬、猫等小动物发生脱毛的疾病包括先天性脱毛、某些代谢或中毒性疾病、内分泌紊乱、某些生理过程中和皮肤病。

［症状］局部性脱毛多因局部皮肤摩擦、连续使用刺激过大的化学物质等物理性、化学性因素造成的。局部皮肤摩擦导致被毛脱落常见于皮褶多的犬（如沙皮犬），或者脖套不适引起颈部脱毛。除了日常少见的强刺激剂引起的接触性脱毛，犬的洗发不合理引起的脱毛更多，许多养犬者将人的洗发香波（呈碱性）使用于犬（中性皮肤），或者洗澡次数过勤，是造成宠物犬不同程度脱毛的不可忽视的现象。

犬、猫的皮肤真菌感染、细菌性皮肤病、跳蚤感染、螨虫性皮肤病、连续遭受辐射、食物过敏等情况下，导致全身性脱毛。甲状腺功能减退、肾上腺皮质功能亢进、生长激素反应性脱发和性激素失调是非炎性脱发的常见原因。临床上医源性脱发不可忽视。临床上还可以见到处于怀孕期、哺乳期、重病和高热后几周犬发生暂时性脱毛的情况。

脱毛症因病因的不同，症状有差异。因被毛护理不良引起的脱毛主要是毛发稀少，外寄生虫感染、细菌性脓皮病过程中以红疹、脓疹等症状为主，内分泌失调时呈对称性脱毛，真菌性皮肤病时皮肤皮屑、鳞屑较多，呈片状脱毛或者断毛。

［诊断］诊断脱毛症主要根据临床症状配合实验室检查。实验室检查常包括皮肤刮取样镜检、细菌或者真菌的培养与药敏实验、局部活组织检查、血清中激素的分析等。问诊在脱毛症的诊疗中占有重要地位，问清楚病初的症状和曾用药情况，有助于进一步诊断和治疗。

［治疗］治疗的效果直接取决于诊断结果。各种因素导致脱毛的治疗方法请参见相关章节。

二十、黑色棘皮症（Acanthosis nigricans）

黑色棘皮症是多种病因导致皮肤中色素沉着和棘细胞层增厚的临床综合征。在宠物中主要见于犬，尤其是德国猎犬。

［病因］病因包括局部摩擦、过敏、各种引起瘙痒的皮肤病、激素紊乱等，黑色棘皮症中有些是自发性的，还有些是遗传性的。

［症状］主要症状是皮肤瘙痒和苔藓化，患病的犬、猫搔抓皮肤引起红斑、脱毛、皮肤增厚和色素沉着，皮肤表面常见油脂多或者出现蜡样物质。黑色棘皮症发生的部位因病因不同而不确定，主要病患部位是背部、腹部、前后肢内侧和股后部。

［诊断］通过实验室化验确定病因。诊断包括活组织检查、过敏原反应检测、激素分析和外寄生虫检查等。有些犬的黑色棘皮症是自发性的。

[治疗] 根据病因采取相应的治疗方法。对于自发性黑色棘皮症的病例，推荐给予褪黑色素制剂：1u/犬，每日 1 次，连续使用 3 日，或者根据需要由兽医决定使用方法，但是治疗效果并不十分理想；口服 1~2 个月的维生素 E 200u，2 次/日，对某些自发性黑色棘皮症病例有效；减肥和外用抗皮脂溢洗发剂对患黑色棘皮症的肥胖犬有益处。

第十七章

犬、猫的眼和耳疾病

第一节　眼　病

一、眼的先天性异常（Congenital deformation of the eye）

[病因] 犬的眼因先天性异常发生较多。主要是由于遗传性缺陷或因胚胎发育不良，或由于母体的全身性疾病所引起。

(1) 潜在眼球。眼球小，呈囊肿状。眼睑或瞬膜闭合。

(2) 小眼球。眼球小，呈囊肿状，可能与维生素A缺乏有关。

(3) 眼睑闭合。上、下眼睑闭合，经过数日到数周后可能睁开。

(4) 水眼。眼前房液潴留过多。有遗传性。

(5) 巨大眼。多与先天性水眼合并发生。有遗传性。

(6) 眼球突出。眼球向外突出。

(7) 斜视。双眼注视同一目标，其中一眼的视轴表现不同程度的偏斜现象。常见为单眼或双眼，多见为内斜视或外斜视。

(8) 泪管闭塞。泪小点模糊不清，眼球干燥无光。

(9) 眼睑内翻。眼睑缘向眼球方向内卷。有遗传性。

(10) 眼睑外翻。眼睑缘离开眼球，向外翻转。有遗传性。

(11) 睫毛乱生。睫毛向异常方向生长。

(12) 睫毛重生。睫毛两列生长。

(13) 内眦赘皮。鼻皱襞有增生物。

(14) 晶状体脱位。晶状体移向一侧，或流窜于球结膜下、眼前房、玻璃体内。

(15) 白内障。晶状体浑浊。有遗传性。

(16) 虹膜缺损。虹膜缺损，瞳孔呈楔形。

(17) 瞳孔残膜。瞳孔区存在膜状、网状或丝状的残留组织。

(18) 虹膜震颤。虹膜摆动。

(19) 虹膜断离。虹膜根部断离，瞳孔变形。

(20) 皮样肿。结膜和角膜表面有皮肤样形成的囊肿。

(21) 翼状片。眼内眦或外眦结膜呈楔状侵入角膜表面。

二、睫毛生长异常（Cilia growing disorders）

正常睫毛是由眼睑缘向前向外生长，起保护眼球的作用，如睫毛方向和位置发生变化，称为睫毛生长异常。因猫无睫毛，故本病仅发生于犬。睫毛生长异常包括倒睫（trichiasis）、双行睫（distichiasis）、双毛症（districhiasis）和睫毛异位（ectopic cilia）等。

[病因] 有先天性和后天性之分。先天性睫毛生长异常多发生于美国可卡犬、西施犬、圣伯纳犬、金毛拾猎犬等。而有些品种犬，如可卡犬常见双行睫和双毛症，即一个毛囊长出两根毛。后天性睫毛生长异常多因睑缘炎、眼外伤、睫毛根部形成瘢痕和中度眼睑内翻、眼睑痉挛等引起。

[症状] 临床表现患眼羞明、流泪、眼睑痉挛、结膜充血、角膜炎、角膜浑浊，甚至角膜溃疡等。动物抓眼，不安，仔细检查可发现睫毛生长异常。

[诊断] 根据临床症状和发现睫毛倒向眼球生长等症状可作出诊断。但对于异位性睫毛常单根生长在睑内侧，需仔细检查才能发现。

[治疗] 许多犬有睫毛生长异常现象，但未表现临床症状，无须治疗。如发生慢性角膜炎或角膜溃疡时，适宜手术治疗。

对倒向内侧的少量睫毛、单根或几根倒睫或双行睫者，可用镊子拔除，但会再生长。超过 5 根以上睫毛者可施行电解术（electroepilation），永久破坏睫毛囊。其方法是将睫毛电解器的阳极板用生理盐水纱布包裹，放在犬的事先已剪毛的额部，再将阴极连接细针，刺入毛囊 2~3mm，通电 20~30 秒，待毛囊周围皮肤发白，出现气泡时拔出针，然后用镊子很容易将睫毛拔掉。术后，局部涂少许眼膏。

睫毛异生超过电解术拔毛数时，可采用手术切除法。常用的结膜切除术，可用睑板腺囊肿钳夹持眼睑，使其外翻。经睑结膜将生长睫毛的睑板腺整块切除。此法可以消除瘢痕性睑内翻的可能。另一种方法为电烧烙切除睫毛和破坏睫毛囊。不用缝合，也不用植皮术，闭合结膜的缺损，疗效极佳。

术后，患眼涂布抗生素眼膏，每日 3 次。

三、眼睑内翻（Entropion）

眼睑内翻是指眼睑缘向眼球方向内卷。此病有一边或两边眼睑内翻，以一侧或两侧眼发病。内翻后，睑缘的睫毛对角膜和结膜有很大的刺激性，可引起流泪与结膜炎，甚至引起角膜炎和角膜溃疡。多发生在面部皮肤皱褶的犬种如沙皮犬、松狮犬等。

[病因] 有先天性、痉挛性和后天性三种。

先天性：可能是一种遗传缺陷，见于小眼球或睑板异常，多见于下眼睑外侧、上眼睑内侧和下眼睑内侧。沙皮犬、松狮犬、斗牛犬、拉布拉多拾猎犬等品种和运动型犬发生较多。

痉挛性：见于某些急性或疼痛性眼病，如角膜擦伤、眼内异物、结膜炎、角膜炎、倒睫及睫毛异生等继发眼轮匝肌痉挛而使睑内翻。常发生一侧性眼睑。

后天性：因眼眶脂肪丧失或颧肌萎缩所致的内眼（endophthalmos）常是睑内翻的后遗症。

慢性结膜炎或结膜手术后，因睑结膜瘢痕收缩可引起。眼球异常变小也会发生本病。

[症状] 常见一侧或两侧睑内翻（图 17–1–1–A），由于睫毛甚至睑缘皮肤刺激结膜和角膜以及眼球引起眼睑痉挛、流泪、结膜充血、角膜浅层有新生血管形成，发生结膜炎、角膜炎，如不及时进行手术治疗，可出现角膜血管增生、色素沉着及角膜溃疡。

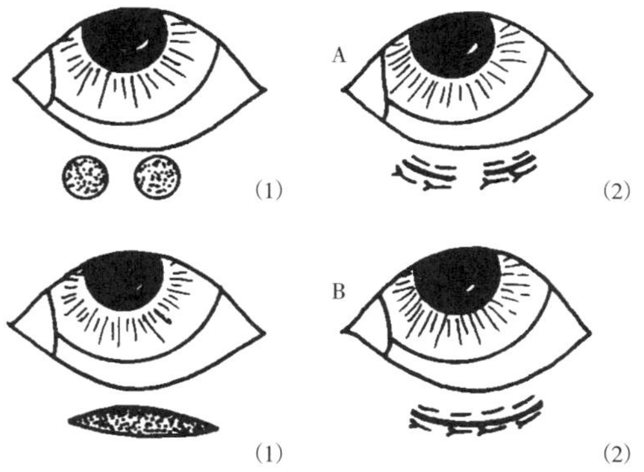

图 17–1–1　眼睑内翻矫正手术

[治疗]

（1）先天性。以手术矫正为主，一般以 4~6 月龄手术最为理想。

常用圆形或椭圆形皮片切除法：在术部剃毛、消毒，局麻后，在离眼睑边缘 0.6~0.8cm 处做切口，切去圆形或椭圆形皮片，然后做水平纽扣状缝合，矫正眼睑至正常位置，严重的应施行与眼睑患部同长的横长椭圆皮肤切片，剪除一条眼轮匝肌，以肠线做结节缝合或水平纽扣状缝合，使创缘紧密靠拢，7 日后拆线。手术中不应损伤结膜（图 17–1–1–B）。

改良霍尔茨—塞勒斯氏（Holtz–Celus）成形术：用镊子距睑缘 2~4mm 提起皮肤，并用直止血钳或弯止血钳将其夹住（图 17–1–2–B）。钳夹的长度与内翻的睑缘相等，钳夹的宽度依内翻矫正的程度而定（钳夹时眼睑应有一定的外翻状态）。用力钳夹皮肤或用持针钳钳压止血钳 30 秒至 1 分钟。这样在去除止血钳后仍可使皮肤皱起（图 17–1–2–C），便于切除，也可减少出血。用镊子镊住皱褶的皮肤，沿压痕将其剪除（图 17–1–2–D），使皮肤切口呈月牙形或椭圆形（图 17–1–2–E）。最后用 4 号或 7 号丝线结节缝合皮肤创缘（图 17–1–2–F）。缝合要紧密，保持针距 2~3mm。术后前几天因肿胀，眼睑有轻度外翻，患眼可应用抗生素眼膏或药水，每日 3~4 次，颈部套上颈枷，防止抓伤。术后 10~14 日拆线。

（2）痉挛性。应先确定和清除引起眼睑内翻的痉挛性因素，为此可对患眼表面麻醉或阻滞耳睑神经，观察眼睑是否能恢复到正常位置。若确定为痉挛性眼睑内翻，应治疗引起内翻的原发性眼病，病因去除后，病情有所好转。为减轻眼缘内翻程度和消除睫毛对眼球的持续刺激，可临时施第三眼睑瓣遮盖术，或将睑裂外 1/3 处做暂时缝合，以减轻睑缘的内翻程度，2~3 周拆除缝线。如无效，需行内翻成形术。

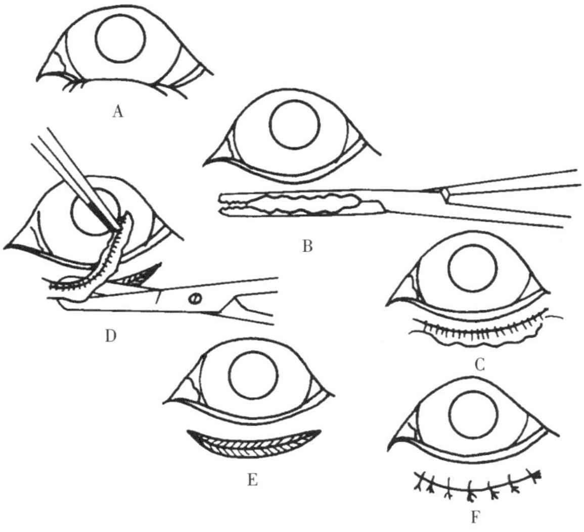

图 17–1–2　改良霍尔茨—塞勒斯氏成形术

（3）后天性。可采取眼外眦固定术，暂时性缩短睑裂，根据眼睑内翻程度进行内翻成形术。

四、眼睑外翻（Ectropion）

眼睑外翻是眼睑缘离开眼球向外翻转显露的异常状态，以下眼睑外翻多见。常见于圣伯纳犬、美国考卡犬、纽芬兰犬、巴赛特猎犬、哈巴犬等。

［病因］先天性多与遗传性缺陷有关，或继发于眼睑的损伤，慢性眼睑炎、眼睑溃疡，或眼睑手术时切去皮肤过多，皮肤形成瘢痕收缩所引起。生理性的由于疲劳、老年犬肌肉紧张力丧失，眼睑皮肤松弛、麻痹性均可引起。在眼睑皮肤紧张而眶内容物又充盈情况下，眶部眼轮匝肌痉挛可发生痉挛性眼睑外翻。

［症状］眼睑缘离开眼球表面，呈不同程度的向外翻转，结膜因暴露而充血、潮红、肿胀、流泪，结膜内有渗出液积聚（图 17–1–3–A）。病程长的结膜变为粗糙及肥厚，也可因眼睑闭合不全而发生色素性结膜炎、角膜炎。角膜干燥、粗糙，影响视力。

［治疗］多数眼睑外翻的犬无需手术治疗，仅那些已患有角膜炎或结膜炎，且药物治疗无效者，可施行手术疗法。

（1）在下眼睑皮肤做“V”形切口法，然后将其缝成“Y”形，使下睑组织上推以矫正外翻，即 V–Y 形成形术，又称沃顿—琼斯氏（Warton–Jones）睑成形术。

可在距睑外翻下缘 2~3mm 处切一“V”形切口，并从其尖端向上分离皮瓣，用镊子将皮瓣提起（图 17–1–3–B），再用剪刀钝性分离“V”形皮肤切口周围皮下组织（图 17–1–3–C），然后从尖端向上做“Y”形缝合。边缝合边向上移动皮瓣，直至外翻矫正为止（图 17–1–3–D）。

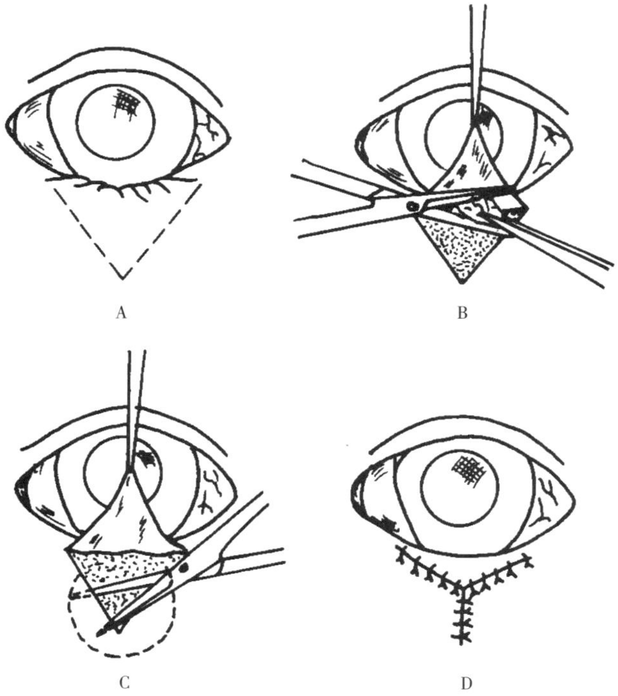

图 17–1–3 睑外翻成形术

（2）在外眼眦手术，先用两把镊子折叠下睑，估计需要切除多少下睑皮肤组织，然后在外眦将睑板及睑结膜做一三角形切除，尖端朝向穹隆部，分离欲牵引的皮肤瓣，再将三角形的两边对齐切口缝合（缝前应剪去皮肤瓣上带睫毛的睑缘），然后缝合三角形创口，使外翻的眼睑复位（图 17–1–4）。

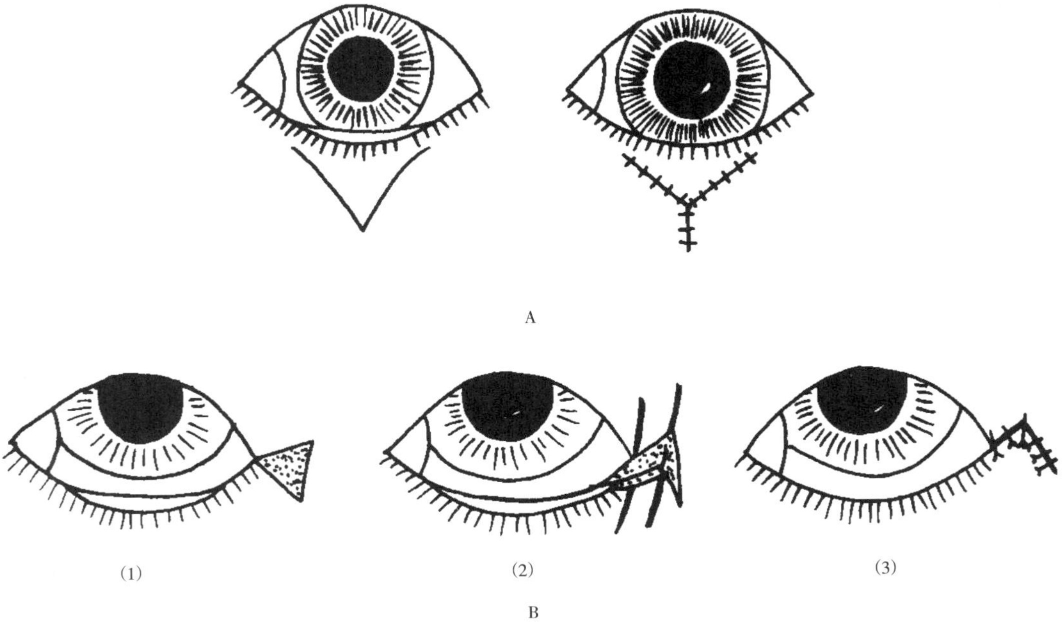

图 17-1-4　睑外翻外眼眦成形术

(1) 三角形切口，分离皮肤瓣　(2) 剪去下方皮肤瓣上带睫毛的睑缘，对齐切口 (3) 缝合切口，矫正外翻眼睑

五、眼睑炎 (Palpebritis)

指眼睑皮肤，尤其是睑缘部的急性或慢性炎症。眼睑炎可单独发生，但常伴有结膜炎和睑板腺炎。

[病因] 眼睑或睑缘受到机械性如外伤，或化学性如酸、碱烧伤等因素的刺激，睑缘皮脂腺和睑板腺分泌旺盛，合并感染后引起。感染原包括细菌（主要是葡萄球菌和链球菌）、真菌（主要是犬小孢子菌、石膏样小孢子菌和毛癣菌）和寄生虫（犬主要是蠕螨和疥螨感染，猫主要是疥螨感染）。

脓皮病、脂溢性皮炎或过敏反应在眼部常表现为慢性眼睑炎。

[症状] 临床上多见细菌感染急性期，睑缘及周围眼睑充血、肿胀、有黄色痂皮形成，剥掉痂皮后暴露出睫毛根部的小脓疱。炎症通常波及结膜和睑板腺，眼睑结膜充血、水肿，在睑缘结膜面可能有小米粒大小的灰黄色脓点，从内眼角流出脓性分泌物。转为慢性后，睑缘糜烂或溃疡，睫毛脱落。随着病程延长，睑缘增厚变形，外翻或外旋，睫毛乱生，发现泪溢。

真菌或寄生虫感染时，睑缘及眼睑除充血、肿胀外，表现脱毛和鳞屑增多。寄生虫感染或过敏反应还引起眼睑剧烈瘙痒，常造成局部擦伤或抓伤。

[治疗] 可应用生理盐水棉球或 3%硼酸水、3%碳酸氢钠溶液洗涤眼睑缘，清除睑缘的痂皮和鳞屑，涂布四环素、黄降汞、泼尼松龙或金霉素等眼膏，每日 2~3 次，为缓解瘙痒，可

使用2%丁卡因及1：3000硝酸汞甲酚眼膏，如为疥螨引起可用10%硫软膏。严重病例可肌肉注射青霉素。真菌感染时可用灰黄霉素25~60mg/kg体重，口服，每日1次，连用6周。或用酮康唑10mg/kg体重，口服，每日1~2次，连用4~6周。使用硫软膏等外用药前，需先用无刺激性的硼酸软膏或磺胺软膏保护角膜。

六、睑腺炎（Hordeolum）

睑腺炎又称麦粒肿，是由细菌侵入睫毛囊、睑缘腺和睑板腺而引起的化脓性炎症。由睫毛毛囊或所属的皮脂腺发生感染的称为外麦粒肿，即外睑腺炎；由睑板腺发生急性化脓性炎症称为内麦粒肿，即内睑腺炎。

［病因］ 多由金黄色葡萄球菌所致。睑缘腺和睑板腺也可以引起本病。

［症状］ 临床表现眼睑急性炎症，睑缘的皮肤或睑结膜呈局限性红肿，触之有硬结及压痛。外麦粒肿时，外睑缘一般有隆起疼痛性脓疱，内麦粒肿隆起比前者小，在睑板腺基部出现小的白色脓疱，疼痛更明显。一般在4~7日后脓肿成熟，出现黄白色脓头，可自溃流脓，严重者可引起眼睑蜂窝织炎。

［治疗］ 小的或无症状的睑板腺囊肿无需治疗。麦粒肿初期可应用热敷，使用抗生素眼药水或眼药膏，如伴有淋巴结肿大，体温升高时可加用抗生素。在脓肿尚未形成之前，切不可过早切开或任意用力挤压，以免感染扩散导致眶蜂窝织炎或败血症。脓肿成熟时必须切开排脓。脓肿明显时，可用粗静脉注射针或刀尖将其刺破，轻轻挤压，排出脓汁和进行冲洗。术后用抗生素眼药水滴眼，并全身配合应用抗生素。

七、眼吸吮线虫病（Thelaziasis）

［病因］ 吸吮线虫病除大动物外也发生于犬、猫。犬的病原体为丽嫩吸吮线虫（Thelazia callipaeda），出现于结膜囊和第三眼睑下，也有的出现于泪管里。

结膜吸吮线虫在结膜囊内时呈淡红色、半透明，离开犬体后为乳白色。雄虫长4.5~15mm，雌虫长6.2~20mm。体表角皮除头、尾两端部光滑外，其余部分均皱褶成显著而微细的横纹。横纹边缘锐利呈锯齿形。结膜吸吮线虫需要蝇类作为中间宿主。寄生在结膜囊内的雌虫产出含幼虫的虫卵，漂浮在泪液和眼分泌物中，被某些蝇类舐食后，在蝇体内经过两次蜕皮发育成为感染性幼虫，并逐渐移行至蝇的口器，当蝇再舐食犬的眼分泌物时，幼虫主动地穿出了蝇的唇瓣进入犬眼内逐渐发育为成虫。从感染到发育为成虫约需35日，在眼内约可寄生18个月。本病的发生有季节性，28℃左右为虫体活动最适宜的温度，气温在34℃以上和14℃以下时，虫体不活动。

［症状］ 病犬初期呈急性黏膜炎的症状，结膜充血，眼球湿润，怕光流泪。随后逐渐转为慢性结膜炎，可见黏稠的眼屎，结膜囊和瞬膜下有密集的谷粒状的滤泡肿大和出血。病犬痛痒难忍，不时用趾抓蹭眼面部和反复摩擦头额部。上下眼睑频频启闭，后期眼睑粘合，眼球凹陷。严重的可引起角膜浑浊、角膜糜烂和溃疡，甚至角膜穿孔及失明。影响全身则食欲减退，性情暴躁，不安。

[诊断] 根据临床症状和结膜囊检查，可在第三眼睑后间隙、溃疡底寻找到虫体；泪液镜检发现虫卵即可确诊。在多次他动开闭眼睑后，也可在角膜面上发现虫体。在天亮前检查患眼，也可在角膜面上发现虫体。检查时可采取盐酸左咪唑注射液 0.1~0.2ml 点眼，用手轻揉 10~20 秒后，翻开上下眼睑检查是否有半透明乳白色细线头状蛇形活泼运动的虫体。

[治疗] 保定病犬，用注射器抽取 5%盐酸左咪唑注射液 1~2ml，由眼角徐徐滴入眼内，用手轻揉 1~2 分钟，翻开上下眼睑，用镊子夹持灭菌湿纱布或棉球轻轻擦拭粘附其上的虫体，直至全部清除，再用生理盐水反复冲洗患眼，药棉拭干，涂布四环素或红霉素眼膏。有角膜炎、角膜溃疡的可按有关治疗方法处理。

八、第三眼睑腺脱出（Protrusion of the third eyelid）

第三眼睑腺突出又称樱桃眼（cherry eye），也有定名为眼结膜腺瘤*，是指因腺体肥大越过第三眼睑（瞬膜）缘而脱出于眼球表面，多发生于犬。少数发生于下眼睑结膜。

[病因] 先天性原因可能因腺体基部与眶周组织间或腺体与软骨间结缔组织附着先天性缺陷或发育不全。一般认为是由于瞬膜血流分布丰富，腺体分泌过剩而致腺体肥大，瞬膜腺管或管口因炎性产物或小异物阻塞而致腺体增大，继而越过瞬膜游离缘而突出于眼角所致。其诱发因素则由于多数以高蛋白高能量动物饲料为主，如多喂牛肉、牛肝，也有的喂给卤鸭肉、卤鸭肝、猪油渣等。

多见于美国可卡犬、英国斗牛犬、巴赛特猎犬、比格犬、波士顿㹴、北京犬、西施犬、哈叭犬等眼球突出的犬种，也见于沙皮犬及其他品种犬。当眼睑、结膜、眼板腺、巩膜及角膜等组织有炎症时也可导致第三眼睑腺体的增生和肿大。发病年龄为 2 个月到 2 年不等。

[症状] 散发性，病程短的 1 周左右长成 0.6~0.8cm，长的拖延可达 1 年左右才进行治疗。多数在眼内眦出现小块粉红色椭圆形软组织，逐渐增大，有薄的纤维膜状蒂与第三眼睑相连，少数发生于下眼睑结膜的正中央，纤维膜状蒂与下眼睑结膜相连（图 17-1-5）。

该椭圆形肿物，外有包膜，呈游离状，大小为 0.8~1cm×0.6~0.8cm，厚度为 0.3~0.4cm，多为单侧性，也有先发生一侧，间隔 3~7 日，另一侧也同样发生而成为双侧性，有的病例一侧手术切除后第 3~5 日另一侧也同样发生。下眼睑结膜发生的多为单侧性。

由于肿胀暴露在外，腺体充血、肿胀、泪溢。患犬不安，常用前爪搔抓患眼，或以眼揉触笼栏或家具，脱出物呈暗红色、破溃，经久不治可引起结膜炎、角膜炎、角膜损伤、溃疡

---

*经病理组织检查：脱出的增生物外有白色的包膜。切片镜检，表现瘤体由结缔组织包裹，结缔组织进入瘤体分隔成许多大小不一的小叶，小叶内含有许多大小不一的浆液性和黏液性的腺体，腺体上皮排列为单层扁平或立方瘤上皮，其细胞核呈圆形，靠近瘤上皮的基部或近基部，腺体腔内有淡红色液体。小叶间和腺体间结缔组织有丰富的血管和毛细血管。

正常眼睑的结膜层其固有膜为疏松结缔组织，内含丰富的纤维细胞、组织细胞、肥大细胞和浆细胞，也含有淋巴小结和腺体（睑板腺、睫毛腺、蔡氏腺和泪腺以及副泪腺），在对脱出的增生物组织切片检查中可见明显的腺体增生，增生的腺体在构造、形态、功能上与眼结膜正常腺体细胞相似。而脱出的增生物包有被膜，有纤维膜状蒂与结膜相连，符合良性单纯性腺瘤的构造特点。从病理组织学及发生于瞬膜及下眼结膜部位特点，可以定名该脱出的增生物为眼结膜腺瘤。

化脓，视力受损。一般无全身症状。手术切除治疗后未见有复发。

［治疗］外科手术切除是主要的治疗方法（图 17-1-6）。犬经全身麻醉后，以加有青霉素的注射水冲洗眼结膜，并滴含有肾上腺素（1∶10 万 u）局麻药。用组织钳夹住肿物体包膜外引，充分暴露出基部（蒂部），以弯止血钳夹钳基部数分钟，然后以手术刀沿夹钳外侧切除，或以外科小剪刀剪除，腺体务必切除干净，尽量不损伤结膜及瞬膜，再以青霉素水溶液冲洗创口，去除夹钳，以干棉花压迫局部止血。术后局部创口仅有少量出血。也可用滴加 0.1%盐酸肾上腺素溶液的棉球压迫止血。术后以青霉素肌肉注射抗感染。术后用氯霉素眼药水点眼 2~3 日。

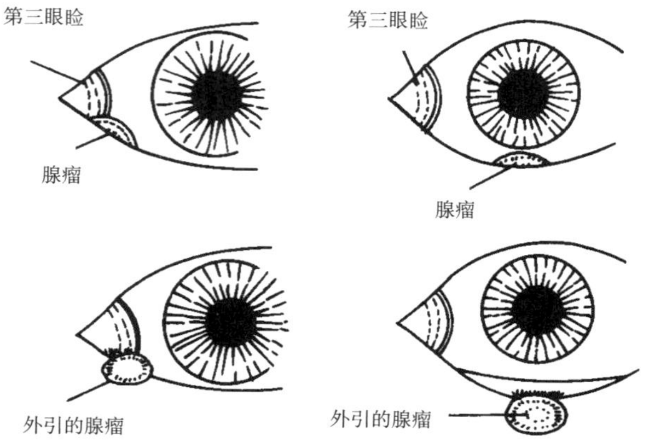

图 17-1-5　第三眼睑腺脱出

一般幼犬或小型犬用上述方法止血效果确实简便，但成年犬及大型犬有时出现切除后出血不止，有人提出用酒精烧热的手术刀柄钝圆尾端烧烙腺体基部（血管断端）以止血，也可用电烙铁进行止血。

九、结膜炎（Conjunctivitis）

结膜炎是指睑结膜和球结膜受外界刺激和感染而引起的炎症。临床上以畏光、流泪、结膜潮红、肿胀、疼痛和眼分泌物增多为特征。犬、猫均常发生本病。

［病因］结膜对各种刺激有敏感性，常由于外来或内在的轻微刺激而引起。机械性的刺激最常见，如结膜外伤、睑内翻、睫毛生长异常，灰尘、昆虫、吸吮线虫等。传染性因素如继发犬瘟热、腺病毒 I 或腺病毒 Ⅱ、猫鼻气管炎、犬钩端螺旋体、猫衣原体和支原体等。其他因素如邻近组织疾病，角膜炎、鼻泪管阻塞等。化学试剂或药品刺激，如被毛清洁剂、驱虫剂等。过敏反应如注射疫苗、应用某些眼药水等也可间接或直接引起结膜炎的发生。

［症状］根据病理及临床特点，可分为以下几种类型。

卡他性结膜炎：临床上最为常见，为多种结膜炎的早期症状。结膜潮红，肿胀，充血，眼内角流

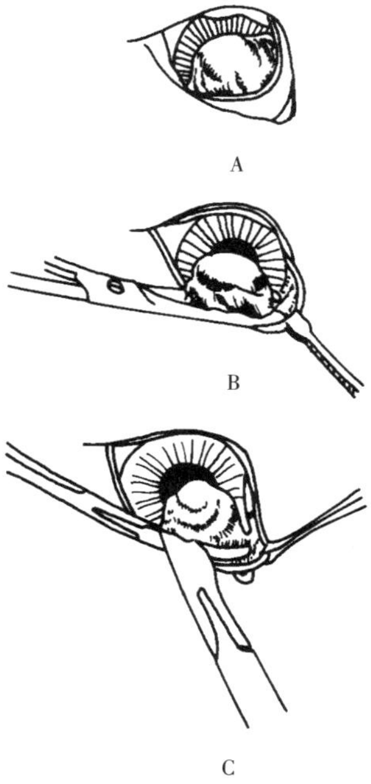

图 17-1-6　瞬膜腺突出及切除手术

A. 发生于第三眼睑　B. 发生于下眼睑　C. 以止血钳夹除脱出增生物，用手术刀在止血钳外缘切除腺体

出多量浆液或浆液黏液性分泌物。有急性和慢性两种类型。急性型时结膜轻度潮红，呈鲜红色，分泌物稀薄或呈黏液性。严重者，眼睑肿胀、增温、羞明，结膜充血，疼痛加剧。慢性型的常因急性炎症未及时治疗所致。患眼羞明，结膜充血，疼痛常不明显，有少量分泌物，经久则结膜增厚。

化脓性结膜炎：眼部一般症状严重。眼内流出多量脓性分泌物，上、下眼睑常粘在一起，而并发角膜浑浊，眼球粘连及眼睑湿疹等。

滤泡性结膜炎：主要见于猫衣原体感染，也可见于其他因素引起的慢性结膜炎。开始为球结膜水肿、充血和有浆液黏液性分泌物，几日后其分泌物变为黏液脓性。在炎症期，主要表现第三眼睑内出现大小不等的鲜红色或暗红色颗粒，即为淋巴滤泡，偶尔在穹隆结膜处见有淋巴滤泡。先是一眼发病，5~7 日后另一眼也发病。猫滤泡性结膜炎发病急，但 2~3 周后则可康复。不过，亦有猫转为慢性或严重结膜炎，甚或发生睑球粘连。

[治疗] 首先除去病因，将犬、猫放入光线较暗处或包扎眼绷带。用 3%硼酸或 1%明矾溶液清洗患眼。

急性卡他性结膜炎：结膜充血、肿胀明显时，可用冷敷疗法，分泌物变为黏液、增多时改用热敷。选用广谱抗生素眼药水点眼，配合应用醋酸氢化可的松眼药水效果更好。晚间可使用眼药膏。

急性结膜炎时可用 0.5%盐酸普鲁卡因液 2~3ml 溶解氨苄青霉素 5 万~10 万 u 加入地塞米松磷酸钠注射液，上下眼睑皮下各注射 0.5~1ml，也可做球结膜注射。疑为病毒感染，可使用疱疹净眼药水或吗啉胍眼药水点眼，每日 5~6 次，同时可皮下注射聚肌胞注射液。配合使用普鲁碘胺注射液，增加疗效。此外，尚需改善营养，增加维生素。

十、角膜炎 (Keratitis)

角膜炎是指角膜因受微生物、外伤、化学性及物理性因素影响而发生的炎症，为犬、猫常见疾病，临床上常见为外伤性、浅表性、慢性浅表性、间质性和溃疡性角膜炎等。

[病因] 机械性损伤：尖锐物或异物误入眼内刺激引起，或因睑内翻、睑外翻、睫毛异常生长等引起。

化学性损伤：如有毒气体、用药不当而引起。角膜暴露、细菌感染、营养障碍。继发于结膜炎等邻近组织病变的蔓延，如巩膜炎、眼肿瘤、眼真菌病等。在某些传染病如传染性肝炎、犬瘟热、猫鼻气管炎等及眼的寄生虫病，都可继发本病。

[症状] 其共同症状是羞明、流泪、疼痛、眼睑闭合、角膜浑浊、角膜缺损或溃疡，严重则可发生角膜穿孔。

轻度角膜炎常不容易直接发现，只有在阳光斜照下可见到角膜表面粗糙不平。

外伤性角膜炎。角膜可见有伤痕，浅创、深创或贯通创。有时可见到异物残留，如有铁质异物残留则在角膜创周围可见带铁锈色的晕环。如穿孔则流出铁清色液体或虹膜突出于创外。化学性因素引起的，轻的角膜上皮被破坏形成银灰色浑浊。深层受伤则出现溃疡，更严重的可发生坏疽，呈明显的灰白色。

慢性浅表性角膜炎（chronic superficial keratitis）。又称变性角膜翳（degenerative pannus），一般双眼发病，开始在角膜缘或角膜其他部位上皮下增生、血管形成，伴有色素沉着，呈“肉色”血管翳，并向中心进展，逐渐遮住整个角膜，最终导致失明。

各种角膜炎共有症状是角膜面上形成不透明的白色瘢痕即角膜浑浊或角膜翳。角膜浑浊是角膜水肿和细胞浸润的结果，如多形核白细胞、单核细胞和浆细胞等，致使角膜表层或深层变暗而浑浊。浑浊可能为局限性或弥漫性，也有呈乳白色或橙黄色。新的角膜浑浊有炎症症状，界限不明显，表面粗糙隆起。陈旧的角膜浑浊没有炎症症状，境界明显。深层浑浊时，由侧面视诊，可见到在浑浊的表面被有薄的透明层；浅层浑浊则见不到薄的透明层，多呈蓝色云雾状。

间质性角膜炎（interstitial keratitis）其深在性角膜浑浊用高渗溶液清洗无变化，呈毛玻璃样。通常角膜浑浊为弥漫性，也有局灶性浑浊。角膜深层血管增生，血管短，角膜周边形成环状血管带，呈毛刷状。病变发展时角膜浅层亦出现血管。

溃疡性角膜炎（ulcerative keratitis）的角膜溃疡有浅在性和深在性角膜溃疡两种。由于角膜外伤或角膜上皮抵抗力降低，致使细菌侵入时，可见角膜表层或深层不规则的缺损。角膜的一部分或数处呈暗灰色或灰黄色浸润，后即形成脓肿，脓肿破溃后便形成溃疡。浅表层角膜溃疡疼痛明显，深在性则疼痛轻微。伴发前色素层炎，而发生后弹力层和角膜穿孔。荧光色素检验阳性。穿孔后眼房水流出，由于眼前房内压力降低，虹膜前移，常与角膜或后移与晶状体粘连，从而丧失视力。

犬传染性肝炎恢复期，常见单侧性间质性角膜炎和水肿，呈蓝白色角膜翳。

［治疗］ 首先要去除病因。为消除炎症，可先用3%硼酸溶液或灭菌生理盐水冲洗患眼。可在结膜囊内点入广谱抗生素眼药水或药膏、速高捷疗、醋酸可的松眼药水或四环素可的松眼膏，每日3~4次。为防止虹膜粘连或当有前色素层炎时，可滴入1%硫酸阿托品。也可用0.5%利多卡因或0.5%普鲁卡因1ml加入5万u氨苄西林，再加入0.5ml氢化可的松或地塞米松磷酸钠2.5mg做球结膜下或眼底注射或做上、下睑皮下注射。也可用自家血点眼或做眼睑皮下注射。如为猫鼻气管疱疹病毒性角膜溃疡，可使用0.5%疱疹净（idoxoridine）眼膏或3%阿糖腺苷（adenine arabinoside）眼膏，每日6次。如为病毒性因素引起，可在以上治疗同时使用聚肌胞注射液，每日1次，同时使用丁胺卡那霉素皮下注射。对于因蛋白酶或胶原酶所致深在性角膜溃疡，可应用20%半胱氨酸溶液滴眼，每日4次。如角膜显露或泪腺分泌减少可滴用人工泪（0.5%~1%甲基纤维素），每日数次，以防止角膜干燥。顽固性角膜溃疡者，可施行结膜瓣、第三眼睑瓣遮盖术，保护角膜2~4周。出现兔眼时，应施行永久性内或外侧睑闭合术。

角膜穿孔时，应严密消毒防止感染。对新发生的虹膜脱出病例，可将虹膜还纳展平；脱出久的病例，可用灭菌的虹膜剪剪去脱出部，涂黄降汞眼膏，装眼绷带，但一般虹膜脱出后会影响视力。感染严重无法控制的可行眼球摘除术。

角膜因外伤导致新鲜穿孔或撕裂的可用7/0或8/0无损伤缝线做角膜基质层间或角膜的穿透性缝合。

1%三七液煮沸灭菌后待冷却点眼，对角膜创伤的愈合起促进作用，且能使角膜浑浊减退。中成药如拨云散、光明子散、明目散等对慢性角膜炎有一定疗效。

附：结膜瓣遮盖术、第三眼睑瓣遮盖术

(1) 部分结膜瓣遮盖术

适用于靠近角膜缘的角膜损伤。

用开睑器将上、下眼睑撑开或施外眼眦切开术。在靠近角膜缘结膜上做一弧形（180°）切口（图 17–1–7–A)，并用钝头剪向穹隆结膜方向分离结膜宽约 1~1.5cm（图 17–1–7–B)。将分离的结膜瓣轻轻向眼中央牵拉，使其完全覆盖在角膜病变部。然后，用 7/0~8/0 无损伤缝线分别缝合到角膜缘和角膜上。前者缝线应穿过巩膜，后者缝线穿过角膜基质 1/2 或更深些，否则，角膜缝线难以固定（图 17–1–7–C)。

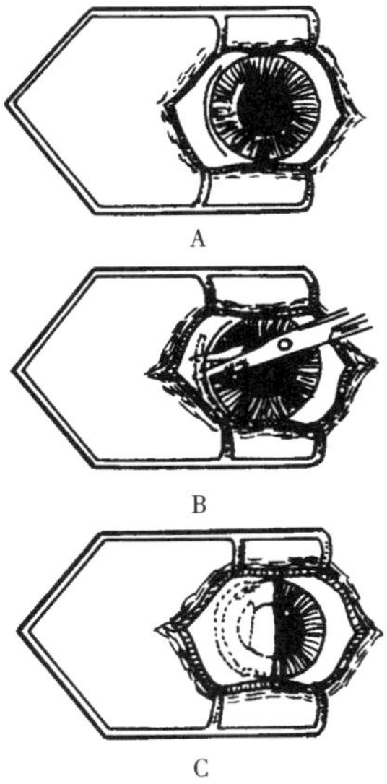

图 17–1–7 部分结膜瓣遮盖术

A. 结膜瓣切口位置 B. 钝性分离结膜
C. 结膜瓣缝合到角膜上

(2) 全部结膜瓣遮盖术

适用于角膜中央损害或大的角膜溃疡。

于角膜缘的结膜上做一环形（360°）切口或用一细注射针头围绕角膜缘后界注入 1：10000 肾上腺素溶液于球结膜下（图 17–1–8–A)，形成一连串的水泡，使结膜与巩膜分离开。然后用剪刀沿此水泡圈剪开结膜（图 17–1–8–B)，并环形钝性分离结膜下组织直至上、下结膜瓣能松弛地对合遮住角膜为止。一般结膜分离距角膜缘 1~1.5cm 即可。最后用 5/0 无损伤缝线结节缝合合拢的结膜瓣（图 17–1–8–C)。

术后患眼涂抗生素和皮质类固醇眼药膏，应用颈枷，防止自我损伤结膜瓣。有多量分泌物或疼痛明显时，可拆除缝线。一般术后 2~3 周拆线。结膜瓣可逐渐退缩，亦有部分结膜黏附在角膜或角膜缘上，拆线后 7~10 日可自行脱离。如结膜不能分离，可将其切除。

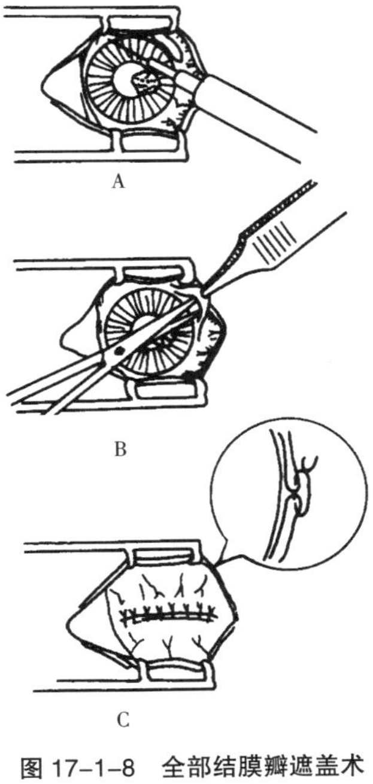

图 17–1–8 全部结膜瓣遮盖术

A. 角膜缘周围结膜下注射，使结膜隆起 B. 钝性分离结膜 C. 上、下结膜瓣合拢缝合

(3) 第三眼睑瓣遮盖术

适用于经药物治疗无效的某些暴露性角膜炎和特异性角膜溃疡，防止角膜干燥和暴露，促进其愈合。也可用于因面神经损伤、眼轮匝肌功能减退、兔眼、眼撕裂、严重睑、球结膜水肿及眼后肿胀继发眼球不全脱位等，起到“绷带”的支持作用。

宠物应镇静和局部麻醉，包括第三眼睑和膜表面麻醉和上眼睑浸润麻醉。患眼冲洗干净。以无齿镊夹持第三眼睑，并将其轻轻提起。在第三眼睑一端做纽扣状缝合。先由内向外（图 17–1–9–A），再由外向内穿透第三眼睑（其缝线尽量远离第三眼睑缘，防止收紧时撕裂）。两线末端再分别从上眼睑外侧结膜穹隆穿出（图 17–1–9–B）。套上一乳胶管，暂不打结（图 17–1–9–C）。然后，按同样方法做第二道纽扣状缝合。最后，收紧缝线，打结，使第三眼睑遮盖眼球前部（图 17–1–9–D）。

术后，涂布抗生素眼药膏，外用眼绷带和用颈枷，防止自我损伤。每日检查第三眼睑瓣，如发现患眼疼痛，有少量分泌物，应拆除缝线。根据角膜恢复情况，第三眼睑瓣可保留 2~3 周。

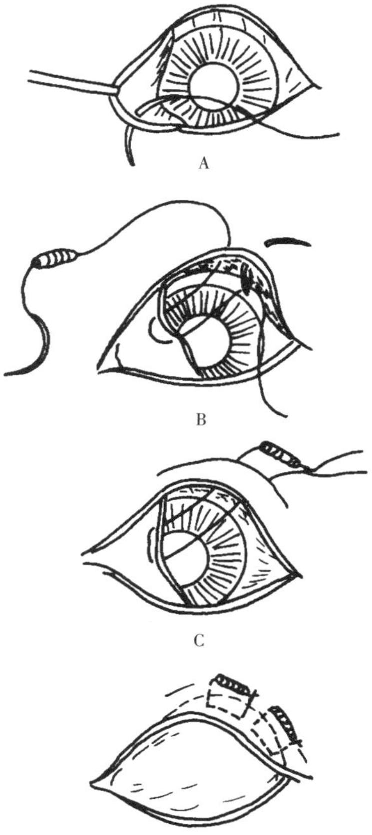

图 17–1–9 第三眼睑瓣遮盖术

A. 第 1 针从第三眼睑内外穿出 B. 再从第三眼睑外侧进针，两末端分别由内向外穿出上眼睑 C. 套上乳胶管，暂不打结 D. 第二道纽扣状缝合完成后，两道同时收紧打结

十一、白内障（Cataract）

白内障是指晶状体囊或晶状体发生浑浊而使视力发生障碍的一种疾病。犬、猫均可发生。

［**病因**］临床上可分为先天性和后天性两类。先天性白内障因晶体及其囊膜先天发育不全所致。常与遗传有关。已知大部分犬白内障属遗传性。并已查明各种品种犬的遗传方式。后天性常因前色素层炎、视网膜炎、青光眼、角膜穿孔、晶体前囊破裂、长期 X 线照射、糖尿病、萘、铊中毒、长期使用皮质类固醇等均可引起本病。老年宠物因晶体退行性变化亦易发生白内障。

［**症状**］因白内障发病时间不同，其临床症状表现不一。其发展共分四期：初其白内障、未成熟期白内障、成熟期白内障和过度成熟期白内障。初期和未成熟期白内障，晶体及其囊膜发生轻度病变，呈局灶性浑浊或逐步扩散，晶体皮质吸收水分而膨胀，某些晶体皮质仍有透明区，有眼底反射，视力不受影响或仅受到某些影响，临床上难以发现。需用检眼镜或手电筒方能查出。

成熟期白内障，因晶状体全部浑浊，所有皮质肿胀，无清晰区可见。眼底反射消失，临床上发现一眼或两眼瞳孔呈灰白色即白瞳症，视力减退，前房变浅，检眼镜检查，看不见眼底，伴有前色素层炎。宠物活动减少，行走不稳，在熟悉环境内也碰撞物体。此期适宜进行白内障手术。

过度成熟期白内障，则晶状体液体消失，晶体缩小、囊膜皱缩，皮质液化分解，晶体核下沉。患眼失明，前房变深，晶体前囊皱缩。可继发青光眼。严重的导致悬韧带断裂，晶体不全脱位或全脱位。

[治疗] 药物治疗一般无效。如系核性白内障，可滴用散瞳剂，以改善视力。对于糖尿病性白内障，在水分快速吸收期和晶体蛋白变化之前，控制血糖，会减轻晶体浑浊，但最终不能避免晶体全浑浊。可试用白内停。

白内障多取择期手术疗法。宠物临床常用白内障晶状体囊外摘除术、晶体乳化术和白内障切开吸出术等。在此重点介绍白内障晶状体囊外摘除术（extracapsular lens extraction）。其为治疗宠物白内障最常用手术。

（1）动物选择。术前应详细检查患眼，观察阿托品点眼前、后瞳孔的变化，因瞳孔对光反应正常不能排除视网膜疾病。对光反射慢或不完全可能是视网膜变性（尤其玩具犬和微型犬）的证候。使用散瞳药后，瞳孔散大不良或不全，常是前色素层炎的指征。只要有前色素层炎症状，应禁用常规白内障手术。眼底检查对手术的选择很重要。应用散瞳药后检查眼底，有些宠物可通过小的透明晶体看到眼底。任何有视网膜变性或进行性视网膜萎缩者，禁施白内障摘除术。

检查眼压和视力，对决定是否手术也很重要。眼压低提示患前色素层炎；眼压高禁止手术；视力丧失才可做白内障摘除术，但并非视力丧失均由白内障引起，故多数宠物眼科医生只有证实视力丧失不能代偿时才予以手术治疗。一般来说，白内障必须达到成熟期方是手术的最佳时期。

（2）术前用药。术前 1~2 日，滴用 1%阿托品溶液，每日 3~4 次，使瞳孔充分散大，有助于白内障摘除，术前 24 小时全身应用皮质类固醇，如强的松龙 2mg/kg 体重，可明显减少术后炎症的发生；术前或术中应用阿司匹林 10~25mg/kg 体重，可镇痛消炎。

（3）手术方法。动物全身麻醉，行仰卧保定，头向一面倾斜 45°。

①开睑。用开睑器撑开眼睑，切开眼眦，充分暴露眼球，并在上直肌附着处和第三眼睑各做一根牵引线，有助固定和暴露眼球。

②做一以角膜缘为蒂的结膜瓣，便于保护创口和防止感染机会。在眼球 9~3 时位置、距角膜缘 5~6mm 切开结膜，分离至角膜缘，见到“蓝色带”即可（图 17–1–10–A）。

③切开眼球壁。在角膜巩膜处或靠近角膜缘，无结膜瓣处，做半周（160°~190°）切口（图 17–1–10–A）。先做一小的切口，用手术刀尖（或剪）与虹膜平行刺入。如能顺利进入眼前房，再扩大切口。然后，在切口两端各安置一根预置线。

④摘除晶体。用宽头有齿镊经前房伸至下角膜缘，紧贴晶体前囊膜，张开镊头将其夹住提起，并轻轻旋摆，撕断赤道处的囊膜，将晶体前囊膜大部分取出（图 17–1–10–B）。再用晶体匙和晶体圈匙分别在 6 时和 12 时位压迫角膜下缘和切口上缘，使晶体皮和核完整地脱出（图 17–1–10–C）。

⑤冲洗前房。用灭菌生理盐水冲洗前房，除去残留的皮质。用虹膜回复器整复虹膜。

⑥闭合创口。用 5/0 可吸收线结节缝合创口，针距 1.5mm 左右，缝线需包埋在结膜下。经一端切口注入灭菌空气或生理盐水，恢复前房。最后连续缝合结膜。

术后向眼内滴入醋酸可的松青霉素溶液（每毫升含可的松 10mg、青霉素 1000u），装眼绷带。以后每日向眼内滴入上述溶液 3 次，术后 3~4 日内肌肉注射青霉素和链霉素各 200 万 u。

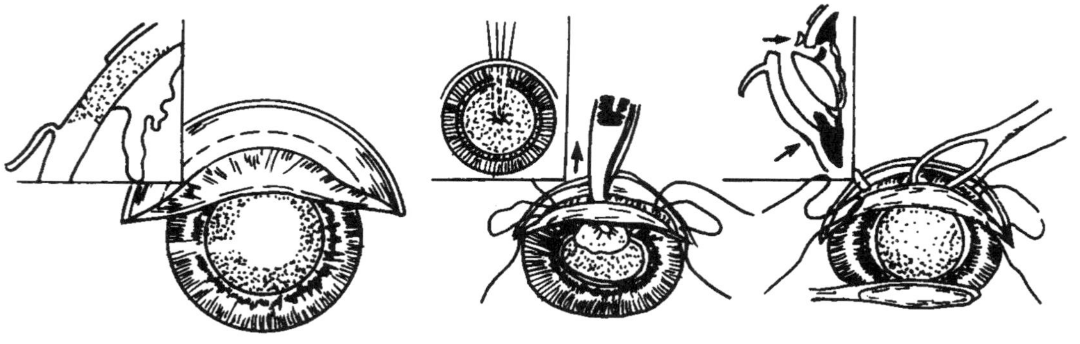

图 17–1–10 白内障囊外摘除术

A. 做一以角膜缘为蒂的结膜瓣，虚线表示眼球壁切口线 B. 取出晶体前囊膜 C. 挤出晶体皮及核

每日更换眼绷带。5~6 日拆去结膜创口上的缝线。为了预防粘连，可滴入 1%硫酸阿托品溶液。

十二、青光眼 (Glaucoma)

青光眼是由于眼房角阻塞、眼房液排出受阻等多种病因引起眼内压增高，进而损害视网膜和视神经乳头的一种症状。某些品种犬的发病率较高（表 17–1–1）。

表 17–1–1 青光眼发病较高品种及其类型

品种	类型
美国可卡犬	闭角型
巴赛特猎犬	闭角型
萨莫耶德犬	闭角型
西伯利亚雪橇犬	闭角型
挪威猎麋犬	闭角型或开角型
布列塔尼猎犬	闭角型
比格犬	开角型
小型贵妇犬	开角型或闭角型
刚毛和短毛猎狐㹴	晶体移位或闭角型
西里汉姆㹴	晶体移位

正常犬眼压为 2.0~3.6kPa，同一犬两眼眼压差异不超过 0.667kPa。影响眼压的因素很多，但眼压的稳定主要是靠房水量保持相对恒定，即房水的产生和排出保持动态平衡，不致眼压过高或过低。房水的产生有主动和被动两种。前者是由睫状突上皮及其复合酶系统产生；后者则通过滤过、超滤、渗透及扩散作用而产生。房水先进入后房，经瞳孔入前房，再经前房角的小梁网和集液管，最后进入巩膜间静脉丛，入全身循环。若房水通道任何一部分受阻，均会导致眼压升高。

［分类与发病机理］

（1）原发性青光眼。多因眼房角结构发育不良或发育停止，引起房水排泄受阻、眼压升高。犬原发性青光眼与遗传有关，但其遗传类型多数不明，提示可能属多基因遗传，可受环境或多因子的影响。猫罕见，但波斯猫和泰国猫较易发生；晶体增厚、虹膜与晶体相贴、瞳孔散大、内皮增生等使前房变浅、房角狭窄，妨碍房水排泄，也可引起眼压升高。

多数原发性青光眼两眼发病，但不同时发生。且以闭角型青光眼多见。可突然发作，出现急性青光眼综合征，也可缓慢进行性发生。眼压增高达数年，其病情不知不觉加重。少数品种犬如比格犬开始发生开角型青光眼，为单纯的隐性性状遗传，以后转为闭角型。

（2）继发性青光眼。多因眼球疾病如前色素层炎、瞳孔闭锁或阻塞、晶体前或后移位、眼肿瘤等，引起房角粘连、堵塞，改变房水循环，使眼压升高而导致青光眼。

（3）先天性青光眼。房角中胚层发育异常或残留胚胎组织、虹膜梳状韧带增宽，阻塞房水排出通道。犬出生时先天性青光眼罕见。

至于其发病原因除以上发生的机理外，嗜视神经毒素的中毒，维生素 A 缺乏，近亲繁殖等也可引起发生青光眼。此外，急性失血、性激素代谢紊乱和碘不足，可能与青光眼的发生有一定关系。

［**症状**］本病可突然发生，也可逐渐形成。早期症状轻微，表现泪溢、轻度眼睑痉挛、结膜充血。瞳孔有反射，视力未受影响，眼轻微或无疼痛。眼压中度升高（4~5.2kPa），看上去眼“似乎变硬”。视网膜及视神经乳头无损害。随着病情发展，眼内压增高，眼球增大，视力大为减弱，虹膜及晶体向前突出，从侧面观察可见到角膜向前突出，眼前房缩小，瞳孔散大，失去对光反射能力。滴入缩瞳剂（1%~2%毛果芸香碱溶液）时，瞳孔仍保持散大，或者收缩缓慢，但晶体没有变化。在暗室或阳光下常可见患眼表现为绿色或淡青绿色。最初角膜可能是透明的，后则变为毛玻璃状，并比正常的角膜要凸出些。

晚期眼球显著增大突出，眼压明显升高（>5.2kPa），指压眼球坚硬。瞳孔散大固定，光反射消失，散瞳药不敏感，缩瞳药无效。角膜水肿、浑浊，晶体悬韧带变性或断裂，引起晶体全脱位或不全脱位。视神经乳头萎缩、凹陷，视网膜变性，视力完全丧失。较晚期病例的视神经乳头呈苍白色。两眼失明时，两耳会转向倾听，运步蹒跚，乱走，甚至撞墙。

［**治疗**］目前没有特效治疗方法，可采用下列措施。

（1）高渗疗法。可通过升高血液渗透压，以减少房水，降低眼压。可用 20%甘露醇 1~2g/kg 体重，缓慢静脉推注，3~5 分钟注完，或静脉滴注。也可用 50%甘油 1~2g/kg 体重，口服。用药后 15~30 分钟产生降压作用，维持 4~6 小时。必要时 8 小时后重复使用。

（2）应用碳酸酐酶抑制剂。这类药物可抑制房水的产生和促进房水的排泄，从而降低眼压。常用药为二氯磺胺、乙酰唑胺和甲醋唑胺。一般来说，用药后 1 小时眼压开始下降，并可维持 8 小时。可任选其中一种，口服，每日 2~3 次，剂量：二氯磺胺 10~30mg/kg 体重，乙酰唑胺为 2~4mg/kg 体重，甲醋唑胺为 2~4mg/kg 体重。

（3）应用缩瞳剂。可开放已闭塞的房角，改善房水循环，使眼压降低。可用 1%~2%硝酸毛果芸香碱溶液滴眼，或与 1%肾上腺素溶液混合滴眼。最初每小时 1 次，瞳孔缩小后减到每日 3~4 次。一般主张先用全身性降压药，再滴缩瞳剂，其缩瞳作用更好。

(4) 手术治疗。用药 48 小时后不能降低眼压，可考虑使用手术以便房水得以排泄。

①虹膜嵌顿术（iridencleisis）。手术目的是把虹膜嵌入巩膜切口两侧，建立新的房水眼外引流途径，使房水流入球结膜下间隙，而减少眼压。

开睑和固定眼球：用开睑器撑开眼睑，做上直肌牵引线，使眼球下转。

做结膜瓣：在眼 12 时方位、距角膜缘 10mm 处，用弯钝头剪平行于角膜缘剪开球结膜，长约 12~18mm。切除筋膜囊，并沿巩膜面分离至角膜缘（图 17-1-11-A）。

切开角膜缘：用尖刀沿角膜缘垂直穿入，做一长约 8~10mm 的切口。并沿其切口后界切除巩膜约 1~2mm，以扩大其切口，有助房水的排出。

取出虹膜：当角膜缘和巩膜被切开后，房水可自行流出，虹膜亦会脱出切口处。如不脱出，可用钝头虹膜钩从切口进入钩住瞳孔背缘，轻轻拉出创外（图 17-1-11-B）。

虹膜嵌顿：虹膜引出后，用有齿虹膜镊各夹持脱出的虹膜一侧，并将其提起，轻轻做放射状撕开，形成两股虹膜柱（图 17-1-11-C）。然后，将每股虹膜柱翻转，使色素上皮朝上，分别铺平在切口缘两端。为防止虹膜断端退回前房，可用 6-0 铬制胶原缝线分别将其缝合在巩膜上（图 17-1-11-D）。

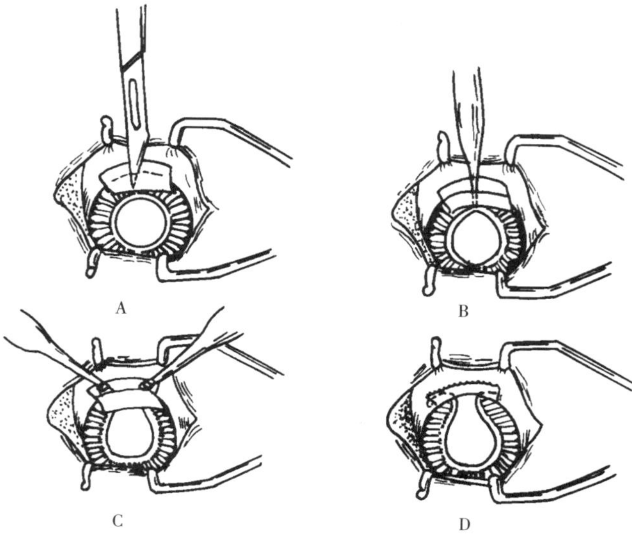

图 17-1-11 虹膜嵌顿术

清洗前房：如前房有血液和纤维素，可用平衡生理溶液（一种等渗电解质溶液）冲洗或用止血钳取出。为减少出血和纤维素沉积，冲洗液中加入稀释过的肾上腺素溶液（1∶10000）和肝素溶液（1~2u/ml）。

缝合结膜瓣：用 6-0 铬制胶原缝线连续闭合球结膜瓣。

术后，局部和全身应用抗生素，连用 1~2 周，防止感染和发生虹膜睫状体。如炎症严重，可配合使用皮质类固醇类药。局部交替滴用 10%新福林和 2%毛果芸香碱溶液，保持瞳孔活动，防止发生术后粘连。若因炎症瞳孔不能恢复正常状态，可滴 1%阿托品溶液。

②睫状体分离术（cyclodialysis）。手术目的是将睫状体与巩膜突分离，在前房和结膜下腔构成一个通道。这个通道向前进入虹膜睫状体上腔，再经巩膜上的开口入结膜下腔。眼房液从前房流入脉络膜上腔和经巩膜流入结膜下腔而使眼压降低。手术方法如下。

开睑和固定眼球：同虹膜嵌顿术。

做结膜瓣：在眼球 12 时方位，用钝头弯剪沿角膜缘后方切开球结膜，做一以结膜穹隆为蒂的 10mm×10mm 的结膜瓣。切除筋膜囊，暴露巩膜（图 17-1-12-A）。

切除巩膜：距角膜缘后方 4~5mm，并平行于角膜缘切除一块 3mm×8mm 的巩膜（图 17–1–12–B）。注意不要损伤睫状体。用针尖电烙止血。

剥离睫状体：用睫状体分离器自切口伸入前房（图 17–1–12–B），在睫状体与巩膜间进行分离。向内向外转动分离器，使通道扩大约 8~10mm。图 17–1–12–C 为眼球纵切面睫状体分离器的位置。

缝合结膜瓣：同虹膜嵌顿术（图 17–1–12–D）。

术后护理同虹膜嵌顿术。

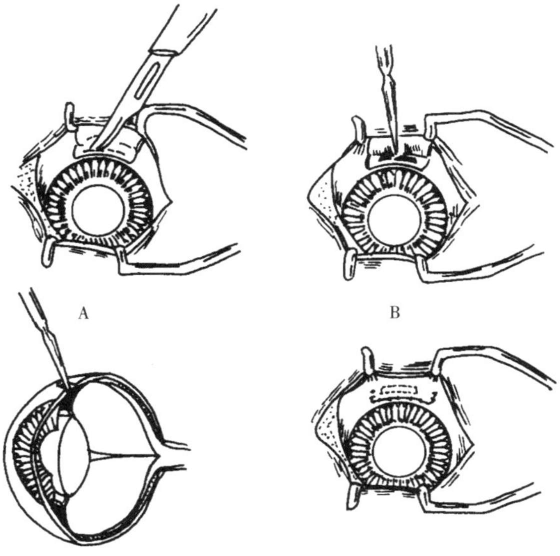

图 17–1–12　睫状体分离术

十三、视神经炎

（Optic neuritis）

视神经炎是一种十分严重的眼病，常导致双眼突然失明。犬较多发生。

［病因］多数病例为自发或原因不明。比较清楚的病因是损伤和感染，可见于眼球突出、球后脓肿或肿瘤等占位性疾病、犬瘟热病毒或猫传染性腹膜炎病毒感染、弓形体病、芽生菌病、隐球菌病等。尤其临床上常见的外伤性眼球脱出导致的视神经损伤、视神经撕脱、虹膜炎、脉络膜视网膜炎常可继发引起视神经炎。

［症状］急性双眼失明是本病的典型特征。临床表现为眼睛睁大、凝视、瞳孔散大、固定、丧失对光反应。眼底检查有时可见视乳头充血、肿胀、边缘模糊不清，视乳头周围视网膜剥离。通常不累及眼的其他结构。如为眼球突出导致的视神经损伤继发引起的，可见到脱出眼球后下方视神经的损伤或撕脱性损伤症状。且伴有眼球脱出后的眼球充血、出血、水肿、损伤的症状。

［诊断］做细致的全身检查，尤其是其他脑神经和外周神经功能状态的检查有助于本病的诊断。脑脊液的病理学、微生物学和血清学的检验可能提供确定病因的依据。

［治疗］迅速减轻或消除炎症，防止视神经变性和视力的不可逆性损害。可口服泼尼松 1~3mg/kg 体重，每日 2 次，连用 3 周。配合应用复合维生素 B 和广谱抗生素。若在发病后 2 周内能采取治疗，视力恢复的可能性较大，常在给药后 24~48 小时内视力得到改善。若 3 周后没有改善，则预后不良，给药应逐渐减少至完全停止。配合给予血管扩张剂。

十四、前色素层炎（Anterior uveitis）

前色素层炎又称前葡萄膜。

［病因］病因复杂。分为内源性和外源性两种。

内源性：又称血源性。病原体及有毒物质经血液循环进入前色素层，诱发本病，前色素层炎是多种全身性疾病的重要证候。这些疾病包括犬钩端螺旋体、链球菌感染、犬传染性肝炎、猫传染性腹膜炎、犬瘟热、猫白血病病毒感染、组织浆虫病、球孢子菌病、芽生菌病、隐球菌病、弓形虫病、犬埃利希氏体病、介导和迟发性过敏反应及自身免疫性疾病等。

外源性：常见于眼外伤、眼穿透伤、眼手术或房水穿刺等。邻近组织炎症如角膜炎、结膜炎、异物、肿瘤或眼热损伤等也会波及前色素层。

[**症状**] 可单眼或双眼发生。有急性和慢性两种。急性者，表现泪溢、睑痉挛、畏光、视力减退、角膜水肿、浑浊和血管增生、球结膜水肿和充血等。因疼痛，睑裂变小。眼球凹陷，第三眼睑脱出。前房浑浊，有纤维素性渗出物，呈半透明絮状，严重时前房积脓。虹膜充血、肿胀，炎性细胞浸润，呈暗褐色，纹理不清。

慢性的，虹膜萎缩、变薄、呈透明样。瞳孔缩小，对光反应迟钝。更严重的，并发虹膜前、后粘连，青光眼和白内障等。

[**治疗**] 一旦发现本病，应立即使用散瞳药，防止虹膜粘连和恢复血管的通透性，减少渗出，解痉止痛等。常用 1%阿托品滴眼，开始每小时 1 次，以后可减少用药次数，维持瞳孔散大。与此同时，配合应用皮质类固醇类消炎药，如滴用醋酸氢化可的松眼药水，每 2~4 小时滴眼 1 次。或球结膜下注射地塞米松 1~2mg，每日 1 次。此外，可结合应用非皮质类固醇消炎药，如阿司匹林、保泰松或前列腺素拮抗剂等。为促进渗出物的吸收和消炎，常用热湿敷疗法，每日 4 次。

如能查明病因，应按病因进行治疗，对缩短病程，减少复发尤为重要。

十五、泪道阻塞 (Obstruction of lacrimal passage)

因多种原因所致的泪腺分泌亢进引起的泪液过多称流泪 (acrimation)，因泪道阻塞引起的泪液过多称泪溢 (epiphora)。其临床上症状表现为流泪。因多种原因使泪液不能经鼻腔排出而使其从睑缘溢出的，称为泪道阻塞。

[**病因**] 可分为先天性和后天性两种。

先天性：先天性泪点缺如、狭窄、移位或结膜皱褶覆盖泪点、泪小管或鼻泪管闭锁及眼睑异常即睑内翻，均可引起本病。

后天性：常与结膜炎、泪道炎及外伤有关。上呼吸道感染、上颌牙齿疾病可继发鼻泪道炎症。由于泪道长期慢性炎症的刺激，使泪道上皮细胞肿胀、组织增生、瘢痕形成，引起泪道狭窄或阻塞。另外，某些小型观赏犬，如贵妇犬、西施犬等头部垂毛也会刺激或阻塞泪道，引起泪溢。

[**症状**] 临床上以泪溢为特征。如为泪点异常，一般为幼犬断乳后几周或数月出现泪溢，可单眼或双眼发生，有泪染痕迹，无任何疼痛症状；如为泪道炎症所致的阻塞，除眼内眦有泪溢，也表现疼痛、肿胀、炎性分泌物等。严重者，伴有化脓性结膜炎、眼睑脓肿等。

[**诊断**] 根据临床症状和病史可作出初步诊断。仔细寻找患眼内眦睑缘处泪点，尤其下泪点。若无异常，可进一步检查。

荧光素染色试验。将动物头抬起，用1%荧光素溶液滴满结膜囊内。然后将头放低，观察外鼻孔，如有染液排出，4分钟内应明显可见，则为鼻泪道通畅。但此法并不十分可靠，因有30%正常犬排入咽后部，故可能得出阴性结果。

鼻泪管冲洗试验。宠物患眼滴入数滴局麻药后，将4~6号钝头圆针或用泪道导管经上泪点插入泪小管，缓慢注入生理盐水（图17–1–13）。如液体从下泪点、鼻腔排出或犬、猫有吞咽、逆呕或喷嚏等动作，证实鼻泪道通畅。

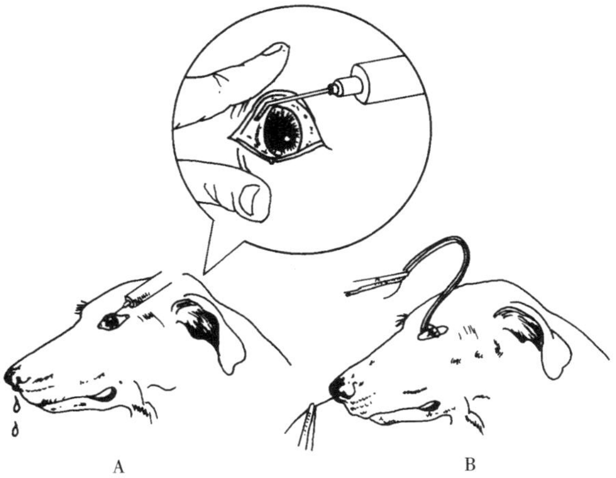

图17–1–13　鼻泪管冲洗法和插管法

A. 犬鼻泪管冲洗　B. 犬鼻泪管插管

鼻泪管造影。经泪点注入造影剂进行X线摄影，对证实鼻泪管有无阻塞很有价值。

[治疗] 根据病因，采用不同的治疗方法。

炎症早期，多用药物治疗。如泪道已形成器质性阻塞，需施行相应的手术疗法。下泪点缺如或泪点被结膜褶封闭，可采用泪点复通术。在压迫上、下泪小管汇合处远端，于上泪点用力注入生理盐水，迫使下睑缘接近眼内眦处隆起，即为下泪点位置。再用眼科镊提起隆起组织，将其切除，即下泪点复通。术后患眼应用抗生素和皮质类固醇类眼药膏（水），连用7~10日，防止人造泪点瘢痕形成而阻塞。因炎症引起的泪点或泪小管狭窄或阻塞，可采用鼻泪道冲洗法，除去阻塞物质，配合抗生素、皮质类固醇治疗，预后良好。当泪囊或鼻泪管阻塞冲洗无效时，可施行泪道插管术。即从泪点插入一根2/0尼龙线穿过泪道从鼻孔出来，再把管径适宜的聚乙烯管套在尼龙线上，由尼龙线将导管引出泪道（图17–1–13–B），除去尼龙线，其导管置留于泪道内。导管两末端分别固定在泪点和鼻孔周围组织。2~3周后，除去导管。如此法无效，可根据泪道阻塞程度，施行泪囊鼻腔造瘘术、结膜鼻腔造瘘术及结膜颊部造瘘术等。

十六、眼球脱出 (Proptosis of eyeball)

眼球脱出多因宠物打斗引起挫伤，或挤压眼眶、耳根部引起。犬、猫均可发生，其中短头品种犬如北京犬、西施犬等因眼眶较大更易发生。

[症状] 眼球脱出轻度的，眼球外鼓于眼睑外不能自行缩回，严重的整个眼球脱出悬挂于睑外，球结膜血管充血，挫伤引起的伴有局部淤血，血肿，有不同程度的损伤，出血，时间较长的可见突出的眼球发紫，有的眼球前房积血。伴有球结膜、角膜的损伤。

眼球脱出会出现以下严重病理变化，因涡静脉和睫状静脉被眼睑闭塞，引起静脉淤滞和充血性青光眼；严重的暴露性角膜炎和角膜坏死；引起虹膜炎、脉络膜视网膜炎、视网膜脱离、晶体脱位及视神经撕脱等。

［治疗］轻度脱出的，经麻醉后，用青霉素生理盐水冲洗，或用淡霉伏诺尔溶液洗净用湿纱布衬托揉合复位。也可用 7 号丝线水平纽扣状分别缝上、下眼睑，然后以缝线牵引提拉上下眼睑，再以湿的灭菌纱布轻轻压迫眼球使其复位。眼睑施以假缝合。也可进行手术复位。宠物全身麻醉，从眼外眦至眶韧带做外眦切开术，以扩大睑裂，便于眼球复位。用湿的灭菌纱布轻轻压迫眼球，使其退回至眼眶内。随后做第三眼睑瓣遮盖术以保护角膜和加强眼睑缝合。然后上下眼睑对合做睑板固定术。做 4 针水平纽扣状缝合。打结前，缝线可穿上乳胶管，以免缝线压迫睑缘。最后，闭合眼外眦切口。有眼球结膜或角膜创伤的，可适当加以处理。

术后全身应用广谱抗生素。眼睑内滴阿托品、皮质类固醇类和抗生素眼药膏和药水。眼睑的假缝合 5~7 日拆线，如肿胀明显，未减退的可延至 10~15 日拆线。术后常伴发斜视。多数犬、猫在术后 3~4 个月可相对恢复到正常的视轴。也有的见有角膜干燥和视神经萎缩等后遗症。伴有角膜损伤、角膜炎的可按病情配合治疗。如眼球脱出过久，眼内容物已挤出或内容物严重破坏，视神经撕脱或损伤严重无法恢复视力，脱出眼球创伤严重，因眼球炎导致眼球及眶位内已感染化脓的，不宜做手术复位。严重者需行眼球摘除术。

十七、眼球摘除术（Enucleation）

眼球摘除术适用于严重穿孔、眼球脱出、眼内肿瘤、难以治疗的青光眼、眼内炎和全眼球炎等。

眼球摘除术有经结膜眼球摘除和经眼睑眼球摘除两种，常用经结膜眼球摘除术（transconjunctival enucleation）。

犬、猫全身麻醉或镇静，配合眼球周围浸润麻醉或眼底封闭。眶周围皮肤及眼睑剃毛、消毒，眼球表面及结膜穹窿用消毒溶液彻底冲洗干净。

用开睑器开张眼睑。为扩大睑裂，可切开眼外眦皮肤 1~2cm。用组织钳夹持角膜缘，并在其外侧球结膜上做环形切口。用弯剪顺巩膜面向眼球赤道分离筋膜囊（图 17-1-14-A），暴露 4 条直肌和上、下斜肌的止端。用剪挑起，尽可能靠近巩膜分别将其剪断（图 17-1-14-B）。向外牵引眼球，剪断眼退缩肌。接着用弯止血钳沿眼球壁滑向眼后部钳住视神经索（图 17-1-14-C），在眼后壁与止血钳间（远离眼后壁）将其剪断。这样，眼球即被摘除。将眼球移去，在钳夹处结扎视神经束。眶内有出血，可结扎或压迫止血。眶内暂时填塞消毒小纱布块。

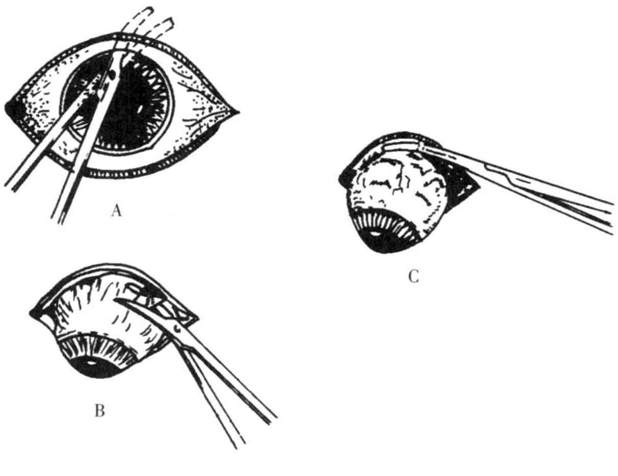

图 17-1-14　经结膜眼球摘除术

A. 弯剪经球结膜切口分离筋膜囊　B. 剪断眼肌　C. 钳夹视神经束

为防止术后眶内形成囊肿、瘘管，影响创缘愈合，需做第三眼睑和眼睑切除术。先用镊子向外提起第三眼睑，将其包括第三睑腺全部切除。再剪除上、下眼睑。彻底止血后，取出眶内纱布。

最后，闭合眼眶。第一层，上、下眼直肌和内、外直肌及其眶筋膜做对应缝合。也可先放置硅酮假眼（silicone prosthesis）减少眶内腔隙，再予缝合。第二层，上、下结膜和筋膜囊对应缝合。第三层，闭合上、下眼睑。

［术后护理及治疗］ 开始因眶内出血、肿胀，切口及鼻孔可流出血清样液体，3~4 日后则减少。局部温敷可减轻肿胀和疼痛。全身应用抗生素和皮质类固醇类药 3~5 日。术后 7~10 日拆除眼睑上的缝线。

十八、眼前房出血（Hyphema）

眼前房出血主要是由于损伤造成的，如眼受到剧烈的挫伤或手术时，均可损伤到虹膜血管而引起出血。当有出血性炎症，如眼的周期性炎症时，传染性贫血或具有出血性素质时溢血较少。

［症状］ 溢出的血液凝固成红色血块。血块大小不等，充满整个眼房或积留于眼房的底部。病眼瞳孔缩小，呈现强烈羞明。绝大多数情况下血液会逐渐消散，一般来说，充满眼房的大量溢血，经 15 日便可被吸收而消失。如未能吸收则可形成凝血块。当角膜的后弹性膜破裂时，血液可浸入角膜层，而在角膜形成色素性斑痕。

［预后］ 当幼犬患损伤性溢血而眼的其他部分无严重破坏时，预后良好。

［治疗］ 溢血后的 24 小时内可采用冷敷。严重的可用温敷或用 2%~3%的狄奥宁点眼、可内服碘化钾、注射止血剂或使用组织疗法。出血较多或继发色素层炎症时，可滴用 1%醋酸泼尼松龙液和 1%~2%阿托品液每日 3~4 次。

十九、晶状体脱位（Luxation of lens）

晶状体脱位有全脱位和不全脱位（晶状体半脱位 subluxatio lentis）两种。是由于悬韧带上的睫状小带先天性发育不全、松弛无力或因眼球严重钝性损伤，使悬韧带断裂。脉络膜，特别是圆柱状体的炎性过程时脱位发生的较缓慢，在渗出物的压迫下同样发生睫状小带的破裂。此外，由于眼球的伸张，如巩膜葡萄肿、水肿眼、肿瘤的压迫等也可引起机械性脱位。

本病所有品种犬均可发生，但更常见于㹴类（Terriers）品种犬，如凯恩㹴（cairn terriers）、曼彻斯特㹴（manchester terriers）、迷你雪瑞纳㹴（miniature schnauzer terriers）和硬毛㹴（Wire haired terriers）等。可能与遗传缺陷有关。本病也可继发于眼肿大症（牛眼）。

［症状］ 晶状体全后脱位，脱入玻璃体内，眼房变深，无临床症状或伴发眼的炎症。

晶状体全前脱位，脱入眼房，眼房变浅，症状明显，常伴发青光眼、角膜炎及前色素层炎。

晶状体不全脱位时，可见瞳孔内晶状体赤道部呈半月形，且虹膜震颤。

［治疗］ 晶状体全前脱位或不全脱位需施行晶状体摘除术。晶状体全后脱位一般不需手术治疗。

二十、玻璃体疾病

（一）玻璃体内出血（Intravitreal blood）

眼在外伤性因素下，挫伤、创伤时，玻璃体可继发性出血，血管的、角膜色素层与视网膜的损伤也可引起。当这些膜的炎症时，当新生物与动脉硬化时也可能发生。

进入玻璃体内的血量由少量不大的出血到完全渗透到眼内的出血。同时眼前房也往往发生出血和积血。

［**症状**］小的出血，当光线进入时，可见有不大的暗的浮游于玻璃状体内的浑浊形式。来自视网膜的出血通常位于深处。由脉络膜与圆柱状体引起出血，是在玻璃体的前层、晶状体的后面。

大多数情况下，多量的出血泛发地贯穿玻璃体，因此使眼底的检查无法进行。此时当散大瞳孔，应用斜映光照射时，有时可看见位于晶状体后面的血液，血液的色泽根据出血的时间，变动于红—黑—褐色之间，大的出血在光线照射时呈暗的黑色。

［**预后**］根据原因、出血量的大小与出血的时间预后有所不同，不大的出血可能在 8~12 日内吸收；较大的、泛发的出血引起的约需 20~30 日。当犬出血时，血液的部位可能局限于结缔组织内。

［**治疗**］应先确定出血的基本原因，局部温敷，使用温热绷带，热水袋，用狄奥宁滴眼，结膜下注射 3%~5%氯化钠，使用碘化钾、碘化钠。也可使用组织疗法。

（二）玻璃体脱出与移位（Prolapse and translocat of vitrein）

玻璃体由眼球经巩膜或角膜的贯通创而脱出称为玻璃体脱出。当无晶状体或晶状体移位时发生玻璃体侵入于前房内叫做玻璃体移位，通常，脱出于创伤后立即发生，而移位则缓慢发生。

［**症状**］脱出发生时可见有或大或小的玻璃体经巩膜创伤或角膜创口脱出。当角膜创伤时往往虹膜会一并脱出。当玻璃体移位进入眼前房内，常与角膜胶着、粘连，而使角膜出现混浊，脱出时视力消失，移位时它同样或大或小的程度上出现障碍。

［**预后**］玻璃体脱出恢复较为困难。

［**治疗**］在由于巩膜创伤引起玻璃体脱出时，易于发生眼球内的感染而发生化脓性全眼球炎，必须及时使用抗生素等以控制感染。巩膜的创伤应及早使用 6–0 号可吸收线加以修补。

玻璃体移位时治疗无结果。

第二节　耳　病

一、耳壳血肿（Othematoma）

耳壳血肿是指耳廓内侧皮下出血引起的肿胀。垂耳品种犬易发，但竖耳犬和猫也常有发生。

[病因] 一般认为主要与自身摇头、甩耳、抓耳和擦耳等有关。打斗或受到挤压也可引起。另外，急性或慢性炎症、耳寄生虫感染、异物和肿瘤刺激耳廓也可诱发本病。

[症状] 发病后耳廓内侧迅速肿胀，一般从耳基部开始，逐渐向耳廓中部发展，严重者波及整个耳廓。由于肿胀，使耳翘起。肿胀处呈紫褐色。病初触诊有弹性、波动感，以后触之温热、疼痛、周围硬实、中间变软。穿刺可见有血色液体流出。肿胀阻塞听道时可引起听觉障碍。血肿感染可形成脓肿，有的病例可并发淋巴液渗出，出血经治疗停止后脓胀处充满和流出淡黄色黏液性淋巴液。

[治疗] 小的耳壳血肿，可用细的皮下针头穿刺抽出积血，拔出针头，再用耳绷带压迫局部维持 7~10 日，可制止出血。犬的血肿可用切开缝合法进行治疗。但如血肿发生时间短，可暂不急于手术，待血肿形成较大或 10~14 日后手术治疗。过早手术，术后出血较多。

手术时，犬、猫全身麻醉，局部剃毛、消毒，并用棉球塞住外耳道入口，以防止血液进入外耳道。根据术者习惯和血肿大小，在肿胀中间，做一与其等长的直线或“S”形切口，也可做十字形切口。清除肿胀腔内的血凝块和纤维素。用剪分别剪除两侧皮肤创缘约 4mm。然后，在切口两侧用 4 号丝线做几排水平纽扣状缝合，以期闭合血肿腔（图 17-2-1-A）。缝合时，从耳廓凸面进针，穿过全层至凹面，再从凹面进针穿出凸面，并在凸面打结（图 17-2-1-C）。针距为 5~10mm，每排间隔 5~10mm。为促进创内引流，皮肤创缘不对齐缝合，让其开放。

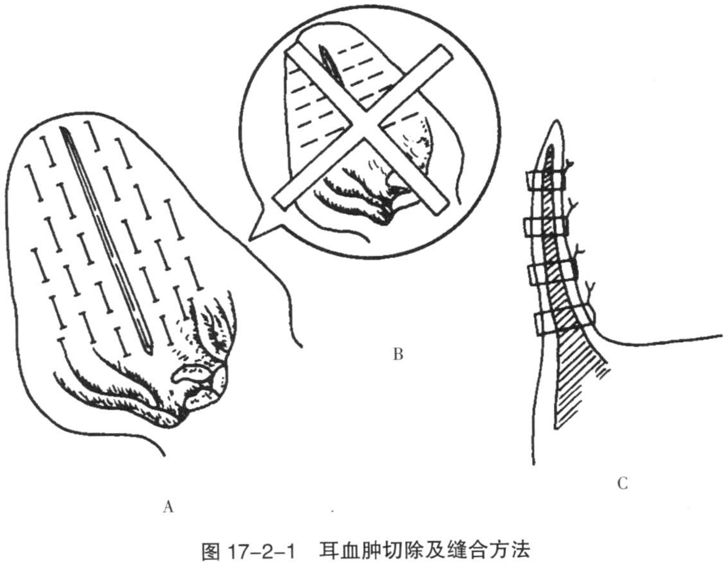

图 17-2-1 耳血肿切除及缝合方法

A. 血肿切除后正确缝合方法 B. 血肿切除后不正确缝合 C. 缝线全层通过耳廓，结打在耳凸面

[术后护理及注意事项] 患耳用绷带包扎，3~5 日拆除更换。动物不安、甩耳或抓耳，可适当给予安定镇静药，以防血肿再发。术后第 10 日拆除缝线。

二、耳的撕裂创（Laceration of ear）

[病因] 多由于外伤而引起。打斗、咬架、嬉戏、受到挤压以及交通事故时皆可发生。

[**症状**] 耳的撕裂创根据创伤的深度和结构，损伤有三种情况：

(1) 只损伤表面皮肤部分，软骨组织未受损伤。只有皮肤破裂和出血、疼痛（见图17-2-2-A）。

(2) 皮肤和软骨组织同时被损伤。损伤裂口较深，出血和疼痛（见图17-2-2-B）。

(3) 皮肤、软骨组织以及对侧皮肤完全被损伤，耳的全层被破坏，为穿孔性损伤（见图17-2-2-C）。

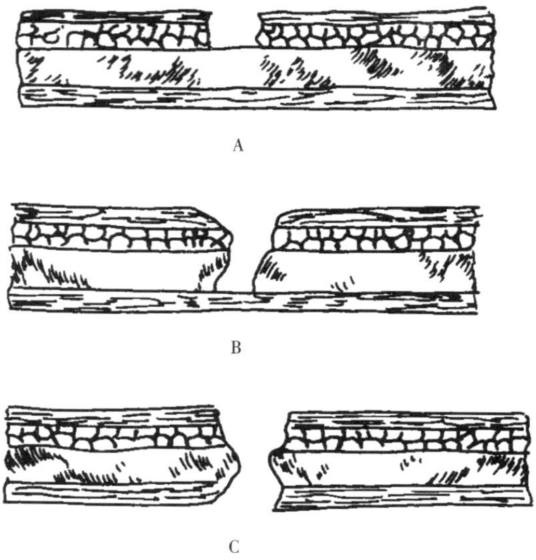

图 17-2-2 耳撕裂创

A. 皮肤损伤　B. 皮肤和软骨损伤　C. 全层损伤

[**治疗**] 皮肤表面创伤：首先要整复，把皮瓣对齐，然后细致缝合能增加美容效果。缝合时创伤边缘及皮瓣的中部要除去死腔，用水平褥式缝合。

创口不缝合，在愈合时，皮瓣形成挛缩，不能形成上皮或没有被毛覆盖，出现斑秃，影响美观。

皮肤和软骨损伤：这种类型的创伤不仅皮肤表面创伤而且软骨也失去支撑作用。愈合迟缓，需要纤维组织连接出现才能愈合。这种类型创伤软骨边缘排列不齐，愈合后耳能形成丑相。缝合时，皮肤缝合应用垂直褥式缝合，缝合深部软骨和浅表皮肤缝合（图17-2-3）。

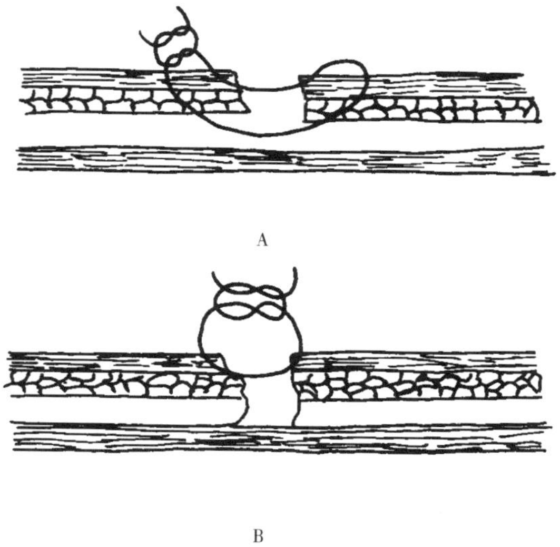

图 17-2-3 耳皮肤和软骨损伤缝合

A.垂直褥式缝合和固定软骨和皮肤　B.皮肤简单间断缝合

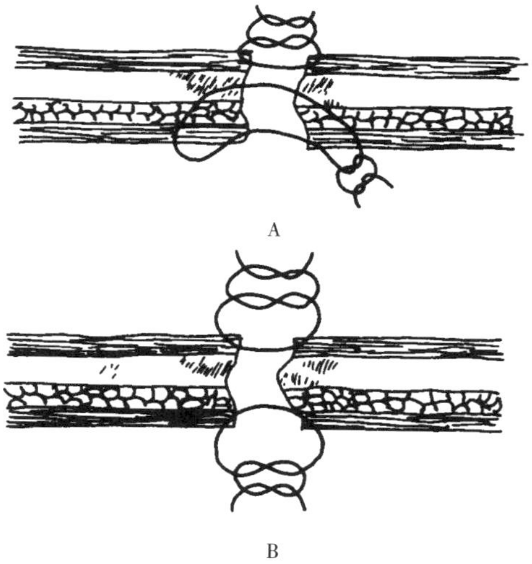

图 17-2-4 耳全层撕裂创缝合

A.耳一侧垂直褥式缝合，另一侧简单间断缝合皮肤

B.耳两侧皮肤简单间断缝合

穿孔创伤：耳穿孔破或撕裂，这样的创伤边缘，如果不及时治疗，可形成永久性缺陷。所以，应该损伤发生后立即缝合。这种耳全层撕裂创的缝合：耳的一侧应用垂直褥式缝合和固定软骨和皮肤，而另一侧，应用简单间断缝合皮肤。也可在耳两侧皮肤应用简单间断缝合（图17–2–4）。

三、外耳炎（Otitis externa）

外耳炎是指外耳道上皮的炎症。炎症常累及对耳轮和耳廓，也可通过鼓膜影响中耳。本病犬、猫均常发生，且垂耳或外耳道多毛品种犬如可卡犬、拉布拉多拾猎犬以及小型贵妇犬等品种犬更易发生。

[病因] 常因不正确洗耳引起耳外伤、耳内异物如泥土、毛发、耳垢、水或其他异物等、外耳畸形及新生物等引起外耳细菌或真菌感染。犬耳螨是重要的病原。炎热、潮湿也增加本病的发病率。耳炎也是过敏性皮炎的一个特征。病耳常发现糠疹癣菌属，可能是原发感染。

[症状] 患外耳炎的宠物，病耳垂下，摇头摩擦或搔抓病耳，引起耳破溃、充血，过分摇头导致耳廓血肿。外耳道疼痛或破溃、被毛潮湿，常流出淡黄色浆液性或脓性分泌物，粘连耳被毛，并散发异常臭味。病久或未治疗的外耳炎，其耳道上皮肥大、增生，使耳道阻塞，听力减弱。体温间或升高，食欲不振。

[诊断] 大多数外耳炎易诊断。特异性病因、异物及耳螨等只有用耳镜仔细检查才能识别。耳垢呈黑褐色，类似鞋油，常与葡萄球菌和糠疹癣菌感染有关；耳垢呈黄褐色、易碎，可能系葡萄球菌、酵母菌及变形杆菌感染；黄绿色水样脓性且有臭味的排泄物可能为变形杆菌或假单胞菌感染。确诊病原需进行微生物培养分离。耳镜检查时，发现小点状白色物体蠕动为耳螨感染。

[治疗] 宠物镇静或麻醉后，剪去耳廓及外耳道入口的被毛，用温灭菌生理盐水或0.1%新洁尔灭或雷伏诺尔棉球清洗耳垢及其分泌物。防止清洗液进入中耳，用小镊缠卷湿棉花擦拭清除，大块耳垢或其他异物可用耳匙轻轻刮除。分泌物深者，可用3%过氧化氢溶液（双氧水）洗耳。最后用干脱脂棉球吸干。对于急性外耳炎，清洗后局部涂抗生素软膏，每日1~2次；化脓性外耳炎，可用抗生素软膏和皮质类固醇类软膏，也可涂布氧化锌软膏，有助于保护收敛，每日1次；全身体温升高者，可全身应用抗生素；螨虫感染者，可于耳内滴杀螨剂；慢性外耳炎，炎性分泌物多，药物治疗时间长，亦难根治，可施部分耳道切除引流。

四、中耳炎、内耳炎（Otitis media，Otitis interna）

中耳炎是鼓室的一种炎症，犬、猫易发生。中耳炎、内耳炎常同时或相继发生。

[病因] 多因严重外耳炎引起。最常见病原为葡萄球菌、链球菌、假单胞菌及变形杆菌等。病原菌可通过外耳道、咽鼓管，蔓延至鼓膜或鼓室，或通过血源性感染中耳。中耳炎可引起内耳炎，结果发生耳聋和平衡失调。

[症状] 与外耳炎症状相同。但出现头向患侧偏斜，宠物摇头，向患侧转圈，耳下垂，疼痛，外耳道有排泄物及耳道内发炎。外耳道反复流出炎性分泌物，如伴发内耳炎，则发生耳

聋及平衡失调。头转圈更明显，并可向同侧跌倒，宠物不能站立、吃食及饮水。眼球颤动，运动失调，发热，精神沉郁及疼痛加剧。耳痛耳聋，有耳漏。严重时炎症侵及面神经和副交感神经，引起面部麻痹，干性角膜炎和鼻黏膜干燥。炎症侵及脑膜后可引起脑脊膜炎，可导致死亡。

[诊断] 严重化脓性外耳炎或外耳道有植物芒刺应怀疑中耳炎。耳镜检查，如发现鼓膜穿孔可证实为中耳炎。如因咽鼓管感染所致，可见鼓膜突起变色。慢性中耳炎，X 线检查可发现鼓室内积液及鼓室骨硬变。

[治疗]

(1) 首先局部和全身用抗生素治疗。外耳道清洗干净后，滴入抗生素药水，并配合全身应用抗生素，以使药物进入中耳腔。用药前，应对耳分泌物做细菌培养和药敏试验，变形杆菌和假单胞菌感染时可选用氯霉素和庆大霉素。抗生素治疗至少连用 7~10 日。

(2) 中耳腔冲洗。上述治疗临床症状未改善时，可行鼓室冲洗治疗。动物必须全身麻醉，用 37~38℃灭菌生理盐水或其他灭菌溶液，用一根长 10cm、内径 1mm 的中耳导管进行冲洗。一般先冲洗外耳道，再用耳镜检查鼓膜。如鼓膜已穿孔或无鼓膜，可将冲洗管经鼓膜孔插入中耳的深部进行冲洗；如鼓膜未破，可先施鼓膜切开术或直接用冲洗管穿破鼓膜，伸入鼓室锤骨后方注入液体冲洗。冲洗时，吸管不可移动，以防撕破鼓膜。冲洗后要经导管吸出冲洗液，反复冲洗至吸出的冲洗液洁净为止。若 2 周后炎症仍在继续，可再次冲洗。

(3) 中耳腔刮除。严重慢性中耳炎，上述方法无效时，可施中耳腔刮除治疗。先施外侧耳道切除术和冲洗水平外耳道，用耳匙经鼓膜插入鼓室进行广泛地刮除。其组织碎片用灭菌生理盐水清除掉。术后几周，全身应用抗生素和消炎性皮质类固醇药。

如伴有鼓泡骨硬化和骨髓炎性慢性中耳炎，需施行鼓泡骨切除术。

第十八章
犬、猫的肿瘤疾病

一、传染性口腔乳头状瘤（Infectious oral papilloma）

乳头状瘤又称为疣，发生在犬口腔黏膜或皮肤上的良性肿瘤，猫较少发生。

［病因］乳头状瘤由乳突状病毒科的小型双链DNA病毒感染引发，病原有宿主特异性，直接接触传染，污染物和昆虫可传播病毒。

［症状］潜伏期4~6周，主要感染幼犬的口腔。瘤体发生在唇、颊、齿龈或舌下、咽等黏膜，初期在局部出现白色隆起，逐渐变为粗糙的呈灰白色小突起状或菜花状肿瘤，呈多发性。严重的病例，舌、口腔和咽部可被肿瘤覆盖，影响采食。当出现坏死或继发感染时可引起口腔恶臭味，流涎。

［诊断］根据临床症状及流行病学特点可诊断本病。

［治疗］传染性乳突状瘤有自愈性，一般多为4~21周。若病程长有咀嚼障碍时，可进行手术切除，并烧烙创口，但在肿瘤生长阶段，可导致复发和刺激生长。在成熟期或消退期时切除。对于发病犬、猫进行隔离。

附：皮肤乳头状瘤，肿瘤形态与口腔乳突状瘤相似，多发于面、颈和四肢部。口腔乳头状瘤病毒注入皮肤后不会引起皮肤发生病理变化。

二、齿龈瘤（Epulis）

齿龈瘤为牙周韧带的一种肿瘤，其组织结构含细胞成分相对较少，由成熟结缔组织构成的排列规则的肿块。

［病因］肿瘤可出现在任何年龄的犬，但老龄犬多见。英国斗牛犬可能有一定发病因素。齿龈瘤有三种组织结构纤维瘤性齿龈瘤，骨化纤维瘤和棘皮性齿龈瘤。

［症状］多发于6岁以上犬。初期无明显症状，但被毛、食物残渣可在肿瘤与齿之间积聚产生刺激和口臭。严重可出现溃疡、出血。纤维瘤性齿龈瘤和骨化性纤维瘤可以是单一或多发，一般不具浸润性，但可扩大并影响牙齿。棘皮性齿龈瘤破坏性较大，可侵入周围组织甚至骨骼。

［治疗］纤维瘤性瘤和骨化纤维瘤，不严重时可用电烧烙术处理，术后用0.2%氯乙啶（洗必泰）冲洗或2%碘甘油涂抹。每日1~2次。若犬、猫出现功能障碍，可用外科手术彻底切除。瘤体做组织检查，以确定预后和瘤组织的性质。棘皮性齿龈瘤应完全切除。为防止复发，手术中应除去所有的被皮及软组织与骨骼。静脉注射长春新碱0.02~0.05mg/kg体重，7~10日1次。

三、口腔鳞状上皮癌（Oral squamous cell carcinoma）

口腔鳞状细胞癌起源于口腔上皮，穿过生长层并侵入下面的结缔组织。

［症状］对老龄的犬、猫危害较大。猫最常见于嘴唇、牙龈和舌头。而犬的鳞状细胞癌常发部位是齿龈和上腭。各部位的肿瘤都表现为非常坚硬的、侵袭性的白色团块，表面往往出现溃烂。切面颜色较淡，犬和猫的鳞状细胞癌有时出现在下颌内。肿瘤引起下颌的扩大与变形，在 X 射线检查时，易和骨细胞内瘤混淆。鳞状细胞癌也发生于猫的食道，对食道造成阻塞。

［治疗］猫口腔内发生鳞状细胞癌时，不管肿瘤发生部位与分化程度如何，预后不良。手术切除后，由于局部复发并常伴有所在区域淋巴结转移或肺转移，大多数将在 3 个月内死亡。

犬鳞状细胞癌，由于经常在局部复发或转移到同侧的咽后和颈浅淋巴结或肺，预后应慎重。齿龈发生鳞状细胞癌时不容易发生转移，但由于发病部位会出现严重的糜烂与溃疡。试用长春新碱治疗，无效可实行安乐死。

四、口腔纤维肉瘤（Oral fibrosarcoma）

口腔纤维肉瘤是一种纤维细胞的恶性肿瘤。为猫第二常见的口腔肿瘤。犬的口腔纤维肉瘤是继黑色素瘤和鳞状细胞癌之后，排列第三位，为常发恶性肿瘤。发病的平均年龄是 8 岁，多见于大型犬，尤其是金毛寻猎犬。雄性犬有多发倾向。猫发病年龄通常偏老，平均年龄 10 岁。

［病因］不明或与病毒有关。

［症状］常见发生部位是犬齿和肉食齿之间区域的硬腭和上颌骨齿龈。表现为一种坚实、新鲜的肿瘤。出现的症状决定于肿瘤的位置和大小，可以包括吞咽困难、流涎、厌食、口臭，夸张的咀嚼动作或咀嚼困难，或用爪子抓嘴。

纤维肉瘤可以长得很大，直径大于 4cm，呈局部侵袭性。但在猫和老年犬仅见偶尔转移。

［治疗］为了防止局部多发，大范围的手术切除及部分或完全切除上颌骨。在此基础上进行化疗（阿霉素药）或放射疗法。

五、嗜酸性肉芽瘤（Acidophilic gramuloma）

嗜酸性肉芽瘤生长在口唇上，任何年龄猫均可发病，但幼年猫发生的较少。犬少发生。

［病因］目前对本病病因尚不清楚，通过局部组织压片和病理组织切片检查，除发现革兰氏阳性细菌外，在分离培养后，还见有变形杆菌、金黄色葡萄球菌和溶血性链球菌等。

研究者通过多数病例观察，认为是一种自身变态反应。猫有像“锉刀”样舌体，而且十分灵活，经常摩擦上唇，可能成为诱发此病的重要因素。

［症状］初期在上唇正中部位产生凹陷，病灶小而平滑，逐渐患部口唇变的肥厚红润，其糜烂面沿上唇逐渐扩大，直至浸润到口唇周围组织。严重病变可发展到整个口唇部，呈木构状，齿龈露出，流涎，造成进食困难。病变也可能出现在身体其他部位，如四肢和会阴等处。

［治疗］局部可用1%龙胆紫水溶液涂搽，给予大剂量维生素E，每只猫剂量为50~100mg，每日分2次口服。还可用肾上腺皮质激素类药（如地塞米松等）。溃疡面用5%硝酸银腐蚀后，再涂搽抗生素软膏（如新霉素软膏等）；小病灶可用外科切除治疗。继发感染时，应用青霉素、卡那霉素等进行治疗。

六、鼻腔腺瘤（Nasal adenoma）

鼻腔腺瘤起源于鼻上皮，有很大的破坏性和侵袭性，犬、猫均可患此病。

［症状］肿瘤一般呈红色、粗糙、出血的肿块，填塞于鼻腔，引起脓性带血的鼻漏。X线检查见患例鼻腔内有占位性高密度阴影。组织学检查见肿瘤组织由柱状上皮细胞组成，细胞排成侵袭性索状，一些细胞形成黏液分泌腺，随着肿瘤的生长，邻近的鼻腔正常结构受到破坏。

［治疗］现在尚无有效疗法，预后不良。

七、鼻窦癌（Nasal sinus cancer）

鼻窦癌起源于鼻腔和额窦的柱状上皮细胞，犬、猫均可发生。

［症状］多是单侧发生，发病侧损伤广泛，鼻甲骨几乎完全被破坏。鼻腔有时包括额窦被一种苍白、灰褐色的、易脆的组织所堵塞，导致临床上呼吸时的鼾音、单侧黏液性脓性鼻腔分泌物和叩诊浊音症状。在许多病例中，肿瘤引起了上额骨和前额骨明显的扭曲。

［治疗］如果作出早期诊断，采取大范围的外科切除，化疗、放射治疗或几种方法同时进行，则预后较好。但对大多数病例，发现时已是晚期。预后不良。

八、咽喉部肿瘤（Laryngopharynx tumor）

咽喉部原发性恶性肿瘤少见。继发性肿瘤如腺瘤、骨瘤、巨细胞瘤和软骨瘤较为常见。此外，甲状腺瘤、淋巴肉瘤等由于压迫喉神经而且影响喉功能。咽喉部肿瘤的诊断需与生长在喉部、声带处息肉相区别，后者多发于犬，但很少引起呼吸困难。因创伤的渗出性变化或手术所致的软骨瘤和肉芽肿可发展为严重阻塞呼吸道的异物。

咽喉部肿瘤一般无手术治疗价值，必要时可行对症治疗。

九、耳壳肿瘤（External ear tumor）

耳壳常发生鳞状上皮癌，猫易发。

［症状］耳壳肿瘤常发生于耳尖部或耳缘处。常同时发生在耳壳的内外侧皮肤上，呈久不愈合的增生性病变，发展缓慢。病变表面溃烂，侵及皮下组织。病理检查见病变切面呈粉红色或略带灰色，病变由较大的多边形细胞组成，细胞形态类似于鳞状上皮细胞。这些细胞常聚集成片状或索状侵入真皮及皮下组织，细胞丛中央含有蛋白。病变可向局部淋巴结转移。

［诊断］发生在猫耳尖部或耳缘处的增生性病变应疑为肿瘤。应与耳缘皮肤病和日晒性耳壳皮炎相鉴别。耳缘皮肤病是耳壳边缘内、外侧皮肤和被毛的角化不全病，病变表现为在耳

壳边缘内外侧皮肤上粘有脂质或蜡质样痂皮，患部脱毛，严重者继发局部发炎、溃烂或坏死。

[治疗] 耳壳切除术。

十、外耳道肿瘤 (External meatus tumor)

肿瘤可发生于耳道的任何内皮成分和支持结构，包括鳞状上皮，耳垢腺或皮脂腺等组织。该病易发生于外耳道和听道，在中耳和内耳较少发生。手术切除。

十一、耳垢腺瘤 (Cerumen adenoma)

耳垢腺瘤多发于中年以上的犬、猫。

[症状] 多发生于外耳道，呈坚实的结节状，常堵塞耳道，耳分泌物增加并有异味，耳朵周围肿胀或出现脓肿，继发中耳炎。有的可出现歪头、运动失调等症状，要与犬原发性外耳炎引起的增生物及猫内耳炎性息肉相区别。

[治疗] 耳垢腺瘤均为良性，可手术切除。

十二、耳垢腺癌 (Cerumen adenocarcinoma)

发生于老龄的犬、猫，其他动物罕见。

[症状] 结节状或斑块状，边界不清，早期病理变化只局限于耳道，后期可转移到周围的软组织、骨、淋巴结和其他器官。

[治疗] 可采取大面积手术切除，有时外耳需一起切除。如果病理变化只限于耳道，预后良好。也可采取外部理疗措施，但效果尚不确定。

十三、原发性肺肿瘤 (Primary lung tumor)

原发性肺肿瘤在犬约占全部肿瘤的0.31%~1.04%，猫剖检结果仅占0.38%。犬发病的平均年龄为10.5岁。无性别、品种间的差别。包括肺实质、胸膜和支气管壁发生的肿瘤，在宠物实际上所有都是恶性的。犬以乳头状或腺泡腺癌为最常见，约占83%，猫的鳞状细胞癌比犬更常见，约有1/3病例是在做麻醉前检查或每年做X线普查时发现的。

[病因]

(1) 癌。包括腺癌；鳞状细胞癌；支气管肺泡癌；退行发育的癌。

(2) 肉瘤。包括淋巴肉瘤和未分化的肉瘤。

[症状] 原发性肺肿瘤有多种症状，这取决于肿瘤的位置、肿瘤生长速度、有无原发或并发的肺疾病。共同症状包括咳嗽、食欲减少、体重下降、喘息、呕吐或逆呕、体温升高和跛行。犬常见的多为慢性经过，表现为无痰性咳嗽。猫咳嗽不常见，更常见的是非特异性症状，有食欲减少，体重下降，呼吸困难及呼吸急促。犬、猫出现呼吸急促和呼吸困难表示有较大的肿瘤的危害或胸膜渗出。猫患原发性肺肿瘤后胸膜渗出很常见。跛行可能是由于肥大性骨病所致，猫不常见跛行，或是肿瘤转移到骨骼肌的缘故。胸腔听诊无变化，呼吸音的增加与肺充血程度有关，呼吸低沉是由于肺硬化或胸膜渗出的缘故。肺肿瘤主要发生于终末支气管

上皮。多见于右侧肺叶。

[诊断] 胸腔透视是很重要的方法，但也可能与其他肺病相似的肺透视图像，设法排除这些疾病可作出初步诊断。确诊则要靠活组织检查。

[治疗] 通过外科手术切除肺叶是首选的治疗手段。不能实施手术的或转移性肿瘤可通过化疗得到控制。犬原发性肿瘤，手术后平均存活时间为 10~13 个月，如果确诊时已出现向淋巴系统转移，其存活时间就会缩短。复发和肿瘤的转移是引起死亡的常见原因。

十四、转移性肺肿瘤（Metastatic lung tumor）

局部肿瘤可通过血液、淋巴途径或者是肿瘤细胞的直接扩展而扩散至全肺。某些原发性肿瘤，如乳腺癌、骨软骨肉瘤及口腔黑色素瘤，最常转移到肺脏。肺可能是肿瘤转移的唯一部位，或者在其他器官也同时出现转移。对于前一种情况，诊断方法是确定潜在的原发性肿瘤，或仔细复查病史以揭示以前是否做过肿瘤切除。如果是恶性肿瘤的晚期出现肺转移，则预后不良。

[症状] 除了咳嗽较少见以外，转移性肿瘤肺病的临床特征类似于原发性肺肿瘤。症状的严重程度取决于肿瘤的解剖位置及病变是单一性的还是多发性的。

[诊断] 诊断与肺原发性肿瘤类似。由于常规透视时小病变（直径小于等于 3mm）显示不出，许多的肺转移瘤病例可能被忽视。

[治疗] 对有较高肺脏转移率的肿瘤切除前，应进行胸腔放射照像，癌症治疗的主要目的是防治肿瘤的转移。生长缓慢或单一的转移性肿瘤用外科手术切除是最佳的治疗方法。化疗或放射治疗对某些不宜外科手术切除的肿瘤可能有效。总的来说，肺转移瘤的预后不良。

十五、胸腺瘤（Thymoma）

胸腺瘤起源于转移的胸腺上皮细胞。常见于犬，德国牧羊犬发病率高。少见于猫。肿瘤分为良性胸腺瘤，其具有良好的囊膜。恶性胸腺瘤，具有局部扩散和转移性。

[症状] 呼吸困难，发声困难。心音低沉，当有胸腔积水时更是如此。由于颅腔静脉回流受阻出现面部水肿。猫可见不可压缩性胸廓。放射照像或超声造影技术可发现肿瘤。病理组织学检查，样品中完全由胸腺细胞组成，有时可见肥大细胞。

[治疗] 属于良性肿瘤可以施行手术切除。恶性肿瘤可以试用化学疗法，如环磷酰胺、阿霉素、长春新碱等。

十六、胸膜、纵隔窦、肋骨肿瘤（Pleura-mediastina-costa tumors）

胸膜肿瘤原发性肿瘤为恶性间皮瘤，多发生于胸膜壁层，可采用外科剥离层术。转移性胸膜肿瘤多为腹腔瘤经横膈膜转移。纵隔窦肿瘤多发于纵隔窦前腹侧及肺门部。肋骨肿瘤多发于 2~8 岁大型犬种的最后肋骨，肿瘤向胸腔内发育。

[症状] 病犬易疲劳，食欲不振，体重减少，干咳或持续性咳嗽，咯血。肿瘤本身向肺内浸润，压迫胸腔产生大量渗出液而引起呼吸急促或困难。肿瘤压迫食道使之狭窄及阻塞的则

咽下困难或逆呕。肿瘤压迫静脉系统则出现腹水、胸水或颈部及前肢浮肿。继发感染、肿瘤坏死的病犬，体温升高。

［诊断］X 线检查：食道造影可发现食道内肿瘤所致的食道变位、狭窄、食道扩张等。肺门部非选择性血管造影可鉴别肺动脉或静脉扩张和肺门淋巴结肿大。心包空气造影，可确定心底部肿瘤。胸膜造影可区别胸腔内肿瘤和胸膜肿瘤。

活体检查或细胞学诊断：穿刺取肿瘤组织或有可能存在肿瘤的胸水、心包液，确认异型细胞。

［治疗］对单在原发性肿瘤施以手术切除，但已转移的应禁忌手术。目前，临床使用环磷酰胺、癌得星等具有一定控制作用。为预防继发感染，可结合抗生素及皮质激素疗法。

十七、胃肠道腺瘤 (Gastrointestinal tract adenomas)

胃肠道腺瘤又称息肉。常见于犬，可发生于胃肠道任何部位，但更常发生胃的幽门部、十二指肠、直肠的后段。

［症状］胃和十二指肠瘤，临床上表现为进食后几小时出现呕吐。发生于直肠后段的肿瘤，引起排便费力和排出混有血液的粪便。通过口服钡餐进行 X 射线检查，或者腹腔探查，可作出诊断。腺瘤通常呈现小的、坚硬的、蒂状肿瘤，该肿瘤通过一条狭窄的根蒂连接到黏膜上。肿瘤的切面颜色较淡，质地较硬，肿瘤外周包绕着许多既小又细的乳头样结构。

［诊断］根据上述发生部位及组织学变化即可确诊，腺瘤的中央为致密结缔组织，外部被形成分支状突态或腺泡样结构高柱状上皮细胞包绕。

［治疗］手术切除腺瘤。预后良好，但直肠腺瘤易复发。

十八、胃肠道癌 (Gastrointestinal tract carcinomas)

胃肠道癌在一些宠物并不常见。犬的腺癌多在胃和直肠中发生。

［症状］发生部位临床症状与胃肠道腺瘤相似。但腺癌很少是局限性的，受损器官壁层往往出现不规则的增厚区域，如果发生在胃，整个胃壁都可能增厚。覆盖腺癌区域的黏膜发生溃疡并出现继发感染，肿瘤区域硬度一致，切面呈灰白色，肌肉组织被肿瘤所替代。小肠也能形成大的多结状癌，它能引起肠道部分或全部阻塞。

［诊断］根据上述症状及组织学变化即可作出诊断。腺癌在分化程度上有很大变化，直肠癌的分化程度较高，胃癌分化程度低，分化程度较高的肿瘤是由致密的纤维状基质和不规则形态的囊状腺泡构成。腺泡腔内含有黏液样分泌物。即使是分化良好的腺癌，也是呈侵袭性生长，以致整个壁层能够见到肿瘤样结构。发生在胃的分化较差的肿瘤，可见到整个胃的壁层被体积较大的上皮弥散性浸润，上皮细胞一般不形成镜下可见的腺体样结构。

［治疗］早期手术切除，可取得较好预后；后期治疗特别是直肠癌，预后不良。

十九、肝脏肿瘤 (Liver tumors)

肝脏肿瘤可分原发性肿瘤和继发性肿瘤两种。肝脏肿瘤占所有肿瘤的 0.6%~1.3%。根据其起源于上皮细胞，可分肝细胞腺癌、胆管细胞腺癌、肝细胞癌、胆管细胞癌（胆道癌）、类癌瘤等；根据其起源于间质又分血管肉瘤、纤维肉瘤、骨外骨肉瘤及平滑肌肉瘤等。肝细胞癌是最为常见的肝脏肿瘤。据病理剖检统计大约占原发性瘤的 47.7%。

[原因] 除了猫白血病毒引起淋巴增殖性肿瘤外，犬、猫肝脏肿瘤的病因学还不知道。

[症状] 症状与慢性炎症性肝胆疾病的证候相似，如胆管肝炎和肝硬化。偶尔因肿瘤破裂出血而发生急性贫血。临床特征为食欲缺乏、失重、腹下垂、呕吐等。还有较为少见的症状有腹水、下痢、黄疸与呼吸困难。最为明显的症状就是触诊腹部有肿块（约占 80%）。可借助肝功能检查、组织学检查和 X 线检查进行诊断。血检一半以上病例有贫血、肝功能异常。如可用剖腹探查术作诊断与治疗。

犬常发肝癌，往往在剖检时才被发现。瘤体外形有的为巨块型，呈单独的巨大肿块，可以侵占大部分肝脏，有薄而明显的包膜，与周围的界限明显，质地柔软，突出于肝脏表面。切面为灰黄色，有不规则的暗红色出血区。有的为结节型，肝脏组织内散在许多小结节。组织学检查，癌细胞呈紧密的细胞层，不像正常肝细胞那样呈索状排列，并缺少中央静脉、门脉沟和胆管。肝癌细胞可在肝内转移，产生大量较小的圆形肿块，肝外转移较少见。

[诊断] 根据肝内肿瘤的部位和程度，有不同的症候，原发性肿瘤比继发肿瘤的生化和放射学变化更典型。

诊断依据：根据临床症候；血清丙氨酸转氨酶和血清碱性磷酸酶增加；低蛋白血症；低糖血症；贫血，再生性或非再生性；腹腔渗出物可看到肿瘤细胞；放射学检查可见胃被肝挤向背后侧移位，可见肺转移；B 超可帮助确诊。

[治疗] 手术疗法可用于生长慢的肝细胞腺瘤和癌瘤（局限于一个肝叶）。但本病预后差，转移率高。总的手术效果不佳。化疗用于原发性淋巴肉瘤可能延长生命。支持疗法与其他慢性肝病类似。

患病犬、猫应定期做胸部和腹部放射学摄片，以监测肿瘤再生和转移。每 2~3 个月施行血液学、血清化学、肝功和尿分析，以监视肝衰竭和其他并发症。

继发性肿瘤（转移至肝的肿瘤）比原发性肿瘤约高出 2.6 倍。肝作为重要内脏器官之一，常受到瘤的转移，是经门脉循环或全身循环系统而转移。

临床特征以肝外原发性肿瘤所引起的症状为主要表现，一般继发性肝脏肿瘤临床表现常较轻。肝肿大少见，肝功能异常不一，病程发展缓慢。诊断的关键在于查清原发肿瘤。转移至肝的肿瘤治疗原则应针对原发性肿瘤。

胆管癌起源于胆管的上皮细胞。多为单个的大肿块，呈圆形，不分叶，包膜不全。切面坚实，呈灰白色。组织学检查，癌细胞形成不完全，胆管模糊不清，其内含有黏液蛋白。胆管癌常发生肝外转移，可扩散到附近淋巴结和腹腔其他器官，尚无有效疗法。

二十、脾脏肿瘤（Splenic neoplasm）

脾脏肿瘤可分为原发性和转移性两种。原发性肿瘤是指自发于脾脏组织的肿瘤。转移性肿瘤较为少见。

[**症状**] 病犬初期一般无症状，随着脾脏肿大和血象变化的出现，病犬通常表现为腹胀、腹痛和贫血症状。血管瘤和血管肉瘤病犬一般表现为全身无力，腹部扩张，可视黏膜发绀，呼吸迫促。心动过速，严重时出现脾脏或血管破裂，失血量过大则出现低血容量性休克，甚至死亡。脾脏肥大细胞瘤病犬可表现为腹胀，不安，呕吐，血便，严重时因胃穿孔或十二指肠溃疡出现突发性虚脱。

[**诊断**] 病犬触诊可触及腹部肿块或脾脏肿大，腹部膨胀。放射线和超声检查，可见明显的脾脏肿大或脾肿块。

[**治疗**] 肥大细胞瘤和淋巴组织瘤可适当考虑化学药物疗法，肥大细胞瘤治疗一般单独应用泼尼松或泼尼松龙，也可应用长春新碱和阿霉素的联合治疗方案。肥大细胞瘤治疗过程中，应同时应用抗组胺药物疗法。

二十一、胰腺肿瘤（Pancreatic neoplasm）

胰腺是多种家畜好发的肿瘤部位，胰腺的外分泌部分和内分泌部分都有肿瘤病例报道。以犬和猫比较多见。老龄犬多发。

(1) 外分泌部肿瘤

腺瘤：通常肿瘤为结节状，有包膜。瘤细胞与正常腺细胞无大区别，无异型性，可排列为腺泡样或腺管样。

腺癌：肿瘤外观为结节样或团块样，但无完整包膜，并有向周围浸润现象，因此易发生转移。癌细胞形态视分化程度而定。有立方状、低柱状或多角形等不同形态，胞浆中常有多少不等的伊红染的酶原样颗粒，见核分裂象。癌细胞可呈管状排列，有时并见管内有乳头状突起结构。排列为实性团块者多为分化较差。

(2) 内分泌部肿瘤

胰岛腺瘤（胰腺泡细胞癌）：肿瘤外观呈结节状或其他形态，通常有较完整的包膜，边界清楚，切面均质，质地硬实。镜检胰岛腺瘤细胞为立方状、柱状或多角形，核圆或椭圆，罕见核分裂象。胞浆嗜酸性，染色较淡。瘤细胞排列为条索状或腺泡样。在有些病例，瘤细胞可被纤维组织等间质分隔为若干小叶。胰腺细胞癌可发生于胰腺的任何部位。在腺实质内形成小而坚实的白色结节。组织学检查，结节内有排列不规则的多边形细胞构成的腺泡。胰腺癌常发生广泛的转移，首先转移到肝脏，然后转移到肠系膜、大网膜和腹膜上，有大量小的灰色结节。在未转移之前就做胰脏切除，可以治愈。

胰岛细胞瘤：属于良性肿瘤，但对胰岛细胞功能有影响。由于胰岛素分泌过多，病犬出现低血糖的体征，如运动失调、精神不振、惊厥、昏迷等症状。组织学检查，胰岛细胞群在腺体内形成团块。这种肿瘤如果早期做胰脏部分切除，可望治愈，手术时应避免伤及通向十二指肠的胰管。

胰岛细胞癌：癌细胞类似于胰岛腺瘤瘤细胞，但间变明显，表现为大小和形态不一，有丝分裂象多见。细胞密集排列，可有浸润现象和发生转移。

由于胰岛组织是一种内分泌腺，因此胰岛肿瘤一旦发生，可不同程度地伴发血糖调节紊乱症状。

［治疗］做胰脏切除术或胰脏部分切除术。也可化疗。

二十二、肾脏腺瘤（Nephradenomas）

犬最严重的两种肾原发性肿瘤是肾细胞癌（肾腺瘤）和胚胎性肾胚细胞瘤（肾母细胞瘤Nephroblastoma，维耳姆斯瘤 Wilms Tumor）。肾转移性肿瘤比原发性肿瘤多见。骨肉瘤、血管肉瘤、淋巴肉瘤、肥大细胞瘤和恶性黑色素瘤常转移至肾。有报道48例肾原发性肿瘤中8例为良性，40例属于恶性。在猫，肾腺瘤和肾原发性淋巴肉瘤是最重要的肿瘤类型。肾原发性肿瘤占猫肿瘤的2.5%。

［病因］犬肾原发性肿瘤的原因尚未阐明。猫肾原发性淋巴肉瘤与猫白血病病毒感染有关。

［发病机理］

(1) 良性肿瘤。在犬，约15%~17%的肾原发性肿瘤是良性的。腺瘤、变移细胞的乳头状瘤、脂肪瘤、血管瘤、纤维瘤和错构瘤已有报道。

(2) 肾细胞癌发生在中年和较老年的犬。雄性犬比雌性犬常见。右肾和左肾发生肿瘤的几率似乎相等。常转移到肺。其次的转移部位有对侧肾、皮肤、淋巴结、肝、脾、心、脑、骨和眼。肾细胞癌可能为囊状，侵害肾盂、输尿管和邻近的血管。

(3) 胚胎性肾胚细胞瘤（胚胎性肾瘤、肾胚细胞瘤、维尔姆斯氏瘤）是一种混合瘤，由后肾胚细胞瘤、基质、不同分化阶段的上皮衍生物组成；发生于幼犬。

在一个临床报告中，60%有肾胚细胞瘤的犬都小于1岁，65%有转移。可能有间充质组织，如肌肉、软骨、骨或脂肪。

(4) 猫肾脏最常见的原发性肿瘤为淋巴肉瘤。肾脏受侵常和消化道或多中心型淋巴肉瘤伴发。只有1/4~1/3有肾淋巴肉瘤的猫呈猫白血病病毒阳性。肾淋巴肉瘤也发生于犬。

［症状］症状通常无特异性，包括食欲不振，进行性体重下降，腹部膨胀和疼痛。与泌尿系统有关的不常见的症状有血尿、多尿和烦渴。有肾细胞癌和肺转移的犬发生肥大性骨病已有报道。

［诊断］

(1) 体检可触知肿大的肾脏。

(2) 放射学摄片，放射学和B超检查可见密度稍高阴影和反射波。

普通的腹部放射摄片和超声波扫描可显示前腹部的液体密度团块。为了区分肾脏肿瘤与肾上腺、卵巢、肝和胰腺团块以及其他原因的肾巨大，可能需要做排泄性尿路造影。

(3) 实验室检查。血象：贫血或红细胞增多（血细胞压积大于60%，红细胞大于10×10^{12}/L）；生化概貌：血液尿素氮和肌酸酐不同程度升高；尿液分析：沉淀中有肿瘤细胞（少见）。

(4) 组织的病理组织学检查：确定诊断必须做病理组织学检查；肿大肾细针吸取物的细胞学评价可能具有诊断意义（如果存在表明淋巴肉瘤细胞的话）；多数病例需要做楔状活组织检查。

[鉴别诊断]

(1) 其他原因的肾巨大，如肾盂积水，囊肿。

(2) 其他原因的腹膜后或前腹部团块，特别是肾上腺与胰腺的肿瘤，卵巢的肿瘤或肉芽肿，腹膜后的血管肉瘤。

(3) 其他原因的红细胞增多。

[治疗]

(1) 肾输尿管切除是肾肿瘤可以选择的疗法（淋巴肉瘤除外）。外科手术前要取得胸部放射片以评价肺的转移。外科手术前通过排泄性尿路造影评价对侧肾的功能。手术建议包括：操作时尽快结扎肾动脉和肾静脉，完全摘除肾和输尿管，尽可能地摘除肾周脂肪，切除局部淋巴结和淋巴管。将切下的全部组织做组织学检查。

(2) 淋巴肉瘤可化疗。

二十三、卵巢肿瘤（Ovarian neoplasia）

犬、猫卵巢肿瘤发病率较低，其中以原发性肿瘤多见，分别占犬、猫全部肿瘤的0.8%~1.2%和0.2%~0.4%。常见有卵巢腺瘤、腺癌、粒层细胞瘤、足细胞瘤、无性细胞瘤、畸胎瘤等。

1. 卵巢颗粒细胞瘤

卵巢颗粒细胞瘤是卵巢内最为常见的瘤，常见于中老龄母犬。这类肿瘤来源于卵巢的卵泡细胞。肿瘤细胞可以分泌雌激素，使患犬持续发情或假妊娠。

[症状] 颗粒细胞瘤在被诊断之前就生长得非常大，其外观呈球状，有包囊和可移动的团块。它们一般只侵袭一侧卵巢，切面坚实，分叶，有出血斑，有时有大的囊状物。

临床上表现持续出现发情前期或发情的特征，并吸引雄性，在这一异常的发情周期中，可能不出现排卵，发情期延长，使机体清瘦。

[诊断] 根据症状并且母犬出现发情症状超过21日，发情前期和发情期持续时间超过40日可怀疑本病。猫则较难与正常的频繁发情区别，组织学分析肿瘤被大量的纤维组织分隔成小叶状，细胞呈辐射状排列。细胞胞浆丰富，细胞核位于中内，呈球形。

[治疗] 卵巢颗粒细胞瘤一般为良性肿瘤，通过外科手术可治愈。并配合化疗如环磷酰胺进行治疗。

2. 卵巢腺瘤和腺癌

卵巢腺瘤和腺癌常见于犬，也发生于猫。它们是非功能性的瘤，并不引起行为改变，通常表现为进行性的腹部膨大。

[症状] 此肿瘤和其他卵巢肿瘤相比，它们在被发觉前就长得很大，且一般表现为单侧肿瘤，由大量的大小不一的紧紧包裹在一起的囊状物组成。这些囊肿内充满了清亮的、浅黄色的液体和被一层有白色组织的包膜包裹，组织有规律地排列成乳头状。

腺瘤外包有一层厚而完全的纤维膜，界限清楚，而腺癌一般个体较大，且向包膜呈侵袭状，因而腺癌可与肠道或肾脏在浆膜粘连。腺瘤和腺癌上都有广泛的出血区域。

[诊断] 根据症状可进一步做B超诊断，液体外有一层包膜包裹。肿瘤被薄层纤维间隔彼此分开，腺瘤囊壁上会有一层分化良好的立方体上皮细胞，而在腺癌中囊壁上皮分化程度低，这些细胞在腔内围绕形成小玫瑰花状。

[治疗] 在诊断之前腺瘤往往长得很大，但手术完全切除后即可痊愈。而卵巢癌的切除效果则必须长期监视。有的恶性肿瘤由于粘连在周围组织上，因此不易彻底切除，所以常会发生局部复发和转移。最常见的转移方式是腹腔内转移，可见在腹膜的壁层和脏层有大量白色、坚实的肿瘤结节出现，也可通过血液转移到肝脏和肺脏。

二十四、犬、猫子宫肿瘤 (Uterine neoplasia)

犬、猫子宫肿瘤较为少见，分别占全部肿瘤的0.3%~0.5%和0.2%~0.4%。犬、猫均可发生上皮性肿瘤（腺瘤与腺癌）或间质细胞性肿瘤（纤维瘤、纤维肉瘤、平滑肌瘤、平滑肌肉瘤、脂肪瘤与淋巴肉瘤），其中以平滑肌瘤为最常见。

[症状] 无明显临床症状，往往是在腹壁触诊或做B超检查时发现，较严重的患犬表现阴门持续滴血或子宫积水。腺瘤个体非常大，通常是单一的，突出于子宫腔内。腺瘤界限清楚，有柄，有膜包裹，切面淡黄色，有大小不一的囊肿存在，囊腔充满清亮的淡黄色液体。在子宫或阴道中腺癌呈扁平状，界限不清，并侵袭周围组织造成黏膜溃疡。切面均质，致密，呈灰白色。

[诊断] 腹腔触诊有肿瘤时，进一步做B超检查可确诊。组织学特点：大多数生殖道腺瘤是由非常致密的成熟胶原基质所组成，内有大量分化良好的腺泡结构，上面衬有单层内皮细胞，且细胞常有分泌物。腺癌则由呈弥散性侵袭的大量紧密堆积在一起形成不规则形状的腺泡所组成。其中的细胞呈乳头状生长突出于腔内。

[治疗] 母犬可以通过子宫卵巢切除获得痊愈，甚至在组织学上判定为恶性肿瘤的也可以痊愈。

二十五、阴道与前庭肿瘤 (Neoplasia of the vagina and vestibule)

阴道与前庭肿瘤是母犬生殖器官第二常见肿瘤。占生殖道肿瘤（除乳房肿瘤）的64%，但母猫阴道肿瘤则不多见。母犬阴道肿瘤最常见平滑肌瘤和传播性性病肿瘤。其他肿瘤有纤维瘤、纤维肉瘤、神经纤维瘤、网状细胞肉瘤、鳞状细胞癌以及淋巴肉瘤等。

[症状] 会阴部臌起，从阴户脱出肿瘤组织、无尿或频尿。腔内肿瘤可感染。形成多血性或脓性阴道分泌物。苏格兰牧羊犬可见到阴道内有蘑菇状大小不一的肿瘤布满整个阴道壁。

[诊断] 早期诊断是基于阴道或直肠的触诊可摸到肿瘤块。确诊靠组织活检、病理细胞鉴别。

[治疗] 可采用手术切除治疗、肿瘤肿块多的、大面积生长，需做外阴切开术以便充分暴露阴道。传播性性病肿瘤需配合放射疗法或化疗。

二十六、睾丸肿瘤 (Testicular neoplasia)

犬睾丸肿瘤比其他家畜多发，除皮肤肿瘤，它是第二个最常见肿瘤，好发于老年犬。有些品种如拳狮犬、奇娃娃、波美拉尼亚犬、贵妇犬等易发。

猫睾丸肿瘤较少发生。睾丸肿瘤中足细胞瘤、精原细胞瘤和间质细胞瘤最常见。另还可见睾丸纤维肉瘤、血管瘤、粒层细胞瘤、性腺胚细胞瘤及未分化的肉瘤/癌。单侧睾丸肿瘤为多发。

［诊断］触诊睾丸的肿块。由于雌激素的产生，公犬出现雌性化（包皮下垂、吸引别的公犬等）。本肿瘤很少引起转移。B 超及 CT 检查有助于诊断。禁忌做活组织检查。

［治疗］以睾丸摘除术为好，术后辅以放疗及化疗等综合性治疗。放射治疗，根据病理结果，精原细胞瘤对放疗特敏感，其他肿瘤敏感性较低。化学治疗精原细胞最敏感，其他肿瘤亦有效，一般采用联合用药：顺铂 $20mg/m^2$，静脉滴注，每日 1 次，共 5 日；长春新碱 $3mg/m^2$，每周 1 次，共 3~5 次。

二十七、睾丸支持细胞瘤（Sertoli cell tumors）

睾丸支持细胞瘤是雄犬睾丸的输精管上皮细胞和精原细胞肿瘤化。多见于老龄犬，雄性激素和雌性激素的平衡失调为本病的诱因。有人认为右侧睾丸较左侧多发。

［症状］肿瘤生长相对缓慢，不向外侵袭，无痛感，但可能长得很大。其切面呈灰白色，小叶状。隐睾肿瘤形状不规则，常呈小结节状肿块，切面呈灰白色且较坚实。支持细胞瘤能分泌雌激素，这将使患病公犬发生行为改变——雌性化。这些犬会对其他公犬产生性吸引力。它们通常乳房增大，两侧对称性脱毛，初期见于生殖器周围，以后扩展到股内侧和腹部，并逐渐向股外侧、颈、胸、荐部以至全身蔓延，最后仅剩有脊背部一条有被毛，其他部位呈无毛状态。同时出现皮肤色素沉着，股内侧和腹部更为明显。包皮增长，未发生肿瘤的另一侧睾丸萎缩。前列腺也会由于鳞状化而增大。

［诊断］根据症状或睾丸活检，早期阶段，生精小管相对正常，但精子的发生已经停止，并且这些小管是由定向排列的、长柱状并带有空泡的细胞组成。细胞胞浆淡染，有一个浓染的卵圆形核。随着疾病的发展，间质胶原越来越多，使精小管闭塞。即可确诊。

［治疗］外科切除术，切除后雌性化及脱毛等现象，则可在 4 个月自行消失。

二十八、前列腺肿瘤（Prostatic neoplasia）

前列腺肿瘤犬较为常见，以腺癌、平滑肌瘤、纤维瘤、肉瘤和继发性瘤为主。

［症状］前列腺肿瘤的临床症状与其他前列腺疾病的症状相似。发病后可出现消瘦、烦渴、多尿、腰区疼痛和体温升高，如果肿瘤侵害尿道，可能会出现排尿困难或尿道阻塞。前列腺癌可转移至局部淋巴结、腰椎和骨盆。在疾病后期可转移至较远部位如肺，但不常见。在作出诊断以前常常已经出现转移。犬的前列腺疾病无论何时引起尿道阻塞，很可能是发生了前列腺肿瘤，同样，已经去势的犬如果出现前列腺肥大，也很可能是肿瘤所致。

［诊断］B 超及 CT 检查有助于诊断，通过活组织检查即可确诊。

［治疗］对本病没有有效的治疗措施，可试行手术摘除前列腺，辅以放射和化学治疗，用阿霉素和顺铂等。预后不良。

二十九、传播性性病肿瘤（Transmissible venereal tumor，TVT）

传播性性病肿瘤是侵害犬的外生殖器和其他黏膜的一种自发性肿瘤，又称接触传染性淋巴肉瘤（contagious lymphosarcoma），呈世界性分布，文献中报道已有150年。犬密集的地区发病率增高，许多病例不限于有性活动的犬。在气候温和的地区常见暴发。

［病因］TVT是自发的同种异体移植物。皮下注射细胞容易实验移植。通过性或群体接触，脱落的肿瘤细胞能由带肿瘤动物传至新的宿主。在自然传播中，肿瘤细胞侵入黏膜小的擦伤即可引起。

细胞的来源不明。肿瘤细胞有59±5个染色体，这与犬正常染色体数78个有明显不同。

［发病机理］

（1）生物学特性特征是肿瘤在头几周生长快速，后来肿瘤生长减慢，在6个月内可能自然消退。转移不常见，但实际的传播发生率不清楚。局部淋巴结是最常发生的部位。已报道的其他部位是脑、眼、睾丸、胸腔和腹腔器官。转移最可能在不能发生免疫反应的犬发生。

（2）免疫系统在肿瘤的生长和转移中起重要作用。已经证明有肿瘤的犬有体液抗体，并与肿瘤的退化有关。退化后抗体持续存在，抗体为IgG类。细胞免疫应答也已被证实，在TVT最后退化的犬已证明有对TVT强烈的成淋巴细胞生成应答。在成淋巴细胞生成应答弱的犬中转移的发生率较高。

［症状］肿瘤通常分为叶、菜花状、无蒂的团块；偶尔呈乳头状或有蒂。外露的表面松脆，生长早期呈红色，后期呈淡红色或灰色。常有出血和坏死。

最常见的部位为外生殖器，如包皮或阴茎；外阴、前庭或阴道。也可位于生殖器以外的器官，有或没有生殖器卷入，如唇、口腔、鼻腔，少数在皮肤，据报道是肿瘤细胞移植到咬伤部位的结果。与生殖器外或转移性肿瘤有关的，临床症状与受侵器官和部位有关。

有时大的肿瘤造成机械性不适。有浆液出血性生殖道排出物。因肿瘤坏死而有恶臭。常舔病变部位。

［诊断］

（1）存在典型的分叶、菜花状、出血的肿块。

（2）细胞性吸取物或压片、涂片是可靠、价廉的诊断方法。样品用Diff-Quik或别的血液学染料染色。涂片上分布着大的圆形、卵圆形细胞，细胞大小比较一致。每一个细胞都有大的、圆形的核和明显的核仁，细胞的胞浆中等量，含数量和大小不一的空泡。有些常见肿瘤为分裂象。

（3）病理组织学诊断是有帮助的，但不能将TVT与别的肿瘤区分开，如组织细胞瘤、淋巴肉瘤、无颗粒的（间变的）肥大细胞瘤。

（4）染色体组型是最准确的诊断试验，因为这种肿瘤细胞的染色体是59±5个，是很有特征的。

在发现肿块以前，浆液出血性排出物可能与下列情况混淆：发情、尿道炎、膀胱炎、前列腺炎。必须排除生殖道黏膜的其他肿瘤，特别是鳞状细胞癌。

［治疗］

（1）外科切除可能能治愈，但手术后常见复发。有人提出，肿瘤细胞有可能移植到切口部位，因而造成复发。

（2）根据肿块的大小和部位，电外科和冷冻外科可以结合或替代外科手术。

（3）放射疗法，单独或与外科手术结合，能够治愈。

在一篇研究中，一次放射剂量就足以治愈8只犬中的7只。总剂量通常建议为15~20Gy。局限性疾病可望100%治愈。

（4）化学疗法在治疗TVT中的成功率是很高的。它对转移性病例特别有用。给长春新碱，剂量为0.025mg/kg体重（最大剂量为1mg），静脉注射，1周1次。治疗的时间取决于退化的速度；治疗3~6周通常即可。第一次治疗2周内应见到肿瘤明显消退。长春新碱治疗的副作用少见，但可能有恶心、呕吐、一时性白细胞减少和可恢复的外周神经病。

（5）据报道，实验性移植的肿瘤几个月后能自然退化。退化可能与免疫应答有关。自发性肿瘤自然恢复的比率不明。

在肿瘤退化以前，限制与其他犬接触。化疗时，注意动物是否呕吐。治疗期间，定期检查白细胞数是否减少。监测复发，特别是在外科切除是唯一的治疗方式时。原发性肿瘤治疗后迟至2年曾见到转移。定期体格检查和放射学摄片可能是可取的。

三十、阴茎和包皮肿瘤（Neoplasia of the penis and prepuce）

阴茎和包皮肿瘤发病率甚低，大约为0.2%。以上皮瘤（乳头状瘤、鳞状上皮细胞癌）、纤维乳头状瘤（纤维瘤）、传播性性病肿瘤及其他间质性肿瘤（纤维肉瘤、淋巴肉瘤、血管瘤/肉瘤）等为主。猫从未见报道。

［症状］乳头状瘤或传播性性病肿瘤看上去有蒂或其底宽，且常溃疡或出血。鳞状细胞癌则常出现疣样或颗粒状肿块，可长大至5cm以上。其分泌物有恶臭味。

［诊断］体检时仔细观察包皮与阴茎可作出初步诊断。确诊靠细胞学检查。

［治疗］肿瘤应做广泛的切除。推荐用电烙止血，配合化疗和放射疗法。

三十一、基底细胞瘤（Basal cell tumors）

基底细胞瘤发生于皮肤表皮或皮肤附件的复层鳞状上皮的最基底的细胞层，亦称基底细胞癌，为家畜中常见的肿瘤。由皮肤而来的基底细胞癌表面多呈结节状或乳头状突起，底部则呈浸润性生长，与周围健康组织分界不清。由皮肤附件而来的基底细胞癌呈隆起结节样，肿瘤与周围组织分界清楚，切面有时见到大小不一的囊腔。

基底细胞瘤的生长缓慢，可发生溃疡。镜下癌细胞的形态与原细胞的组织学特征很相似，不形成棘细胞与角化。此癌很少发生转移。

基底细胞瘤以犬和猫比较多发，5%~10%的犬与2%猫的肿瘤为基底细胞瘤，平均发病年龄，犬为6岁，猫为10岁。公犬与美国可卡犬和贵妇犬公母犬更常发病。

［症状］较小的肿瘤呈圆形或囊体，呈小结节状生长，无蒂，质地硬，灰色，中央缺毛，

表皮反光。大的瘤体形成溃疡。一般只侵害皮肤，很少侵至筋膜层。个别瘤中含有黑色素，表面呈棕黑色，外观极似黑色素瘤。肿块易破溃，细胞淡染，高度分裂，变异细胞产生溶酶颗粒，故又称颗粒性基底细胞癌。

[治疗] 可用手术疗法。应用激光刀切除瘤体，疼痛轻，不用局麻也可耐受。选择在离肿瘤 1cm 范围切除。手术不出血，不缝合，手术时间短，愈合创面不留疤痕。手术切除不适宜的可用冷冻和放射疗法。5-氟脲嘧啶和环磷酰胺等化疗对治疗基底细胞癌有效。复发率低于10%，且很少转移。预后良好。肿瘤的溃疡面可用 5-Fu 软膏，每日涂 2 次。

三十二、皮脂腺瘤 (Sebaceous adenoma)

在犬，皮脂腺瘤多属良性。猫多发生皮脂腺腺癌，尤其老年犬、猫多发，犬平均年龄为 9 岁，无性别和品种间差异。有些品种比较多发。肿瘤常生长在躯干的背部和侧面、腿部、头部和颈部，为实体瘤。有些动物呈多发性，常被误认为疣，直径 0.5~3cm，有时具有肉茎，表面少毛。色灰白至黑，很少形成溃疡。有时瘤组织中可能含有基底细胞，因而易被误认为基底细胞瘤。可分为以下 4 种。

(1) 皮脂腺结节增生。切面呈黄色、分叶状，腺体大，其小叶完全成熟，环绕中央皮脂腺管周围。

(2) 腺瘤。瘤体坚实、界限分明、可任意移动、常常无毛、有时形成溃疡，其分叶比皮脂腺增生少。

(3) 皮脂腺上皮瘤。肉眼和组织学变化与基底细胞瘤相似，黑色素沉着明显，应与黑色素瘤区别开来。

(4) 皮脂腺腺癌。具有侵袭性，界限不明显，常破溃，不常发生于头部。腺癌由分叶或细胞索构成。其细胞核浓染，核仁明显，胞浆嗜碱性，且有浸入附近组织的有丝分裂象。

[治疗与预后] 皮脂腺增生、腺瘤与上皮瘤皆属良性，全切除或冷冻疗法均可治愈。约 20%皮脂腺腺癌会再发，需做大范围的切除。约 50%腺癌开始发现其直径为 2cm 或小于 2cm，以后可转移到局部淋巴结和肺。可疑者不能全切除，可行放射疗法。也可用 5-Fu 软膏涂搽局部。

三十三、鳞状细胞癌 (Squamous cell carcinoma)

鳞状细胞癌发生于表皮的棘状层，常发生于 6 岁以上的犬，发病率 3%~20%，无品种和性别差异。是猫第二种常见的皮肤肿瘤，占猫肿瘤的 9%~25%，发生于 6~9 岁老年猫。

本病与长期在强烈的日光下暴晒有关。某些化学性刺激，如甲（基）胆蒽（methylcholanthrene）和苯并芘（benzopyrene）可发生此种肿瘤。其他刺激如接触碳氢化合物，如石蜡、柏油等或机械性损伤、烧伤、冻伤，慢性炎症等也可诱发本病。

[症状与诊断] 常单个发生。基底部宽，表现呈菜花样或火山口状。多发生于头部，尤其耳、唇、鼻及眼睑等部位；犬的爪和腹部；犬、猫的乳房等。常侵害骨骼、转移到区域淋巴结。肺脏转移一般已属晚期。组织学检查可见癌细胞呈圆形、核固缩，且有分裂、胞浆嗜酸

性。有明显的细胞间隙。分化完好的癌细胞产生大量的角蛋白或“角化珠”，也称“上皮珠”。鳞状细胞癌常误认为慢性创伤而进行清创术或将其缝合。

［治疗］早期可做大范围的瘤体切除。但切除后 2~4 年约有一半再发。也可在早期采用放射疗法或做辅助疗法，防止再发。

有轻度色素的犬涂搽对氨基苯甲酸，皮肤染色或将犬关在屋内以防阳光照射。

三十四、脂肪瘤、脂肪肉瘤（Lipoma、Liposarcoma）

脂肪瘤是家畜常见的间叶性皮肤肿瘤，是由脂肪细胞与成脂细胞组成的良性肿瘤。它与正常的脂肪组织的区别在于：瘤内有少量不均匀的间质（血管及结缔组织）而将其分隔成大小不等的小叶。当有多量的结缔组织时，称纤维脂肪瘤（Fibrolipoma），当有多量毛细血管，并且生长活跃，如内皮细胞增多，形成小管腔或不形成管腔时，则称血管脂肪瘤（Hemangiolipoma）。

常见于犬，成年母犬常单发。脂肪瘤占犬皮肤肿瘤的 5%~7%，猫占其皮肤肿瘤的 6%。犬在第三眼睑、胸、肩、肘关节内侧、腹、背、阴门和腹侧壁等处。在腹胁部的哑铃样脂肪瘤有时候可能一部分位于皮下和另一部分位于腹膜下，两个“头”通过肌的裂缝为一茎状物相连。

脂肪肉瘤在宠物中也有发生，但不如脂肪瘤多见。和脂肪瘤一样，其来源也为脂肪组织。

脂肪肉瘤无完整包膜，质地柔软，也可略呈坚硬，外形多呈结节样或分叶状，黄色或灰白色，瘤组织中常有出血与坏死。在镜下，脂肪肉瘤的瘤细胞有已分化与未分化两个类型。前者似脂肪细胞，但核大且有异型性；后者细胞呈多形态，有圆形、椭圆形与菱形，胞核异型性明显，胞浆内常有脂质空泡。

脂肪肉瘤与浸润性脂肪瘤较少发生。没有年龄、品种及性别的因素。

［症状］单纯的脂肪瘤生长慢、光滑、可移动、质地软和有包膜。常位于胸或腹侧壁皮下，无临床症状，较少见于大网膜、肠系膜以及肠壁等处。一般生长缓慢，大小不一，病初直径为 2cm，6 年后显著增大可至 40cm。质轻，有假性波动，容易扯碎，出血较少，呈球状、结节状或不规则的分叶状，周围有一层薄的纤维包膜，内有很多纤维素纵横形成许多间隔。常有较细的根蒂，移动性大，老的脂肪瘤变为脂肪囊肿，可钙化甚至骨化。如感染则脂肪迅速变成坏死或腐败。镜检时除脂肪瘤有一纤维囊外，与正常脂肪组织难以区分。

［诊断］靠无菌穿刺抽吸法。

［治疗］对实体性的脂肪瘤，采用手术切除是比较恰当的。对胸内或腹内的脂肪瘤切除，只要在分离时勿伤及重要器官组织，严格遵守无菌操作及术后做好有效的抗感染和防止并发症，都能取得良好的治疗效果。

三十五、肛周腺瘤（Perianal gland tumors）

肛周腺是变形的皮脂腺，除犬外，其他动物极少有此种腺体。它局限地围绕着肛门周围。肛周腺瘤多见于年龄大的犬，母犬极为罕见。肛周腺瘤居犬常发肿瘤第三位，仅次于肥大细胞瘤和乳腺瘤。肛周腺瘤最多发生于 8~12 岁的雄性犬，可能与雄性激素的作用有关。某些品种显然比较多发。母犬的肛周腺瘤多为恶性。公犬也有恶性，也可能与其他肿瘤共存发生混合瘤。

[症状] 肛周腺瘤具有实体性，多发性，充血性和高出皮肤表面的特征。如遭磨损，易继发感染或形成溃疡、瘘管及脓肿。大多数为良性，很少转移，组织学检查可确诊。

[治疗] 外科切除、冷冻外科处理、化学疗法和放射疗法均有效。单纯外科切除易复发。因可能与雄性激素的作用有关，建议配合去势。

三十六、黑色素瘤（Melanoma）

黑色素瘤发生于皮肤、黏膜和眼，且黏膜最常罹病。皮肤黑色素瘤多为良性。发病率犬占皮肤肿瘤的 6%~8%，猫占皮肤肿瘤的 2%。常见于 7~14 岁的公犬，尤其肤色很重的犬种如可卡犬、波士顿㹴、苏格兰犬等品种犬更常发生。猫无品种和性别之差异。

[症状与诊断] 良性黑色素瘤按其起源可分表皮下和真皮黑色素瘤。前者最初为一黑色素斑块，渐而发展成硬实小结节，后者表面平滑、无毛、突起、周界明显和有色素沉着。恶性黑色素瘤一般瘤体较大，棕黑色到灰色，如肿块溃破，可浸润邻近组织。因细胞不能合成正常黑色素蛋白质使黑色素退色，故需经特殊染色方可辨别。

黑色素瘤主要发生于直肠、阴囊、会阴部、口腔、眼或趾部。瘤体孤立或成串发生，呈黑色、灰黑色结节状隆起，大小不等，切开后流出墨汁样液体。

当黑色素瘤恶性变化时，称为黑色素肉瘤。这种瘤具有恶性肿瘤的特点，生长快，瘤体大小和形状不一。发生于体表的瘤体与皮下组织紧密粘连，不能移动，易形成溃疡，且易转移到肺、肝、脾和淋巴结，常导致贫血和恶病质。

[治疗与预后] 黑色素细胞瘤可做大范围的切除，配合放射疗法。免疫疗法或化学疗法常用药物有氮烯咪胺、卡氮芥等，可抑制细胞的生长。恶性肿瘤预后不良。

三十七、乳头状瘤（Papilloma）

乳头状瘤属良性上皮瘤，是最常见的表皮组织肿瘤之一。某些病例是由乳多空病毒科的 DNA 病毒所引起。非传染性乳头状瘤为实体瘤，好发于老年犬，约占皮肤肿瘤的 1%~2.5%，猫少发。无性别之差异。乳头状瘤有宽的基础、有蒂、表面呈菜花样突起，一旦瘤体长大易受损伤而破溃、出血。犬常发生在口腔、头部、眼睑、指（趾）部和生殖道等。乳头状瘤表面覆盖一层上皮细胞，其细胞不向真皮浸润。

[治疗] 多数瘤在 1~2 个月后会自行消退，可不进行治疗。也可采用手术切除、冷冻疗法或电干燥疗法等治疗。切除几个瘤后可引起其他瘤的消退。应用身体肿瘤疫苗也可获不同程度的疗效。

三十八、纤维肉瘤（Fibrosarcoma）

纤维肉瘤属于恶性肿瘤，是由恶性成纤维细胞和产生胶原的混合间质细胞构成。约占犬皮肤肿瘤的9%~14%，是犬口腔第二种常见肿瘤。发生在1~12岁的犬，平均6岁。无品种性别的差异，但多见于中型和大型品种犬，公犬多于母犬。亦见于猫，RNA型-C肉瘤病毒是引起猫纤维肉瘤的病因之一。

［症状］大约60%发生在上颌骨、下颌骨、额骨、鼻骨，30%发生在长骨的干骺区。纤维肉瘤质地坚实，大小不一，形状不规整，边界不清，可长期生长而不扩展。临床上常误诊为感染性损伤，尤其发生于爪部更易引起误诊。纤维肉瘤内血管丰富，因而当切除和活检时，易出血是其特征。溃疡、感染和水肿往往是纤维肉瘤进一步发展的后遗症。

［诊断］X射线检查，原发性病变为骨皮质破坏。骨膜反应与骨原性肉瘤相似，在连续的X射线片上可观察到溶骨的速度较慢。

其生长的速度有可变性，但可能生长很快，通常有两个类型：分化好的肿瘤可能在手术切口区发生，常常表现为转移性病；退行性发育的肿瘤有一更快的临床经过，并且更可能表现为转移病。

［治疗］手术治疗。肿瘤周缘应切除4cm，切除彻底或将病肢截除则预后较好。

三十九、皮肤肥大细胞瘤（Mastocytomas in skin）

皮肤肥大细胞瘤对于犬来说意义最大，因为它占了皮肤肿瘤总数的10%。猫少发生。在犬，各种年龄的犬均可发生，平均8~10岁，其发生率有明显的品种差异性。

［症状］肥大细胞瘤可发生于任何部位的皮肤和内脏器官，但后肢上部和会阴、包皮处最常见。肿瘤体积变化很大，可单个或成群分布。从生长缓慢、柔软、松弛的肿瘤至生长迅速、坚硬、多结节的团块状，有的可侵入皮肤引起溃疡。其切面通常呈黄褐色或绿色，也可由于出血而呈斑状。肥大细胞瘤无包膜，但是生长缓慢的肿瘤比生长迅速的肿瘤界限更清晰。在猫，肥大细胞瘤通常很小，直径通常小于0.5cm，但是数量很多，散布于整个皮肤。

［诊断］根据症状不能确诊。用针头吸取物和按压制片，进行瑞氏染色及进行细胞学检查。肥大细胞瘤无包膜，当真皮结缔组织被大量肥大细胞所侵袭，在这些肥大细胞之间，散着数量不等的嗜酸性多形核粒细胞。在犬，肥大细胞的分化程度差别很大，肿瘤被分三个级别，有丝分裂象很少见。分化不好的肿瘤含有紧密排列的细胞，这些细胞有大而不规则的核，胞浆稀少，有丝分裂象多。

猫肥大细胞瘤有不同的形态。它们含有分化良好的、均匀而紧密排列的肥大细胞。

［治疗］在犬，生长缓慢、分化良好的肥大细胞瘤进行手术切除，实施肿瘤组织和3cm以上的健康组织一起切除，切除后80%以上的患犬可获痊愈。分化较差的肿瘤有明显的局部复发和转移至局部淋巴结的倾向，预后应谨慎。手术切除后，可结合放疗和化疗治疗。由于肿瘤经常发生扩散，因此，对猫肥大细胞瘤的预后应谨慎。

四十、皮肤纤维瘤（Dermato fibroma）

皮肤纤维瘤在犬和猫都常发生，可发生于皮肤的任何部位。

［症状］纤维瘤界限清楚，紧连于被覆表皮，其上的被毛通常脱落。纤维瘤不易形成溃

疡，可在深部组织内移动。质地可能坚硬或柔软，其切面呈白色或黄色，为纤维性表面。良性肿瘤生长十分迅速，瘤体下部通常可达到比纤维瘤大的体积。

[诊断] 根据症状及组织学检查可确诊。组织学所见多是多形态的间质细胞瘤，由纤维母细胞和组织细胞构成。纤维瘤由呈螺环和大波浪状的成熟的胶原纤维束组成。

[治疗] 纤维瘤较易手术切除，且预后良好。偶尔也会出现局部复发，尤其是切除大的肿瘤后易复发。

四十一、乳腺肿瘤 (Tumors of the mammary gland)

乳腺肿瘤在犬、猫中以犬最为多发，而以母犬最为多见，约占总肿瘤数的42%、占生殖系统肿瘤的82%，好发于10~11岁母犬，2岁以下犬少发。纯种犬发病率高。仅有少数乳腺肿瘤发生于公犬。据Jabara（1969年）报道，22头公犬良性和恶性乳腺肿瘤病例，平均年龄为10.7岁。犬乳房肿瘤可分为许多型。原发性乳房癌（腺癌、固形癌）约占40%，良性瘤（腺瘤、纤维腺瘤）约占52%，肉瘤与混合瘤各占4%。

猫的乳腺肿瘤大约占常见肿瘤的第三位，仅次于皮肤肿瘤及血管淋巴性恶瘤（hemolymphatic malignancies）。猫的乳房肿瘤常发生于老龄阉过的或未阉过的母猫，而少见于去势的公猫。未阉过的母猫，其乳癌发生率比阉猫高7倍之多，因而猫与犬一样，早期做卵巢切除术可减少乳癌的发生。猫乳癌好发年龄为10岁左右，无品种的明显差异。肿瘤可发生在任何一处乳腺，但比较多发的是前面的乳腺。

[病因] 激素对肿瘤的发生及形成起重要作用。早期卵巢切除可大大减少本病的发生，而使用外源性孕激素可引起肿瘤发生。研究发现，乳腺细胞中有雌激素和孕酮受体，推测这些有可能是诱发肿瘤的因子。另外，在猫已发现C型病毒，但犬则未发现。

[症状] 肿瘤所侵害母犬的乳腺，以第4及第5对为最多，大约占65%，第1对乳腺较少发生肿瘤。公犬同样侵害第4对和第5对乳腺为主。

乳腺出现坚硬、有界限的结节状肿块，大小不一，小的肿块直径仅几毫米，大的可达10~20cm。混合瘤可更大。也可发生损伤、溃疡或感染等。注意腋窝淋巴或腹股沟淋巴结是否已有转移灶。全身还可向肺转移。

[诊断] 主要是临床表现和体格检查。步骤先是问诊，同诊断常规，其次是视诊，主要观察瘤的大小、性状及患犬的营养状态。视诊时要注意乳房体积的变化。乳头有无内陷，乳癌时有内陷，乳房皮肤的变化，乳癌的乳区皮肤变紫红色和皮肤常呈皱陷。触诊，注意肿块的位置、硬度、有无粘连，固着于筋膜或胸膜和淋巴变化。活组织检查，诊断中如怀疑为癌肿时，应早期做切取活组织送病理室检查。针吸活检是一种简便的活检法，用粗针，口径为0.7~0.9mm，刺入活瘤中心，抽吸肿瘤组织浆涂片检查，做组织细胞学鉴定，诊断准确率约为98%。

从病理学分类，犬的乳腺肿瘤可分为腺瘤（adenoma）、导管乳头状瘤（ductal papilloma）、鳞状细胞乳头状瘤（squamous cell papilloma）、管内癌（ductal carcinoma）、小叶性癌（lobular carcinoma）和鳞状细胞癌（squamous cell carcinoma）。据报道，186例犬的乳腺肿瘤

中的管内癌几乎都有转移性，而小叶性癌和鳞状细胞癌则仅有个别发生转移。

犬仔细检查其区域淋巴结的增大情况和进行肺部 X 线摄片是很重要的。因为乳癌细胞常转移到肺，而很少转移到骨。因而，对犬可以不必进行骨的 X 线摄片。但有资料介绍，犬的乳癌是可以转移到骨的，而且以肱骨为主。

[治疗] 目前治疗的主要方法仍是早期施行根治性手术。尚未转移时疗效确实、可靠。手术方法可分为单个肿瘤摘除术、连同乳腺切除术、整个半边 5 个乳腺全切除术、肿瘤乳腺与转移淋巴灶切除术。腋窝淋巴结只是当发现有明显的增大或经针吸活检认定含有肿瘤细胞时，才需要切除。但腹股沟淋巴结，则常规地都要进行切除，因为该淋巴结与乳腺组织有密切的解剖学联系。在进行乳房切除术的同时，附带实施卵巢切除术，有助于延缓术后肿瘤细胞的转移。

术后存活率问题有不同的报道，良性肿瘤术后存活时间可达两年多，而母犬乳癌的乳房切除术后由于术后复发和转移。据报道，56 头手术犬，术后 48%死亡和处死。术后存活时间为 4~8 个月。美国资料为 4~10.7 个月。

手术后，能配合放射、化学药物以及中草药等综合疗法最为理想。

四十二、骨瘤 (Osteoma)

骨瘤为最常见的良性结缔组织肿瘤，由骨性组织形成，起源于骨，常见于头颅骨或下颌骨的内侧或外侧表面与四肢，呈限局性骨肥大，局部硬固肿胀，它的来源通常认为是外生性骨疣，或者来自骨膜或骨内膜的成骨细胞。此外，还可从软骨瘤而来。

外生骨疣是突起在骨表面上的局限性块状物，外伤性外生骨疣构成固定的一类；在骨膜或骨以及沿齿槽缘受到外伤后，当过多的骨痂形成时，它们可发生在骨折的部位上，头骨是各种骨肥大的位置所在，难以分类。

[病因] 外伤、炎症和营养障碍的慢性过程所致的骨瘤形成是常见的。此外，对动物进行电离放射 (ionizing radiation) 处理如 ^{226}Ra、^{239}Pu、^{90}Sr、^{228}Tn 等，可以致发骨肿瘤。DNA 病毒和 RNA 病毒也能致发动物的骨肿瘤。某些化学因子如 20 甲基胆蒽 (20 methylcholanthrane)、氧化铍 (beryllium oxid)、锌铍硅酸盐 (zine beryllium silicate) 等，可以使动物的骨骼系统发生肿瘤。一些异物如金属嵌插物、子弹、弹片和移植骨也可致发骨肿瘤。骨骼屡遭机械性损害常致发骨肿瘤，但这种骨肿瘤常为良性的，如动物外科临床常见的外生性骨赘和环骨瘤等。但在某些情况下，机械刺激频繁而持久，也可以使良性转为恶性。目前，为了研究骨肿瘤的生长，常在动物身上人工接种骨肿瘤细胞，因而也成为骨肿瘤发生的原因。

[病理] 骨肿瘤因其来源不同，可分为原发骨肿瘤和继发骨肿瘤两种。原发性骨肿瘤起源于骨系统本身，多属良性，一般预后良好。但病期长，如发生在四肢关节附近，可引起顽固性跛行。恶性骨瘤，病期短，预后不良，死亡率高。身体中其他组织或器官的恶性肿瘤细胞，可通过血液循环或淋巴瘤转移到骨组织中，逐渐发展成骨组织中的转移瘤或称继发骨肿瘤，预后不良。骨肿瘤转移其他组织器官，在动物比人少见。据资料统计，200 例犬的骨肿瘤病例中，仅有 24 例发生转移。其中肺转移 5 例，肾 4 例，脾 3 例，心 2 例，膀胱 1 例，肾上腺 1 例。根据骨肿瘤发生的时期、部位和性质，可分类如下 (见表 18-1-1)。

表 18-1-1 犬、猫骨肿瘤分类表

原发骨肿瘤				继发或转移骨肿瘤
骨组织肿瘤		骨附属组织肿瘤		恶性
良性	恶性	良性	恶性	
良性骨瘤 骨样骨瘤 骨软骨瘤	成骨肉瘤 骨纤维肉瘤	骨血管瘤	血管肉瘤 骨髓瘤 骨网状细胞肉瘤	癌及各种肉瘤如: 白血病性肉瘤 淋巴上皮癌

[**症状**] 肿瘤多呈圆形，坚硬同骨，向表面或向内面突出。如果突出部压迫重要器官、组织、神经或血管，可引起一定功能障碍性症状；否则，不显临床症状。如瘤体过大，不论发生在任何部位，都会产生一定的顽固性功能障碍。当骨瘤发生在上颌骨和下颌骨时，通常有一个狭窄的基部附着，易用骨锯切除，有再发趋势可重复进行多次手术而治愈。

[**诊断**] 浅表骨肿瘤，一般凭临床检查就可以初步确诊。有的则需结合临床症状、X 线片和病理三个步骤进行检查和综合分析才能作出正确诊断。骨瘤质地坚硬，镜下瘤细胞为分化成熟的骨细胞和形成的骨小梁，小梁无固定排列，可互相结成网状。小梁间为结缔组织。一些瘤组织中可见骨髓腔，其中有骨髓细胞。X 线检查，呈现孤立的密致团块掺和于正常骨内，并突出至表面。确诊靠活检与组织学检查。

[**治疗**] 骨肿瘤的治疗同其他肿瘤疗法。

手术切除。如部位允许时，是可选择的疗法。放射治疗、化疗和免疫疗法都可使用，在我国，还可以配合中草药治疗。治疗方案的选择可根据动物本身的经济价值和设备条件来决定。采用综合治疗的方法当然更好。

在宠物和珍稀动物的四肢部发生恶性骨肿瘤时，可以考虑截肢术，以保存优良品种及观赏。有人将患犬桡骨近端部位的原发性骨肿瘤病灶截除一段骨体，然后取尸体同处骨体进行取代移植，获得成功。如骨肉瘤已发生转移至肺，则术后必遭失败。

骨瘤极少有恶性变化。无症状者只需严密观察，不必治疗。若因压迫邻近器官而引起症状者，可手术切除，切除时最好包括肿瘤周围少许正常骨质为宜。

良性骨瘤为骨锯切除后，如果在该部能应用压迫绷带并保持在原位，它通常能生长健康组织而愈合。有些病例则有再发的趋向，但不如切除前那样大。可重复地进行几次手术，其结果可使骨瘤完全消失。

四十三、骨肉瘤（Osteosarcoma）

骨肉瘤是一种来自成骨细胞的恶性肿瘤，又称骨原性肉瘤（osteogenic sarcoma），由梭形细胞基质增殖，而直接形成骨样或未成熟骨。骨原性有双重意义：“由骨演变而来”和“生成骨组织”，通常认为多见于猫和犬，在犬的骨肿瘤中骨肉瘤占 80%。一般发生于巨型和大型品种犬，如圣伯纳犬、大丹犬、金毛猎犬、爱尔兰赛特犬、杜伯曼犬、德国牧羊犬等。德国牧羊犬的发病率最高。

犬发病年龄在 1~15 岁之间，平均 7.5 岁。猫在 1~20 岁，平均 10 岁。

80%病例的肿瘤发生在四肢长骨上，18%的肿瘤位于中轴骨，其发生顺序为桡骨远端、肱骨近端、胫骨近端或远端、股骨近端或远端，以前两者为多发。在长骨的病灶主要位于干骺端。较小品种的犬患病超过中轴骨骼。猫的扁平骨易感。在猫的后肢比前肢患病的更普遍。

[症状]

(1) 主要临床症状是跛行。患部多位于长骨的干骺端，早期触诊凉感，随肿胀增大变为热感，压痛。肿胀持续增大，关节活动受限，患肢免负体重，肌肉萎缩，可继发病理性骨折。

(2) 发生在肋骨、颌骨上的肿瘤，主要表现为局部硬固肿胀。发生在鼻骨上的肿瘤，引起单侧或双侧脓性、血性鼻漏。发生在椎体的肿瘤，可引起外周神经麻痹。

(3) 病初全身反应不明显，待患部症状严重或继发肿瘤转移后全身症状恶化，表现消瘦、沉郁、发热、厌食等。常见的被转移器官有局部淋巴结、肺、肾。

(4) X 射线检查，可见病变一般起源于髓腔，骨质以浸润性破坏为主，兼有不规则增生，少数病例以骨质增生为主。即以溶骨占主体，溶骨的和成骨混合，或以成骨的占主体。骨膜呈浸润性骨化，新生骨呈放射状突入周围软组织，界限不清。软组织肿胀。胸部 X 射线检查有时可见到转移的结节样肺肿瘤。

(5) 组织学检查，肿瘤细胞为多形型，可产生成熟或不成熟的骨针、软骨、纤维状组织。镜检，骨肉瘤的瘤细胞为梭形的成骨细胞，也有呈多角形或其他形态的，胞核肥大，核染色质深染，分裂象多见。常见一些单核或多核的瘤巨细胞。

骨肉瘤瘤细胞有形成骨样组织或骨组织的特点，其形成过程按膜内骨化的形式进行，即由肉瘤性成骨细胞直接形成骨样组织或骨组织。此外，骨肉瘤中还可发现软骨与破骨细胞。

分化较好的骨肉瘤，质地比较坚硬，颜色灰白，有较多量的肿瘤性骨组织，肿瘤由骨干向外生长，侵入软组织，肿瘤性骨组织与骨干长轴相垂直。骨髓腔为肿瘤所破坏或侵占。分化较差的骨肉瘤，肿瘤中骨质甚少，甚至不形成骨组织，故其质度柔软，均细，且常有出血与坏死。

80%的犬在诊断后的 8 个月内死亡。通常在犬可看到肥大性骨病，在早期转移和扩延到肺。而发生在颅部的肿瘤主要是局部发病和毁坏，肺转移的发生频率较低。

[诊断] 依靠 X 射线检查和组织活检确诊。X 线检查注意骨之边缘、皮质、肿瘤的基质与骨膜反应。应与其他骨肿瘤、急性骨髓炎、肥大性骨病、全骨炎鉴别。

[治疗] 骨肉瘤预后不良。发生在四肢的病程短，可在一个月内死亡。局灶性病变如系早期发现者，可手术截除患肢，手术前先用化疗 3~8 周。但术前应做胸部 X 线摄片观察有无肺之转移。但一般术后 8 个月常因肿瘤复发或转移到其他组织而死亡。

四十四、软骨瘤 (Chondroma)

软骨瘤是一种良性骨肿瘤。文献上指出犬、猫和绵羊有这种肿瘤，软骨瘤起源于软骨。

[症状] 一般多见于长骨，多侵害肋骨、髋骨和胸骨等部位。肿瘤常与骨组织相连。软骨瘤为大小不一的单个肿瘤。瘤体大致可分基部与冠部两个部分。基部宽狭不定，与骨组织相

连，切面为疏松海绵骨；冠部的成分主要为透明软骨。软骨瘤切面呈透明的蓝灰色，并有红棕色坏死区。

［诊断］镜下，冠部表层为纤维组织，表层以下为软骨层，其成分为透明软骨，靠近纤维性包膜的多为幼稚型软骨细胞，而靠近肿瘤基部的则为分化成熟的细胞，其体积也较大。根据临床特征和组织学检查可以确诊。

［治疗］无症状或肿胀轻者无须处理，平时注意观察。如疼痛明显或影响功能者，可手术治疗。

四十五、软骨肉瘤（Chondrosarcoma）

软骨肉瘤是一种恶性肿瘤，是从软骨直接形成的，主要组织成分为肿瘤性软骨细胞，而不是骨性细胞。约占犬肿瘤的 10%，是犬的第二位常发的骨恶性肿瘤，猫也偶有发生但不常见。犬的发生年龄为 1~12 岁，平均 6 岁，猫发生年龄为 2~15 岁，平均 9 岁，常见大型品种犬（如德国牧羊犬和拳师犬），无性别区别。分为原发性和继发性软骨肉瘤两种，多发于扁平骨（如肋骨、鼻中骨和骨盆骨等），也见于腰椎部分。发生顺序为犬：鼻腔、肋骨、骨盆骨；猫：肩胛骨、椎骨、胫骨、下颌骨。

［症状］与受害骨的位置有关，患鼻腔软骨肉瘤时打喷嚏，一侧或双侧有血性分泌物，有时鼻骨被破坏后形成鼻阻塞。肋骨软骨肉瘤相对症状轻些，但向胸腔内突入时会发生肺膨胀不全。

（1）摄片检查。X 线检查与骨肉瘤很相似。可见斑点的不规则，纹理和谱斑区和钙化和骨化区一致。鼻腔：鼻中隔移位，复位的正常甲介骨格式有一无定形格式。肋骨：在肋软骨结合处有大的放射斑块。长骨：与骨肉瘤比较倾向于产生的变化小和少。

（2）生物学特征。倾向于生长更慢，有一个长的临床经过。以后可发生血源性转移，发生频率比骨肉瘤较少。一般呈局部发生。肺部转移少于 10%。

［治疗］以手术治疗为主，但术后数年可能会再发。

四十六、多发性骨髓瘤（Multiple myeloma）

多发性骨髓瘤是一种由成熟与幼稚的浆细胞增生的肿瘤性疾病。由于骨髓与其他器官的肿瘤性浸润及免疫球蛋白生成过多而表现不同的临床症状。犬、猫多发性骨髓瘤少见。平均发生在 5.5~9.2 岁的犬及 8.3~9.3 岁的猫。猫略多于犬。

［症状］主要症状为跛行、骨痛、无力及病理性骨折。还见有贫血、异常出血，可触诊到肿块、精神萎顿与失重等症状。猫还有黏膜苍白、发烧与慢性感染。神经性异常包括半瘫或麻痹，主要是因神经被肿瘤压迫所致。X 线检查显示全身性长骨、肋骨、脊椎、头骨等有多发性或孤立性的骨质溶解或全身性骨质疏松。

［诊断］血液检查发现正红细胞性、正血色性贫血。骨髓穿刺常见到成熟与幼稚的浆细胞。血清总蛋白显著升高，蛋白电泳显示 β 和 γ 球蛋白升高。

［治疗］发病后如不加治疗存活期短。治疗包括用抗生素控制感染、补液疗法纠正失水，

并控制多血钙症。化疗犬平均存活期超过 12 个月，猫存活期为 6.2 个月。

四十七、滑膜肉瘤（Synovial sarcoma）

滑膜肉瘤是一种恶性肿瘤，起源于滑膜外的间充质细胞。本病原因不明。

[**症状**] 多发于大型犬，单肢慢性渐进性跛行。关节附近慢性渐进性肿胀，早最见于肘关节、膝关节。关节触诊及活动时引起疼痛。

[**诊断**] X 线平片显示构成关节的两个骨干骺端骨溶解。关节处骨膜有不规则反应，软组织钙化。

[**治疗**] 手术截肢，截肢后的平均存活时间为 17 个月。局部切除不可避免地发生多发。放疗、化疗没有明显的效果。

四十八、肌瘤（Myoma）

肌瘤分为横纹肌瘤和平滑肌瘤两种，横纹肌瘤（Rhabdomyoma）犬、猫少见，在其他家畜良性横纹肌瘤约占恶性的 50%，但犬最常发生横纹肌肉瘤（rhabdomyosarcoma）。

横纹肌瘤有单发或多发、细小或巨大，扁平或圆形。但有弥漫性、浸润性生长的趋向。因而与周围组织无明显的界限。横纹肌瘤形成较慢，但可增殖至相当大。

[**病因**] 横纹肌肉瘤病因不详，在犬可能与遗传有关，无性别及品种间差异。与良性横纹肌瘤相同有单发或多发，位于皮下，呈扁平或圆形肿胀。有弥漫性、浸润性生长的趋势，与周围组织无明显的界限。

[**症状**] 横纹肌瘤不论良性或恶性几乎可发生于身体每个含有肌肉组织的器官，可增殖至相当大，而以骨骼肌与舌为最常见。若发生在肢体上，则会出现跛行。

[**诊断**] 肿瘤的性质靠组织学检查。需切开肿瘤采取活组织检查，肉瘤的特征为细胞的多形性和有横纹纤维。多数细胞是多面的，伴有各种形状的核，还可见到多形核巨细胞。

[**治疗**] 由于肿瘤已侵入周围组织，手术治疗困难。但择期病例早期截肢手术可获成功。本病常能转移至肺、肝、脾、肾、淋巴结或其他组织。

四十九、平滑肌瘤（Leiomyoma）

平滑肌瘤和平滑肌肉瘤（Leiomyosarcoma）都可发生于犬、猫等宠物，但以犬为最多发。

平滑肌瘤是一种良性肿瘤，在各种宠物中均可见到，其组织来源主要为平滑肌组织，故凡有此种组织的部位如子宫、阴道、外阴、胃、肠壁和脉管壁，都能发生平滑肌瘤；在无平滑肌组织的地方，如脉管的周围，还可由幼稚细胞发生这种肿瘤。平滑肌瘤表面光滑，其质度的硬度取决于结缔组织的数量。子宫以外的平滑肌瘤一般体积不大，多呈结节样。发生于体腔器官壁的有浆膜和黏膜覆盖，可动，能阻塞器官的内腔，肿块常被包起来，和邻近组织有明显的界线，如胃肠壁的平滑肌瘤，质地坚硬，切面呈灰白色或淡红色。

镜下，平滑肌瘤通常包含两种成分，一般以平滑肌细胞为主，同时有一些纤维组织。平滑肌瘤细胞呈长梭形，胞浆丰富，胞核呈梭形，两端钝，不见间变，极少出现核分裂象，细胞有纵行的肌原纤维，染为深粉红色。瘤细胞常以米状纵横交错排列，或呈旋涡状分布。纤维组织在平滑肌瘤中多少不定。

平滑肌肉瘤是一种恶性肿瘤，在动物中它比平滑肌瘤要少见得多。这种肿瘤通常直接从平滑肌组织发生，少数由平滑肌瘤发生，特别是子宫的平滑肌瘤。

在组织学上，平滑肌肉瘤细胞分化程度不一。高分化的平滑肌肉瘤细胞的形态与平滑肌瘤细胞颇为相似，但前者可找到核分裂象。有人指出，如果在每30个高倍（400倍）镜视野中找到一个以上的分裂象，可以判断为平滑肌肉瘤；低分化的平滑肌肉瘤细胞体积较小，圆形，胞浆极少，胞核也呈圆形，核仁和核膜都不甚清楚，核染色质呈细颗粒状，均匀分布；稍分化的平滑肌肉瘤细胞两端有突起的胞浆，瘤细胞间不见纤维。

这两种瘤体均呈实体性，大小不一，一般表面光滑。大的瘤体可发生溃疡、出血和继发感染，常形成后遗症。恶性者，具有范围不大的侵袭性。

[治疗] 外科手术切除是常用疗法，在外科切除的同时应进行活检。发生在前位阴道内的肿瘤较难切除，冷冻外科可以发挥较好的治疗作用。

五十、血管瘤和血管肉瘤 (Hemangioma and hemangiosarcoma)

血管瘤是一种良性肿瘤，生长缓慢，很少发生恶变，没有转移。可发生于全身各处，如皮肤、皮下及深层软组织，也见于舌、鼻腔、肝脏和骨骼，多发生于四肢或脾脏、胸部、会阴部。

血管瘤由扩张的血窦构成，表面并无完整包膜，可呈浸润性生长。瘤体大小差异颇大，切开瘤组织可见大小不等的血窦，其间有薄的间隔好像海绵，切面暗红有血液渗出。大小不等的窦腔中充满血液，质地比较松软。血管处于扩张状态的血管瘤，其呈现的海绵状结构中常充满血液。脾脏的血管瘤是局限性的，切面呈暗红黑色，流出红黑色的血液。

组织学检查，镜下，血管瘤的特征为大量内皮细胞呈实性堆聚，或形成数量与体积不同的血管管腔，腔内充斥红细胞，肿瘤是由低而扁平的内皮细胞衬里的薄壁血管构成的海绵状团块组成。这种扁平状或梭状的内皮细胞，胞浆很少，胞核呈椭圆形或梭形，无异型性。瘤组织中一般有多少不定的纤维组织将堆积的瘤细胞分隔为巢状。

根据血管瘤的不同结构特点，一般可区分以下几个类型：

(1) 毛细血管瘤（Capillary hemangioma）由血管内皮细胞围绕形成无数的小血管，若干小血管形成许多小团块，团块间常由纤维组织分隔成小叶，各小叶大小比较一致。内皮细胞不见间变，形成的血管腔小，腔内有些血液。肿瘤间质一般无炎症细胞或增生细胞。此点可与炎症引起增生的毛细血管相区别。

(2) 海绵状血管瘤（Cavernous hemangioma）由瘤细胞形成大的血管，管腔大，腔壁厚薄不一，腔内充满血液，瘤组织呈海绵样。

(3) 混合性血管瘤（Mixed hemangioma）指具有毛细血管瘤与海绵状血管瘤两种结构的血管瘤。

血管肉瘤（Hemangiosarcoma）不常发生。与品种发生有关，如大丹犬、拳狮犬和德国牧羊犬较易发生。发病年龄 3~16 岁，平均 6 或 7 岁；常发部位为长骨的上 1/3 和下 1/3、肱骨近侧端与肋骨，在骨盆骨、胸骨、上颌骨也可看到。

［症状］临床表现为疼痛、跛行、功能丧失与骨的破坏。X 线检查所见骨高度溶解，有斑状“虫蛀”现象，保留有限的髓腔并涉及相当大的骨面。肿瘤区通常有病理学骨折。软组织肿胀甚少，轻微骨膜反应。很难与原发性骨肿瘤相区别。该肿瘤在出现临床症状前病情进展迅速，且骨破坏范围甚大，也转移至远侧部位，故即使做病肢切除术也不能延长宠物的生命。预后不良。

血管内皮肉瘤是起源于血管内皮细胞的一种恶性血管瘤。常发生于皮肤内，也可见于脾脏和肝脏。脾脏内的血管内皮肉瘤直径可达 15~20cm，由于梗塞而有大面积的凝血块。肉眼检查，肿瘤呈暗红色或灰红色，无完整包膜，切面呈灰白色，并常有出血灶。组织学检查，除梗死和坏死区外，还有大量未成熟的内皮细胞，并形成许多明显的血管槽。镜下，瘤细胞为圆形、椭圆形或梭形，核呈圆形或梭形、深染，细胞大小常很不一致。核分裂象多见。瘤细胞多排列为索状或巢样。

［治疗］肿瘤发育迅速，可发生早期转移，如果在未转移前就做脾切除，可望治愈。在手术前应仔细检查腹腔器官，并做胸部 X 线摄片检查，以了解转移情况。

五十一、脑肿瘤（Brain tumors）

犬最常见的脑肿瘤有脑膜肿瘤，星形细胞瘤以及未分化的细胞肉瘤。下列肿瘤也常见：原发性网状细胞增生症、垂体腺瘤、脉络丛乳头瘤。在家养宠物中，5 岁以上的拳狮犬、英国斗牛犬的脑肿瘤发生率最高，常见的为胶质细胞瘤。短头品种的犬还常见到垂体腺瘤。

［症状］大多数脑膜肿瘤发生在 7 岁以上的犬，位于颅腔内，常发部位是大脑镰、大脑半球的凸面和大脑的腹侧面，特别在大脑中部颅裂区为多发部位。有的肿瘤位于眼球后方视神经鞘的空隙中。根据肿瘤生长的不同部位，临床表现为行为或精神状态改变，对外界冷淡，定向障碍，过度兴奋，具有攻击性，盲目运动，眼球震颤，前庭性斜眼，失明，癫痫等；运动共济失调，运步广踏、转圈、低头、摔倒、打滚、角弓反张。

脑肿瘤破坏、压迫脑组织，阻碍脑血液循环和脑脊液流动，引起脑水肿。脑肿瘤还可能形成脑疝，甚至脑组织从枕骨大孔向外脱出。原发性脑肿瘤常生长缓慢，临床症状逐渐表现出来。当引起脑血管出血、梗死和糜烂时才出现严重的神经症状。继发性肿瘤临床症状出现较早，发展也快。

［诊断］根据临床症状、年龄、品种及抽取脑脊液分析。如果肿瘤位于组织深部，脑脊液分析无诊断意义。当病理变化波及脑脊液时，脑脊液中的嗜中性白细胞明显增加，蛋白质含量明显增多。中枢神经系统原发性肿瘤，在脑脊液中很少见到肿瘤细胞。同时可做脑室造影术的放射学诊断。

［治疗］早期脑肿瘤定位困难，国外有手术摘除颅内肿瘤报道，预后不良。

五十二、脊髓肿瘤（Spinal cord turmors）

犬最常见的脊髓肿瘤有硬膜外原发性恶性骨质瘤、骨骼和软组织的转移性肿瘤。脊髓胚细胞瘤是脊髓外部肿瘤，常发部位为第 10 胸椎至第 3 腰椎脊髓段。该肿瘤可见于青年犬，以德国牧羊犬最为常见。犬的大多数脊膜肿瘤发生于颈椎段。星形细胞瘤却常见于颈椎后段和胸椎前段。硬膜外淋巴肉瘤是猫最常见的脊髓肿瘤。

[症状] 由于肿瘤位于颈、胸、腰、荐椎段脊髓不同位置，所表现症状不同。

颈椎轻轻偏瘫，四肢麻痹。颈部疼痛，有的颈部僵直。腰椎后肢痉挛性轻瘫或麻痹，有的神经反射增强，肌张力增强，从肿瘤到尾部痛觉减弱。腰椎、荐椎、后肢松弛性轻瘫或麻痹，神经反射减弱，肌张力减弱，肛门括约肌松弛，尿潴留。

[诊断] 根据临床症状及放射学诊断，脊髓腔中发生了肿瘤，可使脊椎管的骨密度消失，表现为脊髓腔增宽。而脊神经根发生神经纤维瘤时，可引起椎间也增大。脊髓造影术也能反映脊髓肿瘤的轮廓，有助于确定肿瘤的位置。

[治疗] 脊髓肿瘤定位比较容易，但是，位于脊髓内的肿块无法手术摘除，硬膜外肿瘤常是原发性骨瘤或转移性肿瘤。预后不良。

五十三、淋巴肉瘤（Lymphosarcoma）

淋巴肉瘤是原发于淋巴结或其他淋巴组织的恶性肿瘤，猫、犬均可发生。淋巴肉瘤类型多，其中最常见的类型为多中心型、消化型和胸腺型淋巴肉瘤。

[症状] 犬多发生于 4 岁以上，无性别差异。主要是多中心型、消化道型，胸腺型也能见到。多中心型的主要临床特征是精神沉郁，食欲减退，消瘦。体表淋巴结对称性肿大，无热、痛。面部和四肢末端肿大，肝、脾肿大、腹水等。

在猫，消化型和胸腺型是最普遍的，多中心型却少见。消化型的临床症状包括严重的腹泻或痢疾，经常伴随着厌食和呕吐。腹部触诊有像肠套叠的香肠状肿瘤块能被触及，但在一些病例中，病灶分布得更广泛、更散在。

胸腺淋巴肉瘤趋向于在幼年犬中出现，通常是 3 岁以下的犬。患病犬经常没有任何先兆就死亡，有时经过短期的厌食和呼吸抑制后死亡。在 X 射线照片上，可以看到一个大的不透射线的块状物占据了胸廓的前半部。

[治疗] 猫的病程短，许多病例在确诊后几周内死亡。所患消化道类型肿瘤的病例通常在确认后就实施安乐死。犬的多中心型病例一般能存活 2~3 个月。

犬用皮质类固醇强的松龙治疗能使症状得到改善，淋巴结肿瘤消退，但很快也会死亡。使用的抗肿瘤药物、环磷酰胺、长春新碱等可缓解症状，延长存活期。

附 录

附录一 犬、猫临床常用药物及其用法

一、抗微生物药

（一）抗生素

药类	药物名称	剂 型	用 量	用 法
抗革兰氏阳性菌的抗生素	青霉素 G 钾（钠）（苄青霉素）	粉针	犬 2 万~4 万 u/kg 体重	肌注或静注，1 日 4 次
	普鲁卡因青霉素 G	粉针、注射液 油剂	犬 3 万~4 万 u/kg 体重 犬 1 万~1.5 万 u/kg 体重	肌注，1 日 1 次 肌注，1 日 1 次
	苄星青霉素 G（长效西林）	粉针	犬 4 万~5 万 u/kg 体重 猫 1 万~2 万 u/kg 体重	肌注，隔 2~3 日注药 1 次
	复方苄星青霉素（三效青霉素）	粉针	犬、猫 2 万~3 万 u/kg 体重	肌注，隔 1.5~2 日注药 1 次
	甲氧苯青霉素钠（新青霉素Ⅰ）	粉针	犬、猫 4~5mg/kg 体重	肌注，每 4~6 小时注药 1 次
	苯唑青霉素钠（新青霉素Ⅱ）	片剂、胶囊、粉针	犬、猫 10~20mg/kg 体重	内服、肌注、静注，1 日 2~4 次，连用 2~3 日
	乙氧萘青霉素钠（新青霉素Ⅲ）	胶囊、粉针	犬、猫 7~11mg/kg 体重	内服、肌注，1 日 4 次
	邻氯苯唑青霉素钠	胶囊 粉针	犬、猫 10~20mg/kg 体重 犬、猫 4~10mg/kg	内服，1 日 2~3 次 肌注，1 日 2~3 次
	双氯苯唑青霉素钠	片剂	犬、猫 4~10mg/kg 体重	内服，1 日 2~3 次
	氨苄青霉素	胶囊 粉针	犬、猫 11~22mg/kg 体重 犬 5~10mg/kg 体重 猫 10~15mg/kg 体重	内服，1 日 2~3 次 皮下、肌注、静注，1 日 2 次 皮下、肌注、静注，1 日 2 次
	氨苄青霉素钠（病必灵混悬液）	注射液	犬 0.5mg/kg 体重 猫 0.25mg/kg 体重	皮下、肌注，1 日 2 次 皮下、肌注，1 日 2 次
	羧苄青霉素（卡比西林）	粉针	犬、猫 15~20mg/kg 体重	静注、肌注，1 日 2~3 次
	羟氨苄青霉素（阿莫西林）	片剂、胶囊 粉针 注射液	犬、猫 11~22mg/kg 体重 犬 2~5mg/kg 体重 犬、猫 0.5~1ml/kg 体重	内服，1 日 3 次 皮下、肌注、静注，1 日 2 次，连用 3~5 日 肌注，1 日 1 次
	替卡西林钠	粉针	犬、猫 15~25mg/kg 体重	肌注、静注，1 日 3 次
	头孢三嗪（头孢曲松）	粉针	犬、猫 25mg/kg 体重	静滴，肌注，1 日 1~2 次

续表

药类	药物名称	剂　型	用　量	用　法
抗革兰氏阳性菌的抗生素	头孢噻呋钠	注射液、粉针	犬、猫 2.2mg/kg 体重	静滴，肌注，1 日 1 次
	头孢噻吩钠（头孢菌素Ⅰ）	粉针	犬、猫 20~35mg/kg 体重	肌注，静注，1 日 3 次
	头孢噻啶（头孢菌素Ⅱ）	粉针	犬、猫 11mg/kg 体重	皮下、肌注，1 日 2 次，连用 5 日
	头孢菌素Ⅲ	片剂、粉针	犬 20~30mg/kg 体重	内服、肌注，1 日 2 次
	头孢氨苄	片剂、胶囊、粉针	犬、猫 10~30mg/kg 体重	内服、皮下、肌注，1 日 3 次
	头孢唑啉钠	粉针	犬、猫 15~30mg/kg 体重	静滴、皮下、肌注，1 日 3~4 次
	头孢拉定	胶囊 粉针	犬 50~100mg/kg 体重 犬 25~40mg/kg 体重	内服，1 日 2 次 静滴，1 日 2 次
	头孢羟氨苄	胶囊	犬、猫 10~20mg/kg 体重	内服，1 日 2 次，连用 3~5 日
	头孢西丁钠	粉针	犬、猫 10~20mg/kg 体重	静滴、肌注，1 日 2~3 次
	头孢噻肟钠	粉针	犬、猫 20~40mg/kg 体重	静滴、皮下、肌注，1 日 2~3 次
	头孢哌酮	粉针	犬 25~50mg/kg 体重	静滴、肌注，1 日 2 次
	红霉素	片剂	犬、猫 10~20mg/kg 体重	内服，1 日 2 次，连用 2~3 日
	无味红霉素	片剂	犬、猫 5~10mg/kg 体重	内服，1 日 3 次
	乳糖酸红霉素	粉针	犬、猫 5~10mg/kg 体重	肌注、静滴，1 日 2 次，连用 2~3 日
	高力米先	注射液	犬、猫 1~5mg/kg 体重	肌注，1 日 2 次
	泰乐菌素（特爱农）	可溶性粉 注射液	犬 11~22mg/kg 体重 犬、猫 5ml/kg 体重	内服，1 日 2 次 肌注，1 日 2 次
	利君沙（琥乙红霉素）	片剂	犬 10~15mg/kg 体重	内服，1 日 3~4 次
	罗红霉素	片剂	犬 2.5~5mg/kg 体重	内服，1 日 2 次，7~14 日为 1 个疗程
	孚迪	片剂	犬 2.5~5mg/kg 体重	内服，1 日 2 次
	交沙霉素	片剂	犬 6~7mg/kg 体重	内服，1 日 3~4 次
	麦迪霉素	片剂	犬、猫 15~20mg/kg 体重	内服，1 日 3 次
	盐酸林可霉素（洁霉素）	片剂、胶囊 注射液	犬、猫 15~25mg/kg 体重 犬、猫 10~20mg/kg 体重	内服，1 日 2 次，连用 3~5 日 肌注、静滴，1 日 2 次
	复方盐酸林可霉素	注射液	犬、猫 0.1~0.2ml/kg 体重 犬、猫 0.08~0.15mg/kg 体重	肌注，1 日 1 次 静滴
	氯洁霉素（氯林可霉素）	片剂、胶囊 注射液	犬、猫 10~25mg/kg 体重 犬、猫 10~20mg/kg 体重	内服，1 日 2 次 肌注、静滴，1 日 2 次
	螺旋霉素	片剂 注射剂	犬、猫 15~25mg/kg 体重 犬、猫 25~50mg/kg 体重	内服，1 日 3 次 皮下、肌注，1 日 1 次
	北里霉素（柱晶白霉素）	片剂 粉针	犬 1.5~12mg/kg 体重 犬 5~25mg/kg 体重	内服，1 日 1 次 皮下、肌注，1 日 1 次
	竹桃霉素	粉针	犬 1~5mg/kg 体重	肌注、静滴，1 日 2 次
	杆菌肽	片剂 粉针	犬 1000~1500mg/kg 体重 犬 200~1000u/kg 体重	内服，1 日 2 次 肌注，1 日 2 次

续表

药类	药物名称	剂　型	用　量	用　法
抗革兰氏阳性菌的抗生素	万古霉素	粉针	犬、猫 5~10mg/kg 体重	静滴，1 日 2 次
	新生霉素	片剂、胶囊 粉针	犬 10~25mg/kg 体重 犬 3~8mg/kg 体重	内服，1 日 2 次 肌注、静注，1 日 2 次
	利福霉素 SV	粉针	犬 10~15mg/kg 体重	内服，1 日 1 次，连用 5~6 日
抗革兰氏阴性菌的抗生素	硫酸链霉素	粉针 片剂	犬 10~15mg/kg 体重 猫 15mg/kg 体重 犬 20mg/kg 体重	皮下、肌注，1 日 3 次 皮下注射，1 日 2 次；猫敏感，慎用 内服，1 日 2~3 次
	硫酸卡那霉素	粉针、注射液 片剂	犬、猫 5mg/kg 体重 犬、猫 5~10mg/kg 体重	肌注，1 日 2~5 次 内服，1 日 3 次
	丁胺卡那霉素（阿米卡星）	粉针、注射液	犬、猫 5mg/kg 体重 犬、猫 5~10mg/kg 体重	静注，1 日 3~4 次 皮下、肌注，1 日 3 次
	硫酸庆大霉素	注射液 片剂	犬 1mg/kg 体重 犬、猫 2~4mg/kg 体重 犬 10~15mg/kg 体重	静注，1 日 4 次 皮下、肌注，1 日 2 次 内服，1 日 2~3 次
	硫酸新霉素	片剂 粉针	犬、猫 4~5mg/kg 体重 犬、猫 3.5mg/kg 体重	内服，1 日 2 次，连用 3~5 日 肌注、静滴，1 日 3 次
	硫酸威他霉素（维生霉素）	粉针、注射液	猫 30~50mg/kg 体重	肌注，1 日 2 次；症状减轻后，1 日 1 次
	小诺霉素（小诺米星）	注射液	犬 1.5~2mg/kg 体重	肌注，1 日 2 次
	硫酸多粘菌素 B	片剂	犬、猫 1 万~2 万 u/kg 体重	内服，1 日 2 次
	硫酸多粘菌素 E	片剂 注射液	犬 2 万~3 万 u/kg 体重 犬 1 万~2 万 u/kg 体重	内服，1 日 3 次 肌注，1 日 2~3 次
	复方粘杆菌素	注射液	犬、猫 0.1ml/kg 体重	缓慢静滴
	春雷霉素	粉针 片剂	犬、猫 100~250mg/kg 体重 犬、猫 200~500mg/kg 体重	肌注，1 日 2 次 内服，1 日 2 次
	创新霉素	片剂	犬、猫 40~75mg/kg 体重	内服，1 日 2 次
	壮观霉素（治百炎、奇放线霉素）	粉针 注射液	犬 22mg/kg 体重 犬 5~11mg/kg 体重	内服，1 日 2 次 肌注，1 日 2 次
广谱抗生素	土霉素（氧四环素）	片剂 粉针	犬、猫 15~20mg/kg 体重 犬、猫 5~10mg/kg 体重	内服，1 日 2~3 次，连用 3~5 日 肌注、静滴，1 日 2 次
	甲烯土霉素	片剂	犬、猫 5mg/kg 体重	内服，1 日 3 次，连用 5 日
	复方长效盐酸土霉素（特效米先）	注射液	犬 5~10mg/kg 体重 犬、猫 0.5~1ml/kg 体重	肌注，隔 3~5 日注药 1 次 静滴
	四环素	片剂、胶囊 粉针	犬 15~50mg/kg 体重 犬 5~10mg/kg 体重	内服，1 日 2 次 肌注、静滴，1 日 2 次
	二甲胺四环素	针剂	犬、猫 3~5mg/kg 体重	肌注，1 日 2 次
	金霉素（氯四环素）	片剂 粉针、注射液	犬 15~50mg/kg 体重 犬 5~10mg/kg 体重	内服，1 日 2 次 肌注、静滴，1 日 2 次
	多西环素（强力霉素）	片剂、散剂 粉针	犬、猫 5~10mg/kg 体重 犬、猫 2~4mg/kg 体重	内服，1 日 1 次 肌注、静滴，1 日 1 次

续表

药类	药物名称	剂　　型	用　　量	用　　法
广谱抗生素	琥珀酸钠氯霉素	粉针	犬、猫 10~20mg/kg 体重	肌注、静滴，1 日 2 次
	合霉素	片剂	犬 20mg/kg 体重	内服，1 日 2 次
	甲砜霉素	片剂	犬、猫 7~15mg/kg 体重	内服，1 日 3 次
	氟苯尼考	注射液	犬、猫 25~50mg/kg 体重	皮下，肌注，1 日 2~3 次，连用 3~5 日
	痢菌净	注射液	犬、猫 2~5ml/kg 体重	肌注
	长效盐酸多西环素（蟾酥）	注射液	犬、猫 0.1ml/kg 体重	肌注，1 日 1 次，连用 2~3 日
	复方洛美沙星（硫酸粘杆菌素）	注射液	犬、猫 0.1ml/kg 体重	肌注，1 日 1 次，重症 24 小时后再注 1 次
	复方林可（大观霉素）	注射液	犬、猫 0.1~0.2ml/kg 体重	肌注，1 日 1 次，连用 3~4 日
	增效硫酸阿普霉素	注射液	犬、猫 0.1ml/kg 体重	肌注，1 日 1 次，重症 24 小时后再注 1 次
	加沙霉素	注射液	犬 1ml/kg 体重	肌注，静注
	地恩芬	注射液	犬、猫 0.2~0.5ml/kg 体重	肌注，静注
	复方黄芩	注射液	犬 0.2~0.3ml/kg 体重	肌注
	复方鱼腥草	注射液	犬、猫 0.5~1ml/kg 体重	肌注、静滴，1 日 2 次，连用 2~3 日
	复方薄公英	注射液	犬、猫 0.1ml/kg 体重	肌注、静滴，1 日 2 次，连用 2~3 日
	百畜宫炎清	注射液	犬 0.1ml/kg 体重	肌注、缓慢静滴，1 日 1 次，连用 2~3 日
	消疮散	散剂	犬、猫 5~15g/次	内服
	普济消毒散	散剂	犬、猫 5~15g/次	内服
	复方连翘	注射液	犬、猫 0.1ml/kg 体重	肌注、静滴，1 日 1 次，连用 3~4 日
	复方金银花	注射液	犬、猫 0.1~0.15ml/kg 体重	肌注、缓慢静滴，1 日 1 次，连用 2~3 日

（二）磺胺类药及抗菌增效剂

药类	药物名称	剂　　型	用　　量	用　　法
全身感染用磺胺药	磺胺嘧啶（SD）	片剂、粉剂	犬 70mg/kg 体重，首次量加倍 猫 50mg/kg 体重，首次量加倍	内服，1 日 2 次
	磺胺嘧啶钠（SD–Na）	注射液	犬 50mg/kg 体重 猫 30mg/kg 体重	静注、深部肌注，1 日 2 次 静注、深部肌注，1 日 2 次
	增效磺胺嘧啶（致菌灵）	片剂	犬、猫 20~30mg/kg 体重	内服，1 日 1~2 次
	增效磺胺嘧啶钠	注射液	犬、猫 25~75mg/kg 体重	肌注，1 日 2 次；静注，1 日 1 次
	磺胺甲基嘧啶（SM_1）	片剂、粉剂	犬、猫用量同 SD	内服，1 日 2 次

续表

药类	药物名称	剂　　型	用　　量	用　　法
全身感染用磺胺药	磺胺二甲基嘧啶（SM_2）	片剂 注射液	犬、猫用量同 SD 犬 50mg/kg 体重，首次量加倍猫 30mg/kg 体重	内服，1 日 2 次 静注，肌注，1 日 2 次 静注，肌注，1 日 1 次
	磺胺甲基异噁唑 （新诺明，SMZ）	片剂	犬、猫用量同 SD	内服，1 日 2 次
	增效新诺明 （复方新诺明）	片剂	犬、猫 20~25mg/kg 体重	内服，1 日 1~2 次
	磺胺异噁唑 （菌得清，SIZ）	片剂	犬 50mg/kg 体重 猫用量同 SD	内服，1 日 3 次
	增效磺胺甲基异噁唑	注射液 片剂	犬、猫 20~25mg/kg 体重 犬 25~50mg/kg 体重，首次量加倍 猫 20~40mg/kg 体重，首次量加倍	肌注，1 日 2 次；静注 1 次 内服，1 日 1 次 内服，1 日 1 次
	磺胺甲氧嗪（SMP）	注射液	犬 50mg/kg 体重	静注、肌注，1 日 1 次
	磺胺间二甲氧嘧啶（SDM）	片剂	犬 25~50mg/kg 体重，首次量加倍 猫 70mg/kg 体重，首次量加倍	内服，1 日 1 次 内服，1 日 1 次
	磺胺邻二甲氧嘧啶 （周效磺胺 SDM'）	片剂	犬 20~50mg/kg 体重	内服，4~7 日 1 次
	增效周效磺胺钠	注射液	犬 20~30mg/kg 体重	肌注，静注，4~7 日 1 次
	磺胺-5-甲氧嘧啶（SDM）	片剂	犬 25~50mg/kg 体重，首次量加倍 猫 70mg/kg 体重，首次量加倍	内服，1 日 1~2 次 内服，1 日 1 次
	复方间甲氧嘧啶	注射液	犬、猫 0.1~0.15ml/kg 体重	肌注，1 日 1 次
	增效磺胺-5-甲氧嘧啶	片剂 注射掖	犬、猫 20~25mg/kg 体重 犬、猫 20~25mg/kg 体重	内服，1 日 1 次 肌注，1 日 1~2 次
	增效磺胺-5-甲氧嘧啶钠	注射液	犬 20~25mg/kg 体重	肌注，1 日 1~2 次；静滴，1 日 1 次
	磺胺-6-甲氧嘧啶 （制菌磺 SMM）	片剂	犬 50mg/kg 体重，首次量加倍	内服，1 日 1 次，连用 2~5 日
	增效磺胺甲氧嗪	注射液	犬 20~25mg/kg 体重	肌注，静滴，1 日 1 次
	增效磺胺甲基嘧啶	片剂	犬 20~25mg/kg 体重	内服，1 日 2 次
肠道感染用磺胺药	磺胺脒（磺胺胍 SG）	片剂	犬、猫 30~100mg/kg 体重，首次量加倍	内服，1 日 3 次
	酞磺胺噻唑（PST）	片剂	犬 100mg/kg 体重，首次量加倍 猫 30~100mg/kg 体重，首次量加倍	内服，1 日 2 次 内服，1 日 2 次
	琥珀磺胺噻唑（SST）	片剂	犬、猫用量同 PST	内服，1 日 2 次
	羟喹酞磺胺噻唑 （克泻磺，OQPST）	粉剂、片剂	犬、猫用量同 PST	内服，1 日 2~3 次

续表

药类	药物名称	剂型	用量	用法
肠道感染用磺胺药	酞磺胺甲氧嗪（PSMP）	粉剂、片剂	犬 100~300mg/kg 体重	内服，1 日 1 次
	酞磺胺醋酰（息拉米 PSA）	片剂	犬、猫用量同 PST	内服，1 日 2 次
外用磺胺药	磺胺醋酰钠（SA-Na）	滴眼液 软膏	10%~15% 10%~30%	滴眼，本品忌与强的松龙合用 外用
	磺胺嘧啶银（烧伤宁 SD-Ag）	溶液、乳膏、软膏、混悬液	2%	外用、喷洒、湿敷。涂布于烧伤、创伤、感染创、脓肿部位
	醋酸磺胺咪隆（甲磺灭脓 SML）	溶液	5%~10%	外用。感染创、化脓创、脓肿湿敷
抗菌增效剂	三甲氧苄氨嘧啶（TMP）	片剂、注射液、粉剂	犬、猫 5mg/kg 体重	静注、肌注、内服，1 日 2 次 本品与抗菌药物合用，或与抗菌药物配制成复方制剂，均可增强药效
	二甲氧苄氨嘧啶（敌菌净 DVD）	粉剂		本品为抗菌增效剂，与 SMD、SMM、SMZ、SG 等，按 1:5 比例配伍可制成复方制剂
	复方二甲氧苄氨嘧啶	片剂	犬、猫 20~25mg/kg 体重	内服，1 日 2 次

（三）硝基呋喃类药、硝基咪唑类药

药物名称	剂型	用量	用法
呋喃唑酮（痢特灵）	片剂	犬、猫 2.5~5mg/kg 体重	内服，1 日 2 次
呋喃妥因（呋喃坦啶）	片剂	犬、猫 4.4mg/kg 体重	内服，1 日 2~3 次
呋喃妥因钠	注射液	犬 2~2.5mg/kg 体重	肌注，1 日 2 次
甲硝唑（灭滴灵）	注射液 1%溶液 5%软膏	犬 7.5mg/kg 体重	静滴，1 日 2~3 次 冲洗子宫、阴道、尿道、膀胱 外用

（四）抗结核病类药

药物名称	剂型	用量	用法
利福平	片剂、胶囊	犬、猫 10~20mg/kg 体重	内服，1 日 2~3 次；配合异烟肼等内服
异烟肼（雷米封）	片剂	犬 4~8mg/kg 体重 猫 6~10mg/kg 体重	内服，1 日 2~3 次；与利福平、链霉素合用
硫酸链霉素	粉针	犬 10mg/kg 体重	肌注，1 日 3 次；猫敏感禁用或慎用

（五）氟喹诺酮类药

药物名称	剂　型	用　量	用　法
诺氟沙星（氟哌酸）	可溶性粉 注射液	犬、猫 10~20mg/kg 体重 犬、猫 5mg/kg 体重	内服，1 日 2 次，连用 3~5 日 肌注，1 日 2 次，连用 3~5 日
环丙沙星（环丙氟哌酸）	原粉、可溶性粉 注射液	犬 5~15mg/kg 体重 犬 2~2.5mg/kg 体重	内服，1 日 2 次，连用 3~5 日 肌注，1 日 2 次
乳酸环丙沙星	注射液	犬 5~15mg/kg 体重 猫 2mg/kg 体重	静注，1 日 2 次
氧氟沙星（氟嗪酸）	注射液	犬、猫 3~5mg/kg 体重	肌注、静注，1 日 2 次，连用 3~5 日
恩诺沙星（百病消，普杀平）	原粉、注射液	犬、猫 2.5~5mg/kg 体重	内服、肌注，均为 1 日 2 次，连用 3~5 日
盐酸二氟沙星	注射液	犬、猫 5~10mg/kg 体重	肌注，1 日 1~2 次
沙拉沙星（福乐星）	注射液	犬、猫 15~10mg/kg 体重	肌注，1 日 1~2 次
洛美沙星（罗氟酸）	胶囊、注射液	犬、猫 2.5~5mg/kg 体重	内服、肌注，均为 1 日 2 次
单诺沙星	注射液	犬、猫 1.25mg/kg 体重	皮下注射，1 日 2 次
烟酸诺氟沙星	注射液	犬 8mg/kg 体重	肌注，1 日 2 次，连用 3 日
氧氟沙星	可溶性粉	犬、猫 5~10mg/kg 体重	内服，1 日 2 次
复方氧氟沙星	注射液	犬、猫 0.1~0.2ml/kg 体重	肌注，1 日 1 次，重症 24 小时后再注 1 次
复方恩诺沙星	注射液	犬、猫 0.2ml/kg 体重	肌注、静滴，1 日 2 次，连用 2~3 日
甲磺酸达氟沙星	注射液	犬 0.3ml/kg 体重	肌注，1 日 1 次
盐酸二氟沙星	粉剂、片剂	犬 5~10mg/kg 体重	内服，1 日 2 次
马波沙星	片剂	犬、猫 2~5mg/kg 体重	内服，1 日 1 次
粤比沙星	片剂	犬、猫 2.5~7.5mg/kg 体重	内服
普多沙星	片剂	犬、猫 2~3mg/kg 体重	内服，1 日 1 次
复方盐酸环丙沙星	注射液	犬、猫 2~3mg/kg 体重	肌注，1 日 1 次

（六）抗真菌药

药物名称	剂　型	用　量	用　法
制霉菌素	片剂	犬 10 万~25 万 u/次，猫 10 万 u/次	内服，1 日 3~4 次，连用 7 日。对深部真菌无效
多聚醛制霉菌素钠	粉剂	犬 2.2 万 u/kg 体重	内服，1 日 1 次
两性霉素 B（芦山霉素）	粉剂	犬、猫 0.5~1mg/kg 体重	静滴，隔日 1 次，最大累加剂量不能超过 8mg，用注射用水或 5% 葡萄糖稀释
两性霉素软膏或溶液	3% 软膏 0.5% 溶液		禁用生理盐水稀释 外用涂敷或局部皮下注入
灰黄霉素	片剂	犬 15~25mg/kg 体重	内服，1 日 1 次，连用 3~6 周，不宜空腹用药

续表

药物名称	剂　型	用　量	用　法
复方苯甲酸	软膏、擦剂		外用涂搽
氟胞嘧啶	胶囊	犬、猫 25~50mg/kg	内服，1 日 4 次
氟康唑	胶囊	犬、猫 2.5~5mg/kg	内服，1 日 1~2 次
伊曲康唑	胶囊	犬、猫 5~10mg/kg	内服，1 日 1 次
克霉唑	片剂	犬、猫 10~20mg/kg 体重	内服，1 日 3 次
克霉唑软膏、癣药水			外用，1 日 1 次
酮康唑（霉康灵）	片剂、胶囊	犬、猫 10mg/kg 体重	内服，1 日 1 次，连用 2~8 周，孕犬、猫禁用
咪康唑（达克宁）软膏	洗剂		外用，敷涂皮肤、掌趾，1 日 1~2 次
曲古霉素（发霉素）	片剂 喷雾剂	犬 10 万~20 万 u/kg 体重	内服，1 日 4 次 口服喷雾，1 日 2 次
球红霉素（抗生素 414）	粉针	犬 1~2mg/kg 体重	静滴，每日或隔日 1 次
克念霉素片	片剂	犬 1 次 1 片	犬阴道塞入，1 日 1 次，连用 7~10 日
克念霉素吸入剂	溶液	犬 1 次 1ml	吸入，1 日 2 次
克念霉素滴眼液	溶液	犬 1 次 1~2 滴	滴眼，1 日 4~5 次
十一烯酸锌醇	溶液		外用涂敷
十一烯酸锌	软膏		外用涂敷

（七）抗病毒药

药物名称	剂　型	用　量	用　法
金刚烷胺（三环癸胺）	片剂、胶囊	犬、猫 50~100mg/次	内服，1 日 3 次
盐酸吗啉胍（病毒灵）	片剂、粉剂 注射液	犬、猫 50~100mg/次 犬 1~2mg/次	内服，1 日 2 次，连用 3 日 肌注，1 日 3 次
复方吗啉胍	片剂	犬 50~100mg/次	内服，1 日 2 次，连用 5 日
三氮唑核苷（病毒唑）	片剂 注射液	犬 200~500mg/次 犬 5~7.5mg/kg 体重	内服，1 日 2 次 皮下、肌注、静滴，1 日 2 次
单磷酸阿糖腺苷	注射液	犬 5~7.5mg/kg 体重	静滴，1 日 2 次
阿昔洛韦（无环鸟苷）	注射液	犬 5~15mg/kg 体重	静滴、皮下，1 日 2 次
更昔洛韦	注射液	犬、猫 5~7mg/kg 体重	静滴，1 日 2 次
溴蜡尿苛	注射液 粉针	犬 5mg/kg 体重 犬 60ml/kg 体重	静滴，1 日 2 次 静滴，1 日 1~2 次
双黄连	注射液 口服液	犬 1mg/kg 体重，2~5ml/次 犬 10~20mg/次	皮下、肌注、静滴，1 日 1~2 次 内服，1 日 2~3 次
板蓝根	注射液	犬 10~20mg/次	静滴，1 日 2 次
复方板蓝根	注射液	犬 10~15ml/次	静滴，1 日 2 次
阿昔洛韦	片剂	犬 5~15mg/次	内服，1 日 3 次
绿叶益爽	口服液	犬、猫 1~5ml/次	内服，1 日 1 次，连用 3~5 日

续表

药物名称	剂　型	用　量	用　法
四黄败毒	注射液	犬、猫 0.1~0.15ml/kg 体重 犬、猫 0.1ml/kg 体重	肌注，1 日 1 次 静滴，1 日 1 次
强效病毒威	注射液	犬、猫 0.1~0.15ml/kg 体重 犬、猫 0.1ml/kg 体重	肌注，1 日 1 次，连用 2~3 日 静滴，1 日 1 次，连用 2~3 日
复方板蓝根—蟾酥	注射液	犬、猫 0.1~0.15ml/kg 体重	肌注，1 日 1 次，连用 2~3 日
复方蟾酥—黄芪多糖	注射液	犬、猫 0.1~0.15ml/kg 体重 犬、猫 0.1ml/kg 体重	肌注，1 日 1 次 缓慢静滴，1 日 1 次
复方圆环大败毒	注射液	犬、猫 0.1~0.15ml/kg 体重 犬、猫 0.1ml/kg 体重	肌注，1 日 1 次 缓慢静滴，1 日 1 次
蛇胆牛磺酸	注射液	犬 0.1ml/kg 体重	肌注，1 日 1 次，连用 2~3 日
圆环兰伪抗	注射液	犬、猫 0.1~0.15ml/kg 体重	肌注
板蟾金胡	注射液	犬 0.1~0.2ml/kg 体重	肌注
复方清瘟灵	注射液	犬 0.1~0.2ml/kg 体重	肌注，1 日 1 次，连用 2~3 日
复方金银花	注射液	见抗菌药	

二、消毒防腐药及皮肤黏膜消毒药

药物名称	药物浓度、用途及注意事项
苯酚（碳酸）	3%~5%水溶液用于环境、用具、器械、污物消毒；1%~2%水溶液用于皮肤止痒止痛。本品不适于皮肤创伤消毒。忌与碘、溴、过氧化氢、高锰酸钾配伍应用
煤酚皂溶液（来苏儿）	2%溶液用于创面、手臂、皮肤、器械消毒；5%~10%溶液用于犬舍、环境、污物、排泄物、用具消毒
复合酚溶液（消毒灵、菌毒敌）	0.35%~1%溶液用于环境消毒。严重污染可提高本品浓度，稀释水温不可低于 8℃，忌与碱性药或其他消毒剂混用
复方煤焦油酸溶液（农福）	1%~1.3%水溶液用于环境消毒；1.7%水溶液用于浸洗消毒
乙醇（酒精）溶液	70%溶液用于皮肤、手臂、器械消毒。不宜用于黏膜消毒
苯氧乙醇	2%溶液或乳剂用于感染创面、烧伤、烫伤消毒
硼酸	2%~4%溶液用于冲洗口、眼黏膜；3%~5%溶液用于冲洗新鲜创。硼酸软膏、硼酸甘油、硼酸磺胺粉等用于治疗口鼻炎症、溃疡、创伤、褥疮等
氢氧化钠（苛性钠）	2%~5%溶液用于环境、空舍、用具、污染物、垃圾消毒。犬、猫勿接触本品；消毒后的饮饲用具需用清水冲净；金属笼网禁用本品消毒
氧化钙（生石灰）	干粉撒布用于消毒空舍、粪堆；10%~20%石灰乳用于犬舍墙壁、地面消毒
碘酊	2%溶液用于皮肤消毒。不可用于黏膜消毒
碘甘油	涂布于黏膜表面，治疗口、舌、齿龈、阴道等黏膜炎症或溃疡
碘仿醚溶液	3%~10%用于深部瘘管、关节炎、蜂窝织炎
碘仿	4%~6%溶液用于深部感染创；5%~10%软膏、碘仿硼酸粉（1:9）、碘仿磺胺粉（1:9）等均用于创伤、溃疡
碘伏（强力碘）	5%溶液用于犬舍喷洒消毒，3~9ml/m^3；5%~10%溶液用于器械、用具消毒
聚维酮碘（吡咯烷酮碘）	1%溶液、洗液或 10%软膏用于术部、创口、阴道口等消毒；0.2%~0.5%溶液用于器械浸泡消毒；2%~5%溶液用于环境消毒

续表

药物名称	药物浓度、用途及注意事项
复合碘溶液（雅好生）	1%~3%溶液用于犬舍、屠宰车间消毒；0.5%~1%溶液用于器械消毒；饮水消毒，10L 水加本品 3ml
爱迪伏消毒液	0.3%本品稀释 20~80 倍，0.7%本品稀释 100~200 倍，用于环境、用具、器械、术部、手臂、黏膜等消毒
百菌清（碘酸混合液）	本品 1:100~300 倍用于病毒消毒；1:300 倍用于创伤消毒；1:400~600 倍用于犬舍、用具消毒；1:2500 倍用于饮水消毒
漂白粉（含氯石灰）	干粉撒布或喷洒 5%~20%混悬液用于犬舍、排泄物消毒；每升水加本品 0.3~1.5g 用于饮水消毒。本品宜现用现配；久贮失效、干燥保存；不可与易燃易爆物同放；不能用于消毒金属制品和有色棉织物
氯胺（氯亚明）	0.2%~0.3%溶液用于黏膜消毒；0.5%~2%溶液用于皮肤或创面消毒
优氯净（二氯异氰尿酸钠）	每升水加本品 4mg 用于饮水消毒；每升水加本品 50~100mg 用于犬舍、用具消毒
消毒灵	0.125%~0.25%溶液用于犬舍、用具消毒
三氯异氰尿酸	每升水加本品 4~6mg 用于饮水消毒；每升水加本品 200~400mg 用于环境、用具消毒
露它净	1%~1.5%溶液用于黏膜消毒；10%~36%溶液用于患部涂敷
红汞（汞溴红、红药水）	2%溶液用于皮肤、黏膜、创伤消毒
硫柳汞（硫汞柳酸钠）	0.01%~0.02%溶液用于黏膜消毒；0.1%溶液或醇溶液用于皮肤消毒
氯化氨基汞（白降汞）	1%眼膏用于治疗慢性结膜炎；5%~10%软膏用于治疗化脓性或霉菌性皮肤病
硝甲酚汞（米他芬）	0.01%~0.02%水溶液用于冲洗眼结膜、创伤、膀胱、尿道；0.02%~0.1%溶液用于器械浸泡消毒
黄氧化汞（黄降汞）	1%眼膏眼用；1%~1.5%软膏涂皮治疗骨髓炎
甲紫（龙胆紫、紫药水）	1%~3%水溶液或乙醇溶液用于治疗皮肤、黏膜、创伤感染或溃疡；1%水溶液用于治疗烧伤
雷佛奴尔（利凡诺）	0.1%~0.5%溶液用于冲洗创面、溃疡、子宫、阴道；1%~3%软膏用于创面消炎
高锰酸钾（过氧化锰）	0.1%溶液用于冲洗黏膜、创面、溃疡；0.02%溶液用于冲洗膀胱、阴道、子宫
次氯酸钠	0.01%~0.02%水溶液用于犬舍、器具浸泡消毒，消毒时间为 5~10 分钟；0.3%水溶液用于犬舍喷雾消毒，30~50ml/m^3；1%水溶液用于犬场环境消毒，200ml/m^3
强力消毒王	1:800 用于犬舍喷雾消毒，50ml/m^3，消毒时间为 30 分钟；1:100 用于消毒池槽，每 4 日换一次，1:1000 用于带犬消毒，消毒时间为 15 分钟
抗毒威（粉剂）	1:400 水溶液用于犬场、环境、犬舍、运动场喷雾消毒；1:5000 水溶液可任犬经常饮用
氯甲酚溶粹	200~400 倍溶液用于犬舍、消毒池、通道、带犬喷雾消毒，60~100 倍稀释液用疫病发生时紧急消毒
稀醋酸（5.7%~6.3%）	加热用于空气消毒，20~40ml/100m^3；食醋加热熏蒸，300~1000ml/100m^3
水杨酸（柳酸）	本品 5%~10%酒精溶液用于治疗霉菌性皮肤病；5%~20%溶液溶解角质，促进坏死组织脱落，10%软膏用于治疗肉芽创
甲醛溶液	本品 5%酒精溶液用于术部消毒；4%~8%甲醛溶液用于喷雾、浸泡、熏蒸消毒
多聚甲醛	用于空闲犬舍熏蒸消毒，3~5g/m^3，消毒时间为 10 小时
戊二醇	2%本品碱性溶液（加 0.3%碳酸氢钠）用于犬舍消毒、浸泡器具消毒

续表

药物名称	药物浓度、用途及注意事项
速效碘	本品分SⅠ型和SⅡ型，分别含有效碘为1%及0.35%。稀释倍数：饮水消毒Ⅰ型为300~350倍，Ⅱ型为100~250倍，消毒后可直接饮用；带犬喷雾消毒Ⅰ型为350~400倍，Ⅱ型为100~250倍，消毒时间为5~30分钟；犬舍和用具消毒，Ⅰ型为300~350倍，Ⅱ型为100~250倍，消毒时间为5~30分钟，疫病紧急消毒，Ⅰ型为15~200倍，Ⅱ型为50~100倍，喷雾消毒时间为5~30分钟
过氧化氢溶液（双氧水）	1%~3%溶液用于冲洗化脓创；0.3%~1%溶液用于冲洗口腔黏膜
过氧乙酸（过醋酸）	0.5%溶液用于犬舍、饮饲器具、用具消毒；0.04%~0.2%溶液用于橡胶、玻璃、耐酸塑料、搪瓷等制品浸泡消毒；20%溶液用于空气消毒，1~3ml/m³；3%溶液带犬消毒
苯扎溴铵（新洁尔灭）	0.01%~0.05%溶液用于冲洗膀胱、阴道、深部感染创；0.1%溶液用于手臂、术部皮肤、器械、玻璃器材等消毒
氯乙啶（洗必泰）	0.02%溶液用于皮肤、手臂消毒；0.05%溶液用于创面、乳头消毒；0.1%溶液（加0.1%亚硝酸钠）用于器械浸泡消毒
百毒杀（癸甲溴氨溶液）	每1L水加本品10%溶液0.25~0.5ml或加本品50%溶液0.05~0.1ml用于饮水消毒；每10L水加本品10%溶液15ml或加本品50%溶液3ml用于犬舍、环境、器具消毒；每10L水加本品10%溶液25ml或加本品50%溶液5ml用于发生疫病犬舍及环境消毒
消毒净	0.02%~0.05%水溶液用于冲洗口、鼻、腹腔；0.1%水溶液用于手臂、皮肤消毒；0.05%~0.1%水溶液（加0.5%亚硝酸钠）用于金属器械浸泡消毒
度米芬（消毒宁）	0.02%水溶液用于皮肤、黏膜消毒或局部感染热敷；0.05%水溶液（加0.05%亚硝酸钠）用于器械消毒
创必龙（曲比氯胺）	0.1%乳剂或油膏用于治疗烧伤、术后创口感染、白色念珠菌感染
特快灵（克菌定）	软膏涂搽或犬内服0.25~0.5mg/次
消毒优（月苄三甲氯胺）	本品用水稀释300倍用于犬舍喷洒消毒；稀释1000~1500倍用于饲养器具浸泡消毒
菌毒清（辛氨乙甘酸溶液）	本品用水稀释100~200倍用于犬舍、器械消毒；稀释1000倍用于手臂消毒
托萘酯（癣退、发癣退）	1%乳剂或2%软膏，患部涂抹，1日2~3次
水易净200（消毒泡腾片）	饮水消毒：每片溶于200~400kg水，30分钟后供饮用；每片溶于3~6kg水，用于空舍或器具消毒；每片溶于3kg水用于脚踏池消毒，3日换药1次。本品不可内服，并忌与疫苗、维生素混用

三、抗寄生虫药

药类	药物名称	用量（或浓度）	用　法
驱线虫药和驱丝虫药	盐酸左旋咪唑片	犬、猫10mg/kg体重（杀灭微丝蚴）	内服，1日1次，连用3~7日
	盐酸左旋咪唑注射液	犬、猫10mg/kg体重（杀灭肺丝虫）	肌注、皮下注射，1日1次
	盐酸左旋咪唑擦剂	犬、猫10~20mg/kg体重	涂于耳背部，1日1次，连用3日
	四咪唑（噻咪唑、驱虫净）片	犬10~20mg/kg体重	内服
	四咪唑注射液	犬7.5mg/kg体重	皮下、肌注
	噻苯咪唑（噻苯哒唑）	犬50mg/kg体重	内服，1日1次，连用3日
	甲苯咪唑（甲苯哒唑）	犬22~25mg/kg体重	内服，1日1次，连用3日（各种线虫）或连用5日（各种绦虫）
		猫25mg/kg体重	内服，1日1次，连用5日

续表

药类	药物名称	用量（或浓度）	用　　法
驱线虫药和驱丝虫药	苯硫苯咪唑（芬苯咪唑）	犬 22mg/kg 体重 犬 50mg/kg 体重 猫 25~50mg/kg 体重	内服，1 日 1 次，连用 3 日（驱线虫） 内服，1 日 1 次，连用 3 日（驱绦虫） 内服，1 日 1 次，连用 3 日（驱胃虫），连用 5 日（驱肺丝虫）
	苯硫咪唑	犬、猫 50mg/kg 体重	内服，1 日 1 次，连用 3 日
	苯芬达唑	猫 30mg/kg 体重	内服，1 日 1 次，连用 6 日（驱胰腺吸虫）
	阿苯哒唑（丙硫苯咪唑）	犬、猫 25mg/kg 体重或 50mg/kg 体重	内服，低剂量，1 日 2 次；高剂量 1 日 1 次，均连用 5 日
	二乙烯卡巴嗪（DEC）	犬、猫 6.6mg/kg 体重	内服，1 日 1 次
	米尔贝霉素	犬、猫 500μg/kg 体重	内服，1 日 1 次
	密砷胺	犬、猫 2.5mg/kg 体重	内服，1 日 2 次
	硫砷胺	犬、猫 0.22ml/kg（2.2mg/kg）	静脉注射 1 日 2 次，不得漏于静脉外
	磺苯咪唑（奥芬哒唑）	犬 10mg/kg 体重	内服，1 日 1 次，连用 4 周（驱气管丝虫）
	丙氧咪唑（奥苯哒唑）	犬 5mg/kg 体重	内服
	丁苯咪唑（丁苯唑）	犬 50mg/kg 体重	内服，1 日 1 次，连用 2~4 日
	丙噻咪唑（康苯咪唑）	犬 20mg/kg 体重	内服
	睇波芬（锑芬）	犬 1~1.5mg/kg 体重	静注，1 日 1 次，连日或隔日注药数次
	双羟萘酸噻嘧啶（抗虫美）	犬、猫 5~10mg/kg 体重	内服
	酒石酸噻嘧啶粉	猫 5~10mg/kg 体重	内服
	甲噻嘧啶（保康宁）	犬 5mg/kg 体重	内服
	吩噻嗪（硫化二苯胺）	犬 5~10mg/kg 体重	内服
	枸橼酸哌嗪（驱蛔灵）	犬、猫 100mg/kg 体重	内服
	磷酸哌嗪	犬、猫 70~100mg/kg 体重	内服
	枸橼酸乙胺嗪（海群生）	犬、猫 50mg/kg 体重	内服，1 日 1 次，连用 3 日
	敌百虫	犬 75mg/kg 体重	内服，隔 3~4 日 1 次，共服 3 次
	敌敌畏缓释剂（PVC-DDVP）	犬 25~30mg/kg 体重，或按说明书规定剂量用	内服
	氯丁烷	犬 0.5~2ml/kg 体重	内服
	伊维菌素	犬 200mg/kg 体重	内服（此药不能用于柯利犬）
	伊维菌素注射液	犬 0.05~0.1mg/kg 体重	皮下注射
	5%阿维菌素浇泼剂	犬 0.1ml/kg 体重	浇注或犬两耳内侧涂搽
	碘硝酚	犬、猫 10mg/kg 体重，或按说明书规定剂量用	皮下注射
	四氯乙烯胶丸	犬、猫 0.1~0.2mg/kg 体重	内服，给药后 6~8 小时投服非油类泻剂
	硫胂胺钠	犬、猫 2.2mg/kg 体重	缓慢静注，1 日 2 次，连用 2 日，隔 1 周后，再连用 2 日

续表

药类	药物名称	用量（或浓度）	用　法
驱线虫药和驱丝虫药	碘噻青胺（碘二噻宁）	犬 3.3~5.5mg/kg 体重 犬、猫 3mg/kg 体重	内服，1 日 2 次，连用 7~10 日（驱杀微丝蚴） 内服，1 日 1 次，连用 7 日（治疗钩虫病）
	盐酸二氯苯胂	犬 2.5mg/kg 体重	静注，隔 4~5 日 1 次
	二碘腈酚	犬 0.2~0.26ml/kg 体重	皮下注射
驱绦虫药	吡喹酮（环吡异喹酮）	犬 5~10mg/kg 体重 猫 2~5mg/kg 体重	内服，共喂 2 次，间隔 3~4 日
	氯硝柳胺（灭绦灵）	犬、猫 100~200mg/kg 体重	空腹一夜后内服，2~3 周后再服一次
	二氯酚（双氯酚）	犬 200~300mg/kg 体重 猫 100~200mg/kg 体重	内服
	二氯酚甲苯合剂胶囊	犬、猫二氯酚 200mg 与甲苯 240mg/kg 体重	内服
	氯硝柳酸哌嗪（驱绦灵）	犬、猫 100~125mg/kg 体重	空腹过夜后内服
	盐酸丁萘脒	犬、猫 25~50mg/kg 体重	内服
	硝硫氰醚	犬 50~100mg/kg 体重	内服
	氢溴酸槟榔碱	犬 1.5~2mg/kg 体重 （总量不能超过 12mg/次）	空腹一夜，给药前 20 分钟先内服稀碘酊液，再内服本药；最小致死为治疗量的 8 倍；中毒用阿托品解救
	槟榔碱乙酰胂胺	犬 4mg/kg 体重	内服
	槟榔片	犬 3mg/kg 体重	内服，每隔 7 日 1 次，连用 3 次
	己基间苯二酚	犬 20~50mg/kg 体重	内服
	南瓜子	犬 30g/kg 体重	文火微炒研粉内服，与槟榔合用疗效好
	硫双二氯酚（别丁）	犬、猫（带状绦虫）200mg/kg 体重	内服
驱吸虫药	硝氯酚	犬、猫（肺吸虫）1mg/kg 体重或 8mg/kg 体重 猫（华支睾吸虫）3mg/kg 体重	内服，低量 1 日 1 次，连用 3 日；高量隔日 1 次 内服
	硫双二氯酚	犬、猫（肺吸虫）100mg/kg 体重	内服，1 日 1 次，连用 7 日
	海托林（海涛林）	犬、猫 50~60mg/kg 体重	内服，1 日 1 次，连用 5 日
	六氯对二甲苯（血防 846）	犬、猫 50mg/kg 体重	内服，1 日 1 次，连用 10 日
	吡喹酮	犬（肺吸虫）50mg/kg 体重 犬（华支睾吸虫）50~75mg/kg 体重	内服，1 日 1 次，连用 3 日 内服
	六氯酚	犬 10~15mg/kg 体重	内服
	硝碘酚腈	犬 10mg/kg 体重 犬 15mg/kg 体重	皮下注射 内服
抗原虫锥虫药	盐酸氯苯胍（罗苯尼丁）	犬 10~25mg/kg 体重	内服
	氨丙啉（安宝乐）	犬 100~200mg/kg 体重	内服，1 日 1 次，连用 3 日
	磺胺二甲氧嘧啶	犬 55mg/kg 体重	内服，1 日 1 次，连用 3 周

续表

药类	药物名称	用量（或浓度）	用法
抗原虫锥虫药	三氮咪（贝尼尔、丝虫净）	犬 5~5.5mg/kg 体重	皮下、深部肌注，1 日 1 次，连用 2 日
	硫酸喹啉脲（阿卡普林）	犬 0.25mg/kg 体重	皮下注射
	咪唑苯脲（咪唑林卡普）	犬 2~5mg/kg 体重	皮下、肌注，1 日 1 次，隔天再注药 1 次
	甲基硫酸喹嘧胺（10%）	猫 3mg/kg 体重	皮下注射
	乙胺嘧啶	犬、猫 0.5~1mg/kg 体重	内服，1 日 1 次
	甲硝唑（灭滴灵）	犬 25mg/kg 体重 猫 8~10mg/kg 体重	内服，1 日 2 次，连用 5 日 内服，1 日 1 次，连用 10 日
	盐酸阿的平	大犬 200mg/次 中犬 100mg/次 小犬 50mg/次	内服，首日 3 次，以后 1 日 2 次，连用 6 日 内服，首日 2 次，以后 1 日 1 次，连用 6 日 内服，1 日 2 次，连用 6 日
	盐酸吖啶黄注射液	犬 0.01~0.02ml/kg 体重	肌注，缓慢静滴
	双脒苯脲注射液	犬 6mg/kg 体重	皮下，肌注
	10%甲硝唑粉	犬 25mg/kg 体重（以甲硝唑计）	内服，1 日 2 次，连用 5 日
	台盼兰（锥兰素）	犬 5~10mg/kg 体重	静注
	苏拉明（那加宁）	犬 10~15mg/kg 体重	静注
	戊烷脒	犬 1mg/kg 体重	皮下、肌注
	酚脒	犬 5mg/kg 体重	皮下、肌注
	替硝唑（硫甲硝咪唑）	犬 44mg/kg 体重 猫 50mg/kg 体重	内服，1 日 1 次，连用 3 日 内服，1 日 1 次，连用 3~7 日
	异丙硝唑（甲硝异丙咪）	犬以 126mg/L 水的浓度 猫 25mg/kg 体重	随意口服，连用 7 日 内服，1 日 2 次，连用 2~7 日
	克林霉素	犬 25mg/kg 体重	内服，1 日 1 次，连用 2~3 周
	磷酸伯氨喹	猫 0.5mg/kg 体重	内服或肌肉注射，1 日 1 次
	羟乙磺酸二苯脒	犬 15mg/kg 体重	皮下注射，1 日 1 次，连用 2 日
	咪多卡丙酸盐	犬 2~6mg/kg 体重	皮下或肌肉注射，1 日 1 次
	巴龙霉素	犬、猫 125~165mg/kg 体重	内服，1 日 1 次，连用 28 日
杀虫药	敌百虫	0.1%~0.5%溶液 1%溶液	喷洒、局部涂抹，杀灭犬体毒蚊、蝇、虱、蚤、蜱 局部涂抹，杀灭犬螨
	敌敌畏	1%溶液	薄层喷雾，局部涂毛，杀灭犬体外寄生虫
	蝇毒磷（库马福斯）	0.025%~0.05%溶液	局部涂毛，杀犬体表螨、蜱、蚤、虱
	皮蝇磷（芬氯磷）	0.25%~2.5%溶液	局部涂毛，杀犬体表蝇、虱、蚤、蜱、螨，隔 3 日 1 次，连用 3 次
	倍硫磷（百治屠）	0.5%~1%溶液或乳剂	外用喷洒，间隔 2 周，连用 2~3 次
	二溴磷肠溶片	犬 15mg/kg 体重 0.05%~2%乳剂	内服，1 日 1 次，连用 3~5 日 外用涂抹，杀犬体表蚊蝇
	西维因	0.5%溶液	局部或患部涂搽，杀犬体表螨、虱
	氰戊菊酯（速灭杀丁）	80~200mg/L 药液 50mg/L 药液	患部涂搽或喷雾，杀犬螨，隔 1~2 周再用 1 次 涂搽、喷雾、杀犬虱
	双甲脒（特敌克）	250mg/L 药液	洗浴、杀犬螨
	氯芬新片（Ⅱ、Ⅲ、Ⅳ）	犬 10mg/kg 体重	内服，30 日 1 次，连用 6 次

续表

药类	药物名称	用量（或浓度）	用法
杀虫药	氟芬新混悬液（杀蚤剂）	猫 30mg/kg 体重	内服，30 日 1 次
	百部酊	20%醇溶液	涂搽患部，杀猫螨、灭虱
	雄黄杀螨油剂	10%~20%油剂	局部涂搽，杀犬耳螨

四、中枢神经系统用药

（一）麻醉药

药类	药物名称	浓度、用量	用法
全身麻醉药	麻醉乙醚	犬 0.5~4ml（诱导麻醉浓度 8%，维持麻醉浓度 4%）	吸入麻醉药前，应先皮下注射阿托品，后再用麻醉口罩吸入乙醚至出现麻醉指征为止
	氟烷	常与氧化亚氮合用，诱导麻醉浓度 3%，维持麻醉浓度 0.5%~1.5%	吸入麻醉药前，先肌注阿托品
	甲氧氟烷	同氟烷	同氟烷
	苯巴比妥	犬、猫 80~100mg/kg 体重	静注、腹腔注射，配制成 3.5%溶液
	水合氯醛	犬、猫 8~12mg/kg 体重（麻醉） 犬、猫 250mg/kg 体重（麻醉） 犬 300~1000mg/次（加黏浆剂，镇静）	静注（配制成 5%~10%溶液） 内服（配制成 10%溶液） 灌肠
	硫喷妥钠	犬、猫 15~25mg/kg 体重（麻醉） 犬、猫 2~4mg/kg 体重（镇静）	腹腔注射、静注 内服
	丙烯硫喷妥钠	犬、猫 10~20mg/kg 体重	静注（配制成 4%水溶液）
	硫烯比妥钠	犬、猫 54~80mg/kg 体重	静注（配制成 10%水溶液）
	二异丙酚（普鲁泊福）	先麻前给药：犬 65mg/kg 体重，猫 8mg/kg 体重 并用麻前给药：犬 4mg/kg 体重，猫 6mg/kg 体重	静注 静注
	盐酸氯胺酮（开他敏）	犬 10~20mg/kg 体重（麻醉） 猫 15~30mg/kg 体重（麻醉）	肌注，麻醉前需先静注安定或阿托品
	复方氯胺酮注射液	犬 5~7mg/kg 体重（镇静） 猫 8~13mg/kg 体重（镇静） 犬 0.033~0.067mg/kg 体重 猫 0.017~0.02mg/kg 体重	肌注 肌注
	替夹他明	犬、猫 6~13mg/kg 体重	肌注（配制成 2%~5%溶液）
	氯醛糖（氯醛葡糖）	犬、猫 40~100mg/kg 体重	静注（配制成 1%溶液）
	乌拉坦（氨基甲基乙酯）	犬、猫 750~1000mg/kg 体重	静注，腹腔注射（配成 30%溶液）
	二甲苯胺噻嗪（隆朋、麻保宁）	犬、猫 0.5~1mg/kg 体重（麻醉） 犬、猫 1~2mg/kg 体重（麻醉） 犬 0.6mg/kg 体重（镇静） 猫 1mg/kg 体重（止吐）	静注 肌注 静注或肌注 肌注
	速眠新注射液（846 合剂）	犬 0.1~0.15mg/kg 体重 猫 0.2~0.3mg/kg 体重	肌注
	盐酸美沙酮	犬 1.1mg/kg 体重	皮下注射，与巴比妥类药联合麻醉
	二甲苯胺噻唑（静松灵）	犬、猫（试用量）1.5~2mg/kg 体重	肌注，皮下注射

续表

药类	药物名称	浓度、用量	用法
局部麻醉药	盐酸普鲁卡因（奴佛卡因）	表面麻醉：3%~5%溶液 浸润麻醉：0.25%~0.5%溶液 犬 20~30ml，猫 5~10ml 传导麻醉：2%~5%溶液，犬 2~5ml 硬膜外麻醉：2%~5%溶液 犬 2~5ml，猫 0.5~1.5ml 封闭疗法：0.25%~0.5%溶液	喷洒于患部表面 注射于皮下、黏膜下、组织中 注射于神经鞘内或神经旁的结缔组织 注射于脊髓的硬膜外腔 注射于患部组织周围
	盐酸氯普卡因（纳塞卡因）	表面麻醉：1%~2%溶液 浸润麻醉：0.5%~1%溶液 传导麻醉：1%~3%溶液 硬膜外麻醉：1%~5%溶液	喷洒于患部表面 注射于皮下、黏膜下、组织中 注射于神经鞘内或神经旁的结缔组织 注射于脊髓的硬膜外腔
	盐酸利多卡因（昔罗卡因）	表面麻醉：2%~5%溶液 浸润麻醉：0.25%~0.5%溶液 硬膜外麻醉：0.5%溶液（犬极量 4mg/kg 体重） 2%溶液，犬 25~60ml/次，猫 8.5ml/次 犬、猫 1~3mg/kg 体重	喷洒于患部表面 注射于皮下、黏膜下、组织中 注射于脊髓的硬膜外腔 皮下注射 缓慢静注
	盐酸丙胺卡因	0.5%溶液，犬 2~3mg/kg 体重	静脉区域皮下注射（麻醉）
	盐酸丁卡因（地卡因）	表面麻醉：眼结膜 0.5%~1%溶液，鼻喉黏膜 1%~2%溶液，泌尿道黏膜 0.1%~0.5%溶液（本品 3ml 加 0.1%肾上腺素液 1 滴）	喷洒于患部黏膜
	盐酸达克罗宁（达克隆）	表面麻醉：0.5%溶液或 1%软膏	喷洒或涂布于患部表面
	盐酸可卡因（盐酸古柯碱）	表面麻醉：1%~5%溶液	喷洒或涂布于患部表面
	苯佐卡因（阿奈司台辛）	5%~10%油膏，10%~50%溶液、粉剂	外用，涂搽，喷洒

（二）化学保定药

药物名称	用量	用法
盐酸赛拉嗪	犬、猫 1~2mg/kg 体重	肌注
氯化筒箭毒碱（右旋筒箭毒）	犬 0.4~0.5mg/kg 体重，猫 0.3mg/kg 体重	静注
卡肌宁（苯磺酸阿曲库铵）	犬、猫首次剂量 0.5mg/kg 体重，维持剂量 0.2mg/kg 体重	缓慢静注
三碘季铵酚（弛肌碘）	犬、猫 0.25~0.5mg/kg 体重	静注、肌注
泮库溴铵（巴夫龙）	犬、猫 0.044~0.11mg/kg 体重	静注
维库罗宁（维库溴铵）	犬、猫首次剂量 0.1mg/kg 体重，维持剂量 0.02mg/kg 体重	缓慢静注
氯化琥珀胆碱（司可林）	犬、猫 0.06~0.11mg/kg 体重	静注、肌注
芬太尼	犬 0.02~0.04mg/kg 体重	皮下、肌注、静注
乙酰普吗嗪（乙酰丙嗪）	犬 0.55~2.2mg/kg 体重 犬 0.055~1.1mg/kg 体重	内服 皮下、肌注、静注
埃托啡甲异丁嗪注射液	犬 0.05~0.1mg/kg 体重	肌注、静注
盐酸普吗嗪注射液	犬 3~4mg/kg 体重 犬 1~2mg/kg 体重	肌注 静注
新保灵Ⅰ号（保定Ⅰ号）	犬 0.01~0.02mg/kg 体重	肌注
新保灵Ⅱ号（保定Ⅱ号）	犬 0.01~0.02mg/kg 体重	肌注

（三）镇静药、催眠药

药物名称	用 量	用 法
巴比妥（佛罗拿）	犬 150~500mg/次，猫 100~300mg/次 犬 50~100mg/次	内服 肌注
苯巴比妥（鲁米那）	犬、猫 6~12mg/kg 体重（治疗癫痫） 犬、猫 2~6mg/kg 体重（治疗癫痫） 犬、猫 6~12mg/kg 体重（镇静、抗惊厥）	内服，1 日 2 次 肌注、静注，隔 12 小时 1 次 肌注、静注
戊巴比妥钠	犬 15~25mg/kg 体重（镇静） 犬、猫 2~4mg/kg 体重（镇静） 犬、猫 30mg/kg 体重（麻醉） 犬、猫 40~50mg/kg 体重（麻醉） 犬、猫 5~15mg/kg 体重（治疗癫痫）	内服，1 日 1 次 静注 静注 腹腔或皮下注射 静注
异戊巴比妥钠（阿米托钠）	犬 5~10mg/kg 体重（镇静） 犬、猫 2.5~5mg/kg 体重（镇静） 犬、猫 20~40mg/kg 体重（麻醉） 犬、猫 60~100mg/kg 体重（麻醉）	内服 静注 静注，配成 5%溶液 肌注、腹腔注射，灌肠，均配成 10%溶液
司巴比妥钠（速可眠）	犬、猫 30~200mg/次（镇静、基础麻醉）	内服
硫苯妥钠	犬、猫 20~25mg/kg 体重	静注，临用前配成 2.5%溶液
丁啡喃	犬、猫 0.2~0.4mg/kg 体重	静注
乙酰普马嗪	犬、猫 0.025~0.05mg/kg 体重	静注
溴化钠粉	犬 500~2000mg/次	内服，配制成 2%~3%溶液
溴化钾粉	犬 500~2000mg/次	内服，配制成 2%~3%溶液
三溴片	犬 500~2000mg/次	内服
三溴合剂	犬 5~10mg/次	内服

（四）安定药

药物名称	用 量	用 法
盐酸氯丙嗪（冬眠灵）	犬、猫 3mg/kg 体重 犬、猫 1~3mg/kg 体重 犬、猫 0.5~1mg/kg 体重	内服，1 日 3~4 次 肌注，1 日 1~3 次 静注，1 日 1~2 次
盐酸丙嗪	犬、猫 2~6mg/次	肌注、静注
马来酸乙酰丙嗪	犬 0.5~2mg/kg 体重，猫 1~2mg/kg 体重 犬 0.5~1mg/kg 体重，猫 1~2mg/kg 体重	内服 皮下、肌注、静注
异丙嗪（非那根）	犬 0.2~1mg/kg 体重	内服、皮下注射，1 日 2~3 次
奋乃静（羟派氯丙嗪）	犬、猫 0.88mg/kg 体重 犬、猫 0.5mg/kg 体重	内服，1 日 2 次 肌注、静注
氟哌丁苯（氟哌啶醇）	犬 1~2mg/kg 体重 犬 1mg/kg 体重	肌注 缓慢静注，用 25%葡萄糖液稀释
氟哌淀—芬太尼注射液	犬 0.1~0.15mg/kg 体重 犬 0.04~0.09mg/kg 体重	肌注 静注，猫忌用本药

续表

药物名称	用　量	用　　法
西地泮（安定）	犬 5~10mg/次，猫 2~5mg/次 犬、猫 0.6~1.2mg/kg 体重	内服 静注、肌注
咪唑二氮䓬（咪唑安定）	犬、猫 0.066~0.22mg/kg 体重	静注
氯硝西泮（氯硝安定）	犬 0.05~0.2mg/kg 体重	静注，孕犬禁用
利眠宁（氯氮䓬）	犬 2~7mg/kg 体重	内服
安宁（眠尔通）	犬 100~400mg/次	内服

（五）抗惊厥药、抗癫痫药

药物名称	用　量	用　　法
硫酸镁注射液	犬、猫 40~60mg/kg 体重	肌注，静注
苯妥英钠（大仑丁）	犬 50~100mg/次 犬 5~10mg/kg 体重	内服，1 日 2~3 次 静注
扑痫酮（扑米酮，去氧苯比妥）	犬 55mg/kg 体重，猫 20mg/kg 体重	内服，犬 1 日 1 次，猫 1 日 2 次
三甲双酮	犬 300~1000mg/次	内服
乙琥胺	犬首次量 40mg/kg 体重，维持量 15~25mg/kg 体重	内服，1 日 3 次，孕犬禁用
丙戊酸钠（α–丙基乙酸钠）	犬 60mg/kg 体重	内服，1 日 3 次
酰胺咪嗪（痛痉宁）	犬 20~25mg/kg 体重	内服
苯甲二氮卓	犬、猫 0.25mg/kg 体重	内服，1 日 3~4 次

（六）镇痛药

药物名称	用　量	用　　法
盐酸吗啡	犬 0.5~1mg/kg 体重 猫 0.1mg/kg 体重（镇痛） 犬 1~2mg/kg 体重（镇静或麻醉前给药） 犬 8mg/kg 体重（麻醉）	皮下注射 皮下、肌注 静注，可与乙醚配用
芬太尼	犬、猫 0.02~0.04mg/kg 体重	皮下，肌注，静注
羟氢吗啡酮	犬 0.05~0.1mg/kg 体重 猫 0.2mg/kg 体重	静注，1 日 1~2 次 静注
环丁甲羟吗喃	犬、猫 0.1mg/kg 体重	静注，1 日 1 次
布托啡诺	犬、猫 0.2~0.5mg/kg 体重	肌注，静注或皮下注射
羟氧吗啡	犬、猫 0.05~0.2mg/kg 体重	皮下注射，4~6 小时 1 次
杜冷丁（盐酸哌替啶）	犬 5~10mg/kg 体重，猫 3mg/kg 体重（镇痛） 犬 2.5~6.5mg/kg 体重（麻醉前给药） 猫 2~5mg/kg 体重（麻醉前给药）	皮下、肌注 皮下、肌注
氧吗啡酮	猫 0.05~0.15mg/kg 体重（术后镇痛） 猫 0.1~0.4mg/kg 体重（镇痛、麻醉前给药） 猫 0.02~0.1mg/kg 体重（镇静） 犬 0.05~0.1mg/kg 体重（麻醉前给药） 犬 0.1~0.2mg/kg 体重（麻醉前给药）	肌注、静注 静注 静注 静注 肌注、皮下注射

续表

药物名称	用　量	用法与注意事项
乳酸镇痛新（喷他佐辛）	犬 0.5~1mg/kg 体重	肌注
丁丙诺啡（布诺菲）	犬 0.01~0.02mg/kg 体重 猫 0.005~0.01mg/kg 体重	皮下、肌注，隔 12 小时可重复给药
阿片酊	犬 1~5mg/次，猫 0.2~1mg/次	内服
硫酸延胡索乙素	犬 50~100mg/次，猫 20~30mg/次 犬 100~150mg/次	皮下注射 内服

（七）解热镇痛抗风湿药

药物名称	用　量	用　法
非那西丁	犬 0.1~1g/次	内服
氨基比林（匹拉米洞）	犬 0.13~0.4g/次	内服
对乙酰氨基酚（扑热息痛）	犬 0.13~0.4g/次 犬 0.1~0.5g/次	内服，猫忌用 肌注
安痛定注射液	犬 2~3ml/次	皮下、肌注，1 日 2 次
去痛片	犬 1~1.5 片/次，猫 0.25~0.5 片/次	内服，1 日 1~2 次
复方氨基比林注射液	犬 5~10ml/次，猫 1~2ml/次	皮下、肌注
安乃近	犬 0.5~1g/次，猫 0.2g/次 犬 0.3~0.6g/次，猫 0.1g/次	内服，1 日 1~2 次 皮下、肌注，1 日 1~2 次
安替比林	犬 0.2~2g/次	内服，1 日 2 次
保泰松（布他酮）	犬 10~15mg/kg 体重	内服，1 日 2 次，3 日后用量酌减，猫忌用
水杨酸钠（撒曹）	犬 0.2~2g/次，猫 0.1~0.2g/次	内服
水杨酸钠注射液	犬 0.1~0.5g/次，猫 0.05~0.1g/次	静注
复方水杨酸钠	犬 5~10ml/次	静注
阿司匹林（乙酰水杨酸）	犬 10mg/kg 体重，或 0.2~1g/次（解热镇痛） 犬 25~40mg/kg 体重（抗风湿）	内服，1 日 2 次，猫忌用 内服，1 日 3 次，猫忌用
复方阿司匹林（APC 片）	犬 0.5~2 片/次	内服，1 日 2 次，猫忌用
甲灭酸（扑湿痛）	犬 0.1~0.25g/次，首次用量加倍	内服，1 日 3~4 次，用药不可超过 7 日
氟灭酸（氟芬那酸）	犬 0.05~0.2g/次	内服，1 日 2~3 次，喘犬禁用
抗风湿灵（氯灭酸）	犬 0.05~0.4g/次	内服，1 日 2 次
卡洛芬（炎易妥）	犬 1~2mg/kg 体重 犬、猫 4mg/kg 体重	内服，1 日 2 次，连用 7 日 皮下，1 日 1 次，连用 5 日
芬布芬	犬 40mg/kg 体重	内服
双氯酚酸钠注射液	犬 0.25~0.3ml/kg 体重	肌注，1 日 2~3 次
牛磺酸（2-氨基乙磺酸）	犬、猫 0.1ml/kg 体重	肌注，静滴，1 日 1 次，连用 3~4 日
消痛灵（萘普生）	犬首次量 5mg/kg 体重，维持量 1.2~2.8mg/kg 体重	内服，1 日 1 次
炎痛静（盐酸苄达明）	犬 20mg/kg 体重	内服，1 日 2 次

续表

药物名称	用　量	用　法
酮洛芬（酮基布洛芬）	犬、猫 1mg/kg 体重 犬、猫 2mg/kg 体重	内服，1 日 1 次，连用 5 日 肌注、静注，1 日 1 次，连用 3 日
消炎痛（吲哚美辛）	犬 2~3mg/kg 体重	内服，1 日 2 次
奎宁片（金鸡纳霜）	犬 60~600mg/次	内服
炎痛喜康片（吡罗昔康片）	犬、猫 0.3mg/kg 体重	内服，1 日 1 次，隔天 1 次
镇痛新（喷他佐辛）	犬 10~50mg/次	皮下、肌注
痛风宁（别嘌醇）	犬 10mg/kg 体重 犬 300~600mg/次	内服，首日 3 次，以后 1 日 1 次 皮下、肌注
风湿宁注射液	犬 2~4mg/次	肌注
双氯灭痛片	犬 1~2 片/次	内服，1 日 2~3 次
镇跛敏	犬 1~5ml/次	内服，1 日 1 次
醋酸曲氨萘德 A 注射液	犬 0.5~5ml/次	肌注，1 周 1~2 次
三味拳参片	犬 0.5~1 片/kg 体重	内服，1 日 2 次
三味拳参口服液	犬 2~5ml/L	混饮
柴胡安乃近注射液	犬 1~2ml/次	肌注，1 日 2 次，连用 3 日
柴胡注射液	犬、猫 1~3ml/次	肌注，1 日 2 次
复方柴胡注射液	犬 2ml/kg 体重	肌注、静注
骨宁注射液	犬 2ml/次	肌注，1 日 1 次，连用 15~30 日
黄瑞香注射液	犬 2ml/次	皮下、肌注，1 日 1~2 次

（八）中枢神经兴奋药

药　类	药物名称	用　量	用　法
大脑兴奋药	安钠咖粉	犬 0.2~0.5g/次，猫 0.1~0.2g/次	内服
	安钠咖（苯甲酸钠咖啡因）	犬 0.1~0.3g/次，猫 0.1~0.2g/次 犬 0.1~0.3g/次，猫 0.03~0.1g/次	内服，1 日 1~2 次 皮下、肌注、静注，1 日 1~2 次，重症隔 4~6 小时 1 次
	氨茶碱	犬、猫 10~15mg/kg 体重 犬 50~100mg/次	内服，1 日 2~3 次 肌注、静注
	利尿素（水杨酸钠柯柯碱）	犬 100~200mg/次，猫 50~100mg/次	内服
	氯酯醒	犬 50~100mg/次 犬 50mg/次	内服 肌注
脑干兴奋药	樟脑磺酸钠注射液（10%）	犬 50~100mg/次，猫 50mg/次	皮下、肌注、静注
	氧化樟脑（强尔心、维他康复 0.5%）	犬 1~2ml/次（幼犬减量） 猫 0.5ml/次	皮下、肌注、静注
	樟脑油	犬 200~400mg/次	皮下、肌注
	尼克刹米（可拉明）	犬 125~500mg/次，猫 10~30mg/次	皮下、肌注、静注，重症隔 2 小时重注 1 次
	复方尼克刹米	犬、猫 0.1~0.15ml/kg 体重 犬、猫 0.05~0.08ml/kg 体重	肌注，1 日 1 次，连用 2~3 日 静注，1 日 1 次，连用 2~3

续表

药 类	药物名称	用 量	用 法
脑干兴奋药	吗乙苯吡酮（多沙普仑）	犬、猫 1~2mg/kg 体重（吸入麻醉后用）；犬 1~5mg/kg 体重，猫 5~10mg/kg 体重（静脉麻醉后用）；幼犬 1~2mg/次	静注
	戊四氮（可拉唑）	犬 20~100mg/次	皮下、肌注、静注，危急犬隔 15~30 分钟注药 1 次
	回苏灵（盐酸二甲弗林）	犬 4~8mg/次	皮下、肌注、静注
	美解眠（贝美格）	犬、猫 15~20mg/kg 体重	缓慢静注
	盐酸山梗菜碱（盐酸洛贝林）	犬 1~10mg/次	皮下注射
	印防己毒素（苦味毒）注射液	犬 1~3mg/次	肌注，静注
脊髓兴奋药	盐酸士的宁（盐酸番木鳖碱）	犬 0.5~0.8mg/次 猫 0.1~0.3mg/次	皮下注射

（九）脑功能改善药

药物名称	用 量	用 法
脑复康（吡拉西坦）	犬 400mg/次	内服
脑活素	犬 5~20ml/次	皮下、肌注、静注，1 日 1~2 次，10 日为 1 个疗程
脑复新（盐酸吡硫醇）	犬 50~100mg/次	内服，1 日 2~3 次
脑白金	按本品说明书用量试用	按本品说明书用量试用
脑神经生长素或脑神经生长因子	犬 1 支/次	肌注，1 日 1 次，连用 20 日

五、植物神经系统用药

（一）拟胆碱药、抗胆碱药

药 类	药物名称	用 量	用 法
拟胆碱药	氯化氨甲酰胆碱	犬 25~100mg/次，犬、猫 0.25~0.5mg/kg 体重	皮下注射
	氢溴酸槟榔碱	犬 1~5mg/次 犬 2~4mg/kg 体重（总量不能超过 12mg/次）	皮下注射 内服，见驱绦虫药
	硝酸毛果云香碱	犬 3~20mg/次	皮下注射
	氯化氨甲酰甲胆碱	犬、猫 0.25~0.5mg/kg 体重	皮下注射
	水杨酸毒扁豆碱	犬 0.01~0.06mg/kg 体重	皮下注射
	甲基硫酸新斯的明	犬 0.25~1mg/次	皮下、肌注，猫慎用或忌用
	溴化新斯的明	犬 0.3mg/kg 体重	内服
	依酚氯铵（腾喜龙）	犬、猫 0.1~1mg/kg 体重	缓慢静注（解肌松药中毒）

续表

药类	药物名称	用量	用法
抗胆碱药	硫酸阿托品注射液	犬、猫 0.1~0.15mg/kg 体重（解救中毒性休克或有机磷中毒） 犬 0.02~0.04mg/kg 体重（治疗心动徐缓、传导阻滞） 犬、猫 0.02~0.05mg/kg 体重（用于麻醉前给药）	肌注、皮下、静注 肌注、皮下、静注 肌注、皮下、静注
	阿托品片	犬、猫 0.02~0.04mg/kg 体重	内服
	颠茄酊	犬、猫 0.2~1ml/次	内服
	氢溴酸东莨菪碱注射液	犬 0.1~0.3mg/次	皮下注射
	氢溴酸山莨菪碱（654-2）	犬 3~10mg/次	肌注、静注
	去甲肾上腺素	犬、猫 2~4mg/次	静滴，加 5%葡萄糖液
	氯化琥珀胆碱（司可林）	犬 0.06~0.15mg/kg 体重	静注
	三碘季铵酚（弛松碘）	犬、猫 0.25~0.5mg/kg 体重	静注
	溴化丙胺太林	犬 7.5~30mg/次，猫 7.5mg/次 犬 0.5~1mg/kg 体重 猫 0.8~0.16mg/kg 体重 犬、猫 0.5mg/kg 体重（治疗肠炎）	内服，均为 8 小时给药 1 次 内服，均为 1 日 3 次（治疗窦性心动徐缓） 内服，均为 1 日 2~3 次

（二）拟肾上腺素药、抗肾上腺素药

药类	药物名称	用量	用法
拟肾上腺素药	盐酸肾上腺素（副肾素）	犬 0.1~0.5mg/次，猫 0.1~0.2mg/次 犬 0.1~0.3mg/次，猫 0.1~0.2mg/次	皮下、肌注 静注，心内注射（急救），需 10 倍稀释
	盐酸麻黄碱（麻黄素）	犬 10~30mg/次，猫 2~5mg/次 犬 10~20mg/次，猫 1.5~3mg/次	内服，1 日 2 次 皮下注射
	盐酸多巴胺（3-羟酪胺）	犬、猫 20~40mg/次	静滴（加 5%葡萄糖液）
	盐酸异丙肾上腺素（治喘灵）	犬、猫 0.1~0.2mg/次（治疗休克、支气管痉挛） 犬、猫 0.5~1mg/次（治疗窦性心动徐缓、传导阻滞）	皮下、肌注，隔 3~6 小时注药 1 次 缓慢静滴，溶于 5%葡萄糖液中
	盐酸多巴酚丁胺（杜丁胺）	犬 0.3~0.5mg/kg 体重	静滴（加 5%葡萄糖液）
	重酒石酸去甲肾上腺素（正肾上腺素）	犬 0.4~2mg/次	静滴（加 5%葡萄糖液）
	重酒石酸间羟胺（可拉明）	犬 2~10mg/次	肌注、静滴（加 5%葡萄糖液）
	盐酸苯肾上腺素（新福林）	犬、猫 0.15mg/kg 体重	缓慢静滴（加 5%葡萄糖液）
	盐酸去氧肾上腺素	犬、猫 0.15mg/kg 体重	缓慢静滴（加 5%葡萄糖液）
	盐酸甲氧明（甲氧胺）	犬 5~10mg/次	肌注、静注
抗肾上腺素药	盐酸苯氧苄胺（盐酸酚卡明）	犬 0.44~2mg/kg 体重	缓慢静滴（加 5%葡萄糖液）
	甲磺酸酚妥拉明（喘支停）	犬、猫 5mg/次	缓慢静滴（加 5%葡萄糖液）
	盐酸普萘洛尔（心得安）	犬 5~40mg/次，猫 2.5mg/次 犬 1~3mg/次，猫 0.25mg/次	内服，1 日 3 次 缓慢静注（加于生理盐水）

六、血液循环与造血系统用药

（一）强心药

药物名称	用　量	用　法
洋地黄毒苷（洋地黄毒甙）	全效量：犬 0.006~0.012mg/kg 体重，0.25~0.5mg/次，猫 0.08mg/kg 体重 维持量：犬全效量的 1/10	缓慢静滴，用 5%葡萄糖液或生理盐水稀释 10~20 倍，本品不可皮下注射
洋地黄酊	全效量：0.3~0.4mg/kg 体重 维持量：犬全效量的 1/10	内服
洋地黄片	全效量：犬 0.03~0.04mg/kg 体重 维持量：犬全效量的 1/10	内服
西地兰 D（毛花强心丙）	犬、猫 0.3~0.6mg/次	缓慢静滴、肌注；用 5%葡萄糖稀释；重症犬、猫隔 4~6 小时减半量再注药 1 次
地高辛（狄戈辛）	犬 0.05~0.08mg/kg 体重 犬 0.08~0.26mg/kg 体重 猫 4mg/kg 体重，或隔日 7~15mg/kg 体重	缓慢静滴，用 5%葡萄糖液稀释 内服，1 日 2 次 内服，1 日 1 次或隔天 1 次
强心灵（黄夹苷）	犬 0.08~0.18mg/次	缓慢静注，用 5%葡萄糖液稀释，隔 4~12 小时再注 1 次，24 小时内不可超过 2 次
毒毛旋花子苷 K（康吡箭毒子素）	犬 0.25~0.5mg/次，猫 0.08mg/kg 体重 亦可首次注半量，每隔 30 分钟注 1/8 剂量，维持量为全量的 1/4，3 小时注药 1 次	缓慢静注，用 5%葡萄糖液稀释；本品不可皮下给药
铃兰毒苷注射液	全效量：犬 0.07~0.2mg 维持量：犬 0.03mg	缓慢静注，用生理盐水稀释，24 小时内分 2~3 次注药；心力衰竭得到控制后改用维持量，1 日 1 次
福寿草总苷（心福苷）	全效量：犬 0.25~0.5mg 维持量：0.1~0.15mg	缓慢静注，用 5%葡萄糖液稀释，隔 6~12 小时分 3~4 次注药，心脏功能较好时，改用维持量，1 日 1 次
甲腈吡酮（米利酮）	犬 0.5~1mg/kg 体重	内服，1 日 2 次
氨吡酮（氨力农）	犬 2~10mg/kg 体重 犬 1~5mg/kg 体重	内服 静滴

（二）抗心律失常药

药物名称	用　量	用　法
盐酸普萘洛尔（心得安）	见抗肾上腺素药	
盐酸普罗伯酮（心律平）	犬、猫 50~100mg/次 犬 100~200mg/次	内服，1 日 2 次 静注，1 日 1 次
硫酸奎尼丁	犬首日 50~100mg，第 2、3 日 7~13mg/kg 体重	内服，每隔 2 小时 1 次，1 日 4~5 次
盐酸普鲁卡因胺	犬、猫 12.5mg/kg 体重 犬、猫 11~22mg/kg 体重	内服，1 日 4 次 肌注，3~6 小时 1 次
苯妥英钠（大仑丁）	犬 2~4mg/kg 体重 犬 5~10mg/kg 体重	内服，1 日 2 次 缓慢静注，1 日 1 次

续表

药物名称	用　　量	用　　法
盐酸乙吗噻嗪（莫雷西嗪）	犬、猫 50~150mg/次 犬、猫 20~50mg/次 犬、猫 50~125mg/次	内服，1 日 2 次 肌注 静注
盐酸醋丁洛尔（醋丁心安）	犬、猫 100~200mg/次	内服，1 日 2 次
环丙唑啉（琥珀酸西苯唑啉）	犬、猫 50~100mg/次	内服
心舒宁（哌克昔林）	犬、猫开始用 50mg/次，以后渐增至 150~200mg/d（日量不可超过 200mg）	内服，1 日 2 次
异搏定（盐酸维拉帕米）	犬 1~2mg/kg 体重	内服，1 日 2 次
西胺太林（普鲁苯辛）	犬 1~15mg/次	内服，1 日 2~3 次
心得宁	犬 0.3~0.6mg/kg 体重 犬 0.1mg/kg 体重	内服，1 日 3 次 静注
盐酸利多卡因（昔罗卡因）	犬 1~2mg/kg 体重，猫 0.5mg/kg 体重	静注
丙吡胺（异丙吡胺，达舒平）	犬、猫 50~200mg/次或 6~15mg/kg 体重	内服，1 日 3 次
溴苄胺（托西酸溴苄胺）	犬 3~5mg/kg 体重 犬 3~5mg/kg 体重	内服，1 日 3 次 静注，用 5%葡萄糖液稀释，见效后再肌注
胺碘酮（可必隆）	犬 2~5mg/kg 体重	内服，1 日 2 次
利血平	犬、猫 0.015mg/kg 体重 犬、猫 0.005~0.01mg/kg 体重	内服，1 日 2 次 肌注、静注，1 日 2 次
蟾酥止咳注射液	犬、猫 0.2ml/kg 体重	肌注，缓慢静滴，重症与抗菌药联用

（三）止血药

药物名称	用量（或浓度）	用　　法
酚磺乙胺（止血敏）	犬 0.25~0.5mg/次，猫 0.125~0.25mg/次	肌注、静注，1 日 2~3 次
维生素 K_3（亚硫酸氢钠甲萘醌）	犬 10~30mg/次，猫 1~5mg/次	肌注，1 日 2~3 次
维生素 K_1	犬、猫 0.5~2mg/kg 体重	皮下、肌注、静注
凝血素（凝血活素）	犬、猫 30~70mg/次	皮下、肌注；本品不可静注
复方凝血质（速血凝 M）	犬 5~10ml/次	缓慢皮下或肌注；本品不可静注
新凝灵（双乙酰氨乙酸乙二胺）	犬 200~800mg/次	肌注
氨甲环酸（凝血酸）	犬 5~15mg/次	静注，1 日 4 次
肾上腺色腙（安络血）	犬、猫 1~2ml/次，犬 0.33mg/kg 体重 犬、猫 2.5~5mg/次	肌注，1 日 2~3 次 内服，1 日 2~3 次
兽用止血针	犬 2~4ml/次，猫 0.5~1ml/次	肌注，1 日 2~3 次
6-氨基乙酸	犬、猫 2~4mg/kg 体重	内服、缓慢静注；本品不可与止血敏合用
对羧基苄胺	犬 2~4mg/kg 体重	内服、缓慢静注，1 日 2~3 次
葡萄糖酸钙	犬 10~30ml/次	静注

续表

药物名称	用量（或浓度）	用　法
氯化钙（5%~10%）	犬 5~30ml/次	缓慢静注
肾上腺素	0.1%溶液	外用、创面、外伤止血
明胶	5%~10%溶液，犬 0.5~3g/次	内服
硫酸钾铝（明矾）	犬 0.5~1.5g/次	内服
止血纤维素（氧化纤维素）		创伤或术部止血
三氯化铁（氧化高铁）	1%~5%溶液	皮肤、黏膜止血
硝酸银	1%溶液	外伤或外用止血
醛基纤维素		创伤或术部止血

（四）抗凝血药

药物名称	用　量	用　法
枸橼酸钠（柠檬酸钠）	2.5%~4%本品溶液 10ml 加全血 100ml	静注
肝素钠（肝素）	犬、猫 200u/kg 体重 每毫升血液加本品 10u	静注、肌注，用 5%葡萄糖液或生理盐水稀释 血样保存
草酸钠（乙二酸钠）	每 100ml 血液加 2%草酸钠溶液 10ml	血液抗凝
藻酸双酯钠	犬 30~50mg/次	内服
双香豆素	犬、猫首日量 4mg/kg 体重，次日后每天 2.5mg/kg 体重	内服，均分 2~3 次服完
苄丙酮香豆素钠（华法令钠）	犬、猫日量 2~3mg/kg 体重	内服，分 2~3 次服完

（五）抗贫血药、补血药

药物名称	用　量	用　法
硫酸亚铁（硫酸低铁）	犬 50~500mg/次，猫 10~30mg/次	内服，1 日 2~3 次，配制成 0.2%~1%溶液
枸橼酸铁铵（柠檬酸铁铵）	犬 50~500mg/次，猫 10~30mg/次	内服，1 日 2~3 次，配制成 10%溶液
右旋糖酐铁注射液（血多素）	幼犬 20~200mg/次，犬、猫 0.1ml/kg 体重 猫 50mg/次	深部肌注 1 次后改内服本品 生后 18 天肌注
复方卡铁注射液	犬、猫 0.5~5ml/次	肌注，1 日 1 次
铁钴（葡聚糖铁钴）注射液	幼犬 1~2ml/次	深部肌注，重症贫血隔 2 天再注 1 次
羟甲烯龙	犬、猫 2mg/kg 体重	每日分 2 次内服
焦磷酸铁	犬 100~300mg/次	内服，1 日 2 次
维生素 B_{12}（氰钴胺）	犬 0.1~0.2mg/次，猫 0.05~1mg/次	肌注，隔天 1 次
叶酸（维生素 M）	犬 5~10mg/次，猫 2.5mg/次	内服、肌注，1 日 1 次
人造血浆	犬 2ml/kg 体重	静注，1 日 2 次
乳酸亚铁	犬 50~500mg/次，猫 10~30mg/次	内服，1 日 2~3 次，配制成 1%~2%溶液

（六）血容量扩充药

药物名称	用　　量	用　　法
葡萄糖（右旋糖，5%、10%、25%、50%溶液）	犬 5~25g/次，猫 2~10g/次	静注
5%葡萄糖氯化钠注射液（糖盐水）	犬 100~500ml/次，猫 40~50ml/次	静注
右旋糖酐氯化钠注射液	犬、猫 20ml/次	静注
右旋糖酐葡萄糖注射液	犬、猫 20ml/次	静注
低分子右旋糖酐注射液	犬、猫 20ml/kg 体重	静注
缩合葡萄糖注射液	犬 500~2000ml/次，猫 40~50mg/kg 体重	静注
全血或血浆	犬 80~100ml/次	静注
氧化聚明胶代血浆	犬、猫 20ml/次	静注

七、呼吸系统用药

（一）镇咳药

药物名称	用　　量	用　　法
咳必清（喷托维林）	犬 25mg/次，猫 5~10mg/次	内服，1 日 2~3 次
复方咳必清糖浆	犬 5~10ml/次，猫 2~4ml/次	内服，1 日 2~3 次
磷酸可待因（甲基吗啡）	犬 15~60mg/次，猫 5~15mg/次 犬、猫 2~3mg/kg 体重	内服，1 日 3 次 皮下注射，1 日 4 次
复方樟脑酊	犬 3~5ml/次	内服，1 日 3~4 次
复方甘草片	犬、猫 1~2 片/次	内服，1 日 3 次
甘草流浸膏	犬、猫 1~5ml/次	内服
酒石酸氢可酮	犬、猫 0.22mg/kg 体重	内服，1 日 1~3 次
博利康尼	犬 1.25~2.5mg/kg 体重	内服，1 日 2~3 次
复方甘草合剂	犬 5~10ml/次，猫 2~4ml/次	内服，1 日 3 次
川贝止咳糖浆	犬 5~10ml/次，猫 2~4ml/次	内服，1 日 3 次
杏仁水	犬 0.2~2ml/次，猫 0.2~1ml/次	内服，1 日 3 次
枇杷止咳露	犬 5~10ml/次，猫 2~4ml/次	内服，1 日 3 次
蜜炼川贝枇杷膏	犬 5~8ml/次	舌根涂布，1 日 2~3 次
复方安息香酊		蒸汽吸入，犬 10~15 分钟

（二）平喘药

药物名称	用　　量	用　　法
盐酸麻黄碱	犬、猫 10~30mg/次	内服，皮下，1 日 2~3 次
盐酸肾上腺素	见拟肾上腺素药	
盐酸异丙肾上腺素（治喘灵）	见拟肾上腺素药	

续表

药物名称	用　量	用　法
氨茶碱	犬 10mg/kg 体重 犬 50~100mg/次	内服，1 日 2~3 次 静注，肌注
甘油茶碱	犬 0.1~0.2mg/kg 体重	肌注，1 日 1 次
舒喘灵	犬、猫 150μg/kg 体重	内服，1 日 2 次
叔丁喘宁（特普他林）	犬 2.5~5mg/次，猫 1.25mg/次	内服，1 日 3 次，幼龄犬猫用量酌减
咳喘克注射液	犬、猫 0.2ml/kg 体重	肌注，1 日 1 次，连用 2~3 日
洋金花酊	犬、猫 0.5~2ml/次	内服，1 日 2 次

（三）祛痰药

药物名称	用　量	用　法
氯化铵	犬 0.2~1g/次，猫 20mg/kg 体重	内服，1 日 2 次
碘化钾	犬、猫 0.2~1g/次	内服，1 日 3 次
碳酸铵	犬 0.2g/次	内服，1 日 2~3 次
痰易净（乙酰半胱氨酸）	犬 2~4ml/次，猫 1~2ml/次（配制成 10%~20%溶液）	口腔喷雾，1 日 2~3 次
必消痰（溴苄环己铵）	犬、猫 4~16mg/次 犬 4mg/次	内服，1 日 2~3 次 肌注，1 日 2~3 次
痰咳净	犬 0.2g/次	涂于舌根或加少量水滴服，1 日 2~3 次
芳香氨醑	犬、猫 0.6~4ml/次	内服，1 日 2~3 次
远志酊	犬、猫 1~5ml	内服
急支糖浆	犬 5~10ml/次，猫 2~3ml/次	内服，1 日 2~3 次，幼龄犬猫用量酌减

八、消化系统用药

（一）健胃药

药物名称	用　量	用　法
龙胆酊	犬、猫 1~3ml/次	内服，1 日 2~3 次
复方龙胆酊（苦味酊）	犬、猫 1~4ml/次	内服，1 日 2~3 次
陈皮酊	犬、猫 1~5ml/次	内服，1 日 3 次
桂皮酊	犬、猫 1~5ml/次	内服，1 日 3 次
小茴香酊	犬、猫 5~10ml/次	内服，1 日 3 次
复方豆蔻酊	犬、猫 2~6ml/次	内服，1 日 3 次
姜酊	犬、猫 2~5ml/次	内服，1 日 3 次；临用时加水稀释 5 倍
大黄酊	犬 1~4ml/次	内服，1 日 3 次
复方大黄酊	犬、猫 1~4ml/次	内服，1 日 3 次
大黄苏打片	犬 2~5 片/次，猫 1~2 片/次	内服，1 日 2 次
马前子酊（番木鳖酊）	犬 0.1~0.6ml/次	内服，1 日 2 次

续表

药物名称	用　　量	用　　法
芳香氨酯	见祛痰药	
人工盐（人工矿泉盐）	犬、猫 1~5g/次（健胃）	内服，1 日 2 次

（二）助消化药

药物名称	用　　量	用　　法
稀盐酸	犬、猫 0.1~0.5ml/次	内服，1 日 3 次；临用时加水稀释 50 倍
乳酸	犬、猫 0.2~1ml/次	内服，1 日 3 次，临用时加水稀释为 1%~2%溶液
胃蛋白酶片	犬 80~800u/次，猫 80~240u/次或犬、猫 0.1~0.5g/次	内服，1 日 3 次；临用时将加水稀释 50 倍的稀盐酸与本品研碎粉末混匀灌服
干酵母片（食母生）	犬 8~12g/次，猫 1~2g/次	内服，1 日 3 次
乳酶生（表飞鸣）	犬、猫 1~2g/次	内服，1 日 3 次
多酶片	犬、猫 1~2 片/次	内服，1 日 3 次
稀醋酸	犬 1~2ml/次	内服，1 日 2 次，临用时加水稀释 15 倍
乳酸菌素片	犬、猫 1~2 片/次	内服，1 日 1~3 次
胰酶	犬 0.2~0.5g/次，猫 0.1~0.2g/次	内服，1 日 3 次
复合维生素 B 液	犬 5~10ml/次 犬 2~5ml/次	内服，1 日 1 次 皮下注射，1 日 1~2 次
神曲（药曲）	犬 2.5g/次	内服，1 日 3 次

（三）抗酸药、胃肠解痉药

药物名称	用　　量	用　　法
氧化镁（煅制镁）	犬 0.2~1g/次	内服
碳酸氢钠	犬、猫 0.3~2g/次	内服，1 日 2 次
氢氧化镁乳剂（8%）	犬 5~30ml/次，猫 5~15ml/次（抗酸） 犬 15~75ml/次（轻药）	内服 内服
甲氰咪胍（西咪替丁）	犬 5~10mg/kg 体重	内服，1 日 2~3 次
西胺太林（普鲁苯辛）	犬 5~30mg/次，猫 5~7.5mg	内服，1 日 2~3 次
胃长安（格隆溴铵）	犬 0.01mg/kg 体重	皮下、肌注，1 日 1 次
异美汀（握克丁）	犬 0.5~1ml/次	内服，1 日 1 次
复方胃舒平片	犬 2 片/次	内服，1 日 2~3 次
硫酸阿托品	犬 0.015mg/kg 体重	内服、皮下、肌注
氢溴酸山莨菪碱（654-2）	见抗胆碱药	肌注、静注
氢氧化铝	犬、猫 0.5~2g/次	内服
氢溴酸东莨菪碱	见抗胆碱药	皮下注射

（四）催吐药

药物名称	用 量	用 法
硫酸铜	犬 100~500mg/次，猫 50~100mg/次 犬 0.04mg/kg 体重（2~3mg/次），猫 1~2mg/次	内服，配制成 0.2%~0.4%溶液 皮下注射
盐酸阿扑吗啡（去水吗啡）	犬 0.02mg/kg 体重	静注
盐酸二甲苯胺噻嗪（隆朋）	犬、猫 1~2mg/kg 体重	肌注
吐根末	犬 50~300ml/次	内服
7%吐根糖浆	犬 1~2.5ml/kg 体重；猫 3.3~6.6ml/kg 体重	内服
硫酸锌（1%）	犬 0.2~0.4g/次	内服

（五）止吐药

药物名称	用 量	用 法
苯海拉明（苯那君）	犬、猫 2~4mg/kg 体重 犬、猫 5~50mg/次	内服 肌注
盐酸氯丙嗪	犬、猫 3mg/kg 体重 犬、猫 1.1~6.6mg/kg 体重 犬、猫 0.5~1mg/kg 体重	内服 肌注 静注
甲氧氯普胺（胃复安）	犬、猫 10~20mg/次 犬、猫 10mg/次	内服 肌注
舒必利（止呕灵）	超过 10kg 犬 10mg/次；5~10kg 犬 0.3~0.5mg/次	内服
盐酸氯苯甲嗪（敏可静）	犬 25mg/次，猫 12.5mg/次	内服
安其敏（布可利嗪）	犬 25mg/次，猫 12.5mg/次	内服
吗丁啉（多潘立酮）	犬 0.5~1mg/kg 体重 犬 0.1~0.5mg/kg 体重	内服，1 日 3 次 肌注，1 日 1~2 次
溴米那普鲁卡因（爱茂尔）	犬 2ml/次	皮下、肌注、静注，1 日 2 次
维生素 B_6	犬 25~50mg/次	皮下、肌注
晕海宁（茶苯海明）	犬、猫 1~1.5mg/kg 体重	内服、皮下、肌注
硫酸阿托品	犬 0.015mg/kg 体重	皮下、肌注
半夏注射液	犬 1~2ml/次，猫 0.5~1ml/次	肌注

（六）泻 药

药物名称	用 量	用 法
人工盐	犬、猫 5~10g/次（缓泻）	内服
硫酸镁	犬 5~20g/次，猫 2~5g/次	内服，配制成 6%~8%水溶液
硫酸钠（芒硝）	犬 10~20g/次，猫 5~10g/次	内服，配制成 3%~4%水溶液
大黄粉	犬 2~7g/次（与硫酸钠合用）	内服
蓖麻油	犬 5~25ml/次、猫 4~10ml/次	内服
番泻叶	犬、猫 1~15g/次	内服，制成 10%水浸液
巴豆油	犬 1~5 滴/次	内服，孕犬、肠炎犬禁用

续表

药物名称	用　　量	用　　法
双醋酚汀（一轻松）片	犬 5~15mg/次	内服
酚酞（果导）片	犬 0.2~0.5g/次	内服
甘汞（氯化低汞）	犬 15~120mg/次	内服
液体石蜡	犬 10~30ml/次，猫 5~10ml/次	内服
50%甘油	犬 0.6ml/kg 体重 犬 2~10ml/次	内服，1 日 3 次 灌肠
植物油（豆油、花生油、菜子油）	犬、猫 5~30ml/次	内服
动物油（猪油）	犬、猫 5~30ml/次	内服
多库酯钙（辛丁酯磺酸钙）	犬 15~120mg/次，猫 15~30mg/次	内服，本品忌与矿物油合用
镁乳（含氢氧化镁）	犬 50~100ml/次	内服
碳酰胆碱（氨甲酰胆碱）	犬 2~4ml/次	皮下注射（0.1%溶液）
辛丁酯磺酸钠（5%溶液）	犬 100ml/次	灌肠
硫代丁二酸二辛钠	犬 100ml/次	灌肠，配制成 0.05%溶液
开塞露	犬 5~20ml/次，猫 5~10ml/次	肛门插入
甲基纤维素	犬 0.5~5g/次，猫 0.5~1g/次	内服（缓泻）
羧甲基纤维素钠	犬 0.5~5g/次，猫 0.5~1g/次	内服（缓泻）
软皂	犬 100~200ml/次	灌肠，配制成 3%溶液

（七）止泻药

药物名称	用　　量	用　　法
鞣酸蛋白	犬 0.5~1g/次，猫 0.15~0.2g/次	内服，犬 1 日 4 次，猫 1 日 2 次
次硝酸铋	犬 0.3~1g/次，猫 0.15~0.3g/次	内服，1 日 3 次
次碳酸铋	犬 0.3~2g/次，猫 0.3~0.9g/次	内服，1 日 3 次
次没食子酸铋	犬、猫 0.3~3g/次	内服，每 4 小时 1 次
药用炭（活性炭）	犬 0.3~2g/次，猫 0.15~0.5g/次	内服，1 日 3~4 次
止泻宁片（复方苯乙哌啶片）	犬 2.5mg/次	内服，8 小时 1 次
矽炭银	犬 1~3g/次	内服，1 日 4 次
盐酸苯丁哌胺胶囊	犬 0.08mg/kg 体重	内服，1 日 3 次
促菌生	犬 4~8 片/次，猫 2~3 片/次	内服，1 日 1~2 次
硫糖铝片	犬 20mg/kg 体重	内服，1 日 3 次
颠茄酊	犬 0.2~1ml/次	内服
复方樟脑酊	犬 2~5ml/次	内服，1 日 2~3 次
阿片酊	犬 0.3~2ml/次	内服，1 日 2~3 次
复方乌梅注射液	犬、猫 0.2ml/kg 体重	肌注，1 日 1 次，用生理盐水稀释
复方蟾酥注射液	犬、猫 0.1~0.15ml/kg 体重	肌注，静滴
蟾酥止痢注射液	犬 0.1ml/kg 体重	肌注
复方白头翁注射液	犬、猫 0.1ml/kg 体重	肌注
复方苦渗注射液	犬、猫 0.1~0.2ml/kg 体重	肌注，1 日 1 次，连用 2~3 日

续表

药物名称	用　量	用　法
苦木注射液	犬、猫 0.1ml/kg 体重	肌注
博落回注射液	犬、猫 0.15ml/kg 体重	肌注

（八）肝胆疾病辅助治疗用药

药物名称	用　量	用　法
肝泰乐（葡萄糖醛酸内酯）	犬 50~200mg/次 犬 100~200mg/次	内服，1 日 3 次 肌注、静注，1 日 1 次
肌苷	犬 25~50mg/次 犬 25~50mg/次	肌注、静注，1 日 1~3 次 内服，1 日 3 次
辅酶 A	犬、猫 25~50u/次	肌注，静注
三磷酸腺苷（ATP）	犬、猫 10~40mg/次	肌注、静注，1 日 1~2 次
维丙胺（抗坏血酸二异丙胺）	犬 2.5mg/kg 体重	肌注，1 日 2 次
谷氨酸钠	犬 1~2g/次	静注，1 日 1 次
促肝细胞生长素	犬 5~20mg/次 犬 10~20mg/次	肌注，1 日 1~2 次；溶于 4ml 生理盐水 缓慢静滴，1 日 1 次；溶于 5%葡萄糖液
去氢胆酸	犬 50~200mg/次	内服，1 日 3 次
肌醇（环己六醇）	犬 0.5g/次	内服

九、泌尿系统用药

（一）利尿药

药物名称	用　量	用　法
氢氯噻嗪（双氢克尿噻）	犬、猫 2~4mg/kg 体重 犬 10~25mg/次，猫 5~15mg/次	内服，1 日 2 次 肌注
苄氟噻嗪	犬 5~10mg/次，猫 2.5~5mg/次	内服，1 日 2 次
环戊噻嗪	犬 0.25~0.5mg/次	内服，1 日 2 次
呋塞米（速尿）	犬 2.5~5mg/kg 体重，猫 1~3mg/kg 体重 犬、猫 0.5~1mg/kg 体重	内服，1 日 1~2 次，连用 2~3 日 肌注、静注，1 日 1 次
汞撒利茶碱	犬 0.25~1ml/次	肌注
利尿素	见大脑兴奋药	内服
依他尼酸（利尿酸）	犬 5mg/kg 体重，猫 1~3mg/kg 体重	内服，1 日 2 次
氨苯喋啶（三氨喋啶）	犬、猫 0.3~3mg/kg 体重	内服，1 日 1~3 次，一个疗程 3~5 日
安体舒通（螺旋内酯固醇）	犬、猫 0.5~1.5mg/kg 体重	内服，1 日 3 次
氯化钾	犬、猫 10~100mg/kg 体重	内服，1 日 2 次
醋酸钾	犬、猫 10~100mg/kg 体重	内服，1 日 2 次
布美他尼（丁苯氧酸）	犬、猫 0.1mg/kg 体重	内服
氯噻酮	犬 2~3mg/kg 体重	内服，隔天 1 次

续表

药物名称	用　　量	用　　法
氯噻嗪	犬、猫 20~40mg/kg 体重	内服，1 日 2 次
乙酰唑胺（醋酰磺胺）	犬 10mg/kg 体重	内服，1 日 3 次
双氯碘酰胺（二氯磺胺）	犬 3mg/kg 体重	内服，1 日 3 次
氯磺丙脲	犬、猫 10~14mg/kg 体重	内服，1 日 1 次
乌洛托品	犬 0.5~2g/次	内服，1 日 2 次
乌洛托品注射液	犬 0.5~2g/次	静注，1 日 1 次

（二）脱水药

药物名称	用　　量	用　　法
甘露醇（20%）	犬、猫 5~10ml/kg 体重	静注，1 日 3~4 次
葡萄糖（50%）	犬 1~4ml/kg 体重	静注
山梨醇（25%）	犬、猫 5~10ml/kg 体重	静注，1 日 3~4 次

（三）尿路酸化药

药物名称	用　　量	用　　法
氯化铵	犬 50mg/kg 体重，猫 800mg/次	内服，犬 1 日 4 次，猫 1 日 1 次
蛋氨酸（甲硫氨酸）	犬、猫 0.2~1g/次	内服，犬 1 日 2~3 次，猫 1 日 1 次

（四）治疗尿酸过多症用药

药物名称	用　　量	用　　法
碳酸氢钠	犬、猫 0.1~2g/次 犬、猫 10~30ml/次	内服，1 日 3 次 静注（5%注射液）
别嘌呤醇	犬、猫（试用量）100~200mg/次	内服，1 日 2 次

十、生殖系统用药

（一）子宫收缩药

药物名称	用　　量	用　　法
垂体后叶素	犬 5~30u/次，猫 5~10u/次	皮下，肌注，缓慢静注；胎位不正，骨盆狭窄犬、猫忌用
催产素（缩宫素）	犬 5~25u/次，猫 5~10u/次	皮下、肌注，同上

续表

药物名称	用　　量	用　　法
马来酸麦角新碱	犬 2~10u/次（排奶用） 犬 0.1~0.5mg/次，猫 0.07~0.2mg/次	皮下，肌注 肌注、静注；孕犬、猫和胎盘停滞犬、猫禁用
麦角浸膏	犬 0.3~0.5ml/次	内服，同上
长效尿崩停粉针	犬、猫 2.5~10u/次	皮下、肌注，1 日 3 次

（二）性激素、促性腺激素

药　类	药物名称	用　　量	用　　法
雌激素	己烯雌酚	犬 0.1~1mg/次，猫 0.05~0.1mg/次 犬 0.2~0.5mg/次	内服 肌注
	己烷雌酚（人造雌酚）	犬 0.04~1mg/次	皮下、肌注
	苯甲酸雌二醇（苯甲酸求偶二醇）	犬 0.2~2mg/次，猫 0.2~0.5mg/次	肌注
	环戊丙酸雌二醇	犬 0.25~2mg/kg 体重	肌注，1 日 2 次
孕激素	黄体酮（孕酮）	犬 2~5mg/次，猫 1~2mg/次	肌注
	复方黄体酮	犬 2~5mg/次，猫 1~2mg/次	肌注
	安宫黄体酮（甲孕酮）	犬 20mg/kg 体重，猫 50~100mg/次 猫 1~2mg/kg 体重	肌注，用于妊娠反应性皮炎 肌注，每周 1 次，产前 7~10 天停药；用于习惯性流产
	醋酸甲地孕酮（去氢甲孕酮）	犬 0.5~2.2mg/kg 体重 猫 2.5~5mg/次	内服，1 日 1 次，连用 7~8 日 内服；高量阻止动情期，每周 1 次；低量延迟动情期，1 日 1 次，连用 8 周；治猫皮炎或角膜炎，隔日 1 次，连用 5~10 日
雄激素同化激素	甲基睾丸酮（甲基睾丸素）	犬 10mg/次，猫 5mg/次	内服，1 日 1 次
	丙酸睾丸酮（丙酸睾丸素）	犬、猫 20~50mg/次	皮下、肌注，每 2~3 日注药 1 次
	羧甲雄酮	犬 0.25~0.5mg/次	内服，1 日 2 次
	苯丙酸诺龙（苯丙酸去甲睾酮）	犬 25~50mg/次，猫 10~20mg/次	皮下、肌注，2 周 1 次
	康力龙	小型犬、猫 1~2mg/次 大型犬 2~4mg/次	内服，小型犬、猫 1 日 2 次，大型犬 1 日 1 次
促性腺激素	垂体促卵泡素（卵泡刺激素）	犬 15~20u/kg 体重，猫 20u/次	肌注，犬 1 日 1 次，连用 10 日；猫 1 日 1 次，连用 5 日
	垂体促黄体素（黄体生成素）	犬 15~20u/kg 体重，猫 20u/次	肌注，犬 1 日 1 次，连用 7 日；猫 1 日 1 次，连用 5 日
	绒毛膜促性腺激素	犬 100~300u/次，猫 100~200u/次	肌注，1 周 2~3 次
	孕马血清促性腺激素	犬 25~200u/次，猫 50~100u/次	皮下、肌注，1 日 1 次或隔日 1 次
	垂体前叶促性腺激素	犬 100~500u/次	肌注，1 日 1 次
安胎药	泰山盘石散	犬、猫 5~10g/次	内服
	白术散	犬、猫 10~30g/次	内服
	藿香正气散	犬、猫 3~10g/次	内服，1 日 2 次

十一、影响组织代谢的药物

(一) 激素类药及有关制剂

药物名称	用量	用法
醋酸可的松（皮质素）片	犬 0.5~1mg/kg 体重	内服，1 日 3~4 次
醋酸可的松注射液	犬 25~100mg/kg 体重，或 25~100mg/次 犬 50~250mg/次	肌注，1 日 2 次 腱鞘内或关节腔内注入，4~7 日 1 次
氢化可的松（皮质醇）注射液	犬 5~20mg/次，猫 1~5mg/次	静滴，1 日 1 次
醋酸氢化可的松注射液	犬 25~100mg/次	肌注
醋酸泼尼松（强的松）片	犬、猫 0.5~2mg/kg 体重	内服，1 日 1 次
醋酸氢化泼尼松片	犬（7~14kg 体重）2~5mg/次，超过 14kg 体重 5~15mg/次	内服，1 日 1 次
氢化泼尼松琥珀酸钠粉针	犬、猫 5~10mg/kg 体重（治疗休克） 犬、猫 1~4mg/kg 体重（治疗过敏性哮喘）	静注、肌注，1 日 1 次 静注、肌注，1 日 1 次
醋酸地塞米松片（氟美松片）	犬、猫 0.5~2mg/次	内服，1 日 1 次
地塞米松磷酸钠注射液	犬 0.125~1mg/次，猫 0.125~0.5mg/次	静注、肌注，1 日 1 次，妊娠犬、猫禁用
倍他米松片	犬、猫 0.25mg/次	内服
去炎松（氟羟强的松龙）片	犬 0.125~1mg/次，猫 0.125~0.25mg/次	内服，1 日 1~2 次，连用 7 日
去炎松（氟羟强的松龙）注射液	犬、猫 0.1~0.2mg/kg 体重 犬 1~3mg/次	皮下、肌注 关节腔注入
促肾上腺皮质激素（促皮质素）	犬 5~10u/次，猫 2.2u/次 犬 2.5~10u/次	肌注，1 日 2~3 次 静注，1 日 2~3 次
升血糖素（胰高血糖素）注射液	犬 50μg/kg 体重	静注，间隔 30 分钟可重复用药
胰岛素（正规胰岛素）注射液	犬 0.5~1u/kg 体重，猫 0.25u/kg 体重	皮下注射，1 日 4 次
长效胰岛素（精蛋白锌胰岛素）注射液	犬 0.5~1u/kg 体重，猫 0.25u/kg 体重	皮下注射，1 日 1 次
中效胰岛素（低精锌胰岛素）注射液	犬 0.5~1u/kg 体重，猫 0.25u/kg 体重	皮下注射，1 日 1 次
降压嗪（氯甲苯噻嗪）	犬 5mg/kg 体重	内服，1 日 2 次
甲状腺粉（干甲状腺）	犬 15~20mg/kg 体重，或 320~680mg/只	内服，1 日 3 次
甲碘安（碘塞罗宁钠）片	犬 2~11μg/kg 体重	内服，1 日 1 次
甲基硫氧嘧啶片	犬 5.5~11mg/kg 体重	内服，1 日 1 次
丙基硫氧嘧啶片	犬 11mg/kg 体重	内服，1 日 1 次
碘化钾（或钠）	犬 4.4mg/kg 体重	内服
他巴唑（甲硫基咪唑）片	猫 5mg/次	内服，1 日 3 次
抗利尿素（ADH）	犬 5~10u/次	皮下、肌注，1 日 3 次
抗利尿素鞣酸油剂	犬、猫 2.5~10u/次	皮下、肌注，1 日 1 次
前列腺素（PG）	犬 1~2mg/次	肌注

（二）维生素类药

药类	药物名称	用量	用法
脂溶性维生素	维生素 A（视黄醇）胶囊	犬、猫 400u/kg 体重（日量）	内服
	维生素 D_2 胶性钙（骨化醇）注射液	犬 0.25 万~0.5 万 u/次	皮下、肌注
	维生素 AD 注射液	犬 0.2~2ml/次，猫 0.5ml/次	肌注
	维生素 D_3 注射液	犬、猫 0.15 万~0.3 万 u/kg 体重	肌注
	鱼肝油	犬、猫 5~10ml/次	内服
	维生素 A（视黄醇）胶囊	犬、猫 400u/kg 体重（日量）	内服
	浓缩鱼肝油	犬、猫 0.5~1ml/kg 体重	内服
	醋酸生育酚注射液	犬、猫 30~100mg/次	皮下、肌注，隔天 1 次
	醋酸生育酚片或胶囊	犬 500mg/次	内服，1 日 1 次
水溶性维生素	维生素 B_1（盐酸硫胺）	犬 10~25mg/次，猫 5~30mg/次	内服
	维生素 B_1 注射液	犬 10~25mg/次，猫 5~10mg/次	皮下、肌注、静注
	新维生素 B_1（丙硫硫胺）片，注射液	犬 10~25mg/次	内服、皮下、肌注
	呋喃硫胺注射液	犬 10~25mg/次	肌注
	维生素 B_2（核黄素）	犬 10~20mg/次，猫 5~10mg/次	内服、皮下、肌注，1 日 1 次
	烟酸（维生素 PP）注射液	犬 0.2~0.6mg/次，猫 2.6~4mg/次	皮下、肌注，内服
	烟酰胺(烟酸)片	犬 0.2~0.6mg/次，猫 2.6~4mg/次	内服
	维生素 B_6（吡哆醇）片剂，注射液	犬 20~80mg/次	内服、皮下、肌注、静注
	复合维生素 B 片	犬 1~2 片/次，猫 0.5~1 片/次	内服，1 日 3 次
	复合维生素 B 注射液	犬 0.5~2ml/次，猫 0.5~1ml/次	肌注
	泛酸钙（维生素 B_5 钙）片	犬 20~40mg/次	内服
	叶酸（维生素 M）片	犬 2.5~5mg/次，猫 2.5mg/次	内服
	维生素 C（抗坏血酸）片	犬 0.1~0.5g/次，猫 0.1~0.2g/次	内服
	维生素 C 注射液	犬 0.1~0.5g/次，猫 0.1g/次	静注、皮下、肌注
	维生素 K_1 注射液	犬 10~30mg/次，猫 1~5mg/次	肌注，1 日 2~3 次
	维生素 K_3 注射液	犬 10~30mg/次	肌注，1 日 2~3 次
	生物素（维生素 H）	犬、猫 0.25mg/kg 日粮或食物	混饲
	维生素 B_{12}（氰钴胺）注射液	犬、猫 0.1mg/次	肌注
	氯化胆碱粉	犬 0.2~0.5g/次	内服

（三）钙磷代谢调节药、促生长药

药类	药物名称	用量	用法
钙磷代谢调节药	5%氯化钙注射液	犬 0.5~1.5g/次	缓慢静注
	氯化钙葡萄糖注射液	犬 5~10ml/次	静注
	钙镁葡萄糖注射液	犬 2~10ml/次	静注

续表

药类	药物名称	用量	用法
钙磷代谢调节药	钙镁注射液	犬 2~10ml/次	缓慢静注
	10%葡萄糖酸钙注射液	犬 0.5~2g/次或 10~30ml/次 猫 0.5~1.5g 或 5~15ml/次	静注，1 日 1~2 次，连用 5~7 日
	碳酸钙	犬 0.5~2g/次	内服，1 日 2~3 次
	乳酸钙	犬 0.2~0.5g/次，猫 0.2~0.5g/次	内服
	磷酸氢钙	犬、猫 0.6g/次	内服
	骨粉	猫食物中添加 5%~10%	混饲
	维丁胶钙注射液	犬 1ml/次	肌注，隔日或隔周注射 1 次
	活性钙（活力钙）	犬 2~4 片/次，猫 1~2 片/次	内服，1 日 3 次
	维丁钙片	犬 4~8 片/次，猫 2~3 片/次	内服，1 日 2 次
促长生药	复方布他磷注射液	犬 1~2.5ml/次，猫 0.5~5ml/次	静注、皮下、肌注；幼龄犬、猫减半量

（四）微量元素类药

药物名称	用量	用法
亚硒酸钠维生素 E 注射液	犬 0.5~3ml/次	肌注，每隔 14~15 日注药 1 次
0.1%亚硒酸钠注射液	犬 0.5~1ml/次	肌注，每隔 14~15 日注药 1 次
氯化钴	犬 5~50mg/次	内服
硫酸铜	犬 50~100mg/次	内服，1 日 2 次
硫酸亚铁	犬 50~100mg/次	内服，1 日 2~3 次
含糖氧化铁	犬 20~40mg/次	内服，1 日 1 次

（五）生化制剂

药物名称	用量	用法
三磷酸腺苷（ATP）二钠针剂、粉针	犬 10~20mg/次	肌注、静注
肌苷片或针剂	犬 25~50mg/次	内服、肌注
辅酶 A 粉针	犬 25~50u/次	肌注、静注，用生理盐水溶解，1 日 1~2 次
细胞色素 C 针剂或粉针	犬 15~30mg/次	静注，溶于 10%葡萄糖液
能量合剂	犬 0.5~1 支/次	肌注、静注
谷氨酸钠	犬 1~2g/次	静注，1 日 1 次
双氟环酰胺	犬 50mg/kg 体重	内服，1 日 2~3 次
强力宁	犬 1~2ml/次	静注，1 日 1 次
环噻嗪	犬 0.5~1mg/次	内服，1 日 1 次

（六）水、电解质、酸碱平衡调节药

药类	药物名称	用量	用法
水、电解质平衡调节药	0.9%氯化钠注射液（生理盐水）	犬、猫 40~50ml/(kg·d) 犬 100~500ml/次，猫 40~50ml/次	静注，1 日 1 次
	复方氯化钠注射液（林格氏液）	犬、猫静注量同生理盐水；治疗休克，犬 90ml/(kg·h)，猫 70ml/(kg·h)	静注
	复方乳酸氯化钠注射液（乳酸林格氏液）	犬、猫用量同复方氯化钠注射液	静注
	10%氯化钾注射液	犬 2~5ml/次，猫 0.5~2ml/次	缓慢静滴，用 5%~10%葡萄糖液稀释成 0.1%~0.3%溶液；小剂量本品可连续应用
	氯化钾片	犬 0.2~0.5g/次，猫 0.05~0.2g/次	内服
	复方氯化钾注射液	犬 150~250mg/次 猫 30~50ml/次	缓慢静滴 腹腔注射
酸碱平衡调节药	5%碳酸氢钠注射液	犬 10~40ml/次，猫 10~20ml/次	静注，不可用量过多及漏出血管
	口服补液盐	本品 27.5 克溶于 1000ml 水	犬、猫灌服或自饮
	复方口服药（好得快）	本品与水按 1:20 比例配成口服液	犬灌服或自饮，连用 3 日

十二、解毒药

中毒类型	药物名称	用量	用法
有机磷中毒	碘解磷定（派姆）粉针或注射液	犬、猫 20mg/kg 体重	缓慢静注
	氯解磷定（氯化派姆）注射液	犬、猫 20mg/kg 体重	肌注、静注
	双复磷注射液	犬、猫 20mg/kg 体重	肌注、静注
	双解磷注射液	犬、猫 20mg/kg 体重	肌注、静注
	硫酸阿托品注射液	犬、猫 0.1~0.5mg/kg 体重	肌注、皮下、静注
重金属、类金属中毒	二巯基丙磺酸钠注射液	犬、猫 7~8mg/kg 体重	肌注、静注，第 1~2 日每 4 小时 1 次，以后 1 日 2 次
	二巯基丙醇（巴尔）注射液	犬 4mg/kg 体重，猫 3mg/kg 体重	肌注，首日每 4 小时 1 次，翌日减为 1mg/kg 体重
	二巯基琥珀酸钠粉针	犬、猫 20mg/kg 体重	静注，1 日 2 次
	依地酸钠钙注射液	犬 1g/次，猫 0.4g/次	静注，1 日 2 次
	青霉胺片	犬、猫 5~10mg/kg 体重	内服，1 日 2~3 次
	去铁敏粉针	犬首次量 20mg/kg 体重，维持量 10mg/kg 体重	肌注，4~12 小时 1 次
	喷替酸钙钠（促排灵）	犬 15~25mg/kg 体重	静滴，1 日 1 次，连用 3~5 日
	砷解毒液	犬 15~30ml/次	内服，4 小时 1 次
氰化物中毒	硫代硫酸钠（大苏打）粉针或注射液	犬、猫 20~30mg/kg 体重，或 1~2g/次	静注、肌注，粉针配制成 10%溶液
	亚硝酸钠注射液	犬 15~20mg/kg 体重	静注

续表

中毒类型	药物名称	用　　量	用　　法
亚硝酸盐中药	亚甲蓝（美蓝）注射液	犬 5~10mg/kg 体重	静注
	甲苯胺蓝注射液	犬 5mg/kg 体重	静注
有机氟中毒	解氟灵（乙酰胺）注射液	犬 50~100mg/kg 体重 猫 30~50mg/kg 体重	肌注，1 日 2 次，连用 2~3 日
	滑石粉	犬 0.5~1.5g/次	灌服或混饲，1 日 2 次，连用 2 周
	单乙酸甘油酯注射液	犬 0.1~0.5mg/kg 体重	静注、肌注，每小时 1 次
药物、毒品中毒	丙烯吗啡酮（纳洛酮）注射液	犬 20~40mg/次，猫 40~100mg/次	肌注、静注
	丙烯吗啡（纳洛酮）注射液	犬 1mg 对抗吗啡 10mg 或杜冷丁 20mg 犬 2~4ml/次，猫 1~2ml/次	肌注、静注 咽喉、上呼吸道喷雾，配制成 10%~20%溶液 1 日 2 次
	乙酰半胱氨酸（痰易净）粉	犬首次量 140mg/kg 体重，维持量 70mg/kg 体重	内服，每 4~6 小时 1 次，应配用异丙肾上腺素
	维生素 K_1 注射液	犬、猫 0.5~2mg/kg 体重	肌注、静注
	维生素 K_3 注射液	犬 10~30mg/次，猫 1~5mg/次	肌注
	亨育宾宁碱	犬 0.1mg/kg 体重 猫 0.5mg/kg 体重	静注
	美解眠注射液	犬、猫 15~20mg/kg 体重	静注
	可乐宁	犬 0.5~1μg/kg 体重	内服，1 日 3 次，数天后减量，连用 10~16 日
	盐酸美沙酮	犬 0.1~0.2mg/kg 体重	内服，开始每日 1 次，以后每 2~3 日减量 0.05~0.1mg/次，10~15 日减完
	胞磷胆碱注射液	犬 5~10mg/kg 体重	静注
其他中毒	葡萄糖酸内酯注射液	犬 500mg/次	静注
	季德胜、祁门、上海、湛江、彬州等蛇药	参照本品说明书的用量和用法	
	抗蛇毒血清	抗眼镜蛇毒：犬 1 万 u/次 抗复蛇毒：犬 0.6 万~1.5 万 u/次 抗银环蛇毒：犬 1 万 u/次 抗五步蛇毒：犬 0.4 万~0.8 万 u/次	静注 静注 静注 静注
	透明质酸酶注射液	犬 25u/次	皮下、肌注，溶于 1ml 注射用水

十三、抗过敏药

药物名称	用　　量	用　　法
盐酸苯海拉明（可他敏）片	犬 20~60mg/次，猫 10~30mg/次	内服，1 日 2 次
盐酸苯海拉明注射液（2%）	犬、猫 5~50mg/次	肌注、静注，1 日 2 次
盐酸异丙嗪（非那根）片	犬 50~200mg/次	内服
盐酸异丙嗪注射液	犬 25~100mg/次	静注、肌注
盐酸曲吡那敏（扑敏宁）片	犬、猫 1mg/kg 体重	内服，1 日 2 次
马来酸氯苯那敏（扑尔敏）片	犬 2~4mg/次，猫 1~2mg/次	内服，1 日 2 次

续表

药物名称	用　　量	用　　法
马来酸氯苯那敏（扑尔敏）注射液	犬 4~8mg/次，猫 2mg/次	肌注，1 日 2 次
新安替根（马来酸美吡拉敏）片	犬 5~10mg/kg 体重	内服，1 日 2~3 次
新安替根（马来酸美吡拉敏）注射液	犬 25~125mg/次	肌注，1 日 2~3 次
强力解毒敏注射液	犬 1~4ml/次	皮下、肌注
阿列马嗪（异丁嗪）片剂或糖浆剂	犬日量 0.5~0.7mg/kg 体重	内服
茶苯海明（乘晕宁）片或注射液	犬 1~1.5mg/kg 体重	内服、皮下、肌注，1 日 3 次
息斯敏（阿司咪唑）片	犬 5~10mg/次	内服，1 日 1 次
特赖皮伦胺片	犬 4mg/kg 体重	内服，1 日 3 次
氯马斯汀（吡咯醇胺）片	犬 0.5~1.5mg/kg 体重 猫 0.1mg/kg 体重	内服，1 日 2 次
克敏嗪（去氯羟嗪）	犬 25~50mg/次	内服，1 日 2~3 次

十四、抗休克药

药物名称	用　　量	用　　法
盐酸多巴胺注射液	犬、猫 20mg/次	静滴，溶于 500ml 生理盐水滴至生效
多巴酚丁胺（杜丁胺）注射液	犬 2.5~20μg/kg 体重 猫 2.5~15μg/kg 体重	静滴
盐酸异丙肾上腺素注射液	见拟肾上腺素药	皮下、肌注
盐酸去氧肾上腺素注射液	见拟肾上腺素药	静滴
间羟胺（可拉明）	犬 2~10mg/次	静滴、肌注
醋酸泼尼松（强的松）片	见激素类药	内服
氢化泼尼松琥珀酸钠粉针	见激素类药	静注、肌注
地塞米松磷酸钠注射液	见激素类药	静注、肌注
盐酸去甲肾上腺素注射液	犬 2~4mg/次	静滴，溶于 100mg%~250mg%5%葡萄糖液滴至生效
酚苄明（苯氧苄胺）注射液	犬、猫 5mg/次	缓慢静注

十五、机体免疫功能调节药

药　类	药物名称	用　　量	用　　法
免疫功能增强药	高免血清	犬 0.5~1ml/kg 体重	皮下、肌注、静注，1 日 1 次，连用 3 日，为预防疫病，注射血清 2 周后再注疫苗
	免疫球蛋白	犬 1~10ml/次	皮下、肌注、静注，1 日 1 次，连用 3 日
	转移因子	犬 3u（2~10mg）/次	腋窝或腹股沟皮下注射，隔日 1 次
	丙种球蛋白	犬 0.5~2ml（22.5~90mg）/次	肌注
	干扰素	犬 10 万~20 万 u/次	皮下、肌注，隔 2 日 1 次
	胸腺肽（胸腺素）	犬 2mg/次	皮下、肌注，1 日 1 次

续表

药 类	药物名称	用 量	用 法
免疫功能增强药	聚肌胞	犬 2ml（2mg）/次	肌注，隔日 1 次
	黄芪多糖（抗病毒Ⅰ号）注射液	犬 2~10ml/次，犬、猫 0.1~0.2ml/kg 体重	皮下、肌注、静注，1 日 1~2 次，连用 2~3 日
	猪苓多糖注射液	犬 10~20mg/次	肌注，1 日 1 次
	盐酸左旋咪唑	犬 0.5~2.2mg/kg 体重 猫 2.5mg/kg 体重	内服，1 日 1 次，连用 3 日
	派特康注射液	犬 1~2 支/次	皮下注射，1 日 1 次，连用 5~10 日
免疫抑制药	环孢霉素 A（赛斯平，山地灵）片	犬 2~4mg/kg 体重	内服，1 日 1 次
	硫唑嘌呤（Aza）片	犬 0.5~1.5mg/kg 体重	内服，1 日 1 次
	醋酸可的松片或注射液	见激素类药	内服或肌注
	氢化可的松注射液	见激素类药	静滴，1 日 1 次
	醋酸泼尼松片	见激素类药	内服，1 日 1 次
	醋酸地塞米松片	见激素类药	内服，1 日 1 次
	地塞米松磷酸钠注射液	见激素类药	静注、肌注，1 日 1 次
	去炎松片	见激素类药	内服，1 日 1~2 次，连用 7 日

十六、抗肿瘤药

药物名称	用 量	用 法
环磷酰胺（癌得星）注射液	犬 8~10mg/kg 体重	静注，7~10 日 1 次
环磷酰胺（癌得星）片	犬 6.6mg/kg 体重	内服，1 日 1 次，连用 3 日，第4 日减量为 2.2mg/kg 体重，1 日 1 次
氮芥注射液	犬 0.08~0.1mg/kg 体重	静注，1 日 1 次
噻替派注射液	犬 0.5mg/kg 体重	静注、肌注、腔内注射，1 周 1~2 次
苯丁酸氮芥（癌可宁）片	犬 0.1~0.2mg/kg 体重	内服，1 日 1 次
长春新碱注射液	犬 0.025~0.05mg/kg 体重	静注，7~10 日 1 次
阿糖胞苷注射液	犬 2~3mg/kg 体重	肌注、静注，1 日 1 次，连用 2 周
羟基脲片	犬 20~30mg/kg 体重	内服，1 周 2 次
6-巯基嘌呤片	犬 2mg/kg 体重	内服，1 日 1 次
氨甲嘌呤片或注射液	犬 0.1mg/kg 体重	内服、肌注、静注，1 日 1 次
硫乌嘌呤片	犬 1mg/kg 体重	内服，1 日 1 次
氟尿嘧啶注射液	犬 5~12mg/kg 体重	静注，1 日 1 次
百冬酰胺酶	犬 100~200u/kg 体重	静注，每日或隔日 1 次
盐酸阿霉素	犬 10~30mg/kg 体重	静注，每 3 周 1 次
盐酸柔红霉素	犬 0.5~1mg/kg 体重	静注，1 周 1 次
普卡霉素	犬 2μg/kg 体重	静注，1 日 1 次，连用 2~4 日
博来霉素	犬 5~10mg/kg 体重	静注、肌注，1 周 1~3 次
放线菌素	大 0.015mg/kg 体重	静注，每 1~2 日给药 1 次，连用 10 次
秋水仙碱注射液	犬 40μg/kg 体重	静注，1 日 1 次

十七、外用药

（一）皮肤、黏膜保护药

药 类	药物名称	药物浓度、用法、用途
收敛药	痱子粉（氧化锌滑石粉）	皮炎，湿疹，撒布
	氧化锌软膏	涂抹，保护创面
	复方醋酸铅散（兽用消炎粉）	体表炎肿湿敷
	复方醋酸铅液（布罗氏液）	体表急性炎症湿敷，1 日 1 次
	鞣酸软膏	涂抹，用于体表溃疡或肉芽生长不良的创面
	鞣酸甘油	冲洗或涂抹于口腔黏膜
	水杨酸锌糊剂	涂抹，用于皮炎、湿疹
	复方锌糊	涂抹，用于干性皮炎、湿疹
	炉甘石洗剂	涂搽，冲洗患部，用于皮炎、湿疹、瘙痒症
	1%硝酸银溶液	喷涂，用于外伤、体表出血
	硝酸银棒	涂搽，用于腐蚀过剩肉芽组织或疣瘊
	硫酸钾铝（明矾）	0.5%~4%溶液，喷雾或棉签蘸涂，用于口、咽、喉黏膜炎症
	蛋白银	0.5%~3%强蛋白银溶液或 10%~25%弱蛋白银溶液，滴眼或喷雾，用于急性结膜炎或黏膜皮肤炎症感染
	次醋酸铝溶液	临用时加水稀释 20~40 倍，用于冲洗黏膜或创伤
黏浆药	淀粉	本品与刺激性药物配合内服或灌肠。内服：犬 1~5g/次；灌肠：配制成 1%~5%黏浆剂
	淀粉海绵	用于创腔或术部充填止血，按压止血（不适用于脑出血）
	明胶海绵	用于创腔或术部止血
	火棉胶	单用或配合防腐药应用，蘸本品涂布于患部，1 日 2 次，不需包扎
	阿拉伯胶	10%~20%胶浆溶液用作黏合剂，保护剂；35%溶液用作乳化剂；内服：犬 1~3g
	甲基纤维素	用作乳化剂、助悬剂、黏稠度调节剂、黏合剂、滴眼液。滴眼液中本品含 0.5%~1%浓度
	羟甲基纤维素钠	用作乳化剂、黏合剂、助悬剂、包衣、微囊、滴眼液。滴眼液中含本品 0.5%~1%浓度
	藕粉	2%~10%黏浆剂，本品与内服药配合应用；内服量：犬 10~30g/次
润滑药	植物油	用作软膏基质，油类注射液的赋形剂；皮肤涂布，防止干裂
	凡士林	用作药物软膏基质；黄凡士林可配制眼膏；白凡士林含脱色剂（氯），不宜配制眼膏，可作软膏基质
	羊毛脂	用作水溶性药物或药液的软膏基质，穿透力强，可使主药迅速吸收
	吐温-80	用作乳剂，软膏的基质或注射液的增溶剂
	聚乙二醇	用作水溶性药物的软膏基质或注射液溶媒
	甘油软膏	涂布皮肤、乳头、乳房，防止皲裂
	软皂	用作清洁剂、乳化剂、灌肠剂

续表

药　类	药物名称	药物浓度、用法、用途
吸附药	湿疹粉	撒布于湿疹、皮炎患部
	白陶土敷剂	调稠涂于粗布，趁热贴敷于患部，外敷油布或油纸
	药用炭（活性炭）	见泻药

（二）皮肤、黏膜刺激药

药物名称	药物浓度、用法、用途
四三一合剂	涂搽刺激患部皮肤，杀菌消炎
氨搽剂	涂搽肌肉、关节、腱鞘等患部
松节油擦剂	涂搽热敷刺激体表患部，杀菌消炎
樟脑醑	涂搽患部，消炎
氨制樟脑搽剂	涂搽患部，消炎
斑蝥软膏（强发疱膏）	涂搽肌肉、腱鞘、关节等慢性炎症部位
红碘化汞软膏	5%~20%软膏用于体表慢性炎症；2%软膏用于钱癣

（三）常用抗菌、抗病毒、抗过敏软膏、滴眼液、滴耳液、溶液

药物名称	药物浓度、用法、用途
霉康灵软膏	见抗真菌药
克霉唑软膏	见抗真菌药
抗滴虫霉素软膏（发霉素软膏）	涂搽患部，1 日 1 次
病毒灵（吗啉胍）滴眼液	滴眼 1%~2%溶液，每 1~2 小时 1 次
病毒唑（三氮唑核苷）滴眼液、滴鼻液	滴眼，滴鼻，0.1%~0.5%溶液，1 日数次
阿昔洛韦滴眼液、滴鼻液	滴眼，滴鼻，0.1%~0.5%溶液，1 日 5 次
硫酸阿托品滴眼液	滴眼，0.5%~1%溶液，视病情而定
醋酸可的松眼膏、滴眼液	擦于或滴入眼囊内，0.25%~0.5%眼膏，0.5%滴眼液，1 日 2~3 次
醋酸氢化可的松眼膏、滴眼液	擦于或滴入眼囊内，1%软膏，0.5%滴眼液，1 日 2~3 次
醋酸泼尼松软膏、滴眼液	擦于或滴入眼囊内，1%软膏，0.5%滴眼液，1 日 2~3 次
氟苯尼考—甲硝唑滴耳液	犬、猫 1 次 3~4 滴，1 日 2 次，连用 5~7 日
盐酸达克罗宁溶液	皮肤喷雾，1 日 2~3 次
复方酮康唑溶液	皮肤涂搽，1 日 3~5 次，连用 5~7 日
肤轻松乳剂、软膏、洗剂	涂抹或蘸洗，0.025%乳剂、软膏、洗剂，1 日 2~4 次
沃古林眼药水	滴眼，1 日 3 次

附录二 犬、猫生理生化指标

表 1 犬的正常生理常数

项 目	正 常 值
年龄	10~20 岁
性成熟	6~12 月龄
体成熟	9~15 月龄
最佳配种时间	阴道出血后 11~13 日
性周期	126~240 日
妊娠期	58~63 日
哺乳期	50~60 日
体温（直肠，T）	幼犬 38.5~39℃；成犬 37.5~38.5℃
脉搏（股动脉，P）	幼犬 80~120 次/min；成犬 68~80 次/min
呼吸（R）	10~30 次/min
血压	收缩压 16.0~18.7kPa；舒张压 4.0~5.3kPa
血液总量	占体重 5.6%~8.3%
血量分布	脾脏贮存 16%；肝脏贮存 20%；皮肤内贮存 10%；全身循环 50%
耗氧量	72ml/min（10kg 犬）
心输出量	14ml/min
全血比重	1.0540~1.0620
血浆比重	1.0234~1.0276
红细胞比重	1.090
血浆渗透压	688.7~773.1kPa
血液 pH 值	7.35~7.45
红细胞直径	6.7~7.2μm
红细胞存活期	97~133 日
红细胞压积容量（PCV，HCT）	37%~55%
血凝时间（25℃，CT）	2.5min
血红蛋白（HGB，Hb）	120~180g/L
红细胞计数（RBC）	$5.5\text{~}8.5\times10^{12}$/L（$5.5\text{~}8.5\times10^{9}$/μl）
网织红细胞（RETIC）	0~1.5%
平均红细胞容积（MCV）	60~77μl
平均红细胞血红蛋白质（MCH）	9.5~24.5g
平均红细胞血红蛋白浓度（MCHC）	32~36g/100ml
白细胞计数（WBC）	$6.0\times10^{9}\text{~}17.0\times10^{9}$/L（6000~17000 个/μl）
白细胞分类（DC）：	

续表

项 目	正 常 值
中性粒细胞分叶核（Seg、NEU）	3.0×10^9~11.4×10^9/L（3000~11400 个/μl）
中性粒细胞杆状核（Band、NEU）	0~0.3×10^9/L（0~300 个/μl）
淋巴细胞（LYM）	1.0×10^9~4.8×10^9/L（1000~4800 个/μl）
单核细胞（MONO）	0.15×0^9~1.35×0^9/L（150~1350 个/μl）
嗜酸性粒细胞（EOS）	0.1×10^9~0.75×0^9/L（100~750 个/μl）
嗜碱性粒细胞（BAS）	少见
血小板计数（PLT）	2×10^{11}~9×10^{11}/L（2~9×10^5 个/μl）

表 2 犬的血液生物化学正常值

项 目	正 常 值
血浆总蛋白（PP）	60~75g/L（6.0~7.5g%）
血浆白蛋白（ALB）	23~43g/L（2.3~4.3g%）
血浆球蛋白（GLOB）	20~37g/L（2.0~3.7g%）
α_1 球蛋白	1.6~3.5g/L（0.16~0.35g%）
α_2 球蛋白	4.5~8.5g/L（0.45~0.85g%）
β 球蛋白	12.5~23.0g/L（1.25~2.30g%）
γ 球蛋白	3.5~9.5g/L（0.35~0.95g%）
白蛋白/球蛋白（A/G）	0.7~1.9
血浆纤维蛋白原（FIB）	0.15~0.3g/100ml
血清谷-丙转氨酶（SGPT ALT）	8.2~57.3mu/L
血清谷-草转氨酶（SGOT ALT）	8.9~48.5mu/L
血清肌酸磷酸激酶（CPK CK）	13.7~119.5mu/L
血清淀粉酶（AMYL）	269.5~1462.4mu/L
血清乳酸脱氢酶（LDH）	45~233u/L
LDH_1	0.02~0.3（1.7%~30.2%）
LDH_2	0.01~0.12（1.2%~11.7%）
LDH_3	0.11~0.25（10.9%~25%）
LDH_4	0.12~0.15（11.9%~15.4%）
LDH_5	0.3~0.73（30.3%~72.8%）
血清碱性磷酸酶（ALP）	46~337mu/L
谷氨酰转移酶（CGT）	1.0~9.7mu/L
山梨醇脱氢酶（SDH）	3.1~7.6mu/L
血浆二氧化碳结合力	16~20mm/L
血浆碳酸氢盐	18.1~24.5mg/L
血浆尿素氮（BUN）	8.8~25.9mg/100ml
血浆肌酐	0.5~1.6mg/100ml
血清总胆固醇	115.6~253.7mg/100ml
血清游离胆固醇	0.7~2.2mg/100ml
血清甘油三酸酯	47~63mg/100ml

续表

项 目	正 常 值
血清总胆红素	0.1~0.6mg/100ml
血清直接胆红素	0~0.14mg/100ml
血清间接胆红素	0.07~0.61mg/100ml
血浆总脂	47~725mg/100ml
血糖	71~108mg/100ml
血清无机磷（P）	2.9~6.2mg/100ml
血清氯化物（Cl）	342~436mg/100ml
血清钠（Na）	140.3~153.9mg/100ml
血清钾（K）	3.8~5.6mg/100ml
血清钙（Ca）	6.7~11.8mg/100ml
血清镁（Mg）	1.7~2.7mg/100ml

表 3 犬的尿液成分正常值

成 分	正 常 值
尿液比重	1.001~1.060
尿液量	24~41ml/(kg·d)
尿液 pH	6~7
尿液钙	1~3mg/(kg·d)
尿液镁	1.7~3.0mg/(kg·d)
尿液无机磷	20~30mg/(kg·d)
尿液全硫酸盐	30~50mg/(kg·d)
尿液硫磺全硫	25~40mg/(kg·d)
尿液醚性硫	1.3~3.5mg/(kg·d)
尿液中性硫	5~10mg/(kg·d)
尿液尿囊素	35~45mg/(kg·d)
尿液肌酐	30~80mg/(kg·d)
尿液尿素	800~4000mg/(kg·d)
尿液尿酸	0.2~13.0mg/(kg·d)
尿液总氮素	500~11000mg/(kg·d)
尿液氨	60mg/(kg·d)
尿液 17-酮类固醇	0.04~0.10mg/(kg·d)
尿液重碳酸盐	0.05~3.2mmool/(kg·d)
尿液氯化物	0~1.03mmol/(kg·d)
尿液尿兰母	如缺乏时为痕迹量程度
尿液胆红素	哈里森氏法为+（1~2 个）反应
尿液尿胆素原	Wallace-Diamond 二氏半定量法为 1:32 以下
肾血浆流量	134~398ml/(min·m^2)
有效肾血流量	705L/d
肾小球滤过率	105L/d

续表

成　分	正　常　值
潘笛氏反应	阴性（–）
尿素清除率	28.2~83.0ml/（min·m^2）
P–氨基马尿酸盐 Tm	15.5~22.7mg/（min·m^2）
葡萄糖 Tm	30.06mg/（min·m^2）
碘司特 Tm	20（13~48）mg/（min·m^2）
酚红排泄试验（PSP）	注射 15min 后为 20%~30%

表 4　犬脑脊髓液成分正常值

成　分	正　常　值
容量	0.9~16ml
压力	3.192~22.876kPa（24~172mmHg）
比重	1.003~1.012
pH 值	7.35~7.39
重碳酸盐	21.6~30.6mmool/L（21.6~30.6mEq/L）
钠	143~163mmol/L（143~163mEq/L）
氯	122~135mmol/L（122~135mEq/L）
钾	2.8~3.9mmool/L（2.8~3.9mEq/L）
钙	1.4~14.3mmol/L（5.5~5.7mg%）
无机磷	0.9~1.1mmol/L（2.8~3.5mg%）
镁	1.0~1.5mmol/L（2.6~3.8mg%）
细胞数	1×10^6~8×10^6/L（1~8^7 个/μl）
内皮细胞	偶尔出现
胆固醇	0~0.013mmool/L（0~0.5mg%）
葡萄糖	3.4~6.5mmool/L（61~116mg%）
非蛋白氮	28.6mmool/L 以下（40mg%以下）
尿素氮	6.4~8.8mmol/L（18~24.6mg%）
尿酸	0~11.9mmool/L（0~0.2mg%）
总蛋白	0.11~0.55g/L（11~55mg%）
白蛋白	0.17~0.38g/L（16.5~37.5mg%）
球蛋白	0.05~0.17g/L（5.5~16.5mg%）
潘笛氏反应	阴性

表 5　犬、猫临床常用血液生化检验项目（供参考）

检验项目	单位	参考范围					
		犬			猫		
		<6 月犬□	成年犬□	>8 岁犬□	<6 月猫□	成年猫□	>8 岁猫□
ALT/丙氨酸氨基转移酶	u/L	8~75	10~100	10~100	12~115	12~130	12~130
ALP/碱性磷酸酶	u/L	46~337	23~212	23~212	14~192	14~111	14~111
AST/天门冬氨酸氨基转移酶	u/L	0~50	0~50	0~50	0~32	0~48	0~48

续表

检验项目	单位	参考范围					
		犬			猫		
		<6 月犬□	成年犬□	>8 岁犬□	<6 月猫□	成年猫□	>8 岁猫□
GGT/Y-谷氨酰转肽酶	u/L	0~2	0~7	0~7	0~1	0~1	0~1
TBIL/总胆红素	umol/L	0~14	0~15	0~15	0~15	0~15	0~15
TP/总蛋白	g/L	48~72	52~82	52~85	52~82	57~89	57~89
ALB/白蛋白	g/L	21~36	23~40	22~39	22~39	22~40	23~39
GLOB/球蛋白	g/L	23~38	25~45	25~45	28~48	28~51	28~51
NH_3/血氨	umol/L	0~99	0~98	0~98	0~95	0~95	0~95
GLU/血糖	mmol/L	4.28~8.33	4.11~7.94	3.89~7.94	4.28~8.50	4.11~8.83	3.94~8.83
CHOL/胆固醇	mmol/L	2.58~10.34	2.84~8.27	2.84~8.27	1.60~4.94	1.68~5.81	1.68~5.81
UREA/尿素	mmol/L	2.5~10.4	2.5~9.6	2.5~9.6	5.7~11.8	5.7~12.9	5.7~12.9
CREA/肌酐	umol/L	27~106	44~159	44~159	53~141	71~212	71~212
Ca/血钙	mmol/L	1.95~3.15	1.98~3.00	1.98~3.00	1.98~2.83	1.95~2.83	1.95~2.83
PHOS/血磷	mmol/L	1.65~3.35	0.81~2.19	0.81~2.19	1.45~3.35	1.00~2.42	1.00~2.42
Mg/血镁	mmol/L	0.50~0.85	0.58~0.99	0.58~0.99	0.67~0.93	0.62~1.25	0.62~1.25
CK/肌酸激酶	u/L	99~436	10~200	10~200	0~394	0~314	0~314
LDH/乳酸脱氢酶	u/L	0~273	40~400	40~400	0~1128	0~798	0~798
AMYL/淀粉酶	u/L	300~1300	500~1500	500~1500	500~1400	500~1500	500~1500
LPS/脂肪酶	u/L	100~1500	200~1800	200~1800	40~500	100~1400	100~1400
LAC/乳酸	mmol/L	0.50~2.50	0.50~2.50	0.50~2.50	0.60~2.50	0.60~2.50	0.60~2.50
TRIG/甘油三酯	mmol/L	0.00~0.37	0.11~1.13	0.11~1.13	0.09~0.61	0.11~1.13	0.11~1.13
URIC/尿酸	umol/L	0~60	0~60	0~60	0~60	0~60	0~60
K^+/钾离子	mmol/L	3.8~5.8			3.8~4.6		
Na^+/钠离子	mmol/L	138~156			147~156		
Cl^-/氯离子	mmol/L	104~116			110~123		
UPC/尿蛋白:肌酐比		<0.5			<0.4		
GHP/全面健康检查套组		ALB，ALKP，ALT，AMYL，Ca，CHOL，CREA，GLU，PHOS，TBIL，TP，BUN					
DHP/全面诊断检查套组		ALB，ALKP，ALT，AMYL，LIPA，Ca，CREA，GLU，GGT，TBIL，TP，BUN					
PRAP/术前/基础检查套组		ALKP，ALT，CREA，GLU，TP，BUN					
NASID/非皮质醇激素类消炎药监测套组		ALKP，ALT，AST，BUN，CREA					

附录三　犬的常用营养参数指标

表 1　100g 食物中的氨基酸含量（mg）

饲　料	缬氨酸	亮氨酸	赖氨酸	蛋氨酸	苏氨酸	色氨酸	精氨酸	组氨酸
肉及副产品								
马肉	890	2180	1420	520	1000	220	1370	1310
牛肉	1100	1657	1672	515	859	228	1083	718
羊肉	1090	1519	1656	453	865	236	1192	627
猪肉	831	1074	1239	342	654	191	879	575
兔肉	1064	1734	2199	499	913	327	1409	626
禽肉	938	1475	1582	475	827	287	1223	401
瘤胃	494	780	754	221	455	117	806	234
肺	700	1075	787	250	600	100	812	337
乳房	464	507	529	129	313	54	529	151
头	429	533	793	247	273	91	897	208
肝	1247	1594	1433	438	812	238	1246	847
脑	602	970	841	232	540	164	574	623
肾	857	1240	1154	326	638	214	971	687
心	911	1408	1359	383	740	222	677	459
舌	845	1215	1373	345	708	176	955	616
肉骨粉	2310	4560	2910	1100	1810	1050	3310	1250
乳及副产品								
牛奶	191	324	261	87	153	50	122	90
鱼及副产品、蛋								
鱼类平均	935	1425	1542	518	808	179	994	510
鱼粉	3480	7150	4910	1800	3360	750	3610	1490
鱼副产品平均	487	680	718	302	466	138	768	202
鸡蛋	772	1081	903	424	610	204	1117	339
粮谷及酵母								
黑麦面	510	580	300	120	330	110	190	420
小麦面	500	900	300	150	330	120	230	490
面包	420	631	280	142	281	103	435	216
乔麦	590	680	630	260	500	180	300	1120
大米	420	620	260	130	240	80	160	430

续表

饲料	缬氨酸	亮氨酸	赖氨酸	蛋氨酸	苏氨酸	色氨酸	精氨酸	组氨酸
燕麦	580	780	420	140	350	160	640	220
大麦	480	510	320	160	320	120	390	230
玉米	310	1160	210	130	160	60	260	140
干酵母	698	903	913	233	644	173	528	302
蔬菜类								
马铃薯	122	128	135	26	97	28	100	30
胡萝卜	43	44	38	9	32	8	41	14
甘蓝	58	64	61	22	45	10	85	28
莴苣	75	71	100	37	70	14	–	21

表 2 犬对蛋白质和氨基酸的需要量（每千克体重）

营养物质	成犬	幼犬
蛋白质（g）	4.5	9
氨基酸（mg）		
精氨酸	70	270
组氨酸	60	250
赖氨酸	60	210
异亮氨酸	80	330
亮氨酸	110	370
缬氨酸	85	300
色氨酸	15	60
蛋氨酸	70	190
苏氨酸	55	60
苯丙氨酸	65	140
酪氨酸	–	—

表 3 100g 食物中类酯和脂肪酸的含量（g）

饲料	类脂总量	甘油三酯	磷脂	总量	脂肪酸		
					饱和脂酸	不饱和单脂酸	不饱和多脂酸
牛肉	14	13.1	0.8	13.3	6.2	6.6	0.5
羊肉	9.6	8.6	0.9	9	4.7	4	0.3
猪肉	33.3	32	0.8	30.8	11.8	15.4	3.6
兔肉	15	12.4	2.6	12.5	4.9	4.5	3.1
禽肉	18.4	16.7	1.6	16.2	4.4	8.6	3.2
肝	3.7	0.9	2.5	2.8	1.3	0.7	0.8
肾	2.8	0.9	1.6	2.1	0.7	0.6	0.8
心	3.5	0.9	2.4	2.6	0.8	1	0.8
牛奶	3.6	3.5	—	3.4	2.1	1.1	0.2

续表

饲　料	类脂总量	甘油三酯	磷　脂	总　量	脂肪酸		
					饱和脂酸	不饱和单脂酸	不饱和多脂酸
奶油	82.5	81.9	0.4	78	50.2	26.8	1
鱼（平均）	5.2	3.9	0.8	4.2	1.2	2.6	0.4
鸡蛋	11.5	7.4	3.4	9.3	3	5	1.3
面包	1.4	0.3	0.3	1	0.2	0.3	0.5
乔麦	3.3	2	—	2.9	0.6	1.1	1.2
大米	0.5	0.2	—	0.5	0.1	0.2	0.2
燕麦	6.9	3.1	0.4	6.4	1.2	2.6	2.6
黍	2.8	1.6	0.2	2.4	0.3	0.5	1.6
马铃薯	0.4	—	0.3	0.3	0.1	0.1	0.1

表 4　成年犬对热能的需要（kJ）

活重（kg）	每千克活重	每只一昼夜
1	590	590
1.5	540	810
2	490	980
2.5	465	1163
3	440	1320
3.5	432	1480
4	406	1624
4.5	394	1773
5	381	1905
5.5	373	2051
6	364	2184
7	352	2464
8	339	2712
9	327	2943
10	314	3140
15	287	4305
20	260	5200
25	247	6175
30	235	7050
40	218	8720
50	205	10250

表 5　幼年犬对热能的需要

年　龄	每千克活重需要的能量（kJ）
1 周龄	817

续表

年　龄	每千克活重需要的能量（kJ）
2 周龄	922
3~4 周龄	1026
1~2.5 月龄	1110
2.5~3.5 月龄	838
3.5~5 月龄	587
5~7.5 月龄	544
7.5~9 月龄	419
9~13 月龄	419

表 6　100g 食物中矿物质含量（mg）

饲料	钙	磷	钠	氯	钾	镁	硫	铁	锌	铜（μg）	钴（μg）	锰（μg）	碘（μg）
肉类													
马肉	13	185	50	–	370	23	–	3.1	3.2	191	7	40	5.5
牛肉	10	188	73	59	355	22	230	2.9	3.2	182	7	35	7.2
羊肉	10	168	101	84	329	25	165	2.1	2.8	238	6	35	2.7
猪肉	8	170	65	49	316	27	220	16.9	2.1	96	8	29	6.6
兔肉	19	190	57	80	335	25	225	3.3	2.3	130	16	13	5
鸡肉	15	201	95	77	217	32	186	2.2	2.1	76	12	19	5.5
肝	9	314	104	100	277	18	239	6.9	5	3800	20	315	6.3
肾	13	239	218	256	238	18	161	59	2.3	450	9	139	–
心	7	210	100		260	23	–	4.8	2.1	–	5	59	7.3
肉骨粉	14500	7500	69	2464	430	213	–	167	13.5	1100	45	3800	–
骨粉	26000	14000	210	320	240	46	–	150	8	1000	36	3000	–
奶类													
牛奶	122	192	50	110	148	13	29	0.1	0.5	12	1	6	16
奶油	22	19	45	120	23	3	9	0.1	0.1	25	–	2	–
鱼蛋类													
鱼（平均）	27	216	38	55	268	21	185	1.5	2	134	35	150	4
鱼粉	6700	3200	678	618	865	255	–	83.6	8.3	700	7	1500	525
鸡蛋	55	215	134	156	140	12	176	2.5	1	83	10	29	20
粮谷类													
黑麦粉	19	129	12	–	100	25	–	2.9	1.1	110	–	800	–
小麦粉	24	115	12	24	176	44	78	2.1	1	180	2	1120	–
乔麦	55	298	33	33	218	78	48	6.7	2.1	640	3	1560	3
大米	24	97	26	25	54	26	–	1	1.4	250	1	1250	1
燕麦	64	349	35	70	362	116	162	3.9	2.7	500	7	5050	4
大麦	42	343	12	–	160	96	–	1.8	1.1	370	–	760	–
玉米	20	109	22	–	147	36	–	2.7	0.5	210	5	400	–

续表

饲料	钙	磷	钠	氯	钾	镁	硫	铁	锌	铜(μg)	钴（μg)	锰（μg)	碘（μg)
黍	27	233	28	24	211	83	–	7	1.7	370	8	930	4
干酵母	27	400	21	5	590	51	–	3.2	–	320	–	4300	4
蔬菜类													
马铃薯	10	58	28	58	568	23	32	0.9	0.4	140	5	170	5
胡萝卜	51	55	21	63	200	38	6	0.7	0.4	80	2	200	5
甜菜	37	43	86	43	288	43	7	1.4	0.4	140	2	660	7
甘蓝	48	31	13	37	185	16	37	0.6	0.4	75	6	170	3
茄子	15	34	6	47	238	9	15	0.6	0.3	135	2	210	2
南瓜	40	25	14	19	170	14	18	0.8	0.2	180	1	40	1

表 7　犬对矿物质的需要

矿物质	每千克体重(mg)		每 100g 饲料中含量(g)	
	成犬	幼犬	干料（含水 0.8%~1%）	湿料（含水 7%~7.5%）
常量元素				
钠	60	120	0.75	0.23
钾	220	440	0.8	0.24
钙	264	528	1	0.3
镁	11	22	0.04	0.014
磷	220	440	0.8	0.24
氯	180	440	0.9	0.27
食盐	375	230	1.4	0.43
微量元素				
铁	1.32	1.32	6	1.8
铜	0.16	0.16	0.8	0.24
钴	0.05	0.05	0.24	0.07
锰	0.11	0.2	0.6	0.18
锌	0.11	0.2	0.5	0.15
碘	0.03	0.06	0.15	0.04
氟	0.08	0.16	0.03	0.01

注：微量元素按每 100g 饲料中含毫克数，钙、磷应为 1.2:1。

表 8　犬对各种维生素的需要

维生素	每千克体重（mg）		每 100g 日粮（mg）	
	成犬	幼犬	干料	湿料
维生素 A	100	200	500	150
维生素 D	7u	20u	50	15
维生素 E	2	2.2	5	1.5
维生素 K	0.03	0.06	1	0.3
维生素 B_1	0.02	0.03	0.1	0.03

续表

维生素	每千克体重（mg）		每 100g 日粮（mg）	
	成犬	幼犬	干料	湿料
维生素 B_2	0.04	0.09	0.25	0.075
维生素 B_3	0.05	0.2	0.25	0.075
维生素 B_4	33	55	120	36
维生素 B_5	0.24	0.4	1.2	0.36
维生素 B_6	0.02	0.05	0.15	0.045
维生素 B_{12}	0.0007	0.0007	0.003	0.001
叶酸	0.008	0.015	0.03	0.009
维生素 H	0.5	0.5	0.02	0.006
B 族维生素	33.88	56.29	122	36.6

表 9　100g 食物中的维生素含量（mg）

饲料种类	胡萝卜素	维生素 A	维生素 D（μg）	维生素 E	维生素 K	维生素 C	维生素 B_1	维生素 B_2	维生素 B_3	维生素 B_4	维生素 B_5	维生素 B_6	维生素 B_{12}	叶酸	维生素 H
肉类															
马肉	—	◎★	—	—	—	◎★	0.1	0.1	0.6	70	3	0.9	—	—	—
牛肉	—	◎	—	—	0.1	◎	0.1	0.2	0.6	78	5	0.4	2.8	8.9	3.2
羊肉	—	◎	—	—	—	◎	0.1	0.2	0.6	68	4.1	0.2	—	5.5	—
猪肉	—	◎	—	—	—	◎	0.5	0.1	0.5	74	2.6	0.3	—	4.1	—
兔肉	—	◎	—	0.5	—	0.8	0.1	0.2	0.7	115	6.2	0.5	4.3	7.7	—
鸡肉	—	0.1	—	0.2	—	1.8	0.1	0.2	0.8	75	7.7	0.5	0.6	4.3	10
肝	1	8.2	—	1.3	0.2	33	0.3	2.2	6.8	635	9	0.7	60	240	98
脑	—	◎	—	—	—	—	0.1	0.2	2.6	—	3	0.2	3.7	14	6.1
肾	—	0.2	—	—	—	10	0.4	1.8	3.8	320	5.7	0.5	25	56	88
心	—	◎	—	0.8	—	4	0.4	0.8	2.5	—	5	0.3	10	2.5	8
肉骨粉	—	—	—	0.2	—	—	0.1	0.1	0.5	160	4.5	0.2	3.5	—	—
奶类															
牛奶	0.1	0.1	0.1	0.5	—	1.5	0.1	0.2	0.4	23	0.1	0.1	0.4	5	3.2
奶油	0.4	0.6	1.5	2.2	—	◎	◎	0.1	0.1		0.1	◎	◎	◎	◎
鱼蛋谷类															
鱼(平均)	—	0.1	—	0.5	—	1.8	0.1	0.2	0.6	70	2	0.2	1.5	9.6	—
鱼粉	—	—	1	0.2	—	—	0.1	0.6	1.1	260	6	0.5	7.5	0.4	—
鸡蛋	0.1	0.4	4.7	2	—	—	0.1	0.2	1.3	99	0.2	0.1	0.5	6.3	28
黑麦粉	◎	—	—	3.7	—	—	0.4	0.1	0.5	—	1	0.2	—	50	3
小麦粉	◎	—	—	3	—	—	0.3	0.1	0.5	76	2.2	0.2	—	35	3
乔麦	◎	—	—	6.6	—	—	0.4	0.2	0.8	—	4.2	0.4	—	32	—
大米	—	—	—	0.5	—	—	0.1	0.1	0.4	78	1.6	0.2	1	19	2.5

续表

饲料种类	胡萝卜素	维生素 A	维生素 D (μg)	维生素 E	维生素 K	维生素 C	维生素 B_1	维生素 B_2	维生素 B_3	维生素 B_4	维生素 B_5	维生素 B_6	维生素 B_{12}	叶酸	维生素 H
燕麦	◎	—	—	340	—	—	0.5	0.1	0.9	94	1.1	0.3	—	29	20
大麦	—	—	—	—	—	—	0.3	0.1	0.7	—	2.71	0.5	—	32	—
玉米	0.2	—	—	2.7	—	—	0.1	0.1	0.4	—	1.1	0.3	—	19	6.6
黍	◎	—	—	2.6	—	—	0.4	0.1	0.4	—	1.6	0.5	—	40	—
干酵母	—	—	—	—	—	—	0.6	0.7	4.2	—	11.4	0.6	—	550	30
蔬菜类															
马铃薯	0.1	—	—	0.1	0.1	20	0.1	0.1	0.3	—	1.3	0.8	—	8	0.1
胡萝卜	9	—	—	0.6	0.1	0.5	0.1	0.1	0.3	—	1	0.1	—	4	0.6
甜菜	0.1	—	—	0.2	—	10	0.1	0.1	0.1	—	0.2	0.1	—	13	◎
甘蓝	◎	—	—	0.1	3.2	45	0.1	0.1	0.2	—	0.7	0.1	—	10	0.1
菠菜	4.5	—	—	2.5	6	55	0.1	0.3	0.3	—	0.6	0.1	—	80	0.1
莴苣	1.8	—	—	0.7	—	15	0.1	0.1	0.1	—	0.7	0.2	—	48	0.7

注：*迹量。

表 10　100g 食物中的营养组成（g）

饲　料	热能(kJ)	蛋白质	脂　肪	易吸收的碳水化合物	纤　维
马肉	502	20.9	4.1	—	—
牛肉	602	20.2	7	—	—
羊肉	686	20.8	9	—	—
猪肉	1485	14.6	33	—	—
兔肉	833	20.7	12.9	—	—
禽肉	1074	18.2	20.3	—	—
肝	431	18.3	3.2	5.2	—
肺	385	15.2	3.5	—	—
心	364	145	32	27	—
血粉	1402	837	—	—	—
肉骨粉	1175	47.7	8.5	2.9	—
动物脂肪	3753	0.3	99.7	—	—
牛奶	243	2.8	3.2	4.7	—
奶油	3130	0.6	82.5	0.9	—
鱼粉	1057	55	3	—	—
鸡蛋	657	12.7	11.5	0.7	—
小麦粉	1368	11	1.3	72.3	0.8
大麦粉	1347	10	1.6	71.5	1.5
玉米	1368	7.2	1.5	75.8	0.7
面包	946	7.9	1	48.5	0.3
乔麦	1377	12.6	2.6	68	1.1

续表

饲　料	热能(kJ)	蛋白质	脂　肪	易吸收的碳水化合物	纤　维
大米	1351	7	0.6	77.3	0.4
燕麦	1444	11.9	5.8	65.4	2.8
小麦	1360	12.7	1.1	70.6	0.7
玉米	1360	8.3	1.2	75	0.8
黍	137	12	2.9	69.3	0.7
干酵母	356	12.5	0.4	8.3	1.9
豆饼	1349	45	1.1	35	3.2
马铃薯	347	2	0.1	19.7	1
胡萝卜	138	1.3	0.1	7	1
甜菜	201	1.7	—	10.8	0.9
卷心菜	117	1.8	—	5.4	0.7
茄子	100	0.6	0.1	5.5	1.3
西红柿	88	0.6	—	4.2	0.8
南瓜	121	1	—	6.5	1.2
菠菜	88	2.9	—	2.3	0.5
莴苣	59	1.5	—	2.2	0.5
精制白糖	1569	—	—	99.9	—

表 11　不同类型食物中各种营养物质含量

类　别		饲料类型　(每千克饲料中的含量或百分数)			
		干物质基础	干燥类型	半　湿	罐装或湿型料
含水量 (%)		0	10	25	75
干物质 (%)		100	90	75	25
营养物质		含　量			
蛋白质	%	22	20	16.5	5.5
脂肪	%	5.0	4.5	3.75	1.25
亚麻油酸	%	1.0	0.9	0.75	0.25
钙	%	1.1	1.0	0.8	0.3
磷	%	0.9	0.8	0.7	0.22
钾	%	0.6	0.5	0.45	0.2
氯化钠	%	1.1	1.0	0.8	0.3
镁	%	0.040	0.036	0.030	0.010
铁	mg	60	45	45	15
铜	mg	7.3	6.5	5.5	1.8
锰	mg	5.0	4.5	3.8	1.2
锌	mg	50	45	38	12
碘	mg	1.54	1.39	1.16	0.39
硒	mg	0.11	0.10	0.08	0.03

续表

类别		饲料类型　　（每千克饲料中的含量或百分数）			
		干物质基础	干燥类型	半　湿	罐装或湿型料
含水量（%）		0	10	25	75
干物质（%）		100	90	75	25
营养物质		含　量			
维生素 A	u	5000	4500	37500	1250
维生素 D	u	500	450	375	125
维生素 E	u	50	45	37.5	12.5
硫胺素	mg	1.00	0.90	0.75	0.25
核黄素	mg	2.2	2.0	1.6	0.5
泛酸	mg	11.4	10.3	8.6	2.8
烟酸	mg	11.4	10.3	8.6	2.8
维生素 B_6	mg	1.0	0.9	0.75	0.25
叶酸	mg	0.18	0.16	0.14	0.04
生物素	mg	0.10	0.09	0.075	0.025
维生素 B_{12}	mg	0.022	0.20	0.017	0.006
胆碱	mg	1200	1100	900	300

表 12　犬的日粮标准

饲料　　　　月龄	满月前	1~3 月龄	3~6 月龄	6 月龄以上
肉	50	150	250	350
碎米	50	100	150	250
面包	70	150	150	300
牛奶	150	400	300	100
蔬菜	50	150	200	400
胡萝卜	5	20	30	60
绿菜	10	40	60	100
动物脂肪	3	4	6	10
鱼肝油	0.5	3	5	8
酵母	1	2	4	6
鸡蛋	半个	半个	—	—
骨粉	4	11	12	14
食盐	0.5	5	8	10

表 13　成年犬的日采食量

犬体重(kg)	日采食量(占体重的百分数)	
	干料（干物质占 91%）	湿料（含干物质 30%）
1	3.5	11.8
3	2.6	8.7

续表

犬体重(kg)	日采食量(占体重的百分数)	
	干料（干物质占 91%）	湿料（含干物质 30%）
5	2.3	7.6
10	1.9	6.3
20	1.6	5.2
30	1.4	4.7
40	1.3	4.4
50	1.2	4.1

附录四　犬的推荐免疫程序

疫苗种类	生产单位	适用范围	免疫程序
狂犬病弱毒疫苗	农业部兰州生物制品研究所	用于各种动物狂犬病的预防	幼龄动物 12 周龄时进行免疫，以后每年免疫 1 次
狂犬病弱毒疫苗	郑州生物制品研究所	用于各种动物狂犬病的预防	幼龄动物 12 周龄时进行免疫，以后每年免疫 1 次
狂犬病、犬瘟热、副流感、犬传染性肝炎、细小病毒性肠炎五联冻干弱毒疫苗	解放军军需大学	用于犬科、猫科、鼬科动物的犬瘟热、狂犬病、犬传染性肝炎、副流感、细小病毒病的预防	幼犬在出生后 7 周龄时注苗，间隔 2~3 周第 2 次注苗。成年犬每年注射 1 次疫苗
细小病毒、犬瘟热、犬传染性肝炎、腺病毒Ⅱ型、副流感五联灭活疫苗	公安部南京警犬研究所	用于犬科、猫科、鼬科动物的犬瘟热、窝咳、犬传染性肝炎、副流感、细小病毒病的预防	幼犬在出生后 7 周龄时注苗，间隔 2~3 周第 2 次注苗。成年犬每年注射 1 次疫苗。妊娠犬在预产期前 20~30 天注射疫苗
犬瘟热、传染性肝炎、副流感、狂犬病、细小病毒五联弱毒疫苗	公安部南京警犬研究所	用于犬科、猫科、鼬科动物的犬瘟热、狂犬病、犬传染性肝炎、副流感、细小病毒病的预防	幼犬在出生后 7 周龄时注苗，间隔 2~3 周第 2 次注苗。成年犬每年注射 1 次疫苗
细小病毒、犬传染性肝炎、犬瘟热三联灭活疫苗	公安部南京警犬研究所	用于犬科、猫科、鼬科动物的犬瘟热、窝咳、犬传染性肝炎、细小病毒病的预防	幼犬在出生后 7 周龄时注苗，间隔 2~3 周第 2 次注苗。成年犬每年注射 1 次疫苗。妊娠犬在预产期前 20~30 天注射疫苗
犬瘟热灭活疫苗	公安部南京警犬研究所	用于犬科、猫科、鼬科及熊猫等动物犬瘟热病的预防	幼龄动物在 5 周龄时用人麻疹疫苗首次免疫，6~7 周龄注射犬瘟热灭活疫苗，以后间隔 2~3 周第 3 次注苗，再隔 2~3 周第 4 次注苗。妊娠母犬在产后 20 日注射 1 次疫苗，可提高母源抗体水平
犬瘟热、细小病毒、犬传染性肝炎、副流感、狂犬病弱毒疫苗	解放军第四军医大学	用于犬科、猫科、鼬科动物的犬瘟热、狂犬病、腺病毒Ⅱ型病、副流感、细小病毒病的预防	幼犬在出生后 6 周龄时注苗，8 周龄时注射第 2 次，12 周龄时注射第 3 次疫苗。成年犬每年注射 1~2 次
狐狸用六联弱毒疫苗	解放军第四军医大学	用于狐、虎、豹、貂等多种动物疫病的预防	当年的狐狸等动物在断奶后开始间隔 10 日连续注射 3 次疫苗。成年动物每年注射 1~2 次疫苗
细小病毒、犬瘟热、犬传染性肝炎、腺病毒Ⅱ型、副流感五联弱毒疫苗	美国富道公司	用于犬科、猫科、鼬科动物的犬瘟热、窝咳、犬传染性肝炎、副流感、细小病毒的预防	幼龄动物在 6 周龄时首次免疫。之后每间隔 2~3 周免疫 1 次至 16 周龄为止。成年犬每年注射 1 次
细小病毒、犬瘟热、犬传染性肝炎、腺病毒Ⅱ型、副流感、钩端螺旋体 4 个型六联弱毒疫苗	美国富道公司	用于犬科、猫科、鼬科动物的犬瘟热、窝咳、犬传染性肝炎、副流感、细小病毒病的预防	幼龄动物在 6 周龄时首次免疫，之后每间隔 2~3 周免疫 1 次至 16 周龄为止。成年犬每年注射 1 次
细小病毒、犬瘟热、犬传染性肝炎，副流感、狂犬病、钩端螺旋体 2 个型七联疫苗	英特威公司	用于犬科、猫科、鼬科动物细小病毒病、犬瘟热、犬传染性肝炎、副流感、狂犬病、钩端螺旋体的预防	幼龄动物在 4~6 周龄时首次免疫，第 2 次免疫在 8~9 周龄，第 3 次免疫在 12 周龄时进行。成年犬每年注射 1 次

续表

疫苗种类	生产单位	适用范围	免疫程序
细小病毒、犬瘟热、犬传染性肝炎、副流感、钩端螺旋体2个型五联疫苗	英特威公司	用于犬科、猫科、鼬科动物的犬瘟热、犬传染性肝炎、副流感、细小病毒病、钩端螺旋体病的预防	幼龄动物在4~6周龄时首次免疫，第2次免疫在8~9周龄，第3次免疫在12周龄时进行。成年犬每年注射1次
犬瘟热、细小病毒二联疫苗	英特威公司	用于犬科、猫科、鼬科动物的犬瘟热、细小病毒病的预防	幼龄动物在4-6周龄时首次免疫，第2次六联疫苗免疫在8-9周龄，第3次六联疫苗免疫在12周龄时进行。成年犬每年注射1次
犬瘟热、副流感、犬传染性肝炎、细小病毒性肠炎四联高免血清	吉林大学农牧学院	用于犬的紧急预防和患病宠物的治疗	预防用按0.2ml/kg肌肉注射，治疗用按0.4ml/kg肌肉注射。根据病情和体重不同适量增减，注射量较大时可分点注射
细小病毒、犬瘟热、犬传染性肝炎多价免疫血清	公安部南京警犬研究所	用于犬的紧急预防和患病宠物的治疗	预防用按0.2ml/kg肌肉注射，治疗用按0.4ml/kg肌肉注射。根据病情和体重不同适量增减，注射量较大时可分点注射
犬宝（免疫增强剂）	吉林大学农牧学院	用于患病宠物的治疗和预防	急性病例以每日注射1支，连续注射5~7日；慢性病例每周注射1支，连用5~7周
犬瘟1号（免疫增强剂）	公安部南京警犬研究所	用于患病宠物的治疗和预防	急性病例以80mg/次每日注射，连续注射5~7日；慢性病例每周注射1次，连用5~7周。预防时可与疫苗同时注射
精制浓缩犬用免疫球蛋白	解放军第四军医大学	用于患病宠物的治疗和预防	病初高热期，小犬1次1支，大犬1次2支，每日注射2~3次，连用3天。疾病中期，使用剂量加倍，按体重计算为1支/5kg
犬副流感、支气管败血性波氏杆菌等二联苗	英特威公司	用于“犬窝咳”的预防	预防在2~4周龄时点鼻，5天后产生免疫力
犬副流感、支气管败血性波氏杆菌二联苗	法国维克	用于“犬窝咳”的预防	预防6周龄首免，1个月后2免，皮下或肌注。 12周龄以上犬，间隔一个月，做2次免疫注射
犬、猫小孢子菌和须毛癣菌疫苗	俄罗斯	用于小孢子菌和须毛癣菌的预防和治疗	犬不足5kg和不足50日龄用0.5ml；大于5kg和50日龄以上用1ml，间隔10~14天，左右后肢肌肉深部各注射一次

附录五 常用细菌培养基

（一）普通培养基

1. 营养肉汤

肉水 1000ml；蛋白胨 10g；NaCl 5g。

制作方法：将上述三种成分加入到肉水中，稍加温溶解之；用 1mol/L 的 NaOH 调 pH 值到 7.4~7.6；滤纸过滤，分装；0.112MPa 15~20 分钟消毒灭菌。

用途：供一般细菌生长的液体培养基，生长后可检查其生长情况（浑浊度、沉淀、菌膜等）；也是制作固体培养基的基础培养基。

肉水的制备：将 500g 瘦牛肉切成小块或绞碎，加 1000ml 蒸馏水，浸泡一夜（夏季应置 10℃左右以防腐败），煮沸约 1 小时，用纱布滤去肉渣，再用滤纸滤过，补足原有水量，装入烧瓶中消毒（0.112MPa，20 分钟），放冷暗处备用。

2. 营养琼脂

制作方法：营养肉汤 1000ml；琼脂粉 20~30g。

将琼脂加入到营养肉汤中，加热使之融化；调 pH 值到 7.4~7.6；用纱布过滤，高压灭菌（0.112MPa，20 分钟）。

用途：一般细菌的分离、纯培养、观察菌落性状及保存菌种用；为特殊培养基的基础。

3. 半固体培养基

与营养琼脂的制备基本相同，仅将琼脂量减少至 0.1%~0.7%（即 1000ml 中加入 5~7g 琼脂）即可。

4. 鲜血琼脂

将灭菌的营养琼脂加热融化，冷却到 45~50℃时，加入 5%~10%无菌鲜血（一般为绵羊或兔血），分装入试管，摆成斜面或倾注于平皿，待凝固后，置 37℃培养 1~2 日，有污染者废弃，无菌者保存于冰箱备用。

无菌鲜血制备：以无菌手术采取健康宠物（通常是绵羊或家兔）血液，加到盛 5%柠檬酸钠溶液的容器中（血与抗凝剂之比为 9∶1），混匀；或加到盛有灭菌玻璃珠的容器中，反复摇动多次制成脱纤血，置冰箱中备用。

5. 厌气肉肝汤

牛肉 1 份，牛（羊、猪）肝 1 份，水 4 份，蛋白胨 1%，NaCl 0.5%，葡萄糖 0.2%，小肝块 1/10，液体石蜡适量。

制备方法：取剔除脂肪及筋膜的牛肉用绞肉机绞碎或切成 100g 左右的肝块各一块，加蒸馏水 4 份；煮沸 30~60 分钟，补足失去的水分，用白布过滤，弃去肉渣，取出肝块，滤液加入蛋白胨和 NaCl，加热融化，以 2mol/LNaOH 溶液调 pH 值为 7.8~8.0，加热煮沸，以滤纸过滤，按量加入 0.2%葡萄糖，搅拌，使其融化；将煮过的肝块洗净，切成小方块，用蒸馏水充分冲洗后，分装于试管中或中性玻璃瓶内，其量约为预计分装肉肝汤量 1/10；将滤液分装于含有肝块的中性容器中（如为试管，还应加适量的液体石蜡），以 0.075MPa 高压灭菌 30~40 分钟。供一般厌气菌培养及无菌检验之用。

6. 石蕊牛奶培养基

脱脂牛奶 1000ml，石蕊溶液适量。

制备方法：新鲜牛奶，除去乳脂；加入石蕊溶液，使之成淡紫色；分装于试管中，可加适量液体石蜡；0.075MPa 高压灭菌 20 分钟。用于一般细菌鉴定之用。用于厌氧菌的鉴定应加适量液体石蜡。

石蕊溶液制备方法：取精制石蕊颗粒 1g，加蒸馏水 60ml，使充分溶解，以粗滤纸滤后使用。

（二）特殊培养基

用于肠道菌的培养基有以下几种。

1. 麦糠凯（Macconkey）琼脂

蛋白胨 20g，琼脂 25~30g，NaCl 5g，乳糖（CP）10g，胆盐（3 号胆盐或牛胆酸钠）5g，1%中性红水溶液 5ml，蒸馏水 1000ml。

制备方法：除中性红水溶液外，其余各成分混合于锅内加热溶解。调 pH 至 7.0~7.2，煮沸，以脱脂棉过滤。加入 1%中性红水溶液，摇匀，0.112MPa 灭菌 15 分钟，待冷却到 50℃时，倾倒平皿。待平皿内培养基凝固后，置温箱内烤干表面水分即可。保存于冰箱内（4℃）。现有厂家专门配制、出售麦糠凯琼脂干粉剂，用时加水溶解，灭菌后即可使用。

2. SS 琼脂

蛋白 5g，牛肉膏 5g，乳糖 10g，琼脂 25~30g，胆盐 10g，0.5%中性红 4.5ml，枸橼酸钠 10~14g，0.1%亮绿 0.33ml，硫代硫酸钠 8.5g，枸橼酸铁 0.5g，蒸馏水 1000ml。

制备方法：除中性红与亮绿溶液外，其余各成分混合，煮沸溶解。调 pH 至 7.0~7.2，加入中性红与亮绿溶液，充分混合后再加热煮沸，待冷却至 45℃左右时，制成平板。制备好的培养基应在 2~3 天内用完，否则，影响细菌分离效果。亮绿溶解后置于暗处，于一周内用完。现有市售 SS 琼脂粉剂，用时加水溶解，灭菌后即可使用。

3. 三糖铁琼脂

肉浸膏 3g，枸橼酸铁 0.3g，酵母膏 3g，葡萄糖 1g，蛋白胨 20g，酚红 0.024g，NaCl 5g，硫代硫酸钠 0.3g，乳糖 10g，琼脂 12g，蔗糖 10g，水 1000ml。

制法：以上各成分置入水中煮沸溶解，调 pH 至 7.4，分装于容积为 15ml 的试管，每管 10ml，121℃灭菌 10 分钟。趁热放置在底层约 2.5cm 高的斜面。现有市售三糖铁琼脂干粉剂，用时加水溶解，灭菌后即可使用。

4. 增菌培养基（缓冲蛋白胨水）

蛋白胨 10g，NaCl 5g，$Na_2HPO_4$0.15g，蒸馏水 1000ml。

制备方法：将上述四种成分混合溶解，分装，0.112MPa 高压灭菌 15 分钟即可。用于从肉食品中分离沙门氏菌等肠道菌的增菌培养基。现有市售干粉制剂，用时加水溶解，灭菌后即可使用。

5. 亚硒酸盐培养基

胰胨（trypton）或多价胨（polypeptone）5g，乳糖 4g，Na_2HPO_4 5.5g，NaH_2PO_4 4.5g，亚硒酸氢钠 4g，蒸馏水 1000ml。见附表 5-1。

制备方法：将上述各成分除亚硒酸钠外，混合加热 100℃，10~15 分钟，冷却至 40~50℃时，加入亚硒酸钠，分装。由于亚硒酸盐的种类不同，可按附表 5-1 调整用量。现有市售亚硒酸盐干粉培养基，用时加水溶解，灭菌后即可使用。

附表 5-1 不同亚硒酸盐在亚硒酸盐培养基中的用量（单位：g）

	不同亚硒酸盐的 NaH_2PO_4（无水）、Na_2HPO_4（无水）		
亚硒酸氢钠 $NaHSeO_3$	4	4.5	5.5
亚硒酸钠（$Na_2SeO_3 \cdot 2H_2O$）	5	8.6	0.8
亚硒酸 H_2SeO_3	3.4	2.3	8.2

6. 四硫磺酸盐培养基

基础液：蛋白胨 5g，胆盐 1g，硫代硫酸钠 30g，碳酸钙 10g，蒸馏水 1000ml；碘液：碘化钾 5g，碘 6g，蒸馏水 20ml。

制备方法：将上述基础液各成分混合加热煮沸，可加入 1∶100 煌绿水溶液 1ml，分装试管，每管 10ml，0.112MPa 15 分钟灭菌。临用前，加入碘液，每管 0.2ml。每 100ml 培养基中还可加入 0.125g 碘胺噻唑，以防止变形杆菌的过度生长。

7. 伊红–美蓝培养基（EMB）

蛋白胨 10g，乳糖 5g，蔗糖 5g，磷酸氢二钾 2g，琼脂 15g，29%伊红水溶液 20ml，0.65%美蓝溶液 10ml，蒸馏水加至 1000ml。

制备方法：将上述各成分加热溶解，调 pH 至 7.4，加 0.4%溴麝香草酚蓝 16ml，Andrade 指示剂 20ml（蒸馏水 100ml，酸性复红 0.5g，1mol/L NaOH16ml），即为基础液。其中加入甲液、乙液各 20ml 即为该培养基。现有干粉培养基供应市场。

甲液：硫代硫酸钠 34g，枸橼酸铁铵 4g，加水至 100ml，煮沸灭菌。

乙液：去氧胆酸钠 10g，加水至 100ml，煮沸灭菌。

（三）用于布鲁氏杆菌的培养基

1. 胰蛋白琼脂

胰蛋白 20g，琼脂 15~20g，盐酸硫胺素 0.005g，葡萄糖 1g，NaCl 5g，蒸馏水 1000ml。

制备方法：将上述成分混合，加热溶解，校正 pH 至 7.0，0.112MPa20 分钟高压灭菌后，分装于平皿备用。此培养基也适用于巴氏杆菌、李氏杆菌的分离培养。

2. 肝汤培养基

牛肝（或猪肝）500g，蒸馏水 1000ml，NaCl 5g，蛋白胨 10g。

制备方法：取去脂肪及筋膜的牛肝，用绞肉机绞碎，按肝水比例混合，搅拌均匀；用不锈钢或耐酸搪瓷双层加温至 65~75℃，保持 45 分钟，继续加热至煮沸，保持 1 小时，全部过程不断搅拌；煮完后，纱布过滤；按滤液加入上述物质；溶解后调 pH 至 7.0~7.2，分装，高压灭菌（0.075MPa30 分钟）。或加入 3%甘油，0.5%葡萄糖，10%马血清，更有利于生长。再加入 30~35g 琼脂，则可倾倒平皿。

（四）用于胎儿弯曲杆菌的培养基

1. 增菌运输培养基（TEM）

无菌牛血清 1000ml，1%煌绿 5ml，5–氟尿嘧啶 0.3g，萘啶酮酸 3mg/ml，硫酸多黏菌素 B1000u/ml，放线菌酮 100μg/ml。

制备方法：在无菌工作台中，按标准量混合分装于 20ml 带胶皮塞（能密闭）的玻璃瓶中，每瓶 10ml，然后在 100℃蒸汽中加温 3 分钟，取出冷凝后，用灭菌棒搅拌后加胶塞封闭。再充入微氧气体（3.5%O_2，10%CO_2，86.5%N_2）。

2. 选择性培养基

（1）CH 培养基（半胱氨酸牛心浸膏培养基）

牛心浸膏 500g，右旋葡萄糖 10g，NaCl 5g，L–半胱氨酸 1g，琼脂 18g，蒸馏水 1000ml。

制备方法：将上述各成分混合，调 pH 至 6.8，0.112MPa 30 分钟灭菌。待培养基冷却至 50℃时，加入 100ml 绵羊血，多粘菌素 B 2u/ml，Nivo–liacin2μg/ml，放线菌酮 20μg/ml。

（2）MH 培养基（Mueller Hinton Agar）

淀粉 1.5g，琼脂 15g，蒸馏水 1000ml。

制备方法：混合各成分，调 pH 至 7.4，0.112MPa 15 分钟灭菌。冷却到 50~55℃加入 0.025g 的丙酮酸钠、硫代硫酸钠、硫酸亚铁和 5%~10%绵羊血及抗生素（杆菌肽 2500u/L，放线菌酮 50μg/L，硫酸多粘菌素 10000u/L，头孢霉素 V 15ml/L，新生霉素 5mg/L）。

（3）Thiogly-Collate 肉汤

胰蛋白胨 17.5g，植物蛋白胨 2.5g，右旋葡萄糖 10.0g，NaCl 5.0g，K_2HPO_4 2.0g，硫代乙醇酸钠 1.0g，亚甲基蓝 0.002g，琼脂 0.5g，蒸馏水 1000ml。

制备方法：上述各成分混合，加热溶解，调 pH 值至 7.2±0.2，每管分装 15ml，0.112MPa 高压灭菌 15 分钟即成。

（五）用于炭疽杆菌的培养基

1. 溶菌酶-正铁血红素琼脂

每毫升蛋白胨营养琼脂中加入正铁血红素（Haematin）40μg，溶菌酶 60μg。正铁血红素对炭疽杆菌无抑制作用，对其他芽胞杆菌有抑制作用。炭疽杆菌对溶菌酶的抵抗力大于其他芽胞杆菌。

2. Kinsely 氏培养基

在 Difco 牛心浸汤琼脂中加入多粘菌素 30IU/ml，溶菌酶 40μ/ml，乙二胺四乙酸二钠 400μg/ml，醋酸铊 40μg/ml。其他芽胞杆菌在此培养基中不生长，肠杆菌科细菌（除变形杆菌外）亦不能生长。

3. 戊烷脒选择性琼脂

牛肉膏 5g，NaCl 5g，蛋白胨 10g，琼脂 18g，蒸馏水 1000ml。

制备方法：混合上述各成分，调 pH 值至 7.4~7.5，0.112MPa 高压灭菌 15 分钟，冷至 56℃时，加戊烷脒（1∶30）水溶液 0.1ml，多粘菌素 B 溶液（10000u/ml）5ml，牛血或羊血 20ml，摇匀，倾倒平皿。

（六）用于梭状芽胞杆菌的培养基

1. 含铁牛乳脱脂奶粉

牛乳脱脂奶粉（含适量溴甲酚紫）100g，加 1000ml 蒸馏水，溶解后分装，每管 10ml，每管中加入 1g 清洁的小铁钉，0.112MPa 高压灭菌 30 分钟（铁钉可重复使用，只需先在 5%盐酸内煮沸，再用清水洗净）即可。

2. 硫基乙醇盐肉汤

Casitone 或 Trypticase 15g，酵母浸膏 5g，葡萄糖 5.5g，NaCl 2.5g，L-胱氨酸 0.5g，蒸馏水 1000ml，硫乙醇酸钠 0.5g。

制备方法：混合、溶解各成分，调 pH 至 7.1，分装 0.112MPa 高压灭菌 20 分钟。

3. Weinberg 氏肉—肝培养基

牛肉（绞碎）500g，胃蛋白酶 2g，牛肝（绞碎）100g，蒸馏水加至 2000ml。

制备方法：调 pH 值至 1.8~2.0，45~50℃放置 1 夜，第 2 天中和（pH7.5），澄清，加入蛋白胨成分 1%，葡萄糖成分 0.1%~0.5%，0.112MPa 15 分钟灭菌。

4. 叠氮钠血琼脂

胰蛋白胨 10g，叠氮钠 0.2g，NaCl 5g，牛肉浸膏 3g，琼脂 15g，蒸馏水 1000ml。

制备方法：加热溶解上述成分，0.112MPa 高压灭菌 30 分钟，取出凉至 50℃左右，加入脱纤绵羊血 5%，再加入无菌 0.1%水合氯醛水溶液（0.1g 溶于 100ml 无菌蒸馏水内）1ml，倾注平皿即可。

5. 叠氮钠胰蛋白血液肉汤

牛心浸汤 100ml，胰蛋白胨 1g，2%无菌葡萄糖溶液 2ml，脱纤兔血 5ml。

制备方法：前两种混合，0.112MPa 高压灭菌 20 分钟，之后全部混合，分装（2ml/小试管），用时每管加入高压灭菌的 0.1%叠氮钠 0.15ml 和 1∶25000 的结晶紫溶液 0.1ml。

6. 乳糖蛋黄牛乳琼脂

pH7.6 牛肉浸汤琼脂 100m，蛋黄盐水（1∶1）4ml，20%乳糖溶液 6ml，脱脂牛乳 15ml，1%中性红溶液 0.3ml。

制备方法：先加热融化琼脂，冷至 50℃时，加入已灭菌的其他成分，混匀后，倾倒平皿即可。

（七）用于结核杆菌的培养基

1. 潘曲吉尼（Pertragnani）氏培养基

脱脂牛奶 150ml，全鸡蛋 4 个，马铃薯淀粉 6g，鸡蛋黄 1g，蛋白胨 1g，甘油 12ml，马铃薯（去皮切成细丝）75g，2%孔雀绿水溶液 3ml。

制备方法：首先将脱脂奶、马铃薯淀粉、蛋白胨与切碎的马铃薯混合，水浴至煮沸保持 15 分钟，不时摇动，或用玻棒搅拌糊状，继续加热 1 小时灭菌，用灭菌蒸馏水补足蒸发的水分。然后取出，冷至 50℃，加入其余成分，用力振摇混匀后，用两层灭菌纱布过滤。用灭菌漏斗分装于试管内，斜置血清凝固器内，调温至 85~90℃，经过 1~2 小时，使之完全凝固。间歇灭菌，每次 30 分钟，每天 1 次（第 1 日 85℃，第 2、3 日 80℃）。经检定无菌备用。

注意：所用玻璃器皿应事先灭菌，鸡蛋需事先在烧瓶内加玻璃珠摇碎后倒入。

2. 青霉素血液琼脂

琼脂 1.5g，兔全血 25ml，中性甘油 1ml，青霉素（2000u/ml）1.85ml，蒸馏水 74ml。

制备方法：将琼脂、中性甘油及蒸馏水混合，0.112MPa 高压灭菌 10 分钟，冷至 50℃时，加入兔血与青霉素，混合，分装试管，制成斜面，换上灭菌软木塞。

（八）用于螺旋体的培养基

1. 柯托夫（Korthof）氏培养基

于 1000ml 蒸馏水中加入蛋白胨 0.8g，NaCl 1.4g，KCl 0.04g，$NaHCO_3$ 0.02g，Na_2HPO_4（$2H_2O$）0.96g，KH_2PO_4 0.18%，1%$CaCl_2$ 4ml。100℃加热 30 分钟，冷后调 pH 值至 7.2，若不完全透明或有沉淀，可用 G_3 漏斗过滤，定量分装。以 0.075MPa 高压灭菌 30 分钟。冷后按 10%的比例加入无菌新鲜兔血清，再置 56~58℃水浴中灭活 2 小时。

2. 捷（Tepckhh）氏培养基

1/15mol/LNa_2HPO_4 3ml，1/15mol/LKH_2PO_4 3ml，蒸馏水 90ml，调 pH 至 7.3，分装，高压灭菌后再加入新鲜兔血清达 10%，加温灭活。

附录六　常用组织培养液的配制

（一）抗生素的配制及使用浓度

抗生素的防治对象、使用浓度见附表 6–1。贮存浓度通常为使用浓度的 100~200 倍。特别是在细胞正常传代时尽量避免使用，或仅用 100u/ml 青链霉素。其他抗生素是在做病毒分离、鉴定时，怀疑污染或已出现某种污染时才参考使用。

（二）原代鸡胚成纤维细胞的培养

选择 9~10 日龄鸡胚（或 12~14 日龄鸭胚），用 70%酒精消毒外壳。

从气室端打开卵壳，取出鸡胚，去头、脚和内脏，将躯干置于一灭菌小烧杯中，用预冷的 Hank's 平衡盐溶液冲洗，用灭菌剪刀剪碎。

用预冷的 Hank's 平衡盐溶液充分冲洗组织碎块以尽可能地去除血液，之后用 37℃预温的 Versene 胰蛋白酶溶液冲洗一次；再加 20~50ml 同样的 Versene 胰蛋白酶溶液，在磁力搅拌下于 37℃消化 15 分钟。

通过两层纱布过滤细胞悬液，将滤液收集于灭菌离心管中，以 1000g 离心 10 分钟，去掉上清液，用预冷的 Hank's 平衡盐溶液通过同样的离心方式洗涤两次。

去掉上清液，加细胞生长液制成 10%的悬液（1ml 细胞沉淀加 9ml 细胞生长液），于 4℃可保存 3~4 日；做细胞培养用则要用细胞生长液再做 1∶40 的稀释（终浓度为 1∶400），然后分装到培养瓶中，于 37℃培养 48 小时。

附表 6–1　抗生素的配制及使用浓度参考表

抗生素	贮存液浓度（每毫升含量）	培养液使用浓度（每毫升含量）	污染样品处理使用浓度（每毫升含量）	抗菌种类
两性霉素 B	250μg	1.25μg	2.5μg	真菌、酵母
抗 PPLO 病原	50000μg	50μg	100μg	支原体、G+
庆大霉素	50000μg	50μg	100μg	G+、G–、支原体
卡那霉素	10000μg	50μg	100μg	G+、G–、支原体
新霉素	10000μg	50μg	100μg	G+、G–
制霉菌素	10000u	100u	200u	真菌、酵母
青霉素 G	200000u	100~200u	500~1000μg	G+
硫酸链霉素	500000μg	100~200μg	500~1000μg	G+、G–
多粘菌素 B	10000u	100u	200u	G–

注：G+：革兰氏阳性菌；G–：革兰氏阴性菌。

参考文献*

[1] 侯加法. 小动物外科学 [M]. 北京：中国农业出版社，2000
[2] 林德贵. 兽医外科手术学 [M]. 北京：中国农业出版社，2004
[3] 王力光，董君艳. 新编犬病临床指南 [M]. 长春：吉林科学技术出版社，2000
[4] 王力光，董君艳. 犬病诊断原色图谱 [M]. 北京：中国农业出版社，1998
[5] 赵玉军. 实用犬病诊疗图册 [M]. 沈阳：辽宁科学技术出版社，2000
[6] 夏咸柱. 养犬大全 [M]. 长春：吉林人民出版社，1993
[7] 高得仪. 犬、猫疾病学（第 2 版） [M]. 北京：中国农业大学出版社，2001
[8] 何英. 狗 [M]. 北京：农业出版社，1986
[9] 华修国. 犬、猫疾病防治 [M]. 上海：上海交通大学出版社，1994
[10] 白景煌. 养犬与犬病 [M]. 北京：科学出版社，2001
[11] C.H. 西格芒德. 樊璞，等译. 默克氏兽医手册 [M]. 南昌：江西人民出版社，1984
[12] 西北农业大学. 家畜内科学 [M]. 北京：农业出版社，1992
[13] 中国农业大学. 家畜外科手术学 [M]. 北京：中国农业出版社，1997
[14] 汪世昌，陈家璞. 家畜外科学（第三版） [M]. 北京：中国农业出版社，1997
[15] 中国畜牧兽医学会兽医外科研究会. 兽医外科学 [M]. 北京：农业出版社，1992
[16] 张幼成等. 兽医外科学 [M]. 南京：江苏科学技术出版社，1983
[17] 张幼成，朱祖德. 实用家畜外科学 [M]. 上海：上海科学技术出版社，1982
[18] 李毓义，杨宜林. 动物普通病学 [M]. 长春：吉林科学技术出版社，1994
[19] 倪有煌，李毓义. 兽医内科学 [M]. 北京：中国农业出版社，1996
[20] D.C.布拉德. 兽医内科学（第五版） [M]. 北京：农业出版社，1984
[21] 熊云龙，王哲. 动物营养代谢病 [M]. 长春：吉林科学技术出版社，1995
[22] 王宗元，曹光辛. 动物矿物质营养代谢与疾病 [M]. 上海：上海科学技术出版社，1995
[23] 汪玉松. 现代动物生物化学 [M]. 北京：中国农业出版社，1999
[24] 邓旭明，曾忠良. 兽医药理学 [M]. 长春：吉林人民出版社，2001
[25] 陈玉汉. 家畜家禽肿瘤学 [M]. 广州：广东科技出版社，1985
[26] 内蒙古农牧学院，华南农业大学. 家畜病理学 [M]. 北京：农业出版社，1981
[27] 上海第一医学院. 实用内科学. 实用内科学 [M]. 北京：人民卫生出版社，1984
[28] 黄家驷，吴阶平. 外科学 [M]. 北京：人民卫生出版社，1984
[29] 张学庸. 新编诊疗常规 [M]. 北京：金盾出版社，1990
[30] 夏穗生. 口腔科急症病诊断与治疗 [M]. 北京：科学出版社，2000
[31] 左仰贤. 人畜共患寄生虫学 [M]. 北京：科学出版社
[32] 汪明. 兽医寄生虫学 [M]. 北京：中国农业大学出版社，2002
[33] 赵玉军. 小动物急救学 [M]. 哈尔滨：哈尔滨工程大学出版社，1996

* 大量参考文献因作者列出的不全或缺项，没达到参考文献标准格式，所以未一一列出。

[34] 王小龙. 兽医临床病理学［M］. 北京：中国农业出版社，1995

[35] 施振声主译. 小动物临床手册［M］. 北京：中国农业出版社，2005

[36] 王复等. 抗菌药物临床应用指导原则［M］. 北京：人民卫生出版社

[37] 刘海. 动物常用药物及科学配伍手册［M］. 北京，中国农业出版社，2008

[38] 齐藤保二. 兽医临床检查——检查手技·判·诊断のすべて一［M］. 医齿药出版株式会社，1985

[39] 其田三夫. 主要症状を基础にした犬の临床.ぞ一［M］. リイマン社，1988 增版

[40] R.W.Kirk，S.I.Bistndk. 加藤元，户尾祺明彦译. 小动物救急疾患の临床［M］. 医齿药出版株式会社，1982

[41] 古贺忠道，等. ペットの医学［M］. 时事通讯社，1997

[42] 友四勇译. 兽医内科学-犬と猫の病气（第 1 卷、第 2 卷、第 3 卷、第 4 卷）［M］. 学窗社，1975

[43] 黑泽亮助，等. 家畜外科诊疗［M］. 善贤堂，1981

[44] Michael D.Willard，Harold Tredten. Small Animal Clinical Diagnosis by Laboratory Methods［M］. 4th ed. Saunders，2004

[45] Rose B. D. Clinical Physiology of Acid–Base And Electrolyte Disorders［M］. 5th ed. New York：McGraw–Hill，2000

[46] Michael J Day，Andrew Mackin，et al. Manual of Canine and Feline Hematology and Transfusion Medicine［M］. BSAVA，2000

[47] Stephen J. Ettinger，Edward C. Feldman. Textbook of Veterinary Internal Medicine［M］. 5th ed. W.B.Saunders，2000

[48] William R. Fenner. Quick Reference to Veterinary Medicine［M］. 3th ed. Blackwell，2000

附表 6–1 抗生素的配制及使用浓度参考表

抗生素	贮存液浓度（每毫升含量）	培养液使用浓度（每毫升含量）	污染样品处理使用浓度（每毫升含量）	抗菌种类
两性霉素 B	250μg	1.25μg	2.5μg	真菌、酵母
抗 PPLO 病原	50000μg	50μg	100μg	支原体、G+
庆大霉素	50000μg	50μg	100μg	G+、G–、支原体
卡那霉素	10000μg	50μg	100μg	G+、G–、支原体
新霉素	10000μg	50μg	100μg	G+、G–
制霉菌素	10000u	100u	200u	真菌、酵母
青霉素 G	200000u	100~200u	500~1000μg	G+
硫酸链霉素	500000μg	100~200μg	500~1000μg	G+、G–
多粘菌素 B	10000u	100u	200u	G–

注：G+：革兰氏阳性菌；G–：革兰氏阴性菌。

* 大量参考文献因作者列出的不全或缺项，没达到参考文献标准格式，所以未一一列出。